AF898150

Schlepperkatalog
2026

Marktübersicht:
Standardschlepper, Trac-Schlepper, Geräteträger, Raupenschlepper, Unimog und Spezialschlepper

Marktübersicht:
Schmalspurschlepper, Kompakt- und Plantagenschlepper, Trac-Schlepper und Knicklenker
Alle Typen mit Daten und Preisen

profi
MAGAZIN FÜR PROFESSIONELLE AGRARTECHNIK

Schleppertest: Zugleistungen im Vergleich 4
Fahrbericht: John Deere 9RX 830 10
Die Schlepper auf dem deutschen Markt 14

Standard- und Tracschlepper, Spezialschlepper

Case IH 14
Claas 36
Deutz-Fahr 53
Fendt 74
Fuß 94
Holmer 95
JCB 96
John Deere 99
Kioti 119
Kubota 124
Lamborghini 134
Landini 143
Lindner 152
Massey Ferguson 156
McCormick 175
Mercedes-Benz 185
New Holland 188
Pfanzelt 212
Rigitrac 214
Same 216
Steyr 225
Valtra 236
Vredo 260
Zetor 261
Die wichtigsten Daten auf einen Blick 267
Technische Daten Standardschlepper 268

Schmalspur- und Leichtschlepper

Aebi 314
Case IH 317
Claas 319
Deutz-Fahr 322
Fendt 336

Iseki ... 340
John Deere ... 346
Kärcher ... 352
Kioti ... 354
Kubota ... 358
Lamborghini ... 368
Landini ... 381
LS Tractor ... 389
Massey Ferguson ... 392
McCormick ... 399
New Holland ... 406
Reform ... 411
Same ... 415
Sauerburger ... 428
Shibaura ... 429
Solis ... 430
Tym/Tafe ... 432
Valtra ... 434
Zetor ... 435
Technische Daten Schmalspurschlepper ... 436

Schmalspur- und Leichtschlepper

Impressum

Herausgegeben von
profi – Das Magazin für professionelle Agrartechnik
Hülsebrockstraße 2 - 8, 48165 Münster, Telefon 0 25 01/801-0
Chefredaktion: Hubert Wilmer, Guido Höner
Redaktion: Frank Berning
Layout: Linda Gesing, Annika Raulf
Heftproduktion: Ute Reers, Barbara Zehrer, Redaktion profi
Vorstufe: Klaus-Dieter Esser (MediaPro im LV)
Herstellung: Ingo Feyka
Idee: Manfred Neunaber
1. Auflage November 2025

*Copyright© 2025 by Landwirtschaftsverlag GmbH, 48084 Münster-Hiltrup.
Alle Rechte der Verbreitung, auch durch Film, Funk und Fernsehen, fotomechanische Wiedergabe, Tonträger jeder Art, auszugsweisen Nachdruck oder Einspeicherung und Rückgewinnung in Datenverarbeitungsanlagen aller Art, sind vorbehalten. Fotokopien für den persönlichen und sonstigen Gebrauch dürfen nur als Einzelkopien hergestellt werden. Jede im Bereich eines gewerblichen Unternehmens hergestellte Kopie dient gewerblichen Zwecken gemäß 54 (2) UrhG und verpflichtet zur Gebührenzahlung an die VG Wort, Abt. Wissenschaft, Goethestraße 49, 80336 München 2.
Alle Angaben und Berechnungen wurden nach bestem Wissen und Gewissen gemacht. Eine Gewähr für die Richtigkeit kann nicht übernommen werden.*

Zugleistungen im Vergleich

Stufenlos ist nicht gleich stufenlos

Immer wieder wird diskutiert, ob stufenlose Getriebe auch bei schweren Zugarbeiten die richtige Ausstattung sind. Wir haben die Zugleistungsmessungen von 15 Traktoren mit stufenlosem Getriebe verglichen. Hier die spannenden Ergebnisse.

Gerade bei schwerer Zugarbeit ist nicht entscheidend, wie viel Leistung der Motor an der Kurbelwelle hat. Vielmehr geht es darum, wie viel von dieser Leistung tatsächlich an den Rädern ankommt. Nur diese (Zug-)Leistung kann man nämlich wirklich – z.B. beim Pflügen oder Grubbern – nutzen.

Gleichzeitig ist der spezifische Dieselverbrauch in Gramm je Kilowattstunde Zugleistung (g/kWh) der beste Indikator für den Wirkungsgrad des Gesamtsystems „Traktor", bestehend aus Motor, Getriebe, Achsen usw. Das heißt, wie viel l (bzw. g) Diesel müssen für eine bestimmte (Zug-)Arbeit überhaupt verbrannt werden.

Messungen im profi-Test

Das DLG-Testzentrum misst für uns bei jedem Schleppertest als erstes die Leistung des Traktors auf dem Zapfwellenprüfstand. Bei der Ermittlung dieser Volllast-Kurven wird in Schritten von je 100 U/min des Motors das Drehmoment gemessen und zusammen mit der jeweiligen Drehzahl die Leistung an der Zapfwelle berechnet.

So erkennt man, bei welcher Drehzahl der Motor seine Maximalleistung hat. Wenn es anschließend vor den Bremswagen geht, um die Zugleistung zu messen, wird genau die ermittelte „Höchstleistungs-Drehzahl" eingestellt.

Dann wird über das (stufenlose) Getriebe im Bereich von rund 5 bis etwa 15 km/h Schritt für Schritt die Geschwindigkeit „gesucht", bei der die Zugleistung am höchsten ist. Dieser Wert steht in jedem profi-Schleppertest.

Da Sie aber in der Praxis mit dem Tiefengrubber vielleicht 7 km/h fahren, mit der Kurzscheibenegge aber 14 km/h, ist

auch der Verlauf der Zugleistungskurve über den Geschwindigkeitsbereich spannend. Deshalb haben wir diese Kurven für 15 Traktoren in vier Leistungsklassen (200, 250, 300 und 400 PS) für Sie zusammengetragen.
Um den Verlauf der Zugleistung dabei besser vergleichen zu können, sind nicht die absoluten Leistungswerte dargestellt, sondern der prozentuale Anteil Zugleistung an der maximal gemessenen Zapfwellenleistung. Dabei ist aber ein möglichst hoher Wert allein nicht entscheidend, da ein Schlepper mit hohem Zapfwellenwirkungsgrad hier schlechter abschneidet. Wichtiger ist der gleichmäßige Verlauf der Zugleistung über den Geschwindigkeitsbereich, damit Sie z. B. sowohl bei 7 als auch bei 14 km/h ordentlich ackern können.

Wirkungsgrad-Indikator

Der richtige Indikator für den Wirkungsgrad sind die Grafiken zum spezifischen Verbrauch je kW Zugleistung (g/kWh). Ist der Wirkungsgrad (und damit die Zugleistung) geringer, während der Motor im Punkt der maximalen Leistung nach wie vor die gleiche Dieselmenge verbraucht, steigt der spezifische Verbrauch unweigerlich an. Das bedeutet in der Praxis, ein und derselbe Traktor verbraucht für exakt die gleiche Arbeit unter Umständen über 10 % mehr Diesel, wenn Sie statt 14 mit 16 km/h fahren!
Andere Getriebe haben wiederum über den Geschwindigkeitsbereich einen relativ gleichmäßigen Wirkungsgrad, aber das Gesamtsystem aus Motor, Getriebe und Achsen ist nicht so effektiv. In diesem Fall liegt der spezifische Verbrauch dann durchweg auf höherem Niveau.

GUT ZU WISSEN

Entscheidend ist nicht, was auf der Haube steht, sondern was an den Rädern ankommt.

Der spezifische Verbrauch ist der beste Indikator für den (Gesamt-)Wirkungsgrad.

Hier gibt es teilweise mehr als 10 % Unterschied zwischen 6 und 15 km/h.

Das bleibt festzuhalten

Die Ergebnisse von den 15 Traktoren in den vier Leistungsklassen zeigen, dass es teils größere, aber oft eben auch nur geringe Unterschiede im Getriebe-Wirkungsgrad in Abhängigkeit von der Fahrgeschwindigkeit gibt.
Um mit Ihrem (stufenlosen) Traktor möglichst effizient zu ackern, sollten Sie bei der Wahl von Fahrgeschwindigkeit und Motordrückung den aktuellen Dieselverbrauch (je Hektar!) im Blick haben. Nur damit lässt sich die Einstellung finden, bei der das Zusammenspiel von Motor und Getriebe optimal ist und Ihr Traktor spritsparend arbeitet.

Hubert Wilmer

Auf den folgenden Seiten sind 15 Traktoren in vier Leistungsklassen unterteilt dargestellt. Um die Getriebe besser vergleichen zu können, ist dabei nicht die tatsächliche Zugleistung, sondern der prozentuale Anteil Zugleistung an der maximalen Zapfwellenleistung aufgetragen. Detailliertere Mess-Ergebnisse zu jedem einzelnen Traktor finden Sie im Schleppertest der jeweils angegebenen Ausgabe.

Beim DLG-Testzentrum wird die maximale Zugleistung für den profi-Schleppertest mit dem Bremswagen im Geschwindigkeitsbereich von etwa 5 bis 15 km/h gemessen.
Fotos: Tovornik, Wilmer; Grafiken: Gesing

DIE 200-PS-KLASSE

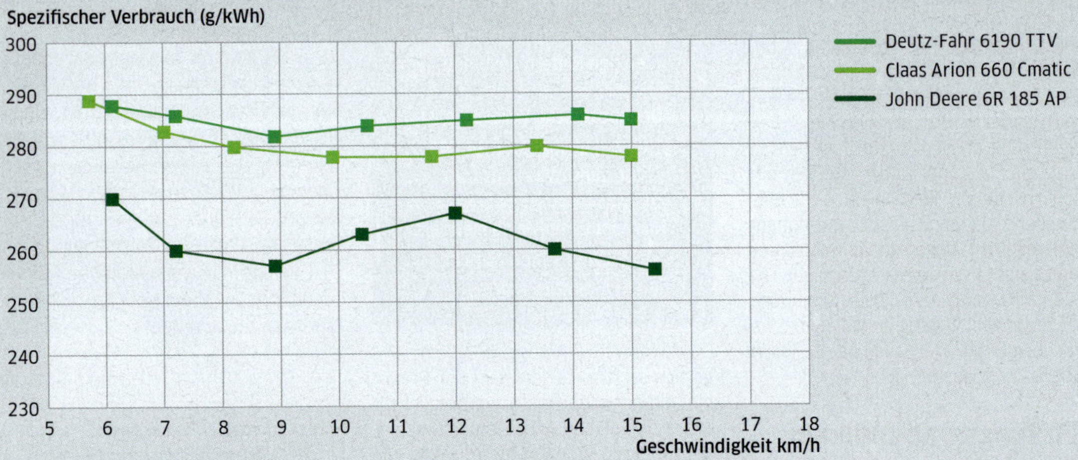

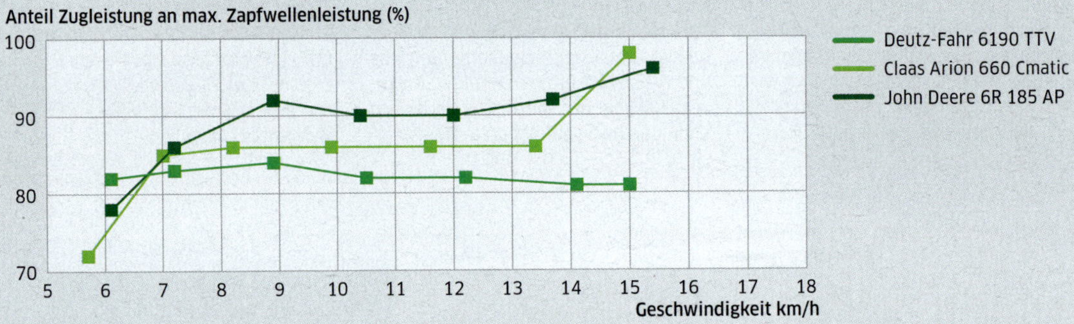

Claas Arion 660 Cmatic

Beim Arion mit dem EQ220-Getriebe fällt auf, dass die Zugleistung unter 7 km/h um fast 15 % abfällt. Offensichtlich wird dort die Motorleistung durch Verringern der Einspritzmenge reduziert. Außerdem steigt der spezifische Verbrauch hier an. Optimal sind mehr als 8 km/h, und oberhalb von 14 km/h greift bereits der Boost. Dabei steigt die Zugleistung dann steil an.

Deutz-Fahr 6190 TTV

Auch das Getriebe SDF T7340 im Deutz-Fahr 6190 TTV stammt von Claas und hat zwei automatisch wechselnde Fahrbereiche. So liegen Zugleistung und spezifischer Verbrauch auf vergleichbarem Niveau mit dem Arion. Allerdings gibt es beim TTV unter 7 km/h nicht den Leistungsabfall und über 14 km/h nicht den Boost wie bei dem Arion 660 von Claas.

John Deere 6R 185 AutoPowr

Der John Deere 6R 185 hat ein Stufenlosgetriebe von ZF. Auch hier geht die Zugleistung unter 8 km/h deutlich zurück, während sie über 14 km/h ansteigt. Beim Blick auf den spezifischen Verbrauch ist der effizienteste Bereich zwischen 8 und 9 km/h, während bei 6 und auch rund um 12 km/h die Verbräuche höher liegen. Trotzdem ist das Niveau durchgehend am niedrigesten.

DIE 250-PS-KLASSE

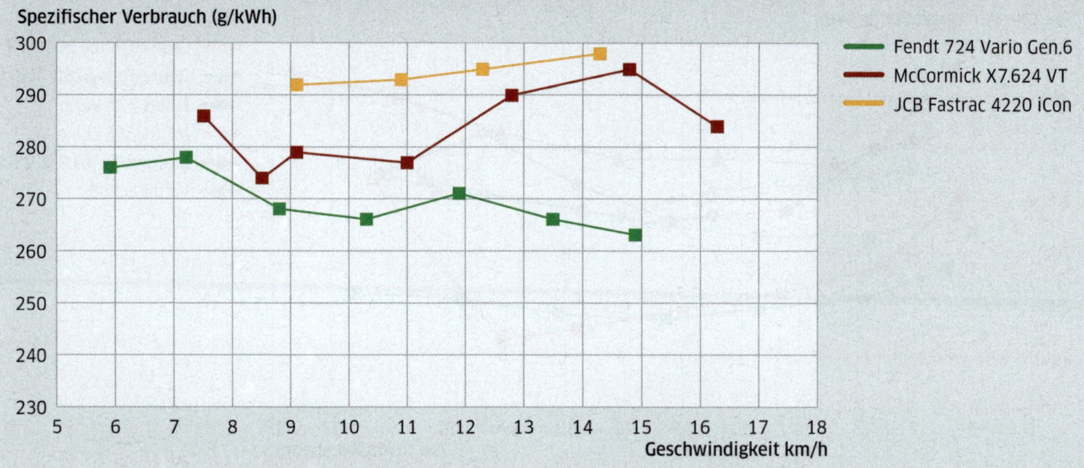

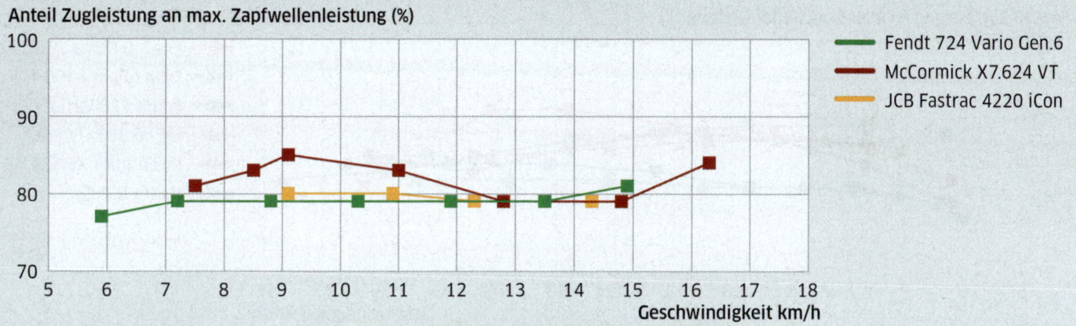

JCB Fastrac 4220 iCon

Der Fastrac 4220 iCon hat das ML 180 Vario-Getriebe von Fendt. Da wundert es nicht, dass der Verlauf der Zugleistungskurve fast exakt deckungsgleich mit dem 724 Vario ist. Allerdings macht der Blick auf den spezifischen Verbrauch deutlich, dass z.B. der Motor und der Fahrzeugaufbau großen Einfluss auf den Gesamtwirkungsgrad haben. Gemessen wurde hier nur von 9 bis 14 km/h.

Fendt 724 Vario Gen.6

Der Fendt 724 Vario hat in der Generation 6 noch das „alte" Vario-Getriebe ML 180 mit dem manuellen Fahrbereichswechsel. In der ersten Fahrstufe liegt die Zugleistung von 6 bis 15 km/h nahezu konstant auf einem Level. Etwas größer ist die Varianz beim spezifischen Verbrauch über den Geschwindigkeitsbereich – allerdings auf dem durchgehend niedrigsten Niveau.

McCormick X7.624 VT

Der stufenlose McCormick X7 fährt mit dem ZF-Getriebe TMT 20, das im Vergleich eine hohe Zugleistung hat, mit Spitzen bei rund 9 und über 15 km/h. Beim Blick auf den spezifischen Verbrauch liegen die Werte bei weniger als 8,5 km/h und oberhalb von 11 km/h allerdings deutlich höher als in dem Geschwindigkeitsbereich dazwischen rund um 10 km/h.

DIE 300-PS-KLASSE

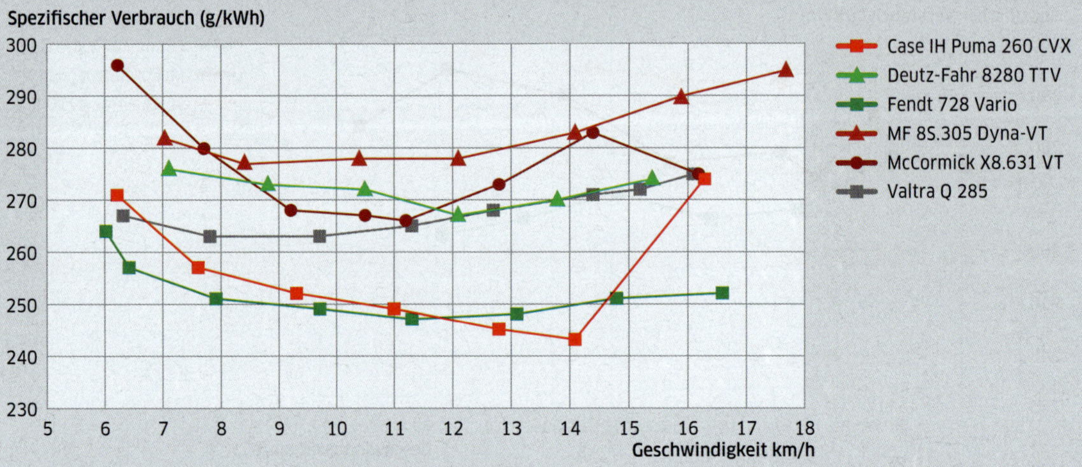

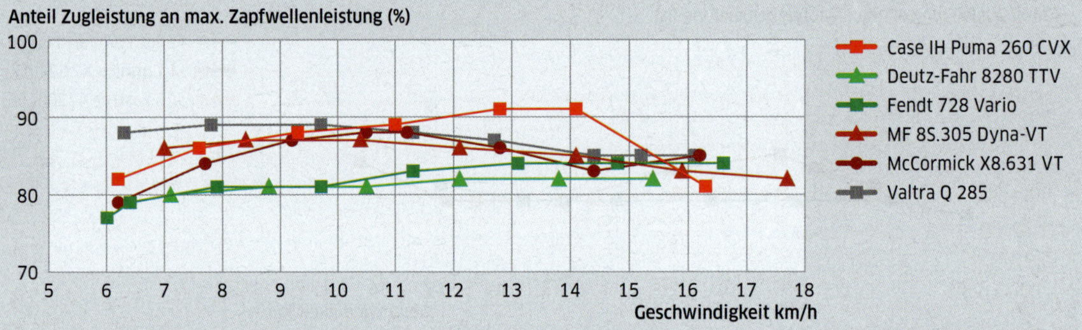

Case IH Puma 260 CVX

Der Puma 260 CVX verfügt (wie der New Holland T7.300 AC) über das CNH-Getriebe mit vier Fahrbereichen. Hier liegt die Zugleistung von 8 bis 14 km/h auf einem hohen Niveau. Unterhalb von 8 km/h und oberhalb von 14 km/h fällt die Leistung dagegen deutlich ab. Aufgrund des sparsamen FPT-Motors liegt der spezifische Verbrauch von 8 bis 14 km/h auf einem niedrigen Niveau.

Deutz-Fahr 8280 TTV

Wie der 6190 TTV hat auch der 8280 TTV von Deutz-Fahr ein Claas-Getriebe mit der eigenen Bezeichnung SDF T7780. Der Anteil der Zugleistung im Vergleich zur Zapfwellenleistung liegt demnach auch hier von 6 bis 16 km/h auf einem stabilen Niveau. Das Gleiche gilt erwartungsgemäß für den spezifischen Verbrauch, wobei das Niveau insgesamt durchschnittlich ist.

Fendt 728 Vario

Der Fendt 728 Vario ist mit dem neuen VarioDrive TA190 mit nur einem Fahrbereich ausgestattet. Dieses hat einen durchgehend stabilen Zugleistungsanteil im Vergleich zur maximalen Zapfwellenleistung. Und die hohe Effizienz des Gesamtsystems wird beim spezifischen Verbrauch deutlich: Fast durchgehend liegt die Kurve am niedrigsten, nur der Case IH Puma kann da mithalten.

DIE 400-PS-KLASSE

MF 8S.305 Dyna-VT

profi 8|23

Im MF 8S steckt das Vario-Getriebe ML 260 mit zwei manuell zu wechselnden Fahrbereichen. In der ersten Fahrstufe überzeugte die Zugleistung durchgehend. Auch der Verbrauch ist bis 14 km/h gleichmäßig, allerdings auf dem vergleichsweise höchsten Niveau.

McCormick X8.631 VT

profi 10|23

Wie der X7 hat auch der X8 von McCormick ein ZF-Getriebe, hier das TMT 32. Und auch hier gibt es unter 9 km/h einen deutlichen Abfall der Zugleistung. Genau das spiegelt dann auch die Kurve mit dem spezifischen Verbrauch wieder: Unterhalb von 9 km/h klettern die Werte auf über 290 g/kWh.

Valtra Q 285

profi 4|24

Wie der MF 8S ist auch der Valtra Q mit dem Vario ML 260 bestückt. Da ist es keine Überraschung, dass der Verlauf der Zugleistung recht exakt auf dem gleichen stabilen Niveau liegt – von 6 bis 16 km/h. Valtra ist es jedoch – trotz des ebenfalls identischen Motors – besser gelungen, den Q auf Effizienz zu trimmen. Der spezifische Verbrauch liegt nahezu 5 % niedriger.

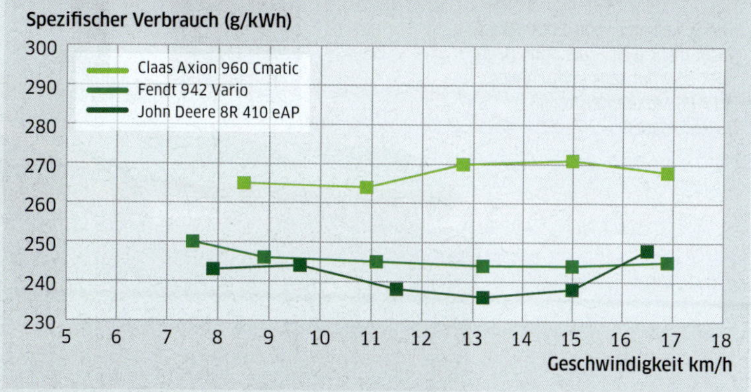

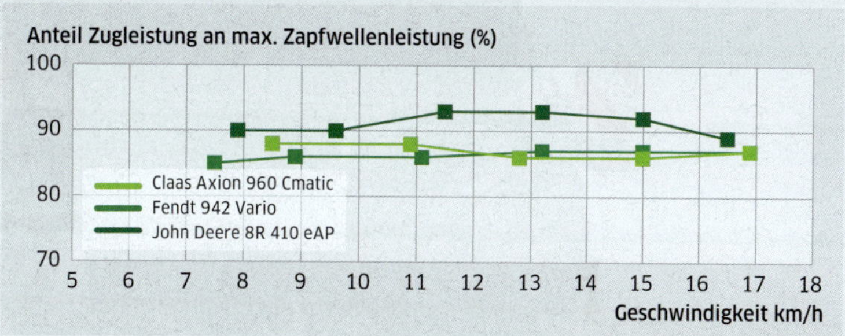

Claas Axion 960 Cmatic

profi 2|20

Im Claas Axion 960 arbeitet das stufenlose Getriebe Terramatic 45 von ZF. Beim Blick auf die Zugleistung sind die Werte durchgehend ziemlich stabil. Entsprechend liegt auch der spezifische Dieselverbrauch ebenfalls in einem engen Korridor von 265 bis gut 270 g/kWh. Allerdings ist das Niveau im Vergleich zu den beiden Wettbewerbern in dieser Klasse deutlich höher.

Fendt 942 Vario

profi 10|20

Der 942 Vario von Fendt hat das VarioDrive TA300, das keinen manuellen Fahrbereichswechsel hat. Wie schon im 728 Vario liegt die Zugleistung auf einem durchgehend stabilen Niveau. Ebenso verhält es sich mit dem spezifischen Dieselverbrauch: Er liegt durchweg auf einem niedrigen Niveau von nur rund 245 g/kWh.

John Deere 8R 410 eAP

profi 8|24

Ganz neu ist das eAutoPowr im John Deere 8R 410. Es überzeugt mit sehr guten Werten sowohl bei der Zapfwellenmessung als auch bei der Zugleistung. Gleichzeitig liegt der spezifische Verbrauch auf niedrigstem Level, mit Werten unter 240 g/kWh bei 11 bis 15 km/h Fahrgeschwindigkeit.

Die Schallmauer von 1 000 PS ist nicht mehr weit – der John Deere 9RX 830 hat sage und schreibe 913 PS Maximalleistung!
Fotos: Wilmer

John Deere 9RX 830

Das gaaanz große Besteck

Der neue John Deere 9RX sorgt jetzt auch auf europäischen Flächen für Furore. Wir haben das Topmodell 9RX 830 gefahren – und sind überzeugt, dass er seine Käufer finden wird.

Mit der Vorstellung des neuen 9RX ist John Deere ohne Frage ein Paukenschlag gelungen. Der große Raupen-Knicklenker wurde nicht nur von Grund auf neu konstruiert (in Block- statt Rahmenbauweise), sondern er stößt auch in neue Leistungsdimensionen vor. War bislang der 9RX 640 mit 691 PS Maximalleistung das Flaggschiff aus Waterloo, legt der neue 9RX 830 noch einmal exakt 222 PS obendrauf – Hammer!

Dass diese Power Platz braucht, wird einem eindrucksvoll klar, wenn man vor der gewaltigen Motorhaube steht. Zu unserer Überraschung lässt sich diese aber im Vergleich zur Haube des bekannten 9RX ganz bequem öffnen. Darunter kommen dann die gut zugänglichen Kühler zum Vorschein. Man muss diese aber vermutlich nur selten reinigen, da der neue 9RX einen hydraulisch angetriebenen Lüfter hat, der optional durch Änderung der Drehrichtung die Kühler auch ausblasen kann.

Die Wartung ist bewusst einfach. So sind alle Wartungspunkte des 9RX vom Boden aus zu kontrollieren, es gibt Schauröhrchen für die Füllstände von Kühlwasser, Diesel, Getriebe- und Hydrauliköl. Auch der Motorluftfilter ist vom Boden aus zu erreichen, und das Motoröl kontrolliert man einfach per Peilstab hinter einer Klappe. Während hier ein 500-h-Wechselintervall gilt, ist das Hydrauliköl mit eigenem Haushalt nur alle 4 000 Stunden zu tauschen.

GUT ZU WISSEN

Baugleich sind die Modelle 9RX 710 (781 PS max.) und 9RX 770 (847 PS max.).

Die Schlepper gibt es nur mit Schaltgetriebe und auch nur mit Raupen.

Fast 900 000 Euro ohne MwSt. sind der Grundpreis für das Topmodell.

Sieben Stufen führen – vorbei am fast 2000 l großen Dieseltank – in die riesige Kabine mit Vier-Punkt-Federung. Fotos: Wilmer

DATENKOMPASS

JOHN DEERE 9RX 830

MOTOR

Sechszylinder 18X mit 18 l Hubraum, 610 kW/830 PS Nennleistung, 672 kW/913 PS Maximalleistung, 4 234 Nm max. Drehmoment; kein AdBlue, kein DPF und kein DOC; max. 1 952 l Diesel

GETRIEBE

Voll lastschaltbares Getriebe, 21/11 Gänge, 40 km/h maximal; Zapfwelle mit 1 000 U/min für max. 335 PS

HYDRAULIK

Axialkolbenpumpe mit 212 l/min Serie, optional 424 l/min oder 636 l/min; bis zu 6 dw-Ventile und 2 x LS-Anschlüsse im Heck; 201 l Öl entnehmbar

FAHRWERK

Vier Raupen mit 76 cm Bandbreite und 2,24 m Spurweite, 5,7 m^2 Aufstandsfläche, 120 cm Treibraddurchmesser mit formschlüssigem Antrieb

ABMESSUNGEN, GEWICHTE

Länge: 8,87 m, Breite: 2,99 m, Höhe: 3,77 m; Leergewicht: 32,8 t

LISTENPREISE (OHNE MWST.)

Grundpreis: 895 180 €, Vollausstattung 997 362 €

Herstellerangaben

Der hydraulisch angetriebene Lüfter kann auch reversieren, um die Kühler sauber zu halten.

4 234 Nm Drehmoment, 2 000 l Diesel

Doch zurück zum Motor: Hinter dem Kühlerpaket sitzt der John Deere-eigene JD18 – ein Sechszylinder mit 18 l Hubraum, den wir schon aus den 9000er Feldhäckslern kennen. Für dieses Kraftpaket sind 830 PS bei 1 900 U/min Nenndrehzahl angegeben. Maximal sind es sogar 913 PS bei 1 700 Touren. Und das höchste Drehmoment von gewaltigen 4 234 Nm stemmt der Motor bei 1 400 U/min auf die Kurbelwelle – neue Dimensionen!

Für eine solche Leistung wird ein entsprechender Dieselvorrat benötigt. Deshalb kann der Bolide stolze 2 000 l in seinem Tank bunkern, der wegen der gleichmäßigeren Gewichtsverteilung mittig unter der Kabine statt auf dem Hinterwagen angeordnet ist. Allerdings sitzt in Deutschland im Tankstutzen ein Steigrohr, dass die Zapfpistole bei 1 500 l abstellt – mit mehr darf man hier ohne Gefahrgutschein nicht auf die Straße. Andererseits kommt der neue 9RX ohne AdBlue und Partikelfilter aus (es gibt nur eine gekühlte Abgasrückführung), da über 560 kW/760 PS weniger strenge Grenzwerte gelten.

Schaltgetriebe, 636 l/min Öl

Um die hohe Motorleistung zum Fahrwerk zu übertragen, hat John Deere ein komplett neues 21/11-Lastschaltgetrie-

Unter der gigantischen Haube sitzt der Sechszylinder von DPS mit 18 l Hubraum.

be konstruiert. Dies hat vom Aufbau her weniger mit dem 18/6 im bekannten 9R zu tun als mit dem e23 aus dem 8R. Auch hier gibt es verschiedene Schaltmodi und 40 km/h. Hinzu kommt eine optionale Zapfwelle, die rund 250 kW übertragen kann, um z.B. einen Überladewagen anzutreiben.
Ein Hubwerk ist aber auch auf Wunsch für den neuen 9RX nicht verfügbar. Dafür ist das Zugpendel im Heck umso größer: Stolze 70 mm Durchmesser hat der Bolzen des Kat. V-Zugpendels – damit lässt es sich pullen. Aber dazu gleich. Erst werfen wir noch einen Blick auf die Hydraulik. Serie ist eine Axialkolbenpumpe mit 212 l/min Förderleistung, optional gibt es bis zu drei Pumpen mit 636 l/min Gesamtförderleistung. Damit werden dann bis zu sechs dw-Ventile sowie zwei getrennte Loadsensing-Anlagen versorgt. Da wundert es nicht, dass man optional noch 40 PS Hydraulikboost ordern kann!

Die Sicht ist – auch wegen der fehlenden rechten Konsole – super. Selbst die Haube wirkt nicht überproportional groß.

Größere Raupen

Die Hauptaufgabe des neuen 9RX wird die schwere und schwerste Zugarbeit sein. Um dabei die Motorleistung überhaupt auf den Boden bringen zu können, hat John Deere auch größere Raupenlaufwerke konstruiert. Dabei hat das Treibrad 120 cm Durchmesser (100 cm beim kleineren 9RX) und sorgt mit 110° Umschlingungswinkel für den formschlüssigen Antrieb der 76 cm breiten Bänder. Damit bleibt der 9RX bei 2,24 m Spurweite außen exakt unter 3 m.
Das Leergewicht gibt John Deere mit 32,8 t an. Vorne und hinten ballastiert waren wir mit gut 35,5 t Einsatzgewicht unterwegs. Zusammen mit einem 9 m breiten Köckerling Vector im Schlepptau konnte der 9RX 830 auf Gut Rixdorf in Schleswig-Holstein zeigen, was in ihm steckt. Und tatsächlich erreichte der Knicklenker bei gut 30 cm Arbeitstiefe in der Ebene bis zu 12 km/h. Das entspricht einer Flächenleistung von fast 11 ha/h! Das relativiert auch den Dieselverbrauch von 165 l/h wieder: 15 l/ha passen in die Welt. Bei der Geschwindigkeit hatte der Schlepper auch keinerlei Probleme, die mehr als 900 PS Motorleistung bei weniger als 3 % Schlupf in Zugleistung zu verwandeln.
Spannender wird das unter 10 km/h – dann wird die Zugkraft so groß, dass auch der Schlupf schnell auf über 6 % anstieg. Hier würde das maximale (aber

Der 9RX ist nur 3 m breit, aber mit über 35 t Eigengewicht zu schwer, um mit Gerät auf öffentlichen Straßen zu fahren.

Die neuen Raupen haben drei Zwischenrollen und einen 120 cm großen Treibradurchmesser.

in Deutschland nicht zulässige) „Kampfgewicht" von bis zu 42,2 t noch ein wenig helfen. Aber je nach Bodenbeschaffenheit sind die Grenzen der Physik früher oder später erreicht.

Voll gefederte Kabine, Isobus von morgen

Die Grenzen der Physik ein wenig zu verschieben, versucht John Deere offensichtlich bei der Kabine. Sie hat nicht nur eine um 20 % vergrößerte Glasfläche, da fast die gesamte rechte Konsole verschwunden ist. Auch die Grundfläche ist noch einmal um 15 % gewachsen.
Hinzu kommt eine speziell entwickelte Vier-Punkt-Kabinenfederung mit isoliertem Unterrahmen, die den Fahrer von den Vibrationen der ungefederten Fahrwerke fernhalten soll. Das gelang bei „unserer" Vorserien-Maschine noch nicht, soll aber zur Serie besser werden.
Genauso, wie man noch an der Finalisierung der Getriebe-Software arbeitet. Derzeit schaltete die Box im Automatikmodus bei Lastwechseln noch gerne mehrfach hin und her.
Was die Bedienarmlehne mit den G5 Plus-Terminals, dem Lenksystem usw. angeht, gibt es bereits jetzt nichts mehr zu meckern. Premiere feiert im 9RX auch ein neues „Implement Ethernet", quasi die nächste Generation Isobus. Statt einer Datenübertragungsrate von nur 150 kB/s gibt John Deere die Geschwindigkeit des neuen Systems mit 1 GB/s an.

Wir fassen zusammen

Mit dem großen 9RX stößt John Deere die Tür in eine neue Leistungsdimension auf – fast 1 000 PS und über 4 200 Nm sind gigantisch! Gleichzeitig gelang es den Amerikanern, mit 3 m Breite und 40 t Gewicht die Dimensionen der deutschen Verkehrsvorschriften nicht zu sprengen.
Dennoch sind hier die Grenzen des Machbaren bald erreicht. So darf man den 9RX bei uns weder volltanken noch auf der Straße ein Gerät transportieren. Genau wie der Listenpreis von fast 1 Mio. Euro wird beides die entsprechenden Betriebe nicht davon abhalten, dieses gaaanz große Besteck auch einzusetzen.

Hubert Wilmer

1,6 t hängen neben dem Zugpendel der Kat. V.

AM RANDE NOTIERT

» Der 9RX 830 hat zwei 7,5 PS starke Anlasser. Exakt 15 PS hatte der Lanz D 4506, der einmal in Mannheim gebaut wurde.
» Es gibt ein spezielles Werkzeug, um den mittig getrennten 9RX zur Reparatur mit einem Akkuschrauber auseinanderfahren zu können.
» Wie beim X9-Mähdrescher ist eine Fast-Fill-Ausstattung mit Anschluss und Pumpe lieferbar. Damit lassen sich 570 l/min Diesel nachtanken.
» Da der 9RX ballastiert fast 40 t wiegt, muss in Deutschland ein leichterer Schlepper das Gerät zum Acker bringen. Entsprechend gibt es eine hydraulische, aber keine Druckluftbremse.

Weitere Informationen erhalten Sie von:
CNH Industrial Germany GmbH
Benzstraße 1
74076 Heilbronn
Telefon: 0 71 31/1 06-0
www.caseih.com

Case IH

Bereits im Jahr 1842 begann die Geschichte von Case. Jerome Increase Case gründete die Racine Threshing Machine Works und beschäftigte sich zunächst mit Dreschmaschinen. In Chicago nahm sich 1847 Cyrus McCormick ebenfalls dieses Themas an. Beide Unternehmen gewannen zunächst unabhängig voneinander an Marktanteil. 1869 kam der erste dampfgetriebene Traktor von Case & Company auf den Markt. 1892 folgte ein selbstfahrender Traktor mit Benzinmotor, aber erst ab 1911 konnte sich der neue Treibstoff durchsetzen.

Parallel entwickelte sich McCormick durch Fusionen zur International Harvester Company. Das Unternehmen konstruierte 1919 die erste serienreife Zapfwelle, die im Modell 8-16 zum Einsatz kam. Der Produktname Farmall, der sich auch bei aktuellen Modellen von Case IH findet, geht auf Traktoren von McCormick bzw. International Harvester aus den 1920er- und 30er-Jahren zurück. Weltweit ein weiterer Meilenstein war die Vorstellung des ersten Axial Flow-Mähdreschers im Jahr 1977.

Case und International Harvester fusionierten im Jahr 1985 zu Case IH. Ein Jahr später kam mit Steiger ein Spezialist für Großtraktoren in den Konzern, der bereits damals weltweit der zweitgrößte Landtechnikhersteller war. Das erste gemeinsame Produkt unter dem neuen Markennamen war 1989 der Magnum. Im Jahr 2000 wurde Case IH vom Fiat-Konzern übernommen. Unter dem italienischen Dach entstand zusammen mit New Holland das Unternehmen CNH.

Im Jahr 2023 stellte Case IH eine neue Quadtrac-Baureihe vor. Topmodel ist der Quadtrac 715 AFS mit 778 PS Maximalleistung. Zur Agritechnica 2025 kommen noch Neuerungen in der Puma-Baureihe sowie größere Optum-Modelle bis 435 PS, die wir leider hier noch nicht berücksichtigen konnten.

Case IH Farmall 55 A

Allradschlepper

Motor: FPT Turbomotor mit Ladeluftkühlung mit 41 kW (56 PS) nach ISO bei 2 300 min^{-1}; maximale Leistung 41 kW (56 PS); 3 Zylinder, 2 900 cm^3 Hubraum, Abgasnorm Stufe V
Getriebe: Synchro Shuttle, 12 Vorwärts- und 12 Rückwärtsgänge (auf Wunsch 12/12 Power Shuttle, 20/20 Kriechgang bis 40 km/h), synchronisiert, 4 Gänge im Hauptarbeitsbereich
Zapfwelle: 540/540E, Höchstdrehzahl: 634/780 min^{-1}
Hubwerk: Kat. II, Hubkraft 3 000 daN
Hydraulik: Pumpenleistung 48 + 36 l/min bei 190 bar
Gewichte & Maße: Zulässiges Gesamtgewicht 4 800 kg, Leergewicht 2 800 kg, Nutzlast 2 000 kg, Bodenfreiheit 45 cm, Wendekreis 7,9 m
Bereifung: 320/85R20, 420/70R30
Preis: 39 770 Euro (ohne MwSt.)

Case IH Farmall 55 C

Allradschlepper

Motor: FPT Turbomotor mit Ladeluftkühlung mit 43 kW (58 PS) nach ISO bei 2 300 min^{-1}; maximale Leistung 43 kW (58 PS) bei 1 800 min^{-1}; 4 Zylinder, 3 400 cm^3 Hubraum, Abgasnorm Stufe V
Getriebe: Synchro Shuttle, 12 Vorwärts- und 12 Rückwärtsgänge (auf Wunsch 12/12 Power Shuttle, 20/20 Kriechgang bis 40 km/h), synchronisiert, 4 Gänge im Hauptarbeitsbereich
Zapfwelle: 540/540E, Höchstdrehzahl: 634/780 min^{-1}
Hubwerk: Kat. II, Hubkraft 2 700 daN
Hydraulik: Pumpenleistung 48 + 36 l/min bei 190 bar
Gewichte & Maße: Zulässiges Gesamtgewicht 4 800 kg, Leergewicht 2 800 kg, Nutzlast 2 000 kg, Bodenfreiheit 42 cm, Wendekreis 7,5 m
Bereifung: 14.9LR20, 16.9R30
Preis: 57 278 Euro (ohne MwSt.)

Case IH Farmall 65 C

Allradschlepper

Motor: FPT Turbomotor mit Ladeluftkühlung mit 48 kW (65 PS) nach ISO bei 2 300 min^{-1}; maximale Leistung 4 802 kW (6 531 PS) bei 1 800 min^{-1}; 4 Zylinder, 3 400 cm^3 Hubraum, Abgasnorm Stufe V

Getriebe: Synchro Shuttle, 12 Vorwärts- und 12 Rückwärtsgänge (auf Wunsch 12/12 Power Shuttle, 20/20 Kriechgang bis 40 km/h), synchronisiert, 4 Gänge im Hauptarbeitsbereich
Zapfwelle: 540/540E, Höchstdrehzahl: 634/780 min^{-1}
Hubwerk: Kat. II, Hubkraft 2 700 daN
Hydraulik: Pumpenleistung 48 + 36 l/min bei 190 bar
Gewichte & Maße: Zulässiges Gesamtgewicht 4 800 kg, Leergewicht 2 800 kg, Nutzlast 2 000 kg, Bodenfreiheit 42 cm, Wendekreis 7,5 m
Bereifung: 14.9LR20, 16.9R30
Preis: 58 545 Euro (ohne MwSt.)

Case IH Farmall 65 A

Allradschlepper

Motor: FPT Turbomotor mit Ladeluftkühlung mit 48 kW (65 PS) nach ISO bei 2 300 min^{-1}; maximale Leistung 48 kW (65 PS); 3 Zylinder, 2 900 cm^3 Hubraum, Abgasnorm Stufe V
Getriebe: Synchro Shuttle, 12 Vorwärts- und 12 Rückwärtsgänge (auf Wunsch 12/12 Power Shuttle, 20/20 Kriechgang bis 40 km/h), synchronisiert, 4 Gänge im Hauptarbeitsbereich
Zapfwelle: 540/540E, Höchstdrehzahl: 634/780 min^{-1}
Hubwerk: Kat. II, Hubkraft 3 000 daN
Hydraulik: Pumpenleistung 48 + 36 l/min bei 190 bar
Gewichte & Maße: Zulässiges Gesamtgewicht 4 800 kg, Leergewicht 2 800 kg, Nutzlast 2 000 kg, Bodenfreiheit 45 cm, Wendekreis 7,9 m
Bereifung: 320/85R20, 420/70R30
Preis: 40 806 Euro (ohne MwSt.)

Case IH Farmall 75 C

Allradschlepper

Motor: FPT Turbomotor mit Ladeluftkühlung mit 55 kW (75 PS) nach ISO bei 2 300 min^{-1}; maximale Leistung 55 kW (75 PS) bei 1 800 min^{-1}; 4 Zylinder, 3 400 cm^3 Hubraum, Abgasnorm Stufe V
Getriebe: Synchro Shuttle, 12 Vorwärts- und 12 Rückwärtsgänge (auf Wunsch 12/12 Power Shuttle, 20/20 Kriechgang bis 40 km/h), synchronisiert, 4 Gänge im Hauptarbeitsbereich
Zapfwelle: 540/540E, Höchstdrehzahl: 634/780 min^{-1}
Hubwerk: Kat. II, Hubkraft 2 700 daN
Hydraulik: Pumpenleistung 48 + 36 l/min bei 190 bar
Gewichte & Maße: Zulässiges Gesamtgewicht 4 800 kg, Leergewicht 2 800 kg, Nutzlast 2 000 kg, Bodenfreiheit 42 cm, Wendekreis 7,5 m
Bereifung: 14.9LR20, 16.9R30
Preis: 60 204 Euro (ohne MwSt.)

Case IH Farmall 75 A

Allradschlepper

Motor: FPT Turbomotor mit Ladeluftkühlung mit 55 kW (75 PS) nach ISO bei 2 300 min^{-1}; maximale Leistung 55 kW (75 PS); 3 Zylinder, 2 900 cm^3 Hubraum, Abgasnorm Stufe V
Getriebe: Synchro Shuttle, 12 Vorwärts- und 12 Rückwärtsgänge (auf Wunsch 12/12 Power Shuttle, 20/20 Kriechgang bis 40 km/h), synchronisiert, 4 Gänge im Hauptarbeitsbereich

Zapfwelle: 540/540E, Höchstdrehzahl: 634/780 min-1
Hubwerk: Kat. II, Hubkraft 3 000 daN
Hydraulik: Pumpenleistung 48 + 36 l/min bei 190 bar
Gewichte & Maße: Zulässiges Gesamtgewicht 4 800 kg, Leergewicht 2 800 kg, Nutzlast 2 000 kg, Bodenfreiheit 45 cm, Wendekreis 7,9 m
Bereifung: 320/85R20, 420/70R30
Preis: 42 421 Euro (ohne MwSt.)

Case IH Farmall 90 A

Allradschlepper

Motor: FPT Turbomotor mit Ladeluftkühlung mit 66 kW (90 PS) nach ISO bei 2 300 min-1; maximale Leistung 66 kW (90 PS) bei 1 900 min-1; 4 Zylinder, 3 600 cm³ Hubraum, Abgasnorm Stufe V
Getriebe: Powershuttle, 12 Vorwärts- und 12 Rückwärtsgänge (auf Wunsch 20/20 Kriechgang bis 40 km/h), synchronisiert, 4 Gänge im Hauptarbeitsbereich
Zapfwelle: 540/540E/1000, Höchstdrehzahl: 1 938/1 535/1 926 min-1
Hubwerk: Kat. II, Hubkraft 4 700 daN
Hydraulik: Pumpenleistung 64 + 36 l/min bei 190 bar
Gewichte & Maße: Zulässiges Gesamtgewicht 6 500 kg, Bodenfreiheit 46 cm
Bereifung: 340/85R24, 420/85R34
Preis: Ende 2025 Euro (ohne MwSt.)

Case IH Farmall 90 C

Allradschlepper

Motor: FPT Turbomotor mit Ladeluftkühlung mit 66 kW (90 PS) nach ISO bei 2 300 min-1; maximale Leistung 66 kW (90 PS) bei 1 900 min-1; 4 Zylinder, 3 600 cm³ Hubraum, Abgasnorm Stufe V
Getriebe: ActiveDrive 2, 24 Vorwärts- und 24 Rückwärtsgänge (auf Wunsch 12/12 Power Shuttle 40x40 Kriechgang bis 40 km/h), synchronisiert, 12 Gänge im Hauptarbeitsbereich, 2 Lastschaltstufen
Zapfwelle: 540/540E/1000, Höchstdrehzahl: 1 938/1 535/1 926 min-1
Hubwerk: Kat. II, Hubkraft 4 700 daN
Hydraulik: Pumpenleistung 64 + 36 l/min bei 190 bar
Gewichte & Maße: Zulässiges Gesamtgewicht 6 500 kg, Leergewicht 4 100 kg, Bodenfreiheit 45 cm
Bereifung: 380/70R24, 480/70R34
Preis: 96 414 Euro (ohne MwSt.)

Case IH Farmall 100 A

Allradschlepper

Motor: FPT Turbomotor mit Ladeluftkühlung mit 74 kW (101 PS) nach ISO bei 2 300 min-1; maximale Leistung 74 kW (101 PS) bei 1 900 min-1; 4 Zylinder, 3 600 cm³ Hubraum, Abgasnorm Stufe V
Getriebe: Powershuttle, 12 Vorwärts- und 12 Rückwärtsgänge (auf Wunsch 20/20 Kriechgang bis 40 km/h), synchronisiert, 4 Gänge im Hauptarbeitsbereich
Zapfwelle: 540/540E/1000, Höchstdrehzahl: 1 938/1 535/1 926 min-1
Hubwerk: Kat. II, Hubkraft 4 700 daN
Hydraulik: Pumpenleistung 64 + 36 l/min bei 190 bar
Gewichte & Maße: Zulässiges Gesamtgewicht 6 500 kg, Bodenfreiheit 46 cm

Bereifung: 340/85R24, 420/85R34
Preis: Ende 2025 Euro (ohne MwSt.)

Case IH Farmall 100 C

Allradschlepper

Motor: FPT Turbomotor mit Ladeluftkühlung mit 74 kW (101 PS) nach ISO bei 2300 min^{-1}; maximale Leistung 74 kW (101 PS) bei 1900 min^{-1}; 4 Zylinder, 3600 cm^3 Hubraum, Abgasnorm Stufe V
Getriebe: ActiveDrive 2, 24 Vorwärts- und 24 Rückwärtsgänge (auf Wunsch 12/12 Power Shuttle, 40x40 Kriechgang bis 40 km/h), synchronisiert, 12 Gänge im Hauptarbeitsbereich, 2 Lastschaltstufen
Zapfwelle: 540/540E/1000, Höchstdrehzahl: 1938/1535/1926 min^{-1}
Hubwerk: Kat. II, Hubkraft 4700 daN
Hydraulik: Pumpenleistung 64 + 36 l/min bei 190 bar
Gewichte & Maße: Zulässiges Gesamtgewicht 6500 kg, Leergewicht 4100 kg, Bodenfreiheit 45 cm
Bereifung: 380/70R24, 480/70R34
Preis: 100068 Euro (ohne MwSt.)

Case IH Vestrum 100

Allradschlepper

Motor: FPT Turbomotor mit Ladeluftkühlung mit 75 kW (102 PS) nach ISO bei 2200 min^{-1}; maximale Leistung 82 kW (112 PS) bei 1800 min^{-1}; 4 Zylinder, 4485 cm^3 Hubraum, Abgasnorm Stufe V
Getriebe: Active Drive 8, stufenloses Getriebe bis 40 km/h
Zapfwelle: 540/540E/1000, Höchstdrehzahl: 603/768/1162 min^{-1}
Hubwerk: Kat. II/III, Hubkraft 5558 daN
Hydraulik: Pumpenleistung 110 l/min bei 200 bar
Gewichte & Maße: Zulässiges Gesamtgewicht 8800 kg, Leergewicht 5400 kg, Nutzlast 3400 kg, Bodenfreiheit 47 cm, Wendekreis 6,8 m
Bereifung: 440/65R28, 540/65R38
Preis: 123314 Euro (ohne MwSt.)

Case IH Vestrum 100 CVXDrive

Allradschlepper

Motor: FPT Turbomotor mit Ladeluftkühlung mit 75 kW (102 PS) nach ISO bei 2200 min^{-1}; maximale Leistung 82 kW (112 PS) bei 1800 min^{-1}; 4 Zylinder, 4485 cm^3 Hubraum, Abgasnorm Stufe V
Getriebe: CVXDrive, stufenloses Getriebe bis 40 km/h
Zapfwelle: 540/540E/1000, Höchstdrehzahl: 603/768/1162 min^{-1}
Hubwerk: Kat. II/III, Hubkraft 5558 daN
Hydraulik: Pumpenleistung 110 l/min bei 200 bar
Gewichte & Maße: Zulässiges Gesamtgewicht 8800 kg, Leergewicht 5400 kg, Nutzl. 3400 kg, Bodenfreiheit 47 cm, Wendekreis 6,8 m
Bereifung: 440/65R28, 540/65R38
Preis: 131836 Euro (ohne MwSt.)

Case IH Farmall 110 A

Allradschlepper

Motor: FPT Turbomotor mit Ladeluftkühlung mit 81 kW (110 PS) nach ISO bei 2300 min^{-1}; maximale Leistung 81 kW (110 PS) bei 1900 min^{-1}; 4 Zylinder, 3600 cm^3 Hubraum, Abgasnorm Stufe V
Getriebe: Powershuttle, 12 Vorwärts- und 12 Rückwärtsgänge (auf Wunsch 20/20 Kriechgang bis 40 km/h), synchronisiert, 4 Gänge im Hauptarbeitsbereich
Zapfwelle: 540/540E/1000, Höchstdrehzahl: 1938/1535/1926 min^{-1}
Hubwerk: Kat. II, Hubkraft 4700 daN
Hydraulik: Pumpenleistung 64 + 36 l/min bei 190 bar
Gewichte & Maße: Zulässiges Gesamtgewicht 6500 kg, Bodenfreiheit 46 cm
Bereifung: 340/85R24, 420/85R34
Preis: Ende 2025 Euro (ohne MwSt.)

Case IH Farmall 110 C

Allradschlepper

Motor: FPT Turbomotor mit Ladeluftkühlung mit 81 kW (110 PS) nach ISO bei 2300 min^{-1}; maximale Leistung 81 kW (110 PS) bei 1900 min^{-1};

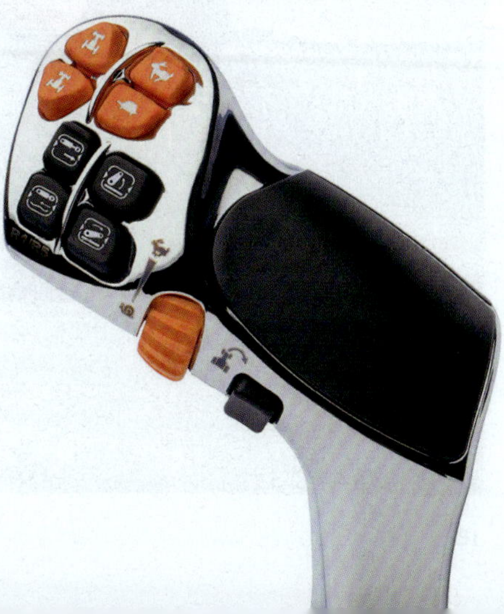

4 Zylinder, 3600 cm^3 Hubraum, Abgasnorm Stufe V
Getriebe: ActiveDrive 2, 24 Vorwärts- und 24 Rückwärtsgänge (auf Wunsch 12/12 Power Shuttle, 40x40 Kriechgang bis 40 km/h), synchronisiert, 12 Gänge im Hauptarbeitsbereich, 2 Lastschaltstufen
Zapfwelle: 540/540E/1000, Höchstdrehzahl: 1938/1535/1926 min^{-1}
Hubwerk: Kat. II, Hubkraft 4700 daN
Hydraulik: Pumpenleistung 64 + 36 l/min bei 190 bar
Gewichte & Maße: Zulässiges Gesamtgewicht 6500 kg, Leergewicht 4100 kg, Bodenfreiheit 45 cm
Bereifung: 380/70R24, 480/70R34
Preis: 103722 Euro (ohne MwSt.)

Case IH Vestrum 110 CVXDrive

Allradschlepper

Motor: FPT Turbomotor mit Ladeluftkühlung mit 82 kW (112 PS) nach ISO bei 2200 min^{-1}; maximale Leistung 89 kW (121 PS) bei 1800 min^{-1}; 4 Zylinder, 4485 cm^3 Hubraum, Abgasnorm Stufe V
Getriebe: CVXDrive, stufenloses Getriebe bis 40 km/h
Zapfwelle: 540/540E/1000, Höchstdrehzahl: 603/768/1162 min^{-1}
Hubwerk: Kat. II/III, Hubkraft 5558 daN
Hydraulik: Pumpenleistung 110 l/min bei 200 bar
Gewichte & Maße: Zulässiges Gesamtgewicht 8800 kg, Leergewicht 5400 kg, Nutzlast 3400 kg, Bodenfreiheit 47 cm, Wendekreis 6,8 m
Bereifung: 440/65R28, 540/65R38
Preis: 135363 Euro (ohne MwSt.)

Case IH Vestrum 110

Allradschlepper

Motor: FPT Turbomotor mit Ladeluftkühlung mit 82 kW (112 PS) nach ISO bei 2200 min^{-1}; maximale Leistung 89 kW (121 PS) bei 1800 min^{-1}; 4 Zylinder, 4485 cm^3 Hubraum, Abgasnorm Stufe V
Getriebe: Active Drive 8, stufenloses Getriebe bis 40 km/h
Zapfwelle: 540/540E/1000, Höchstdrehzahl: 603/768/1162 min^{-1}
Hubwerk: Kat. II/III, Hubkraft 5558 daN
Hydraulik: Pumpenleistung 110 l/min bei 200 bar
Gewichte & Maße: Zulässiges Gesamtgewicht 8800 kg, Leergewicht 5400 kg, Nutzlast 3400 kg, Bodenfreiheit 47 cm, Wendekreis 6,8 m
Bereifung: 440/65R28, 540/65R38
Preis: 126659 Euro (ohne MwSt.)

Case IH Maxxum 115

Allradschlepper

Motor: FPT Turbomotor mit Ladeluftkühlung mit 85 kW (116 PS) nach ISO bei 2200 min^{-1}; maximale Leistung 92 kW (125 PS); maximale Leistung (Boost) 107 kW (146 PS); 4 Zylinder, 4485 cm^3 Hubraum, Abgasnorm Stufe V
Getriebe: ActiveDrive 4, 32 Vorwärts- und 32 Rückwärtsgänge (auf Wunsch 16/16, 17/16, 32/32 KG bis 40 km/h), synchronisiert, 8 Gänge im Hauptarbeitsbereich, 4 Lastschaltstufen
Zapfwelle: 540/540E/1000, Höchstdrehzahl: 603/1037 min^{-1}
Hubwerk: Kat. II/IIIN, Hubkraft 8021 daN
Hydraulik: Pumpenleistung 80; 113 l/min bei 170 bar

Gewichte & Maße: Zulässiges Gesamtgewicht 9500 kg, Leergewicht 4820 kg, Nutzlast 4680 kg, Bodenfreiheit 50 cm, Wendekreis 5,8 m
Bereifung: 480/65R28, 600/65R38
Preis: 125777 Euro (ohne Mehrwertsteuer)

Case IH Farmall 120 C

Allradschlepper

Motor: FPT Turbomotor mit Ladeluftkühlung mit 86 kW (117 PS) nach ISO bei 2300 min^{-1}; maximale Leistung 86 kW (117 PS) bei 1900 min^{-1}; 4 Zylinder, 3600 cm^3 Hubraum, Abgasnorm Stufe V
Getriebe: ActiveDrive 2, 24 Vorwärts- und 24 Rückwärtsgänge (auf Wunsch 12/12 Power Shuttle, 40x40 Kriechgang bis 40 km/h), synchronisiert, 12 Gänge im Hauptarbeitsbereich, 2 Lastschaltstufen
Zapfwelle: 540/540E/1000, Höchstdrehzahl: 1938/1535/1926 min^{-1}
Hubwerk: Kat. II, Hubkraft 4700 daN
Hydraulik: Pumpenleistung 64 + 36 l/min bei 190 bar
Gewichte & Maße: Zulässiges Gesamtgewicht 6500 kg, Leergewicht 4100 kg, Bodenfreiheit 45 cm
Bereifung: 380/70R24, 480/70R34
Preis: 107376 Euro (ohne Mehrwertsteuer)

Case IH Vestrum 120

Allradschlepper

Motor: FPT Turbomotor mit Ladeluftkühlung mit 89 kW (121 PS) nach ISO bei 2200 min^{-1}; maximale Leistung 97 kW (132 PS) bei 1800 min^{-1}; 4 Zylinder, 4485 cm^3 Hubraum, Abgasnorm Stufe V
Getriebe: Active Drive 8, stufenloses Getriebe bis 40 km/h
Zapfwelle: 540/540E/1000, Höchstdrehzahl: 603/768/1162 min^{-1}
Hubwerk: Kat. II/III, Hubkraft 5558 daN
Hydraulik: Pumpenleistung 110 l/min bei 200 bar
Gewichte & Maße: Zulässiges Gesamtgewicht 8800 kg, Leergewicht 5400 kg, Nutzlast 3400 kg, Bodenfreiheit 47 cm, Wendekreis 6,8 m
Bereifung: 440/65R28, 540/65R38
Preis: 131050 Euro (ohne MwSt.)

Case IH Vestrum 120 CVXDrive

Allradschlepper

Motor: FPT Turbomotor mit Ladeluftkühlung mit 89 kW (121 PS) nach ISO bei 2200 min^{-1}; maximale Leistung 97 kW (132 PS) bei 1800 min^{-1}; 4 Zylinder, 4485 cm^3 Hubraum, Abgasnorm Stufe V
Getriebe: CVXDrive, stufenloses Getriebe bis 40 km/h
Zapfwelle: 540/540E/1000, Höchstdrehzahl: 603/768/1162 min^{-1}
Hubwerk: Kat. II/III, Hubkraft 5558 daN
Hydraulik: Pumpenleistung 110 l/min bei 200 bar
Gewichte & Maße: Zulässiges Gesamtgewicht 8800 kg, Leergewicht 5400 kg, Nutzlast 3400 kg, Bodenfreiheit 47 cm, Wendekreis 6,8 m
Bereifung: 440/65R28, 540/65R38
Preis: 140870 Euro (ohne MwSt.)

Case IH Maxxum 125 MC

Allradschlepper

Motor: FPT Turbomotor mit Ladeluftkühlung mit 92 kW (125 PS) nach ISO bei 2200 min^{-1}; maximale Leistung 99 kW (135 PS) bei 1800 min^{-1}; maximale Leistung (Boost) 114 kW (155 PS) bei 1800 min^{-1}; 4 Zylinder, 4485 cm^3 Hubraum, Abgasnorm Stufe V
Getriebe: Active Drive 8, 24 Vorwärts- und 24 Rückwärtsgänge (auf Wunsch

24/24, 48/48 KG bis 50 km/h), synchronisiert, 11 Gänge im Hauptarbeitsbereich, 8 Lastschaltstufen
Zapfwelle: 540/540E/1 000
Hubwerk: Kat. II/IIIN, Hubkraft 8 021 daN
Hydraulik: Pumpenleistung 113 l/min bei 210 bar
Gewichte & Maße: Zulässiges Gesamtgewicht 9 500 kg, Leergewicht 4 820 kg, Nutzlast 4 680 kg, Bodenfreiheit 50 cm, Wendekreis 5,8 m
Bereifung: 480/65R28, 600/65R38
Preis: 152 287 Euro (ohne MwSt.)

Case IH Maxxum 125 CVXDrive

Allradschlepper

Motor: FPT Turbomotor mit Ladeluftkühlung mit 92 kW (125 PS) nach ISO bei 2 200 min^{-1}; maximale Leistung 99 kW (135 PS) bei 1 800 min^{-1}; maximale Leistung (Boost) 114 kW (155 PS) bei 1 800 min^{-1}; 4 Zylinder, 4 485 cm^3 Hubraum, Abgasnorm Stufe V
Getriebe: CVXDrive, stufenloses Getriebe bis 50 km/h
Zapfwelle: 540/540E/1000, Höchstdrehzahl: 603/1 037 min^{-1}
Hubwerk: Kat. II/III, Hubkraft 8 021 daN
Hydraulik: Pumpenleistung 125 l/min bei 210 bar
Gewichte & Maße: Zulässiges Gesamtgewicht 9 500 kg, Leergewicht 4 990 kg, Nutzlast 4 510 kg, Bodenfreiheit 50 cm, Wendekreis 5,8 m
Bereifung: 480/65R28, 600/65R38
Preis: 167 567 Euro (ohne MwSt.)

Case IH Maxxum 125

Allradschlepper

Motor: FPT Turbomotor mit Ladeluftkühlung mit 92 kW (125 PS) nach ISO bei 2 200 min^{-1}; maximale Leistung 99 kW (135 PS); maximale Leistung (Boost) 114 kW (155 PS); 4 Zylinder, 4 485 cm^3 Hubraum, Abgasnorm Stufe V
Getriebe: ActiveDrive 4, 32 Vorwärts- und 32 Rückwärtsgänge (auf Wunsch 16/16, 17/16, 32/32 KG bis 40 km/h), synchronisiert, 8 Gänge im Hauptarbeitsbereich, 4 Lastschaltstufen
Zapfwelle: 540/540E/1000, Höchstdrehzahl: 603/1 037 min^{-1}
Hubwerk: Kat. II/IIIN, Hubkraft 8 021 daN
Hydraulik: Pumpenleistung 80; 113 l/min bei 170 bar
Gewichte & Maße: Zulässiges Gesamtgewicht 9 500 kg, Leergewicht 4 820 kg, Nutzlast 4 680 kg, Bodenfreiheit 50 cm, Wendekreis 5,8 m
Bereifung: 480/65R28, 600/65R38
Preis: 130 495 Euro (ohne MwSt.)

Case IH Vestrum 130

Allradschlepper

Motor: FPT Turbomotor mit Ladeluftkühlung mit 97 kW (132 PS) nach ISO bei 2 200 min^{-1}; maximale Leistung 104 kW (141 PS) bei 1 800 min^{-1}; 4 Zylinder, 4 485 cm^3 Hubraum, Abgasnorm Stufe V
Getriebe: Active Drive 8, stufenloses Getriebe bis 40 km/h
Zapfwelle: 540/540E/1000, Höchstdrehzahl: 603/768/1 162 min^{-1}
Hubwerk: Kat. II/III, Hubkraft 5 558 daN

Hydraulik: Pumpenleistung 110 l/min bei 200 bar
Gewichte & Maße: Zulässiges Gesamtgewicht 8 800 kg, Leergewicht 5 400 kg, Nutzlast 3 400 kg, Bodenfreiheit 47 cm, Wendekreis 6,8 m
Bereifung: 440/65R28, 540/65R38
Preis: 135 127 Euro (ohne Mehrwertsteuer)

Case IH Vestrum 130 CVXDrive

Allradschlepper

Motor: FPT Turbomotor mit Ladeluftkühlung mit 97 kW (132 PS) nach ISO bei 2 200 min^{-1}; maximale Leistung 104 kW (141 PS) bei 1 800 min^{-1}; 4 Zylinder, 4 485 cm^3 Hubraum, Abgasnorm Stufe V
Getriebe: CVXDrive, stufenloses Getriebe bis 40 km/h
Zapfwelle: 540/540E/1000, Höchstdrehzahl: 603/768/1 162 min^{-1}
Hubwerk: Kat. II/III, Hubkraft 5 558 daN
Hydraulik: Pumpenleistung 110 l/min bei 200 bar
Gewichte & Maße: Zulässiges Gesamtgewicht 8 800 kg, Leergewicht 5 400 kg, Nutzlast 3 400 kg, Bodenfreiheit 47 cm, Wendekreis 6,8 m
Bereifung: 440/65R28, 540/65R38
Preis: 145 362 Euro (ohne Mehrwertsteuer)

Case IH Maxxum 135 MC

Allradschlepper

Motor: FPT Turbomotor mit Ladeluftkühlung mit 99 kW (135 PS) nach ISO bei 2 200 min^{-1}; maximale Leistung 107 kW (146 PS) bei 1 800 min^{-1}; maximale Leistung (Boost) 124 kW (169 PS) bei 1 800 min^{-1}; 4 Zylinder, 4 485 cm^3 Hubraum, Abgasnorm Euro 4
Getriebe: Active Drive 8, 24 Vorwärts- und 24 Rückwärtsgänge (auf Wunsch 24/24, 48/48 KG bis 40 km/h), synchronisiert, 11 Gänge im Hauptarbeitsbereich, 8 Lastschaltstufen
Zapfwelle: 540/540E/1 000
Hubwerk: Kat. II/IIIN, Hubkraft 8 021 daN
Hydraulik: Pumpenleistung 113 l/min bei 210 bar
Gewichte & Maße: Zulässiges Gesamtgewicht 9 500 kg, Leergewicht 4 820 kg, Nutzlast 4 680 kg, Bodenfreiheit 50 cm, Wendekreis 5,8 m
Bereifung: 480/65R28, 600/65R38
Preis: 157 209 Euro (ohne MwSt.)

Case IH Maxxum 135

Allradschlepper

Motor: FPT Turbomotor mit Ladeluftkühlung mit 99 kW (135 PS) nach ISO bei 2 200 min^{-1}; maximale Leistung 107 kW (146 PS); maximale Leistung (Boost) 124 kW (169 PS); 4 Zylinder, 4 485 cm^3 Hubraum, Abgasnorm Stufe V
Getriebe: ActiveDrive 4, 32 Vorwärts- und 32 Rückwärtsgänge (auf Wunsch 16/16, 17/16, 32/32 KG bis 40 km/h), synchronisiert, 8 Gänge im Hauptarbeitsbereich, 4 Lastschaltstufen
Zapfwelle: 540/540E/1000, Höchstdrehzahl: 603/1 037 min^{-1}
Hubwerk: Kat. II/IIIN, Hubkraft 8 021 daN
Hydraulik: Pumpenleistung 80; 113 l/min bei 170 bar
Gewichte & Maße: Zulässiges Gesamtgewicht 9 500 kg, Leergewicht 4 820 kg, Nutzlast 4 680 kg, Bodenfreiheit 50 cm, Wendekreis 5,8 m
Bereifung: 480/65R28, 600/65R38
Preis: 135 083 Euro (ohne MwSt.)

Case IH Maxxum 135 CVXDrive

Allradschlepper

Motor: FPT Turbomotor mit Ladeluftkühlung mit 99 kW (135 PS) nach ISO bei 2 200 min^{-1}; maximale Leistung 107 kW (146 PS) bei 1 800 min^{-1}; maximale Leistung (Boost) 124 kW (169 PS) bei 1 800 min^{-1}; 4 Zylinder, 4 485 cm^3 Hubraum, Abgasnorm Stufe V
Getriebe: CVXDrive, stufenloses Getriebe bis 50 km/h
Zapfwelle: 540/540E/1000, Höchstdrehzahl: 603/1 037 min^{-1}
Hubwerk: Kat. II/III, Hubkraft 8 021 daN
Hydraulik: Pumpenleistung 125 l/min bei 210 bar
Gewichte & Maße: Zulässiges Gesamtgewicht 9 500 kg, Leergewicht 4 990 kg, Nutzlast 4 510 kg, Bodenfreiheit 50 cm, Wendekreis 5,8 m
Bereifung: 480/65R28, 600/65R38
Preis: 172 378 Euro (ohne MwSt.)

Case IH Puma 140

Allradschlepper

Motor: FPT Turbomotor mit Ladeluftkühlung mit 103 kW (140 PS) nach ISO bei 2 200 min^{-1}; maximale Leistung

118 kW (160 PS) bei 1 800 min^{-1}; maximale Leistung (Boost) 129 kW (175 PS) bei 1 800 min^{-1}; 6 Zylinder, 6 728 cm^3 Hubraum, Abgasnorm Stufe V
Getriebe: ActiveDrive 6, 19 Vorwärts- und 6 Rückwärtsgänge (auf Wunsch 19/6, 29/12 KG bis 40 km/h), synchronisiert, 7 Gänge im Hauptarbeitsbereich, 6 Lastschaltstufen
Zapfwelle: 540/540E/1000, Höchstdrehzahl: 604/705/1 124 min^{-1}
Hubwerk: Kat. II/III, Hubkraft 8 012 daN
Hydraulik: Pumpenleistung 113 l/min bei 190 bar
Gewichte & Maße: Zulässiges Gesamtgewicht 10 500 kg, Leergewicht 5 800 kg, Nutzlast 4 700 kg, Bodenfreiheit 50 cm, Wendekreis 11,4 m
Bereifung: 540/65R28, 650/65R38
Preis: 151 763 Euro (ohne Mehrwertsteuer)

Case IH Maxxum 145

Allradschlepper

Motor: FPT Turbomotor mit Ladeluftkühlung mit 107 kW (146 PS) nach ISO bei 2 200 min^{-1}; maximale Leistung 114 kW (155 PS); maximale Leistung (Boost) 129 kW (175 PS); 4 Zylinder, 4 485 cm^3 Hubraum, Abgasnorm Stufe V
Getriebe: ActiveDrive 4, 32 Vorwärts- und 32 Rückwärtsgänge (auf Wunsch 16/16, 17/16, 32/32 KG bis 40 km/h), synchronisiert, 8 Gänge im Hauptarbeitsbereich, 4 Lastschaltstufen
Zapfwelle: 540/540E/1000, Höchstdrehzahl: 603/1 037 min^{-1}
Hubwerk: Kat. II/IIIN, Hubkraft 8 021 daN
Hydraulik: Pumpenleistung 80; 113 l/min bei 170 bar
Gewichte & Maße: Zulässiges Gesamtgewicht 9 500 kg, Leergewicht 4 820 kg, Nutzlast 4 680 kg, Bodenfreiheit 50 cm, Wendekreis 5,8 m
Bereifung: 480/65R28, 600/65R38
Preis: 138 197 Euro (ohne MwSt.)

Case IH Maxxum 145 CVXDrive

Allradschlepper

Motor: FPT Turbomotor mit Ladeluftkühlung mit 107 kW (146 PS) nach ISO bei 2 200 min^{-1}; maximale Leistung 114 kW (155 PS) bei 1 800 min^{-1}; maximale Leistung (Boost) 129 kW (175 PS) bei 1 800 min^{-1}; 4 Zylinder, 4 485 cm^3 Hubraum, Abgasnorm Stufe V
Getriebe: CVXDrive, stufenloses Getriebe bis 50 km/h
Zapfwelle: 540/540E/1000, Höchstdrehzahl: 603/1 037 min^{-1}
Hubwerk: Kat. II/III, Hubkraft 8 021 daN
Hydraulik: Pumpenleistung 125 l/min bei 210 bar
Gewichte & Maße: Zulässiges Gesamtgewicht 9 500 kg, Leergewicht 4 990 kg, Nutzlast 4 510 kg, Bodenfreiheit 50 cm, Wendekreis 5,8 m
Bereifung: 480/65R28, 600/65R38
Preis: 175 506 Euro (ohne Mehrwertsteuer)

Case IH Maxxum 145 MC

Allradschlepper

Motor: FPT Turbomotor mit Ladeluftkühlung mit 107 kW (146 PS) nach ISO bei 2 200 min^{-1}; maximale Leistung 114 kW (155 PS) bei 1 800 min^{-1}; maximale Leistung (Boost) 129 kW (175 PS) bei 1 800 min^{-1}; 4 Zylinder, 4 485 cm^3 Hubraum, Abgasnorm Stufe V

Getriebe: Active Drive 8, 24 Vorwärts- und 24 Rückwärtsgänge (auf Wunsch 24/24, 48/48 KG bis 40 km/h), synchronisiert, 11 Gänge im Hauptarbeitsbereich, 8 Lastschaltstufen
Zapfwelle: 540/540E/1000, Höchstdrehzahl: 603/1 037 min^{-1}
Hubwerk: Kat. II/IIIN, Hubkraft 8 021 daN
Hydraulik: Pumpenleistung 113 l/min bei 210 bar
Gewichte & Maße: Zulässiges Gesamtgewicht 9 500 kg, Leergewicht 4 820 kg, Nutzlast 4 680 kg, Bodenfreiheit 50 cm, Wendekreis 5,8 m
Bereifung: 480/65R28, 600/65R38
Preis: 160 312 Euro (ohne MwSt.)

Case IH Maxxum 150
Allradschlepper

Motor: FPT Turbomotor mit Ladeluftkühlung mit 107 kW (146 PS) nach ISO bei 2 200 min^{-1}; maximale Leistung 116 kW (158 PS); maximale Leistung (Boost) 129 kW (175 PS); 6 Zylinder, 6 728 cm^3 Hubraum, Abgasnorm Stufe V
Getriebe: ActiveDrive 4, 32 Vorwärts- und 32 Rückwärtsgänge (auf Wunsch 16/16, 17/16, 32/32 KG bis 40 km/h), synchronisiert, 8 Gänge im Hauptarbeitsbereich, 4 Lastschaltstufen
Zapfwelle: 540/540E/1000, Höchstdrehzahl: 603/1 037 min^{-1}
Hubwerk: Kat. II/IIIN, Hubkraft 8 021 daN
Hydraulik: Pumpenleistung 80; 113 l/min bei 170 bar
Gewichte & Maße: Zulässiges Gesamtgewicht 9 500 kg, Leergewicht 4 820 kg, Nutzlast 4 680 kg, Bodenfreiheit 50 cm, Wendekreis 5,8 m
Bereifung: 480/65R28, 600/65R38
Preis: 143 239 Euro (ohne Mehrwertsteuer)

Case IH Maxxum 150 CVXDrive
Allradschlepper

Motor: FPT Turbomotor mit Ladeluftkühlung mit 107 kW (146 PS) nach ISO bei 2 200 min^{-1}; maximale Leistung 116 kW (158 PS) bei 1 800 min^{-1}; maximale Leistung (Boost) 129 kW (175 PS) bei 1 800 min^{-1}; 6 Zylinder, 6 728 cm^3 Hubraum, Abgasnorm Stufe V
Getriebe: CVXDrive, stufenloses Getriebe bis 50 km/h
Zapfwelle: 540/540E/1000, Höchstdrehzahl: 603/1 037 min^{-1}
Hubwerk: Kat. II/III, Hubkraft 8 021 daN
Hydraulik: Pumpenleistung 125 l/min bei 210 bar
Gewichte & Maße: Zulässiges Gesamtgewicht 9 500 kg, Leergewicht 4 990 kg, Nutzlast 4 510 kg, Bodenfreiheit 50 cm, Wendekreis 5,8 m
Bereifung: 480/65R28, 600/65R38
Preis: 181 042 Euro (ohne MwSt.)

Case IH Maxxum 150 MC
Allradschlepper

Motor: FPT Turbomotor mit Ladeluftkühlung mit 107 kW (146 PS) nach ISO bei 2 200 min^{-1}; maximale Leistung 116 kW (158 PS) bei 1 800 min^{-1}; maximale Leistung (Boost) 129 kW (175 PS) bei 1 800 min^{-1}; 6 Zylinder, 6 728 cm^3 Hubraum, Abgasnorm Stufe V

Getriebe: Active Drive 8, 24 Vorwärts- und 24 Rückwärtsgänge (auf Wunsch 24/24, 48/48 KG bis 40 km/h), synchronisiert, 11 Gänge im Hauptarbeitsbereich, 8 Lastschaltstufen
Zapfwelle: 540/540E/1000, Höchstdrehzahl: 603/1 037 min^{-1}
Hubwerk: Kat. II/IIIN, Hubkraft 8 021 daN
Hydraulik: Pumpenleistung 113 l/min bei 210 bar
Gewichte & Maße: Zulässiges Gesamtgewicht 9 500 kg, Leergewicht 4 820 kg, Nutzlast 4 680 kg, Bodenfreiheit 50 cm, Wendekreis 5,8 m
Bereifung: 480/65R28, 600/65R38
Preis: 165 761 Euro (ohne MwSt.)

Case IH Puma 150

Allradschlepper

Motor: FPT Turbomotor mit Ladeluftkühlung mit 110 kW (150 PS) nach ISO bei 2 200 min^{-1}; maximale Leistung 121 kW (165 PS) bei 1 800 min^{-1}; maximale Leistung (Boost) 140 kW (190 PS) bei 1 800 min^{-1}; 6 Zylinder, 6 728 cm^3 Hubraum, Abgasnorm Stufe V
Getriebe: ActiveDrive 6, 19 Vorwärts- und 6 Rückwärtsgänge (auf Wunsch 19/6, 29/12 KG bis 40 km/h), synchronisiert, 7 Gänge im Hauptarbeitsbereich, 6 Lastschaltstufen
Zapfwelle: 540/540E/1000, Höchstdrehzahl: 604/705/1 124 min^{-1}
Hubwerk: Kat. II/III, Hubkraft 8 012 daN
Hydraulik: Pumpenleistung 113 l/min bei 190 bar
Gewichte & Maße: Zulässiges Gesamtgewicht 10 500 kg, Leergewicht 5 800 kg, Nutzlast 4 700 kg, Bodenfreiheit 50 cm, Wendekreis 11,4 m
Bereifung: 540/65R28, 650/65R38
Preis: 157 015 Euro (ohne Mehrwersteuer)

Case IH Puma 155 CVXDrive

Allradschlepper

Motor: FPT Turbomotor mit Ladeluftkühlung mit 114 kW (155 PS) nach ISO bei 2 200 min^{-1}; maximale Leistung 125 kW (170 PS) bei 1 800 min^{-1}; maximale Leistung (Boost) 140 kW (190 PS) bei 1 800 min^{-1}; 6 Zylinder, 6 728 cm^3 Hubraum, Abgasnorm Stufe V
Getriebe: CVXDrive, stufenloses Getriebe bis 50 km/h
Zapfwelle: 540/540E/1000, Höchstdrehzahl: 625/754/1 141 min^{-1}
Hubwerk: Kat. II/III, Hubkraft 8 379 daN
Hydraulik: Pumpenleistung 170 l/min bei 210 bar
Gewichte & Maße: Zulässiges Gesamtgewicht 13 500 kg, Leergewicht 7 600 kg, Nutzlast 5 900 kg, Bodenfreiheit 56 cm, Wendekreis 11,4 m
Bereifung: 540/65R28, 650/65R38
Preis: Ende 2025 Euro (ohne MwSt.)

Case IH Puma 165 MC

Allradschlepper

Motor: FPT Turbomotor mit Ladeluftkühlung mit 121 kW (165 PS) nach ISO bei 2 200 min^{-1}; maximale Leistung 132 kW (180 PS) bei 1 800 min^{-1}; maximale Leistung (Boost) 155 kW (211 PS) bei 1 800 min^{-1}; 6 Zylinder, 6 728 cm^3 Hubraum, Abgasnorm Stufe V

Getriebe: PowerDrive, 19 Vorwärts- und 6 Rückwärtsgänge (auf Wunsch 19/6, 29/12 KG bis 40 km/h), synchronisiert, 7 Gänge im Hauptarbeitsbereich, 6 Lastschaltstufen
Zapfwelle: 540/540E/1000, Höchstdrehzahl: 604/705/1 124 min^{-1}
Hubwerk: Kat. II/III, Hubkraft 8 012 daN
Hydraulik: Pumpenleistung 113 l/min bei 190 bar
Gewichte & Maße: Zulässiges Gesamtgewicht 10 500 kg, Leergewicht 5 800 kg, Nutzlast 4 200 kg, Bodenfreiheit 50 cm
Bereifung: 540/65R28, 650/65R38
Preis: 183 635 Euro (ohne MwSt.)

Case IH Puma 165 CVXDrive

Allradschlepper

Motor: FPT Turbomotor mit Ladeluftkühlung mit 121 kW (165 PS) nach ISO bei 2 200 min^{-1}; maximale Leistung 132 kW (180 PS) bei 1 800 min^{-1}; maximale Leistung (Boost) 155 kW (211 PS) bei 1 800 min^{-1}; 6 Zylinder, 6 728 cm^3 Hubraum, Abgasnorm Stufe V
Getriebe: CVXDrive, stufenloses Getriebe bis 50 km/h
Zapfwelle: 540/540E/1000, Höchstdrehzahl: 625/754/1 141 min^{-1}
Hubwerk: Kat. II/III, Hubkraft 8 379 daN
Hydraulik: Pumpenleistung 170 l/min bei 210 bar
Gewichte & Maße: Zulässiges Gesamtgewicht 13 500 kg, Leergewicht 7 600 kg, Nutzlast 5 900 kg, Bodenfreiheit 56 cm, Wendekreis 11,4 m
Bereifung: 540/65R28, 650/65R38
Preis: Ende 2025 Euro (ohne MwSt.)

Case IH Puma 165 CVXDrive

Allradschlepper

Motor: FPT Turbomotor mit Ladeluftkühlung mit 121 kW (165 PS) nach ISO bei 2 200 min^{-1}; maximale Leistung 132 kW (180 PS) bei 1 800 min^{-1}; maximale Leistung (Boost) 155 kW (211 PS) bei 1 800 min^{-1}; 6 Zylinder, 6 728 cm^3 Hubraum, Abgasnorm Stufe V
Getriebe: CVXDrive, stufenloses Getriebe bis 50 km/h
Zapfwelle: 540/540E/1000, Höchstdrehzahl: 604/705/1 124 min^{-1}
Hubwerk: Kat. II/III, Hubkraft 8 012 daN
Hydraulik: Pumpenleistung 147; 166 l/min bei 210 bar
Gewichte & Maße: Zulässiges Gesamtgewicht 11 500 kg, Leergewicht 6 000 kg, Nutzlast 5 500 kg, Bodenfreiheit 50 cm
Bereifung: 540/65R28, 650/65R38
Preis: 206 194 Euro (ohne Mehrwertsteuer)

Case IH Puma 165
Allradschlepper

Motor: FPT Turbomotor mit Ladeluftkühlung mit 121 kW (165 PS) nach ISO bei 2 200 min^{-1}; maximale Leistung 132 kW (180 PS) bei 1 800 min^{-1}; maximale Leistung (Boost) 155 kW (211 PS) bei 1 800 min^{-1}; 6 Zylinder, 6 728 cm^3 Hubraum, Abgasnorm Stufe V
Getriebe: ActiveDrive 6, 19 Vorwärts- und 6 Rückwärtsgänge (auf Wunsch 19/6, 29/12 KG bis 40 km/h), synchronisiert, 7 Gänge im Hauptarbeitsbereich, 6 Lastschaltstufen
Zapfwelle: 540/540E/1000, Höchstdrehzahl: 604/705/1 124 min^{-1}
Hubwerk: Kat. II/III, Hubkraft 8 012 daN
Hydraulik: Pumpenleistung 113 l/min bei 190 bar
Gewichte & Maße: Zulässiges Gesamtgewicht 10 500 kg, Leergewicht 5 800 kg, Nutzlast 4 700 kg, Bodenfreiheit 50 cm, Wendekreis 11,4 m
Bereifung: 540/65R28, 650/65R38
Preis: 165 344 Euro (ohne Mehrwertsteuer)

Case IH Puma 185
Allradschlepper

Motor: FPT Turbomotor mit Ladeluftkühlung mit 132 kW (180 PS) nach ISO bei 2 200 min^{-1}; maximale Leistung 147 kW (200 PS) bei 1 800 min^{-1}; maximale Leistung (Boost) 165 kW (224 PS) bei 1 800 min^{-1}; 6 Zylinder, 6 728 cm^3 Hubraum, Abgasnorm Stufe V
Getriebe: PowerDrive, 19 Vorwärts- und 6 Rückwärtsgänge (auf Wunsch 19/6, 29/12 KG bis 40 km/h), synchronisiert, 7 Gänge im Hauptarbeitsbereich, 19 Lastschaltstufen
Zapfwelle: 540/540E/1 000/1 000E, Höchstdrehzahl: 646/757/1 162/1 363 min^{-1}
Hubwerk: Kat. II/III, Hubkraft 10 672 daN
Hydraulik: Pumpenleistung 120; 150 l/min bei 215 bar
Gewichte & Maße: Zulässiges Gesamtgewicht 13 650 kg, Leergewicht 7 300 kg, Nutzlast 5 700 kg, Bodenfreiheit 50 cm, Wendekreis 10,9 m
Bereifung: 540/65R30, 650/65R42
Preis: 216 722 Euro (ohne MwSt.)

Case IH Puma 185 CVXDrive
Allradschlepper

Motor: FPT Turbomotor mit Ladeluftkühlung mit 132 kW (180 PS) nach ISO bei 2 200 min^{-1}; maximale Leistung 147 kW (200 PS) bei 1 800 min^{-1}; maximale Leistung (Boost) 165 kW (224 PS) bei 1 800 min^{-1}; 6 Zylinder, 6 728 cm^3 Hubraum, Abgasnorm Stufe V
Getriebe: CVXDrive, stufenloses Getriebe bis 50 km/h
Zapfwelle: 540/540E/1 000/1 000E, Höchstdrehzahl: 646/757/1 162/1 363 min^{-1}
Hubwerk: Kat. II/III, Hubkraft 10 672 daN
Hydraulik: Pumpenleistung 150; 170 l/min bei 215 bar
Gewichte & Maße: Zulässiges Gesamtgewicht 14 400 kg, Leergewicht 7 300 kg, Nutzlast 6 700 kg, Bodenfreiheit 50 cm, Wendekreis 10,9 m
Bereifung: 540/65R30, 650/65R42
Preis: 272 546 Euro (ohne MwSt.)

Case IH Puma 185 PowerDrive
Allradschlepper

Motor: FPT Turbomotor mit Ladeluftkühlung mit 132 kW (180 PS) nach ISO bei 2 200 min^{-1}; maximale Leistung 147 kW (200 PS) bei 1 800 min^{-1}; maximale Leistung (Boost) 165 kW (224 PS) bei 1 800 min^{-1}; 6 Zylinder, 6 728 cm^3 Hubraum, Abgasnorm Stufe V
Getriebe: PowerDrive, 19 Vorwärts- und 6 Rückwärtsgänge (auf Wunsch 19/6, 29/12 KG bis 40 km/h), synchronisiert, 7 Gänge im Hauptarbeitsbereich, 19 Lastschaltstufen
Zapfwelle: 540/540E/1 000/1 000E, Höchstdrehzahl: 646/757/1 162/1 363 min^{-1}
Hubwerk: Kat. II/III, Hubkraft 10 672 daN

Hydraulik: Pumpenleistung 120; 150 l/min bei 215 bar
Gewichte & Maße: Zulässiges Gesamtgewicht 13 650 kg, Leergewicht 7 300 kg, Nutzlast 5 700 kg, Bodenfreiheit 50 cm, Wendekreis 10,9 m
Bereifung: 540/65R30, 650/65R42
Preis: 249 470 Euro (ohne MwSt.)

Case IH Puma 175 CVXDrive

Allradschlepper

Motor: FPT Turbomotor mit Ladeluftkühlung mit 132 kW (180 PS) nach ISO bei 2 200 min^{-1}; maximale Leistung 147 kW (200 PS) bei 1 800 min^{-1}; maximale Leistung (Boost) 165 kW (224 PS) bei 1 800 min^{-1}; 6 Zylinder, 6 728 cm^3 Hubraum, Abgasnorm Stufe V
Getriebe: CVXDrive, stufenloses Getriebe bis 50 km/h
Zapfwelle: 540/540E/1000, Höchstdrehzahl: 604/705/1 124 min^{-1}
Hubwerk: Kat. II/III, Hubkraft 8 012 daN
Hydraulik: Pumpenleistung 147; 166 l/min bei 210 bar
Gewichte & Maße: Zulässiges Gesamtgewicht 11 500 kg, Leergewicht 6 000 kg, Nutzlast 5 500 kg, Bodenfreiheit 50 cm, Wendekreis 10,9 m
Bereifung: 540/65R28, 650/65R38
Preis: 213 904 Euro (ohne MwSt.)

Case IH Puma 185 CVXDrive

Allradschlepper

Motor: FPT Turbomotor mit Ladeluftkühlung mit 136 kW (185 PS) nach ISO bei 2 200 min^{-1}; maximale Leistung 147 kW (200 PS) bei 1 800 min^{-1}; maximale Leistung (Boost) 166 kW (226 PS) bei 1 800 min^{-1}; 6 Zylinder, 6 728 cm^3 Hubraum, Abgasnorm Stufe V
Getriebe: CVXDrive, stufenloses Getriebe bis 50 km/h
Zapfwelle: 540/540E/1000, Höchstdrehzahl: 625/754/1 141 min^{-1}
Hubwerk: Kat. II/III, Hubkraft 8 379 daN
Hydraulik: Pumpenleistung 170 l/min bei 210 bar
Gewichte & Maße: Zulässiges Gesamtgewicht 13 500 kg, Leergewicht 7 600 kg, Nutzlast 5 900 kg, Bodenfreiheit 56 cm, Wendekreis 11,4 m
Bereifung: 540/65R28, 650/65R38
Preis: Ende 2025 Euro (ohne MwSt.)

Case IH Puma 200 CVXDrive

Allradschlepper

Motor: FPT Turbomotor mit Ladeluftkühlung mit 147 kW (200 PS) nach ISO bei 2 200 min^{-1}; maximale Leistung 162 kW (220 PS) bei 1 800 min^{-1}; maximale Leistung (Boost) 180 kW (245 PS) bei 1 800 min^{-1}; 6 Zylinder, 6 728 cm^3 Hubraum, Abgasnorm Stufe V
Getriebe: CVXDrive, stufenloses Getriebe bis 50 km/h
Zapfwelle: 540/540E/1 000/1 000E, Höchstdrehzahl: 646/757/1 162/1 363 min^{-1}
Hubwerk: Kat. II/III, Hubkraft 10 672 daN
Hydraulik: Pumpenleistung 150; 170 l/min bei 215 bar
Gewichte & Maße: Zulässiges Gesamtgewicht 14 400 kg, Leergewicht 7 300 kg, Nutzlast 6 700 kg, Bodenfreiheit 50 cm
Bereifung: 540/65R30, 650/65R42
Preis: 279 429 Euro (ohne MwSt.)

Case IH Puma 200 PowerDrive

Allradschlepper

Motor: FPT Turbomotor mit Ladeluftkühlung mit 147 kW (200 PS) nach ISO bei 2 200 min^{-1}; maximale Leistung 162 kW (220 PS) bei 1 800 min^{-1}; maximale Leistung (Boost) 180 kW (245 PS) bei 1 800 min^{-1}; 6 Zylinder, 6 728 cm^3 Hubraum, Abgasnorm Stufe V
Getriebe: PowerDrive, 19 Vorwärts- und 6 Rückwärtsgänge (auf Wunsch 19/6, 29/12 KG bis 40 km/h),

synchronisiert, 7 Gänge im Hauptarbeitsbereich, 19 Lastschaltstufen
Zapfwelle: 540/540E/1 000/1 000E, Höchstdrehzahl: 646/757/1 162/1 363 min^{-1}
Hubwerk: Kat. II/III, Hubkraft 10 672 daN
Hydraulik: Pumpenleistung 120; 150 l/min bei 215 bar
Gewichte & Maße: Zulässiges Gesamtgewicht 13 650 kg, Leergewicht 7 300 kg, Nutzlast 5 700 kg, Bodenfreiheit 50 cm
Bereifung: 540/65R30, 650/65R42
Preis: 256 208 Euro (ohne MwSt.)

Case IH Puma 200

Allradschlepper

Motor: FPT Turbomotor mit Ladeluftkühlung mit 147 kW (200 PS) nach ISO bei 2 200 min^{-1}; maximale Leistung 162 kW (220 PS) bei 1 800 min^{-1}; maximale Leistung (Boost) 180 kW (245 PS) bei 1 800 min^{-1}; 6 Zylinder, 6 728 cm^3 Hubraum, Abgasnorm Stufe V
Getriebe: PowerDrive, 19 Vorwärts- und 6 Rückwärtsgänge (auf Wunsch 19/6, 29/12 KG bis 40 km/h), synchronisiert, 7 Gänge im Hauptarbeitsbereich, 19 Lastschaltstufen
Zapfwelle: 540/540E/1 000/1 000E, Höchstdrehzahl: 646/757/1 162/1 363 min^{-1}
Hubwerk: Kat. II/III, Hubkraft 10 672 daN
Hydraulik: Pumpenleistung 120; 150 l/min bei 215 bar
Gewichte & Maße: Zulässiges Gesamtgewicht 13 650 kg, Leergewicht 7 300 kg, Nutzlast 5 700 kg, Bodenfreiheit 50 cm
Bereifung: 540/65R30, 650/65R42
Preis: 223 459 Euro (ohne MwSt.)

Case IH Puma 220 CVXDrive

Allradschlepper

Motor: FPT Turbomotor mit Ladeluftkühlung mit 162 kW (220 PS) nach ISO bei 2200 min^{-1}; maximale Leistung 177 kW (241 PS) bei 1800 min^{-1}; maximale Leistung (Boost) 192 kW (261 PS) bei 1800 min^{-1}; 6 Zylinder, 6728 cm^3 Hubraum, Abgasnorm Stufe V
Getriebe: CVXDrive, stufenloses Getriebe bis 50 km/h
Zapfwelle: 540/540E/1000/1000E, Höchstdrehzahl: 646/757/1162/1363 min^{-1}
Hubwerk: Kat. II/III, Hubkraft 10672 daN
Hydraulik: Pumpenleistung 150; 170 l/min bei 215 bar
Gewichte & Maße: Zulässiges Gesamtgewicht 15000 kg, Leergewicht 7300 kg, Nutzlast 6700 kg, Bodenfreiheit 50 cm
Bereifung: 540/65R30, 650/65R42
Preis: 288586 Euro (ohne MwSt.)

Case IH Puma 220 PowerDrive

Allradschlepper

Motor: FPT Turbomotor mit Ladeluftkühlung mit 162 kW (220 PS) nach ISO bei 2200 min^{-1}; maximale Leistung 177 kW (241 PS) bei 1800 min^{-1}; maximale Leistung (Boost) 192 kW (261 PS) bei 1800 min^{-1}; 6 Zylinder, 6728 cm^3 Hubraum, Abgasnorm Stufe V
Getriebe: PowerDrive, 19 Vorwärts- und 6 Rückwärtsgänge (auf Wunsch 19/6, 29/12 KG bis 40 km/h), synchronisiert, 7 Gänge im Hauptarbeitsbereich, 19 Lastschaltstufen
Zapfwelle: 540/540E/1000/1000E, Höchstdrehzahl: 646/757/1162/1363 min^{-1}
Hubwerk: Kat. II/III, Hubkraft 10672 daN
Hydraulik: Pumpenleistung 120; 150 l/min bei 215 bar
Gewichte & Maße: Zulässiges Gesamtgewicht 13650 kg, Leergewicht 7300 kg, Nutzlast 5700 kg, Bodenfreiheit 50 cm, Wendekreis 10,9 m
Bereifung: 540/65R30, 650/65R42
Preis: 265371 Euro (ohne MwSt.)

Case IH Puma 220

Allradschlepper

Motor: FPT Turbomotor mit Ladeluftkühlung mit 162 kW (220 PS) nach ISO bei 2200 min^{-1}; maximale Leistung 177 kW (241 PS) bei 1800 min^{-1}; maximale Leistung (Boost) 192 kW (261 PS) bei 1800 min^{-1}; 6 Zylinder, 6728 cm^3 Hubraum, Abgasnorm Stufe V
Getriebe: PowerDrive, 19 Vorwärts- und 6 Rückwärtsgänge (auf Wunsch 19/6, 29/12 KG bis 40 km/h), synchronisiert, 7 Gänge im Hauptarbeitsbereich, 19 Lastschaltstufen
Zapfwelle: 540/540E/1000/1000E, Höchstdrehzahl: 646/757/1162/1363 min^{-1}
Hubwerk: Kat. II/III, Hubkraft 10672 daN
Hydraulik: Pumpenleistung 120; 150 l/min bei 215 bar
Gewichte & Maße: Zulässiges Gesamtgewicht 13650 kg, Leergewicht 7300 kg, Nutzlast 5700 kg, Bodenfreiheit 50 cm, Wendekreis 10,9 m
Bereifung: 540/65R30, 650/65R42
Preis: 232623 Euro (ohne MwSt.)

Case IH Puma 240 CVXDrive

Allradschlepper

Motor: FPT Turbomotor mit Ladeluftkühlung mit 177 kW (241 PS) nach ISO bei 2200 min^{-1}; maximale Leistung 192 kW (261 PS) bei 1800 min^{-1}; maximale Leistung (Boost) 199 kW (271 PS) bei 1800 min^{-1}; 6 Zylinder, 6728 cm^3 Hubraum, Abgasnorm Stufe V
Getriebe: CVXDrive, stufenloses Getriebe bis 50 km/h
Zapfwelle: 540/540E/1000/1000E, Höchstdrehzahl: 646/757/1162/1363 min^{-1}
Hubwerk: Kat. II/III, Hubkraft 10672 daN
Hydraulik: Pumpenleistung 150; 170 l/min bei 215 bar
Gewichte & Maße: Zulässiges Gesamtgewicht 15000 kg, Leergewicht 7300 kg, Nutzlast 6700 kg, Bodenfreiheit 50 cm
Bereifung: 540/65R30, 650/65R42
Preis: 296238 Euro (ohne MwSt.)

Case IH Puma 240 PowerDrive

Allradschlepper

Motor: FPT Turbomotor mit Ladeluftkühlung mit 177 kW (241 PS) nach ISO bei 2200 min^{-1}; maximale Leistung

192 kW (261 PS) bei 1800 min^{-1}; maximale Leistung (Boost) 199 kW (271 PS) bei 1800 min^{-1}; 6 Zylinder, 6728 cm^3 Hubraum, Abgasnorm Stufe V
Getriebe: PowerDrive, 19 Vorwärts- und 6 Rückwärtsgänge (auf Wunsch 19/6, 29/12 KG bis 40 km/h), synchronisiert, 7 Gänge im Hauptarbeitsbereich, 19 Lastschaltstufen
Zapfwelle: 540/540E/1000/1000E, Höchstdrehzahl: 646/757/1162/1363 min^{-1}
Hubwerk: Kat. II/III, Hubkraft 10672 daN
Hydraulik: Pumpenleistung 120; 150 l/min bei 215 bar
Gewichte & Maße: Zulässiges Gesamtgewicht 13650 kg, Leergewicht 7300 kg, Nutzlast 5700 kg, Bodenfreiheit 50 cm, Wendekreis 10,9 m
Bereifung: 540/65R30, 650/65R42
Preis: 274535 Euro (ohne Mehrwertsteuer)

Case IH Puma 240
Allradschlepper

Motor: FPT Turbomotor mit Ladeluftkühlung mit 177 kW (241 PS) nach ISO bei 2200 min^{-1}; maximale Leistung 192 kW (261 PS) bei 1800 min^{-1}; maximale Leistung (Boost) 199 kW (271 PS) bei 1800 min^{-1}; 6 Zylinder, 6728 cm^3 Hubraum, Abgasnorm Stufe V
Getriebe: PowerDrive, 19 Vorwärts- und 6 Rückwärtsgänge (auf Wunsch 19/6, 29/12 KG bis 40 km/h), synchronisiert, 7 Gänge im Hauptarbeitsbereich, 19 Lastschaltstufen
Zapfwelle: 540/540E/1000/1000E, Höchstdrehzahl: 646/757/1162/1363 min^{-1}
Hubwerk: Kat. II/III, Hubkraft 10672 daN
Hydraulik: Pumpenleistung 120; 150 l/min bei 215 bar
Gewichte & Maße: Zulässiges Gesamtgewicht 13650 kg, Leergewicht 7300 kg, Nutzlast 5700 kg, Bodenfreiheit 50 cm, Wendekreis 10,9 m
Bereifung: 540/65R30, 650/65R42
Preis: 241786 Euro (ohne Mehrwertsteuer)

Case IH Puma 260 CVXDrive
Allradschlepper

Motor: FPT Turbomotor mit Ladeluftkühlung mit 191 kW (260 PS) nach ISO bei 2200 min^{-1}; maximale Leistung 205 kW (279 PS) bei 1800 min^{-1}; maximale Leistung (Boost) 222 kW (302 PS) bei 1800 min^{-1}; 6 Zylinder, 6728 cm^3 Hubraum, Abgasnorm Stufe V
Getriebe: CVXDrive, stufenloses Getriebe bis 50 km/h
Zapfwelle: 540/540E/1000/1000E, Höchstdrehzahl: 646/757/1162/1363 min^{-1}
Hubwerk: Kat. II/III, Hubkraft 10672 daN

Hydraulik: Pumpenleistung 150; 170 l/min bei 215 bar
Gewichte & Maße: Zulässiges Gesamtgewicht 15 000 kg, Leergewicht 7 300 kg, Nutzlast 6 700 kg, Bodenfreiheit 50 cm
Bereifung: 540/65R30, 650/65R42
Preis: 320 883 Euro (ohne MwSt.)

Case IH Optum 270 CVXDrive

Allradschlepper

Motor: FPT Turbomotor mit Ladeluftkühlung mit 199 kW (271 PS) nach ISO bei 2 200 min^{-1}; maximale Leistung 212 kW (288 PS) bei 1 800 min^{-1}; 6 Zylinder, 6 728 cm^3 Hubraum, Abgasnorm Stufe V
Getriebe: CVXDrive, stufenloses Getriebe bis 53 km/h
Zapfwelle: 540/540E/1 000/1 000E, Höchstdrehzahl: 587/709/1 098/1 327 min^{-1}
Hubwerk: Kat. II/III, Hubkraft 12 273 daN
Hydraulik: Pumpenleistung 165; 223 l/min bei 215 bar
Gewichte & Maße: Zulässiges Gesamtgewicht 17 200 kg, Leergewicht 10 500 kg, Nutzlast 6 300 kg
Bereifung: 650/60R34, 710/75R42
Preis: 362 177 Euro (ohne MwSt.)

Case IH Optum 300 CVXDrive

Allradschlepper

Motor: FPT Turbomotor mit Ladeluftkühlung mit 221 kW (301 PS) nach ISO bei 2 200 min^{-1}; maximale Leistung 230 kW (313 PS) bei 1 800 min^{-1}; 6 Zylinder, 6 728 cm^3 Hubraum, Abgasnorm Stufe V
Getriebe: CVXDrive, stufenloses Getriebe bis 53 km/h
Zapfwelle: 540/540E/1 000/1 000E, Höchstdrehzahl: 587/709/1 098/1 327 min^{-1}
Hubwerk: Kat. II/III, Hubkraft 12 273 daN
Hydraulik: Pumpenleistung 165; 223 l/min bei 215 bar
Gewichte & Maße: Zulässiges Gesamtgewicht 17 200 kg, Leergewicht 10 500 kg, Nutzlast 6 300 kg
Bereifung: 650/60R34, 710/75R42
Preis: 380 371 Euro (ohne MwSt.)

Case IH Optum 340 CVXDrive

Allradschlepper

Motor: FPT Turbomotor mit Ladeluftkühlung mit 250 kW (340 PS) nach ISO bei 2 200 min^{-1}; maximale Leistung 250 kW (340 PS) bei 1 800 min^{-1}; 6 Zylinder, 6 728 cm^3 Hubraum, Abgasnorm Stufe V
Getriebe: CVXDrive, stufenloses Getriebe bis 53 km/h
Zapfwelle: 540/540E/1 000/1 000E, Höchstdrehzahl: 587/709/1 098/1 327 min^{-1}
Hubwerk: Kat. II/III, Hubkraft 12 273 daN
Hydraulik: Pumpenleistung 165; 223 l/min bei 215 bar
Gewichte & Maße: Zulässiges Gesamtgewicht 17 200 kg, Leergewicht 10 500 kg, Nutzlast 6 300 kg
Bereifung: 650/60R34, 710/75R42
Preis: 401 280 Euro (ohne Mehrwertsteuer)

Case IH Magnum 355

Allradschlepper

Motor: FPT Turbomotor mit Ladeluftkühlung mit 261 kW (355 PS) nach ISO bei 2 000 min^{-1}; maximale Leistung 287 kW (390 PS) bei 1 800 min^{-1}; maximale Leistung (Boost) 301 kW (409 PS) bei 1 800 min^{-1}; 6 Zylinder, 8 700 cm^3 Hubraum, Abgasnorm Stufe V
Getriebe: PowerDrive, 19 Vorwärts- und 4 Rückwärtsgänge (auf Wunsch 19/4 ECO bis 50 km/h), synchronisiert, 7 Gänge im Hauptarbeitsbereich
Zapfwelle: 1 000
Hubwerk: Kat. III/IIIN;IVN/III, Hubkraft 9 899 daN
Hydraulik: Pumpenleistung 166; 223 l/min bei 210 bar

Gewichte & Maße: Zulässiges Gesamtgewicht 19 800 kg, Leergewicht 11 200 kg, Nutzlast 8 600 kg
Bereifung: 600/70R30, 710/70R42
Preis: 386 683 Euro (ohne Mehrwertsteuer)

Case IH Magnum 355 CVXDrive

Allradschlepper

Motor: FPT Turbomotor mit Ladeluftkühlung mit 261 kW (355 PS) nach ISO bei 2 000 min^{-1}; maximale Leistung 287 kW (390 PS) bei 1 800 min^{-1}; maximale Leistung (Boost) 301 kW (409 PS) bei 1 800 min^{-1}; 6 Zylinder, 8 700 cm^3 Hubraum, Abgasnorm Stufe V
Getriebe: CVXDrive, stufenloses Getriebe bis 50 km/h
Zapfwelle: 1 000
Hubwerk: Kat. III/IIIN;IVN/III, Hubkraft 9 899 daN
Hydraulik: Pumpenleistung 166; 223 l/min bei 210 bar
Gewichte & Maße: Zulässiges Gesamtgewicht 19 800 kg, Leergewicht 11 650 kg, Nutzlast 8 150 kg
Bereifung: 600/70R30, 710/70R42
Preis: 400 993 Euro (ohne MwSt.)

Case IH Magnum 385 CVXDrive Rowtrac

Halbraupen-Allradschlepper

Motor: FPT Turbomotor mit Ladeluftkühlung mit 283 kW (385 PS) nach ISO bei 2 000 min^{-1}; maximale Leistung 307 kW (418 PS) bei 1 800 min^{-1}; maximale Leistung (Boost) 320 kW (435 PS) bei 1 800 min^{-1}; 6 Zylinder, 8 700 cm^3 Hubraum, Abgasnorm Stufe V
Getriebe: CVXDrive, stufenloses Getriebe bis 50 km/h
Zapfwelle: 1 000
Hubwerk: Kat. IVN/III, Hubkraft 11 148 daN
Hydraulik: Pumpenleistung 166; 223 l/min bei 210 bar
Gewichte & Maße: Zulässiges Gesamtgewicht 22 226 kg, Leergewicht 13 500 kg, Nutzlast 8 726 kg
Bereifung: 600/70R30, 610 (762) mm
Preis: 556 890 Euro (ohne MwSt.)

Case IH Magnum 385 CVXDrive

Allradschlepper

Motor: FPT Turbomotor mit Ladeluftkühlung mit 283 kW (385 PS) nach ISO bei 2 000 min^{-1}; maximale Leistung 307 kW (418 PS) bei 1 800 min^{-1}; maximale Leistung (Boost) 320 kW (435 PS) bei 1 800 min^{-1}; 6 Zylinder, 8 700 cm^3 Hubraum, Abgasnorm Stufe V
Getriebe: CVXDrive, stufenloses Getriebe bis 50 km/h
Zapfwelle: 1 000
Hubwerk: Kat. IVN/III, Hubkraft 11 148 daN
Hydraulik: Pumpenleistung 166; 223 l/min bei 210 bar
Gewichte & Maße: Zulässiges Gesamtgewicht 19 800 kg, Leergewicht 11 650 kg, Nutzlast 8 150 kg
Bereifung: 600/70R30, 710/70R42
Preis: 445 503 Euro (ohne Mehrwertsteuer)

Case IH Magnum 405 Rowtrac

Halbraupen-Allradschlepper

Motor: FPT Turbomotor mit Ladeluftkühlung mit 297 kW (404 PS) nach ISO bei 2 000 min^{-1}; maximale Leistung 325 kW (442 PS) bei 1 800 min^{-1}; 6 Zylinder, 8 700 cm^3 Hubraum, Abgasnorm Stufe V
Getriebe: PowerDrive, 21 Vorwärts- und 5 Rückwärtsgänge (auf Wunsch 21/5 ECO bis 50 km/h), synchronisiert, 8 Gänge im Hauptarbeitsbereich
Zapfwelle: 1 000
Hubwerk: Kat. IVN/III, Hubkraft 11 148 daN
Hydraulik: Pumpenleistung 166; 223 l/min bei 210 bar
Gewichte & Maße: Zulässiges Gesamtgewicht 22 226 kg, Leergewicht 13 300 kg, Nutzlast 8 526 kg
Bereifung: 600/70R30, 610 (762) mm
Preis: 538 750 Euro (ohne MwSt.)

Case IH Magnum 405

Allradschlepper

Motor: FPT Turbomotor mit Ladeluftkühlung mit 297 kW (404 PS) nach ISO bei 2 000 min^{-1}; maximale Leistung 325 kW (442 PS) bei 1 800 min^{-1}; 6 Zylinder, 8 700 cm^3 Hubraum, Abgasnorm Stufe V
Getriebe: PowerDrive, 21 Vorwärts- und 5 Rückwärtsgänge (auf Wunsch 21/5 ECO bis 50 km/h), synchronisiert, 8 Gänge im Hauptarbeitsbereich
Zapfwelle: 1 000
Hubwerk: Kat. IVN/III, Hubkraft 11 148 daN
Hydraulik: Pumpenleistung 166; 223 l/min bei 210 bar
Gewichte & Maße: Zulässiges Gesamtgewicht 19 800 kg, Leergewicht 11 900 kg, Nutzlast 7 900 kg
Bereifung: 600/70R30, 710/70R42
Preis: 421 683 Euro (ohne Mehrwertsteuer)

Case IH Quadtrac 525

Knicklenker-Raupenschlepper

Motor: FPT Turbomotor mit Ladeluftkühlung mit 386 kW (525 PS) nach ISO bei 2 100 min^{-1}; maximale Leistung 425 kW (578 PS) bei 1 900 min^{-1}; maximale Leistung (Boost) 425 kW (578 PS) bei 1 900 min^{-1}; 6 Zylinder, 12 900 cm^3 Hubraum, Abgasnorm Stufe V
Getriebe: PowerDrive, 16 Vorwärts- und 2 Rückwärtsgänge (auf Wunsch 16/2 bis 37 km/h), synchronisiert, 9 Gänge im Hauptarbeitsbereich, 16 Lastschaltstufen

Hubwerk: Kat. III/IVN
Hydraulik: Pumpenleistung 216; 428 l/min bei 210 bar
Gewichte & Maße: Zulässiges Gesamtgewicht 32 000 kg, Leergewicht 26 200 kg, Nutzlast 5 800 kg, Bodenfreiheit 47 cm
Bereifung: 762 mm, 762 mm
Preis: 734 892 Euro (ohne Mehrwertsteuer)

Case IH Quadtrac 525 CVXDrive

Knicklenker-Raupenschlepper

Motor: FPT Turbomotor mit Ladeluftkühlung mit 386 kW (525 PS) nach ISO bei 2 100 min^{-1}; maximale Leistung 425 kW (578 PS) bei 1 900 min^{-1}; maximale Leistung (Boost) 425 kW (578 PS) bei 1 900 min^{-1}; 6 Zylinder, 12 900 cm^3 Hubraum, Abgasnorm Stufe V
Getriebe: CVXDrive, stufenloses Getriebe bis 40 km/h
Hubwerk: Kat. III/IVN
Hydraulik: Pumpenleistung 216; 428 l/min bei 210 bar
Gewichte & Maße: Zulässiges Gesamtgewicht 32 000 kg, Leergewicht 26 900 kg, Nutzlast 5 100 kg, Bodenfreiheit 47 cm
Bereifung: 762 mm, 762 mm
Preis: 780 021 Euro (ohne Mehrwertsteuer)

Case IH Quadtrac 555

Knicklenker-Raupenschlepper

Motor: FPT Turbomotor mit Ladeluftkühlung mit 408 kW (555 PS) nach ISO bei 2 100 min^{-1}; maximale Leistung 451 kW (613 PS) bei 190 min^{-1}; maximale Leistung (Boost) 451 kW (613 PS) bei 1 900 min^{-1}; 6 Zylinder, 12 900 cm^3 Hubraum, Abgasnorm Stufe V
Getriebe: PowerDrive, 16 Vorwärts- und 2 Rückwärtsgänge (auf Wunsch 16/2 bis 37 km/h), synchronisiert, 9 Gänge im Hauptarbeitsbereich, 16 Lastschaltstufen
Hubwerk: Kat. III/IVN
Hydraulik: Pumpenleistung 216; 428 l/min bei 210 bar
Gewichte & Maße: Zulässiges Gesamtgewicht 32 000 kg, Leergewicht 26 400 kg, Nutzlast 5 600 kg, Bodenfreiheit 47 cm
Bereifung: 762 mm, 762 mm
Preis: 770 005 Euro (ohne Mehrwertsteuer)

Case IH Quadtrac 555 CVXDrive

Knicklenker-Raupenschlepper

Motor: FPT Turbomotor mit Ladeluftkühlung mit 408 kW (555 PS) nach ISO bei 2100 min^{-1}; maximale Leistung 451 kW (613 PS) bei 190 min^{-1}; maximale Leistung (Boost) 451 kW (613 PS) bei 1900 min^{-1}; 6 Zylinder, 12900 cm^3 Hubraum, Abgasnorm Stufe V
Getriebe: CVXDrive, stufenloses Getriebe bis 40 km/h
Hubwerk: Kat. III/IVN
Hydraulik: Pumpenleistung 216; 428 l/min bei 210 bar
Gewichte & Maße: Zulässiges Gesamtgewicht 32000 kg, Leergewicht 27100 kg, Nutzlast 4900 kg, Bodenfreiheit 47 cm
Bereifung: 762 mm, 762 mm
Preis: 815135 Euro (ohne Mehrwertsteuer)

Case IH Quadtrac 595

Knicklenker-Raupenschlepper

Motor: FPT Turbomotor mit Ladeluftkühlung mit 438 kW (596 PS) nach ISO bei 2100 min^{-1}; maximale Leistung 482 kW (656 PS) bei 1900 min^{-1}; maximale Leistung (Boost) 482 kW (656 PS) bei 1900 min^{-1}; 6 Zylinder, 12900 cm^3 Hubraum, Abgasnorm Stufe V
Getriebe: PowerDrive, 16 Vorwärts- und 2 Rückwärtsgänge (auf Wunsch 16/2 bis 37 km/h), synchronisiert, 9 Gänge im Hauptarbeitsbereich, 16 Lastschaltstufen
Hubwerk: Kat. III/IVN
Hydraulik: Pumpenleistung 216; 428 l/min bei 210 bar
Gewichte & Maße: Zulässiges Gesamtgewicht 32000 kg, Leergewicht 27100 kg, Nutzlast 4900 kg, Bodenfreiheit 47 cm
Bereifung: 762 mm, 762 mm
Preis: 799786 Euro (ohne Mehrwertsteuer)

Case IH Quadtrac 645

Knicklenker-Raupenschlepper

Motor: FPT Turbomotor mit Ladeluftkühlung mit 474 kW (645 PS) nach ISO bei 2100 min^{-1}; maximale Leistung 514 kW (699 PS) bei 1900 min^{-1}; maximale Leistung (Boost) 514 kW (699 PS) bei 1900 min^{-1}; 6 Zylinder, 12900 cm^3 Hubraum, Abgasnorm Stufe V
Getriebe: PowerDrive, 16 Vorwärts- und 2 Rückwärtsgänge (auf Wunsch 16/2 bis 37 km/h), synchronisiert, 9 Gänge im Hauptarbeitsbereich, 16 Lastschaltstufen

Hubwerk: Kat. III/IVN
Hydraulik: Pumpenleistung 216; 428 l/min bei 210 bar
Gewichte & Maße: Zulässiges Gesamtgewicht 32 000 kg, Leergewicht 27 100 kg, Nutzlast 4 900 kg, Bodenfreiheit 47 cm
Bereifung: 762 mm, 762 mm
Preis: 825 097 Euro (ohne Mehrwertsteuer)

Case IH Quadtrac 715

Knicklenker-Raupenschlepper

Motor: FPT Turbomotor mit Ladeluftkühlung mit 527 kW (717 PS) nach ISO bei 2 100 min^{-1}; maximale Leistung 572 kW (778 PS) bei 1 900 min^{-1}; maximale Leistung (Boost) 572 kW (778 PS) bei 1 900 min^{-1}; 6 Zylinder, 15 900 cm^3 Hubraum, Abgasnorm Stufe V
Getriebe: PowerDrive, 16 Vorwärts- und 2 Rückwärtsgänge (auf Wunsch 16/2 bis 37 km/h), synchronisiert, 9 Gänge im Hauptarbeitsbereich, 16 Lastschaltstufen
Hubwerk: Kat. III/IVN
Hydraulik: Pumpenleistung 216; 428 l/min bei 210 bar
Gewichte & Maße: Zulässiges Gesamtgewicht 32 000 kg, Leergewicht 27 100 kg, Nutzlast 4 900 kg, Bodenfreiheit 47 cm
Bereifung: 762 mm, 762 mm
Preis: 935 288 Euro (ohne Mehrwertsteuer)

Weitere Informationen erhalten Sie von:
Claas KGaA mbH
Münsterstraße 33
33428 Harsewinkel
Telefon: 0 52 47/12-0
www.claas.de

Claas

Claas gehört zu den größten Landmaschinenproduzenten weltweit und befindet sich in Familienbesitz. Seit 1913 ist das Unternehmen aktiv. Den Grundstein legten die Brüder August, Bernhard, Franz und Theo Claas mit dem Bau von leistungsfähigen Strohbindern. Ab 1930 folgte die Entwicklung des ersten Mähdreschers für europäische Erntebedingungen, der dann im Jahr 1936 vorgestellt wurde. Im Jahr 1969 stieg Claas mit der Übernahme der Landmaschinenfabrik Josef Bautz in Bad Saulgau in die Produktion von Futtererntetechnik ein.

August Claas beschäftigte sich schon 1957 mit Traktoren, speziell mit Geräteträgern und entwickelte den Huckepack, der bis 1960 produziert wurde. Erst im Jahr 1993 stieg das Unternehmen wieder in das Traktorengeschäft ein – mit dem Großtraktor Xerion. Außerdem verkaufte Claas von 1997 bis 2002 Challenger-Raupenschlepper unter eigenem Namen.

2003 bot sich mit dem Verkauf der Traktorenproduktion durch den französischen Konzern Renault die Möglichkeit zum Einstieg in den Bereich der Standardtraktoren. Claas investierte in den vergangenen Jahren intensiv in den französischen Standort Le Mans und fertigt dort eigene Traktoren von 75 bis 460 PS.

Im Jahr 2023 erweiterte Claas die Xerion-Baureihe nach oben. Das Spitzenmodell Xerion 12.650 Terra Trac leistet 480 kW (653 PS). Alle Xerion werden am Stammwerk in Harsewinkel gebaut. Zur Agritechnica 2025 wird der neue Axion 9 vorgestellt, die komplett überarbeitete Baureihe der großen Standardtraktoren mit einer neuen Kabine und vielen weiteren Details.

Claas Elios 2.75
Allradschlepper

Motor: FPT Turbomotor mit 55 kW (75 PS) nach ISO bei 2 300 min^{-1}; maximale Leistung 55 kW (75 PS) bei 2 000 min^{-1}; 4 Zylinder, 3 400 cm^3 Hubraum, Abgasnorm Stufe V
Getriebe: T100, 24 Vorwärts- und 24 Rückwärtsgänge (auf Wunsch 24/24; 24/12 Revershift-Twinshift bis 40 km/h), synchronisiert, 6 Gänge im Hauptarbeitsbereich, 2 Lastschaltstufen
Zapfwelle: 540/540E; 540/1 000
Hubwerk: Kat. II, Hubkraft 3 240 daN
Hydraulik: Pumpenleistung 60 l/min bei 190 bar
Gewichte & Maße: Zulässiges Gesamtgewicht 5 100 kg, Leergewicht 3 310 kg, Bodenfreiheit 35 cm, Wendekreis 7 m
Bereifung: 320/70R24, 480/70R30
Preis: 62 420 Euro (ohne MwSt.)

Claas Elios 3.85
Allradschlepper

Motor: FPT Turbomotor mit 61 kW (83 PS) nach ISO bei 2 300 min^{-1}; maximale Leistung 62 kW (84 PS) bei 2 000 min^{-1}; 4 Zylinder, 3 600 cm^3 Hubraum, Abgasnorm Stufe V
Getriebe: T100EVO, 30 Vorwärts- und 15 Rückwärtsgänge (auf Wunsch 30/15 Revershift-Twinshift bis 40 km/h), synchronisiert, 6 Gänge im Hauptarbeitsbereich, 2 Lastschaltstufen
Zapfwelle: 540/540E; 540/1 000
Hubwerk: Kat. II, Hubkraft 3 240 daN
Hydraulik: Pumpenleistung 60; 87 l/min bei 190 bar
Gewichte & Maße: Zulässiges Gesamtgewicht 5 200 kg, Bodenfreiheit 35 cm, Wendekreis 7 m
Bereifung: 320/70R24, 480/70R30
Preis: 78 650 Euro (ohne MwSt.)

Claas Axos 3.95
Allradschlepper

Motor: FPT Turbomotor mit 67 kW (91 PS) nach ISO bei 2 300 min^{-1}; maximale Leistung 69 kW (94 PS) bei 2 000 min^{-1}; 4 Zylinder, 3 600 cm^3 Hubraum, Abgasnorm Stufe V
Getriebe: 30 Vorwärts- und 15 Rückwärtsgänge (auf Wunsch bis 40 km/h), synchronisiert, 5 Gänge im Hauptarbeitsbereich, 2 Lastschaltstufen
Zapfwelle: 540/540E; 540/1 000
Hubwerk: Kat. II, Hubkraft 4 140 daN
Hydraulik: Pumpenleistung 87 l/min bei 190 bar
Gewichte & Maße: Zulässiges Gesamtgewicht 8 000 kg, Leergewicht 4 800 kg, Bodenfreiheit 51 cm, Wendekreis 5,7 m
Bereifung: 440/65R28, 540/65R38
Preis: 94 060 Euro (ohne MwSt.)

Claas Arion 420
Allradschlepper

Motor: FPT Turbomotor mit 72 kW (98 PS) nach ISO bei 2 200 min^{-1}; max. Leistung 75 kW (102 PS); 4 Zylinder, 4 500 cm^3 Hubraum, Abgasnorm Stufe V
Getriebe: GBA50, 16 Vorwärts- und 16 Rückwärtsgänge (auf Wunsch bis 40 km/h), synchronisiert, 7 Gänge im Hauptarbeitsbereich, 4 Lastschaltstufen
Zapfwelle: 540/540E/1 000
Hubwerk: Kat. II/III, Hubkraft 4 600 daN
Hydraulik: Pumpenleistung 60; 98; 110 l/min bei 195 bar
Gewichte & Maße: Zulässiges Gesamtgewicht 8 500 kg, Leergewicht 4 600 kg, Bodenfreiheit 43 cm

Bereifung: 440/65R24, 540/65R34
Preis: 116 585 Euro (ohne MwSt.)

Claas Axos 3.105

Allradschlepper

Motor: FPT Turbomotor mit 72 kW (98 PS) nach ISO bei 2 300 min^{-1}; maximale Leistung 77 kW (105 PS) bei 2 000 min^{-1}; 4 Zylinder, 3 600 cm^3 Hubraum, Abgasnorm Stufe V
Getriebe: 30 Vorwärts- und 15 Rückwärtsgänge (auf Wunsch bis 40 km/h), synchronisiert, 5 Gänge im Hauptarbeitsbereich, 2 Lastschaltstufen
Zapfwelle: 540/540E; 540/1 000
Hubwerk: Kat. II, Hubkraft 4 140 daN
Hydraulik: Pumpenleistung 87 l/min bei 190 bar
Gewichte & Maße: Zulässiges Gesamtgewicht 8 000 kg, Leergewicht 4 800 kg, Bodenfreiheit 51 cm, Wendekreis 5,7 m
Bereifung: 440/65R29, 540/65R39
Preis: 96 050 Euro (ohne MwSt.)

Claas Axos 2.105

Allradschlepper

Motor: FPT Turbomotor mit 72 kW (98 PS) nach ISO bei 2 300 min^{-1}; maximale Leistung 76 kW (103 PS) bei 2 000 min^{-1}; 4 Zylinder, 3 600 cm^3 Hubraum, Abgasnorm Stufe V
Getriebe: T100EVOHD, 30 Vorwärts- und 15 Rückwärtsgänge (auf Wunsch 30/15 Revershift-Twinshift bis 40 km/h), synchronisiert, 5 Gänge im Hauptarbeitsbereich, 2 Lastschaltstufen
Zapfwelle: 540/540E; 540/1 000
Hubwerk: Kat. II, Hubkraft 3 350 daN
Hydraulik: Pumpenleistung 87 l/min bei 190 bar
Gewichte & Maße: Zulässiges Gesamtgewicht 6 000 kg, Bodenfreiheit 39 cm, Wendekreis 7 m
Bereifung: 440/65R24, 540/65R34
Preis: 91 620 Euro (ohne MwSt.)

Claas Arion 430

Allradschlepper

Motor: FPT Turbomotor mit 84 kW (114 PS) nach ISO bei 2 200 min^{-1}; maximale Leistung 87 kW (118 PS); 4 Zylinder, 4 500 cm^3 Hubraum, Abgasnorm Stufe V
Getriebe: GBA 50, 16 Vorwärts- und 16 Rückwärtsgänge (auf Wunsch 32/32 bis 40 km/h), synchronisiert, 7 Gänge im Hauptarbeitsbereich, 4 Lastschaltstufen
Zapfwelle: 540/540E/1 000
Hubwerk: Kat. II/III

Hydraulik: Pumpenleistung 60; 98; 110 l/min bei 195 bar
Gewichte & Maße: Zulässiges Gesamtgewicht 9 000 kg, Leergewicht 4 800 kg, Nutzlast 3 800 kg, Bodenfreiheit 51 cm, Wendekreis 9 m
Bereifung: 480/65R28, 600/65R38
Preis: 132 150 Euro (ohne MwSt.)

Claas Axos 3.120

Allradschlepper

Motor: FPT Turbomotor mit 85 kW (116 PS) nach ISO bei 2 300 min^{-1}; maximale Leistung 88 kW (120 PS) bei 2 000 min^{-1}; 4 Zylinder, 3 600 cm^3 Hubraum, Abgasnorm Stufe V
Getriebe: 30 Vorwärts- und 15 Rückwärtsgänge (auf Wunsch bis 40 km/h), synchronisiert, 5 Gänge im Hauptarbeitsbereich, 2 Lastschaltstufen
Zapfwelle: 540/540E; 540/1 000
Hubwerk: Kat. II, Hubkraft 4 140 daN
Hydraulik: Pumpenleistung 87 l/min bei 190 bar
Gewichte & Maße: Zulässiges Gesamtgewicht 8 000 kg, Leergewicht 4 800 kg, Bodenfreiheit 51 cm, Wendekreis 5,7 m
Bereifung: 440/65R30, 540/65R40
Preis: 101 435 Euro (ohne MwSt.)

Claas Arion 450

Allradschlepper

Motor: FPT Turbomotor mit 88 kW (120 PS) nach ISO bei 2 200 min^{-1}; maximale Leistung 101 kW (137 PS); 4 Zylinder, 4 500 cm^3 Hubraum, Abgasnorm Stufe V
Getriebe: GBA 50, 16 Vorwärts- und 16 Rückwärtsgänge (auf Wunsch 32/32 bis 40 km/h), synchronisiert, 7 Gänge im Hauptarbeitsbereich, 4 Lastschaltstufen
Zapfwelle: 540/540E/1 000
Hubwerk: Kat. II/III
Hydraulik: Pumpenleistung 60; 98; 110 l/min bei 195 bar
Gewichte & Maße: Zulässiges Gesamtgewicht 9 000 kg, Leergewicht 4 800 kg,

Nutzlast 3 800 kg, Bodenfreiheit 51 cm, Wendekreis 9 m
Bereifung: 480/65R28, 600/65R38
Preis: 135 345 Euro (ohne MwSt.)

Claas Arion 510 CMATIC

Allradschlepper

Motor: Deere Power Systems Turbomotor mit 91 kW (124 PS) nach ISO bei 2 300 min^{-1}; maximale Leistung 104 kW (141 PS); 4 Zylinder, 4 500 cm^3 Hubraum, Abgasnorm Stufe V
Getriebe: EQ 200, stufenloses Getriebe bis 50 km/h
Zapfwelle: 540/540E/1 000/1 000E
Hubwerk: Kat. III/II, Hubkraft 6 500 daN
Hydraulik: Pumpenleistung 110 l/min bei 200 bar
Gewichte & Maße: Zulässiges Gesamtgewicht 10 250 kg, Leergewicht 6 890 kg, Nutzlast 3 360 kg, Bodenfreiheit 50 cm, Wendekreis 8,8 m
Bereifung: 380/85R28, 460/85R38
Preis: keine Angabe

Claas Arion 530 CMATIC

Allradschlepper

Motor: Deere Power Systems Turbomotor mit 106 kW (144 PS) nach ISO bei 2 200 min^{-1}; maximale Leistung 118 kW (160 PS); 4 Zylinder, 4 500 cm^3 Hubraum, Abgasnorm Stufe V
Getriebe: EQ 200, stufenloses Getriebe bis 50 km/h
Zapfwelle: 540/540E/1 000/1 000E
Hubwerk: Kat. III/II, Hubkraft 6 500 daN
Hydraulik: Pumpenleistung 110 l/min bei 200 bar
Gewichte & Maße: Zulässiges Gesamtgewicht 10 250 kg, Leergewicht 6 940 kg, Nutzlast 3 310 kg, Bodenfreiheit 50 cm, Wendekreis 8,8 m
Bereifung: 380/85R28, 460/85R38
Preis: 196 760 Euro (ohne MwSt.)

Claas Arion 530

Allradschlepper

Motor: Deere Power Systems Turbomotor mit 106 kW (144 PS) nach ISO bei 2 200 min^{-1}; maximale Leistung 118 kW (160 PS); 4 Zylinder, 4 500 cm^3 Hubraum, Abgasnorm Stufe V
Getriebe: Hexashift, 24 Vorwärts- und 24 Rückwärtsgänge (auf Wunsch

48/48 bis 40 km/h), synchronisiert, 9 Gänge im Hauptarbeitsbereich, 6 Lastschaltstufen
Zapfwelle: 540/540E/1000/1000E
Hubwerk: Kat. III/II, Hubkraft 6500 daN
Hydraulik: Pumpenleistung 110 l/min bei 200 bar
Gewichte & Maße: Zulässiges Gesamtgewicht 10250 kg, Leergewicht 6530 kg, Nutzlast 3720 kg, Bodenfreiheit 50 cm, Wendekreis 8,8 m
Bereifung: 540/65R28, 650/65R38
Preis: 158540 Euro (ohne MwSt.)

Claas Arion 470

Allradschlepper

Motor: FPT Turbomotor mit 113 kW (154 PS) nach ISO bei 2200 min^{-1}; maximale Leistung 114 kW (155 PS); 4 Zylinder, 4500 cm^3 Hubraum, Abgasnorm Stufe V
Getriebe: GBA 50, 16 Vorwärts- und 16 Rückwärtsgänge (auf Wunsch 32/32 bis 40 km/h), synchronisiert, 7 Gänge im Hauptarbeitsbereich, 4 Lastschaltstufen
Zapfwelle: 540/540E/1000
Hubwerk: Kat. II/III
Hydraulik: Pumpenleistung 60; 98; 110 l/min bei 195 bar
Gewichte & Maße: Zulässiges Gesamtgewicht 9000 kg, Leergewicht 4800 kg, Nutzlast 3800 kg, Bodenfreiheit 51 cm, Wendekreis 9 m
Bereifung: 480/65R28, 600/65R38
Preis: 143970 Euro (ohne MwSt.)

Claas Arion 630

Allradschlepper

Motor: Deere Power Systems Turbomotor mit Ladeluftkühlung mit 115 kW (156 PS) nach ISO bei 2200 min^{-1}; maximale Leistung 130 kW (177 PS); 6 Zylinder, 6800 cm^3 Hubraum, Abgasnorm Stufe V
Getriebe: Hexashift, 24 Vorwärts- und 24 Rückwärtsgänge (auf Wunsch 48/48 bis 40 km/h), synchronisiert, 9 Gänge im Hauptarbeitsbereich, 6 Lastschaltstufen
Zapfwelle: 540/540E/1000/1000E
Hubwerk: Kat. III/II, Hubkraft 8000 daN
Hydraulik: Pumpenleistung 110 l/min bei 200 bar

Gewichte & Maße: Zulässiges Gesamtgewicht 11 000 kg, Leergewicht 6 740 kg, Nutzlast 4 260 kg, Bodenfreiheit 49 cm, Wendekreis 11,2 m
Bereifung: 540/65R30, 650/65R42
Preis: 180 280 Euro (ohne MwSt.)

Claas Arion 630 CMATIC

Allradschlepper

Motor: Deere Power Systems Turbomotor mit Ladeluftkühlung mit 115 kW (156 PS) nach ISO bei 2 200 min^{-1}; max. Leistung 130 kW (177 PS); 6 Zylinder, 6 800 cm^3 Hubraum, Abgasnorm Stufe V
Getriebe: EQ 200, stufenloses Getriebe bis 50 km/h
Zapfwelle: 540/540E/1 000/1 000E
Hubwerk: Kat. III/II, Hubkraft 8 000 daN
Hydraulik: Pumpenleistung 110 l/min bei 200 bar
Gewichte & Maße: Zulässiges Gesamtgewicht 11 000 kg, Leergewicht 7 120 kg, Nutzlast 3 880 kg, Bodenfreiheit 49 cm, Wendekreis 11,2 m
Bereifung: 540/65R30, 650/65R42
Preis: 219 585 Euro (ohne MwSt.)

Claas Arion 550

Allradschlepper

Motor: Deere Power Systems Turbomotor mit 117 kW (159 PS) nach ISO bei 2 200 min^{-1}; maximale Leistung 124 kW (169 PS); 4 Zylinder, 4 500 cm^3 Hubraum, Abgasnorm Stufe V
Getriebe: Hexashift, 24 Vorwärts- und 24 Rückwärtsgänge (auf Wunsch 48/48 bis 40 km/h), synchronisiert, 9 Gänge im Hauptarbeitsbereich, 6 Lastschaltstufen
Zapfwelle: 540/540E/1 000/1 000E
Hubwerk: Kat. III/II, Hubkraft 6 900 daN
Hydraulik: Pumpenleistung 110 l/min bei 200 bar
Gewichte & Maße: Zulässiges Gesamtgewicht 11 000 kg, Leergewicht 6 840 kg, Nutzlast 4 160 kg, Bodenfreiheit 50 cm, Wendekreis 8,8 m
Bereifung: 380/85R28, 460/85R38
Preis: 169 615 Euro (ohne MwSt.)

Claas Arion 550 CMATIC

Allradschlepper

Motor: Deere Power Systems Turbomotor mit 117 kW (159 PS) nach ISO bei 2 200 min^{-1}; maximale Leistung 124 kW (169 PS); 4 Zylinder, 4 500 cm^3 Hubraum, Abgasnorm Stufe V
Getriebe: EQ 200, stufenloses Getriebe bis 50 km/h
Zapfwelle: 540/540E/1 000/1 000E
Hubwerk: Kat. III/II, Hubkraft 6 900 daN
Hydraulik: Pumpenleistung 110 l/min bei 200 bar
Gewichte & Maße: Zulässiges Gesamtgewicht 11 000 kg, Leergewicht 7 260 kg, Nutzlast 3 740 kg, Bodenfreiheit 50 cm, Wendekreis 8,8 m
Bereifung: 380/85R28, 460/85R38
Preis: 207 835 Euro (ohne MwSt.)

Claas Arion 570 CMATIC

Allradschlepper

Motor: Deere Power Systems Turbomotor mit 127 kW (173 PS) nach ISO bei 2 200 min^{-1}; maximale Leistung 133 kW (181 PS); 4 Zylinder, 4 500 cm^3 Hubraum, Abgasnorm Stufe V
Getriebe: EQ 200, stufenloses Getriebe bis 50 km/h
Zapfwelle: 540/540E/1 000/1 000E
Hubwerk: Kat. III/II, Hubkraft 6 900 daN

Hydraulik: Pumpenleistung 110 l/min bei 200 bar
Gewichte & Maße: Zulässiges Gesamtgewicht 11 000 kg, Leergewicht 7 260 kg, Nutzlast 3 740 kg, Bodenfreiheit 50 cm, Wendekreis 8,8 m
Bereifung: 380/85R28, 460/85R38
Preis: 233 805 Euro (ohne MwSt.)

Claas Arion 650

Allradschlepper

Motor: Deere Power Systems Turbomotor mit Ladeluftkühlung mit 141 kW (192 PS) nach ISO bei 2 200 min^{-1}; maximale Leistung 151 kW (205 PS); 6 Zylinder, 6 800 cm^3 Hubraum, Abgasnorm Stufe V
Getriebe: Hexashift, 24 Vorwärts- und 24 Rückwärtsgänge (auf Wunsch 48/48 bis 40 km/h), synchronisiert, 9 Gänge im Hauptarbeitsbereich, 6 Lastschaltstufen
Zapfwelle: 540/540E/1 000/1 000E
Hubwerk: Kat. III/II, Hubkraft 8 000 daN
Hydraulik: Pumpenleistung 110 l/min bei 200 bar
Gewichte & Maße: Zulässiges Gesamtgewicht 12 500 kg, Leergewicht 6 980 kg, Nutzlast 5 520 kg, Bodenfreiheit 49 cm, Wendekreis 11,2 m
Bereifung: 540/65R30, 650/65R42
Preis: 195 515 Euro (ohne MwSt.)

Claas Arion 6.190

Allradschlepper

Motor: Deere Power Systems Turbomotor mit Ladeluftkühlung mit 144 kW (196 PS) nach ISO bei 2 200 min^{-1}; maximale Leistung 154 kW (209 PS); maximale Leistung (Boost) 151 kW (205 PS) bei 2 000 min^{-1}; 6 Zylinder, 6 800 cm^3 Hubraum, Abgasnorm Stufe V
Getriebe: EQ 220, stufenloses Getriebe bis 50 km/h
Zapfwelle: 540/540E/1 000/1 000E
Hubwerk: Kat. III/II, Hubkraft 8 000 daN
Hydraulik: Pumpenleistung 110 l/min bei 200 bar
Gewichte & Maße: Zulässiges Gesamtgewicht 12 500 kg, Leergewicht 7 460 kg, Nutzlast 5 040 kg, Bodenfreiheit 49 cm, Wendekreis 11,2 m
Bereifung: 540/65R30, 650/65R42
Preis: 257 560 Euro (ohne MwSt.)

Claas Arion 660 CMATIC
Allradschlepper

Motor: Deere Power Systems Turbomotor mit Ladeluftkühlung mit 144 kW (196 PS) nach ISO bei 2 200 min^{-1}; max. Leistung 154 kW (209 PS); max. Leistung (Boost) 151 kW (205 PS) bei 2 000 min^{-1}; 6 Zylinder, 6 800 cm^3 Hubraum, Abgasnorm Stufe V
Getriebe: EQ 220, stufenloses Getriebe bis 50 km/h
Zapfwelle: 540/540E/1 000/1 000E
Hubwerk: Kat. III/II, Hubkraft 8 000 daN
Hydraulik: Pumpenleistung 110 l/min bei 200 bar
Gewichte & Maße: Zulässiges Gesamtgewicht 12 500 kg, Leergewicht 7 460 kg, Nutzlast 5 040 kg, Bodenfreiheit 49 cm, Wendekreis 11,2 m
Bereifung: 540/65R30, 650/65R42
Preis: 257 560 Euro (ohne MwSt.)

Claas Axion 810 CMATIC
Allradschlepper

Motor: FPT Turbomotor mit Ladeluftkühlung mit 151 kW (205 PS) nach ISO bei 2 150 min^{-1}; maximale Leistung 158 kW (215 PS); 6 Zylinder, 6 728 cm^3 Hubraum, Abgasnorm Stufe V
Getriebe: Terramatic, stufenloses Getriebe bis 50 km/h
Zapfwelle: 540/540E/1 000
Hubwerk: Kat. III, Hubkraft 9 460 daN
Hydraulik: Pumpenleistung 150 l/min bei 200 bar
Gewichte & Maße: Zulässiges Gesamtgewicht 13 000 kg, Leergewicht 8 927 kg, Nutzlast 3 073 kg, Bodenfreiheit 53 cm, Wendekreis 8,4 m
Bereifung: 600/70R30, 710/70R42
Preis: 311 555 Euro (ohne MwSt.)

Claas Axion 830 CMATIC
Allradschlepper

Motor: FPT Turbomotor mit Ladeluftkühlung mit 165 kW (224 PS) nach ISO bei 2 150 min^{-1}; maximale Leistung 173 kW (235 PS); 6 Zylinder, 6 728 cm^3 Hubraum, Abgasnorm Stufe V
Getriebe: Terramatic, stufenloses Getriebe bis 50 km/h
Zapfwelle: 540/540E/1 000
Hubwerk: Kat. III, Hubkraft 9 676 daN
Hydraulik: Pumpenleistung 150 l/min bei 200 bar
Gewichte & Maße: Zulässiges Gesamtgewicht 15 000 kg, Leergewicht 9 172 kg, Nutzlast 2 828 kg, Bodenfreiheit 52 cm, Wendekreis 8,4 m

Bereifung: 600/70R30, 710/70R42
Preis: 323 845 Euro (ohne MwSt.)

Claas Axion 850 CMATIC

Allradschlepper

Motor: FPT Turbomotor mit Ladeluftkühlung mit 184 kW (250 PS) nach ISO bei 2 150 min^{-1}; maximale Leistung 194 kW (264 PS); 6 Zylinder, 6 728 cm^3 Hubraum, Abgasnorm Stufe V
Getriebe: Terramatic, stufenloses Getriebe bis 50 km/h
Zapfwelle: 540/540E/1 000
Hubwerk: Kat. III, Hubkraft 10 229 daN
Hydraulik: Pumpenleistung 150 l/min bei 200 bar
Gewichte & Maße: Zulässiges Gesamtgewicht 15 000 kg, Leergewicht 9 707 kg, Nutzlast 4 293 kg, Bodenfreiheit 56 cm, Wendekreis 8,4 m

Bereifung: 600/70R30, 710/70R42
Preis: keine Angabe

Claas Axion 870 CMATIC

Allradschlepper

Motor: FPT Turbomotor mit Ladeluftkühlung mit 199 kW (271 PS) nach ISO bei 2 150 min^{-1}; max. Leistung 206 kW (280 PS); max. Leistung (Boost) 217 kW (295 PS) bei 1 800 min^{-1}; 6 Zyl., 6 728 cm^3 Hubraum, Abgasnorm Stufe V
Getriebe: Terramatic, stufenloses Getriebe bis 50 km/h
Zapfwelle: 540/540E/1 000
Hubwerk: Kat. III, Hubkraft 10 229 daN
Hydraulik: Pumpenleistung 150 l/min bei 200 bar
Gewichte & Maße: Zulässiges Gesamtgewicht 15 000 kg, Leergewicht 9 707 kg, Nutzlast 4 293 kg, Bodenfreiheit 56 cm, Wendekreis 8,4 m
Bereifung: 600/70R30, 710/70R42
Preis: 351 070 Euro (ohne MwSt.)

Claas Axion 9.360 Terra Trac

Halbraupen-Allradschlepper

Motor: FPT Turbomotor mit Ladeluftkühlung mit 258 kW (351 PS) nach ISO bei 2 080 min^{-1}; maximale Leistung 265 kW (360 PS); 6 Zylinder, 8 710 cm^3 Hubraum, Abgasnorm Stufe V
Getriebe: TMG45 silent, stufenloses Getriebe bis 50 km/h
Zapfwelle: 540E/1 000
Hubwerk: Kat. III/IV, Hubkraft 10 950 daN
Hydraulik: Pumpenleistung 220 l/min bei 200 bar
Gewichte & Maße: Zulässiges Gesamtgewicht 22 000 kg, Leergewicht 16 900 kg, Bodenfreiheit 61 cm
Bereifung: 710/60R34, 735 mm
Preis: 575 480 Euro (ohne MwSt.)

Claas Axion 930 Terra Trac

Halbraupen-Allradschlepper

Motor: FPT Turbomotor mit Ladeluftkühlung mit 258 kW (351 PS) nach ISO bei 2 080 min^{-1}; maximale Leistung 265 kW (360 PS); 6 Zylinder, 8 710 cm^3 Hubraum, Abgasnorm Stufe V
Getriebe: TMG45, stufenloses Getriebe bis 50 km/h
Zapfwelle: 540E/1 000
Hubwerk: Kat. III/IV, Hubkraft 10 950 daN
Hydraulik: Pumpenleistung 220 l/min bei 200 bar

Gewichte & Maße: Zulässiges Gesamtgewicht 22 000 kg, Leergewicht 16 900 kg, Bodenfreiheit 61 cm
Bereifung: 710/60R34, 735 mm
Preis: 529 460 Euro (ohne MwSt.)

Claas Axion 930
Allradschlepper

Motor: FPT Turbomotor mit Ladeluftkühlung mit 258 kW (351 PS) nach ISO bei 2 080 min^{-1}; maximale Leistung 265 kW (360 PS); 6 Zylinder, 8 710 cm^3 Hubraum, Abgasnorm Stufe V
Getriebe: TMG45, stufenloses Getriebe bis 50 km/h
Zapfwelle: 540E/1 000
Hubwerk: Kat. III/IV, Hubkraft 10 950 daN
Hydraulik: Pumpenleistung 220 l/min bei 200 bar
Gewichte & Maße: Zulässiges Gesamtgewicht 18 000 kg, Bodenfreiheit 61 cm, Wendekreis 8,1 m
Bereifung: 600/70R34, 710/75R42
Preis: 413 535 Euro (ohne MwSt.)

Claas Axion 9.360
Allradschlepper

Motor: FPT Turbomotor mit Ladeluftkühlung mit 258 kW (351 PS) nach ISO bei 2 080 min^{-1}; maximale Leistung 265 kW (360 PS); 6 Zylinder, 8 710 cm^3 Hubraum, Abgasnorm Stufe V
Getriebe: TMG45 silent, stufenloses Getriebe bis 50 km/h
Zapfwelle: 540E/1 000
Hubwerk: Kat. III/IV, Hubkraft 10 950 daN
Hydraulik: Pumpenleistung 220 l/min bei 200 bar
Gewichte & Maße: Zulässiges Gesamtgewicht 18 000 kg, Bodenfreiheit 61 cm, Wendekreis 8,1 m
Bereifung: 600/70R34, 710/75R42
Preis: 460 470 Euro (ohne MwSt.)

Claas Axion 950
Allradschlepper

Motor: FPT Turbomotor mit Ladeluftkühlung mit 301 kW (409 PS) nach ISO bei 2 080 min^{-1}; maximale Leistung 308 kW (419 PS); 6 Zylinder, 8 710 cm^3 Hubraum, Abgasnorm Stufe V
Getriebe: TMG45, stufenloses Getriebe bis 50 km/h
Zapfwelle: 540E/1 000
Hubwerk: Kat. III/IV, Hubkraft 11 250 daN
Hydraulik: Pumpenleistung 220 l/min bei 200 bar
Gewichte & Maße: Zulässiges Gesamtgewicht 18 000 kg, Bodenfreiheit 61 cm, Wendekreis 8,1 m
Bereifung: 600/70R34, 710/75R42
Preis: 436 085 Euro (ohne MwSt.)

Claas Axion 9.450 Terra Trac
Halbraupen-Allradschlepper

Motor: FPT Turbomotor mit Ladeluftkühlung mit 323 kW (439 PS) nach ISO bei 2 080 min^{-1}; maximale Leistung 330 kW (449 PS); 6 Zylinder, 8 710 cm^3 Hubraum, Abgasnorm Stufe V

Getriebe: TMG45 silent, stufenloses Getriebe bis 50 km/h
Zapfwelle: 540E/1 000
Hubwerk: Kat. III/IV, Hubkraft 11 250 daN
Hydraulik: Pumpenleistung 220 l/min bei 200 bar
Gewichte & Maße: Zulässiges Gesamtgewicht 18 000 kg, Leergewicht 16 900 kg, Bodenfreiheit 61 cm
Bereifung: 710/60R34, 735 mm
Preis: 614 110 Euro (ohne MwSt.)

Claas Axion 9.450
Allradschlepper

Motor: FPT Turbomotor mit Ladeluftkühlung mit 323 kW (439 PS) nach ISO bei 2 080 min^{-1}; maximale Leistung 330 kW (449 PS); 6 Zylinder, 8 710 cm^3 Hubraum, Abgasnorm Stufe V
Getriebe: TMG45 silent, stufenloses Getriebe bis 50 km/h
Zapfwelle: 540E/1 000
Hubwerk: Kat. III/IV, Hubkraft 11 250 daN
Hydraulik: Pumpenleistung 220 l/min bei 200 bar
Gewichte & Maße: Zulässiges Gesamtgewicht 18 000 kg, Bodenfreiheit 61 cm, Wendekreis 8,1 m
Bereifung: 600/70R34, 710/75R42
Preis: 499 600 Euro (ohne MwSt.)

Claas Axion 960 Terra Trac
Halbraupen-Allradschlepper

Motor: FPT Turbomotor mit Ladeluftkühlung mit 323 kW (439 PS) nach ISO bei 2 080 min^{-1}; maximale Leistung 330 kW (449 PS); 6 Zylinder, 8 710 cm^3 Hubraum, Abgasnorm Stufe V
Getriebe: TMG45, stufenloses Getriebe bis 50 km/h
Zapfwelle: 540E/1 000
Hubwerk: Kat. III/IV, Hubkraft 11 250 daN
Hydraulik: Pumpenleistung 220 l/min bei 200 bar
Gewichte & Maße: Zulässiges Gesamtgewicht 18 000 kg, Leergewicht 16 900 kg, Bodenfreiheit 61 cm
Bereifung: 710/60R34, 735 mm
Preis: 567 495 Euro (ohne MwSt.)

Claas Axion 960
Allradschlepper

Motor: FPT Turbomotor mit Ladeluftkühlung mit 323 kW (439 PS) nach ISO bei 2 080 min^{-1}; maximale Leistung 330 kW (449 PS); 6 Zylinder, 8 710 cm^3 Hubraum, Abgasnorm Stufe V
Getriebe: TMG45, stufenloses Getriebe bis 50 km/h
Zapfwelle: 540E/1 000
Hubwerk: Kat. III/IV, Hubkraft 11 250 daN
Hydraulik: Pumpenleistung 220 l/min bei 200 bar
Gewichte & Maße: Zulässiges Gesamtgewicht 18 000 kg, Bodenfreiheit 61 cm, Wendekreis 8,1 m
Bereifung: 600/70R34, 710/75R42
Preis: 451 570 Euro (ohne MwSt.)

Claas Xerion 4200 ST Saddle
Trac-Allradschlepper

Motor: Daimler Turbomotor mit Ladeluftkühlung mit 337 kW (458 PS) nach ISO bei 1 900 min^{-1}; maximale Leistung 340 kW (462 PS) bei 1 600 min^{-1}; 6 Zylinder, 10 600 cm^3 Hubraum, Abgasnorm Stufe V
Getriebe: Eccom 5.5, stufenloses Getriebe bis 50 km/h
Zapfwelle: 1000, Höchstdrehzahl: 1 500 min^{-1}
Hubwerk: Kat. IVN, Hubkraft 13 600 daN
Hydraulik: Pumpenleistung 197 l/min bei 200 bar
Gewichte & Maße: Zulässiges Gesamtgewicht 18 000 kg, Leergewicht 15 600 kg, Nutzlast 8 900 kg, Wendekreis 13,5 m
Bereifung: 710/85R38, 710/85R38
Preis: 515 750 Euro (ohne MwSt.)

Claas Xerion 4200 Trac

Trac-Allradschlepper

Motor: Daimler Turbomotor mit Ladeluftkühlung mit 337 kW (458 PS) nach ISO bei 1 900 min^{-1}; maximale Leistung 340 kW (462 PS) bei 1 600 min^{-1}; 6 Zylinder, 10 600 cm^3 Hubraum, Abgasnorm Stufe V
Getriebe: Eccom 5.5, stufenloses Getriebe bis 50 km/h
Zapfwelle: 1000, Höchstdrehzahl: 1 500 min^{-1}
Hubwerk: Kat. IVN, Hubkraft 13 600 daN
Hydraulik: Pumpenleistung 197 l/min bei 200 bar
Gewichte & Maße: Zulässiges Gesamtgewicht 18 000 kg, Leergewicht 16 000 kg, Nutzlast 8 500 kg, Wendekreis 13,5 m
Bereifung: 710/85R38, 710/85R38
Preis: 463 885 Euro (ohne MwSt.)

Claas Xerion 4200 Trac VC

Trac-Allradschlepper

Motor: Daimler Turbomotor mit Ladeluftkühlung mit 337 kW (458 PS) nach ISO bei 1 900 min^{-1}; maximale Leistung 340 kW (462 PS) bei 1 600 min^{-1}; 6 Zylinder, 10 600 cm^3 Hubraum, Abgasnorm Stufe V
Getriebe: Eccom 5.5, stufenloses Getriebe bis 50 km/h
Zapfwelle: 1000, Höchstdrehzahl: 1 500 min^{-1}
Hubwerk: Kat. IVN, Hubkraft 13 600 daN
Hydraulik: Pumpenleistung 197 l/min bei 200 bar
Gewichte & Maße: Zulässiges Gesamtgewicht 18 000 kg, Leergewicht 16 200 kg, Nutzlast 8 300 kg, Wendekreis 13,5 m

SGT

Bereifung: 710/85R38, 710/85R38
Preis: 504 385 Euro (ohne MwSt.)

Claas Xerion 5000 Trac VC

Trac-Allradschlepper

Motor: Daimler Turbomotor mit Ladeluftkühlung mit 390 kW (530 PS) nach ISO bei 1 900 min^{-1}; maximale Leistung 390 kW (530 PS) bei 1 600 min^{-1}; 6 Zylinder, 12 800 cm^3 Hubraum, Abgasnorm Stufe V
Getriebe: Eccom 5.5, stufenloses Getriebe bis 50 km/h
Zapfwelle: 1000, Höchstdrehzahl: 1 500 min^{-1}
Hubwerk: Kat. IVN, Hubkraft 13 600 daN
Hydraulik: Pumpenleistung 197 l/min bei 200 bar
Gewichte & Maße: Zulässiges Gesamtgewicht 18 000 kg, Leergewicht 16 200 kg, Nutzlast 8 300 kg, Wendekreis 13,5 m
Bereifung: 710/75R42, 710/75R42
Preis: 569 980 Euro (ohne MwSt.)

Claas Xerion 5000 Trac

Trac-Allradschlepper

Motor: Daimler Turbomotor mit Ladeluftkühlung mit 390 kW (530 PS) nach ISO bei 1 900 min^{-1}; maximale Leistung 390 kW (530 PS) bei 1 600 min^{-1}; 6 Zylinder, 12 800 cm^3 Hubraum, Abgasnorm Stufe V
Getriebe: Eccom 5.5, stufenloses Getriebe bis 50 km/h
Zapfwelle: 1000, Höchstdrehzahl: 1 500 min^{-1}
Hubwerk: Kat. IVN, Hubkraft 13 600 daN
Hydraulik: Pumpenleistung 197 l/min bei 200 bar
Gewichte & Maße: Zulässiges Gesamtgewicht 18 000 kg, Leergewicht 16 000 kg, Nutzlast 8 500 kg, Wendekreis 13,5 m
Bereifung: 710/75R42, 710/75R42
Preis: 529 480 Euro (ohne MwSt.)

Claas Xerion 12.590 TERRA TRAC

Trac-Raupenschlepper

Motor: Daimler Turbomotor mit Ladeluftkühlung mit 430 kW (585 PS) nach ISO bei 1 900 min^{-1}; maximale Leistung 430 kW (585 PS) bei 1 600 min^{-1}; 6 Zylinder, 15 600 cm^3 Hubraum, Abgasnorm Stufe V

Getriebe: Eccom 5.5, (auf Wunsch bis 50 km/h), synchronisiert
Zapfwelle: 1000, Höchstdrehzahl: 1500 min^{-1}
Hubwerk: Kat. IVN, Hubkraft 13600 daN
Hydraulik: Pumpenleistung 220 l/min bei 200 bar
Gewichte & Maße: Zulässiges Gesamtgewicht 30000 kg, Leergewicht 25400 kg, Nutzlast 4600 kg, Bodenfreiheit 42 cm, Wendekreis 11,8 m
Bereifung: 762 mm, 762 mm
Preis: 733210 Euro (ohne MwSt.)

Claas Xerion 12.650 TERRA TRAC

Trac-Raupenschlepper

Motor: Daimler Turbomotor mit Ladeluftkühlung mit 480 kW (653 PS) nach ISO bei 1900 min^{-1}; maximale Leistung 480 kW (653 PS) bei 1600 min^{-1}; 6 Zylinder, 15600 cm^3 Hubraum, Abgasnorm Stufe V
Getriebe: Eccom 5.5, (auf Wunsch bis 50 km/h), synchronisiert
Zapfwelle: 1000, Höchstdrehzahl: 1500 min^{-1}
Hubwerk: Kat. IVN, Hubkraft 13600 daN
Hydraulik: Pumpenleistung 220 l/min bei 200 bar
Gewichte & Maße: Zulässiges Gesamtgewicht 30000 kg, Leergewicht 25400 kg, Nutzlast 4600 kg, Bodenfreiheit 42 cm, Wendekreis 11,8 m
Bereifung: 762 mm, 762 mm
Preis: 767680 Euro (ohne MwSt.)

Weitere Informationen erhalten Sie von:

Same Deutz-Fahr Deutschland GmbH
Deutz-Fahr-Straße 1
89415 Lauingen
Telefon: 0 90 72/99 70
www.deutz-fahr.com

Deutz-Fahr

1864 wurde in Köln die weltweit erste Motorenfabrik N.A. Otto & Cie. gegründet. Deren Gründer und Entwickler Nikolaus August Otto präsentierte 1867 zusammen mit Eugen Langen auf der Weltausstellung in Paris einen atmosphärischen Gasmotor. Jedoch sollten noch neun Jahre vergehen, bis das Vorbild für alle weiteren Verbrennungsmotoren vorgestellt wurde: der Ottomotor.

Der erste Deutz-Traktor mit 26-PS-Benzinmotor wurde allerdings in den USA im Jahr 1894 gebaut. 1927 begann die serienmäßige Produktion von Dieseltraktoren des Typs MTH 222. Die Bezeichnung „Bauernschlepper“ erhielt der allbekannte 11er Deutz, der ab 1936 gebaut wurde. Er hatte 11 PS Leistung und wurde mit Riemenscheibe, Zapfwelle und Mähbalkenantrieb ausgestattet.

1938 wurde die Klöckner-Humboldt-Deutz AG (KHD) gegründet. Als KHD 1968 einen Aktienanteil der Fahr AG in Gottmadingen erwarb, bekam der Traktoren- und Erntemaschinenhersteller den Namen Deutz-Fahr. Die heutige Same Deutz-Fahr-Gruppe entstand 1995, nachdem Deutz-Fahr vom italienischen Same-Konzern gekauft wurde.

Nach rund drei Jahren Planungs- und Bauzeit wurde im Mai 2017 im bayerischen Lauingen an der Donau ein modernes Traktorenwerk eröffnet. Gefertigt werden dort die Schlepper der Serie 6, Serie 7, Serie 8 und Serie 9. Aktuell gibt es erste Erlkönigbilder von einem Deutz-Traktor mit einer neuen Kabine. Ob dazu ein erstes Modell auf der Agritechnica 2025 steht, ist noch offen.

Deutz-Fahr 4070 E

Allradschlepper

Motor: SDF Turbomotor mit Ladeluftkühlung mit 48 kW (65 PS) nach ISO; maximale Leistung 48,9 kW (67 PS); 3 Zylinder, 2887 cm³ Hubraum, Abgasnorm Stufe V
Getriebe: 12 Vorwärts- und 3 Rückwärtsgänge (auf Wunsch 8/8 Eco, 15/15 bis 30 km/h), synchronisiert, 5 Gänge im Hauptarbeitsbereich
Zapfwelle: 540
Hubwerk: Kat. II, Hubkraft 3500 daN
Hydraulik: Pumpenleistung 42; 50 l/min bei 180 bar
Gewichte & Maße: Zulässiges Gesamtgewicht 4800 kg, Leergewicht 2800 kg, Nutzlast 2000 kg, Bodenfreiheit 35 cm
Bereifung: 9.5R20, 13.6R28
Preis: keine Angabe

Deutz-Fahr 5070 D Keyline

Allradschlepper

Motor: SDF Turbomotor mit Ladeluftkühlung mit 48 kW (65 PS) nach ISO; maximale Leistung 48,9 kW (67 PS); 3 Zylinder, 2887 cm³ Hubraum, Abgasnorm Stufe V
Getriebe: 30 Vorwärts- und 30 Rückwärtsgänge (auf Wunsch 15/15 Eco, 30/30 Eco bis 40 km/h), synchronisiert, 10 Gänge im Hauptarbeitsbereich, 2 Lastschaltstufen
Zapfwelle: 540/540E
Hubwerk: Kat. II, Hubkraft 3500 daN
Hydraulik: Pumpenleistung 50 l/min bei 180 bar
Gewichte & Maße: Zulässiges Gesamtgewicht 5200 kg, Leergewicht 3200 kg, Nutzlast 2000 kg, Bodenfreiheit 35 cm
Bereifung: 9.5R20, 13.6R28
Preis: keine Angabe

Deutz-Fahr 5075 Keyline

Allradschlepper

Motor: SDF Turbomotor mit Ladeluftkühlung mit 54,8 kW (75 PS) nach ISO; max. Leistung 55,4 kW (75 PS); 4 Zyl., 3849 cm³ Hubraum, Abgasnorm Stufe V
Getriebe: 40 Vorwärts- und 40 Rückwärtsgänge (auf Wunsch bis 40 km/h), synchronisiert, 2 Lastschaltstufen
Zapfwelle: 540/540E
Hubwerk: Kat. II, Hubkraft 4525 daN
Hydraulik: Pumpenleistung 55 l/min bei 180 bar
Gewichte & Maße: Zulässiges Gesamtgewicht 6500 kg,

Leergewicht 4 000 kg,
Nutzlast 2 500 kg
Bereifung: 380/85R24, 420/85R34
Preis: keine Angabe

Deutz-Fahr 5075 D

Allradschlepper

Motor: SDF Turbomotor mit Ladeluftkühlung mit 54,8 kW (75 PS) nach ISO; maximale Leistung 55,4 kW (75 PS); 4 Zylinder, 3 849 cm³ Hubraum, Abgasnorm Stufe V
Getriebe: 45 Vorwärts- und 45 Rückwärtsgänge (auf Wunsch bis 40 km/h), synchronisiert, 3 Lastschaltstufen
Zapfwelle: 540/540E
Hubwerk: Kat. II, Hubkraft 3 600 daN
Hydraulik: Pumpenleistung 64 l/min bei 180 bar

Gewichte & Maße: Zulässiges Gesamtgewicht 5 200 kg, Leergewicht 3 275 kg, Nutzlast 2 000 kg
Bereifung: 320/85R20, 380/85R30
Preis: keine Angabe

Deutz-Fahr 4080 E

Allradschlepper

Motor: SDF Turbomotor mit Ladeluftkühlung mit 55,2 kW (75 PS) nach ISO; maximale Leistung 55,8 kW (76 PS); 3 Zylinder, 2 887 cm³ Hubraum, Abgasnorm Stufe V
Getriebe: 12 Vorwärts- und 3 Rückwärtsgänge (auf Wunsch 8/8 Eco, 15/15 bis 30 km/h), synchronisiert, 5 Gänge im Hauptarbeitsbereich
Zapfwelle: 540
Hubwerk: Kat. II, Hubkraft 3 500 daN
Hydraulik: Pumpenleistung 42; 50 l/min bei 180 bar
Gewichte & Maße: Zulässiges Gesamtgewicht 4 800 kg, Leergewicht 2 800 kg, Nutzlast 2 000 kg, Bodenfreiheit 35 cm
Bereifung: 20", 28"
Preis: keine Angabe

Deutz-Fahr 5080 D Keyline

Allradschlepper

Motor: SDF Turbomotor mit Ladeluftkühlung mit 55,2 kW (75 PS) nach ISO; maximale Leistung 55,8 kW (76 PS); 3 Zylinder, 2 887 cm³ Hubraum, Abgasnorm Stufe V
Getriebe: 30 Vorwärts- und 30 Rückwärtsgänge (auf Wunsch 15/15 Eco, 30/30 Eco bis 40 km/h), synchronisiert, 10 Gänge im Hauptarbeitsbereich, 2 Lastschaltstufen
Zapfwelle: 540/540E
Hubwerk: Kat. II, Hubkraft 3 500 daN
Hydraulik: Pumpenleistung 50 l/min bei 180 bar
Gewichte & Maße: Zulässiges Gesamtgewicht 5 200 kg, Leergewicht 3 200 kg, Nutzlast 2 000 kg, Bodenfreiheit 35 cm
Bereifung: 11.2R20, 14.9R28
Preis: keine Angabe

Deutz-Fahr 5090 D Keyline

Allradschlepper

Motor: SDF Turbomotor mit Ladeluftkühlung mit 63,5 kW (86 PS) nach ISO; maximale Leistung 67 kW (91 PS); 3 Zylinder, 2 887 cm³ Hubraum, Abgasnorm Stufe V
Getriebe: 30 Vorwärts- und 30 Rückwärtsgänge (auf Wunsch 15/15 Eco, 30/30 Eco bis 40 km/h), synchronisiert, 10 Gänge im Hauptarbeitsbereich, 2 Lastschaltstufen
Zapfwelle: 540/540E
Hubwerk: Kat. II, Hubkraft 3 500 daN
Hydraulik: Pumpenleistung 50 l/min bei 180 bar
Gewichte & Maße: Zulässiges Gesamtgewicht 5 200 kg, Leergewicht 3 200 kg, Nutzlast 2 000 kg, Bodenfreiheit 35 cm
Bereifung: 11.2R20, 14.9R28
Preis: keine Angabe

Deutz-Fahr 4090 E

Allradschlepper

Motor: SDF Turbomotor mit Ladeluftkühlung mit 63,5 kW (86 PS) nach ISO; maximale Leistung 67 kW (91 PS); 3 Zylinder, 2 887 cm³ Hubraum, Abgasnorm Stufe V

Getriebe: 15 Vorwärts- und 15 Rückwärtsgänge (auf Wunsch 15/15 Eco bis 40 km/h), synchronisiert, 5 Gänge im Hauptarbeitsbereich
Zapfwelle: 540
Hubwerk: Kat. II, Hubkraft 3 500 daN
Hydraulik: Pumpenleistung 42; 50 l/min bei 180 bar
Gewichte & Maße: Zulässiges Gesamtgewicht 4 800 kg, Leergewicht 2 800 kg, Nutzlast 2 000 kg, Bodenfreiheit 35 cm
Bereifung: 20", 28"
Preis: keine Angabe

Deutz-Fahr 5095 D

Allradschlepper

Motor: SDF Turbomotor mit Ladeluftkühlung mit 66,4 kW (90 PS) nach ISO; max. Leistung 70 kW (95 PS); 4 Zyl., 3 849 cm^3 Hubraum, Abgasnorm Stufe V
Getriebe: 45 Vorwärts- und 45 Rückwärtsgänge (auf Wunsch 45/45 Powershift bis 40 km/h), synchronisiert, 12 Gänge im Hauptarbeitsbereich, 3 Lastschaltstufen
Zapfwelle: 540/540E, Höchstdrehzahl: 604/762/1 077 min^{-1}
Hubwerk: Kat. II, Hubkraft 3 600 daN
Hydraulik: Pumpenleistung 54 l/min bei 185 bar
Gewichte & Maße: Zulässiges Gesamtgewicht 5 200 kg, Leergewicht 3 300 kg, Nutzlast 1 900 kg, Bodenfreiheit 39 cm
Bereifung: 360/70R20, 420/70R30
Preis: keine Angabe

Deutz-Fahr 5095 Keyline

Allradschlepper

Motor: SDF Turbomotor mit Ladeluftkühlung mit 66,4 kW (90 PS) nach ISO;

maximale Leistung 70 kW (95 PS); 4 Zylinder, 3849 cm^3 Hubraum, Abgasnorm Stufe V
Getriebe: 40 Vorwärts- und 40 Rückwärtsgänge (auf Wunsch bis 40 km/h), synchronisiert, 2 Lastschaltstufen
Zapfwelle: 540/540E
Hubwerk: Kat. II, Hubkraft 4525 daN
Hydraulik: Pumpenleistung 55 l/min bei 180 bar
Gewichte & Maße: Zulässiges Gesamtgewicht 6500 kg, Leergewicht 4000 kg, Nutzlast 2500 kg
Bereifung: 380/85R24, 420/85R34
Preis: keine Angabe

Deutz-Fahr 5095 D TTV

Allradschlepper

Motor: SDF Turbomotor mit Ladeluftkühlung mit 66,4 kW (90 PS) nach ISO; maximale Leistung 70 kW (95 PS); 4 Zylinder, 3849 cm^3 Hubraum, Abgasnorm Stufe V
Getriebe: TTV, stufenloses Getriebe bis 40 km/h
Zapfwelle: 540/540E/1000, Höchstdrehzahl: 604/762/1077 min^{-1}
Hubwerk: Kat. II, Hubkraft 3800 daN
Hydraulik: Pumpenleistung 100 + 42 l/min bei 200 bar
Gewichte & Maße: Zulässiges Gesamtgewicht 5200 kg, Leergewicht 3875 kg, Nutzlast 1925 kg, Bodenfreiheit 39 cm
Bereifung: 360/70R20, 420/70R30
Preis: keine Angabe

Deutz-Fahr 5095

Allradschlepper

Motor: SDF Turbomotor mit Ladeluftkühlung mit 66,4 kW (90 PS) nach ISO; maximale Leistung 70 kW (95 PS); 4 Zylinder, 3849 cm^3 Hubraum, Abgasnorm Stufe V
Getriebe: 10 Vorwärts- und 10 Rückwärtsgänge (auf Wunsch 10/10, 20/20; 20/20, 40/40; 30/30, 60/60 bis 40 km/h), synchronisiert
Zapfwelle: 540/540E
Hubwerk: Kat. II, Hubkraft 4526 daN
Hydraulik: Pumpenleistung 55; 90 l/min bei 185 bar
Gewichte & Maße: Zulässiges Gesamtgewicht 6200 kg, Leergewicht 3600 kg, Nutzlast 2600 kg, Wendekreis 5,8 m
Bereifung: 380/85R24, 420/85R34
Preis: keine Angabe

Deutz-Fahr 5100

Allradschlepper

Motor: SDF Turbomotor mit Ladeluftkühlung mit 71,1 kW (97 PS) nach ISO;

maximale Leistung 75 kW (102 PS); 3 Zylinder, 2887 cm^3 Hubraum, Abgasnorm Stufe V
Getriebe: 10 Vorwärts- und 10 Rückwärtsgänge (auf Wunsch 10/10, 20/20; 20/20, 40/40; 30/30, 60/60 bis 40 km/h), synchronisiert
Zapfwelle: 540/540E
Hubwerk: Kat. II, Hubkraft 4526 daN
Hydraulik: Pumpenleistung 55; 90 l/min bei 185 bar
Gewichte & Maße: Zulässiges Gesamtgewicht 6200 kg, Leergewicht 3600 kg, Nutzlast 2600 kg, Wendekreis 5,8 m
Bereifung: 380/85R24, 420/85R34
Preis: keine Angabe

Deutz-Fahr 5100 D Keyline

Allradschlepper

Motor: SDF Turbomotor mit Ladeluftkühlung mit 71,1 kW (97 PS) nach ISO; maximale Leistung 75 kW (102 PS); 3 Zylinder, 2887 cm^3 Hubraum, Abgasnorm Stufe V
Getriebe: 30 Vorwärts- und 30 Rückwärtsgänge (auf Wunsch 15/15 Eco, 30/30 Eco bis 40 km/h), synchronisiert, 10 Gänge im Hauptarbeitsbereich, 2 Lastschaltstufen
Zapfwelle: 540/540E
Hubwerk: Kat. II, Hubkraft 3500 daN
Hydraulik: Pumpenleistung 50 l/min bei 180 bar
Gewichte & Maße: Zulässiges Gesamtgewicht 5200 kg, Leergewicht 3200 kg, Nutzlast 2000 kg, Bodenfreiheit 35 cm
Bereifung: 11.2R20, 14.9R28
Preis: keine Angabe

Deutz-Fahr 4100 E

Allradschlepper

Motor: SDF Turbomotor mit Ladeluftkühlung mit 71,1 kW (97 PS) nach ISO; maximale Leistung 75 kW (102 PS); 3 Zylinder, 2887 cm^3 Hubraum, Abgasnorm Stufe V
Getriebe: 15 Vorwärts- und 15 Rückwärtsgänge (auf Wunsch 15/15 Eco bis 40 km/h), synchronisiert, 5 Gänge im Hauptarbeitsbereich
Zapfwelle: 540
Hubwerk: Kat. II, Hubkraft 3500 daN
Hydraulik: Pumpenleistung 42; 50 l/min bei 180 bar
Gewichte & Maße: Zulässiges Gesamtgewicht 4800 kg, Leergewicht 2800 kg,

Nutzlast 2000 kg, Bodenfreiheit 35 cm
Bereifung: 20", 28"
Preis: keine Angabe

Deutz-Fahr 5105 D TTV

Allradschlepper

Motor: SDF Turbomotor mit Ladeluftkühlung mit 74 kW (101 PS) nach ISO; maximale Leistung 78 kW (106 PS); 4 Zylinder, 3849 cm^3 Hubraum, Abgasnorm Stufe V
Getriebe: TTV, stufenloses Getriebe bis 40 km/h
Zapfwelle: 540/540E/1000, Höchstdrehzahl: 604/762/1077 min^{-1}
Hubwerk: Kat. II, Hubkraft 3800 daN
Hydraulik: Pumpenleistung 100 + 42 l/min bei 200 bar
Gewichte & Maße: Zulässiges Gesamtgewicht 5800 kg, Leergewicht 3875 kg, Nutzlast 1925 kg, Bodenfreiheit 39 cm
Bereifung: 360/70R20, 420/70R30
Preis: keine Angabe

Deutz-Fahr 5105 TB

Allradschlepper

Motor: SDF Turbomotor mit Ladeluftkühlung mit 74 kW (101 PS) nach ISO; maximale Leistung 78 kW (106 PS); 4 Zylinder, 3849 cm^3 Hubraum, Abgasnorm Stufe V
Getriebe: 40 Vorwärts- und 40 Rückwärtsgänge (auf Wunsch 40/40 bis 40 km/h), synchronisiert, 12 Gänge im Hauptarbeitsbereich, 2 Lastschaltstufen
Zapfwelle: 540/540E/1000/1000E
Hubwerk: Kat. II, Hubkraft 4525 daN
Hydraulik: Pumpenleistung 55 l/min bei 185 bar
Gewichte & Maße: Zulässiges Gesamtgewicht 6400 kg, Leergewicht 3280 kg, Nutzlast 3100 kg
Bereifung: 300/70R20, 420/70R24
Preis: keine Angabe

Deutz-Fahr 5105 Keyline Plus

Allradschlepper

Motor: SDF Turbomotor mit Ladeluftkühlung mit 74 kW (101 PS) nach ISO; maximale Leistung 78 kW (106 PS); 4 Zylinder, 3849 cm^3 Hubraum, Abgasnorm Stufe V
Getriebe: 40 Vorwärts- und 40 Rückwärtsgänge (auf Wunsch 20/20, 40/40 bis 40 km/h), synchronisiert, 2 Lastschaltstufen
Zapfwelle: 540/540E
Hubwerk: Kat. II, Hubkraft 4525 daN
Hydraulik: Pumpenleistung 55 l/min bei 180 bar
Gewichte & Maße: Zulässiges Gesamtgewicht 7000 kg, Leergewicht 4250 kg, Nutzlast 3000 kg
Bereifung: 420/85R34, 460/85R34
Preis: keine Angabe

Deutz-Fahr 5105 Keyline

Allradschlepper

Motor: SDF Turbomotor mit Ladeluftkühlung mit 74 kW (101 PS) nach ISO; maximale Leistung 78 kW (106 PS); 4 Zylinder, 3849 cm^3 Hubraum, Abgasnorm Stufe V
Getriebe: 40 Vorwärts- und 40 Rückwärtsgänge (auf Wunsch 20/20, 40/40 bis 40 km/h), synchronisiert, 2 Lastschaltstufen
Zapfwelle: 540/540E

Hubwerk: Kat. II, Hubkraft 4 525 daN
Hydraulik: Pumpenleistung 55 l/min bei 180 bar
Gewichte & Maße: Zulässiges Gesamtgewicht 6 500 kg, Leergewicht 4 000 kg, Nutzlast 2 500 kg
Bereifung: 380/85R24, 420/85R34
Preis: keine Angabe

Deutz-Fahr 5105

Allradschlepper

Motor: SDF Turbomotor mit Ladeluftkühlung mit 74 kW (101 PS) nach ISO; maximale Leistung 78 kW (106 PS); 4 Zylinder, 3 849 cm³ Hubraum, Abgasnorm Stufe V
Getriebe: 10 Vorwärts- und 10 Rückwärtsgänge (auf Wunsch 10/10, 20/20; 20/20, 40/40; 30/30, 60/60 bis 40 km/h), synchronisiert
Zapfwelle: 540/540E
Hubwerk: Kat. II, Hubkraft 4 528 daN
Hydraulik: Pumpenleistung 55; 90 l/min bei 185 bar
Gewichte & Maße: Zulässiges Gesamtgewicht 6 200 kg, Leergewicht 4 000 kg, Nutzlast 2 200 kg
Bereifung: 420/70R24, 480/70R34
Preis: keine Angabe

Deutz-Fahr 5105 D

Allradschlepper

Motor: SDF Turbomotor mit Ladeluftkühlung mit 74 kW (101 PS) nach ISO; maximale Leistung 78 kW (106 PS); 4 Zylinder, 3 849 cm³ Hubraum, Abgasnorm Stufe V
Getriebe: 45 Vorwärts- und 45 Rückwärtsgänge (auf Wunsch 45/45 Powershift bis 40 km/h), synchronisiert, 12 Gänge im Hauptarbeitsbereich, 3 Lastschaltstufen
Zapfwelle: 540/540E, Höchstdrehzahl: 604/762/1 077 min^{-1}
Hubwerk: Kat. II, Hubkraft 3 600 daN
Hydraulik: Pumpenleistung 54 l/min bei 185 bar
Gewichte & Maße: Zulässiges Gesamtgewicht 5 200 kg, Leergewicht 3 300 kg, Nutzlast 1 900 kg, Bodenfreiheit 39 cm
Bereifung: 360/70R20, 420/70R30
Preis: keine Angabe

Deutz-Fahr 5115 D TTV

Allradschlepper

Motor: SDF Turbomotor mit Ladeluftkühlung mit 80,6 kW (110 PS) nach ISO; maximale Leistung 85 kW (116 PS); maximale Leistung (Boost) 93 kW (126 PS); 4 Zylinder, 3 849 cm³ Hubraum, Abgasnorm Stufe V
Getriebe: TTV, stufenloses Getriebe bis 40 km/h
Zapfwelle: 540/540E/1000, Höchstdrehzahl: 604/762/1 077 min^{-1}
Hubwerk: Kat. II, Hubkraft 3 800 daN
Hydraulik: Pumpenleistung 100 + 42 l/min bei 200 bar
Gewichte & Maße: Zulässiges Gesamtgewicht 5 800 kg, Leergewicht 3 875 kg, Nutzlast 1 925 kg, Bodenfreiheit 39 cm
Bereifung: 360/70R20, 420/70R30
Preis: keine Angabe

Deutz-Fahr 5115 TB

Allradschlepper

Motor: SDF Turbomotor mit Ladeluftkühlung mit 80,6 kW (110 PS) nach ISO; maximale Leistung 85 kW (116 PS); 4 Zylinder, 3 849 cm³ Hubraum, Abgasnorm Stufe V
Getriebe: 40 Vorwärts- und 40 Rückwärtsgänge (auf Wunsch 40/40 bis 40 km/h), synchronisiert, 12 Gänge im Hauptarbeitsbereich, 2 Lastschaltstufen
Zapfwelle: 540/540E/1 000/1 000E
Hubwerk: Kat. II, Hubkraft 4 525 daN
Hydraulik: Pumpenleistung 55 l/min bei 185 bar
Gewichte & Maße: Zulässiges Gesamtgewicht 6 400 kg, Leergewicht 3 280 kg, Nutzlast 2 920 kg
Bereifung: 300/70R20, 420/70R24
Preis: keine Angabe

Deutz-Fahr 5115

Allradschlepper

Motor: SDF Turbomotor mit Ladeluftkühlung mit 80,6 kW (110 PS) nach ISO; maximale Leistung 85 kW (116 PS); 4 Zylinder, 3 849 cm³ Hubraum, Abgasnorm Stufe V
Getriebe: 10 Vorwärts- und 10 Rückwärtsgänge (auf Wunsch 10/10, 20/20; 20/20, 40/40; 30/30, 60/60 bis 40 km/h), synchronisiert
Zapfwelle: 540/540E
Hubwerk: Kat. II, Hubkraft 5 409 daN
Hydraulik: Pumpenleistung 55; 90 l/min bei 185 bar
Gewichte & Maße: Zulässiges Gesamtgewicht 7 000 kg, Leergewicht 4 100 kg, Nutzlast 2 900 kg, Wendekreis 5,8 m
Bereifung: 420/85R24, 460/85R34
Preis: keine Angabe

Deutz-Fahr 6115 C RVshift

Allradschlepper

Motor: SDF Turbomotor mit Ladeluftkühlung mit 83,6 kW (114 PS) nach ISO; maximale Leistung 88,4 kW (120 PS); maximale Leistung (Boost) 93 kW (126 PS); 4 Zylinder, 3 849 cm³ Hubraum, Abgasnorm Stufe V
Getriebe: T5441, 20 Vorwärts- und 16 Rückwärtsgänge (auf Wunsch 20/16 bis 40 km/h), synchronisiert
Zapfwelle: 540/540E/1 000
Hubwerk: Kat. II/IIIN, Hubkraft 7 100 daN
Hydraulik: Pumpenleistung 90 (120) l/min bei 200 bar

Gewichte & Maße: Zulässiges Gesamtgewicht 8 500 kg, Leergewicht 5 215 kg, Nutzlast 4 000 kg
Bereifung: 380/70R24, 480/70R34
Preis: keine Angabe

Deutz-Fahr 6115 C TTV

Allradschlepper

Motor: SDF Turbomotor mit Ladeluftkühlung mit 83,6 kW (114 PS) nach ISO; maximale Leistung 88,4 kW (120 PS); maximale Leistung (Boost) 93 kW (126 PS); 4 Zylinder, 3 849 cm³ Hubraum, Abgasnorm Stufe V
Getriebe: T5441, stufenloses Getriebe bis 40 km/h
Zapfwelle: 540/540E/1 000
Hubwerk: Kat. II/IIIN, Hubkraft 7 100 daN
Hydraulik: Pumpenleistung 90 (120) l/min bei 200 bar
Gewichte & Maße: Zulässiges Gesamtgewicht 8 500 kg, Leergewicht 5 215 kg, Nutzlast 4 000 kg
Bereifung: 380/70R24, 480/70R34
Preis: keine Angabe

Deutz-Fahr 6115 C

Allradschlepper

Motor: SDF Turbomotor mit Ladeluftkühlung mit 83,6 kW (114 PS) nach ISO; maximale Leistung 88,4 kW (120 PS); maximale Leistung (Boost) 93 kW (126 PS); 4 Zylinder, 3 849 cm³ Hubraum, Abgasnorm Stufe V
Getriebe: T5350, 60 Vorwärts- und 60 Rückwärtsgänge (auf Wunsch 20/20, 40/40, 30/30, 60/60 bis 40 km/h), synchronisiert, 3 Lastschaltstufen
Zapfwelle: 540/540E
Hubwerk: Kat. II/IIIN, Hubkraft 5 410 daN
Hydraulik: Pumpenleistung 55; 90 l/min bei 200 bar
Gewichte & Maße: Zulässiges Gesamtgewicht 7 500 kg, Leergewicht 4 500 kg, Nutzlast 3 000 kg
Bereifung: 420/70R24, 480/70R34
Preis: keine Angabe

Deutz-Fahr 6125 C RVshift

Allradschlepper

Motor: SDF Turbomotor mit Ladeluftkühlung mit 90,3 kW (123 PS) nach ISO; maximale Leistung 95 kW (129 PS); maximale Leistung (Boost) 100 kW (136 PS); 4 Zylinder, 3 849 cm³ Hubraum, Abgasnorm Stufe V
Getriebe: T5441, stufenloses Getriebe bis 40 km/h
Zapfwelle: 540/540E/1 000
Hubwerk: Kat. II/IIIN, Hubkraft 7 100 daN
Hydraulik: Pumpenleistung 90 (120) l/min bei 200 bar
Gewichte & Maße: Zulässiges Gesamtgewicht 8 500 kg, Leergewicht 5 215 kg, Nutzlast 4 000 kg
Bereifung: 380/70R24, 480/70R38
Preis: keine Angabe

Deutz-Fahr 6125 C TTV

Allradschlepper

Motor: SDF Turbomotor mit Ladeluftkühlung mit 90,3 kW (123 PS) nach ISO;

maximale Leistung 95 kW (129 PS); maximale Leistung (Boost) 100 kW (136 PS); 4 Zylinder, 3 849 cm³ Hubraum, Abgasnorm Stufe V
Getriebe: T5441, stufenloses Getriebe bis 40 km/h
Zapfwelle: 540/540E/1 000
Hubwerk: Kat. II/IIIN, Hubkraft 7 100 daN
Hydraulik: Pumpenleistung 90 (120) l/min bei 200 bar
Gewichte & Maße: Zulässiges Gesamtgewicht 8 500 kg, Leergewicht 5 215 kg, Nutzlast 4 000 kg
Bereifung: 380/70R24, 480/70R38
Preis: keine Angabe

Deutz-Fahr 6125 C

Allradschlepper

Motor: SDF Turbomotor mit Ladeluftkühlung mit 90,3 kW (123 PS) nach ISO; maximale Leistung 95 kW (129 PS); maximale Leistung (Boost) 100 kW (136 PS); 4 Zylinder, 3 849 cm³ Hubraum, Abgasnorm Stufe V
Getriebe: T5350, 60 Vorwärts- und 60 Rückwärtsgänge (auf Wunsch 30/30 oder 60/60 bis 40 km/h), synchronisiert, 3 Lastschaltstufen
Zapfwelle: 540/540E
Hubwerk: Kat. II/IIIN, Hubkraft 7 000 daN
Hydraulik: Pumpenleistung 90; 120 l/min bei 200 bar
Gewichte & Maße: Zulässiges Gesamtgewicht 8 000 kg, Leergewicht 4 750 kg, Nutzlast 3 250 kg
Bereifung: 380/70R24, 480/70R34
Preis: keine Angabe

Deutz-Fahr 5125

Allradschlepper

Motor: SDF Turbomotor mit Ladeluftkühlung mit 93 kW (126 PS) nach ISO; max. Leistung 88,2 kW (120 PS); 4 Zyl., 3 849 cm³ Hubraum, Abgasnorm Stufe V
Getriebe: T5350, 10 Vorwärts- und 10 Rückwärtsgänge (auf Wunsch 10/10, 20/20; 20/20, 40/40; 30/30, 60/60 bis 40 km/h), synchronisiert
Zapfwelle: 540/540E
Hubwerk: Kat. II, Hubkraft 5 410 daN
Hydraulik: Pumpenleistung 55; 90 l/min bei 185 bar
Gewichte & Maße: Zulässiges Gesamtgewicht 7 500 kg, Leergewicht 4 100 kg, Nutzlast 3 400 kg
Bereifung: 340/85R28, 420/85R38
Preis: keine Angabe

Deutz-Fahr 6130.4 RVshift

Allradschlepper

Motor: Turbomotor mit Ladeluftkühlung mit 94,8 kW (129 PS) nach ISO; maximale Leistung 100 kW (136 PS); 4 Zylinder, 3 849 cm³ Hubraum, Abgasnorm Stufe V
Getriebe: T5560, 20 Vorwärts- und 16 Rückwärtsgänge (auf Wunsch bis 40 km/h), synchronisiert
Zapfwelle: 540/540E/1 000
Hubwerk: Kat. IIIN, Hubkraft 9 170 daN
Hydraulik: Pumpenleistung 90; 120 l/min bei 200 bar
Gewichte & Maße: Zulässiges Gesamtgewicht 10 500 kg, Leergewicht 6 500 kg, Nutzlast 4 000 kg
Bereifung: 480/70R24, 520/70R38
Preis: keine Angabe

Deutz-Fahr 6130.4 TTV

Allradschlepper

Motor: Turbomotor mit Ladeluftkühlung mit 94,9 kW (129 PS) nach ISO; maximale Leistung 100 kW (136 PS); 4 Zylinder, 3 849 cm³ Hubraum, Abgasnorm Stufe V
Getriebe: T5560, stufenloses Getriebe bis 40 km/h
Zapfwelle: 540/540E/1 000
Hubwerk: Kat. IIIN, Hubkraft 9 170 daN
Hydraulik: Pumpenleistung 90; 120 l/min bei 200 bar
Gewichte & Maße: Zulässiges Gesamtgewicht 10 500 kg, Leergewicht 6 500 kg, Nutzlast 4 000 kg
Bereifung: 480/70R24, 520/70R38
Preis: keine Angabe

Deutz-Fahr 6135 C TTV

Allradschlepper

Motor: SDF Turbomotor mit Ladeluftkühlung mit 95,6 kW (130 PS) nach ISO; maximale Leistung 100,8 kW (137 PS); maximale Leistung (Boost) 105 kW (143 PS); 4 Zylinder, 3 849 cm³ Hubraum, Abgasnorm Stufe V

Getriebe: T5441, stufenloses Getriebe bis 40 km/h
Zapfwelle: 540/540E/1 000
Hubwerk: Kat. II/IIIN, Hubkraft 7 100 daN
Hydraulik: Pumpenleistung 90 (120) l/min bei 200 bar
Gewichte & Maße: Zulässiges Gesamtgewicht 8 500 kg, Leergewicht 5 215 kg, Nutzlast 4 000 kg
Bereifung: 380/70R24, 480/70R34
Preis: keine Angabe

Deutz-Fahr 6135 C RVshift

Allradschlepper

Motor: SDF Turbomotor mit Ladeluftkühlung mit 95,6 kW (130 PS) nach ISO; maximale Leistung 100,8 kW (137 PS); maximale Leistung (Boost) 105 kW (143 PS); 4 Zylinder, 3 849 cm³ Hubraum, Abgasnorm Stufe V
Getriebe: T5441, 20 Vorwärts- und 16 Rückwärtsgänge (auf Wunsch 20/17 bis 40 km/h), synchronisiert
Zapfwelle: 540/540E/1 000
Hubwerk: Kat. II/IIIN, Hubkraft 7 100 daN
Hydraulik: Pumpenleistung 90 (120) l/min bei 200 bar
Gewichte & Maße: Zulässiges Gesamtgewicht 8 500 kg, Leergewicht 5 215 kg, Nutzlast 4 000 kg
Bereifung: 380/70R24, 480/70R34
Preis: keine Angabe

Deutz-Fahr 6135 C

Allradschlepper

Motor: SDF Turbomotor mit Ladeluftkühlung mit 95,6 kW (130 PS) nach ISO; maximale Leistung 100,8 kW (137 PS); maximale Leistung (Boost) 105 kW (143 PS); 4 Zylinder, 3 849 cm³ Hubraum, Abgasnorm Stufe V

Getriebe: T5441, 60 Vor- und 60 Rückwärtsgänge (a.W. 30/30 oder 60/60 bis 40 km/h), synchronisiert, 3 LS-Stufen
Zapfwelle: 540/540E
Hubwerk: Kat. II/IIIN, Hubkraft 7000 daN
Hydraulik: Pumpenleistung 90; 120 l/min bei 200 bar
Gewichte & Maße: Zulässiges Gesamtgewicht 8 000 kg, Leergewicht 4 750 kg, Nutzlast 3 250 kg

Bereifung: 380/70R24, 480/70R34
Preis: keine Angabe

Deutz-Fahr 6140.4 TTV

Allradschlepper

Motor: SDF Turbomotor mit Ladeluftkühlung mit 105,4 kW (143 PS) nach ISO; maximale Leistung 108 kW (147 PS); 4 Zylinder, 3 849 cm³ Hubraum, Abgasnorm Stufe V

Getriebe: T5560, stufenloses Getriebe bis 40 km/h
Zapfwelle: 540/540E/1 000
Hubwerk: Kat. IIIN, Hubkraft 9 170 daN
Hydraulik: Pumpenleistung 120 l/min bei 200 bar
Gewichte & Maße: Zulässiges Gesamtgewicht 10 500 kg, Leergewicht 6 500 kg, Nutzlast 4 000 kg
Bereifung: 480/70R24, 520/70R38
Preis: keine Angabe

Deutz-Fahr 6140.4 RVshift

Allradschlepper

Motor: SDF Turbomotor mit Ladeluftkühlung mit 105,4 kW (143 PS) nach ISO; maximale Leistung 108 kW (147 PS); 4 Zylinder, 3 849 cm³ Hubraum, Abgasnorm Stufe V
Getriebe: T5560, 20 Vorwärts- und 16 Rückwärtsgänge (auf Wunsch bis 40 km/h), synchronisiert
Zapfwelle: 540/540E/1 000
Hubwerk: Kat. IIIN, Hubkraft 9 170 daN
Hydraulik: Pumpenleistung 90; 120 l/min bei 200 bar
Gewichte & Maße: Zulässiges Gesamtgewicht 10 500 kg, Leergewicht 6 500 kg, Nutzlast 4 000 kg
Bereifung: 480/70R24, 520/70R38
Preis: keine Angabe

Deutz-Fahr 6150.4 TTV

Allradschlepper

Motor: SDF Turbomotor mit Ladeluftkühlung mit 109,1 kW (148 PS) nach ISO; maximale Leistung 115 kW (156 PS); 4 Zylinder, 3 849 cm³ Hubraum, Abgasnorm Stufe V

Getriebe: T5560, stufenloses Getriebe bis 40 km/h
Zapfwelle: 540/540E/1 000
Hubwerk: Kat. IIIN, Hubkraft 9 170 daN
Hydraulik: Pumpenleistung 120 l/min bei 200 bar
Gewichte & Maße: Zulässiges Gesamtgewicht 10 500 kg, Leergewicht 6 500 kg, Nutzlast 4 000 kg
Bereifung: 480/70R24, 520/70R38
Preis: keine Angabe

Deutz-Fahr 6150.4 RVshift

Allradschlepper

Motor: SDF Turbomotor mit Ladeluftkühlung mit 109,1 kW (148 PS) nach ISO; maximale Leistung 115 kW (156 PS); 4 Zylinder, 3 849 cm³ Hubraum, Abgasnorm Stufe V
Getriebe: T5560, 20 Vorwärts- und 16 Rückwärtsgänge (auf Wunsch bis 40 km/h), synchronisiert
Zapfwelle: 540/540E/1 000
Hubwerk: Kat. IIIN, Hubkraft 9 170 daN
Hydraulik: Pumpenleistung 90; 120 l/min bei 200 bar
Gewichte & Maße: Zulässiges Gesamtgewicht 10 500 kg, Leergewicht 6 500 kg, Nutzlast 4 000 kg
Bereifung: 480/70R24, 520/70R38
Preis: keine Angabe

Deutz-Fahr Agrotron 6155 TTV

Allradschlepper

Motor: Deutz Turbomotor mit Ladeluftkühlung mit 110 kW (150 PS) nach ISO; max. Leistung 115 kW (156 PS); 6 Zyl., 6 057 cm³ Hubraum, Abgasnorm Stufe V
Getriebe: Eccom 1.5, stufenloses Getriebe bis 50 km/h
Zapfwelle: 540/540E/1 000/1 000E
Hubwerk: Kat. II/III, Hubkraft 9 200 daN
Hydraulik: Pumpenleistung 120 l/min bei 200 bar
Gewichte & Maße: Zulässiges Gesamtgewicht 11 500 kg, Leergewicht 7 790 kg, Nutzlast 3 270 kg, Bodenfreiheit 47 cm, Wendekreis 9,4 m
Bereifung: 420/85R28, 520/85R38
Preis: keine Angabe

Deutz-Fahr Agrotron 6155.4 TTV

Allradschlepper

Motor: Deutz Turbomotor mit Ladeluftkühlung mit 110 kW (150 PS) nach ISO; maximale Leistung 115 kW (156 PS); 4 Zylinder, 4 038 cm³ Hubraum, Abgasnorm Stufe V
Getriebe: Eccom 1.5, (auf Wunsch 54/27 bis 50 km/h), synchronisiert
Zapfwelle: 540/540E/1 000/1 000E
Hubwerk: Kat. II/III, Hubkraft 9 200 daN
Hydraulik: Pumpenleistung 120 l/min bei 200 bar
Gewichte & Maße: Zulässiges Gesamtgewicht 11 500 kg, Leergewicht 7 700 kg, Nutzlast 3 270 kg, Bodenfreiheit 47 cm, Wendekreis 7,4 m
Bereifung: 420/85R28, 520/85R38
Preis: keine Angabe

Deutz-Fahr Agrotron 6160/RC Shift

Allradschlepper

Motor: Deutz Turbomotor mit Ladeluftkühlung mit 110 kW (150 PS) nach ISO; maximale Leistung 115 kW (156 PS); 6 Zylinder, 6 057 cm³ Hubraum, Abgasnorm Stufe V
Getriebe: TPT 16, 30 Vorwärts- und 15 Rückwärtsgänge (auf Wunsch 54/27 bis 50 km/h), synchronisiert, 12 Gänge im Hauptarbeitsbereich, 6 Lastschaltstufen
Zapfwelle: 540/540E/1 000/1 000E
Hubwerk: Kat. II/III, Hubkraft 9 700 daN
Hydraulik: Pumpenleistung 84 l/min bei 200 bar
Gewichte & Maße: Zulässiges Gesamtgewicht 11 500 kg, Leergewicht 6 960 kg, Nutzlast 4 540 kg, Bodenfreiheit 47 cm, Wendekreis 9,4 m
Bereifung: 420/85R28, 520/85R38
Preis: keine Angabe

DEUTZ-FAHR
DEUTZ-FAHR

Deutz-Fahr 6160.4 TTV

Allradschlepper

Motor: Deutz Turbomotor mit Ladeluftkühlung mit 114 kW (155 PS) nach ISO; max. Leistung 118 kW (160 PS); max. Leistung (Boost) 126 kW (171 PS); 4 Zyl., 4038 cm³ Hubraum, Abgasnorm Stufe V
Getriebe: stufenloses Getriebe bis 50 km/h
Zapfwelle: 540/540E/1000/1000E
Hubwerk: Kat. II/III, Hubkraft 9700 daN
Hydraulik: Pumpenleistung 120 l/min
Gewichte & Maße: Zulässiges Gesamtgewicht 11500 kg, Leergewicht 7700 kg, Nutzlast 4450 kg
Bereifung: 420/85R28, 520/85R38
Preis: keine Angabe

Deutz-Fahr 6160 TTV

Allradschlepper

Motor: Deutz Turbomotor mit Ladeluftkühlung mit 114 kW (155 PS) nach ISO; maximale Leistung 119 kW (162 PS); maximale Leistung (Boost) 126 kW (171 PS); 6 Zylinder, 6058 cm³ Hubraum, Abgasnorm Stufe V
Getriebe: stufenl. Getriebe bis 50 km/h
Zapfwelle: 540/540E/1000/1000E
Hubwerk: Kat. II/III, Hubkraft 9700 daN
Hydraulik: Pumpenleistung 120 l/min
Gewichte & Maße: Zulässiges Gesamtgewicht 11500 kg, Leergewicht 7790 kg, Nutzlast 4295 kg
Bereifung: 420/85R28, 520/85R38
Preis: keine Angabe

Deutz-Fahr Agrotron 6160.4/RC Shift

Allradschlepper

Motor: Deutz Turbomotor mit Ladeluftkühlung mit 115 kW (156 PS) nach ISO; maximale Leistung 121 kW (165 PS); maximale Leistung (Boost) 126 kW (171 PS); 4 Zylinder, 4038 cm³ Hubraum, Abgasnorm Stufe V
Getriebe: TPT 16, 30 Vorwärts- und 15 Rückwärtsgänge (auf Wunsch 54/27 bis 50 km/h), synchronisiert, 12 Gänge im Hauptarbeitsbereich, 6 Lastschaltstufen
Zapfwelle: 540/540E/1000/1000E
Hubwerk: Kat. II/III, Hubkraft 9700 daN
Hydraulik: Pumpenleistung 84 l/min bei 200 bar
Gewichte & Maße: Zulässiges Gesamtgewicht 11500 kg, Leergewicht 7150 kg, Nutzlast 4100 kg, Bodenfreiheit 47 cm, Wendekreis 7,4 m
Bereifung: 420/85R28, 520/85R38
Preis: keine Angabe

Deutz-Fahr Agrotron 6165 TTV

Allradschlepper

Motor: Deutz Turbomotor mit Ladeluftkühlung mit 115 kW (156 PS) nach ISO; maximale Leistung 121 kW (165 PS); maximale Leistung (Boost) 126 kW (171 PS); 6 Zylinder, 6057 cm³ Hubraum, Abgasnorm Stufe V

Getriebe: Eccom 1.5, stufenloses Getriebe bis 50 km/h
Zapfwelle: 540/540E/1 000/1 000E
Hubwerk: Kat. II/III, Hubkraft 9 200 daN
Hydraulik: Pumpenleistung 120 l/min bei 200 bar
Gewichte & Maße: Zulässiges Gesamtgewicht 11 500 kg, Leergewicht 7 790 kg, Nutzlast 3 270 kg, Bodenfreiheit 47 cm, Wendekreis 10,2 m
Bereifung: 420/85R28, 520/85R38
Preis: keine Angabe

Deutz-Fahr Agrotron 6170/RC Shift

Allradschlepper

Motor: Deutz Turbomotor mit Ladeluftkühlung mit 115 kW (156 PS) nach ISO; maximale Leistung 121 kW (165 PS); maximale Leistung (Boost) 126 kW (171 PS); 6 Zylinder, 6 057 cm³ Hubraum, Abgasnorm Stufe V

Getriebe: TPT 16, 30 Vorwärts- und 15 Rückwärtsgänge (auf Wunsch 54/27 bis 50 km/h), synchronisiert, 12 Gänge im Hauptarbeitsbereich, 6 Lastschaltstufen
Zapfwelle: 540/540E/1 000/1 000E
Hubwerk: Kat. II/III, Hubkraft 9 200 daN
Hydraulik: Pumpenleistung 84 l/min bei 200 bar
Gewichte & Maße: Zulässiges Gesamtgewicht 11 500 kg, Leergewicht 6 960 kg, Nutzlast 4 540 kg, Bodenfreiheit 47 cm
Bereifung: 420/85R28, 520/85R38
Preis: keine Angabe

Deutz-Fahr Agrotron 6170.4/RC Shift

Allradschlepper

Motor: Deutz Turbomotor mit Ladeluftkühlung mit 120 kW (163 PS) nach ISO; maximale Leistung 129 kW (175 PS); 4 Zylinder, 4 038 cm³ Hubraum, Abgasnorm Stufe V
Getriebe: TPT 16, 30 Vorwärts- und 15 Rückwärtsgänge (auf Wunsch 54/27 bis 50 km/h), synchronisiert, 12 Gänge im Hauptarbeitsbereich, 6 Lastschaltstufen
Zapfwelle: 540/540E/1 000/1 000E
Hubwerk: Kat. II/III, Hubkraft 9 700 daN
Hydraulik: Pumpenleistung 84 l/min bei 200 bar
Gewichte & Maße: Zulässiges Gesamtgewicht 11 500 kg, Leergewicht 7 150 kg, Nutzlast 4 100 kg, Bodenfreiheit 47 cm, Wendekreis 7,4 m
Bereifung: 420/85R28, 520/85R38
Preis: keine Angabe

Deutz-Fahr 6170 TTV

Allradschlepper

Motor: Deutz Turbomotor mit Ladeluftkühlung mit 120 kW (163 PS) nach ISO; maximale Leistung 126 kW (171 PS); 6 Zylinder, 6 058 cm³ Hubraum, Abgasnorm Stufe V
Getriebe: stufenloses Getriebe bis 50 km/h
Zapfwelle: 540/540E/1 000/1 000E
Hubwerk: Kat. II/III, Hubkraft 9 700 daN
Hydraulik: Pumpenleistung 120 l/min
Gewichte & Maße: Zulässiges Gesamtgewicht 11 500 kg, Leergewicht 7 740 kg, Nutzlast 4 295 kg
Bereifung: 420/85R28, 520/85R38
Preis: keine Angabe

Deutz-Fahr 6170.4 TTV

Allradschlepper

Motor: Deutz Turbomotor mit Ladeluftkühlung mit 120 kW (163 PS) nach ISO; maximale Leistung 126 kW (171 PS); 4 Zylinder, 4 038 cm³ Hubraum, Abgasnorm Stufe V
Getriebe: stufenloses Getriebe bis 50 km/h
Zapfwelle: 540/540E/1 000/1 000E
Hubwerk: Kat. II/III, Hubkraft 9 700 daN
Hydraulik: Pumpenleistung 120 l/min
Gewichte & Maße: Zulässiges Gesamtgewicht 11 500 kg, Leergewicht 7 700 kg, Nutzlast 4 450 kg
Bereifung: 420/85R28, 520/85R38
Preis: keine Angabe

Deutz-Fahr Agrotron 6175.4 TTV

Allradschlepper

Motor: Deutz Turbomotor mit Ladeluftkühlung mit 120 kW (163 PS) nach ISO; maximale Leistung 129 kW (175 PS); 4 Zylinder, 4 038 cm³ Hubraum, Abgasnorm Stufe V
Getriebe: Eccom 1.5, stufenloses Getriebe bis 50 km/h
Zapfwelle: 540/540E/1 000/1 000E
Hubwerk: Kat. II/III, Hubkraft 9 200 daN
Hydraulik: Pumpenleistung 120 l/min bei 200 bar
Gewichte & Maße: Zulässiges Gesamtgewicht 11 500 kg, Leergewicht 7 700 kg, Nutzlast 3 270 kg, Bodenfreiheit 47 cm, Wendekreis 7,4 m
Bereifung: 420/85R28, 520/85R38
Preis: keine Angabe

Deutz-Fahr Agrotron 6175 TTV

Allradschlepper

Motor: Deutz Turbomotor mit Ladeluftkühlung mit 124 kW (169 PS) nach ISO; maximale Leistung 130 kW (177 PS); 6 Zylinder, 6 057 cm³ Hubraum, Abgasnorm Stufe V
Getriebe: Eccom 1.5; 1.5 HD, stufenloses Getriebe bis 50 km/h
Zapfwelle: 540/540E/1 000/1 000E
Hubwerk: Kat. II/III, Hubkraft 9 200 daN
Hydraulik: Pumpenleistung 120 l/min bei 200 bar
Gewichte & Maße: Zulässiges Gesamtgewicht 12 500 kg, Leergewicht 7 740 kg, Nutzlast 4 760 kg, Bodenfreiheit 52 cm, Wendekreis 10,2 m
Bereifung: 540/65R28, 650/65R38
Preis: keine Angabe

Deutz-Fahr Agrotron 6180/RC Shift

Allradschlepper

Motor: Deutz Turbomotor mit Ladeluftkühlung mit 128 kW (174 PS) nach ISO; maximale Leistung 133 kW (181 PS); 6 Zylinder, 6 057 cm³ Hubraum, Abgasnorm Stufe V
Getriebe: TPT 18, 30 Vorwärts- und 15 Rückwärtsgänge (auf Wunsch 54/27 bis 50 km/h), synchronisiert, 12 Gänge im Hauptarbeitsbereich, 6 Lastschaltstufen
Zapfwelle: 540/540E/1 000/1 000E
Hubwerk: Kat. II/III, Hubkraft 9 200 daN
Hydraulik: Pumpenleistung 84 l/min bei 200 bar
Gewichte & Maße: Zulässiges Gesamtgewicht 12 500 kg, Leergewicht 7 160 kg, Nutzlast 5 340 kg, Bodenfreiheit 52 cm
Bereifung: 540/65R28, 650/65R38
Preis: keine Angabe

Deutz-Fahr 6180 TTV

Allradschlepper

Motor: Deutz Turbomotor mit Ladeluftkühlung mit 128 kW (174 PS) nach ISO; maximale Leistung 133 kW (181 PS); maximale Leistung (Boost) 140 kW (190 PS); 6 Zylinder, 6 058 cm³ Hubraum, Abgasnorm Stufe V
Getriebe: stufenloses Getriebe bis 50 km/h
Zapfwelle: 540/540E/1 000/1 000E
Hubwerk: Kat. II/III, Hubkraft 9 700 daN
Hydraulik: Pumpenleistung 120 l/min
Gewichte & Maße: Zulässiges Gesamtgewicht 12 500 kg, Leergewicht 8 160 kg, Nutzlast 5 035 kg
Bereifung: 540/65R28, 650/65R38
Preis: keine Angabe

Deutz-Fahr Agrotron 6185 TTV

Allradschlepper

Motor: Deutz Turbomotor mit Ladeluftkühlung mit 129 kW (175 PS) nach ISO; maximale Leistung 134 kW (182 PS); maximale Leistung (Boost) 139 kW (189 PS); 6 Zylinder, 6 057 cm³ Hubraum, Abgasnorm Stufe V
Getriebe: Eccom 1.5; 1.5 HD, stufenloses Getriebe bis 50 km/h
Zapfwelle: 540/540E/1 000/1 000E

Hubwerk: Kat. II/III, Hubkraft 9 200 daN
Hydraulik: Pumpenleistung 120 l/min bei 200 bar
Gewichte & Maße: Zulässiges Gesamtgewicht 12 500 kg, Leergewicht 8 160 kg, Nutzlast 4 340 kg, Bodenfreiheit 52 cm, Wendekreis 10,2 m
Bereifung: 540/65R28, 650/65R38
Preis: keine Angabe

Deutz-Fahr Agrotron 6190/RC Shift

Allradschlepper

Motor: Deutz Turbomotor mit Ladeluftkühlung mit 133 kW (181 PS) nach ISO; maximale Leistung 141 kW (192 PS); 6 Zylinder, 6 057 cm^3 Hubraum, Abgasnorm Stufe V
Getriebe: TPT 18, 30 Vorwärts- und 15 Rückwärtsgänge (auf Wunsch 54/27 bis 50 km/h), synchronisiert, 12 Gänge im Hauptarbeitsbereich, 6 Lastschaltstufen
Zapfwelle: 540/540E/1 000/1 000E
Hubwerk: Kat. II/III, Hubkraft 9 700 daN
Hydraulik: Pumpenleistung 84 l/min bei 200 bar
Gewichte & Maße: Zulässiges Gesamtgewicht 12 500 kg, Leergewicht 7 160 kg, Nutzlast 5 340 kg, Bodenfreiheit 52 cm
Bereifung: 540/65R28, 650/65R38
Preis: keine Angabe

Deutz-Fahr Agrotron 6190 TTV

Allradschlepper

Motor: Deutz Turbomotor mit Ladeluftkühlung mit 140,7 kW (191 PS) nach ISO; maximale Leistung 141,3 kW (192 PS); 6 Zylinder, 6 057 cm^3 Hubraum, Abgasnorm Stufe V
Getriebe: T7340, stufenloses Getriebe bis 50 km/h
Zapfwelle: 540E/1 000/1 000E
Hubwerk: Kat. II/III, Hubkraft 9 200 daN
Hydraulik: Pumpenleistung 120 l/min bei 200 bar
Gewichte & Maße: Zulässiges Gesamtgewicht 14 500 kg, Leergewicht 8 680 kg, Bodenfreiheit 51 cm
Bereifung: 540/65R30, 650/65R42
Preis: keine Angabe

Deutz-Fahr Agrotron 6210 TTV

Allradschlepper

Motor: Deutz Turbomotor mit Ladeluftkühlung mit 144,5 kW (197 PS) nach ISO; maximale Leistung 158,6 kW (216 PS); 6 Zylinder, 6 057 cm^3 Hubraum, Abgasnorm Stufe V
Getriebe: T7540, stufenloses Getriebe bis 60 km/h
Zapfwelle: 540E/1 000/1 000E

Hubwerk: Kat. II/III, Hubkraft 9200 daN
Hydraulik: Pumpenleistung 120 l/min bei 200 bar
Gewichte & Maße: Zulässiges Gesamtgewicht 14500 kg, Leergewicht 8830 kg, Bodenfreiheit 51 cm
Bereifung: 540/65R30, 650/65R42
Preis: keine Angabe

Deutz-Fahr Agrotron 6210/RC Shift

Allradschlepper

Motor: Deutz Turbomotor mit Ladeluftkühlung mit 145 kW (197 PS) nach ISO; maximale Leistung 159 kW (216 PS); 6 Zylinder, 6057 cm^3 Hubraum, Abgasnorm Stufe V
Getriebe: TPT 20, 30 Vorwärts- und 15 Rückwärtsgänge (auf Wunsch 54/27 bis 50 km/h), synchronisiert, 12 Gänge im Hauptarbeitsbereich, 6 Lastschaltstufen
Zapfwelle: 540/540E/1000/1000E
Hubwerk: Kat. II/III, Hubkraft 9700 daN
Hydraulik: Pumpenleistung 84 l/min bei 200 bar
Gewichte & Maße: Zulässiges Gesamtgewicht 13500 kg, Leergewicht 7690 kg, Nutzlast 5810 kg, Bodenfreiheit 69 cm
Bereifung: 540/65R28, 650/65R38
Preis: keine Angabe

Deutz-Fahr Agrotron 6230/RC Shift

Allradschlepper

Motor: Deutz Turbomotor mit Ladeluftkühlung mit 148 kW (201 PS) nach ISO; maximale Leistung 156 kW (212 PS); maximale Leistung (Boost) 166 kW (226 PS); 6 Zylinder, 6057 cm^3 Hubraum, Abgasnorm Stufe V
Getriebe: TPT 20, stufenloses Getriebe bis 50 km/h
Zapfwelle: 540/540E/1000/1000E
Hubwerk: Kat. II/III, Hubkraft 10000 daN
Hydraulik: Pumpenleistung 120 l/min bei 200 bar
Gewichte & Maße: Zulässiges Gesamtgewicht 13500 kg, Leergewicht 7690 kg, Nutzlast 5810 kg, Bodenfreiheit 69 cm
Bereifung: 540/65R28, 650/65R38
Preis: keine Angabe

Deutz-Fahr Agrotron 6230/RC/PS Shift

Allradschlepper

Motor: Deutz Turbomotor mit Ladeluftkühlung mit 150 kW (204 PS) nach ISO; maximale Leistung (Boost) 169 kW (230 PS); 6 Zylinder, 6058 cm^3 Hubraum, Abgasnorm Stufe V
Getriebe: TPT 20, 30 Vorwärts- und 15 Rückwärtsgänge (auf Wunsch 54/27 bis 50 km/h), synchronisiert, 12 Gänge im Hauptarbeitsbereich, 6 Lastschaltstufen
Zapfwelle: 540/540E/1000/1000E
Hubwerk: Kat. II/III, Hubkraft 10000 daN
Hydraulik: Pumpenleistung 120 l/min bei 200 bar
Gewichte & Maße: Zulässiges Gesamtgewicht 13500 kg, Leergewicht 7690 kg, Nutzlast 5810 kg, Bodenfreiheit 69 cm
Bereifung: 540/65R28, 650/65R38
Preis: keine Angabe

Deutz-Fahr Agrotron 6230 TTV

Allradschlepper

Motor: Deutz Turbomotor mit Ladeluftkühlung mit 165,1 kW (225 PS) nach ISO; maximale Leistung 169,1 kW (230 PS); 6 Zylinder, 6057 cm^3 Hubraum, Abgasnorm Stufe V
Getriebe: T7540, (auf Wunsch 54/27 bis 60 km/h), synchronisiert
Zapfwelle: 540E/1000/1000E
Hubwerk: Kat. II/III, Hubkraft 9200 daN
Hydraulik: Pumpenleistung 120 l/min bei 200 bar
Gewichte & Maße: Zulässiges Gesamtgewicht 14500 kg, Leergewicht 8830 kg, Bodenfreiheit 51 cm

Bereifung: 540/65R30, 650/65R42
Preis: keine Angabe

Deutz-Fahr Agrotron 6230 TTV HD

Allradschlepper

Motor: Deutz Turbomotor mit Ladeluftkühlung mit 165,1 kW (225 PS) nach ISO; maximale Leistung 169,1 kW (230 PS); 6 Zylinder, 6 057 cm³ Hubraum, Abgasnorm Stufe V
Getriebe: T7560, stufenloses Getriebe bis 60 km/h
Zapfwelle: 540E/1 000/1 000E
Hubwerk: Kat. II/III, Hubkraft 10 000 daN
Hydraulik: Pumpenleistung 120 l/min bei 200 bar
Gewichte & Maße: Zulässiges Gesamtgewicht 15 500 kg, Leergewicht 9 030 kg, Bodenfreiheit 51 cm
Bereifung: 540/65R30, 650/65R42
Preis: keine Angabe

Deutz-Fahr Agrotron 7250 TTV HD

Allradschlepper

Motor: Deutz Turbomotor mit Ladeluftkühlung mit 174,4 kW (237 PS) nach ISO; maximale Leistung 181,3 kW (247 PS); 6 Zylinder, 6 057 cm³ Hubraum, Abgasnorm Stufe V
Getriebe: T7780, stufenloses Getriebe bis 60 km/h
Zapfwelle: 540E/1 000/1 000E
Hubwerk: Kat. II/III, Hubkraft 11 000 daN
Hydraulik: Pumpenleistung 120 l/min bei 200 bar
Gewichte & Maße: Zulässiges Gesamtgewicht 16 000 kg, Leergewicht 9 185 kg, Nutzlast 6 500 kg, Bodenfreiheit 51 cm, Wendekreis 12,6 m
Bereifung: 600/65R28, 710/70R38
Preis: keine Angabe

Deutz-Fahr Agrotron 7250 TTV

Allradschlepper

Motor: Deutz Turbomotor mit Ladeluftkühlung mit 174,4 kW (237 PS) nach ISO; maximale Leistung 181,3 kW (247 PS); 6 Zylinder, 6 057 cm³ Hubraum, Abgasnorm Stufe V
Getriebe: T7560, stufenloses Getriebe bis 60 km/h
Zapfwelle: 540E/1 000/1 000E
Hubwerk: Kat. II/III, Hubkraft 10 000 daN
Hydraulik: Pumpenleistung 120 l/min bei 200 bar
Gewichte & Maße: Zulässiges Gesamtgewicht 15 500 kg, Leergewicht 9 030 kg, Nutzlast 6 000 kg, Bodenfreiheit 51 cm, Wendekreis 11,9 m
Bereifung: 540/65R30, 650/65R42
Preis: keine Angabe

Deutz-Fahr Agrotron 8280 TTV

Allradschlepper

Motor: Deutz Turbomotor mit Ladeluftkühlung mit 197 kW (268 PS) nach ISO; maximale Leistung 211 kW (287 PS); 6 Zylinder, 6 057 cm³ Hubraum, Abgasnorm Stufe V
Getriebe: T7780, stufenloses Getriebe bis 60 km/h
Zapfwelle: 540E/1 000/1 000E
Hubwerk: Kat. II/III, Hubkraft 11 000 daN
Hydraulik: Pumpenleistung 120 l/min bei 200 bar
Gewichte & Maße: Zulässiges Gesamtgewicht 16 000 kg, Leergewicht 10 400 kg, Nutzlast 5 600 kg, Bodenfreiheit 58 cm, Wendekreis 14,4 m
Bereifung: 540/65R34, 650/85R38
Preis: keine Angabe

Deutz-Fahr Agrotron 9290 TTV

Allradschlepper

Motor: Deutz Turbomotor mit Ladeluftkühlung mit 204 kW (277 PS) nach ISO; maximale Leistung 217 kW (295 PS); 6 Zylinder, 7 778 cm³ Hubraum, Abgasnorm Stufe V
Getriebe: TMT 32, stufenloses Getriebe bis 60 km/h
Zapfwelle: 540E/1 000/1 000E
Hubwerk: Kat. III/IV, Hubkraft 12 000 daN
Hydraulik: Pumpenleistung 210 l/min bei 200 bar
Gewichte & Maße: Zulässiges Gesamtgewicht 18 000 kg, Leergewicht 12 000 kg, Nutzlast 6 000 kg, Bodenfreiheit 45 cm, Wendekreis 14,4 m
Bereifung: 650/75R34, 710/75R42
Preis: keine Angabe

Deutz-Fahr Agrotron 9310 TTV

Allradschlepper

Motor: Deutz Turbomotor mit Ladeluftkühlung mit 218 kW (296 PS) nach ISO; maximale Leistung 229 kW (311 PS); 6 Zylinder, 7 778 cm³ Hubraum, Abgasnorm Stufe V
Getriebe: TMT 32, stufenloses Getriebe bis 60 km/h
Zapfwelle: 540E/1 000/1 000E
Hubwerk: Kat. III/IV, Hubkraft 12 000 daN
Hydraulik: Pumpenleistung 210 l/min bei 200 bar
Gewichte & Maße: Zulässiges Gesamtgewicht 18 000 kg, Leergewicht 12 000 kg, Nutzlast 6 000 kg, Bodenfreiheit 45 cm, Wendekreis 14,4 m
Bereifung: 650/65R34, 710/75R42
Preis: keine Angabe

Deutz-Fahr Agrotron 9340 TTV

Allradschlepper

Motor: Deutz Turbomotor mit Ladeluftkühlung mit 232 kW (316 PS)

nach ISO; maximale Leistung 247 kW (336 PS); 6 Zylinder, 7778 cm^3 Hubraum, Abgasnorm Stufe V
Getriebe: TMT 32, stufenloses Getriebe bis 60 km/h
Zapfwelle: 540E/1000/1000E
Hubwerk: Kat. III/IV, Hubkraft 12000 daN
Hydraulik: Pumpenleistung 210 l/min bei 200 bar
Gewichte & Maße: Zulässiges Gesamtgewicht 18000 kg, Leergewicht 12000 kg, Nutzlast 6000 kg, Bodenfreiheit 45 cm, Wendekreis 14,4 m
Bereifung: 650/65R34, 710/75R42
Preis: keine Angabe

Weitere Informationen erhalten Sie von:
Agco GmbH
Johann-Georg-Fendt-Straße 4
87616 Marktoberdorf
Telefon: 0 83 42/77-0
www.fendt.com

Fendt

Der erste Schlepper der Marke Fendt wurde 1930 in Marktoberdorf (Allgäu) vorgestellt. Hermann Fendt rüstete den 6-PS-Kleinschlepper mit Mähwerk und Anbaupflug aus und taufte ihn „Dieselross". Der Schlepper besaß schon einen liegenden Einzylinder-Motor mit offener Ventilsteuerung und Verdampferkühlung. Außerdem war das Dieselross mit einem ZF-Getriebe und einer Sachs-Kupplung ausgestattet. Zwei Jahre später bot das Dieselross Vollgummireifen und eine gefederte Vorderachse sowie 9 PS Leistung. Der erste europäische Schlepper mit einer lastschaltbaren und fahrunabhängigen Zapfwelle war das Dieselross F 18 von 1938, es besaß bereits Luftreifen und hatte 16 PS. In den Sechzigerjahren löste die Fendt-Farmer-Baureihe die Dieselrösser ab.
1995 stellte Fendt das stufenlose Vario-Getriebe in der 900er Serie vor. Heute sind alle Fendt-Schlepper mit einem Vario-Getriebe ausgestattet, von dem es mittlerweile die zweite Generation ohne Fahrbereichswechsel gibt. Seit 2014 verkauft Fendt die 1000er Baureihe bis 517 PS und 2019 geht die aktuelle 900er Reihe mit dem Topmodell Fendt 942 Vario erstmalig deutlich über die 400 PS hinaus. Ab 2020 führt Fendt in nahezu allen Modellen das Bediensystem FendtOne ein. 2023 präsentiert das Unternehmen die neu entwickelte Baureihe 600 Vario im mittleren Leistungssegment von 149 bis 224 PS. 2025 kommen die neue 800er Baureihe sowie die neue 500er Baureihe auf den Markt.

Fendt 207 Vario Gen3

Allradschlepper

Motor: Agco Power Turbomotor mit Ladeluftkühlung mit 53 kW (72 PS) nach ISO bei 2 100 min^{-1}; maximale Leistung 58 kW (79 PS); 3 Zylinder, 3 300 cm^3 Hubraum, Abgasnorm Stufe V
Getriebe: ML 75, stufenloses Getriebe bis 40 km/h
Zapfwelle: 540/540E/1 000
Hubwerk: Kat. I/II, Hubkraft 4 204 daN
Hydraulik: Pumpenleistung 33 + 42 l/min bei 200 bar
Gewichte & Maße: Zulässiges Gesamtgewicht 7 500 kg, Leergewicht 4 100 kg, Nutzlast 3 400 kg, Bodenfreiheit 48 cm
Bereifung: 320/70R24, 420/85R30
Preis: 115 846 Euro (ohne MwSt.)

Fendt 208 Vario Gen3

Allradschlepper

Motor: Agco Power Turbomotor mit Ladeluftkühlung mit 60 kW (82 PS) nach ISO bei 2 100 min^{-1}; maximale Leistung 62 kW (84 PS); 3 Zylinder, 3 300 cm^3 Hubraum, Abgasnorm Stufe V
Getriebe: ML 75, stufenloses Getriebe bis 40 km/h
Zapfwelle: 540/540E/1 000
Hubwerk: Kat. I/II, Hubkraft 4 204 daN
Hydraulik: Pumpenleistung 33 + 42 l/min bei 200 bar
Gewichte & Maße: Zulässiges Gesamtgewicht 7 500 kg, Leergewicht 4 140 kg, Nutzlast 3 360 kg, Bodenfreiheit 48 cm
Bereifung: 320/70R24, 480/70R30
Preis: 118 740 Euro (ohne MwSt.)

Fendt 209 Vario Gen3

Allradschlepper

Motor: Agco Power Turbomotor mit Ladeluftkühlung mit 67 kW (91 PS) nach ISO bei 2 100 min^{-1}; maximale Leistung 69 kW (94 PS); 3 Zylinder, 3 300 cm^3 Hubraum, Abgasnorm Stufe V
Getriebe: ML 75, stufenloses Getriebe bis 40 km/h
Zapfwelle: 540/540E/1 000
Hubwerk: Kat. I/II, Hubkraft 4 204 daN
Hydraulik: Pumpenleistung 35 + 42 l/min bei 200 bar
Gewichte & Maße: Zulässiges Gesamtgewicht 7 500 kg, Leergewicht 4 220 kg, Nutzlast 3 280 kg, Bodenfreiheit 48 cm
Bereifung: 380/70R24, 480/70R34
Preis: 122 142 Euro (ohne MwSt.)

Fendt 210 Vario Gen3

Allradschlepper

Motor: Agco Power Turbomotor mit Ladeluftkühlung mit 73 kW (99 PS) nach ISO bei 2 100 min^{-1}; maximale Leistung 77 kW (105 PS); 3 Zylinder, 3 300 cm^3 Hubraum, Abgasnorm Stufe V

Getriebe: ML 75, stufenloses Getriebe bis 40 km/h
Zapfwelle: 540/540E/1 000
Hubwerk: Kat. I/II, Hubkraft 4 204 daN
Hydraulik: Pumpenleistung 33 + 42 l/min bei 200 bar
Gewichte & Maße: Zulässiges Gesamtgewicht 7 500 kg, Leergewicht 4 220 kg, Nutzlast 3 280 kg, Bodenfreiheit 48 cm
Bereifung: 380/70R24, 480/70R34
Preis: 126 204 Euro (ohne Mehrwertsteuer)

Fendt 311 Vario Gen4

Allradschlepper

Motor: Agco Power Turbomotor mit Ladeluftkühlung mit 74 kW (101 PS) nach ISO bei 2 100 min^{-1}; maximale Leistung 83 kW (113 PS); 4 Zylinder, 4 400 cm^3 Hubraum, Abgasnorm Stufe V
Getriebe: ML 75, stufenloses Getriebe bis 40 km/h
Zapfwelle: 540/540E/1 000
Hubwerk: Kat. II/III, Hubkraft 5 960 daN
Hydraulik: Pumpenleistung 46 + 38 l/min bei 200 bar
Gewichte & Maße: Zulässiges Gesamtgewicht 9 000 kg, Leergewicht 4 850 kg, Nutzlast 4 150 kg, Bodenfreiheit 51 cm, Wendekreis 9 m
Bereifung: 440/65R24, 540/65R34
Preis: 152 055 Euro (ohne MwSt.)

Fendt 211 Vario Gen3

Allradschlepper

Motor: Agco Power Turbomotor mit Ladeluftkühlung mit 77 kW (105 PS) nach ISO bei 2 100 min^{-1}; maximale Leistung 84 kW (114 PS); maximale Leistung (Boost) 91 kW (124 PS); 3 Zylinder, 3 300 cm^3 Hubraum, Abgasnorm Stufe V
Getriebe: ML 75, stufenloses Getriebe bis 40 km/h
Zapfwelle: 540/540E/1 000
Hubwerk: Kat. I/II, Hubkraft 4 204 daN
Hydraulik: Pumpenleistung 33 + 42 l/min bei 200 bar
Gewichte & Maße: Zulässiges Gesamtgewicht 7 500 kg, Leergewicht 4 280 kg, Nutzlast 3 220 kg, Bodenfreiheit 48 cm
Bereifung: 440/65R24, 540/65R34
Preis: 132 486 Euro (ohne MwSt.)

Fendt 312 Vario Gen4

Allradschlepper

Motor: Agco Power Turbomotor mit Ladeluftkühlung mit 83 kW (113 PS) nach ISO bei 2 100 min^{-1}; maximale Leistung 90 kW (122 PS); 4 Zylinder, 4 400 cm^3 Hubraum, Abgasnorm Stufe V
Getriebe: ML 75, stufenloses Getriebe bis 40 km/h

Zapfwelle: 540/540E/1 000
Hubwerk: Kat. II/III, Hubkraft 5 960 daN
Hydraulik: Pumpenleistung 46 + 38 l/min bei 200 bar
Gewichte & Maße: Zulässiges Gesamtgewicht 9 000 kg, Leergewicht 4 850 kg, Nutzlast 4 150 kg, Bodenfreiheit 51 cm, Wendekreis 9 m
Bereifung: 440/65R24, 540/65R34
Preis: 156 916 Euro (ohne MwSt.)

Fendt 310 Vario Gen5

Allradschlepper

Motor: Agco Power Turbomotor mit Ladeluftkühlung; maximale Leistung (Boost) 83 kW (113 PS); 4 Zylinder, 4 400 cm³ Hubraum, Abgasnorm Stufe V
Getriebe: ML 75, stufenloses Getriebe bis 40 km/h
Zapfwelle: 540/540E/1 000
Hubwerk: Kat. II/III, Hubkraft 5 960 daN
Hydraulik: Pumpenleistung 46 + 38 l/min bei 200 bar
Gewichte & Maße: Zulässiges Gesamtgewicht 9 500 kg, Leergewicht 5 260 kg, Nutzlast 4 240 kg, Bodenfreiheit 51 cm, Wendekreis 9 m
Bereifung: 440/65R24, 540/65R34
Preis: keine Angabe

Fendt 313 Vario Gen4

Allradschlepper

Motor: Agco Power Turbomotor mit Ladeluftkühlung mit 90 kW (122 PS) nach ISO bei 2 100 min^{-1}; maximale Leistung 98 kW (133 PS); 4 Zylinder, 4 400 cm³ Hubraum, Abgasnorm Stufe V
Getriebe: ML 75, stufenloses Getriebe bis 40 km/h
Zapfwelle: 540/540E/1 000
Hubwerk: Kat. II/III, Hubkraft 5 960 daN
Hydraulik: Pumpenleistung 46 + 38 l/min bei 200 bar
Gewichte & Maße: Zulässiges Gesamtgewicht 9 000 kg, Leergewicht 5 010 kg, Nutzlast 3 990 kg, Bodenfreiheit 51 cm, Wendekreis 9 m
Bereifung: 480/65R24, 540/65R38
Preis: 162 104 Euro (ohne MwSt.)

Fendt 311 Vario Gen5

Allradschlepper

Motor: Agco Power Turbomotor mit Ladeluftkühlung; maximale Leistung (Boost) 90 kW (122 PS); 4 Zylinder, 4 400 cm³ Hubraum, Abgasnorm Stufe V
Getriebe: ML 75, stufenloses Getriebe bis 40 km/h
Zapfwelle: 540/540E/1 000
Hubwerk: Kat. II/III, Hubkraft 5 960 daN
Hydraulik: Pumpenleistung 46 + 38 l/min bei 200 bar
Gewichte & Maße: Zulässiges Gesamtgewicht 9 500 kg, Leergewicht 5 260 kg, Nutzlast 4 240 kg, Bodenfreiheit 51 cm, Wendekreis 9 m
Bereifung: 440/65R24, 540/65R34
Preis: keine Angabe

Fendt 512 Vario Gen3

Allradschlepper

Motor: Deutz Turbomotor mit Ladeluftkühlung mit 91 kW (124 PS) nach ISO bei 2 100 min^{-1}; maximale Leistung 96 kW (131 PS); 4 Zylinder, 4 038 cm³ Hubraum, Abgasnorm Stufe V
Getriebe: ML 90, stufenloses Getriebe bis 50 km/h
Zapfwelle: 540/540E/1 000
Hubwerk: Kat. III, Hubkraft 7 780 daN
Hydraulik: Pumpenleistung 75 l/min bei 200 bar

Gewichte & Maße: Zulässiges Gesamtgewicht 10 500 kg, Leergewicht 6 050 kg, Nutzlast 4 450 kg, Bodenfreiheit 53 cm, Wendekreis 10,6 m
Bereifung: 480/65R28, 600/65R38
Preis: 186 332 Euro (ohne Mehrwertsteuer)

Fendt 314 Vario Gen4

Allradschlepper

Motor: Agco Power Turbomotor mit Ladeluftkühlung mit 97 kW (132 PS) nach ISO bei 2 100 min^{-1}; maximale Leistung 104 kW (141 PS); maximale Leistung (Boost) 112 kW (152 PS); 4 Zylinder, 4 400 cm^3 Hubraum, Abgasnorm Stufe V
Getriebe: ML 75, stufenloses Getriebe bis 40 km/h
Zapfwelle: 540/540E/1 000
Hubwerk: Kat. II/III, Hubkraft 5 960 daN
Hydraulik: Pumpenleistung 46 + 38 l/min bei 200 bar
Gewichte & Maße: Zulässiges Gesamtgewicht 9 000 kg, Leergewicht 5 010 kg, Nutzlast 3 990 kg, Bodenfreiheit 51 cm, Wendekreis 9 m
Bereifung: 480/65R24, 540/65R38
Preis: 170 037 Euro (ohne Mehrwertsteuer)

Fendt 513 Vario Gen3

Allradschlepper

Motor: Deutz Turbomotor mit Ladeluftkühlung mit 98 kW (133 PS) nach ISO bei 2 100 min^{-1}; maximale Leistung 104 kW (141 PS); 4 Zylinder, 4 038 cm^3 Hubraum, Abgasnorm Stufe V
Getriebe: ML 90, stufenloses Getriebe bis 50 km/h
Zapfwelle: 540/540E/1 000
Hubwerk: Kat. III, Hubkraft 7 780 daN
Hydraulik: Pumpenleistung 75 l/min bei 200 bar
Gewichte & Maße: Zulässiges Gesamtgewicht 10 500 kg, Leergewicht

6 050 kg, Nutzlast 4 450 kg, Bodenfreiheit 53 cm, Wendekreis 10,6 m
Bereifung: 480/65R28, 600/65R38
Preis: 191 523 Euro (ohne MwSt.)

Fendt 312 Vario Gen5

Allradschlepper

Motor: Agco Power Turbomotor mit Ladeluftkühlung; maximale Leistung (Boost) 98 kW (133 PS); 4 Zylinder, 4 400 cm³ Hubraum, Abgasnorm Stufe V
Getriebe: ML 75, stufenloses Getriebe bis 40 km/h
Zapfwelle: 540/540E/1 000
Hubwerk: Kat. II/III, Hubkraft 5 960 daN
Hydraulik: Pumpenleistung 46 + 38 l/min bei 200 bar
Gewichte & Maße: Zulässiges Gesamtgewicht 9 500 kg, Leergewicht 5 370 kg, Nutzlast 4 130 kg, Bodenfreiheit 51 cm, Wendekreis 9 m
Bereifung: 480/65R24, 540/65R38
Preis: keine Angabe

Fendt 313 Vario Gen5

Allradschlepper

Motor: Agco Power Turbomotor mit Ladeluftkühlung; maximale Leistung (Boost) 105 kW (143 PS); 4 Zylinder, 4 400 cm³ Hubraum, Abgasnorm Stufe V
Getriebe: ML 75, stufenloses Getriebe bis 40 km/h
Zapfwelle: 540/540E/1 000
Hubwerk: Kat. II/III, Hubkraft 5 960 daN
Hydraulik: Pumpenleistung 46 + 38 l/min bei 200 bar
Gewichte & Maße: Zulässiges Gesamtgewicht 9 500 kg, Leergewicht 5 370 kg, Nutzlast 4 130 kg, Bodenfreiheit 51 cm, Wendekreis 9 m
Bereifung: 480/65R24, 540/65R38
Preis: keine Angabe

Fendt 513 Vario Gen4

Allradschlepper

Motor: Agco Power Turbomotor mit Ladeluftkühlung; maximale Leistung (Boost) 106 kW (144 PS); 4 Zylinder, 5 017 cm³ Hubraum, Abgasnorm Stufe V
Getriebe: TA120, stufenloses Getriebe bis 50 km/h
Zapfwelle: 540/540E/1 000/1 000E
Hubwerk: Kat. II/III, Hubkraft 7 890 daN
Hydraulik: Pumpenleistung 110 l/min bei 200 bar
Gewichte & Maße: Zulässiges Gesamtgewicht 11 750 kg, Leergewicht 6 350 kg, Nutzlast 5 400 kg, Bodenfreiheit 52 cm, Wendekreis 10 m
Bereifung: 480/65R28, 600/65R38
Preis: keine Angabe

Fendt 714 Vario Gen6

Allradschlepper

Motor: Deutz Turbomotor mit Ladeluftkühlung mit 106 kW (144 PS) nach ISO bei 2 100 min^{-1}; maximale Leistung 110 kW (150 PS); 6 Zylinder, 6 056 cm³ Hubraum, Abgasnorm Stufe V
Getriebe: ML 140, stufenloses Getriebe bis 50 km/h
Zapfwelle: 540/540E/1 000/1 000E
Hubwerk: Kat. II/III, Hubkraft 10 360 daN
Hydraulik: Pumpenleistung 109 l/min bei 200 bar
Gewichte & Maße: Zulässiges Gesamtgewicht 12 500 kg, Leergewicht 7 735 kg, Nutzlast 4 765 kg, Bodenfreiheit 51 cm, Wendekreis 11 m
Bereifung: 480/70R28, 580/70R38
Preis: 224 130 Euro (ohne MwSt.)

Fendt 614 Vario

Allradschlepper

Motor: Agco Power Turbomotor mit Ladeluftkühlung mit 110 kW (150 PS) nach ISO bei 1 900 min^{-1}; maximale Leistung (Boost) 121 kW (165 PS) bei

1 450 bis 1 900 min^{-1}; 4 Zylinder, 5 017 cm^3 Hubraum, Abgasnorm Stufe V
Getriebe: TA150, stufenloses Getriebe bis 50 km/h
Zapfwelle: 540/540E/1 000/1 000E
Hubwerk: Kat. III, Hubkraft 9 790 daN
Hydraulik: Pumpenleistung 152 l/min bei 200 bar
Gewichte & Maße: Zulässiges Gesamtgewicht 13 500 kg, Leergewicht 7 580 kg, Nutzlast 5 920 kg, Bodenfreiheit 53 cm
Bereifung: 480/70R28, 580/70R38
Preis: 226 029 Euro (ohne MwSt.)

Fendt 514 Vario Gen3

Allradschlepper

Motor: Deutz Turbomotor mit Ladeluftkühlung mit 110 kW (150 PS) nach ISO bei 2 100 min^{-1}; maximale Leistung 115 kW (156 PS); 4 Zylinder, 4 038 cm^3 Hubraum, Abgasnorm Stufe V
Getriebe: ML 90, stufenloses Getriebe bis 50 km/h
Zapfwelle: 540/540E/1 000
Hubwerk: Kat. III, Hubkraft 7 780 daN
Hydraulik: Pumpenleistung 75 l/min bei 200 bar
Gewichte & Maße: Zulässiges Gesamtgewicht 10 500 kg, Leergewicht 6 400 kg, Nutzlast 4 100 kg, Bodenfreiheit 53 cm, Wendekreis 10,6 m
Bereifung: 480/70R28, 580/70R38
Preis: 199 742 Euro (ohne MwSt.)

Fendt 314 Vario Gen5

Allradschlepper

Motor: Agco Power Turbomotor mit Ladeluftkühlung; maximale Leistung (Boost) 112 kW (152 PS); 4 Zylinder, 4 400 cm^3 Hubraum, Abgasnorm Stufe V
Getriebe: ML 75, stufenloses Getriebe bis 40 km/h
Zapfwelle: 540/540E/1 000
Hubwerk: Kat. II/III, Hubkraft 5 960 daN
Hydraulik: Pumpenleistung 46 + 38 l/min bei 200 bar
Gewichte & Maße: Zulässiges Gesamtgewicht 9 500 kg, Leergewicht 5 370 kg, Nutzlast 4 130 kg, Bodenfreiheit 51 cm, Wendekreis 9 m
Bereifung: 480/65R24, 540/65R38
Preis: keine Angabe

Fendt 514 Vario Gen4

Allradschlepper

Motor: Agco Power Turbomotor mit Ladeluftkühlung; maximale Leistung (Boost) 113 kW (154 PS); 4 Zylinder, 5 017 cm^3 Hubraum, Abgasnorm Stufe V
Getriebe: TA120, stufenloses Getriebe

bis 50 km/h
Zapfwelle: 540/540E/1 000/1 000E
Hubwerk: Kat. II/III, Hubkraft 7 890 daN
Hydraulik: Pumpenleistung 110 l/min bei 200 bar
Gewichte & Maße: Zulässiges Gesamtgewicht 11 750 kg, Leergewicht 6 450 kg, Nutzlast 5 300 kg, Bodenfreiheit 52 cm, Wendekreis 10 m
Bereifung: 540/65R28, 650/65R38
Preis: keine Angabe

Fendt 516 Vario Gen3

Allradschlepper

Motor: Deutz Turbomotor mit Ladeluftkühlung mit 120 kW (163 PS) nach ISO bei 2 100 min^{-1}; maximale Leistung 126 kW (171 PS); 4 Zylinder, 4 038 cm^3 Hubraum, Abgasnorm Stufe V
Getriebe: ML 90, stufenloses Getriebe bis 50 km/h
Zapfwelle: 540/540E/1 000
Hubwerk: Kat. III, Hubkraft 7 780 daN
Hydraulik: Pumpenleistung 75 l/min bei 200 bar

OAL AC724
724 VARIO
FENDT

Gewichte & Maße: Zulässiges Gesamtgewicht 10 500 kg, Leergewicht 6 400 kg, Nutzlast 4 100 kg, Bodenfreiheit 53 cm, Wendekreis 10,6 m
Bereifung: 540/65R28, 650/65R38
Preis: 210 951 Euro (ohne MwSt.)

Fendt 716 Vario Gen6

Allradschlepper

Motor: Deutz Turbomotor mit Ladeluftkühlung mit 120 kW (163 PS) nach ISO bei 2 100 min^{-1}; maximale Leistung 126 kW (171 PS); 6 Zylinder, 6 056 cm^3 Hubraum, Abgasnorm Stufe V
Getriebe: ML 140, stufenloses Getriebe bis 50 km/h
Zapfwelle: 540/540E/1 000/1 000E
Hubwerk: Kat. II/III, Hubkraft 10 360 daN
Hydraulik: Pumpenleistung 109 l/min bei 200 bar
Gewichte & Maße: Zulässiges Gesamtgewicht 12 500 kg, Leergewicht 7 735 kg, Nutzlast 4 765 kg, Bodenfreiheit 51 cm, Wendekreis 11 m
Bereifung: 540/65R28, 650/65R38
Preis: 234 628 Euro (ohne MwSt.)

Fendt 515 Vario Gen4

Allradschlepper

Motor: Agco Power Turbomotor mit Ladeluftkühlung; maximale Leistung (Boost) 121 kW (165 PS); 4 Zylinder, 5 017 cm^3 Hubraum, Abgasnorm Stufe V
Getriebe: TA120, stufenloses Getriebe bis 50 km/h
Zapfwelle: 540/540E/1 000/1 000E
Hubwerk: Kat. II/III, Hubkraft 7 890 daN
Hydraulik: Pumpenleistung 110 l/min bei 200 bar
Gewichte & Maße: Zulässiges Gesamtgewicht 11 750 kg, Leergewicht 6 450 kg, Nutzlast 5 300 kg, Bodenfreiheit 52 cm, Wendekreis 10 m
Bereifung: 540/65R28, 650/65R38
Preis: keine Angabe

Fendt 516 Vario Gen4

Allradschlepper

Motor: Agco Power Turbomotor mit Ladeluftkühlung; maximale Leistung (Boost) 128 kW (174 PS); 4 Zylinder, 5017 cm^3 Hubraum, Abgasnorm Stufe V
Getriebe: TA120, stufenloses Getriebe bis 50 km/h
Zapfwelle: 540/540E/1 000/1 000E
Hubwerk: Kat. II/III, Hubkraft 7 890 daN
Hydraulik: Pumpenleistung 110 l/min bei 200 bar
Gewichte & Maße: Zulässiges Gesamtgewicht 11 750 kg, Leergewicht 6 450 kg, Nutzlast 5 300 kg, Bodenfreiheit 52 cm, Wendekreis 10 m
Bereifung: 540/65R28, 650/65R38
Preis: keine Angabe

Fendt 616 Vario

Allradschlepper

Motor: Agco Power Turbomotor mit Ladeluftkühlung mit 124 kW (169 PS) nach ISO bei 1 900 min^{-1}; maximale Leistung (Boost) 135 kW (184 PS) bei 1 500-1 900 min^{-1}; 4 Zylinder, 5 017 cm^3 Hubraum, Abgasnorm Stufe V
Getriebe: TA150, stufenloses Getriebe bis 50 km/h
Zapfwelle: 540/540E/1 000/1 000E
Hubwerk: Kat. III, Hubkraft 9 790 daN
Hydraulik: Pumpenleistung 152 l/min bei 200 bar
Gewichte & Maße: Zulässiges Gesamtgewicht 13 500 kg, Leergewicht 7 580 kg, Nutzlast 5 920 kg, Bodenfreiheit 53 cm
Bereifung: 540/65R28, 650/65R38
Preis: 236 610 Euro (ohne MwSt.)

Fendt 718 Vario Gen6

Allradschlepper

Motor: Deutz Turbomotor mit Ladeluftkühlung mit 133 kW (181 PS) nach ISO bei 2 100 min^{-1}; maximale Leistung 138 kW (188 PS); 6 Zylinder, 6 056 cm^3 Hubraum, Abgasnorm Stufe V
Getriebe: ML 180, stufenloses Getriebe bis 50 km/h

Zapfwelle: 540/540E/1 000/1 000E
Hubwerk: Kat. II/III, Hubkraft 10 360 daN
Hydraulik: Pumpenleistung 109 l/min bei 200 bar
Gewichte & Maße: Zulässiges Gesamtgewicht 14 000 kg, Leergewicht 7 790 kg, Nutzlast 6 210 kg, Bodenfreiheit 51 cm, Wendekreis 11 m
Bereifung: 540/65R28, 650/65R38
Preis: 255 303 Euro (ohne MwSt.)

Fendt 618 Vario

Allradschlepper

Motor: Agco Power Turbomotor mit Ladeluftkühlung mit 139 kW (189 PS) nach ISO bei 1 900 min^{-1}; maximale Leistung (Boost) 150 kW (204 PS) bei 1 600-1 900 min^{-1}; 4 Zylinder, 5 017 cm^3 Hubraum, Abgasnorm Stufe V
Getriebe: TA150, stufenloses Getriebe bis 50 km/h
Zapfwelle: 540/540E/1 000/1 000E
Hubwerk: Kat. III, Hubkraft 9 790 daN
Hydraulik: Pumpenleistung 152 l/min bei 200 bar
Gewichte & Maße: Zulässiges Gesamtgewicht 13 500 kg, Leergewicht 7 580 kg, Nutzlast 5 920 kg, Bodenfreiheit 53 cm
Bereifung: 540/65R28, 650/65R38
Preis: 251 533 Euro (ohne MwSt.)

Fendt 720 Vario Gen6

Allradschlepper

Motor: Deutz Turbomotor mit Ladeluftkühlung mit 148 kW (201 PS) nach ISO bei 2 100 min^{-1}; maximale Leistung 154 kW (209 PS); 6 Zylinder, 6 056 cm^3 Hubraum, Abgasnorm Stufe V
Getriebe: ML 180, stufenloses Getriebe bis 50 km/h
Zapfwelle: 540/540E/1 000/1 000E
Hubwerk: Kat. II/III, Hubkraft 10 360 daN
Hydraulik: Pumpenleistung 109 l/min bei 200 bar
Gewichte & Maße: Zulässiges Gesamtgewicht 14 000 kg, Leergewicht 7 980 kg, Nutzlast 6 020 kg, Bodenfreiheit 51 cm, Wendekreis 11 m
Bereifung: 540/65R30, 650/65R42
Preis: 270 431 Euro (ohne Mehrwertsteuer)

Fendt 720 Vario Gen7

Allradschlepper

Motor: Agco Power Turbomotor mit Ladeluftkühlung mit 149 kW (203 PS) nach ISO bei 1 700 min^{-1}; maximale Leistung 149 kW (203 PS); 6 Zylinder, 7 527 cm^3 Hubraum, Abgasnorm Stufe V
Getriebe: TA190, stufenloses Getriebe bis 50 km/h
Zapfwelle: 540/540E/1 000/1 000E
Hubwerk: Kat. II/III, Hubkraft 10 840 daN
Hydraulik: Pumpenleistung 165 l/min bei 200 bar
Gewichte & Maße: Zulässiges Gesamtgewicht 15 000 kg, Leergewicht 8 350 kg, Nutzlast 6 650 kg, Bodenfreiheit 57 cm, Wendekreis 10 m
Bereifung: 600/65R28, 650/65R42
Preis: 288 887 Euro (ohne MwSt.)

Fendt 620 Vario

Allradschlepper

Motor: Agco Power Turbomotor mit Ladeluftkühlung mit 154 kW (209 PS) nach ISO bei 1 900 min^{-1}; maximale Leistung (Boost) 165 kW (224 PS) bei 1 700-1 900 min^{-1}; 4 Zylinder, 5 017 cm^3 Hubraum, Abgasnorm Stufe V
Getriebe: TA150, stufenloses Getriebe bis 50 km/h
Zapfwelle: 540/540E/1 000/1 000E
Hubwerk: Kat. III, Hubkraft 9 790 daN
Hydraulik: Pumpenleistung 152 l/min bei 200 bar
Gewichte & Maße: Zulässiges Gesamtgewicht 13 500 kg, Leergewicht 7 700 kg, Nutzlast 5 800 kg, Bodenfreiheit 53 cm
Bereifung: 540/65R30, 650/65R42
Preis: 266 437 Euro (ohne MwSt.)

Fendt 722 Vario Gen6

Allradschlepper

Motor: Deutz Turbomotor mit Ladeluftkühlung mit 163 kW (222 PS) nach ISO bei 2 100 min^{-1}; maximale Leistung 168 kW (228 PS); 6 Zylinder, 6 056 cm^3 Hubraum, Abgasnorm Stufe V
Getriebe: ML 180, stufenloses Getriebe bis 50 km/h
Zapfwelle: 540/540E/1 000/1 000E
Hubwerk: Kat. II/III, Hubkraft 10 360 daN
Hydraulik: Pumpenleistung 109 l/min bei 200 bar
Gewichte & Maße: Zulässiges Gesamtgewicht 14 000 kg, Leergewicht 7 980 kg, Nutzlast 6 020 kg, Bodenfreiheit 51 cm, Wendekreis 11 m
Bereifung: 540/65R30, 650/65R42
Preis: 282 109 Euro (ohne Mehrwertsteuer)

Fendt 722 Vario Gen7

Allradschlepper

Motor: Agco Power Turbomotor mit Ladeluftkühlung mit 164 kW (223 PS) nach ISO bei 1 700 min^{-1}; maximale Leistung 164 kW (223 PS); 6 Zylinder, 7 527 cm^3 Hubraum, Abgasnorm Stufe V
Getriebe: TA190, stufenloses Getriebe bis 50 km/h
Zapfwelle: 540/540E/1 000/1 000E
Hubwerk: Kat. II/III, Hubkraft 10 840 daN
Hydraulik: Pumpenleistung 165 l/min bei 200 bar
Gewichte & Maße: Zulässiges Gesamtgewicht 15 000 kg, Leergewicht 8 350 kg, Nutzlast 6 650 kg, Bodenfreiheit 57 cm, Wendekreis 10 m
Bereifung: 600/65R28, 650/65R42
Preis: 300 566 Euro (ohne Mehrwertsteuer)

Fendt 720 Vario Gen7.1

Allradschlepper

Motor: Agco Power Turbomotor mit Ladeluftkühlung; maximale Leistung (Boost) 164 kW (223 PS); 6 Zylinder, 7 527 cm^3 Hubraum, Abgasnorm Stufe V
Getriebe: TA190, stufenloses Getriebe bis 50 km/h
Zapfwelle: 540/540E/1 000/1 000E
Hubwerk: Kat. II/III, Hubkraft 10 840 daN
Hydraulik: Pumpenleistung 165 l/min bei 200 bar
Gewichte & Maße: Zulässiges Gesamtgewicht 15 000 kg, Leergewicht 8 350 kg, Nutzlast 6 650 kg, Bodenfreiheit 57 cm, Wendekreis 10 m
Bereifung: 600/65R28, 650/65R42
Preis: keine Angabe

Fendt 724 Vario Gen6

Allradschlepper

Motor: Deutz Turbomotor mit Ladeluftkühlung mit 174 kW (237 PS) nach ISO bei 2 100 min^{-1}; maximale Leistung 181 kW (246 PS); 6 Zylinder, 6 056 cm^3 Hubraum, Abgasnorm Stufe V
Getriebe: ML 180, stufenloses Getriebe bis 50 km/h
Zapfwelle: 540/540E/1 000/1 000E
Hubwerk: Kat. II/III, Hubkraft 10 360 daN
Hydraulik: Pumpenleistung 109 l/min bei 200 bar

Gewichte & Maße: Zulässiges Gesamtgewicht 14 000 kg, Leergewicht 7 980 kg, Nutzlast 6 020 kg, Bodenfreiheit 51 cm, Wendekreis 11 m
Bereifung: 540/65R30, 650/65R42
Preis: 296 533 Euro (ohne Mehrwertsteuer)

Fendt 724 Vario Gen7

Allradschlepper

Motor: Agco Power Turbomotor mit Ladeluftkühlung mit 179 kW (243 PS) nach ISO bei 1 700 min^{-1}; maximale Leistung 179 kW (243 PS); 6 Zylinder, 7 527 cm^3 Hubraum, Abgasnorm Stufe V
Getriebe: TA190, stufenloses Getriebe bis 50 km/h
Zapfwelle: 540/540E/1 000/1 000E
Hubwerk: Kat. II/III, Hubkraft 10 840 daN
Hydraulik: Pumpenleistung 165 l/min bei 200 bar
Gewichte & Maße: Zulässiges Gesamtgewicht 15 000 kg, Leergewicht 8 350 kg, Nutzlast 6 650 kg, Bodenfreiheit 57 cm, Wendekreis 10 m

Bereifung: 600/65R28, 650/65R42
Preis: 314 990 Euro (ohne Mehrwertsteuer)

Fendt 722 Vario Gen7.1

Allradschlepper

Motor: Agco Power Turbomotor mit Ladeluftkühlung; maximale Leistung (Boost) 179 kW (243 PS); 6 Zylinder, 7 527 cm^3 Hubraum, Abgasnorm Stufe V
Getriebe: TA190, stufenloses Getriebe bis 50 km/h
Zapfwelle: 540/540E/1 000/1 000E
Hubwerk: Kat. II/III, Hubkraft 10 840 daN
Hydraulik: Pumpenleistung 165 l/min bei 200 bar
Gewichte & Maße: Zulässiges Gesamtgewicht 15 000 kg, Leergewicht 8 350 kg, Nutzlast 6 650 kg, Bodenfreiheit 57 cm, Wendekreis 10 m
Bereifung: 600/65R28, 650/65R42
Preis: keine Angabe

Fendt 726 Vario Gen7

Allradschlepper

Motor: Agco Power Turbomotor mit Ladeluftkühlung mit 193 kW (262 PS) nach ISO bei 1 700 min^{-1}; maximale

Leistung 193 kW (262 PS); 6 Zylinder, 7527 cm^3 Hubraum, Abgasnorm Stufe V
Getriebe: TA190, stufenloses Getriebe bis 60 km/h
Zapfwelle: 540/540E/1000/1000E
Hubwerk: Kat. II/III, Hubkraft 10840 daN
Hydraulik: Pumpenleistung 165 l/min bei 200 bar
Gewichte & Maße: Zulässiges Gesamtgewicht 15000 kg, Leergewicht 8750 kg, Nutzlast 6250 kg, Bodenfreiheit 57 cm, Wendekreis 10 m
Bereifung: 540/65R34, 650/85R38
Preis: 324226 Euro (ohne Mehrwertsteuer)

Fendt 724 Vario Gen7.1
Allradschlepper

Motor: Agco Power Turbomotor mit Ladeluftkühlung; maximale Leistung (Boost) 193 kW (262 PS); 6 Zylinder, 7527 cm^3 Hubraum, Abgasnorm Stufe V
Getriebe: TA190, stufenloses Getriebe bis 60 km/h
Zapfwelle: 540/540E/1000/1000E
Hubwerk: Kat. II/III, Hubkraft 10840 daN
Hydraulik: Pumpenleistung 165 l/min bei 200 bar
Gewichte & Maße: Zulässiges Gesamtgewicht 15000 kg, Leergewicht 8350 kg, Nutzlast 6650 kg, Bodenfreiheit 57 cm, Wendekreis 10 m
Bereifung: 600/65R28, 650/65R42
Preis: keine Angabe

Fendt 726 Vario Gen7.1
Allradschlepper

Motor: Agco Power Turbomotor mit Ladeluftkühlung; maximale Leistung (Boost) 206 kW (280 PS); 6 Zylinder, 7527 cm^3 Hubraum, Abgasnorm Stufe V
Getriebe: TA190, stufenloses Getriebe bis 60 km/h
Zapfwelle: 540/540E/1000/1000E
Hubwerk: Kat. II/III, Hubkraft 10840 daN
Hydraulik: Pumpenleistung 165 l/min bei 200 bar
Gewichte & Maße: Zulässiges Gesamtgewicht 15000 kg, Leergewicht 8750 kg, Nutzlast 6250 kg, Bodenfreiheit 57 cm, Wendekreis 10 m
Bereifung: 540/65R34, 650/85R38
Preis: keine Angabe

Fendt 826 Vario Gen5
Allradschlepper

Motor: Agco Power Turbomotor mit Ladeluftkühlung; maximale Leistung (Boost) 208 kW (283 PS); 6 Zylinder, 8000 cm^3 Hubraum, Abgasnorm Stufe V
Getriebe: TA250, stufenloses Getriebe bis 60 km/h
Zapfwelle: 540/540E/1000/1000E
Hubwerk: Kat. II/III, Hubkraft 10840 daN
Hydraulik: Pumpenleistung 165 l/min bei 205 bar
Gewichte & Maße: Zulässiges Gesamtgewicht 17500 kg, Leergewicht 9900 kg, Nutzlast 7600 kg, Bodenfreiheit 65 cm, Wendekreis 11,4 m
Bereifung: 600/65R34, 710/75R42
Preis: keine Angabe

Fendt 930 Vario Gen7
Allradschlepper

Motor: MAN Turbomotor mit Ladeluftkühlung mit 217 kW (295 PS) nach ISO bei 1700 min^{-1}; maximale Leistung 217 kW (295 PS); 6 Zylinder, 9037 cm^3 Hubraum, Abgasnorm Stufe V
Getriebe: TA300, stufenloses Getriebe bis 60 km/h
Zapfwelle: 540E/1000;1000/1000E

Hubwerk: Kat. III/IVN, Hubkraft 12 410 daN
Hydraulik: Pumpenleistung 165 l/min bei 200 bar
Gewichte & Maße: Zulässiges Gesamtgewicht 20 000 kg, Leergewicht 11 300 kg, Nutzlast 5 700 kg, Bodenfreiheit 55 cm, Wendekreis 12,8 m
Bereifung: 600/65R34, 710/70R42
Preis: 378 729 Euro (ohne MwSt.)

Fendt 728 Vario Gen7
Allradschlepper

Motor: Agco Power Turbomotor mit Ladeluftkühlung; maximale Leistung (Boost) 221 kW (301 PS); 6 Zylinder, 7 527 cm³ Hubraum, Abgasnorm Stufe V
Getriebe: TA190, stufenloses Getriebe bis 60 km/h
Zapfwelle: 540/540E/1 000/1 000E
Hubwerk: Kat. II/III, Hubkraft 10 840 daN
Hydraulik: Pumpenleistung 165 l/min bei 200 bar
Gewichte & Maße: Zulässiges Gesamtgewicht 15 000 kg, Leergewicht 8 750 kg, Nutzlast 6 250 kg, Bodenfreiheit 57 cm, Wendekreis 10 m
Bereifung: 540/65R34, 650/85R38
Preis: 332 507 Euro (ohne MwSt.)

Fendt 728 Vario Gen7.1
Allradschlepper

Motor: Agco Power Turbomotor mit Ladeluftkühlung; maximale Leistung (Boost) 223 kW (303 PS); 6 Zylinder, 7 527 cm³ Hubraum, Abgasnorm Stufe V
Getriebe: TA190, stufenloses Getriebe bis 60 km/h
Zapfwelle: 540/540E/1 000/1 000E
Hubwerk: Kat. II/III, Hubkraft 10 840 daN
Hydraulik: Pumpenleistung 165 l/min bei 200 bar
Gewichte & Maße: Zulässiges Gesamtgewicht 15 000 kg, Leergewicht 8 750 kg, Nutzlast 6 250 kg, Bodenfreiheit 57 cm, Wendekreis 10 m
Bereifung: 540/65R34, 650/85R38
Preis: keine Angabe

Fendt 829 Vario Gen5
Allradschlepper

Motor: Agco Power Turbomotor mit Ladeluftkühlung; maximale Leistung (Boost) 230 kW (313 PS); 6 Zylinder, 8 000 cm³ Hubraum, Abgasnorm Stufe V
Getriebe: TA250, stufenloses Getriebe bis 60 km/h
Zapfwelle: 540/540E/1 000/1 000E
Hubwerk: Kat. II/III, Hubkraft 10 840 daN

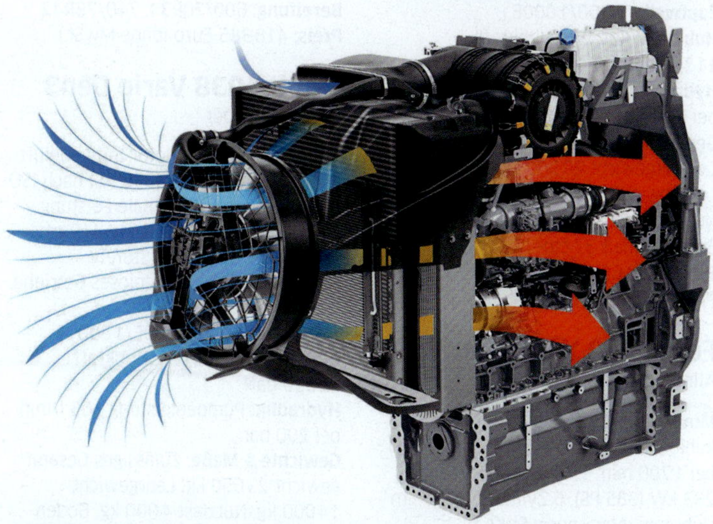

Hydraulik: Pumpenleistung 165 l/min bei 205 bar
Gewichte & Maße: Zulässiges Gesamtgewicht 17 500 kg, Leergewicht 9 900 kg, Nutzlast 7 600 kg, Bodenfreiheit 65 cm, Wendekreis 11,4 m
Bereifung: 600/65R34, 710/75R42
Preis: keine Angabe

Fendt 933 Vario Gen7
Allradschlepper

Motor: MAN Turbomotor mit Ladeluftkühlung mit 239 kW (325 PS) nach ISO bei 1 700 min⁻¹; maximale Leistung 239 kW (325 PS); 6 Zylinder, 9 037 cm³ Hubraum, Abgasnorm Stufe V
Getriebe: TA300, stufenloses Getriebe bis 60 km/h
Zapfwelle: 540E/1 000;1 000/1 000E
Hubwerk: Kat. III/IVN, Hubkraft 12 410 daN
Hydraulik: Pumpenleistung 165 l/min bei 200 bar
Gewichte & Maße: Zulässiges Gesamtgewicht 20 000 kg, Leergewicht 11 300 kg, Nutzlast 5 700 kg, Bodenfreiheit 55 cm, Wendekreis 12,8 m
Bereifung: 600/65R34, 710/70R42
Preis: 393 424 Euro (ohne Mehrwertsteuer)

Fendt 832 Vario Gen5
Allradschlepper

Motor: Agco Power Turbomotor mit Ladeluftkühlung; maximale Leistung (Boost) 252 kW (343 PS); 6 Zylinder, 8 000 cm³ Hubraum, Abgasnorm Stufe V
Getriebe: TA250, stufenloses Getriebe bis 60 km/h
Zapfwelle: 540/540E/1 000/1 000E

Hubwerk: Kat. II/III, Hubkraft 10 840 daN
Hydraulik: Pumpenleistung 165 l/min bei 205 bar
Gewichte & Maße: Zulässiges Gesamtgewicht 17 500 kg, Leergewicht 9 900 kg, Nutzlast 7 600 kg, Bodenfreiheit 65 cm, Wendekreis 11,4 m
Bereifung: 600/65R34, 710/75R42
Preis: keine Angabe

Fendt 936 Vario Gen7
Allradschlepper

Motor: MAN Turbomotor mit Ladeluftkühlung mit 261 kW (355 PS) nach ISO bei 1 700 min⁻¹; maximale Leistung 261 kW (355 PS); 6 Zylinder, 9 037 cm³ Hubraum, Abgasnorm Stufe V
Getriebe: TA300, stufenloses Getriebe bis 60 km/h
Zapfwelle: 540E/1 000;1 000/1 000E
Hubwerk: Kat. III/IVN, Hubkraft 12 410 daN
Hydraulik: Pumpenleistung 165 l/min bei 200 bar
Gewichte & Maße: Zulässiges Gesamtgewicht 20 000 kg, Leergewicht 11 400 kg, Nutzlast 5 600 kg, Bodenfreiheit 58 cm, Wendekreis 12,8 m
Bereifung: 600/70R34, 710/75R42
Preis: 407 269 Euro (ohne MwSt.)

Fendt 938 Vario MT
Raupenschlepper

Motor: Agco Power Turbomotor mit Ladeluftkühlung mit 279 kW (379 PS) nach ISO bei 1 700 min⁻¹; maximale Leistung 279 kW (379 PS); 7 Zylinder, 9 800 cm³ Hubr., Abgasnorm Stufe V
Getriebe: TA 300T, stufenloses Getriebe bis 40 km/h

Zapfwelle: 1 000/1 000E
Hubwerk: Kat. IVN, Hubkraft 11 500 daN
Hydraulik: Pumpenleistung 220 l/min bei 200 bar
Gewichte & Maße: Zulässiges Gesamtgewicht 20 900 kg, Leergewicht 15 169 kg, Nutzlast 5 731 kg, Bodenfreiheit 37 cm
Bereifung: 635 mm, 635 mm
Preis: 524 756 Euro (ohne MwSt.)

Fendt 939 Vario Gen7

Allradschlepper

Motor: MAN Turbomotor mit Ladeluftkühlung mit 283 kW (385 PS) nach ISO bei 1 700 min^{-1}; maximale Leistung 283 kW (385 PS); 6 Zylinder, 9 037 cm^3 Hubraum, Abgasnorm Stufe V
Getriebe: TA300, stufenloses Getriebe bis 60 km/h
Zapfwelle: 540E/1 000;1 000/1 000E
Hubwerk: Kat. III/IVN, Hubkraft 12 410 daN
Hydraulik: Pumpenleistung 165 l/min bei 200 bar
Gewichte & Maße: Zulässiges Gesamtgewicht 20 000 kg, Leergewicht 11 400 kg, Nutzlast 5 600 kg, Bodenfreiheit 58 cm, Wendekreis 12,8 m
Bereifung: 600/70R34, 710/75R42
Preis: 418 385 Euro (ohne MwSt.)

Fendt 1038 Vario Gen3

Allradschlepper

Motor: MAN Turbomotor mit Ladeluftkühlung mit 291 kW (396 PS) nach ISO bei 1 700 min^{-1}; maximale Leistung 291 kW (396 PS); 6 Zyl., 12 419 cm^3 Hubraum, Abgasnorm Stufe V
Getriebe: TA 400, stufenloses Getriebe bis 60 km/h
Zapfwelle: 1 000/1 000E/1 300
Hubwerk: Kat. III/IVN, Hubkraft 12 920 daN
Hydraulik: Pumpenleistung 165 l/min bei 200 bar
Gewichte & Maße: Zulässiges Gesamtgewicht 23 000 kg, Leergewicht 14 000 kg, Nutzlast 4 000 kg, Bodenfreiheit 60 cm, Wendekreis 14,7 m
Bereifung: 650/60R38, 750/70R44
Preis: 437 255 Euro (ohne MwSt.)

Fendt 940 Vario MT

Raupenschlepper

Motor: Agco Power Turbomotor mit Ladeluftkühlung mit 298 kW (405 PS) nach ISO bei 1 700 min^{-1}; maximale Leistung 298 kW (405 PS); 7 Zylinder, 9 800 cm^3 Hubraum, Abgasnorm Stufe V
Getriebe: TA 300T, stufenloses Getriebe bis 40 km/h
Zapfwelle: 1 000/1 000E
Hubwerk: Kat. IVN, Hubkraft 11 500 daN
Hydraulik: Pumpenleistung 220 l/min bei 200 bar
Gewichte & Maße: Zulässiges Gesamtgewicht 20 900 kg, Leergewicht 15 169 kg, Nutzlast 5 731 kg, Bodenfreiheit 37 cm
Bereifung: 635 mm, 635 mm
Preis: 533 854 Euro (ohne MwSt.)

Fendt 942 Vario Gen7

Allradschlepper

Motor: MAN Turbomotor mit Ladeluftkühlung mit 305 kW (415 PS) nach ISO bei 1 700 min^{-1}; maximale Leistung 305 kW (415 PS); 6 Zylinder, 9 037 cm^3 Hubraum, Abgasnorm Stufe V
Getriebe: TA300, stufenloses Getriebe bis 60 km/h
Zapfwelle: 540E/1 000;1 000/1 000E
Hubwerk: Kat. III/IVN, Hubkraft 12 410 daN
Hydraulik: Pumpenleistung 165 l/min bei 200 bar
Gewichte & Maße: Zulässiges Gesamtgewicht 20 000 kg, Leergewicht 11 780 kg, Nutzlast 5 220 kg,

Bodenfreiheit 60 cm, Wendekreis 12,8 m
Bereifung: 650/60R38, 750/70R44
Preis: 431 757 Euro (ohne MwSt.)

Fendt 1040 Vario Gen4

Allradschlepper

Motor: MAN Turbomotor mit Ladeluftkühlung; maximale Leistung (Boost) 313 kW (426 PS); 6 Zyl., 12 419 cm^3 Hubraum, Abgasnorm Stufe V
Getriebe: TA 400, stufenloses Getriebe bis 60 km/h
Zapfwelle: 1 000/1 000E/1 300
Hubwerk: Kat. III/IVN, Hubkraft 12 920 daN
Hydraulik: Pumpenleistung 220 l/min bei 200 bar
Gewichte & Maße: Zulässiges Gesamtgewicht 23 000 kg, Leergewicht 14 000 kg, Nutzlast 7 000 kg, Bodenfreiheit 60 cm, Wendekreis 14,7 m
Bereifung: 650/60R38, 750/70R44
Preis: keine Angabe

Fendt 943 Vario MT

Raupenschlepper

Motor: Agco Power Turbomotor mit Ladeluftkühlung mit 317 kW (431 PS) nach ISO bei 1 700 min^{-1}; maximale Leistung 317 kW (431 PS); 7 Zylinder, 9 800 cm^3 Hubr., Abgasnorm Stufe V
Getriebe: TA 300T, stufenloses Getriebe bis 40 km/h
Zapfwelle: 1 000/1 000E
Hubwerk: Kat. IVN, Hubkraft 11 500 daN
Hydraulik: Pumpenleistung 220 l/min bei 200 bar
Gewichte & Maße: Zul. Gesamtgewicht 20 900 kg, Leergewicht 15 169 kg, Nutzlast 5 731 kg, Bodenfreiheit 37 cm
Bereifung: 635 mm, 635 mm
Preis: 547 903 Euro (ohne MwSt.)

Fendt 1042 Vario Gen3

Allradschlepper

Motor: MAN Turbomotor mit Ladeluftkühlung mit 320 kW (435 PS) nach ISO bei 1 700 min^{-1}; max. Leistung 320 kW (435 PS); 6 Zylinder, 12 419 cm^3 Hubraum, Abgasnorm Stufe V
Getriebe: TA 400, stufenloses Getriebe bis 60 km/h
Zapfwelle: 1 000/1 000E/1 300
Hubwerk: Kat. III/IVN, Hubkraft 12 920 daN
Hydraulik: Pumpenleistung 165 l/min bei 200 bar
Gewichte & Maße: Zulässiges Gesamtgewicht 23 000 kg, Leergewicht 14 000 kg, Nutzlast 4 000 kg, Bodenfreiheit 60 cm, Wendekreis 14,7 m
Bereifung: 650/65R38, 750/75R46
Preis: 456 848 Euro (ohne MwSt.)

Fendt 1044 Vario Gen4

Allradschlepper

Motor: MAN Turbomotor mit Ladeluftkühlung; maximale Leistung (Boost) 343 kW (466 PS); 6 Zyl., 12 419 cm^3 Hubraum, Abgasnorm Stufe V
Getriebe: TA 400, stufenloses Getriebe bis 60 km/h
Zapfwelle: 1 000/1 000E/1 300
Hubwerk: Kat. III/IVN, Hubkraft 12 920 daN
Hydraulik: Pumpenleistung 220 l/min bei 200 bar
Gewichte & Maße: Zulässiges Gesamtgewicht 23 000 kg, Leergewicht 14 000 kg, Nutzlast 7 000 kg, Bodenfreiheit 60 cm, Wendekreis 14,7 m
Bereifung: 650/65R38, 750/75R46
Preis: keine Angabe

Fendt 1046 Vario Gen3

Allradschlepper

Motor: MAN Turbomotor mit Ladeluftkühlung mit 350 kW (476 PS) nach ISO bei 1 700 min^{-1}; max. Leistung 350 kW (476 PS); 6 Zylinder, 12 419 cm^3 Hubraum, Abgasnorm Stufe V

Getriebe: TA 400, stufenloses Getriebe bis 60 km/h
Zapfwelle: 1000/1000E/1300
Hubwerk: Kat. III/IVN, Hubkraft 12920 daN
Hydraulik: Pumpenleistung 165 l/min bei 200 bar
Gewichte & Maße: Zulässiges Gesamtgewicht 23000 kg, Leergewicht 14000 kg, Nutzlast 4000 kg, Bodenfreiheit 60 cm, Wendekreis 14,7 m
Bereifung: 650/65R38, 750/75R46
Preis: 470969 Euro (ohne MwSt.)

Fendt 1048 Vario Gen4
Allradschlepper

Motor: MAN Turbomotor mit Ladeluftkühlung; max. Leistung (Boost) 373 kW (507 PS); 6 Zylinder, 12419 cm³ Hubraum, Abgasnorm Stufe V
Getriebe: TA 400, stufenloses Getriebe bis 60 km/h
Zapfwelle: 1000/1000E/1300
Hubwerk: Kat. III/IVN, Hubkraft 12920 daN
Hydraulik: Pumpenleistung 220 l/min bei 200 bar
Gewichte & Maße: Zulässiges Gesamtgewicht 23000 kg, Leergewicht 14000 kg, Nutzlast 7000 kg, Bodenfreiheit 60 cm, Wendekreis 14,7 m
Bereifung: 650/65R38, 750/75R46
Preis: keine Angabe

Fendt 1151 Vario MT
Raupenschlepper

Motor: MAN Turbomotor mit Ladeluftkühlung mit 376 kW (511 PS) nach ISO bei 1730 min⁻¹; maximale Leistung 376 kW (511 PS); 6 Zylinder, 15200 cm³ Hubraum, Abgasnorm Stufe V
Getriebe: TA400T, stufenloses Getriebe bis 40 km/h
Zapfwelle: 1000/1000E
Hubwerk: Kat. III/IVN + IV, Hubkraft 9072 daN
Hydraulik: Pumpenleistung 220 l/min bei 200 bar
Gewichte & Maße: Zulässiges Gesamtgewicht 27000 kg, Leergewicht 18805 kg, Nutzlast 8195 kg, Bodenfreiheit 37 cm
Bereifung: 700 mm, 700 mm
Preis: 540538 Euro (ohne MwSt.)

Fendt 1050 Vario Gen3
Allradschlepper

Motor: MAN Turbomotor mit Ladeluftkühlung mit 380 kW (517 PS) nach ISO bei 1700 min^{-1}; maximale Leistung 380 kW (517 PS); 6 Zylinder, 12419 cm³ Hubraum, Abgasnorm Stufe V
Getriebe: TA 400, stufenloses Getriebe bis 60 km/h
Zapfwelle: 1000/1000E/1300
Hubwerk: Kat. III/IVN, Hubkraft 12920 daN
Hydraulik: Pumpenleistung 165 l/min bei 200 bar
Gewichte & Maße: Zulässiges Gesamtgewicht 23000 kg, Leergewicht 14000 kg, Nutzlast 4000 kg, Bodenfreiheit 60 cm, Wendekreis 14,7 m
Bereifung: 650/65R38, 750/75R46
Preis: 482266 Euro (ohne MwSt.)

Fendt 1052 Vario Gen4
Allradschlepper

Motor: MAN Turbomotor mit Ladeluftkühlung; max. Leistung (Boost) 405 kW (551 PS); 6 Zylinder, 12419 cm³ Hubraum, Abgasnorm Stufe V
Getriebe: TA 400, stufenloses Getriebe bis 60 km/h
Zapfwelle: 1000/1000E/1300
Hubwerk: Kat. III/IVN, Hubkraft 12920 daN
Hydraulik: Pumpenleistung 220 l/min bei 200 bar
Gewichte & Maße: Zulässiges Gesamtgewicht 23000 kg, Leergewicht 14000 kg, Nutzlast 7000 kg, Bodenfreiheit 60 cm, Wendekreis 14,7 m
Bereifung: 650/65R38, 750/75R46
Preis: keine Angabe

Fendt 1156 Vario MT
Raupenschlepper

Motor: MAN Turbomotor mit Ladeluftkühlung mit 415 kW (564 PS) nach ISO bei 1730 min^{-1}; max. Leistung 415 kW (564 PS); 6 Zylinder, 15200 cm³ Hubraum, Abgasnorm Stufe V
Getriebe: TA400T, stufenloses Getriebe bis 40 km/h

Zapfwelle: 1000/1000E
Hubwerk: Kat. III/IVN + IV, Hubkraft 9072 daN
Hydraulik: Pumpenleistung 220 l/min bei 200 bar
Gewichte & Maße: Zulässiges Gesamtgewicht 27000 kg, Leergewicht 18805 kg, Nutzlast 8195 kg, Bodenfreiheit 37 cm
Bereifung: 700 mm, 700 mm
Preis: 568170 Euro (ohne MwSt.)

Fendt 1162 Vario MT

Raupenschlepper

Motor: MAN Turbomotor mit Ladeluftkühlung mit 455 kW (619 PS) nach ISO bei 1730 min^{-1}; max. Leistung 455 kW (619 PS); 6 Zylinder, 15200 cm^3 Hubraum, Abgasnorm Stufe V
Getriebe: TA400T, stufenloses Getriebe bis 40 km/h
Zapfwelle: 1000/1000E
Hubwerk: Kat. III/IVN + IV, Hubkraft 9072 daN
Hydraulik: Pumpenleistung 220 l/min bei 200 bar
Gewichte & Maße: Zulässiges Gesamtgewicht 27000 kg, Leergewicht 18805 kg, Nutzlast 8195 kg, Bodenfreiheit 37 cm
Bereifung: 700 mm, 700 mm
Preis: 593031 Euro (ohne MwSt.)

Fendt 1167 Vario MT

Raupenschlepper

Motor: MAN Turbomotor mit Ladeluftkühlung mit 495 kW (673 PS) nach ISO bei 1730 min^{-1}; maximale Leistung 495 kW (673 PS); 6 Zylinder, 16200 cm^3 Hubraum, Abgasnorm Stufe V
Getriebe: TA400T, stufenloses Getriebe bis 40 km/h
Zapfwelle: 1000/1000E
Hubwerk: Kat. III/IVN + IV, Hubkraft 9072 daN
Hydraulik: Pumpenleistung 220 l/min bei 200 bar
Gewichte & Maße: Zulässiges Gesamtgewicht 27000 kg, Leergewicht 18805 kg, Nutzlast 8195 kg, Bodenfreiheit 37 cm
Bereifung: 700 mm, 700 mm
Preis: 631511 Euro (ohne MwSt.)

Weitere Informationen erhalten Sie von:
Fuß Spezialfahrzeugbau GmbH
Glinder Str. 6
39 218 Schönebeck (Elbe)
Telefon: 0 39 28/72 77 30
Internet: www.fuss-spezialfahrzeugbau.de

Fuß

Die Geschichte der Firma Fuß beginnt mit der Gründung der Mali-Spezialfahrzeugbau GmbH im Jahr 2006. Der Schwerpunkt lag in der Entwicklung und Konstruktion von kommunalen Trägerfahrzeugen und Geräteträgern. 2012 folgt die Umfirmierung in die Systrac GmbH. Das kleine mittelständische Unternehmen in Sachsen-Anhalt spezialisierte sich auf die Entwicklung, Konstruktion, Produktion und den Vertrieb von Spezialfahrzeugen insbesondere für kommunale Zwecke.
Die Systrac GmbH findet sich auf dem Gelände der früheren LTS Landtechnik Schönebeck. Mitte der Neunzigerjahre des vergangenen Jahrhunderts begann LTS Landtechnik Schönebeck zunächst mit der Weiterentwicklung des Schlüter Eurotrac und dann mit einem eigenen Systemfahrzeug Systrac, später auch mit dem Doppstadt-Trac als Nachfolger des MB trac. Hier wurde auch der Mali-Trac mit 140 PS entwickelt. Fuß Spezialfahrzeugbau GmbH heißt das Unternehmen erst seit dem Jahr 2015. Seit 2025 fertigt und vermarktet das Unternehmen auch den Syn Trac, der ursprünglich in Österreich entwickelt wurde.

Fuß FußTrac 1600

Trac-Allradschlepper

Motor: Deutz Turbomotor mit 115 kW (156 PS) nach ISO bei 1 600 min^{-1}; 4 Zylinder, 4 038 cm^3 Hubraum, Abgasnorm Stufe V
Getriebe: FSG 100, stufenloses Getriebe bis 50 km/h
Zapfwelle: 1000, Höchstdrehzahl: 1 100 min^{-1}
Hubwerk: Kat. II, Hubkraft 3 500 daN
Hydraulik: Pumpenleistung 100 l/min bei 200 bar
Gewichte & Maße: Zulässiges Gesamtgewicht 12 000 kg, Leergewicht 5 600 kg, Bodenfreiheit 45 cm, Wendekreis 9,6 m
Bereifung: 23x10.5-12, 23x10.50-12
Preis: keine Angabe

Syn Trac ST420

Trac-Allradschlepper

Motor: Caterpillar Turbomotor mit Ladeluftkühlung mit 310 kW (422 PS) nach ISO bei 1 800 min^{-1}; 6 Zylinder, 9 286 cm^3 Hubraum, Abgasnorm Stufe V, Tier 4f
Getriebe: VTP 1750, stufenloses Getriebe bis 80 km/h
Zapfwelle: 1000, Höchstdrehzahl: 1 041 min^{-1}
Hubwerk: Kat. III, Hubkraft 8 000 daN
Hydraulik: Pumpenleistung 180 l/min bei 250 bar
Gewichte & Maße: Zulässiges Gesamtgewicht 18 000 kg, Leergewicht 11 500 kg, Nutzlast 6 000 kg, Bodenfreiheit 45 cm, Wendekreis 9 m
Bereifung: 385/95R25, 385/95R25
Preis: keine Angabe

Weitere Informationen
erhalten Sie von:
Holmer Maschinenbau GmbH
Regensburger Straße 20
84069 Schierling/Eggmühl
Telefon: 0 94 51/93 03-0
www.holmer-maschinenbau.com

Holmer

Vor 50 Jahren übernahm Alfons Holmer den elterlichen Schmiedebetrieb und legte damit den Grundstein für die Firma Holmer Maschinenbau. Schon 1974 baute Holmer den ersten selbstfahrenden, sechsreihigen Zuckerrübenvollernter. Die Serienproduktion vom klassischen Zuckerrübenvollernter fing 1992 an. Ein Jahr später wurde ein erster Prototyp eines Rübenreinigungsladers gebaut. 1996 startete die Serienproduktion des Terra Dos, und der erste Terra Variant wurde präsentiert. 2007 stellte Holmer den ersten Prototyp-Reinigungslader Terra Felis vor. 2015 gewann ein Holmer HR 12 den Weltrekord im Rübenroden.
Heute beschäftigt das Unternehmen über 400 Mitarbeiter und hat Tochterunternehmen in Polen, Frankreich, Tschechien, der Ukraine, den USA und China. Seit 2013 gehört Holmer mit 20 weiteren Firmen zur französischen Exel-Gruppe.
2016 legt Holmer das Trägerfahrzeug mit der Modellbezeichnung Terra Variant neu auf. Durch die verschiedenen Aufbaukonzepte kann es für die Gülleausbringung, beim Getreide- und Rübentransport, als Universalstreuer und zur Saatausbringung eingesetzt werden. Seit 2021 ist das Topmodell Terra Variant 650 im Programm. Der Selbstfahrer wird von einem Sechszylinder-Motor von Mercedes-Benz mit 480 kW/653 PS angetrieben.

Holmer Terra Variant 435

Trac-Trägerfahrzeug

Motor: Daimler Turbomotor mit Ladeluftkühl. mit 320 kW (435 PS) nach ISO bei 1700 min^{-1}; 6 Zyl., 10700 cm^3 Hubraum, Abgasnorm Stufe V, Tier 4
Getriebe: Holmer DynaProtect, stufenloses Getriebe bis 40 km/h
Hubwerk: Kat. III, Hubkraft 7000 daN
Hydraulik: Pumpenleistung 202 l/min bei 230 bar
Gewichte & Maße: Zulässiges Gesamtgewicht 25000 kg, Leergewicht 14900 kg, Nutzlast 10100 kg, Bodenfreiheit 50 cm, Wendekreis 6,8 m
Bereifung: 900/60R38, 900/60R38
Preis: keine Angabe

Holmer Terra Variant 650

Trac-Trägerfahrzeug

Motor: Daimler Turbomotor mit Ladeluftkühlung mit 480 kW (653 PS) nach ISO bei 1600 min^{-1}; 6 Zylinder, 15569 cm^3 Hubraum, Abgasnorm Stufe V
Getriebe: Kessler LV3000, stufenloses Getriebe bis 40 km/h
Hubwerk: Kat. IV, Hubkraft 8000 daN
Hydraulik: Pumpenleistung 190 l/min bei 220 bar
Gewichte & Maße: Zulässiges Gesamtgewicht 30000 kg, Leergewicht 18150 kg, Nutzlast 11850 kg, Bodenfreiheit 50 cm, Wendekreis 10,8 m
Bereifung: 1050/50R32, 1050/50R32
Preis: keine Angabe

JCB

JCB wurde 1945 von Joseph Cyril Bamford im britischen Uttoxeter gegründet. Das erste Produkt war ein Einachs-Kipper, den er mit Hilfe eines gebrauchten Schweißgerätes aus Militärschrott baute. Den Kipper verkaufte er für 45 Pfund. 1953 erfand Bamford den Baggerlader, der als JCB Mk 1 bekannt wurde. Ebenfalls 1953 prangte an einer Maschine erstmals das heute bekannte JCB-Logo. 1985 ergänzte der Baggerlader 3CX Sitemaster das Programm.

1986 hatte Anthony Bamford als Sohn des Gründers die Idee für eine neue Art von Traktoren, die eine größere Höchstgeschwindigkeit aufweisen und Elemente der Lkw-Konstruktion beinhalten sollte. Nach vierjähriger Entwicklungsarbeit wurde mit dem JCB Fastrac 1989 der erste schnellfahrende, vollgefederte Hochleistungsschlepper auf den Markt gebracht. Mit dem Fastrac ist JCB in neue Bereiche vorgedrungen. Das Topmodell ist heute der JCB Fastrac 8330 mit einer Motorleistung von 340 PS und einer Höchstgeschwindigkeit von 70 km/h.

Heute beschäftigt JCB rund 10 000 Mitarbeiter auf vier Kontinenten und vertreibt seine Produkte mit Hilfe von 2 000 Händlerniederlassungen in 150 Ländern weltweit. In der Landwirtschaft ist JCB vor allem durch seine Rad- und Teleskoplader sowie dem System-Schlepper Fastrac bekannt. Im Jahr 2025 feiert nicht nur Sir Antony Bamford seinen 80sten Geburtstag, sondern JCB auch sein 80-jähriges Bestehen.

Weitere Informationen erhalten Sie von:
JCB Deutschland GmbH
Europaallee 113a
50266 Frechen
Telefon: 0 22 34/6 82 96 00
www.jcb.com

JCB Fastrac 4160 iCON
Allradschlepper

Motor: Agco Power Turbomotor mit Ladeluftkühlung mit 125 kW (170 PS) nach ISO; maximale Leistung 133 kW (181 PS); 6 Zylinder, 6 596 cm³ Hubraum, Abgasnorm Stufe V
Getriebe: ML 180 V-Tronic, stufenloses Getriebe bis 60 km/h
Zapfwelle: 540/540E/1 000/1 000E, Höchstdrehzahl: 606/756/1 105/1 372 min^{-1}
Hubwerk: Kat. IIIN/III, Hubkraft 8 500 daN
Hydraulik: Pumpenleistung 198 l/min bei 210 bar
Gewichte & Maße: Zulässiges Gesamtgewicht 14 500 kg, Leergewicht 7 990 kg, Nutzlast 6 510 kg, Bodenfreiheit 47 cm, Wendekreis 11,5 m
Bereifung: 540/65R34, 540/65R34
Preis: keine Angabe

JCB Fastrac 4190 iCON
Allradschlepper

Motor: Agco Power Turbomotor mit Ladeluftkühlung mit 141 kW (192 PS) nach ISO; maximale Leistung 157 kW (214 PS); 6 Zylinder, 6 596 cm³ Hubraum, Abgasnorm Stufe V
Getriebe: ML 180 V-Tronic, stufenloses Getriebe bis 60 km/h
Zapfwelle: 540/540E/1 000/1 000E, Höchstdrehzahl: 606/756/1 105/1 372 min^{-1}
Hubwerk: Kat. IIIN/III, Hubkraft 8 500 daN
Hydraulik: Pumpenleistung 198 l/min bei 210 bar
Gewichte & Maße: Zulässiges Gesamtgewicht 14 500 kg, Leergewicht 7 990 kg, Nutzlast 6 510 kg, Bodenfreiheit 47 cm, Wendekreis 11,5 m
Bereifung: 540/65R34, 540/65R34
Preis: keine Angabe

JCB Fastrac 4220 iCON
Allradschlepper

Motor: Agco Power Turbomotor mit Ladeluftkühlung mit 163 kW (222 PS) nach ISO; maximale Leistung 175 kW (238 PS); 6 Zylinder, 6 596 cm³ Hubraum, Abgasnorm Stufe V
Getriebe: ML 180 V-Tronic, stufenloses Getriebe bis 60 km/h
Zapfwelle: 540/540E/1 000/1 000E, Höchstdrehzahl: 606/756/1 105/1 372 min^{-1}
Hubwerk: Kat. IIIN/III, Hubkraft 8 500 daN
Hydraulik: Pumpenleistung 198 l/min bei 210 bar

Gewichte & Maße: Zulässiges Gesamtgewicht 14 500 kg, Leergewicht 7 990 kg, Nutzlast 6 510 kg, Bodenfreiheit 47 cm, Wendekreis 11,5 m
Bereifung: 540/65R34, 540/65R34
Preis: keine Angabe

JCB Fastrac 8290 iCON
Allradschlepper

Motor: Agco Power Turbomotor mit Ladeluftkühlung mit 210 kW (286 PS) n. ISO; max. Leistung 228 kW (310 PS); 6 Zyl., 8 419 cm³ Hubr., Abgasn. Stufe V
Getriebe: ML 260 V-Tronic, stufenloses Getriebe bis 65 km/h
Zapfwelle: 540E/1000, Höchstdrehzahl: 736/1 080 min^{-1}
Hubwerk: Kat. IIIN/III/IVN, Hubkraft 10 300 daN
Hydraulik: Pumpenleistung 178 l/min bei 210 bar
Gewichte & Maße: Zulässiges Gesamtgewicht 18 000 kg, Leergewicht 11 390 kg, Nutzlast 6 610 kg, Bodenfreiheit 47 cm, Wendekreis 14,8 m
Bereifung: 540/65R38, 710/60R42
Preis: keine Angabe

JCB Fastrac 6260 iCON
Allradschlepper

Motor: FPT Turbomotor mit Ladeluftkühlung; maximale Leistung 212 kW (288 PS); 6 Zylinder, 6 728 cm³ Hubraum, Abgasnorm Stufe V
Getriebe: ECCOM 3.1, stufenloses Getriebe bis 60 km/h
Zapfwelle: 540/540E/1000/1000E
Hubwerk: KAT III, Hubkraft 11 000 daN

Hydraulik: 205 l/min bei 210 bar
Gewichte & Maße: Leergewicht 12,5 t
Bereifung: VF 650/60 R 38
Preis: keine Angabe

JCB Fastrac 6300 iCON

Allradschlepper

Motor: FPT Turbomotor mit Ladeluftkühlung; ma. Leistung 250 kW (335 PS); 6 Zyl., 6 728 cm^3 Hubr., Abgasn. Stufe V
Getriebe: ECCOM 3.1, stufenloses Getriebe bis 60 km/h
Zapfwelle: 540/540E/1000/1000E
Hubwerk: KAT III, Hubkraft 11 000 daN, 5000 daN vorne
Hydraulik: 205 l/min (410 l/min) bei 210 bar
Gewichte & Maße: Leergewicht 12,5 t. Zulässiges Gesamtgewicht 18 t. Wendekreis 14,1 m.
Bereifung: VF 710/55 R 38 oder VF 650/60 R 38
Preis: keine Angabe

JCB Fastrac 8330 iCON

Allradschlepper

Motor: Agco Power Turbomotor mit Ladeluftkühlung mit 250 kW (340 PS) nach ISO; maximale Leistung 260 kW (354 PS); 6 Zylinder, 8 419 cm^3 Hubraum, Abgasnorm Stufe V
Getriebe: ML 260 V-Tronic, stufenloses Getriebe bis 65 km/h
Zapfwelle: 540E/1000, Höchstdrehzahl: 736/1 080 min^{-1}
Hubwerk: Kat. IIIN/III/IVN, Hubkraft 10 300 daN
Hydraulik: Pumpenleistung 178 l/min bei 210 bar
Gewichte & Maße: Zulässiges Gesamtgewicht 18 000 kg, Leergewicht 11 390 kg, Nutzlast 6 610 kg, Bodenfreiheit 47 cm, Wendekreis 14,8 m
Bereifung: 540/65R38, 710/60R42
Preis: keine Angabe

Weitere Informationen erhalten Sie von:
John Deere Walldorf GmbH
69190 Walldorf
Telefon: 0 62 27/78 73 200
www.deere.de

John Deere

1837 in Grand Detour, Illinois (USA) fertigte John Deere ein Pflugschar aus hochpoliertem Stahl für seinen ersten selbstreinigenden Pflug. Ein Jahr später wurde aus dem Hufschmied John Deere das Unternehmen John Deere. 1848 zog der Betrieb nach Moline am Mississippi um, wo schon bald mehr als 1 000 Pflüge pro Jahr hergestellt wurden. 1868 wurde das Unternehmen Deere & Company eine Aktiengesellschaft. Das bekannte Markenzeichen „springender Hirsch" wurde 1876 eingetragen. 1886, im Alter von 82 Jahren, stirbt der Gründer John Deere.
1892 testete John Froehlich den ersten erfolgreichen benzinbetriebenen Traktor. 1918 erwarb John Deere das Nachfolgeunternehmen, die Waterloo Gasoline Engine Company und stieg damit in den Schlepperbau ein. Das Unternehmen verkaufte im ersten Jahr 5 634 Waterloo Boy-Traktoren. 1923 brachte Deere das Modell „D" auf den Markt. Der Traktor war der erste Zweizylinder-Traktor aus Waterloo, der den Namen John Deere trug.
In Deutschland ist John Deere heute der größte Traktorenhersteller. Wobei der Name John Deere hier immer noch mit Lanz in Mannheim verbunden ist. Dort begann 1921 die Produktion des legendären Lanz Bulldog HL 12. Im Jahr 1956 erwarb John Deere die Mehrheit an der Heinrich Lanz AG. Mit rund 3 600 Mitarbeitern ist das John Deere Werk Mannheim seit über 50 Jahren Deutschlands größter Hersteller landwirtschaftlicher Traktoren. Das Produktionsprogramm für den weltweiten Markt umfasst 25 verschiedene Grundmodelle von 66 bis 184 kW (90 bis 250 PS) in unterschiedlichen Versionen und zahlreichen Ausrüstungsvarianten.

John Deere 5050E

Allradschlepper

Motor: Deere Power Systems Turbomotor mit Ladeluftkühlung mit 36 kW (49 PS) nach ISO; maximale Leistung 36 kW (49 PS); 3 Zylinder, 2 900 cm^3 Hubraum, Abgasnorm Stufe V
Getriebe: SyncReverser 9/3, 9 Vorwärts- und 3 Rückwärtsgänge (auf Wunsch PowrReverser 12/12 bis 32 km/h), synchronisiert, 4 Gänge im Hauptarbeitsbereich
Zapfwelle: 540/540E, Höchstdrehzahl: 540 min^{-1}
Hubwerk: Kat. II, Hubkraft 1 800 daN
Hydraulik: Pumpenleistung 75,6 l/min bei 197 bar
Gewichte & Maße: Zulässiges Gesamtgewicht 5 100 kg, Leergewicht 2 950 kg, Nutzlast 2 150 kg, Bodenfreiheit 32 cm, Wendekreis 7,8 m
Bereifung: 280/85R20, 340/85R28
Preis: keine Angabe

John Deere 5058E

Allradschlepper

Motor: Deere Power Systems Turbomotor mit Ladeluftkühlung mit 44,4 kW (60 PS) nach ISO; maximale Leistung 44,4 kW (60 PS); 3 Zylinder, 2 900 cm^3 Hubraum, Abgasnorm Stufe V
Getriebe: PowrReverser, 12 Vorwärts- und 12 Rückwärtsgänge (auf Wunsch PowrReverser 24/12 bis 32,9 km/h), synchronisiert, 5 Gänge im Hauptarbeitsbereich, 2 Lastschaltstufen
Zapfwelle: 540/540E, Höchstdrehzahl: 540 min^{-1}
Hubwerk: Kat. II, Hubkraft 1 800 daN
Hydraulik: Pumpenleistung 75,6 l/min bei 197 bar
Gewichte & Maße: Zulässiges Gesamtgewicht 5 100 kg, Leergewicht 3 320 kg, Nutzlast 1 780 kg, Bodenfreiheit 32 cm, Wendekreis 7,8 m
Bereifung: 320/85R20, 380/85R28
Preis: keine Angabe

John Deere 5067E

Allradschlepper

Motor: Deere Power Systems Turbomotor mit Ladeluftkühlung mit 50,4 kW (69 PS) nach ISO; maximale Leistung 50,4 kW (69 PS); 3 Zylinder, 2 900 cm^3 Hubraum, Abgasnorm Stufe V
Getriebe: PowrReverser, 12 Vorwärts- und 12 Rückwärtsgänge (auf Wunsch

PowrReverser 24/12 bis 32,9 km/h), synchronisiert, 5 Gänge im Hauptarbeitsbereich, 2 Lastschaltstufen
Zapfwelle: 540/540E, Höchstdrehzahl: 540 min^{-1}
Hubwerk: Kat. II, Hubkraft 1 800 daN
Hydraulik: Pumpenleistung 75,6 l/min bei 197 bar
Gewichte & Maße: Zulässiges Gesamtgewicht 5 100 kg, Leergewicht 3 320 kg, Nutzlast 1 780 kg, Bodenfreiheit 32 cm, Wendekreis 7,8 m
Bereifung: 320/85R20, 380/85R28
Preis: keine Angabe

John Deere 5075M

Allradschlepper

Motor: Deere Power Systems Turbomotor mit 55 kW (75 PS) nach ISO; maximale Leistung 55 kW (75 PS); 3 Zylinder, 2 900 cm^3 Hubraum, Abgasnorm Stufe V
Getriebe: PowrReverser, 16 Rückwärtsgänge (auf Wunsch PowrReverser und PowrReverser HiLo-Schaltung bis 35 km/h), synchronisiert, 5 Gänge im Hauptarbeitsbereich
Zapfwelle: 540/540E, Höchstdrehzahl: 565 min^{-1}
Hubwerk: Kat. II, Hubkraft 4 326 daN
Hydraulik: Pumpenleistung 94 l/min bei 200 bar
Gewichte & Maße: Zulässiges Gesamtgewicht 7 500 kg, Leergewicht 4 170 kg, Nutzlast 3 330 kg, Bodenfreiheit 43 cm, Wendekreis 9,2 m
Bereifung: 480/65R24, 540/65R38
Preis: keine Angabe

John Deere 5075E

Allradschlepper

Motor: Deere Power Systems Turbomotor mit Ladeluftkühlung mit 55 kW (75 PS) nach ISO; maximale Leistung 55 kW (75 PS); 3 Zylinder, 2 900 cm^3 Hubraum, Abgasnorm Stufe V
Getriebe: PowrReverser, 12 Vorwärts- und 12 Rückwärtsgänge (auf Wunsch PowrReverser 24/12 bis 32,9 km/h), synchronisiert, 5 Gänge im Hauptarbeitsbereich, 2 Lastschaltstufen
Zapfwelle: 540/540E, Höchstdrehzahl: 540 min^{-1}
Hubwerk: Kat. II, Hubkraft 1 800 daN
Hydraulik: Pumpenleistung 75,6 l/min bei 197 bar
Gewichte & Maße: Zulässiges Gesamtgewicht 5 100 kg, Leergewicht 3 320 kg, Nutzlast 1 780 kg, Bodenfreiheit 32 cm, Wendekreis 7,8 m
Bereifung: 320/85R20, 380/85R28
Preis: keine Angabe

John Deere 5095M

Allradschlepper

Motor: Deere Power Systems Turbomotor mit 69 kW (94 PS) nach ISO; maximale Leistung 69 kW (94 PS); 4 Zylinder, 4 500 cm³ Hubraum, Abgasnorm Stufe V
Getriebe: PowrReverser, 16 Rückwärtsgänge (auf Wunsch PowrReverser, PowrReverser HiLo-Schaltung, PowrQuad Plus und Powr8 bis 35 km/h), synchronisiert, 5 Gänge im Hauptarbeitsbereich
Zapfwelle: 540/540E, Höchstdrehzahl: 565 min⁻¹
Hubwerk: Kat. II, Hubkraft 4 326 daN
Hydraulik: Pumpenleistung 94 l/min bei 200 bar
Gewichte & Maße: Zulässiges Gesamtgewicht 7 500 kg, Leergewicht 4 150 kg, Nutzlast 3 350 kg, Bodenfreiheit 43 cm, Wendekreis 9,2 m
Bereifung: 480/65R24, 540/65R38
Preis: keine Angabe

John Deere 6M 95

Allradschlepper

Motor: Deere Power Systems Turbomotor mit 70 kW (95 PS) nach ISO; maximale Leistung 73 kW (99 PS); 4 Zylinder, 4 500 cm³ Hubraum, Abgasnorm Stufe V
Getriebe: PowrQuad, 24 Vorwärts- und 24 Rückwärtsgänge (auf Wunsch PowrQuad Plus, AutoQuad Plus; CommandQuad Plus, AutoPowr bis 40 km/h), synchronisiert, 9 Gänge im Hauptarbeitsbereich, 4 Lastschaltstufen
Zapfwelle: 540/540E/1000, Höchstdrehzahl: 1 070 min⁻¹
Hubwerk: Kat. II/III/IIIN, Hubkraft 5 700 daN
Hydraulik: Pumpenleistung 114 l/min bei 200 bar
Gewichte & Maße: Zulässiges Gesamtgewicht 9 500 kg, Leergewicht 5 660 kg, Nutzlast 4 790 kg, Bodenfreiheit 49 cm, Wendekreis 8,7 m
Bereifung: 520/60R28(SRI 650), 650/60R38 (SRI 825)
Preis: keine Angabe

John Deere 6M 95

Allradschlepper

Motor: Deere Power Systems Turbomotor mit 70 kW (95 PS) nach ISO; maximale Leistung 77 kW (105 PS); 4 Zylinder, 4 500 cm³ Hubraum, Abgasnorm Stufe V
Getriebe: PowrQuad, 24 Vorwärts- und 24 Rückwärtsgänge (auf Wunsch PowrQuad Plus, AutoQuad Plus; CommandQuad Plus, AutoPowr bis 40 km/h), synchronisiert, 9 Gänge im Hauptarbeitsbereich, 4 Lastschaltstufen
Zapfwelle: 540/540E/1000, Höchstdrehzahl: 1 070 min⁻¹
Hubwerk: Kat. II/III/IIIN, Hubkraft 5 700 daN
Hydraulik: Pumpenleistung 114 l/min bei 200 bar
Gewichte & Maße: Zulässiges Gesamtgewicht 9 500 kg, Leergewicht 5 660 kg, Nutzlast 4 790 kg, Bodenfreiheit 49 cm, Wendekreis 8,7 m
Bereifung: 520/60R28(SRI 650), 650/60R38 (SRI 825)
Preis: keine Angabe

John Deere 6M 105

Allradschlepper

Motor: Deere Power Systems Turbomotor mit 77 kW (105 PS) nach ISO; max. Leistung 81 kW (110 PS); 4 Zyl., 4 500 cm³ Hubraum, Abgasnorm Stufe V
Getriebe: PowrQuad, 24 Vorwärts- und 24 Rückwärtsgänge (auf Wunsch PowrQuad Plus, AutoQuad Plus; CommandQuad Plus, AutoPowr bis 40 km/h), synchronisiert, 9 Gänge im Hauptarbeitsbereich, 4 Lastschaltstufen
Zapfwelle: 540/540E/1000, Höchstdrehzahl: 1 070 min^{-1}
Hubwerk: Kat. II/III/IIIN, Hubkraft 5 700 daN
Hydraulik: Pumpenleistung 114 l/min bei 200 bar
Gewichte & Maße: Zulässiges Gesamtgewicht 9 500 kg, Leergewicht 5 660 kg, Nutzlast 4 790 kg, Bodenfreiheit 49 cm, Wendekreis 8,7 m
Bereifung: 520/60R28(SRI 650), 650/60R38 (SRI 825)
Preis: keine Angabe

John Deere 5105M

Allradschlepper

Motor: Deere Power Systems Turbomotor mit 77 kW (105 PS) nach ISO; maximale Leistung 77 kW (105 PS); 4 Zylinder, 4 500 cm³ Hubraum, Abgasnorm Stufe V
Getriebe: PowrReverser, 16 Rückwärtsgänge (auf Wunsch PowrReverser, PowrReverser HiLo-Schaltung, PowrQuad Plus und Powr8 bis 35 km/h), synchronisiert, 5 Gänge im Hauptarbeitsbereich
Zapfwelle: 540/540E, Höchstdrehzahl: 565 min^{-1}
Hubwerk: Kat. II, Hubkraft 4 326 daN
Hydraulik: Pumpenleistung 94 l/min bei 200 bar
Gewichte & Maße: Zulässiges Gesamtgewicht 7 500 kg, Leergewicht 4 150 kg, Nutzlast 3 350 kg, Bodenfreiheit 43 cm, Wendekreis 9,2 m
Bereifung: 480/65R24, 540/65R38
Preis: keine Angabe

John Deere 6R 110

Allradschlepper

Motor: Deere Power Systems Turbomotor mit Ladeluftkühlung mit 81 kW (110 PS) nach ISO; maximale Leistung 89 kW (121 PS); maximale Leistung (Boost) 99 kW (135 PS); 4 Zylinder, 4 530 cm³ Hubraum, Abgasnorm Stufe V
Getriebe: AutoQuad Plus, 24 Vorwärts- und 24 Rückwärtsgänge (auf Wunsch CommandQuad Plus, AutoPowr bis 40 km/h), synchronisiert, 9 Gänge im Hauptarbeitsbereich, 4 Lastschaltstufen
Zapfwelle: 540/540E/1000, Höchstdrehzahl: 1 076 min^{-1}
Hubwerk: Kat. IIIN, Hubkraft 6 400 daN
Hydraulik: Pumpenleistung 114 l/min bei 205 bar
Gewichte & Maße: Zulässiges Gesamtgewicht 10 450 kg, Leergewicht 6 000 kg, Nutzlast 4 450 kg, Bodenfreiheit 48 cm
Bereifung: 540/65R24, 600/65R38
Preis: keine Angabe

John Deere 6M 115

Allradschlepper

Motor: Deere Power Systems Turbomotor mit 85 kW (116 PS) nach ISO; maximale Leistung 90 kW (122 PS); 4 Zylinder, 4 500 cm³ Hubraum, Abgasnorm Stufe V
Getriebe: PowrQuad, 24 Vorwärts- und 24 Rückwärtsgänge (auf Wunsch PowrQuad Plus, AutoQuad Plus; CommandQuad Plus, AutoPowr bis 40 km/h), synchronisiert, 9 Gänge im Hauptarbeitsbereich, 4 Lastschaltstufen
Zapfwelle: 540/540E/1000, Höchstdrehzahl: 1 070 min^{-1}
Hubwerk: Kat. II/III/IIIN, Hubkraft 5 700 daN
Hydraulik: Pumpenleistung 114 l/min bei 200 bar
Gewichte & Maße: Zulässiges Gesamtgewicht 9 500 kg, Leergewicht 5 660 kg, Nutzlast 3 840 kg, Bodenfreiheit 49 cm, Wendekreis 8,7 m
Bereifung: 520/60R28(SRI 650), 650/60R38 (SRI 825)
Preis: keine Angabe

John Deere 6R 120

Allradschlepper

Motor: Deere Power Systems Turbomotor mit Ladeluftkühlung mit 88 kW (120 PS) nach ISO; max. Leistung 97 kW (132 PS); max. Leistung (Boost) 107 kW (146 PS); 4 Zylinder, 4 530 cm³ Hubraum, Abgasnorm Stufe V
Getriebe: AutoQuad Plus, 24 Vorwärts- und 24 Rückwärtsgänge (auf Wunsch CommandQuad Plus, AutoPowr bis 40 km/h), synchronisiert, 9 Gänge im Hauptarbeitsbereich, 4 Lastschaltstufen
Zapfwelle: 540/540E/1000, Höchstdrehzahl: 1 076 min^{-1}
Hubwerk: Kat. IIIN, Hubkraft 6 400 daN
Hydraulik: Pumpenleistung 114 l/min bei 205 bar
Gewichte & Maße: Zulässiges Gesamtgewicht 10 450 kg, Leergewicht 6 100 kg, Nutzlast 4 350 kg, Bodenfreiheit 48 cm
Bereifung: 540/65R24, 600/65R38
Preis: keine Angabe

John Deere 5120M

Allradschlepper

Motor: Deere Power Systems Turbomotor mit 88 kW (120 PS) nach ISO; max. Leistung 88 kW (120 PS); 4 Zyl., 4 500 cm³ Hubraum, Abgasnorm Stufe V
Getriebe: PowrReverser, 16 Rückwärtsgänge (auf Wunsch PowrReverser, PowrReverser HiLo-Schaltung, PowrQuad Plus und Powr8 bis 35 km/h), synchronisiert, 5 Gänge im Hauptarbeitsbereich
Zapfwelle: 540/540E, Höchstdrehzahl: 565 min^{-1}
Hubwerk: Kat. II, Hubkraft 4 326 daN
Hydraulik: Pumpenleistung 94 l/min bei 200 bar
Gewichte & Maße: Zulässiges Gesamtgewicht 7 500 kg, Leergewicht 4 150 kg, Nutzlast 3 350 kg, Bodenfreiheit 43 cm, Wendekreis 9,2 m
Bereifung: 480/65R24, 540/65R38
Preis: keine Angabe

John Deere 6M 125

Allradschlepper

Motor: Deere Power Systems Turbomotor mit 92 kW (125 PS) nach ISO; maximale Leistung 98 kW (133 PS); 4 Zylinder, 4 500 cm³ Hubraum, Abgasnorm Stufe V
Getriebe: PowrQuad, 24 Vorwärts- und 24 Rückwärtsgänge (auf Wunsch PowrQuad Plus, AutoQuad Plus; CommandQuad Plus, AutoPowr bis 40 km/h), synchronisiert, 9 Gänge im Hauptarbeitsbereich, 4 Lastschaltstufen
Zapfwelle: 540/540E/1000, Höchstdrehzahl: 1 070 min^{-1}
Hubwerk: Kat. II/III/IIIN, Hubkraft 5 700 daN

Hydraulik: Pumpenleistung 114 l/min bei 200 bar
Gewichte & Maße: Zulässiges Gesamtgewicht 9 500 kg, Leergewicht 5 660 kg, Nutzlast 3 840 kg, Bodenfreiheit 49 cm, Wendekreis 8,7 m
Bereifung: 520/60R28(SRI 650), 650/60R38 (SRI 825)
Preis: keine Angabe

John Deere 5130M

Allradschlepper

Motor:
Turbomotor mit 95 kW (129 PS) nach ISO; 4 Zylinder, 4 500 cm^3 Hubraum, Abgasnorm Stufe V
Getriebe: PowrReverser, 16 Vorwärts- und 16 Rückwärtsgänge (auf Wunsch PowrQuad Plus und Powr8 bis 35 km/h), 5 Gänge im Hauptarbeitsbereich, 8 Lastschaltstufen
Zapfwelle: 540/540E, Höchstdrehzahl: 565 min^{-1}
Hubwerk: Kat. II, Hubkraft 4 326 daN
Hydraulik: Pumpenleistung 94 l/min bei 200 bar
Gewichte & Maße: Zulässiges Gesamtgewicht 7 500 kg, Leergewicht 4 150 kg, Nutzlast 3 350 kg, Bodenfreiheit 43 cm, Wendekreis 9,2 m
Bereifung: 480/65R24, 540/65R38
Preis: keine Angabe

John Deere 6M 130

Allradschlepper

Motor: Deere Power Systems Turbomotor mit 96 kW (131 PS) nach ISO; maximale Leistung 101 kW (137 PS); 4 Zylinder, 4 500 cm^3 Hubraum, Abgasnorm Stufe V
Getriebe: PowrQuad, 24 Vorwärts- und 24 Rückwärtsgänge (auf Wunsch PowrQuad Plus, AutoQuad Plus; CommandQuad Plus, AutoPowr bis 40 km/h), synchronisiert, 9 Gänge im Hauptarbeitsbereich, 4 Lastschaltstufen
Zapfwelle: 540/540E/1000, Höchstdrehzahl: 1 070 min^{-1}
Hubwerk: Kat. II/III/IIIN, Hubkraft 6 400 daN
Hydraulik: Pumpenleistung 114 l/min bei 200 bar
Gewichte & Maße: Zulässiges Gesamtgewicht 9 500 kg, Leergewicht 5 800 kg, Nutzlast 3 700 kg, Bodenfreiheit 49 cm
Bereifung: 520/60R28(SRI 650), 650/60R38 (SRI 825)
Preis: keine Angabe

John Deere 6R 130

Allradschlepper

Motor: Deere Power Systems Turbomotor mit Ladeluftkühlung mit 96 kW (131 PS) nach ISO; maximale Leistung 105 kW (143 PS); maximale Leistung (Boost) 114 kW (155 PS); 4 Zylinder, 4 530 cm^3 Hubraum, Abgasnorm Stufe V

Getriebe: AutoQuad Plus, 24 Vorwärts- und 24 Rückwärtsgänge (auf Wunsch CommandQuad Plus, AutoPowr bis 40 km/h), synchronisiert, 9 Gänge im Hauptarbeitsbereich, 4 Lastschaltstufen
Zapfwelle: 540/540E/1000, Höchstdrehzahl: 1076 min^{-1}
Hubwerk: Kat. IIIN, Hubkraft 6400 daN
Hydraulik: Pumpenleistung 114 l/min bei 205 bar
Gewichte & Maße: Zulässiges Gesamtgewicht 10450 kg, Leergewicht 6200 kg, Nutzlast 4250 kg, Bodenfreiheit 48 cm
Bereifung: 540/65R28, 650/65R38
Preis: keine Angabe

John Deere 6R 140

Allradschlepper

Motor: Deere Power Systems Turbomotor mit Ladeluftkühlung mit 103 kW (140 PS) nach ISO; maximale Leistung 113 kW (154 PS); maximale Leistung (Boost) 122 kW (166 PS); 4 Zylinder, 4530 cm^3 Hubraum, Abgasnorm Stufe V
Getriebe: AutoQuad Plus, 24 Vorwärts- und 24 Rückwärtsgänge (auf Wunsch CommandQuad Plus, AutoPowr bis 40 km/h), synchronisiert, 9 Gänge im Hauptarbeitsbereich, 4 Lastschaltstufen
Zapfwelle: 540/540E/1000, Höchstdrehzahl: 1076 min^{-1}
Hubwerk: Kat. IIIN, Hubkraft 6400 daN
Hydraulik: Pumpenleistung 114 l/min bei 205 bar
Gewichte & Maße: Zulässiges Gesamtgewicht 10450 kg, Leergewicht 6500 kg, Nutzlast 3950 kg, Bodenfreiheit 48 cm
Bereifung: 540/65R28, 650/65R38
Preis: keine Angabe

John Deere 6M 140

Allradschlepper

Motor: Deere Power Systems Turbomotor mit 103 kW (140 PS) nach ISO; maximale Leistung 105 kW (143 PS); 4 Zylinder, 4500 cm^3 Hubraum, Abgasnorm Stufe V
Getriebe: PowrQuad, 24 Vorwärts- und 24 Rückwärtsgänge (auf Wunsch PowrQuad Plus, AutoQuad Plus; CommandQuad Plus, AutoPowr bis 40 km/h), synchronisiert, 9 Gänge im Hauptarbeitsbereich, 4 Lastschaltstufen
Zapfwelle: 540/540E/1000, Höchstdrehzahl: 1070 min^{-1}
Hubwerk: Kat. II/III/IIIN, Hubkraft 6400 daN
Hydraulik: Pumpenleistung 114 l/min bei 200 bar
Gewichte & Maße: Zulässiges Gesamtgewicht 9500 kg, Leergewicht 5800 kg, Nutzlast 3700 kg, Bodenfreiheit 49 cm
Bereifung: 520/60R28(SRI 650), 650/60R38 (SRI 825)
Preis: keine Angabe

John Deere 6M 145

Allradschlepper

Motor: Deere Power Systems Turbomotor mit 107 kW (146 PS) nach ISO; maximale Leistung 120 kW (163 PS); 6 Zylinder, 6800 cm^3 Hubraum, Abgasnorm Stufe V
Getriebe: PowrQuad, 20 Vorwärts- und 20 Rückwärtsgänge (auf Wunsch PowrQuad Plus, AutoQuad Plus; CommandQuad Plus, AutoPowr bis 40 km/h), synchronisiert, 7 Gänge im Hauptarbeitsbereich, 4 Lastschaltstufen
Zapfwelle: 540/540E/1000, Höchstdrehzahl: 1070 min^{-1}
Hubwerk: Kat. III/IIIN, Hubkraft 8100 daN
Hydraulik: Pumpenleistung 114 l/min bei 200 bar
Gewichte & Maße: Zulässiges Gesamtgewicht 11750 kg, Leergewicht 6400 kg, Nutzlast 4600 kg, Bodenfreiheit 53 cm
Bereifung: 520/60R28(SRI 650), 710/60R38(SRI 875)
Preis: keine Angabe

John Deere 6R 145

Allradschlepper

Motor: Deere Power Systems Turbomotor mit Ladeluftkühlung mit 107 kW (146 PS) nach ISO; max. Leistung 117 kW (159 PS); max. Leistung (Boost) 141 kW (192 PS); 6 Zylinder, 6788 cm^3 Hubraum, Abgasnorm Stufe V

Getriebe: AutoQuad Plus, 20 Vorwärts- und 20 Rückwärtsgänge (auf Wunsch AutoPowr, DirectDrive bis 40 km/h), synchronisiert, 7 Gänge im Hauptarbeitsbereich, 4 Lastschaltstufen
Zapfwelle: 540/540E/1000, Höchstdrehzahl: 1076 min^{-1}
Hubwerk: Kat. III, Hubkraft 8100 daN
Hydraulik: Pumpenleistung 114 l/min bei 205 bar
Gewichte & Maße: Zulässiges Gesamtgewicht 11750 kg, Leergewicht 6900 kg, Nutzlast 4850 kg, Bodenfreiheit 55 cm
Bereifung: 600/65R28, 710/70R38
Preis: keine Angabe

John Deere 6R 150

Allradschlepper

Motor: Deere Power Systems Turbomotor mit Ladeluftkühlung mit 110 kW (150 PS) nach ISO; maximale Leistung 121 kW (165 PS); maximale Leistung (Boost) 130 kW (177 PS); 4 Zylinder, 4530 cm^3 Hubraum, Abgasnorm Stufe V
Getriebe: AutoPowr, stufenloses Getriebe bis 40 km/h
Zapfwelle: 540/540E/1000, Höchstdrehzahl: 1076 min^{-1}
Hubwerk: Kat. IIIN, Hubkraft 6400 daN
Hydraulik: Pumpenleistung 114 l/min bei 205 bar
Gewichte & Maße: Zulässiges Gesamtgewicht 10450 kg, Leergewicht 6500 kg, Nutzlast 3950 kg, Bodenfreiheit 48 cm
Bereifung: 540/65R28, 650/65R38
Preis: keine Angabe

John Deere 6M 150

Allradschlepper

Motor: Deere Power Systems Turbomotor mit 110 kW (150 PS) nach ISO; maximale Leistung 118 kW (160 PS); 4 Zylinder, 4500 cm^3 Hubraum, Abgasnorm Stufe V
Getriebe: AutoPowr, 24 Vorwärts- und 24 Rückwärtsgänge (auf Wunsch AutoPowr bis 40 km/h), synchronisiert, 9 Gänge im Hauptarbeitsbereich, 4 Lastschaltstufen
Zapfwelle: 540/540E/1000, Höchstdrehzahl: 1070 min^{-1}
Hubwerk: Kat. II/III/IIIN, Hubkraft 6400 daN
Hydraulik: Pumpenleistung 114 l/min bei 200 bar
Gewichte & Maße: Zulässiges Gesamtgewicht 9500 kg, Leergewicht 6200 kg, Nutzlast 3800 kg, Bodenfreiheit 53 cm
Bereifung: 520/60R28(SRI 650), 650/60R38 (SRI 825)
Preis: keine Angabe

John Deere 6R 155

Allradschlepper

Motor: Deere Power Systems Turbomotor mit Ladeluftkühlung mit 114 kW (155 PS) nach ISO; maximale Leistung 125 kW (170 PS); maximale Leistung (Boost) 149 kW (203 PS); 6 Zylinder, 6788 cm^3 Hubraum, Abgasnorm Stufe V
Getriebe: AutoQuad Plus, 20 Vorwärts- und 20 Rückwärtsgänge (auf Wunsch AutoPowr, DirectDrive bis 40 km/h), synchronisiert, 7 Gänge im Hauptarbeitsbereich, 4 Lastschaltstufen
Zapfwelle: 540/540E/1000, Höchstdrehzahl: 1076 min^{-1}
Hubwerk: Kat. III, Hubkraft 8100 daN

Hydraulik: Pumpenleistung 114 l/min bei 205 bar
Gewichte & Maße: Zulässiges Gesamtgewicht 11 750 kg, Leergewicht 7 100 kg, Nutzlast 4 650 kg, Bodenfreiheit 55 cm
Bereifung: 600/65R28, 710/70R38
Preis: keine Angabe

John Deere 6M 155
Allradschlepper

Motor: Deere Power Systems Turbomotor mit 114 kW (155 PS) nach ISO; maximale Leistung 136 kW (185 PS); 6 Zylinder, 6 800 cm³ Hubraum, Abgasnorm Stufe V
Getriebe: PowrQuad, 20 Vorwärts- und 20 Rückwärtsgänge (auf Wunsch PowrQuad Plus, AutoQuad Plus; CommandQuad Plus, AutoPowr bis 40 km/h), synchronisiert, 7 Gänge im Hauptarbeitsbereich, 4 Lastschaltstufen
Zapfwelle: 540/540E/1000, Höchstdrehzahl: 1 070 min⁻¹
Hubwerk: Kat. III/IIIN, Hubkraft 8 500 daN
Hydraulik: Pumpenleistung 114 l/min bei 200 bar
Gewichte & Maße: Zulässiges Gesamtgewicht 11 750 kg, Leergewicht 7 500 kg, Nutzlast 4 800 kg, Bodenfreiheit 54 cm
Bereifung: 520/60R28(SRI 650), 710/70R38
Preis: keine Angabe

John Deere 6R 165
Allradschlepper

Motor: Deere Power Systems Turbomotor mit Ladeluftkühlung mit 121 kW (165 PS) nach ISO; maximale Leistung 133 kW (181 PS); maximale Leistung (Boost) 157 kW (214 PS); 6 Zylinder, 6 788 cm³ Hubraum, Abgasnorm Stufe V
Getriebe: DirectDrive, 24 Vorwärts- und 24 Rückwärtsgänge (auf Wunsch AutoPowr bis 40 km/h), synchronisiert, 11 Gänge im Hauptarbeitsbereich, 8 Lastschaltstufen
Zapfwelle: 540/540E/1000, Höchstdrehzahl: 1 076 min⁻¹
Hubwerk: Kat. III, Hubkraft 8 100 daN
Hydraulik: Pumpenleistung 114 l/min bei 205 bar
Gewichte & Maße: Zulässiges Gesamtgewicht 11 750 kg, Leergewicht 7 900 kg, Nutzlast 3 850 kg, Bodenfreiheit 55 cm
Bereifung: 600/65R28, 710/70R38
Preis: keine Angabe

John Deere 6M 165
Allradschlepper

Motor: Deere Power Systems Turbomotor mit 121 kW (165 PS) nach ISO; maximale Leistung 151 kW (205 PS); 6 Zylinder, 6 800 cm³ Hubraum, Abgasnorm Stufe V
Getriebe: PowrQuad, 20 Vorwärts- und 20 Rückwärtsgänge (auf Wunsch PowrQuad Plus, AutoQuad Plus; CommandQuad Plus, AutoPowr bis 40 km/h), synchronisiert, 7 Gänge im Hauptarbeitsbereich, 4 Lastschaltstufen
Zapfwelle: 540/540E/1000, Höchstdrehzahl: 1 070 min⁻¹
Hubwerk: Kat. III/IIIN, Hubkraft 8 500 daN
Hydraulik: Pumpenleistung 114 l/min bei 200 bar
Gewichte & Maße: Zulässiges Gesamtgewicht 11 750 kg, Leergewicht 7 500 kg, Nutzlast 4 800 kg, Bodenfreiheit 54 cm
Bereifung: 520/60R28(SRI 650), 710/70R38
Preis: keine Angabe

John Deere 6R 175
Allradschlepper

Motor: Deere Power Systems Turbomotor mit Ladeluftkühlung mit 129 kW (175 PS) nach ISO; maximale Leistung 142 kW (193 PS); maximale Leistung (Boost) 164 kW (223 PS); 6 Zylinder, 6 788 cm³ Hubraum, Abgasnorm Stufe V
Getriebe: AutoQuad Plus, 20 Vorwärts- und 20 Rückwärtsgänge (auf Wunsch AutoPowr, DirectDrive bis 40 km/h), synchronisiert, 7 Gänge im Hauptarbeitsbereich, 4 Lastschaltstufen
Zapfwelle: 540/540E/1000, Höchstdrehzahl: 1 076 min⁻¹
Hubwerk: Kat. III, Hubkraft 8 500 daN
Hydraulik: Pumpenleistung 114 l/min bei 205 bar
Gewichte & Maße: Zulässiges Gesamtgewicht 13 450 kg, Leergewicht 8 300 kg, Nutzlast 5 150 kg, Bodenfreiheit 56 cm
Bereifung: 600/65R28, 710/70R42
Preis: keine Angabe

John Deere 6R 185
Allradschlepper

Motor: Deere Power Systems Turbomotor mit Ladeluftkühlung mit 136 kW (185 PS) nach ISO; maximale Leistung 150 kW (204 PS); maximale Leistung (Boost) 172 kW (234 PS); 6 Zylinder, 6 788 cm³ Hubraum, Abgasnorm Stufe V
Getriebe: AutoPowr, stufenloses Getriebe bis 40 km/h

Zapfwelle: 540/540E/1000, Höchstdrehzahl: 1 076 min⁻¹
Hubwerk: Kat. III, Hubkraft 8 100 daN
Hydraulik: Pumpenleistung 114 l/min bei 205 bar
Gewichte & Maße: Zulässiges Gesamtgewicht 11 750 kg, Leergewicht 7 900 kg, Nutzlast 3 850 kg, Bodenfreiheit 55 cm
Bereifung: 600/65R28, 710/70R38
Preis: keine Angabe

John Deere 6R 195

Allradschlepper

Motor: Deere Power Systems Turbomotor mit Ladeluftkühlung mit 143 kW (194 PS) nach ISO; maximale Leistung 158 kW (215 PS); maximale Leistung (Boost) 180 kW (245 PS); 6 Zylinder, 6 788 cm^3 Hubraum, Abgasnorm Stufe V
Getriebe: AutoQuad Plus, 20 Vorwärts- und 20 Rückwärtsgänge (auf Wunsch AutoPowr, DirectDrive bis 40 km/h), synchronisiert, 7 Gänge im Hauptarbeitsbereich, 4 Lastschaltstufen
Zapfwelle: 540/540E/1000, Höchstdrehzahl: 1 076 min⁻¹
Hubwerk: Kat. III, Hubkraft 8 500 daN
Hydraulik: Pumpenleistung 114 l/min bei 205 bar
Gewichte & Maße: Zulässiges Gesamtgewicht 13 450 kg, Leergewicht 8 400 kg, Nutzlast 5 050 kg, Bodenfreiheit 56 cm
Bereifung: 600/70R28, 710/70R42
Preis: keine Angabe

John Deere 6R 215

Allradschlepper

Motor: Deere Power Systems Turbomotor mit Ladeluftkühlung mit 158 kW (215 PS) nach ISO; maximale Leistung 174 kW (237 PS); maximale Leistung (Boost) 190 kW (258 PS); 6 Zylinder, 6 788 cm^3 Hubraum, Abgasnorm Stufe V
Getriebe: AutoQuad Plus, 20 Vorwärts- und 20 Rückwärtsgänge (auf Wunsch AutoPowr, DirectDrive bis 40 km/h), synchronisiert, 7 Gänge im Hauptarbeitsbereich, 4 Lastschaltstufen
Zapfwelle: 540/540E/1000, Höchstdrehzahl: 1 076 min⁻¹
Hubwerk: Kat. III, Hubkraft 9 550 daN

Hydraulik: Pumpenleistung 114 l/min bei 205 bar
Gewichte & Maße: Zulässiges Gesamtgewicht 13 450 kg, Leergewicht 8 500 kg, Nutzlast 4 950 kg, Bodenfreiheit 56 cm, Wendekreis 11,2 m
Bereifung: 600/70R30, 710/70R42
Preis: keine Angabe

John Deere 6R 230

Allradschlepper

Motor: Deere Power Systems Turbomotor mit Ladeluftkühlung mit 169 kW (230 PS) nach ISO; maximale Leistung 186 kW (253 PS); maximale Leistung (Boost) 206 kW (280 PS); 6 Zylinder, 6 788 cm³ Hubraum, Abgasnorm Stufe V
Getriebe: AutoPowr, stufenloses Getriebe bis 50 km/h
Zapfwelle: 540/540E/1000, Höchstdrehzahl: 1 076 min⁻¹
Hubwerk: Kat. III, Hubkraft 10 400 daN
Hydraulik: Pumpenleistung 160 l/min bei 205 bar
Gewichte & Maße: Zulässiges Gesamtgewicht 15 000 kg, Leergewicht 9 300 kg, Nutzlast 5 700 kg, Bodenfreiheit 56 cm, Wendekreis 12,6 m
Bereifung: 600/70R30, 710/70R42
Preis: keine Angabe

John Deere 6R 250

Allradschlepper

Motor: Deere Power Systems Turbomotor mit Ladeluftkühlung mit 184 kW (250 PS) nach ISO; maximale Leistung 202 kW (275 PS); maximale Leistung (Boost) 222 kW (302 PS); 6 Zylinder, 6 788 cm³ Hubraum, Abgasnorm Stufe V

Getriebe: AutoPowr, stufenloses Getriebe bis 50 km/h
Zapfwelle: 540/540E/1000, Höchstdrehzahl: 1 076 min⁻¹
Hubwerk: Kat. III, Hubkraft 10 400 daN
Hydraulik: Pumpenleistung 160 l/min bei 205 bar
Gewichte & Maße: Zulässiges Gesamtgewicht 15 000 kg, Leergewicht 9 300 kg, Nutzlast 5 700 kg, Bodenfreiheit 56 cm, Wendekreis 12,6 m
Bereifung: 600/70R30, 710/70R42
Preis: keine Angabe

John Deere 7R 270

Allradschlepper

Motor: Deere Power Systems Turbomotor mit Ladeluftkühlung mit 199 kW (271 PS) nach ISO; maximale Leistung 218 kW (296 PS); maximale Leistung (Boost) 224 kW (305 PS); 6 Zylinder, 6 800 cm³ Hubraum, Abgasnorm Stufe V
Getriebe: e23 PowerShift, 23 Vorwärts- und 11 Rückwärtsgänge (auf Wunsch AutoPowr bis 50 km/h), synchronisiert, 8 Gänge im Hauptarbeitsbereich, 23 Lastschaltstufen
Zapfwelle: 540E/1 000/1 000E, Höchstdrehzahl: 1 077 min⁻¹
Hubwerk: Kat. III/IIIN, Hubkraft 10 206 daN
Hydraulik: Pumpenleistung 163 l/min bei 204 bar
Gewichte & Maße: Zulässiges Gesamtgewicht 16 000 kg, Leergewicht 12 000 kg, Nutzlast 4 000 kg, Bodenfreiheit 66 cm, Wendekreis 13,4 m
Bereifung: 600/70R30, 650/85R38
Preis: keine Angabe

John Deere 8R 280

Allradschlepper

Motor: Deere Power Systems Turbomotor mit Ladeluftkühlung mit 206 kW (280 PS) nach ISO; maximale Leistung 227 kW (309 PS); maximale Leistung (Boost) 240 kW (326 PS); 6 Zylinder, 9000 cm^3 Hubraum, Abgasnorm Stufe V
Getriebe: e23 PowerShift, 23 Vorwärts- und 11 Rückwärtsgänge (auf Wunsch PowerShift 16/5; AutoPowr bis 50 km/h), synchronisiert, 8 Gänge im Hauptarbeitsbereich, 23 Lastschaltstufen
Zapfwelle: 1000, Höchstdrehzahl: 1050 min^{-1}
Hubwerk: Kat. III/IIIN;IVN/III, Hubkraft 12124 daN
Hydraulik: Pumpenleistung 227 l/min bei 204 bar
Gewichte & Maße: Zulässiges Gesamtgewicht 20003 kg, Leergewicht 15000 kg, Nutzlast 5003 kg, Bodenfreiheit 59 cm, Wendekreis 12,2 m
Bereifung: 540/65R34, 650/85R38
Preis: keine Angabe

John Deere 7R 290

Allradschlepper

Motor: Deere Power Systems Turbomotor mit Ladeluftkühlung mit 213 kW (290 PS) nach ISO; maximale Leistung 235 kW (320 PS); maximale Leistung (Boost) 244 kW (332 PS); 6 Zylinder, 9000 cm^3 Hubraum, Abgasnorm Stufe V
Getriebe: e23 PowerShift, 23 Vorwärts- und 11 Rückwärtsgänge (auf Wunsch AutoPowr bis 50 km/h), synchronisiert, 8 Gänge im Hauptarbeitsbereich, 23 Lastschaltstufen
Zapfwelle: 540E/1000/1000E, Höchstdrehzahl: 1077 min^{-1}
Hubwerk: Kat. III/IIIN, Hubkraft 10206 daN
Hydraulik: Pumpenleistung 163 l/min bei 204 bar
Gewichte & Maße: Zulässiges Gesamtgewicht 16000 kg, Leergewicht 12000 kg, Nutzlast 4000 kg, Bodenfreiheit 66 cm, Wendekreis 13,4 m
Bereifung: 600/70R30, 650/85R38
Preis: keine Angabe

John Deere 8R 310

Allradschlepper

Motor: Deere Power Systems Turbomotor mit Ladeluftkühlung mit 228 kW (310 PS) nach ISO; maximale Leistung 251 kW (341 PS); maximale Leistung (Boost) 263 kW (358 PS);

6 Zylinder, 9000 cm^3 Hubraum, Abgasnorm Stufe V
Getriebe: e23 PowerShift, stufenloses Getriebe bis 40 km/h
Zapfwelle: 1000, Höchstdrehzahl: 1050 min^{-1}
Hubwerk: Kat. IVN/III, Hubkraft 11870 daN
Hydraulik: Pumpenleistung 227 l/min bei 204 bar
Gewichte & Maße: Zulässiges Gesamtgewicht 20003 kg, Leergewicht 15000 kg, Nutzlast 5003 kg, Bodenfreiheit 41 cm
Bereifung: 625 mm, 625 mm
Preis: keine Angabe

John Deere 8RX 310

Raupen-Allradschlepper

Motor: Deere Power Systems Turbomotor mit Ladeluftkühlung mit 228 kW (310 PS) nach ISO; maximale Leistung 251 kW (341 PS); maximale Leistung (Boost) 263 kW (358 PS); 6 Zylinder, 9000 cm^3 Hubraum, Abgasnorm Stufe V
Getriebe: e23 PowerShift, stufenloses Getriebe bis 40 km/h
Zapfwelle: 1000, Höchstdrehzahl: 1050 min^{-1}
Hubwerk: Kat. IVN/III, Hubkraft 11870 daN
Hydraulik: Pumpenleistung 227 l/min bei 204 bar
Gewichte & Maße: Zulässiges Gesamtgewicht 24040 kg, Leergewicht 20200 kg, Nutzlast 3840 kg, Bodenfreiheit 41 cm
Bereifung: 625 mm, 625 mm
Preis: keine Angabe

John Deere 8RT 310

Raupenschlepper

Motor: Deere Power Systems Turbomotor mit Ladeluftkühlung mit 228 kW (310 PS) nach ISO; max. Leistung 251 kW (341 PS); max. Leistung (Boost) 263 kW (358 PS); 6 Zylinder, 9000 cm^3 Hubraum, Abgasnorm Stufe V
Getriebe: e23 PowerShift, stufenloses Getriebe bis 40 km/h
Zapfwelle: 1000, Höchstdrehzahl: 1050 min^{-1}
Hubwerk: Kat. IVN/III, Hubkraft 11870 daN
Hydraulik: Pumpenleistung 227 l/min bei 204 bar
Gewichte & Maße: Zulässiges Gesamtgewicht 18200 kg, Leergewicht 16500 kg, Nutzlast 1700 kg, Bodenfreiheit 41 cm
Bereifung: 625 mm
Preis: keine Angabe

John Deere 7R 310

Allradschlepper

Motor: Deere Power Systems Turbomotor mit Ladeluftkühlung mit 228 kW (310 PS) nach ISO; maximale Leistung 251 kW (341 PS); maximale Leistung (Boost) 259 kW (352 PS); 6 Zylinder, 9000 cm^3 Hubraum, Abgasnorm Stufe V
Getriebe: e23 PowerShift, 23 Vorwärts- und 11 Rückwärtsgänge (auf Wunsch AutoPowr bis 50 km/h), synchronisiert, 8 Gänge im Hauptarbeitsbereich, 23 Lastschaltstufen
Zapfwelle: 540E/1000/1000E, Höchstdrehzahl: 1077 min^{-1}
Hubwerk: Kat. III/IIIN, Hubkraft 10206 daN
Hydraulik: Pumpenleistung 163 l/min bei 204 bar
Gewichte & Maße: Zulässiges Gesamtgewicht 16000 kg, Leergewicht 12000 kg, Nutzlast 4000 kg, Bodenfreiheit 66 cm, Wendekreis 13,4 m
Bereifung: 600/70R30, 650/85R38
Preis: keine Angabe

John Deere 7R 330

Allradschlepper

Motor: Deere Power Systems Turbomotor mit Ladeluftkühlung mit 243 kW (330 PS) nach ISO; maximale Leistung 267 kW (363 PS); maximale Leistung (Boost) 274 kW (373 PS); 6 Zylinder, 9000 cm^3 Hubraum, Abgasnorm Stufe V
Getriebe: e23 PowerShift, 23 Vorwärts- und 11 Rückwärtsgänge (auf Wunsch AutoPowr bis 50 km/h), synchronisiert, 8 Gänge im Hauptarbeitsbereich, 23 Lastschaltstufen
Zapfwelle: 540E/1000/1000E, Höchstdrehzahl: 1077 min^{-1}
Hubwerk: Kat. III/IIIN, Hubkraft 10206 daN
Hydraulik: Pumpenleistung 163 l/min bei 204 bar
Gewichte & Maße: Zulässiges Gesamtgewicht 16000 kg, Leergewicht 12000 kg, Nutzlast 4000 kg, Bodenfreiheit 66 cm, Wendekreis 13,4 m
Bereifung: 600/70R30, 650/85R38
Preis: keine Angabe

John Deere 8RT 340

Raupenschlepper

Motor: Deere Power Systems Turbomotor mit Ladeluftkühlung mit 250 kW (340 PS) nach ISO; maximale Leistung 275 kW (374 PS); maximale Leistung (Boost) 285 kW (388 PS); 6 Zylinder, 9000 cm^3 Hubraum, Abgasnorm Stufe V
Getriebe: e23 PowerShift, stufenloses Getriebe bis 40 km/h
Zapfwelle: 1000, Höchstdrehzahl: 1050 min^{-1}
Hubwerk: Kat. IIIN/III, Hubkraft 11870 daN
Hydraulik: Pumpenleistung 227 l/min bei 204 bar
Gewichte & Maße: Zulässiges Gesamtgewicht 18200 kg, Leergewicht 16500 kg, Nutzlast 1700 kg, Bodenfreiheit 41 cm
Bereifung: 625 mm
Preis: keine Angabe

John Deere 8RX 340

Raupen-Allradschlepper

Motor: Deere Power Systems Turbomotor mit Ladeluftkühlung mit 250 kW (340 PS) nach ISO; maximale Leistung 275 kW (374 PS); maximale Leistung (Boost) 285 kW (388 PS); 6 Zylinder, 9000 cm^3 Hubraum, Abgasnorm Stufe V
Getriebe: e23 PowerShift, stufenloses Getriebe bis 40 km/h
Zapfwelle: 1000, Höchstdrehzahl: 1050 min^{-1}
Hubwerk: Kat. IIIN/III, Hubkraft 11870 daN
Hydraulik: Pumpenleistung 227 l/min bei 204 bar
Gewichte & Maße: Zulässiges Gesamtgewicht 24040 kg, Leergewicht 20200 kg, Nutzlast 3840 kg, Bodenfreiheit 41 cm
Bereifung: 625 mm, 625 mm
Preis: keine Angabe

John Deere 8R 340

Allradschlepper

Motor: Deere Power Systems Turbomotor mit Ladeluftkühlung mit 250 kW (340 PS) nach ISO; max. Leist. 275 kW (374 PS); maximale Leistung (Boost) 285 kW (388 PS); 6 Zylinder, 9 000 cm^3 Hubraum, Abgasnorm Stufe V
Getriebe: e23 PowerShift, stufenloses Getriebe bis 40 km/h
Zapfwelle: 1000, Höchstdrehzahl: 1 050 min^{-1}
Hubwerk: Kat. IIIN/III, Hubkraft 11 870 daN
Hydraulik: Pumpenleistung 227 l/min bei 204 bar
Gewichte & Maße: Zul. Gesamtgewicht 20 003 kg, Leergewicht 15 000 kg, Nutzlast 5 003 kg, Bodenfreiheit 41 cm
Bereifung: 600/70R30, 650/85R38
Preis: keine Angabe

John Deere 7R 350

Allradschlepper

Motor: Deere Power Systems Turbomotor mit Ladeluftkühlung mit 257 kW (350 PS) nach ISO; max. Leist. 283 kW (385 PS); max. Leistung (Boost) 285 kW (388 PS); 6 Zyl., 9 000 cm^3 Hubr., Abgasnorm Stufe V
Getriebe: AutoPowr, stufenloses Getriebe bis 50 km/h
Zapfwelle: 540E/1 000/1 000E, Höchstdrehzahl: 1 077 min^{-1}
Hubwerk: Kat. III/IIIN, Hubkraft 10 206 daN
Hydraulik: Pumpenleistung 163 l/min bei 204 bar
Gewichte & Maße: Zulässiges Gesamtgewicht 16 000 kg, Leergewicht 12 000 kg, Nutzlast 4 000 kg, Bodenfreiheit 66 cm, Wendekreis 13,4 m
Bereifung: 600/70R30, 650/85R38
Preis: keine Angabe

John Deere 8RX 370

Raupen-Allradschlepper

Motor: Deere Power Systems Turbomotor mit Ladeluftkühlung mit 272 kW (370 PS) nach ISO; max. Leist. 299 kW (407 PS); maximale Leistung (Boost) 309 kW (420 PS); 6 Zyl., 9 000 cm^3 Hubraum, Abgasnorm Stufe V
Getriebe: e23 PowerShift, 23 Vorwärts- und 11 Rückwärtsgänge (auf Wunsch

eAutoPowr(IVT) bis 50 km/h), synchronisiert, 8 Gänge im Hauptarbeitsbereich, 23 Lastschaltstufen
Zapfwelle: 1000, Höchstdrehzahl: 1050 min^{-1}
Hubwerk: Kat. IVN/III, Hubkraft 12124 daN
Hydraulik: Pumpenleistung 227 l/min bei 204 bar
Gewichte & Maße: Zulässiges Gesamtgewicht 24040 kg, Leergewicht 20200 kg, Nutzlast 3840 kg, Bodenfreiheit 59 cm, Wendekreis 12,2 m
Bereifung: 625 mm, 625 mm
Preis: keine Angabe

John Deere 8R 370

Allradschlepper

Motor: Deere Power Systems Turbomotor mit Ladeluftkühlung mit 272 kW (370 PS) nach ISO; maximale Leistung 299 kW (407 PS); maximale Leistung (Boost) 309 kW (420 PS); 6 Zylinder, 9000 cm^3 Hubraum, Abgasnorm Stufe V
Getriebe: e23 PowerShift, 23 Vorwärts- und 11 Rückwärtsgänge (auf Wunsch eAutoPowr(IVT) bis 50 km/h), synchronisiert, 8 Gänge im Hauptarbeitsbereich, 23 Lastschaltstufen
Zapfwelle: 1000, Höchstdrehzahl: 1050 min^{-1}
Hubwerk: Kat. IVN/III, Hubkraft 12124 daN
Hydraulik: Pumpenleistung 227 l/min bei 204 bar
Gewichte & Maße: Zulässiges Gesamtgewicht 20003 kg, Leergewicht 15000 kg, Nutzlast 5003 kg, Bodenfreiheit 59 cm, Wendekreis 12,2 m
Bereifung: 600/70R30, 650/85R38
Preis: keine Angabe

John Deere 8RT 370

Raupenschlepper

Motor: Deere Power Systems Turbomotor mit Ladeluftkühlung mit 272 kW (370 PS) nach ISO; maximale Leistung 299 kW (407 PS); maximale Leistung (Boost) 309 kW (420 PS); 6 Zylinder, 9000 cm^3 Hubraum, Abgasnorm Stufe V
Getriebe: e23 PowerShift, 23 Vorwärts- und 11 Rückwärtsgänge (auf Wunsch eAutoPowr(IVT) bis 50 km/h), synchr., 8 Gänge im Hauptarbeitsbereich, 23 Lastschaltstufen
Zapfwelle: 1000, Höchstdrehzahl: 1050 min^{-1}
Hubwerk: Kat. IVN/III, Hubkraft 12124 daN
Hydraulik: Pumpenleistung 227 l/min bei 204 bar
Gewichte & Maße: Zulässiges Gesamtgewicht 18200 kg, Leergewicht 16500 kg, Nutzlast 1700 kg, Bodenfreiheit 59 cm, Wendekreis 12,2 m
Bereifung: 625 mm
Preis: keine Angabe

John Deere 8RX 410

Allrad-Raupenschlepper

Motor: Deere Power Systems Turbomotor mit Ladeluftkühlung mit 302 kW (411 PS) nach ISO; maximale

Leistung 326 kW (443 PS); maximale Leistung (Boost) 337 kW (458 PS); 6 Zylinder, 9 000 cm^3 Hubraum, Abgasnorm Stufe V
Getriebe: e23 PowerShift, 23 Vorwärts- und 11 Rückwärtsgänge (auf Wunsch eAutoPowr(IVT) bis 50 km/h), synchronisiert, 8 Gänge im Hauptarbeitsbereich, 23 Lastschaltstufen
Zapfwelle: 1000, Höchstdrehzahl: 1 050 min^{-1}
Hubwerk: Kat. IVN/III, Hubkraft 12 124 daN
Hydraulik: Pumpenleistung 227 l/min bei 204 bar
Gewichte & Maße: Zulässiges Gesamtgewicht 24 040 kg, Leergewicht 20 200 kg, Nutzlast 3 840 kg, Bodenfreiheit 59 cm, Wendekreis 12,2 m
Bereifung: 625 mm, 625 mm
Preis: keine Angabe

John Deere 8RT 410
Raupenschlepper

Motor: Deere Power Systems Turbomotor mit Ladeluftkühlung mit 302 kW (411 PS) nach ISO; maximale Leistung 326 kW (443 PS); maximale Leistung (Boost) 337 kW (458 PS); 6 Zylinder, 9 000 cm^3 Hubraum, Abgasnorm Stufe V
Getriebe: e23 PowerShift, 23 Vorwärts- und 11 Rückwärtsgänge (auf Wunsch eAutoPowr(IVT) bis 50 km/h), synchronisiert, 8 Gänge im Hauptarbeitsbereich, 23 Lastschaltstufen
Zapfwelle: 1000, Höchstdrehzahl: 1 050 min^{-1}
Hubwerk: Kat. IVN/III, Hubkraft 12 124 daN
Hydraulik: Pumpenleistung 227 l/min bei 204 bar
Gewichte & Maße: Zulässiges Gesamtgewicht 18 200 kg, Leergewicht 16 500 kg, Nutzlast 1 700 kg, Bodenfreiheit 59 cm, Wendekreis 12,2 m
Bereifung: 625 mm
Preis: keine Angabe

John Deere 8R 410
Allradschlepper

Motor: Deere Power Systems Turbomotor mit Ladeluftkühlung mit 302 kW (411 PS) nach ISO; maximale Leistung 326 kW (443 PS); maximale Leistung (Boost) 337 kW (458 PS); 6 Zylinder, 9 000 cm^3 Hubraum, Abgasnorm Stufe V
Getriebe: e23 PowerShift, 23 Vorwärts- und 11 Rückwärtsgänge (auf Wunsch eAutoPowr(IVT) bis 50 km/h), synchronisiert, 8 Gänge im Hauptarbeitsbereich, 23 Lastschaltstufen
Zapfwelle: 1000, Höchstdrehzahl: 1 050 min^{-1}
Hubwerk: Kat. IVN/III, Hubkraft 12 124 daN
Hydraulik: Pumpenleistung 227 l/min bei 204 bar
Gewichte & Maße: Zulässiges Gesamtgewicht 20 003 kg, Leergewicht 15 000 kg, Nutzlast 5 003 kg, Bodenfreiheit 59 cm, Wendekreis 12,2 m
Bereifung: 540/65R34, 650/85R38
Preis: keine Angabe

John Deere 9R 440
Knicklenker-Allradschlepper

Motor: Deere Power Systems Turbomotor mit Ladeluftkühlung mit 324 kW (441 PS) nach ISO; max. Leistung 356 kW (484 PS); 6 Zylinder, 3 600 cm^3 Hubraum, Abgasnorm Stufe V
Getriebe: e18 PowrShift, 18 Vorwärts- und 6 Rückwärtsgänge (auf Wunsch bis 40 km/h), synchronisiert, 10 Gänge im Hauptarbeitsbereich, 18 Lastschaltstufen
Zapfwelle: 1 000
Hubwerk: Kat. III/IV/IVN, Hubkraft 9 100 daN
Hydraulik: Pumpenleistung 220 l/min bei 200 bar
Gewichte & Maße: Zulässiges Gesamtgewicht 30 391 kg, Leergewicht 20 856 kg, Nutzlast 9 535 kg, Wendekreis 12,2 m
Bereifung: 800/70R38, 800/70R38
Preis: keine Angabe

John Deere 9RX 490
Knicklenker-Raupenschlepper

Motor: Deere Power Systems Turbomotor mit Ladeluftkühlung mit 360 kW (490 PS) nach ISO; maximale Leistung 396 kW (539 PS); 6 Zylinder, 13 600 cm^3 Hubraum, Abgasnorm Stufe V
Getriebe: e18 PowrShift, 18 Vorwärts- und 6 Rückwärtsgänge (auf Wunsch bis 40 km/h), synchronisiert, 10 Gänge im Hauptarbeitsbereich, 18 Lastschaltstufen
Zapfwelle: 1 000
Hubwerk: Kat. III/IV/IVN, Hubkraft 9 100 daN
Hydraulik: Pumpenleistung 220 l/min bei 200 bar
Gewichte & Maße: Zulässiges Gesamtgewicht 32 000 kg, Leergewicht 25 550 kg, Nutzlast 6 450 kg, Wendekreis 12,8 m
Bereifung: 762 mm, 762 mm
Preis: keine Angabe

John Deere 9RT 490
Raupenschlepper

Motor: Deere Power Systems Turbomotor mit Ladeluftkühlung mit 360 kW (490 PS) nach ISO; maximale Leistung 396 kW (539 PS); 6 Zylinder, 13 600 cm^3 Hubraum, Abgasnorm Stufe V
Getriebe: e18 PowrShift, 18 Vorwärts- und 6 Rückwärtsgänge (auf Wunsch bis 40 km/h), synchronisiert, 10 Gänge im Hauptarbeitsbereich, 18 Lastschaltstufen
Zapfwelle: 1 000
Hubwerk: Kat. III/IV/IVN, Hubkraft 9 100 daN
Hydraulik: Pumpenleistung 220 l/min bei 200 bar
Gewichte & Maße: Zulässiges Gesamtgewicht 24 494 kg, Leergewicht 20 580 kg, Nutzlast 3 914 kg
Bereifung: 762 mm
Preis: keine Angabe

John Deere 9R 490

Knicklenker-Allradschlepper

Motor: Deere Power Systems Turbomotor mit Ladeluftkühlung mit 360 kW (490 PS) nach ISO; maximale Leistung 396 kW (539 PS); 6 Zylinder, 13 600 cm³ Hubraum, Abgasnorm Stufe V
Getriebe: e18 PowrShift, 18 Vorwärts- und 6 Rückwärtsgänge (auf Wunsch bis 40 km/h), synchronisiert, 10 Gänge im Hauptarbeitsbereich, 18 Lastschaltstufen
Zapfwelle: 1 000
Hubwerk: Kat. III/IV/IVN, Hubkraft 9 100 daN
Hydraulik: Pumpenleistung 220 l/min bei 200 bar
Gewichte & Maße: Zulässiges Gesamtgewicht 30 391 kg, Leergewicht 20 856 kg, Nutzlast 9 535 kg, Wendekreis 12,2 m
Bereifung: 800/70R38, 800/70R38
Preis: keine Angabe

John Deere 9RT 540

Raupenschlepper

Motor: Deere Power Systems Turbomotor mit Ladeluftkühlung mit 397 kW (540 PS) nach ISO; maximale Leistung 437 kW (594 PS); 6 Zylinder, 13 600 cm³ Hubraum, Abgasnorm Stufe V
Getriebe: e18 PowrShift, 18 Vorwärts- und 6 Rückwärtsgänge (auf Wunsch bis 40 km/h), synchronisiert, 10 Gänge im Hauptarbeitsbereich, 18 Lastschaltstufen
Zapfwelle: 1 000
Hubwerk: Kat. IV/IVN, Hubkraft 9 100 daN
Hydraulik: Pumpenleistung 220 l/min bei 200 bar
Gewichte & Maße: Zulässiges Gesamtgewicht 24 494 kg, Leergewicht 20 580 kg, Nutzlast 3 914 kg
Bereifung: 762 mm
Preis: keine Angabe

John Deere 9RX 540

Knicklenker-Raupenschlepper

Motor: Deere Power Systems Turbomotor mit Ladeluftkühlung mit 397 kW (540 PS) nach ISO; maximale Leistung 437 kW (594 PS); 6 Zylinder, 13 600 cm³ Hubraum, Abgasnorm Stufe V
Getriebe: e18 PowrShift, 18 Vorwärts- und 6 Rückwärtsgänge (auf Wunsch bis 40 km/h), synchronisiert, 10 Gänge im Hauptarbeitsbereich, 18 Lastschaltstufen

Zapfwelle: 1 000
Hubwerk: Kat. IV/IVN, Hubkraft 9 100 daN
Hydraulik: Pumpenleistung 220 l/min bei 200 bar
Gewichte & Maße: Zulässiges Gesamtgewicht 32 000 kg, Leergewicht 25 550 kg, Nutzlast 6 450 kg, Wendekreis 12,8 m
Bereifung: 762 mm, 762 mm
Preis: keine Angabe

John Deere 9R 540

Knicklenker-Allradschlepper

Motor: Deere Power Systems Turbomotor mit Ladeluftkühlung mit 397 kW (540 PS) nach ISO; maximale Leistung 437 kW (594 PS); 6 Zylinder, 13 600 cm³ Hubraum, Abgasnorm Stufe V
Getriebe: e18 PowrShift, 18 Vorwärts- und 6 Rückwärtsgänge (auf Wunsch bis 40 km/h), synchronisiert, 10 Gänge im Hauptarbeitsbereich, 18 LS-Stufen
Zapfwelle: 1 000
Hubwerk: Kat. IV/IVN, Hubkraft 9 100 daN
Hydraulik: Pumpenleistung 220 l/min bei 200 bar
Gewichte & Maße: Zulässiges Gesamtgewicht 30 391 kg, Leergewicht 20 856 kg, Nutzlast 9 535 kg, Wendekreis 12,2 m
Bereifung: 800/70R38, 800/70R38
Preis: keine Angabe

John Deere 9RX 590

Knicklenker-Raupenschlepper

Motor: Deere Power Systems Turbomotor mit Ladeluftkühlung mit 434 kW (590 PS) nach ISO; maximale Leistung 477 kW (649 PS); 6 Zylinder, 13 600 cm³ Hubraum, Abgasnorm Stufe V
Getriebe: e18 PowrShift, 18 Vorwärts- und 6 Rückwärtsgänge (auf Wunsch bis 40 km/h), synchronisiert, 10 Gänge im Hauptarbeitsbereich, 18 Lastschaltstufen
Zapfwelle: 1 000
Hubwerk: Kat. IV/IVN, Hubkraft 9 100 daN
Hydraulik: Pumpenleistung 220 l/min bei 200 bar
Gewichte & Maße: Zulässiges Gesamtgewicht 32 000 kg, Leergewicht 25 550 kg, Nutzlast 6 450 kg, Wendekreis 12,8 m
Bereifung: 762 mm, 762 mm
Preis: keine Angabe

John Deere 9R 590

Knicklenker-Allradschlepper

Motor: Deere Power Systems Turbomotor mit Ladeluftkühlung mit 434 kW (590 PS) nach ISO; maximale Leistung 477 kW (649 PS); 6 Zylinder, 13 600 cm³ Hubraum, Abgasnorm Stufe V
Getriebe: e18 PowrShift, 18 Vorwärts- und 6 Rückwärtsgänge (auf Wunsch bis 40 km/h), synchronisiert, 10 Gänge im Hauptarbeitsbereich, 18 Lastschaltstufen
Zapfwelle: 1 000
Hubwerk: Kat. IV/IVN, Hubkraft 9 100 daN
Hydraulik: Pumpenleistung 220 l/min bei 200 bar
Gewichte & Maße: Zulässiges Gesamtgewicht 30 391 kg, Leergewicht 20 856 kg, Nutzlast 9 535 kg, Wendekreis 12,2 m
Bereifung: 800/70R38, 800/70R38
Preis: keine Angabe

John Deere 9RT 590

Raupenschlepper

Motor: Deere Power Systems Turbomotor mit Ladeluftkühlung mit 434 kW (590 PS) nach ISO; maximale Leistung 477 kW (649 PS); 6 Zylinder, 13 600 cm³ Hubraum, Abgasnorm Stufe V
Getriebe: e18 PowrShift, 18 Vorwärts- und 6 Rückwärtsgänge (auf Wunsch bis 40 km/h), synchronisiert, 10 Gänge im Hauptarbeitsbereich, 18 Lastschaltstufen
Zapfwelle: 1 000
Hubwerk: Kat. IV/IVN, Hubkraft 9 100 daN
Hydraulik: Pumpenleistung 220 l/min bei 200 bar

Gewichte & Maße: Zulässiges Gesamtgewicht 24494 kg, Leergewicht 20580 kg, Nutzlast 3914 kg
Bereifung: 762 mm
Preis: keine Angabe

John Deere 9RX 640
Knicklenker-Raupenschlepper

Motor: Deere Power Systems Turbomotor mit Ladeluftkühlung mit 471 kW (641 PS) nach ISO; maximale Leistung 508 kW (691 PS); 6 Zylinder, 13600 cm³ Hubraum, Abgasnorm Stufe V
Getriebe: e18 PowrShift, 18 Vorwärts- und 6 Rückwärtsgänge (auf Wunsch bis 40 km/h), synchronisiert, 10 Gänge im Hauptarbeitsbereich, 18 Lastschaltstufen
Zapfwelle: 1000
Hubwerk: Kat. IV/IVN, Hubkraft 9100 daN
Hydraulik: Pumpenleistung 220 l/min bei 200 bar
Gewichte & Maße: Zulässiges Gesamtgewicht 32000 kg, Leergewicht 25550 kg, Nutzlast 6450 kg, Wendekreis 12,8 m
Bereifung: 762 mm, 762 mm
Preis: keine Angabe

John Deere 9R 640
Knicklenker-Allradschlepper

Motor: Deere Power Systems Turbomotor mit Ladeluftkühlung mit 471 kW (641 PS) nach ISO; maximale Leistung 508 kW (691 PS); 6 Zylinder, 13600 cm³ Hubraum, Abgasnorm Stufe V
Getriebe: e18 PowrShift, 18 Vorwärts- und 6 Rückwärtsgänge (auf Wunsch bis 40 km/h), synchronisiert, 10 Gänge im Hauptarbeitsbereich, 18 Lastschaltstufen
Zapfwelle: 1000
Hubwerk: Kat. IV/IVN, Hubkraft 9100 daN
Hydraulik: Pumpenleistung 220 l/min bei 200 bar
Gewichte & Maße: Zulässiges Gesamtgewicht 30391 kg, Leergewicht 20856 kg, Nutzlast 9535 kg, Wendekreis 12,2 m
Bereifung: 800/70R38, 800/70R38
Preis: keine Angabe

John Deere 9RX 710
Knicklenker-Raupenschlepper

Motor: Deere Power Systems Turbomotor mit Ladeluftkühlung mit 522 kW (710 PS) nach ISO; maximale Leistung 574 kW (781 PS); 6 Zylinder, 18000 cm³ Hubraum, Abgasnorm Stufe V
Getriebe: e21 PowerShift 40 km/h, 21 Vorwärts- und 11 Rückwärtsgänge (auf Wunsch bis 40 km/h), synchronisiert, 21 Lastschaltstufen
Zapfwelle: 1300
Hydraulik: Pumpenleistung 210 l/min bei 200 bar
Gewichte & Maße: Zulässiges Gesamtgewicht 33500 kg, Nutzlast 1000 kg, Wendekreis 13,6 m
Bereifung: 762 mm, 762 mm
Preis: keine Angabe

John Deere 9RX 770
Knicklenker-Raupenschlepper

Motor: Deere Power Systems Turbomotor mit Ladeluftkühlung mit 566 kW (770 PS) nach ISO; max. Leistung 623 kW (847 PS); 6 Zyl., 18000 cm³ Hubraum, Abgasnorm Stufe V
Getriebe: e21 PowerShift 40 km/h, 21 Vorwärts- und 11 Rückwärtsgänge (auf Wunsch bis 40 km/h), synchronisiert, 21 Lastschaltstufen
Zapfwelle: 1300
Hydraulik: Pumpenleistung 220 l/min bei 200 bar
Gewichte & Maße: Zulässiges Gesamtgewicht 33500 kg, Nutzlast 4600 kg, Wendekreis 13,6 m
Bereifung: 762 mm, 762 mm
Preis: keine Angabe

John Deere 9RX 830
Knicklenker-Raupenschlepper

Motor: Deere Power Systems Turbomotor mit Ladeluftkühlung mit 610 kW (830 PS) nach ISO; maximale Leistung 672 kW (914 PS); 6 Zylinder, 18000 cm³ Hubraum, Abgasnorm Stufe V
Getriebe: e21 PowerShift 40 km/h, 21 Vorwärts- und 11 Rückwärtsgänge (auf Wunsch bis 40 km/h), synchronisiert, 21 Lastschaltstufen
Zapfwelle: 1300
Hydraulik: Pumpenleistung 220 l/min bei 200 bar
Gewichte & Maße: Zulässiges Gesamtgewicht 33500 kg, Nutzlast 4600 kg, Wendekreis 13,6 m
Bereifung: 762 mm, 762 mm
Preis: keine Angabe

Weitere Informationen erhalten Sie von:
Daedong Kioti Europe B.V.
Hammer Deich 70
20537 Hamburg
Telefon: 0 40/21 11 17 00
www.kioti.de

Kioti

Kioti ist eine Marke des südkoreanischen Unternehmens Daedong. Daedong Metals war das erste Unternehmen in Korea, das Zylinderblöcke und Zylinderköpfe für Dieselmotoren in Massenproduktion herstellte. Es hat sich durch die Entwicklung und Massenproduktion von fortschrittlichen Gusswerkstoffen, einschließlich der Herstellung von Hydraulikventilen (MCV) für Baumaschinen und Industrie-Gussteilen für Halbleiterausrüstungen, zur Wurzel der koreanischen Maschinenbauindustrie entwickelt.
Der Eintritt von Daedong in den Überseemarkt begann in den 1980er Jahren auch mit Einführung des ersten Traktors auf dem US-Markt. Die Marke Daedong basiert auf chinesischen Schriftzeichen, daher beschloss das Unternehmen, den Überseemarkt mit einer eigenen Marke anzusprechen. Im Jahr 1985 schloss Daedong auf dem US-Markt eine OEM-Partnerschaft mit einem lokalen Landmaschinenhersteller namens Lely Kioti. 1993 wurde die Marke mit der Gründung von Daedong USA übernommen und Kioti zur offiziellen Marke für den Überseemarkt.
Daedong Kioti Europe B.V. ist in den Niederlanden in der Nähe des Rotterdamer Hafens ansässig, mit einem zusätzlichen Verkaufsbüro in Hamburg. Im europäischen Raum werden nahezu 30 Länder mit mehr als 500 Zwischenhändlern abgedeckt. Mittlerweile hat Kioti Schlepper mit bis zu 120 PS im Programm.

Kioti DK4520 HS

Allradschlepper

Motor: Daedong Turbomotor mit 33,5 kW (46 PS) nach ISO; maximale Leistung 33,5 kW (46 PS); maximale Leistung (Boost) – kW; 3 Zylinder, 1826 cm³ Hubraum, Abgasnorm Stufe V
Getriebe: Manual, 16 Vorwärts- und 16 Rückwärtsgänge (auf Wunsch bis 31,2 km/h), synchronisiert, 4 Gänge im Hauptarbeitsbereich
Zapfwelle: 540/540E, Höchstdrehzahl: 2800 min⁻¹
Hubwerk: Kat. I/II, Hubkraft 1682 daN
Hydraulik: Pumpenleistung 55,1 l/min bei 195 bar
Gewichte & Maße: Zulässiges Gesamtgewicht 2885 kg, Leergewicht 1610 kg, Wendekreis 2,6 m
Bereifung: Versch. Optionen
Preis: keine Angabe

Kioti DK4520 H

Allradschlepper

Motor: Daedong Turbomotor mit 33,5 kW (46 PS) nach ISO; maximale Leistung 33,5 kW (46 PS); maximale Leistung (Boost) – kW; 3 Zylinder, 1826 cm³ Hubraum, Abgasnorm Stufe V
Getriebe: HST, (a.W. bis 28,7 km/h)
Zapfwelle: 540, Höchstdrehzahl: 2200 min⁻¹
Hubwerk: Kat. I/II, Hubkraft 1682 daN
Hydraulik: Pumpenleistung 62,4 l/min bei 195 bar
Gewichte & Maße: Zulässiges Gesamtgewicht 2885 kg, Leergewicht 1598 kg, Wendekreis 2,6 m
Bereifung: Versch. Optionen
Preis: keine Angabe

Kioti DK4520 C

Allradschlepper

Motor: Daedong Turbomotor mit 33,5 kW (46 PS) nach ISO; maximale Leistung 33,5 kW (46 PS); maximale Leistung (Boost) – kW; 3 Zylinder, 1826 cm³ Hubraum, Abgasnorm Stufe V
Getriebe: Manual, 16 Vorwärts- und 16 Rückwärtsgänge (auf Wunsch bis 31,2 km/h), synchronisiert, 4 Gänge im Hauptarbeitsbereich
Zapfwelle: 540/540E, Höchstdrehzahl: 2200 min⁻¹
Hubwerk: Kat. I/II, Hubkraft 1682 daN
Hydraulik: Pumpenleistung 62,4 l/min bei 195 bar
Gewichte & Maße: Zulässiges Gesamtgewicht 3447 kg, Leergewicht 1848 kg, Wendekreis 2,6 m
Bereifung: Versch. Optionen
Preis: keine Angabe

Kioti DK5020 H

Allradschlepper

Motor: Daedong Turbomotor mit 37,5 kW (51 PS) nach ISO; maximale Leistung 37,5 kW (51 PS); maximale Leistung (Boost) – kW; 3 Zylinder, 1826 cm³ Hubraum, Abgasnorm Stufe V
Getriebe: HST, (auf Wunsch bis 28,7 km/h)
Zapfwelle: 540, Höchstdrehzahl: 2200 min⁻¹
Hubwerk: Kat. I/II, Hubkraft 1682 daN
Hydraulik: Pumpenleistung 62,4 l/min bei 195 bar
Gewichte & Maße: Zulässiges Gesamtgewicht 2885 kg, Leergewicht 1598 kg, Wendekreis 2,6 m
Bereifung: Versch. Optionen
Preis: keine Angabe

Kioti DK5020 HS

Allradschlepper

Motor: Daedong Turbomotor mit 37,5 kW (51 PS) nach ISO; maximale Leistung 37,5 kW (51 PS); maximale Leistung (Boost) – kW; 3 Zylinder, 1826 cm³ Hubraum, Abgasnorm Stufe V

Getriebe: Manual, 16 Vorwärts- und 16 Rückwärtsgänge (auf Wunsch bis 31,2 km/h), synchronisiert, 4 Gänge im Hauptarbeitsbereich
Zapfwelle: 540/540E, Höchstdrehzahl: 2400 min^{-1}
Hubwerk: Kat. I/II, Hubkraft 1682 daN
Hydraulik: Pumpenleistung 55,1 l/min bei 195 bar
Gewichte & Maße: Zulässiges Gesamtgewicht 2885 kg, Leergewicht 1610 kg, Wendekreis 2,6 m
Bereifung: Versch. Optionen
Preis: keine Angabe

Kioti DK5020 C

Allradschlepper

Motor: Daedong Turbomotor mit 37,5 kW (51 PS) nach ISO; maximale Leistung 37,5 kW (51 PS); maximale Leistung (Boost) – kW; 3 Zylinder, 1826 cm^3 Hubraum, Abgasnorm Stufe V
Getriebe: Manual, 16 Vorwärts- und 16 Rückwärtsgänge (auf Wunsch bis 31,2 km/h), synchronisiert, 4 Gänge im Hauptarbeitsbereich
Zapfwelle: 540/540E, Höchstdrehzahl: 2200 min^{-1}
Hubwerk: Kat. I/II, Hubkraft 1682 daN
Hydraulik: Pumpenleistung 62,4 l/min bei 195 bar
Gewichte & Maße: Zulässiges Gesamtgewicht 3447 kg, Leergewicht 1848 kg, Wendekreis 2,6 m
Bereifung: Versch. Optionen
Preis: keine Angabe

Kioti DK5020 CH

Allradschlepper

Motor: Daedong Turbomotor mit 37,5 kW (51 PS) nach ISO; maximale Leistung 37,5 kW (51 PS); maximale Leistung (Boost) – kW; 3 Zylinder, 1826 cm^3 Hubraum, Abgasnorm Stufe V
Getriebe: HST, 16 Vorwärts- und 16 Rückwärtsgänge (auf Wunsch bis 28,7 km/h)
Zapfwelle: 540, Höchstdrehzahl: 2200 min^{-1}
Hubwerk: Kat. I/II, Hubkraft 1682 daN
Hydraulik: Pumpenleistung 62,4 l/min bei 195 bar
Gewichte & Maße: Zulässiges Gesamtgewicht 3447 kg, Leergewicht 1887 kg, Wendekreis 2,6 m
Bereifung: Versch. Optionen
Preis: keine Angabe

Kioti DK6020 H

Allradschlepper

Motor: Daedong Turbomotor mit 43 kW (58 PS) nach ISO; maximale Leistung 43 kW (58 PS); maximale Leistung (Boost) – kW; 3 Zylinder, 1826 cm^3 Hubraum, Abgasnorm Stufe V
Getriebe: HST, (auf Wunsch bis 28,7 km/h)
Zapfwelle: 540, Höchstdrehzahl: 2300 min^{-1}
Hubwerk: Kat. I/II, Hubkraft 1682 daN
Hydraulik: Pumpenleistung 62,4 l/min bei 195 bar
Gewichte & Maße: Zulässiges Gesamtgewicht 2885 kg, Leergewicht 1598 kg, Wendekreis 2,6 m
Bereifung: Versch. Optionen
Preis: keine Angabe

Kioti DK6020 CH

Allradschlepper

Motor: Daedong Turbomotor mit 43 kW (58 PS) nach ISO; maximale Leistung 43 kW (58 PS); maximale Leistung (Boost) – kW; 3 Zylinder, 1826 cm^3 Hubraum, Abgasnorm Stufe V
Getriebe: HST, (auf Wunsch bis 28,7 km/h)
Zapfwelle: 540, Höchstdrehzahl: 2300 min^{-1}
Hubwerk: Kat. I/II, Hubkraft 1682 daN
Hydraulik: Pumpenleistung 62,4 l/min bei 195 bar
Gewichte & Maße: Zulässiges Gesamtgewicht 3447 kg, Leergewicht 1887 kg, Wendekreis 2,6 m
Bereifung: Versch. Optionen
Preis: keine Angabe

Kioti DK6020 C

Allradschlepper

Motor: Daedong Turbomotor mit 43 kW (58 PS) nach ISO; maximale Leistung 43 kW (58 PS); maximale Leistung (Boost) – kW; 3 Zylinder, 1826 cm^3 Hubraum, Abgasnorm Stufe V
Getriebe: Manual, 16 Vorwärts- und 16 Rückwärtsgänge (auf Wunsch bis 31,2 km/h), synchronisiert, 4 Gänge im Hauptarbeitsbereich
Zapfwelle: 540/540E, Höchstdrehzahl: 2300 min^{-1}
Hubwerk: Kat. I/II, Hubkraft 1682 daN
Hydraulik: Pumpenleistung 62,4 l/min bei 195 bar
Gewichte & Maße: Zulässiges Gesamtgewicht 3447 kg, Leergewicht 1848 kg, Wendekreis 2,6 m
Bereifung: Versch. Optionen
Preis: keine Angabe

Kioti RX7330 P

Allradschlepper

Motor: Daedong Turbomotor mit 54,5 kW (74 PS) nach ISO; maximale Leistung 54,5 kW (74 PS); maximale Leistung (Boost) – kW; 4 Zylinder, 2435 cm^3 Hubraum, Abgasnorm Stufe V
Getriebe: Manual, 24 Vorwärts- und 24 Rückwärtsgänge (auf Wunsch bis 35 km/h), synchronisiert, 4 Gänge im Hauptarbeitsbereich
Zapfwelle: 540/540E, Höchstdrehzahl: 2400 min^{-1}
Hubwerk: Kat. II, Hubkraft 3013 daN
Hydraulik: Pumpenleistung 72,8 l/min bei 190 bar
Gewichte & Maße: Zulässiges Gesamtgewicht 4450 kg, Leergewicht 2540 kg, Wendekreis 3,4 m

Bereifung: Versch. Optionen
Preis: keine Angabe

Kioti RX8040PC-GE

Allradschlepper

Motor: Daedong Turbomotor mit 54,5 kW (74 PS) nach ISO; maximale Leistung 54,5 kW (74 PS); 4 Zylinder, 2 435 cm³ Hubraum, Abgasnorm Stufe V
Getriebe: Manual, 24 Vorwärts- und 24 Rückwärtsgänge (auf Wunsch bis 35 km/h), synchronisiert, 4 Gänge im Hauptarbeitsbereich
Zapfwelle: 540/540E, Höchstdrehzahl: 2 400 min^{-1}
Hubwerk: Kat. II, Hubkraft 3 013 daN
Hydraulik: Pumpenleistung 72,8 l/min bei 190 bar
Gewichte & Maße: Zulässiges Gesamtgewicht 5 300 kg, Leergewicht 2 745 kg, Wendekreis 3,4 m
Bereifung: Versch. Optionen
Preis: keine Angabe

Kioti RX7330 PC-GE

Allradschlepper

Motor: Daedong Turbomotor mit 54,5 kW (74 PS) nach ISO; maximale Leistung 54,5 kW (74 PS); maximale Leistung (Boost) – kW; 4 Zylinder, 2 435 cm³ Hubraum, Abgasnorm Stufe V
Getriebe: Manual, 24 Vorwärts- und 24 Rückwärtsgänge (auf Wunsch bis 35 km/h), synchronisiert, 4 Gänge im Hauptarbeitsbereich
Zapfwelle: 540/540E, Höchstdrehzahl: 2 400 min^{-1}
Hubwerk: Kat. II, Hubkraft 3 013 daN
Hydraulik: Pumpenleistung 72,8 l/min bei 190 bar
Gewichte & Maße: Zulässiges Gesamtgewicht 4 800 kg, Leergewicht 2 745 kg, Wendekreis 3,4 m
Bereifung: Versch. Optionen
Preis: keine Angabe

Kioti HX9010PC-EU

Allradschlepper

Motor: Daedong Turbomotor mit 67,1 kW (91 PS) nach ISO; maximale Leistung 67,1 kW (91 PS); maximale Leistung (Boost) 73,5 kW (100 PS); 4 Zylinder, 3 833 cm³ Hubraum, Abgasnorm Stufe V
Getriebe: Manual, 32 Vorwärts- und 32 Rückwärtsgänge (auf Wunsch bis 39,4 km/h), synchronisiert, 7 Gänge im Hauptarbeitsbereich, 2 Lastschaltstufen
Zapfwelle: 540/540E/1000, Höchstdrehzahl: 1 800 min^{-1}
Hubwerk: Kat. II, Hubkraft 4 321 daN
Hydraulik: Pumpenleistung 121 l/min bei 185 bar
Gewichte & Maße: Zulässiges Gesamtgewicht 7 100 kg, Leergewicht 4 428 kg, Wendekreis 3,9 m
Bereifung: Versch. Optionen
Preis: keine Angabe

Kioti HX1001PC-EU

Allradschlepper

Motor: Daedong Turbomotor mit 74,5 kW (101 PS) nach ISO; maximale Leistung 74,5 kW (101 PS); maximale Leistung (Boost) 82 kW (112 PS); 4 Zylinder, 3 833 cm³ Hubraum, Abgasnorm Stufe V
Getriebe: Manual, 32 Vorwärts- und 32 Rückwärtsgänge (auf Wunsch bis

39,4 km/h), synchronisiert, 7 Gänge im Hauptarbeitsbereich, 2 Lastschaltstufen
Zapfwelle: 540/540E/1000, Höchstdrehzahl: 1 800 min-1
Hubwerk: Kat. II, Hubkraft 4 321 daN
Hydraulik: Pumpenleistung 121 l/min bei 185 bar
Gewichte & Maße: Zulässiges Gesamtgewicht 7 100 kg, Leergewicht 4 428 kg, Wendekreis 3,9 m
Bereifung: Versch. Optionen
Preis: keine Angabe

Kioti HX1302ATC-EU

Allradschlepper

Motor: Daedong Turbomotor mit 81,5 kW (111 PS) nach ISO; maximale Leistung 81,5 kW (111 PS); maximale Leistung (Boost) 87 kW (118 PS); 4 Zylinder, 3 833 cm³ Hubraum, Abgasnorm Stufe V
Getriebe: Manual, 32 Vorwärts- und 32 Rückwärtsgänge (auf Wunsch bis 40,48 km/h), synchronisiert, 7 Gänge im Hauptarbeitsbereich, 2 Lastschaltstufen
Zapfwelle: 540/750/1000, Höchstdrehzahl: 2 200 min-1
Hubwerk: Kat. II, Hubkraft 4 410 daN
Hydraulik: Pumpenleistung 121 l/min bei 185 bar
Gewichte & Maße: Zulässiges Gesamtgewicht 7 915 kg, Leergewicht 4 964 kg, Wendekreis 4,2 m
Bereifung: Versch. Optionen
Preis: keine Angabe

Kioti HX1201PC-EU

Allradschlepper

Motor: Daedong Turbomotor mit 86 kW (117 PS) nach ISO; maximale Leistung 86 kW (117 PS); maximale Leistung (Boost) 93,5 kW (127 PS); 4 Zylinder, 3 833 cm³ Hubraum, Abgasnorm Stufe V
Getriebe: Manual, 32 Vorwärts- und 32 Rückwärtsgänge (auf Wunsch bis 39,4 km/h), synchronisiert, 7 Gänge im Hauptarbeitsbereich, 2 Lastschaltstufen
Zapfwelle: 540/540E/1000, Höchstdrehzahl: 1 800 min-1
Hubwerk: Kat. II, Hubkraft 4 321 daN
Hydraulik: Pumpenleistung 121 l/min bei 185 bar
Gewichte & Maße: Zulässiges Gesamtgewicht 7 100 kg, Leergewicht 4 428 kg, Wendekreis 3,9 m
Bereifung: Versch. Optionen
Preis: keine Angabe

Kioti HX1402ATC-EU

Allradschlepper

Motor: Daedong Turbomotor mit 89,8 kW (122 PS) nach ISO; maximale Leistung 89,8 kW (122 PS); maximale Leistung (Boost) 92 kW (125 PS); 4 Zylinder, 3 833 cm³ Hubraum, Abgasnorm Stufe V
Getriebe: Manual, 32 Vorwärts- und 32 Rückwärtsgänge (auf Wunsch bis 40,48 km/h), synchr., 7 Gänge im Hauptarbeitsbereich, 2 Lastschaltstufen
Zapfwelle: 540/750/1000, Höchstdrehzahl: 2 200 min-1
Hubwerk: Kat. II, Hubkraft 4 410 daN
Hydraulik: Pumpenleistung 121 l/min bei 185 bar
Gewichte & Maße: Zulässiges Gesamtgewicht 7 915 kg, Leergewicht 4 964 kg, Wendekreis 4,2 m
Bereifung: Versch. Optionen
Preis: keine Angabe

Weitere Informationen erhalten Sie von:
Kubota Deutschland GmbH
Senefelder Straße 3 - 5
63110 Rodgau
Telefon: 0 61 06/8 73-0
Internet: www.kubota.de

Kubota

Im Februar 1890 gründete Gonshiro Kubota in dem japanischen Ort Osaka eine Eisengießerei. 1922 brachte das Unternehmen seinen ersten kerosinbetriebenen Motor auf den Markt. Mitte der 1940er Jahre erweiterte Kubota das Angebot um landwirtschaftliche Maschinen und Geräte. 1960 begann die Entwicklung und der Vertrieb des ersten japanischen Ackerschleppers. Es dauerte nur noch zwei Jahre, bis die ersten Traktoren für den Reisanbau produziert wurden. Seine Stärke hat Kubota damals wie heute im Kompakttraktoren-Bereich – die japanische Landwirtschaft ist eher klein strukturiert.
1969 kam mit dem L 200 mit 21 PS der erste Kubota-Traktor auf den internationalen Markt. Drei Jahre später wurde die Kubota Tractor Corporation (KTC) gegründet. 1974 führte Kubota den ersten 12 PS starken Allradschlepper in das Programm ein. Seit 2012 gehört der Anbaugerätehersteller Kverneland zu Kubota.
Auf dem europäischen Markt zählt Kubota zu den führenden Herstellern von Rasenpflegegeräten, Motoren, Baumaschinen und Kompakttraktoren. Zur Zeit bietet Kubota Traktoren im Leistungsbereich von 66 bis 170 PS. Das Topmodel M7173 erreicht dank Boost sogar 175 PS. Heute hat Kubota mehr als 45 Produktionsstandorte und Niederlassungen in mehr als 110 Ländern weltweit. Kubota entwickelte sich somit im Laufe der Jahre zu einem der führenden Hersteller von Traktoren, Motoren und Baumaschinen.

Kubota M4-063 Cab
Allradschlepper

Motor: Kubota Turbomotor mit 49 kW (67 PS) nach ISO; 4 Zylinder, 3 331 cm^3 Hubraum, Abgasnorm Stufe V
Getriebe: 18 Vorwärts- und 18 Rückwärtsgänge (auf Wunsch 18/18 bis 40 km/h), synchronisiert, 5 Gänge im Hauptarbeitsbereich
Zapfwelle: 540/540E
Hubwerk: Kat. II, Hubkraft 2 500 daN
Hydraulik: Pumpenleistung 63 l/min bei 195 bar
Gewichte & Maße: Zulässiges Gesamtgewicht 5 500 kg, Leergewicht 2 955 kg, Nutzlast 2 715 kg, Bodenfreiheit 45 cm, Wendekreis 6,8 m
Bereifung: 320/85R20, 420/85R30
Preis: 54 358 Euro (ohne MwSt.)

Kubota M4-073 Cab
Allradschlepper

Motor: Kubota Turbomotor mit 55 kW (75 PS) nach ISO; 4 Zylinder, 3 331 cm^3 Hubraum, Abgasnorm Stufe V
Getriebe: 18 Vorwärts- und 18 Rückwärtsgänge (auf Wunsch 36/36 bis 40 km/h), synchronisiert, 8 Gänge im Hauptarbeitsbereich, 2 Lastschaltstufen
Zapfwelle: 540/540E
Hubwerk: Kat. II, Hubkraft 2 500 daN
Hydraulik: Pumpenleistung 63 l/min bei 195 bar
Gewichte & Maße: Zulässiges Gesamtgewicht 5 500 kg, Leergewicht 2 955 kg, Nutzlast 2 715 kg, Bodenfreiheit 45 cm, Wendekreis 6,8 m
Bereifung: 320/85R20, 420/85R30
Preis: 57 726 Euro (ohne MwSt.)

Kubota M5-092 Rops
Allradschlepper

Motor: Kubota Turbomotor mit Ladeluftkühlung mit 69 kW (94 PS) nach ISO; 4 Zylinder, 3 769 cm^3 Hubraum, Abgasnorm Stufe V
Getriebe: 18 Vorwärts- und 18 Rückwärtsgänge (auf Wunsch bis 40 km/h), synchronisiert, 5 Gänge im Hauptarbeitsbereich, 2 Lastschaltstufen
Zapfwelle: 540/540E
Hubwerk: Kat. II, Hubkraft 4 100 daN
Hydraulik: Pumpenleistung 64 l/min bei 196 bar
Gewichte & Maße: Zulässiges Gesamtgewicht 3 120 kg, Leergewicht 3 430 kg, Nutzlast 3 370 kg, Bodenfreiheit 50 cm, Wendekreis 7,9 m
Bereifung: 360/70R24, 480/70R34
Preis: 60 194 Euro (ohne MwSt.)

Kubota M5-092 Cab

Allradschlepper

Motor: Kubota Turbomotor mit Ladeluftkühlung mit 71 kW (97 PS) nach ISO; 4 Zylinder, 3 769 cm³ Hubraum, Abgasnorm Stufe V
Getriebe: 36 Vorwärts- und 36 Rückwärtsgänge (auf Wunsch bis 40 km/h), synchronisiert, 10 Gänge im Hauptarbeitsbereich, 2 Lastschaltstufen
Zapfwelle: 540/540E
Hubwerk: Kat. II, Hubkraft 4 100 daN
Hydraulik: Pumpenleistung 64 l/min bei 196 bar
Gewichte & Maße: Zulässiges Gesamtgewicht 6 800 kg, Leergewicht 3 665 kg, Nutzlast 3 135 kg, Bodenfreiheit 50 cm, Wendekreis 7,6 m
Bereifung: 360/70R24, 480/70R34
Preis: 71 760 Euro (ohne MwSt.)

Kubota M6-101 U

Allradschlepper

Motor: Kubota Turbomotor mit Ladeluftkühlung mit 77 kW (105 PS) nach ISO; 4 Zylinder, 3 769 cm³ Hubraum, Abgasnorm Stufe IV
Getriebe: Intelli-Shift, 24 Vorwärts- und 24 Rückwärtsgänge (auf Wunsch bis 40 km/h), synchronisiert, 9 Gänge im Hauptarbeitsbereich, 8 Lastschaltstufen
Zapfwelle: 540/1 000
Hubwerk: Kat. II/III, Hubkraft 5 000 daN
Hydraulik: Pumpenleistung 71 l/min bei 200 bar
Gewichte & Maße: Zulässiges Gesamtgewicht 8 200 kg, Leergewicht 4 210 kg, Nutzlast 3 990 kg, Bodenfreiheit 45 cm, Wendekreis 8 m
Bereifung: 380/70R24, 520/70R34
Preis: 78 480 Euro (ohne MwSt.)

Kubota M5-112 ROPS

Allradschlepper

Motor: Kubota Turbomotor mit Ladeluftkühlung mit 78 kW (106 PS) nach ISO; 4 Zylinder, 3 769 cm³ Hubraum, Abgasnorm Stufe V
Getriebe: 18 Vorwärts- und 18 Rückwärtsgänge (auf Wunsch bis 40 km/h), synchronisiert, 5 Gänge im Hauptarbeitsbereich, 2 Lastschaltstufen
Zapfwelle: 540/540E
Hubwerk: Kat. II, Hubkraft 4 100 daN

Hydraulik: Pumpenleistung 64 l/min bei 196 bar
Gewichte & Maße: Zulässiges Gesamtgewicht 3 120 kg, Leergewicht 3 430 kg, Nutzlast 3 370 kg, Bodenfreiheit 50 cm, Wendekreis 7,6 m
Bereifung: 360/70R24, 480/70R34
Preis: 65 095 Euro (ohne MwSt.)

Kubota M6-111U

Allradschlepper

Motor: Kubota Turbomotor mit Ladeluftkühlung mit 82 kW (112 PS) nach ISO; 4 Zylinder, 3 769 cm³ Hubraum, Abgasnorm Stufe IV
Getriebe: Intelli-Shift, 24 Vorwärts- und 24 Rückwärtsgänge (auf Wunsch bis 40 km/h), synchronisiert, 9 Gänge im Hauptarbeitsbereich, 8 Lastschaltstufen
Zapfwelle: 540/1 000
Hubwerk: Kat. II/III, Hubkraft 5 000 daN
Hydraulik: Pumpenleistung 77 l/min bei 200 bar
Gewichte & Maße: Zulässiges Gesamtgewicht 8 200 kg, Leergewicht 4 210 kg, Nutzlast 3 990 kg, Bodenfreiheit 45 cm, Wendekreis 8 m
Bereifung: 380/70R24, 520/70R34
Preis: 81 411 Euro (ohne MwSt.)

Kubota M5112 CAB

Allradschlepper

Motor: Kubota Turbomotor mit Ladeluftkühlung mit 84 kW (114 PS) nach ISO; 4 Zylinder, 3 769 cm³ Hubraum, Abgasnorm Stufe V
Getriebe: 36 Vorwärts- und 36 Rückwärtsgänge (auf Wunsch bis 40 km/h), synchronisiert, 10 Gänge im Hauptarbeitsbereich, 2 Lastschaltstufen
Zapfwelle: 540/540E
Hubwerk: Kat. II, Hubkraft 4 100 daN
Hydraulik: Pumpenleistung 64 l/min bei 196 bar
Gewichte & Maße: Zulässiges Gesamtgewicht 6 800 kg, Leergewicht 3 665 kg, Nutzlast 3 135 kg, Bodenfreiheit 50 cm, Wendekreis 7,6 m
Bereifung: 360/70R24, 480/70R34
Preis: 76 659 Euro (ohne MwSt.)

Kubota M 6-122

Allradschlepper

Motor: Kubota Turbomotor mit Ladeluftkühlung mit 89 kW (121 PS) nach ISO; maximale Leistung (Boost) 104 kW (141 PS); 4 Zylinder, 6 124 cm³ Hubraum, Abgasnorm Stufe V

Getriebe: Intelli-Shift, 32 Vorwärts- und 32 Rückwärtsgänge (auf Wunsch bis 40 km/h), synchronisiert, 7 Gänge im Hauptarbeitsbereich, 8 Lastschaltstufen
Zapfwelle: 540/540E/1 000/1 000E
Hubwerk: Kat. III, Hubkraft 7 000 daN
Hydraulik: Pumpenleistung 115 l/min bei 200 bar
Gewichte & Maße: Zulässiges Gesamtgewicht 9 800 kg, Leergewicht 6 000 kg, Nutzlast 3 800 kg, Bodenfreiheit 42 cm, Wendekreis 9 m
Bereifung: 480/65R24, 600/65R38
Preis: 109 425 Euro (ohne MwSt.)

Kubota M6-121U

Allradschlepper

Motor: Kubota Turbomotor mit Ladeluftkühlung mit 91 kW (124 PS) nach ISO; 4 Zylinder, 6 124 cm^3 Hubraum, Abgasnorm Stufe IV
Getriebe: Intelli-Shift, 24 Vorwärts- und 24 Rückwärtsgänge (auf Wunsch bis 40 km/h), synchronisiert, 9 Gänge im Hauptarbeitsbereich, 8 Lastschaltstufen
Zapfwelle: 540/1 000
Hubwerk: Kat. II/III, Hubkraft 6 100 daN
Hydraulik: Pumpenleistung 77 l/min bei 200 bar
Gewichte & Maße: Zulässiges Gesamtgewicht 9 200 kg, Leergewicht 4 780 kg, Nutzlast 4 420 kg, Bodenfreiheit 45 cm, Wendekreis 8 m
Bereifung: 420/70R24, 520/70R38
Preis: 85 386 Euro (ohne MwSt.)

Kubota M 7-134 Premium KVT

Allradschlepper

Motor: Kubota Turbomotor mit Ladeluftkühlung mit 95 kW (129 PS) nach ISO; maximale Leistung (Boost) 110 kW (150 PS); 4 Zylinder, 6 124 cm^3 Hubraum, Abgasnorm Stufe V
Getriebe: stufenloses Getriebe bis 50 km/h
Zapfwelle: 540/540E/1 000/1 000E
Hubwerk: Kat. III, Hubkraft 9 400 daN
Hydraulik: Pumpenleistung 110 l/min bei 200 bar
Gewichte & Maße: Zulässiges Gesamtgewicht 11 500 kg, Leergewicht 7 110 kg, Nutzlast 4 390 kg, Bodenfreiheit 61 cm, Wendekreis 9,2 m
Bereifung: 540/65R28, 650/65R38
Preis: 195 889 Euro (ohne MwSt.)

Kubota M 7-134 Premium

Allradschlepper

Motor: Kubota Turbomotor mit Ladeluftkühlung mit 95 kW (129 PS) nach ISO; maximale Leistung (Boost) 110 kW (150 PS); 4 Zylinder, 6 124 cm^3 Hubraum, Abgasnorm Stufe V
Getriebe: K-Power, 54 Vorwärts- und 27 Rückwärtsgänge (auf Wunsch bis 50 km/h), synchronisiert, 10 Gänge im Hauptarbeitsbereich, 6 Lastschaltstufen
Zapfwelle: 540/540E/1 000/1 000E
Hubwerk: Kat. III, Hubkraft 9 400 daN
Hydraulik: Pumpenleistung 110 l/min bei 200 bar
Gewichte & Maße: Zulässiges Gesamtgewicht 11 500 kg, Leergewicht 6 810 kg, Nutzlast 4 690 kg, Bodenfreiheit 61 cm, Wendekreis 9,2 m
Bereifung: 540/65R28, 650/65R38
Preis: 171 691 Euro (ohne MwSt.)

Kubota M 6-132

Allradschlepper

Motor: Kubota Turbomotor mit Ladeluftkühlung mit 98 kW (133 PS) nach ISO; maximale Leistung (Boost) 113 kW (154 PS); 4 Zylinder, 6 124 cm^3 Hubraum, Abgasnorm Stufe V
Getriebe: Intelli-Shift-Plus, 32 Vorwärts- und 32 Rückwärtsgänge (auf Wunsch 8-stufiges LSG bis 40 km/h), synchronisiert, 9 Gänge im Hauptarbeitsbereich, 8 Lastschaltstufen
Zapfwelle: 540/540E/1 000/1 000E
Hubwerk: Kat. III, Hubkraft 7 000 daN
Hydraulik: Pumpenleistung 115 l/min bei 200 bar
Gewichte & Maße: Zulässiges Gesamtgewicht 9 800 kg, Leergewicht 6 000 kg, Nutzlast 3 800 kg, Bodenfreiheit 51 cm, Wendekreis 9 m
Bereifung: 480/65R24, 650/60R38
Preis: 112 946 Euro (ohne MwSt.)

Kubota M6-131U

Allradschlepper

Motor: Kubota Turbomotor mit Ladeluftkühlung mit 98 kW (133 PS) nach ISO; 4 Zylinder, 6 124 cm^3 Hubraum, Abgasnorm Stufe IV
Getriebe: Intelli-Shift, 24 Vorwärts- und 24 Rückwärtsgänge (auf Wunsch bis 40 km/h), synchronisiert, 9 Gänge im Hauptarbeitsbereich, 8 Lastschaltstufen

Zapfwelle: 540/1 000
Hubwerk: Kat. II/III, Hubkraft 6 100 daN
Hydraulik: Pumpenleistung 77 l/min bei 200 bar
Gewichte & Maße: Zulässiges Gesamtgewicht 9 200 kg, Leergewicht 4 780 kg, Nutzlast 4 420 kg, Bodenfreiheit 45 cm, Wendekreis 8 m
Bereifung: 420/70R24, 520/70R38
Preis: 89 350 Euro (ohne MwSt.)

Kubota M 7-133 Standard

Allradschlepper

Motor: Kubota Turbomotor mit Ladeluftkühlung mit 99 kW (135 PS) nach ISO; maximale Leistung (Boost) 110 kW (150 PS); 4 Zylinder, 6 124 cm^3 Hubraum, Abgasnorm Stufe V
Getriebe: K-Power, 30 Vorwärts- und 15 Rückwärtsgänge (auf Wunsch bis 50 km/h), synchronisiert, 10 Gänge im Hauptarbeitsbereich, 6 Lastschaltstufen
Zapfwelle: 540/540E/1 000/1 000E
Hubwerk: Kat. III, Hubkraft 9 400 daN
Hydraulik: Pumpenleistung 80 l/min bei 200 bar
Gewichte & Maße: Zulässiges Gesamtgewicht 11 500 kg, Leergewicht 6 700 kg, Nutzlast 4 800 kg, Bodenfreiheit 61 cm, Wendekreis 9,2 m
Bereifung: 480/70R28, 580/70R38
Preis: 146 026 Euro (ohne MwSt.)

Kubota M 7-133 Premium

Allradschlepper

Motor: Kubota Turbomotor mit Ladeluftkühlung mit 99 kW (135 PS) nach ISO; maximale Leistung (Boost) 110 kW (150 PS); 4 Zylinder, 6 124 cm^3 Hubraum, Abgasnorm Stufe V
Getriebe: K-Power, 54 Vorwärts- und 27 Rückwärtsgänge (auf Wunsch bis 50 km/h), synchronisiert, 6 Lastschaltstufen
Zapfwelle: 540/540E/1 000/1 000E
Hubwerk: Kat. III, Hubkraft 9 400 daN
Hydraulik: Pumpenleistung 110 l/min bei 200 bar
Gewichte & Maße: Zulässiges Gesamtgewicht 11 500 kg, Leergewicht 6 810 kg, Nutzlast 4 690 kg, Bodenfreiheit 61 cm, Wendekreis 9,2 m
Bereifung: 540/65R28, 650/65R38
Preis: 171 691 Euro (ohne MwSt.)

Kubota M 7-133 Premium KVT

Allradschlepper

Motor: Kubota Turbomotor mit Ladeluftkühlung mit 99 kW (135 PS) nach ISO; maximale Leistung (Boost) 110 kW (150 PS); 4 Zylinder, 6 124 cm^3 Hubraum, Abgasnorm Stufe V
Getriebe: stufenloses Getriebe bis 50 km/h
Zapfwelle: 540/540E/1 000/1 000E
Hubwerk: Kat. III, Hubkraft 9 400 daN
Hydraulik: Pumpenleistung 110 l/min bei 200 bar
Gewichte & Maße: Zulässiges Gesamtgewicht 11 500 kg, Leergewicht 7 110 kg, Nutzlast 4 390 kg, Bodenfreiheit 61 cm, Wendekreis 9,2 m
Bereifung: 540/65R28, 650/65R38
Preis: 189 523 Euro (ohne MwSt.)

Kubota M 6-142

Allradschlepper

Motor: Kubota Turbomotor mit Ladeluftkühlung mit 104 kW (141 PS) nach ISO; maximale Leistung (Boost) 118 kW (160 PS); 4 Zylinder, 6 124 cm^3 Hubraum, Abgasnorm Stufe V
Getriebe: Intelli-Shift, 32 Vorwärts- und 32 Rückwärtsgänge (auf Wunsch bis 40 km/h), synchronisiert, 7 Gänge im Hauptarbeitsbereich, 8 Lastschaltstufen
Zapfwelle: 540/540E/1 000/1 000E
Hubwerk: Kat. III, Hubkraft 7 000 daN
Hydraulik: Pumpenleistung 115 l/min bei 200 bar
Gewichte & Maße: Zulässiges Gesamtgewicht 9 800 kg, Leergewicht 6 000 kg, Nutzlast 3 800 kg,

Bodenfreiheit 42 cm,
Wendekreis 9 m
Bereifung: 480/65R24, 600/65R38
Preis: 116 468 Euro (ohne MwSt.)

Kubota M6-141U

Allradschlepper

Motor: Kubota Turbomotor mit Ladeluftkühlung mit 106 kW (144 PS) nach ISO; 4 Zylinder, 6 124 cm³ Hubraum, Abgasnorm Stufe IV
Getriebe: Intelli-Shift, 24 Vorwärts- und 24 Rückwärtsgänge (auf Wunsch bis 40 km/h), synchronisiert, 9 Gänge im Hauptarbeitsbereich, 8 Lastschaltstufen
Zapfwelle: 540/1 000
Hubwerk: Kat. II/III, Hubkraft 6 100 daN
Hydraulik: Pumpenleistung 77 l/min bei 200 bar
Gewichte & Maße: Zulässiges Gesamtgewicht 9 200 kg,
Leergewicht 4 780 kg,
Nutzlast 4 420 kg,
Bodenfreiheit 45 cm,
Wendekreis 8 m
Bereifung: 420/70R24, 520/70R38
Preis: 92 817 Euro (ohne MwSt.)

Kubota M 7-154 Premium KVT

Allradschlepper

Motor: Kubota Turbomotor mit Ladeluftkühlung mit 110 kW (150 PS) nach ISO; maximale Leistung (Boost) 125 kW (170 PS); 4 Zylinder, 6 124 cm³ Hubraum, Abgasnorm Stufe V
Getriebe: stufenloses Getriebe bis 50 km/h
Zapfwelle: 540/540E/1 000/1 000E
Hubwerk: Kat. III, Hubkraft 9 400 daN
Hydraulik: Pumpenleistung 110 l/min bei 200 bar
Gewichte & Maße: Zulässiges Gesamtgewicht 11 500 kg,
Leergewicht 7 110 kg,
Nutzlast 4 390 kg,
Bodenfreiheit 61 cm,
Wendekreis 9,2 m
Bereifung: 540/65R28, 650/65R38
Preis: 202 414 Euro (ohne MwSt.)

Kubota M 7-154 Premium

Allradschlepper

Motor: Kubota Turbomotor mit Ladeluftkühlung mit 110 kW (150 PS) nach ISO; maximale Leistung (Boost) 125 kW (170 PS); 4 Zylinder, 6 124 cm³ Hubraum, Abgasnorm Stufe V

Getriebe: K-Power, 54 Vorwärts- und 27 Rückwärtsgänge (auf Wunsch bis 50 km/h), synchronisiert, 10 Gänge im Hauptarbeitsbereich, 6 Lastschaltstufen
Zapfwelle: 540/540E/1 000/1 000E
Hubwerk: Kat. III, Hubkraft 9 400 daN
Hydraulik: Pumpenleistung 110 l/min bei 200 bar
Gewichte & Maße: Zulässiges Gesamtgewicht 11 500 kg, Leergewicht 6 810 kg, Nutzlast 4 690 kg, Bodenfreiheit 61 cm, Wendekreis 9,2 m
Bereifung: 540/65R28, 650/65R38
Preis: 183 399 Euro (ohne MwSt.)

Kubota M 7-154 Standard

Allradschlepper

Motor: Kubota Turbomotor mit Ladeluftkühlung mit 110 kW (150 PS) nach ISO; maximale Leistung (Boost) 125 kW (170 PS); 4 Zylinder, 6 124 cm^3 Hubraum, Abgasnorm Stufe V
Getriebe: K-Power, 30 Vorwärts- und 15 Rückwärtsgänge (auf Wunsch bis 50 km/h), synchronisiert, 10 Gänge im Hauptarbeitsbereich, 6 Lastschaltstufen
Zapfwelle: 540/540E/1 000/1 000E
Hubwerk: Kat. III, Hubkraft 9 400 daN
Hydraulik: Pumpenleistung 110 l/min bei 200 bar
Gewichte & Maße: Zulässiges Gesamtgewicht 11 500 kg, Leergewicht 6 700 kg, Nutzlast 4 800 kg, Bodenfreiheit 61 cm, Wendekreis 9,2 m
Bereifung: 480/70R28, 580/70R38
Preis: 156 863 Euro (ohne MwSt.)

Kubota M 7-153 Standard

Allradschlepper

Motor: Kubota Turbomotor mit Ladeluftkühlung mit 114 kW (155 PS) nach ISO; maximale Leistung (Boost) 125 kW (170 PS); 4 Zylinder, 6 124 cm^3 Hubraum, Abgasnorm Stufe V
Getriebe: K-Power, 30 Vorwärts- und 15 Rückwärtsgänge (auf Wunsch bis 50 km/h), synchronisiert, 10 Gänge im Hauptarbeitsbereich, 6 Lastschaltstufen
Zapfwelle: 540/540E/1 000/1 000E
Hubwerk: Kat. III, Hubkraft 9 400 daN
Hydraulik: Pumpenleistung 80 l/min bei 200 bar
Gewichte & Maße: Zulässiges Gesamtgewicht 11 500 kg, Leergewicht 6 700 kg, Nutzlast 4 800 kg, Bodenfreiheit 61 cm, Wendekreis 9,2 m
Bereifung: 480/70R28, 580/70R38
Preis: 152 534 Euro (ohne MwSt.)

Kubota M 7-153 Premium

Allradschlepper

Motor: Kubota Turbomotor mit Ladeluftkühlung mit 114 kW (155 PS) nach ISO; maximale Leistung (Boost) 125 kW (170 PS); 4 Zylinder, 6 124 cm^3 Hubraum, Abgasnorm Stufe V
Getriebe: K-Power, 54 Vorwärts- und 27 Rückwärtsgänge (auf Wunsch bis 50 km/h), synchronisiert, 10 Gänge im Hauptarbeitsbereich, 6 Lastschaltstufen
Zapfwelle: 540/540E/1 000/1 000E
Hubwerk: Kat. III, Hubkraft 9 400 daN
Hydraulik: Pumpenleistung 110 l/min bei 200 bar
Gewichte & Maße: Zulässiges Gesamtgewicht 11 500 kg, Leergewicht 6 810 kg, Nutzlast 4 690 kg, Bodenfreiheit 61 cm, Wendekreis 9,2 m
Bereifung: 540/65R28, 650/65R38
Preis: 178 199 Euro (ohne MwSt.)

Kubota M 7-153 Premium KVT

Allradschlepper

Motor: Kubota Turbomotor mit Ladeluftkühlung mit 114 kW (155 PS) nach ISO; maximale Leistung (Boost) 125 kW (170 PS); 4 Zylinder, 6 124 cm³ Hubraum, Abgasnorm Stufe V
Getriebe: stufenloses Getriebe bis 50 km/h
Zapfwelle: 540/540E/1 000/1 000E
Hubwerk: Kat. III, Hubkraft 9 400 daN
Hydraulik: Pumpenleistung 110 l/min bei 200 bar
Gewichte & Maße: Zulässiges Gesamtgewicht 11 500 kg, Leergewicht 7 110 kg, Nutzlast 4 390 kg, Bodenfreiheit 61 cm, Wendekreis 9,2 m
Bereifung: 540/65R28, 650/65R38
Preis: 196 031 Euro (ohne MwSt.)

Kubota M 7-173 Standard

Allradschlepper

Motor: Kubota Turbomotor mit Ladeluftkühlung mit 118 kW (160 PS) nach ISO; maximale Leistung (Boost) 129 kW (175 PS); 4 Zylinder, 6 124 cm³ Hubraum, Abgasnorm Stufe V
Getriebe: K-Power, 30 Vorwärts- und 15 Rückwärtsgänge (auf Wunsch bis 50 km/h), synchronisiert, 10 Gänge im Hauptarbeitsbereich, 6 Lastschaltstufen
Zapfwelle: 540/540E/1 000/1 000E
Hubwerk: Kat. III, Hubkraft 9 400 daN
Hydraulik: Pumpenleistung 80 l/min bei 200 bar
Gewichte & Maße: Zulässiges Gesamtgewicht 11 500 kg, Leergewicht 6 700 kg, Nutzlast 4 800 kg, Bodenfreiheit 61 cm, Wendekreis 9,2 m
Bereifung: 480/70R28, 580/70R38
Preis: 161 191 Euro (ohne MwSt.)

Kubota M 7-173 Premium KVT

Allradschlepper

Motor: Kubota Turbomotor mit Ladeluftkühlung mit 118 kW (160 PS) nach ISO; maximale Leistung (Boost) 129 kW (175 PS); 4 Zylinder, 6 124 cm³ Hubraum, Abgasnorm Stufe V
Getriebe: stufenloses Getriebe bis 50 km/h
Zapfwelle: 540/540E/1 000/1 000E
Hubwerk: Kat. III, Hubkraft 9 400 daN
Hydraulik: Pumpenleistung 110 l/min bei 200 bar
Gewichte & Maße: Zulässiges Gesamtgewicht 11 500 kg, Leergewicht 7 110 kg, Nutzlast 4 390 kg, Bodenfreiheit 61 cm, Wendekreis 9,2 m
Bereifung: 540/65R28, 650/65R38
Preis: 204 688 Euro (ohne MwSt.)

Kubota M 7-173 Premium

Allradschlepper

Motor: Kubota Turbomotor mit Ladeluftkühlung mit 118 kW (160 PS) nach ISO; maximale Leistung (Boost) 129 kW (175 PS); 4 Zylinder, 6 124 cm³ Hubraum, Abgasnorm Stufe V
Getriebe: K-Power, 54 Vorwärts- und 27 Rückwärtsgänge (auf Wunsch bis 50 km/h), synchronisiert, 10 Gänge im Hauptarbeitsbereich, 6 Lastschaltstufen
Zapfwelle: 540/540E/1 000/1 000E
Hubwerk: Kat. III, Hubkraft 9 400 daN

Hydraulik: Pumpenleistung 110 l/min bei 200 bar
Gewichte & Maße: Zulässiges Gesamtgewicht 11 500 kg, Leergewicht 6 810 kg, Nutzlast 4 690 kg, Bodenfreiheit 61 cm, Wendekreis 9,2 m
Bereifung: 540/65R28, 650/65R38
Preis: 186 586 Euro (ohne MwSt.)

Kubota M 7-174 Standard

Allradschlepper

Motor: Kubota Turbomotor mit Ladeluftkühlung mit 125 kW (170 PS) nach ISO; maximale Leistung (Boost) 130 kW (177 PS); 4 Zylinder, 6 124 cm^3 Hubraum, Abgasnorm Stufe V
Getriebe: K-Power, 30 Vorwärts- und 15 Rückwärtsgänge (auf Wunsch bis 50 km/h), synchronisiert, 10 Gänge im Hauptarbeitsbereich, 6 Lastschaltstufen
Zapfwelle: 540/540E/1 000/1 000E
Hubwerk: Kat. III, Hubkraft 9 400 daN
Hydraulik: Pumpenleistung 110 l/min bei 200 bar
Gewichte & Maße: Zulässiges Gesamtgewicht 11 500 kg, Leergewicht 6 700 kg, Nutzlast 4 800 kg, Bodenfreiheit 61 cm, Wendekreis 9,20 m
Bereifung: 480/70R28, 580/70R38
Preis: 165 544 Euro (ohne MwSt.)

Kubota M 7-174 Premium KVT

Allradschlepper

Motor: Kubota Turbomotor mit Ladeluftkühlung mit 125 kW (170 PS) nach ISO; maximale Leistung (Boost) 130 kW (177 PS); 4 Zylinder, 6 124 cm^3 Hubraum, Abgasnorm Stufe V
Getriebe: stufenloses Getriebe bis 50 km/h
Zapfwelle: 540/540E/1 000/1 000E
Hubwerk: Kat. III, Hubkraft 9 400 daN
Hydraulik: Pumpenleistung 110 l/min bei 200 bar
Gewichte & Maße: Zulässiges Gesamtgewicht 11 500 kg, Leergewicht 7 110 kg, Nutzlast 4 390 kg, Bodenfreiheit 61 cm, Wendekreis 9,2 m
Bereifung: 540/65R28, 650/65R38
Preis: 211 095 Euro (ohne MwSt.)

Kubota M 7-174 Premium

Allradschlepper

Motor: Kubota Turbomotor mit Ladeluftkühlung mit 125 kW (170 PS) nach ISO; maximale Leistung (Boost) 130 kW (177 PS); 4 Zylinder, 6 124 cm^3 Hubraum, Abgasnorm Stufe V
Getriebe: K-Power, 54 Vorwärts- und 27 Rückwärtsgänge (auf Wunsch bis 50 km/h), synchronisiert, 10 Gänge im Hauptarbeitsbereich, 6 Lastschaltstufen
Zapfwelle: 540/540E/1 000/1 000E
Hubwerk: Kat. III, Hubkraft 9 400 daN
Hydraulik: Pumpenleistung 110 l/min bei 200 bar
Gewichte & Maße: Zulässiges Gesamtgewicht 11 500 kg, Leergewicht 6 810 kg, Nutzlast 4 690 kg, Bodenfreiheit 61 cm, Wendekreis 9,2 m
Bereifung: 540/65R28, 650/65R38
Preis: 192 080 Euro (ohne MwSt.)

Weitere Informationen erhalten Sie von:

Same Deutz-Fahr Deutschland GmbH
Deutz-Fahr-Str. 1
89415 Lauingen
Telefon: 0 90 72/99 70
www.lamborghini-tractors.com

Lamborghini

Lamborghini Trattori wurde im Jahr 1948 in Pieve di Cento (Ferrara, Italien) gegründet. Gründer des Unternehmens war der italienische Maschinenbauingenieur Ferruccio Lamborghini. In einer kleinen Werkstatt baute er landwirtschaftliche Fahrzeuge aus zurückgelassenen Militärfahrzeugen. 1951 kam der L 33 als erster vollständig von Lamborghini in Serienfertigung hergestellter Schlepper auf den Markt. Ab 1952 folgten die neuen Modelle DL 15, DL 20, DL 25 und DL 30 mit Dieselmotoren. 1955 präsentierte Lamborghini seinen ersten Raupenkettentraktor – den gelben DL 25 C.

1962 stellte Lamborghini mit dem Modell 2R DT eine Serie von Traktoren mit Allradantrieb und luftgekühlten Motoren vor. Der Erfolg bei den Traktoren spornte Ferruccio Lamborghini an, in die Sportwagenproduktion einzusteigen. Mit dem ersten Sportwagen wurde auch der Stier als Markenzeichen eingeführt. Hintergrund für dieses Markenzeichen war der Kampfstier Murciélago, der einen Stierkampf im Jahr 1879 mit 24 Schwertstichen überlebt hatte und begnadigt wurde.

Ende der 1960er Jahre wurden die Lamborghini-Traktoren als Erste in Italien serienmäßig mit Synchrongetriebe ausgestattet, und das Programm wurde um das Modell R 480 erweitert. Gegen Ende 1980er Jahre wurden die erste elektronische Kraftstoffeinspritzung und eine neue Steuereinheit eingeführt.

Obwohl Lamborghini auch im Traktorenbau Erfolg hatte, hielt der Firmengründer sein Unternehmen jedoch für zu klein, um auf dem Markt langfristig bestehen zu können. Deswegen verkaufte Lamborghini 1972 die Traktorensparte an den damaligen Konkurrenten Same – und gehört damit heute zu Same Deutz-Fahr.

Lamborghini Crono 70
Allradschlepper

Motor: SDF Turbomotor mit Ladeluftkühlung mit 48 kW (65 PS) nach ISO; maximale Leistung 48,9 kW (67 PS); 3 Zylinder, 2887 cm^3 Hubraum, Abgasnorm Stufe V
Getriebe: 12 Vorwärts- und 3 Rückwärtsgänge (auf Wunsch 8/8 ECO, 15/15 bis 30 km/h), synchronisiert, 5 Gänge im Hauptarbeitsbereich
Zapfwelle: 540
Hubwerk: Kat. II, Hubkraft 3500 daN
Hydraulik: Pumpenleistung 42; 50 l/min bei 180 bar
Gewichte & Maße: Zulässiges Gesamtgewicht 4800 kg, Leergewicht 2800 kg, Nutzlast 2000 kg, Bodenfreiheit 35 cm
Bereifung: 9.5R20, 13.6R28
Preis: keine Angabe

Lamborghini Spire 70 Trend
Allradschlepper

Motor: SDF Turbomotor mit Ladeluftkühlung mit 48 kW (65 PS) nach ISO; maximale Leistung 48,9 kW (67 PS); 3 Zylinder, 2887 cm^3 Hubraum, Abgasnorm Stufe V
Getriebe: 30 Vorwärts- und 30 Rückwärtsgänge (auf Wunsch 15/15 ECO, 30/30 ECO bis 40 km/h), synchronisiert, 10 Gänge im Hauptarbeitsbereich, 2 Lastschaltstufen
Zapfwelle: 540/540E
Hubwerk: Kat. II, Hubkraft 3500 daN
Hydraulik: Pumpenleistung 50 l/min bei 180 bar
Gewichte & Maße: Zulässiges Gesamtgewicht 5200 kg, Leergewicht 3200 kg, Nutzlast 2000 kg, Bodenfreiheit 35 cm
Bereifung: 9.5R20, 13.6R28
Preis: keine Angabe

Lamborghini Strike 75 Trend
Allradschlepper

Motor: SDF Turbomotor mit Ladeluftkühlung mit 54,8 kW (75 PS) nach ISO; maximale Leistung 55,4 kW (75 PS); 4 Zylinder, 3849 cm^3 Hubraum, Abgasnorm Stufe V
Getriebe: 40 Vorwärts- und 40 Rückwärtsgänge (auf Wunsch bis 40 km/h), synchronisiert, 2 Lastschaltstufen
Zapfwelle: 540/540E
Hubwerk: Kat. II, Hubkraft 4525 daN
Hydraulik: Pumpenleistung 55 l/min bei 180 bar

Gewichte & Maße: Zulässiges Gesamtgewicht 6500 kg, Leergewicht 4000 kg, Nutzlast 2500 kg
Bereifung: 380/85R24, 420/85R34
Preis: keine Angabe

Lamborghini Spire 80 Trend

Allradschlepper

Motor: SDF Turbomotor mit Ladeluftkühlung mit 55,2 kW (75 PS) nach ISO; maximale Leistung 55,8 kW (76 PS); 3 Zylinder, 2887 cm³ Hubraum, Abgasnorm Stufe V
Getriebe: 30 Vorwärts- und 30 Rückwärtsgänge (auf Wunsch 15/15 ECO, 30/30 ECO bis 40 km/h), synchronisiert, 10 Gänge im Hauptarbeitsbereich, 2 Lastschaltstufen
Zapfwelle: 540/540E
Hubwerk: Kat. II, Hubkraft 3500 daN
Hydraulik: Pumpenleistung 50 l/min bei 180 bar
Gewichte & Maße: Zul. Gesamtgewicht 5200 kg, Leergewicht 3200 kg, Nutzlast 2000 kg, Bodenfreiheit 35 cm
Bereifung: 11.2R20, 14.9R28
Preis: keine Angabe

Lamborghini Crono 80

Allradschlepper

Motor: SDF Turbomotor mit Ladeluftkühlung mit 55,2 kW (75 PS) nach ISO; maximale Leistung 55,8 kW (76 PS); 3 Zylinder, 2887 cm³ Hubraum, Abgasnorm Stufe V
Getriebe: 12 Vorwärts- und 3 Rückwärtsgänge (auf Wunsch 8/8 ECO, 15/15 bis 30 km/h), synchronisiert, 5 Gänge im Hauptarbeitsbereich
Zapfwelle: 540
Hubwerk: Kat. II, Hubkraft 3500 daN
Hydraulik: Pumpenleistung 42; 50 l/min bei 180 bar
Gewichte & Maße: Zulässiges Gesamtgewicht 4800 kg, Leergewicht 2800 kg, Nutzlast 2000 kg, Bodenfreiheit 35 cm
Bereifung: 20", 28"
Preis: keine Angabe

Lamborghini Spire 90 Trend

Allradschlepper

Motor: SDF Turbomotor mit Ladeluftkühlung mit 63,5 kW (86 PS) nach ISO; maximale Leistung 67 kW (91 PS); 3 Zylinder, 2887 cm³ Hubraum, Abgasnorm Stufe V
Getriebe: 30 Vor- und 30 Rückwärtsgänge (auf Wunsch 15/15 ECO, 30/30 ECO bis 40 km/h), synchronisiert, 10 Gänge im Hauptarbeitsbereich, 2 Lastschaltstufen
Zapfwelle: 540/540E
Hubwerk: Kat. II, Hubkraft 3500 daN
Hydraulik: Pumpenleistung 50 l/min bei 180 bar
Gewichte & Maße: Zul. Gesamtgewicht 5200 kg, Leergewicht 3200 kg, Nutzlast 2000 kg, Bodenfreiheit 35 cm
Bereifung: 11.2R20, 14.9R28
Preis: keine Angabe

Lamborghini Crono 90

Allradschlepper

Motor: SDF Turbomotor mit Ladeluftkühlung mit 63,5 kW (86 PS) nach ISO; maximale Leistung 67 kW (91 PS); 3 Zylinder, 2887 cm³ Hubraum, Abgasnorm Stufe V
Getriebe: 15 Vorwärts- und 15 Rückwärtsgänge (auf Wunsch 15/15 ECO bis 40 km/h), synchronisiert, 5 Gänge im Hauptarbeitsbereich
Zapfwelle: 540
Hubwerk: Kat. II, Hubkraft 3500 daN
Hydraulik: Pumpenleistung 42; 50 l/min bei 180 bar
Gewichte & Maße: Zul. Gesamtgewicht 4800 kg, Leergewicht 2800 kg, Nutzlast 2000 kg, Bodenfreiheit 35 cm
Bereifung: 20", 28"
Preis: keine Angabe

Lamborghini Spire 95

Allradschlepper

Motor: SDF Turbomotor mit Ladeluftkühlung mit 66,4 kW (90 PS) nach ISO; maximale Leistung 70 kW (95 PS); 4 Zylinder, 3849 cm³ Hubraum, Abgasnorm Stufe V
Getriebe: 45 Vor- und 45 Rückwärtsgänge (auf Wunsch. 45/45 Powershift bis 40 km/h), synchronisiert, 12 Gänge im Hauptarbeitsbereich, 3 Lastschaltstufen
Zapfwelle: 540/540E, Höchstdrehzahl: 604/762/1077 min^{-1}
Hubwerk: Kat. II, Hubkraft 3600 daN
Hydraulik: Pumpenleistung 54 l/min bei 185 bar
Gewichte & Maße: Zul. Gesamtgewicht 5200 kg, Leergewicht 3300 kg, Nutzlast 1900 kg, Bodenfreiheit 39 cm
Bereifung: 360/70R20, 420/70R30
Preis: keine Angabe

Lamborghini Strike 95 Trend

Allradschlepper

Motor: SDF Turbomotor mit Ladeluftkühlung mit 66,4 kW (90 PS) nach ISO; maximale Leistung 70 kW (95 PS); 4 Zylinder, 3849 cm³ Hubraum, Abgasnorm Stufe V
Getriebe: 40 Vorwärts- und 40 Rückwärtsgänge (auf Wunsch bis 40 km/h), synchronisiert, 2 Lastschaltstufen
Zapfwelle: 540/540E
Hubwerk: Kat. II, Hubkraft 4525 daN
Hydraulik: Pumpenleistung 55 l/min bei 180 bar
Gewichte & Maße: Zulässiges Gesamtgewicht 6500 kg, Leergewicht 4000 kg, Nutzlast 2500 kg
Bereifung: 380/85R24, 420/85R34
Preis: keine Angabe

Lamborghini Strike 95
Allradschlepper

Motor: SDF Turbomotor mit Ladeluftkühlung mit 66,4 kW (90 PS) nach ISO; maximale Leistung 70 kW (95 PS); 4 Zylinder, 3849 cm³ Hubraum, Abgasnorm Stufe V
Getriebe: 10 Vorwärts- und 10 Rückwärtsgänge (auf Wunsch 10/10, 20/20; 20/20, 40/40; 30/30, 60/60 bis 40 km/h), synchronisiert
Zapfwelle: 540/540E
Hubwerk: Kat. II, Hubkraft 4526 daN
Hydraulik: Pumpenleistung 55; 90 l/min bei 185 bar
Gewichte & Maße: Zulässiges Gesamtgewicht 6200 kg, Leergewicht 3600 kg, Nutzlast 2600 kg, Wendekreis 5,8 m
Bereifung: 380/85R24, 420/85R34
Preis: keine Angabe

Lamborghini Spire 95 VRT
Allradschlepper

Motor: SDF Turbomotor mit Ladeluftkühlung mit 66,4 kW (90 PS) nach ISO; maximale Leistung 70 kW (95 PS); 4 Zylinder, 3849 cm³ Hubraum, Abgasnorm Stufe V
Getriebe: TTV, stufenloses Getriebe bis 40 km/h
Zapfwelle: 540/540E/1000, Höchstdrehzahl: 604/762/1077 min^{-1}
Hubwerk: Kat. II, Hubkraft 3800 daN
Hydraulik: Pumpenleistung 100 + 42 l/min bei 200 bar
Gewichte & Maße: Zulässiges Gesamtgewicht 5200 kg, Leergewicht 3875 kg, Nutzlast 1925 kg, Bodenfreiheit 39 cm
Bereifung: 360/70R20, 420/70R30
Preis: keine Angabe

Lamborghini Spire 100 Trend
Allradschlepper

Motor: SDF Turbomotor mit Ladeluftkühlung mit 71,1 kW (97 PS) nach ISO; maximale Leistung 75 kW (102 PS); 3 Zylinder, 2887 cm³ Hubraum, Abgasnorm Stufe V
Getriebe: 30 Vorwärts- und 30 Rückwärtsgänge (auf Wunsch 15/15 ECO, 30/30 ECO bis 40 km/h), synchronisiert, 10 Gänge im Hauptarbeitsbereich, 2 Lastschaltstufen
Zapfwelle: 540/540E
Hubwerk: Kat. II, Hubkraft 3500 daN
Hydraulik: Pumpenleistung 50 l/min bei 180 bar
Gewichte & Maße: Zulässiges Gesamtgewicht 5200 kg, Leergewicht 3200 kg, Nutzlast 2000 kg, Bodenfreiheit 35 cm

Bereifung: 11.2R20, 14.9R28
Preis: keine Angabe

Lamborghini Strike 100
Allradschlepper

Motor: SDF Turbomotor mit Ladeluftkühlung mit 71,1 kW (97 PS) nach ISO; maximale Leistung 75 kW (102 PS); 3 Zylinder, 2887 cm³ Hubraum, Abgasnorm Stufe V
Getriebe: 10 Vorwärts- und 10 Rückwärtsgänge (auf Wunsch 10/10, 20/20; 20/20, 40/40; 30/30, 60/60 bis 40 km/h), synchronisiert
Zapfwelle: 540/540E
Hubwerk: Kat. II, Hubkraft 4526 daN
Hydraulik: Pumpenleistung 55; 90 l/min bei 185 bar
Gewichte & Maße: Zulässiges Gesamtgewicht 6200 kg, Leergewicht 3600 kg, Nutzlast 2600 kg, Wendekreis 5,8 m
Bereifung: 380/85R24, 420/85R34
Preis: keine Angabe

Lamborghini Crono 100
Allradschlepper

Motor: SDF Turbomotor mit Ladeluftkühlung mit 71,1 kW (97 PS) nach ISO; maximale Leistung 75 kW (102 PS); 3 Zylinder, 2887 cm³ Hubraum, Abgasnorm Stufe V
Getriebe: 15 Vorwärts- und 15 Rückwärtsgänge (auf Wunsch 15/15 ECO bis 40 km/h), synchronisiert, 5 Gänge im Hauptarbeitsbereich
Zapfwelle: 540
Hubwerk: Kat. II, Hubkraft 3500 daN
Hydraulik: Pumpenleistung 42; 50 l/min bei 180 bar
Gewichte & Maße: Zulässiges Gesamtgewicht 4800 kg, Leergewicht

2 800 kg, Nutzlast 2 000 kg, Bodenfreiheit 35 cm
Bereifung: 20“, 28“
Preis: keine Angabe

Lamborghini Spire 105 VRT

Allradschlepper

Motor: SDF Turbomotor mit Ladeluftkühlung mit 74 kW (101 PS) nach ISO; maximale Leistung 78 kW (106 PS); 4 Zylinder, 3 849 cm³ Hubraum, Abgasnorm Stufe V
Getriebe: TTV, stufenloses Getriebe bis 40 km/h
Zapfwelle: 540/540E/1000, Höchstdrehzahl: 604/762/1 077 min⁻¹
Hubwerk: Kat. II, Hubkraft 3 800 daN
Hydraulik: Pumpenleistung 100 + 42 l/min bei 200 bar
Gewichte & Maße: Zulässiges Gesamtgewicht 5 800 kg, Leergewicht 3 875 kg, Nutzlast 1 925 kg, Bodenfreiheit 39 cm
Bereifung: 360/70R20, 420/70R30
Preis: keine Angabe

Lamborghini Strike 105 Trend

Allradschlepper

Motor: SDF Turbomotor mit Ladeluftkühlung mit 74 kW (101 PS) nach ISO; maximale Leistung 78 kW (106 PS); 4 Zylinder, 3 849 cm³ Hubraum, Abgasnorm Stufe V
Getriebe: 40 Vorwärts- und 40 Rückwärtsgänge (auf Wunsch 20/20, 40/40 bis 40 km/h), synchronisiert, 2 Lastschaltstufen
Zapfwelle: 540/540E
Hubwerk: Kat. II, Hubkraft 4 525 daN
Hydraulik: Pumpenleistung 55 l/min bei 180 bar
Gewichte & Maße: Zulässiges Gesamtgewicht 6 500 kg, Leergewicht 4 000 kg, Nutzlast 2 500 kg
Bereifung: 380/85R24, 420/85R34
Preis: keine Angabe

Lamborghini Strike 105 Trend (HD)

Allradschlepper

Motor: SDF Turbomotor mit Ladeluftkühlung mit 74 kW (101 PS) nach ISO; maximale Leistung 78 kW (106 PS); 4 Zylinder, 3 849 cm³ Hubraum, Abgasnorm Stufe V
Getriebe: 40 Vorwärts- und 40 Rückwärtsgänge (auf Wunsch 20/20, 40/40 bis 40 km/h), synchronisiert, 2 Lastschaltstufen
Zapfwelle: 540/540E
Hubwerk: Kat. II, Hubkraft 4 525 daN
Hydraulik: Pumpenleistung 55 l/min bei 180 bar
Gewichte & Maße: Zulässiges Gesamtgewicht 7 000 kg, Leergewicht 4 250 kg, Nutzlast 3 000 kg
Bereifung: 420/85R34, 460/85R34
Preis: keine Angabe

Lamborghini Strike 105 TB

Allradschlepper

Motor: SDF Turbomotor mit Ladeluftkühlung mit 74 kW (101 PS) nach ISO; maximale Leistung 78 kW (106 PS); 4 Zylinder, 3 849 cm³ Hubraum, Abgasnorm Stufe V
Getriebe: 40 Vorwärts- und 40 Rückwärtsgänge (auf Wunsch 40/40 bis 40 km/h), synchronisiert, 12 Gänge im Hauptarbeitsbereich, 2 Lastschaltstufen
Zapfwelle: 540/540E/1 000/1 000E
Hubwerk: Kat. II, Hubkraft 4 525 daN
Hydraulik: Pumpenleistung 55 l/min bei 185 bar
Gewichte & Maße: Zulässiges Gesamtgewicht 6 400 kg, Leergewicht 3 280 kg, Nutzlast 3 100 kg
Bereifung: 300/70R20, 420/70R24
Preis: keine Angabe

Lamborghini Spire 105

Allradschlepper

Motor: SDF Turbomotor mit Ladeluftkühlung mit 74 kW (101 PS) nach ISO; maximale Leistung 78 kW (106 PS); 4 Zylinder, 3 849 cm³ Hubraum, Abgasnorm Stufe V
Getriebe: 45 Vorwärts- und 45 Rückwärtsgänge (auf Wunsch 45/45 Powershift bis 40 km/h), synchronisiert, 12 Gänge im Hauptarbeitsbereich, 3 Lastschaltstufen
Zapfwelle: 540/540E, Höchstdrehzahl: 604/762/1 077 min⁻¹
Hubwerk: Kat. II, Hubkraft 3 600 daN
Hydraulik: Pumpenleistung 54 l/min bei 185 bar
Gewichte & Maße: Zulässiges Gesamtgewicht 5 200 kg, Leergewicht 3 300 kg, Nutzlast 1 900 kg, Bodenfreiheit 39 cm
Bereifung: 360/70R20, 420/70R30
Preis: keine Angabe

Lamborghini Strike 105

Allradschlepper

Motor: SDF Turbomotor mit Ladeluftkühlung mit 74 kW (101 PS) nach ISO; maximale Leistung 78 kW (106 PS); 4 Zylinder, 3 849 cm³ Hubraum, Abgasnorm Stufe V
Getriebe: 10 Vorwärts- und 10 Rückwärtsgänge (auf Wunsch 10/10, 20/20; 20/20, 40/40; 30/30, 60/60 bis 40 km/h), synchronisiert
Zapfwelle: 540/540E
Hubwerk: Kat. II, Hubkraft 4 528 daN

Hydraulik: Pumpenleistung 55; 90 l/min bei 185 bar
Gewichte & Maße: Zulässiges Gesamtgewicht 6200 kg, Leergewicht 4000 kg, Nutzlast 2200 kg
Bereifung: 420/70R24, 480/70R34
Preis: keine Angabe

Lamborghini Strike 115 TB

Allradschlepper

Motor: SDF Turbomotor mit Ladeluftkühlung mit 80,6 kW (110 PS) nach ISO; maximale Leistung 85 kW (116 PS); 4 Zylinder, 3849 cm³ Hubraum, Abgasnorm Stufe V
Getriebe: 40 Vorwärts- und 40 Rückwärtsgänge (auf Wunsch 40/40 bis 40 km/h), synchronisiert, 12 Gänge im Hauptarbeitsbereich, 2 Lastschaltstufen
Zapfwelle: 540/540E/1000/1000E
Hubwerk: Kat. II, Hubkraft 4525 daN
Hydraulik: Pumpenleistung 55 l/min bei 185 bar
Gewichte & Maße: Zulässiges Gesamtgewicht 6400 kg, Leergewicht 3280 kg, Nutzlast 2920 kg
Bereifung: 300/70R20, 420/70R24
Preis: keine Angabe

Lamborghini Strike 115

Allradschlepper

Motor: SDF Turbomotor mit Ladeluftkühlung mit 80,6 kW (110 PS) nach ISO; maximale Leistung 85 kW (116 PS); 4 Zylinder, 3849 cm³ Hubraum, Abgasnorm Stufe V
Getriebe: 10 Vorwärts- und 10 Rückwärtsgänge (auf Wunsch 10/10, 20/20; 20/20, 40/40; 30/30, 60/60 bis 40 km/h), synchronisiert
Zapfwelle: 540/540E
Hubwerk: Kat. II, Hubkraft 5409 daN
Hydraulik: Pumpenleistung 55; 90 l/min bei 185 bar
Gewichte & Maße: Zulässiges Gesamtgewicht 7000 kg, Leergewicht 4100 kg, Nutzlast 2900 kg, Wendekreis 5,8 m
Bereifung: 420/85R24, 460/85R34
Preis: keine Angabe

Lamborghini Spire 115 VRT

Allradschlepper

Motor: SDF Turbomotor mit Ladeluftkühlung mit 80,6 kW (110 PS) nach ISO; maximale Leistung 85 kW (116 PS); maximale Leistung (Boost) 93 kW (126 PS); 4 Zylinder, 3849 cm³ Hubraum, Abgasnorm Stufe V

Getriebe: TTV, stufenloses Getriebe bis 40 km/h
Zapfwelle: 540/540E/1000, Höchstdrehzahl: 604/762/1077 min^{-1}
Hubwerk: Kat. II, Hubkraft 3800 daN
Hydraulik: Pumpenleistung 100 + 42 l/min bei 200 bar
Gewichte & Maße: Zulässiges Gesamtgewicht 5800 kg, Leergewicht 3875 kg, Nutzlast 1925 kg, Bodenfreiheit 39 cm
Bereifung: 360/70R20, 420/70R30
Preis: keine Angabe

Lamborghini Spark R 115 VRT

Allradschlepper

Motor: SDF Turbomotor mit Ladeluftkühlung mit 83,6 kW (114 PS) nach ISO; maximale Leistung 88,4 kW (120 PS); maximale Leistung (Boost) 93 kW (126 PS); 4 Zylinder, 3849 cm³ Hubraum, Abgasnorm Stufe V

Getriebe: T5441, stufenloses Getriebe bis 40 km/h
Zapfwelle: 540/540E/1000
Hubwerk: Kat. II/IIIN, Hubkraft 7100 daN
Hydraulik: Pumpenleistung 90 (120) l/min bei 200 bar
Gewichte & Maße: Zulässiges Gesamtgewicht 8500 kg, Leergewicht 5215 kg, Nutzlast 4000 kg
Bereifung: 380/70R24, 480/70R34
Preis: keine Angabe

Lamborghini Spark R 115 RVshift

Allradschlepper

Motor: SDF Turbomotor mit Ladeluftkühlung mit 83,6 kW (114 PS) nach ISO; maximale Leistung 88,4 kW (120 PS); maximale Leistung (Boost) 93 kW (126 PS); 4 Zylinder, 3849 cm³ Hubraum, Abgasnorm Stufe V

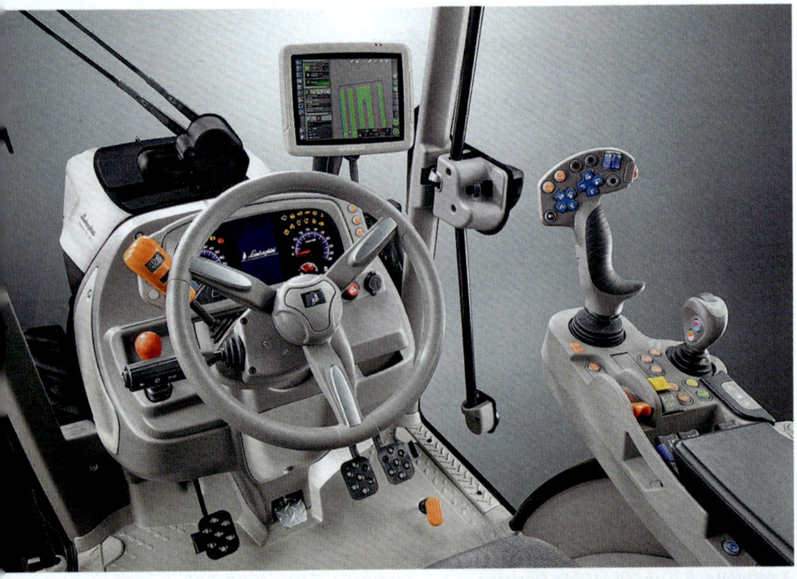

Lamborghini Spark R 125

Allradschlepper

Motor: SDF Turbomotor mit Ladeluftkühlung mit 90,3 kW (123 PS) nach ISO; max. Leistung 95 kW (129 PS); max. Leistung (Boost) 100 kW (136 PS); 4 Zyl., 3849 cm³ Hubraum, Abgasnorm Stufe V
Getriebe: T5350, 60 Vorwärts- und 60 Rückwärtsgänge (auf Wunsch 30/30 oder 60/60 bis 40 km/h), synchronisiert, 3 Lastschaltstufen
Zapfwelle: 540/540E
Hubwerk: Kat. II/IIIN, Hubkraft 7000 daN
Hydraulik: Pumpenleistung 90; 120 l/min bei 200 bar
Gewichte & Maße: Zulässiges Gesamtgewicht 8000 kg, Leergewicht 4750 kg, Nutzlast 3250 kg
Bereifung: 380/70R24, 480/70R34
Preis: keine Angabe

Getriebe: T5441, 20 Vorwärts- und 16 Rückwärtsgänge (auf Wunsch 20/16 bis 40 km/h), synchronisiert
Zapfwelle: 540/540E/1000
Hubwerk: Kat. II/IIIN, Hubkraft 7100 daN
Hydraulik: Pumpenleistung 90 (120) l/min bei 200 bar
Gewichte & Maße: Zulässiges Gesamtgewicht 8500 kg, Leergewicht 5215 kg, Nutzlast 4000 kg
Bereifung: 380/70R24, 480/70R34
Preis: keine Angabe

Lamborghini Spark R 115

Allradschlepper

Motor: SDF Turbomotor mit Ladeluftkühlung mit 83,6 kW (114 PS) nach ISO; max. Leistung 88,4 kW (120 PS); max. Leistung (Boost) 93 kW (126 PS); 4 Zylinder, 3849 cm³ Hubraum, Abgasnorm Stufe V
Getriebe: T5350, 60 Vorwärts- und 60 Rückwärtsgänge (auf Wunsch 20/20 40/40, 30/30, 60/60 bis 40 km/h), synchronisiert, 3 Lastschaltstufen
Zapfwelle: 540/540E
Hubwerk: Kat. II/IIIN, Hubkraft 5410 daN
Hydraulik: Pumpenleistung 55; 90 l/min bei 200 bar
Gewichte & Maße: Zulässiges Gesamtgewicht 7500 kg, Leergewicht 4500 kg, Nutzlast 3000 kg
Bereifung: 420/70R24, 480/70R34
Preis: keine Angabe

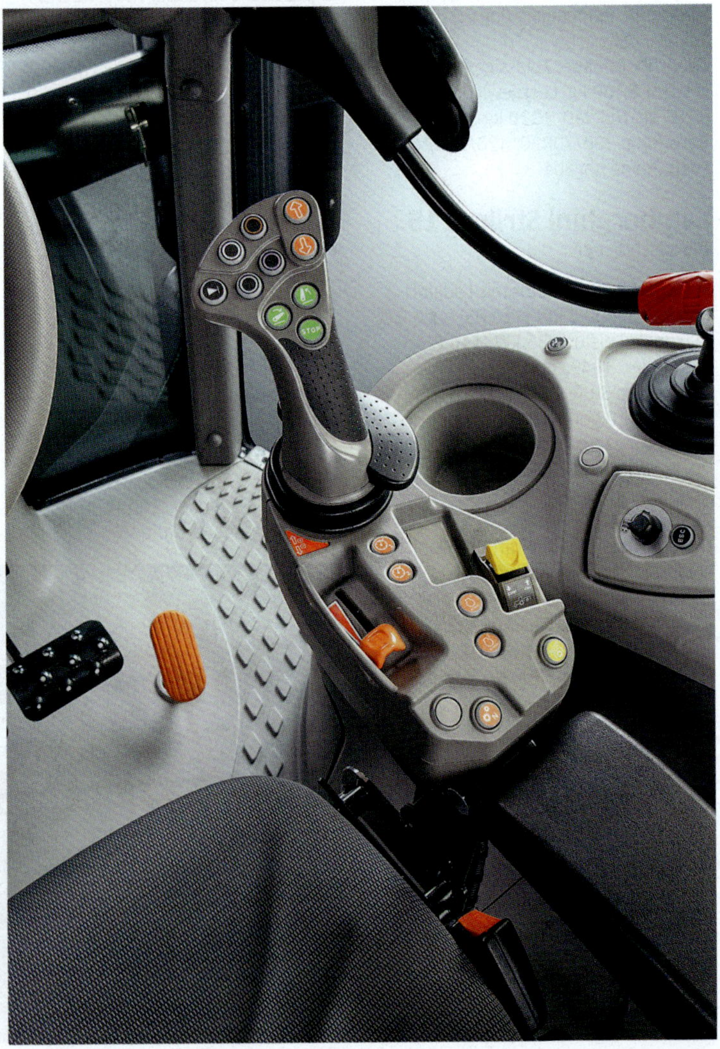

Lamborghini Spark R 125 RVshift

Allradschlepper

Motor: SDF Turbomotor mit Ladeluftkühlung mit 90,3 kW (123 PS) nach ISO; maximale Leistung 95 kW (129 PS); maximale Leistung (Boost) 100 kW (136 PS); 4 Zylinder, 3 849 cm³ Hubraum, Abgasnorm Stufe V
Getriebe: T5441, stufenloses Getriebe bis 40 km/h
Zapfwelle: 540/540E/1 000
Hubwerk: Kat. II/IIIN, Hubkraft 7 100 daN
Hydraulik: Pumpenleistung 90 (120) l/min bei 200 bar
Gewichte & Maße: Zulässiges Gesamtgewicht 8 500 kg, Leergewicht 5 215 kg, Nutzlast 4 000 kg
Bereifung: 380/70R24, 480/70R38
Preis: keine Angabe

Lamborghini Spark R 125 VRT

Allradschlepper

Motor: SDF Turbomotor mit Ladeluftkühlung mit 90,3 kW (123 PS) nach ISO; maximale Leistung 95 kW (129 PS); maximale Leistung (Boost) 100 kW (136 PS); 4 Zylinder, 3 849 cm³ Hubraum, Abgasnorm Stufe V
Getriebe: T5441, stufenloses Getriebe bis 40 km/h
Zapfwelle: 540/540E/1 000
Hubwerk: Kat. II/IIIN, Hubkraft 7 100 daN
Hydraulik: Pumpenleistung 90 (120) l/min bei 200 bar
Gewichte & Maße: Zulässiges Gesamtgewicht 8 500 kg, Leergewicht 5 215 kg, Nutzlast 4 000 kg
Bereifung: 380/70R24, 480/70R38
Preis: keine Angabe

Lamborghini Strike 125

Allradschlepper

Motor: SDF Turbomotor mit Ladeluftkühlung mit 93 kW (126 PS) nach ISO; maximale Leistung 88,2 kW (120 PS); 4 Zylinder, 3 849 cm³ Hubraum, Abgasnorm Stufe V
Getriebe: 10 Vorwärts- und 10 Rückwärtsgänge (auf Wunsch 10/10, 20/20; 20/20, 40/40; 30/30, 60/60 bis 40 km/h), synchronisiert
Zapfwelle: 540/540E
Hubwerk: Kat. II, Hubkraft 5 410 daN
Hydraulik: Pumpenleistung 55; 90 l/min bei 185 bar
Gewichte & Maße: Zulässiges Gesamtgewicht 7 500 kg, Leergewicht 4 100 kg, Nutzlast 3 400 kg
Bereifung: 340/85R28, 420/85R38
Preis: keine Angabe

Lamborghini Spark R 135 VRT
Allradschlepper

Motor: SDF Turbomotor mit Ladeluftkühlung mit 95,6 kW (130 PS) nach ISO; maximale Leistung 100,8 kW (137 PS); maximale Leistung (Boost) 105 kW (143 PS); 4 Zylinder, 3 849 cm^3 Hubraum, Abgasnorm Stufe V
Getriebe: T5441, stufenloses Getriebe bis 40 km/h
Zapfwelle: 540/540E/1 000
Hubwerk: Kat. II/IIIN, Hubkraft 7 100 daN
Hydraulik: Pumpenleistung 90 (120) l/min bei 200 bar
Gewichte & Maße: Zulässiges Gesamtgewicht 8 500 kg, Leergewicht 5 215 kg, Nutzlast 4 000 kg
Bereifung: 380/70R24, 480/70R34
Preis: keine Angabe

Lamborghini Spark R 135 RVshift
Allradschlepper

Motor: SDF Turbomotor mit Ladeluftkühlung mit 95,6 kW (130 PS) nach ISO; maximale Leistung 100,8 kW (137 PS); maximale Leistung (Boost) 105 kW (143 PS); 4 Zylinder, 3 849 cm^3 Hubraum, Abgasnorm Stufe V
Getriebe: T5441, 20 Vorwärts- und 16 Rückwärtsgänge (auf Wunsch 20/17 bis 40 km/h), synchronisiert
Zapfwelle: 540/540E/1 000
Hubwerk: Kat. II/IIIN, Hubkraft 7 100 daN
Hydraulik: Pumpenleistung 90 (120) l/min bei 200 bar
Gewichte & Maße: Zulässiges Gesamtgewicht 8 500 kg, Leergewicht 5 215 kg, Nutzlast 4 000 kg
Bereifung: 380/70R24, 480/70R34
Preis: keine Angabe

Lamborghini Spark R 135
Allradschlepper

Motor: SDF Turbomotor mit Ladeluftkühlung mit 95,6 kW (130 PS) nach ISO; maximale Leistung 100,8 kW (137 PS); maximale Leistung (Boost) 105 kW (143 PS); 4 Zylinder, 3 849 cm^3 Hubraum, Abgasnorm Stufe V
Getriebe: T5441, 60 Vorwärts- und 60 Rückwärtsgänge (auf Wunsch 30/30 oder 60/60 bis 40 km/h), synchronisiert, 3 Lastschaltstufen
Zapfwelle: 540/540E
Hubwerk: Kat. II/IIIN, Hubkraft 7 000 daN
Hydraulik: Pumpenleistung 90; 120 l/min bei 200 bar
Gewichte & Maße: Zulässiges Gesamtgewicht 8 000 kg, Leergewicht 4 750 kg, Nutzlast 3 250 kg
Bereifung: 380/70R24, 480/70R34
Preis: keine Angabe

Landini

Landini ist ein italienischer Traktorenhersteller, der 1884 von Giovanni Landini gegründet wurde. Die neue Fabrik für Land- und Weinbaumaschinen entstand in Fabbrico (südlich von Verona). 1910 stellte Landini den ersten stationären Glühkopfmotor für landwirtschaftliche Fahrzeuge her. 1924 entwickelte Landini das Modell 25/30 HP – den Prototyp des ersten Traktors mit Glühkopfmotor. Zehn Jahre später startete die Produktion vom Modell Super Landini, das bei der großen Urbarmachungskampagne in Italien eine wichtige Rolle spielte.
In den 1950er Jahren stellte Landini den leistungsstärksten Schlepper mit Glühkopfmotor L 55 her. 1957 unterzeichneten Landini und der englische Motorenhersteller Perkins eine Vereinbarung über die Produktion von Perkins-Diesel-Motoren in Italien, mit denen die gesamte Landini-Traktorenflotte ausgestattet wurde.
1959 wurde Landini zu 100 % von Massey Ferguson übernommen. Danach wurden etliche MF-Baureihen bei Landini in Italien hergestellt. 1982 startete die Produktion von Spezialtraktoren für den Obstbau. Ab 1986 wurden Weinbautraktoren in das Sortiment aufgenommen.
Im Jahr 1994 kam Landini durch die Finanzierungsgesellschaft Argo in den Besitz der Familie Morra. 1995 erwarb Landini den Spezialtraktorenhersteller Valpadana. 2001 übernahm Argo die Namensrechte für McCormick, deren Traktoren seitdem als eigene Marke zusammen mit Landini in Italien gebaut werden.

Weitere Informationen erhalten Sie von:
Argo GmbH
Im Birkfeld 4
91595 Burgoberbach

Telefon: 09805/319970
www.landini.it/de

Landini Serie 4-060

Allradschlepper

Motor: Kohler Turbomotor mit Ladeluftkühlung mit 45 kW (61 PS) nach ISO; maximale Leistung 45 kW (61 PS); 4 Zylinder, 2 500 cm^3 Hubraum, Abgasnorm Stufe V
Getriebe: T75, 24 Vorwärts- und 24 Rückwärtsgänge (auf Wunsch 24/24 bis 40 km/h), synchronisiert, 5 Gänge im Hauptarbeitsbereich, 2 Lastschaltstufen
Zapfwelle: 540/540E
Hubwerk: Kat. II, Hubkraft 3 000 daN
Hydraulik: Pumpenleistung 52 + 30 l/min bei 190 bar
Gewichte & Maße: Zulässiges Gesamtgewicht 5 100 kg, Leergewicht 3 200 kg, Nutzlast 1 900 kg, Bodenfreiheit 37 cm
Bereifung: 380/70R20, 480/70R30
Preis: 59 532 Euro (ohne MwSt.)

Landini Serie 4-070

Allradschlepper

Motor: Kohler Turbomotor mit Ladeluftkühlung mit 50 kW (68 PS) nach ISO; maximale Leistung 50 kW (68 PS); 4 Zylinder, 2 500 cm^3 Hubraum, Abgasnorm Stufe V
Getriebe: T75, 24 Vorwärts- und 24 Rückwärtsgänge (auf Wunsch 24/24 bis 40 km/h), synchronisiert, 5 Gänge im Hauptarbeitsbereich, 2 Lastschaltstufen
Zapfwelle: 540/540E
Hubwerk: Kat. II, Hubkraft 3 000 daN
Hydraulik: Pumpenleistung 52 + 30 l/min bei 190 bar
Gewichte & Maße: Zulässiges Gesamtgewicht 5 100 kg, Leergewicht 3 200 kg, Nutzlast 1 900 kg, Bodenfreiheit 37 cm
Bereifung: 380/70R20, 480/70R30
Preis: 60 792 Euro (ohne MwSt.)

Landini Serie 4-080

Allradschlepper

Motor: Kohler Turbomotor mit Ladeluftkühlung mit 55,4 kW (75 PS) nach ISO; maximale Leistung 55,4 kW (75 PS); 4 Zylinder, 2 500 cm^3 Hubraum, Abgasnorm Stufe V
Getriebe: T75, 24 Vorwärts- und 24 Rückwärtsgänge (auf Wunsch 24/24 bis 40 km/h), synchronisiert, 5 Gänge im Hauptarbeitsbereich, 2 Lastschaltstufen
Zapfwelle: 540/540E
Hubwerk: Kat. II, Hubkraft 3 000 daN
Hydraulik: Pumpenleistung 52 + 30 l/min bei 190 bar
Gewichte & Maße: Zulässiges Gesamtgewicht 5 100 kg, Leergewicht 3 200 kg, Nutzlast 1 900 kg, Bodenfreiheit 37 cm
Bereifung: 380/70R20, 480/70R30
Preis: 62 679 Euro (ohne MwSt.)

Landini Serie 5-085

Allradschlepper

Motor: FPT Turbomotor mit Ladeluftkühlung mit 56 kW (76 PS) nach ISO; maximale Leistung 56 kW (76 PS); 4 Zylinder, 3 400 cm^3 Hubraum, Abgasnorm Stufe V
Getriebe: auf Wunsch 16/16, 24/24, 32/32, 36/12, 48/16 bis 40 km/h, synchronisiert, 9 Gänge im Hauptarbeitsbereich, 3 Lastschaltstufen
Zapfwelle: 540/540E
Hubwerk: Kat. II, Hubkraft 3 900 daN
Hydraulik: Pumpenleistung 56 + 32 l/min bei 190 bar
Gewichte & Maße: Zulässiges Gesamtgewicht 5 800 kg, Leergewicht 3 750 kg, Nutzlast 2 050 kg, Bodenfreiheit 33 cm
Bereifung: 440/65R24, 540/65R34
Preis: 69 945 Euro (ohne Mehrwertsteuer)

Landini Serie 5-100 Active

Allradschlepper

Motor: FPT Turbomotor mit Ladeluftkühlung mit 70 kW (95 PS) nach ISO; maximale Leistung 70 kW (95 PS); 4 Zylinder, 3 600 cm^3 Hubraum, Abgasnorm Stufe V
Getriebe: 32 Vorwärts- und 32 Rückwärtsgänge (auf Wunsch 12/12, 16/16 24/24, 32/32 bis 40 km/h), synchronisiert, 10 Gänge im Hauptarbeitsbereich, 2 Lastschaltstufen
Zapfwelle: 540/540E
Hubwerk: Kat. II, Hubkraft 4 500 daN
Hydraulik: Pumpenleistung 62 + 32 l/min
Gewichte & Maße: Zul. Gesamtgewicht 7 000 kg, Leergewicht 4 000 kg, Nutzlast 3 000 kg, Bodenfreiheit 39 cm
Bereifung: 440/65R24, 540/65R34
Preis: 78 680 Euro (ohne Mehrwertsteuer)

Landini Serie 5-100 Dynamic

Allradschlepper

Motor: FPT Turbomotor mit Ladeluftkühlung mit 70 kW (95 PS) nach ISO; maximale Leistung 70 kW (95 PS); 4 Zylinder, 3600 cm³ Hubraum, Abgasnorm Stufe V
Getriebe: auf Wunsch 12/12, 16/16 24/24, 32/32 36/12, 48/16 bis 40 km/h, synchronisiert, 14 Gänge im Hauptarbeitsbereich, 3 Lastschaltstufen
Zapfwelle: 540/540E
Hubwerk: Kat. II, Hubkraft 4500 daN
Hydraulik: Pumpenleistung 62 + 32; 114 l/min
Gewichte & Maße: Zulässiges Gesamtgewicht 7000 kg, Leergewicht 4000 kg, Nutzlast 3000 kg, Bodenfreiheit 39 cm
Bereifung: 440/65R24, 540/65R34
Preis: 84157 Euro (ohne Mehrwertsteuer)

Landini Serie 5-100 HC

Allradschlepper

Motor: FPT Turbomotor mit Ladeluftkühlung mit 70 kW (95 PS) nach ISO; maximale Leistung 70 kW (95 PS); 4 Zylinder, 3600 cm³ Hubraum, Abgasnorm Stufe V
Getriebe: 32 Vorwärts- und 32 Rückwärtsgänge (auf Wunsch 12/12, 16/16, 24/24, 32/32 bis 30 km/h), synchronisiert, 10 Gänge im Hauptarbeitsbereich, 2 Lastschaltstufen
Zapfwelle: 540/1000
Hubwerk: Kat. II, Hubkraft 3900 daN
Hydraulik: Pumpenleistung 62 + 32 l/min

Gewichte & Maße: Zulässiges Gesamtgewicht 6000 kg, Leergewicht 4000 kg, Nutzlast 2000 kg, Bodenfreiheit 65 cm
Bereifung: 380/90R46, 380/90R46
Preis: keine Angabe

Landini Serie 5-110 Active

Allradschlepper

Motor: FPT Turbomotor mit Ladeluftkühlung mit 75 kW (102 PS) nach ISO; maximale Leistung 75 kW (102 PS); 4 Zylinder, 3600 cm³ Hubraum, Abgasnorm Stufe V
Getriebe: 32 Vorwärts- und 32 Rückwärtsgänge (auf Wunsch 12/12, 16/16 24/24, 32/32 bis 40 km/h), synchronisiert, 10 Gänge im Hauptarbeitsbereich, 2 Lastschaltstufen
Zapfwelle: 540/540E
Hubwerk: Kat. II, Hubkraft 4500 daN
Hydraulik: Pumpenleistung 62 + 32 l/min
Gewichte & Maße: Zulässiges Gesamtgewicht 7000 kg, Leergewicht 4000 kg, Nutzlast 3000 kg, Bodenfreiheit 39 cm
Bereifung: 440/65R24, 540/65R34
Preis: 82137 Euro (ohne Mehrwertsteuer)

Landini Serie 5-110 Dynamic

Allradschlepper

Motor: FPT Turbomotor mit Ladeluftkühlung mit 75 kW (102 PS) nach ISO; maximale Leistung 75 kW (102 PS); 4 Zylinder, 3600 cm³ Hubraum, Abgasnorm Stufe V
Getriebe: auf Wunsch 12/12, 16/16 24/24, 32/32 36/12, 48/16 bis 40 km/h, synchronisiert, 14 Gänge im Hauptarbeitsbereich, 3 Lastschaltstufen
Zapfwelle: 540/540E
Hubwerk: Kat. II, Hubkraft 4500 daN
Hydraulik: Pumpenleistung 62 + 32; 114 l/min
Gewichte & Maße: Zulässiges Gesamtgewicht 7000 kg, Leergewicht 4000 kg, Nutzlast 3000 kg, Bodenfreiheit 39 cm
Bereifung: 440/65R24, 540/65R34
Preis: 87613 Euro (ohne Mehrwertsteuer)

Landini Serie 5-110 HC

Allradschlepper

Motor: FPT Turbomotor mit Ladeluftkühlung mit 75 kW (102 PS) nach ISO; maximale Leistung 75 kW (102 PS); 4 Zylinder, 3600 cm³ Hubraum, Abgasnorm Stufe V
Getriebe: 32 Vorwärts- und 32 Rückwärtsgänge (auf Wunsch 12/12, 16/16, 24/24, 32/32 bis 30 km/h), synchronisiert, 10 Gänge im Hauptarbeitsbereich, 2 Lastschaltstufen
Zapfwelle: 540/1000
Hubwerk: Kat. II, Hubkraft 3900 daN
Hydraulik: Pumpenleistung 62 + 32 l/min
Gewichte & Maße: Zulässiges Gesamtgewicht 6000 kg, Leergewicht 4000 kg, Nutzlast 2000 kg, Bodenfreiheit 65 cm
Bereifung: 380/90R46, 380/90R46
Preis: keine Angabe

Landini Serie 5-120 Active

Allradschlepper

Motor: FPT Turbomotor mit Ladeluftkühlung mit 83 kW (113 PS) nach ISO; maximale Leistung 84 kW (114 PS); 4 Zylinder, 3600 cm³ Hubraum, Abgasnorm Stufe V
Getriebe: 32 Vorwärts- und 32 Rückwärtsgänge (auf Wunsch 12/12, 16/16 24/24, 32/32 bis 40 km/h), synchronisiert, 10 Gänge im Hauptarbeitsbereich, 2 Lastschaltstufen
Zapfwelle: 540/540E
Hubwerk: Kat. II, Hubkraft 4500 daN
Hydraulik: Pumpenl. 62 + 32 l/min
Gewichte & Maße: Zulässiges Gesamtgewicht 7000 kg, Leergewicht 4000 kg, Nutzlast 3000 kg, Bodenfreiheit 39 cm

Bereifung: 440/65R24, 540/65R34
Preis: 85040 Euro (ohne MwSt.)

Landini Serie 6-135 RS

Allradschlepper

Motor: FPT Turbomotor mit Ladeluftkühlung mit 83 kW (113 PS) nach ISO; maximale Leistung 92 kW (125 PS); maximale Leistung (Boost) 100 kW (136 PS); 4 Zylinder, 4500 cm³ Hubraum, Abgasnorm Stufe V
Getriebe: 40 Vorwärts- und 40 Rückwärtsgänge (auf Wunsch bis 50 km/h), synchronisiert, 14 Gänge im Hauptarbeitsbereich, 6 Lastschaltstufen
Zapfwelle: 540/540E/1000/1000E
Hubwerk: Kat. III, Hubkraft 7200 daN
Hydraulik: Pumpenleistung 114 + 44 l/min
Gewichte & Maße: Zulässiges Gesamtgewicht 9500 kg, Leergewicht 5500 kg, Nutzlast 4000 kg
Bereifung: 480/65R24, 540/65R38
Preis: 123645 Euro (ohne MwSt.)

Landini Serie 5-120 Dynamic

Allradschlepper

Motor: FPT Turbomotor mit Ladeluftkühlung mit 83 kW (113 PS) nach ISO; maximale Leistung 84 kW (114 PS); 4 Zylinder, 3600 cm³ Hubraum, Abgasnorm Stufe V
Getriebe: auf Wunsch 12/12, 16/16 24/24, 32/32 36/12, 48/16 bis 40 km/h, synchronisiert, 14 Gänge im Hauptarbeitsbereich, 3 Lastschaltstufen
Zapfwelle: 540/540E
Hubwerk: Kat. II, Hubkraft 4500 daN
Hydraulik: Pumpenleistung 62 + 32; 114 l/min
Gewichte & Maße: Zulässiges Gesamtgewicht 7000 kg, Leergewicht 4000 kg, Nutzlast 3000 kg, Bodenfreiheit 39 cm

Bereifung: 440/65R24, 540/65R34
Preis: 90 518 Euro (ohne MwSt.)

Landini Serie 6-125H

Allradschlepper

Motor: FPT Turbomotor mit Ladeluftkühlung mit 88 kW (120 PS) nach ISO; maximale Leistung 88 kW (120 PS); 4 Zylinder, 3 600 cm^3 Hubraum, Abgasnorm Stufe V
Getriebe: auf Wunsch 48/16 bis 40 km/h, synchronisiert, 14 Gänge im Hauptarbeitsbereich, 3 Lastschaltstufen
Zapfwelle: 540/540E/1 000/1 000E
Hubwerk: Kat. II, Hubkraft 6 000 daN
Hydraulik: Pumpenleistung 66 + 30 l/min
Gewichte & Maße: Zulässiges Gesamtgewicht 8 500 kg, Leergewicht 4 700 kg, Nutzlast 3 800 kg, Bodenfreiheit 43 cm
Bereifung: 480/65R24, 600/65R34
Preis: 101 491 Euro (ohne MwSt.)

Landini Serie 6-145 RS

Allradschlepper

Motor: FPT Turbomotor mit Ladeluftkühlung mit 91 kW (124 PS) nach ISO; maximale Leistung 100 kW (136 PS); maximale Leistung (Boost) 107 kW (146 PS); 4 Zylinder, 4 500 cm^3 Hubraum, Abgasnorm Stufe V
Getriebe: 40 Vorwärts- und 40 Rückwärtsgänge (auf Wunsch bis 50 km/h), synchronisiert, 14 Gänge im Hauptarbeitsbereich, 6 Lastschaltstufen
Zapfwelle: 540/540E/1 000/1 000E
Hubwerk: Kat. III, Hubkraft 7 200 daN
Hydraulik: Pumpenleistung 114 + 44 l/min
Gewichte & Maße: Zulässiges Gesamtgewicht 9 500 kg, Leergewicht 5 500 kg, Nutzlast 4 000 kg
Bereifung: 520/60R28, 650/60R38
Preis: 126 076 Euro (ohne MwSt.)

Landini Serie 6-135H

Allradschlepper

Motor: FPT Turbomotor mit Ladeluftkühlung mit 93 kW (126 PS) nach ISO; maximale Leistung 93 kW (126 PS); 4 Zylinder, 3 600 cm^3 Hubraum, Abgasnorm Stufe V
Getriebe: auf Wunsch 48/16 bis 40 km/h, synchronisiert, 14 Gänge im Hauptarbeitsbereich, 3 Lastschaltstufen
Zapfwelle: 540/540E/1 000/1 000E
Hubwerk: Kat. II, Hubkraft 6 000 daN
Hydraulik: Pumpenleistung 66 + 30 l/min
Gewichte & Maße: Zulässiges Gesamtgewicht 8 500 kg, Leergewicht 4 700 kg, Nutzlast 3 800 kg, Bodenfreiheit 43 cm
Bereifung: 480/65R24, 600/65R34
Preis: 104 443 Euro (ohne MwSt.)

Landini Serie 6-155 RS

Allradschlepper

Motor: FPT Turbomotor mit Ladeluftkühlung mit 100 kW (136 PS) nach ISO; maximale Leistung 106 kW (144 PS); maximale Leistung (Boost) 114 kW (155 PS); 4 Zylinder, 4 500 cm^3 Hubraum, Abgasnorm Stufe V
Getriebe: 40 Vorwärts- und 40 Rückwärtsgänge (auf Wunsch bis 50 km/h), synchronisiert, 14 Gänge im Hauptarbeitsbereich, 6 Lastschaltstufen
Zapfwelle: 540/540E/1 000/1 000E
Hubwerk: Kat. III, Hubkraft 7 200 daN
Hydraulik: Pumpenleistung 114 + 44 l/min
Gewichte & Maße: Zulässiges

Gesamtgewicht 9 500 kg, Leergewicht 5 500 kg, Nutzlast 4 000 kg
Bereifung: 520/60R28, 650/60R38
Preis: 129 193 Euro (ohne Mehrwertsteuer)

Landini Serie 7-165 Robo-Six

Allradschlepper

Motor: FPT Turbomotor mit Ladeluftkühlung mit 111 kW (151 PS) nach ISO; maximale Leistung 114 kW (155 PS); maximale Leistung (Boost) 122 kW (166 PS); 4 Zylinder, 4 500 cm^3 Hubraum, Abgasnorm Stufe V
Getriebe: TPT16, 54 Vorwärts- und 27 Rückwärtsgänge (auf Wunsch bis 50 km/h), synchronisiert, 6 Lastschaltstufen
Zapfwelle: 540/540E/1 000/1 000E
Hubwerk: Kat. III, Hubkraft 9 300 daN
Hydraulik: Pumpenleistung 123 + 52 l/min
Gewichte & Maße: Zulässiges Gesamtgewicht 11 500 kg, Leergewicht 6 500 kg, Nutzlast 4 000 kg
Bereifung: 480/65R28, 600/65R38
Preis: 148 386 Euro (ohne Mehrwertsteuer)

Landini Serie 7-170 Robo-Six

Allradschlepper

Motor: FPT Turbomotor mit Ladeluftkühlung mit 111 kW (151 PS) nach ISO; maximale Leistung 114 kW (155 PS); maximale Leistung (Boost) 122 kW (166 PS); 6 Zylinder, 6 700 cm^3 Hubraum, Abgasnorm Stufe V
Getriebe: TPT16, 54 Vorwärts- und 27 Rückwärtsgänge (auf Wunsch bis 50 km/h), synchronisiert, 6 Lastschaltstufen
Zapfwelle: 540/540E/1 000/1 000E
Hubwerk: Kat. III, Hubkraft 9 300 daN
Hydraulik: Pumpenleistung 123 + 52 l/min
Gewichte & Maße: Zulässiges Gesamtgewicht 11 500 kg, Leergewicht 6 500 kg, Nutzlast 4 000 kg
Bereifung: 480/65R28, 600/65R38
Preis: 155 136 Euro (ohne MwSt.)

Landini Landpower 160

Allradschlepper

Motor: FPT Turbomotor mit Ladeluftkühlung mit 111 kW (151 PS) nach ISO; maximale Leistung 114 kW (155 PS); maximale Leistung (Boost) 122 kW (166 PS); 6 Zylinder, 6 700 cm^3 Hubraum, Abgasnorm Stufe V
Getriebe: auf Wunsch 54/18, 108/36 bis 40 km/h, synchronisiert, 3 Lastschaltstufen
Zapfwelle: 540/1 000
Hubwerk: Kat. III, Hubkraft 8 400 daN
Hydraulik: Pumpenleistung 110 + 38 l/min

Gewichte & Maße: Zulässiges Gesamtgewicht 11 300 kg
Bereifung: 480/65R28, 600/65R38
Preis: 137 313 Euro (ohne MwSt.)

Landini Serie 7-175 V-Shift

Allradschlepper

Motor: FPT Turbomotor mit Ladeluftkühlung mit 117 kW (159 PS) nach ISO; maximale Leistung 122 kW (166 PS); maximale Leistung (Boost) 129 kW (175 PS); 4 Zylinder, 4 500 cm^3 Hubraum, Abgasnorm Stufe V
Getriebe: TMT26, stufenloses Getriebe bis 50 km/h
Zapfwelle: 540/540E/1 000/1 000E
Hubwerk: Kat. III, Hubkraft 9 300 daN
Hydraulik: Pumpenleistung 123 + 52 l/min
Gewichte & Maße: Zulässiges Gesamtgewicht 11 500 kg, Leergewicht 6 500 kg, Nutzlast 4 000 kg
Bereifung: 480/65R28, 600/65R38
Preis: 173 946 Euro (ohne Mehrwertsteuer)

Landini Serie 7-180 V-Shift

Allradschlepper

Motor: FPT Turbomotor mit Ladeluftkühlung mit 117 kW (159 PS) nach ISO; maximale Leistung 122 kW (166 PS); maximale Leistung (Boost) 129 kW (175 PS); 6 Zylinder, 6 700 cm^3 Hubraum, Abgasnorm Stufe V
Getriebe: TMT16, stufenloses Getriebe bis 50 km/h
Zapfwelle: 540/540E/1 000/1 000E
Hubwerk: Kat. III, Hubkraft 9 300 daN
Hydraulik: Pumpenleistung 123 + 52 l/min
Gewichte & Maße: Zulässiges Gesamtgewicht 11 500 kg, Leergewicht 6 500 kg, Nutzlast 4 000 kg
Bereifung: 480/65R28, 600/65R38
Preis: 180 570 Euro (ohne Mehrwertsteuer)

Landini Serie 7-175 Robo-Six

Allradschlepper

Motor: FPT Turbomotor mit Ladeluftkühlung mit 117 kW (159 PS) nach ISO; maximale Leistung 122 kW (166 PS); maximale Leistung (Boost) 129 kW (175 PS); 4 Zylinder, 4 500 cm^3 Hubraum, Abgasnorm Stufe V
Getriebe: TPT16, 54 Vorwärts- und 27 Rückwärtsgänge (auf Wunsch bis 50 km/h), synchronisiert, 6 Lastschaltstufen
Zapfwelle: 540/540E/1 000/1 000E
Hubwerk: Kat. III, Hubkraft 9 300 daN
Hydraulik: Pumpenleistung 123 + 52 l/min
Gewichte & Maße: Zulässiges Gesamt-

gewicht 11 500 kg, Leergewicht 6 500 kg, Nutzlast 4 000 kg
Bereifung: 480/65R28, 600/65R38
Preis: 152 681 Euro (ohne Mehrwertsteuer)

Landini Landpower 180

Allradschlepper

Motor: FPT Turbomotor mit Ladeluftkühlung mit 117 kW (159 PS) nach ISO; maximale Leistung 122 kW (166 PS); maximale Leistung (Boost) 129 kW (175 PS); 6 Zylinder, 6 700 cm³ Hubraum, Abgasnorm Stufe V
Getriebe: auf Wunsch 54/18, 108/36 bis 40 km/h, synchronisiert, 3 Lastschaltstufen
Zapfwelle: 540/1 000
Hubwerk: Kat. III, Hubkraft 8 400 daN
Hydraulik: Pumpenleistung 110 + 38 l/min
Gewichte & Maße: Zulässiges Gesamtgewicht 11 300 kg
Bereifung: 480/65R28, 600/65R38
Preis: 139 333 Euro (ohne Mehrwertsteuer)

Landini Serie 7-180 Robo-Six

Allradschlepper

Motor: FPT Turbomotor mit Ladeluftkühlung mit 117 kW (159 PS) nach ISO; maximale Leistung 122 kW (166 PS); maximale Leistung (Boost) 129 kW (175 PS); 6 Zylinder, 6 700 cm³ Hubraum, Abgasnorm Stufe V
Getriebe: TPT16, 54 Vorwärts- und 27 Rückwärtsgänge (auf Wunsch bis 50 km/h), synchronisiert, 6 Lastschaltstufen
Zapfwelle: 540/540E/1 000/1 000E
Hubwerk: Kat. III, Hubkraft 9 300 daN
Hydraulik: Pumpenleistung 123 + 52 l/min
Gewichte & Maße: Zulässiges Gesamtgewicht 11 500 kg, Leergewicht 6 500 kg, Nutzlast 4 000 kg
Bereifung: 480/65R28, 600/65R38
Preis: 159 431 Euro (ohne Mehrwertsteuer)

Landini Serie 7-200 Robo-Six Dyn.

Allradschlepper

Motor: FPT Turbomotor mit Ladeluftkühlung mit 129 kW (175 PS) nach ISO; maximale Leistung 132 kW (180 PS); maximale Leistung (Boost) 140 kW (190 PS); 6 Zylinder, 6 700 cm³ Hubraum, Abgasnorm Stufe V
Getriebe: TPT20, 54 Vorwärts- und 27 Rückwärtsgänge (auf Wunsch bis 50 km/h), synchronisiert, 6 Lastschaltstufen
Zapfwelle: 540/540E/1 000/1 000E
Hubwerk: Kat. III, Hubkraft 9 300 daN
Hydraulik: Pumpenleistung 160 + 52 l/min bei 190 bar
Gewichte & Maße: Zulässiges Gesamtgewicht 13 500 kg, Leergewicht 8 300 kg, Nutzlast 4 700 kg
Bereifung: 540/65R30, 650/65R42
Preis: 1 881 134 Euro (ohne Mehrwertsteuer)

Landini Serie 7-210 V-Shift

Allradschlepper

Motor: FPT Turbomotor mit Ladeluftkühlung mit 143 kW (194 PS) nach ISO; maximale Leistung 147 kW (200 PS); maximale Leistung (Boost) 147 kW (200 PS); 6 Zylinder, 6 700 cm³ Hubraum, Abgasnorm Stufe V
Getriebe: TMT20, stufenloses Getriebe bis 50 km/h
Zapfwelle: 540/540E/1 000/1 000E
Hubwerk: Kat. III, Hubkraft 9 300 daN
Hydraulik: Pumpenleistung 160 + 52 l/min bei 190 bar
Gewichte & Maße: Zulässiges Gesamtgewicht 13 500 kg, Leergewicht 8 370 kg, Nutzlast 4 630 kg, Bodenfreiheit 42 cm
Bereifung: 600/60R30, 710/60R42
Preis: 217 196 Euro (ohne Mehrwertsteuer)

Landini Serie 7-210 Robo-Six Dyn.

Allradschlepper

Motor: FPT Turbomotor mit Ladeluftkühlung mit 143 kW (194 PS) nach ISO; maximale Leistung 147 kW (200 PS); maximale Leistung (Boost) 155 kW (211 PS); 6 Zylinder, 6 700 cm^3 Hubraum, Abgasnorm Stufe V
Getriebe: TPT20, 54 Vorwärts- und 27 Rückwärtsgänge (auf Wunsch bis 50 km/h), synchronisiert, 6 Lastschaltstufen
Zapfwelle: 540/540E/1 000/1 000E
Hubwerk: Kat. III, Hubkraft 9 300 daN
Hydraulik: Pumpenleistung 160 + 52 l/min bei 190 bar
Gewichte & Maße: Zulässiges Gesamtgewicht 13 500 kg, Leergewicht 8 300 kg, Nutzlast 4 700 kg
Bereifung: 540/65R30, 650/65R42
Preis: 187 624 Euro (ohne MwSt.)

Landini Serie 7-230 Robo-Six Dyn.

Allradschlepper

Motor: FPT Turbomotor mit Ladeluftkühlung mit 151 kW (205 PS) nach ISO; maximale Leistung 158 kW (215 PS); maximale Leistung (Boost) 166 kW (226 PS); 6 Zylinder, 6 700 cm^3 Hubraum, Abgasnorm Stufe V
Getriebe: TPT20, 54 Vorwärts- und 27 Rückwärtsgänge (auf Wunsch bis 50 km/h), synchronisiert, 6 Lastschaltstufen
Zapfwelle: 540/540E/1 000/1 000E
Hubwerk: Kat. III, Hubkraft 9 300 daN
Hydraulik: Pumpenleistung 160 + 52 l/min bei 190 bar
Gewichte & Maße: Zulässiges Gesamtgewicht 13 500 kg, Leergewicht 8 300 kg, Nutzlast 4 700 kg
Bereifung: 540/65R30, 650/65R42
Preis: 194 193 Euro (ohne MwSt.)

Landini Serie 7-240 V-Shift

Allradschlepper

Motor: FPT Turbomotor mit Ladeluftkühlung mit 161 kW (219 PS) nach ISO; maximale Leistung 169 kW (230 PS); maximale Leistung (Boost) 169 kW (230 PS); 6 Zylinder, 6 700 cm^3 Hubraum, Abgasnorm Stufe V
Getriebe: TMT20, stufenloses Getriebe bis 50 km/h
Zapfwelle: 540/540E/1 000/1 000E
Hubwerk: Kat. III, Hubkraft 9 300 daN
Hydraulik: Pumpenleistung 160 + 52 l/min bei 190 bar
Gewichte & Maße: Zulässiges Gesamtgewicht 13 500 kg, Leergewicht 8 370 kg, Nutzlast 4 630 kg, Bodenfreiheit 42 cm
Bereifung: 600/60R30, 710/60R42
Preis: 226 792 Euro (ohne Mehrwertsteuer)

Weitere Informationen erhalten Sie von:
Traktorenwerk Lindner
Ing.-H.-Lindner-Str. 4
6250 Kundl/Tirol (Österreich)
Telefon: 00 43/53 38/74 20-0
www.lindner-traktoren.at

Lindner

Der Gründer der Marke Lindner war Hermann Lindner, der 1946 mit der Produktion von Gebirgsgattersägen anfing. Später kam ein handwerksmäßig erzeugter Traktor mit 14 PS aus dem Lindner Traktorenwerk. 1953 stellte Lindner ersten Allradtraktor in Österreich vor und legte damit den Grundstein für den Erfolg seines Traktorenwerkes. 1957 wurde ein Kleintraktor mit 9 PS entwickelt. Der Lindner Junior HRL 9 wurde mit dem Motor von Rudolf Lindner sen. ausgestattet. Dieser Zweitakt-Motor wurde zum Grundstein der eigenen Motorenproduktion in Kundl.

1959 wurden die Modelle BF 22 N und A mit dem luftgekühlten Viertakt-Reihenmotor mit zwei Zylindern vorgestellt. Auch die Marke „Bauernfreund" wurde in diesem Jahr ins Leben gerufen. 1967 begann die Produktion für die neue Traktorenserie 450 N und A, 250 N und A mit wassergekühlten Dreizylinder-Perkins-Motoren und einem ZF-Triebwerk. Zur gleichen Zeit begann die Spezialisierung auf Grünlandtraktoren. Nach mehrjähriger Entwicklungsarbeit wurde 1992 der Unitrac 60 vorgestellt, der Universaltransporter für die Landwirtschaft.

1996 präsentierte Lindner ein völlig neues Traktorenkonzept mit modernstem Design und innovativer Technik: den Geotrac. 2017 wurde der neue Lintrac präsentiert, zunächst mit stufenlosem Getriebe. Mittlerweile hat das Unternehmen den Lintrac auch mit Lastschaltung im Programm. Die Unitrac- und Lintrac-Modelle vermarktet Lindner auch im Kommunalbereich, teilweise ab Werk vorgerüstet für den An- und Aufbau von Spezialgeräten.

Lindner Lintrac 65 LS
Allradschlepper

Motor: Perkins Turbomotor mit 55 kW (75 PS) nach ISO; maximale Leistung 55 kW (75 PS); 4 Zylinder, 3 600 cm^3 Hubraum, Abgasnorm Stufe V
Getriebe: T 5 180 SS, 16 Vorwärts- und 16 Rückwärtsgänge (auf Wunsch bis 40 km/h), synchronisiert, 6 Gänge im Hauptarbeitsbereich, 2 Lastschaltstufen
Zapfwelle: 430/540/750/1 000
Hubwerk: Kat. I/II, Hubkraft 2 800 daN
Hydraulik: Pumpenleistung 55 l/min bei 185 bar
Gewichte & Maße: Zulässiges Gesamtgewicht 5 300 kg, Leergewicht 3 280 kg, Nutzlast 2 020 kg, Bodenfreiheit 35 cm, Wendekreis 9 m
Bereifung: 365/70R18, 480/65R28
Preis: 68 750 Euro (ohne MwSt.)

Lindner Lintrac 75 LS
Allradschlepper

Motor: Perkins Turbomotor mit 55 kW (75 PS) nach ISO; maximale Leistung 55 kW (75 PS); 4 Zylinder, 3 600 cm^3 Hubraum, Abgasnorm Stufe V
Getriebe: T 5 180 SS, 16 Vorwärts- und 16 Rückwärtsgänge (auf Wunsch bis 40 km/h), synchronisiert, 6 Gänge im Hauptarbeitsbereich, 2 Lastschaltstufen
Zapfwelle: 430/540/750/1 000
Hubwerk: Kat. I/II, Hubkraft 2 800 daN
Hydraulik: Pumpenleistung 55 l/min bei 185 bar
Gewichte & Maße: Zulässiges Gesamtgewicht 5 300 kg, Leergewicht 3 600 kg, Nutzlast 1 700 kg, Bodenfreiheit 35 cm, Wendekreis 9 m
Bereifung: 375/70R20, 420/85R30
Preis: 76 500 Euro (ohne MwSt.)

Lindner Unitrac 72 P5
Mehrzweck-Allradfahrzeug

Motor: Perkins Turbomotor mit Ladeluftkühlung mit 55 kW (75 PS) nach ISO; maximale Leistung 55 kW (75 PS); 4 Zylinder, 3 600 cm^3 Hubraum, Abgasnorm Stufe V

Getriebe: 16 Vor- und 16 Rückwärtsgänge (auf Wunsch 20/20+ Superkriechgang bis 40 km/h), synchr., 6 Gänge im Hauptarbeitsbereich
Zapfwelle: 540/1 000
Hubwerk: Kat. I/II, Hubkraft 1 800 daN
Hydraulik: Pumpenleistung 85 l/min bei 185 bar
Gewichte & Maße: Zulässiges Gesamtgewicht 7 500 kg, Leergewicht 3 450 kg, Nutzlast 4 050 kg, Bodenfreiheit 39 cm, Wendekreis 7,2 m
Bereifung: 15.0/55-17, 15.0/55-17
Preis: 110 250 Euro (ohne MwSt.)

Lindner Unitrac 92 P5

Mehrzweck-Allradfahrzeug

Motor: Perkins Turbomotor mit Ladeluftkühlung mit 74,4 kW (101 PS) nach ISO; maximale Leistung 74,4 kW (101 PS); 4 Zylinder, 3 600 cm³ Hubraum, Abgasnorm Stufe V
Getriebe: 16 Vorwärts- und 16 Rückwärtsgänge (auf Wunsch 20/20+ Superkriechgang bis 50 km/h), synchronisiert, 6 Gänge im Hauptarbeitsbereich
Zapfwelle: 540/1 000
Hubwerk: Kat. I/II, Hubkraft 1 800 daN
Hydraulik: Pumpenleistung 85 l/min bei 185 bar
Gewichte & Maße: Zulässiges Gesamtgewicht 8 500 kg, Leergewicht 3 450 kg, Nutzlast 5 050 kg, Bodenfreiheit 39 cm, Wendekreis 7,3 m
Bereifung: 425/55R17, 425/55R17
Preis: 131 000 Euro (ohne MwSt.)

Lindner Lintrac 70

Allradschlepper

Motor: Perkins Turbomotor mit 74,4 kW (101 PS) nach ISO; maximale Leistung 74,4 kW (101 PS); 4 Zylinder, 3 600 cm³ Hubraum, Abgasn. Stufe V
Getriebe: TMT09, stufenl. Getriebe bis 40 km/h
Zapfwelle: 430/540/750/1 000
Hubwerk: Kat. I/II, Hubkraft 3 500 daN
Hydraulik: Pumpenleistung 55 l/min bei 185 bar
Gewichte & Maße: Zulässiges Gesamtgewicht 6 900 kg, Leergewicht 3 890 kg, Nutzlast 3 010 kg, Bodenfreiheit 35 cm, Wendekreis 9 m
Bereifung: 420/65R20, 420/85R30
Preis: 96 750 Euro (ohne MwSt.)

Lindner Lintrac 95 LS

Allradschlepper

Motor: Perkins Turbomotor mit Ladeluftkühlung mit 75 kW (102 PS) nach ISO; maximale Leistung 75 kW (102 PS); 4 Zylinder, 3 600 cm³ Hubraum, Abgasnorm Stufe V
Getriebe: T-557 PS, 16 Vorwärts- und 8 Rückwärtsgänge (auf Wunsch bis 40 km/h), synchronisiert, 6 Gänge im Hauptarbeitsbereich
Zapfwelle: 430/540/750/1 000
Hubwerk: Kat. II/III, Hubkraft 4 900 daN
Hydraulik: Pumpenleistung 80 l/min bei 200 bar
Gewichte & Maße: Zulässiges Gesamtgewicht 7 500 kg, Leergewicht 4 500 kg, Nutzlast 3 000 kg, Bodenfreiheit 39 cm, Wendekreis 9,6 m
Bereifung: 380/70R24, 480/70R34
Preis: 96 500 Euro (ohne MwSt.)

Lindner Unitrac 112 LDrive

Mehrzweck-Allradfahrzeug

Motor: VM Turbomotor mit Ladeluftkühlung mit 79 kW (107 PS) nach ISO; maximale Leistung 79 kW (107 PS); 4 Zylinder, 2 970 cm³ Hubraum, Abgasnorm Stufe V, Euro 6C
Getriebe: stufenl. Getriebe bis 50 km/h
Zapfwelle: 540/1 000
Hubwerk: Kat. I/II, Hubkraft 1 800 daN
Hydraulik: Pumpenleistung 88 l/min bei 200 bar
Gewichte & Maße: Zulässiges Gesamtgewicht 9 500 kg, Leergewicht 3 475 kg, Nutzlast 6 025 kg, Bodenfreiheit 39 cm, Wendekreis 7,5 m
Bereifung: 425/55R17, 425/55R17
Preis: 166 750 Euro (ohne Mehrwertsteuer)

Lindner Lintrac 115 LS

Allradschlepper

Motor: Perkins Turbomotor mit Ladeluftkühlung mit 82 kW (112 PS) nach ISO; maximale Leistung 82 kW (112 PS); 4 Zylinder, 3 600 cm³ Hubraum, Abgasnorm Stufe V
Getriebe: T-557 PS, 16 Vorwärts- und 8 Rückwärtsgänge (auf Wunsch bis 40 km/h), synchronisiert, 6 Gänge im Hauptarbeitsbereich

Zapfwelle: 430/540/750/1000
Hubwerk: Kat. II/III, Hubkraft 4900 daN
Hydraulik: Pumpenleistung 80 l/min bei 200 bar
Gewichte & Maße: Zulässiges Gesamtgewicht 7500 kg, Leergewicht 4500 kg, Nutzlast 3000 kg, Bodenfreiheit 39 cm, Wendekreis 9,6 m
Bereifung: 380/70R24, 480/70R34
Preis: 101250 Euro (ohne MwSt.)

Lindner Lintrac 100

Allradschlepper

Motor: Perkins Turbomotor mit 85,9 kW (117 PS) nach ISO; maximale Leistung 85,9 kW (117 PS); 4 Zylinder, 3600 cm³ Hubraum, Abgasnorm Stufe V
Getriebe: TMT09, stufenloses Getriebe bis 40 km/h
Zapfwelle: 430/540/750/1000
Hubwerk: Kat. II, Hubkraft 3500 daN
Hydraulik: Pumpenleistung 88 l/min bei 200 bar
Gewichte & Maße: Zulässiges Gesamtgewicht 7200 kg, Leergewicht 4500 kg, Nutzlast 2700 kg, Bodenfreiheit 35 cm, Wendekreis 9 m
Bereifung: 375/70R20, 420/85R30
Preis: 111750 Euro (ohne Mehrwertsteuer)

Lindner Unitrac 122 LDrive

Mehrzweck-Allradfahrzeug

Motor: Perkins Turbomotor mit Ladeluftkühlung mit 90 kW (122 PS) nach ISO; maximale Leistung 90 kW (122 PS); 4 Zylinder, 3600 cm³ Hubraum, Abgasnorm Stufe V
Getriebe: stufenloses Getriebe bis 50 km/h
Zapfwelle: 540/1000
Hubwerk: Kat. I/II, Hubkraft 1800 daN
Hydraulik: Pumpenleistung 88 l/min bei 200 bar
Gewichte & Maße: Zulässiges Gesamtgewicht 9500 kg, Leergewicht 3800 kg, Nutzlast 5700 kg, Bodenfreiheit 39 cm, Wendekreis 7,5 m
Bereifung: 425/55R17, 425/55R17
Preis: 172000 Euro (ohne MwSt.)

Lindner Lintrac 130

Allradschlepper

Motor: Perkins Turbomotor mit Ladeluftkühlung mit 100 kW (136 PS) nach ISO; maximale Leistung 100 kW (136 PS); 4 Zylinder, 3600 cm³ Hubraum, Abgasnorm Stufe V
Getriebe: TMT 11.2, stufenloses Getriebe bis 40 km/h
Zapfwelle: 540/750/1000/1400
Hubwerk: Kat. II/III, Hubkraft 4900 daN
Hydraulik: Pumpenleistung 88 l/min bei 200 bar
Gewichte & Maße: Zulässiges Gesamtgewicht 8500 kg, Leergewicht 5000 kg, Nutzlast 3500 kg, Bodenfreiheit 39 cm, Wendekreis 8,5 m
Bereifung: 440/65R24, 540/65R34
Preis: 122250 Euro (ohne MwSt.)

Weitere Informationen erhalten Sie von:
Geschäftsbereich Massey Ferguson
Johann-Georg-Fendt-Strasse 14
87616 Marktoberdorf
Telefon: 0 83 42/77 86 60
www.masseyferguson.com

Massey Ferguson

Als Daniel Massey 1847 eine kleine Fabrik für landwirtschaftliche Geräte in Newcastle im kanadischen Bundesstaat Ontario gründete, wusste er nicht, dass' dies zum Grundstein der Marke Massey Ferguson werden wird. Zehn Jahre später entstand ebenfalls in Ontario eine Gießerei für die Fertigung und Reparatur landwirtschaftlicher Geräte von Alanson Harris. 1891 fusionierte die Massey Manufacturing Company mit der von Alanson Harris gegründeten Firma A. Harris and Son Implement. Die daraus entstandene Firma bekam den Namen Massey-Harris Company Limited.

Kurz vor Ausbruch des Zweiten Weltkriegs erfand Harry Ferguson die Dreipunktkupplung zum Anbau von Geräten an den Schlepper. Bis heute wird dieses System allseits verwendet. 1933 baute Harry Ferguson in seiner Werkstatt in Belfast den ersten eigenen Traktor. 1953 schlossen sichMassey-Harris und Harry Ferguson Limited zusammen. Das neue Unternehmen trug anfangs noch den Namen Massey-Harris-Ferguson, wurde aber schließlich 1958 in Massey Ferguson Company umbenannt.

1994 übernahm der US-amerikanische Konzern Agco den Bereich Landmaschinen ohne die Motorensparte Perkins. Heute ist Massey Ferguson eine weltweit vertriebene Marke der Agco AG mit Hauptsitz in Duluth, USA. Immer noch gehören Traktoren, Mähdrescher und andere landwirtschaftliche Geräte zur Produktpalette. Die Deutschland-Zentrale der Firma befindet sich seit 2007 in Marktoberdorf im Allgäu.

Massey Ferguson MF 4708 M

Allradschlepper

Motor: Agco Power Turbomotor mit Ladeluftkühlung mit 61 kW (83 PS) nach ISO; maximale Leistung 63 kW (86 PS); 3 Zylinder, 3 300 cm^3 Hubraum, Abgasnorm Stufe V
Getriebe: 12 Vorwärts- und 12 Rückwärtsgänge (auf Wunsch Dyna 2; V/R 24/24; 2xLS; PowerShuttle & Comfort Control bis 40 km/h), synchronisiert, 5 Gänge im Hauptarbeitsbereich
Zapfwelle: 540/540E
Hubwerk: Kat. II, Hubkraft 3 000 daN
Hydraulik: Pumpenleistung 65 l/min bei 200 bar
Gewichte & Maße: Zulässiges Gesamtgewicht 6 200 kg, Leergewicht 3 900 kg, Nutzlast 2 300 kg, Bodenfreiheit 24 cm, Wendekreis 7,7 m
Bereifung: 340/85R24, 420/85R34
Preis: 67 850 Euro (ohne MwSt.)

Massey Ferguson MF 3AL.85

Allradschlepper

Motor: FPT Turbomotor mit 63 kW (86 PS) nach ISO; maximale Leistung 66 kW (90 PS); 4 Zylinder, 3 600 cm^3 Hubraum, Abgasnorm Stufe V
Getriebe: 30 Vorwärts- und 15 Rückwärtsgänge (auf Wunsch bis 40 km/h), synchronisiert, 9 Gänge im Hauptarbeitsbereich, 2 Lastschaltstufen
Zapfwelle: 540/540E, Höchstdrehzahl: 641/753/1 173 min^{-1}
Hubwerk: Kat. II, Hubkraft 3 100 daN
Hydraulik: Pumpenleistung 95 l/min bei 190 bar
Gewichte & Maße: Zulässiges Gesamtgewicht 5 100 kg, Leergewicht 3 430 kg, Nutzlast 1 670 kg, Bodenfreiheit 41 cm, Wendekreis 8,1 m
Bereifung: 280/85R24, 420/85R30
Preis: 100 300 Euro (ohne Mehrwertsteuer)

Massey Ferguson MF 4709 M

Allradschlepper

Motor: Agco Power Turbomotor mit Ladeluftkühlung mit 68 kW (92 PS) nach ISO; maximale Leistung 71 kW (97 PS); 3 Zylinder, 3 300 cm^3 Hubraum, Abgasnorm Stufe V
Getriebe: 12 Vorwärts- und 12 Rückwärtsgänge (auf Wunsch Dyna 2; V/R 24/24; 2xLS; PowerShuttle & Comfort Control bis 40 km/h), synchronisiert, 5 Gänge im Hauptarbeitsbereich
Zapfwelle: 540/540E
Hubwerk: Kat. II, Hubkraft 3 000 daN
Hydraulik: Pumpenleistung 65 l/min bei 200 bar
Gewichte & Maße: Zulässiges Gesamtgewicht 6 200 kg, Leergewicht 3 900 kg, Nutzlast 2 300 kg, Bodenfreiheit 24 cm, Wendekreis 7,7 m
Bereifung: 340/85R24, 420/85R34
Preis: 70 700 Euro (ohne Mehrwertsteuer)

Massey Ferguson MF 5M.95

Allradschlepper

Motor: Agco Power Turbomotor mit Ladeluftkühlung mit 68 kW (92 PS) nach ISO; maximale Leistung 71 kW (97 PS); 4 Zylinder, 4 400 cm^3 Hubraum, Abgasnorm Stufe V
Getriebe: Dyna-4, 16 Vorwärts- und 16 Rückwärtsgänge (auf Wunsch 32x32 bis 40 km/h), synchronisiert, 6 Gänge im Hauptarbeitsbereich, 4 Lastschaltstufen
Zapfwelle: 540/540E/1 000
Hubwerk: Kat. II, Hubkraft 4 300 daN
Hydraulik: Pumpenleistung 58 l/min bei 200 bar
Gewichte & Maße: Zulässiges Gesamtgewicht 8 500 kg, Leergewicht 4 500 kg, Nutzlast 4 000 kg, Bodenfreiheit 45 cm, Wendekreis 8,3 m
Bereifung: 380/85R24, 420/85R34
Preis: 86 430 Euro (ohne Mehrwertsteuer)

Massey Ferguson MF 3AL.95

Allradschlepper

Motor: FPT Turbomotor mit 70 kW (95 PS) nach ISO; maximale Leistung 73 kW (99 PS); 4 Zylinder, 3600 cm^3 Hubraum, Abgasnorm Stufe V
Getriebe: 30 Vorwärts- und 15 Rückwärtsgänge (auf Wunsch 24x24 bis 40 km/h), synchronisiert, 9 Gänge im Hauptarbeitsbereich, 2 Lastschaltstufen
Zapfwelle: 540/540E, Höchstdrehzahl: 641/753/1173 min^{-1}
Hubwerk: Kat. II, Hubkraft 3100 daN
Hydraulik: Pumpenleistung 95 l/min bei 190 bar
Gewichte & Maße: Zulässiges Gesamtgewicht 5100 kg, Leergewicht 3430 kg, Nutzlast 1670 kg, Bodenfreiheit 41 cm, Wendekreis 8,1 m
Bereifung: 280/85R24, 420/85R30
Preis: 105490 Euro (ohne MwSt.)

Massey Ferguson MF 4710 M

Allradschlepper

Motor: Agco Power Turbomotor mit Ladeluftkühlung mit 73 kW (99 PS) nach ISO; maximale Leistung 75 kW (102 PS); 3 Zylinder, 3300 cm^3 Hubraum, Abgasnorm Stufe V
Getriebe: 12 Vorwärts- und 12 Rückwärtsgänge (auf Wunsch Dyna 2; V/R 24/24; 2xLS; PowerShuttle & Comfort Control bis 40 km/h), synchronisiert, 5 Gänge im Hauptarbeitsbereich
Zapfwelle: 540/540E
Hubwerk: Kat. II, Hubkraft 3000 daN
Hydraulik: Pumpenleistung 65 l/min bei 200 bar
Gewichte & Maße: Zulässiges Gesamtgewicht 6200 kg, Leergewicht 3870 kg, Nutzlast 2330 kg, Bodenfreiheit 24 cm, Wendekreis 7,7 m
Bereifung: 340/85R24, 420/85R34
Preis: 72980 Euro (ohne MwSt.)

Massey Ferguson MF 3AL.105

Allradschlepper

Motor: FPT Turbomotor mit 75 kW (102 PS) nach ISO; maximale Leistung 77 kW (105 PS); 4 Zylinder, 3600 cm^3 Hubraum, Abgasnorm Stufe V
Getriebe: 30 Vorwärts- und 15 Rückwärtsgänge (auf Wunsch 24x24 bis 40 km/h), synchronisiert, 9 Gänge im Hauptarbeitsbereich, 2 Lastschaltstufen
Zapfwelle: 540/540E, Höchstdrehzahl: 641/753/1173 min^{-1}
Hubwerk: Kat. II, Hubkraft 3100 daN
Hydraulik: Pumpenleistung 95 l/min bei 190 bar
Gewichte & Maße: Zulässiges Gesamtgewicht 5100 kg, Leergewicht 3430 kg, Nutzlast 1670 kg, Bodenfreiheit 41 cm, Wendekreis 8,1 m
Bereifung: 280/85R24, 420/85R30
Preis: 108950 Euro (ohne MwSt.)

Massey Ferguson MF 5M.105

Allradschlepper

Motor: Agco Power Turbomotor mit Ladeluftkühlung mit 77 kW (105 PS) nach ISO; maximale Leistung 80 kW (109 PS); 4 Zylinder, 4400 cm^3 Hubraum, Abgasnorm Stufe V
Getriebe: Dyna-4, 16 Vorwärts- und 16 Rückwärtsgänge (auf Wunsch 32x32 bis 40 km/h), synchronisiert, 6 Gänge im Hauptarbeitsbereich, 4 Lastschaltstufen
Zapfwelle: 540/540E/1000
Hubwerk: Kat. II, Hubkraft 4300 daN
Hydraulik: Pumpenleistung 58 l/min bei 200 bar

Gewichte & Maße: Zulässiges Gesamtgewicht 8 500 kg, Leergewicht 4 500 kg, Nutzlast 4 000 kg, Bodenfreiheit 45 cm, Wendekreis 8,3 m
Bereifung: 380/85R24, 420/85R34
Preis: 89 280 Euro (ohne MwSt.)

Massey Ferguson MF 5S.105 Dyna-6

Allradschlepper

Motor: Agco Power Turbomotor mit Ladeluftkühlung mit 79 kW (107 PS) nach ISO; maximale Leistung 83 kW (113 PS); 4 Zylinder, 4 400 cm^3 Hubraum, Abgasnorm Stufe V
Getriebe: Dyna-6, 24 Vorwärts- und 24 Rückwärtsgänge (auf Wunsch 48/48 bis 40 km/h), synchronisiert, 9 Gänge im Hauptarbeitsbereich, 6 Lastschaltstufen
Zapfwelle: 540/540E
Hubwerk: Kat. II/III, Hubkraft 6 000 daN
Hydraulik: Pumpenleistung 58 l/min bei 200 bar
Gewichte & Maße: Zulässiges Gesamtgewicht 9 500 kg, Leergewicht 5 000 kg, Nutzlast 3 900 kg, Bodenfreiheit 38 cm, Wendekreis 7,7 m
Bereifung: 340/85R24, 420/85R34
Preis: 109 240 Euro (ohne MwSt.)

Massey Ferguson MF 5S.105 Dyna-4

Allradschlepper

Motor: Agco Power Turbomotor mit Ladeluftkühlung mit 79 kW (107 PS) nach ISO; maximale Leistung 83 kW (113 PS); 4 Zylinder, 4 400 cm^3 Hubraum, Abgasnorm Stufe V
Getriebe: Dyna-4, 16 Vorwärts- und 16 Rückwärtsgänge (auf Wunsch 32/32 bis 40 km/h), synchronisiert, 6 Gänge im Hauptarbeitsbereich, 4 Lastschaltstufen
Zapfwelle: 540/540E
Hubwerk: Kat. II/III, Hubkraft 6 000 daN
Hydraulik: Pumpenleistung 58 l/min bei 200 bar
Gewichte & Maße: Zulässiges Gesamtgewicht 9 500 kg, Leergewicht 4 900 kg, Nutzlast 4 000 kg, Bodenfreiheit 38 cm, Wendekreis 7,7 m
Bereifung: 340/85R24, 420/85R34
Preis: 105 540 Euro (ohne MwSt.)

Massey Ferguson MF 5M.115

Allradschlepper

Motor: Agco Power Turbomotor mit Ladeluftkühlung mit 82 kW (112 PS) nach ISO; maximale Leistung 86 kW (117 PS); 4 Zylinder, 4 400 cm^3 Hubraum, Abgasnorm Stufe V
Getriebe: Dyna-4, 16 Vorwärts- und 16 Rückwärtsgänge (auf Wunsch 32x32 bis 40 km/h), synchronisiert, 6 Gänge im Hauptarbeitsbereich, 4 Lastschaltstufen
Zapfwelle: 540/540E/1 000
Hubwerk: Kat. II, Hubkraft 4 300 daN
Hydraulik: Pumpenleistung 58 l/min bei 200 bar
Gewichte & Maße: Zulässiges Gesamtgewicht 8 500 kg, Leergewicht 4 500 kg, Nutzlast 4 000 kg, Bodenfreiheit 45 cm, Wendekreis 8,3 m
Bereifung: 380/85R24, 420/85R34
Preis: 92 130 Euro (ohne MwSt.)

Massey Ferguson MF 5S.115 Dyna-6

Allradschlepper

Motor: Agco Power Turbomotor mit Ladeluftkühlung mit 86 kW (117 PS) nach ISO; maximale Leistung 90 kW (122 PS); 4 Zylinder, 4 400 cm^3 Hubraum, Abgasnorm Stufe V
Getriebe: Dyna-6, 24 Vorwärts- und 24 Rückwärtsgänge (auf Wunsch 48/48 bis 40 km/h), synchronisiert, 9 Gänge im Hauptarbeitsbereich, 6 Lastschaltstufen

Zapfwelle: 540/540E
Hubwerk: Kat. II/III, Hubkraft 6 000 daN
Hydraulik: Pumpenleistung 58 l/min bei 200 bar
Gewichte & Maße: Zulässiges Gesamtgewicht 9 500 kg, Leergewicht 5 000 kg, Nutzlast 3 900 kg, Bodenfreiheit 38 cm, Wendekreis 7,9 m
Bereifung: 340/85R28, 420/85R38
Preis: 112 090 Euro (ohne MwSt.)

Massey Ferguson MF 5S.115 Dyna-4

Allradschlepper

Motor: Agco Power Turbomotor mit Ladeluftkühlung mit 86 kW (117 PS) nach ISO; maximale Leistung 90 kW (122 PS); 4 Zylinder, 4 400 cm³ Hubraum, Abgasnorm Stufe V
Getriebe: Dyna-4, 16 Vorwärts- und 16 Rückwärtsgänge (auf Wunsch 32/32 bis 40 km/h), synchronisiert, 6 Gänge im Hauptarbeitsbereich, 4 Lastschaltstufen
Zapfwelle: 540/540E
Hubwerk: Kat. II/III, Hubkraft 6 000 daN
Hydraulik: Pumpenleistung 58 l/min bei 200 bar
Gewichte & Maße: Zulässiges Gesamtgewicht 9 500 kg, Leergewicht 4 900 kg, Nutzlast 4 000 kg, Bodenfreiheit 38 cm, Wendekreis 7,9 m
Bereifung: 340/85R28, 420/85R38
Preis: 108 390Euro (ohne MwSt.)

Massey Ferguson MF 5M.125

Allradschlepper

Motor: Agco Power Turbomotor mit Ladeluftkühlung mit 90 kW (122 PS) nach ISO; maximale Leistung 93 kW (126 PS); 4 Zylinder, 4 400 cm³ Hubraum, Abgasnorm Stufe V
Getriebe: Dyna-4, 16 Vorwärts- und 16 Rückwärtsgänge (auf Wunsch 32x32 bis 40 km/h), synchronisiert, 6 Gänge im Hauptarbeitsbereich, 4 Lastschaltstufen

Zapfwelle: 540/540E/1000
Hubwerk: Kat. III, Hubkraft 5200 daN
Hydraulik: Pumpenleistung 58 l/min bei 200 bar
Gewichte & Maße: Zulässiges Gesamtgewicht 8500 kg, Leergewicht 4950 kg, Nutzlast 3550 kg, Bodenfreiheit 48 cm, Wendekreis 8,3 m
Bereifung: 380/85R24, 420/85R34
Preis: 98210 Euro (ohne MwSt.)

Massey Ferguson MF 5S.125 Dyna-4

Allradschlepper

Motor: Agco Power Turbomotor mit Ladeluftkühlung mit 94 kW (128 PS) nach ISO; maximale Leistung 97 kW (132 PS); 4 Zylinder, 4400 cm³ Hubraum, Abgasnorm Stufe V
Getriebe: Dyna-4, 16 Vorwärts- und 16 Rückwärtsgänge (auf Wunsch 32/32 bis 40 km/h), synchronisiert, 6 Gänge im Hauptarbeitsbereich, 4 Lastschaltstufen
Zapfwelle: 540/540E
Hubwerk: Kat. II/III, Hubkraft 6000 daN
Hydraulik: Pumpenleistung 58 l/min bei 200 bar
Gewichte & Maße: Zulässiges Gesamtgewicht 9500 kg, Leergewicht 4900 kg, Nutzlast 4000 kg, Bodenfreiheit 38 cm, Wendekreis 7,9 m
Bereifung: 340/85R28, 420/85R38
Preis: 112 130 Euro (ohne MwSt.)

Massey Ferguson MF 5S.125 Dyna-6

Allradschlepper

Motor: Agco Power Turbomotor mit Ladeluftkühlung mit 94 kW (128 PS) nach ISO; maximale Leistung 97 kW (132 PS); 4 Zylinder, 4400 cm³ Hubraum, Abgasnorm Stufe V
Getriebe: Dyna-6, 24 Vorwärts- und 24 Rückwärtsgänge (auf Wunsch 48/48 bis 40 km/h), synchronisiert, 9 Gänge im Hauptarbeitsbereich, 6 Lastschaltstufen
Zapfwelle: 540/540E
Hubwerk: Kat. II/III, Hubkraft 6000 daN
Hydraulik: Pumpenleistung 58 l/min bei 200 bar
Gewichte & Maße: Zulässiges Gesamtgewicht 9500 kg, Leergewicht 5000 kg, Nutzlast 3900 kg, Bodenfreiheit 38 cm, Wendekreis 7,9 m
Bereifung: 340/85R28, 420/85R38
Preis: 115 830 Euro (ohne MwSt.)

Massey Ferguson MF 6S.135 Dyna-6

Allradschlepper

Motor: Agco Power Turbomotor mit Ladeluftkühlung mit 96 kW (131 PS) nach ISO; maximale Leistung 99 kW (135 PS); maximale Leistung (Boost) 110 kW (150 PS); 4 Zylinder, 4900 cm³ Hubraum, Abgasnorm Stufe V
Getriebe: Dyna-6, 24 Vorwärts- und 24 Rückwärtsgänge (auf Wunsch 48/48 bis 40 km/h), synchronisiert, 9 Gänge im Hauptarbeitsbereich, 6 Lastschaltstufen
Zapfwelle: 540/1000, Höchstdrehzahl: 1035 min⁻¹
Hubwerk: Kat. III, Hubkraft 7100 daN
Hydraulik: Pumpenleistung 100 l/min bei 200 bar
Gewichte & Maße: Zulässiges Gesamtgewicht 10250 kg, Leergewicht 5900 kg, Nutzlast 4350 kg, Bodenfreiheit 45 cm, Wendekreis 9,5 m
Bereifung: 380/85R28, 460/85R38
Preis: 131990 Euro (ohne Mehrwertsteuer)

Massey Ferguson MF 6S.135 Dyna-VT

Allradschlepper

Motor: Agco Power Turbomotor mit Ladeluftkühlung mit 96 kW (131 PS) nach ISO; maximale Leistung 99 kW (135 PS); maximale Leistung (Boost) 110 kW (150 PS); 4 Zylinder, 4 900 cm^3 Hubraum, Abgasnorm Stufe V
Getriebe: Dyna-VT DTM, stufenloses Getriebe bis 50 km/h
Zapfwelle: 540/540E/1 000/1 000E, Höchstdrehzahl: 1 105 min^{-1}
Hubwerk: Kat. III, Hubkraft 9 600 daN
Hydraulik: Pumpenleistung 110 l/min bei 200 bar
Gewichte & Maße: Zulässiges Gesamtgewicht 12 500 kg, Leergewicht 6 900 kg, Nutzlast 5 600 kg, Bodenfreiheit 51 cm, Wendekreis 9,5 m
Bereifung: 380/85R28, 460/85R38
Preis: 161 530 Euro (ohne MwSt.)

Massey Ferguson MF 5M.135

Allradschlepper

Motor: Agco Power Turbomotor mit Ladeluftkühlung mit 97 kW (132 PS) nach ISO; maximale Leistung 101 kW (137 PS); 4 Zylinder, 4 400 cm^3 Hubraum, Abgasnorm Stufe V
Getriebe: Dyna-4, 16 Vorwärts- und 16 Rückwärtsgänge (auf Wunsch 32x32 bis 40 km/h), synchronisiert, 6 Gänge im Hauptarbeitsbereich, 4 Lastschaltstufen
Zapfwelle: 540/540E/1 000
Hubwerk: Kat. III, Hubkraft 5 200 daN
Hydraulik: Pumpenleistung 58 l/min bei 200 bar
Gewichte & Maße: Zulässiges Gesamtgewicht 8 500 kg, Leergewicht 4 950 kg, Nutzlast 3 550 kg, Bodenfreiheit 48 cm, Wendekreis 8,3 m
Bereifung: 380/85R24, 420/85R34
Preis: 101 060 Euro (ohne MwSt.)

Massey Ferguson MF 5S.135 Dyna-6

Allradschlepper

Motor: Agco Power Turbomotor mit Ladeluftkühlung mit 97 kW (132 PS) nach ISO; maximale Leistung 101 kW (137 PS); 4 Zylinder, 4 400 cm^3 Hubraum, Abgasnorm Stufe V
Getriebe: Dyna-6, 24 Vorwärts- und 24 Rückwärtsgänge (auf Wunsch 48/48 bis 40 km/h), synchronisiert, 9 Gänge im Hauptarbeitsbereich, 6 Lastschaltstufen
Zapfwelle: 540/540E
Hubwerk: Kat. II/III, Hubkraft 6 000 daN
Hydraulik: Pumpenleistung 58 l/min bei 200 bar
Gewichte & Maße: Zulässiges Gesamtgewicht 9 500 kg, Leergewicht 5 000 kg, Nutzlast 3 900 kg, Bodenfreiheit 38 cm, Wendekreis 7,9 m

Bereifung: 340/85R28, 420/85R38
Preis: 118 680 Euro (ohne MwSt.)

Massey Ferguson MF 5S.135 Dyna-4

Allradschlepper

Motor: Agco Power Turbomotor mit Ladeluftkühlung mit 97 kW (132 PS) nach ISO; maximale Leistung 101 kW (137 PS); 4 Zylinder, 4 400 cm³ Hubraum, Abgasnorm Stufe V
Getriebe: Dyna-4, 16 Vorwärts- und 16 Rückwärtsgänge (auf Wunsch 32/32 bis 40 km/h), synchronisiert, 6 Gänge im Hauptarbeitsbereich, 4 Lastschaltstufen
Zapfwelle: 540/540E
Hubwerk: Kat. II/III, Hubkraft 6 000 daN
Hydraulik: Pumpenleistung 58 l/min bei 200 bar
Gewichte & Maße: Zulässiges Gesamtgewicht 9 500 kg, Leergewicht 4 900 kg, Nutzlast 4 000 kg, Bodenfreiheit 38 cm, Wendekreis 7,9 m
Bereifung: 340/85R28, 420/85R38
Preis: 114 980 Euro (ohne Mehrwertsteuer)

Massey Ferguson MF 6S.145 Dyna-6

Allradschlepper

Motor: Agco Power Turbomotor mit Ladeluftkühlung mit 103 kW (140 PS) nach ISO; maximale Leistung 106 kW (144 PS); maximale Leistung (Boost) 118 kW (160 PS); 4 Zylinder, 4 900 cm³ Hubraum, Abgasnorm Stufe V
Getriebe: Dyna-6, 24 Vorwärts- und 24 Rückwärtsgänge (auf Wunsch 48/48 bis 40 km/h), synchronisiert, 9 Gänge im Hauptarbeitsbereich, 6 Lastschaltstufen
Zapfwelle: 540/1000, Höchstdrehzahl: 1 035 min⁻¹
Hubwerk: Kat. III, Hubkraft 7 100 daN
Hydraulik: Pumpenleistung 100 l/min bei 200 bar
Gewichte & Maße: Zulässiges Gesamtgewicht 10 250 kg, Leergewicht 5 900 kg, Nutzlast 4 350 kg, Bodenfreiheit 45 cm, Wendekreis 9,5 m
Bereifung: 380/85R28, 460/85R38
Preis: 134 840 Euro (ohne MwSt.)

Massey Ferguson MF 6S.145 Dyna-VT

Allradschlepper

Motor: Agco Power Turbomotor mit Ladeluftkühlung mit 103 kW (140 PS) nach ISO; maximale Leistung 106 kW (144 PS); maximale Leistung (Boost) 118 kW (160 PS); 4 Zylinder, 4 900 cm³ Hubraum, Abgasnorm Stufe V
Getriebe: Dyna-VT DTM, stufenloses Getriebe bis 50 km/h
Zapfwelle: 540/540E/1 000/1 000E, Höchstdrehzahl: 1 105 min⁻¹
Hubwerk: Kat. III, Hubkraft 9 600 daN
Hydraulik: Pumpenleistung 110 l/min bei 200 bar
Gewichte & Maße: Zulässiges Gesamtgewicht 12 500 kg, Leergewicht 6 900 kg, Nutzlast 5 600 kg, Bodenfreiheit 51 cm, Wendekreis 9,5 m
Bereifung: 380/85R28, 460/85R38
Preis: 164 380 Euro (ohne MwSt.)

Massey Ferguson MF 7S.155 Dyna-6

Allradschlepper

Motor: Agco Power Turbomotor mit Ladeluftkühlung mit 105 kW (143 PS) nach ISO; maximale Leistung 122 kW (166 PS); maximale Leistung (Boost) 133 kW (181 PS); 6 Zylinder, 6 600 cm³ Hubraum, Abgasnorm Stufe V
Getriebe: Dyna-6, 24 Vorwärts- und 24 Rückwärtsgänge (auf Wunsch 48/48 bis 40 km/h), synchronisiert, 9 Gänge im Hauptarbeitsbereich, 6 Lastschaltstufen
Zapfwelle: 540/540E/1 000/1 000E, Höchstdrehzahl: 1 035 min⁻¹
Hubwerk: Kat. III, Hubkraft 7 100 daN
Hydraulik: Pumpenleistung 110 l/min bei 200 bar
Gewichte & Maße: Zulässiges Gesamtgewicht 11 000 kg, Leergewicht 6 700 kg, Nutzlast 4 300 kg, Bodenfreiheit 45 cm, Wendekreis 9,9 m
Bereifung: 380/85R28, 460/85R38
Preis: 151 330 Euro (ohne Mehrwertsteuer)

Massey Ferguson MF 7S.155 Dyna-VT

Allradschlepper

Motor: Agco Power Turbomotor mit Ladeluftkühlung mit 105 kW (143 PS) nach ISO; maximale Leistung 122 kW (166 PS); maximale Leistung (Boost) 133 kW (181 PS); 6 Zylinder, 6 600 cm³ Hubraum, Abgasnorm Stufe V
Getriebe: Dyna-VT DTM, stufenloses Getriebe bis 50 km/h
Zapfwelle: 540/540E/1 000/1 000E, Höchstdrehzahl: 1 105 min⁻¹
Hubwerk: Kat. III, Hubkraft 9 600 daN
Hydraulik: Pumpenleistung 110 l/min bei 200 bar
Gewichte & Maße: Zulässiges Gesamtgewicht 12 500 kg, Leergewicht 6 900 kg, Nutzlast 5 600 kg, Bodenfreiheit 51 cm, Wendekreis 9,9 m
Bereifung: 380/85R28, 460/85R38
Preis: 179 140 Euro (ohne MwSt.)

Massey Ferguson MF 5S.145 Dyna-4

Allradschlepper

Motor: Agco Power Turbomotor mit Ladeluftkühlung mit 105 kW (143 PS) nach ISO; maximale Leistung 107 kW (146 PS); 4 Zylinder, 4 400 cm³ Hubraum, Abgasnorm Stufe V
Getriebe: Dyna-4, 16 Vor- und 16 Rückwärtsgänge (auf Wunsch 32/32 bis 40 km/h), synchronisiert, 6 Gänge im Hauptarbeitsbereich, 4 Lastschaltstufen
Zapfwelle: 540/540E
Hubwerk: Kat. II/III, Hubkraft 6 000 daN
Hydraulik: Pumpenleistung 58 l/min bei 200 bar
Gewichte & Maße: Zulässiges Gesamtgewicht 9 500 kg, Leergewicht 4 900 kg, Nutzlast 4 000 kg, Bodenfreiheit 38 cm, Wendekreis 7,9 m
Bereifung: 340/85R28, 420/85R38
Preis: 117 830 Euro (ohne MwSt.)

Massey Ferguson MF 5M.145

Allradschlepper

Motor: Agco Power Turbomotor mit Ladeluftkühlung mit 105 kW (143 PS) nach ISO; maximale Leistung 107 kW (146 PS); 4 Zylinder, 4 400 cm³ Hubraum, Abgasnorm Stufe V
Getriebe: Dyna-4, 16 Vorwärts- und 16 Rückwärtsgänge (auf Wunsch 32x32 bis 40 km/h), synchronisiert, 6 Gänge im Hauptarbeitsbereich, 4 Lastschaltstufen
Zapfwelle: 540/540E/1 000
Hubwerk: Kat. III, Hubkraft 5 200 daN
Hydraulik: Pumpenleistung 58 l/min bei 200 bar
Gewichte & Maße: Zulässiges Gesamtgewicht 8 500 kg, Leergewicht 4 950 kg, Nutzlast 3 550 kg, Bodenfreiheit 48 cm, Wendekreis 8,8 m
Bereifung: 340/85R28, 420/85R38
Preis: 103 910 Euro (ohne MwSt.)

Massey Ferguson MF 5S.145 Dyna-6

Allradschlepper

Motor: Agco Power Turbomotor mit Ladeluftkühlung mit 105 kW (143 PS) nach ISO; maximale Leistung 107 kW (146 PS); 4 Zylinder, 4 400 cm³ Hubraum, Abgasnorm Stufe V
Getriebe: Dyna-6, 24 Vor- und 24 Rückwärtsgänge (auf Wunsch 48/48 bis 40 km/h), synchronisiert, 9 Gänge im Hauptarbeitsbereich, 6 Lastschaltstufen
Zapfwelle: 540/540E
Hubwerk: Kat. II/III, Hubkraft 6 000 daN
Hydraulik: Pumpenleistung 58 l/min bei 200 bar
Gewichte & Maße: Zulässiges Gesamtgewicht 9 500 kg, Leergewicht 5 000 kg, Nutzlast 3 900 kg, Bodenfreiheit 38 cm, Wendekreis 7,9 m
Bereifung: 340/85R28, 420/85R38
Preis: 121 530 Euro (ohne MwSt.)

Massey Ferguson MF 6S.155 Dyna-VT

Allradschlepper

Motor: Agco Power Turbomotor mit Ladeluftkühlung mit 110 kW (150 PS) nach ISO; maximale Leistung 114 kW (155 PS); maximale Leistung (Boost) 129 kW (175 PS); 4 Zylinder, 4 900 cm³ Hubraum, Abgasnorm Stufe V
Getriebe: Dyna-VT DTM, stufenloses Getriebe bis 50 km/h
Zapfwelle: 540/540E/1 000/1 000E, Höchstdrehzahl: 1 105 min⁻¹

Hubwerk: Kat. III, Hubkraft 9 600 daN
Hydraulik: Pumpenleistung 110 l/min bei 200 bar
Gewichte & Maße: Zulässiges Gesamtgewicht 12 500 kg, Leergewicht 6 900 kg, Nutzlast 5 600 kg, Bodenfreiheit 51 cm, Wendekreis 9,5 m
Bereifung: 380/85R28, 460/85R38
Preis: 168 030 Euro (ohne MwSt.)

Massey Ferguson MF 6S.155 Dyna-6

Allradschlepper

Motor: Agco Power Turbomotor mit Ladeluftkühlung mit 110 kW (150 PS) nach ISO; maximale Leistung 114 kW (155 PS); maximale Leistung (Boost) 129 kW (175 PS); 4 Zylinder, 4 900 cm^3 Hubraum, Abgasnorm Stufe V
Getriebe: Dyna-6, 24 Vorwärts- und 24 Rückwärtsgänge (auf Wunsch 48/48 bis 40 km/h), synchronisiert, 9 Gänge im Hauptarbeitsbereich, 6 Lastschaltstufen
Zapfwelle: 540/1000, Höchstdrehzahl: 1 035 min^{-1}
Hubwerk: Kat. III, Hubkraft 7 100 daN
Hydraulik: Pumpenleistung 100 l/min bei 200 bar
Gewichte & Maße: Zulässiges Gesamtgewicht 11 000 kg, Leergewicht 6 000 kg, Nutzlast 5 000 kg, Bodenfreiheit 45 cm, Wendekreis 9,5 m
Bereifung: 380/85R28, 460/85R38
Preis: 138 940 Euro (ohne MwSt.)

Massey Ferguson MF 7S.165 Dyna-VT

Allradschlepper

Motor: Agco Power Turbomotor mit Ladeluftkühlung mit 112 kW (152 PS) nach ISO; maximale Leistung 129 kW (175 PS); maximale Leistung (Boost) 140 kW (190 PS); 6 Zylinder, 6 600 cm^3 Hubraum, Abgasnorm Stufe V
Getriebe: Dyna-VT DTM, stufenloses Getriebe bis 50 km/h

Zapfwelle: 540/540E/1 000/1 000E, Höchstdrehzahl: 1 105 min^{-1}
Hubwerk: Kat. III, Hubkraft 9 600 daN
Hydraulik: Pumpenleistung 110 l/min bei 200 bar
Gewichte & Maße: Zulässiges Gesamtgewicht 12 500 kg, Leergewicht 6 900 kg, Nutzlast 5 600 kg, Bodenfreiheit 51 cm, Wendekreis 9,9 m
Bereifung: 420/85R28, 520/85R38
Preis: 184 040 Euro (ohne MwSt.)

Massey Ferguson MF 7S.165 Dyna-6

Allradschlepper

Motor: Agco Power Turbomotor mit Ladeluftkühlung mit 112 kW (152 PS) nach ISO; maximale Leistung 129 kW (175 PS); maximale Leistung (Boost) 140 kW (190 PS); 6 Zylinder, 6 600 cm^3 Hubraum, Abgasnorm Stufe V
Getriebe: Dyna-6, 24 Vor- und 24 Rückwärtsgänge (auf Wunsch 48/48 bis 40 km/h), synchronisiert, 9 Gänge im Hauptarbeitsbereich, 6 Lastschaltstufen
Zapfwelle: 540/540E/1 000/1 000E, Höchstdrehzahl: 1 035 min^{-1}
Hubwerk: Kat. III, Hubkraft 8 100 daN
Hydraulik: Pumpenleistung 110 l/min bei 200 bar
Gewichte & Maße: Zulässiges Gesamtgewicht 11 000 kg, Leergewicht 6 700 kg, Nutzlast 4 300 kg, Bodenfreiheit 45 cm, Wendekreis 9,9 m
Bereifung: 420/85R28, 520/85R38
Preis: 156 230 Euro (ohne MwSt.)

Massey Ferguson MF 6S.165 Dyna-VT

Allradschlepper

Motor: Agco Power Turbomotor mit Ladeluftkühlung mit 118 kW (160 PS) nach ISO; maximale Leistung 121 kW (165 PS); maximale Leistung (Boost) 136 kW (185 PS); 4 Zylinder, 4 900 cm^3 Hubraum, Abgasnorm Stufe V
Getriebe: Dyna-VT DTM, stufenloses Getriebe bis 50 km/h
Zapfwelle: 540/540E/1 000/1 000E, Höchstdrehzahl: 1 105 min^{-1}
Hubwerk: Kat. III, Hubkraft 9 600 daN
Hydraulik: Pumpenleistung 110 l/min bei 200 bar
Gewichte & Maße: Zulässiges Gesamtgewicht 12 500 kg, Leergewicht 6 900 kg, Nutzlast 5 600 kg, Bodenfreiheit 51 cm, Wendekreis 9,5 m
Bereifung: 420/85R28, 520/85R38
Preis: 172 640 Euro (ohne MwSt.)

Massey Ferguson MF 6S.165 Dyna-6

Allradschlepper

Motor: Agco Power Turbomotor mit Ladeluftkühlung mit 118 kW (160 PS) nach ISO; maximale Leistung 121 kW (165 PS); maximale Leistung (Boost) 136 kW (185 PS); 4 Zylinder, 4 900 cm^3 Hubraum, Abgasnorm Stufe V
Getriebe: Dyna-6, 24 Vorwärts- und 24 Rückwärtsgänge (auf Wunsch 48/48 bis 40 km/h), synchronisiert, 9 Gänge im Hauptarbeitsbereich, 6 Lastschaltstufen
Zapfwelle: 540/1000, Höchstdrehzahl: 1 035 min^{-1}
Hubwerk: Kat. III, Hubkraft 7 100 daN
Hydraulik: Pumpenleistung 100 l/min bei 200 bar
Gewichte & Maße: Zulässiges Gesamtgewicht 11 000 kg, Leergewicht 6 000 kg, Nutzlast 5 000 kg, Bodenfreiheit 45 cm, Wendekreis 9,5 m
Bereifung: 420/85R28, 520/85R38
Preis: 143 550 Euro (ohne MwSt.)

Massey Ferguson MF 7S.180 Dyna-VT

Allradschlepper

Motor: Agco Power Turbomotor mit Ladeluftkühlung mit 126 kW (171 PS) nach ISO; maximale Leistung 140 kW (190 PS); maximale Leistung (Boost) 155 kW (211 PS); 6 Zylinder, 6 600 cm^3 Hubraum, Abgasnorm Stufe V
Getriebe: Dyna-VT DTM, stufenloses Getriebe bis 50 km/h
Zapfwelle: 540/540E/1 000/1 000E, Höchstdrehzahl: 1 105 min^{-1}
Hubwerk: Kat. III, Hubkraft 9 600 daN
Hydraulik: Pumpenleistung 110 l/min bei 200 bar

Gewichte & Maße: Zulässiges Gesamtgewicht 14 000 kg, Leergewicht 6 900 kg, Nutzlast 5 600 kg, Bodenfreiheit 51 cm, Wendekreis 9,9 m
Bereifung: 480/70R28, 580/70R38
Preis: 192 420 Euro (ohne MwSt.)

Massey Ferguson MF 7S.180 Dyna-6

Allradschlepper

Motor: Agco Power Turbomotor mit Ladeluftkühlung mit 126 kW (171 PS) nach ISO; maximale Leistung 140 kW (190 PS); maximale Leistung (Boost) 155 kW (211 PS); 6 Zylinder, 6 600 cm^3 Hubraum, Abgasnorm Stufe V
Getriebe: Dyna-6, 24 Vorwärts- und 24 Rückwärtsgänge (auf Wunsch 48/48 bis 40 km/h), synchronisiert, 9 Gänge im Hauptarbeitsbereich, 6 Lastschaltstufen
Zapfwelle: 540/540E/1 000/1 000E, Höchstdrehzahl: 1 035 min^{-1}
Hubwerk: Kat. III, Hubkraft 8 100 daN
Hydraulik: Pumpenleistung 110 l/min bei 200 bar
Gewichte & Maße: Zulässiges Gesamtgewicht 11 000 kg, Leergewicht 6 700 kg, Nutzlast 4 300 kg, Bodenfreiheit 45 cm, Wendekreis 9,9 m
Bereifung: 480/70R28, 580/70R38
Preis: 164 310 Euro (ohne MwSt.)

Massey Ferguson MF 6S.180 Dyna-VT

Allradschlepper

Motor: Agco Power Turbomotor mit Ladeluftkühlung mit 129 kW (175 PS) nach ISO; maximale Leistung 132 kW (180 PS); maximale Leistung (Boost) 147 kW (200 PS); 4 Zylinder, 4 900 cm^3 Hubraum, Abgasnorm Stufe V
Getriebe: Dyna-VT DTM, stufenloses Getriebe bis 50 km/h
Zapfwelle: 540/540E/1 000/1 000E, Höchstdrehzahl: 1 105 min^{-1}
Hubwerk: Kat. III, Hubkraft 9 600 daN
Hydraulik: Pumpenleistung 110 l/min bei 200 bar
Gewichte & Maße: Zulässiges Gesamtgewicht 12 500 kg, Leergewicht 6 900 kg, Nutzlast 5 600 kg, Bodenfreiheit 51 cm, Wendekreis 9,5 m
Bereifung: 420/85R28, 520/85R38
Preis: 176 920 Euro (ohne MwSt.)

Massey Ferguson MF 6S.180 Dyna-6

Allradschlepper

Motor: Agco Power Turbomotor mit Ladeluftkühlung mit 129 kW (175 PS)

nach ISO; maximale Leistung 132 kW (180 PS); maximale Leistung (Boost) 147 kW (200 PS); 4 Zylinder, 4 900 cm³ Hubraum, Abgasnorm Stufe V
Getriebe: Dyna-6, 24 Vor- und 24 Rückwärtsgänge (auf Wunsch 48/48 bis 40 km/h), synchronisiert, 9 Gänge im Hauptarbeitsbereich, 6 Lastschaltstufen
Zapfwelle: 540/1000, Höchstdrehzahl: 1 035 min⁻¹
Hubwerk: Kat. III, Hubkraft 8 100 daN
Hydraulik: Pumpenleistung 110 l/min bei 200 bar
Gewichte & Maße: Zulässiges Gesamtgewicht 11 000 kg, Leergewicht 6 000 kg, Nutzlast 5 000 kg, Bodenfreiheit 45 cm, Wendekreis 9,5 m
Bereifung: 420/85R28, 520/85R38
Preis: 150 890 Euro (ohne MwSt.)

Massey Ferguson MF 7S.190 Dyna-VT

Allradschlepper

Motor: Agco Power Turbomotor mit Ladeluftkühlung mit 134 kW (182 PS) nach ISO; maximale Leistung 149 kW (203 PS); maximale Leistung (Boost) 163 kW (222 PS); 6 Zylinder, 6 600 cm³ Hubraum, Abgasnorm Stufe V
Getriebe: Dyna-VT DTM, stufenloses Getriebe bis 50 km/h
Zapfwelle: 540/540E/1 000/1 000E, Höchstdrehzahl: 1 105 min⁻¹
Hubwerk: Kat. III, Hubkraft 9 600 daN
Hydraulik: Pumpenleistung 110 l/min bei 200 bar
Gewichte & Maße: Zulässiges Gesamtgewicht 14 000 kg, Leergewicht 6 900 kg, Nutzlast 5 600 kg, Bodenfreiheit 51 cm, Wendekreis 9,9 m
Bereifung: 480/70R28, 580/70R38
Preis: 195 270 Euro (ohne MwSt.)

Massey Ferguson MF 8S.205 Xtra Dyna-E Power

Allradschlepper

Motor: Agco Power Turbomotor mit Ladeluftkühlung mit 148 kW (201 PS) nach ISO; maximale Leistung 151 kW (205 PS); maximale Leistung (Boost) 165 kW (224 PS); 6 Zylinder, 7 400 cm³ Hubraum, Abgasnorm Stufe V
Getriebe: Dyna-E Power, 28 Vorwärts- und 28 Rückwärtsgänge (auf Wunsch bis 53 km/h), synchronisiert, 11 Gänge im Hauptarbeitsbereich, 7 Lastschaltstufen
Zapfwelle: 540/540E/1 000/1 000E
Hubwerk: Kat. III, Hubkraft 10 000 daN
Hydraulik: Pumpenleistung 150 l/min bei 200 bar
Gewichte & Maße: Zulässiges Gesamtgewicht 16 000 kg, Leergewicht 8 700 kg, Nutzlast 7 300 kg, Bodenfreiheit 55 cm, Wendekreis 8,7 m
Bereifung: 600/65R28, 650/75R38
Preis: 212 490 Euro (ohne MwSt.)

Massey Ferguson MF 8S.205 Xtra Dyna-7

Allradschlepper

Motor: Agco Power Turbomotor mit Ladeluftkühlung mit 148 kW (201 PS) nach ISO; maximale Leistung 151 kW (205 PS); maximale Leistung (Boost) 165 kW (224 PS); 6 Zylinder, 7 400 cm³ Hubraum, Abgasnorm Stufe V

Getriebe: Dyna-7, 28 Vor- und 28 Rückwärtsgänge (auf Wunsch 56/56 bis 53 km/h), synchronisiert, 11 Gänge im Hauptarbeitsbereich, 7 Lastschaltstufen
Zapfwelle: 540/540E/1000/1000E
Hubwerk: Kat. III, Hubkraft 10000 daN
Hydraulik: Pumpenleistung 150 l/min bei 200 bar
Gewichte & Maße: Zulässiges Gesamtgewicht 16000 kg, Leergewicht 8700 kg, Nutzlast 7300 kg, Bodenfreiheit 55 cm, Wendekreis 8,7 m
Bereifung: 600/65R28, 650/75R38
Preis: 208420 Euro (ohne MwSt.)

Massey Ferguson MF 8S.205 Xtra Dyna-VT

Allradschlepper

Motor: Agco Power Turbomotor mit Ladeluftkühlung mit 148 kW (201 PS) nach ISO; maximale Leistung 151 kW (205 PS); maximale Leistung (Boost) 165 kW (224 PS); 6 Zylinder, 7400 cm³ Hubraum, Abgasnorm Stufe V
Getriebe: Dyna-VT DTM, stufenloses Getriebe bis 50 km/h
Zapfwelle: 540E/1000
Hubwerk: Kat. III, Hubkraft 10000 daN
Hydraulik: Pumpenleistung 150 l/min bei 200 bar
Gewichte & Maße: Zulässiges Gesamtgewicht 16000 kg, Leergewicht 8950 kg, Nutzlast 7050 kg, Bodenfreiheit 55 cm, Wendekreis 8,7 m
Bereifung: 600/65R28, 650/75R38
Preis: 246110 Euro (ohne MwSt.)

Massey Ferguson MF 7S.210 Dyna-VT

Allradschlepper

Motor: Agco Power Turbomotor mit Ladeluftkühlung mit 154 kW (209 PS) nach ISO; maximale Leistung 163 kW (222 PS); 6 Zylinder, 6600 cm³ Hubraum, Abgasnorm Stufe V
Getriebe: Dyna-VT DTM, stufenloses Getriebe bis 50 km/h
Zapfwelle: 540/540E/1000/1000E, Höchstdrehzahl: 1105 min⁻¹
Hubwerk: Kat. III, Hubkraft 9600 daN
Hydraulik: Pumpenleistung 110 l/min bei 200 bar
Gewichte & Maße: Zulässiges Gesamtgewicht 14000 kg, Leergewicht 6900 kg, Nutzlast 5600 kg, Bodenfreiheit 51 cm, Wendekreis 9,9 m
Bereifung: 480/70R28, 580/70R38
Preis: 197770 Euro (ohne MwSt.)

Massey Ferguson MF 8S.225 Xtra Dyna-VT

Allradschlepper

Motor: Agco Power Turbomotor mit Ladeluftkühlung mit 160 kW (218 PS) nach ISO; maximale Leistung 165 kW (224 PS); maximale Leistung (Boost) 180 kW (245 PS); 6 Zylinder, 7400 cm³ Hubraum, Abgasnorm Stufe V
Getriebe: Dyna-VT DTM, stufenloses Getriebe bis 50 km/h
Zapfwelle: 540E/1000
Hubwerk: Kat. III, Hubkraft 10000 daN
Hydraulik: Pumpenleistung 150 l/min bei 200 bar
Gewichte & Maße: Zulässiges Gesamtgewicht 16000 kg, Leergewicht 8950 kg, Nutzlast 7050 kg, Bodenfreiheit 55 cm, Wendekreis 8,7 m

Bereifung: 600/65R28, 650/75R38
Preis: 251 810 Euro (ohne MwSt.)

Massey Ferguson MF 8S.225 Xtra Dyna-E Power

Allradschlepper

Motor: Agco Power Turbomotor mit Ladeluftkühlung mit 160 kW (218 PS) nach ISO; maximale Leistung 165 kW (224 PS); maximale Leistung (Boost) 180 kW (245 PS); 6 Zylinder, 7 400 cm^3 Hubraum, Abgasnorm Stufe V
Getriebe: Dyna-E Power, 28 Vorwärts- und 28 Rückwärtsgänge (auf Wunsch bis 53 km/h), synchronisiert, 11 Gänge im Hauptarbeitsbereich, 7 Lastschaltstufen
Zapfwelle: 540/540E/1 000/1 000E
Hubwerk: Kat. III, Hubkraft 10 000 daN
Hydraulik: Pumpenleistung 150 l/min bei 200 bar
Gewichte & Maße: Zulässiges Gesamtgewicht 16 000 kg, Leergewicht 8 700 kg, Nutzlast 7 300 kg, Bodenfreiheit 55 cm, Wendekreis 8,7 m
Bereifung: 600/65R28, 650/75R38
Preis: 218 190 Euro (ohne MwSt.)

Massey Ferguson MF 8S.225 Xtra Dyna-7

Allradschlepper

Motor: Agco Power Turbomotor mit Ladeluftkühlung mit 160 kW (218 PS) nach ISO; maximale Leistung 165 kW (224 PS); maximale Leistung (Boost) 180 kW (245 PS); 6 Zylinder, 7 400 cm^3 Hubraum, Abgasnorm Stufe V
Getriebe: Dyna-7, 28 Vor- und 28 Rückwärtsgänge (auf Wunsch 56/56 bis 53 km/h), synchronisiert, 11 Gänge im Hauptarbeitsbereich, 7 Lastschaltstufen
Zapfwelle: 540/540E/1 000/1 000E
Hubwerk: Kat. III, Hubkraft 10 000 daN
Hydraulik: Pumpenleistung 205 l/min bei 200 bar
Gewichte & Maße: Zulässiges Gesamtgewicht 16 000 kg, Leergewicht 8 700 kg, Nutzlast 7 300 kg, Bodenfreiheit 55 cm, Wendekreis 8,7 m
Bereifung: 600/65R28, 650/75R38
Preis: 214 120 Euro (ohne MwSt.)

Massey Ferguson MF 8S.245 Xtra Dyna-VT

Allradschlepper

Motor: Agco Power Turbomotor mit Ladeluftkühlung mit 169 kW (230 PS) nach ISO; maximale Leistung 180 kW

(245 PS); maximale Leistung (Boost) 195 kW (265 PS); 6 Zylinder, 7 400 cm³ Hubraum, Abgasnorm Stufe V
Getriebe: Dyna-VT DTM, stufenloses Getriebe bis 50 km/h
Zapfwelle: 540E/1 000
Hubwerk: Kat. III, Hubkraft 10 000 daN
Hydraulik: Pumpenleistung 205 l/min bei 200 bar
Gewichte & Maße: Zulässiges Gesamtgewicht 16 000 kg, Leergewicht 8 950 kg, Nutzlast 7 050 kg, Bodenfreiheit 55 cm, Wendekreis 8,7 m
Bereifung: 600/70R30, 650/85R38
Preis: 260 910 Euro (ohne MwSt.)

Massey Ferguson MF 8S.245 Xtra Dyna-E Power

Allradschlepper

Motor: Agco Power Turbomotor mit Ladeluftkühlung mit 169 kW (230 PS) nach ISO; maximale Leistung 180 kW (245 PS); maximale Leistung (Boost) 195 kW (265 PS); 6 Zylinder, 7 400 cm³ Hubraum, Abgasnorm Stufe V
Getriebe: Dyna-E Power, 28 Vor- und 28 Rückwärtsgänge (auf Wunsch bis 53 km/h), synchronisiert, 11 Gänge im Hauptarbeitsbereich, 7 Lastschaltstufen
Zapfwelle: 540/540E/1 000/1 000E
Hubwerk: Kat. III, Hubkraft 10 000 daN
Hydraulik: Pumpenleistung 150 l/min bei 200 bar
Gewichte & Maße: Zulässiges Gesamtgewicht 16 000 kg, Leergewicht 8 700 kg, Nutzlast 7 300 kg, Bodenfreiheit 55 cm, Wendekreis 8,7 m
Bereifung: 600/70R30, 650/85R38
Preis: 227 290 Euro (ohne MwSt.)

Massey Ferguson MF 8S.245 Xtra Dyna-7

Allradschlepper

Motor: Agco Power Turbomotor mit Ladeluftkühlung mit 169 kW (230 PS) nach ISO; maximale Leistung 180 kW (245 PS); maximale Leistung (Boost) 195 kW (265 PS); 6 Zylinder, 7 400 cm³ Hubraum, Abgasnorm Stufe V
Getriebe: Dyna-7, 28 Vorwärts- und 28 Rückwärtsgänge (auf Wunsch 56/56 bis 53 km/h), synchronisiert, 11 Gänge im Hauptarbeitsbereich, 7 Lastschaltstufen
Zapfwelle: 540/540E/1 000/1 000E
Hubwerk: Kat. III, Hubkraft 10 000 daN
Hydraulik: Pumpenleistung 205 l/min bei 200 bar
Gewichte & Maße: Zulässiges Gesamtgewicht 16 000 kg, Leergewicht 8 700 kg, Nutzlast 7 300 kg, Bodenfreiheit 55 cm, Wendekreis 8,7 m
Bereifung: 600/70R30, 650/85R38
Preis: 223 220 Euro (ohne MwSt.)

Massey Ferguson MF 8S.265 Xtra Dyna-VT

Allradschlepper

Motor: Agco Power Turbomotor mit Ladeluftkühlung mit 184 kW (250 PS) nach ISO; maximale Leistung 195 kW (265 PS); maximale Leistung (Boost) 210 kW (286 PS); 6 Zylinder, 7 400 cm³ Hubraum, Abgasnorm Stufe V
Getriebe: Dyna-VT DTM, stufenloses Getriebe bis 50 km/h
Zapfwelle: 540E/1 000
Hubwerk: Kat. III, Hubkraft 10 000 daN
Hydraulik: Pumpenleistung 205 l/min bei 200 bar
Gewichte & Maße: Zulässiges Gesamtgewicht 16 000 kg, Leergewicht 8 950 kg, Nutzlast 7 050 kg, Bodenfreiheit 55 cm, Wendekreis 8,7 m
Bereifung: 600/70R30, 650/85R38
Preis: 266 610 Euro (ohne MwSt.)

Massey Ferguson MF 8S.265 Xtra Dyna-E Power

Allradschlepper

Motor: Agco Power Turbomotor mit Ladeluftkühlung mit 184 kW (250 PS) nach ISO; maximale Leistung 195 kW (265 PS); maximale Leistung (Boost) 210 kW (286 PS); 6 Zylinder, 7 400 cm^3 Hubraum, Abgasnorm Stufe V
Getriebe: Dyna-E Power, stufenloses Getriebe bis 53 km/h
Zapfwelle: 540/540E/1 000/1 000E
Hubwerk: Kat. III, Hubkraft 10 000 daN
Hydraulik: Pumpenleistung 150 l/min bei 200 bar
Gewichte & Maße: Zulässiges Gesamtgewicht 16 000 kg, Leergewicht 8 700 kg, Nutzlast 7 300 kg, Bodenfreiheit 55 cm, Wendekreis 8,7 m
Bereifung: 600/70R30, 650/85R38
Preis: 232 990 Euro (ohne MwSt.)

Massey Ferguson MF 8S.265 Xtra Dyna-7

Allradschlepper

Motor: Agco Power Turbomotor mit Ladeluftkühlung mit 184 kW (250 PS) nach ISO; maximale Leistung 195 kW (265 PS); maximale Leistung (Boost) 210 kW (286 PS); 6 Zylinder, 7 400 cm^3 Hubraum, Abgasnorm Stufe V
Getriebe: Dyna-7, 28 Vor- und 28 Rückwärtsgänge (auf Wunsch 56/56 bis 53 km/h), synchronisiert, 11 Gänge im Hauptarbeitsbereich, 7 Lastschaltstufen
Zapfwelle: 540/540E/1 000/1 000E
Hubwerk: Kat. III, Hubkraft 10 000 daN
Hydraulik: Pumpenleistung 150 l/min bei 200 bar
Gewichte & Maße: Zulässiges Gesamtgewicht 16 000 kg, Leergewicht 8 700 kg, Nutzlast 7 300 kg, Bodenfreiheit 55 cm, Wendekreis 8,7 m
Bereifung: 600/70R30, 650/85R38
Preis: 228 920 Euro (ohne MwSt.)

Massey Ferguson MF 8S.305 Xtra D-VT

Allradschlepper

Motor: Agco Power Turbomotor mit Ladeluftkühlung mit 198 kW (269 PS) nach ISO; maximale Leistung 224 kW (305 PS); maximale Leistung (Boost) 224 kW (305 PS); 6 Zylinder, 7 400 cm^3 Hubraum, Abgasnorm Stufe V
Getriebe: Dyna-VT DTM, stufenloses Getriebe bis 50 km/h
Zapfwelle: 540E/1 000
Hubwerk: Kat. III, Hubkraft 10 000 daN
Hydraulik: Pumpenleistung 205 l/min bei 200 bar
Gewichte & Maße: Zulässiges Gesamtgewicht 16 000 kg, Leergewicht 8 950 kg, Nutzlast 7 050 kg, Bodenfreiheit 55 cm, Wendekreis 8,7 m
Bereifung: 600/70R30, 650/85R38
Preis: 274 810 Euro (ohne MwSt.)

Massey Ferguson MF 8S.285 Xtra Dyna-VT

Allradschlepper

Motor: Agco Power Turbomotor mit Ladeluftkühlung mit 198 kW (269 PS) nach ISO; maximale Leistung 209 kW (284 PS); maximale Leistung (Boost) 224 kW (305 PS); 6 Zylinder, 7 400 cm^3 Hubraum, Abgasnorm Stufe V
Getriebe: Dyna-VT DTM, stufenloses Getriebe bis 50 km/h
Zapfwelle: 540E/1 000
Hubwerk: Kat. III, Hubkraft 10 000 daN
Hydraulik: Pumpenleistung 205 l/min bei 200 bar
Gewichte & Maße: Zulässiges Gesamtgewicht 16 000 kg, Leergewicht 8 950 kg, Nutzlast 7 050 kg, Bodenfreiheit 55 cm, Wendekreis 8,7 m

Bereifung: 600/70R30, 650/85R38
Preis: 272 310 Euro (ohne MwSt.)

Massey Ferguson MF 9S.285

Allradschlepper

Motor: Agco Power Turbomotor mit Ladeluftkühlung; max. Leistung 209 kW (284 PS); maximale Leistung (Boost) 231 kW (314 PS); 6 Zylinder, 8 400 cm^3 Hubraum, Abgasnorm Stufe V
Getriebe: Dyna-VT DTM, stufenloses Getriebe bis 50 km/h
Zapfwelle: 540E/1 000
Hubwerk: Kat. III/IV, Hubkraft 12 000 daN
Hydraulik: Pumpenleistung 270 l/min bei 200 bar
Gewichte & Maße: Zulässiges Gesamtgewicht 16 000 kg, Leergewicht 11 500 kg, Wendekreis 11,5 m
Bereifung: 600/70R30, 650/85R38
Preis: 293 330 Euro (ohne MwSt.)

Massey Ferguson MF 9S.310

Allradschlepper

Motor: Agco Power Turbomotor mit Ladeluftkühlung; maximale Leistung 228 kW (310 PS); maximale Leistung (Boost) 250 kW (340 PS); 6 Zylinder, 8 400 cm^3 Hubraum, Abgasnorm Stufe V
Getriebe: Dyna-VT DTM, stufenloses Getriebe bis 50 km/h
Zapfwelle: 540E/1 000
Hubwerk: Kat. III/IV, Hubkraft 12 000 daN
Hydraulik: Pumpenleistung 270 l/min bei 200 bar
Gewichte & Maße: Zulässiges Gesamtgewicht 16 000 kg, Leergewicht 11 500 kg, Wendekreis 11,5 m
Bereifung: 600/70R30, 650/85R38
Preis: 300 460 Euro (ohne MwSt.)

Massey Ferguson MF 9S.340

Allradschlepper

Motor: Agco Power Turbomotor mit Ladeluftkühlung; maximale Leistung 250 kW (340 PS); maximale Leistung (Boost) 272 kW (370 PS); 6 Zylinder, 8 400 cm^3 Hubraum, Abgasnorm Stufe V
Getriebe: Dyna-VT DTM, stufenloses Getriebe bis 50 km/h
Zapfwelle: 540E/1 000
Hubwerk: Kat. III/IV, Hubkraft 12 000 daN
Hydraulik: Pumpenleistung 270 l/min bei 200 bar
Gewichte & Maße: Zulässiges Gesamtgewicht 16 000 kg, Leergewicht 11 500 kg, Wendekreis 11,5 m
Bereifung: 600/70R30, 650/85R38
Preis: 309 010 Euro (ohne MwSt.)

Massey Ferguson MF 9S.370

Allradschlepper

Motor: Agco Power Turbomotor mit Ladeluftkühlung; maximale Leistung 272 kW (370 PS); maximale Leistung (Boost) 294 kW (400 PS); 6 Zylinder, 8 400 cm³ Hubraum, Abgasnorm Stufe V
Getriebe: Dyna-VT DTM, stufenloses Getriebe bis 50 km/h
Zapfwelle: 540E/1 000
Hubwerk: Kat. III/IV, Hubkraft 12 000 daN
Hydraulik: Pumpenleistung 270 l/min bei 200 bar
Gewichte & Maße: Zulässiges Gesamtgewicht 16 000 kg, Leergewicht 11 500 kg, Wendekreis 11,5 m
Bereifung: 600/65R34, 710/75R42
Preis: 322 370 Euro (ohne MwSt.)

Massey Ferguson MF 9S.400

Allradschlepper

Motor: Agco Power Turbomotor mit Ladeluftkühlung; maximale Leistung 294 kW (400 PS); maximale Leistung (Boost) 308 kW (419 PS); 6 Zylinder, 8 400 cm³ Hubraum, Abgasnorm Stufe V
Getriebe: Dyna-VT DTM, stufenloses Getriebe bis 50 km/h
Zapfwelle: 540E/1 000
Hubwerk: Kat. III/IV, Hubkraft 12 000 daN
Hydraulik: Pumpenleistung 270 l/min bei 200 bar
Gewichte & Maße: Zulässiges Gesamtgewicht 16 000 kg, Leergewicht 11 500 kg, Wendekreis 11,5 m
Bereifung: 600/65R34, 710/75R42
Preis: 329 320 Euro (ohne MwSt.)

Massey Ferguson MF 9S.425

Allradschlepper

Motor: Agco Power Turbomotor mit Ladeluftkühlung; maximale Leistung 312 kW (424 PS); 6 Zylinder, 8 400 cm³ Hubraum, Abgasnorm Stufe V
Getriebe: Dyna-VT DTM, stufenloses Getriebe bis 50 km/h
Zapfwelle: 540E/1 000
Hubwerk: Kat. III/IV, Hubkraft 12 000 daN
Hydraulik: Pumpenleistung 270 l/min bei 200 bar
Gewichte & Maße: Zulässiges Gesamtgewicht 16 000 kg, Leergewicht 11 500 kg, Wendekreis 11,5 m
Bereifung: 600/65R34, 710/75R42
Preis: 333 240 Euro (ohne MwSt.)

Weitere Informationen erhalten Sie von:
Argo GmbH
Im Birkfeld 4
91595 Burgoberbach
Telefon: 09805/319970
www.mccormick.it/de

McCormick

1831 gründete Cyrus McCormick in den USA eine eigene Firma für die Herstellung landwirtschaftlicher Geräte. Hier entwickelte er aus Plänen seines Vaters den ersten Getreidemäher der Welt, den er 1834 patentieren ließ. Der Erfolg dieser Mähbinder führte 1848 zur Gründung der McCormick Harvesting Machine Company. 1902 fusionierte McCormick mit anderen Firmen zu International Harvester. Vier Jahre später präsentierte International Harvester die ersten Schlepper mit Leistungen zwischen 10 und 20 PS, die kurz darauf in die Serienproduktion gingen. Seinen berühmten Farmall-Traktor mit einer Leistung von 12 bis 15 PS stellte McCormick im Jahr 1922 vor.

1949 rollten vom Band im Werk Doncaster die ersten englischen Traktoren. Als ein Jahr später International Harvester Frankreich beschloss, Traktoren zu bauen, wurde ein Gelände in St. Dizier 250 km östlich von Paris gekauft. Nach der 1985 erfolgten Übernahme von International Harvester durch Case wurde der Markenname McCormick nicht mehr verwendet.

2000 übernahm die italienische Argo-Gruppe, zu der auch Landini gehört (damals auch Laverda und Fella), von Case IH im Zuge der Fusion von Case IH und New Holland zu CNH das Traktorenwerk in Doncaster (England) und die Rechte an dem Markennamen McCormick.

McCormick X4.060

Allradschlepper

Motor: Kohler Turbomotor mit Ladeluftkühlung mit 45 kW (61 PS) nach ISO; maximale Leistung 45 kW (61 PS); 4 Zylinder, 2 500 cm^3 Hubraum, Abgasnorm Stufe V
Getriebe: T75, 24 Vorwärts- und 24 Rückwärtsgänge (auf Wunsch 24/24 bis 40 km/h), synchronisiert, 5 Gänge im Hauptarbeitsbereich, 2 Lastschaltstufen
Zapfwelle: 540/540E
Hubwerk: Kat. II, Hubkraft 3 000 daN
Hydraulik: Pumpenleistung 52 + 30 l/min bei 190 bar
Gewichte & Maße: Zulässiges Gesamtgewicht 5 100 kg, Leergewicht 3 200 kg, Nutzlast 1 900 kg, Bodenfreiheit 37 cm
Bereifung: 380/70R20, 480/70R30
Preis: 59 532 Euro (ohne Mehrwertsteuer)

McCormick X4.070

Allradschlepper

Motor: Kohler Turbomotor mit Ladeluftkühlung mit 50 kW (68 PS) nach ISO; maximale Leistung 50 kW (68 PS); 4 Zylinder, 2 500 cm^3 Hubraum, Abgasnorm Stufe V
Getriebe: T75, 24 Vorwärts- und 24 Rückwärtsgänge (auf Wunsch 24/24 bis 40 km/h), synchronisiert, 5 Gänge im Hauptarbeitsbereich, 2 Lastschaltstufen
Zapfwelle: 540/540E
Hubwerk: Kat. II, Hubkraft 3 000 daN
Hydraulik: Pumpenleistung 52 + 30 l/min bei 190 bar
Gewichte & Maße: Zulässiges Gesamtgewicht 5 100 kg, Leergewicht 3 200 kg, Nutzlast 1 900 kg, Bodenfreiheit 37 cm
Bereifung: 380/70R20, 480/70R30
Preis: 60 792 Euro (ohne MwSt.)

McCormick X4.080

Allradschlepper

Motor: Kohler Turbomotor mit Ladeluftkühlung mit 55,4 kW (75 PS) nach ISO; maximale Leistung 55,4 kW (75 PS); 4 Zylinder, 2 500 cm^3 Hubraum, Abgasnorm Stufe V
Getriebe: T75, 24 Vorwärts- und 24 Rückwärtsgänge (auf Wunsch 24/24 bis 40 km/h), synchronisiert,

5 Gänge im Hauptarbeitsbereich, 2 Lastschaltstufen
Zapfwelle: 540/540E
Hubwerk: Kat. II, Hubkraft 3 000 daN
Hydraulik: Pumpenleistung 52 + 30 l/min bei 190 bar
Gewichte & Maße: Zulässiges Gesamtgewicht 5 100 kg, Leergewicht 3 200 kg, Nutzlast 1 900 kg, Bodenfreiheit 37 cm
Bereifung: 380/70R20, 480/70R30
Preis: 62 679 Euro (ohne MwSt.)

McCormick X5.085

Allradschlepper

Motor: FPT Turbomotor mit Ladeluftkühlung mit 56 kW (76 PS) nach ISO; maximale Leistung 56 kW (76 PS); 4 Zylinder, 3 400 cm^3 Hubraum, Abgasnorm Stufe V
Getriebe: (auf Wunsch 16/16, 24/24, 32/32, 36/12, 48/16 bis 40 km/h), synchronisiert, 9 Gänge im Hauptarbeitsbereich, 3 Lastschaltstufen
Zapfwelle: 540/540E
Hubwerk: Kat. II, Hubkraft 3 900 daN
Hydraulik: Pumpenleistung 56 + 32 l/min bei 190 bar
Gewichte & Maße: Zulässiges Gesamtgewicht 5 800 kg, Leergewicht 3 750 kg, Nutzlast 2 050 kg, Bodenfreiheit 33 cm
Bereifung: 440/65R24, 540/65R34
Preis: 69 945 Euro (ohne MwSt.)

McCormick X5.100 Premium

Allradschlepper

Motor: FPT Turbomotor mit Ladeluftkühlung mit 70 kW (95 PS) nach ISO; maximale Leistung 70 kW (95 PS); 4 Zylinder, 3 600 cm^3 Hubraum, Abgasnorm Stufe V
Getriebe: (auf Wunsch 12/12, 16/16 24/24, 32/32 36/12, 48/16 bis 40 km/h), synchronisiert, 14 Gänge im Hauptarbeitsbereich, 3 Lastschaltstufen
Zapfwelle: 540/540E
Hubwerk: Kat. II, Hubkraft 4 500 daN
Hydraulik: Pumpenleistung 62 + 32; 114 l/min
Gewichte & Maße: Zulässiges Gesamtgewicht 7 000 kg, Leergewicht 4 000 kg, Nutzlast 3 000 kg, Bodenfreiheit 39 cm
Bereifung: 440/65R24, 540/65R34
Preis: 84 157 Euro (ohne MwSt.)

McCormick X5.100 HC

Allradschlepper

Motor: FPT Turbomotor mit Ladeluftkühlung mit 70 kW (95 PS) nach ISO; maximale Leistung 70 kW (95 PS); 4 Zylinder, 3 600 cm^3 Hubraum, Abgasnorm Stufe V
Getriebe: 32 Vorwärts- und 32 Rückwärtsgänge (auf Wunsch 12/12, 16/16, 24/24, 32/32 bis 30 km/h), synchronisiert, 10 Gänge im Hauptarbeitsbereich, 2 Lastschaltstufen
Zapfwelle: 540/1 000
Hubwerk: Kat. II, Hubkraft 3 900 daN
Hydraulik: Pumpenleistung 62 + 32 l/min
Gewichte & Maße: Zulässiges Gesamtgewicht 6 000 kg, Leergewicht 4 000 kg, Nutzlast 2 000 kg, Bodenfreiheit 65 cm
Bereifung: 380/90R46, 380/90R46
Preis: keine Angabe

McCormick X5.100 Efficient

Allradschlepper

Motor: FPT Turbomotor mit Ladeluftkühlung mit 70 kW (95 PS) nach ISO;

maximale Leistung 70 kW (95 PS); 4 Zylinder, 3600 cm³ Hubraum, Abgasnorm Stufe V
Getriebe: 32 Vorwärts- und 32 Rückwärtsgänge (auf Wunsch 12/12, 16/16 24/24, 32/32 bis 40 km/h), synchronisiert, 10 Gänge im Hauptarbeitsbereich, 2 Lastschaltstufen
Zapfwelle: 540/540E
Hubwerk: Kat. II, Hubkraft 4500 daN
Hydraulik: Pumpenleistung 62 + 32 l/min
Gewichte & Maße: Zulässiges Gesamtgewicht 7000 kg, Leergewicht 4000 kg, Nutzlast 3000 kg, Bodenfreiheit 39 cm
Bereifung: 440/65R24, 540/65R34
Preis: 78680 Euro (ohne Mehrwertsteuer)

McCormick X5.110 Premium

Allradschlepper

Motor: FPT Turbomotor mit Ladeluftkühlung mit 75 kW (102 PS) nach ISO; maximale Leistung 75 kW (102 PS); 4 Zylinder, 3600 cm³ Hubraum, Abgasnorm Stufe V
Getriebe: (auf Wunsch 12/12, 16/16 24/24, 32/32 36/12, 48/16 bis 40 km/h), synchronisiert, 14 Gänge im Hauptarbeitsbereich, 3 Lastschaltstufen
Zapfwelle: 540/540E
Hubwerk: Kat. II, Hubkraft 4500 daN
Hydraulik: Pumpenleistung 62 + 32; 114 l/min
Gewichte & Maße: Zulässiges Gesamtgewicht 7000 kg, Leergewicht 4000 kg, Nutzlast 3000 kg, Bodenfreiheit 39 cm
Bereifung: 440/65R24, 540/65R34
Preis: 87613 Euro (ohne MwSt.)

McCormick X5.110 HC

Allradschlepper

Motor: FPT Turbomotor mit Ladeluftkühlung mit 75 kW (102 PS) nach ISO; maximale Leistung 75 kW (102 PS); 4 Zylinder, 3600 cm³ Hubraum, Abgasnorm Stufe V
Getriebe: 32 Vorwärts- und 32 Rückwärtsgänge (auf Wunsch 12/12, 16/16, 24/24, 32/32 bis 30 km/h), synchronisiert, 10 Gänge im Hauptarbeitsbereich, 2 Lastschaltstufen
Zapfwelle: 540/1000
Hubwerk: Kat. II, Hubkraft 3900 daN
Hydraulik: Pumpenleistung 62 + 32 l/min
Gewichte & Maße: Zulässiges Gesamtgewicht 6000 kg, Leergewicht 4000 kg, Nutzlast 2000 kg, Bodenfreiheit 65 cm
Bereifung: 380/90R46, 380/90R46
Preis: keine Angabe

McCormick X5.110 Efficient

Allradschlepper

Motor: FPT Turbomotor mit Ladeluftkühlung mit 75 kW (102 PS) nach ISO; maximale Leistung 75 kW (102 PS); 4 Zylinder, 3600 cm³ Hubraum, Abgasnorm Stufe V
Getriebe: 32 Vorwärts- und 32 Rückwärtsgänge (auf Wunsch 12/12, 16/16 24/24, 32/32 bis 40 km/h), synchronisiert, 10 Gänge im Hauptarbeitsbereich, 2 Lastschaltstufen
Zapfwelle: 540/540E
Hubwerk: Kat. II, Hubkraft 4500 daN
Hydraulik: Pumpenleistung 62 + 32 l/min
Gewichte & Maße: Zulässiges Gesamtgewicht 7000 kg, Leergewicht 4000 kg, Nutzlast 3000 kg, Bodenfreiheit 39 cm
Bereifung: 440/65R24, 540/65R34
Preis: 82137 Euro (ohne MwSt.)

McCormick X6.413 P6-Drive

Allradschlepper

Motor: FPT Turbomotor mit Ladeluftkühlung mit 83 kW (113 PS) nach ISO; maximale Leistung 92 kW (125 PS); maximale Leistung (Boost) 100 kW (136 PS); 4 Zylinder, 4500 cm³ Hubraum, Abgasnorm Stufe V
Getriebe: 40 Vorwärts- und 40 Rückwärtsgänge (auf Wunsch bis 50 km/h),

synchronisiert, 14 Gänge im Hauptarbeitsbereich, 6 Lastschaltstufen
Zapfwelle: 540/540E/1 000/1 000E
Hubwerk: Kat. III, Hubkraft 7 200 daN
Hydraulik: Pumpenleistung 114 + 44 l/min
Gewichte & Maße: Zulässiges Gesamtgewicht 9 500 kg, Leergewicht 5 500 kg, Nutzlast 4 000 kg
Bereifung: 480/65R24, 540/65R38
Preis: 123 645 Euro (ohne MwSt.)

McCormick X5.120 Premium

Allradschlepper

Motor: FPT Turbomotor mit Ladeluftkühlung mit 83 kW (113 PS) nach ISO; maximale Leistung 84 kW (114 PS); 4 Zylinder, 3 600 cm³ Hubraum, Abgasnorm Stufe V
Getriebe: (auf Wunsch 12/12, 16/16 24/24, 32/32 36/12, 48/16 bis 40 km/h), synchronisiert, 14 Gänge im Hauptarbeitsbereich, 3 Lastschaltstufen
Zapfwelle: 540/540E
Hubwerk: Kat. II, Hubkraft 4 500 daN
Hydraulik: Pumpenleistung 62 + 32; 114 l/min
Gewichte & Maße: Zulässiges Gesamtgewicht 7 000 kg, Leergewicht 4 000 kg, Nutzlast 3 000 kg, Bodenfreiheit 39 cm
Bereifung: 440/65R24, 540/65R34
Preis: 90 518 Euro (ohne MwSt.)

McCormick X5.120 Efficient

Allradschlepper

Motor: FPT Turbomotor mit Ladeluftkühlung mit 83 kW (113 PS) nach ISO; maximale Leistung 84 kW (114 PS); 4 Zylinder, 3 600 cm³ Hubraum, Abgasnorm Stufe V
Getriebe: 32 Vorwärts- und 32 Rückwärtsgänge (auf Wunsch 12/12, 16/16 24/24, 32/32 bis 40 km/h), synchronisiert, 10 Gänge im Hauptarbeitsbereich, 2 Lastschaltstufen
Zapfwelle: 540/540E
Hubwerk: Kat. II, Hubkraft 4 500 daN
Hydraulik: Pumpenleistung 62 + 32 l/min
Gewichte & Maße: Zulässiges Gesamtgewicht 7 000 kg, Leergewicht 4 000 kg, Nutzlast 3 000 kg, Bodenfreiheit 39 cm
Bereifung: 440/65R24, 540/65R34
Preis: 85 040 Euro (ohne MwSt.)

McCormick X6.125

Allradschlepper

Motor: FPT Turbomotor mit Ladeluftkühlung mit 88 kW (120 PS) nach ISO; maximale Leistung 88 kW (120 PS); 4 Zylinder, 3 600 cm³ Hubraum, Abgasnorm Stufe V
Getriebe: (auf Wunsch 48/16 bis 40 km/h), synchronisiert, 14 Gänge im Hauptarbeitsbereich, 3 Lastschaltstufen
Zapfwelle: 540/540E/1 000/1 000E
Hubwerk: Kat. II, Hubkraft 6 000 daN
Hydraulik: Pumpenleistung 66 + 30 l/min
Gewichte & Maße: Zulässiges Gesamtgewicht 8 500 kg, Leergewicht 4 700 kg, Nutzlast 3 800 kg, Bodenfreiheit 43 cm
Bereifung: 480/65R24, 600/65R34
Preis: 101 491 Euro (ohne MwSt.)

McCormick X6.414 P6-Drive

Allradschlepper

Motor: FPT Turbomotor mit Ladeluftkühlung mit 91 kW (124 PS) nach ISO; maximale Leistung 100 kW (136 PS); maximale Leistung (Boost) 107 kW (146 PS); 4 Zylinder, 4 500 cm³ Hubraum, Abgasnorm Stufe V
Getriebe: 40 Vorwärts- und 40 Rückwärtsgänge (auf Wunsch bis 50 km/h), synchronisiert, 14 Gänge im Hauptarbeitsbereich, 6 Lastschaltstufen
Zapfwelle: 540/540E/1 000/1 000E
Hubwerk: Kat. III, Hubkraft 7 200 daN
Hydraulik: Pumpenleistung 114 + 44 l/min
Gewichte & Maße: Zulässiges Gesamtgewicht 9 500 kg, Leergewicht 5 500 kg, Nutzlast 4 000 kg
Bereifung: 520/60R28, 650/60R38
Preis: 126 076 Euro (ohne MwSt.)

McCormick X6.135

Allradschlepper

Motor: FPT Turbomotor mit Ladeluftkühlung mit 93 kW (126 PS) nach ISO; maximale Leistung 93 kW (126 PS); 4 Zylinder, 3 600 cm³ Hubraum, Abgasnorm Stufe V
Getriebe: (auf Wunsch 48/16 bis 40 km/h), synchronisiert, 14 Gänge im Hauptarbeitsbereich, 3 Lastschaltstufen
Zapfwelle: 540/540E/1 000/1 000E
Hubwerk: Kat. II, Hubkraft 6 000 daN
Hydraulik: Pumpenleistung 66 + 30 l/min
Gewichte & Maße: Zulässiges Gesamtgewicht 8 500 kg, Leergewicht 4 700 kg, Nutzlast 3 800 kg, Bodenfreiheit 43 cm
Bereifung: 480/65R24, 600/65R34
Preis: 104 443 Euro (ohne Mehrwertsteuer)

McCormick X6.415 P6-Drive

Allradschlepper

Motor: FPT Turbomotor mit Ladeluftkühlung mit 100 kW (136 PS) nach ISO; maximale Leistung 106 kW (144 PS); maximale Leistung (Boost) 114 kW (155 PS); 4 Zylinder, 4 500 cm³ Hubraum, Abgasnorm Stufe V
Getriebe: 40 Vorwärts- und 40 Rückwärtsgänge (auf Wunsch bis 50 km/h), synchronisiert, 14 Gänge im Hauptarbeitsbereich, 6 Lastschaltstufen
Zapfwelle: 540/540E/1 000/1 000E
Hubwerk: Kat. III, Hubkraft 7 200 daN
Hydraulik: Pumpenleistung 114 + 44 l/min
Gewichte & Maße: Zulässiges Gesamtgewicht 9 500 kg, Leergewicht 5 500 kg, Nutzlast 4 000 kg
Bereifung: 520/60R28, 650/60R38
Preis: 129 193 Euro (ohne Mehrwertsteuer)

McCormick X7.417 P6-Drive

Allradschlepper

Motor: FPT Turbomotor mit Ladeluftkühlung mit 111 kW (151 PS) nach ISO; maximale Leistung 114 kW (155 PS); maximale Leistung (Boost) 122 kW (166 PS); 4 Zylinder, 4 500 cm³ Hubraum, Abgasnorm Stufe V
Getriebe: TPT16, 54 Vorwärts- und 27 Rückwärtsgänge (auf Wunsch bis 50 km/h), synchronisiert, 6 Lastschaltstufen
Zapfwelle: 540/540E/1 000/1 000E
Hubwerk: Kat. III, Hubkraft 9 300 daN
Hydraulik: Pumpenleistung 123 + 52 l/min
Gewichte & Maße: Zulässiges Gesamtgewicht 11 500 kg, Leergewicht 6 500 kg, Nutzlast 4 000 kg
Bereifung: 480/65R28, 600/65R38
Preis: 148 386 Euro (ohne Mehrwertsteuer)

McCormick X7.617 P6-Drive

Allradschlepper

Motor: FPT Turbomotor mit Ladeluftkühlung mit 111 kW (151 PS) nach ISO;

maximale Leistung 114 kW (155 PS); maximale Leistung (Boost) 122 kW (166 PS); 6 Zylinder, 6 700 cm^3 Hubraum, Abgasnorm Stufe V
Getriebe: TPT16, 54 Vorwärts- und 27 Rückwärtsgänge (auf Wunsch bis 50 km/h), synchronisiert, 6 Lastschaltstufen
Zapfwelle: 540/540E/1 000/1 000E
Hubwerk: Kat. III, Hubkraft 9 300 daN
Hydraulik: Pumpenleistung 123 + 52 l/min
Gewichte & Maße: Zulässiges Gesamtgewicht 11 500 kg, Leergewicht 6 500 kg, Nutzlast 4 000 kg
Bereifung: 480/65R28, 600/65R38
Preis: 155 136 Euro (ohne Mehrwertsteuer)

McCormick X6.616
Allradschlepper

Motor: FPT Turbomotor mit Ladeluftkühlung mit 111 kW (151 PS) nach ISO; maximale Leistung 114 kW (155 PS); maximale Leistung (Boost) 122 kW (166 PS); 6 Zylinder, 6 700 cm^3 Hubraum, Abgasnorm Stufe V
Getriebe: (auf Wunsch 54/18, 108/36 bis 40 km/h), synchronisiert, 3 Lastschaltstufen
Zapfwelle: 540/1 000
Hubwerk: Kat. III, Hubkraft 9 300 daN
Hydraulik: Pumpenleistung 110 + 38 l/min
Gewichte & Maße: Zulässiges Gesamtgewicht 11 300 kg
Bereifung: 480/65R28, 600/65R38
Preis: 137 313 Euro (ohne Mehrwertsteuer)

McCormick X7.618 P6-Drive
Allradschlepper

Motor: FPT Turbomotor mit Ladeluftkühlung mit 117 kW (159 PS) nach ISO; maximale Leistung 122 kW (166 PS); maximale Leistung (Boost) 129 kW (175 PS); 6 Zylinder, 6 700 cm^3 Hubraum, Abgasnorm Stufe V
Getriebe: TPT16, 54 Vorwärts- und 27 Rückwärtsgänge (auf Wunsch bis 50 km/h), synchronisiert, 6 Lastschaltstufen
Zapfwelle: 540/540E/1 000/1 000E
Hubwerk: Kat. III, Hubkraft 9 300 daN
Hydraulik: Pumpenleistung 123 + 52 l/min
Gewichte & Maße: Zulässiges Gesamtgewicht 11 500 kg, Leergewicht 6 500 kg, Nutzlast 4 000 kg
Bereifung: 480/65R28, 600/65R38
Preis: 159 431 Euro (ohne Mehrwertsteuer)

McCormick X7.618 VT-Drive
Allradschlepper

Motor: FPT Turbomotor mit Ladeluftkühlung mit 117 kW (159 PS) nach ISO; maximale Leistung 122 kW (166 PS); maximale Leistung (Boost) 129 kW (175 PS); 6 Zylinder, 6 700 cm^3 Hubraum, Abgasnorm Stufe V
Getriebe: TMT16, stufenloses Getriebe bis 50 km/h
Zapfwelle: 540/540E/1 000/1 000E
Hubwerk: Kat. III, Hubkraft 9 300 daN
Hydraulik: Pumpenleistung 123 + 52 l/min
Gewichte & Maße: Zulässiges Gesamtgewicht 11 500 kg, Leergewicht 6 500 kg, Nutzlast 4 000 kg
Bereifung: 480/65R28, 600/65R38
Preis: 180 570 Euro (ohne Mehrwertsteuer)

McCormick X6.618
Allradschlepper

Motor: FPT Turbomotor mit Ladeluftkühlung mit 117 kW (159 PS) nach ISO; maximale Leistung 122 kW (166 PS); maximale Leistung (Boost) 129 kW (175 PS); 6 Zylinder, 6 700 cm^3 Hubraum, Abgasnorm Stufe V

Getriebe: (auf Wunsch 54/18, 108/36 bis 40 km/h), synchronisiert, 3 Lastschaltstufen
Zapfwelle: 540/1 000
Hubwerk: Kat. III, Hubkraft 9 300 daN
Hydraulik: Pumpenleistung 110 + 38 l/min
Gewichte & Maße: Zulässiges Gesamtgewicht 11 300 kg
Bereifung: 480/65R28, 600/65R38
Preis: 139 333 Euro (ohne Mehrwertsteuer)

McCormick X7.418 P6-Drive

Allradschlepper

Motor: FPT Turbomotor mit Ladeluftkühlung mit 117 kW (159 PS) nach ISO; maximale Leistung 122 kW (166 PS); maximale Leistung (Boost) 129 kW (175 PS); 4 Zylinder, 4 500 cm³ Hubraum, Abgasnorm Stufe V
Getriebe: TPT16, 54 Vorwärts- und 27 Rückwärtsgänge (auf Wunsch bis 50 km/h), synchronisiert, 6 Lastschaltstufen
Zapfwelle: 540/540E/1 000/1 000E
Hubwerk: Kat. III, Hubkraft 9 300 daN
Hydraulik: Pumpenleistung 123 + 52 l/min
Gewichte & Maße: Zulässiges Gesamtgewicht 11 500 kg, Leergewicht 6 500 kg, Nutzlast 4 000 kg
Bereifung: 480/65R28, 600/65R38
Preis: 152 681 Euro (ohne Mehrwertsteuer)

McCormick X7.418 VT-Drive

Allradschlepper

Motor: FPT Turbomotor mit Ladeluftkühlung mit 117 kW (159 PS) nach ISO; maximale Leistung 122 kW (166 PS); maximale Leistung (Boost) 129 kW (175 PS); 4 Zylinder, 4 500 cm³ Hubraum, Abgasnorm Stufe V
Getriebe: TMT26, stufenloses Getriebe bis 50 km/h
Zapfwelle: 540/540E/1 000/1 000E
Hubwerk: Kat. III, Hubkraft 9 300 daN
Hydraulik: Pumpenleistung 123 + 52 l/min
Gewichte & Maße: Zulässiges Gesamtgewicht 11 500 kg, Leergewicht 6 500 kg, Nutzlast 4 000 kg
Bereifung: 480/65R28, 600/65R38
Preis: 173 946 Euro (ohne Mehrwertsteuer)

McCormick X7.620 P6-Drive Premium

Allradschlepper

Motor: FPT Turbomotor mit Ladeluftkühlung mit 129 kW (175 PS) nach ISO; maximale Leistung 132 kW (180 PS); maximale Leistung (Boost) 140 kW (190 PS); 6 Zylinder, 6 700 cm³ Hubraum, Abgasnorm Stufe V
Getriebe: TPT20, 54 Vorwärts- und 27 Rückwärtsgänge (auf Wunsch bis 50 km/h), synchronisiert, 6 Lastschaltstufen
Zapfwelle: 540/540E/1 000/1 000E
Hubwerk: Kat. III, Hubkraft 9 300 daN
Hydraulik: Pumpenleistung 160 + 52 l/min bei 190 bar
Gewichte & Maße: Zulässiges Gesamtgewicht 13 500 kg, Leergewicht 8 300 kg, Nutzlast 4 700 kg
Bereifung: 540/65R30, 650/65R42
Preis: 181 134 Euro (ohne Mehrwertsteuer)

McCormick X7.621 VT-Drive

Allradschlepper

Motor: FPT Turbomotor mit Ladeluftkühlung mit 143 kW (194 PS) nach ISO; maximale Leistung 147 kW (200 PS); maximale Leistung (Boost) 147 kW (200 PS); 6 Zylinder, 6 700 cm³ Hubraum, Abgasnorm Stufe V
Getriebe: TMT20, stufenloses Getriebe bis 50 km/h
Zapfwelle: 540/540E/1 000/1 000E
Hubwerk: Kat. III, Hubkraft 9 300 daN
Hydraulik: Pumpenleistung 160 + 52 l/min bei 190 bar
Gewichte & Maße: Zulässiges Gesamtgewicht 13 500 kg, Leergewicht 8 370 kg, Nutzlast 4 630 kg, Bodenfreiheit 42 cm
Bereifung: 600/60R30, 710/60R42
Preis: 217 196 Euro (ohne Mehrwertsteuer)

McCormick X7.621 P6-Drive Premium

Allradschlepper

Motor: FPT Turbomotor mit Ladeluftkühlung mit 143 kW (194 PS) nach ISO; maximale Leistung 147 kW (200 PS); maximale Leistung (Boost) 155 kW (211 PS); 6 Zylinder, 6 700 cm³ Hubraum, Abgasnorm Stufe V
Getriebe: TPT20, 54 Vorwärts- und 27 Rückwärtsgänge (auf Wunsch bis 50 km/h), synchronisiert, 6 Lastschaltstufen
Zapfwelle: 540/540E/1 000/1 000E
Hubwerk: Kat. III, Hubkraft 9 300 daN
Hydraulik: Pumpenleistung 160 + 52 l/min bei 190 bar
Gewichte & Maße: Zulässiges Gesamtgewicht 13 500 kg, Leergewicht 8 300 kg, Nutzlast 4 700 kg
Bereifung: 540/65R30, 650/65R42
Preis: 187 624 Euro (ohne Mehrwertsteuer)

McCormick X7.623 P6-Drive Premium

Allradschlepper

Motor: FPT Turbomotor mit Ladeluftkühlung mit 151 kW (205 PS) nach ISO; maximale Leistung 158 kW (215 PS); maximale Leistung (Boost) 166 kW (226 PS); 6 Zylinder, 6 700 cm³ Hubraum, Abgasnorm Stufe V
Getriebe: TPT20, 54 Vorwärts- und 27 Rückwärtsgänge (auf Wunsch bis 50 km/h), synchronisiert, 6 Lastschaltstufen
Zapfwelle: 540/540E/1 000/1 000E
Hubwerk: Kat. III, Hubkraft 9 300 daN
Hydraulik: Pumpenleistung 160 + 52 l/min bei 190 bar
Gewichte & Maße: Zulässiges Gesamtgewicht 13 500 kg, Leergewicht 8 300 kg, Nutzlast 4 700 kg
Bereifung: 540/65R30, 650/65R42
Preis: 194 193 Euro (ohne Mehrwertsteuer)

McCormick X7.624 VT-Drive

Allradschlepper

Motor: FPT Turbomotor mit Ladeluftkühlung mit 161 kW (219 PS) nach ISO; maximale Leistung 169 kW (230 PS); maximale Leistung (Boost) 169 kW (230 PS); 6 Zylinder, 6 700 cm³ Hubraum, Abgasnorm Stufe V
Getriebe: TMT20, stufenloses Getriebe bis 50 km/h
Zapfwelle: 540/540E/1 000/1 000E
Hubwerk: Kat. III, Hubkraft 9 300 daN
Hydraulik: Pumpenleistung 160 + 52 l/min bei 190 bar
Gewichte & Maße: Zulässiges Gesamtgewicht 13 500 kg, Leergewicht 8 370 kg, Nutzlast 4 630 kg, Bodenfreiheit 42 cm
Bereifung: 600/60R30, 710/60R42
Preis: 226 792 Euro (ohne Mehrwertsteuer)

McCormick X8.627 VT-Drive Premium

Allradschlepper

Motor: FPT Turbomotor mit Ladeluftkühlung mit 190 kW (258 PS) nach ISO; maximale Leistung 201 kW (273 PS); 6 Zylinder, 6 700 cm³ Hubraum, Abgasnorm Stufe V
Getriebe: TMT32, stufenloses Getriebe bis 50 km/h
Zapfwelle: 540E/1 000/1 000E
Hubwerk: Kat. III/IVN, Hubkraft 12 000 daN
Hydraulik: Pumpenleistung 216 + 115 l/min
Gewichte & Maße: Zulässiges Gesamtgewicht 16 000 kg, Leergewicht 11 400 kg, Nutzlast 4 600 kg, Bodenfreiheit 63 cm
Bereifung: 650/60R34, 710/70R42
Preis: 313 124 Euro (ohne Mehrwertsteuer)

McCormick X8.631 VT-Drive Premium

Allradschlepper

Motor: FPT Turbomotor mit Ladeluftkühlung mit 221 kW (301 PS) nach ISO; maximale Leistung 230 kW (313 PS); 6 Zylinder, 6 700 cm³ Hubraum, Abgasnorm Stufe V
Getriebe: TMT32, stufenloses Getriebe bis 50 km/h
Zapfwelle: 540E/1 000/1 000E
Hubwerk: Kat. III/IVN, Hubkraft 12 000 daN
Hydraulik: Pumpenleistung 216 + 115 l/min
Gewichte & Maße: Zulässiges Gesamtgewicht 16 000 kg, Leergewicht 11 400 kg, Nutzlast 4 600 kg, Bodenfreiheit 63 cm
Bereifung: 650/60R34, 710/70R42
Preis: 328 274 Euro (ohne Mehrwertsteuer)

Weitere Informationen erhalten Sie von:
Daimler Truck AG
Fasanenweg 10
70771 Leinfelden-Echterdingen
Telefon: 07 11/84 85-0
www.mercedes-benz-trucks.com

Mercedes-Benz

1944 begann Ingenieur Albert Friedrich bei Daimler-Benz mit den ersten Studien zu einem landwirtschaftlichen Gerät mit Allradantrieb und Frontlenkung. Zwei Jahre später baute er ein erstes Versuchsfahrzeug mit einer schrägen Frontpartie. Es bestand aus dem Fahrerhaus mit Verdeck und der Ladefläche dahinter. Das war die Geburt des Universal-Motor-Gerätes, aus dem der Name „Unimog" entstand. 1947 präsentierten die Ingenieure den Prototyp. Bis zum Produktionsbeginn des Unimogs vergingen noch vier Jahre: 1951 wurde der erste in Gaggenau hergestellte Daimler-Benz als Unimog Typ 2010 ausgeliefert. 1959 wurde der Unimog der erste Ackerschlepper mit serienmäßigem Synchrongetriebe.
1972 kam der MB trac auf den Markt – durchaus eine Weiterentwicklung des Unimog, der speziell für den Landwirt gebaut wurde. Der neue Ackerschlepper erreichte schnell Kultstatus und wurde bis Anfang der Neunzigerjahre des vergangenen Jahrhunderts gebaut. 1976 wurde das Programm mit dem U 1000 erweitert, und die Bezeichnung der Modellpalette von U 800 bis U 1300 geändert.
Seit 2000 ist die Unimog-Generation U 300/U 400 und U 500 im Programm. Als letztes wurden die Typen U 435/535 mit 257 kW/350 PS eingeführt. Für die Unimog Geräteträger U 423 bis U 530 ist eine Allradlenkung lieferbar. 2023 stellte das Unternehmen ein variables Bedienkonzept vor.

Mercedes-Benz U 319
Allradschlepper

Motor: Daimler Turbomotor mit Ladeluftkühlung mit 140 kW (190 PS) nach ISO; 4 Zylinder, 5 132 cm³ Hubraum, Abgasnorm Stufe VI
Getriebe: UG 100, 24 Vorwärts- und 22 Rückwärtsgänge (auf Wunsch bis 90 km/h), synchronisiert, 8 Gänge im Hauptarbeitsbereich
Zapfwelle: 540/1 000
Hubwerk: Kat. II, Hubkraft 1 500 daN
Hydraulik: Pumpenleistung 87; 110 l/min bei 210 bar
Gewichte & Maße: Zulässiges Gesamtgewicht 7 500 kg, Leergewicht 6 100 kg, Nutzlast 3 000 kg, Bodenfreiheit 35 cm, Wendekreis 13,7 m
Bereifung: 365/80R20, 365/80R20
Preis: 147 100 Euro (ohne MwSt.)

Mercedes-Benz U 219
Allradschlepper

Motor: Daimler Turbomotor mit Ladeluftkühlung mit 140 kW (190 PS) nach ISO; 4 Zylinder, 5 132 cm³ Hubraum, Abgasnorm Stufe VI
Getriebe: UG 100, 24 Vorwärts- und 22 Rückwärtsgänge (auf Wunsch bis 90 km/h), synchronisiert, 8 Gänge im Hauptarbeitsbereich
Zapfwelle: 540/1 000
Hubwerk: Kat. II, Hubkraft 1 800 daN
Hydraulik: Pumpenleistung 87; 110 l/min bei 210 bar
Gewichte & Maße: Zulässiges Gesamtgewicht 7 500 kg, Leergewicht 4 500 kg, Nutzlast 3 000 kg, Bodenfreiheit 35 cm, Wendekreis 12,6 m
Bereifung: 365/80R20, 365/80R20
Preis: 115 500 Euro (ohne MwSt.)

Mercedes-Benz U 423
Allradschlepper

Motor: Daimler Turbomotor mit Ladeluftkühlung mit 170 kW (231 PS) nach ISO; 4 Zylinder, 5 132 cm³ Hubraum, Abgasnorm Stufe VI
Getriebe: UG 100, 24 Vorwärts- und 22 Rückwärtsgänge (auf Wunsch bis 90 km/h), synchronisiert, 8 Gänge im Hauptarbeitsbereich
Zapfwelle: 540/1 000
Hubwerk: Kat. II/III, Hubkraft 2 500 daN
Hydraulik: Pumpenleistung 87; 110 l/min bei 210 bar
Gewichte & Maße: Zulässiges Gesamtgewicht 11 990 kg, Leergewicht 6 400 kg, Nutzlast 5 590 kg, Bodenfreiheit 38 cm, Wendekreis 13,7 m
Bereifung: 365/85R20, 365/85R20
Preis: 170 000 Euro (ohne MwSt.)

Mercedes-Benz U 527
Allradschlepper

Motor: Daimler Turbomotor mit Ladeluftkühlung mit 200 kW (272 PS) nach ISO; 6 Zylinder, 7 698 cm³ Hubraum, Abgasnorm Stufe VI
Getriebe: UG 100, 24 Vorwärts- und 22 Rückwärtsgänge (auf Wunsch bis 90 km/h), synchronisiert, 8 Gänge im Hauptarbeitsbereich
Zapfwelle: 540/1000, Höchstdrehzahl: 623/1 096 min^{-1}
Hubwerk: Kat. III, Hubkraft 6 000 daN
Hydraulik: Pumpenleistung 87; 110 l/min bei 210 bar
Gewichte & Maße: Zulässiges Gesamtgewicht 12 500 kg, Leergewicht 7 400 kg, Nutzlast 5 100 kg, Bodenfreiheit 38 cm, Wendekreis 15,1 m
Bereifung: 365/85R20, 365/85R20
Preis: 188 500 Euro (ohne MwSt.)

Mercedes-Benz U 427
Allradschlepper

Motor: Daimler Turbomotor mit Ladeluftkühlung mit 200 kW (272 PS) nach ISO; 6 Zylinder, 7 698 cm³ Hubraum, Abgasnorm Stufe VI
Getriebe: UG 100, 24 Vorwärts- und 22 Rückwärtsgänge (auf Wunsch bis 90 km/h), synchronisiert, 8 Gänge im Hauptarbeitsbereich
Zapfwelle: 540/1000, Höchstdrehzahl: 623/1 096 min^{-1}
Hubwerk: Kat. II/III, Hubkraft 3 500 daN
Hydraulik: Pumpenleistung 87; 110 l/min bei 210 bar
Gewichte & Maße: Zulässiges Gesamtgewicht 11 990 kg, Leergewicht 6 850 kg, Nutzlast 5 140 kg, Bodenfreiheit 38 cm, Wendekreis 14,3 m

Bereifung: 365/85R20, 365/85R20
Preis: 174 400 Euro (ohne MwSt.)

Mercedes-Benz U 530
Allradschlepper

Motor: Daimler Turbomotor mit Ladeluftkühlung mit 220 kW (299 PS) nach ISO; 6 Zylinder, 7 698 cm³ Hubraum, Abgasnorm Stufe VI
Getriebe: UG 100, 24 Vorwärts- und 22 Rückwärtsgänge (auf Wunsch bis 90 km/h), synchronisiert, 8 Gänge im Hauptarbeitsbereich
Zapfwelle: 540/1000, Höchstdrehzahl: 623/1 096 min⁻¹

Hubwerk: Kat. III, Hubkraft 6 000 daN
Hydraulik: Pumpenleistung 87; 110 l/min bei 210 bar
Gewichte & Maße: Zulässiges Gesamtgewicht 12 500 kg, Leergewicht 7 400 kg, Nutzlast 5 100 kg, Bodenfreiheit 38 cm, Wendekreis 14,3 m
Bereifung: 365/85R20, 365/85R20
Preis: 190 700 Euro (ohne MwSt.)

Mercedes-Benz U 430
Allradschlepper

Motor: Daimler Turbomotor mit Ladeluftkühlung mit 220 kW (299 PS) nach ISO; 6 Zylinder, 7 698 cm³ Hubraum, Abgasnorm Stufe VI
Getriebe: UG 100, 24 Vorwärts- und 22 Rückwärtsgänge (auf Wunsch bis 90 km/h), synchronisiert, 8 Gänge im Hauptarbeitsbereich
Zapfwelle: 540/1000, Höchstdrehzahl: 623/1 096 min⁻¹
Hubwerk: Kat. II/III, Hubkraft 3 500 daN
Hydraulik: Pumpenleistung 87; 110 l/min bei 210 bar
Gewichte & Maße: Zulässiges Gesamtgewicht 11 990 kg, Leergewicht 6 850 kg, Nutzlast 5 140 kg, Bodenfreiheit 38 cm, Wendekreis 14,3 m
Bereifung: 365/85R20, 365/85R20
Preis: 177 800 Euro (ohne Mehrwertsteuer)

Mercedes-Benz U 535
Allradschlepper

Motor: Daimler Turbomotor mit Ladeluftkühlung mit 260 kW (354 PS) nach ISO; 6 Zylinder, 7 698 cm³ Hubraum, Abgasnorm Stufe VI
Getriebe: UG 130, 24 Vorwärts- und 22 Rückwärtsgänge (auf Wunsch bis 90 km/h), synchronisiert, 8 Gänge im Hauptarbeitsbereich
Zapfwelle: 540/1000, Höchstdrehzahl: 623/1 096 min⁻¹
Hubwerk: Kat. III, Hubkraft 6 000 daN
Hydraulik: Pumpenleistung 87; 110 l/min bei 210 bar
Gewichte & Maße: Zulässiges Gesamtgewicht 12 500 kg, Leergewicht 7 400 kg, Nutzlast 5 100 kg, Bodenfreiheit 38 cm, Wendekreis 15,1 m
Bereifung: 365/85R20, 365/85R20
Preis: 198 500 Euro (ohne Mehrwertsteuer)

Mercedes-Benz U 435
Allradschlepper

Motor: Daimler Turbomotor mit Ladeluftkühlung mit 260 kW (354 PS) nach ISO; 6 Zylinder, 7 698 cm³ Hubraum, Abgasnorm Stufe VI
Getriebe: UG 130, 24 Vorwärts- und 22 Rückwärtsgänge (auf Wunsch bis 90 km/h), synchronisiert, 8 Gänge im Hauptarbeitsbereich
Zapfwelle: 540/1000, Höchstdrehzahl: 623/1 096 min⁻¹
Hubwerk: Kat. II/III, Hubkraft 3 500 daN
Hydraulik: Pumpenleistung 87; 110 l/min bei 210 bar
Gewichte & Maße: Zulässiges Gesamtgewicht 11 990 kg, Leergewicht 6 850 kg, Nutzlast 5 140 kg, Bodenfreiheit 38 cm, Wendekreis 14,3 m
Bereifung: 365/85R20, 365/85R20
Preis: 185 500 Euro (ohne Mehrwertsteuer)

Weitere Informationen erhalten Sie von:
CNH Deutschland GmbH
Benzstraße 1
74076 Heilbronn
Telefon: 07131/1060
www.newholland.com

New Holland

Ihre Wurzeln haben New Holland-Traktoren in der Stadt New Holland in Pennsylvania, USA. Das Unternehmen wurde im Jahr 1895 von dem Mechaniker Abe Zimmermann gegründet und ist mit der Landwirtschaft länger verbunden, als es Traktoren mit diesem Namen gibt. Anfangs reparierte Zimmermann in seiner kleinen Werkstatt Landmaschinen. Doch 1899 baute er eine tragbare Futtermühle und wird somit zum Hersteller. 1940 führet er eine mobile Nolt-Pickup-Ballenpresse ein und legte damit den Grundstein zu einem der großen Spezialisten für Futtererntetechnik.
1986 ging das Unternehmen in den Besitz der Ford Motor Company über; fünf Jahre später wurde Ford New Holland vom Fiat-Konzern übernommen. 1993 wurden die ersten New Holland-Traktoren vorgestellt. Als Fiat im Jahr 2000 die Marken New Holland und Case IH zusammenschließt, entsteht der CNH-Konzern, der nach eigenen Angaben zweitgrößte Landmaschinenhersteller der Welt.
Wie Case IH stellt auch New Holland auf der Agritechnica 2025 neue Traktoren der T7-Baureihe in zwei Größen vor. Details dazu kannten wir leider zu Redaktionsschluss noch nicht.

New Holland T 4.55 S
Allradschlepper

Motor: FPT Turbomotor mit Ladeluftkühlung mit 41 kW (56 PS) nach ISO; maximale Leistung 41 kW (56 PS); 3 Zylinder, 2900 cm^3 Hubraum, Abgasnorm Stufe V
Getriebe: Synchro Shuttle, 12 Vorwärts- und 12 Rückwärtsgänge (auf Wunsch 12/12 Power Shuttle, 20/20 Kriechgang bis 40 km/h), synchronisiert, 4 Gänge im Hauptarbeitsbereich
Zapfwelle: 540/540E, Höchstdrehzahl: 634/780 min^{-1}
Hubwerk: Kat. II, Hubkraft 3000 daN
Hydraulik: Pumpenleistung 48 + 36 l/min bei 190 bar
Gewichte & Maße: Zulässiges Gesamtgewicht 4800 kg, Leergewicht 2800 kg, Nutzlast 2000 kg, Bodenfreiheit 45 cm, Wendekreis 7,9 m
Bereifung: 14.9LR20, 420/85R30
Preis: 39618 Euro (ohne MwSt.)

New Holland T 4.55
Allradschlepper

Motor: FPT Turbomotor mit Ladeluftkühlung mit 43 kW (58 PS) nach ISO; maximale Leistung 43 kW (58 PS); 4 Zylinder, 3400 cm^3 Hubraum, Abgasnorm Stufe V
Getriebe: Synchro Shuttle, 12 Vorwärts- und 12 Rückwärtsgänge (auf Wunsch 12/12 Power Shuttle, 20/20 Kriechgang bis 40 km/h), synchronisiert, 4 Gänge im Hauptarbeitsbereich
Zapfwelle: 540/540E, Höchstdrehzahl: 634/780 min^{-1}
Hubwerk: Kat. II, Hubkraft 2700 daN
Hydraulik: Pumpenleistung 48 + 36 l/min bei 190 bar
Gewichte & Maße: Zulässiges Gesamtgewicht 4800 kg, Leergewicht 2800 kg, Nutzlast 2000 kg, Bodenfreiheit 42 cm, Wendekreis 7,5 m
Bereifung: 14.9LR20, 420/85R30
Preis: 55915 Euro (ohne MwSt.)

New Holland T 4.65 S
Allradschlepper

Motor: FPT Turbomotor mit Ladeluftkühlung mit 48 kW (65 PS) nach ISO; maximale Leistung 48 kW (65 PS); 3 Zylinder, 2900 cm^3 Hubraum, Abgasnorm Stufe V
Getriebe: Synchro Shuttle, 12 Vorwärts- und 12 Rückwärtsgänge (auf Wunsch 12/12 Power Shuttle, 20/20 Kriechgang bis 40 km/h), synchronisiert, 4 Gänge im Hauptarbeitsbereich
Zapfwelle: 540/540E, Höchstdrehzahl: 634/780 min^{-1}
Hubwerk: Kat. II, Hubkraft 3000 daN
Hydraulik: Pumpenleistung 48 + 36 l/min bei 190 bar
Gewichte & Maße: Zulässiges Gesamtgewicht 4800 kg, Leergewicht 2800 kg, Nutzlast 2000 kg, Bodenfreiheit 45 cm, Wendekreis 7,9 m
Bereifung: 14.9LR20, 420/85R30
Preis: 40622 Euro (ohne MwSt.)

New Holland T 4.65
Allradschlepper

Motor: FPT Turbomotor mit Ladeluftkühlung mit 48 kW (65 PS) nach ISO; maximale Leistung 48 kW (65 PS); 4 Zylinder, 3400 cm^3 Hubraum, Abgasnorm Stufe V
Getriebe: Synchro Shuttle, 12 Vorwärts- und 12 Rückwärtsgänge (auf Wunsch 12/12 Power Shuttle, 20/20 Kriechgang bis 40 km/h), synchronisiert, 4 Gänge im Hauptarbeitsbereich
Zapfwelle: 540/540E, Höchstdrehzahl: 634/780 min^{-1}
Hubwerk: Kat. II, Hubkraft 2700 daN
Hydraulik: Pumpenleistung 48 + 36 l/min bei 190 bar
Gewichte & Maße: Zulässiges Gesamtgewicht 4800 kg, Leergewicht 2800 kg, Nutzlast 2000 kg, Bodenfreiheit 42 cm, Wendekreis 7,5 m
Bereifung: 14.9LR20, 420/85R30
Preis: 57143 Euro (ohne MwSt.)

New Holland T 4.75 S
Allradschlepper

Motor: FPT Turbomotor mit Ladeluftkühlung mit 55 kW (75 PS) nach ISO; maximale Leistung 55 kW (75 PS); 3 Zylinder, 2 900 cm^3 Hubraum, Abgasnorm Stufe V
Getriebe: Synchro Shuttle, 12 Vorwärts- und 12 Rückwärtsgänge (auf Wunsch 12/12 Power Shuttle, 20/20 Kriechgang bis 40 km/h), synchronisiert, 4 Gänge im Hauptarbeitsbereich
Zapfwelle: 540/540E, Höchstdrehzahl: 634/780 min^{-1}
Hubwerk: Kat. II, Hubkraft 3 000 daN
Hydraulik: Pumpenleistung 48 + 36 l/min bei 190 bar
Gewichte & Maße: Zulässiges Gesamtgewicht 4 800 kg, Leergewicht 2 800 kg, Nutzlast 2 000 kg, Bodenfreiheit 45 cm, Wendekreis 7,9 m
Bereifung: 14.9LR20, 420/85R30
Preis: 42 185 Euro (ohne Mehrwertsteuer)

New Holland T 4.75
Allradschlepper

Motor: FPT Turbomotor mit Ladeluftkühlung mit 55 kW (75 PS) nach ISO; maximale Leistung 55 kW (75 PS); 4 Zylinder, 3 400 cm^3 Hubraum, Abgasnorm Stufe V
Getriebe: Synchro Shuttle, 12 Vorwärts- und 12 Rückwärtsgänge (auf Wunsch 12/12 Power Shuttle, 20/20 Kriechgang bis 40 km/h), synchronisiert, 4 Gänge im Hauptarbeitsbereich
Zapfwelle: 540/540E, Höchstdrehzahl: 634/780 min^{-1}
Hubwerk: Kat. II, Hubkraft 2 700 daN
Hydraulik: Pumpenleistung 48 + 36 l/min bei 190 bar
Gewichte & Maße: Zulässiges Gesamtgewicht 4 800 kg, Leergewicht 2 800 kg, Nutzlast 2 000 kg, Bodenfreiheit 42 cm, Wendekreis 7,5 m
Bereifung: 14.9LR20, 420/85R30
Preis: 58 954 Euro (ohne MwSt.)

New Holland T 5.80
Allradschlepper

Motor: FPT Turbomotor mit Ladeluftkühlung mit 59 kW (80 PS) nach ISO; maximale Leistung 59 kW (80 PS); 4 Zylinder, 3 600 cm^3 Hubraum, Abgasnorm Stufe V
Getriebe: DualCommand, 24 Vorwärts- und 24 Rückwärtsgänge (auf Wunsch 12/12 Power Shuttle, optional 40x40 Kriechgang bis 40 km/h), synchronisiert, 12 Gänge im Hauptarbeitsbereich, 2 Lastschaltstufen
Zapfwelle: 540/540E/1000, Höchstdrehzahl: 1 938/1 535/1 926 min^{-1}
Hubwerk: Kat. II, Hubkraft 4 700 daN
Hydraulik: Pumpenleistung 64 + 36 l/min bei 190 bar
Gewichte & Maße: Zulässiges Gesamtgewicht 6 500 kg, Leergewicht 4 100 kg, Bodenfreiheit 45 cm
Bereifung: 380/70R24, 480/70R34
Preis: 92 140 Euro (ohne MwSt.)

New Holland T 5.90
Allradschlepper

Motor: FPT Turbomotor mit Ladeluftkühlung mit 66 kW (90 PS) nach ISO; maximale Leistung 66 kW (90 PS); 4 Zylinder, 3 600 cm^3 Hubraum, Abgasnorm Stufe V
Getriebe: DualCommand, 24 Vorwärts- und 24 Rückwärtsgänge (auf Wunsch 12/12 Power Shuttle, optional 40x40 Kriechgang bis 40 km/h), synchronisiert, 12 Gänge im Hauptarbeitsbereich, 2 Lastschaltstufen
Zapfwelle: 540/540E/1000, Höchstdrehzahl: 1 938/1 535/1 926 min^{-1}
Hubwerk: Kat. II, Hubkraft 4 700 daN
Hydraulik: Pumpenleistung 64 + 36 l/min bei 190 bar
Gewichte & Maße: Zulässiges Gesamtgewicht 6 500 kg, Leergewicht 4 100 kg, Bodenfreiheit 45 cm
Bereifung: 380/70R24, 480/70R34
Preis: 95 800 Euro (ohne MwSt.)

New Holland T 5.90 S
Allradschlepper

Motor: FPT Turbomotor mit Ladeluftkühlung mit 66 kW (90 PS) nach ISO; maximale Leistung 66 kW (90 PS); 4 Zylinder, 3 600 cm^3 Hubraum, Abgasnorm Stufe V
Getriebe: Powershuttle, 12 Vorwärts- und 12 Rückwärtsgänge (auf Wunsch 20/20 Kriechgang bis 40 km/h), synchronisiert, 4 Gänge im Hauptarbeitsbereich

Zapfwelle: 540/540E/1000, Höchstdrehzahl: 1938/1535/1926 min^{-1}
Hubwerk: Kat. II, Hubkraft 4700 daN
Hydraulik: Pumpenleistung 64 + 36 l/min bei 190 bar
Gewichte & Maße: Zulässiges Gesamtgewicht 6500 kg, Bodenfreiheit 46 cm
Bereifung: 340/85R24, 420/85R34
Preis: Ende 2025 Euro (ohne Mehrwertsteuer)

New Holland T 5.110 Auto Command

Allradschlepper

Motor: FPT Turbomotor mit Ladeluftkühlung mit 73 kW (99 PS) nach ISO; maximale Leistung 81 kW (110 PS); 4 Zylinder, 4485 cm^3 Hubraum, Abgasnorm Stufe V
Getriebe: Auto Command, stufenloses Getriebe bis 40 km/h
Zapfwelle: 540/540E/1000
Hubwerk: Kat. II; III, Hubkraft 5500 daN
Hydraulik: Pumpenleistung 110 l/min bei 200 bar
Gewichte & Maße: Zulässiges Gesamtgewicht 8800 kg, Leergewicht 5500 kg, Nutzlast 3300 kg, Bodenfreiheit 40 cm, Wendekreis 8,4 m
Bereifung: 440/65R28, 540/65R38
Preis: 147396 Euro (ohne Mehrwertsteuer)

New Holland T 5.110 Dynamic Command

Allradschlepper

Motor: FPT Turbomotor mit Ladeluftkühlung mit 73 kW (99 PS) nach ISO; maximale Leistung 81 kW (110 PS); 4 Zylinder, 4485 cm^3 Hubraum, Abgasnorm Stufe V
Getriebe: Dynamic Command, 24 Vorwärts- und 24 Rückwärtsgänge (auf Wunsch 48/48 KG bis 40 km/h), synchronisiert, 11 Gänge im Hauptarbeitsbereich, 8 Lastschaltstufen
Zapfwelle: 540/540E/1000
Hubwerk: Kat. II; III, Hubkraft 5500 daN
Hydraulik: Pumpenleistung 110 l/min bei 200 bar
Gewichte & Maße: Zulässiges Gesamtgewicht 8800 kg,

Leergewicht 5500 kg, Nutzlast 3300 kg, Bodenfreiheit 40 cm, Wendekreis 8,4 m
Bereifung: 440/65R28, 540/65R38
Preis: 135741 Euro (ohne Mehrwertsteuer)

New Holland T 5.100 ElectroCommand

Allradschlepper

Motor: FPT Turbomotor mit Ladeluftkühlung mit 74 kW (101 PS) nach ISO; maximale Leistung 74 kW (101 PS); 4 Zylinder, 3600 cm³ Hubraum, Abgasnorm Stufe V
Getriebe: Electro Command, 16 Vorwärts- und 16 Rückwärtsgänge (auf Wunsch 32/32 Kriechgang bis 40 km/h), synchronisiert, 10 Gänge im Hauptarbeitsbereich, 4 Lastschaltstufen
Zapfwelle: 540/540E/1000, Höchstdrehzahl: 1938/1535/1926 min^{-1}
Hubwerk: Kat. II, Hubkraft 5420 daN
Hydraulik: Pumpenleistung 84 + 43 l/min bei 190 bar
Gewichte & Maße: Zulässiges Gesamtgewicht 8000 kg, Leergewicht 4550 kg, Nutzlast 3450 kg, Bodenfreiheit 42 cm, Wendekreis 8,8 m
Bereifung: 440/65R24, 540/65R34
Preis: 109280 Euro (ohne Mehrwertsteuer)

New Holland T 5.100 S

Allradschlepper

Motor: FPT Turbomotor mit Ladeluftkühlung mit 74 kW (101 PS) nach ISO; maximale Leistung 74 kW (101 PS); 4 Zylinder, 3600 cm³ Hubraum, Abgasnorm Stufe V
Getriebe: Powershuttle, 12 Vorwärts- und 12 Rückwärtsgänge (auf Wunsch 20/20 Kriechgang bis 40 km/h), synchronisiert, 4 Gänge im Hauptarbeitsbereich
Zapfwelle: 540/540E/1000, Höchstdrehzahl: 1938/1535/1926 min^{-1}
Hubwerk: Kat. II, Hubkraft 4700 daN
Hydraulik: Pumpenleistung 64 + 36 l/min bei 190 bar
Gewichte & Maße: Zulässiges Gesamtgewicht 6500 kg, Bodenfreiheit 46 cm
Bereifung: 340/85R24, 420/85R34
Preis: Ende 2025 Euro (ohne Mehrwertsteuer)

New Holland T 5.100

Allradschlepper

Motor: FPT Turbomotor mit Ladeluftkühlung mit 74 kW (101 PS) nach ISO; maximale Leistung 74 kW (101 PS); 4 Zylinder, 3600 cm³ Hubraum, Abgasnorm Stufe V
Getriebe: DualCommand, 24 Vorwärts- und 24 Rückwärtsgänge (auf Wunsch 12/12 Power Shuttle, optional 40x40 Kriechgang bis 40 km/h), synchronisiert, 12 Gänge im Hauptarbeitsbereich, 2 Lastschaltstufen
Zapfwelle: 540/540E/1000, Höchstdrehzahl: 1938/1535/1926 min^{-1}
Hubwerk: Kat. II, Hubkraft 4700 daN
Hydraulik: Pumpenleistung 64 + 36 l/min bei 190 bar
Gewichte & Maße: Zulässiges Gesamtgewicht 6500 kg, Leergewicht 4100 kg, Bodenfreiheit 45 cm

Bereifung: 380/70R24, 480/70R34
Preis: 99 454 Euro (ohne Mehrwertsteuer)

New Holland T 5.120 Auto Command

Allradschlepper

Motor: FPT Turbomotor mit Ladeluftkühlung mit 81 kW (110 PS) nach ISO; maximale Leistung 88 kW (120 PS); 4 Zylinder, 4 485 cm³ Hubraum, Abgasnorm Stufe V
Getriebe: Auto Command, stufenloses Getriebe bis 40 km/h
Zapfwelle: 540/540E/1 000
Hubwerk: Kat. II; III, Hubkraft 5 500 daN
Hydraulik: Pumpenleistung 110 l/min bei 200 bar
Gewichte & Maße: Zulässiges Gesamtgewicht 8 800 kg, Leergewicht 5 500 kg, Nutzlast 3 300 kg, Bodenfreiheit 40 cm, Wendekreis 8,4 m
Bereifung: 440/65R28, 540/65R38
Preis: 150 917 Euro (ohne Mehrwertsteuer)

New Holland T 5.120 Dynamic Command

Allradschlepper

Motor: FPT Turbomotor mit Ladeluftkühlung mit 81 kW (110 PS) nach ISO; maximale Leistung 88 kW (120 PS); 4 Zylinder, 4 485 cm³ Hubraum, Abgasnorm Stufe V
Getriebe: Dynamic Command, 24 Vorwärts- und 24 Rückwärtsgänge (auf Wunsch 48/48 KG bis 40 km/h), synchronisiert, 11 Gänge im Hauptarbeitsbereich, 8 Lastschaltstufen
Zapfwelle: 540/540E/1 000
Hubwerk: Kat. II; III, Hubkraft 5 500 daN
Hydraulik: Pumpenleistung 110 l/min bei 200 bar
Gewichte & Maße: Zulässiges Gesamtgewicht 8 800 kg, Leergewicht 5 500 kg, Nutzlast 3 300 kg, Bodenfreiheit 40 cm, Wendekreis 8,4 m
Bereifung: 440/65R28, 540/65R38
Preis: 138 995 Euro (ohne Mehrwertsteuer)

New Holland T 5.110 S

Allradschlepper

Motor: FPT Turbomotor mit Ladeluftkühlung mit 81 kW (110 PS) nach ISO; maximale Leistung 81 kW (110 PS); 4 Zylinder, 3 600 cm³ Hubraum, Abgasnorm Stufe V
Getriebe: Powershuttle, 12 Vorwärts- und 12 Rückwärtsgänge (auf Wunsch 20/20 Kriechgang bis 40 km/h), synchronisiert, 4 Gänge im Hauptarbeitsbereich
Zapfwelle: 540/540E/1000, Höchstdrehzahl: 1 938/1 535/1 926 min^{-1}
Hubwerk: Kat. II, Hubkraft 4 700 daN
Hydraulik: Pumpenleistung 64 + 36 l/min bei 190 bar
Gewichte & Maße: Zulässiges Gesamtgewicht 6 500 kg, Bodenfreiheit 46 cm
Bereifung: 340/85R24, 420/85R34
Preis: keine Angabe

New Holland T 5.110

Allradschlepper

Motor: FPT Turbomotor mit Ladeluftkühlung mit 81 kW (110 PS) nach ISO; maximale Leistung 81 kW (110 PS); 4 Zylinder, 3 600 cm³ Hubraum, Abgasnorm Stufe V
Getriebe: DualCommand, 24 Vorwärts- und 24 Rückwärtsgänge (auf Wunsch 12/12 Power Shuttle, optional 40x40 Kriechgang bis 40 km/h), synchronisiert, 12 Gänge im Hauptarbeitsbereich, 2 Lastschaltstufen
Zapfwelle: 540/540E/1000, Höchstdrehzahl: 1 938/1 535/1 926 min^{-1}
Hubwerk: Kat. II, Hubkraft 4 700 daN
Hydraulik: Pumpenleistung 64 + 36 l/min bei 190 bar
Gewichte & Maße: Zulässiges Gesamtgewicht 6 500 kg, Leergewicht 4 100 kg, Bodenfreiheit 45 cm
Bereifung: 380/70R24, 480/70R34
Preis: 103 108 Euro (ohne MwSt.)

New Holland T 5.110 Electro Command

Allradschlepper

Motor: FPT Turbomotor mit Ladeluftkühlung mit 81 kW (110 PS) nach ISO; maximale Leistung 81 kW (110 PS); 4 Zylinder, 3600 cm^3 Hubraum, Abgasnorm Stufe V
Getriebe: Electro Command, 16 Vorwärts- und 16 Rückwärtsgänge (auf Wunsch 32/32 Kriechgang bis 40 km/h), synchronisiert, 10 Gänge im Hauptarbeitsbereich, 4 Lastschaltstufen
Zapfwelle: 540/540E/1000, Höchstdrehzahl: 1938/1535/1926 min^{-1}
Hubwerk: Kat. II, Hubkraft 5420 daN
Hydraulik: Pumpenleistung 84 + 43 l/min bei 190 bar
Gewichte & Maße: Zulässiges Gesamtgewicht 8000 kg, Leergewicht 4550 kg, Nutzlast 3450 kg, Bodenfreiheit 42 cm, Wendekreis 8,8 m
Bereifung: 440/65R24, 540/65R34
Preis: 112391 Euro (ohne Mehrwertsteuer)

New Holland T 6.145 Auto Command

Allradschlepper

Motor: FPT Turbomotor mit Ladeluftkühlung mit 85 kW (116 PS) nach ISO; maximale Leistung 92 kW (125 PS); maximale Leistung (Boost) 107 kW (146 PS); 4 Zylinder, 4485 cm^3 Hubraum, Abgasnorm Stufe V
Getriebe: Auto Command, stufenloses Getriebe bis 50 km/h
Zapfwelle: 540/540E/1000
Hubwerk: Kat. III, Hubkraft 7864 daN
Hydraulik: Pumpenleistung 125 l/min bei 190 bar
Gewichte & Maße: Zulässiges Gesamtgewicht 10500 kg, Leergewicht 5560 kg, Nutzlast 4940 kg, Bodenfreiheit 52 cm, Wendekreis 9,2 m
Bereifung: 480/65R28, 600/65R38
Preis: 167940 Euro (ohne Mehrwertsteuer)

New Holland T 6.145 Electro Command

Allradschlepper

Motor: FPT Turbomotor mit Ladeluftkühlung mit 85 kW (116 PS) nach ISO; maximale Leistung 92 kW (125 PS); maximale Leistung (Boost) 107 kW (146 PS); 4 Zylinder, 4485 cm^3 Hubraum, Abgasnorm Stufe V
Getriebe: Electro Command, 16 Vorwärts- und 16 Rückwärtsgänge (a. W. 17/16 40 km/h Eco/50 km/h, 32/32 KG bis 40 km/h), synchronisiert, 8 Gänge im Hauptarbeitsbereich, 4 LS-Stufen
Zapfwelle: 540/540E/1000
Hubwerk: Kat. III, Hubkraft 7864 daN
Hydraulik: Pumpenleistung 113 + 65 l/min bei 190 bar
Gewichte & Maße: Zulässiges Gesamtgewicht 9500 kg, Leergewicht 5460 kg, Nutzlast 4040 kg, Bodenfreiheit 52 cm, Wendekreis 9,2 m
Bereifung: 480/65R28, 600/65R38
Preis: 141807 Euro (ohne Mehrwertsteuer)

New Holland T 6.145 Dynamic Command

Allradschlepper

Motor: FPT Turbomotor mit Ladeluftkühlung mit 85 kW (116 PS) nach ISO; maximale Leistung 92 kW (125 PS); maximale Leistung (Boost) 107 kW (146 PS); 4 Zylinder, 4 485 cm³ Hubraum, Abgasnorm Stufe V
Getriebe: Dynamic Command, 24 Vorwärts- und 24 Rückwärtsgänge (auf Wunsch 48/48 KG bis 40 km/h), synchronisiert, 11 Gänge im Hauptarbeitsbereich, 8 Lastschaltstufen
Zapfwelle: 540/540E/1 000
Hubwerk: Kat. III, Hubkraft 7 864 daN
Hydraulik: Pumpenleistung 134 l/min bei 190 bar
Gewichte & Maße: Zulässiges Gesamtgewicht 9 500 kg, Leergewicht 5 460 kg, Nutzlast 4 040 kg, Bodenfreiheit 52 cm, Wendekreis 9,2 m
Bereifung: 480/65R28, 600/65R38
Preis: 151 710 Euro (ohne MwSt.)

New Holland T 5.120

Allradschlepper

Motor: FPT Turbomotor mit Ladeluftkühlung mit 86 kW (117 PS) nach ISO; maximale Leistung 86 kW (117 PS); 4 Zylinder, 3 600 cm³ Hubraum, Abgasnorm Stufe V
Getriebe: DualCommand, 24 Vorwärts- und 24 Rückwärtsgänge (auf Wunsch 12/12 Power Shuttle, optional 40x40 Kriechgang bis 40 km/h), synchronisiert, 12 Gänge im Hauptarbeitsbereich, 2 Lastschaltstufen
Zapfwelle: 540/540E/1000, Höchstdrehzahl: 1 938/1 535/1 926 min^{-1}
Hubwerk: Kat. II, Hubkraft 4 700 daN
Hydraulik: Pumpenleistung 64 + 36 l/min bei 190 bar
Gewichte & Maße: Zulässiges Gesamtgewicht 6 500 kg, Leergewicht 4 100 kg, Bodenfreiheit 45 cm
Bereifung: 380/70R24, 480/70R34
Preis: 106 762 Euro (ohne MwSt.)

New Holland T 5.120 Electro Command

Allradschlepper

Motor: FPT Turbomotor mit Ladeluftkühlung mit 86 kW (117 PS) nach ISO; maximale Leistung 81 kW (110 PS); 4 Zylinder, 3 600 cm³ Hubraum, Abgasnorm Stufe V
Getriebe: Electro Command, 16 Vorwärts- und 16 Rückwärtsgänge (auf Wunsch 32/32 Kriechgang bis 40 km/h), synchronisiert, 10 Gänge im Hauptarbeitsbereich, 4 Lastschaltstufen
Zapfwelle: 540/540E/1000, Höchstdrehzahl: 1 938/1 535/1 926 min^{-1}
Hubwerk: Kat. II, Hubkraft 5 420 daN
Hydraulik: Pumpenleistung 84 + 43 l/min bei 190 bar
Gewichte & Maße: Zulässiges Gesamtgewicht 8 000 kg, Leergewicht

4 550 kg, Nutzlast 3 450 kg, Bodenfreiheit 42 cm, Wendekreis 8,8 m
Bereifung: 440/65R24, 540/65R34
Preis: 112 391 Euro (ohne MwSt.)

New Holland T 5.130 Dynamic Command

Allradschlepper

Motor: FPT Turbomotor mit Ladeluftkühlung mit 88 kW (120 PS) nach ISO; maximale Leistung 95 kW (129 PS); 4 Zylinder, 4 485 cm^3 Hubraum, Abgasnorm Stufe V
Getriebe: Dynamic Command, 24 Vorwärts- und 24 Rückwärtsgänge (auf Wunsch 48/48 KG bis 40 km/h), synchronisiert, 11 Gänge im Hauptarbeitsbereich, 8 Lastschaltstufen
Zapfwelle: 540/540E/1 000
Hubwerk: Kat. II; III, Hubkraft 5 500 daN
Hydraulik: Pumpenleistung 110 l/min bei 200 bar
Gewichte & Maße: Zulässiges Gesamtgewicht 8 800 kg, Leergewicht 5 500 kg, Nutzlast 3 300 kg, Bodenfreiheit 40 cm
Bereifung: 440/65R28, 540/65R38
Preis: 144 087 Euro (ohne Mehrwertsteuer)

New Holland T 5.130 Auto Command

Allradschlepper

Motor: FPT Turbomotor mit Ladeluftkühlung mit 88 kW (120 PS) nach ISO; maximale Leistung 95 kW (129 PS); 4 Zylinder, 4 485 cm^3 Hubraum, Abgasnorm Stufe V
Getriebe: Auto Command, stufenloses Getriebe bis 40 km/h
Zapfwelle: 540/540E/1 000
Hubwerk: Kat. II; III, Hubkraft 5 500 daN
Hydraulik: Pumpenleistung 110 l/min bei 200 bar
Gewichte & Maße: Zulässiges Gesamtgewicht 8 800 kg, Leergewicht 5 500 kg, Nutzlast 3 300 kg, Bodenfreiheit 40 cm
Bereifung: 440/65R28, 540/65R38
Preis: 156 298 Euro (ohne Mehrwertsteuer)

New Holland T 6.155 Auto Command

Allradschlepper

Motor: FPT Turbomotor mit Ladeluftkühlung mit 92 kW (125 PS) nach ISO; maximale Leistung 99 kW (135 PS); maximale Leistung (Boost) 114 kW (155 PS); 4 Zylinder, 4 485 cm^3 Hubraum, Abgasnorm Stufe V
Getriebe: Auto Command, stufenloses Getriebe bis 50 km/h
Zapfwelle: 540/540E/1 000
Hubwerk: Kat. III, Hubkraft 7 864 daN
Hydraulik: Pumpenleistung 125 l/min bei 190 bar
Gewichte & Maße: Zulässiges Gesamtgewicht 10 500 kg, Leergewicht 5 560 kg, Nutzlast 4 940 kg, Bodenfreiheit 52 cm, Wendekreis 9,2 m
Bereifung: 480/65R28, 600/65R38
Preis: 172 473 Euro (ohne MwSt.)

New Holland T 6.155 Dynamic Command

Allradschlepper

Motor: FPT Turbomotor mit Ladeluftkühlung mit 92 kW (125 PS) nach ISO; maximale Leistung 99 kW (135 PS); maximale Leistung (Boost) 114 kW (155 PS); 4 Zylinder, 4 485 cm^3 Hubraum, Abgasnorm Stufe V
Getriebe: Dynamic Command, 24 Vorwärts- und 24 Rückwärtsgänge (auf Wunsch 48/48 KG bis 40 km/h), synchronisiert, 11 Gänge im Hauptarbeitsbereich, 8 Lastschaltstufen
Zapfwelle: 540/540E/1 000
Hubwerk: Kat. III, Hubkraft 7 864 daN
Hydraulik: Pumpenleistung 134 l/min bei 190 bar
Gewichte & Maße: Zulässiges Gesamtgewicht 9 500 kg, Leergewicht 5 460 kg, Nutzlast 4 040 kg, Bodenfreiheit 52 cm, Wendekreis 9,2 m
Bereifung: 480/65R28, 600/65R38
Preis: 155 792 Euro (ohne Mehrwertsteuer)

New Holland T 5.140 Auto Command

Allradschlepper

Motor: FPT Turbomotor mit Ladeluftkühlung mit 95 kW (129 PS) nach ISO; maximale Leistung 103 kW (140 PS); 4 Zylinder, 4 485 cm^3 Hubraum, Abgasnorm Stufe V
Getriebe: Auto Command, stufenloses Getriebe bis 40 km/h
Zapfwelle: 540/540E/1 000
Hubwerk: Kat. II; III, Hubkraft 5 500 daN
Hydraulik: Pumpenleistung 110 l/min bei 200 bar
Gewichte & Maße: Zulässiges Gesamtgewicht 8 800 kg, Leergewicht 5 500 kg, Nutzlast 3 300 kg, Bodenfreiheit 40 cm
Bereifung: 440/65R28, 540/65R38
Preis: 160 792 Euro (ohne Mehrwertsteuer)

New Holland T 5.140 Dynamic Command

Allradschlepper

Motor: FPT Turbomotor mit Ladeluftkühlung mit 95 kW (129 PS) nach ISO; maximale Leistung 103 kW (140 PS); 4 Zylinder, 4 485 cm^3 Hubraum, Abgasnorm Stufe V
Getriebe: Dynamic Command, 24 Vorwärts- und 24 Rückwärtsgänge (auf Wunsch 48/48 KG bis 40 km/h), synchronisiert, 11 Gänge im Hauptarbeitsbereich, 8 Lastschaltstufen
Zapfwelle: 540/540E/1 000
Hubwerk: Kat. II; III, Hubkraft 5 500 daN
Hydraulik: Pumpenleistung 110 l/min bei 200 bar
Gewichte & Maße: Zulässiges Gesamtgewicht 8 800 kg, Leergewicht 5 500 kg, Nutzlast 3 300 kg, Bodenfreiheit 40 cm
Bereifung: 440/65R28, 540/65R38
Preis: 148 538 Euro (ohne Mehrwertsteuer)

New Holland T 6.165 Auto Command

Allradschlepper

Motor: FPT Turbomotor mit Ladeluftkühlung mit 99 kW (135 PS) nach ISO; maximale Leistung 107 kW (146 PS); maximale Leistung (Boost) 124 kW (169 PS); 4 Zylinder, 4 485 cm^3 Hubraum, Abgasnorm Stufe V
Getriebe: Auto Command, stufenloses Getriebe bis 50 km/h
Zapfwelle: 540/540E/1 000
Hubwerk: Kat. III, Hubkraft 7 864 daN
Hydraulik: Pumpenleistung 125 l/min bei 190 bar
Gewichte & Maße: Zulässiges Gesamtgewicht 10 500 kg, Leergewicht 5 560 kg, Nutzlast 4 940 kg, Bodenfreiheit 52 cm, Wendekreis 9,2 m
Bereifung: 480/65R28, 600/65R38
Preis: 178 656 Euro (ohne Mehrwertsteuer)

New Holland T 6.165 Dynamic Command

Allradschlepper

Motor: FPT Turbomotor mit Ladeluftkühlung mit 99 kW (135 PS) nach ISO;

maximale Leistung 107 kW (146 PS); maximale Leistung (Boost) 124 kW (169 PS); 4 Zylinder, 4 485 cm^3 Hubraum, Abgasnorm Stufe V
Getriebe: Dynamic Command, 24 Vorwärts- und 24 Rückwärtsgänge (auf Wunsch 48/48 KG bis 40 km/h), synchronisiert, 11 Gänge im Hauptarbeitsbereich, 8 Lastschaltstufen
Zapfwelle: 540/540E/1 000
Hubwerk: Kat. III, Hubkraft 7 864 daN
Hydraulik: Pumpenleistung 134 l/min bei 190 bar
Gewichte & Maße: Zulässiges Gesamtgewicht 9 500 kg, Leergewicht 5 460 kg, Nutzlast 4 040 kg, Bodenfreiheit 52 cm, Wendekreis 9,2 m
Bereifung: 480/65R28, 600/65R38
Preis: 162 365 Euro (ohne MwSt.)

New Holland T 6.160 Electro Command

Allradschlepper

Motor: FPT Turbomotor mit Ladeluftkühlung mit 99 kW (135 PS) nach ISO; maximale Leistung 110 kW (150 PS); maximale Leistung (Boost) 121 kW (165 PS); 6 Zylinder, 6 728 cm^3 Hubraum, Abgasnorm Stufe V
Getriebe: Electro Command, 16 Vorwärts- und 16 Rückwärtsgänge (a. W. 17/16 40 km/h Eco/50 km/h, 32/32 KG bis 40 km/h), synchronisiert, 8 Gänge im Hauptarbeitsbereich, 4 LS-Stufen
Zapfwelle: 540/540E/1 000
Hubwerk: Kat. III, Hubkraft 7 864 daN
Hydraulik: Pumpenleistung 113 + 65 l/min bei 190 bar
Gewichte & Maße: Zulässiges Gesamtgewicht 9 500 kg, Leergewicht 5 460 kg, Nutzlast 4 040 kg, Bodenfreiheit 52 cm, Wendekreis 9,2 m
Bereifung: 480/65R28, 600/65R38
Preis: 153 951 Euro (ohne MwSt.)

New Holland T 6.160 AutoCommand

Allradschlepper

Motor: FPT Turbomotor mit Ladeluftkühlung mit 99 kW (135 PS) nach ISO; maximale Leistung 110 kW (150 PS); maximale Leistung (Boost) 121 kW (165 PS); 6 Zylinder, 6 728 cm^3 Hubraum, Abgasnorm Stufe V
Getriebe: Auto Command, stufenloses Getriebe bis 50 km/h
Zapfwelle: 540/540E/1 000
Hubwerk: Kat. III, Hubkraft 7 864 daN
Hydraulik: Pumpenleistung 125 l/min bei 190 bar
Gewichte & Maße: Zulässiges Gesamtgewicht 10 500 kg, Leergewicht 5 560 kg, Nutzlast 4 940 kg, Bodenfreiheit 52 cm, Wendekreis 9,2 m
Bereifung: 480/65R28, 600/65R38
Preis: 176 253 Euro (ohne MwSt.)

New Holland T 6.160 Dynamic Command

Allradschlepper

Motor: FPT Turbomotor mit Ladeluftkühlung mit 99 kW (135 PS) nach ISO; maximale Leistung 110 kW (150 PS); maximale Leistung (Boost) 121 kW (165 PS); 6 Zylinder, 6 728 cm^3 Hubraum, Abgasnorm Stufe V
Getriebe: Dynamic Command, 24 Vorwärts- und 24 Rückwärtsgänge (auf Wunsch 48/48 KG bis 40 km/h), synchronisiert, 11 Gänge im Hauptarbeitsbereich, 8 Lastschaltstufen
Zapfwelle: 540/540E/1 000
Hubwerk: Kat. III, Hubkraft 7 864 daN
Hydraulik: Pumpenleistung 134 l/min bei 190 bar
Gewichte & Maße: Zulässiges Gesamtgewicht 9 500 kg, Leergewicht 5 460 kg, Nutzlast 4 040 kg, Bodenfreiheit 52 cm, Wendekreis 9,2 m
Bereifung: 480/65R28, 600/65R38
Preis: 159 272 Euro (ohne MwSt.)

New Holland T 7.175 AutoCommand

Allradschlepper

Motor: FPT Turbomotor mit Ladeluftkühlung mit 100 kW (136 PS) nach ISO; maximale Leistung 114 kW (155 PS); maximale Leistung (Boost) 129 kW

(175 PS); 6 Zylinder, 6 728 cm³ Hubraum, Abgasnorm Stufe V
Getriebe: Auto Command, stufenloses Getriebe bis 50 km/h
Zapfwelle: 540/540E/1 000
Hubwerk: Kat. III, Hubkraft 8 257 daN
Hydraulik: Pumpenleistung 140; 160 l/min bei 210 bar
Gewichte & Maße: Zulässiges Gesamtgewicht 11 500 kg, Leergewicht 7 050 kg, Nutzlast 4 450 kg, Bodenfreiheit 53 cm, Wendekreis 10,9 m
Bereifung: 540/65R28, 650/65R38
Preis: 211 804 Euro (ohne MwSt.)

New Holland T 7.175 Range/-Power Command

Allradschlepper

Motor: FPT Turbomotor mit Ladeluftkühlung mit 100 kW (136 PS) nach ISO; maximale Leistung 114 kW (155 PS); maximale Leistung (Boost) 129 kW (175 PS); 6 Zylinder, 6 728 cm³ Hubraum, Abgasnorm Stufe V
Getriebe: Range Command, 19 Vorwärts- und 6 Rückwärtsgänge (auf Wunsch 19/6 Power Command bis 40 km/h), synchronisiert, 10 Gänge im Hauptarbeitsbereich, 6 Lastschaltstufen
Zapfwelle: 540/540E/1 000
Hubwerk: Kat. III, Hubkraft 8 257 daN
Hydraulik: Pumpenleistung 113 + 65 l/min bei 210 bar
Gewichte & Maße: Zulässiges Gesamtgewicht 11 500 kg, Leergewicht 6 440 kg, Nutzlast 5 060 kg, Bodenfreiheit 53 cm, Wendekreis 10,9 m
Bereifung: 540/65R28, 650/65R38
Preis: 173 403 Euro (ohne MwSt.)

New Holland T 6.180 Electro Command

Allradschlepper

Motor: FPT Turbomotor mit Ladeluftkühlung mit 107 kW (146 PS) nach ISO; maximale Leistung 116 kW (158 PS); maximale Leistung (Boost) 129 kW (175 PS); 6 Zylinder, 6 728 cm³ Hubraum, Abgasnorm Stufe V
Getriebe: Electro Command, 16 Vorwärts- und 16 Rückwärtsgänge (a. W. 17/16 40 km/h Eco/50 km/h, 32/32 KG bis 40 km/h), synchronisiert, 8 Gänge im Hauptarbeitsbereich, 4 LS-Stufen
Zapfwelle: 540/540E/1 000
Hubwerk: Kat. III, Hubkraft 7 864 daN
Hydraulik: Pumpenleistung 113 + 65 l/min bei 190 bar
Gewichte & Maße: Zulässiges Gesamtgewicht 9 500 kg, Leergewicht 5 460 kg, Nutzlast 4 040 kg, Bodenfreiheit 52 cm, Wendekreis 9,2 m
Bereifung: 480/65R28, 600/65R38
Preis: 157 084 Euro (ohne MwSt.)

New Holland T 6.180 Methane Dynamic Command

Allradschlepper

Motor: FPT Turbomotor mit Ladeluftkühlung mit 107 kW (146 PS) nach ISO; maximale Leistung 116 kW (158 PS); maximale Leistung (Boost) 129 kW (175 PS); 6 Zylinder, 6 728 cm³ Hubraum, Abgasnorm Stufe V
Getriebe: Dynamic Command, 24 Vorwärts- und 24 Rückwärtsgänge (auf Wunsch 48/48 KG bis 40 km/h), synchronisiert, 11 Gänge im Hauptarbeitsbereich, 8 Lastschaltstufen
Zapfwelle: 540/540E/1 000
Hubwerk: Kat. III, Hubkraft 7 864 daN
Hydraulik: Pumpenleistung 134 l/min bei 190 bar
Gewichte & Maße: Zulässiges Gesamtgewicht 9 500 kg, Leergewicht 5 460 kg, Nutzlast 4 040 kg, Bodenfreiheit 52 cm, Wendekreis 9,2 m
Bereifung: 480/65R28, 600/65R38
Preis: 209 765 Euro (ohne MwSt.)

New Holland T 6.180 Methane Electro Command

Allradschlepper

Motor: FPT Turbomotor mit Ladeluftkühlung mit 107 kW (146 PS) nach ISO; maximale Leistung 116 kW (158 PS); maximale Leistung (Boost) 129 kW (175 PS); 6 Zylinder, 6 728 cm³ Hubraum, Abgasnorm Stufe V
Getriebe: Electro Command, 16 Vorwärts- und 16 Rückwärtsgänge (a. W. 17/16 40 km/h Eco/50 km/h, 32/32 KG bis 40 km/h), synchronisiert, 8 Gänge im Hauptarbeitsbereich, 4 LS-Stufen
Zapfwelle: 540/540E/1 000
Hubwerk: Kat. III, Hubkraft 7 864 daN
Hydraulik: Pumpenleistung 113 + 65 l/min bei 190 bar
Gewichte & Maße: Zulässiges Gesamtgewicht 9 500 kg, Leergewicht 5 460 kg, Nutzlast 4 040 kg, Bodenfreiheit 52 cm, Wendekreis 9,2 m
Bereifung: 480/65R28, 600/65R38
Preis: 197 306 Euro (ohne MwSt.)

New Holland T 6.175 Dynamic Command

Allradschlepper

Motor: FPT Turbomotor mit Ladeluftkühlung mit 107 kW (146 PS) nach ISO; maximale Leistung 114 kW (155 PS); maximale Leistung (Boost) 129 kW (175 PS); 4 Zylinder, 4 485 cm³ Hubraum, Abgasnorm Stufe V
Getriebe: Dynamic Command, 24 Vorwärts- und 24 Rückwärtsgänge (auf Wunsch 48/48 KG bis 40 km/h), synchronisiert, 11 Gänge im Hauptarbeitsbereich, 8 Lastschaltstufen
Zapfwelle: 540/540E/1 000
Hubwerk: Kat. III, Hubkraft 7 864 daN
Hydraulik: Pumpenleistung 134 l/min bei 190 bar
Gewichte & Maße: Zulässiges Gesamtgewicht 9 500 kg, Leergewicht 5 460 kg, Nutzlast 4 040 kg, Bodenfreiheit 52 cm, Wendekreis 9,2 m
Bereifung: 480/65R28, 600/65R38
Preis: 164 427 Euro (ohne Mehrwertsteuer)

New Holland T 6.175 Auto Command

Allradschlepper

Motor: FPT Turbomotor mit Ladeluftkühlung mit 107 kW (146 PS) nach ISO; maximale Leistung 114 kW (155 PS); maximale Leistung (Boost) 129 kW (175 PS); 4 Zylinder, 4 485 cm³ Hubraum, Abgasnorm Stufe V
Getriebe: Auto Command, stufenloses Getriebe bis 50 km/h
Zapfwelle: 540/540E/1 000
Hubwerk: Kat. III, Hubkraft 7 864 daN
Hydraulik: Pumpenleistung 125 l/min bei 190 bar
Gewichte & Maße: Zulässiges Gesamtgewicht 10 500 kg, Leergewicht 5 560 kg, Nutzlast 4 940 kg, Bodenfreiheit 52 cm, Wendekreis 9,2 m
Bereifung: 480/65R28, 600/65R38
Preis: 181 501 Euro (ohne Mehrwertsteuer)

New Holland T 6.175 Electro Command

Allradschlepper

Motor: FPT Turbomotor mit Ladeluftkühlung mit 107 kW (146 PS) nach ISO; maximale Leistung 114 kW (155 PS); maximale Leistung (Boost) 129 kW (175 PS); 4 Zylinder, 4 485 cm³ Hubraum, Abgasnorm Stufe V
Getriebe: Electro Command, 16 Vorwärts- und 16 Rückwärtsgänge (a. W. 17/16 40 km/h Eco/50 km/h, 32/32 KG bis 40 km/h), synchronisiert, 8 Gänge im Hauptarbeitsbereich, 4 LS-Stufen
Zapfwelle: 540/540E/1 000
Hubwerk: Kat. III, Hubkraft 7 864 daN
Hydraulik: Pumpenleistung 113 + 65 l/min bei 190 bar
Gewichte & Maße: Zulässiges Gesamtgewicht 9 500 kg, Leergewicht 5 460 kg, Nutzlast 4 040 kg, Bodenfreiheit 52 cm, Wendekreis 9,2 m
Bereifung: 480/65R28, 600/65R38
Preis: 153 197 Euro (ohne MwSt.)

New Holland T 6.180 Dynamic Command

Allradschlepper

Motor: FPT Turbomotor mit Ladeluftkühlung mit 107 kW (146 PS) nach ISO; maximale Leistung 116 kW (158 PS); maximale Leistung (Boost) 129 kW (175 PS); 6 Zylinder, 6 728 cm³ Hubraum, Abgasnorm Stufe V
Getriebe: Dynamic Command, 24 Vorwärts- und 24 Rückwärtsgänge

(auf Wunsch 48/48 KG bis 40 km/h), synchronisiert, 11 Gänge im Hauptarbeitsbereich, 8 Lastschaltstufen
Zapfwelle: 540/540E/1 000
Hubwerk: Kat. III, Hubkraft 7 864 daN
Hydraulik: Pumpenleistung 134 l/min bei 190 bar
Gewichte & Maße: Zulässiges Gesamtgewicht 9 500 kg, Leergewicht 5 460 kg, Nutzlast 4 040 kg, Bodenfreiheit 52 cm, Wendekreis 9,2 m
Bereifung: 480/65R28, 600/65R38
Preis: 167 346 Euro (ohne MwSt.)

New Holland T 6.180 Auto Command

Allradschlepper

Motor: FPT Turbomotor mit Ladeluftkühlung mit 107 kW (146 PS) nach ISO; maximale Leistung 116 kW (158 PS); maximale Leistung (Boost) 129 kW (175 PS); 6 Zylinder, 6 728 cm³ Hubraum, Abgasnorm Stufe V
Getriebe: Auto Command, stufenloses Getriebe bis 50 km/h
Zapfwelle: 540/540E/1 000
Hubwerk: Kat. III, Hubkraft 7 864 daN
Hydraulik: Pumpenleistung 125 l/min bei 190 bar
Gewichte & Maße: Zulässiges Gesamtgewicht 10 500 kg, Leergewicht 5 560 kg, Nutzlast 4 940 kg, Bodenfreiheit 52 cm, Wendekreis 9,2 m
Bereifung: 480/65R28, 600/65R38
Preis: 183 795 Euro (ohne MwSt.)

New Holland T 7.190 Range/-Power Command

Allradschlepper

Motor: FPT Turbomotor mit Ladeluftkühlung mit 110 kW (150 PS) nach ISO; maximale Leistung 121 kW (165 PS);

maximale Leistung (Boost) 140 kW (190 PS); 6 Zylinder, 6 728 cm^3 Hubraum, Abgasnorm Stufe V
Getriebe: Range Command, 19 Vorwärts- und 6 Rückwärtsgänge (auf Wunsch 19/6 Power Command bis 40 km/h), synchronisiert, 10 Gänge im Hauptarbeitsbereich, 6 Lastschaltstufen
Zapfwelle: 540/540E/1 000
Hubwerk: Kat. III, Hubkraft 8 257 daN
Hydraulik: Pumpenleistung 113 + 65 l/min bei 210 bar
Gewichte & Maße: Zulässiges Gesamtgewicht 11 500 kg, Leergewicht 6 440 kg, Nutzlast 5 060 kg, Bodenfreiheit 53 cm, Wendekreis 10,9 m
Bereifung: 540/65R28, 650/65R38
Preis: 177 894 Euro (ohne Mehrwertsteuer)

New Holland T 7.190 Auto Command
Allradschlepper

Motor: FPT Turbomotor mit Ladeluftkühlung mit 110 kW (150 PS) nach ISO; maximale Leistung 121 kW (165 PS); maximale Leistung (Boost) 140 kW (190 PS); 6 Zylinder, 6 728 cm^3 Hubraum, Abgasnorm Stufe V
Getriebe: Auto Command, stufenloses Getriebe bis 50 km/h
Zapfwelle: 540/540E/1 000
Hubwerk: Kat. III, Hubkraft 8 257 daN
Hydraulik: Pumpenleistung 140; 160 l/min bei 210 bar
Gewichte & Maße: Zulässiges Gesamtgewicht 11 500 kg, Leergewicht 7 050 kg, Nutzlast 4 450 kg, Bodenfreiheit 53 cm, Wendekreis 10,9 m
Bereifung: 540/65R28, 650/65R38
Preis: 217 487 Euro (ohne Mehrwertsteuer)

New Holland T 7.165 S Range Command
Allradschlepper

Motor: FPT Turbomotor mit Ladeluftkühlung mit 110 kW (150 PS) nach ISO; maximale Leistung 121 kW (165 PS); 6 Zylinder, 6 728 cm^3 Hubraum, Abgasnorm Stufe V
Getriebe: Range Command, 19 Vorwärts- und 6 Rückwärtsgänge (auf Wunsch bis 40 km/h), synchronisiert, 10 Gänge im Hauptarbeitsbereich, 6 Lastschaltstufen
Zapfwelle: 540/540E/1 000
Hubwerk: Kat. III, Hubkraft 8 257 daN
Hydraulik: Pumpenleistung 113 + 65 l/min bei 210 bar
Gewichte & Maße: Zulässiges Gesamtgewicht 10 500 kg, Leergewicht 6 440 kg, Nutzlast 4 060 kg, Bodenfreiheit 53 cm, Wendekreis 12 m
Bereifung: 540/65R28, 650/65R38
Preis: 165 277 Euro (ohne MwSt.)

New Holland T 7.210 Range/-Power Command
Allradschlepper

Motor: FPT Turbomotor mit Ladeluftkühlung mit 121 kW (165 PS) nach ISO; maximale Leistung 132 kW (180 PS); maximale Leistung (Boost) 154 kW (209 PS); 6 Zylinder, 6 728 cm^3 Hubraum, Abgasnorm Stufe V
Getriebe: Range Command, 19 Vorwärts- und 6 Rückwärtsgänge (auf Wunsch 19/6 Power Command bis 40 km/h), synchronisiert, 10 Gänge im Hauptarbeitsbereich, 6 Lastschaltstufen
Zapfwelle: 540/540E/1 000
Hubwerk: Kat. III, Hubkraft 8 257 daN
Hydraulik: Pumpenleistung 113 + 65 l/min bei 210 bar
Gewichte & Maße: Zulässiges Gesamtgewicht 11 500 kg, Leergewicht 6 440 kg, Nutzlast 5 060 kg, Bodenfreiheit 53 cm, Wendekreis 10,9 m
Bereifung: 540/65R28, 650/65R38
Preis: 183 236 Euro (ohne Mehrwertsteuer)

New Holland T 7.210 Auto Command
Allradschlepper

Motor: FPT Turbomotor mit Ladeluftkühlung mit 121 kW (165 PS) nach ISO; maximale Leistung 132 kW (180 PS); maximale Leistung (Boost) 154 kW (209 PS); 6 Zylinder, 6 728 cm^3 Hubraum, Abgasnorm Stufe V
Getriebe: Auto Command, stufenloses Getriebe bis 50 km/h
Zapfwelle: 540/540E/1 000
Hubwerk: Kat. III, Hubkraft 8 257 daN

Hydraulik: Pumpenleistung 140; 160 l/min bei 210 bar
Gewichte & Maße: Zulässiges Gesamtgewicht 11 500 kg, Leergewicht 7 050 kg, Nutzlast 4 450 kg, Bodenfreiheit 53 cm, Wendekreis 10,9 m
Bereifung: 540/65R28, 650/65R38
Preis: 224 121 Euro (ohne MwSt.)

New Holland T 7.195 S Power Command

Allradschlepper

Motor: FPT Turbomotor mit Ladeluftkühlung mit 129 kW (175 PS) nach ISO; maximale Leistung 140 kW (190 PS); 6 Zylinder, 6 728 cm^3 Hubraum, Abgasnorm Stufe V
Getriebe: Power Command, 19 Vorwärts- und 6 Rückwärtsgänge (auf Wunsch bis 40 km/h), synchronisiert, 8 Gänge im Hauptarbeitsbereich, 19 Lastschaltstufen
Zapfwelle: 540E/1 000
Hubwerk: Kat. III, Hubkraft 8 647 daN
Hydraulik: Pumpenleistung 120 l/min bei 215 bar
Gewichte & Maße: Zulässiges Gesamtgewicht 13 600 kg, Leergewicht 7 900 kg, Nutzlast 5 700 kg, Bodenfreiheit 53 cm, Wendekreis 12,2 m
Bereifung: 540/65R30, 650/65R42
Preis: 201 559 Euro (ohne MwSt.)

New Holland T 7.230 Power Command PLMi

Allradschlepper

Motor: FPT Turbomotor mit Ladeluftkühlung mit 132 kW (180 PS) nach ISO; maximale Leistung 147 kW (200 PS); maximale Leistung (Boost) 165 kW (224 PS); 6 Zylinder, 6 728 cm^3 Hubraum, Abgasnorm Stufe V
Getriebe: Power Command, 19 Vorwärts- und 6 Rückwärtsgänge (auf Wunsch bis 40 km/h), synchronisiert, 8 Gänge im Hauptarbeitsbereich, 19 Lastschaltstufen
Zapfwelle: 540/540E/1 000/1 000E
Hubwerk: Kat. III, Hubkraft 10 463 daN
Hydraulik: Pumpenleistung 120; 150 l/min bei 215 bar
Gewichte & Maße: Zulässiges Gesamtgewicht 13 600 kg, Leergewicht 8 330 kg, Nutzlast 5 270 kg, Bodenfreiheit 53 cm, Wendekreis 12,2 m
Bereifung: 600/65R28, 710/70R38
Preis: 276 302 Euro (ohne Mehrwertsteuer)

New Holland T 7.230 Auto Command PLMi

Allradschlepper

Motor: FPT Turbomotor mit Ladeluftkühlung mit 132 kW (180 PS) nach ISO;

maximale Leistung 147 kW (200 PS); maximale Leistung (Boost) 165 kW (224 PS); 6 Zylinder, 6 728 cm³ Hubraum, Abgasnorm Stufe V
Getriebe: Auto Command, stufenloses Getriebe bis 50 km/h
Zapfwelle: 540/540E/1 000/1 000E
Hubwerk: Kat. III, Hubkraft 10 463 daN
Hydraulik: Pumpenleistung 150; 170 l/min bei 215 bar
Gewichte & Maße: Zulässiges Gesamtgewicht 14 400 kg, Leergewicht 8 400 kg, Nutzlast 6 000 kg, Bodenfreiheit 53 cm, Wendekreis 12,2 m
Bereifung: 600/65R28, 710/70R38
Preis: 290 793 Euro (ohne Mehrwertsteuer)

New Holland T 7.225 Auto Command

Allradschlepper

Motor: FPT Turbomotor mit Ladeluftkühlung mit 132 kW (180 PS) nach ISO; maximale Leistung 147 kW (200 PS); maximale Leistung (Boost) 165 kW (224 PS); 6 Zylinder, 6 728 cm³ Hubraum, Abgasnorm Stufe V
Getriebe: Auto Command, stufenloses Getriebe bis 50 km/h
Zapfwelle: 540/540E/1 000
Hubwerk: Kat. III, Hubkraft 8 257 daN
Hydraulik: Pumpenleistung 140; 160 l/min bei 210 bar
Gewichte & Maße: Zul. Gesamtgewicht 11 500 kg, Leergewicht 7 050 kg, Nutzlast 4 450 kg, Bodenfreiheit 53 cm, Wendekreis 10,9 m
Bereifung: 540/65R28, 650/65R38
Preis: 231 090 Euro (ohne Mehrwertsteuer)

New Holland T 7.180 Auto Command New Gen

Allradschlepper

Motor: FPT Turbomotor mit Ladeluftkühlung mit 132 kW (180 PS) nach ISO; maximale Leistung 133 kW (181 PS); 6 Zylinder, 6 728 cm³ Hubraum, Abgasnorm Stufe V
Getriebe: Auto Command, stufenloses Getriebe bis 50 km/h
Zapfwelle: 540/540E/1 000
Hubwerk: Kat. III, Hubkraft 8 257 daN
Hydraulik: Pumpenleistung 170 l/min bei 210 bar
Bereifung: 540/65R28, 650/65R38
Preis: Ende 2025 Euro (ohne Mehrwertsteuer)

New Holland T 7.180 Dynamic Command New Gen

Allradschlepper

Motor: FPT Turbomotor mit Ladeluftkühlung mit 132 kW (180 PS) nach ISO; maximale Leistung 133 kW (181 PS); 6 Zylinder, 6 728 cm³ Hubraum, Abgasnorm Stufe V
Getriebe: Dynamic Command, 24 Vorwärts- und 24 Rückwärtsgänge (auf Wunsch 48/48 KG bis 40 km/h), synchronisiert, 11 Gänge im Hauptarbeitsbereich, 8 Lastschaltstufen
Zapfwelle: 540/540E/1 000
Hubwerk: Kat. III, Hubkraft 8 257 daN
Hydraulik: Pumpenleistung 170 l/min bei 210 bar
Bereifung: 480/65R28, 600/65R38
Preis: Ende 2025 Euro (ohne MwSt.)

New Holland T 7.190 Dynamic Command New Gen

Allradschlepper

Motor: FPT Turbomotor mit Ladeluftkühlung mit 140 kW (190 PS) nach ISO; maximale Leistung 141 kW (192 PS); 6 Zylinder, 6 728 cm³ Hubraum, Abgasnorm Stufe V
Getriebe: Dynamic Command, 24 Vorwärts- und 24 Rückwärtsgänge (auf Wunsch 48/48 KG bis 40 km/h), synchronisiert, 11 Gänge im Hauptarbeitsbereich, 8 Lastschaltstufen
Zapfwelle: 540/540E/1 000
Hubwerk: Kat. III, Hubkraft 8 257 daN
Hydraulik: Pumpenleistung 170 l/min bei 210 bar

Bereifung: 480/65R28, 600/65R38
Preis: Ende 2025 Euro (ohne Mehrwertsteuer)

New Holland T 7.215 S Power Command

Allradschlepper

Motor: FPT Turbomotor mit Ladeluftkühlung mit 140 kW (190 PS) nach ISO; maximale Leistung 154 kW (209 PS); 6 Zylinder, 6728 cm^3 Hubraum, Abgasnorm Stufe V
Getriebe: Power Command, 19 Vorwärts- und 6 Rückwärtsgänge (auf Wunsch bis 40 km/h), synchronisiert, 8 Gänge im Hauptarbeitsbereich, 19 Lastschaltstufen
Zapfwelle: 540E/1000
Hubwerk: Kat. III, Hubkraft 8647 daN
Hydraulik: Pumpenleistung 120 l/min bei 215 bar
Gewichte & Maße: Zulässiges Gesamtgewicht 13600 kg, Leergewicht 7900 kg, Nutzlast 5700 kg, Bodenfreiheit 53 cm, Wendekreis 12,2 m
Bereifung: 540/65R30, 650/65R42
Preis: 211151 Euro (ohne Mehrwertsteuer)

New Holland T 7.190 Auto Command New Gen

Allradschlepper

Motor: FPT Turbomotor mit Ladeluftkühlung mit 140 kW (190 PS) nach ISO; maximale Leistung 141 kW (192 PS); 6 Zylinder, 6728 cm^3 Hubraum, Abgasnorm Stufe V
Getriebe: Auto Command, stufenloses Getriebe bis 50 km/h
Zapfwelle: 540/540E/1000
Hubwerk: Kat. III, Hubkraft 8257 daN
Hydraulik: Pumpenleistung 170 l/min bei 210 bar
Bereifung: 540/65R28, 650/65R38
Preis: Ende 2025 Euro (ohne Mehrwertsteuer)

New Holland T 7.245 Auto Command PLMi

Allradschlepper

Motor: FPT Turbomotor mit Ladeluftkühlung mit 147 kW (200 PS) nach ISO; maximale Leistung 162 kW (220 PS); maximale Leistung (Boost) 180 kW (245 PS); 6 Zylinder, 6728 cm^3 Hubraum, Abgasnorm Stufe V
Getriebe: Auto Command, stufenloses Getriebe bis 50 km/h
Zapfwelle: 540/540E/1000/1000E
Hubwerk: Kat. III, Hubkraft 10463 daN
Hydraulik: Pumpenleistung 150; 170 l/min bei 215 bar
Gewichte & Maße: Zulässiges Gesamtgewicht 14400 kg, Leergewicht 8400 kg, Nutzlast 6000 kg, Bodenfreiheit 53 cm, Wendekreis 12,2 m
Bereifung: 600/65R28, 710/70R38
Preis: 300561 Euro (ohne Mehrwertsteuer)

New Holland T 7.245 Power Command PLMi

Allradschlepper

Motor: FPT Turbomotor mit Ladeluftkühlung mit 147 kW (200 PS) nach ISO; maximale Leistung 162 kW (220 PS); maximale Leistung (Boost) 180 kW (245 PS); 6 Zylinder, 6728 cm^3 Hubraum, Abgasnorm Stufe V
Getriebe: Power Command, 19 Vorwärts- und 6 Rückwärtsgänge (auf Wunsch bis 40 km/h), synchronisiert, 8 Gänge im Hauptarbeitsbereich, 19 Lastschaltstufen
Zapfwelle: 540/540E/1000/1000E
Hubwerk: Kat. III, Hubkraft 10463 daN
Hydraulik: Pumpenleistung 120; 150 l/min bei 215 bar
Gewichte & Maße: Zulässiges Gesamtgewicht 13600 kg, Leergewicht 8330 kg, Nutzlast 5270 kg, Bodenfreiheit 53 cm, Wendekreis 12,2 m
Bereifung: 600/65R28, 710/70R38
Preis: 286065 Euro (ohne MwSt.)

New Holland T 7.210 Dynamic Command New Gen

Allradschlepper

Motor: FPT Turbomotor mit Ladeluftkühlung mit 150 kW (204 PS) nach ISO; maximale Leistung 155 kW (211 PS); 6 Zylinder, 6728 cm^3 Hubraum, Abgasnorm Stufe V
Getriebe: Dynamic Command, 24 Vorwärts- und 24 Rückwärtsgänge (auf Wunsch 48/48 KG bis 40 km/h), synchronisiert, 11 Gänge im Hauptarbeitsbereich, 8 Lastschaltstufen
Zapfwelle: 540/540E/1000
Hubwerk: Kat. III, Hubkraft 8257 daN
Hydraulik: Pumpenleistung 170 l/min bei 210 bar

Bereifung: 480/65R28, 600/65R38
Preis: Ende 2025 Euro (ohne Mehrwertsteuer)

New Holland T 7.210 Auto Command New Gen

Allradschlepper

Motor: FPT Turbomotor mit Ladeluftkühlung mit 150 kW (204 PS) nach ISO; maximale Leistung 155 kW (211 PS); 6 Zylinder, 6 728 cm³ Hubraum, Abgasnorm Stufe V
Getriebe: Auto Command, stufenloses Getriebe bis 50 km/h
Zapfwelle: 540/540E/1 000
Hubwerk: Kat. III, Hubkraft 8 257 daN
Hydraulik: Pumpenleistung 170 l/min bei 210 bar
Bereifung: 540/65R28, 650/65R38
Preis: Ende 2025 Euro (ohne Mehrwertsteuer)

New Holland T 7.225 Dynamic Command New Gen

Allradschlepper

Motor: FPT Turbomotor mit Ladeluftkühlung mit 155 kW (211 PS) nach ISO; maximale Leistung 166 kW (226 PS); 6 Zylinder, 6 728 cm³ Hubraum, Abgasnorm Stufe V
Getriebe: Dynamic Command, 24 Vorwärts- und 24 Rückwärtsgänge (auf Wunsch 48/48 KG bis 40 km/h), synchronisiert, 11 Gänge im Hauptarbeitsbereich, 8 Lastschaltstufen
Zapfwelle: 540/540E/1 000
Hubwerk: Kat. III, Hubkraft 8 257 daN
Hydraulik: Pumpenleistung 170 l/min bei 210 bar
Bereifung: 480/65R28, 600/65R38
Preis: Ende 2025 Euro (ohne Mehrwertsteuer)

New Holland T 7.225 Auto Command New Gen

Allradschlepper

Motor: FPT Turbomotor mit Ladeluftkühlung mit 155 kW (211 PS) nach ISO; maximale Leistung 166 kW (226 PS); 6 Zylinder, 6 728 cm³ Hubraum, Abgasnorm Stufe V
Getriebe: Auto Command, stufenloses Getriebe bis 50 km/h
Zapfwelle: 540/540E/1 000
Hubwerk: Kat. III, Hubkraft 8 257 daN
Hydraulik: Pumpenleistung 170 l/min bei 210 bar
Bereifung: 540/65R28, 650/65R38
Preis: Ende 2025 Euro (ohne Mehrwertsteuer)

New Holland T 7.260 Power Command PLMi

Allradschlepper

Motor: FPT Turbomotor mit Ladeluftkühlung mit 162 kW (220 PS) nach ISO; maximale Leistung 177 kW (241 PS); maximale Leistung (Boost) 191 kW (260 PS); 6 Zylinder, 6 728 cm³ Hubraum, Abgasnorm Stufe V
Getriebe: Power Command, 19 Vorwärts- und 6 Rückwärtsgänge (auf Wunsch bis 40 km/h), synchronisiert, 8 Gänge im Hauptarbeitsbereich, 19 Lastschaltstufen
Zapfwelle: 540/540E/1 000/1 000E
Hubwerk: Kat. III, Hubkraft 10 463 daN
Hydraulik: Pumpenleistung 120; 150 l/min bei 215 bar
Gewichte & Maße: Zulässiges Gesamtgewicht 13 600 kg, Leergewicht 8 330 kg, Nutzlast 5 270 kg, Bodenfreiheit 53 cm, Wendekreis 12,2 m
Bereifung: 600/65R28, 710/70R38
Preis: 295 832 Euro (ohne Mehrwertsteuer)

New Holland T 7.260 Auto Command PLMi

Allradschlepper

Motor: FPT Turbomotor mit Ladeluftkühlung mit 162 kW (220 PS) nach ISO; maximale Leistung 177 kW (241 PS); maximale Leistung (Boost) 191 kW (260 PS); 6 Zylinder, 6 728 cm³ Hubraum, Abgasnorm Stufe V
Getriebe: Auto Command, stufenloses Getriebe bis 50 km/h
Zapfwelle: 540/540E/1 000/1 000E
Hubwerk: Kat. III, Hubkraft 10 463 daN
Hydraulik: Pumpenleistung 150; 170 l/min bei 215 bar
Gewichte & Maße: Zulässiges Gesamtgewicht 14 400 kg, Leergewicht 8 900 kg, Nutzlast 6 100 kg, Bodenfreiheit 53 cm, Wendekreis 12,2 m
Bereifung: 600/70R30, 710/70R42
Preis: 310 345 Euro (ohne Mehrwertsteuer)

New Holland T 7.270 Power Command PLMi

Allradschlepper

Motor: FPT Turbomotor mit Ladeluftkühlung mit 177 kW (241 PS) nach ISO; maximale Leistung 191 kW (260 PS); maximale Leistung (Boost) 198 kW (269 PS); 6 Zylinder, 6 728 cm³ Hubraum, Abgasnorm Stufe V
Getriebe: Power Command, 19 Vorwärts- und 6 Rückwärtsgänge (auf Wunsch bis 40 km/h), synchronisiert, 8 Gänge im Hauptarbeitsbereich, 19 Lastschaltstufen
Zapfwelle: 540/540E/1 000/1 000E
Hubwerk: Kat. III, Hubkraft 10 463 daN
Hydraulik: Pumpenleistung 120; 150 l/min bei 215 bar
Gewichte & Maße: Zulässiges Gesamtgewicht 13 600 kg, Leergewicht 8 330 kg, Nutzlast 5 270 kg, Bodenfreiheit 53 cm, Wendekreis 12,2 m
Bereifung: 600/65R28, 710/70R38
Preis: 305 600 Euro (ohne Mehrwertsteuer)

New Holland T 7.270 Auto Command PLMi

Allradschlepper

Motor: FPT Turbomotor mit Ladeluftkühlung mit 177 kW (241 PS) nach ISO; maximale Leistung 191 kW (260 PS); maximale Leistung (Boost) 198 kW (269 PS); 6 Zylinder, 6 728 cm³ Hubraum, Abgasnorm Stufe V
Getriebe: Auto Command, stufenloses Getriebe bis 50 km/h
Zapfwelle: 540/540E/1 000/1 000E
Hubwerk: Kat. III, Hubkraft 10 463 daN
Hydraulik: Pumpenleistung 150; 170 l/min bei 215 bar
Gewichte & Maße: Zulässiges Gesamtgewicht 14 400 kg, Leergewicht 8 900 kg, Nutzlast 6 100 kg, Bodenfreiheit 53 cm, Wendekreis 12,2 m

Bereifung: 600/70R30, 710/70R42
Preis: 320 121 Euro (ohne Mehrwertsteuer)

New Holland T 7.300 Auto Command PLMi

Allradschlepper

Motor: FPT Turbomotor mit Ladeluftkühlung mit 191 kW (260 PS) nach ISO; maximale Leistung 205 kW (279 PS); maximale Leistung (Boost) 222 kW (302 PS); 6 Zylinder, 6 728 cm^3 Hubraum, Abgasnorm Stufe V
Getriebe: Auto Command, stufenloses Getriebe bis 50 km/h
Zapfwelle: 540/540E/1 000/1 000E
Hubwerk: Kat. III, Hubkraft 10 463 daN
Hydraulik: Pumpenleistung 150; 170 l/min bei 215 bar
Gewichte & Maße: Zulässiges Gesamtgewicht 14 400 kg, Leergewicht 8 900 kg, Nutzlast 6 100 kg, Bodenfreiheit 53 cm, Wendekreis 12,2 m
Bereifung: 600/70R30, 710/70R42
Preis: 343 631 Euro (ohne Mehrwertsteuer)

New Holland T 7.290 Heavy Duty PLMI

Allradschlepper

Motor: FPT Turbomotor mit Ladeluftkühlung mit 199 kW (271 PS) nach ISO; maximale Leistung 212 kW (288 PS); 6 Zylinder, 6 728 cm^3 Hubraum, Abgasnorm Stufe V
Getriebe: Auto Command, stufenloses Getriebe bis 50 km/h
Zapfwelle: 540/540E/1 000/1 000E
Hubwerk: Kat. III, Hubkraft 11 060 daN
Hydraulik: Pumpenleistung 165; 220 l/min bei 215 bar
Gewichte & Maße: Zulässiges Gesamtgewicht 16 800 kg, Leergewicht 10 500 kg, Nutzlast 6 300 kg, Bodenfreiheit 60 cm, Wendekreis 12,2 m
Bereifung: 600/70R30, 710/70R42
Preis: 378 359 Euro (ohne Mehrwertsteuer)

New Holland T 7.315 Heavy Duty PLMI

Allradschlepper

Motor: FPT Turbomotor mit Ladeluftkühlung mit 221 kW (301 PS) nach ISO; maximale Leistung 230 kW (313 PS); 6 Zylinder, 6 728 cm^3 Hubraum, Abgasnorm Stufe V
Getriebe: Auto Command, stufenloses Getriebe bis 50 km/h
Zapfwelle: 540/540E/1 000/1 000E
Hubwerk: Kat. III, Hubkraft 11 060 daN
Hydraulik: Pumpenleistung 165; 220 l/min bei 215 bar
Gewichte & Maße: Zulässiges Gesamtgewicht 16 800 kg, Leergewicht 10 500 kg, Nutzlast 6 300 kg, Bodenfreiheit 60 cm, Wendekreis 12,2 m
Bereifung: 600/70R30, 710/70R42
Preis: 396 236 Euro (ohne MwSt.)

New Holland T 7.340 Heavy Duty PLMI

Allradschlepper

Motor: FPT Turbomotor mit Ladeluftkühlung mit 250 kW (340 PS) nach ISO; maximale Leistung 250 kW (340 PS); 6 Zylinder, 6 728 cm^3 Hubraum, Abgasnorm Stufe V
Getriebe: Auto Command, stufenloses Getriebe bis 50 km/h
Zapfwelle: 540/540E/1 000/1 000E
Hubwerk: Kat. III, Hubkraft 11 060 daN
Hydraulik: Pumpenleistung 165; 220 l/min bei 215 bar
Gewichte & Maße: Zulässiges Gesamtgewicht 16 800 kg, Leergewicht 10 500 kg, Nutzlast 6 300 kg, Bodenfreiheit 60 cm, Wendekreis 12,2 m
Bereifung: 600/70R30, 710/70R42
Preis: 417 145 Euro (ohne Mehrwertsteuer)

New Holland T 8.415 Genesis Ultra Command

Allradschlepper

Motor: FPT Turbomotor mit Ladeluftkühlung mit 279 kW (379 PS) nach ISO;

maximale Leistung 305 kW (415 PS); maximale Leistung (Boost) 301 kW (409 PS); 6 Zylinder, 8 710 cm³ Hubraum, Abgasnorm Stufe V
Getriebe: Ultra Command, 19 Vorwärts- und 4 Rückwärtsgänge (auf Wunsch 23/6 Kriechgang bis 50 km/h), synchronisiert,
10 Gänge im Hauptarbeitsbereich,
19 Lastschaltstufen
Zapfwelle: 1 000
Hubwerk: Kat. III/IVN, Hubkraft 10 930 daN
Hydraulik: Pumpenleistung 221; 282 l/min bei 210 bar
Gewichte & Maße: Zulässiges Gesamtgewicht 18 000 kg, Leergewicht 11 010 kg, Nutzlast 6 990 kg, Bodenfreiheit 44 cm, Wendekreis 10 m
Bereifung: 600/60R34, 710/75R42
Preis: keine Angabe

New Holland T 8.415 Genesis Auto Command

Allradschlepper

Motor: FPT Turbomotor mit Ladeluftkühlung mit 279 kW (379 PS) nach ISO; maximale Leistung 305 kW (415 PS); maximale Leistung (Boost) 301 kW (409 PS); 6 Zylinder, 8 710 cm³ Hubraum, Abgasnorm Stufe V
Getriebe: Auto Command, stufenloses Getriebe bis 50 km/h
Zapfwelle: 1 000
Hubwerk: Kat. III/IVN, Hubkraft 10 930 daN
Hydraulik: Pumpenleistung 221; 282 l/min bei 210 bar
Gewichte & Maße: Zulässiges Gesamtgewicht 18 000 kg,
Leergewicht 12 450 kg,
Nutzlast 5 550 kg,
Bodenfreiheit 44 cm,
Wendekreis 10 m
Bereifung: 600/60R34, 710/75R42
Preis: keine Angabe

New Holland T 8.445 Genesis Ultra Command

Allradschlepper

Motor: FPT Turbomotor mit Ladeluftkühlung mit 295 kW (401 PS) nach ISO; maximale Leistung 325 kW (442 PS); 6 Zylinder,

8 710 cm³ Hubraum,
Abgasnorm Stufe V
Getriebe: Ultra Command, 19 Vorwärts- und 4 Rückwärtsgänge (auf Wunsch 23/6 Kriechgang bis 50 km/h), synchronisiert, 10 Gänge im Hauptarbeitsbereich, 19 Lastschaltstufen
Zapfwelle: 1 000
Hubwerk: Kat. III/IVN, Hubkraft 10 930 daN
Hydraulik: Pumpenleistung 221; 282 l/min bei 210 bar
Gewichte & Maße: Zulässiges Gesamtgewicht 18 000 kg,
Leergewicht 11 010 kg,
Nutzlast 6 990 kg,
Bodenfreiheit 44 cm,
Wendekreis 10 m
Bereifung: 600/60R34, 710/75R42
Preis: keine Angabe

New Holland T 8.440 Genesis Auto Command

Allradschlepper

Motor: FPT Turbomotor mit Ladeluftkühlung mit 295 kW (401 PS) nach ISO; max. Leistung 325 kW (442 PS); 6 Zyl., 8710 cm^3 Hubraum, Abgasnorm Stufe V
Getriebe: Auto Command, stufenloses Getriebe bis 50 km/h
Zapfwelle: 1000
Hubwerk: Kat. III/IVN, Hubkraft 10930 daN
Hydraulik: Pumpenleistung 221; 282 l/min bei 210 bar
Gewichte & Maße: Zulässiges Gesamtgewicht 18000 kg, Leergewicht 12450 kg, Nutzlast 5550 kg, Bodenfreiheit 44 cm, Wendekreis 10 m
Bereifung: 600/60R34, 710/75R42
Preis: keine Angabe

Pfanzelt

Im Jahre 1991 wurde die Pfanzelt Maschinenbau GmbH vom Inhaber Paul Pfanzelt gegründet, zunächst als Hersteller von Getriebeseilwinden für Schlepper. 2001 kam der erste Tragschlepper Felix in das Programm, 2005 dann der Systemschlepper Pm Trac, im Jahr 2023 folgte der K Trac.
Heute bietet Pfanzelt nach eigenen Angaben das umfangreichste Forstprogramm „Made in Germany" – von der Dreipunktseilwinde für den Waldbauern über Forstspezialschlepper bis zum Spezialtraktor für den Kommunaleinsatz.

Weitere Informationen erhalten Sie von:
Pfanzelt Maschinenbau GmbH
Frankau 37
87675 Rettenbach am Auerberg
Telefon: 0 88 60/92 17-0
www.pfanzelt.com

Pfanzelt Maschinenbau Pm Trac 3820

Allrad-Systemschlepper

Motor: Agco Power Turbomotor mit Ladeluftkühlung mit 151 kW (205 PS) nach ISO; maximale Leistung 158 kW (215 PS); 6 Zylinder, 7 365 cm³ Hubraum, Abgasnorm Stufe V
Getriebe: variaDrive, stufenloses Getriebe bis 60 km/h
Zapfwelle: 540/540E/1 000
Hubwerk: Kat. II/III, Hubkraft 8 200 daN
Hydraulik: Pumpenleistung 160 l/min bei 210 bar
Gewichte & Maße: Leergewicht 9 300 kg, Nutzlast 6 700 kg, Bodenfreiheit 45 cm, Wendekreis 12,5 m
Bereifung: 540/65R28, 650/65R38
Preis: keine Angabe

Pfanzelt Maschinenbau K Trac 1220

Allrad-Systemschlepper

Motor: Agco Power Turbomotor mit Ladeluftkühlung mit 151 kW (205 PS) nach ISO; maximale Leistung 158 kW (215 PS); 6 Zylinder, 7 365 cm³ Hubraum, Abgasnorm Stufe V
Getriebe: variaDrive, stufenloses Getriebe bis 80 km/h
Zapfwelle: 540/1 000
Hubwerk: Kat. II/III, Hubkraft 4 500 daN
Hydraulik: Pumpenleistung 160 l/min bei 210 bar
Gewichte & Maße: Leergewicht 8 200 kg, Nutzlast 9 300 kg, Bodenfreiheit 54 cm, Wendekreis 10,6 m
Bereifung: 400/80R28, 440/80R30
Preis: keine Angabe

Pfanzelt Maschinenbau Pm Trac 3825

Allrad-Systemschlepper

Motor: Agco Power Turbomotor mit Ladeluftkühlung mit 186 kW (253 PS) nach ISO; maximale Leistung 196 kW (267 PS); 6 Zylinder, 7 365 cm³ Hubraum, Abgasnorm Stufe V
Getriebe: variaDrive, stufenloses Getriebe bis 60 km/h
Zapfwelle: 540/540E/1 000
Hubwerk: Kat. II/III, Hubkraft 8 200 daN
Hydraulik: Pumpenleistung 160 l/min bei 210 bar
Gewichte & Maße: Leergewicht 9 300 kg, Nutzlast 6 700 kg, Bodenfreiheit 45 cm, Wendekreis 12,5 m
Bereifung: 540/65R28, 650/65R38
Preis: keine Angabe

Pfanzelt Maschinenbau K Trac 1225

Allrad-Systemschlepper

Motor: Agco Power Turbomotor mit Ladeluftkühlung mit 186 kW (253 PS) nach ISO; maximale Leistung 196 kW (267 PS); 6 Zylinder, 7 365 cm³ Hubraum, Abgasnorm Stufe V
Getriebe: variaDrive, stufenloses Getriebe bis 80 km/h
Zapfwelle: 540/1 000
Hubwerk: Kat. II/III, Hubkraft 4 500 daN
Hydraulik: Pumpenleistung 160 l/min bei 210 bar
Gewichte & Maße: Leergewicht 8 200 kg, Nutzlast 9 300 kg, Bodenfreiheit 54 cm, Wendekreis 10,6 m
Bereifung: 400/80R28, 440/80R30
Preis: keine Angabe

Pfanzelt Maschinenbau Pm Trac 3830

Allrad-Systemschlepper

Motor: Agco Power Turbomotor mit Ladeluftkühlung mit 215 kW (292 PS) nach ISO; maximale Leistung 225 kW (306 PS); 6 Zylinder, 7 365 cm³ Hubraum, Abgasnorm Stufe V
Getriebe: variaDrive, stufenloses Getriebe bis 60 km/h
Zapfwelle: 540/540E/1 000
Hubwerk: Kat. II/III, Hubkraft 8 200 daN
Hydraulik: Pumpenleistung 160 l/min bei 210 bar
Gewichte & Maße: Leergewicht 9 300 kg, Nutzlast 6 700 kg, Bodenfreiheit 45 cm, Wendekreis 12,5 m
Bereifung: 540/65R28, 650/65R38
Preis: keine Angabe

Pfanzelt Maschinenbau K Trac 1230

Allrad-Systemschlepper

Motor: Agco Power Turbomotor mit Ladeluftkühlung mit 215 kW (292 PS) nach ISO; maximale Leistung 225 kW (306 PS); 6 Zylinder, 7 365 cm³ Hubraum, Abgasnorm Stufe V
Getriebe: variaDrive, stufenloses Getriebe bis 80 km/h
Zapfwelle: 540/1 000
Hubwerk: Kat. II/III, Hubkraft 4 500 daN
Hydraulik: Pumpenleistung 160 l/min bei 210 bar
Gewichte & Maße: Leergewicht 8 200 kg, Nutzlast 9 300 kg, Bodenfreiheit 54 cm, Wendekreis 10,6 m
Bereifung: 400/80R28, 440/80R30
Preis: keine Angabe

Rigitrac

1976 gründete der damals grade einmal 20-jährige Sepp Knüsel seine eigene Landmaschinenfirma. Angefangen hat der Schweizer vor allem mit dem Verkauf und der Reparatur von Traktoren und Maschinen. Doch er entwickelte und baute auch erste Anhänger und Heckschaufeln. 1982 fand der Umzug des Unternehmens nach Küssnacht am Rigi statt. Ein Jahr später produzierte Sepp Knüsel einen selbst entwickelten Frontbandrechen, nach drei Jahren folgten Scheibenmähwerke bis 3 m Schnittbreite. Nachdem Knüsel 1987 die Zusammenarbeit mit Antonio Carraro begann, konnte er italienische Spezialtraktoren für die deutschsprachige Schweiz importieren. 1993 wurde Knüsel auch Hauptimporteur für das gesamte Landmaschinenprogramm von SIP aus Slowenien.

2003 baute Knüsel seinen ersten eigenen Schlepper – den Knüsel-Trac. Der niedrige Schwerpunkt machte den Traktor zum Spezialisten für die Bergwirtschaft. Gleich nach der Vorstellung dieses Tracs wurde er in Rigitrac umbenannt. 2011 präsentierte Rigitrac ein Antriebssystem mit elektrischen Einzelradmotoren, die sich individuell steuern lassen.

2018 wurde ein vollelektrischer Rigitrac gebaut: Der Rigitrac SKE 50. Die Nennleistung liegt bei 50 kW, das Fahrzeug ist mit einer Batterie von 80 kWh versorgt. Zum Serienmodell mit Elektroantrieb wurde der SKE 40 entwickelt.

Weitere Informationen erhalten Sie von:

Rigitrac Traktorenbau AG
Aahusweg 2
CH-6403 Küssnacht am Rigi
Telefon: 00 41/41/8 50 15 33
www.rigitrac.ch

Rigitrac SKE 40
Allradschlepper

Motor: Elektromotor mit 40 kW (54 PS) bei 1 000 min^{-1}, 380 Volt
Getriebe: stufenl. Getriebe bis 43 km/h
Zapfwelle: 750
Hubwerk: Kat. II, Hubkraft 1 550 daN
Hydraulik: 40 l/min bei 200 bar
Gewichte & Maße: Zulässiges Gesamtgewicht 4 200 kg, Leergewicht 2 200 kg
Bereifung: 200/70R16, 320/70R20
Preis: keine Angabe

Rigitrac SKH 60
Allradschlepper

Motor: Deutz Saugmotor mit 55,4 kW (75 PS) nach ISO; 4 Zylinder, 2 900 cm^3 Hubraum
Getriebe: stufenl. Getriebe bis 43 km/h
Zapfwelle: 540/1 000
Hubwerk: Kat. I/II, Hubkraft 2 000 daN
Hydraulik: 55 l/min bei 200 bar
Gewichte & Maße: Zulässiges Gesamtgewicht 5 000 kg, Leergewicht 3 300 kg, Nutzlast 1 700 kg, Bodenfreiheit 24 cm, Wendekreis 3,2 m
Bereifung: 425/55-17, 425/55R17
Preis: keine Angabe

Rigitrac SKH 75
Allradschlepper

Motor: Deutz Turbomotor mit 80 kW (109 PS) nach ISO; 4 Zylinder, 3 621 cm^3 Hubraum
Getriebe: stufenl. Getriebe bis 43 km/h
Zapfwelle: 540
Hubwerk: Kat. II, Hubkraft 3 100 daN
Hydraulik: 56 l/min bei 200 bar
Gewichte & Maße: Zulässiges Gesamtgewicht 6 500 kg, Leergewicht 4 300 kg, Nutzlast 2 200 kg, Bodenfreiheit 36 cm, Wendekreis 3,6 m
Bereifung: 440/65R20, 440/65R20
Preis: keine Angabe

Rigitrac SKH 150
Allradschlepper

Motor: FPT Turbomotor mit 118 kW (160 PS) nach ISO; 4 Zylinder, 4 485 cm^3 Hubraum
Getriebe: stufenl. Getriebe bis 43 km/h
Zapfwelle: 540/1 000
Hubwerk: Kat. II/III, Hubkraft 5 500 daN
Hydraulik: 61; 95 l/min bei 200 bar
Gewichte & Maße: Zulässiges Gesamtgewicht 10 500 kg, Leergewicht 5 900 kg, Nutzlast 3 700 kg, Bodenfreiheit 45 cm, Wendekreis 8,6 m
Bereifung: 540/65R24, 540/65R24
Preis: keine Angabe

Weitere Informationen erhalten Sie von:
Same Deutz-Fahr Deutschland GmbH
Deutz-Fahr-Str. 1
89415 Lauingen
Telefon: 09072/9970
www.same-tractors.com

Same

Einen der ersten Traktoren der Welt mit Dieselmotor präsentierte Francesco Cassani im Jahr 1927. Zusammen mit seinem Bruder Eugenio gründete er 1942 Same (Societá Accomandita Motori Endotermici) in Treviglio bei Mailand. Damals produzierte Same Verbrennungs- und Dieselmotoren für den zivilen und industriellen Gebrauch sowie Winden, Kräne, Pflüge und Feuerlöschpumpen. 1948 präsentierte Same den 3R/10 – einen kleinen Allzwecktraktor mit 10 PS, der von einem Einzylindermotor mit Petroleum angetrieben wurde; er hatte zwei Antriebsräder, ein Lenkrad, eine verstellbare Spurweite und einen Rückwärtsgang.
1950 begann man mit der Produktion der petroleumbetriebenen Modelle, und es entstanden der Same 4R/10 mit 10 PS und der 4R/20 mit 20 PS. 1952 wurde der weltweit erste konventionelle Traktor der DA-Serie mit Vierradantrieb eingeführt. 1971 erwarb Same den ebenfalls italienischen Traktorenhersteller Lamborghini. Mit dem Buffalo (1976) stieg Same in das Hochleistungssegment ein.
1979 kam der Schweizer Hersteller Hürlimann zur Same-Gruppe. 1991 wurde die Serie Frutteto II für Obst- und Weinanbau eingeführt, und die Explorer-Serie kam auf den Markt. Als Same im Jahr 1995 die Landmaschinensparte von Klöckner-Humboldt-Deutz erwarb, firmierte die Gruppe unter Same Deutz-Fahr.

Same Dorado 70 Natural
Allradschlepper

Motor: SDF Turbomotor mit Ladeluftkühlung mit 48 kW (65 PS) nach ISO; maximale Leistung 48,9 kW (67 PS); 3 Zylinder, 2 887 cm^3 Hubraum, Abgasnorm Stufe V
Getriebe: 30 Vorwärts- und 30 Rückwärtsgänge (auf Wunsch 15/15 ECO, 30/30 ECO bis 40 km/h), synchronisiert, 10 Gänge im Hauptarbeitsbereich, 2 Lastschaltstufen
Zapfwelle: 540/540E
Hubwerk: Kat. II, Hubkraft 3 500 daN
Hydraulik: Pumpenleistung 50 l/min bei 180 bar
Gewichte & Maße: Zulässiges Gesamtgewicht 5 200 kg, Leergewicht 3 200 kg, Nutzlast 2 000 kg, Bodenfreiheit 35 cm
Bereifung: 9.5R20, 13.6R28
Preis: keine Angabe

Same Argon 70
Allradschlepper

Motor: SDF Turbomotor mit Ladeluftkühlung mit 48 kW (65 PS) nach ISO; maximale Leistung 48,9 kW (67 PS); 3 Zylinder, 2 887 cm^3 Hubraum, Abgasnorm Stufe V
Getriebe: 12 Vorwärts- und 3 Rückwärtsgänge (auf Wunsch 8/8 ECO, 15/15 bis 30 km/h), synchronisiert, 5 Gänge im Hauptarbeitsbereich
Zapfwelle: 540
Hubwerk: Kat. II, Hubkraft 3 500 daN
Hydraulik: Pumpenleistung 42; 50 l/min bei 180 bar
Gewichte & Maße: Zulässiges Gesamtgewicht 4 800 kg, Leergewicht 2 800 kg, Nutzlast 2 000 kg, Bodenfreiheit 35 cm
Bereifung: 9.5R20, 13.6R28
Preis: keine Angabe

Same Explorer 75 Natural
Allradschlepper

Motor: SDF Turbomotor mit Ladeluftkühlung mit 54,8 kW (75 PS) nach ISO; maximale Leistung 55,4 kW (75 PS); 4 Zylinder, 3 849 cm^3 Hubraum, Abgasnorm Stufe V
Getriebe: 40 Vorwärts- und 40 Rückwärtsgänge (auf Wunsch bis 40 km/h), synchronisiert, 2 Lastschaltstufen
Zapfwelle: 540/540E
Hubwerk: Kat. II, Hubkraft 4 525 daN
Hydraulik: Pumpenleistung 55 l/min bei 180 bar
Gewichte & Maße: Zulässiges Gesamtgewicht 6 500 kg, Leergewicht 4 000 kg, Nutzlast 2 500 kg
Bereifung: 380/85R24, 420/85R34
Preis: keine Angabe

Same Dorado 80 Natural
Allradschlepper

Motor: SDF Turbomotor mit Ladeluftkühlung mit 55,2 kW (75 PS) nach ISO; maximale Leistung 55,8 kW (76 PS); 3 Zylinder, 2 887 cm^3 Hubraum, Abgasnorm Stufe V
Getriebe: 30 Vorwärts- und 30 Rückwärtsgänge (auf Wunsch 15/15 ECO, 30/30 ECO bis 40 km/h), synchronisiert, 10 Gänge im Hauptarbeitsbereich, 2 Lastschaltstufen
Zapfwelle: 540/540E
Hubwerk: Kat. II, Hubkraft 3 500 daN
Hydraulik: Pumpenleistung 50 l/min bei 180 bar
Gewichte & Maße: Zulässiges Gesamtgewicht 5 200 kg, Leergewicht 3 200 kg, Nutzlast 2 000 kg, Bodenfreiheit 35 cm

Bereifung: 11.2R20, 14.9R28
Preis: keine Angabe

Same Argon 80

Allradschlepper

Motor: SDF Turbomotor mit Ladeluftkühlung mit 55,2 kW (75 PS) nach ISO; maximale Leistung 55,8 kW (76 PS); 3 Zylinder, 2 887 cm³ Hubraum, Abgasnorm Stufe V
Getriebe: 12 Vorwärts- und 3 Rückwärtsgänge (auf Wunsch 8/8 ECO, 15/15 bis 30 km/h), synchronisiert, 5 Gänge im Hauptarbeitsbereich
Zapfwelle: 540
Hubwerk: Kat. II, Hubkraft 3 500 daN
Hydraulik: Pumpenleistung 42; 50 l/min bei 180 bar
Gewichte & Maße: Zulässiges Gesamtgewicht 4 800 kg, Leergewicht 2 800 kg, Nutzlast 2 000 kg, Bodenfreiheit 35 cm
Bereifung: 20", 28"
Preis: keine Angabe

Same Dorado 90 Natural

Allradschlepper

Motor: SDF Turbomotor mit Ladeluftkühlung mit 63,5 kW (86 PS) nach ISO; maximale Leistung 67 kW (91 PS); 3 Zylinder, 2 887 cm³ Hubraum, Abgasnorm Stufe V
Getriebe: 30 Vorwärts- und 30 Rückwärtsgänge (auf Wunsch 15/15 ECO, 30/30 ECO bis 40 km/h), synchronisiert, 10 Gänge im Hauptarbeitsbereich, 2 Lastschaltstufen
Zapfwelle: 540/540E
Hubwerk: Kat. II, Hubkraft 3 500 daN
Hydraulik: Pumpenleistung 50 l/min bei 180 bar
Gewichte & Maße: Zulässiges Gesamtgewicht 5 200 kg, Leergewicht 3 200 kg, Nutzlast 2 000 kg, Bodenfreiheit 35 cm
Bereifung: 11.2R20, 14.9R28
Preis: keine Angabe

Same Argon 90

Allradschlepper

Motor: SDF Turbomotor mit Ladeluftkühlung mit 63,5 kW (86 PS) nach ISO; maximale Leistung 67 kW (91 PS); 3 Zylinder, 2 887 cm³ Hubraum, Abgasnorm Stufe V
Getriebe: 15 Vorwärts- und 15 Rückwärtsgänge (auf Wunsch 15/15 ECO bis 40 km/h), synchronisiert, 5 Gänge im Hauptarbeitsbereich
Zapfwelle: 540
Hubwerk: Kat. II, Hubkraft 3 500 daN
Hydraulik: Pumpenleistung 42; 50 l/min bei 180 bar
Gewichte & Maße: Zulässiges Gesamtgewicht 4 800 kg, Leergewicht 2 800 kg, Nutzlast 2 000 kg, Bodenfreiheit 35 cm
Bereifung: 20", 28"
Preis: keine Angabe

Same Dorado CVT 95

Allradschlepper

Motor: SDF Turbomotor mit Ladeluftkühlung mit 66,4 kW (90 PS) nach ISO; maximale Leistung 70 kW (95 PS); 4 Zyl., 3 849 cm³ Hubr., Abgasn. Stufe V
Getriebe: TTV, stufenloses Getriebe bis 40 km/h
Zapfwelle: 540/540E/1000, Höchstdrehzahl: 604/762/1 077 min^{-1}
Hubwerk: Kat. II, Hubkraft 3 800 daN
Hydraulik: Pumpenleistung 100 + 42 l/min bei 200 bar

Gewichte & Maße: Zulässiges Gesamtgewicht 5 200 kg, Leergewicht 3 875 kg, Nutzlast 1 925 kg, Bodenfreiheit 39 cm
Bereifung: 360/70R20, 420/70R30
Preis: keine Angabe

Same Explorer 95
Allradschlepper

Motor: SDF Turbomotor mit Ladeluftkühlung mit 66,4 kW (90 PS) nach ISO; maximale Leistung 70 kW (95 PS); 4 Zylinder, 3 849 cm^3 Hubraum, Abgasnorm Stufe V
Getriebe: 10 Vorwärts- und 10 Rückwärtsgänge (auf Wunsch 10/10, 20/20; 20/20, 40/40; 30/30, 60/60 bis 40 km/h), synchronisiert
Zapfwelle: 540/540E
Hubwerk: Kat. II, Hubkraft 4 526 daN
Hydraulik: Pumpenleistung 55; 90 l/min bei 185 bar
Gewichte & Maße: Zulässiges Gesamtgewicht 6 200 kg, Leergewicht 3 600 kg, Nutzlast 2 600 kg, Wendekreis 5,8 m
Bereifung: 380/85R24, 420/85R34
Preis: keine Angabe

Same Dorado 95
Allradschlepper

Motor: SDF Turbomotor mit Ladeluftkühlung mit 66,4 kW (90 PS) nach ISO; maximale Leistung 70 kW (95 PS); 4 Zylinder, 3 849 cm^3 Hubraum, Abgasnorm Stufe V

Getriebe: 45 Vorwärts- und 45 Rückwärtsgänge (auf Wunsch 45/45 Powershift bis 40 km/h), synchronisiert, 12 Gänge im Hauptarbeitsbereich, 3 Lastschaltstufen
Zapfwelle: 540/540E, Höchstdrehzahl: 604/762/1 077 min^{-1}
Hubwerk: Kat. II, Hubkraft 3 600 daN
Hydraulik: Pumpenleistung 54 l/min bei 185 bar
Gewichte & Maße: Zulässiges Gesamtgewicht 5 200 kg, Leergewicht 3 300 kg, Nutzlast 1 900 kg, Bodenfreiheit 39 cm
Bereifung: 360/70R20, 420/70R30
Preis: keine Angabe

Same Explorer 95 Natural
Allradschlepper

Motor: SDF Turbomotor mit Ladeluftkühlung mit 66,4 kW (90 PS) nach ISO; maximale Leistung 70 kW (95 PS); 4 Zylinder, 3 849 cm^3 Hubraum, Abgasnorm Stufe V
Getriebe: 40 Vorwärts- und 40 Rückwärtsgänge (auf Wunsch bis 40 km/h), synchronisiert, 2 Lastschaltstufen
Zapfwelle: 540/540E
Hubwerk: Kat. II, Hubkraft 4 525 daN
Hydraulik: Pumpenleistung 55 l/min bei 180 bar
Gewichte & Maße: Zulässiges Gesamtgewicht 6 500 kg, Leergewicht 4 000 kg, Nutzlast 2 500 kg
Bereifung: 380/85R24, 420/85R34
Preis: keine Angabe

Same Explorer 100
Allradschlepper

Motor: SDF Turbomotor mit Ladeluftkühlung mit 71,1 kW (97 PS) nach ISO; maximale Leistung 75 kW (102 PS); 3 Zylinder, 2 887 cm^3 Hubraum, Abgasnorm Stufe V
Getriebe: 10 Vorwärts- und 10 Rückwärtsgänge (auf Wunsch 10/10, 20/20; 20/20, 40/40; 30/30, 60/60 bis 40 km/h), synchronisiert
Zapfwelle: 540/540E
Hubwerk: Kat. II, Hubkraft 4 526 daN
Hydraulik: Pumpenleistung 55; 90 l/min bei 185 bar
Gewichte & Maße: Zulässiges Gesamtgewicht 6 200 kg, Leergewicht 3 600 kg, Nutzlast 2 600 kg, Wendekreis 5,8 m

Bereifung: 380/85R24, 420/85R34
Preis: keine Angabe

Same Dorado 100 Natural

Allradschlepper

Motor: SDF Turbomotor mit Ladeluftkühlung mit 71,1 kW (97 PS) nach ISO; maximale Leistung 75 kW (102 PS); 3 Zyl., 2887 cm³ Hubr., Abgasn. Stufe V
Getriebe: 30 Vorwärts- und 30 Rückwärtsgänge (auf Wunsch 15/15 ECO, 30/30 ECO bis 40 km/h), synchronisiert, 10 Gänge im Hauptarbeitsbereich, 2 Lastschaltstufen
Zapfwelle: 540/540E
Hubwerk: Kat. II, Hubkraft 3500 daN
Hydraulik: Pumpenleistung 50 l/min bei 180 bar
Gewichte & Maße: Zulässiges Gesamtgewicht 5200 kg, Leergewicht 3200 kg, Nutzlast 2000 kg, Bodenfreiheit 35 cm
Bereifung: 11.2R20, 14.9R28
Preis: keine Angabe

Same Argon 100

Allradschlepper

Motor: SDF Turbomotor mit Ladeluftkühlung mit 71,1 kW (97 PS) nach ISO; maximale Leistung 75 kW (102 PS); 3 Zylinder, 2887 cm³ Hubraum, Abgasnorm Stufe V
Getriebe: 15 Vorwärts- und 15 Rückwärtsgänge (auf Wunsch 15/15 ECO bis 40 km/h), synchronisiert, 5 Gänge im Hauptarbeitsbereich
Zapfwelle: 540
Hubwerk: Kat. II, Hubkraft 3500 daN
Hydraulik: Pumpenleistung 42; 50 l/min bei 180 bar
Gewichte & Maße: Zulässiges Gesamtgewicht 4800 kg, Leergewicht 2800 kg, Nutzlast 2000 kg, Bodenfreiheit 35 cm
Bereifung: 20", 28"
Preis: keine Angabe

Same Explorer 105 Natural

Allradschlepper

Motor: SDF Turbomotor mit Ladeluftkühlung mit 74 kW (101 PS) nach ISO; maximale Leistung 78 kW (106 PS); 4 Zylinder, 3849 cm³ Hubraum, Abgasnorm Stufe V
Getriebe: 40 Vorwärts- und 40 Rückwärtsgänge (auf Wunsch 20/20, 40/40 bis 40 km/h), synchronisiert, 2 Lastschaltstufen
Zapfwelle: 540/540E
Hubwerk: Kat. II, Hubkraft 4525 daN
Hydraulik: Pumpenleistung 55 l/min bei 180 bar
Gewichte & Maße: Zulässiges Gesamtgewicht 6500 kg, Leergewicht 4000 kg, Nutzlast 2500 kg
Bereifung: 380/85R24, 420/85R34
Preis: keine Angabe

Same Explorer 105 TB

Allradschlepper

Motor: SDF Turbomotor mit Ladeluftkühlung mit 74 kW (101 PS) nach ISO; maximale Leistung 78 kW (106 PS); 4 Zyl., 3849 cm³ Hubr., Abgasn. Stufe V
Getriebe: 40 Vorwärts- und 40 Rückwärtsgänge (auf Wunsch 40/40 bis 40 km/h), synchronisiert, 12 Gänge im Hauptarbeitsbereich, 2 Lastschaltstufen
Zapfwelle: 540/540E/1000/1000E
Hubwerk: Kat. II, Hubkraft 4525 daN
Hydraulik: Pumpenleistung 55 l/min bei 185 bar
Gewichte & Maße: Zulässiges Gesamtgewicht 6400 kg, Leergewicht 3280 kg, Nutzlast 3100 kg
Bereifung: 300/70R20, 420/70R24
Preis: keine Angabe

Same Dorado CVT 105

Allradschlepper

Motor: SDF Turbomotor mit Ladeluftkühlung mit 74 kW (101 PS) nach ISO; maximale Leistung 78 kW (106 PS); 4 Zylinder, 3 849 cm³ Hubraum, Abgasnorm Stufe V
Getriebe: TTV, stufenloses Getriebe bis 40 km/h
Zapfwelle: 540/540E/1000, Höchstdrehzahl: 604/762/1 077 min^{-1}
Hubwerk: Kat. II, Hubkraft 3 800 daN
Hydraulik: Pumpenleistung 100 + 42 l/min bei 200 bar
Gewichte & Maße: Zulässiges Gesamtgewicht 5 800 kg, Leergewicht 3 875 kg, Nutzlast 1 925 kg, Bodenfreiheit 39 cm
Bereifung: 360/70R20, 420/70R30
Preis: keine Angabe

Same Dorado 105

Allradschlepper

Motor: SDF Turbomotor mit Ladeluftkühlung mit 74 kW (101 PS) nach ISO; maximale Leistung 78 kW (106 PS); 4 Zylinder, 3 849 cm³ Hubraum, Abgasnorm Stufe V
Getriebe: 45 Vorwärts- und 45 Rückwärtsgänge (auf Wunsch 45/45 Powershift bis 40 km/h), synchronisiert, 12 Gänge im Hauptarbeitsbereich, 3 Lastschaltstufen
Zapfwelle: 540/540E, Höchstdrehzahl: 604/762/1 077 min^{-1}
Hubwerk: Kat. II, Hubkraft 3 600 daN
Hydraulik: Pumpenleistung 54 l/min bei 185 bar
Gewichte & Maße: Zulässiges Gesamtgewicht 5 200 kg, Leergewicht 3 300 kg, Nutzlast 1 900 kg, Bodenfreiheit 39 cm
Bereifung: 360/70R20, 420/70R30
Preis: keine Angabe

Same Explorer 105

Allradschlepper

Motor: SDF Turbomotor mit Ladeluftkühlung mit 74 kW (101 PS) nach ISO; maximale Leistung 78 kW (106 PS);

4 Zylinder, 3 849 cm^3 Hubraum, Abgasnorm Stufe V
Getriebe: 10 Vorwärts- und 10 Rückwärtsgänge (auf Wunsch 10/10, 20/20; 20/20, 40/40; 30/30, 60/60 bis 40 km/h), synchronisiert
Zapfwelle: 540/540E
Hubwerk: Kat. II, Hubkraft 4 528 daN
Hydraulik: Pumpenleistung 55; 90 l/min bei 185 bar
Gewichte & Maße: Zulässiges Gesamtgewicht 6 200 kg, Leergewicht 4 000 kg, Nutzlast 2 200 kg
Bereifung: 420/70R24, 480/70R34
Preis: keine Angabe

Same Explorer 105 HD Natural

Allradschlepper

Motor: SDF Turbomotor mit Ladeluftkühlung mit 74 kW (101 PS) nach ISO; maximale Leistung 78 kW (106 PS); 4 Zylinder, 3 849 cm^3 Hubraum, Abgasnorm Stufe V
Getriebe: 40 Vorwärts- und 40 Rückwärtsgänge (auf Wunsch 20/20, 40/40 bis 40 km/h), synchronisiert, 2 Lastschaltstufen
Zapfwelle: 540/540E
Hubwerk: Kat. II, Hubkraft 4 525 daN
Hydraulik: Pumpenleistung 55 l/min bei 180 bar
Gewichte & Maße: Zulässiges Gesamtgewicht 7 000 kg, Leergewicht 4 250 kg, Nutzlast 3 000 kg
Bereifung: 420/85R34, 460/85R34
Preis: keine Angabe

Same Explorer 115 TB

Allradschlepper

Motor: SDF Turbomotor mit Ladeluftkühlung mit 80,6 kW (110 PS) nach ISO; maximale Leistung 85 kW (116 PS); 4 Zylinder, 3 849 cm^3 Hubraum, Abgasnorm Stufe V
Getriebe: 40 Vorwärts- und 40 Rückwärtsgänge (auf Wunsch 40/40 bis 40 km/h), synchronisiert, 12 Gänge im Hauptarbeitsbereich, 2 Lastschaltstufen
Zapfwelle: 540/540E/1 000/1 000E
Hubwerk: Kat. II, Hubkraft 4 525 daN
Hydraulik: Pumpenleistung 55 l/min bei 185 bar
Gewichte & Maße: Zulässiges Gesamtgewicht 6 400 kg, Leergewicht 3 280 kg, Nutzlast 2 920 kg
Bereifung: 300/70R20, 420/70R24
Preis: keine Angabe

Same Explorer 115

Allradschlepper

Motor: SDF Turbomotor mit Ladeluftkühlung mit 80,6 kW (110 PS) nach ISO; maximale Leistung 85 kW (116 PS); 4 Zylinder, 3 849 cm^3 Hubraum, Abgasnorm Stufe V
Getriebe: 10 Vorwärts- und 10 Rückwärtsgänge (auf Wunsch 10/10, 20/20; 20/20, 40/40; 30/30, 60/60 bis 40 km/h), synchronisiert
Zapfwelle: 540/540E
Hubwerk: Kat. II, Hubkraft 5 409 daN
Hydraulik: Pumpenleistung 55; 90 l/min bei 185 bar
Gewichte & Maße: Zulässiges Gesamtgewicht 7 000 kg, Leergewicht 4 100 kg, Nutzlast 2 900 kg, Wendekreis 5,8 m
Bereifung: 420/85R24, 460/85R34
Preis: keine Angabe

Same Dorado CVT 115

Allradschlepper

Motor: SDF Turbomotor mit Ladeluftkühlung mit 80,6 kW (110 PS) nach ISO; maximale Leistung 85 kW (116 PS); maximale Leistung (Boost) 93 kW (126 PS); 4 Zylinder, 3 849 cm^3 Hubraum, Abgasnorm Stufe V
Getriebe: TTV, stufenloses Getriebe bis 40 km/h
Zapfwelle: 540/540E/1000, Höchstdrehzahl: 604/762/1 077 min^{-1}
Hubwerk: Kat. II, Hubkraft 3 800 daN
Hydraulik: Pumpenleistung 100 + 42 l/min bei 200 bar
Gewichte & Maße: Zulässiges Gesamtgewicht 5 800 kg, Leergewicht 3 875 kg, Nutzlast 1 925 kg, Bodenfreiheit 39 cm
Bereifung: 360/70R20, 420/70R30
Preis: keine Angabe

Same Virtus 115 RVshift

Allradschlepper

Motor: SDF Turbomotor mit Ladeluftkühlung mit 83,6 kW (114 PS) nach ISO;

Bereifung: 420/70R24, 480/70R34
Preis: keine Angabe

Same Virtus 125 RVshift

Allradschlepper

Motor: SDF Turbomotor mit Ladeluftkühlung mit 90,3 kW (123 PS) nach ISO; maximale Leistung 95 kW (129 PS); maximale Leistung (Boost) 100 kW (136 PS); 4 Zylinder, 3849 cm³ Hubraum, Abgasnorm Stufe V
Getriebe: T5441, stufenloses Getriebe bis 40 km/h
Zapfwelle: 540/540E/1000
Hubwerk: Kat. II/IIIN, Hubkraft 7100 daN
Hydraulik: Pumpenleistung 90 (120) l/min bei 200 bar
Gewichte & Maße: Zulässiges Gesamtgewicht 8500 kg,

maximale Leistung 88,4 kW (120 PS); maximale Leistung (Boost) 93 kW (126 PS); 4 Zylinder, 3849 cm³ Hubraum, Abgasnorm Stufe V
Getriebe: T5441, 20 Vorwärts- und 16 Rückwärtsgänge (auf Wunsch 20/16 bis 40 km/h), synchronisiert
Zapfwelle: 540/540E/1000
Hubwerk: Kat. II/IIIN, Hubkraft 7100 daN
Hydraulik: Pumpenleistung 90 (120) l/min bei 200 bar
Gewichte & Maße: Zulässiges Gesamtgewicht 8500 kg, Leergewicht 5215 kg, Nutzlast 4000 kg
Bereifung: 380/70R24, 480/70R34
Preis: keine Angabe

Same Virtus 115

Allradschlepper

Motor: SDF Turbomotor mit Ladeluftkühlung mit 83,6 kW (114 PS) nach ISO; maximale Leistung 88,4 kW (120 PS); 4 Zylinder, 3849 cm³ Hubraum, Abgasnorm Stufe V
Getriebe: T5350, 60 Vorwärts- und 60 Rückwärtsgänge (auf Wunsch 20/20 40/40, 30/30, 60/60 bis 40 km/h), synchronisiert, 3 Lastschaltstufen
Zapfwelle: 540/540E
Hubwerk: Kat. II/IIIN, Hubkraft 5410 daN
Hydraulik: Pumpenleistung 55; 90 l/min bei 200 bar
Gewichte & Maße: Zulässiges Gesamtgewicht 7500 kg, Leergewicht 4500 kg, Nutzlast 3000 kg

Leergewicht 5215 kg, Nutzlast 4000 kg
Bereifung: 380/70R24, 480/70R38
Preis: keine Angabe

Same Virtus 125

Allradschlepper

Motor: SDF Turbomotor mit Ladeluftkühlung mit 90,3 kW (123 PS) nach ISO; maximale Leistung 95 kW (129 PS); maximale Leistung (Boost) 100 kW (136 PS); 4 Zylinder, 3849 cm³ Hubraum, Abgasnorm Stufe V
Getriebe: T5350, 60 Vorwärts- und 60 Rückwärtsgänge (auf Wunsch 30/30 oder 60/60 bis 40 km/h), synchronisiert, 3 Lastschaltstufen
Zapfwelle: 540/540E
Hubwerk: Kat. II/IIIN, Hubkraft 7000 daN

Hydraulik: Pumpenleistung 90; 120 l/min bei 200 bar
Gewichte & Maße: Zulässiges Gesamtgewicht 8 000 kg, Leergewicht 4 750 kg, Nutzlast 3 250 kg
Bereifung: 380/70R24, 480/70R34
Preis: keine Angabe

Same Explorer 125

Allradschlepper

Motor: SDF Turbomotor mit Ladeluftkühlung mit 93 kW (126 PS) nach ISO; maximale Leistung 88,2 kW (120 PS); 4 Zylinder, 3 849 cm^3 Hubraum, Abgasnorm Stufe V
Getriebe: T5350, 10 Vorwärts- und 10 Rückwärtsgänge (auf Wunsch 10/10, 20/20; 20/20, 40/40; 30/30, 60/60 bis 40 km/h), synchronisiert
Zapfwelle: 540/540E
Hubwerk: Kat. II, Hubkraft 5 410 daN
Hydraulik: Pumpenleistung 55; 90 l/min bei 185 bar
Gewichte & Maße: Zulässiges Gesamtgewicht 7 500 kg, Leergewicht 4 100 kg, Nutzlast 3 400 kg
Bereifung: 340/85R28, 420/85R38
Preis: keine Angabe

Same Virtus 135 RVshift

Allradschlepper

Motor: SDF Turbomotor mit Ladeluftkühlung mit 95,6 kW (130 PS) nach ISO;

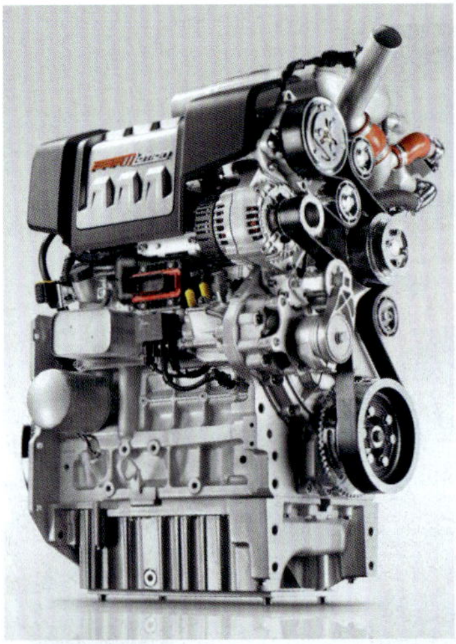

maximale Leistung 100,8 kW (137 PS); maximale Leistung (Boost) 105 kW (143 PS); 4 Zylinder, 3 849 cm^3 Hubraum, Abgasnorm Stufe V
Getriebe: T5441, 20 Vorwärts- und 16 Rückwärtsgänge (auf Wunsch 20/17 bis 40 km/h), synchronisiert
Zapfwelle: 540/540E/1 000
Hubwerk: Kat. II/IIIN, Hubkraft 7 100 daN
Hydraulik: Pumpenleistung 90 (120) l/min bei 200 bar
Gewichte & Maße: Zulässiges Gesamtgewicht 8 500 kg, Leergewicht 5 215 kg, Nutzlast 4 000 kg
Bereifung: 380/70R24, 480/70R34
Preis: keine Angabe

Same Virtus 135

Allradschlepper

Motor: SDF Turbomotor mit Ladeluftkühlung mit 95,6 kW (130 PS) nach ISO; maximale Leistung 100,8 kW (137 PS); maximale Leistung (Boost) 105 kW (143 PS); 4 Zylinder, 3 849 cm^3 Hubraum, Abgasnorm Stufe V
Getriebe: T5441, 60 Vorwärts- und 60 Rückwärtsgänge (auf Wunsch 30/30 oder 60/60 bis 40 km/h), synchronisiert, 3 Lastschaltstufen
Zapfwelle: 540/540E
Hubwerk: Kat. II/IIIN, Hubkraft 7 000 daN
Hydraulik: Pumpenleistung 90; 120 l/min bei 200 bar
Gewichte & Maße: Zulässiges Gesamtgewicht 8 000 kg, Leergewicht 4 750 kg, Nutzlast 3 250 kg
Bereifung: 380/70R24, 480/70R34
Preis: keine Angabe

Steyr

Den Grundstein für die Traktorenproduktion von Steyr legte Josef Werndl. Mit seinem ersten Traktor, der unter dem Namen „Daimler-Pferd“ bekannt wurde, stieg die Firma Steyr 1915 in das Traktorengeschäft ein.

Mit der Serienproduktion von Traktoren in Sankt Valentin konnte Steyr erst nach dem Zweiten Weltkrieg beginnen. Zuerst wurde das Modell T180 mit 2 Zylindern und 26 PS gefertigt, später folgte dann das Modell T80 mit 1 Zylinder und 15 PS. Die Erfolgsgeschichte setzte sich fort mit der Vorstellung des Typs 180 im September 1947. Zwei Jahre später folgte die nicht minder legendäre 80er Baureihe: ein Einzylinder-Traktor für kleinbäuerliche Betriebe mit 13 PS. Ab 1952 produzierte Steyr den Typ 280 – eine robuste Zugmaschine für Großbetriebe. Im Jahr 1972 präsentierte Steyr auf der DLG-Ausstellung einen Prototyp des ersten volllastschaltbaren Getriebes im 760er Traktor.

1975 wurde die Traktorenmontage von Steyr nach St. Valentin verlegt. Nach einem Jahr kam der 8160a – der erste Traktor mit Abgasturbolader, Lastschaltgetriebe und neuem Kraftübertragungskonzept auf den Markt. Er zeichnete sich durch einen zentralen Allradantrieb, gleich breite Vorder- und Hinterräder sowie eine geräuschgedämmte Kabine aus.

1990 gliederte die Steyr-Daimler-Puch AG die Landmaschinensparte aus. 1996 wurde Steyr von der Case Corporation übernommen und in Case-Steyr Landmaschinentechnik umbenannt. Mittlerweile gehört die Marke zum CNH-Konzern. Der Großteil der europäischen Traktorenproduktion von Case IH und Steyr stammt heute aus dem Werk in St. Valentin.

Weitere Informationen erhalten Sie von:
CNH Deutschland GmbH
Benzstraße 1
74076 Heilbronn
Telefon: 07131/6449-0
www.steyr-traktoren.com

Steyr 4055 Kompakt S
Allradschlepper

Motor: FPT Turbomotor mit Ladeluftkühlung mit 43 kW (58 PS) nach ISO; maximale Leistung 43 kW (58 PS); 4 Zylinder, 3 400 cm³ Hubraum, Abgasnorm Stufe V
Getriebe: Synchro Shuttle, 12 Vorwärts- und 12 Rückwärtsgänge (auf Wunsch 20/20 KG, 20/20 KG hydr. Powershuttle bis 40 km/h), synchronisiert, 4 Gänge im Hauptarbeitsbereich
Zapfwelle: 540/540E, Höchstdrehzahl: 634/780 min⁻¹
Hubwerk: Kat. II, Hubkraft 2 715 daN
Hydraulik: Pumpenleistung 48 + 36 l/min bei 190 bar
Gewichte & Maße: Zulässiges Gesamtgewicht 4 800 kg, Leergewicht 2 800 kg, Nutzlast 2 000 kg, Bodenfreiheit 42 cm, Wendekreis 7,5 m
Bereifung: 14.9LR20, 16.9R30
Preis: 68 605 Euro (ohne MwSt.)

Steyr 4065 Kompakt S
Allradschlepper

Motor: FPT Turbomotor mit Ladeluftkühlung mit 48 kW (65 PS) nach ISO; maximale Leistung 48 kW (65 PS); 4 Zylinder, 3 400 cm³ Hubraum, Abgasnorm Stufe V
Getriebe: Synchro Shuttle, 12 Vorwärts- und 12 Rückwärtsgänge (auf Wunsch 20/20 KG, 20/20 KG hydr. Powershuttle bis 39 km/h), synchronisiert, 4 Gänge im Hauptarbeitsbereich
Zapfwelle: 540/540E, Höchstdrehzahl: 634/780 min⁻¹
Hubwerk: Kat. II, Hubkraft 2 715 daN
Hydraulik: Pumpenleistung 48 + 36 l/min bei 190 bar
Gewichte & Maße: Zulässiges Gesamtgewicht 4 800 kg, Leergewicht 2 800 kg, Nutzlast 2 000 kg, Bodenfreiheit 42 cm, Wendekreis 7,5 m
Bereifung: 14.9LR20, 16.9R30
Preis: 69 887 Euro (ohne MwSt.)

Steyr 4075 Kompakt S
Allradschlepper

Motor: FPT Turbomotor mit Ladeluftkühlung mit 55 kW (75 PS) nach ISO; maximale Leistung 55 kW (75 PS); 4 Zylinder, 3 400 cm³ Hubraum, Abgasnorm Stufe V
Getriebe: Synchro Shuttle, 12 Vorwärts- und 12 Rückwärtsgänge (auf Wunsch 20/20 KG, 20/20 KG hydr. Powershuttle bis 39 km/h), synchronisiert, 4 Gänge im Hauptarbeitsbereich
Zapfwelle: 540/540E, Höchstdrehzahl: 634/780 min⁻¹
Hubwerk: Kat. II, Hubkraft 2 715 daN
Hydraulik: Pumpenleistung 48 + 36 l/min bei 190 bar
Gewichte & Maße: Zulässiges Gesamtgewicht 4 800 kg, Leergewicht 2 800 kg, Nutzlast 2 000 kg, Bodenfreiheit 42 cm, Wendekreis 7,5 m

Bereifung: 14.9LR20, 16.9R30
Preis: 71 792 Euro (ohne MwSt.)

Steyr 4080 Plus

Allradschlepper

Motor: FPT Turbomotor mit Ladeluftkühlung mit 59 kW (80 PS) nach ISO; maximale Leistung 59 kW (80 PS); 4 Zylinder, 3 600 cm^3 Hubraum, Abgasnorm Stufe V
Getriebe: Active Drive 2, 24 Vorwärts- und 24 Rückwärtsgänge (auf Wunsch 12/12 Power Shuttle, optional 40x40 Kriechgang bis 40 km/h), synchronisiert, 12 Gänge im Hauptarbeitsbereich, 2 Lastschaltstufen
Zapfwelle: 540/540E/1000, Höchstdrehzahl: 1 938/1 535/1 926 min^{-1}
Hubwerk: Kat. II, Hubkraft 4 700 daN
Hydraulik: Pumpenleistung 64 + 36 l/min bei 190 bar
Gewichte & Maße: Zulässiges Gesamtgewicht 6 500 kg, Leergewicht 4 100 kg, Bodenfreiheit 45 cm
Bereifung: 380/70R24, 480/70R34
Preis: 92 517 Euro (ohne MwSt.)

Steyr 4090 Plus

Allradschlepper

Motor: FPT Turbomotor mit Ladeluftkühlung mit 66 kW (90 PS) nach ISO; maximale Leistung 66 kW (90 PS); 4 Zylinder, 3 600 cm^3 Hubraum, Abgasnorm Stufe V
Getriebe: Active Drive 2, 24 Vorwärts- und 24 Rückwärtsgänge (auf Wunsch 12/12 Power Shuttle, optional 40x40 Kriechgang bis 40 km/h), synchronisiert, 12 Gänge im Hauptarbeitsbereich, 2 Lastschaltstufen
Zapfwelle: 540/540E/1000, Höchstdrehzahl: 1 938/1 535/1 926 min^{-1}
Hubwerk: Kat. II, Hubkraft 4 700 daN
Hydraulik: Pumpenleistung 64 + 36 l/min bei 190 bar
Gewichte & Maße: Zulässiges Gesamtgewicht 6 500 kg, Leergewicht 4 100 kg, Bodenfreiheit 45 cm
Bereifung: 380/70R24, 480/70R34
Preis: 96 177 Euro (ohne MwSt.)

Steyr 4100 Plus

Allradschlepper

Motor: FPT Turbomotor mit Ladeluftkühlung mit 74 kW (101 PS) nach ISO; maximale Leistung 74 kW (101 PS); 4 Zylinder, 3 600 cm^3 Hubraum, Abgasnorm Stufe V
Getriebe: Active Drive 2, 24 Vorwärts- und 24 Rückwärtsgänge (auf Wunsch 12/12 Power Shuttle, optional 40x40 Kriechgang bis 40 km/h), synchronisiert, 12 Gänge im Hauptarbeitsbereich, 2 Lastschaltstufen
Zapfwelle: 540/540E/1000, Höchstdrehzahl: 1 938/1 535/1 926 min^{-1}
Hubwerk: Kat. II, Hubkraft 4 700 daN
Hydraulik: Pumpenleistung 64 + 36 l/min bei 190 bar
Gewichte & Maße: Zulässiges Gesamtgewicht 6 500 kg, Leergewicht 4 100 kg, Bodenfreiheit 45 cm
Bereifung: 380/70R24, 480/70R34
Preis: 99 831 Euro (ohne MwSt.)

Steyr 4110 Expert CVT

Allradschlepper

Motor: FPT Turbomotor mit Ladeluftkühlung mit 75 kW (102 PS) nach ISO; maximale Leistung 82 kW (112 PS); 4 Zylinder, 4 485 cm^3 Hubraum, Abgasnorm Stufe V
Getriebe: CVT, stufenloses Getriebe bis 40 km/h
Zapfwelle: 540/540E/1000, Höchstdrehzahl: 603/768/1 162 min^{-1}
Hubwerk: Kat. II/III, Hubkraft 5 558 daN
Hydraulik: Pumpenleistung 110 l/min bei 200 bar
Gewichte & Maße: Zulässiges Gesamtgewicht 8 800 kg, Leergewicht 5 400 kg, Nutzlast 3 400 kg, Bodenfreiheit 46 cm, Wendekreis 6,8 m
Bereifung: 440/65R28, 540/65R38
Preis: 144 836 Euro (ohne MwSt.)

Steyr 4110 Plus

Allradschlepper

Motor: FPT Turbomotor mit Ladeluftkühlung mit 81 kW (110 PS) nach ISO; maximale Leistung 81 kW (110 PS); 4 Zylinder, 3 600 cm^3 Hubraum, Abgasnorm Stufe V
Getriebe: Active Drive 2, 24 Vorwärts- und 24 Rückwärtsgänge (auf Wunsch 12/12 Power Shuttle, optional 40x40 Kriechgang bis 40 km/h), synchronisiert, 12 Gänge im Hauptarbeitsbereich, 2 Lastschaltstufen
Zapfwelle: 540/540E/1000, Höchstdrehzahl: 1 938/1 535/1 926 min^{-1}
Hubwerk: Kat. II, Hubkraft 4 700 daN
Hydraulik: Pumpenleistung 64 + 36 l/min bei 190 bar
Gewichte & Maße: Zulässiges Gesamtgewicht 6 500 kg, Leergewicht 4 100 kg, Bodenfreiheit 45 cm

Bereifung: 380/70R24, 480/70R34
Preis: 103 485 Euro (ohne MwSt.)

Steyr 4120 Expert CVT
Allradschlepper

Motor: FPT Turbomotor mit Ladeluftkühlung mit 82 kW (112 PS) nach ISO; maximale Leistung 89 kW (121 PS); 4 Zylinder, 4 485 cm³ Hubraum, Abgasnorm Stufe V
Getriebe: CVT, stufenloses Getriebe bis 40 km/h
Zapfwelle: 540/540E/1000, Höchstdrehzahl: 603/768/1 162 min^{-1}
Hubwerk: Kat. II/III, Hubkraft 5 558 daN
Hydraulik: Pumpenleistung 110 l/min bei 200 bar
Gewichte & Maße: Zulässiges Gesamtgewicht 8 800 kg, Leergewicht 5 400 kg, Nutzlast 3 400 kg, Bodenfreiheit 46 cm, Wendekreis 6,8 m
Bereifung: 440/65R28, 540/65R38
Preis: 148 363 Euro (ohne MwSt.)

Steyr 4115 Profi CVT
Allradschlepper

Motor: FPT Turbomotor mit Ladeluftkühlung mit 85 kW (116 PS) nach ISO; maximale Leistung 92 kW (125 PS); maximale Leistung (Boost) 107 kW (146 PS); 4 Zylinder, 4 485 cm³ Hubraum, Abgasnorm Stufe V
Getriebe: CVT, stufenloses Getriebe bis 50 km/h
Zapfwelle: 540/540E/1000, Höchstdrehzahl: 603/1 037 min^{-1}
Hubwerk: Kat. II/III, Hubkraft 8 021 daN
Hydraulik: Pumpenleistung 125 l/min bei 210 bar
Gewichte & Maße: Zulässiges Gesamtgewicht 9 500 kg, Leergewicht 4 990 kg, Nutzlast 4 510 kg, Bodenfreiheit 50 cm, Wendekreis 5,8 m
Bereifung: 480/65R28, 600/65R38
Preis: 166 881 Euro (ohne MwSt.)

Steyr 4120 Plus
Allradschlepper

Motor: FPT Turbomotor mit Ladeluftkühlung mit 86 kW (117 PS) nach ISO; maximale Leistung 86 kW (117 PS); 4 Zylinder, 3 600 cm³ Hubraum, Abgasnorm Stufe V
Getriebe: Active Drive 2, 24 Vorwärts- und 24 Rückwärtsgänge (auf Wunsch 12/12 Power Shuttle, optional 40x40 Kriechgang bis 40 km/h), synchronisiert, 12 Gänge im Hauptarbeitsbereich, 2 Lastschaltstufen
Zapfwelle: 540/540E/1000, Höchstdrehzahl: 1 938/1 535/1 926 min^{-1}
Hubwerk: Kat. II, Hubkraft 4 700 daN
Hydraulik: Pumpenleistung 64 + 36 l/min bei 190 bar
Gewichte & Maße: Zulässiges Gesamtgewicht 6 500 kg, Leergewicht 4 100 kg, Bodenfreiheit 45 cm
Bereifung: 380/70R24, 480/70R34
Preis: 107 139 Euro (ohne MwSt.)

Steyr 4130 Expert CVT
Allradschlepper

Motor: FPT Turbomotor mit Ladeluftkühlung mit 89 kW (121 PS) nach ISO; maximale Leistung 97 kW (132 PS); 4 Zylinder, 4 485 cm³ Hubraum, Abgasnorm Stufe V
Getriebe: CVT, stufenloses Getriebe bis 40 km/h
Zapfwelle: 540/540E/1000, Höchstdrehzahl: 603/768/1 162 min^{-1}
Hubwerk: Kat. II/III, Hubkraft 5 558 daN
Hydraulik: Pumpenleistung 110 l/min bei 200 bar
Gewichte & Maße: Zulässiges Gesamtgewicht 8 800 kg, Leergewicht

5 400 kg, Nutzlast 3 400 kg, Bodenfreiheit 46 cm, Wendekreis 6,8 m
Bereifung: 440/65R28, 540/65R38
Preis: 153 746 Euro (ohne MwSt.)

Steyr 4125 Profi CVT

Allradschlepper

Motor: FPT Turbomotor mit Ladeluftkühlung mit 92 kW (125 PS) nach ISO; maximale Leistung 99 kW (135 PS); maximale Leistung (Boost) 114 kW (155 PS); 4 Zylinder, 4 485 cm³ Hubraum, Abgasnorm Stufe V
Getriebe: CVT, stufenloses Getriebe bis 50 km/h
Zapfwelle: 540/540E/1000, Höchstdrehzahl: 603/1 037 min^{-1}
Hubwerk: Kat. II/III, Hubkraft 8 021 daN
Hydraulik: Pumpenleistung 125 l/min bei 210 bar
Gewichte & Maße: Zulässiges Gesamtgewicht 9 500 kg, Leergewicht 4 990 kg, Nutzlast 4 510 kg, Bodenfreiheit 50 cm, Wendekreis 5,8 m
Bereifung: 480/65R28, 600/65R38
Preis: 171 695 Euro (ohne MwSt.)

Steyr 4125 Profi Classic

Allradschlepper

Motor: FPT Turbomotor mit Ladeluftkühlung mit 92 kW (125 PS) nach ISO; maximale Leistung 99 kW (135 PS); maximale Leistung (Boost) 114 kW (155 PS); 4 Zylinder, 4 485 cm³ Hubraum, Abgasnorm Stufe V
Getriebe: S-Control 4, 32 Vorwärts- und 32 Rückwärtsgänge (auf Wunsch 16/16, 17/16, 32/32 KG bis 40 km/h), synchronisiert, 8 Gänge im Hauptarbeitsbereich, 4 Lastschaltstufen
Zapfwelle: 540/540E/1000, Höchstdrehzahl: 603/1 037 min^{-1}
Hubwerk: Kat. II/IIIN, Hubkraft 8 021 daN
Hydraulik: Pumpenleistung 80; 113 l/min bei 170 bar
Gewichte & Maße: Zulässiges Gesamtgewicht 9 500 kg, Leergewicht 4 820 kg, Nutzlast 4 680 kg, Bodenfreiheit 50 cm, Wendekreis 5,8 m

Bereifung: 480/65R28, 600/65R38
Preis: 137 459 Euro (ohne MwSt.)

Steyr 4125 Profi

Allradschlepper

Motor: FPT Turbomotor mit Ladeluftkühlung mit 92 kW (125 PS) nach ISO; maximale Leistung 99 kW (135 PS); maximale Leistung (Boost) 114 kW (155 PS); 4 Zylinder, 4 485 cm³ Hubraum, Abgasnorm Stufe V
Getriebe: S-Control 8, 24 Vorwärts- und 24 Rückwärtsgänge (auf Wunsch 24/24, 48/48 KG bis 40 km/h), synchronisiert, 11 Gänge im Hauptarbeitsbereich, 8 Lastschaltstufen
Zapfwelle: 540/540E/1000, Höchstdrehzahl: 603/1 037 min^{-1}
Hubwerk: Kat. II/IIIN, Hubkraft 8 021 daN
Hydraulik: Pumpenleistung 113 l/min bei 210 bar
Gewichte & Maße: Zulässiges Gesamtgewicht 9 500 kg, Leergewicht 4 820 kg, Nutzlast 4 680 kg, Bodenfreiheit 50 cm, Wendekreis 5,8 m
Bereifung: 480/65R28, 600/65R38
Preis: 155 012 Euro (ohne MwSt.)

Steyr 4140 Expert CVT

Allradschlepper

Motor: FPT Turbomotor mit Ladeluftkühlung mit 97 kW (132 PS) nach ISO; maximale Leistung 104 kW (141 PS); 4 Zylinder, 4 485 cm³ Hubraum, Abgasnorm Stufe V
Getriebe: CVT, stufenloses Getriebe bis 40 km/h
Zapfwelle: 540/540E/1000, Höchstdrehzahl: 603/768/1 162 min^{-1}
Hubwerk: Kat. II/III, Hubkraft 5 558 daN

Hydraulik: Pumpenleistung 110 l/min bei 200 bar
Gewichte & Maße: Zulässiges Gesamtgewicht 8 800 kg, Leergewicht 5 400 kg, Nutzlast 3 400 kg, Bodenfreiheit 46 cm, Wendekreis 6,8 m
Bereifung: 440/65R28, 540/65R38
Preis: 158 263 Euro (ohne MwSt.)

Steyr 4135 Profi
Allradschlepper

Motor: FPT Turbomotor mit Ladeluftkühlung mit 99 kW (135 PS) nach ISO; maximale Leistung 107 kW (146 PS); maximale Leistung (Boost) 124 kW (169 PS); 4 Zylinder, 4 485 cm^3 Hubraum, Abgasnorm Stufe V
Getriebe: S-Control 8, 24 Vorwärts- und 24 Rückwärtsgänge (auf Wunsch 24/24, 48/48 KG bis 40 km/h), synchronisiert, 11 Gänge im Hauptarbeitsbereich, 8 Lastschaltstufen
Zapfwelle: 540/540E/1000, Höchstdrehzahl: 603/1 037 min^{-1}
Hubwerk: Kat. II/IIIN, Hubkraft 8 021 daN
Hydraulik: Pumpenleistung 113 l/min bei 210 bar
Gewichte & Maße: Zulässiges Gesamtgewicht 9 500 kg, Leergewicht 4 820 kg, Nutzlast 4 680 kg, Bodenfreiheit 50 cm, Wendekreis 5,8 m
Bereifung: 480/65R28, 600/65R38
Preis: 159 744 Euro (ohne MwSt.)

Steyr 4135 Profi CVT
Allradschlepper

Motor: FPT Turbomotor mit Ladeluftkühlung mit 99 kW (135 PS) nach ISO; maximale Leistung 107 kW (146 PS); maximale Leistung (Boost) 124 kW (169 PS); 4 Zylinder, 4 485 cm^3 Hubraum, Abgasnorm Stufe V
Getriebe: CVT, stufenloses Getriebe bis 50 km/h
Zapfwelle: 540/540E/1000, Höchstdrehzahl: 603/1 037 min^{-1}
Hubwerk: Kat. II/III, Hubkraft 8 021 daN
Hydraulik: Pumpenleistung 125 l/min bei 210 bar
Gewichte & Maße: Zulässiges Gesamtgewicht 9 500 kg, Leergewicht 4 990 kg, Nutzlast 4 510 kg, Bodenfreiheit 50 cm, Wendekreis 5,8 m
Bereifung: 480/65R28, 600/65R38
Preis: 176 568 Euro (ohne MwSt.)

Steyr 6150 Profi
Allradschlepper

Motor: FPT Turbomotor mit Ladeluftkühlung mit 107 kW (146 PS) nach ISO; maximale Leistung 114 kW (155 PS); maximale Leistung (Boost) 129 kW (175 PS); 6 Zylinder, 6 728 cm^3 Hubraum, Abgasnorm Stufe V
Getriebe: S-Control 8, 24 Vorwärts- und 24 Rückwärtsgänge (auf Wunsch 24/24, 48/48 KG bis 40 km/h), synchronisiert, 11 Gänge im Hauptarbeitsbereich, 8 Lastschaltstufen
Zapfwelle: 540/540E/1 000
Hubwerk: Kat. II/IIIN, Hubkraft 8 021 daN
Hydraulik: Pumpenleistung 113 l/min bei 210 bar
Gewichte & Maße: Zulässiges Gesamtgewicht 9 500 kg, Leergewicht 4 820 kg, Nutzlast 4 680 kg, Bodenfreiheit 50 cm, Wendekreis 5,8 m
Bereifung: 480/65R28, 600/65R38
Preis: 168 161 Euro (ohne MwSt.)

Steyr 6150 Profi CVT
Allradschlepper

Motor: FPT Turbomotor mit Ladeluftkühlung mit 107 kW (146 PS) nach ISO; maximale Leistung 114 kW (155 PS); maximale Leistung (Boost) 129 kW (175 PS); 6 Zylinder, 6 728 cm³ Hubraum, Abgasnorm Stufe V
Getriebe: CVT, stufenloses Getriebe bis 50 km/h
Zapfwelle: 540/540E/1000, Höchstdrehzahl: 603/1 037 min⁻¹
Hubwerk: Kat. II/III, Hubkraft 8 021 daN
Hydraulik: Pumpenleistung 125 l/min bei 210 bar
Gewichte & Maße: Zulässiges Gesamtgewicht 9 500 kg, Leergewicht 4 990 kg, Nutzlast 4 510 kg, Bodenfreiheit 50 cm, Wendekreis 5,8 m
Bereifung: 480/65R28, 600/65R38
Preis: 185 134 Euro (ohne MwSt.)

Steyr 6150 Profi Classic
Allradschlepper

Motor: FPT Turbomotor mit Ladeluftkühlung mit 107 kW (146 PS) nach ISO; maximale Leistung 116 kW (158 PS); maximale Leistung (Boost) 129 kW (175 PS); 6 Zylinder, 6 728 cm³ Hubraum, Abgasnorm Stufe V
Getriebe: S-Control 4, 32 Vorwärts- und 32 Rückwärtsgänge (auf Wunsch 16/16, 17/16, 32/32 KG bis 40 km/h), synchronisiert, 8 Gänge im Hauptarbeitsbereich, 4 Lastschaltstufen
Zapfwelle: 540/540E/1000, Höchstdrehzahl: 603/1 037 min⁻¹
Hubwerk: Kat. II/IIIN, Hubkraft 8 021 daN
Hydraulik: Pumpenleistung 80; 113 l/min bei 170 bar
Gewichte & Maße: Zulässiges Gesamtgewicht 9 500 kg, Leergewicht 4 820 kg, Nutzlast 4 680 kg, Bodenfreiheit 50 cm, Wendekreis 5,8 m
Bereifung: 480/65R28, 600/65R38
Preis: 151 572 Euro (ohne MwSt.)

Steyr 4145 Profi
Allradschlepper

Motor: FPT Turbomotor mit Ladeluftkühlung mit 107 kW (146 PS) nach ISO; maximale Leistung 114 kW (155 PS); maximale Leistung (Boost) 129 kW (175 PS); 4 Zylinder, 4 485 cm³ Hubraum, Abgasnorm Stufe IV
Getriebe: S-Control 8, 24 Vorwärts- und 24 Rückwärtsgänge (auf Wunsch

24/24, 48/48 KG bis 40 km/h), synchronisiert, 11 Gänge im Hauptarbeitsbereich, 8 Lastschaltstufen
Zapfwelle: 540/540E/1 000
Hubwerk: Kat. II/IIIN, Hubkraft 8 021 daN
Hydraulik: Pumpenleistung 113 l/min bei 210 bar
Gewichte & Maße: Zulässiges Gesamtgewicht 9 500 kg, Leergewicht 4 820 kg, Nutzlast 4 680 kg, Bodenfreiheit 50 cm, Wendekreis 5,8 m
Bereifung: 480/65R28, 600/65R38
Preis: 162 859 Euro (ohne MwSt.)

Steyr 4145 Profi CVT

Allradschlepper

Motor: FPT Turbomotor mit Ladeluftkühlung mit 107 kW (146 PS) nach ISO; maximale Leistung 114 kW (155 PS); maximale Leistung (Boost) 129 kW (175 PS); 4 Zylinder, 4 485 cm³ Hubraum, Abgasnorm Stufe V
Getriebe: CVT, stufenloses Getriebe bis 50 km/h
Zapfwelle: 540/540E/1000, Höchstdrehzahl: 603/1 037 min^{-1}
Hubwerk: Kat. II/III, Hubkraft 8 021 daN
Hydraulik: Pumpenleistung 125 l/min bei 210 bar
Gewichte & Maße: Zulässiges Gesamtgewicht 9 500 kg, Leergewicht 4 990 kg, Nutzlast 4 510 kg, Bodenfreiheit 50 cm, Wendekreis 5,8 m
Bereifung: 480/65R28, 600/65R38
Preis: 180 871 Euro (ohne MwSt.)

Steyr 6170 Impuls CVT

Allradschlepper

Motor: FPT Turbomotor mit Ladeluftkühlung mit 114 kW (155 PS) nach ISO; maximale Leistung 125 kW (170 PS); maximale Leistung (Boost) 140 kW (190 PS); 6 Zylinder, 6 728 cm³ Hubraum, Abgasnorm Stufe V
Getriebe: CVT, stufenloses Getriebe bis 50 km/h
Zapfwelle: 540/540E/1000, Höchstdrehzahl: 625/754/1 141 min^{-1}
Hubwerk: Kat. II/III, Hubkraft 8 379 daN
Hydraulik: Pumpenleistung 170 l/min bei 210 bar
Gewichte & Maße: Zulässiges Gesamtgewicht 13 500 kg, Leergewicht 7 600 kg, Nutzlast 5 900 kg, Bodenfreiheit 56 cm, Wendekreis 11,4 m
Bereifung: 540/65R28, 650/65R38
Preis: Ende 2025 Euro (ohne MwSt.)

Steyr 6180 Impuls CVT

Allradschlepper

Motor: FPT Turbomotor mit Ladeluftkühlung mit 121 kW (165 PS) nach ISO; maximale Leistung 132 kW (180 PS); maximale Leistung (Boost) 155 kW (211 PS); 6 Zylinder, 6 728 cm³ Hubraum, Abgasnorm Stufe V
Getriebe: CVT, stufenloses Getriebe bis 50 km/h
Zapfwelle: 540/540E/1000, Höchstdrehzahl: 625/754/1 141 min^{-1}
Hubwerk: Kat. II/III, Hubkraft 8 379 daN
Hydraulik: Pumpenleistung 170 l/min bei 210 bar

Gewichte & Maße: Zulässiges Gesamtgewicht 13 500 kg, Leergewicht 7 600 kg, Nutzlast 5 900 kg, Bodenfreiheit 56 cm, Wendekreis 11,4 m
Bereifung: 540/65R28, 650/65R38
Preis: Ende 2 025 Euro (ohne Mehrwertsteuer)

Steyr 6165 Impuls CVT

Allradschlepper

Motor: FPT Turbomotor mit Ladeluftkühlung mit 121 kW (165 PS) nach ISO; maximale Leistung 132 kW (180 PS); maximale Leistung (Boost) 154 kW (209 PS); 6 Zylinder, 6 728 cm³ Hubraum, Abgasnorm Stufe V
Getriebe: CVT, stufenloses Getriebe bis 50 km/h
Zapfwelle: 540/540E/1000, Höchstdrehzahl: 604/705/1 124 min⁻¹
Hubwerk: Kat. II/III, Hubkraft 8 012 daN
Hydraulik: Pumpenleistung 147; 166 l/min bei 210 bar
Gewichte & Maße: Zulässiges Gesamtgewicht 11 500 kg, Leergewicht 6 000 kg, Nutzlast 5 500 kg, Bodenfreiheit 50 cm
Bereifung: 540/65R28, 650/65R38
Preis: 211 406 Euro (ohne Mehrwertsteuer)

Steyr 6200 Absolut CVT

Allradschlepper

Motor: FPT Turbomotor mit Ladeluftkühlung mit 132 kW (180 PS) nach ISO; maximale Leistung 147 kW (200 PS); maximale Leistung (Boost) 165 kW (224 PS); 6 Zylinder, 6 728 cm³ Hubraum, Abgasnorm Stufe V
Getriebe: CVT, stufenloses Getriebe bis 50 km/h
Zapfwelle: 540/540E/1 000/1 000E, Höchstdrehzahl: 646/757/1 162/1 363 min⁻¹
Hubwerk: Kat. II/III, Hubkraft 10 672 daN
Hydraulik: Pumpenleistung 150; 170 l/min bei 215 bar
Gewichte & Maße: Zulässiges Gesamtgewicht 14 400 kg, Leergewicht 7 300 kg, Nutzlast 5 700 kg, Bodenfreiheit 50 cm
Bereifung: 540/65R30, 650/65R42
Preis: 288 243 Euro (ohne Mehrwertsteuer)

Steyr 6175 Impuls CVT

Allradschlepper

Motor: FPT Turbomotor mit Ladeluftkühlung mit 132 kW (180 PS) nach ISO; maximale Leistung 147 kW (200 PS);

maximale Leistung (Boost) 165 kW (224 PS); 6 Zylinder, 6728 cm³ Hubraum, Abgasnorm Stufe V
Getriebe: CVT, stufenloses Getriebe bis 50 km/h
Zapfwelle: 540/540E/1000, Höchstdrehzahl: 604/705/1124 min⁻¹
Hubwerk: Kat. II/III, Hubkraft 8012 daN
Hydraulik: Pumpenleistung 147; 166 l/min bei 210 bar
Gewichte & Maße: Zulässiges Gesamtgewicht 11500 kg, Leergewicht 6000 kg, Nutzlast 5500 kg, Bodenfreiheit 50 cm
Bereifung: 540/65R28, 650/65R38
Preis: 219119 Euro (ohne Mehrwertsteuer)

Steyr 6200 Impuls CVT

Allradschlepper

Motor: FPT Turbomotor mit Ladeluftkühlung mit 136 kW (185 PS) nach ISO; maximale Leistung 147 kW (200 PS); maximale Leistung (Boost) 166 kW (226 PS); 6 Zylinder, 6728 cm³ Hubraum, Abgasnorm Stufe V
Getriebe: CVT, stufenloses Getriebe bis 50 km/h
Zapfwelle: 540/540E/1000, Höchstdrehzahl: 625/754/1141 min⁻¹
Hubwerk: Kat. II/III, Hubkraft 8379 daN
Hydraulik: Pumpenleistung 170 l/min bei 210 bar
Gewichte & Maße: Zulässiges Gesamtgewicht 13500 kg, Leergewicht 7600 kg, Nutzlast 5900 kg, Bodenfreiheit 56 cm, Wendekreis 11,4 m
Bereifung: 540/65R28, 650/65R38
Preis: Ende 2025 Euro (ohne Mehrwertsteuer)

Steyr 6220 Absolut CVT

Allradschlepper

Motor: FPT Turbomotor mit Ladeluftkühlung mit 147 kW (200 PS) nach ISO; maximale Leistung 162 kW (220 PS); maximale Leistung (Boost) 180 kW (245 PS); 6 Zylinder, 6728 cm³ Hubraum, Abgasnorm Stufe V
Getriebe: CVT, stufenloses Getriebe bis 50 km/h
Zapfwelle: 540/540E/1000/1000E, Höchstdrehzahl: 646/757/1162/1363 min⁻¹
Hubwerk: Kat. II/III, Hubkraft 10672 daN
Hydraulik: Pumpenleistung 150; 170 l/min bei 215 bar
Gewichte & Maße: Zulässiges Gesamtgewicht 14400 kg, Leergewicht 7300 kg, Nutzlast 5700 kg, Bodenfreiheit 50 cm
Bereifung: 540/65R30, 650/65R42
Preis: 295078 Euro (ohne Mehrwertsteuer)

Steyr 6240 Absolut CVT

Allradschlepper

Motor: FPT Turbomotor mit Ladeluftkühlung mit 162 kW (220 PS) nach ISO; maximale Leistung 177 kW (241 PS); maximale Leistung (Boost) 192 kW (261 PS); 6 Zylinder, 6728 cm³ Hubraum, Abgasnorm Stufe V
Getriebe: CVT, stufenloses Getriebe bis 50 km/h
Zapfwelle: 540/540E/1000/1000E, Höchstdrehzahl: 646/757/1162/1363 min⁻¹
Hubwerk: Kat. II/III, Hubkraft 10672 daN
Hydraulik: Pumpenleistung 150; 170 l/min bei 215 bar
Gewichte & Maße: Zulässiges Gesamtgewicht 15000 kg, Leergewicht 7300 kg, Nutzlast 5700 kg, Bodenfreiheit 50 cm, Wendekreis 10,9 m
Bereifung: 540/65R30, 650/65R42
Preis: 304176 Euro (ohne Mehrwertsteuer)

Steyr 6260 Absolut CVT

Allradschlepper

Motor: FPT Turbomotor mit Ladeluftkühlung mit 177 kW (241 PS) nach ISO; maximale Leistung 192 kW (261 PS); maximale Leistung (Boost) 199 kW (271 PS); 6 Zylinder, 6 728 cm³ Hubraum, Abgasnorm Stufe V
Getriebe: CVT, stufenloses Getriebe bis 50 km/h
Zapfwelle: 540/540E/1 000/1 000E, Höchstdrehzahl: 646/757/1 162/1 363 min⁻¹
Hubwerk: Kat. II/III, Hubkraft 10 672 daN
Hydraulik: Pumpenleistung 150; 170 l/min bei 215 bar
Gewichte & Maße: Zulässiges Gesamtgewicht 15 000 kg, Leergewicht 7 300 kg, Nutzlast 5 700 kg, Bodenfreiheit 50 cm
Bereifung: 540/65R30, 650/65R42
Preis: 313 705 Euro (ohne Mehrwertsteuer)

Steyr 6280 Absolut CVT

Allradschlepper

Motor: FPT Turbomotor mit Ladeluftkühlung mit 191 kW (260 PS) nach ISO; maximale Leistung 205 kW (279 PS); maximale Leistung (Boost) 222 kW (302 PS); 6 Zylinder, 6 728 cm³ Hubraum, Abgasnorm Stufe V
Getriebe: CVT, stufenloses Getriebe bis 50 km/h
Zapfwelle: 540/540E/1 000/1 000E, Höchstdrehzahl: 646/757/1 162/1 363 min⁻¹
Hubwerk: Kat. II/III, Hubkraft 10 672 daN
Hydraulik: Pumpenleistung 150; 170 l/min bei 215 bar
Gewichte & Maße: Zulässiges Gesamtgewicht 15 000 kg, Leergewicht 7 300 kg, Nutzlast 6 700 kg, Bodenfreiheit 50 cm
Bereifung: 540/65R30, 650/65R42
Preis: 338 351 Euro (ohne Mehrwertsteuer)

Steyr 6290 Terrus CVT

Allradschlepper

Motor: FPT Turbomotor mit Ladeluftkühlung mit 199 kW (271 PS) nach ISO; maximale Leistung 212 kW (288 PS); 6 Zylinder, 6 728 cm³ Hubraum, Abgasnorm Stufe V
Getriebe: CVT, stufenloses Getriebe bis 53 km/h
Zapfwelle: 540/540E/1 000/1 000E, Höchstdrehzahl: 587/709/1 098/1 327 min⁻¹
Hubwerk: Kat. II/III, Hubkraft 12 273 daN
Hydraulik: Pumpenleistung 165; 223 l/min bei 215 bar
Gewichte & Maße: Zulässiges Gesamtgewicht 17 200 kg, Leergewicht 10 500 kg, Nutzlast 5 500 kg
Bereifung: 650/60R34, 710/75R42
Preis: 367 019 Euro (ohne Mehrwertsteuer)

Steyr 6315 Terrus CVT

Allradschlepper

Motor: FPT Turbomotor mit Ladeluftkühlung mit 221 kW (301 PS) nach ISO; maximale Leistung 230 kW (313 PS); 6 Zylinder, 6 728 cm³ Hubraum, Abgasnorm Stufe V
Getriebe: CVT, stufenloses Getriebe bis 53 km/h
Zapfwelle: 540/540E/1 000/1 000E, Höchstdrehzahl: 587/709/1 098/1 327 min⁻¹
Hubwerk: Kat. II/III, Hubkraft 12 273 daN
Hydraulik: Pumpenleistung 165; 223 l/min bei 215 bar
Gewichte & Maße: Zulässiges Gesamtgewicht 17 200 kg, Leergewicht 10 500 kg, Nutzlast 5 500 kg
Bereifung: 650/60R34, 710/75R42
Preis: 385 212 Euro (ohne Mehrwertsteuer)

Steyr 6340 Terrus CVT

Allradschlepper

Motor: FPT Turbomotor mit Ladeluftkühlung mit 250 kW (340 PS) nach ISO; maximale Leistung 250 kW (340 PS); 6 Zylinder, 6 728 cm³ Hubraum, Abgasnorm Stufe V
Getriebe: CVT, stufenloses Getriebe bis 53 km/h
Zapfwelle: 540/540E/1 000/1 000E, Höchstdrehzahl: 587/709/1 098/1 327 min⁻¹
Hubwerk: Kat. II/III, Hubkraft 12 273 daN
Hydraulik: Pumpenleistung 165; 223 l/min bei 215 bar
Gewichte & Maße: Zulässiges Gesamtgewicht 17 200 kg, Leergewicht 10 500 kg, Nutzlast 5 500 kg
Bereifung: 650/60R34, 710/75R42
Preis: 406 121 Euro (ohne Mehrwertsteuer)

Valtra

Als Traktorenhersteller ist Valtra seit 1951 bekannt. Doch die Wurzeln des Unternehmens reichen in das Jahr 1832 zurück, als Theofron Munktell eine Werkstatt im schwedischen Eskilstuna gründete. Während des Zweiten Weltkriegs produzierte die Fabrik Gewehre, Minen und Flugzeugmotoren. Nach dem Krieg begann Valtion Tykkitehtaat mit der Entwicklung eines Traktors für die Landwirtschaft.
Im Jahre 1951 wurde der Name VALtion METallitehtaat in Valmet Corporation umbenannt. Der erste Prototyp eines serienproduzierten Valmet Traktors war geboren. 1957 wurde der Valmet 33 D mit 37 PS vorgestellt. 1969 wurde der turboaufgeladene 115 PS starke Allradschlepper Valmet 1100 eingeführt. 1979 beschlossen Valmet und der schwedische Traktorenhersteller Volvo BM, zusammenzuarbeiten. 1982 kam die erste gemeinsam konzipierte Traktorenserie Volvo BM Valmet 05 auf den Markt.
1994 wurde die Valmet-Traktorenfabrik vom Sisu-Konzern übernommen. Drei Jahre später wurde Sisu wiederum mit der Partek-Gruppe verschmolzen, und Sisu-Tractors wurde umbenannt in Valtra Oy. Heute ist Valtra Marktführer in den skandinavischen Ländern und gehört seit Herbst 2003 zur Agco Corporation.
Die Valtra-Fertigung befindet sich in Suolahti, in der Zentralregion Finnlands. Der Fabrikkomplex wurde 2023 umfangreich modernisiert. Er umfasst Montageanlagen und Getriebewerke, ein Technikzentrum, das Valtra Unlimited Studio, ein Ersatzteil- und Wartungszentrum sowie das Atrium-Kundendienstzentrum.

Weitere Informationen erhalten Sie von:

Agco Deutschland GmbH
Geschäftsbereich Valtra
Johann-Georg-Fendt-Straße 14
87616 Marktoberdorf
Telefon: 0 83 42/7 78-100
www.valtra.de

Valtra A75 HiTech

Allradschlepper

Motor: Agco Power Turbomotor mit Ladeluftkühlung mit 56 kW (76 PS) nach ISO; maximale Leistung 56 kW (76 PS); 3 Zylinder, 3 300 cm^3 Hubraum, Abgasnorm Stufe V
Getriebe: T 300, 12 Vorwärts- und 12 Rückwärtsgänge (auf Wunsch bis 40 km/h), synchronisiert, 6 Gänge im Hauptarbeitsbereich
Zapfwelle: 540/540E
Hubwerk: Kat. II, Hubkraft 3 000 daN
Hydraulik: Pumpenleistung 65 l/min bei 205 bar
Gewichte & Maße: Zulässiges Gesamtgewicht 6 200 kg, Leergewicht 3 500 kg, Nutzlast 2 700 kg, Bodenfreiheit 45 cm, Wendekreis 7,4 m
Bereifung: 13.6R24, 420/85R34
Preis: 75 379 Euro (ohne Mehrwertsteuer)

Valtra A85 HiTech

Allradschlepper

Motor: Agco Power Turbomotor mit Ladeluftkühlung mit 63 kW (86 PS) nach ISO; maximale Leistung 63 kW (86 PS); 3 Zylinder, 3 300 cm^3 Hubraum, Abgasnorm Stufe V
Getriebe: T 300, 12 Vorwärts- und 12 Rückwärtsgänge (auf Wunsch bis 40 km/h), synchronisiert, 6 Gänge im Hauptarbeitsbereich
Zapfwelle: 540/540E
Hubwerk: Kat. II, Hubkraft 3 000 daN
Hydraulik: Pumpenleistung 65 l/min bei 205 bar
Gewichte & Maße: Zulässiges Gesamtgewicht 6 200 kg, Leergewicht 3 500 kg, Nutzlast 2 700 kg, Bodenfreiheit 45 cm, Wendekreis 7,4 m
Bereifung: 13.6R24, 420/85R34
Preis: 78 439 Euro (ohne Mehrwertsteuer)

Valtra A95 HiTech

Allradschlepper

Motor: Agco Power Turbomotor mit Ladeluftkühlung mit 70 kW (95 PS) nach ISO; maximale Leistung 70 kW (95 PS); 3 Zylinder, 4 400 cm^3 Hubraum, Abgasnorm Stufe V
Getriebe: T 300, 12 Vorwärts- und 12 Rückwärtsgänge (auf Wunsch bis 40 km/h), synchronisiert, 6 Gänge im Hauptarbeitsbereich
Zapfwelle: 540/540E
Hubwerk: Kat. II, Hubkraft 3 000 daN
Hydraulik: Pumpenleistung 65 l/min bei 205 bar
Gewichte & Maße: Zulässiges Gesamtgewicht 6 200 kg, Leergewicht 4 000 kg, Nutzlast 2 200 kg, Bodenfreiheit 45 cm, Wendekreis 7,4 m
Bereifung: 13.6R24, 420/85R34
Preis: 81 499 Euro (ohne Mehrwertsteuer)

Valtra G105 Versu

Allradschlepper

Motor: Agco Power Turbomotor mit Ladeluftkühlung mit 78 kW (106 PS) nach ISO; maximale Leistung 78 kW (106 PS); maximale Leistung (Boost) 82 kW (112 PS); 4 Zylinder, 4 400 cm^3 Hubraum, Abgasnorm Stufe V
Getriebe: GPA 54, 24 Vorwärts- und 24 Rückwärtsgänge (auf Wunsch bis 40 km/h), synchronisiert, 8 Gänge im Hauptarbeitsbereich, 6 Lastschaltstufen
Zapfwelle: 540/540E/1 000
Hubwerk: Kat. III, Hubkraft 5 075 daN
Hydraulik: Pumpenleistung 110 l/min bei 205 bar
Gewichte & Maße: Zulässiges Gesamtgewicht 9 500 kg, Leergewicht 5 140 kg, Nutzlast 4 360 kg, Bodenfreiheit 45 cm, Wendekreis 8,6 m
Bereifung: 440/65R28, 540/65R38
Preis: 130 342 Euro (ohne Mehrwertsteuer)

Valtra G105 SmartTouch CVT

Allradschlepper

Motor: Agco Power Turbomotor mit Ladeluftkühlung mit 78 kW (106 PS)

nach ISO; maximale Leistung 78 kW (106 PS); maximale Leistung (Boost) 82 kW (112 PS); 4 Zylinder, 4 400 cm^3 Hubraum, Abgasnorm Stufe V
Getriebe: ML 75, stufenlos bis 40 km/h
Zapfwelle: 540/540E/1 000
Hubwerk: Kat. III, Hubkraft 5 075 daN
Hydraulik: Pumpenleistung 110 l/min bei 205 bar
Gewichte & Maße: Zulässiges Gesamtgewicht 9 500 kg, Leergewicht 5 140 kg, Nutzlast 4 360 kg, Bodenfreiheit 45 cm, Wendekreis 8,6 m
Bereifung: 440/65R28, 540/65R38
Preis: keine Angabe

Valtra G105 Active CVT

Allradschlepper

Motor: Agco Power Turbomotor mit Ladeluftkühlung mit 78 kW (106 PS) nach ISO; maximale Leistung 78 kW (106 PS); maximale Leistung (Boost) 82 kW (112 PS); 4 Zylinder, 4 400 cm^3 Hubraum, Abgasnorm Stufe V
Getriebe: ML 75, stufenloses Getriebe bis 40 km/h
Zapfwelle: 540/540E/1 000
Hubwerk: Kat. III, Hubkraft 5 075 daN
Hydraulik: Pumpenleistung 110 l/min bei 205 bar
Gewichte & Maße: Zulässiges Gesamtgewicht 9 500 kg, Leergewicht 5 140 kg, Nutzlast 4 360 kg, Bodenfreiheit 45 cm, Wendekreis 8,6 m

Bereifung: 440/65R28, 540/65R38
Preis: keine Angabe

Valtra G105 HiTech

Allradschlepper

Motor: Agco Power Turbomotor mit Ladeluftkühlung mit 78 kW (106 PS) nach ISO; maximale Leistung 78 kW (106 PS); maximale Leistung (Boost) 82 kW (112 PS); 4 Zylinder, 4 400 cm^3 Hubraum, Abgasnorm Stufe V
Getriebe: GPA 54, 24 Vorwärts- und 24 Rückwärtsgänge (auf Wunsch bis 40 km/h), synchronisiert, 8 Gänge im Hauptarbeitsbereich, 6 Lastschaltstufen
Zapfwelle: 540/540E/1 000
Hubwerk: Kat. III, Hubkraft 5 075 daN
Hydraulik: Pumpenleistung 100 l/min bei 205 bar
Gewichte & Maße: Zulässiges Gesamtgewicht 9 500 kg, Leergewicht 5 140 kg, Nutzlast 4 360 kg, Bodenfreiheit 45 cm, Wendekreis 8,6 m
Bereifung: 440/65R28, 540/65R38
Preis: 122 274 Euro (ohne MwSt.)

Valtra A105 HiTech 4

Allradschlepper

Motor: Agco Power Turbomotor mit Ladeluftkühlung mit 78 kW (106 PS) nach ISO; maximale Leistung 78 kW (106 PS); 4 Zylinder, 4 400 cm^3 Hubraum, Abgasnorm Stufe V
Getriebe: T 300, 16 Vorwärts- und 16 Rückwärtsgänge (auf Wunsch bis 40 km/h), synchronisiert, 8 Gänge im Hauptarbeitsbereich, 4 Lastschaltstufen
Zapfwelle: 540/540E

Hubwerk: Kat. II, Hubkraft 4 300 daN
Hydraulik: Pumpenleistung 98 l/min bei 205 bar
Gewichte & Maße: Zulässiges Gesamtgewicht 8 500 kg, Leergewicht 4 000 kg, Nutzlast 4 500 kg, Bodenfreiheit 45 cm, Wendekreis 8 m
Bereifung: 13.6R24, 420/85R34
Preis: 89 678 Euro (ohne MwSt.)

Valtra G105 Active

Allradschlepper

Motor: Agco Power Turbomotor mit Ladeluftkühlung mit 78 kW (106 PS) nach ISO; maximale Leistung 78 kW (106 PS); maximale Leistung (Boost) 82 kW (112 PS); 4 Zylinder, 4 400 cm^3 Hubraum, Abgasnorm Stufe V
Getriebe: GPA 54, 24 Vorwärts- und 24 Rückwärtsgänge (auf Wunsch bis 40 km/h), synchronisiert, 8 Gänge im Hauptarbeitsbereich, 6 Lastschaltstufen
Zapfwelle: 540/540E/1 000
Hubwerk: Kat. III, Hubkraft 5 075 daN
Hydraulik: Pumpenleistung 110 l/min bei 205 bar
Gewichte & Maße: Zulässiges Gesamtgewicht 9 500 kg, Leergewicht 5 140 kg, Nutzlast 4 360 kg, Bodenfreiheit 45 cm, Wendekreis 8,6 m
Bereifung: 440/65R28, 540/65R38
Preis: 124 520,55 Euro (ohne MwSt.)

Valtra G115 Versu

Allradschlepper

Motor: Agco Power Turbomotor mit Ladeluftkühlung mit 85 kW (116 PS) nach ISO; maximale Leistung 85 kW (116 PS); maximale Leistung (Boost) 90 kW (122 PS); 4 Zylinder, 4 400 cm^3 Hubraum, Abgasnorm Stufe V
Getriebe: GPA 54, 24 Vorwärts- und 24 Rückwärtsgänge (auf Wunsch bis 40 km/h), synchronisiert, 8 Gänge im Hauptarbeitsbereich, 6 Lastschaltstufen
Zapfwelle: 540/540E/1 000
Hubwerk: Kat. III, Hubkraft 5 075 daN
Hydraulik: Pumpenleistung 110 l/min bei 205 bar
Gewichte & Maße: Zulässiges Gesamtgewicht 9 500 kg, Leergewicht 5 140 kg, Nutzlast 4 360 kg, Bodenfreiheit 45 cm, Wendekreis 8,6 m
Bereifung: 440/65R28, 540/65R38
Preis: 133 219 Euro (ohne MwSt.)

Valtra G115 Active CVT

Allradschlepper

Motor: Agco Power Turbomotor mit Ladeluftkühlung mit 85 kW (116 PS) nach ISO; maximale Leistung 85 kW (116 PS); maximale Leistung (Boost) 90 kW (122 PS); 4 Zylinder, 4 400 cm^3 Hubraum, Abgasnorm Stufe V
Getriebe: ML 75, stufenlos bis 40 km/h
Zapfwelle: 540/540E/1 000
Hubwerk: Kat. III, Hubkraft 5 075 daN
Hydraulik: Pumpenleistung 110 l/min bei 205 bar
Gewichte & Maße: Zulässiges Gesamtgewicht 9 500 kg, Leergewicht 5 140 kg, Nutzlast 4 360 kg, Bodenfreiheit 45 cm, Wendekreis 8,6 m
Bereifung: 440/65R28, 540/65R38
Preis: keine Angabe

Valtra G115 SmartTouch CVT

Allradschlepper

Motor: Agco Power Turbomotor mit Ladeluftkühlung mit 85 kW (116 PS) nach ISO; maximale Leistung 85 kW (116 PS); maximale Leistung (Boost) 90 kW (122 PS); 4 Zylinder, 4 400 cm^3 Hubraum, Abgasnorm Stufe V
Getriebe: ML 75, stufenlos bis 40 km/h
Zapfwelle: 540/540E/1 000
Hubwerk: Kat. III, Hubkraft 5 075 daN
Hydraulik: Pumpenleistung 110 l/min bei 205 bar
Gewichte & Maße: Zulässiges Gesamtgewicht 9 500 kg, Leergewicht 5 140 kg, Nutzlast 4 360 kg, Bodenfreiheit 45 cm, Wendekreis 8,6 m
Bereifung: 440/65R28, 540/65R38
Preis: keine Angabe

Valtra G115 Active

Allradschlepper

Motor: Agco Power Turbomotor mit Ladeluftkühlung mit 85 kW (116 PS) nach ISO; maximale Leistung 85 kW (116 PS); maximale Leistung (Boost)

90 kW (122 PS); 4 Zylinder, 4 400 cm³ Hubraum, Abgasnorm Stufe V
Getriebe: GPA 54, 24 Vorwärts- und 24 Rückwärtsgänge (auf Wunsch bis 40 km/h), synchronisiert, 8 Gänge im Hauptarbeitsbereich, 6 Lastschaltstufen
Zapfwelle: 540/540E/1 000
Hubwerk: Kat. III, Hubkraft 5 075 daN
Hydraulik: Pumpenleistung 110 l/min bei 205 bar
Gewichte & Maße: Zulässiges Gesamtgewicht 9 500 kg, Leergewicht 5 140 kg, Nutzlast 4 360 kg, Bodenfreiheit 45 cm, Wendekreis 8,6 m
Bereifung: 440/65R28, 540/65R38
Preis: 127 398 Euro (ohne MwSt.)

Valtra G115 HiTech

Allradschlepper

Motor: Agco Power Turbomotor mit Ladeluftkühlung mit 85 kW (116 PS) nach ISO; max. Leist. 85 kW (116 PS); max. Leist. (Boost) 90 kW (122 PS); 4 Zyl., 4 400 cm³ Hubr., Abgasnorm Stufe V
Getriebe: GPA 54, 24 Vorwärts- und 24 Rückwärtsgänge (auf Wunsch bis 40 km/h), synchronisiert, 8 Gänge im Hauptarbeitsbereich, 6 Lastschaltstufen
Zapfwelle: 540/540E/1 000
Hubwerk: Kat. III, Hubkraft 5 075 daN
Hydraulik: Pumpenleistung 100 l/min bei 205 bar
Gewichte & Maße: Zulässiges Gesamtgewicht 9 500 kg, Leergewicht 5 140 kg, Nutzlast 4 360 kg, Bodenfreiheit 45 cm, Wendekreis 8,6 m
Bereifung: 440/65R28, 540/65R38
Preis: 118 851 Euro (ohne MwSt.)

Valtra A115 HiTech 4

Allradschlepper

Motor: Agco Power Turbomotor mit Ladeluftkühlung mit 86 kW (117 PS) nach ISO; maximale Leistung 86 kW (117 PS); 4 Zylinder, 4 400 cm³ Hubraum, Abgasnorm Stufe V
Getriebe: T 300, 16 Vorwärts- und 16 Rückwärtsgänge (auf Wunsch bis 40 km/h), synchronisiert, 8 Gänge im Hauptarbeitsbereich, 4 Lastschaltstufen
Zapfwelle: 540/540E
Hubwerk: Kat. II, Hubkraft 4 300 daN
Hydraulik: Pumpenleistung 98 l/min bei 205 bar
Gewichte & Maße: Zulässiges Gesamtgewicht 8 500 kg, Leergewicht 4 000 kg, Nutzlast 4 500 kg, Bodenfreiheit 45 cm, Wendekreis 8 m
Bereifung: 13.6R24, 420/85R34
Preis: 92 738 Euro (ohne MwSt.)

Valtra G125e Active CVT

Allradschlepper

Motor: Agco Power Turbomotor mit Ladeluftkühlung mit 93 kW (126 PS) nach ISO; maximale Leistung 93 kW (126 PS); maximale Leistung (Boost) 97 kW (132 PS); 4 Zylinder, 4 400 cm³ Hubraum, Abgasnorm Stufe V

Getriebe: ML 75, stufenloses Getriebe bis 40 km/h
Zapfwelle: 540/540E/1 000
Hubwerk: Kat. III, Hubkraft 5 075 daN
Hydraulik: Pumpenleistung 110 l/min bei 205 bar
Gewichte & Maße: Zulässiges Gesamtgewicht 9 500 kg, Leergewicht 5 140 kg, Nutzlast 4 360 kg, Bodenfreiheit 45 cm, Wendekreis 8,6 m
Bereifung: 440/65R28, 540/65R38
Preis: keine Angabe

Valtra G125e SmartTouch CVT

Allradschlepper

Motor: Agco Power Turbomotor mit Ladeluftkühlung mit 93 kW (126 PS) nach ISO; maximale Leistung 93 kW (126 PS); maximale Leistung (Boost) 97 kW (132 PS); 4 Zylinder, 4 400 cm^3 Hubraum, Abgasnorm Stufe V
Getriebe: ML 75, stufenlos bis 40 km/h
Zapfwelle: 540/540E/1 000
Hubwerk: Kat. III, Hubkraft 5 075 daN
Hydraulik: Pumpenleistung 110 l/min bei 205 bar
Gewichte & Maße: Zulässiges Gesamtgewicht 9 500 kg, Leergewicht 5 140 kg, Nutzlast 4 360 kg, Bodenfreiheit 45 cm, Wendekreis 8,6 m
Bereifung: 440/65R28, 540/65R38
Preis: keine Angabe

Valtra G125e Versu

Allradschlepper

Motor: Agco Power Turbomotor mit Ladeluftkühlung mit 93 kW (126 PS) nach ISO; maximale Leistung 93 kW (126 PS); maximale Leistung (Boost) 97 kW (132 PS); 4 Zylinder, 4 400 cm^3 Hubraum, Abgasnorm Stufe V
Getriebe: GPA 54, 24 Vorwärts- und 24 Rückwärtsgänge (auf Wunsch bis 40 km/h), synchronisiert, 8 Gänge im Hauptarbeitsbereich, 6 Lastschaltstufen
Zapfwelle: 540/540E/1 000
Hubwerk: Kat. III, Hubkraft 5 075 daN
Hydraulik: Pumpenleistung 110 l/min bei 205 bar
Gewichte & Maße: Zulässiges Gesamtgewicht 9 500 kg, Leergewicht 5 140 kg, Nutzlast 4 360 kg, Bodenfreiheit 45 cm, Wendekreis 8,6 m

Bereifung: 440/65R28, 540/65R38
Preis: 136 096 Euro (ohne MwSt.)

Valtra G125e Active

Allradschlepper

Motor: Agco Power Turbomotor mit Ladeluftkühlung mit 93 kW (126 PS) nach ISO; maximale Leistung 93 kW (126 PS); maximale Leistung (Boost) 97 kW (132 PS); 4 Zylinder, 4 400 cm³ Hubraum, Abgasnorm Stufe V
Getriebe: GPA 54, 24 Vorwärts- und 24 Rückwärtsgänge (auf Wunsch bis 40 km/h), synchronisiert, 8 Gänge im Hauptarbeitsbereich, 6 Lastschaltstufen
Zapfwelle: 540/540E/1 000
Hubwerk: Kat. III, Hubkraft 5 075 daN
Hydraulik: Pumpenleistung 110 l/min bei 205 bar
Gewichte & Maße: Zulässiges Gesamtgewicht 9 500 kg, Leergewicht 5 140 kg, Nutzlast 4 360 kg, Bodenfreiheit 45 cm, Wendekreis 8,6 m
Bereifung: 440/65R28, 540/65R38
Preis: 130 275 Euro (ohne MwSt.)

Valtra G125e HiTech

Allradschlepper

Motor: Agco Power Turbomotor mit Ladeluftkühlung mit 93 kW (126 PS) nach ISO; maximale Leistung 93 kW (126 PS); maximale Leistung (Boost) 97 kW (132 PS); 4 Zylinder, 4 400 cm³ Hubraum, Abgasnorm Stufe V
Getriebe: GPA 54, 24 Vorwärts- und 24 Rückwärtsgänge (auf Wunsch bis 40 km/h), synchronisiert, 8 Gänge im Hauptarbeitsbereich, 6 Lastschaltstufen
Zapfwelle: 540/540E/1 000
Hubwerk: Kat. III, Hubkraft 5 075 daN
Hydraulik: Pumpenleistung 100 l/min bei 205 bar
Gewichte & Maße: Zulässiges Gesamtgewicht 9 500 kg, Leergewicht 5 140 kg, Nutzlast 4 360 kg, Bodenfreiheit 45 cm, Wendekreis 8,6 m
Bereifung: 440/65R28, 540/65R38
Preis: 128 028 Euro (ohne MwSt.)

Valtra N135 Direct

Allradschlepper

Motor: Agco Power Turbomotor mit Ladeluftkühlung mit 99 kW (135 PS) nach ISO; maximale Leistung 110 kW (150 PS); maximale Leistung (Boost) 107 kW (146 PS); 4 Zylinder, 4 900 cm³ Hubraum, Abgasnorm Stufe V
Getriebe: VPS, stufenloses Getriebe bis 40 km/h
Zapfwelle: 540/1000, Höchstdrehzahl: 553/764/1 016/1 461 min^{-1}
Hubwerk: Kat. III, Hubkraft 7 800 daN
Hydraulik: Pumpenleistung 115 l/min bei 205 bar
Gewichte & Maße: Zulässiges Gesamtgewicht 11 000 kg, Leergewicht 6 300 kg, Nutzlast 4 700 kg, Bodenfreiheit 53 cm, Wendekreis 9 m
Bereifung: 420/65R28, 520/70R38
Preis: 178 402 Euro (ohne MwSt.)

Valtra N135 Active

Allradschlepper

Motor: Agco Power Turbomotor mit Ladeluftkühlung mit 99 kW (135 PS) nach ISO; maximale Leistung 107 kW (146 PS); maximale Leistung (Boost) 107 kW (146 PS); 4 Zylinder, 4 900 cm³ Hubraum, Abgasnorm Stufe V
Getriebe: 5PS, 30 Vorwärts- und 30 Rückwärtsgänge (auf Wunsch bis 40 km/h), synchronisiert, 14 Gänge im Hauptarbeitsbereich, 5 Lastschaltstufen
Zapfwelle: 540/1000, Höchstdrehzahl: 553/764/1 016/1 461 min^{-1}
Hubwerk: Kat. III, Hubkraft 7 800 daN
Hydraulik: Pumpenleistung 115 l/min bei 205 bar
Gewichte & Maße: Zulässiges Gesamtgewicht 11 000 kg, Leergewicht 6 300 kg, Nutzlast 4 700 kg, Bodenfreiheit 53 cm, Wendekreis 9 m
Bereifung: 420/65R28, 520/70R38
Preis: 153 592 Euro (ohne MwSt.)

Valtra N 135 Versu

Allradschlepper

Motor: Agco Power Turbomotor mit Ladeluftkühlung mit 99 kW (135 PS) nach ISO; maximale Leistung 107 kW

(146 PS); maximale Leistung (Boost) 107 kW (146 PS); 4 Zylinder, 4 900 cm^3 Hubraum, Abgasnorm Stufe V
Getriebe: 5PS, 30 Vorwärts- und 30 Rückwärtsgänge (auf Wunsch bis 40 km/h), synchronisiert, 14 Gänge im Hauptarbeitsbereich, 5 Lastschaltstufen
Zapfwelle: 540/1000, Höchstdrehzahl: 553/764/1 016/1 461 min^{-1}
Hubwerk: Kat. III, Hubkraft 7 800 daN
Hydraulik: Pumpenleistung 115 l/min bei 205 bar
Gewichte & Maße: Zulässiges Gesamtgewicht 11 000 kg, Leergewicht 6 300 kg, Nutzlast 4 700 kg, Bodenfreiheit 53 cm, Wendekreis 9 m
Bereifung: 420/65R28, 520/70R38
Preis: 171 419 Euro (ohne MwSt.)

Valtra N 135 HiTech

Allradschlepper

Motor: Agco Power Turbomotor mit Ladeluftkühlung mit 99 kW (135 PS) nach ISO; maximale Leistung 107 kW (146 PS); maximale Leistung (Boost) 107 kW (146 PS); 4 Zylinder, 4 900 cm^3 Hubraum, Abgasnorm Stufe V
Getriebe: T 650, 30 Vorwärts- und 30 Rückwärtsgänge (auf Wunsch bis 40 km/h), synchronisiert, 14 Gänge im Hauptarbeitsbereich, 5 Lastschaltstufen
Zapfwelle: 540/1000, Höchstdrehzahl: 553/764/1 016/1 461 min^{-1}
Hubwerk: Kat. III, Hubkraft 7 800 daN
Hydraulik: Pumpenleistung 73 l/min bei 205 bar
Gewichte & Maße: Zulässiges Gesamtgewicht 11 000 kg, Leergewicht 6 300 kg, Nutzlast 4 700 kg, Bodenfreiheit 53 cm, Wendekreis 9 m
Bereifung: 420/65R28, 520/70R38
Preis: 143 688 Euro (ohne MwSt.)

Valtra G135 HiTech

Allradschlepper

Motor: Agco Power Turbomotor mit Ladeluftkühlung mit 100 kW (136 PS) nach ISO; maximale Leistung 100 kW (136 PS); maximale Leistung (Boost) 107 kW (146 PS); 4 Zylinder, 4 400 cm^3 Hubraum, Abgasnorm Stufe V
Getriebe: GPA 54, 24 Vorwärts- und 24 Rückwärtsgänge (auf Wunsch bis 40 km/h), synchronisiert, 8 Gänge im Hauptarbeitsbereich, 6 Lastschaltstufen
Zapfwelle: 540/540E/1 000
Hubwerk: Kat. III, Hubkraft 5 075 daN
Hydraulik: Pumpenleistung 100 l/min bei 205 bar
Gewichte & Maße: Zulässiges Gesamtgewicht 9 500 kg, Leergewicht 5 140 kg, Nutzlast 4 360 kg, Bodenfreiheit 45 cm, Wendekreis 8,6 m
Bereifung: 440/65R28, 540/65R38
Preis: 130 091 Euro (ohne MwSt.)

Valtra G135 Active

Allradschlepper

Motor: Agco Power Turbomotor mit Ladeluftkühlung mit 100 kW (136 PS) nach ISO; maximale Leistung 100 kW (136 PS); maximale Leistung (Boost) 107 kW (146 PS); 4 Zylinder, 4 400 cm^3 Hubraum, Abgasnorm Stufe V
Getriebe: GPA 54, 24 Vorwärts- und 24 Rückwärtsgänge (auf Wunsch bis 40 km/h), synchronisiert, 8 Gänge im Hauptarbeitsbereich, 6 Lastschaltstufen
Zapfwelle: 540/540E/1 000
Hubwerk: Kat. III, Hubkraft 5 075 daN
Hydraulik: Pumpenleistung 110 l/min bei 205 bar
Gewichte & Maße: Zul. Gesamtgewicht 9 500 kg, Leergewicht 5 140 kg,

Nutzlast 4 360 kg, Bodenfreiheit 45 cm, Wendekreis 8,6 m
Bereifung: 440/65R28, 540/65R38
Preis: 132 338 Euro (ohne MwSt.)

Valtra G135 Versu

Allradschlepper

Motor: Agco Power Turbomotor mit Ladeluftkühlung mit 100 kW (136 PS) nach ISO; maximale Leistung 100 kW (136 PS); maximale Leistung (Boost) 107 kW (146 PS); 4 Zylinder, 4 400 cm^3 Hubraum, Abgasnorm Stufe V
Getriebe: GPA 54, 24 Vorwärts- und 24 Rückwärtsgänge (auf Wunsch bis 40 km/h), synchronisiert, 8 Gänge im Hauptarbeitsbereich, 6 Lastschaltstufen
Zapfwelle: 540/540E/1 000
Hubwerk: Kat. III, Hubkraft 5 075 daN
Hydraulik: Pumpenleistung 110 l/min bei 205 bar
Gewichte & Maße: Zulässiges Gesamtgewicht 9 500 kg, Leergewicht 5 140 kg, Nutzlast 4 360 kg, Bodenfreiheit 45 cm, Wendekreis 8,6 m

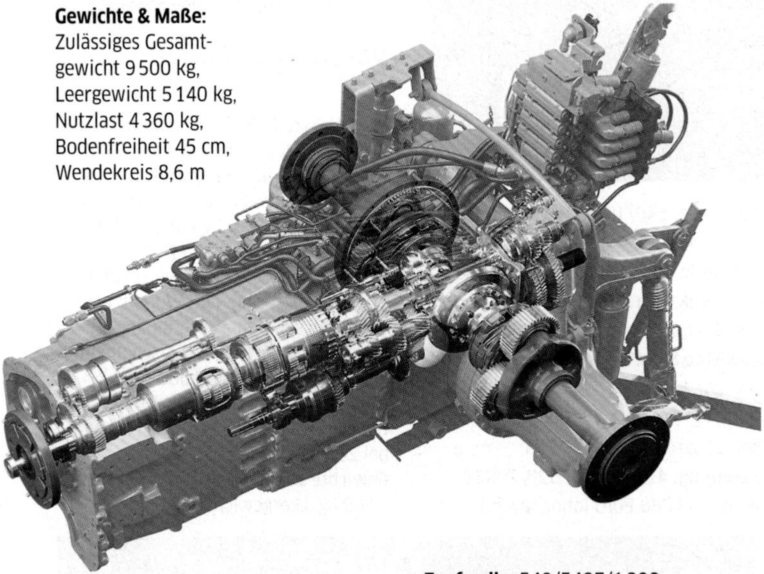

Bereifung: 440/65R28, 540/65R38
Preis: 138 159 Euro (ohne MwSt.)

Valtra G135 SmartTouch CVT

Allradschlepper

Motor: Agco Power Turbomotor mit Ladeluftkühlung mit 100 kW (136 PS) nach ISO; maximale Leistung 100 kW (136 PS); maximale Leistung (Boost) 107 kW (146 PS); 4 Zylinder, 4 400 cm^3 Hubraum, Abgasnorm Stufe V
Getriebe: ML 75, stufenloses Getriebe bis 40 km
Zapfwelle: 540/540E/1 000
Hubwerk: Kat. III, Hubkraft 5 075 daN
Hydraulik: Pumpenleistung 110 l/min bei 205 bar
Gewichte & Maße: Zulässiges Gesamtgewicht 9 500 kg, Leergewicht 5 140 kg, Nutzlast 4 360 kg, Bodenfreiheit 45 cm, Wendekreis 8,6 m
Bereifung: 440/65R28, 540/65R38
Preis: keine Angabe

Valtra G135 Active CVT

Allradschlepper

Motor: Agco Power Turbomotor mit Ladeluftkühlung mit 100 kW (136 PS) nach ISO; maximale Leistung 100 kW (136 PS); maximale Leistung (Boost) 107 kW (146 PS); 4 Zylinder, 4 400 cm^3 Hubraum, Abgasnorm Stufe V
Getriebe: ML 75, stufenloses Getriebe bis 40 km/h
Zapfwelle: 540/540E/1 000
Hubwerk: Kat. III, Hubkraft 5 075 daN
Hydraulik: Pumpenleistung 110 l/min bei 205 bar
Gewichte & Maße: Zulässiges Gesamtgewicht 9 500 kg, Leergewicht 5 140 kg, Nutzlast 4 360 kg, Bodenfreiheit 45 cm, Wendekreis 8,6 m
Bereifung: 440/65R28, 540/65R38
Preis: keine Angabe

Valtra T145 Versu

Allradschlepper

Motor: Agco Power Turbomotor mit Ladeluftkühlung mit 114 kW (155 PS) nach ISO; maximale Leistung 118 kW (160 PS); maximale Leistung (Boost) 125 kW (170 PS); 6 Zylinder, 6 600 cm^3 Hubraum, Abgasnorm Stufe V
Getriebe: 5PS, 30 Vorwärts- und 30 Rückwärtsgänge (auf Wunsch bis 40 km/h), synchronisiert, 14 Gänge im Hauptarbeitsbereich, 5 Lastschaltstufen
Zapfwelle: 540/1000, Höchstdrehzahl: 553/764/1 016/1 461 min^{-1}
Hubwerk: Kat. III, Hubkraft 9 500 daN
Hydraulik: Pumpenleistung 115 l/min bei 205 bar
Gewichte & Maße: Zulässiges Gesamtgewicht 13 500 kg, Leergewicht 7 700 kg, Nutzlast 5 800 kg, Bodenfreiheit 57 cm, Wendekreis 10,2 m
Bereifung: 540/65R30, 650/65R42
Preis: 203 096 Euro (ohne MwSt.)

Valtra T155 HiTech

Allradschlepper

Motor: Agco Power Turbomotor mit Ladeluftkühlung mit 114 kW (155 PS) nach ISO; maximale Leistung 118 kW (160 PS); maximale Leistung (Boost) 125 kW (170 PS); 6 Zylinder, 6 600 cm^3 Hubraum, Abgasnorm Stufe V
Getriebe: T 750, 30 Vorwärts- und 30 Rückwärtsgänge (auf Wunsch bis 40 km/h), synchronisiert, 14 Gänge im Hauptarbeitsbereich, 5 Lastschaltstufen
Zapfwelle: 540/1000, Höchstdrehzahl: 553/764/1 016/1 461 min^{-1}
Hubwerk: Kat. III, Hubkraft 7 800 daN
Hydraulik: Pumpenleistung 73 l/min bei 205 bar
Gewichte & Maße: Zulässiges Gesamtgewicht 13 500 kg, Leergewicht 7 300 kg, Nutzlast 6 200 kg, Bodenfreiheit 57 cm, Wendekreis 10,2 m
Bereifung: 540/65R30, 650/65R42
Preis: 170 274 Euro (ohne MwSt.)

Valtra T145 HiTech

Allradschlepper

Motor: Agco Power Turbomotor mit Ladeluftkühlung mit 114 kW (155 PS) nach ISO; maximale Leistung 118 kW (160 PS); maximale Leistung (Boost) 125 kW (170 PS); 6 Zylinder, 6 600 cm^3 Hubraum, Abgasnorm Stufe V
Getriebe: T 750, 30 Vorwärts- und 30 Rückwärtsgänge (auf Wunsch bis 40 km/h), synchronisiert, 14 Gänge im Hauptarbeitsbereich, 5 Lastschaltstufen
Zapfwelle: 540/1000, Höchstdrehzahl: 553/764/1 016/1 461 min^{-1}
Hubwerk: Kat. III, Hubkraft 7 800 daN
Hydraulik: Pumpenleistung 115 l/min bei 205 bar
Gewichte & Maße: Zulässiges Gesamtgewicht 13 500 kg, Leergewicht 7 700 kg, Nutzlast 5 800 kg, Bodenfreiheit 57 cm, Wendekreis 10,2 m
Bereifung: 540/65R30, 650/65R42
Preis: 166 104 Euro (ohne MwSt.)

www.vuomet.fi
www.vuomet.fi

Valtra T145 Active

Allradschlepper

Motor: Agco Power Turbomotor mit Ladeluftkühlung mit 114 kW (155 PS) nach ISO; maximale Leistung 118 kW (160 PS); maximale Leistung (Boost) 125 kW (170 PS); 6 Zylinder, 6600 cm^3 Hubraum, Abgasnorm Stufe V
Getriebe: 5PS, 30 Vorwärts- und 30 Rückwärtsgänge (a.W. bis 40 km/h), synchronisiert, 14 Gänge im Hauptarbeitsbereich, 5 Lastschaltstufen
Zapfwelle: 540/1000, Höchstdrehzahl: 553/764/1016/1461 min^{-1}
Hubwerk: Kat. III, Hubkraft 9500 daN
Hydraulik: Pumpenleistung 115 l/min bei 205 bar
Gewichte & Maße: Zulässiges Gesamtgewicht 13500 kg, Leergewicht 7700 kg, Nutzlast 5800 kg, Bodenfreiheit 57 cm, Wendekreis 10,2 m
Bereifung: 540/65R30, 650/65R42
Preis: 178548 Euro (ohne Mehrwertsteuer)

Valtra T 145 Direct

Allradschlepper

Motor: Agco Power Turbomotor mit Ladeluftkühlung mit 114 kW (155 PS) nach ISO; maximale Leistung 118 kW (160 PS); maximale Leistung (Boost) 125 kW (170 PS); 6 Zylinder, 6600 cm^3 Hubraum, Abgasnorm Stufe V
Getriebe: VPS, stufenloses Getriebe bis 40 km/h
Zapfwelle: 540/1000, Höchstdrehzahl: 553/764/1016/1461 min^{-1}
Hubwerk: Kat. III, Hubkraft 9500 daN

Hydraulik: Pumpenleistung 115 l/min bei 205 bar
Gewichte & Maße: Zulässiges Gesamtgewicht 13 500 kg, Leergewicht 7 700 kg, Nutzlast 5 800 kg, Bodenfreiheit 57 cm, Wendekreis 10,2 m
Bereifung: 540/65R30, 650/65R42
Preis: 217 074 Euro (ohne MwSt.)

Valtra N 155e HiTech
Allradschlepper

Motor: Agco Power Turbomotor mit Ladeluftkühlung mit 114 kW (155 PS) nach ISO; maximale Leistung 116 kW (158 PS); maximale Leistung (Boost) 121 kW (165 PS); 4 Zylinder, 4 900 cm^3 Hubraum, Abgasnorm Stufe V
Getriebe: T 650, 30 Vorwärts- und 30 Rückwärtsgänge (auf Wunsch bis 40 km/h), synchronisiert, 14 Gänge im Hauptarbeitsbereich, 5 Lastschaltstufen
Zapfwelle: 540/1000, Höchstdrehzahl: 553/764/1 016/1 461 min^{-1}
Hubwerk: Kat. III, Hubkraft 7 800 daN
Hydraulik: Pumpenleistung 73 l/min bei 205 bar
Gewichte & Maße: Zulässiges Gesamtgewicht 11 000 kg, Leergewicht 6 300 kg, Nutzlast 4 700 kg, Bodenfreiheit 53 cm, Wendekreis 9 m
Bereifung: 420/65R28, 520/70R38
Preis: 145 586 Euro (ohne MwSt.)

Valtra N 155e Direct
Allradschlepper

Motor: Agco Power Turbomotor mit Ladeluftkühlung mit 114 kW (155 PS) nach ISO; maximale Leistung 116 kW (158 PS); maximale Leistung (Boost) 121 kW (165 PS); 4 Zylinder, 4 900 cm^3 Hubraum, Abgasnorm Stufe V
Getriebe: VPS, stufenloses Getriebe bis 40 km/h
Zapfwelle: 540/1000, Höchstdrehzahl: 553/764/1 016/1 461 min^{-1}
Hubwerk: Kat. III, Hubkraft 7 800 daN
Hydraulik: Pumpenleistung 115 l/min bei 205 bar
Gewichte & Maße: Zulässiges Gesamtgewicht 11 000 kg, Leergewicht 6 500 kg, Nutzlast 4 500 kg, Bodenfreiheit 53 cm, Wendekreis 9 m
Bereifung: 420/65R28, 520/70R38
Preis: 184 022 Euro (ohne MwSt.)

Valtra N 155e Active
Allradschlepper

Motor: Agco Power Turbomotor mit Ladeluftkühlung mit 114 kW (155 PS) nach ISO; maximale Leistung 116 kW (158 PS); maximale Leistung (Boost) 121 kW (165 PS); 4 Zylinder, 4 900 cm^3 Hubraum, Abgasnorm Stufe V
Getriebe: 5PS, 30 Vorwärts- und 30 Rückwärtsgänge (auf Wunsch bis 40 km/h), synchronisiert, 14 Gänge im Hauptarbeitsbereich, 5 Lastschaltstufen
Zapfwelle: 540/1000, Höchstdrehzahl: 553/764/1 016/1 461 min^{-1}
Hubwerk: Kat. III, Hubkraft 7 800 daN
Hydraulik: Pumpenleistung 115 l/min bei 205 bar
Gewichte & Maße: Zulässiges Gesamtgewicht 11 000 kg, Leergewicht 6 500 kg, Nutzlast 4 500 kg, Bodenfreiheit 53 cm, Wendekreis 9 m
Bereifung: 420/65R28, 520/70R38
Preis: 155 509 Euro (ohne MwSt.)

Valtra N 155e Versu
Allradschlepper

Motor: Agco Power Turbomotor mit Ladeluftkühlung mit 114 kW (155 PS) nach ISO; maximale Leistung 116 kW (158 PS); maximale Leistung (Boost) 121 kW (165 PS); 4 Zylinder, 4 900 cm^3 Hubraum, Abgasnorm Stufe V
Getriebe: 5PS, 30 Vorwärts- und 30 Rückwärtsgänge (auf Wunsch bis 40 km/h), synchronisiert, 14 Gänge im Hauptarbeitsbereich, 5 Lastschaltstufen
Zapfwelle: 540/1000, Höchstdrehzahl: 553/764/1 016/1 461 min^{-1}
Hubwerk: Kat. III, Hubkraft 7 800 daN
Hydraulik: Pumpenleistung 115 l/min bei 205 bar
Gewichte & Maße: Zul. Gesamtgewicht 11 000 kg, Leergewicht 6 500 kg,

Nutzlast 4 500 kg, Bodenfreiheit 53 cm, Wendekreis 11,2 m
Bereifung: 420/65R28, 520/70R38
Preis: 173 336 Euro (ohne MwSt.)

Valtra T155 Versu
Allradschlepper

Motor: Agco Power Turbomotor mit Ladeluftkühlung mit 121 kW (165 PS) nach ISO; maximale Leistung 121 kW (165 PS); maximale Leistung (Boost) 132 kW (180 PS); 6 Zylinder, 6 600 cm^3 Hubraum, Abgasnorm Stufe V
Getriebe: 5PS, 30 Vorwärts- und 30 Rückwärtsgänge (auf Wunsch bis 40 km/h), synchronisiert, 14 Gänge im Hauptarbeitsbereich, 5 Lastschaltstufen
Zapfwelle: 540/1000, Höchstdrehzahl: 553/764/1 016/1 461 min^{-1}
Hubwerk: Kat. III, Hubkraft 9 500 daN
Hydraulik: Pumpenleistung 115 l/min bei 205 bar
Gewichte & Maße: Zulässiges Gesamtgewicht 13 500 kg, Leergewicht 7 700 kg, Nutzlast 5 800 kg, Bodenfreiheit 57 cm, Wendekreis 10,2 m
Bereifung: 540/65R30, 650/65R42
Preis: 207 266 Euro (ohne MwSt.)

Valtra T155 Direct
Allradschlepper

Motor: Agco Power Turbomotor mit Ladeluftkühlung mit 121 kW (165 PS) nach ISO; maximale Leistung 121 kW (165 PS); maximale Leistung (Boost) 132 kW (180 PS); 6 Zylinder, 6 600 cm^3 Hubraum, Abgasnorm Stufe V
Getriebe: VPS, stufenloses Getriebe bis 40 km/h
Zapfwelle: 540/1000, Höchstdrehzahl: 553/764/1 016/1 461 min^{-1}
Hubwerk: Kat. III, Hubkraft 9 500 daN
Hydraulik: Pumpenleistung 115 l/min bei 205 bar
Gewichte & Maße: Zulässiges Gesamtgewicht 13 500 kg, Leergewicht 7 700 kg, Nutzlast 5 800 kg, Bodenfreiheit 57 cm, Wendekreis 10,2 m
Bereifung: 540/65R30, 650/65R42
Preis: 221 244 Euro (ohne MwSt.)

Valtra T155 Active
Allradschlepper

Motor: Agco Power Turbomotor mit Ladeluftkühlung mit 121 kW (165 PS) nach ISO; maximale Leistung 121 kW (165 PS); maximale Leistung (Boost) 132 kW (180 PS); 6 Zylinder, 6 600 cm^3 Hubraum, Abgasnorm Stufe V
Getriebe: 5PS, 30 Vorwärts- und 30 Rückwärtsgänge (auf Wunsch bis 40 km/h), synchronisiert, 14 Gänge im Hauptarbeitsbereich, 5 Lastschaltstufen
Zapfwelle: 540/1000, Höchstdrehzahl: 553/764/1 016/1 461 min^{-1}
Hubwerk: Kat. III, Hubkraft 9 500 daN
Hydraulik: Pumpenleistung 115 l/min bei 205 bar
Gewichte & Maße: Zulässiges Gesamtgewicht 13 500 kg, Leergewicht 7 700 kg, Nutzlast 5 800 kg, Bodenfreiheit 57 cm, Wendekreis 10,2 m
Bereifung: 540/65R30, 650/65R42
Preis: 182 718 Euro (ohne MwSt.)

Valtra N175 Direct
Allradschlepper

Motor: Agco Power Turbomotor mit Ladeluftkühlung mit 121 kW (165 PS) nach ISO; maximale Leistung 122 kW (166 PS); maximale Leistung (Boost) 130 kW (177 PS); 4 Zylinder, 4 900 cm³ Hubraum, Abgasnorm Stufe V
Getriebe: VPS, stufenloses Getriebe bis 40 km/h
Zapfwelle: 540/1000, Höchstdrehzahl: 553/764/1 016/1 461 min⁻¹
Hubwerk: Kat. III, Hubkraft 7 800 daN
Hydraulik: Pumpenleistung 115 l/min bei 205 bar
Gewichte & Maße: Zulässiges Gesamtgewicht 11 000 kg, Leergewicht 6 500 kg, Nutzlast 4 500 kg, Bodenfreiheit 53 cm, Wendekreis 9 m
Bereifung: 420/65R28, 520/70R38
Preis: 186 524 Euro (ohne MwSt.)

Valtra N175 Active
Allradschlepper

Motor: Agco Power Turbomotor mit Ladeluftkühlung mit 121 kW (165 PS) nach ISO; maximale Leistung 122 kW (166 PS); maximale Leistung (Boost) 130 kW (177 PS); 4 Zylinder, 4 900 cm³ Hubraum, Abgasnorm Stufe V
Getriebe: 5PS, 30 Vorwärts- und 30 Rückwärtsgänge (auf Wunsch bis 40 km/h), synchronisiert, 14 Gänge im Hauptarbeitsbereich, 5 Lastschaltstufen
Zapfwelle: 540/1000, Höchstdrehzahl: 553/764/1 016/1 461 min⁻¹
Hubwerk: Kat. III, Hubkraft 7 800 daN
Hydraulik: Pumpenleistung 115 l/min bei 205 bar
Gewichte & Maße: Zulässiges Gesamtgewicht 11 000 kg, Leergewicht 6 500 kg, Nutzlast 4 500 kg, Bodenfreiheit 53 cm, Wendekreis 9 m
Bereifung: 420/65R28, 520/70R38
Preis: 159 212 Euro (ohne MwSt.)

Valtra N175 Versu
Allradschlepper

Motor: Agco Power Turbomotor mit Ladeluftkühlung mit 121 kW (165 PS) nach ISO; maximale Leistung 122 kW (166 PS); 4 Zylinder, 4 900 cm³ Hubraum, Abgasnorm Stufe V
Getriebe: 5PS, 30 Vorwärts- und 30 Rückwärtsgänge (auf Wunsch bis 40 km/h), synchronisiert, 14 Gänge im Hauptarbeitsbereich, 5 Lastschaltstufen
Zapfwelle: 540/1000, Höchstdrehzahl: 553/764/1 016/1 461 min⁻¹
Hubwerk: Kat. III, Hubkraft 7 800 daN
Hydraulik: Pumpenleistung 115 l/min bei 205 bar
Gewichte & Maße: Zulässiges Gesamtgewicht 11 000 kg, Leergewicht 6 500 kg, Nutzlast 4 500 kg, Bodenfreiheit 53 cm, Wendekreis 9 m
Bereifung: 420/65R28, 520/70R38
Preis: 177 039 Euro (ohne MwSt.)

Valtra N175 HiTech
Allradschlepper

Motor: Agco Power Turbomotor mit Ladeluftkühlung mit 121 kW (165 PS) nach ISO; maximale Leistung 122 kW (166 PS); maximale Leistung (Boost) 130 kW (177 PS); 4 Zylinder, 4 900 cm³ Hubraum, Abgasnorm Stufe V
Getriebe: T 650, 30 Vorwärts- und 30 Rückwärtsgänge (auf Wunsch bis 40 km/h), synchronisiert, 14 Gänge im Hauptarbeitsbereich, 5 Lastschaltstufen
Zapfwelle: 540/1000, Höchstdrehzahl: 553/764/1 016/1 461 min⁻¹
Hubwerk: Kat. III, Hubkraft 7 800 daN
Hydraulik: Pumpenleistung 73 l/min bei 205 bar
Gewichte & Maße: Zulässiges Gesamtgewicht 11 000 kg, Leergewicht 6 300 kg, Nutzlast 4 700 kg, Bodenfreiheit 53 cm, Wendekreis 9 m
Bereifung: 420/65R28, 520/70R38
Preis: 149 308 Euro (ohne MwSt.)

Valtra T175e HiTech
Allradschlepper

Motor: Agco Power Turbomotor mit Ladeluftkühlung mit 129 kW (175 PS) nach ISO; maximale Leistung 130 kW (177 PS); maximale Leistung (Boost) 140 kW (190 PS); 6 Zylinder, 7 400 cm^3 Hubraum, Abgasnorm Stufe V
Getriebe: T 750, 30 Vorwärts- und 30 Rückwärtsgänge (auf Wunsch bis 40 km/h), synchronisiert, 14 Gänge im Hauptarbeitsbereich, 5 Lastschaltstufen
Zapfwelle: 540/1000, Höchstdrehzahl: 553/764/1 016/1 461 min^{-1}
Hubwerk: Kat. III, Hubkraft 7 800 daN
Hydraulik: Pumpenleistung 73 l/min bei 205 bar
Gewichte & Maße: Zulässiges Gesamtgewicht 13 500 kg, Leergewicht 7 300 kg, Nutzlast 6 200 kg, Bodenfreiheit 57 cm, Wendekreis 10,2 m
Bereifung: 540/65R30, 650/65R42
Preis: 177 974 Euro (ohne MwSt.)

Valtra T175e Versu
Allradschlepper

Motor: Agco Power Turbomotor mit Ladeluftkühlung mit 129 kW (175 PS) nach ISO; maximale Leistung 130 kW (177 PS); maximale Leistung (Boost) 140 kW (190 PS); 6 Zylinder, 7 400 cm^3 Hubraum, Abgasnorm Stufe V
Getriebe: 5PS, 30 Vorwärts- und 30 Rückwärtsgänge (auf Wunsch bis 40 km/h), synchronisiert, 14 Gänge im Hauptarbeitsbereich, 5 Lastschaltstufen
Zapfwelle: 540/1000, Höchstdrehzahl: 553/764/1 016/1 461 min^{-1}
Hubwerk: Kat. III, Hubkraft 9 500 daN
Hydraulik: Pumpenleistung 115 l/min bei 205 bar
Gewichte & Maße: Zulässiges Gesamtgewicht 13 500 kg, Leergewicht 7 700 kg, Nutzlast 5 800 kg, Bodenfreiheit 57 cm, Wendekreis 10,2 m
Bereifung: 540/65R30, 650/65R42
Preis: 216 272 Euro (ohne MwSt.)

Valtra T175e Active
Allradschlepper

Motor: Agco Power Turbomotor mit Ladeluftkühlung mit 129 kW (175 PS) nach ISO; maximale Leistung 130 kW (177 PS); maximale Leistung (Boost) 140 kW (190 PS); 6 Zylinder, 7 400 cm^3 Hubraum, Abgasnorm Stufe V
Getriebe: 5PS, 30 Vorwärts- und 30 Rückwärtsgänge (auf Wunsch bis 40 km/h), synchronisiert, 14 Gänge im Hauptarbeitsbereich, 5 Lastschaltstufen
Zapfwelle: 540/1000, Höchstdrehzahl: 553/764/1 016/1 461 min^{-1}
Hubwerk: Kat. III, Hubkraft 9 500 daN
Hydraulik: Pumpenleistung 115 l/min bei 205 bar
Gewichte & Maße: Zulässiges Gesamtgewicht 13 500 kg, Leergewicht 7 700 kg, Nutzlast 5 800 kg, Bodenfreiheit 57 cm, Wendekreis 10,2 m
Bereifung: 540/65R30, 650/65R42
Preis: 191 724 Euro (ohne MwSt.)

Valtra T175e Direct
Allradschlepper

Motor: Agco Power Turbomotor mit Ladeluftkühlung mit 129 kW (175 PS) nach ISO; maximale Leistung 130 kW (177 PS); maximale Leistung (Boost) 140 kW (190 PS); 6 Zylinder, 7 400 cm^3 Hubraum, Abgasnorm Stufe V
Getriebe: VPS, stufenloses Getriebe bis 40 km/h
Zapfwelle: 540/1000, Höchstdrehzahl: 553/764/1 016/1 461 min^{-1}
Hubwerk: Kat. III, Hubkraft 9 500 daN
Hydraulik: Pumpenleistung 115 l/min bei 205 bar
Gewichte & Maße: Zulässiges Gesamtgewicht 13 500 kg, Leergewicht 7 700 kg, Nutzlast 5 800 kg, Bodenfreiheit 57 cm, Wendekreis 10,2 m
Bereifung: 540/65R30, 650/65R42
Preis: 230 250 Euro (ohne MwSt.)

Valtra T195 Direct
Allradschlepper

Motor: Agco Power Turbomotor mit Ladeluftkühlung mit 143 kW (194 PS) nach ISO; maximale Leistung 145 kW (197 PS); maximale Leistung (Boost) 154 kW (209 PS); 6 Zylinder, 7 400 cm^3 Hubraum, Abgasnorm Stufe V
Getriebe: VPS, stufenloses Getriebe bis 40 km/h
Zapfwelle: 540/1000, Höchstdrehzahl: 553/764/1 016/1 461 min^{-1}

Hubwerk: Kat. III, Hubkraft 9 500 daN
Hydraulik: Pumpenleistung 115 l/min bei 205 bar
Gewichte & Maße: Zulässiges Gesamtgewicht 13 500 kg, Leergewicht 7 700 kg, Nutzlast 5 800 kg, Bodenfreiheit 57 cm, Wendekreis 10,2 m
Bereifung: 540/65R30, 650/65R42
Preis: 240 602 Euro (ohne MwSt.)

Valtra T195 Active

Allradschlepper

Motor: Agco Power Turbomotor mit Ladeluftkühlung mit 143 kW (194 PS) nach ISO; maximale Leistung 145 kW (197 PS); maximale Leistung (Boost) 154 kW (209 PS); 6 Zylinder, 7 400 cm^3 Hubraum, Abgasnorm Stufe V
Getriebe: 5PS, 30 Vorwärts- und 30 Rückwärtsgänge (auf Wunsch bis 40 km/h), synchronisiert, 14 Gänge im Hauptarbeitsbereich, 5 Lastschaltstufen
Zapfwelle: 540/1000, Höchstdrehzahl: 553/764/1 016/1 461 min^{-1}
Hubwerk: Kat. III, Hubkraft 9 500 daN
Hydraulik: Pumpenleistung 115 l/min bei 205 bar
Gewichte & Maße: Zulässiges Gesamtgewicht 13 500 kg, Leergewicht 7 700 kg, Nutzlast 5 800 kg, Bodenfreiheit 57 cm, Wendekreis 10,2 m
Bereifung: 540/65R30, 650/65R42
Preis: 202 076 Euro (ohne MwSt.)

Valtra T195 Versu

Allradschlepper

Motor: Agco Power Turbomotor mit Ladeluftkühlung mit 143 kW (194 PS) nach ISO; maximale Leistung 145 kW (197 PS); maximale Leistung (Boost) 154 kW (209 PS); 6 Zylinder, 7 400 cm^3 Hubraum, Abgasnorm Stufe V
Getriebe: 5PS, 30 Vorwärts- und 30 Rückwärtsgänge (auf Wunsch bis 40 km/h), synchronisiert, 14 Gänge im Hauptarbeitsbereich, 5 Lastschaltstufen
Zapfwelle: 540/1000, Höchstdrehzahl: 553/764/1 016/1 461 min^{-1}
Hubwerk: Kat. III, Hubkraft 9 500 daN
Hydraulik: Pumpenleistung 115 l/min bei 205 bar
Gewichte & Maße: Zulässiges Gesamtgewicht 13 500 kg, Leergewicht 7 700 kg, Nutzlast 5 800 kg, Bodenfreiheit 57 cm, Wendekreis 10,2 m
Bereifung: 540/65R30, 650/65R42
Preis: 226 624 Euro (ohne Mehrwertsteuer)

Valtra T195 HiTech

Allradschlepper

Motor: Agco Power Turbomotor mit Ladeluftkühlung mit 143 kW (194 PS) nach ISO; maximale Leistung 145 kW (197 PS); maximale Leistung (Boost) 154 kW (209 PS); 6 Zylinder, 7 400 cm³ Hubraum, Abgasnorm Stufe V
Getriebe: T 750, 30 Vorwärts- und 30 Rückwärtsgänge (auf Wunsch bis 40 km/h), synchronisiert, 14 Gänge im Hauptarbeitsbereich, 5 Lastschaltstufen
Zapfwelle: 540/1000, Höchstdrehzahl: 553/764/1 016/1 461 min^{-1}
Hubwerk: Kat. III, Hubkraft 7 800 daN
Hydraulik: Pumpenleistung 73 l/min bei 205 bar
Gewichte & Maße: Zulässiges Gesamtgewicht 13 500 kg, Leergewicht 7 300 kg, Nutzlast 6 200 kg, Bodenfreiheit 57 cm, Wendekreis 10,2 m
Bereifung: 540/65R30, 650/65R42
Preis: 188 326 Euro (ohne MwSt.)

Valtra T215 Direct

Allradschlepper

Motor: Agco Power Turbomotor mit Ladeluftkühlung mit 158 kW (215 PS) nach ISO; maximale Leistung 158 kW (215 PS); maximale Leistung (Boost) 169 kW (230 PS); 6 Zylinder, 7 400 cm³ Hubraum, Abgasnorm Stufe V
Getriebe: VPS, stufenloses Getriebe bis 40 km/h
Zapfwelle: 540/1000, Höchstdrehzahl: 553/764/1 016/1 461 min^{-1}
Hubwerk: Kat. III, Hubkraft 9 500 daN
Hydraulik: Pumpenleistung 115 l/min bei 205 bar
Gewichte & Maße: Zulässiges Gesamtgewicht 13 500 kg, Leergewicht 7 700 kg, Nutzlast 5 800 kg, Bodenfreiheit 57 cm, Wendekreis 10,2 m
Bereifung: 540/65R30, 650/65R42
Preis: 251 332 Euro (ohne MwSt.)

Valtra T215 Active

Allradschlepper

Motor: Agco Power Turbomotor mit Ladeluftkühlung mit 158 kW (215 PS) nach ISO; maximale Leistung 158 kW (215 PS); maximale Leistung (Boost) 169 kW (230 PS); 6 Zylinder, 7 400 cm³ Hubraum, Abgasnorm Stufe V
Getriebe: 5PS, 30 Vorwärts- und 30 Rückwärtsgänge (auf Wunsch bis 40 km/h), synchronisiert, 14 Gänge im Hauptarbeitsbereich, 5 Lastschaltstufen
Zapfwelle: 540/1000, Höchstdrehzahl: 553/764/1016/1 461 min^{-1}
Hubwerk: Kat. III, Hubkraft 9 500 daN
Hydraulik: Pumpenleistung 115 l/min bei 205 bar
Gewichte & Maße: Zulässiges Gesamtgewicht 13 500 kg, Leergewicht 7 700 kg, Nutzlast 5 800 kg, Bodenfreiheit 57 cm, Wendekreis 10,2 m
Bereifung: 540/65R30, 650/65R42
Preis: 212 806 Euro (ohne MwSt.)

Valtra T215 Versu

Allradschlepper

Motor: Agco Power Turbomotor mit Ladeluftkühlung mit 158 kW (215 PS) nach ISO; maximale Leistung 158 kW (215 PS); maximale Leistung (Boost) 169 kW (230 PS); 6 Zylinder, 7 400 cm³ Hubraum, Abgasnorm Stufe V
Getriebe: 5PS, 30 Vorwärts- und 30 Rückwärtsgänge (auf Wunsch bis 40 km/h), synchronisiert, 14 Gänge im Hauptarbeitsbereich, 5 Lastschaltstufen
Zapfwelle: 540/1000, Höchstdrehzahl: 553/764/1 016/1 461 min^{-1}
Hubwerk: Kat. III, Hubkraft 9 500 daN
Hydraulik: Pumpenleistung 115 l/min bei 205 bar
Gewichte & Maße: Zulässiges Gesamtgewicht 13 500 kg, Leergewicht 7 700 kg, Nutzlast 5 800 kg, Bodenfreiheit 57 cm, Wendekreis 10,2 m
Bereifung: 540/65R30, 650/65R42
Preis: 236 153 Euro (ohne MwSt.)

Valtra T215 HiTech

Allradschlepper

Motor: Agco Power Turbomotor mit Ladeluftkühlung mit 158 kW (215 PS) nach ISO; maximale Leistung 158 kW (215 PS); maximale Leistung (Boost) 169 kW (230 PS); 6 Zylinder, 7 400 cm³ Hubraum, Abgasnorm Stufe V
Getriebe: T 750, 30 Vorwärts- und 30 Rückwärtsgänge (auf Wunsch bis 40 km/h), synchronisiert, 14 Gänge im Hauptarbeitsbereich, 5 Lastschaltstufen
Zapfwelle: 540/1000, Höchstdrehzahl: 553/764/1 016/1 461 min^{-1}
Hubwerk: Kat. III, Hubkraft 7 800 daN
Hydraulik: Pumpenleistung 73 l/min bei 205 bar
Gewichte & Maße: Zulässiges Gesamtgewicht 13 500 kg, Leergewicht 7 300 kg, Nutzlast 6 200 kg, Bodenfreiheit 57 cm, Wendekreis 10,2 m
Bereifung: 540/65R30, 650/65R42
Preis: 199 056 Euro (ohne MwSt.)

Valtra T235 Direct

Allradschlepper

Motor: Agco Power Turbomotor mit Ladeluftkühlung mit 162 kW (220 PS) nach ISO; maximale Leistung 183 kW

(249 PS); maximale Leistung (Boost) 173 kW (235 PS); 6 Zylinder, 7 400 cm³ Hubraum, Abgasnorm Stufe V
Getriebe: VPS, stufenloses Getriebe bis 40 km/h
Zapfwelle: 540/1000, Höchstdrehzahl: 553/764/1 016/1 461 min^{-1}
Hubwerk: Kat. III, Hubkraft 9 500 daN
Hydraulik: Pumpenleistung 115 l/min bei 205 bar
Gewichte & Maße: Zulässiges Gesamtgewicht 13 500 kg, Leergewicht 7 700 kg, Nutzlast 5 800 kg, Bodenfreiheit 57 cm, Wendekreis 10,2 m
Bereifung: 540/65R30, 650/65R42
Preis: 262 662 Euro (ohne MwSt.)

Valtra Q225

Allradschlepper

Motor: Agco Power Turbomotor mit Ladeluftkühlung mit 169 kW (230 PS) nach ISO; maximale Leistung 183 kW (249 PS); maximale Leistung (Boost) 184 kW (250 PS); 6 Zylinder, 7 400 cm³ Hubraum, Abgasnorm Stufe V
Getriebe: ML 260, stufenloses Getriebe bis 50 km/h
Zapfwelle: 540E/1 000
Hubwerk: Kat. III, Hubkraft 10 000 daN
Hydraulik: Pumpenleistung 205 l/min bei 205 bar
Gewichte & Maße: Zulässiges Gesamtgewicht 16 000 kg, Leergewicht 9 200 kg, Nutzlast 6 800 kg, Bodenfreiheit 57 cm, Wendekreis 13,5 m
Bereifung: 540/65R30, 650/65R42
Preis: 287 147 Euro (ohne MwSt.)

Valtra T255 Versu

Allradschlepper

Motor: Agco Power Turbomotor mit Ladeluftkühlung mit 173 kW (235 PS) nach ISO; maximale Leistung 198 kW (269 PS); maximale Leistung (Boost) 187 kW (254 PS); 6 Zylinder, 7 400 cm³ Hubraum, Abgasnorm Stufe V

Getriebe: 5PS, 30 Vorwärts- und 30 Rückwärtsgänge (auf Wunsch bis 40 km/h), synchronisiert, 14 Gänge im Hauptarbeitsbereich, 5 Lastschaltstufen
Zapfwelle: 540/1000, Höchstdrehzahl: 553/764/1016/1461 min^{-1}
Hubwerk: Kat. III, Hubkraft 9500 daN
Hydraulik: Pumpenleistung 115 l/min bei 205 bar
Gewichte & Maße: Zulässiges Gesamtgewicht 13500 kg, Leergewicht 7700 kg, Nutzlast 5800 kg, Bodenfreiheit 57 cm, Wendekreis 10,2 m
Bereifung: 540/65R30, 650/65R42
Preis: 258567 Euro (ohne MwSt.)

Valtra T255 Active

Allradschlepper

Motor: Agco Power Turbomotor mit Ladeluftkühlung mit 173 kW (235 PS) nach ISO; maximale Leistung 198 kW (269 PS); maximale Leistung (Boost) 187 kW (254 PS); 6 Zylinder, 7400 cm^3 Hubraum, Abgasnorm Stufe V
Getriebe: 5PS, 30 Vorwärts- und 30 Rückwärtsgänge (auf Wunsch bis 40 km/h), synchronisiert, 14 Gänge im Hauptarbeitsbereich, 5 Lastschaltstufen
Zapfwelle: 540/1000, Höchstdrehzahl: 553/764/1016/1461 min^{-1}
Hubwerk: Kat. III, Hubkraft 9500 daN
Hydraulik: Pumpenleistung 115 l/min bei 205 bar
Gewichte & Maße: Zulässiges Gesamtgewicht 13500 kg, Leergewicht 7700 kg, Nutzlast 5800 kg, Bodenfreiheit 57 cm, Wendekreis 10,2 m
Bereifung: 540/65R30, 650/65R42
Preis: 235220 Euro (ohne MwSt.)

Valtra T235 HiTech

Allradschlepper

Motor: Agco Power Turbomotor mit Ladeluftkühlung mit 173 kW (235 PS) nach ISO; maximale Leistung 175 kW (238 PS); maximale Leistung (Boost) 184 kW (250 PS); 6 Zylinder, 7400 cm^3 Hubraum, Abgasnorm Stufe V
Getriebe: T 750, 30 Vorwärts- und 30 Rückwärtsgänge (auf Wunsch bis

40 km/h), synchronisiert, 14 Gänge im Hauptarbeitsbereich, 5 Lastschaltstufen
Zapfwelle: 540/1000, Höchstdrehzahl: 553/764/1016/1461 min^{-1}
Hubwerk: Kat. III, Hubkraft 7800 daN
Hydraulik: Pumpenleistung 73 l/min bei 205 bar
Gewichte & Maße: Zulässiges Gesamtgewicht 13500 kg, Leergewicht 7300 kg, Nutzlast 6200 kg, Bodenfreiheit 57 cm, Wendekreis 10,2 m
Bereifung: 540/65R30, 650/65R42
Preis: 210386 Euro (ohne MwSt.)

Valtra T235 Active

Allradschlepper

Motor: Agco Power Turbomotor mit Ladeluftkühlung mit 173 kW (235 PS) nach ISO; maximale Leistung 175 kW (238 PS); maximale Leistung (Boost) 184 kW (250 PS); 6 Zylinder, 7400 cm^3 Hubraum, Abgasnorm Stufe V
Getriebe: 5PS, 30 Vorwärts- und 30 Rückwärtsgänge (auf Wunsch bis 40 km/h), synchronisiert, 14 Gänge im Hauptarbeitsbereich, 5 Lastschaltstufen
Zapfwelle: 540/1000, Höchstdrehzahl: 553/764/1016/1461 min^{-1}
Hubwerk: Kat. III, Hubkraft 9500 daN
Hydraulik: Pumpenleistung 115 l/min bei 205 bar
Gewichte & Maße: Zulässiges Gesamtgewicht 13500 kg, Leergewicht 7700 kg, Nutzlast 5800 kg, Bodenfreiheit 57 cm, Wendekreis 10,2 m
Bereifung: 540/65R30, 650/65R42
Preis: 224136 Euro (ohne MwSt.)

Valtra T255 HiTech

Allradschlepper

Motor: Agco Power Turbomotor mit Ladeluftkühlung mit 173 kW (235 PS) nach ISO; maximale Leistung 198 kW (269 PS); maximale Leistung (Boost) 187 kW (254 PS); 6 Zylinder, 7400 cm^3 Hubraum, Abgasnorm Stufe V
Getriebe: 5PS, 30 Vorwärts- und 30 Rückwärtsgänge (auf Wunsch bis 40 km/h), synchronisiert, 14 Gänge im Hauptarbeitsbereich, 5 Lastschaltstufen
Zapfwelle: 540/1000, Höchstdrehzahl: 553/764/1016/1461 min^{-1}
Hubwerk: Kat. III, Hubkraft 7800 daN
Hydraulik: Pumpenleistung 73 l/min bei 205 bar
Gewichte & Maße: Zulässiges Gesamtgewicht 13500 kg, Leergewicht 7700 kg, Nutzlast 5800 kg, Bodenfreiheit 57 cm, Wendekreis 10,2 m
Bereifung: 540/65R30, 650/65R42
Preis: 228265 Euro (ohne MwSt.)

Valtra T235 Versu

Allradschlepper

Motor: Agco Power Turbomotor mit Ladeluftkühlung mit 173 kW (235 PS) nach ISO; maximale Leistung 175 kW (238 PS); maximale Leistung (Boost) 184 kW (250 PS); 6 Zylinder, 7400 cm^3 Hubraum, Abgasnorm Stufe V
Getriebe: 5PS, 30 Vorwärts- und 30 Rückwärtsgänge (auf Wunsch bis 40 km/h), synchronisiert, 14 Gänge im Hauptarbeitsbereich, 5 Lastschaltstufen
Zapfwelle: 540/1000, Höchstdrehzahl: 553/764/1016/1461 min^{-1}
Hubwerk: Kat. III, Hubkraft 9500 daN
Hydraulik: Pumpenleistung 115 l/min bei 205 bar
Gewichte & Maße: Zulässiges Gesamtgewicht 13500 kg, Leergewicht 7700 kg, Nutzlast 5800 kg, Bodenfreiheit 57 cm, Wendekreis 10,2 m
Bereifung: 540/65R30, 650/65R42
Preis: 247483 Euro (ohne MwSt.)

Valtra Q245

Allradschlepper

Motor: Agco Power Turbomotor mit Ladeluftkühlung mit 180 kW (245 PS) nach ISO; maximale Leistung 195 kW (265 PS); maximale Leistung (Boost) 195 kW (265 PS); 6 Zylinder, 7400 cm^3 Hubraum, Abgasnorm Stufe V
Getriebe: ML 260, stufenloses Getriebe bis 50 km/h
Zapfwelle: 540E/1000
Hubwerk: Kat. III, Hubkraft 10000 daN
Hydraulik: Pumpenleistung 205 l/min bei 205 bar
Gewichte & Maße: Zulässiges Gesamtgewicht 16000 kg, Leergewicht 9200 kg, Nutzlast 6800 kg, Bodenfreiheit 57 cm, Wendekreis 13,5 m
Bereifung: 540/65R30, 650/65R42
Preis: 292697 Euro (ohne Mehrwertsteuer)

Valtra Q265
Allradschlepper

Motor: Agco Power Turbomotor mit Ladeluftkühlung mit 195 kW (265 PS) nach ISO; maximale Leistung 241 kW (328 PS); maximale Leistung (Boost) 213 kW (290 PS); 6 Zylinder, 7 400 cm^3 Hubraum, Abgasnorm Stufe V
Getriebe: ML 260, stufenloses Getriebe bis 50 km/h
Zapfwelle: 540E/1 000
Hubwerk: Kat. III, Hubkraft 10 000 daN
Hydraulik: Pumpenleistung 205 l/min bei 205 bar
Gewichte & Maße: Zulässiges Gesamtgewicht 16 000 kg, Leergewicht 9 200 kg, Nutzlast 6 800 kg, Bodenfreiheit 57 cm, Wendekreis 13,5 m
Bereifung: 540/65R30, 650/65R42
Preis: 300 097 Euro (ohne MwSt.)

Valtra S286
Allradschlepper

Motor: Agco Power Turbomotor mit Ladeluftkühlung mit 210 kW (286 PS) nach ISO; maximale Leistung 210 kW (286 PS); maximale Leistung (Boost) 332 kW (452 PS); 6 Zylinder, 8 400 cm^3 Hubraum, Abgasnorm Stufe V
Getriebe: ML 260HD, stufenloses Getriebe bis 50 km/h
Zapfwelle: 540E/1 000
Hubwerk: Kat. III
Hydraulik: Pumpenleistung 205 l/min bei 205 bar

Gewichte & Maße: Zulässiges Gesamtgewicht 18 000 kg, Leergewicht 10 375 kg, Nutzlast 7 625 kg, Bodenfreiheit 47 cm, Wendekreis 11,5 m
Bereifung: 650/60R34, 710/75R42
Preis: 348 011 Euro (ohne MwSt.)

Valtra Q285

Allradschlepper

Motor: Agco Power Turbomotor mit Ladeluftkühlung mit 210 kW (286 PS) nach ISO; maximale Leistung 225 kW (306 PS); maximale Leistung (Boost) 224 kW (305 PS); 6 Zylinder, 7 400 cm^3 Hubraum, Abgasnorm Stufe V
Getriebe: ML 260, stufenloses Getriebe bis 50 km/h
Zapfwelle: 540E/1 000
Hubwerk: Kat. III, Hubkraft 10 000 daN
Hydraulik: Pumpenleistung 205 l/min bei 205 bar
Gewichte & Maße: Zulässiges Gesamtgewicht 16 000 kg, Leergewicht 9 200 kg, Nutzlast 6 800 kg, Bodenfreiheit 57 cm, Wendekreis 13,5 m
Bereifung: 540/65R30, 650/65R42
Preis: 314 897 Euro (ohne MwSt.)

Valtra Q305

Allradschlepper

Motor: Agco Power Turbomotor mit Ladeluftkühlung mit 224 kW (305 PS) nach ISO; maximale Leistung 225 kW (306 PS); maximale Leistung (Boost) 224 kW (305 PS); 6 Zylinder, 7 400 cm^3 Hubraum, Abgasnorm Stufe V
Getriebe: ML 260, stufenloses Getriebe bis 50 km/h
Zapfwelle: 540E/1 000
Hubwerk: Kat. III, Hubkraft 10 000 daN
Hydraulik: Pumpenleistung 205 l/min bei 205 bar
Gewichte & Maße: Zulässiges Gesamtgewicht 16 000 kg, Leergewicht 9 200 kg, Nutzlast 6 800 kg, Bodenfreiheit 57 cm, Wendekreis 13,5 m
Bereifung: 540/65R30, 650/65R42
Preis: 307 497 Euro (ohne MwSt.)

Valtra S316

Allradschlepper

Motor: Agco Power Turbomotor mit Ladeluftkühlung mit 228 kW (310 PS) nach ISO; maximale Leistung 228 kW

(310 PS); maximale Leistung (Boost) 254 kW (345 PS); 6 Zylinder, 8 400 cm³ Hubraum, Abgasnorm Stufe V
Getriebe: ML 260HD, stufenloses Getriebe bis 50 km/h
Zapfwelle: 540E/1 000
Hubwerk: Kat. III
Hydraulik: Pumpenleistung 205 l/min bei 205 bar
Gewichte & Maße: Zulässiges Gesamtgewicht 18 000 kg, Leergewicht 10 375 kg, Nutzlast 7 625 kg, Bodenfreiheit 47 cm, Wendekreis 11,5 m
Bereifung: 650/60R34, 710/75R42
Preis: 358 011 Euro (ohne MwSt.)

Valtra S346

Allradschlepper

Motor: Agco Power Turbomotor mit Ladeluftkühlung m. 253 kW (344 PS) n. ISO; max. Leist. 253 kW (344 PS); max. Leist. (Boost) 273 kW (371 PS); 6 Zyl., 8 400 cm³ Hubr., Abgasnorm Stufe V
Getriebe: ML 260HD, stufenloses Getriebe bis 50 km/h
Zapfwelle: 540E/1 000
Hubwerk: Kat. III
Hydraulik: Pumpenleistung 205 l/min bei 205 bar
Gewichte & Maße: Zulässiges Gesamtgewicht 18 000 kg, Leergewicht 10 375 kg, Nutzlast 7 625 kg, Bodenfreiheit 47 cm, Wendekreis 11,5 m
Bereifung: 650/60R34, 710/75R42
Preis: 372 011 Euro (ohne MwSt.)

Valtra S376

Allradschlepper

Motor: Agco Power Turbomotor mit Ladeluftkühlung mit 272 kW (370 PS) nach ISO; max. Leist. 272 kW (370 PS); max. Leist. (Boost) 294 kW (400 PS); 6 Zyl., 8 400 cm³ Hubr., Abgasn. Stufe V

Getriebe: ML 260HD, stufenloses Getriebe bis 50 km/h
Zapfwelle: 540E/1000
Hubwerk: Kat. III
Hydraulik: Pumpenleistung 205 l/min bei 205 bar
Gewichte & Maße: Zul. Gesamtgewicht 18000 kg, Leergewicht 10375 kg, Nutzlast 7625 kg, Bodenfreiheit 47 cm, Wendekreis 11,5 m
Bereifung: 650/60R34, 710/75R42
Preis: 382011 Euro (ohne MwSt.)

Valtra S416

Allradschlepper

Motor: Agco Power Turbomotor mit Ladeluftkühlung mit 309 kW (420 PS) nach ISO; max. Leist. 309 kW (420 PS); max. Leist. (Boost) 309 kW (420 PS); 6 Zyl., 8400 cm³ Hubr., Abgasn. Stufe V
Getriebe: ML 260HD, stufenloses Getriebe bis 50 km/h
Zapfwelle: 540E/1000
Hubwerk: Kat. III
Hydraulik: Pumpenleistung 205 l/min bei 205 bar
Gewichte & Maße: Zulässiges Gesamtgewicht 18000 kg, Leergewicht 10375 kg, Nutzlast 7625 kg, Bodenfreiheit 47 cm, Wendekreis 11,5 m
Bereifung: 650/60R34, 710/75R42
Preis: 404011 Euro (ohne MwSt.)

Weitere Informationen erhalten Sie von:
Vredo
Welysestraat 25a
6669 DJ Dodewaard
Niederlande
Telefon: 00 31/4 88/41 12 54
www.vredo.nl

Vredo

Ben de Vree begann seine Karriere als Lohnunternehmer im Jahr 1947 im niederländischen Dodewaard. Der Firmenname ist ein Kürzel des Familiennamens de Vree und des Firmensitzes. Zunächst änderte De Vree die existierenden Maschinen um, dann begann er mit der Entwicklung von neuen Maschinen: 1976 produzierte de Vree die erste selbst entwickelte Maschine. So wurde aus dem Konstruktionsbetrieb eine Maschinenfabrik, die Nachsaatmaschinen für die Grasnachsaat auf Weiden baute.
Das Montieren eines Gülleaufbaus auf ein Horsch Dreirad in 1989 war die erste Aktivität im Selbstfahrerbereich. Seit 1994 werden vierrädrige Vredo-Selbstfahrer-Tracs komplett im eigenen Haus entwickelt und produziert. Aus dem bekannten selbstfahrenden VredoTrac-Güllefahrzeug wurde ein universell einsetzbarer Geräteträger entwickelt.
2015 führte Vredo den Trac VT4556 ein. Da aber die Nachfrage nach höherer Fahrzeugleistung zur Injektion von Gülle und trockenen Materialien in der Landwirtschaft anstieg, entwickelte Vredo den System-Trac VT7028 in Zwei- oder Dreiachs-Ausführung, der mittlerweile vom VT7138 abgelöst wurde. 2022 stellte Vredo den VT5536 vor.

Vredo VT4556

Trac-Trägerfahrzeug

Motor: Scania Turbomotor mit Ladeluftkühlung mit 331 kW (450 PS) nach ISO; 6 Zylinder, 12 700 cm^3 Hubraum, Abgasnorm Stufe V
Getriebe: stufenloses Getriebe bis 40 km/h
Hubwerk: Kat. II/III, Hubkraft 7 500 daN
Hydraulik: Pumpenleistung 175 + 175 l/min bei 200 bar
Gewichte & Maße: Zulässiges Gesamtgewicht 45 000 kg, Leergewicht 18 400 kg, Bodenfreiheit 48 cm, Wendekreis 14 m
Bereifung: 1 050/50R32, 1 050/50R32
Preis: keine Angabe

Vredo VT5536

Trac-Trägerfahrzeug

Motor: Scania Turbomotor mit Ladeluftkühlung mit 405 kW (551 PS) nach ISO; 6 Zylinder, 12 700 cm^3 Hubraum, Abgasnorm Stufe V
Getriebe: VVT 550, stufenloses Getriebe bis 40 km/h
Hubwerk: Kat. II/III/IV, Hubkraft 10 500 daN
Hydraulik: Pumpenleistung 185 + 185 l/min bei 200 bar
Gewichte & Maße: Zulässiges Gesamtgewicht 47 000 kg, Leergewicht 21 000 kg, Bodenfreiheit 51 cm, Wendekreis 17 m
Bereifung: 900/60R42, 900/60R42
Preis: keine Angabe

Vredo VT7138

Trac-Trägerfahrzeug

Motor: Scania Turbomotor mit Ladeluftkühlung mit 522 kW (710 PS) nach ISO; 8 Zylinder, 16 400 cm^3 Hubraum, Abgasnorm Stufe V
Getriebe: VVT 700/CVT, stufenloses Getriebe bis 40 km/h
Hubwerk: Kat. II/III/IV, Hubkraft 10 500 daN
Hydraulik: Pumpenleistung 175 + 175 l/min bei 200 bar
Gewichte & Maße: Zulässiges Gesamtgewicht 60 000 kg, Leergewicht 28 500 kg, Bodenfreiheit 45 cm, Wendekreis 23 m
Bereifung: 900/60R42, 900/60R42
Preis: keine Angabe

Zetor

Zbrojovka Brno wurde nach dem Ersten Weltkrieg im Jahr 1918 in der ehemaligen Tschechoslowakei gegründet. Bis 1945 fand auf dem Betriebsgelände des heutigen Unternehmens Zetor die Produktion von Flugzeugzubehör für die Kriegsindustrie statt. So startet die Geschichte der Zetor-Traktoren erst nach dem Zweiten Weltkrieg.

„Zetor" ist ein Kunstwort, das sich aus dem Buchstaben „Zet" von Zbrojovka und den beiden letzten Buchstaben von „Traktor" zusammensetzt. Anfangs war der Name Zetor nur ein Markenname für die Traktoren. Erst 1992 wurde der Markenname auch zum Herstellernamen. Von dem ersten entwickelten Prototyp für den Zetor 25 wurden in den Jahren 1946 bis 1962 insgesamt 158 570 Traktoren hergestellt. Danach wurde der Zetor 25 in Lisen gefertigt, die Modelle Zetor 35 Super und Zetor 50 Super bis 1968 in Zbrojovka Brno. 1980 wurde die UR II-Baureihe um das Modell 16045 Turbo mit Allradantrieb und einer Leistung von 160 PS (118 kW) erweitert.

Im Jahr 1981 wurden Traktorenentwicklung und Produktion an das Staatsunternehmen ZTS Martin (Schwermaschinenbaubetrieb) übergeben. Durch den politischen Wandel änderten sich auch die Besitzverhältnisse, und die Zetor Aktiengesellschaft wurde gegründet. 1997 begann die Produktion der neuen Traktoren UR I unter dem Namen Super, und seit 1999 werden die Traktoren UR III unter dem Namen Forterra gebaut.

Weitere Informationen erhalten Sie von:

Zetor Tractors a.s.
Trnkova 111
628 00 Brünn, Tschechien
Telefon: +420 (0) 734/416 006
www.zetor.de

Zetor Major CL 80

Allradschlepper

Motor: Deutz Turbomotor mit Ladeluftkühlung mit 55,4 kW (75 PS) nach ISO; 4 Zylinder, Abgasnorm Stufe V
Getriebe: T50, 12 Vorwärts- und 12 Rückwärtsgänge (auf Wunsch N bis 30 km/h), synchronisiert, 5 Gänge im Hauptarbeitsbereich
Zapfwelle: 540/1 000/Weg, Höchstdrehzahl: 613/1 145 min^{-1}
Hubwerk: Kat. II, Hubkraft 2 400 daN
Hydraulik: Pumpenleistung 50 l/min bei 180 bar
Gewichte & Maße: Zulässiges Gesamtgewicht 4 300 kg, Leergewicht 3 165 kg, Bodenfreiheit 42 cm, Wendekreis 8,2 m
Bereifung: 280/85R24, 380/85R30
Preis: keine Angabe

Zetor Proxima CL 100

Allradschlepper

Motor: Deutz Turbomotor mit Ladeluftkühlung mit 72,5 kW (99 PS) nach ISO; 4 Zylinder, Abgasnorm Stufe V
Getriebe: 12 Vorwärts- und 12 Rückwärtsgänge (auf Wunsch 20/4 KG bis 40 km/h), synchronisiert, 6 Gänge im Hauptarbeitsbereich
Zapfwelle: 540/1 000/Weg, Höchstdrehzahl: 598/1 128 min^{-1}
Hubwerk: Kat. II, Hubkraft 4 500 daN
Hydraulik: Pumpenleistung 50 l/min bei 180 bar
Gewichte & Maße: Zulässiges Gesamtgewicht 6 570 kg, Leergewicht 3 585 kg, Bodenfreiheit 43 cm, Wendekreis 8,4 m
Bereifung: 280/85R24, 420/85R30
Preis: keine Angabe

Zetor Proxima GP 100

Allradschlepper

Motor: Deutz Turbomotor mit Ladeluftkühlung mit 72,5 kW (99 PS) nach ISO; 4 Zylinder, Abgasnorm Stufe V
Getriebe: 16 Vorwärts- und 16 Rückwärtsgänge (auf Wunsch N bis 40 km/h),

synchronisiert, 6 Gänge im Hauptarbeitsbereich, 2 Lastschaltstufen
Zapfwelle: 540/1 000/Weg, Höchstdrehzahl: 598/1 128 min^{-1}
Hubwerk: Kat. II, Hubkraft 4 500 daN
Hydraulik: Pumpenleistung 50 l/min bei 180 bar
Gewichte & Maße: Zulässiges Gesamtgewicht 7 725 kg, Leergewicht 4 054 kg, Bodenfreiheit 43 cm, Wendekreis 9 m
Bereifung: 340/85R24, 420/85R34
Preis: keine Angabe

Zetor Proxima HS 100

Allradschlepper

Motor: Deutz Turbomotor mit Ladeluftkühlung mit 72,5 kW (99 PS) nach ISO; 4 Zylinder, Abgasnorm Stufe V
Getriebe: 24 Vorwärts- und 24 Rückwärtsgänge (auf Wunsch N bis 40 km/h), synchronisiert, 11 Gänge im Hauptarbeitsbereich, 3 Lastschaltstufen
Zapfwelle: 540/1 000/Weg, Höchstdrehzahl: 598/1 128 min^{-1}
Hubwerk: Kat. II, Hubkraft 4 500 daN
Hydraulik: Pumpenleistung 50 l/min bei 180 bar

Gewichte & Maße: Zulässiges Gesamtgewicht 7 725 kg, Leergewicht 4 014 kg, Bodenfreiheit 47 cm, Wendekreis 11,2 m
Bereifung: 340/85R24, 480/85R34
Preis: keine Angabe

Zetor Forterra HSX 110

Allradschlepper

Motor: Zetor Turbomotor mit Ladeluftkühlung mit 78 kW (106 PS) nach ISO; 4 Zylinder, Abgasnorm Stufe V
Getriebe: 30 Vorwärts- und 30 Rückwärtsgänge (auf Wunsch N bis 40 km/h), synchronisiert, 13 Gänge im Hauptarbeitsbereich, 3 Lastschaltstufen
Zapfwelle: 540/540E/1 000/1 000E, Höchstdrehzahl: 621/1 128 min^{-1}
Hubwerk: Kat. II/IIIN, Hubkraft 8 500 daN
Hydraulik: Pumpenleistung 70 l/min bei 200 bar
Gewichte & Maße: Zulässiges Gesamtgewicht 8 000 kg, Leergewicht 4 700 kg, Bodenfreiheit 49 cm, Wendekreis 11,2 m
Bereifung: 420/70R24, 520/70R38
Preis: keine Angabe

Zetor Proxima CL 110

Allradschlepper

Motor: Deutz Turbomotor mit Ladeluftkühlung mit 80,9 kW (110 PS) nach ISO; 4 Zylinder, Abgasnorm Stufe V
Getriebe: 12 Vorwärts- und 12 Rückwärtsgänge (auf Wunsch 20/4 KG bis 40 km/h), synchronisiert, 6 Gänge im Hauptarbeitsbereich
Zapfwelle: 540/1 000/Weg, Höchstdrehzahl: 598/1 128 min^{-1}
Hubwerk: Kat. II, Hubkraft 4 500 daN
Hydraulik: Pumpenleistung 50 l/min bei 180 bar
Gewichte & Maße: Zulässiges Gesamtgewicht 6 570 kg, Leergewicht 3 585 kg, Bodenfreiheit 43 cm, Wendekreis 8,4 m
Bereifung: 280/85R24, 420/85R30
Preis: keine Angabe

Zetor Proxima HS 110

Allradschlepper

Motor: Deutz Turbomotor mit Ladeluftkühlung mit 80,9 kW (110 PS) nach ISO; 4 Zylinder, Abgasnorm Stufe V
Getriebe: 24 Vorwärts- und 24 Rückwärtsgänge (auf Wunsch N bis 40 km/h), synchronisiert, 11 Gänge im Hauptarbeitsbereich, 3 Lastschaltstufen
Zapfwelle: 540/1 000/Weg, Höchstdrehzahl: 598/1 128 min^{-1}
Hubwerk: Kat. II, Hubkraft 4 500 daN
Hydraulik: Pumpenleistung 50 l/min bei 180 bar
Gewichte & Maße: Zulässiges Gesamtgewicht 7 725 kg, Leergewicht 4 014 kg, Bodenfreiheit 47 cm, Wendekreis 11,2 m
Bereifung: 340/85R24, 480/85R34
Preis: keine Angabe

Zetor Proxima GP 110

Allradschlepper

Motor: Deutz Turbomotor mit Ladeluftkühlung mit 80,9 kW (110 PS) nach ISO; 4 Zylinder, Abgasnorm Stufe V
Getriebe: 16 Vorwärts- und 16 Rückwärtsgänge (auf Wunsch N bis 40 km/h), synchronisiert, 6 Gänge im Hauptarbeitsbereich, 2 Lastschaltstufen
Zapfwelle: 540/1 000/Weg, Höchstdrehzahl: 598/1 128 min^{-1}

Hubwerk: Kat. II, Hubkraft 4500 daN
Hydraulik: Pumpenleistung 50 l/min bei 180 bar
Gewichte & Maße: Zulässiges Gesamtgewicht 7725 kg, Leergewicht 4054 kg, Bodenfreiheit 43 cm, Wendekreis 9 m
Bereifung: 340/85R24, 420/85R34
Preis: keine Angabe

Zetor Forterra HSX 120

Allradschlepper

Motor: Zetor Turbomotor mit Ladeluftkühlung mit 86 kW (117 PS) nach ISO; 4 Zylinder, Abgasnorm Stufe V
Getriebe: 30 Vorwärts- und 30 Rückwärtsgänge (auf Wunsch N bis 40 km/h), synchronisiert, 13 Gänge im Hauptarbeitsbereich, 3 Lastschaltstufen
Zapfwelle: 540/540E/1000/1000E, Höchstdrehzahl: 621/1128 min^{-1}
Hubwerk: Kat. II/IIIN, Hubkraft 8500 daN
Hydraulik: Pumpenleistung 70 l/min bei 200 bar
Gewichte & Maße: Zulässiges Gesamtgewicht 8000 kg, Leergewicht 4700 kg, Bodenfreiheit 49 cm, Wendekreis 11,2 m
Bereifung: 420/70R24, 520/70R38
Preis: keine Angabe

Zetor Proxima HS 120

Allradschlepper

Motor: Deutz Turbomotor mit Ladeluftkühlung mit 93 kW (126 PS) nach ISO; 4 Zylinder, Abgasnorm Stufe V
Getriebe: 24 Vorwärts- und 24 Rückwärtsgänge (auf Wunsch N bis 40 km/h), synchronisiert, 11 Gänge im Hauptarbeitsbereich, 3 Lastschaltstufen
Zapfwelle: 540/1000/Weg, Höchstdrehzahl: 598/1128 min^{-1}
Hubwerk: Kat. II, Hubkraft 4500 daN
Hydraulik: Pumpenleistung 50 l/min bei 180 bar
Gewichte & Maße: Zulässiges Gesamtgewicht 7725 kg, Leergewicht 4014 kg, Bodenfreiheit 47 cm, Wendekreis 11,2 m
Bereifung: 340/85R24, 480/85R34
Preis: keine Angabe

Zetor Forterra HSX 130

Allradschlepper

Motor: Zetor Turbomotor mit Ladeluftkühlung mit 93 kW (126 PS) nach ISO; 4 Zylinder, Abgasnorm Stufe V
Getriebe: 30 Vorwärts- und 30 Rückwärtsgänge (auf Wunsch N bis 40 km/h), synchronisiert, 13 Gänge im Hauptarbeitsbereich, 3 Lastschaltstufen
Zapfwelle: 540/540E/1000/1000E, Höchstdrehzahl: 621/1128 min^{-1}
Hubwerk: Kat. II/IIIN, Hubkr. 8500 daN
Hydraulik: Pumpenleistung 70 l/min bei 200 bar
Gewichte & Maße: Zulässiges Gesamtgewicht 8000 kg, Leergewicht 4700 kg, Bodenfreiheit 49 cm, Wendekreis 11,2 m
Bereifung: 420/70R24, 520/70R38
Preis: keine Angabe

Zetor Forterra HD 130

Allradschlepper

Motor: Zetor Turbomotor mit Ladeluftkühlung mit 93 kW (126 PS) nach ISO; 4 Zylinder, Abgasnorm Stufe V
Getriebe: 30 Vorwärts- und 30 Rückwärtsgänge (auf Wunsch N bis 40 km/h), synchronisiert, 13 Gänge im Hauptarbeitsbereich, 3 Lastschaltstufen
Zapfwelle: 540/540E/1000/1000E, Höchstdrehzahl: 621/1128 min^{-1}
Hubwerk: Kat. III, Hubkraft 8500 daN
Hydraulik: Pumpenleistung 85 l/min bei 200 bar
Gewichte & Maße: Zulässiges Gesamtgewicht 9000 kg, Leergewicht 4800 kg, Bodenfreiheit 52 cm, Wendekreis 11,9 m
Bereifung: 480/65R24, 600/65R38
Preis: keine Angabe

Zetor 6130

Allradschlepper

Motor: Deutz Turbomotor mit Ladeluftkühlung mit 96 kW (131 PS) nach ISO; 4 Zylinder, Abgasnorm Stufe V
Getriebe: TPT 16, 30 Vorwärts- und 15 Rückwärtsgänge (auf Wunsch 30/15 bis 40 km/h), synchronisiert, 12 Gänge im Hauptarbeitsbereich
Zapfwelle: 540/540E/1000/1000E
Hubwerk: Kat. III, Hubkraft 8100 daN
Hydraulik: Pumpenleistung 120 l/min bei 200 bar
Gewichte & Maße: Zulässiges Gesamtgewicht 7900 kg, Leergewicht 5500 kg, Bodenfreiheit 52 cm, Wendekreis 11,2 m
Bereifung: 480/70R28, 600/65R38
Preis: keine Angabe

Zetor Forterra HSX 140

Allradschlepper

Motor: Zetor Turbomotor mit Ladeluftkühlung mit 100 kW (136 PS) nach ISO; 4 Zylinder, Abgasnorm Stufe V
Getriebe: 30 Vorwärts- und 30 Rückwärtsgänge (auf Wunsch N bis 40 km/h), synchronisiert, 13 Gänge im Hauptarbeitsbereich, 3 Lastschaltstufen
Zapfwelle: 540/540E/1000/1000E, Höchstdrehzahl: 621/1128 min^{-1}
Hubwerk: Kat. II/IIIN, Hubkraft 8500 daN
Hydraulik: Pumpenleistung 70 l/min bei 200 bar
Gewichte & Maße: Zulässiges Gesamtgewicht 8000 kg, Leergewicht 4700 kg, Bodenfreiheit 49 cm, Wendekreis 11,2 m
Bereifung: 420/70R24, 520/70R38
Preis: keine Angabe

Zetor Forterra HD 140

Allradschlepper

Motor: Zetor Turbomotor mit Ladeluftkühlung mit 100 kW (136 PS) nach ISO; 4 Zylinder, Abgasnorm Stufe V
Getriebe: 30 Vorwärts- und 30 Rückwärtsgänge (auf Wunsch N bis 40 km/h), synchronisiert, 13 Gänge im Hauptarbeitsbereich, 3 Lastschaltstufen
Zapfwelle: 540/540E/1000/1000E, Höchstdrehzahl: 621/1128 min^{-1}
Hubwerk: Kat. III, Hubkraft 8500 daN
Hydraulik: Pumpenleistung 85 l/min bei 200 bar
Gewichte & Maße: Zulässiges Gesamtgewicht 9000 kg, Leergewicht 4800 kg, Bodenfreiheit 52 cm, Wendekreis 11,9 m
Bereifung: 480/65R24, 600/65R38
Preis: keine Angabe

Zetor

Zetor 6140

Allradschlepper

Motor: Deutz Turbomotor mit Ladeluftkühlung mit 105 kW (143 PS) nach ISO; 4 Zylinder, Abgasnorm Stufe IV
Getriebe: TPT 16, 30 Vorwärts- und 15 Rückwärtsgänge (a. W. 30/15 bis 40 km/h), synchronisiert, 12 Gänge im Hauptarbeitsbereich, 6 Lastschaltstufen
Hubwerk: Kat. III, Hubkraft 8 100 daN
Hydraulik: Pumpenleistung 120 l/min bei 200 bar
Gewichte & Maße: Zulässiges Gesamtgewicht 7 900 kg, Leergewicht 5 500 kg, Bodenfreiheit 52 cm, Wendekreis 11,2 m
Bereifung: 480/70R28, 600/56R38
Preis: keine Angabe

Zetor Forterra HD 150

Allradschlepper

Motor: Zetor Turbomotor mit Ladeluftkühlung mit 108 kW (147 PS) nach ISO; 4 Zylinder, Abgasnorm Stufe V
Getriebe: 30 Vorwärts- und 30 Rückwärtsgänge (auf Wunsch N bis 40 km/h), synchronisiert, 13 Gänge im Hauptarbeitsbereich, 3 Lastschaltstufen
Zapfwelle: 540/540E/1 000/1 000E, Höchstdrehzahl: 621/1 128 min^{-1}
Hubwerk: Kat. III, Hubkraft 8 500 daN
Hydraulik: Pumpenleistung 85 l/min bei 200 bar
Gewichte & Maße: Zul. Gesamtgewicht 9 000 kg, Leergew. 4 800 kg, Bodenfreiheit 52 cm, Wendekreis 11,9 m
Bereifung: 480/65R24, 600/65R38
Preis: keine Angabe

Zetor 6150

Allradschlepper

Motor: Deutz Turbomotor mit Ladeluftkühlung mit 115 kW (156 PS) nach ISO; 4 Zylinder, Abgasnorm Stufe V
Getriebe: TPT 16, 30 Vorwärts- und 15 Rückwärtsgänge (a. W. 30/15 bis 40 km/h), synchr., 12 Gänge im Hauptarbeitsbereich, 6 Lastschaltstufen
Zapfwelle: 540/540E/1 000/1 000E
Hubwerk: Kat. III, Hubkraft 8 100 daN
Hydraulik: Pumpenleistung 120 l/min bei 200 bar
Gewichte & Maße: Zulässiges Gesamtgewicht 7 900 kg, Leergewicht 5 500 kg, Bodenfreiheit 53 cm, Wendekreis 11,2 m
Bereifung: 540/65R28, 650/65R38
Preis: keine Angabe

Zetor 6170

Allradschlepper

Motor: Deutz Turbomotor mit Ladeluftkühlung mit 128 kW (174 PS) nach ISO; 4 Zylinder, Abgasnorm Stufe V
Getriebe: TPT 16, 30 Vorwärts- und 15 Rückwärtsgänge (a. W. 30/15 bis 40 km/h), synchronisiert, 12 Gänge im Hauptarbeitsbereich, 6 Lastschaltstufen
Zapfwelle: 540/540E/1 000/1 000E
Hubwerk: Kat. III, Hubkraft 8 100 daN
Hydraulik: Pumpenleistung 120 l/min bei 200 bar
Gewichte & Maße: Zulässiges Gesamtgewicht 7 900 kg, Leergewicht 6 000 kg, Bodenfreiheit 52 cm, Wendekreis 11,2 m
Bereifung: 540/65R28, 650/56R38
Preis: keine Angabe

Die wichtigsten Daten auf einen Blick

Im folgenden Tabellenteil finden Sie für die Standard-Traktoren zu jedem Schleppertyp mehr als 30 weitere wichtige Daten – vom Drehmoment (der „Motorkraft") über den Ölhaushalt und der Getriebeabstufung bis hin zu den verschiedenen Ausrüstungsvarianten der Modelle.

Im ersten Abschnitt ist die Leistung des Schleppers in kW angeführt, und zwar parallel nach ECE R 24 und nach ISO 14396, jeweils mit **Nennleistung, Maximal- und Boostleistung** – so wie die Hersteller die Daten angeben. Die Werte in den Spalten „ECE R 24" sind niedriger, aber ehrlicher, weil sie mit angebauten Nebenaggregaten gemessen werden. Die höheren Werte in den Spalten „ISO 14396" werden ohne jedes Nebenaggregat gemessen und sind in der Praxis so nicht erzielbar, also nur etwas für das Marketing.

Anschließend finden Sie auf den folgenden Seiten in den Tabellen Angaben über das **Drehmoment**, das maximale Drehmoment und den Drehmomentanstieg. Je höher das maximale Drehmoment, desto mehr Kraft hat der Motor in seiner Leistungsspitze. Der Anstieg des Drehmomentes sollte mindestens 10 bis 15 % betragen, gute Motoren erreichen heute sogar mehr als 30 oder gar 40 % Drehmomentanstieg.

Bei den Angaben zur **Lautstärke** handelt es sich meist um Messwerte am Ohr des Fahrers. Auch hier gilt eine eingeschränkte Vergleichbarkeit, da die verschiedenen Messmethoden sehr unterschiedlich sind. Zur Erinnerung: Eine Steigerung der Lautstärke um 10 dB(A) empfindet das menschliche Ohr als Verdoppelung des Lärms.

Die Angaben zum **Ölhaushalt** des Traktors halten wir deshalb für wichtig, weil es hier um die Wartungskosten geht: Ob beim **Motor-Ölwechsel** nun 6 oder 10 l Öl benötigt werden, macht vor allem dann einen Unterschied, wenn der Wechsel im ersten Fall nur alle 300 Betriebsstunden und im zweiten Fall schon nach 100 Betriebsstunden erforderlich wird.

Die zusätzlichen Angaben zum **Getriebe** verschaffen einen Einblick in die Abstufung: Je mehr Gänge im **Hauptarbeitsbereich zwischen 4 und 12 km/h**, desto kleiner können die Sprünge zwischen zwei Gängen sein. Und eine feinere Abstufung des Getriebes macht sich bei vielen Arbeiten bezahlt, weil Sie Ihre Arbeitsgeschwindigkeit den Erfordernissen anpassen können.

Die **Maße** geben Auskunft darüber, ob die Breite und Höhe der Stalleinfahrt und der Garage ausreichen, um mit dem Schlepper durchfahren zu können.

Die prozentuale **Gewichtsverteilung** bezieht sich auf das Leergewicht im Stand. Ideal ist für Schlepper, die schwere Lasten wie z. B. einen Pflug transportieren sollen, wenn hier mehr Gewicht auf der Vorderachse liegt. Denn dann wird bei der Arbeit das Gewicht auf beide Achsen gleichmäßig verteilt.

Zum rechten Teil der Tabelle, den Angaben über die möglichen **Ausrüstungsvarianten**, ist Folgendes anzumerken: Aus Platzgründen ist hier nur eine kleine Auswahl aufgeführt.

Zunächst geht es um die angegebene **Endgeschwindigkeit** und den **Allradantrieb**. Bedenken Sie, dass Bremsen-Sonderuntersuchungen bei höheren Fahrgeschwindigkeiten Pflicht sind und dass der Verschleiß bei schnellerer Fahrt deutlich höher ist als bei langsameren Antrieben. Eine **Vorderachsfederung** ist ab 50 km/h Endgeschwindigkeit vorgeschrieben, bei Geschwindigkeiten darunter gehört sie zur Komfort-Ausstattung.

Bei Schleppern oberhalb von 120 PS sollte die **Druckluft-Bremsanlage** mit zwei Kreisen oder als kombinierte Einkreis-/Zweikreis-Anlage zur Serienausstattung gehören – tut es aber leider nicht bei allen Herstellern, hier gilt es aufzupassen bei der Bestellung.

Wichtig sind die Angaben zu der Ausstattung mit verschiedenen **Getriebevarianten**. Hier finden Sie die **Wendeschaltung** und das **Wendegetriebe**, aber auch das **Kriech-** und **Lastschaltgetriebe** sowie das **stufenlose Getriebe**, wenn der Traktor damit serienmäßig oder auf Wunsch ausgerüstet ist.

Für die Elektronik ist die Frage nach der möglichen Ausstattung mit **CAN-Bus** oder mit **ISO-Bus** heute ein wichtiger Aspekt – denken Sie daran, wenn Sie den Schlepper nach Ihren Wünschen (und den zukünftigen Bedürfnissen Ihres Betriebes) ausstatten. Die Ausprägungen gehen dabei von der ISO-Bus-Verkabelung bis zur Ausrüstung mit einem ISO-Bus fähigen Terminal.

Ist der Schlepper mit **Fronthubwerk** und **Frontzapfwelle** lieferbar, wird auch die Hubkraft für das Fronthubwerk mit angegeben.

Nahezu alle Schlepper oberhalb von 100 PS sind heute mit einer **Kabine** ausgerüstet, entweder auf Wunsch gegen Aufpreis oder bereits serienmäßig.

Wenn es die Umstände auf dem Hof erfordern, können manche Typen auch mit einer **Niedrigkabine** ausgestattet werden, die die Bauhöhe verringert, was bei niedrigen Durchfahrten meistens hilfreich ist.

Technische Daten Standardschlepper

Hersteller Typ	Leistungsangaben nach ECE R 24: kW Nennleistung	kW Maximalleistung	kW Boostleistung	Leistungsangaben nach ISO 14396: kW Nennleistung	kW Maximalleistung	kW Boostleistung	Motor: Nm Drehmoment max.	% Drehmomentanstieg	dB(A) Lautstärke unter Last	Wartung: l Motoröl Füllmenge	h bis zum Ölwechsel	Gangzahl 4 – 12 km/h	Ma…: cm Länge	cm Breite	cm
Schlepper von 34 bis 50 kW (46 bis 68 PS)															
Kioti DK4520 C	–	–	–	34	34	–	148	20	85	7,4	250	4	331	–	–
Kioti DK4520 H	–	–	–	34	34	–	148	20	86	7,4	250	stl	331	–	–
Kioti DK4520 HS	–	–	–	34	34	–	148	20	86	7,4	250	4	329	–	–
John Deere 5050E	–	–	–	36	36	–	188	22	86	8,5	250	4	364	185	240
Kioti DK5020 C	–	–	–	38	38	–	166	20	85	7,4	250	4	331	–	–
Kioti DK5020 CH	–	–	–	38	38	–	166	20	85	7,4	250	stl	331	–	–
Kioti DK5020 H	–	–	–	38	38	–	166	20	86	7,4	250	stl	331	–	–
Kioti DK5020 HS	–	–	–	38	38	–	166	20	85	7,4	250	4	329	–	–
Rigitrac SKE 40	40	–	–	–	–	–	480	–	54			stl	0	130	225
Case IH Farmall 55 A	–	–	–	41	41	–	258	52	81	7,9	600	4	390	210	249
New Holland T 4.55 S	–	–	–	41	41	–	258	52	81	7,9	600	4	390	210	249
Case IH Farmall 55 C	–	–	–	43	43	–	265	48	78	8,5	600	4	370	215	245
Kioti DK6020 C	–	–	–	43	43	–	187	18	85	7,4	250	4	331	–	–
Kioti DK6020 CH	–	–	–	43	43	–	187	18	85	7,4	250	stl	331	–	–
Kioti DK6020 H	–	–	–	43	43	–	187	18	86	7,4	250	stl	331	–	–
New Holland T 4.55	–	–	–	43	43	–	265	48	78	8,5	600	4	370	215	245
Steyr 4055 Kompakt S	–	–	–	43	43	–	265	48	78	8,5	600	4	370	215	245
John Deere 5058E	–	–	–	44	44	–	247	22	86	8,5	250	5	364	185	243
Landini Serie 4–060	–	–	–	45	45	–	285	46	84	9	500	5	407	240	249
McCormick X4.060	–	–	–	45	45	–	285	46	84	9	500	5	407	240	249
Case IH Farmall 65 A	–	–	–	48	48	–	291	46	81	7,9	600	4	390	210	249
Case IH Farmall 65 C	–	–	–	48	4802	–	290	46	78	8,5	600	4	370	215	245
New Holland T 4.65	–	–	–	48	48	–	290	46	78	8,5	600	4	370	215	245
New Holland T 4.65 S	–	–	–	48	48	–	291	46	81	7,9	600	4	390	210	249
Deutz–Fahr 4070 E	–	–	–	48	49	–	297	16	–	8,5	600	5	386	213	252
Deutz–Fahr 5070 D Keyline	–	–	–	48	49	–	297	16	–	8,5	600	10	386	213	252
Lamborghini Crono 70	–	–	–	48	49	–	297	16	–	8,5	600	5	386	213	252
Lamborghini Spire 70 Trend	–	–	–	48	49	–	297	16	–	8,5	600	10	386	213	252
Same Argon 70	–	–	–	48	49	–	297	16	–	8,5	600	5	386	213	252
Same Dorado 70 Natural	–	–	–	48	49	–	297	16	–	8,5	600	10	386	213	252
Steyr 4065 Kompakt S	–	–	–	48	48	–	290	46	78	8,5	600	4	370	215	245
Kubota M4–063 Cab	–	–	–	49	–	–	231	–	79	12	500	5	370	185	258
Landini Serie 4–070	–	–	–	50	50	–	310	43	84	9	500	5	407	240	249
McCormick X4.070	–	–	–	50	50	–	310	43	84	9	500	5	407	240	249
John Deere 5067E	–	–	–	50	50	–	280	22	86	8,5	250	5	364	185	243

Ausrüstung: ● Serie, ◐ Wunsch, ○ nicht lieferbar

% Gewichtsverteilung vorn/hinten	daN Hubkraft Fronthubwerk	40 km/h maximal	50 km/h maximal	60 km/h und mehr	Allradantrieb	Vorderachsfederung	Druckluftbremse	Hydrostatische Lenkung	Wendeschaltung	Wendegetriebe	Lastschaltgetriebe	Kriechgetriebe	Stufenloses Getriebe	ISO-Bus	CAN-Bus	Fronthubwerk/-ZW	Kabinenfederung	Niedrigkabine	Kabine
Schlepper von 34 bis 50 kW (46 bis 68 PS)																			
–	980	○	○	○	●	○	○	●	●	●	●	●	○	○	○	◐	○	○	●
–	980	○	○	○	●	○	○	●	○	○	○	○	●	○	○	◐	○	○	○
–	980	○	○	○	●	○	○	●	●	●	●	●	○	○	○	◐	○	○	○
40:60	–	○	○	○	●	○	◐	●	◐	●	●	◐	○	○	○	○	○	○	○
–	980	○	○	○	●	○	○	●	●	●	●	●	○	○	○	◐	○	○	●
–	980	○	○	○	●	○	○	●	○	○	○	○	●	○	○	◐	○	○	●
–	980	○	○	○	●	○	○	●	○	○	○	○	●	○	○	◐	○	○	○
–	980	○	○	○	●	○	○	●	●	●	●	●	○	○	○	◐	○	○	○
–	750	●	○	○	●	○	○	●	●	○	○	●	●	◐	●	◐	○	●	◐
41:59	–	●	○	○	●	○	○	●	●	●	●	◐	○	○	●	○	○	○	●
41:59	–	●	○	○	●	○	○	●	●	●	●	◐	○	○	●	○	○	○	●
41:59	–	●	○	○	●	○	○	●	●	●	●	◐	○	○	●	◐	○	○	●
–	980	○	○	○	●	○	○	●	●	●	●	●	○	○	○	◐	○	○	●
–	980	○	○	○	●	○	○	●	○	○	○	○	●	○	○	◐	○	○	●
–	980	○	○	○	●	○	○	●	○	○	○	○	●	○	○	◐	○	○	○
41:59	–	●	○	○	●	○	○	●	●	●	●	◐	○	○	●	◐	○	○	●
41:59	–	●	○	○	●	○	○	●	●	●	●	◐	○	○	●	◐	○	○	●
40:60	–	◐	○	○	●	○	◐	●	●	●	●	◐	○	○	○	○	○	○	◐
–	–	●	○	○	●	○	○	●	●	●	●	●	○	○	●	◐	○	○	●
–	–	●	○	○	●	○	○	●	●	●	●	●	○	○	●	◐	○	○	●
41:59	–	●	○	○	●	○	○	●	●	●	●	◐	○	○	●	○	○	○	●
41:59	–	●	○	○	●	○	○	●	●	●	●	◐	○	○	●	◐	○	○	●
41:59	–	●	○	○	●	○	○	●	●	●	●	◐	○	○	●	◐	○	○	●
41:59	–	●	○	○	●	○	○	●	●	●	●	◐	○	○	●	○	○	○	●
42:58	–	◐	○	○	●	○	○	●	◐	●	●	●	○	○	○	○	○	◐	◐
44:56	–	●	○	○	●	○	○	●	●	●	●	●	○	○	○	○	○	○	●
42:58	–	◐	○	○	●	○	○	●	◐	●	●	●	○	○	○	○	○	◐	◐
44:56	–	●	○	○	●	○	○	●	●	●	●	●	○	○	○	○	○	○	●
42:58	–	◐	○	○	●	○	○	●	◐	●	●	●	○	○	○	○	○	◐	◐
44:56	–	●	○	○	●	○	○	●	●	●	●	●	○	○	○	○	○	○	●
41:59	–	●	○	○	●	○	○	●	●	●	●	◐	○	○	●	◐	○	○	●
40:60	1600	●	○	○	●	○	◐	●	●	●	●	●	○	○	○	◐	○	○	●
–	–	●	○	○	●	○	○	●	●	●	●	●	○	○	●	◐	○	○	●
–	–	●	○	○	●	○	○	●	●	●	●	●	○	○	●	◐	○	○	●
40:60	–	◐	○	○	●	○	◐	●	●	●	●	◐	○	○	○	○	○	○	◐

Technische Daten Standardschlepper

Hersteller Typ	Leistungsangaben nach ECE R 24: kW Nennleistung	kW Maximalleistung	kW Boostleistung	Leistungsangaben nach ISO 14396: kW Nennleistung	kW Maximalleistung	kW Boostleistung	Motor: Nm Drehmoment max.	% Drehmomentanstieg	dB(A) Lautstärke unter Last	l Motoröl Füllmenge	Wartung: h bis zum Ölwechsel	Gangzahl 4 – 12 km/h	Ma…: cm Länge	cm Breite	cm …
Schlepper von 53 bis 59 kW (72 bis 80 PS)															
Fendt 207 Vario Gen3	–	–	–	53	58	–	328	37	–	10,5	500	stl	412	197	257
Kioti RX7330 P	–	–	–	55	55	–	240	20	90	10,9	250	4	372	–	–
Kioti RX7330 PC-GE	–	–	–	55	55	–	240	20	84	10,9	250	4	372	–	–
Kioti RX8040PC-GE	–	–	–	55	55	–	240	20	84	10,7	250	4	372	–	–
Deutz-Fahr 5075 D	–	–	–	55	55	–	359	–	–	6,7	600	–	450	200	255
Deutz-Fahr 5075 Keyline	–	–	–	55	55	–	359	–	–	6,7	600	–	426	225	267
Lamborghini Strike 75 Trend	–	–	–	55	55	–	359	–	–	6,7	600	–	426	225	267
Same Explorer 75 Natural	–	–	–	55	55	–	359	–	–	6,7	600	–	426	225	267
Case IH Farmall 75 A	–	–	–	55	55	–	341	49	81	7,9	600	4	390	210	249
Case IH Farmall 75 C	–	–	–	55	55	–	320	40	78	8,5	600	4	370	215	245
Claas Elios 2.75	–	–	–	55	55	–	309	–	75	6,4	600	6	382	203	264
John Deere 5075E	–	–	–	55	55	–	304	22	86	8,5	250	5	364	185	243
John Deere 5075M	–	55	50	55	55	–	304	27	77	8,5	300	5	415	217	259
Kubota M4-073 Cab	–	–	–	55	–	–	261	–	79	12	500	8	370	185	258
Lindner Lintrac 65 LS	–	–	–	55	55	–	350	32	77	9	500	6	376	203	245
Lindner Lintrac 75 LS	–	–	–	55	55	–	350	32	77	9	500	6	376	207	245
Lindner Unitrac 72 P5	–	–	–	55	55	–	350	32	74	9	500	6	489	208	248
New Holland T 4,75	–	–	–	55	55	–	320	40	78	8,5	600	4	370	215	245
New Holland T 4.75 S	–	–	–	55	55	–	341	49	81	7,9	600	4	390	210	249
Steyr 4075 Kompakt S	–	–	–	55	55	–	320	40	78	8,5	600	4	370	215	245
Valtra F75S	–	–	–	55	55	–	358	–	73	12	600	8	395	186	242
Deutz-Fahr 4080 E	–	–	–	55	56	–	341	28	–	8,5	600	5	386	213	252
Deutz-Fahr 5080 D Keyline	–	–	–	55	56	–	341	28	–	8,5	600	10	386	213	252
Lamborghini Crono 80	–	–	–	55	56	–	341	28	–	8,5	600	5	386	213	252
Lamborghini Spire 80 Trend	–	–	–	55	56	–	341	28	–	8,5	600	10	386	213	252
Same Argon 80	–	–	–	55	56	–	341	28	–	8,5	600	5	386	213	252
Same Dorado 80 Natural	–	–	–	55	56	–	341	28	–	8,5	600	10	386	213	252
Landini Serie 4-080	–	–	–	55	55	–	310	30	84	9	500	5	407	240	249
McCormick X4.080	–	–	–	55	55	–	310	30	84	9	500	5	407	240	249
Rigitrac SKH 60	55	–	–	–	–	–	270	–	–	8,5	250	stl	406	201	220
Zetor Major CL 80	–	–	–	55	–	–	300	25	78	8	500	5	393	224	260
Landini Serie 5-085	–	–	–	56	56	–	375	–	77	9,5	500	9	400	240	258
McCormick X5.085	–	–	–	56	56	–	375	–	77	9,5	500	9	400	240	258
Valtra A75 HiTech	–	–	–	56	56	–	315	–	73	12	600	6	407	233	286
New Holland T 5.80	–	–	–	59	59	–	350	43	77	8,5	600	12	398	221	256

Ausrüstung: ● Serie, ◐ Wunsch, ○ nicht lieferbar

% Gewichtsverteilung vorn/hinten	daN Hubkraft Fronthubwerk	40 km/h maximal	50 km/h maximal	60 km/h und mehr	Allradantrieb	Vorderachsfederung	Druckluftbremse	Hydrostatische Lenkung	Wendeschaltung	Wendegetriebe	Lastschaltgetriebe	Kriechgetriebe	Stufenloses Getriebe	ISO-Bus	CAN-Bus	Fronthubwerk/-ZW	Kabinenfederung	Niedrigkabine	Kabine
Schlepper von 53 bis 59 kW (72 bis 80 PS)																			
–	2540	●	○	○	●	◐	◐	●	●	○	○	●	●	◐	●	◐	◐	○	●
–	1278	●	○	○	●	○	◐	●	●	●	●	●	○	○	○	◐	○	○	○
–	1278	●	○	○	●	○	◐	●	●	●	●	●	○	○	○	◐	○	○	●
–	1278	●	○	○	●	○	◐	●	●	●	●	●	○	○	○	◐	○	○	●
–	2100	●	○	○	●	○	○	●	●	●	●	◐	○	○	○	●	○	○	●
–	–	●	○	○	●	○	●	●	●	●	●	◐	○	○	○	○	●	○	●
–	–	●	○	○	●	○	●	●	●	●	●	◐	○	○	○	○	●	○	●
–	–	●	○	○	●	○	●	●	●	●	●	◐	○	○	○	○	●	○	●
41:59	–	●	○	○	●	○	○	●	●	●	●	◐	○	○	●	○	○	○	●
41:59	–	●	○	○	●	○	○	●	●	●	●	◐	○	○	●	◐	○	○	●
40:60	2800	●	○	○	●	○	○	●	●	●	●	●	○	○	○	◐	○	○	◐
40:60	–	◐	○	○	●	○	◐	●	●	●	●	◐	○	○	○	○	○	○	◐
40:60	3160	●	○	○	●	○	◐	●	●	●	●	◐	○	○	○	◐	○	○	●
40:60	1600	●	○	○	●	○	◐	●	●	●	●	●	○	○	○	◐	○	○	●
40:60	2500	●	○	○	●	○	◐	●	○	●	●	○	○	◐	●	◐	◐	◐	●
40:60	2500	●	○	○	●	○	◐	●	○	●	●	○	○	◐	●	◐	◐	◐	●
80:20	1800	●	◐	○	●	●	◐	●	○	●	●	◐	○	○	●	◐	○	○	●
41:59	–	●	○	○	●	○	○	●	●	●	●	◐	○	○	●	◐	○	○	●
41:59	–	●	○	○	●	○	○	●	●	●	●	◐	○	○	●	○	○	○	●
41:59	–	●	○	○	●	○	○	●	●	●	●	◐	○	○	●	◐	○	○	●
40:60	–	●	○	○	●	○	○	●	●	●	●	○	○	○	●	○	○	○	●
42:58	–	◐	○	○	●	○	○	●	◐	●	●	●	○	○	○	○	○	◐	◐
44:56	–	●	○	○	●	○	○	●	●	●	●	●	○	○	○	○	○	○	●
42:58	–	◐	○	○	●	○	○	●	◐	●	●	●	○	○	○	○	○	◐	◐
44:56	–	●	○	○	●	○	○	●	●	●	●	●	○	○	○	○	○	○	●
42:58	–	◐	○	○	●	○	○	●	◐	●	●	●	○	○	○	○	○	◐	◐
44:56	–	●	○	○	●	○	○	●	●	●	●	●	○	○	○	○	○	○	●
–	–	●	○	○	●	○	○	●	●	●	●	●	○	○	●	◐	○	○	●
–	–	●	○	○	●	○	○	●	●	●	●	●	○	○	●	◐	○	○	●
–	2000	●	○	○	●	●	○	●	●	○	○	●	●	○	●	●	●	●	●
42:58	1100	○	○	○	●	○	◐	●	●	●	●	○	○	○	○	◐	○	○	●
–	1600	●	○	○	●	○	◐	●	●	●	●	◐	○	○	●	◐	○	○	●
–	1600	●	○	○	●	○	◐	●	●	●	●	◐	○	○	●	◐	○	○	●
42:58	3500	●	○	○	●	○	●	●	●	●	●	◐	○	○	●	◐	○	○	●
–	1700	●	○	○	●	○	◐	●	●	●	●	◐	○	●	●	◐	●	○	●

Technische Daten Standardschlepper

Hersteller Typ	Leistungsangaben nach ECE R 24			Leistungsangaben nach ISO 14396			Motor				Wartung		Ma…		
	kW Nennleistung	kW Maximalleistung	kW Boostleistung	kW Nennleistung	kW Maximalleistung	kW Boostleistung	Nm Drehmoment max.	% Drehmomentanstieg	dB(A) Lautstärke unter Last	l Motoröl Füllmenge	h bis zum Ölwechsel	Gangzahl 4 – 12 km/h	cm Länge	cm Breite	cm H…
Schlepper von 59 bis 68 kW (80 bis 92 PS)															
Steyr 4080 Plus	–	–	–	59	59	–	350	43	77	8,5	600	12	398	221	256
Fendt 208 Vario Gen3	–	–	–	60	62	–	348	28	–	10,5	500	stl	412	217	257
Claas Elios 3.85	–	–	–	61	62	–	334	–	73	9,5	600	6	404	167	256
Massey Ferguson MF 4708 M	–	–	–	61	63	–	347	–	75	12,5	500	5	413	200	252
Massey Ferguson MF 3AL.85	–	–	–	63	66	–	365	–	78	9,5	600	9	358	182	255
Valtra A85 HiTech	–	–	–	63	63	–	350	–	73	12	600	6	407	233	286
Deutz-Fahr 4090 E	–	–	–	64	67	–	372	35	–	8,5	600	5	386	213	252
Deutz-Fahr 5090 D Keyline	–	–	–	64	67	–	372	35	–	8,5	600	10	386	213	252
Lamborghini Crono 90	–	–	–	64	67	–	372	35	–	8,5	600	5	386	213	252
Lamborghini Spire 90 Trend	–	–	–	64	67	–	372	35	–	8,5	600	10	386	213	252
Same Argon 90	–	–	–	64	67	–	372	35	–	8,5	600	5	386	213	252
Same Dorado 90 Natural	–	–	–	64	67	–	372	35	–	8,5	600	10	386	213	252
Case IH Farmall 90 A	–	–	–	66	66	–	380	39	77	8,5	600	4	398	221	–
Case IH Farmall 90 C	–	–	–	66	66	–	380	39	77	8,5	600	12	398	221	256
New Holland T 5.90 S	–	–	–	66	66	–	380	39	77	8,5	600	4	398	221	–
New Holland T 5.90	–	–	–	66	66	–	380	39	77	8,5	600	12	398	221	256
Steyr 4090 Plus	–	–	–	66	66	–	380	39	77	8,5	600	12	398	221	256
Deutz-Fahr 5095	–	–	–	66	70	–	389	35	–	8,5	600	–	423	207	270
Deutz-Fahr 5095 D	–	–	–	66	70	–	389	32	–	6,7	600	12	425	194	244
Deutz-Fahr 5095 D TTV	–	–	–	66	70	–	389	32	–	12	600	stl	425	194	245
Deutz-Fahr 5095 Keyline	–	–	–	66	70	–	389	–	–	6,7	600	–	426	225	267
Lamborghini Spire 95	–	–	–	66	70	–	389	32	–	6,7	600	12	425	194	244
Lamborghini Spire 95 VRT	–	–	–	66	70	–	389	32	–	12	600	stl	425	194	245
Lamborghini Strike 95	–	–	–	66	70	–	389	35	–	8,5	600	–	423	207	270
Lamborghini Strike 95 Trend	–	–	–	66	70	–	389	–	–	6,7	600	–	426	225	267
Same Dorado 95	–	–	–	66	70	–	389	32	–	6,7	600	12	425	194	244
Same Dorado CVT 95	–	–	–	66	70	–	389	32	–	12	600	stl	425	194	245
Same Explorer 95	–	–	–	66	70	–	389	35	–	8,5	600	–	423	207	270
Same Explorer 95 Natural	–	–	–	66	70	–	389	–	–	6,7	600	–	426	225	267
Claas Axos 3.95	–	–	–	67	69	–	366	–	81	–	600	5	404	225	260
Fendt 209 Vario Gen3	–	–	–	67	69	–	389	28	–	10,5	500	stl	412	217	262
Kioti HX9010PC-EU	–	74	–	67	67	–	402	30	82	15	500	7	440	–	–
Valtra F95S	–	–	–	67	68	–	382	–	73	12	600	8	395	186	242
Massey Ferguson MF 4709 M	–	–	–	68	71	–	355	–	75	12,5	500	5	413	200	252
Massey Ferguson MF 5M.95	–	–	–	68	71	–	405	–	75	16	600	6	430	211	275

Ausrüstung: ● Serie, ◐ Wunsch, ○ nicht lieferbar

% Gewichtsverteilung vorn/hinten	daN Hubkraft Fronthubwerk	40 km/h maximal	50 km/h maximal	60 km/h und mehr	Allradantrieb	Vorderachsfederung	Druckluftbremse	Hydrostatische Lenkung	Wendeschaltung	Wendegetriebe	Lastschaltgetriebe	Kriechgetriebe	Stufenloses Getriebe	ISO-Bus	CAN-Bus	Fronthubwerk/-ZW	Kabinenfederung	Niedrigkabine	Kabine
Schlepper von 59 bis 68 kW (80 bis 92 PS)																			
–	1700	●	○	○	●	○	◐	●	●	●	●	◐	○	●	●	◐	●	○	●
–	2540	●	○	○	●	◐	◐	●	●	○	○	●	●	◐	●	◐	◐	○	●
40:60	2910	●	○	○	●	○	○	●	●	●	●	○	○	◐	○	◐	○	○	●
–	–	●	○	○	●	○	◐	●	●	●	●	◐	○	○	○	◐	○	○	●
–	1680	●	○	○	●	○	◐	●	●	●	●	○	○	○	○	◐	○	◐	●
42:58	3500	●	○	○	●	○	●	●	●	●	●	◐	○	○	●	◐	○	○	●
42:58	–	◐	○	○	●	○	○	●	●	●	●	●	○	○	○	○	○	◐	◐
44:56	–	●	○	○	●	○	○	●	●	●	●	●	○	○	○	○	○	○	●
42:58	–	◐	○	○	●	○	○	●	●	●	●	●	○	○	○	○	○	◐	◐
44:56	–	●	○	○	●	○	○	●	●	●	●	●	○	○	○	○	○	○	●
42:58	–	◐	○	○	●	○	○	●	●	●	●	●	○	○	○	○	○	◐	◐
44:56	–	●	○	○	●	○	○	●	●	●	●	●	○	○	○	○	○	○	●
–	1700	●	○	○	●	○	◐	●	●	●	●	◐	○	○	●	◐	○	○	●
–	1700	●	○	○	●	○	◐	●	●	●	●	◐	○	●	●	◐	●	○	●
–	1700	●	○	○	●	○	◐	●	●	●	●	◐	○	○	●	◐	○	○	●
–	1700	●	○	○	●	○	◐	●	●	●	●	◐	○	●	●	◐	●	○	●
–	1700	●	○	○	●	○	◐	●	●	●	●	◐	○	●	●	◐	●	○	●
47:53	2100	●	○	○	●	○	◐	●	●	●	●	◐	○	○	○	◐	○	○	●
44:56	2100	●	○	○	●	○	◐	●	●	●	●	●	○	○	○	◐	○	○	●
44:56	2100	●	○	○	●	◐	◐	●	●	●	●	●	●	◐	●	◐	●	○	●
–	–	●	○	○	●	○	●	●	●	●	●	◐	○	○	○	○	●	○	●
44:56	2100	●	○	○	●	○	◐	●	●	●	●	●	○	○	○	◐	○	○	●
44:56	2100	●	○	○	●	◐	◐	●	●	●	●	●	●	◐	●	◐	●	○	●
47:53	2100	●	○	○	●	○	◐	●	●	●	●	◐	○	○	○	◐	○	○	●
–	–	●	○	○	●	○	●	●	●	●	●	◐	○	○	○	○	●	○	●
44:56	2100	●	○	○	●	○	◐	●	●	●	●	●	○	○	○	◐	○	○	●
44:56	2100	●	○	○	●	◐	◐	●	●	●	●	●	●	◐	●	◐	●	○	●
47:53	2100	●	○	○	●	○	◐	●	●	●	●	◐	○	○	○	◐	○	○	●
–	–	●	○	○	●	○	●	●	●	●	●	◐	○	○	○	○	●	○	●
40:60	3110	●	○	○	●	○	◐	●	●	●	●	○	○	◐	○	◐	○	○	●
–	2540	●	○	○	●	◐	◐	●	●	○	○	●	●	◐	●	◐	◐	○	●
–	3027	●	○	○	●	○	◐	●	●	●	●	●	○	○	○	◐	○	○	●
40:60	–	●	○	○	●	○	○	●	●	●	●	○	○	○	●	○	○	○	●
–	–	●	○	○	●	○	◐	●	●	●	●	◐	○	○	○	◐	○	○	●
–	2500	●	○	○	●	○	◐	●	●	●	●	◐	○	●	○	◐	◐	○	●

Technische Daten Standardschlepper

Hersteller Typ	Leistungsangaben nach ECE R 24 kW Nennleistung	kW Maximalleistung	kW Boostleistung	nach ISO 14396 kW Nennleistung	kW Maximalleistung	kW Boostleistung	Nm Drehmoment max.	Motor % Drehmomentanstieg	dB(A) Lautstärke unter Last	Wartung l Motoröl Füllmenge	h bis zum Ölwechsel	Gangzahl 4 – 12 km/h	Maß cm Länge	cm Breite	cm Hö
Schlepper von 69 bis 74 kW (94 bis 101 PS)															
John Deere 5095M	–	74	66	69	69	–	376	30	77	13	500	5	415	217	259
Kubota M5–092 Rops	–	–	–	69	–	–	357	–	81	10,7	500	5	396	202	265
John Deere 6M 95	–	77	–	70	77	–	445	40	71	16	500	9	436	255	288
John Deere 6M 95	–	77	–	70	73	–	421	40	71	16	500	9	436	255	288
Landini Serie 5–100 Active	–	–	–	70	70	–	395	30	–	9,5	500	10	417	250	262
Landini Serie 5–100 Dynamic	–	–	–	70	70	–	395	30	–	9,5	500	14	417	250	262
Landini Serie 5–100 HC	–	–	–	70	70	–	395	30	–	9,5	500	10	429	271	292
Massey Ferguson MF 3AL.95	–	–	–	70	73	–	395	–	78	9,5	600	9	358	182	255
McCormick X5.100 Efficient	–	–	–	70	70	–	395	30	–	9,5	500	10	417	250	262
McCormick X5.100 HC	–	–	–	70	70	–	395	30	–	9,5	500	10	429	271	292
McCormick X5.100 Premium	–	–	–	70	70	–	395	30	–	9,5	500	14	417	250	262
Valtra A95 HiTech	–	–	–	70	70	–	355	–	73	12	600	6	407	233	286
Kubota M5–092 Cab	–	–	–	71	–	–	307	–	78	10,7	500	10	396	202	264
Deutz–Fahr 5100	–	–	–	71	75	–	417	35	–	8,5	600	–	410	207	270
Deutz–Fahr 4100 E	–	–	–	71	75	–	417	35	–	8,5	600	5	386	213	252
Deutz–Fahr 5100 D Keyline	–	–	–	71	75	–	417	35	–	8,5	600	10	386	213	252
Lamborghini Crono 100	–	–	–	71	75	–	417	35	–	8,5	600	5	386	213	252
Lamborghini Spire 100 Trend	–	–	–	71	75	–	417	35	–	8,5	600	10	386	213	252
Lamborghini Strike 100	–	–	–	71	75	–	417	35	–	8,5	600	–	410	207	270
Same Argon 100	–	–	–	71	75	–	417	35	–	8,5	600	5	386	213	252
Same Dorado 100 Natural	–	–	–	71	75	–	417	35	–	8,5	600	10	386	213	252
Same Explorer 100	–	–	–	71	75	–	417	35	–	8,5	600	–	410	207	270
Claas Arion 420	–	–	–	72	75	–	434	26	73	12,2	600	7	437	226	270
Claas Axos 2.105	–	–	–	72	76	–	406	–	73	9,5	600	5	404	167	240
Claas Axos 3.105	–	–	–	72	77	–	406	–	81	–	600	5	404	225	260
Zetor Proxima CL 100	–	–	–	73	–	–	397	31	75	9	500	6	382	190	270
Zetor Proxima GP 100	–	–	–	73	–	–	397	31	75	9	500	6	382	190	270
Zetor Proxima HS 100	–	–	–	73	–	–	397	31	75	9	500	11	406	190	270
Fendt 210 Vario Gen3	–	–	–	73	77	–	428	30	–	10,5	500	stl	412	217	262
Massey Ferguson MF 4710 M	–	–	–	73	75	–	385	–	75	12,5	500	5	413	200	252
New Holland T 5.110 Auto Command	–	–	–	73	81	–	520	48	69	10	600	stl	420	228	290
New Holland T 5.110 Dynamic Command	–	–	–	73	81	–	520	48	69	10	600	11	420	228	290
Case IH Farmall 100 A	–	–	–	74	74	–	450	47	77	8,5	600	4	398	221	–
Case IH Farmall 100 C	–	–	–	74	74	–	450	47	77	8,5	600	12	398	221	256
Fendt 311 Vario Gen4	–	–	–	74	83	–	497	48	–	14	500	stl	434	222	282

Ausrüstung: ● Serie, ◐ Wunsch, ○ nicht lieferbar

% Gewichtsverteilung vorn/hinten	daN Hubkraft Fronthubwerk	40 km/h maximal	50 km/h maximal	60 km/h und mehr	Allradantrieb	Vorderachsfederung	Druckluftbremse	Hydrostatische Lenkung	Wendeschaltung	Wendegetriebe	Lastschaltgetriebe	Kriechgetriebe	Stufenloses Getriebe	ISO-Bus	CAN-Bus	Fronthubwerk/-ZW	Kabinenfederung	Niedrigkabine	Kabine
Schlepper von 69 bis 74 kW (94 bis 101 PS)																			
40:60	3160	●	○	○	●	○	◐	●	●	●	●	◐	○	◐	○	◐	○	◐	●
40:60	3300	●	○	○	●	○	◐	●	●	(▼)	(▼)	●	○	○	○	◐	○	○	○
40:60	4400	●	○	○	●	◐	◐	●	●	●	●	◐	◐	◐	●	◐	◐	○	●
40:60	4400	●	○	○	●	◐	◐	●	●	●	●	◐	◐	◐	●	◐	◐	○	●
–	2200	●	○	○	●	○	◐	●	●	●	●	◐	○	◐	●	◐	○	○	●
–	2200	●	○	○	●	◐	◐	●	●	●	●	◐	○	◐	●	◐	◐	○	●
–	–	○	○	○	●	○	○	●	●	●	●	●	○	◐	●	●	○	○	●
–	1680	●	○	○	●	○	◐	●	●	●	●	○	○	○	○	◐	○	◐	●
–	2200	●	○	○	●	○	◐	●	●	●	●	◐	○	◐	●	◐	○	○	●
–	–	○	○	○	●	○	○	●	●	●	●	●	○	◐	●	●	○	○	●
–	2200	●	○	○	●	◐	◐	●	●	●	●	◐	○	◐	●	◐	◐	○	●
42:58	3500	●	○	○	●	○	●	●	●	●	●	◐	○	○	●	◐	○	○	●
40:60	3300	●	○	○	●	○	◐	●	●	●	●	●	○	◐	○	◐	○	○	●
47:53	2100	●	○	○	●	○	◐	●	●	●	●	◐	○	○	○	◐	○	○	●
42:58	–	◐	○	○	●	○	○	●	●	●	●	●	○	○	○	○	○	◐	◐
44:56	–	●	○	○	●	○	○	●	●	●	●	●	○	○	○	○	○	○	●
42:58	–	◐	○	○	●	○	○	●	●	●	●	●	○	○	○	○	○	◐	◐
44:56	–	●	○	○	●	○	○	●	●	●	●	●	○	○	○	○	○	○	●
47:53	2100	●	○	○	●	○	◐	●	●	●	●	◐	○	○	○	◐	○	○	●
42:58	–	◐	○	○	●	○	○	●	●	●	●	●	○	○	○	○	○	◐	◐
44:56	–	●	○	○	●	○	○	●	●	●	●	●	○	○	○	○	○	○	●
47:53	2100	●	○	○	●	○	◐	●	●	●	●	◐	○	○	○	◐	○	○	●
49:51	4300	●	○	○	●	◐	◐	●	●	●	●	◐	○	◐	○	◐	○	◐	●
40:60	2910	●	○	○	●	○	○	●	●	●	●	○	○	◐	○	◐	○	○	●
40:60	3110	●	○	○	●	○	◐	●	●	●	●	○	○	◐	○	◐	○	○	●
41:59	3000	●	○	○	●	○	◐	●	●	●	●	◐	○	○	○	◐	○	○	●
44:56	3000	●	○	○	●	○	●	●	●	●	●	○	○	○	○	◐	○	○	●
42:58	3000	●	○	○	●	○	●	●	●	●	●	○	○	○	○	◐	○	○	●
–	2540	●	○	○	●	◐	◐	●	●	○	○	●	●	◐	●	◐	◐	○	●
–	–	●	○	○	●	○	◐	●	●	●	●	◐	○	○	○	◐	○	○	●
40:60	2250	●	○	○	●	◐	●	●	●	●	●	●	●	●	●	◐	●	◐	●
40:60	2250	●	○	○	●	◐	●	●	●	●	●	◐	○	●	●	◐	●	◐	●
–	1700	●	○	○	●	○	◐	●	●	●	●	◐	○	○	●	◐	○	○	●
–	1700	●	○	○	●	○	◐	●	●	●	●	◐	○	●	●	◐	●	○	●
–	3130	●	○	○	●	●	◐	●	●	○	○	●	●	◐	●	◐	◐	○	●

Technische Daten Standardschlepper

Hersteller Typ	Leistungsangaben nach ECE R 24			Leistungsangaben nach ISO 14396			Motor			Wartung			Maß		
	kW Nennleistung	kW Maximalleistung	kW Boostleistung	kW Nennleistung	kW Maximalleistung	kW Boostleistung	Nm Drehmoment max.	% Drehmomentanstieg	dB(A) Lautstärke unter Last	l Motoröl Füllmenge	h bis zum Ölwechsel	Gangzahl 4 – 12 km/h	cm Länge	cm Breite	cm Hö
Schlepper von 74 bis 75 kW (101 bis 102 PS)															
New Holland T 5.100 S	–	–	–	74	74	–	450	47	77	8,5	600	4	398	221	–
New Holland T 5.100	–	–	–	74	74	–	450	47	77	8,5	600	12	398	221	256
New Holland T 5.100 ElectroCommand	–	–	–	74	74	–	450	47	74	8,5	600	10	416	210	269
Deutz-Fahr 5105	–	–	–	74	78	–	433	35	–	12	600	–	423	207	270
Deutz-Fahr 5105 D	–	–	–	74	78	–	433	32	–	6,7	600	12	425	194	244
Deutz-Fahr 5105 D TTV	–	–	–	74	78	–	433	32	–	12	600	stl	425	194	245
Deutz-Fahr 5105 Keyline	–	–	–	74	78	–	433	–	–	6,7	600	–	426	225	267
Deutz-Fahr 5105 Keyline PLUS	–	–	–	74	78	–	433	–	–	6,7	600	–	426	235	274
Deutz-Fahr 5105 TB	–	–	–	74	78	–	433	35	–	12	600	12	413	204	240
Lamborghini Spire 105	–	–	–	74	78	–	433	32	–	6,7	600	12	425	194	244
Lamborghini Spire 105 VRT	–	–	–	74	78	–	433	32	–	12	600	stl	425	194	245
Lamborghini Strike 105	–	–	–	74	78	–	433	35	–	12	600	–	423	207	270
Lamborghini Strike 105 TB	–	–	–	74	78	–	433	35	–	12	600	12	413	204	240
Lamborghini Strike 105 Trend	–	–	–	74	78	–	433	–	–	6,7	600	–	426	225	267
Lamborghini Strike 105 Trend (HD)	–	–	–	74	78	–	433	–	–	6,7	600	–	426	235	274
Same Dorado 105	–	–	–	74	78	–	433	32	–	6,7	600	12	425	194	244
Same Dorado CVT 105	–	–	–	74	78	–	433	32	–	12	600	stl	425	194	245
Same Explorer 105	–	–	–	74	78	–	433	35	–	12	600	–	423	207	270
Same Explorer 105 HD Natural	–	–	–	74	78	–	433	–	–	6,7	600	–	426	235	274
Same Explorer 105 Natural	–	–	–	74	78	–	433	–	–	6,7	600	–	426	225	267
Same Explorer 105 TB	–	–	–	74	78	–	433	35	–	12	600	12	413	204	240
Steyr 4100 Plus	–	–	–	74	74	–	450	47	77	8,5	600	12	398	221	256
Lindner Lintrac 70	–	–	–	74	74	–	450	32	77	9	500	stl	376	207	245
Lindner Lintrac 80	–	–	–	74	74	–	450	32	77	9	500	stl	376	207	245
Lindner Unitrac 92 P5	–	–	–	74	74	–	430	32	74	9	500	6	489	212	248
Kioti HX1001PC-EU	–	82	–	75	75	–	442	30	82	15	500	7	440	–	–
Case IH Vestrum 100	–	–	–	75	82	–	520	48	69	10	600	11	379	240	287
Case IH Vestrum 100 CVXDrive	–	–	–	75	82	–	520	48	69	10	600	stl	379	240	287
Landini Serie 5-110 Active	–	–	–	75	75	–	430	32	–	9,5	500	10	417	250	262
Landini Serie 5-110 Dynamic	–	–	–	75	75	–	430	32	–	9,5	500	14	417	250	262
Landini Serie 5-110 HC	–	–	–	75	75	–	430	32	–	9,5	500	10	429	271	292
Lindner Lintrac 95 LS	–	–	–	75	75	–	430	32	77	9	500	6	413	219	271
Massey Ferguson MF 3AL.105	–	–	–	75	77	–	405	–	78	9,5	600	9	358	182	255
McCormick X5.110 Efficient	–	–	–	75	75	–	430	32	–	9,5	500	10	417	250	262
McCormick X5.110 HC	–	–	–	75	75	–	430	32	–	9,5	500	10	429	271	292

Ausrüstung: ● Serie, ◐ Wunsch, ○ nicht lieferbar

% Gewichtsverteilung vorn/hinten	daN Hubkraft Fronthubwerk	40 km/h maximal	50 km/h maximal	60 km/h und mehr	Allradantrieb	Vorderachsfederung	Druckluftbremse	Hydrostatische Lenkung	Wendeschaltung	Wendegetriebe	Lastschaltgetriebe	Kriechgetriebe	Stufenloses Getriebe	ISO-Bus	CAN-Bus	Fronthubwerk/-ZW	Kabinenfederung	Niedrigkabine	Kabine
Schlepper von 74 bis 75 kW (101 bis 102 PS)																			
–	1700	●	○	○	●	○	◐	●	●	●	●	◐	○	○	●	◐	○	○	●
–	1700	●	○	○	●	○	◐	●	●	●	●	◐	○	●	●	◐	●	○	●
40:60	2250	●	○	○	●	◐	◐	●	●	●	●	◐	○	◐	●	◐	◐	○	●
45:55	2100	●	○	○	●	○	◐	●	●	●	●	◐	○	○	○	◐	○	○	●
44:56	2100	●	○	○	●	○	◐	●	●	●	●	●	○	○	○	◐	○	○	●
44:56	2100	●	○	○	●	◐	◐	●	●	●	●	●	●	◐	●	◐	●	○	●
–	–	●	○	○	●	○	●	●	●	●	●	◐	○	○	○	○	●	○	●
–	–	●	○	○	●	○	●	●	●	●	●	◐	○	○	○	○	●	○	●
–	2100	●	○	○	●	○	○	●	●	●	●	◐	○	○	○	◐	○	○	○
44:56	2100	●	○	○	●	○	◐	●	●	●	●	●	○	○	○	◐	○	○	●
44:56	2100	●	○	○	●	◐	◐	●	●	●	●	●	●	◐	●	◐	●	○	●
45:55	2100	●	○	○	●	○	◐	●	●	●	●	◐	○	○	○	◐	○	○	●
–	2100	●	○	○	●	○	○	●	●	●	●	◐	○	○	○	◐	○	○	○
–	–	●	○	○	●	○	●	●	●	●	●	◐	○	○	○	○	●	○	●
–	–	●	○	○	●	○	●	●	●	●	●	◐	○	○	○	○	●	○	●
44:56	2100	●	○	○	●	○	◐	●	●	●	●	●	○	○	○	◐	○	○	●
44:56	2100	●	○	○	●	◐	◐	●	●	●	●	●	●	◐	●	◐	●	○	●
45:55	2100	●	○	○	●	○	◐	●	●	●	●	◐	○	○	○	◐	○	○	●
–	–	●	○	○	●	○	●	●	●	●	●	◐	○	○	○	○	●	○	●
–	–	●	○	○	●	○	●	●	●	●	●	◐	○	○	○	○	●	○	●
–	2100	●	○	○	●	○	○	●	●	●	●	◐	○	○	○	◐	○	○	○
–	1700	●	○	○	●	○	◐	●	●	●	●	◐	○	●	●	◐	●	○	●
40:60	2500	●	○	○	●	○	◐	●	●	●	●	●	●	◐	●	◐	◐	◐	●
40:60	2500	●	○	○	●	○	◐	●	●	●	●	●	●	◐	●	◐	●	◐	●
80:20	1800	●	◐	○	●	●	◐	●	○	●	●	◐	○	○	●	◐	○	○	●
–	3027	●	○	○	●	○	◐	●	●	●	●	●	○	○	○	◐	○	○	●
–	2025	●	○	○	●	◐	◐	●	●	●	●	◐	●	◐	●	◐	◐	◐	●
–	2025	●	○	○	●	◐	◐	●	●	●	●	●	●	◐	●	◐	◐	◐	●
–	2200	●	○	○	●	○	◐	●	●	●	●	◐	○	◐	●	◐	○	○	●
–	2200	●	○	○	●	◐	◐	●	●	●	●	◐	○	◐	●	◐	◐	○	●
–	–	○	○	○	●	○	○	●	●	●	●	●	○	◐	●	●	○	○	●
40:60	2500	●	○	○	●	◐	◐	●	●	●	●	○	○	◐	●	◐	●	◐	●
–	1680	●	○	○	●	○	◐	●	●	●	●	○	○	●	○	◐	○	◐	●
–	2200	●	○	○	●	○	◐	●	●	●	●	◐	○	◐	●	◐	○	○	●
–	–	○	○	○	●	○	○	●	●	●	●	●	○	◐	●	●	○	○	●

Technische Daten Standardschlepper

Hersteller Typ	Leistungsangaben nach ECE R 24 kW Nennleistung	kW Maximalleistung	kW Boostleistung	Leistungsangaben nach ISO 14396 kW Nennleistung	kW Maximalleistung	kW Boostleistung	Nm Drehmoment max.	% Drehmomentanstieg	Motor dB(A) Lautstärke unter Last	Wartung l Motoröl Füllmenge	h bis zum Ölwechsel	Gangzahl 4 – 12 km/h	Ma cm Länge	cm Breite	cm Hö
Schlepper von 75 bis 81 kW (102 bis 110 PS)															
McCormick X5.110 Premium	–	–	–	75	75	–	430	32	–	9,5	500	14	417	250	262
Steyr 4110 Expert CVT	–	–	–	75	82	–	520	48	69	10	600	stl	379	240	287
Valtra F105S	–	–	–	75	76	–	417	–	73	12	600	8	395	186	242
Fendt 310 Vario Gen5	–	76	–	–	–	–	536	41	–	14	500	stl	434	222	273
Fendt 211 Vario Gen3	–	84	–	77	84	–	463	33	–	10,5	500	stl	412	219	262
John Deere 5105M	–	81	75	77	77	–	418	30	77	13	500	5	415	217	259
John Deere 6M 105	–	85	–	77	81	–	492	40	71	16	500	9	436	255	288
Kubota M6-101 U	–	–	–	77	–	–	339	–	73	10,5	500	9	433	227	283
Massey Ferguson MF 5M.105	–	–	–	77	80	–	440	–	75	16	600	6	430	211	275
Kubota M5-112 ROPS	–	–	–	78	–	–	357	–	81	10,7	500	5	396	202	265
Valtra A105 HiTech 4	–	–	–	78	78	–	435	–	73	12	600	8	435	233	294
Valtra G105 Active	–	–	–	78	78	–	440	–	71	16	600	8	454	240	283
Valtra G105 HiTech	–	–	–	78	78	–	440	–	71	16	600	8	454	240	283
Valtra G105 Versu	–	–	–	78	78	–	440	–	71	16	600	8	454	240	283
Valtra G105 Active CVT	–	–	–	78	78	–	440	–	71	16	600	stl	454	240	283
Valtra G105 SmartTouch CVT	–	–	–	78	78	–	440	–	71	16	600	stl	454	240	283
Zetor Forterra HSX 110	–	–	–	78	–	–	472	39	77	10	500	13	477	227	280
Lindner Unitrac 112 LDrive	–	–	–	79	79	–	420	32	80	7	500	stl	493	212	248
Massey Ferguson MF 5S.105 Dyna-4	–	–	–	79	83	–	440	–	70	12	600	6	449	230	280
Massey Ferguson MF 5S.105 Dyna-6	–	–	–	79	83	–	440	–	69	12	600	9	449	230	280
Rigitrac SKH 75	80	–	–	–	–	–	410	–	68	9	250	stl	378	236	255
Deutz-Fahr 5115	–	–	–	81	85	–	472	35	–	12	600	–	426	217	275
Deutz-Fahr 5115 D TTV	–	–	–	81	85	–	472	28	–	12	600	stl	425	194	245
Deutz-Fahr 5115 TB	–	–	–	81	85	–	472	35	–	12	600	12	413	204	240
Lamborghini Spire 115 VRT	–	–	–	81	85	–	472	28	–	12	600	stl	425	194	245
Lamborghini Strike 115	–	–	–	81	85	–	472	35	–	12	600	–	426	217	275
Lamborghini Strike 115 TB	–	–	–	81	85	–	472	35	–	12	600	12	413	204	240
Same Dorado CVT 115	–	–	–	81	85	–	472	28	–	12	600	stl	425	194	245
Same Explorer 115	–	–	–	81	85	–	472	35	–	12	600	–	426	217	275
Same Explorer 115 TB	–	–	–	81	85	–	472	35	–	12	600	12	413	204	240
Zetor Proxima CL 110	–	–	–	81	–	–	440	31	75	9	500	6	382	190	270
Zetor Proxima GP 110	–	–	–	81	–	–	440	31	75	9	500	6	382	190	270
Zetor Proxima HS 110	–	–	–	81	–	–	440	31	75	9	500	11	406	190	270
Case IH Farmall 110 A	–	–	–	81	81	–	490	46	77	8,5	600	4	398	221	–
Case IH Farmall 110 C	–	–	–	81	81	–	490	46	77	8,5	600	12	398	221	256

	% Gewichtsverteilung vorn/hinten	daN Hubkraft Fronthubwerk	40 km/h maximal	50 km/h maximal	60 km/h und mehr	Allradantrieb	Vorderachsfederung	Druckluftbremse	Hydrostatische Lenkung	Wendeschaltung	Wendegetriebe	Lastschaltgetriebe	Kriechgetriebe	Stufenloses Getriebe	ISO-Bus	CAN-Bus	Fronthubwerk/-ZW	Kabinenfederung	Niedrigkabine	Kabine
Ausrüstung: ● Serie, ◐ Wunsch, ○ nicht lieferbar																				

Schlepper von 75 bis 81 kW (102 bis 110 PS)																			
–	2200	●	○	○	●	◐	◐	●	●	●	●	◐	○	◐	●	◐	◐	○	●
–	2025	●	○	○	●	◐	◐	●	●	●	●	●	●	◐	●	◐	◐	◐	●
40:60	–	●	○	○	●	○	○	●	●	●	●	○	○	○	●	○	○	○	●
–	3130	●	○	○	●	●	◐	●	●	○	○	●	●	◐	●	◐	◐	○	●
–	2540	●	○	○	●	◐	◐	●	●	○	○	●	●	◐	●	◐	◐	○	●
40:60	3160	●	○	○	●	○	◐	●	●	●	●	◐	○	◐	○	◐	○	◐	●
40:60	4400	●	○	○	●	◐	◐	●	●	●	●	◐	◐	◐	●	◐	◐	○	●
45:55	4000	●	○	○	●	◐	◐	●	●	●	●	◐	○	◐	○	◐	○	○	●
–	2500	●	○	○	●	○	◐	●	●	●	●	◐	○	●	○	◐	◐	○	●
40:60	3300	●	○	○	●	○	◐	●	●	(▼)	(▼)	●	○	○	○	◐	○	○	○
42:58	3500	●	○	○	●	○	●	●	●	●	●	◐	○	○	●	◐	○	○	●
42:58	2900	●	○	○	●	●	●	●	●	●	●	◐	○	◐	●	◐	◐	○	●
42:58	2900	●	○	○	●	●	●	●	●	●	●	◐	○	◐	●	◐	◐	○	●
42:58	2900	●	○	○	●	●	●	●	●	●	●	◐	○	◐	●	◐	◐	○	●
42:58	2900	●	○	○	●	●	●	●	●	●	●	◐	●	◐	●	◐	◐	○	●
42:58	2900	●	○	○	●	●	●	●	●	●	●	◐	●	◐	●	◐	◐	○	●
39:61	3500	●	○	○	●	○	●	●	●	●	●	○	○	○	○	◐	◐	○	●
80:20	1800	●	◐	○	●	●	◐	●	●	●	●	●	●	○	●	◐	○	○	●
–	2500	●	○	○	●	○	◐	●	●	●	●	◐	○	◐	●	◐	◐	◐	●
–	2500	●	○	○	●	○	◐	●	●	●	●	◐	○	◐	●	◐	◐	◐	●
44:56	3000	●	○	○	●	●	◐	●	●	○	○	●	●	◐	●	◐	○	●	◐
44:56	2100	●	○	○	●	○	◐	●	●	●	●	◐	○	○	○	◐	○	○	●
44:56	2100	●	○	○	●	◐	◐	●	●	●	●	●	●	◐	●	◐	●	○	●
–	2100	●	○	○	●	○	○	●	●	●	●	◐	○	○	○	◐	○	○	○
44:56	2100	●	○	○	●	◐	◐	●	●	●	●	●	●	◐	●	◐	●	○	●
44:56	2100	●	○	○	●	○	◐	●	●	●	●	◐	○	○	○	◐	○	○	●
–	2100	●	○	○	●	○	○	●	●	●	●	◐	○	○	○	◐	○	○	○
44:56	2100	●	○	○	●	◐	◐	●	●	●	●	●	●	◐	●	◐	●	○	●
44:56	2100	●	○	○	●	○	◐	●	●	●	●	◐	○	○	○	◐	○	○	●
–	2100	●	○	○	●	○	○	●	●	●	●	◐	○	○	○	◐	○	○	○
41:59	3000	●	○	○	●	○	◐	●	●	●	●	◐	○	○	○	◐	○	○	●
44:56	3000	●	○	○	●	○	●	●	●	●	●	○	○	○	○	◐	○	○	●
42:58	3000	●	○	○	●	○	●	●	●	●	●	○	○	○	○	◐	○	○	●
–	1700	●	○	○	●	○	◐	●	●	●	●	◐	○	○	●	◐	○	○	●
–	1700	●	○	○	●	○	◐	●	●	●	●	◐	○	●	●	◐	●	○	●

Technische Daten Standardschlepper

Hersteller Typ	Leistungsangaben nach ECE R 24: kW Nennleistung	Leistungsangaben nach ECE R 24: kW Maximalleistung	Leistungsangaben nach ECE R 24: kW Boostleistung	Leistungsangaben nach ISO 14396: kW Nennleistung	Leistungsangaben nach ISO 14396: kW Maximalleistung	Leistungsangaben nach ISO 14396: kW Boostleistung	Motor: Nm Drehmoment max.	Motor: % Drehmomentanstieg	Motor: dB(A) Lautstärke unter Last	Wartung: l Motoröl Füllmenge	Wartung: h bis zum Ölwechsel	Gangzahl 4 – 12 km/h	Ma…: cm Länge	cm Breite	cm Hö…
Schlepper von 81 bis 85 kW (110 bis 116 PS)															
John Deere 6R 110	76	96	85	81	89	94	515	40	71	16	500	9	454	243	289
New Holland T 5.110 S	–	–	–	81	81	–	490	46	77	8,5	600	4	398	221	–
New Holland T 5.110	–	–	–	81	81	–	490	46	77	8,5	600	12	398	221	256
New Holland T 5.110 ElectroCommand	–	–	–	81	81	–	490	46	74	8,5	600	10	416	210	269
New Holland T 5.120 Auto Command	–	–	–	81	88	–	551	44	69	10	600	stl	420	228	290
New Holland T 5.120 Dynamic Command	–	–	–	81	88	–	551	44	69	10	600	11	420	228	290
Steyr 4110 Plus	–	–	–	81	81	–	490	46	77	8,5	600	12	398	221	256
Kioti HX1302ATC-EU	–	87	–	82	82	–	530	26	82	15	500	7	452	–	–
Case IH Vestrum 110	–	–	–	82	89	–	551	44	69	10	600	11	379	240	287
Case IH Vestrum 110 CVXDrive	–	–	–	82	89	–	551	44	69	10	600	stl	379	240	287
Kubota M6-111U	–	–	–	82	–	–	371	–	73	10,5	500	9	433	227	283
Lindner Lintrac 115 LS	–	–	–	82	82	–	450	32	77	9	500	6	413	219	271
Massey Ferguson MF 5M.115	–	–	–	82	86	–	460	–	75	16	600	6	430	211	275
Steyr 4120 Expert CVT	–	–	–	82	89	–	551	44	69	10	600	stl	379	240	287
Fendt 311 Vario Gen5	–	83	–	–	–	–	536	41	–	14	500	stl	434	222	273
Fendt 312 Vario Gen4	–	–	–	83	90	–	536	42	–	14	500	stl	434	222	282
Landini Serie 5-120 Active	–	–	–	83	84	–	460	28	–	9,5	500	10	417	250	262
Landini Serie 5-120 Dynamic	–	–	–	83	84	–	460	28	–	9,5	500	14	417	250	262
Landini Serie 6-135 RS	–	91	–	83	92	–	520	–	75	13,5	500	14	0	255	288
McCormick X5.120 Efficient	–	–	–	83	84	–	460	28	–	9,5	500	10	417	250	262
McCormick X5.120 Premium	–	–	–	83	84	–	460	28	–	9,5	500	14	417	250	262
McCormick X6.413 P6-Drive	–	91	–	83	92	–	520	–	75	13,5	500	14	0	255	288
Deutz-Fahr 6115 C	–	–	–	84	88	–	497	35	69	12	600	–	450	209	272
Deutz-Fahr 6115 C RVshift	–	–	–	84	88	–	497	35	69	12	600	–	453	220	275
Deutz-Fahr 6115 C TTV	–	–	–	84	88	–	497	35	69	12	600	stl	453	220	275
Lamborghini Spark R 115	–	–	–	84	88	–	497	35	69	12	600	–	450	209	272
Lamborghini Spark R 115 RVshift	–	–	–	84	88	–	497	35	69	12	600	–	453	220	275
Lamborghini Spark R 115 VRT	–	–	–	84	88	–	497	35	69	12	600	stl	453	220	275
Same Virtus 115	–	93	–	84	88	–	440	35	69	12	600	–	450	209	272
Same Virtus 115 RVshift	–	–	–	84	88	–	497	35	69	12	600	–	453	220	275
Claas Arion 430	–	–	–	84	87	–	505	22	73	12,2	600	7	444	250	275
Kubota M5112 CAB	–	–	–	84	–	–	307	–	78	10,7	500	10	396	202	264
Case IH Maxxum 115	–	–	–	85	92	–	528	43	71	10	600	8	519	241	288
Claas Axos 3.120	–	–	–	85	88	–	466	–	81	–	600	5	404	225	260
John Deere 6M 115	–	93	–	85	90	–	538	40	71	16	500	9	436	255	288

Ausrüstung: ● Serie, ◐ Wunsch, ○ nicht lieferbar

% Gewichtsverteilung vorn/hinten	daN Hubkraft Fronthubwerk	40 km/h maximal	50 km/h maximal	60 km/h und mehr	Allradantrieb	Vorderachsfederung	Druckluftbremse	Hydrostatische Lenkung	Wendeschaltung	Wendegetriebe	Lastschaltgetriebe	Kriechgetriebe	Stufenloses Getriebe	ISO-Bus	CAN-Bus	Fronthubwerk/-ZW	Kabinenfederung	Niedrigkabine	Kabine
Schlepper von 81 bis 85 kW (110 bis 116 PS)																			
40:60	4000	●	◐	○	●	●	◐	●	●	●	●	◐	◐	●	●	◐	◐	○	●
–	1700	●	○	○	●	○	◐	●	●	●	●	◐	○	○	●	◐	○	○	●
–	1700	●	○	○	●	○	◐	●	●	●	●	◐	○	●	●	◐	●	○	●
40:60	2250	●	○	○	●	◐	◐	●	●	●	●	◐	○	◐	●	◐	◐	○	●
40:60	2250	●	○	○	●	◐	●	●	●	●	●	●	●	●	●	◐	●	◐	●
40:60	2250	●	○	○	●	◐	●	●	●	●	●	◐	○	●	●	◐	●	◐	●
–	1700	●	○	○	●	○	◐	●	●	●	●	◐	○	●	●	◐	●	○	●
–	3027	●	○	○	●	○	◐	●	●	●	●	●	○	○	○	◐	○	○	●
–	2025	●	○	○	●	◐	◐	●	●	●	●	◐	●	◐	●	◐	◐	◐	●
–	2025	●	○	○	●	◐	◐	●	●	●	●	●	●	◐	●	◐	◐	◐	●
45:55	4000	●	○	○	●	◐	◐	●	●	●	●	◐	○	◐	○	◐	○	○	●
40:60	2500	●	○	○	●	◐	◐	●	●	●	●	○	○	◐	●	◐	●	◐	●
–	2500	●	○	○	●	○	◐	●	●	●	●	◐	○	●	○	◐	◐	○	●
–	2025	●	○	○	●	◐	◐	●	●	●	●	●	●	◐	●	◐	◐	◐	●
–	3130	●	○	○	●	●	◐	●	●	○	○	●	●	◐	●	◐	◐	○	●
–	3130	●	○	○	●	●	◐	●	●	○	○	●	●	◐	●	◐	◐	○	●
–	2200	●	○	○	●	○	◐	●	●	●	●	◐	○	◐	●	◐	○	○	●
–	2200	●	○	○	●	◐	◐	●	●	●	●	◐	○	◐	●	◐	◐	○	●
–	2500	●	◐	○	●	◐	◐	●	●	●	●	●	○	◐	●	◐	◐	○	●
–	2200	●	○	○	●	○	◐	●	●	●	●	◐	○	◐	●	◐	○	○	●
–	2200	●	○	○	●	◐	◐	●	●	●	●	◐	○	◐	●	◐	◐	○	●
–	2500	●	◐	○	●	◐	◐	●	●	●	●	●	○	◐	●	◐	◐	○	●
–	3000	●	○	○	●	◐	◐	●	●	●	●	◐	○	◐	●	◐	◐	○	●
–	3000	●	◐	○	●	◐	◐	●	●	●	●	◐	○	◐	●	◐	◐	○	●
–	3000	●	◐	○	●	◐	◐	●	●	●	●	●	●	◐	●	◐	◐	○	●
–	3000	●	○	○	●	◐	◐	●	●	●	●	◐	○	◐	●	◐	◐	○	●
–	3000	●	◐	○	●	◐	◐	●	●	●	●	◐	○	◐	●	◐	◐	○	●
–	3000	●	◐	○	●	◐	◐	●	●	●	●	●	●	◐	●	◐	◐	○	●
–	3000	●	○	○	●	◐	◐	●	●	●	●	◐	○	◐	●	◐	◐	○	●
–	3000	●	◐	○	●	◐	◐	●	●	●	●	◐	○	◐	●	◐	◐	○	●
45:55	4300	●	○	○	●	◐	◐	●	●	●	●	◐	○	○	○	◐	●	○	●
40:60	3300	●	○	○	●	○	◐	●	●	●	●	●	○	◐	○	◐	○	○	●
–	3162	●	◐	○	●	◐	◐	●	●	●	●	◐	○	○	●	◐	◐	◐	●
40:60	3110	●	○	○	●	○	◐	●	●	●	●	○	○	◐	○	◐	○	○	●
40:60	4400	●	○	○	●	◐	◐	●	●	●	●	◐	◐	◐	●	◐	◐	○	●

Technische Daten Standardschlepper

	Leistungsangaben							Motor		Wartung			M		
	nach **ECE R 24**			nach **ISO 14396**											
Hersteller Typ	kW Nennleistung	kW Maximalleistung	kW Boostleistung	kW Nennleistung	kW Maximalleistung	kW Boostleistung	Nm Drehmoment max.	% Drehmomentanstieg	dB(A) Lautstärke unter Last	l Motoröl Füllmenge	h bis zum Ölwechsel	Gangzahl 4 – 12 km/h	cm Länge	cm Breite	cm
Schlepper von 85 bis 90 kW (116 bis 122 PS)															
New Holland T 6.145 Auto Command	–	96	–	85	92	–	590	42	69	10	750	stl	518	235	298
New Holland T 6.145 Dynamic Command	–	96	–	85	92	–	590	42	69	10	750	11	518	235	298
New Holland T 6.145 Electro Command	–	96	–	85	92	–	590	42	69	10	750	8	518	235	298
Steyr 4115 Profi CVT	–	96	–	85	92	–	528	43	71	10	600	stl	518	235	282
Valtra G115 Active	–	–	–	85	85	–	460	–	71	16	600	8	454	240	283
Valtra G115 HiTech	–	–	–	85	85	–	460	–	71	16	600	8	454	240	283
Valtra G115 Versu	–	–	–	85	85	–	460	–	71	16	600	8	454	240	283
Valtra G115 Active CVT	–	–	–	85	85	–	460	–	71	16	600	stl	454	240	283
Valtra G115 SmartTouch CVT	–	–	–	85	85	–	460	–	71	16	600	stl	454	240	283
Lindner Lintrac 100	–	–	–	86	86	–	500	32	77	9	500	stl	384	207	261
Case IH Farmall 120 C	–	–	–	86	86	–	506	42	77	8,5	600	12	398	221	256
Kioti HX1201PC–EU	–	94	–	86	86	0	486	30	82	15	500	7	440	–	–
Massey Ferguson MF 5S.115 Dyna–4	–	–	–	86	90	–	460	–	70	12	600	6	449	230	285
Massey Ferguson MF 5S.115 Dyna–6	–	–	–	86	90	–	460	–	69	12	600	9	449	230	285
New Holland T 5.120	–	–	–	86	86	–	506	42	77	8,5	600	12	398	221	256
New Holland T 5.120 ElectroCommand	–	–	–	86	81	–	506	41	74	8,5	600	10	416	210	269
Steyr 4120 Plus	–	–	–	86	86	–	506	42	77	8,5	600	12	398	221	256
Valtra A115 HiTech 4	–	–	–	86	86	–	455	–	73	12	600	8	435	233	294
Zetor Forterra HSX 120	–	–	–	86	–	–	507	36	77	10	500	13	477	227	280
Claas Arion 450	–	–	–	88	101	–	539	26	73	12,2	600	7	444	250	275
John Deere 5120M	–	92	85	88	88	–	480	30	77	13	500	5	415	217	259
John Deere 6R 120	82	103	91	88	97	101	562	40	71	16	500	9	454	243	289
Landini Serie 6–125H	–	–	–	88	88	–	476	–	84	9,5	500	14	425	250	266
McCormick X6.125	–	–	–	88	88	–	476	–	84	9,5	500	14	425	250	266
New Holland T 5.130 Auto Command	–	–	–	88	95	–	610	41	69	10	600	stl	420	228	290
New Holland T 5.130 Dynamic Command	–	–	–	88	95	–	610	41	69	10	600	11	420	228	290
Case IH Vestrum 120	–	–	–	89	97	–	610	46	69	10	600	11	379	240	287
Case IH Vestrum 120 CVXDrive	–	–	–	89	97	–	610	46	69	10	600	stl	379	240	287
Kubota M 6–122	–	–	–	89	–	–	549	–	72	17	500	7	459	226	289
Steyr 4130 Expert CVT	–	–	–	89	97	–	610	46	69	10	600	stl	379	240	287
Kioti HX1402ATC–EU	–	92	–	90	90	–	540	19	82	15	500	7	452	–	–
Fendt 312 Vario Gen5	–	90	–	–	–	–	571	39	–	14	500	stl	434	222	276
Fendt 313 Vario Gen4	–	–	–	90	98	–	571	39	–	14	500	stl	434	232	286
Lindner Unitrac 122 LDrive	–	100	–	90	90	–	500	32	80	9	500	stl	493	212	253
Massey Ferguson MF 5M.125	–	–	–	90	93	–	520	–	75	16	600	6	450	229	277

Ausrüstung: ● Serie, ◐ Wunsch, ○ nicht lieferbar

% Gewichtsverteilung vorn/hinten	daN Hubkraft Fronthubwerk	40 km/h maximal	50 km/h maximal	60 km/h und mehr	Allradantrieb	Vorderachsfederung	Druckluftbremse	Hydrostatische Lenkung	Wendeschaltung	Wendegetriebe	Lastschaltgetriebe	Kriechgetriebe	Stufenloses Getriebe	ISO-Bus	CAN-Bus	Fronthubwerk/-ZW	Kabinenfederung	Niedrigkabine	Kabine
Schlepper von 85 bis 90 kW (116 bis 122 PS)																			
40:60	3200	◐	●	○	●	●	●	●	●	●	●	●	●	●	●	◐	●	◐	●
39:61	3200	●	◐	○	●	◐	●	●	●	●	●	◐	○	◐	●	◐	◐	◐	●
39:61	3200	●	◐	○	●	◐	●	●	●	●	●	◐	○	◐	●	◐	◐	◐	●
37:63	3162	●	◐	○	●	◐	●	●	●	●	●	●	●	◐	●	◐	◐	◐	●
42:58	2900	●	○	○	●	●	●	●	●	●	●	◐	○	◐	●	◐	◐	○	●
42:58	2900	●	○	○	●	●	●	●	●	●	●	◐	○	◐	●	◐	◐	○	●
42:58	2900	●	○	○	●	●	●	●	●	●	●	◐	○	◐	●	◐	◐	○	●
42:58	2900	●	○	○	●	●	●	●	●	●	●	◐	●	◐	●	◐	◐	○	●
42:58	2900	●	○	○	●	●	●	●	●	●	●	◐	●	◐	●	◐	◐	○	●
40:60	2500	●	○	○	●	◐	◐	●	●	●	●	●	●	◐	●	◐	●	○	●
–	1700	●	○	○	●	○	◐	●	●	●	●	◐	○	●	●	◐	●	○	●
–	3027	●	○	○	●	○	◐	●	●	●	●	●	○	○	○	◐	○	○	●
–	2500	●	○	○	●	○	◐	●	●	●	●	◐	○	◐	●	◐	◐	◐	●
–	2500	●	○	○	●	○	◐	●	●	●	●	◐	○	◐	●	◐	◐	◐	●
–	1700	●	○	○	●	○	◐	●	●	●	●	◐	○	●	●	◐	●	○	●
40:60	2250	●	○	○	●	◐	◐	●	●	●	●	◐	○	◐	●	◐	◐	○	●
–	1700	●	○	○	●	○	◐	●	●	●	●	◐	○	●	●	◐	●	○	●
42:58	3500	●	○	○	●	○	●	●	●	●	●	◐	○	○	●	◐	○	○	●
39:61	3500	●	○	○	●	○	●	●	●	●	●	○	○	○	○	◐	◐	○	●
45:55	4300	●	○	○	●	◐	◐	●	●	●	●	◐	○	○	○	◐	○	○	●
40:60	3160	●	○	○	●	○	◐	●	●	●	●	◐	○	◐	○	◐	○	◐	●
40:60	4000	●	◐	○	●	●	◐	●	●	●	●	◐	◐	●	●	◐	◐	○	●
–	2200	●	◐	○	●	◐	◐	●	●	●	●	◐	○	◐	●	◐	◐	○	●
–	2200	●	○	○	●	◐	◐	●	●	●	●	◐	○	◐	●	◐	◐	○	●
40:60	2250	●	○	○	●	◐	●	●	●	●	●	●	●	●	●	◐	●	◐	●
40:60	2250	●	○	○	●	◐	●	●	●	●	●	◐	○	●	●	◐	●	◐	●
–	2025	●	○	○	●	◐	◐	●	●	●	●	◐	●	◐	●	◐	◐	◐	●
–	2025	●	○	○	●	◐	◐	●	●	●	●	●	●	◐	●	◐	◐	◐	●
45:55	3900	●	○	○	●	●	●	●	●	●	●	◐	○	◐	●	◐	●	○	●
–	2025	●	○	○	●	◐	◐	●	●	●	●	●	●	◐	●	◐	◐	◐	●
–	3027	●	○	○	●	○	◐	●	●	●	●	●	○	○	○	◐	○	○	●
–	3130	●	○	○	●	●	◐	●	●	○	○	●	●	◐	●	◐	◐	○	●
–	3130	●	○	○	●	●	◐	●	●	○	○	●	●	◐	●	◐	◐	○	●
30:20	1800	●	◐	○	●	●	◐	●	●	●	●	●	●	○	●	◐	○	○	●
–	2500	●	○	○	●	○	◐	●	●	●	●	◐	○	●	○	◐	◐	○	●

Technische Daten Standardschlepper

Hersteller Typ	Leistungsangaben nach ECE R 24: kW Nennleistung	kW Maximalleistung	kW Boostleistung	Leistungsangaben nach ISO 14396: kW Nennleistung	kW Maximalleistung	kW Boostleistung	Motor: Nm Drehmoment max.	% Drehmomentanstieg	dB(A) Lautstärke unter Last	Wartung: l Motoröl Füllmenge	h bis zum Ölwechsel	Gangzahl 4 – 12 km/h	cm Länge	cm Breite	c…
Schlepper von 90 bis 93 kW (122 bis 126 PS)															
Deutz-Fahr 6125 C	–	–	–	90	95	–	535	33	69	12	600	–	450	222	272
Deutz-Fahr 6125 C RVshift	–	–	–	90	95	–	535	33	69	12	600	–	453	220	275
Deutz-Fahr 6125 C TTV	–	–	–	90	95	–	535	33	69	12	600	stl	453	220	275
Lamborghini Spark R 125	–	–	–	90	95	–	535	33	69	12	600	–	450	222	272
Lamborghini Spark R 125 RVshift	–	–	–	90	95	–	535	33	69	12	600	–	453	220	275
Lamborghini Spark R 125 VRT	–	–	–	90	95	–	535	33	69	12	600	stl	453	220	275
Same Virtus 125	–	–	–	90	95	–	535	33	69	12	600	–	450	222	272
Same Virtus 125 RVshift	–	–	–	90	95	–	535	33	69	12	600	–	453	220	275
Claas Arion 510 CMATIC	–	–	–	91	104	–	562	–	74	15	500	stl	444	250	300
Fendt 512 Vario Gen3	–	–	–	91	96	–	564	36	–	11	500	stl	445	245	298
Kubota M6-121U	–	–	–	91	–	–	492	–	72	15	500	9	446	233	288
Landini Serie 6-145 RS	–	98	–	91	100	–	551	–	75	13,5	500	14	0	–	–
McCormick X6.414 P6-Drive	–	98	–	91	100	–	551	–	75	13,5	500	14	0	–	–
Case IH Maxxum 125	–	–	–	92	99	–	560	40	71	10	600	8	519	241	288
Case IH Maxxum 125 CVXDrive	–	103	–	92	99	–	560	40	71	10	600	stl	519	235	282
Case IH Maxxum 125 MC	–	103	–	92	99	–	560	40	71	10	600	11	519	241	288
John Deere 6M 125	–	101	–	92	98	–	585	40	71	16	500	9	436	255	288
New Holland T 6.155 Auto Command	–	113	–	92	99	–	640	43	69	10	750	stl	518	235	298
New Holland T 6.155 Dynamic Command	–	113	–	92	99	–	640	43	69	10	750	11	518	235	298
Steyr 4125 Profi Classic	–	–	–	92	99	–	560	40	71	10	600	8	519	241	288
Steyr 4125 Profi	–	103	–	92	99	–	560	40	71	10	600	11	518	241	288
Steyr 4125 Profi CVT	–	103	–	92	99	–	560	40	71	10	600	stl	518	235	282
Landini Serie 6-135H	–	–	–	93	93	–	500	–	84	9,5	500	14	425	250	266
McCormick X6.135	–	–	–	93	93	–	500	–	84	9,5	500	14	425	250	266
Deutz-Fahr 5125	–	–	–	93	88	–	517	35	–	12	600	–	426	217	278
Lamborghini Strike 125	–	–	–	93	88	–	517	35	–	12	600	–	426	217	278
Same Explorer 125	–	–	–	93	88	–	517	35	–	12	600	–	426	217	278
Valtra G125e Active	–	–	–	93	93	–	520	–	71	16	600	8	454	240	283
Valtra G125e HiTech	–	–	–	93	93	–	520	–	71	16	600	8	454	240	283
Valtra G125e Versu	–	–	–	93	93	–	520	–	71	16	600	8	454	240	283
Valtra G125e Active CVT	–	–	–	93	93	–	520	–	71	16	600	stl	454	240	283
Valtra G125e SmartTouch CVT	–	–	–	93	93	–	520	–	71	16	600	stl	454	240	283
Zetor Forterra HD 130	–	–	–	93	–	–	558	38	76	10	500	13	465	233	280
Zetor Forterra HSX 130	–	–	–	93	–	–	558	38	77	10	500	13	477	227	280
Zetor Proxima HS 120	–	–	–	93	–	–	500	31	75	9	500	11	406	190	270

Ausrüstung: ● Serie, ◐ Wunsch, ○ nicht lieferbar

% Gewichtsverteilung vorn/hinten	daN Hubkraft Fronthubwerk	40 km/h maximal	50 km/h maximal	60 km/h und mehr	Allradantrieb	Vorderachsfederung	Druckluftbremse	Hydrostatische Lenkung	Wendeschaltung	Wendegetriebe	Lastschaltgetriebe	Kriechgetriebe	Stufenloses Getriebe	ISO-Bus	CAN-Bus	Fronthubwerk/-ZW	Kabinenfederung	Niedrigkabine	Kabine
Schlepper von 90 bis 93 kW (122 bis 126 PS)																			
–	3000	●	○	○	●	◐	◐	●	●	●	●	◐	○	◐	●	◐	◐	○	●
–	3000	●	◐	○	●	◐	◐	●	●	●	●	◐	●	◐	●	◐	◐	○	●
–	3000	●	◐	○	●	◐	◐	●	●	●	●	●	●	◐	●	◐	◐	○	●
–	3000	●	○	○	●	◐	◐	●	●	●	●	◐	○	◐	●	◐	◐	○	●
–	3000	●	◐	○	●	◐	◐	●	●	●	●	◐	●	◐	●	◐	◐	○	●
–	3000	●	◐	○	●	◐	◐	●	●	●	●	●	●	◐	●	◐	◐	○	●
–	3000	●	○	○	●	◐	◐	●	●	●	●	◐	○	◐	●	◐	◐	○	●
–	3000	●	◐	○	●	◐	◐	●	●	●	●	◐	●	◐	●	◐	◐	○	●
48:52	4000	◐	●	○	●	◐	◐	●	●	●	●	○	●	◐	●	◐	●	○	●
–	3420	◐	●	○	●	●	◐	●	●	○	○	●	●	◐	●	◐	●	○	●
45:55	4000	●	○	○	●	◐	◐	●	●	●	●	◐	○	◐	○	◐	○	○	●
–	2500	●	◐	○	●	◐	◐	●	●	●	●	●	○	◐	●	◐	◐	○	●
–	2500	●	◐	○	●	◐	◐	●	●	●	●	●	○	◐	●	◐	◐	○	●
–	3162	●	◐	○	●	◐	◐	●	●	●	●	◐	○	○	●	◐	◐	◐	●
37:63	3162	●	◐	○	●	◐	●	●	●	●	●	●	●	◐	●	◐	◐	◐	●
–	3162	●	◐	○	●	◐	◐	●	●	●	●	◐	○	◐	●	◐	◐	◐	●
40:60	4400	●	○	○	●	●	◐	●	●	●	●	◐	◐	◐	●	◐	◐	○	●
40:60	3200	◐	●	○	●	●	●	●	●	●	●	●	●	●	●	◐	●	◐	●
39:61	3200	●	◐	○	●	◐	●	●	●	●	●	◐	○	◐	●	◐	◐	◐	●
–	3162	●	◐	○	●	◐	◐	●	●	●	●	◐	○	○	●	◐	◐	◐	●
–	3162	●	◐	○	●	◐	◐	●	●	●	●	◐	○	◐	●	◐	◐	◐	●
37:63	3162	●	◐	○	●	◐	●	●	●	●	●	●	●	◐	●	◐	◐	◐	●
–	2200	●	◐	○	●	◐	◐	●	●	●	●	◐	○	◐	●	◐	◐	○	●
–	2200	●	○	○	●	◐	◐	●	●	●	●	◐	○	◐	●	◐	◐	○	●
44:56	2100	●	○	○	●	○	◐	●	●	●	●	◐	○	○	○	◐	○	○	●
44:56	2100	●	○	○	●	○	◐	●	●	●	●	◐	○	○	○	◐	○	○	●
44:56	2100	●	○	○	●	○	◐	●	●	●	●	◐	○	○	○	◐	○	○	●
42:58	2900	●	○	○	●	●	●	●	●	●	●	◐	○	◐	●	◐	◐	○	●
42:58	2900	●	○	○	●	●	●	●	●	●	●	◐	○	◐	●	◐	◐	○	●
42:58	2900	●	○	○	●	●	●	●	●	●	●	◐	○	◐	●	◐	◐	○	●
42:58	2900	●	○	○	●	●	●	●	●	●	●	◐	●	◐	●	◐	◐	○	●
42:58	2900	●	○	○	●	●	●	●	●	●	●	◐	●	◐	●	◐	◐	○	●
–	3500	●	○	○	●	◐	●	●	●	●	●	○	○	○	○	◐	◐	○	●
39:61	3500	●	○	○	●	○	●	●	●	●	●	○	○	○	○	◐	◐	○	●
42:58	3000	●	○	○	●	○	●	●	●	●	●	○	○	○	○	◐	○	○	●

Technische Daten Standardschlepper

Hersteller Typ	Leistungsangaben nach ECE R 24: kW Nennleistung	kW Maximalleistung	kW Boostleistung	Leistungsangaben nach ISO 14396: kW Nennleistung	kW Maximalleistung	kW Boostleistung	Motor: Nm Drehmoment max.	% Drehmomentanstieg	dB(A) Lautstärke unter Last	Wartung: l Motoröl Füllmenge	h bis zum Ölwechsel	Gangzahl 4 – 12 km/h	M… cm Länge	cm Breite	cm …
Schlepper von 94 bis 99 kW (128 bis 135 PS)															
Massey Ferguson MF 5S.125 Dyna-4	–	–	–	94	97	–	520	–	70	12	600	6	449	230	285
Massey Ferguson MF 5S.125 Dyna-6	–	–	–	94	97	–	520	–	69	12	600	9	449	230	285
Deutz-Fahr 6130.4 RVshift	–	–	–	95	100	–	577	40	–	12	600	–	463	190	270
Deutz-Fahr 6130.4 TTV	–	–	–	95	100	–	577	40	–	12	600	stl	463	230	285
John Deere 5130M	–	100	–	95	–	–	0	–	–	–	0	5	415	217	259
Kubota M 7-134 Premium	–	–	–	95	–	–	600	–	72	22	500	10	477	250	305
Kubota M 7-134 Premium KVT	–	–	–	95	–	–	600	–	72	22	500	stl	477	250	305
New Holland T 5.140 Auto Command	–	–	–	95	103	–	630	41	69	10	600	stl	420	228	290
New Holland T 5.140 Dynamic Command	–	–	–	95	103	–	630	41	69	10	600	11	420	228	290
Deutz-Fahr 6135 C	–	–	–	96	101	–	564	33	71	12	600	–	450	222	272
Deutz-Fahr 6135 C RVshift	–	–	–	96	101	–	564	33	69	12	600	–	450	221	272
Deutz-Fahr 6135 C TTV	–	–	–	96	101	–	564	33	69	12	600	stl	450	221	272
Lamborghini Spark R 135	–	–	–	96	101	–	564	33	71	12	600	–	450	222	272
Lamborghini Spark R 135 RVshift	–	–	–	96	101	–	564	33	69	12	600	–	450	221	272
Lamborghini Spark R 135 VRT	–	–	–	96	101	–	564	33	69	12	600	stl	450	221	272
Same Virtus 135	–	–	–	96	101	–	564	33	71	12	600	–	450	222	272
Same Virtus 135 RVshift	–	–	–	96	101	–	564	33	69	12	600	–	450	221	272
John Deere 6M 130	–	105	–	96	101	–	609	40	71	16	500	9	455	255	291
John Deere 6R 130	89	110	99	96	105	108	609	40	71	16	500	9	454	243	289
Massey Ferguson MF 6S.135 Dyna-6	–	–	–	96	99	–	648	–	70	18,5	600	9	472	230	294
Massey Ferguson MF 6S.135 Dyna-VT	–	–	–	96	99	–	648	–	70	18,5	600	stl	472	230	294
Zetor 6130	–	–	–	96	–	–	564	40	75	10	500	12	458	250	290
Fendt 313 Vario Gen5	–	97	–	–	–	–	608	37	–	14	500	stl	434	232	276
Case IH Vestrum 130	–	–	–	97	104	–	630	41	69	10	600	11	379	240	287
Case IH Vestrum 130 CVXDrive	–	–	–	97	104	–	630	41	69	10	600	stl	379	240	287
Fendt 314 Vario Gen4	–	104	–	97	104	–	608	37	–	14	500	stl	434	232	286
Massey Ferguson MF 5M.135	–	–	–	97	101	–	545	–	75	16	600	6	450	229	277
Massey Ferguson MF 5S.135 Dyna-4	–	–	–	97	101	–	540	–	70	12	600	6	449	230	285
Massey Ferguson MF 5S.135 Dyna-6	–	–	–	97	101	–	540	–	69	12	600	9	449	230	285
Steyr 4140 Expert CVT	–	–	–	97	104	–	630	41	69	10	600	stl	379	240	287
Fendt 513 Vario Gen3	–	–	–	98	104	–	604	35	–	11	500	stl	445	245	298
Kubota M 6-132	–	–	–	98	–	–	594	–	72	17	500	9	459	226	289
Kubota M6-131U	–	–	–	98	–	–	532	–	72	15	500	9	446	233	288
Fendt 513 Vario Gen4	–	99	–	–	–	–	651	22	–	15	500	stl	496	245	–
Case IH Maxxum 135	–	–	–	99	107	–	605	41	71	10	600	8	519	241	288

Ausrüstung: ● Serie, ◐ Wunsch, ○ nicht lieferbar

% Gewichtsverteilung vorn/hinten	daN Hubkraft Fronthubwerk	40 km/h maximal	50 km/h maximal	60 km/h und mehr	Allradantrieb	Vorderachsfederung	Druckluftbremse	Hydrostatische Lenkung	Wendeschaltung	Wendegetriebe	Lastschaltgetriebe	Kriechgetriebe	Stufenloses Getriebe	ISO-Bus	CAN-Bus	Fronthubwerk/-ZW	Kabinenfederung	Niedrigkabine	Kabine
Schlepper von 94 bis 99 kW (128 bis 135 PS)																			
–	2500	●	○	○	●	○	◐	●	●	●	●	◐	○	◐	●	◐	◐	◐	●
–	2500	●	○	○	●	○	◐	●	●	●	●	◐	○	◐	●	◐	◐	◐	●
40:60	3000	●	◐	○	●	◐	◐	●	●	●	●	◐	○	◐	●	◐	◐	○	●
48:52	3000	●	◐	○	●	◐	◐	●	●	●	●	●	●	◐	●	◐	◐	○	●
–	3160	●	○	○	●	○	◐	●	○	○	○	◐	○	◐	○	◐	○	○	●
–	3900	○	●	○	●	●	●	●	●	●	●	◐	○	●	●	◐	●	○	●
48:52	3900	○	●	○	●	●	●	●	●	●	●	○	●	●	●	◐	●	○	●
40:60	2250	●	○	○	●	◐	●	●	●	●	●	●	●	●	●	◐	●	◐	●
40:60	2250	●	○	○	●	◐	●	●	●	●	●	◐	○	●	●	◐	●	◐	●
–	3000	●	○	○	●	◐	◐	●	●	●	●	◐	○	◐	●	◐	◐	○	●
–	3000	●	◐	○	●	◐	◐	●	●	●	●	◐	○	◐	●	◐	◐	○	●
–	3000	●	◐	○	●	◐	◐	●	●	●	●	●	●	◐	●	◐	◐	○	●
–	3000	●	○	○	●	◐	◐	●	●	●	●	◐	○	◐	●	◐	◐	○	●
–	3000	●	◐	○	●	◐	◐	●	●	●	●	◐	○	◐	●	◐	◐	○	●
–	3000	●	◐	○	●	◐	◐	●	●	●	●	●	●	◐	●	◐	◐	○	●
–	3000	●	○	○	●	◐	◐	●	●	●	●	◐	○	◐	●	◐	◐	○	●
–	3000	●	◐	○	●	◐	◐	●	●	●	●	◐	○	◐	●	◐	◐	○	●
40:60	4400	●	○	○	●	●	◐	●	●	●	●	◐	◐	◐	●	◐	◐	○	●
40:60	4000	●	◐	○	●	●	◐	●	●	●	●	◐	◐	●	●	◐	◐	○	●
–	3200	●	◐	○	●	◐	●	●	●	●	●	◐	○	◐	●	◐	◐	○	●
–	3200	◐	●	○	●	●	●	●	●	●	●	●	●	◐	●	◐	●	○	●
40:60	3500	⊽	◐	○	●	◐	●	●	●	●	●	◐	○	◐	◐	◐	●	○	●
–	3130	●	○	○	●	●	◐	●	●	○	○	●	●	◐	●	◐	◐	○	●
–	2025	●	○	○	●	◐	◐	●	●	●	●	◐	●	◐	●	◐	◐	◐	●
–	2025	●	○	○	●	◐	◐	●	●	●	●	●	●	◐	●	◐	◐	◐	●
–	3130	●	○	○	●	●	◐	●	●	○	○	●	●	◐	●	◐	◐	○	●
–	2500	●	○	○	●	○	◐	●	●	●	●	◐	○	●	○	◐	◐	○	●
–	2500	●	○	○	●	○	◐	●	●	●	●	◐	○	◐	●	◐	◐	◐	●
–	2500	●	○	○	●	○	◐	●	●	●	●	◐	○	◐	●	◐	◐	◐	●
–	2025	●	○	○	●	◐	◐	●	●	●	●	●	●	◐	●	◐	◐	◐	●
–	3420	◐	●	○	●	●	◐	●	●	○	○	●	●	◐	●	◐	●	○	●
45:55	3260	●	○	○	●	●	●	●	●	●	●	◐	○	◐	●	◐	●	○	●
45:55	4000	●	○	○	●	◐	◐	●	●	●	●	◐	○	◐	○	◐	○	○	●
–	3420	●	●	○	●	●	●	●	●	○	○	○	●	●	●	◐	◐	○	●
–	3162	●	◐	○	●	◐	◐	●	●	●	●	◐	○	○	●	◐	◐	◐	●

Technische Daten Standardschlepper

Hersteller Typ	Leistungsangaben nach ECE R 24: kW Nennleistung	kW Maximalleistung	kW Boostleistung	Leistungsangaben nach ISO 14396: kW Nennleistung	kW Maximalleistung	kW Boostleistung	Motor: Nm Drehmoment max.	% Drehmomentanstieg	dB(A) Lautstärke unter Last	Wartung: l Motoröl Füllmenge	h bis zum Ölwechsel	Gangzahl 4 – 12 km/h	M…: cm Länge	cm Breite	cm…
Schlepper von 99 bis 104 kW (135 bis 141 PS)															
Case IH Maxxum 135 CVXDrive	–	114	–	99	107	–	605	41	71	10	600	stl	519	235	282
Case IH Maxxum 135 MC	–	114	–	99	107	–	605	41	71	10	600	11	519	241	288
Kubota M 7–133 Premium	–	–	–	99	–	–	600	–	72	22	500	–	477	250	305
Kubota M 7–133 Premium KVT	–	–	–	99	–	–	600	–	72	22	500	stl	477	250	305
Kubota M 7–133 Standard	–	–	–	99	–	–	600	–	72	22	500	10	477	250	305
New Holland T 6.160 AutoCommand	–	120	–	99	110	–	707	43	69	15	750	stl	518	235	298
New Holland T 6.160 Dynamic Command	–	120	–	99	110	–	707	43	69	15	750	11	518	235	298
New Holland T 6.160 Electro Command	–	120	–	99	110	–	707	43	69	15	750	8	518	235	298
New Holland T 6.165 Auto Command	–	123	–	99	107	–	700	41	69	10	750	stl	518	235	298
New Holland T 6.165 Dynamic Command	–	123	–	99	107	–	700	41	69	10	750	11	518	235	298
Steyr 4135 Profi	–	114	–	99	107	–	605	41	71	10	600	11	518	241	288
Steyr 4135 Profi CVT	–	114	–	99	107	–	605	41	71	10	600	stl	518	235	282
Valtra N135 Active	–	–	–	99	107	–	560	–	71	17,5	600	14	465	253	296
Valtra N135 Direct	–	–	–	99	110	–	560	–	71	17,5	600	stl	465	253	296
Valtra N 135 HiTech	–	–	–	99	107	–	560	–	71	17,5	600	14	465	253	296
Valtra N 135 Versu	–	–	–	99	107	–	560	–	71	17,5	600	14	465	253	296
Landini Serie 6–155 RS	–	105	–	100	106	–	600	–	75	13,5	500	14	0	–	–
Lindner Lintrac 130	–	–	–	100	100	–	530	32	75	9	500	stl	434	222	271
McCormick X6.415 P6–Drive	–	105	–	100	106	–	600	–	75	13,5	500	14	0	–	–
New Holland T 7.175 AutoCommand	–	119	–	100	114	–	750	47	69	15	750	stl	485	235	314
New Holland T 7.175 Range/–Power	–	119	–	100	114	–	750	47	69	15	750	10	485	235	309
Valtra G135 Active	–	–	–	100	100	–	550	–	71	16	600	8	454	240	283
Valtra G135 HiTech	–	–	–	100	100	–	550	–	71	16	600	8	454	240	283
Valtra G135 Versu	–	–	–	100	100	–	550	–	71	16	600	8	454	240	283
Valtra G135 Active CVT	–	–	–	100	100	–	550	–	71	16	600	stl	454	240	283
Valtra G135 SmartTouch CVT	–	–	–	100	100	–	550	–	71	16	600	stl	454	240	283
Zetor Forterra HD 140	–	–	–	100	–	–	607	39	76	10	500	13	465	233	280
Zetor Forterra HSX 140	–	–	–	100	–	–	607	39	77	10	500	13	477	227	280
Case IH Puma 140	–	118	–	103	118	–	655	47	69	15	600	7	466	249	309
John Deere 6M 140	–	113	–	103	105	–	610	40	71	16	500	9	455	255	291
John Deere 6R 140	95	118	106	103	113	116	656	40	71	16	500	9	454	243	289
Massey Ferguson MF 6S.145 Dyna–6	–	–	–	103	106	–	691	–	70	18,5	600	9	472	230	294
Massey Ferguson MF 6S.145 Dyna–VT	–	–	–	103	106	–	691	–	70	18,5	600	stl	472	230	294
Fendt 314 Vario Gen5	–	104	–	–	–	–	650	37	–	14	500	stl	434	232	276
Kubota M 6–142	–	–	–	104	–	–	645	–	72	17	500	7	459	226	289

Ausrüstung: ● Serie, ◐ Wunsch, ○ nicht lieferbar

% Gewichtsverteilung vorn/hinten	daN Hubkraft Fronthubwerk	40 km/h maximal	50 km/h maximal	60 km/h und mehr	Allradantrieb	Vorderachsfederung	Druckluftbremse	Hydrostatische Lenkung	Wendeschaltung	Wendegetriebe	Lastschaltgetriebe	Kriechgetriebe	Stufenloses Getriebe	ISO-Bus	CAN-Bus	Fronthubwerk/-ZW	Kabinenfederung	Niedrigkabine	Kabine
Schlepper von 99 bis 104 kW (135 bis 141 PS)																			
37:63	3162	●	◐	○	●	◐	●	●	●	●	●	●	●	◐	●	◐	◐	◐	●
–	3162	●	◐	○	●	◐	◐	●	●	●	●	◐	○	◐	●	◐	◐	◐	●
48:52	3900	○	●	○	●	●	●	●	●	●	●	◐	○	●	●	◐	●	○	●
48:52	3900	○	●	○	●	●	●	●	●	●	●	○	●	●	●	◐	●	○	●
48:52	3900	○	●	○	●	●	●	●	●	●	●	◐	○	◐	●	◐	●	○	●
40:60	3200	◐	●	○	●	●	●	●	●	●	●	●	●	●	●	◐	◐	◐	●
39:61	3200	●	◐	○	●	◐	●	●	●	●	●	◐	○	◐	●	◐	◐	◐	●
39:61	3200	●	◐	○	●	◐	●	●	●	●	●	◐	○	◐	●	◐	◐	◐	●
40:60	3200	◐	●	○	●	●	●	●	●	●	●	●	●	●	●	◐	●	◐	●
39:61	3200	●	◐	○	●	◐	●	●	●	●	●	◐	○	◐	●	◐	◐	◐	●
–	3162	●	◐	○	●	◐	◐	●	●	●	●	◐	○	◐	●	◐	◐	◐	●
37:03	3162	●	◐	○	●	◐	●	●	●	●	●	●	●	◐	●	◐	◐	◐	●
38:62	4700	●	◐	○	●	●	●	●	●	●	●	●	○	◐	●	◐	◐	○	●
38:62	4700	●	◐	○	●	●	●	●	●	●	●	●	●	◐	●	◐	◐	○	●
38:62	4700	●	◐	○	●	◐	●	●	●	●	●	●	○	◐	●	◐	◐	○	●
38:62	4700	●	◐	○	●	●	●	●	●	●	●	●	○	◐	●	◐	◐	○	●
–	2500	●	◐	○	●	◐	◐	●	●	●	●	●	○	◐	●	◐	◐	○	●
40:60	2500	●	◐	○	●	◐	◐	●	●	●	●	●	●	◐	●	◐	●	◐	●
–	2500	●	◐	○	●	◐	◐	●	●	●	●	●	○	◐	●	◐	◐	○	●
40:60	3700	◐	●	○	●	●	●	●	●	●	●	●	●	●	●	◐	●	○	●
38:02	3700	●	◐	○	●	◐	●	●	●	○	○	◐	○	◐	●	◐	●	○	●
42:58	2900	●	○	○	●	●	●	●	●	●	●	◐	○	◐	●	◐	◐	○	●
42:58	2900	●	○	○	●	●	●	●	●	●	●	◐	○	◐	●	◐	◐	○	●
42:58	2900	●	○	○	●	●	●	●	●	●	●	◐	○	◐	●	◐	◐	○	●
42:58	2900	●	○	○	●	●	●	●	●	●	●	◐	●	◐	●	◐	◐	○	●
42:58	2900	●	○	○	●	●	●	●	●	●	●	◐	●	◐	●	◐	◐	○	●
–	3500	●	○	○	●	◐	●	●	●	●	●	○	○	○	○	◐	◐	○	●
39:61	3500	●	○	○	●	○	●	●	●	●	●	○	○	○	○	◐	◐	○	●
–	3568	●	◐	○	●	◐	◐	●	●	●	●	◐	○	◐	●	◐	◐	●	●
40:60	4400	●	○	○	●	●	◐	●	●	●	●	◐	◐	◐	●	◐	◐	○	●
40:60	4000	●	◐	○	●	●	◐	●	●	●	●	◐	◐	●	●	◐	◐	○	●
–	3200	●	◐	○	●	◐	●	●	●	●	●	◐	○	◐	●	◐	◐	○	●
–	3200	◐	●	○	●	●	●	●	●	●	●	●	●	◐	●	◐	●	○	●
–	3130	●	○	○	●	●	◐	●	●	○	○	●	●	◐	●	◐	◐	○	●
45:55	3900	●	○	○	●	●	●	●	●	●	●	◐	○	◐	●	◐	●	○	●

Technische Daten Standardschlepper

Hersteller Typ	Leistungsangaben nach ECE R 24: kW Nennleistung	kW Maximalleistung	kW Boostleistung	Leistungsangaben nach ISO 14396: kW Nennleistung	kW Maximalleistung	kW Boostleistung	Nm Drehmoment max.	% Drehmomentanstieg	Motor: dB(A) Lautstärke unter Last	l Motoröl Füllmenge	Wartung: h bis zum Ölwechsel	Gangzahl 4 – 12 km/h	M…: cm Länge	cm Breite	cm…
Schlepper von 105 bis 108 kW (143 bis 147 PS)															
Massey Ferguson MF 5M.145	–	–	–	105	107	–	560	–	75	16	600	6	450	229	277
Massey Ferguson MF 5S.145 Dyna–4	–	–	–	105	107	–	560	–	70	12	600	6	449	230	285
Massey Ferguson MF 5S.145 Dyna–6	–	–	–	105	107	–	560	–	69	12	600	9	449	230	285
Massey Ferguson MF 7S.155 Dyna–6	–	–	–	105	122	–	700	47	70	20	600	9	490	230	295
Massey Ferguson MF 7S.155 Dyna–VT	–	–	–	105	122	–	700	47	70	20	600	stl	490	255	295
Zetor 6140	–	–	–	105	–	–	604	40	75	10	500	12	458	250	290
Deutz–Fahr 6140.4 RVshift	–	–	–	105	108	–	622	40	–	12	600	–	463	256	297
Deutz–Fahr 6140.4 TTV	–	–	–	105	108	–	622	40	–	12	600	stl	463	256	297
Fendt 514 Vario Gen4	–	106	–	–	–	–	698	22	–	15	500	stl	496	245	–
Claas Arion 530	–	–	–	106	118	–	619	–	74	15	500	9	450	250	300
Claas Arion 530 CMATIC	–	–	–	106	118	–	619	–	74	15	500	stl	450	250	300
Fendt 714 Vario Gen6	–	–	–	106	110	–	664	43	–	16	500	stl	524	255	295
Kubota M6–141U	–	–	–	106	–	–	574	–	72	15	500	9	446	233	288
Case IH Maxxum 145	–	–	–	107	114	–	650	40	71	10	600	8	519	241	288
Case IH Maxxum 145 CVXDrive	–	118	–	107	114	–	650	40	71	10	600	stl	519	235	282
Case IH Maxxum 145 MC	–	118	–	107	114	–	650	40	71	10	600	11	519	241	288
Case IH Maxxum 150	–	–	–	107	116	–	650	36	71	15	600	8	519	241	288
Case IH Maxxum 150 CVXDrive	–	121	–	107	116	–	650	36	71	15	600	stl	519	235	282
Case IH Maxxum 150 MC	–	121	–	107	116	–	650	36	71	15	600	11	519	241	288
John Deere 6M 145	–	117	117	107	120	–	700	40	71	23,5	750	7	473	249	297
John Deere 6R 145	101	136	112	107	117	134	677	40	71	23,5	750	7	493	249	295
New Holland T 6.175 AutoCommand	–	118	–	107	114	–	700	40	69	10	750	stl	518	235	298
New Holland T 6.175 Dynamic Command	–	118	–	107	114	–	700	40	69	10	750	11	518	235	298
New Holland T 6.175 Electro Command	–	118	–	107	114	–	700	40	69	10	750	8	518	235	298
New Holland T 6.180 AutoCommand	–	121	–	107	116	–	740	40	69	15	750	stl	518	235	298
New Holland T 6.180 Dynamic Command	–	121	–	107	116	–	740	40	69	15	750	11	518	235	298
New Holland T 6.180 Electro Command	–	121	–	107	116	–	740	40	69	15	750	8	518	235	298
New Holland T 6.180 Methane Dynamic Command	–	121	–	107	116	–	740	40	69	15	750	11	518	235	298
New Holland T 6.180 Methane Electro Command	–	121	–	107	116	–	740	40	69	15	750	8	518	235	298
Steyr 4145 Profi	–	118	–	107	114	–	650	40	71	10	600	11	518	241	288
Steyr 4145 Profi CVT	–	118	–	107	114	–	650	40	71	10	600	stl	518	235	282
Steyr 6150 Profi Classic	–	–	–	107	116	–	650	36	71	15	600	8	519	241	288
Steyr 6150 Profi	–	121	–	107	114	–	650	36	71	10	600	11	518	241	288
Steyr 6150 Profi CVT	–	121	–	107	114	–	650	36	71	10	600	stl	518	235	282
Zetor Forterra HD 150	–	–	–	108	–	–	607	29	76	10	500	13	465	233	280

Ausrüstung: ● Serie, ◐ Wunsch, ○ nicht lieferbar

% Gewichtsverteilung vorn/hinten	daN Hubkraft Fronthubwerk	40 km/h maximal	50 km/h maximal	60 km/h und mehr	Allradantrieb	Vorderachsfederung	Druckluftbremse	Hydrostatische Lenkung	Wendeschaltung	Wendegetriebe	Lastschaltgetriebe	Kriechgetriebe	Stufenloses Getriebe	ISO-Bus	CAN-Bus	Fronthubwerk/-ZW	Kabinenfederung	Niedrigkabine	Kabine
Schlepper von 105 bis 108 kW (143 bis 147 PS)																			
–	2500	●	○	○	●	○	◐	●	●	●	●	◐	○	●	○	◐	◐	○	●
–	2500	●	○	○	●	○	◐	●	●	●	●	◐	○	◐	●	◐	◐	◐	●
–	2500	●	○	○	●	○	◐	●	●	●	●	◐	○	◐	●	◐	◐	◐	●
–	3200	●	◐	○	●	◐	●	●	●	●	●	◐	○	◐	●	◐	●	○	●
–	3200	◐	●	○	●	●	●	●	●	●	●	●	●	◐	●	◐	●	○	●
40:60	3500	◐	◐	○	●	◐	●	●	●	●	●	◐	○	◐	◐	◐	●	○	●
–	3000	●	◐	○	●	◐	◐	●	●	●	●	◐	○	◐	●	◐	◐	○	●
–	3000	●	◐	○	●	◐	◐	●	●	●	●	●	●	◐	●	◐	◐	○	●
–	3420	●	●	○	●	●	●	●	●	○	○	○	●	●	●	◐	◐	○	●
48:52	4000	●	◐	○	●	◐	●	●	●	●	●	◐	○	◐	●	◐	●	○	●
47:53	4000	◐	●	○	●	◐	◐	●	●	●	●	○	●	◐	●	◐	●	○	●
–	4418	◐	●	○	●	●	●	●	●	○	○	●	●	◐	●	◐	●	○	●
45:55	4000	●	○	○	●	◐	◐	●	●	●	●	◐	○	◐	○	◐	○	○	●
–	3162	●	◐	○	●	◐	◐	●	●	●	●	◐	○	○	●	◐	◐	◐	●
37:03	3162	●	◐	○	●	◐	●	●	●	●	●	●	●	◐	●	◐	◐	◐	●
–	3162	●	◐	○	●	◐	◐	●	●	●	●	◐	○	◐	●	◐	◐	◐	●
–	3162	●	◐	○	●	◐	◐	●	●	●	●	◐	○	○	●	◐	◐	◐	●
37:03	3040	●	◐	○	●	◐	●	●	●	●	●	●	●	◐	●	◐	◐	◐	●
–	3040	●	◐	○	●	◐	◐	●	●	●	●	◐	○	◐	●	◐	◐	◐	●
40:60	4400	●	○	○	●	●	◐	●	●	●	●	◐	○	◐	●	◐	◐	○	●
40:60	4000	●	◐	○	●	●	◐	●	●	●	●	◐	◐	●	●	◐	◐	○	●
40:60	3200	◐	●	○	●	◐	●	●	●	○	○	●	●	●	●	◐	◐	◐	●
39:61	3200	●	◐	○	●	◐	●	●	●	●	●	◐	○	◐	●	◐	◐	◐	●
39:61	3200	●	◐	○	●	◐	●	●	●	●	●	◐	○	◐	●	◐	◐	◐	●
40:60	3200	◐	●	○	●	◐	●	●	●	○	○	●	●	●	●	◐	◐	◐	●
39:61	3200	●	◐	○	●	◐	●	●	●	●	●	◐	○	◐	●	◐	◐	◐	●
39:61	3200	●	◐	○	●	◐	●	●	●	●	●	◐	○	◐	●	◐	◐	◐	●
39:61	3200	●	◐	○	●	◐	●	●	●	●	●	◐	○	◐	●	◐	◐	◐	●
39:61	3200	●	◐	○	●	◐	●	●	●	●	●	◐	○	◐	●	◐	◐	◐	●
–	3162	●	◐	○	●	◐	◐	●	●	●	●	◐	○	◐	●	◐	◐	◐	●
37:03	3162	●	◐	○	●	◐	●	●	●	●	●	●	●	◐	●	◐	◐	◐	●
–	3162	●	◐	○	●	◐	◐	●	●	●	●	◐	○	○	●	◐	◐	◐	●
–	3162	●	◐	○	●	◐	◐	●	●	●	●	◐	○	◐	●	◐	◐	◐	●
37:03	3162	●	◐	○	●	◐	●	●	●	●	●	●	●	◐	●	◐	◐	◐	●
–	3500	●	○	○	●	◐	●	●	●	●	●	○	○	○	○	◐	◐	○	●

Technische Daten Standardschlepper

Hersteller Typ	Leistungsangaben nach ECE R 24 kW Nennleistung	kW Maximalleistung	kW Boostleistung	nach ISO 14396 kW Nennleistung	kW Maximalleistung	kW Boostleistung	Nm Drehmoment max.	Motor % Drehmomentanstieg	dB(A) Lautstärke unter Last	Wartung l Motoröl Füllmenge	h bis zum Ölwechsel	Gangzahl 4 – 12 km/h	M cm Länge	cm Breite	cm
Schlepper von 109 bis 114 kW (148 bis 155 PS)															
Deutz-Fahr 6150.4 RVshift	–	–	–	109	115	–	663	40	–	12	600	–	463	256	297
Deutz-Fahr 6150.4 TTV	–	–	–	109	115	–	663	40	–	12	600	stl	463	256	297
Case IH Puma 150	–	129	–	110	121	–	700	47	69	15	600	7	466	249	309
Fendt 514 Vario Gen3	–	–	–	110	115	–	663	33	–	11	500	stl	445	245	302
Fendt 614 Vario	–	–	–	110	–	–	793	–	–	15	500	stl	526	255	308
John Deere 6M 150	–	121	–	110	118	–	655	40	71	16	500	9	473	255	295
John Deere 6R 150	102	125	114	110	121	123	702	40	71	16	500	stl	454	243	289
Kubota M 7-154 Premium	–	–	–	110	–	–	689	–	72	22	500	10	477	250	305
Kubota M 7-154 Premium KVT	–	–	–	110	–	–	689	–	72	22	500	stl	477	250	305
Kubota M 7-154 Standard	–	–	–	110	–	–	689	–	72	22	500	10	477	250	305
Massey Ferguson MF 6S.155 Dyna-6	–	–	–	110	114	–	745	–	70	18,5	600	9	472	230	294
Massey Ferguson MF 6S.155 Dyna-VT	–	–	–	110	114	–	745	–	70	18,5	600	stl	472	230	294
New Holland T 7.165 S Range Command	–	–	–	110	121	–	700	47	69	15	750	10	485	235	309
New Holland T 7.190 AutoCommand	–	129	–	110	121	–	805	47	69	15	750	stl	485	235	314
New Holland T 7.190 Range/-Power Command	–	129	–	110	121	–	805	47	69	15	750	10	485	235	309
Deutz-Fahr Agrotron 6155 TTV	–	–	–	110	115	–	663	33	70	17,5	500	stl	571	254	303
Deutz-Fahr Agrotron 6155.4 TTV	–	–	–	110	115	–	663	33	70	12	500	stl	456	254	303
Deutz-Fahr Agrotron 6160/RC Shift	–	–	–	110	115	–	709	33	70	17,5	1000	12	571	254	303
Landini Landpower 160	–	111	–	111	114	–	652	36	–	13,5	500	–	0	–	–
Landini Serie 7-170 Robo-Six	–	111	–	111	114	–	652	36	70	13,5	1000	–	0	255	294
Landini Serie 7-165 Robo-Six	–	111	–	111	114	–	652	36	70	13,5	1000	–	0	255	294
McCormick X6.616	–	111	–	111	114	–	652	36	–	13,5	500	–	0	–	–
McCormick X7.417 P6-Drive	–	111	–	111	114	–	652	36	70	13,5	1000	–	0	255	294
McCormick X7.617 P6-Drive	–	111	–	111	114	–	652	36	70	13,5	1000	–	0	255	294
Massey Ferguson MF 7S.165 Dyna-6	–	–	–	112	129	–	725	42	70	20	600	9	490	230	298
Massey Ferguson MF 7S.165 Dyna-VT	–	–	–	112	129	–	725	42	70	20	600	stl	490	255	298
Fendt 515 Vario Gen4	–	113	–	–	–	–	745	23	–	15	500	stl	496	245	–
Claas Arion 470	–	–	–	113	114	–	590	29	73	12,2	600	7	444	250	275
Case IH Puma 155 CVXDrive	–	140	–	114	125	–	795	30	68	15	750	stl	500	255	309
John Deere 6M 155	123	125	131	114	136	–	790	40	71	23,5	750	7	499	255	310
John Deere 6R 155	107	144	119	114	125	141	724	40	71	23,5	750	7	493	249	295
Kubota M 7-153 Premium	–	–	–	114	–	–	689	–	72	22	500	10	477	250	305
Kubota M 7-153 Premium KVT	–	–	–	114	–	–	689	–	72	22	500	stl	477	250	305
Kubota M 7-153 Standard	–	–	–	114	–	–	689	–	72	22	500	10	477	250	305
Deutz-Fahr 6160 TTV	–	–	–	114	119	–	698	–	70	–	1000	stl	452	272	321

Ausrüstung: ● Serie, ◐ Wunsch, ○ nicht lieferbar

% Gewichtsverteilung vorn/hinten	daN Hubkraft Fronthubwerk	40 km/h maximal	50 km/h maximal	60 km/h und mehr	Allradantrieb	Vorderachsfederung	Druckluftbremse	Hydrostatische Lenkung	Wendeschaltung	Wendegetriebe	Lastschaltgetriebe	Kriechgetriebe	Stufenloses Getriebe	ISO-Bus	CAN-Bus	Fronthubwerk/-ZW	Kabinenfederung	Niedrigkabine	Kabine
Schlepper von 109 bis 114 kW (148 bis 155 PS)																			
–	3000	●	◐	○	●	◐	◐	●	●	●	●	◐	○	◐	●	◐	◐	○	●
–	3000	●	◐	○	●	◐	◐	●	●	●	●	●	●	◐	●	◐	◐	○	●
–	3747	●	◐	○	●	●	●	●	●	●	●	◐	○	◐	●	◐	●	●	●
–	3420	◐	●	○	●	●	◐	●	●	○	○	●	●	◐	●	◐	●	○	●
–	4418	◐	●	○	●	●	◐	●	●	○	○	●	●	◐	●	◐	●	○	●
40:60	4400	●	○	○	●	●	◐	●	●	●	●	◐	○	◐	●	◐	◐	○	●
40:60	4000	●	◐	○	●	●	◐	●	●	●	●	◐	●	●	●	◐	◐	○	●
48:52	3900	○	●	○	●	●	●	●	●	●	●	◐	○	●	●	◐	●	○	●
48:52	3900	○	●	○	●	●	●	●	●	●	●	○	●	●	●	◐	●	○	●
48:52	3900	○	●	○	●	●	●	●	●	●	●	◐	○	◐	●	◐	●	○	●
–	3200	●	◐	○	●	◐	●	●	●	●	●	◐	○	◐	●	◐	◐	○	●
–	3200	◐	●	○	●	●	●	●	○	●	●	●	●	◐	●	◐	●	○	●
38:62	3700	●	◐	○	●	◐	●	●	●	●	●	◐	○	◐	●	◐	◐	◐	●
40:60	3700	◐	●	○	●	●	●	●	●	●	●	●	●	●	●	◐	●	○	●
38:62	3700	●	◐	○	●	◐	●	●	●	○	○	◐	○	◐	●	◐	●	○	●
37:03	4110	◐	●	○	●	◐	◐	●	●	●	●	●	●	◐	●	◐	◐	○	●
43:57	4110	●	◐	○	●	◐	◐	●	●	●	●	●	○	◐	●	◐	◐	○	●
36:04	4110	●	◐	○	●	◐	◐	●	●	●	●	◐	○	◐	●	◐	◐	○	●
–	3500	●	○	○	●	○	●	●	●	●	●	◐	○	○	●	◐	○	○	●
–	3500	●	◐	○	●	◐	●	●	●	●	●	◐	○	◐	●	◐	◐	○	●
–	3500	●	◐	○	●	◐	●	●	●	●	●	◐	○	◐	●	◐	◐	○	●
–	3500	●	○	○	●	○	●	●	●	●	●	◐	○	○	●	◐	○	○	●
–	3500	●	◐	○	●	◐	●	●	●	●	●	◐	○	◐	●	◐	◐	○	●
–	3500	●	◐	○	●	◐	●	●	●	●	●	◐	○	◐	●	◐	◐	○	●
–	3200	●	◐	○	●	◐	●	●	●	●	●	◐	○	◐	●	◐	●	○	●
–	3200	◐	●	○	●	●	●	●	●	●	●	●	●	◐	●	◐	●	○	●
–	3420	●	●	○	●	●	●	●	●	○	○	○	●	●	●	◐	◐	○	●
45:55	4300	●	○	○	●	◐	◐	●	●	●	●	◐	○	○	○	◐	○	○	●
–	4284	●	◐	○	●	●	●	●	●	●	●	●	●	◐	●	◐	●	●	●
40:60	4400	●	○	○	●	●	◐	●	●	●	●	◐	○	◐	●	◐	◐	○	●
40:60	4000	●	◐	○	●	●	◐	●	●	●	●	◐	◐	●	●	◐	◐	○	●
48:52	3900	○	●	○	●	●	●	●	●	●	●	◐	○	●	●	◐	●	○	●
48:52	3900	○	●	○	●	●	●	●	●	●	●	○	●	●	●	◐	●	○	●
48:52	3900	○	●	○	●	●	●	●	●	●	●	◐	○	◐	●	◐	●	○	●
–	4110	◐	●	○	●	●	●	○	●	●	●	●	●	◐	●	◐	●	○	●

Technische Daten Standardschlepper

Hersteller Typ	Leistungsangaben nach ECE R 24: kW Nennleistung	kW Maximalleistung	kW Boostleistung	nach ISO 14396: kW Nennleistung	kW Maximalleistung	kW Boostleistung	Nm Drehmoment max.	% Drehmomentanstieg	Motor: dB(A) Lautstärke unter Last	Wartung: l Motoröl Füllmenge	h bis zum Ölwechsel	Gangzahl 4 – 12 km/h	M: cm Länge	cm Breite	cm
Schlepper von 114 bis 118 kW (155 bis 160 PS)															
Deutz-Fahr 6160.4 TTV	–	–	–	114	118	–	675	–	70	–	1000	stl	429	272	316
Steyr 6170 Impuls CVT	–	140	–	114	125	–	795	30	68	15	750	stl	500	255	309
Valtra N 155e Active	–	–	–	114	116	–	660	–	71	17,5	600	14	465	253	296
Valtra N 155e Direct	–	–	–	114	116	–	660	–	71	17,5	600	stl	465	253	296
Valtra N 155e HiTech	–	–	–	114	116	–	660	–	71	17,5	600	14	465	253	296
Valtra N 155e Versu	–	–	–	114	116	–	660	–	71	17,5	600	14	465	253	296
Valtra T145 Active	–	–	–	114	118	–	640	–	71	19	600	14	514	255	313
Valtra T 145 Direct	–	–	–	114	118	–	640	–	71	19	600	stl	514	255	313
Valtra T145 HiTech	–	–	–	114	118	–	640	–	71	19	600	14	514	255	313
Valtra T145 Versu	–	–	–	114	118	–	640	–	71	19	600	14	514	255	313
Valtra T155 HiTech	–	–	–	114	118	–	640	–	71	19	600	14	514	255	313
Claas Arion 630	–	–	–	115	130	–	703	–	74	17	500	9	476	250	305
Claas Arion 630 CMATIC	–	–	–	115	130	–	703	–	74	17	500	stl	476	250	305
Fuß FußTrac 1600	–	–	–	115	–	–	610	–	81	9	500	stl	500	220	290
Deutz-Fahr Agrotron 6160.4/RC Shift	–	120	–	115	121	–	675	33	70	12	1000	12	456	254	303
Deutz-Fahr Agrotron 6165 TTV	–	120	–	115	121	–	699	28	70	17,5	1000	stl	571	254	303
Deutz-Fahr Agrotron 6170/RC Shift	–	120	–	115	121	–	699	28	70	17,5	1000	12	571	254	303
Zetor 6150	–	–	–	115	–	–	663	40	75	10	500	12	458	250	290
Claas Arion 550	–	–	–	117	124	–	697	–	74	15	500	9	451	250	300
Claas Arion 550 CMATIC	–	–	–	117	124	–	697	–	74	15	500	stl	451	250	300
Landini Landpower 180	–	125	–	117	122	–	700	36	–	13,5	500	–	0	–	–
Landini Serie 7-180 Robo-Six	–	125	–	117	122	–	694	36	70	13,5	1000	–	0	255	294
Landini Serie 7-175 Robo-Six	–	125	–	117	122	–	700	38	70	13,5	1000	–	0	255	294
Landini Serie 7-175 V-Shift	–	125	–	117	122	–	700	38	70	13,5	1000	stl	0	255	294
Landini Serie 7-180 V-Shift	–	125	–	117	122	–	694	36	70	13,5	1000	stl	0	255	294
McCormick X6.618	–	125	–	117	122	–	700	36	–	13,5	500	–	0	–	–
McCormick X7.418 P6-Drive	–	125	–	117	122	–	700	38	70	13,5	1000	–	0	255	294
McCormick X7.418 VT-Drive	–	125	–	117	122	–	700	38	70	13,5	1000	stl	0	255	294
McCormick X7.618 P6-Drive	–	125	–	117	122	–	694	36	70	13,5	1000	–	0	255	294
McCormick X7.618 VT-Drive	–	125	–	117	122	–	694	36	70	13,5	1000	stl	0	255	294
Kubota M 7-173 Premium	–	–	–	118	–	–	711	–	72	22	500	10	477	250	305
Kubota M 7-173 Premium KVT	–	–	–	118	–	–	711	–	72	22	500	stl	477	250	305
Kubota M 7-173 Standard	–	–	–	118	–	–	711	–	72	22	500	10	477	250	305
Massey Ferguson MF 6S.165 Dyna-6	–	–	–	118	121	–	790	–	70	18,5	600	9	472	230	297
Massey Ferguson MF 6S.165 Dyna-VT	–	–	–	118	121	–	790	–	70	18,5	600	stl	472	230	297

Ausrüstung: ● Serie, ◐ Wunsch, ○ nicht lieferbar

% Gewichtsverteilung vorn/hinten	daN Hubkraft Fronthubwerk	40 km/h maximal	50 km/h maximal	60 km/h und mehr	Allradantrieb	Vorderachsfederung	Druckluftbremse	Hydrostatische Lenkung	Wendeschaltung	Wendegetriebe	Lastschaltgetriebe	Kriechgetriebe	Stufenloses Getriebe	ISO-Bus	CAN-Bus	Fronthubwerk/-ZW	Kabinenfederung	Niedrigkabine	Kabine
Schlepper von 114 bis 118 kW (155 bis 160 PS)																			
–	4110	◐	●	○	●	●	●	●	●	●	●	●	●	◐	●	◐	●	○	●
–	4284	●	◐	○	●	●	●	●	●	●	●	●	●	◐	●	◐	●	●	●
38:62	4700	●	◐	○	●	●	●	●	●	●	●	●	○	◐	●	◐	◐	○	●
38:63	4700	●	◐	○	●	●	●	●	●	●	●	●	●	◐	●	◐	◐	○	●
38:64	4700	●	◐	○	●	●	●	●	●	●	●	●	○	◐	●	◐	◐	○	●
38:65	4700	●	◐	○	●	●	●	●	●	●	●	●	○	◐	●	◐	●	○	●
40:60	5100	●	◐	○	●	●	●	●	●	●	●	●	○	◐	●	◐	◐	○	●
40:60	5100	●	◐	○	●	●	●	●	●	●	●	●	●	◐	●	◐	◐	○	●
40:60	5100	●	◐	○	●	●	●	●	●	●	●	●	○	◐	●	◐	◐	○	●
40:60	5100	●	◐	○	●	●	●	●	●	●	●	●	○	◐	●	◐	◐	○	●
40:60	5100	●	◐	○	●	●	●	●	●	●	●	●	○	◐	●	◐	◐	○	●
47:53	4000	●	◐	○	●	◐	●	●	●	●	●	◐	○	◐	●	◐	●	○	●
46:54	4000	◐	●	○	●	◐	●	●	●	●	●	○	●	◐	●	◐	●	○	●
–	280000	◐	●	○	●	●	●	●	●	●	●	○	●	●	●	◐	●	○	●
43:57	4110	●	◐	○	●	◐	◐	●	●	●	●	◐	○	◐	●	◐	◐	○	●
37:03	4110	●	◐	○	●	◐	◐	●	●	●	●	●	●	◐	●	◐	◐	○	●
36:04	4110	●	◐	○	●	◐	◐	●	●	●	●	◐	○	◐	●	◐	◐	○	●
40:60	3500	ⓥ	◐	○	●	◐	●	●	●	●	●	◐	○	◐	◐	◐	●	○	●
46:54	4000	●	◐	○	●	◐	●	●	●	●	●	◐	○	◐	●	◐	●	○	●
46:54	4000	◐	●	○	●	◐	●	●	●	●	●	○	●	◐	●	◐	●	○	●
–	3500	●	○	○	●	○	●	●	●	●	●	◐	○	○	●	◐	○	○	●
–	3500	●	◐	○	●	◐	●	●	●	●	●	◐	○	◐	●	◐	◐	○	●
–	3500	●	◐	○	●	◐	●	●	●	●	●	◐	○	◐	●	◐	◐	○	●
–	3500	●	◐	○	●	◐	○	●	●	●	●	○	●	◐	●	◐	◐	○	●
–	3500	●	◐	○	●	◐	○	●	●	●	●	○	●	◐	●	◐	◐	○	●
–	3500	●	○	○	●	○	●	●	●	●	●	◐	○	○	●	◐	○	○	●
–	3500	●	◐	○	●	◐	●	●	●	●	●	◐	○	◐	●	◐	◐	○	●
–	3500	●	◐	○	●	◐	○	●	●	●	●	○	●	◐	●	◐	◐	○	●
–	3500	●	◐	○	●	◐	●	●	●	●	●	◐	○	◐	●	◐	◐	○	●
–	3500	●	◐	○	●	◐	○	●	●	●	●	○	●	◐	●	◐	◐	○	●
48:52	3900	○	●	○	●	●	●	●	●	●	●	◐	○	●	●	◐	●	○	●
48:52	3900	○	●	○	●	●	●	●	●	●	●	○	●	●	●	◐	●	○	●
48:52	3900	○	●	○	●	●	●	●	●	●	●	◐	○	○	●	◐	●	○	●
–	3200	●	◐	○	●	◐	●	●	●	●	●	◐	○	◐	●	◐	◐	○	●
–	3200	◐	●	○	●	●	●	●	●	●	●	●	●	◐	●	◐	●	○	●

Technische Daten Standardschlepper

Hersteller Typ	Leistungsangaben nach ECE R 24: kW Nennleistung	Leistungsangaben nach ECE R 24: kW Maximalleistung	Leistungsangaben nach ECE R 24: kW Boostleistung	Leistungsangaben nach ISO 14396: kW Nennleistung	Leistungsangaben nach ISO 14396: kW Maximalleistung	Leistungsangaben nach ISO 14396: kW Boostleistung	Motor: Nm Drehmoment max.	Motor: % Drehmomentanstieg	Motor: dB(A) Lautstärke unter Last	Wartung: l Motoröl Füllmenge	Wartung: h bis zum Ölwechsel	Gangzahl 4 – 12 km/h	cm Länge	cm Breite	cm
Schlepper von 118 bis 128 kW (160 bis 174 PS)															
Rigitrac SKH 150	118	–	–	–	–	–	719	–	68	12,5	250	stl	442	236	255
Fendt 516 Vario Gen3	–	–	–	120	126	–	699	28	–	11	500	stl	445	245	302
Fendt 716 Vario Gen6	–	–	–	120	126	–	739	40	–	16	500	stl	524	255	295
Deutz-Fahr 6170 TTV	–	–	–	120	126	–	727	–	70	–	1000	stl	452	272	321
Deutz-Fahr 6170.4 TTV	–	–	–	120	126	–	699	–	70	–	1000	stl	429	272	316
Deutz-Fahr Agrotron 6170.4/RC Shift	–	–	–	120	129	–	699	33	70	12	1000	12	456	254	303
Deutz-Fahr Agrotron 6175.4 TTV	–	–	–	120	129	–	699	33	70	12	1000	stl	456	254	303
Case IH Puma 165	–	140	–	121	132	–	770	46	69	15	600	7	466	249	309
Case IH Puma 165 CVXDrive	–	140	–	121	132	–	770	46	69	15	600	stl	466	249	309
Case IH Puma 165 MC	–	140	–	121	132	–	770	46	69	15	600	7	466	249	309
Case IH Puma 165 CVXDrive	–	150	–	121	132	–	859	28	68	15	750	stl	500	255	309
John Deere 6M 165	138	134	147	121	151	–	880	40	71	23,5	750	7	499	255	310
John Deere 6R 165	114	121	127	121	133	148	773	40	71	23,5	750	11	493	249	295
New Holland T 7.210 AutoCommand	–	140	–	121	132	–	875	44	69	15	750	stl	485	235	314
New Holland T 7.210 Range/-Power	–	140	–	121	132	–	875	44	69	15	750	10	485	235	309
Steyr 6165 Impuls CVT	–	140	–	121	132	–	770	46	69	15	600	stl	466	249	309
Steyr 6180 Impuls CVT	–	150	–	121	132	–	859	28	68	15	750	stl	500	255	309
Valtra N175 Active	–	–	–	121	122	–	680	–	71	17,5	600	14	465	253	296
Valtra N175 Direct	–	–	–	121	122	–	680	–	71	17,5	600	stl	465	253	296
Valtra N175 HiTech	–	–	–	121	122	–	680	–	71	17,5	600	14	465	253	296
Valtra N175 Versu	–	148	–	121	122	–	680	–	71	17,5	600	14	465	253	296
Valtra T155 Active	–	–	–	121	121	–	680	–	71	19	600	14	514	255	313
Valtra T155 Direct	–	–	–	121	121	–	680	–	71	19	600	stl	514	255	313
Valtra T155 Versu	–	–	–	121	121	–	680	–	71	19	600	14	514	255	313
Fendt 616 Vario	–	–	–	124	–	–	861	–	–	15	500	stl	526	255	308
Deutz-Fahr Agrotron 6175 TTV	–	–	–	124	130	–	739	31	70	17,5	1000	stl	571	254	308
Kubota M 7-174 Premium	–	–	–	125	–	–	711	–	72	22	500	10	477	250	305
Kubota M 7-174 Premium KVT	–	–	–	125	–	–	711	–	72	22	500	stl	477	250	305
Kubota M 7-174 Standard	–	–	–	125	–	–	711	–	72	22	500	10	477	250	305
JCB Fastrac 4160 iCON	125	–	133	–	–	–	825	48	68	16	600	stl	540	254	299
Massey Ferguson MF 7S.180 Dyna-6	–	–	–	126	140	–	750	40	70	20	600	9	490	230	298
Massey Ferguson MF 7S.180 Dyna-VT	–	–	–	126	140	–	750	40	70	20	600	stl	490	255	298
Claas Arion 570 CMATIC	–	–	–	127	133	–	697	–	74	15	500	stl	451	250	300
Deutz-Fahr 6180 TTV	–	–	–	128	133	–	772	–	70	–	1000	stl	452	272	321
Deutz-Fahr Agrotron 6180/RC Shift	–	–	–	128	133	–	772	35	70	17,5	1000	12	571	254	308

Ausrüstung: ● Serie, ◐ Wunsch, ○ nicht lieferbar

% Gewichtsverteilung vorn/hinten	daN Hubkraft Fronthubwerk	40 km/h maximal	50 km/h maximal	60 km/h und mehr	Allradantrieb	Vorderachsfederung	Druckluftbremse	Hydrostatische Lenkung	Wendeschaltung	Wendegetriebe	Lastschaltgetriebe	Kriechgetriebe	Stufenloses Getriebe	ISO-Bus	CAN-Bus	Fronthubwerk/-ZW	Kabinenfederung	Niedrigkabine	Kabine
Schlepper von 118 bis 128 kW (160 bis 174 PS)																			
44:56	3500	●	○	○	●	○	◐	●	●	○	○	●	●	◐	●	◐	○	●	◐
–	3420	◐	●	○	●	●	◐	●	●	○	○	●	●	◐	●	◐	●	○	●
–	4418	◐	●	○	●	●	●	●	●	○	○	●	●	◐	●	◐	●	○	●
–	4110	◐	●	○	●	●	●	○	●	●	●	●	●	◐	●	◐	●	○	●
–	4110	◐	●	○	●	●	●	○	●	●	●	●	●	◐	●	◐	●	○	●
43:57	4110	●	◐	○	●	◐	◐	●	●	●	●	◐	○	◐	●	◐	◐	○	●
42:58	4110	◐	●	○	●	◐	◐	●	●	●	●	●	●	◐	●	◐	◐	○	●
–	3747	●	◐	○	●	●	●	●	●	●	●	◐	○	◐	●	◐	●	●	●
–	3747	●	◐	○	●	●	●	●	●	●	●	●	●	◐	●	◐	●	○	●
–	3747	●	◐	○	●	●	●	●	●	●	●	◐	○	◐	●	◐	●	○	●
–	4284	●	◐	○	●	●	●	●	●	●	●	●	●	◐	●	◐	●	●	●
40:60	4400	●	○	○	●	●	◐	●	●	●	●	◐	○	◐	●	◐	◐	○	●
40:60	4000	●	◐	○	●	●	◐	●	●	●	●	◐	◐	●	●	◐	◐	○	●
40:60	3700	◐	●	○	●	●	●	●	●	●	●	●	●	●	●	◐	●	○	●
38:02	3700	●	◐	○	●	◐	●	●	●	●	●	◐	○	◐	●	◐	●	○	●
40:60	3747	●	◐	○	●	●	●	●	●	●	●	●	●	◐	●	◐	●	○	●
–	4284	●	◐	○	●	●	●	●	●	●	●	●	●	◐	●	◐	●	●	●
38:02	4700	●	◐	◐	●	●	●	●	●	●	●	●	○	◐	●	◐	◐	○	●
38:02	4700	●	◐	◐	●	●	●	●	●	●	●	●	●	◐	●	◐	◐	○	●
38:02	4700	●	◐	◐	●	●	●	●	●	●	●	●	○	◐	●	◐	◐	○	●
38:02	4700	●	◐	◐	●	●	●	●	●	●	●	●	○	◐	●	◐	◐	○	●
40:60	5100	●	◐	○	●	●	●	●	●	●	●	●	○	◐	●	◐	◐	○	●
40:60	5100	●	◐	○	●	●	●	●	●	●	●	●	●	◐	●	◐	◐	○	●
40:60	5100	●	◐	○	●	●	●	●	●	●	●	●	○	◐	●	◐	◐	○	●
–	4418	◐	●	○	●	●	◐	●	●	○	○	●	●	◐	●	◐	●	○	●
35:05	4110	●	◐	○	●	◐	●	●	●	●	●	●	●	◐	●	◐	◐	○	●
48:52	3900	○	●	○	●	●	●	●	●	●	●	◐	○	●	●	◐	●	○	●
48:52	3900	○	●	○	●	●	●	●	●	●	●	○	●	●	●	◐	●	○	●
48:52	3900	○	●	○	●	●	●	●	●	●	●	◐	○	○	●	◐	●	○	●
50:50	3500	◐	◐	●	●	●	●	●	●	○	○	●	●	◐	●	◐	○	○	●
–	4000	●	◐	○	●	◐	●	●	●	●	●	◐	○	◐	●	◐	●	○	●
–	4000	◐	●	○	●	●	●	●	●	●	●	●	●	◐	●	◐	●	○	●
46:54	4000	◐	●	○	●	◐	●	●	●	●	●	○	●	◐	●	◐	●	○	●
–	4110	◐	●	○	●	●	●	○	●	●	●	●	●	◐	●	◐	●	○	●
38:02	4110	●	◐	○	●	◐	◐	●	●	●	●	◐	○	◐	●	◐	◐	○	●

Technische Daten Standardschlepper

Hersteller Typ	Leistungsangaben nach ECE R 24: kW Nennleistung	nach ECE R 24: kW Maximalleistung	nach ECE R 24: kW Boostleistung	nach ISO 14396: kW Nennleistung	nach ISO 14396: kW Maximalleistung	nach ISO 14396: kW Boostleistung	Motor: Nm Drehmoment max.	% Drehmomentanstieg	dB(A) Lautstärke unter Last	Wartung: l Motoröl Füllmenge	h bis zum Ölwechsel	Gangzahl 4 – 12 km/h	Ma… cm Länge	cm Breite	cm H…
Schlepper von 128 bis 140 kW (174 bis 190 PS)															
Zetor 6170	–	–	–	128	–	–	699	40	75	10	500	12	458	250	290
John Deere 6R 175	122	158	135	129	142	157	817	40	71	23,5	750	7	505	255	316
Landini Serie 7–200 Robo–Six Dyn.	–	129	–	129	132	–	756	36	–	13,5	1000	–	0	255	304
Massey Ferguson MF 6S.180 Dyna–6	–	–	–	129	132	–	840	–	70	18,5	600	9	472	230	297
Massey Ferguson MF 6S.180 Dyna–VT	–	–	–	129	132	–	840	–	70	18,5	600	stl	472	230	297
McCormick X7.620 P6–Drive Premium	–	129	–	129	132	–	756	36	–	13,5	1000	–	0	255	304
New Holland T 7.195 S PowerCommand	–	–	–	129	140	–	805	44	69	15	750	8	510	248	314
Deutz–Fahr Agrotron 6185 TTV	–	133	–	129	134	–	818	35	70	17,5	1000	stl	571	254	308
Valtra T175e Active	–	–	–	129	130	–	850	–	71	19	600	14	514	255	313
Valtra T175e Direct	–	–	–	129	130	–	850	–	71	19	600	stl	514	255	313
Valtra T175e HiTech	–	–	–	129	130	–	850	–	71	19	600	14	514	255	313
Valtra T175e Versu	–	–	–	129	130	–	850	–	71	19	600	14	514	255	313
Case IH Puma 175 CVXDrive	–	151	–	132	147	–	770	46	69	15	600	stl	466	249	309
Case IH Puma 185	–	151	–	132	147	–	840	44	69	15	750	7	502	249	316
Case IH Puma 185 CVXDrive	–	151	–	132	147	–	840	44	69	15	750	stl	502	249	316
Case IH Puma 185 PowerDrive	–	151	–	132	147	–	840	44	69	15	750	7	502	249	316
New Holland T 7.180 Dynamic Command newgen	–	–	–	132	133	–	844	29	65	15	750	11	0	–	–
New Holland T 7.180 AutoCommand newgen	–	–	–	132	133	–	844	29	65	15	750	stl	0	–	–
New Holland T 7.225 AutoCommand	–	151	–	132	147	–	940	44	69	15	750	stl	485	235	314
New Holland T 7.230 AutoCommand PLMi	–	151	–	132	147	–	940	44	66	15	750	stl	516	275	326
New Holland T 7.230 PowerCommand PLMi	–	151	–	132	147	–	940	44	66	15	750	8	516	275	326
Steyr 6175 Impuls CVT	–	150	–	132	147	–	770	46	69	15	600	stl	466	249	309
Steyr 6200 Absolut CVT	–	151	–	132	147	–	840	44	68	15	750	stl	502	249	316
Fendt 718 Vario Gen6	–	–	–	133	138	–	818	39	–	16	500	stl	524	255	305
Deutz–Fahr Agrotron 6190/RC Shift	–	–	–	133	141	–	821	35	70	17,5	1000	12	571	254	308
Massey Ferguson MF 7S.190 Dyna–VT	–	–	–	134	149	–	860	41	70	20	600	stl	490	255	298
Case IH Puma 185 CVXDrive	–	155	–	136	147	–	933	31	68	15	750	stl	500	255	309
John Deere 6R 185	128	165	149	136	150	163	866	40	71	23,5	750	stl	493	249	295
Steyr 6200 Impuls CVT	–	155	–	136	147	–	933	31	–	15	750	stl	500	255	309
Fendt 618 Vario	–	–	–	139	–	–	904	–	–	15	500	stl	526	255	308
Mercedes–Benz U 219	140	–	–	–	–	–	750	33	63	17	1400	8	498	220	285
Mercedes–Benz U 319	140	–	–	–	–	–	750	33	63	17	1400	8	515	220	285
New Holland T 7.190 Dynamic Command newgen	–	–	–	140	141	–	906	30	65	15	750	11	0	–	–
New Holland T 7.190 AutoCommand newgen	–	–	–	140	141	–	906	30	65	15	750	stl	0	–	–
New Holland T 7.215 S PowerCommand	–	–	–	140	154	–	875	44	69	15	750	8	510	248	314

Ausrüstung: ● Serie, ◐ Wunsch, ○ nicht lieferbar

% Gewichtsverteilung vorn/hinten	daN Hubkraft Fronthubwerk	40 km/h maximal	50 km/h maximal	60 km/h und mehr	Allradantrieb	Vorderachsfederung	Druckluftbremse	Hydrostatische Lenkung	Wendeschaltung	Wendegetriebe	Lastschaltgetriebe	Kriechgetriebe	Stufenloses Getriebe	ISO-Bus	CAN-Bus	Fronthubwerk/-ZW	Kabinenfederung	Niedrigkabine	Kabine
Schlepper von 128 bis 140 kW (174 bis 190 PS)																			
40:60	3500	◐	◐	○	●	◐	●	●	●	●	●	◐	○	◐	◐	◐	●	○	●
40:60	4000	●	◐	○	●	●	◐	●	●	●	●	◐	◐	●	●	◐	◐	○	●
–	3500	●	◐	○	●	◐	○	●	●	●	●	◐	○	◐	●	◐	◐	○	●
–	3200	●	◐	○	●	◐	●	●	●	●	●	◐	○	◐	●	◐	◐	○	●
–	3200	◐	●	○	●	●	●	●	●	●	●	●	●	◐	●	◐	●	○	●
–	3500	●	◐	○	●	◐	○	●	●	●	●	◐	○	◐	●	◐	◐	○	●
42:58	5925	●	○	○	●	●	●	●	●	●	●	◐	○	◐	●	◐	●	○	●
38:02	5480	●	◐	○	●	◐	●	●	●	●	●	●	●	◐	●	◐	◐	○	●
40:60	5100	●	◐	◐	●	●	●	●	●	●	●	●	○	◐	●	◐	◐	○	●
40:60	5100	●	◐	◐	●	●	●	●	●	●	●	●	●	◐	●	◐	◐	○	●
40:60	5100	●	◐	◐	●	●	●	●	●	●	●	●	○	◐	●	◐	◐	○	●
40:60	5100	●	◐	◐	●	●	●	●	●	●	●	●	○	◐	●	◐	◐	○	●
–	3747	●	◐	○	●	●	●	●	●	●	●	●	●	◐	●	◐	●	○	●
–	5232	●	◐	○	●	●	●	●	●	●	●	◐	○	◐	●	◐	●	○	●
–	5232	●	◐	○	●	●	●	●	●	●	●	●	●	◐	●	◐	●	○	●
–	5232	●	◐	○	●	●	●	●	●	●	●	◐	○	◐	●	◐	●	○	●
–	3699	●	◐	○	●	◐	●	●	●	●	●	◐	○	●	●	◐	●	◐	●
–	3700	◐	●	○	●	●	●	●	●	●	●	●	●	●	●	◐	●	◐	●
40:60	3700	◐	●	○	●	●	●	●	●	●	●	●	●	●	●	◐	●	○	●
42:58	5925	◐	●	○	●	●	●	●	●	●	●	●	●	●	●	◐	●	○	●
42:58	5925	●	◐	○	●	●	●	●	●	●	●	◐	○	●	●	◐	●	○	●
40:60	3747	●	◐	○	●	●	●	●	●	●	●	●	●	◐	●	◐	●	○	●
–	5232	●	◐	○	●	●	●	●	●	●	●	●	●	◐	●	◐	●	○	●
–	4418	◐	●	○	●	●	●	●	●	○	○	●	●	◐	●	◐	●	○	●
38:02	5480	●	◐	○	●	◐	◐	●	●	●	●	◐	○	◐	●	◐	◐	○	●
–	4000	◐	●	○	●	●	●	●	●	●	●	●	●	◐	●	◐	●	○	●
–	4284	●	◐	○	●	●	●	●	●	●	●	●	●	◐	●	◐	●	●	●
40:60	4000	●	◐	○	●	●	◐	●	●	●	●	◐	●	●	●	◐	◐	○	●
–	4284	●	◐	○	●	●	●	●	●	●	●	●	●	◐	●	◐	●	●	●
–	4418	◐	●	○	●	●	◐	●	●	○	○	●	●	◐	●	◐	●	○	●
67:33	1800	◐	◐	●	●	●	●	○	●	●	●	◐	○	◐	●	◐	●	○	●
57:43	1800	◐	◐	●	●	●	●	○	●	●	●	◐	○	◐	●	◐	●	○	●
–	3699	●	◐	○	●	◐	●	●	●	●	●	◐	○	●	●	◐	●	◐	●
–	3700	◐	●	○	●	●	●	●	●	●	●	●	●	●	●	◐	●	◐	●
42:58	5925	●	○	○	●	●	●	●	●	●	●	◐	○	◐	●	◐	●	○	●

Technische Daten Standardschlepper

Hersteller Typ	Leistungsangaben nach ECE R 24			Leistungsangaben nach ISO 14396					Motor		Wartung		Ma		
	kW Nennleistung	kW Maximalleistung	kW Boostleistung	kW Nennleistung	kW Maximalleistung	kW Boostleistung	Nm Drehmoment max.	% Drehmomentanstieg	dB(A) Lautstärke unter Last	l Motoröl Füllmenge	h bis zum Ölwechsel	Gangzahl 4 – 12 km/h	cm Länge	cm Breite	cm H
Schlepper von 141 bis 151 kW (192 bis 205 PS)															
Deutz-Fahr Agrotron 6190 TTV	–	–	–	141	141	–	821	28	68	17,5	1000	stl	471	279	330
Claas Arion 650	–	–	–	141	151	–	754	–	74	17	500	9	482	250	305
JCB Fastrac 4190 iCON	141	–	157	–	–	–	945	48	68	16	600	stl	540	254	299
John Deere 6R 195	137	173	152	143	158	172	910	40	71	23,5	750	7	505	255	316
Landini Serie 7-210 Robo-Six Dyn.	–	143	–	143	147	–	840	36	–	13,5	1000	–	0	255	304
Landini Serie 7-210 V-Shift	–	143	–	143	147	–	840	36	72	13,5	1000	stl	490	296	311
McCormick X7.621 P6-Drive Premium	–	143	–	143	147	–	840	36	–	13,5	1000	–	0	255	304
McCormick X7.621 VT-Drive	–	143	–	143	147	–	840	36	72	13,5	1000	stl	490	296	311
Valtra T195 Active	–	–	–	143	145	–	800	–	71	19	600	14	514	255	313
Valtra T195 Direct	–	–	–	143	145	–	800	–	71	19	600	stl	514	255	313
Valtra T195 HiTech	–	–	–	143	145	–	800	–	71	19	600	14	514	255	313
Valtra T195 Versu	–	–	–	143	145	–	800	–	71	19	600	14	514	255	313
Claas Arion 660 CMATIC	–	–	–	144	154	–	849	–	74	17	500	stl	482	250	305
Claas Arion 6.190	–	–	–	144	154	–	849	–	74	17	500	stl	482	250	305
Deutz-Fahr Agrotron 6210 TTV	–	–	–	145	159	–	849	28	68	17,5	1000	stl	479	279	330
Deutz-Fahr Agrotron 6210/RC Shift	–	–	–	145	159	–	850	29	70	17,5	1000	12	579	274	315
Case IH Puma 200	–	165	–	147	162	–	930	44	69	15	750	7	502	249	316
Case IH Puma 200 CVXDrive	–	165	–	147	162	–	930	44	69	15	750	stl	502	249	316
Case IH Puma 200 PowerDrive	–	165	–	147	162	–	930	44	69	15	750	7	502	249	316
New Holland T 7.245 AutoCommand PLMi	–	165	–	147	162	–	1035	44	66	15	750	stl	516	275	326
New Holland T 7.245 PowerCommand PLMi	–	165	–	147	162	–	1035	44	66	15	750	8	516	275	326
Steyr 6220 Absolut CVT	–	165	–	147	162	–	930	44	68	15	750	stl	502	249	316
Fendt 720 Vario Gen6	–	–	–	148	154	–	911	39	–	16	500	stl	524	255	305
Massey Ferguson MF 8S.205 Xtra	–	–	–	148	151	–	950	–	68	28	600	11	537	255	339
Massey Ferguson MF 8S.205 Xtra Dyna-E	–	–	–	148	151	–	950	–	68	28	600	11	537	255	339
Massey Ferguson MF 8S.205 Xtra Dyna-VT	–	–	–	148	151	–	950	–	68	28	600	stl	537	255	341
Deutz-Fahr Agrotron 6230/RC Shift	–	157	–	148	156	–	889	24	70	17,5	500	12	579	274	315
Fendt 720 Vario Gen7	–	–	–	149	149	–	1090	30	–	18	1000	stl	552	255	328
New Holland T 7.210 Dynamic Command newgen	–	–	–	150	155	–	979	28	65	15	750	11	0	–	–
New Holland T 7.210 AutoCommand newgen	–	–	–	150	155	–	979	28	65	15	750	stl	0	–	–
Deutz-Fahr Agrotron 6230/RC/PS Shift	–	159	–	150	–	–	889	24	70	17,5	500	12	579	274	315
Claas Axion 810 CMATIC	–	–	–	151	158	–	941	38	70	20,5	600	stl	521	226	315
Landini Serie 7-230 Robo-Six Dyn.	–	151	–	151	158	–	904	36	–	13,5	1000	–	0	255	304
McCormick X7.623 P6-Drive Premium	–	151	–	151	158	–	904	36	–	13,5	1000	–	0	255	304
Pfanzelt Maschinenbau K-Trac 1220	–	–	–	151	158	–	950	28	78	24	500	stl	499	240	334

Ausrüstung: ● Serie, ◐ Wunsch, ○ nicht lieferbar

% Gewichtsverteilung vorn/hinten	daN Hubkraft Fronthubwerk	40 km/h maximal	50 km/h maximal	60 km/h und mehr	Allradantrieb	Vorderachsfederung	Druckluftbremse	Hydrostatische Lenkung	Wendeschaltung	Wendegetriebe	Lastschaltgetriebe	Kriechgetriebe	Stufenloses Getriebe	ISO-Bus	CAN-Bus	Fronthubwerk/-ZW	Kabinenfederung	Niedrigkabine	Kabine
Schlepper von 141 bis 151 kW (192 bis 205 PS)																			
43:57	5450	◐	●	◐	●	●	●	●	●	●	●	●	●	◐	●	◐	●	○	●
47:53	4000	●	◐	○	●	◐	●	●	●	●	●	◐	○	◐	●	◐	●	○	●
50:50	3500	◐	◐	●	●	●	●	●	●	○	○	●	●	◐	●	◐	○	○	●
40:60	4000	●	◐	○	●	●	◐	●	●	●	●	◐	◐	●	●	◐	◐	○	●
–	3500	●	◐	○	●	◐	○	●	●	●	●	◐	○	◐	●	◐	◐	○	●
–	3500	●	◐	○	●	◐	●	●	●	●	●	○	●	●	●	◐	●	○	●
–	3500	●	◐	○	●	◐	○	●	●	●	●	◐	○	◐	●	◐	◐	○	●
–	3500	●	◐	○	●	◐	●	●	●	●	●	○	●	●	●	◐	●	○	●
40:60	5100	●	◐	◐	●	●	●	●	●	●	●	●	○	◐	●	◐	◐	○	●
40:60	5100	●	◐	◐	●	●	●	●	●	●	●	●	●	◐	●	◐	◐	○	●
40:60	5100	●	◐	◐	●	●	●	●	●	●	●	●	○	◐	●	◐	◐	○	●
40:60	5100	●	◐	◐	●	●	●	●	●	●	●	●	○	◐	●	◐	◐	○	●
45:55	4000	◐	●	○	●	◐	●	●	●	●	●	○	●	◐	●	◐	●	○	●
45:55	4000	◐	●	○	●	◐	●	●	●	●	●	○	●	◐	●	◐	●	○	●
43:57	5450	◐	●	◐	●	●	●	●	●	●	●	●	●	◐	●	◐	●	○	●
38:02	5480	●	◐	○	●	◐	●	●	●	●	●	◐	○	◐	●	◐	◐	○	●
–	5232	●	◐	○	●	●	●	●	●	●	●	◐	○	◐	●	◐	●	○	●
–	5232	●	◐	○	●	●	●	●	●	●	●	●	●	◐	●	◐	●	○	●
–	5232	●	◐	○	●	●	●	●	●	●	●	◐	○	◐	●	◐	●	○	●
42:58	5925	◐	●	○	●	●	●	●	●	●	●	●	●	●	●	◐	●	○	●
42:58	5925	●	◐	○	●	●	●	●	●	●	●	◐	○	●	●	◐	●	○	●
–	5232	●	◐	○	●	●	●	●	●	●	●	●	●	◐	●	◐	●	○	●
–	4418	◐	●	○	●	●	●	●	●	○	○	●	●	◐	●	◐	●	○	●
–	4800	◐	●	○	●	●	●	●	●	●	●	◐	○	◐	●	◐	●	○	●
–	4800	◐	●	○	●	●	●	●	●	●	●	○	○	◐	●	◐	●	○	●
–	4800	◐	●	○	●	●	●	●	●	●	●	●	●	◐	●	◐	●	○	●
43:57	5480	◐	●	◐	●	◐	●	●	●	●	●	◐	●	◐	●	◐	◐	○	●
–	5196	◐	●	○	●	●	●	●	●	○	○	●	●	◐	●	◐	●	○	●
–	3699	●	◐	○	●	◐	●	●	●	●	●	◐	○	●	●	◐	●	◐	●
–	3700	◐	●	○	●	●	●	●	●	●	●	●	●	●	●	◐	●	◐	●
38:02	5480	●	◐	○	●	◐	●	●	●	●	●	◐	○	◐	●	◐	◐	○	●
47:53	5896	◐	●	○	●	●	●	●	●	●	●	◐	●	●	●	◐	●	○	●
–	3500	●	◐	○	●	◐	○	●	●	●	●	◐	○	◐	●	◐	◐	○	●
–	3500	●	◐	○	●	◐	○	●	●	●	●	◐	○	◐	●	◐	◐	○	●
–	3500	◐	◐	◐	●	●	●	●	○	○	○	○	●	●	●	◐	●	○	●

Technische Daten Standardschlepper

Hersteller Typ	Leistungsangaben nach ECE R 24: kW Nennleistung	kW Maximalleistung	kW Boostleistung	Leistungsangaben nach ISO 14396: kW Nennleistung	kW Maximalleistung	kW Boostleistung	Nm Drehmoment max.	% Drehmomentanstieg	Motor: dB(A) Lautstärke unter Last	Wartung: l Motoröl Füllmenge	h bis zum Ölwechsel	Ma: Gangzahl 4 – 12 km/h	cm Länge	cm Breite	cm H
Schlepper von 151 bis 170 kW (205 bis 231 PS)															
Pfanzelt Maschinenbau PM–Trac 3820	–	–	–	151	158	–	950	28	75	24	500	stl	505	255	323
Fendt 620 Vario	–	–	–	154	–	–	950	–	–	15	500	stl	526	255	308
Massey Ferguson MF 7S.210 Dyna–VT	–	–	–	154	163	–	925	–	70	20	600	stl	490	255	298
New Holland T 7.225 Dynamic Command newgen	–	–	–	155	166	–	1063	31	65	15	750	11	0	–	–
New Holland T 7.225 AutoCommand newgen	–	–	–	155	166	–	1063	31	65	15	750	stl	0	–	–
John Deere 6R 215	150	188	167	158	174	182	1004	40	71	23,5	750	7	505	255	316
Valtra T215 Active	–	–	–	158	158	–	870	–	71	19	600	14	514	255	313
Valtra T215 Direct	–	–	–	158	158	–	870	–	71	19	600	stl	514	255	313
Valtra T215 HiTech	–	–	–	158	158	–	870	–	71	19	600	14	514	255	313
Valtra T215 Versu	–	–	–	158	158	–	870	–	71	19	600	14	514	255	313
Massey Ferguson MF 8S.225 Xtra	–	–	–	160	165	–	1000	–	68	28	600	11	537	255	339
Massey Ferguson MF 8S.225 Xtra Dyna–E	–	–	–	160	165	–	1000	–	68	28	600	11	537	255	339
Massey Ferguson MF 8S.225 Xtra Dyna–VT	–	–	–	160	165	–	950	–	68	28	600	stl	537	255	341
Landini Serie 7–240 V–Shift	–	161	–	161	169	–	966	36	72	13,5	1000	stl	490	296	311
McCormick X7.624 VT–Drive	–	161	–	161	169	–	966	36	72	13,5	1000	stl	490	296	311
Case IH Puma 220	–	176	–	162	177	–	1000	44	69	15	750	7	502	249	316
Case IH Puma 220 CVXDrive	–	176	–	162	177	–	1000	44	69	15	750	stl	502	249	316
Case IH Puma 220 PowerDrive	–	176	–	162	177	–	1000	44	69	15	750	7	502	249	316
New Holland T 7.260 AutoCommand PLMi	–	177	–	162	177	–	1100	44	66	15	750	stl	516	275	326
New Holland T 7.260 PowerCommand PLMi	–	177	–	162	177	–	1100	44	66	15	750	8	516	275	326
Steyr 6240 Absolut CVT	–	176	–	162	177	–	1000	44	68	15	750	stl	502	249	316
Valtra T235 Direct	–	–	–	162	183	–	900	–	71	19	600	stl	514	255	313
Fendt 722 Vario Gen6	–	–	–	163	168	–	1002	39	–	16	500	stl	524	255	305
JCB Fastrac 4220 iCON	163	–	175	–	–	–	1000	48	68	16	600	stl	540	254	299
Fendt 720 Vario Gen7.1	–	164	–	–	–	–	1090	30	–	18	1000	stl	552	255	328
Fendt 722 Vario Gen7	–	–	–	164	164	–	1150	24,7	–	18	1000	stl	552	255	328
Claas Axion 830 CMATIC	–	–	–	165	173	–	1016	36	70	20,5	600	stl	521	226	315
Deutz–Fahr Agrotron 6230 TTV	–	–	–	165	169	–	970	28	68	17,5	1000	stl	479	279	330
Deutz–Fahr Agrotron 6230 TTV HD	–	–	–	165	169	–	970	28	68	17,5	1000	stl	486	279	330
John Deere 6R 230	162	198	179	169	186	198	1074	40	71	23,5	750	stl	519	255	325
Massey Ferguson MF 8S.245 Xtra	–	–	–	169	180	–	1100	–	68	28	600	11	537	255	339
Massey Ferguson MF 8S.245 Xtra Dyna–E	–	–	–	169	180	–	1100	–	68	28	600	11	537	255	339
Massey Ferguson MF 8S.245 Xtra Dyna–VT	–	–	–	169	180	–	1100	–	68	28	600	stl	537	255	341
Valtra Q225	–	–	–	169	183	–	1000	–	71	19	600	stl	546	255	324
Mercedes–Benz U 423	170	–	–	–	–	–	900	22	63	17	1400	8	515	220	290

Ausrüstung: ● Serie, ◐ Wunsch, ○ nicht lieferbar

% Gewichtsverteilung vorn/hinten	daN Hubkraft Fronthubwerk	40 km/h maximal	50 km/h maximal	60 km/h und mehr	Allradantrieb	Vorderachsfederung	Druckluftbremse	Hydrostatische Lenkung	Wendeschaltung	Wendegetriebe	Lastschaltgetriebe	Kriechgetriebe	Stufenloses Getriebe	ISO-Bus	CAN-Bus	Fronthubwerk/-ZW	Kabinenfederung	Niedrigkabine	Kabine
Schlepper von 151 bis 170 kW (205 bis 231 PS)																			
–	5000	◐	●	◐	●	●	●	●	○	○	○	○	●	●	●	●	●	○	●
–	4418	◐	●	○	●	●	◐	●	●	○	○	●	●	◐	●	◐	●	○	●
–	4000	◐	●	○	●	●	●	●	●	●	●	●	●	◐	●	◐	●	○	●
–	3699	●	◐	○	●	◐	●	●	●	●	●	◐	○	●	●	◐	●	◐	●
–	3700	◐	●	○	●	●	●	●	●	●	●	●	●	●	●	◐	●	◐	●
40:60	4000	●	◐	○	●	●	◐	●	●	●	●	◐	◐	●	●	◐	◐	○	●
40:60	5100	●	◐	◐	●	●	●	●	●	●	●	●	○	◐	●	◐	◐	○	●
40:60	5100	●	◐	◐	●	●	●	●	●	●	●	●	●	◐	●	◐	◐	○	●
40:60	5100	●	◐	◐	●	●	●	●	●	●	●	●	○	◐	●	◐	◐	○	●
40:60	5100	●	◐	◐	●	●	●	●	●	●	●	●	○	◐	●	◐	◐	○	●
–	4800	◐	●	○	●	●	●	●	●	●	●	◐	○	◐	●	◐	●	○	●
–	4800	◐	●	○	●	●	●	●	●	●	●	○	○	◐	●	◐	●	○	●
–	4800	◐	●	○	●	●	●	●	●	●	●	●	●	◐	●	◐	●	○	●
–	3500	●	◐	○	●	◐	●	●	●	●	●	○	●	●	●	◐	●	○	●
–	3500	●	◐	○	●	◐	●	●	●	●	●	○	●	●	●	◐	●	○	●
–	5232	●	◐	○	●	●	●	●	●	●	●	◐	○	◐	●	◐	●	○	●
–	5232	●	◐	○	●	●	●	●	●	●	●	●	●	◐	●	◐	●	○	●
–	5232	●	◐	○	●	●	●	●	●	●	●	◐	○	◐	●	◐	●	○	●
42:58	5925	◐	●	○	●	●	●	●	●	●	●	●	●	●	●	◐	●	○	●
42:58	5925	●	◐	○	●	●	●	●	●	●	●	◐	○	●	●	◐	●	○	●
–	5232	●	◐	○	●	●	●	●	●	●	●	●	●	◐	●	◐	●	○	●
40:60	5100	●	◐	◐	●	●	●	●	●	●	●	●	●	◐	●	◐	◐	○	●
–	4418	◐	●	○	●	●	●	●	●	○	○	●	●	◐	●	◐	●	○	●
50:50	3500	◐	◐	●	●	●	●	●	●	○	○	●	●	◐	●	◐	○	○	●
–	5196	◐	●	○	●	●	●	●	●	○	○	●	●	◐	●	◐	●	○	●
–	5196	◐	●	○	●	●	●	●	●	○	○	●	●	◐	●	◐	●	○	●
47:53	5896	◐	●	○	●	●	●	●	●	●	●	○	●	●	●	◐	●	○	●
38:02	5450	●	◐	○	●	●	●	●	●	●	●	●	○	◐	●	◐	●	○	●
43:57	5450	◐	●	◐	●	●	●	●	●	●	●	●	●	◐	●	◐	●	○	●
41:59	5000	●	◐	○	●	●	◐	●	●	●	●	○	●	●	●	◐	◐	○	●
–	4800	◐	●	○	●	●	●	●	●	●	●	◐	○	◐	●	◐	●	○	●
–	4800	◐	●	○	●	●	●	●	●	●	●	○	○	◐	●	◐	●	○	●
–	4800	◐	●	○	●	●	●	●	●	●	●	●	●	◐	●	◐	●	○	●
45:55	4800	◐	●	○	●	●	●	●	●	●	●	●	●	◐	●	◐	◐	○	●
58:42	1800	◐	◐	●	●	●	●	◐	●	●	●	◐	○	◐	●	◐	●	○	●

Technische Daten Standardschlepper

Hersteller Typ	Leistungsangaben nach ECE R 24: kW Nennleistung	kW Maximalleistung	kW Boostleistung	Leistungsangaben nach ISO 14396: kW Nennleistung	kW Maximalleistung	kW Boostleistung	Nm Drehmoment max.	Motor: % Drehmomentanstieg	dB(A) Lautstärke unter Last	l Motoröl Füllmenge	Wartung: h bis zum Ölwechsel	Gangzahl 4 – 12 km/h	cm Länge	cm Breite	cm H…
Schlepper von 173 bis 198 kW (235 bis 269 PS)															
Valtra T235 Active	–	–	–	173	175	–	930	–	71	19	600	14	514	255	313
Valtra T235 HiTech	–	–	–	173	175	–	930	–	71	19	600	14	514	255	313
Valtra T235 Versu	–	–	–	173	175	–	930	–	71	19	600	14	514	255	313
Valtra T255 Active	–	–	–	173	198	–	930	–	71	19	600	14	514	255	313
Valtra T255 HiTech	–	–	–	173	198	–	930	–	71	19	600	14	514	255	313
Valtra T255 Versu	–	–	–	173	198	–	930	–	71	19	600	14	514	255	313
Fendt 724 Vario Gen6	–	–	–	174	181	–	1072	38	–	16	500	stl	524	255	305
Deutz-Fahr Agrotron 7250 TTV	–	–	–	174	181	–	1072	35	68	17,5	1000	stl	486	299	330
Deutz-Fahr Agrotron 7250 TTV HD	–	–	–	174	181	–	1072	35	68	17,5	1000	stl	486	299	330
Case IH Puma 240	–	191	–	177	192	–	1100	40	69	15	750	7	502	249	316
Case IH Puma 240 CVXDrive	–	191	–	177	192	–	1100	40	69	15	750	stl	502	249	316
Case IH Puma 240 PowerDrive	–	191	–	177	192	–	1100	40	69	15	750	7	502	249	316
New Holland T 7.270 AutoCommand PLMi	–	191	–	177	191	–	1160	44	66	15	750	stl	516	275	326
New Holland T 7.270 PowerCommand PLMi	–	191	–	177	191	–	1160	44	66	15	750	8	516	275	326
Steyr 6260 Absolut CVT	–	191	–	177	192	–	1100	40	68	15	750	stl	502	249	316
Fendt 722 Vario Gen7.1	–	179	–	–	–	–	1150	24,7	–	18	1000	stl	552	255	328
Fendt 724 Vario Gen7	–	–	–	179	179	–	1220	21,5	–	18	1000	stl	552	255	328
Valtra Q245	–	–	–	180	195	–	1100	–	71	19	600	stl	546	255	324
Claas Axion 850 CMATIC	–	–	–	184	194	–	1132	38	70	20,5	600	stl	526	226	315
John Deere 6R 250	176	213	195	184	202	213	1167	40	71	23,5	750	stl	519	255	325
Massey Ferguson MF 8S.265 Xtra	–	–	–	184	195	–	1200	–	68	28	600	11	537	255	366
Massey Ferguson MF 8S.265 Xtra Dyna-E	–	–	–	184	195	–	1200	–	68	28	600	11	537	255	366
Massey Ferguson MF 8S.265 Xtra Dyna-VT	–	–	–	184	195	–	1200	–	68	28	600	stl	537	255	341
Pfanzelt Maschinenbau K-Trac 1225	–	–	–	186	196	–	1200	32	78	24	500	stl	499	240	334
Pfanzelt Maschinenbau PM-Trac 3825	–	–	–	186	196	–	1200	32	75	24	500	stl	505	255	323
McCormick X8.627 VT-Drive Premium	–	–	–	190	201	–	1173	37	72	13,5	1000	stl	558	255	349
Case IH Puma 260 CVXDrive	–	207	–	191	205	–	1140	39	69	15	750	stl	502	249	316
New Holland T 7.300 AutoCommand PLMi	–	207	–	191	205	–	1249	39	66	15	750	stl	516	275	326
Steyr 6280 Absolut CVT	–	207	–	191	205	–	1140	39	68	15	750	stl	502	249	316
Fendt 724 Vario Gen7.1	–	193	–	–	–	–	1220	21,5	–	18	1000	stl	552	255	328
Fendt 726 Vario Gen7	–	–	–	193	193	–	1318	21,4	–	18	1000	stl	552	255	328
Valtra Q265	–	–	–	195	241	–	1200	–	71	19	600	stl	546	255	324
Deutz-Fahr Agrotron 8280 TTV	–	–	–	197	211	–	1226	28	68	17,5	500	stl	510	274	330
Massey Ferguson MF 8S.285 Xtra Dyna-VT	–	–	–	198	209	–	1200	–	68	28	600	stl	537	255	341
Massey Ferguson MF 8S.305 Xtra D-VT	–	–	–	198	224	–	1200	–	68	28	600	stl	537	255	341

Ausrüstung: ● Serie, ◐ Wunsch, ○ nicht lieferbar

% Gewichtsverteilung vorn/hinten	daN Hubkraft Fronthubwerk	40 km/h maximal	50 km/h maximal	60 km/h und mehr	Allradantrieb	Vorderachsfederung	Druckluftbremse	Hydrostatische Lenkung	Wendeschaltung	Wendegetriebe	Lastschaltgetriebe	Kriechgetriebe	Stufenloses Getriebe	ISO-Bus	CAN-Bus	Fronthubwerk/-ZW	Kabinenfederung	Niedrigkabine	Kabine
Schlepper von 173 bis 198 kW (235 bis 269 PS)																			
40:60	5100	●	◐	◐	●	●	●	●	●	●	●	●	○	◐	●	◐	◐	○	●
40:60	5100	●	◐	◐	●	●	●	●	●	●	●	●	○	◐	●	◐	◐	○	●
40:60	5100	●	◐	◐	●	●	●	●	●	●	●	●	○	◐	●	◐	◐	○	●
40:60	5100	●	◐	◐	●	●	●	●	●	●	●	●	○	◐	●	◐	◐	○	●
40:60	5100	●	◐	◐	●	●	●	●	●	●	●	●	○	◐	●	◐	◐	○	●
40:60	5100	●	◐	◐	●	●	●	●	●	●	●	●	○	◐	●	◐	◐	○	●
–	4418	◐	●	○	●	●	●	●	●	○	○	●	●	◐	●	◐	●	○	●
43:57	5450	◐	●	◐	●	●	●	●	●	●	●	●	●	◐	●	◐	●	○	●
43:57	5450	◐	●	◐	●	●	●	●	●	●	●	●	●	◐	●	◐	●	○	●
–	5232	●	◐	○	●	●	●	●	●	●	●	◐	○	◐	●	◐	●	○	●
–	5232	●	◐	○	●	●	●	●	●	●	●	●	●	◐	●	◐	●	○	●
–	5232	●	◐	○	●	●	●	●	●	●	●	◐	○	◐	●	◐	●	○	●
42:58	5925	◐	●	○	●	●	●	●	●	●	●	●	●	●	●	◐	●	○	●
42:58	5925	●	◐	○	●	●	●	●	●	●	●	◐	○	●	●	◐	●	○	●
–	5232	●	◐	○	●	●	●	●	●	●	●	●	●	◐	●	◐	●	○	●
–	5196	◐	●	○	●	●	●	●	●	○	○	●	●	◐	●	◐	●	○	●
–	5196	◐	●	○	●	●	●	●	●	○	○	●	●	◐	●	◐	●	○	●
45:55	4800	◐	●	○	●	●	●	●	●	●	●	●	●	◐	●	◐	◐	○	●
45:55	5896	◐	●	○	●	●	●	●	●	●	●	○	●	●	●	◐	●	○	●
41:59	5000	●	◐	○	●	●	◐	●	●	●	●	○	●	●	●	◐	◐	○	●
–	4800	◐	●	○	●	●	●	●	●	●	●	◐	○	◐	●	◐	●	○	●
–	4800	◐	●	○	●	●	●	●	●	●	●	○	●	◐	●	◐	●	○	●
–	4800	◐	●	○	●	●	●	●	●	●	●	●	●	◐	●	◐	●	○	●
–	3500	◐	◐	◐	●	●	●	●	○	○	○	○	●	●	●	◐	●	○	●
–	5000	◐	●	◐	●	●	●	●	○	○	○	○	●	●	●	●	●	○	●
–	5000	●	◐	○	●	●	●	●	●	●	●	○	●	●	●	●	●	○	●
–	5232	●	◐	○	●	●	●	●	●	●	●	●	●	◐	●	◐	●	○	●
42:58	5925	◐	●	○	●	●	●	●	●	●	●	●	●	●	●	◐	●	○	●
–	5232	●	◐	○	●	●	●	●	●	●	●	●	●	◐	●	◐	●	○	●
–	5196	◐	●	◐	●	●	●	●	●	○	○	●	●	◐	●	◐	●	○	●
–	5196	◐	●	◐	●	●	●	●	●	○	○	●	●	◐	●	◐	●	○	●
45:55	4800	◐	●	○	●	●	●	●	●	●	●	●	●	◐	●	◐	◐	○	●
43:57	5480	◐	●	◐	●	●	●	●	●	●	●	●	●	◐	●	◐	●	○	●
–	4800	◐	●	○	●	●	●	●	●	●	●	●	●	◐	●	◐	●	○	●
–	4800	◐	●	○	●	●	●	●	●	●	●	●	●	◐	●	◐	●	○	●

Technische Daten Standardschlepper

Hersteller Typ	Leistungsangaben nach ECE R 24 kW Nennleistung	kW Maximalleistung	kW Boostleistung	Leistungsangaben nach ISO 14396 kW Nennleistung	kW Maximalleistung	kW Boostleistung	Motor Nm Drehmoment max.	% Drehmomentanstieg	dB(A) Lautstärke unter Last	Wartung l Motoröl Füllmenge	h bis zum Ölwechsel	Gangzahl 4 – 12 km/h	Ma… cm Länge	cm Breite	cm H…
Schlepper von 199 bis 228 kW (271 bis 310 PS)															
Case IH Optum 270 CVXDrive	–	–	–	199	212	–	1194	40	69	19	750	stl	570	253	328
Claas Axion 870 CMATIC	–	–	–	199	206	–	1276	38	70	20,5	600	stl	526	226	315
John Deere 7R 270	191	221	210	199	218	215	1245	38	68	26	500	8	554	255	344
New Holland T 7.290 Heavy Duty PLMI	–	–	–	199	212	–	1194	32	66	19	750	stl	529	285	333
Steyr 6290 Terrus CVT	–	–	–	199	212	–	1194	40	68	19	750	stl	570	253	328
Mercedes-Benz U 427	200	–	–	–	–	–	1100	27	63	25	1400	8	530	220	290
Mercedes-Benz U 527	200	–	–	–	–	–	1100	27	63	25	1400	8	544	230	290
Deutz-Fahr Agrotron 9290 TTV	–	–	–	204	217	–	1205	30	69	15,5	500	stl	526	275	340
Fendt 726 Vario Gen7.1	–	206	–	–	–	–	1318	21,4	–	18	1000	stl	552	255	328
John Deere 8R 280	198	232	217	206	227	230	1311	40	69	27,5	500	8	609	260	354
Fendt 826 Vario Gen5	–	208	–	–	–	–	1450	24	–	31	500	stl	565	275	335
Massey Ferguson MF 9S.285	–	–	–	–	209	–	1250	–	68	–	0	stl	580	274	343
Valtra Q285	–	–	–	210	225	–	1280	–	71	19	600	stl	546	255	324
Valtra S286	–	–	–	210	210	–	1250	–	71	21	500	stl	474	255	338
JCB Fastrac 8290 iCON	210	–	228	–	–	–	1320	42	69	24	500	stl	590	255	338
JCB Fastrac 6260 iCON	–	–	212	–	–	–	1275	–	–	–	1000	stl	–	–	–
John Deere 7R 290	205	235	225	213	235	234	1358	40	72	23	500	8	554	255	344
Pfanzelt Maschinenbau K-Trac 1230	–	–	–	215	225	–	1280	25	78	24	500	stl	499	240	334
Pfanzelt Maschinenbau PM-Trac 3830	–	–	–	215	225	–	1280	25	75	24	500	stl	505	255	323
Fendt 930 Vario Gen7	–	–	–	217	217	–	1550	26,9	–	36	1000	stl	587	275	333
Deutz-Fahr Agrotron 9310 TTV	–	–	–	218	229	–	1290	30	69	15,5	500	stl	526	275	340
Mercedes-Benz U 430	220	–	–	–	–	–	1200	26	63	25	1400	8	530	220	290
Mercedes-Benz U 530	220	–	–	–	–	–	1200	26	63	25	1400	8	544	230	290
Case IH Optum 300 CVXDrive	–	–	–	221	230	–	1282	32	69	19	750	stl	570	253	328
McCormick X8.631 VT-Drive Premium	–	–	–	221	230	–	1282	28	71	13,5	1000	stl	558	255	349
New Holland T 7.315 Heavy Duty PLMI	–	–	–	221	230	–	1282	28	66	19	750	stl	529	285	333
Steyr 6315 Terrus CVT	–	–	–	221	230	–	1282	32	68	19	750	stl	570	253	328
Fendt 728 Vario Gen7	–	223	–	–	–	–	1450	15,8	–	18	1000	stl	552	255	328
Fendt 728 Vario Gen7.1	–	223	–	–	–	–	1450	15,8	–	18	1000	stl	552	255	328
Valtra Q305	–	–	–	224	225	–	1280	–	71	19	600	stl	546	255	324
John Deere 7R 310	219	250	241	228	251	249	1452	40	72	23	500	8	554	255	344
John Deere 8R 310	219	254	241	228	251	252	1452	40	69	25	500	8	647	296	334
John Deere 8RT 310	219	254	241	228	251	252	1452	40	69	25	500	8	647	296	334
John Deere 8RX 310	219	254	241	228	251	252	1452	40	69	25	500	8	647	296	334
Massey Ferguson MF 9S.310	–	–	–	–	228	–	1300	–	68	–	0	stl	580	274	343

Ausrüstung: ● Serie, ◐ Wunsch, ○ nicht lieferbar

% Gewichtsverteilung vorn/hinten	daN Hubkraft Fronthubwerk	40 km/h maximal	50 km/h maximal	60 km/h und mehr	Allradantrieb	Vorderachsfederung	Druckluftbremse	Hydrostatische Lenkung	Wendeschaltung	Wendegetriebe	Lastschaltgetriebe	Kriechgetriebe	Stufenloses Getriebe	ISO-Bus	CAN-Bus	Fronthubwerk/-ZW	Kabinenfederung	Niedrigkabine	Kabine
Schlepper von 199 bis 228 kW (271 bis 310 PS)																			
–	5937	●	◐	○	●	●	●	●	●	○	○	●	●	◐	●	◐	●	○	●
45:55	5896	◐	●	○	●	●	●	●	●	●	●	○	●	●	●	◐	●	○	●
–	5200	●	◐	○	●	◐	◐	●	●	●	●	○	◐	●	●	◐	◐	○	●
40:60	5821	◐	●	○	●	●	●	●	●	●	●	●	●	●	●	◐	●	○	●
–	5937	●	◐	○	●	●	●	●	●	●	●	●	●	◐	●	◐	●	○	●
58:42	1800	◐	◐	●	●	●	●	◐	●	●	●	◐	○	◐	●	◐	●	○	●
55:45	2500	◐	◐	●	●	●	●	◐	●	●	●	◐	○	◐	●	◐	●	○	●
40:60	5000	◐	●	◐	●	●	●	●	●	●	●	●	●	◐	●	◐	●	○	●
–	5196	◐	●	◐	●	●	●	●	●	○	○	●	●	◐	●	◐	●	○	●
–	5200	●	◐	○	●	●	◐	●	●	●	●	○	◐	●	●	◐	◐	○	●
–	5196	◐	●	◐	●	●	●	●	●	○	○	●	●	◐	●	◐	●	○	●
–	5000	◐	●	○	●	●	●	●	●	●	●	●	●	●	●	◐	●	○	●
45:55	4800	◐	●	○	●	●	●	●	●	●	●	●	●	◐	●	◐	◐	○	●
47:53	5000	◐	●	○	●	●	●	●	●	●	●	●	●	●	●	◐	●	○	●
51:49	3500	◐	◐	●	●	●	●	●	●	○	○	●	●	◐	●	◐	○	○	●
–	–	◐	◐	●	●	●	●	●	●	○	○	●	●	◐	●	◐	○	○	●
–	5200	●	◐	○	●	◐	◐	●	●	●	●	○	◐	●	●	◐	◐	○	●
–	3500	◐	◐	◐	●	●	●	●	○	○	○	○	●	●	●	◐	●	○	●
–	5000	◐	●	◐	●	●	●	●	○	○	○	○	●	●	●	●	●	○	●
–	5580	◐	●	◐	●	●	●	●	●	○	○	●	●	◐	●	◐	●	○	●
40:60	5000	◐	●	◐	●	●	●	●	●	●	●	●	●	◐	●	◐	●	○	●
58:42	2500	◐	◐	●	●	●	●	◐	●	●	●	◐	○	◐	●	◐	●	○	●
55:45	2500	◐	◐	●	●	●	●	◐	●	●	●	◐	○	◐	●	◐	●	○	●
–	5937	●	◐	○	●	●	●	●	●	●	●	●	●	◐	●	◐	●	○	●
–	5000	●	◐	○	●	●	●	●	●	●	●	○	●	●	●	●	●	○	●
40:60	5821	◐	●	○	●	●	●	●	●	●	●	●	●	●	●	◐	●	○	●
–	5937	●	◐	○	●	●	●	●	●	●	●	●	●	◐	●	◐	●	○	●
–	5196	◐	●	◐	●	●	●	●	●	○	○	●	●	◐	●	◐	●	○	●
–	5196	◐	●	◐	●	●	●	●	●	○	○	●	●	◐	●	◐	●	○	●
45:55	4800	◐	●	○	●	●	●	●	●	●	●	●	●	◐	●	◐	◐	○	●
–	5200	●	◐	○	●	◐	◐	●	●	●	●	○	◐	●	●	◐	◐	○	●
–	–	●	○	○	○	○	◐	●	●	●	●	○	●	●	●	○	●	○	●
–	–	●	○	○	○	○	◐	●	●	●	●	○	●	●	●	○	●	○	●
–	–	●	○	○	○	○	◐	●	●	●	●	○	●	●	●	○	●	○	●
–	5000	◐	●	○	●	●	●	●	●	●	●	●	●	●	●	◐	●	○	●

Technische Daten Standardschlepper

Hersteller Typ	Leistungsangaben nach ECE R 24 kW Nennleistung	kW Maximalleistung	kW Boostleistung	nach ISO 14396 kW Nennleistung	kW Maximalleistung	kW Boostleistung	Nm Drehmoment max.	% Drehmomentanstieg	Motor dB(A) Lautstärke unter Last	l Motoröl Füllmenge	Wartung h bis zum Ölwechsel	Gangzahl 4 – 12 km/h	cm Länge	cm Breite	Ma… cm H…
Schlepper von 228 bis 283 kW (310 bis 385 PS)															
Valtra S316	–	–	–	228	228	–	1350	–	71	21	500	stl	474	255	338
Fendt 829 Vario Gen5	–	230	–	–	–	–	1550	20	–	31	500	stl	565	275	335
Deutz-Fahr Agrotron 9340 TTV	–	–	–	232	247	–	1372	30	69	15,5	500	stl	526	275	340
Fendt 933 Vario Gen7	–	–	–	239	239	–	1650	22,7	–	36	1000	stl	587	275	333
John Deere 7R 330	233	265	256	243	267	263	1545	40	72	23	500	8	554	255	344
Case IH Optum 340 CVXDrive	–	–	–	250	250	–	1398	28	69	19	750	stl	570	253	328
John Deere 8R 340	240	276	264	250	275	274	1592	40	69	25	500	8	647	296	334
John Deere 8RT 340	240	276	264	250	275	274	1592	40	69	25	500	8	647	296	334
John Deere 8RX 340	240	276	264	250	275	274	1592	40	69	25	500	8	647	296	334
Massey Ferguson MF 9S.340	–	–	–	–	250	–	1450	–	68	–	0	stl	580	274	343
New Holland T 7.340 Heavy Duty PLMI	–	–	–	250	250	–	1389	28	66	19	750	stl	529	285	333
Steyr 6340 Terrus CVT	–	–	–	250	250	–	1398	28	68	19	750	stl	570	253	328
JCB Fastrac 8330 iCON	250	–	260	–	–	–	1450	42	69	24	500	stl	590	255	338
JCB Fastrac 6300 iCON	–	–	250	–	–	–	1400	–	–	–	1000	stl	0	–	–
Fendt 832 Vario Gen5	–	252	–	–	–	–	1680	18,5	–	31	500	stl	565	275	335
Valtra S346	–	–	–	253	253	–	1500	–	71	21	500	stl	474	255	338
John Deere 7R 350	–	275	–	257	283	–	1580	40	72	23	500	stl	554	255	344
Claas Axion 930	–	–	–	258	265	–	1667	35	70	25	600	stl	559	274	348
Claas Axion 930 Terra Trac	–	–	–	258	265	–	1667	35	70	25	600	stl	595	300	348
Claas Axion 9.360	–	–	–	258	265	–	1667	35	70	25	600	stl	559	274	348
Claas Axion 9.360 Terra Trac	–	–	–	258	265	–	1667	35	70	25	600	stl	595	300	348
Mercedes-Benz U 435	260	–	–	–	–	–	1380	26	63	25	1400	8	530	220	290
Mercedes-Benz U 535	260	–	–	–	–	–	1380	26	63	25	1400	8	544	230	290
Case IH Magnum 355	–	–	–	261	287	–	1671	40	68	25	600	7	602	255	338
Case IH Magnum 355 CVXDrive	–	–	–	261	287	–	1671	40	68	25	600	stl	607	255	338
Fendt 936 Vario Gen7	–	–	–	261	261	–	1750	19,4	–	36	1000	stl	587	275	337
John Deere 8R 370	261	298	287	272	299	296	1732	40	69	27,5	500	8	609	260	354
John Deere 8RT 370	261	298	287	272	299	296	1732	40	69	27,5	500	8	609	260	354
John Deere 8RX 370	261	298	287	272	299	296	1732	40	69	27,5	500	8	609	260	354
Massey Ferguson MF 9S.370	–	–	–	–	272	–	1600	–	68	–	0	stl	580	274	347
Valtra S376	–	–	–	272	272	–	1550	–	71	21	500	stl	474	255	338
Fendt 938 Vario MT	–	–	–	279	279	–	1698	42	–	34,8	400	stl	612	267	350
New Holland T 8.415 Genesis AutoCommand	–	305	–	279	305	–	1800	40	68	25	600	stl	617	255	343
New Holland T 8.415 Genesis Ultra Command	–	305	–	279	305	–	1800	40	68	25	600	10	617	255	343
Case IH Magnum 385 CVXDrive	–	–	–	283	307	–	1850	39	68	25	600	stl	630	255	338

Ausrüstung: ● Serie, ◐ Wunsch, ○ nicht lieferbar

% Gewichtsverteilung vorn/hinten	daN Hubkraft Fronthubwerk	40 km/h maximal	50 km/h maximal	60 km/h und mehr	Allradantrieb	Vorderachsfederung	Druckluftbremse	Hydrostatische Lenkung	Wendeschaltung	Wendegetriebe	Lastschaltgetriebe	Kriechgetriebe	Stufenloses Getriebe	ISO-Bus	CAN-Bus	Fronthubwerk/-ZW	Kabinenfederung	Niedrigkabine	Kabine
Schlepper von 228 bis 283 kW (310 bis 385 PS)																			
47:53	5000	◐	●	○	●	●	●	●	●	●	●	●	●	●	●	◐	●	○	●
–	5196	◐	●	◐	●	●	●	●	●	○	○	●	●	◐	●	◐	●	○	●
40:60	5000	◐	●	◐	●	●	●	●	●	●	●	●	●	◐	●	◐	●	○	●
–	5580	◐	●	◐	●	●	●	●	●	○	○	●	●	◐	●	◐	●	○	●
–	5200	●	◐	○	●	◐	◐	●	●	●	●	○	◐	●	●	◐	◐	○	●
–	5937	●	◐	○	●	●	●	●	●	●	●	●	●	◐	●	◐	●	○	●
–	–	●	○	○	○	○	◐	●	●	●	●	○	●	●	●	○	●	○	●
–	–	●	○	○	○	○	◐	●	●	●	●	○	●	●	●	○	●	○	●
–	–	●	○	○	○	○	◐	●	●	●	●	○	●	●	●	○	●	○	●
–	5000	◐	●	○	●	●	●	●	●	●	●	●	●	●	●	◐	●	○	●
40:60	5821	◐	●	○	●	●	●	●	●	●	●	●	●	●	●	◐	●	○	●
–	5937	●	◐	○	●	●	●	●	●	●	●	●	●	◐	●	◐	●	○	●
51:49	3500	◐	◐	●	●	●	●	●	●	○	○	●	●	◐	●	◐	○	○	●
–	–	◐	◐	●	○	○	○	○	●	○	○	●	●	○	○	○	○	○	○
–	5196	◐	●	◐	●	●	●	●	●	○	○	●	●	◐	●	◐	●	○	●
47:53	5000	◐	●	○	●	●	●	●	●	●	●	●	●	●	●	◐	●	○	●
–	5200	●	◐	○	●	◐	◐	●	●	●	●	○	●	●	●	◐	◐	○	●
45:55	6513	○	●	○	●	●	●	●	●	●	●	○	●	●	●	◐	●	○	●
25:15	6513	○	●	○	●	●	●	●	●	●	●	○	●	●	●	◐	●	○	●
45:55	6513	○	●	○	●	●	●	●	●	●	●	○	●	●	●	◐	●	○	●
25:15	6513	○	●	○	●	●	●	●	●	●	●	○	●	●	●	◐	●	○	●
58:42	2500	◐	◐	●	●	●	●	◐	●	●	●	◐	○	◐	●	◐	●	○	●
55:45	2500	◐	◐	●	●	●	●	◐	●	●	●	◐	○	◐	●	◐	●	○	●
–	4172	●	◐	○	●	●	●	●	●	○	○	○	○	◐	●	◐	●	○	●
–	4172	●	◐	○	●	●	●	●	●	●	●	●	●	◐	●	◐	●	○	●
–	5580	◐	●	◐	●	●	●	●	●	○	○	●	●	◐	●	◐	●	○	●
–	5200	●	◐	○	●	●	◐	●	●	●	●	○	◐	●	●	◐	◐	○	●
–	5200	●	◐	○	●	●	◐	●	●	●	●	○	◐	●	●	◐	◐	○	●
–	5200	●	◐	○	●	●	◐	●	●	●	●	○	◐	●	●	◐	◐	○	●
–	5000	◐	●	○	●	●	●	●	●	●	●	●	●	●	●	◐	●	○	●
47:53	5000	◐	●	○	●	●	●	●	●	●	●	●	●	●	●	◐	●	○	●
–	–	●	○	○	○	○	●	●	●	○	○	●	●	●	●	○	●	○	●
37:03	5810	◐	●	○	●	●	●	●	●	●	●	●	●	●	●	◐	●	○	●
39:61	5810	◐	●	○	●	●	●	●	●	●	●	◐	○	●	●	◐	●	○	●
–	4172	●	◐	○	●	●	●	●	●	●	●	●	●	◐	●	◐	●	○	●

Technische Daten Standardschlepper

Hersteller Typ	Leistungsangaben nach ECE R 24			Leistungsangaben nach ISO 14396			Motor			Wartung					Ma
	kW Nennleistung	kW Maximalleistung	kW Boostleistung	kW Nennleistung	kW Maximalleistung	kW Boostleistung	Nm Drehmoment max.	% Drehmomentanstieg	dB(A) Lautstärke unter Last	l Motoröl Füllmenge	h bis zum Ölwechsel	Gangzahl 4 – 12 km/h	cm Länge	cm Breite	cm H
Schlepper von 283 bis 346 kW (385 bis 471 PS)															
Case IH Magnum 385 CVXDrive Rowtrac	–	–	–	283	307	–	1850	39	68	25	600	stl	630	299	338
Fendt 939 Vario Gen7	–	–	–	283	283	–	1850	16,4	–	36	1000	stl	587	275	337
Fendt 1038 Vario Gen3	–	–	–	291	291	–	1910	17	–	47	1000	stl	635	275	350
Massey Ferguson MF 9S.400	–	–	–	–	294	–	1650	–	68	–	0	stl	580	274	347
New Holland T 8.440 Genesis AutoCommand	–	325	–	295	325	–	1800	40	68	25	600	stl	617	255	343
New Holland T 8.445 Genesis Ultra Command	–	325	–	295	325	–	1800	40	68	25	600	10	617	255	343
Case IH Magnum 405	–	–	–	297	325	–	1850	33	68	25	600	8	602	255	338
Case IH Magnum 405 Rowtrac	–	–	–	297	325	–	1850	33	68	25	600	8	630	299	338
Fendt 940 Vario MT	–	–	–	298	298	–	1806	42	–	34,8	400	stl	612	267	350
Claas Axion 950	–	–	–	301	308	–	1801	25	70	25	600	stl	559	274	348
John Deere 8R 410	289	327	313	302	326	323	1851	35	69	27,5	500	8	609	260	354
John Deere 8RT 410	289	327	313	302	326	323	1851	35	69	27,5	500	8	609	260	354
John Deere 8RX 410	289	327	313	302	326	323	1851	35	69	27,5	500	8	609	260	354
Fendt 942 Vario Gen7	–	–	–	305	305	–	1970	15	–	36	1000	stl	587	275	338
Valtra S416	–	–	–	309	309	–	1750	–	71	21	500	stl	474	255	338
Syn Trac ST420	295	–	–	310	–	–	1904	28,6	73	32	500	stl	470	255	340
Massey Ferguson MF 9S.425	–	–	–	–	312	–	1750	–	68	–	0	stl	580	274	347
Fendt 1040 Vario Gen4	–	313	–	–	–	–	2090	19	–	47	1000	stl	635	275	350
Fendt 943 Vario MT	–	–	–	317	317	–	1921	42	–	34,8	400	stl	612	267	350
Fendt 1042 Vario Gen3	–	–	–	320	320	–	2108	17	–	47	1000	stl	635	275	360
Holmer Terra Variant 435	320	–	–	–	–	–	2100	17	–	50	800	stl	967	300	399
Claas Axion 960	–	–	–	323	330	–	1850	20	70	25	600	stl	559	274	348
Claas Axion 960 Terra Trac	–	–	–	323	330	–	1850	20	70	25	600	stl	559	274	348
Claas Axion 9.450	–	–	–	323	330	–	1850	20	70	25	600	stl	559	274	348
Claas Axion 9.450 Terra Trac	–	–	–	323	330	–	1850	20	70	25	600	stl	559	274	348
John Deere 9R 440	311	–	342	324	356	–	2031	38	–	64	500	10	769	305	397
Vredo VT4556	331	–	–	–	–	–	2180	–	60	30	500	stl	864	300	375
Claas Xerion 4200 ST Saddle	–	–	–	337	340	–	2200	–	67	34	1000	stl	788	298	399
Claas Xerion 4200 Trac	–	–	–	337	340	–	2200	–	69	34	1000	stl	714	298	394
Claas Xerion 4200 Trac VC	–	–	–	337	340	–	2200	–	69	34	1000	stl	714	298	394
Fendt 1044 Vario Gen4	–	343	–	–	–	–	2280	18	–	47	1000	stl	635	275	360
Fendt 1046 Vario Gen3	–	–	–	350	350	–	2305	17	–	47	1000	stl	635	275	360
John Deere 9R 490	346	–	381	360	396	–	2262	38	–	64	500	10	769	305	397
John Deere 9RT 490	346	–	380	360	396	–	2169	38	–	64	500	10	727	345	387
John Deere 9RX 490	346	–	381	360	396	–	2262	38	–	64	500	10	764	298	372

Ausrüstung: ● Serie, ◐ Wunsch, ○ nicht lieferbar

% Gewichtsverteilung vorn/hinten	daN Hubkraft Fronthubwerk	40 km/h maximal	50 km/h maximal	60 km/h und mehr	Allradantrieb	Vorderachsfederung	Druckluftbremse	Hydrostatische Lenkung	Wendeschaltung	Wendegetriebe	Lastschaltgetriebe	Kriechgetriebe	Stufenloses Getriebe	ISO-Bus	CAN-Bus	Fronthubwerk/-ZW	Kabinenfederung	Niedrigkabine	Kabine
Schlepper von 283 bis 346 kW (385 bis 471 PS)																			
–	4172	●	○	○	●	●	◐	●	●	●	●	●	●	◐	●	◐	●	○	●
–	5580	◐	●	◐	●	○	●	●	●	○	○	●	●	◐	●	◐	●	○	●
–	5584	◐	●	◐	●	●	●	●	●	○	○	●	●	●	●	◐	●	○	●
–	5000	◐	●	○	●	●	●	●	●	●	●	●	●	●	●	◐	●	○	●
37:03	5810	◐	●	○	●	●	●	●	●	●	●	●	●	●	●	◐	●	○	●
39:61	5810	◐	●	○	●	●	●	●	●	●	●	◐	○	●	●	◐	●	○	●
–	4172	●	◐	○	●	●	●	●	●	○	○	○	○	◐	●	◐	●	○	●
–	4172	●	◐	○	●	●	◐	●	●	○	○	○	○	◐	●	◐	●	○	●
–	–	●	○	○	○	○	●	●	●	○	○	●	●	●	●	○	●	○	●
46:54	6513	○	●	○	●	●	●	●	●	●	●	○	●	●	●	◐	●	○	●
–	5200	●	◐	○	●	●	◐	●	●	●	●	○	◐	●	●	◐	◐	○	●
–	5200	●	◐	○	●	●	◐	●	●	●	●	○	◐	●	●	◐	◐	○	●
–	5200	●	◐	○	●	●	◐	●	●	●	●	○	◐	●	●	◐	◐	○	●
–	5580	◐	●	◐	●	○	●	●	●	○	○	●	●	◐	●	◐	●	○	●
47:53	5000	◐	●	○	●	●	●	●	●	●	●	●	●	●	●	◐	●	○	●
49:51	6000	◐	◐	◐	●	●	●	●	●	○	○	○	●	●	●	◐	○	○	●
–	5000	◐	●	○	●	●	●	●	●	●	●	●	●	●	●	◐	●	○	●
–	5584	◐	●	◐	●	●	●	●	●	○	○	●	●	●	●	◐	●	○	●
–	–	●	○	○	○	○	●	●	●	○	○	●	●	●	●	○	●	○	●
–	5584	◐	●	◐	●	●	●	●	●	○	○	●	●	●	●	◐	●	○	●
–	–	●	○	○	●	●	◐	●	●	○	○	○	●	○	●	○	●	○	●
46:54	6513	○	●	○	●	●	●	●	●	●	●	○	●	●	●	◐	●	○	●
–	6513	○	●	○	●	●	●	●	●	●	●	○	●	●	●	◐	●	○	●
46:54	6513	○	●	○	●	●	●	●	●	●	●	○	●	●	●	◐	●	○	●
–	6513	○	●	○	●	●	●	●	●	●	●	○	●	●	●	◐	●	○	●
50:50	–	●	○	○	●	○	◐	●	●	●	●	○	○	●	●	○	○	○	●
60:40	6000	●	○	○	●	●	◐	●	○	○	○	○	●	◐	●	◐	●	○	●
60:40	8400	◐	●	○	●	○	●	●	●	●	●	●	●	●	●	◐	●	○	●
55:45	8400	◐	●	○	●	○	●	●	●	●	●	●	●	●	●	◐	●	○	●
55:45	8400	◐	●	○	●	○	●	●	●	●	●	●	●	●	●	◐	●	○	●
–	5584	◐	●	◐	●	●	●	●	●	○	○	●	●	●	●	◐	●	○	●
–	5584	◐	●	◐	●	●	●	●	●	○	○	●	●	●	●	◐	●	○	●
50:50	–	●	○	○	●	○	◐	●	○	●	●	○	○	●	●	○	○	○	●
–	–	●	○	○	○	●	◐	●	○	●	●	○	○	●	●	○	○	○	●
–	–	●	○	○	●	○	◐	●	○	●	●	○	○	●	●	○	●	○	●

Technische Daten Standardschlepper

Hersteller Typ	Leistungsangaben nach ECE R 24: kW Nennleistung	kW Maximalleistung	kW Boostleistung	Leistungsangaben nach ISO 14396: kW Nennleistung	kW Maximalleistung	kW Boostleistung	Motor: Nm Drehmoment max.	% Drehmomentanstieg	dB(A) Lautstärke unter Last	l Motoröl Füllmenge	Wartung: h bis zum Ölwechsel	Gangzahl 4 – 12 km/h	Ma…: cm Länge	cm Breite	cm H…
Schlepper von 373 bis 610 kW (507 bis 830 PS)															
Fendt 1048 Vario Gen4	–	373	–	–	–	–	2470	18	–	47	1000	stl	635	275	360
Fendt 1151 Vario MT	–	–	–	376	376	–	2500	42	–	45	500	stl	676	295	355
Fendt 1050 Vario Gen3	–	–	–	380	380	–	2420	13	–	47	1000	stl	635	275	360
Case IH Quadtrac 525	–	–	–	386	425	–	2459	40	71	36	600	9	761	299	387
Case IH Quadtrac 525 CVXDrive	–	–	–	386	425	–	2459	40	71	36	600	stl	761	299	387
Claas Xerion 5000 Trac	–	–	–	390	390	–	2600	–	67	39	1000	stl	714	298	394
Claas Xerion 5000 Trac VC	–	–	–	390	390	–	2600	–	67	39	1000	stl	714	298	394
John Deere 9R 540	381	–	419	397	437	–	2492	38	–	64	500	10	769	305	397
John Deere 9RT 540	381	–	421	397	437	–	2400	38	–	64	500	10	727	345	387
John Deere 9RX 540	381	–	419	397	437	–	2492	38	–	64	500	10	764	298	372
Fendt 1052 Vario Gen4	–	405	–	–	–	–	2650	17	–	47	1000	stl	635	275	360
Vredo VT5536	405	–	–	–	–	–	2480	–	62	40	500	stl	947	300	400
Case IH Quadtrac 555	–	–	–	408	451	–	2681	40	71	36	600	9	761	299	387
Case IH Quadtrac 555 CVXDrive	–	–	–	408	451	–	2681	40	71	36	600	stl	761	299	387
Fendt 1156 Vario MT	–	–	–	415	415	–	2700	42	–	45	500	stl	676	295	355
Claas Xerion 12.590 TERRA TRAC	–	–	–	430	430	–	2850	–	67	42	1000	stl	735	298	396
John Deere 9R 590	417	–	458	434	477	–	2723	38	–	64	500	10	769	305	397
John Deere 9RT 590	417	–	461	434	477	–	2631	38	–	64	500	10	727	345	387
John Deere 9RX 590	417	–	458	434	477	–	2723	38	–	64	500	10	764	298	372
Case IH Quadtrac 595	–	–	–	438	482	–	2877	40	71	36	600	9	761	299	387
Fendt 1162 Vario MT	–	–	–	455	455	–	2900	42	–	45	500	stl	676	295	355
John Deere 9R 640	452	–	488	471	508	–	2954	35	–	64	500	10	769	305	397
John Deere 9RX 640	452	–	488	471	508	–	2954	35	–	64	500	10	764	298	372
Case IH Quadtrac 645	–	–	–	474	514	–	3061	40	71	36	600	9	761	299	387
Claas Xerion 12.650 TERRA TRAC	–	–	–	480	480	–	3100	–	67	42	1000	stl	735	298	396
Holmer Terra Variant 650	480	–	–	–	–	–	3100	15	–	42	750	stl	1016	300	399
Fendt 1167 Vario MT	–	–	–	495	495	–	3100	42	–	45	500	stl	676	295	355
John Deere 9RX 710	522	–	574	–	–	–	3622	38	–	72	500	stl	882,9	298	377
Vredo VT7138	522	–	–	–	–	–	3320	–	62	40	500	stl	1167	300	400
Case IH Quadtrac 715	–	–	–	527	572	–	3356	40	71	32	600	9	761	299	387
John Deere 9RX 770	566	–	623	–	–	–	3928	38	–	72	500	stl	882,9	298	377
John Deere 9RX 830	610	–	672	–	–	–	4234	38	–	72	500	stl	882,9	298	377

Ausrüstung: ● Serie, ◐ Wunsch, ○ nicht lieferbar

% Gewichtsverteilung vorn/hinten	daN Hubkraft Fronthubwerk	40 km/h maximal	50 km/h maximal	60 km/h und mehr	Allradantrieb	Vorderachsfederung	Druckluftbremse	Hydrostatische Lenkung	Wendeschaltung	Wendegetriebe	Lastschaltgetriebe	Kriechgetriebe	Stufenloses Getriebe	ISO-Bus	CAN-Bus	Fronthubwerk/-ZW	Kabinenfederung	Niedrigkabine	Kabine
Schlepper von 373 bis 610 kW (507 bis 830 PS)																			
–	5584	◐	●	◐	●	●	●	●	●	○	○	●	●	●	●	◐	●	○	●
–	–	●	○	○	○	○	●	●	●	○	○	○	●	●	●	○	●	○	●
–	5584	◐	●	◐	●	●	●	●	●	○	○	●	●	●	●	◐	●	○	●
–	–	●	○	○	●	○	○	●	●	○	○	○	○	●	●	○	●	○	●
–	–	●	○	○	●	○	○	●	●	○	○	●	●	●	●	○	●	○	●
55:45	8400	◐	●	○	●	○	●	●	●	●	●	●	●	●	●	◐	●	○	●
55:45	8400	◐	●	○	●	○	●	●	●	●	●	●	●	●	●	◐	●	○	●
50:50	–	●	○	○	●	◐	◐	●	○	●	●	○	○	●	●	○	○	○	●
–	–	●	○	○	○	●	◐	●	○	●	●	○	○	●	●	○	○	○	●
–	–	●	○	○	●	○	◐	●	○	●	●	○	○	●	●	○	●	○	●
–	5584	◐	●	◐	●	●	●	●	●	○	○	●	●	●	●	◐	●	○	●
60:40	6000	●	○	○	●	●	◐	●	○	○	○	○	●	◐	●	◐	●	○	●
–	–	●	○	○	●	○	○	●	●	○	○	○	○	●	●	○	●	○	●
–	–	●	○	○	●	○	○	●	●	○	○	●	●	●	●	○	●	○	●
–	–	●	○	○	○	○	●	●	●	○	○	○	●	●	●	○	●	○	●
53:47	–	◐	●	○	●	○	●	●	●	●	●	●	○	●	●	○	●	○	●
50:50	–	●	○	○	●	◐	◐	●	○	●	●	○	○	●	●	○	○	○	●
–	–	●	○	○	○	●	◐	●	○	●	●	○	○	●	●	○	○	○	●
–	–	●	○	○	○	○	◐	●	○	●	●	○	○	●	●	○	●	○	●
–	–	●	○	○	●	○	○	●	●	○	○	○	○	●	●	○	●	○	●
–	–	●	○	○	○	○	●	●	●	○	○	○	●	●	●	○	●	○	●
50:50	–	●	○	○	●	●	◐	●	○	●	●	○	○	●	●	○	○	○	●
–	–	●	○	○	●	○	◐	●	○	●	●	○	○	●	●	○	●	○	●
–	–	●	○	○	●	○	○	●	●	○	○	○	○	●	●	○	●	○	●
53:47	–	◐	●	○	●	○	●	●	●	●	●	●	○	●	●	○	●	○	●
–	–	●	○	○	●	●	◐	●	●	○	○	○	●	○	●	○	●	○	●
–	–	●	○	○	○	○	●	●	●	○	○	○	●	●	●	○	●	○	●
–	–	●	○	○	●	○	◐	●	○	○	○	○	○	●	●	○	●	○	●
–	6000	●	○	○	●	●	◐	●	○	○	○	○	●	◐	●	◐	●	○	●
–	–	●	○	○	●	○	○	●	●	○	○	○	○	●	●	○	●	○	●
–	–	●	○	○	●	○	◐	●	○	●	●	○	○	●	●	○	●	○	●
–	–	●	○	○	●	○	◐	●	○	●	●	○	○	●	●	○	●	○	●

Aebi

Die Anschrift des Herstellers:
Aebi & Co. AG Maschinenfabrik, Buchmattstrasse 56, 3401 Burgdorf, Schweiz
Telefon: 00 41/34/4 21 61 21, www.aebi-schmidt.com

Aebi TT 206+

Spezial-Allradschlepper

Motor: Kubota Saugmotor mit 42 kW (57 PS) nach ISO; 4 Zylinder, 2615 cm³ Hubraum, Abgasnorm Stufe V
Getriebe: stufenloses Getriebe bis 40 km/h
Zapfwelle: 540, Höchstdrehzahl: 590 min^{-1}
Hubwerk: Kat. II, Hubkraft 1200 daN
Hydraulik: Pumpenleistung 40 l/min bei 190 bar
Gewichte & Maße: Zulässiges Gesamtgewicht 3000 kg, Leergewicht 1850 kg, Nutzlast 1150 kg, Bodenfreiheit 23 cm, Wendekreis 6 m
Bereifung: 31x15.50-15, 31x15.50-15
Preis: keine Angabe

Aebi TT 211+

Spezial-Allradschlepper

Motor: Kubota Turbomotor mit 53 kW (72 PS) nach ISO; 4 Zylinder, 2615 cm³ Hubraum, Abgasnorm Stufe V
Getriebe: stufenloses Getriebe bis 40 km/h
Zapfwelle: 540, Höchstdrehzahl: 590 min^{-1}
Hubwerk: Kat. II, Hubkraft 1200 daN
Hydraulik: Pumpenleistung 40 l/min bei 190 bar
Gewichte & Maße: Zulässiges Gesamtgewicht 3500 kg, Leergewicht 1900 kg, Nutzlast 1600 kg, Bodenfreiheit 23 cm, Wendekreis 6 m
Bereifung: 31x15.50-15, 31x15.50-15
Preis: keine Angabe

Aebi TT 242

Spezial-Allradschlepper

Motor: VM Turbomotor mit Ladeluftkühlung mit 55 kW (75 PS) nach ISO; 4 Zylinder, 2970 cm³ Hubraum, Abgasnorm Stufe V
Getriebe: stufenloses Getriebe bis 40 km/h
Zapfwelle: 540/540E, Höchstdrehzahl: 584/1028 min^{-1}

Hubwerk: Kat. II, Hubkraft 1 800 daN
Hydraulik: Pumpenleistung 40 l/min bei 200 bar
Gewichte & Maße: Zulässiges Gesamtgewicht 4 500 kg, Leergewicht 2 800 kg, Nutzlast 1 700 kg, Bodenfreiheit 28 cm, Wendekreis 6,6 m
Bereifung: 425/55R17, 425/55R17
Preis: keine Angabe

Aebi TP 410

Mehrzweck-Allradfahrzeug

Motor: Kubota Turbomotor mit 55 kW (75 PS) nach ISO; 4 Zylinder, 3 331 cm^3 Hubraum, Abgasnorm Stufe V
Getriebe: 16 Vorwärts- und 16 Rückwärtsgänge (auf Wunsch bis 40 km/h), synchronisiert
Zapfwelle: 540, Höchstdrehzahl: 590 min^{-1}
Hydraulik: Pumpenleistung 30 l/min bei 175 bar
Gewichte & Maße: Zulässiges Gesamtgewicht 6 500 kg, Leergewicht 2 350 kg, Nutzlast 4 150 kg, Bodenfreiheit 26 cm, Wendekreis 11,4 m
Bereifung: 15.0/55-17, 15.0/55-17
Preis: keine Angabe

Aebi TT 282

Spezial-Allradschlepper

Motor: VM Turbomotor mit Ladeluftkühlung mit 80 kW (109 PS) nach ISO; 4 Zylinder, 2 970 cm^3 Hubraum, Abgasnorm Stufe V, Euro 6C
Getriebe: stufenloses Getriebe bis 40 km/h
Zapfwelle: 540/540E, Höchstdrehzahl: 584/1 028 min^{-1}
Hubwerk: Kat. II, Hubkraft 1 800 daN
Hydraulik: Pumpenleistung 40 l/min bei 200 bar
Gewichte & Maße: Zulässiges Gesamtgewicht 4 500 kg, Leergewicht 2 850 kg, Nutzlast 1 650 kg, Bodenfreiheit 28 cm, Wendekreis 6,6 m
Bereifung: 425/55R17, 425/55R17
Preis: keine Angabe

Aebi TP 420

Mehrzweck-Allradfahrzeug

Motor: VM Turbomotor mit Ladeluftkühlung mit 80 kW (109 PS) nach ISO; 4 Zylinder, 2 970 cm^3 Hubraum, Abgasnorm Stufe V, Euro 6C
Getriebe: 16 Vorwärts- und 16 Rückwärtsgänge (a. W. bis 50 km/h), synchr.
Zapfwelle: 540/540E, Höchstdrehzahl: 600/750 min^{-1}
Hydraulik: Pumpenleistung 30 l/min bei 200 bar
Gewichte & Maße: Zulässiges Gesamtgewicht 8 000 kg, Leergewicht 2 950 kg, Nutzlast 5 050 kg, Bodenfreiheit 32 cm, Wendekreis 8 m
Bereifung: 425/55R17, 425/55R17
Preis: keine Angabe

Aebi TP 470 Vario

Mehrzweck-Allradfahrzeug

Motor: VM Turbomotor mit Ladeluftkühlung mit 100 kW (136 PS) nach ISO; 4 Zylinder, 2970 cm^3 Hubraum, Abgasnorm Stufe V, Euro 6E
Getriebe: stufenl. Getriebe bis 50 km/h
Zapfwelle: 540/1000, Höchstdrehzahl: 600/1000 min^{-1}
Hydraulik: Pumpenleistung 40 l/min bei 200 bar
Gewichte & Maße: Zulässiges Gesamtgewicht 10000 kg, Leergewicht 3550 kg, Nutzlast 5500 kg, Bodenfreiheit 32 cm, Wendekreis 8,2 m
Bereifung: 425/55R17, 425/55R17
Preis: keine Angabe

Aebi VT 470 Vario

Mehrzweck-Allradfahrzeug

Motor: VM Turbomotor mit Ladeluftkühlung mit 100 kW (136 PS) nach ISO; 4 Zylinder, 2970 cm^3 Hubraum, Abgasnorm Stufe V, Euro 6E
Getriebe: stufenloses Getriebe bis 50 km/h
Zapfwelle: 540/1000, Höchstdrehzahl: 600/1000 min^{-1}
Hydraulik: Pumpenleistung 40 l/min bei 200 bar
Gewichte & Maße: Zulässiges Gesamtgewicht 10000 kg, Leergewicht 3550 kg, Nutzlast 5500 kg, Bodenfreiheit 32 cm, Wendekreis 8,2 m
Bereifung: 285/70R19.5, 285/70R19.5
Preis: keine Angabe

Case IH

Die Anschrift des Herstellers:
CNH Industrial Germany GmbH, Benzstraße 1, 74076 Heilbronn
Telefon: 0 71 31/1 06-0
www.caseih.com

Case IH Quantum 80 V/N/F/CL

Plantagen-Allradschlepper

Motor: FPT Turbomotor mit Ladeluftkühlung mit 55 kW (75 PS) nach ISO bei 2300 min^{-1}; maximale Leistung 55 kW (75 PS) bei 1900 min^{-1}; 4 Zylinder, 3400 cm^3 Hubraum, Abgasnorm Stufe V
Getriebe: ActiveDrive 2, 32 Vorwärts- und 16 Rückwärtsgänge (auf Wunsch 44/16 mit Kriechgang bis 40 km/h), synchronisiert, 14 Gänge im Hauptarbeitsbereich, 2 Lastschaltstufen
Zapfwelle: 540/540E/1000
Hubwerk: Kat. I/II, Hubkraft 2600 daN
Hydraulik: Pumpenleistung 64+36; 116 l/min bei 190 bar
Gewichte & Maße: Zulässiges Gesamtgewicht 4800 kg, Leergewicht 3100 kg, Nutzlast 1700 kg, Bodenfreiheit 29 cm, Wendekreis 7 m
Bereifung: 240/70R16, 360/70R24
Preis: 95357 Euro (ohne MwSt.)

Case IH Quantum 90 V/N/F/CL

Plantagen-Allradschlepper

Motor: FPT Turbomotor mit Ladeluftkühlung mit 63 kW (86 PS) nach ISO bei 2300 min^{-1}; maximale Leistung 63 kW (86 PS) bei 1900 min^{-1}; 4 Zylinder, 3600 cm^3 Hubraum, Abgasnorm Stufe V
Getriebe: ActiveDrive 2, 32 Vorwärts- und 16 Rückwärtsgänge (auf Wunsch 44/16 mit Kriechgang bis 40 km/h), synchronisiert, 14 Gänge im Hauptarbeitsbereich, 2 Lastschaltstufen
Zapfwelle: 540/540E/1000
Hubwerk: Kat. I/II, Hubkraft 2600 daN
Hydraulik: Pumpenleistung 64+36; 116 l/min bei 190 bar
Gewichte & Maße: Zulässiges Gesamtgewicht 4800 kg, Leergewicht 3100 kg, Nutzlast 1700 kg, Bodenfreiheit 29 cm, Wendekreis 7 m
Bereifung: 240/70R16, 360/70R24
Preis: 99157 Euro (ohne MwSt.)

Case IH Quantum 100 V/N/F/CL

Plantagen-Allradschlepper

Motor: FPT Turbomotor mit Ladeluftkühlung mit 73 kW (99 PS) nach ISO bei 2300 min^{-1}; maximale Leistung 73 kW (99 PS) bei 1900 min^{-1}; 4 Zylinder, 3600 cm^3 Hubraum, Abgasnorm Stufe V
Getriebe: ActiveDrive 2, 32 Vorwärts- und 16 Rückwärtsgänge (auf Wunsch 44/16 mit Kriechgang bis 40 km/h), synchronisiert, 14 Gänge im Hauptarbeitsbereich, 2 Lastschaltstufen
Zapfwelle: 540/540E/1000
Hubwerk: Kat. I/II, Hubkraft 2600 daN
Hydraulik: Pumpenleistung 64+36; 116 l/min bei 190 bar
Gewichte & Maße: Zulässiges Gesamtgewicht 4800 kg, Leergewicht 3100 kg, Nutzlast 1700 kg, Bodenfreiheit 29 cm, Wendekreis 7 m
Bereifung: 240/70R16, 360/70R24
Preis: 102657 Euro (ohne MwSt.)

Case IH Quantum 110 V/N/F/CL

Plantagen-Allradschlepper

Motor: FPT Turbomotor mit Ladeluftkühlung mit 81 kW (110 PS) nach ISO bei 2300 min^{-1}; maximale Leistung 81 kW (110 PS) bei 1900 min^{-1}; 4 Zylinder, 3600 cm^3 Hubraum, Abgasnorm Stufe V
Getriebe: ActiveDrive 2, 32 Vorwärts- und 16 Rückwärtsgänge (auf Wunsch 44/16 mit Kriechgang bis 40 km/h), synchronisiert, 14 Gänge im Hauptarbeitsbereich, 2 Lastschaltstufen
Zapfwelle: 540/540E/1000
Hubwerk: Kat. I/II, Hubkraft 2600 daN
Hydraulik: Pumpenleistung 116 l/min bei 190 bar
Gewichte & Maße: Zulässiges Gesamtgewicht 4800 kg, Leergewicht 3100 kg, Nutzlast 1700 kg, Bodenfreiheit 29 cm, Wendekreis 7 m
Bereifung: 240/70R16, 360/70R24
Preis: 106157 Euro (ohne MwSt.)

Case IH Quantum 120 V/N/F/CL

Plantagen-Allradschlepper

Motor: FPT Turbomotor mit Ladeluftkühlung mit 88 kW (120 PS) nach ISO bei 2300 min^{-1}; maximale Leistung 88 kW (120 PS) bei 1900 min^{-1}; 4 Zylinder, 3600 cm^3 Hubraum, Abgasnorm Stufe V
Getriebe: ActiveDrive 2, 32 Vorwärts- und 16 Rückwärtsgänge (auf Wunsch 44/16 mit Kriechgang bis 40 km/h), synchronisiert, 14 Gänge im Hauptarbeitsbereich, 2 Lastschaltstufen
Zapfwelle: 540/540E/1000
Hubwerk: Kat. I/II, Hubkraft 2600 daN
Hydraulik: Pumpenleistung 64+36; 116 l/min bei 190 bar
Gewichte & Maße: Zulässiges Gesamtgewicht 4800 kg, Leergewicht 3100 kg, Nutzlast 1700 kg, Bodenfreiheit 29 cm, Wendekreis 7 m
Bereifung: 240/70R16, 360/70R24
Preis: 109657 Euro (ohne MwSt.)

Claas

Die Anschrift des Herstellers:
Claas KGaA mbH, Mühlenwinkel 1, 33428 Harsewinkel
Telefon: 0 52 47/12-0, www.claas.com

Claas Nexos 2.85 S

Plantagen-Allradschlepper

Motor: FPT Turbomotor mit 61 kW (83 PS) nach ISO bei 2 300 min^{-1}; maximale Leistung 62 kW (84 PS) bei 2 000 min^{-1}; 4 Zylinder, 3 600 cm^3 Hubraum, Abgasnorm Stufe V
Getriebe: T100EVO, 30 Vorwärts- und 30 Rückwärtsgänge (auf Wunsch 30/30; 30/15 Revershift-Twinshift bis 40 km/h), synchronisiert, 8 Gänge im Hauptarbeitsbereich, 2 Lastschaltstufen
Zapfwelle: 540/540E; 540/1 000
Hubwerk: Kat. II, Hubkraft 3 110 daN
Hydraulik: Pumpenleistung 87 l/min bei 190 bar
Gewichte & Maße: Zulässiges Gesamtgewicht 4 500 kg, Leergewicht 3 200 kg, Bodenfreiheit 35 cm, Wendekreis 7,3 m
Bereifung: 260/70R16, 380/70R24
Preis: 99 995 Euro (ohne MwSt.)

Claas Nexos 2.85 XL

Plantagen-Allradschlepper

Motor: FPT Turbomotor mit 61 kW (83 PS) nach ISO bei 2 300 min^{-1}; maximale Leistung 62 kW (84 PS) bei 2 000 min^{-1}; 4 Zylinder, 3 600 cm^3 Hubraum, Abgasnorm Stufe V
Getriebe: T100EVO, 30 Vorwärts- und 30 Rückwärtsgänge (auf Wunsch 30/30; 30/15 Revershift-Twinshift bis 40 km/h), synchronisiert, 8 Gänge im Hauptarbeitsbereich, 2 Lastschaltstufen
Zapfwelle: 540/540E; 540/1 000
Hubwerk: Kat. II, Hubkraft 3 110 daN
Hydraulik: Pumpenleistung 87 l/min bei 190 bar
Gewichte & Maße: Zulässiges Gesamtgewicht 4 800 kg, Leergewicht 3 435 kg, Bodenfreiheit 35 cm, Wendekreis 6,9 m
Bereifung: 320/70R20, 420/70R28
Preis: 101 020 Euro (ohne MwSt.)

Claas Nexos 2.85 L

Plantagen-Allradschlepper

Motor: FPT Turbomotor mit 61 kW (83 PS) nach ISO bei 2 300 min^{-1}; maximale Leistung 62 kW (84 PS) bei 2 000 min^{-1}; 4 Zylinder, 3 600 cm^3 Hubraum, Abgasnorm Stufe V
Getriebe: T100EVO, 30 Vorwärts- und 30 Rückwärtsgänge (auf Wunsch 30/30; 30/15 Revershift-Twinshift bis 40 km/h), synchronisiert, 8 Gänge im Hauptarbeitsbereich, 2 Lastschaltstufen
Zapfwelle: 540/540E; 540/1 000
Hubwerk: Kat. II, Hubkraft 3 110 daN

Hydraulik: Pumpenleistung 87 l/min bei 190 bar
Gewichte & Maße: Zulässiges Gesamtgewicht 4 800 kg, Leergewicht 3 345 kg, Bodenfreiheit 35 cm, Wendekreis 7 m
Bereifung: 320/70R20, 420/70R28
Preis: 102 215 Euro (ohne MwSt.)

Claas Nexos 2.85 M

Plantagen-Allradschlepper

Motor: FPT Turbomotor mit 61 kW (83 PS) nach ISO bei 2 300 min^{-1}; maximale Leistung 62 kW (84 PS) bei 2 000 min^{-1}; 4 Zylinder, 3 600 cm^3 Hubraum, Abgasnorm Stufe V
Getriebe: T100EVO, 30 Vorwärts- und 30 Rückwärtsgänge (auf Wunsch 30/30; 30/15 Revershift-Twinshift bis 40 km/h), synchronisiert, 8 Gänge im Hauptarbeitsbereich, 2 Lastschaltstufen
Zapfwelle: 540/540E; 540/1 000
Hubwerk: Kat. II, Hubkraft 3 110 daN
Hydraulik: Pumpenleistung 87 l/min bei 190 bar
Gewichte & Maße: Zulässiges Gesamtgewicht 4 800 kg, Leergewicht 3 200 kg, Bodenfreiheit 35 cm, Wendekreis 7,4 m
Bereifung: 260/70R16, 380/70R24
Preis: 100 970 Euro (ohne MwSt.)

Claas Nexos 2.105 S

Plantagen-Allradschlepper

Motor: FPT Turbomotor mit 72 kW (98 PS) nach ISO bei 2 300 min^{-1}; maximale Leistung 76 kW (103 PS) bei 2 000 min^{-1}; 4 Zylinder, 3 600 cm^3 Hubraum, Abgasnorm Stufe V
Getriebe: T100EVO, 30 Vorwärts- und 30 Rückwärtsgänge (auf Wunsch 30/30; 30/15 Revershift-Twinshift bis 40 km/h), synchronisiert, 8 Gänge im Hauptarbeitsbereich, 2 Lastschaltstufen
Zapfwelle: 540/540E; 540/1 000
Hubwerk: Kat. II, Hubkraft 3 110 daN
Hydraulik: Pumpenleistung 87 l/min bei 190 bar
Gewichte & Maße: Zulässiges Gesamtgewicht 4 500 kg, Leergewicht 3 200 kg, Bodenfreiheit 35 cm, Wendekreis 7,3 m
Bereifung: 260/70R16, 380/70R24
Preis: 105 800 Euro (ohne MwSt.)

Claas Nexos 2.105 XL

Plantagen-Allradschlepper

Motor: FPT Turbomotor mit 72 kW (98 PS) nach ISO bei 2 300 min^{-1}; maximale Leistung 76 kW (103 PS) bei 2 000 min^{-1}; 4 Zylinder, 3 600 cm^3 Hubraum, Abgasnorm Stufe V
Getriebe: T100EVO, 30 Vorwärts- und 30 Rückwärtsgänge (auf Wunsch 30/30; 30/15 Revershift-Twinshift bis 40 km/h), synchronisiert, 8 Gänge im Hauptarbeitsbereich, 2 Lastschaltstufen
Zapfwelle: 540/540E; 540/1 000
Hubwerk: Kat. II, Hubkraft 3 110 daN
Hydraulik: Pumpenleistung 87 l/min bei 190 bar
Gewichte & Maße: Zulässiges Gesamtgewicht 4 800 kg, Leergewicht 3 435 kg, Bodenfreiheit 35 cm, Wendekreis 6,9 m
Bereifung: 320/70R20, 420/70R28
Preis: 106 825 Euro (ohne MwSt.)

Claas Nexos 2.105 L

Plantagen-Allradschlepper

Motor: FPT Turbomotor mit 72 kW (98 PS) nach ISO bei 2 300 min^{-1}; maximale Leistung 76 kW (103 PS) bei 2 000 min^{-1}; 4 Zylinder, 3 600 cm^3 Hubraum, Abgasnorm Stufe V
Getriebe: T100EVO, 30 Vorwärts- und 30 Rückwärtsgänge (auf Wunsch 30/30; 30/15 Revershift-Twinshift bis 40 km/h), synchronisiert, 8 Gänge im Hauptarbeitsbereich, 2 Lastschaltstufen
Zapfwelle: 540/540E; 540/1 000
Hubwerk: Kat. II, Hubkraft 3 110 daN
Hydraulik: Pumpenleistung 87 l/min bei 190 bar
Gewichte & Maße: Zulässiges Gesamtgewicht 4 800 kg, Leergewicht 3 345 kg, Bodenfreiheit 35 cm, Wendekreis 7 m
Bereifung: 320/70R20, 420/70R28
Preis: 108 020 Euro (ohne MwSt.)

Claas Nexos 2.105 M

Plantagen-Allradschlepper

Motor: FPT Turbomotor mit 72 kW (98 PS) nach ISO bei 2 300 min^{-1}; maximale Leistung 76 kW (103 PS) bei 2 000 min^{-1}; 4 Zylinder, 3 600 cm^3 Hubraum, Abgasnorm Stufe V
Getriebe: T100EVO, 30 Vorwärts- und 30 Rückwärtsgänge (auf Wunsch 30/30; 30/15 Revershift-Twinshift bis 40 km/h), synchronisiert, 8 Gänge im Hauptarbeitsbereich, 2 Lastschaltstufen
Zapfwelle: 540/540E; 540/1 000
Hubwerk: Kat. II, Hubkraft 3 110 daN
Hydraulik: Pumpenleistung 87 l/min bei 190 bar
Gewichte & Maße: Zul. Gesamtgewicht 4 800 kg, Leergewicht 3 200 kg, Bodenfreiheit 35 cm, Wendekreis 7,4 m
Bereifung: 260/70R16, 380/70R24
Preis: 106 775 Euro (ohne MwSt.)

Claas Nexos 2.120 S

Plantagen-Allradschlepper

Motor: FPT Turbomotor mit 85 kW (116 PS) nach ISO bei 2 300 min^{-1};

maximale Leistung 88 kW (120 PS) bei 2000 min-1; 4 Zylinder, 3600 cm³ Hubraum, Abgasnorm Stufe V
Getriebe: T100EVO, 30 Vorwärts- und 30 Rückwärtsgänge (auf Wunsch 30/30; 30/15 Revershift-Twinshift bis 40 km/h), synchronisiert, 8 Gänge im Hauptarbeitsbereich, 2 Lastschaltstufen
Zapfwelle: 540/540E; 540/1000
Hubwerk: Kat. II, Hubkraft 3110 daN
Hydraulik: Pumpenleistung 60; 87 l/min bei 190 bar
Gewichte & Maße: Zulässiges Gesamtgewicht 4500 kg, Leergewicht 3200 kg, Bodenfreiheit 35 cm, Wendekreis 7,3 m
Bereifung: 260/70R16, 380/70R24
Preis: 121850 Euro (ohne MwSt.)

Claas Nexos 2.120 XL

Plantagen-Allradschlepper

Motor: FPT Turbomotor mit 85 kW (116 PS) nach ISO bei 2300 min-1; maximale Leistung 88 kW (120 PS) bei 2000 min-1; 4 Zylinder, 3600 cm³ Hubraum, Abgasnorm Stufe V
Getriebe: T100EVO, 30 Vorwärts- und 30 Rückwärtsgänge (auf Wunsch 30/30; 30/15 Revershift-Twinshift bis 40 km/h), synchronisiert, 8 Gänge im Hauptarbeitsbereich, 2 Lastschaltstufen
Zapfwelle: 540/540E; 540/1000
Hubwerk: Kat. II, Hubkraft 3110 daN
Hydraulik: Pumpenleistung 60; 87 l/min bei 190 bar
Gewichte & Maße: Zulässiges Gesamtgewicht 4800 kg, Leergewicht 3435 kg, Bodenfreiheit 35 cm, Wendekreis 6,9 m
Bereifung: 320/70R20, 420/70R28
Preis: 122540 Euro (ohne MwSt.)

Claas Nexos 2.120 L

Plantagen-Allradschlepper

Motor: FPT Turbomotor mit 85 kW (116 PS) nach ISO bei 2300 min-1; maximale Leistung 88 kW (120 PS) bei 2000 min-1; 4 Zylinder, 3600 cm³ Hubraum, Abgasnorm Stufe V
Getriebe: T100EVO, 30 Vorwärts- und 30 Rückwärtsgänge (auf Wunsch 30/30; 30/15 Revershift-Twinshift bis 40 km/h), synchronisiert, 8 Gänge im Hauptarbeitsbereich, 2 Lastschaltstufen
Zapfwelle: 540/540E; 540/1000
Hubwerk: Kat. II, Hubkraft 3110 daN
Hydraulik: Pumpenleistung 60; 87 l/min bei 190 bar
Gewichte & Maße: Zulässiges Gesamtgewicht 4800 kg, Leergewicht 3345 kg, Bodenfreiheit 35 cm, Wendekreis 7 m
Bereifung: 320/70R20, 420/70R28
Preis: 123900 Euro (ohne Mehrwertsteuer)

Claas Nexos 2.120 M

Plantagen-Allradschlepper

Motor: FPT Turbomotor mit 85 kW (116 PS) nach ISO bei 2300 min-1; maximale Leistung 88 kW (120 PS) bei 2000 min-1; 4 Zylinder, 3600 cm³ Hubraum, Abgasnorm Stufe V
Getriebe: T100EVO, 30 Vorwärts- und 30 Rückwärtsgänge (auf Wunsch 30/30; 30/15 Revershift-Twinshift bis 40 km/h), synchronisiert, 8 Gänge im Hauptarbeitsbereich, 2 Lastschaltstufen
Zapfwelle: 540/540E; 540/1000
Hubwerk: Kat. II, Hubkraft 3110 daN
Hydraulik: Pumpenleistung 60; 87 l/min bei 190 bar
Gewichte & Maße: Zulässiges Gesamtgewicht 4800 kg, Leergewicht 3200 kg, Bodenfreiheit 35 cm, Wendekreis 7,4 m
Bereifung: 260/70R16, 380/70R24
Preis: 123010 Euro (ohne Mehrwertsteuer)

Deutz-Fahr

Die Anschrift des Herstellers:
Same Deutz-Fahr Deutschland GmbH, Deutz-Fahr-Straße 1, 89 415 Lauingen
Telefon: 0 90 72/99 70, www.deutz-fahr.com

Deutz-Fahr 3050 BASSO

Kompakt-Allradschlepper

Motor: Perkins Turbomotor mit 38 kW (52 PS) nach ISO; maximale Leistung 38 kW (52 PS); 4 Zylinder, 2 216 cm^3 Hubraum, Abgasnorm Stufe V
Getriebe: 12 Vorwärts- und 12 Rückwärtsgänge (auf Wunsch 16/16 bis 30 km/h), synchronisiert, 6 Gänge im Hauptarbeitsbereich
Zapfwelle: 540/540E/Weg
Hubwerk: Kat. I/II, Hubkraft 1 200 daN
Hydraulik: Pumpenleistung 30 l/min bei 180 bar
Gewichte & Maße: Zulässiges Gesamtgewicht 2 400 kg, Leergewicht 1 385 kg, Nutzlast 1 015 kg, Bodenfreiheit 33 cm
Bereifung: 240/70R16, 360/70R20
Preis: keine Angabe

Deutz-Fahr 3050

Kompakt-Allradschlepper

Motor: Perkins Turbomotor mit 38 kW (52 PS) nach ISO; maximale Leistung 38 kW (52 PS); 4 Zylinder, 2 216 cm^3 Hubraum, Abgasnorm Stufe V
Getriebe: 12 Vorwärts- und 12 Rückwärtsgänge (auf Wunsch 16/16 bis 30 km/h), synchronisiert, 6 Gänge im Hauptarbeitsbereich
Zapfwelle: 540/540E/Weg
Hubwerk: Kat. I/II, Hubkraft 1 200 daN
Hydraulik: Pumpenleistung 30 l/min bei 180 bar
Gewichte & Maße: Zulässiges Gesamtgewicht 2 400 kg, Leergewicht 1 500 kg, Nutzlast 900 kg, Bodenfreiheit 39 cm
Bereifung: 280/70R16, 360/70R24
Preis: keine Angabe

Deutz-Fahr 3060

Kompakt-Allradschlepper

Motor: Perkins Turbomotor mit 43,5 kW (59 PS) nach ISO; max. Leistung 43,5 kW (59 PS); 4 Zylinder, 2 216 cm^3 Hubraum, Abgasnorm Stufe V

Getriebe: 12 Vorwärts- und 12 Rückwärtsgänge (auf Wunsch 16/16 bis 30 km/h), synchronisiert, 6 Gänge im Hauptarbeitsbereich
Zapfwelle: 540/540E/Weg
Hubwerk: Kat. I/II, Hubkraft 1 200 daN
Hydraulik: Pumpenleistung 30 l/min bei 180 bar
Gewichte & Maße: Zulässiges Gesamtgewicht 2 400 kg, Leergewicht 1 575 kg, Nutzlast 825 kg, Bodenfreiheit 39 cm
Bereifung: 280/70R16, 360/70R24
Preis: keine Angabe

Deutz-Fahr 5070 DF Keyline

Plantagen-Allradschlepper

Motor: SDF Turbomotor mit Ladeluftkühlung mit 48 kW (65 PS) nach ISO; maximale Leistung 48,9 kW (67 PS); 3 Zylinder, 2 887 cm³ Hubraum, Abgasnorm Stufe V
Getriebe: 30 Vorwärts- und 15 Rückwärtsgänge (auf Wunsch 30/15 bis 40 km/h), synchronisiert
Zapfwelle: 540
Hubwerk: Kat. II, Hubkraft 3 050 daN
Hydraulik: Pumpenleistung 42 l/min bei 190 bar
Gewichte & Maße: Zulässiges Gesamtgewicht 4 200 kg, Leergewicht 2 450 kg, Nutzlast 1 750 kg
Bereifung: 280/70R16, 360/70R24
Preis: keine Angabe

Deutz-Fahr 5080 DF Keyline

Plantagen-Allradschlepper

Motor: SDF Turbomotor mit Ladeluftkühlung mit 55,2 kW (75 PS) nach ISO; maximale Leistung 55,8 kW (76 PS); 3 Zylinder, 2 887 cm³ Hubraum, Abgasnorm Stufe V
Getriebe: 30 Vorwärts- und 15 Rückwärtsgänge (auf Wunsch 30/15 bis 40 km/h), synchronisiert
Zapfwelle: 540
Hubwerk: Kat. II, Hubkraft 3 050 daN
Hydraulik: Pumpenleistung 42 l/min bei 190 bar
Gewichte & Maße: Zulässiges Gesamtgewicht 4 200 kg, Leergewicht 2 450 kg, Nutzlast 1 750 kg
Bereifung: 280/70R16, 360/70R24
Preis: keine Angabe

Deutz-Fahr 5080 DS Ecoline

Plantagen-Allradschlepper

Motor: SDF Turbomotor mit Ladeluftkühlung mit 55,2 kW (75 PS) nach ISO; maximale Leistung 55,8 kW (76 PS); 3 Zylinder, 2 887 cm³ Hubraum, Abgasnorm Stufe V
Getriebe: 30 Vorwärts- und 15 Rückwärtsgänge (auf Wunsch 30/15, 45/45 bis 40 km/h), synchronisiert, 3 Lastschaltstufen
Zapfwelle: 540/540E
Hubwerk: Kat. II, Hubkraft 2 680 daN
Hydraulik: Pumpenleistung 54; 64 l/min bei 200 bar
Gewichte & Maße: Zulässiges Gesamtgewicht 4 600 kg, Leergewicht 2 800 kg, Nutzlast 1 800 kg, Bodenfreiheit 23 cm, Wendekreis 6,6 m
Bereifung: 240/70R16, 360/70R24
Preis: keine Angabe

Deutz-Fahr 5080 DV Ecoline

Plantagen-Allradschlepper

Motor: SDF Turbomotor mit Ladeluftkühlung mit 55,2 kW (75 PS) nach ISO; maximale Leistung 55,8 kW (76 PS); 3 Zylinder, 2 887 cm³ Hubraum, Abgasnorm Stufe V
Getriebe: 30 Vorwärts- und 15 Rückwärtsgänge (a.W. 30/15, 45/45 bis 40 km/h), synchronisiert, 3 LS-Stufen
Zapfwelle: 540/540E
Hubwerk: Kat. II, Hubkraft 2 680 daN
Hydraulik: Pumpenleistung 54; 64 l/min bei 200 bar
Gewichte & Maße: Zulässiges Gesamtgewicht 4 600 kg, Leergewicht 2 800 kg, Nutzlast 1 800 kg, Bodenfreiheit 23 cm, Wendekreis 7,7 m
Bereifung: 240/70R16, 380/70R20
Preis: keine Angabe

Deutz-Fahr 5080 DF Ecoline

Plantagen-Allradschlepper

Motor: SDF Turbomotor mit Ladeluftkühlung mit 55,2 kW (75 PS) nach ISO; maximale Leistung 55,8 kW (76 PS); 3 Zylinder, 2 887 cm³ Hubraum, Abgasnorm Stufe V
Getriebe: 30 Vorwärts- und 15 Rückwärtsgänge (auf Wunsch 30/15, 45/45 bis 40 km/h), synchronisiert, 3 Lastschaltstufen
Zapfwelle: 540/540E

Hubwerk: Kat. II, Hubkraft 2 880 daN
Hydraulik: Pumpenleistung 54; 64 l/min bei 200 bar
Gewichte & Maße: Zulässiges Gesamtgewicht 5 000 kg, Leergewicht 2 500 kg, Nutzlast 2 500 kg, Bodenfreiheit 24 cm, Wendekreis 7,4 m
Bereifung: 280/70R16, 360/70R24
Preis: keine Angabe

Deutz-Fahr 5090 DS

Plantagen-Allradschlepper

Motor: SDF Turbomotor mit Ladeluftkühlung mit 61,5 kW (84 PS) nach ISO; maximale Leistung 63,5 kW (86 PS); maximale Leistung (Boost) 67 kW (91 PS); 3 Zylinder, 2 887 cm³ Hubraum, Abgasnorm Stufe V
Getriebe: 45 Vorwärts- und 45 Rückwärtsgänge (auf Wunsch 30/15, 45/45 bis 40 km/h), synchronisiert, 3 Lastschaltstufen
Zapfwelle: 540/540E/1 000
Hubwerk: Kat. II, Hubkraft 2 680 daN
Hydraulik: Pumpenleistung 68 l/min bei 185 bar
Gewichte & Maße: Zulässiges Gesamtgewicht 5 000 kg, Leergewicht 2 800 kg, Nutzlast 1 800 kg, Bodenfreiheit 23 cm, Wendekreis 6,6 m
Bereifung: 240/70R16, 360/70R24
Preis: keine Angabe

Deutz-Fahr 5100 DF Pro

Plantagen-Allradschlepper

Motor: SDF Turbomotor mit Ladeluftkühlung mit 61,5 kW (84 PS) nach ISO; maximale Leistung 63,5 kW (86 PS); maximale Leistung (Boost) 67 kW (91 PS); 3 Zylinder, 2 887 cm³ Hubraum, Abgasnorm Stufe V
Getriebe: 45 Vorwärts- und 45 Rückwärtsgänge (auf Wunsch 30/15, 45/45 bis 40 km/h), synchronisiert, 3 Lastschaltstufen
Zapfwelle: 540/540E/1 000
Hubwerk: Kat. II, Hubkraft 3 940 daN
Hydraulik: Pumpenleistung 88 l/min bei 200 bar
Gewichte & Maße: Zul. Gesamtgewicht 5 200 kg, Leergewicht 3 290 kg, Nutzlast 2 500 kg, Bodenfreiheit 24 cm
Bereifung: 280/70R16, 360/70R24
Preis: keine Angabe

Deutz-Fahr 5090 DS Pro

Plantagen-Allradschlepper

Motor: SDF Turbomotor mit Ladeluftkühlung mit 61,5 kW (84 PS) nach ISO; maximale Leistung 63,5 kW (86 PS); maximale Leistung (Boost) 67 kW (91 PS); 3 Zylinder, 2 887 cm³ Hubraum, Abgasnorm Stufe V
Getriebe: 45 Vorwärts- und 45 Rückwärtsgänge (auf Wunsch 30/15, 45/45 bis 40 km/h), synchronisiert, 3 Lastschaltstufen
Zapfwelle: 540/540E/1 000
Hubwerk: Kat. II, Hubkraft 2 680 daN
Hydraulik: Pumpenleistung 88 l/min bei 200 bar
Gewichte & Maße: Zulässiges Gesamtgewicht 5 000 kg, Leergewicht 3 320 kg, Wendekreis 6,6 m
Bereifung: 240/70R16, 360/70R24
Preis: keine Angabe

Deutz-Fahr 5090 DV

Plantagen-Allradschlepper

Motor: SDF Turbomotor mit Ladeluftkühlung mit 61,5 kW (84 PS) nach ISO; maximale Leistung 63,5 kW (86 PS); maximale Leistung (Boost) 67 kW (91 PS); 3 Zylinder, 2 887 cm^3 Hubraum, Abgasnorm Stufe V
Getriebe: 45 Vorwärts- und 45 Rückwärtsgänge (auf Wunsch 30/15, 45/45 bis 40 km/h), synchronisiert, 3 Lastschaltstufen
Zapfwelle: 540/540E/1 000
Hubwerk: Kat. II, Hubkraft 2 680 daN
Hydraulik: Pumpenleistung 68 l/min bei 200 bar
Gewichte & Maße: Zulässiges Gesamtgewicht 5 000 kg, Leergewicht 2 800 kg, Nutzlast 1 800 kg, Bodenfreiheit 23 cm, Wendekreis 7,7 m
Bereifung: 240/70R16, 380/70R20
Preis: keine Angabe

Deutz-Fahr 5090 DV Pro

Plantagen-Allradschlepper

Motor: SDF Turbomotor mit Ladeluftkühlung mit 61,5 kW (84 PS) nach ISO; maximale Leistung 63,5 kW (86 PS); maximale Leistung (Boost) 67 kW (91 PS); 3 Zylinder, 2 887 cm^3 Hubraum, Abgasnorm Stufe V
Getriebe: 45 Vorwärts- und 45 Rückwärtsgänge (auf Wunsch 30/15, 45/45 bis 40 km/h), synchronisiert, 3 Lastschaltstufen
Zapfwelle: 540/540E/1 000
Hubwerk: Kat. II, Hubkraft 2 680 daN
Hydraulik: Pumpenleistung 88 l/min bei 200 bar
Gewichte & Maße: Zul. Gesamtgewicht 5 000 kg, Leergewicht 3 235 kg, Bodenfreiheit 23 cm, Wendekreis 7,7 m
Bereifung: 240/70R16, 380/70R20
Preis: keine Angabe

Deutz-Fahr 5090 DF

Plantagen-Allradschlepper

Motor: SDF Turbomotor mit Ladeluftkühlung mit 61,5 kW (84 PS) nach ISO; maximale Leistung 63,5 kW (86 PS); maximale Leistung (Boost) 67 kW (91 PS); 3 Zylinder, 2 887 cm^3 Hubraum, Abgasnorm Stufe V
Getriebe: 45 Vorwärts- und 45 Rückwärtsgänge (auf Wunsch 30/15, 45/45 bis 40 km/h), synchronisiert, 3 Lastschaltstufen
Zapfwelle: 540/540E/1 000
Hubwerk: Kat. II, Hubkraft 2 880 daN
Hydraulik: Pumpenleistung 68 l/min bei 200 bar
Gewichte & Maße: Zulässiges Gesamtgewicht 5 000 kg, Leergewicht 2 500 kg, Nutzlast 2 500 kg, Bodenfreiheit 24 cm, Wendekreis 7,4 m
Bereifung: 280/70R16, 360/70R24
Preis: keine Angabe

Deutz-Fahr 5100 DS Pro

Plantagen-Allradschlepper

Motor: SDF Turbomotor mit Ladeluftkühlung mit 61,5 kW (84 PS) nach ISO; maximale Leistung 63,5 kW (86 PS); maximale Leistung (Boost) 67 kW (91 PS); 3 Zylinder, 2 887 cm^3 Hubraum, Abgasnorm Stufe V
Getriebe: 45 Vorwärts- und 45 Rückwärtsgänge (auf Wunsch 30/15, 45/45 bis 40 km/h), synchronisiert, 3 Lastschaltstufen
Zapfwelle: 540/540E/1 000
Hubwerk: Kat. II, Hubkraft 2 680 daN
Hydraulik: Pumpenleistung 88 l/min bei 200 bar

Gewichte & Maße: Zulässiges Gesamtgewicht 5 000 kg, Leergewicht 3 320 kg, Wendekreis 6,6 m
Bereifung: 240/70R16, 360/70R24
Preis: keine Angabe

Deutz-Fahr 5100 DV Pro

Plantagen-Allradschlepper

Motor: SDF Turbomotor mit Ladeluftkühlung mit 61,5 kW (84 PS) nach ISO; maximale Leistung 63,5 kW (86 PS); maximale Leistung (Boost) 67 kW (91 PS); 3 Zylinder, 2 887 cm³ Hubraum, Abgasnorm Stufe V
Getriebe: 45 Vorwärts- und 45 Rückwärtsgänge (auf Wunsch 30/15, 45/45 bis 40 km/h), synchronisiert, 3 Lastschaltstufen
Zapfwelle: 540/540E/1 000
Hubwerk: Kat. II, Hubkraft 2 680 daN
Hydraulik: Pumpenleistung 88 l/min bei 200 bar
Gewichte & Maße: Zulässiges Gesamtgewicht 5 000 kg, Leergewicht 3 235 kg, Bodenfreiheit 23 cm, Wendekreis 7,7 m
Bereifung: 240/70R16, 380/70R20
Preis: keine Angabe

Deutz-Fahr 5090 DF Plattform

Plantagen-Allradschlepper

Motor: SDF Turbomotor mit Ladeluftkühlung mit 61,5 kW (84 PS) nach ISO; maximale Leistung 63,5 kW (86 PS); maximale Leistung (Boost) 67 kW (91 PS); 3 Zylinder, 2 887 cm³ Hubraum, Abgasnorm Stufe V
Getriebe: 45 Vorwärts- und 45 Rückwärtsgänge (auf Wunsch 30/15, 45/45 bis 40 km/h), synchronisiert, 3 Lastschaltstufen
Zapfwelle: 540/540E/1 000
Hubwerk: Kat. II, Hubkraft 3 940 daN
Hydraulik: Pumpenleistung 68 l/min bei 200 bar
Gewichte & Maße: Zulässiges Gesamtgewicht 5 000 kg, Leergewicht 2 650 kg, Nutzlast 2 500 kg, Bodenfreiheit 24 cm, Wendekreis 7,4 m
Bereifung: 280/70R16, 380/70R24
Preis: keine Angabe

Deutz-Fahr 5090 DF Pro

Plantagen-Allradschlepper

Motor: SDF Turbomotor mit Ladeluftkühlung mit 61,5 kW (84 PS) nach ISO; maximale Leistung 63,5 kW (86 PS); maximale Leistung (Boost) 67 kW (91 PS); 3 Zylinder, 2 887 cm³ Hubraum, Abgasnorm Stufe V
Getriebe: 45 Vorwärts- und 45 Rückwärtsgänge (auf Wunsch 30/15, 45/45 bis 40 km/h), synchronisiert, 3 Lastschaltstufen
Zapfwelle: 540/540E/1 000
Hubwerk: Kat. II, Hubkraft 3 940 daN
Hydraulik: Pumpenleistung 88 l/min bei 200 bar
Gewichte & Maße: Zulässiges Gesamtgewicht 5 200 kg, Leergewicht 3 290 kg, Nutzlast 2 500 kg, Bodenfreiheit 24 cm
Bereifung: 280/70R16, 360/70R24
Preis: keine Angabe

Deutz-Fahr 5095 DF Plattform

Plantagen-Allradschlepper

Motor: SDF Turbomotor mit Ladeluftkühlung mit 61,8 kW (84 PS) nach ISO; maximale Leistung 66,4 kW (90 PS); maximale Leistung (Boost) 70 kW (95 PS); 4 Zylinder, 3 849 cm³ Hubraum, Abgasnorm Stufe V
Getriebe: 45 Vorwärts- und 45 Rückwärtsgänge (auf Wunsch 30/15, 45/45 bis 40 km/h), synchronisiert, 3 Lastschaltstufen
Zapfwelle: 540/540E/1 000
Hubwerk: Kat. II, Hubkraft 3 940 daN
Hydraulik: Pumpenleistung 68 l/min bei 200 bar
Gewichte & Maße: Zulässiges Gesamtgewicht 5 000 kg, Leergewicht 2 650 kg, Nutzlast 2 500 kg, Bodenfreiheit 24 cm, Wendekreis 7,4 m
Bereifung: 280/70R16, 380/70R24
Preis: keine Angabe

Deutz-Fahr 5095 DS

Plantagen-Allradschlepper

Motor: SDF Turbomotor mit Ladeluftkühlung mit 61,8 kW (84 PS) nach ISO; maximale Leistung 66,4 kW (90 PS); maximale Leistung (Boost) 70 kW

(95 PS); 4 Zylinder, 3849 cm³ Hubraum, Abgasnorm Stufe V
Getriebe: 45 Vorwärts- und 45 Rückwärtsgänge (auf Wunsch 30/15, 45/45 bis 40 km/h), synchronisiert, 3 Lastschaltstufen
Zapfwelle: 540/540E/1000
Hubwerk: Kat. II, Hubkraft 2680 daN
Hydraulik: Pumpenleistung 68 l/min bei 185 bar
Gewichte & Maße: Zulässiges Gesamtgewicht 5000 kg, Leergewicht 2900 kg, Nutzlast 1700 kg, Bodenfreiheit 24 cm, Wendekreis 6,6 m
Bereifung: 260/70R16, 380/70R24
Preis: keine Angabe

Deutz-Fahr 5095 DV

Plantagen-Allradschlepper

Motor: SDF Turbomotor mit Ladeluftkühlung mit 61,8 kW (84 PS) nach ISO; maximale Leistung 66,4 kW (90 PS); maximale Leistung (Boost) 70 kW (95 PS); 4 Zylinder, 3849 cm³ Hubraum, Abgasnorm Stufe V
Getriebe: 45 Vorwärts- und 45 Rückwärtsgänge (auf Wunsch 30/15, 45/45 bis 40 km/h), synchronisiert, 3 Lastschaltstufen
Zapfwelle: 540/540E/1000
Hubwerk: Kat. II, Hubkraft 2680 daN
Hydraulik: Pumpenleistung 68 l/min bei 200 bar
Gewichte & Maße: Zulässiges Gesamtgewicht 5000 kg, Leergewicht 2900 kg, Nutzlast 1700 kg, Bodenfreiheit 23 cm, Wendekreis 7,7 m
Bereifung: 240/70R16, 380/70R20
Preis: keine Angabe

Deutz-Fahr 5095 DF

Plantagen-Allradschlepper

Motor: SDF Turbomotor mit Ladeluftkühlung mit 61,8 kW (84 PS) nach ISO; maximale Leistung 66,4 kW (90 PS); maximale Leistung (Boost) 70 kW (95 PS); 4 Zylinder, 3849 cm³ Hubraum, Abgasnorm Stufe V
Getriebe: 45 Vorwärts- und 45 Rückwärtsgänge (auf Wunsch 30/15, 45/45 bis 40 km/h), synchronisiert, 3 Lastschaltstufen
Zapfwelle: 540/540E/1000
Hubwerk: Kat. II, Hubkraft 2880 daN
Hydraulik: Pumpenleistung 68 l/min bei 200 bar
Gewichte & Maße: Zulässiges Gesamtgewicht 5000 kg, Leergewicht 2650 kg, Nutzlast 2350 kg, Bodenfreiheit 24 cm, Wendekreis 7,4 m
Bereifung: 280/70R16, 380/70R24
Preis: keine Angabe

Deutz-Fahr 5090 DS TTV

Plantagen-Allradschlepper

Motor: SDF Turbomotor mit Ladeluftkühlung mit 63,5 kW (86 PS) nach ISO; maximale Leistung 67 kW (91 PS); 3 Zylinder, 2887 cm³ Hubraum, Abgasnorm Stufe V
Getriebe: stufenloses Getriebe bis 40 km/h
Zapfwelle: 540/540E/1000
Hubwerk: Kat. II, Hubkraft 2600 daN
Hydraulik: Pumpenleistung 100 + 42 l/min bei 200 bar

Gewichte & Maße: Zulässiges Gesamtgewicht 4 800 kg, Leergewicht 3 200 kg, Nutzlast 1 600 kg
Bereifung: 240/70R16, 360/70R24
Preis: keine Angabe

Deutz-Fahr 5090 DF TTV (4WS)

Plantagen-Allradschlepper

Motor: SDF Turbomotor mit Ladeluftkühlung mit 63,5 kW (86 PS) nach ISO; maximale Leistung 67 kW (91 PS); 3 Zylinder, 2 887 cm³ Hubraum, Abgasnorm Stufe V
Getriebe: stufenloses Getriebe bis 40 km/h
Zapfwelle: 540/540E/1 000
Hubwerk: Kat. II, Hubkraft 3 400 daN
Hydraulik: Pumpenleistung 115 + 42 l/min bei 200 bar
Gewichte & Maße: Zulässiges Gesamtgewicht 5 200 kg, Leergewicht 3 500 kg, Nutzlast 1 450 kg, Wendekreis 3 m
Bereifung: 280/70R16, 380/70R24
Preis: keine Angabe

Deutz-Fahr 5090 DF TTV

Plantagen-Allradschlepper

Motor: SDF Turbomotor mit Ladeluftkühlung mit 63,5 kW (86 PS) nach ISO; maximale Leistung 67 kW (91 PS); 3 Zylinder, 2 887 cm³ Hubraum, Abgasnorm Stufe V
Getriebe: stufenloses Getriebe bis 40 km/h
Zapfwelle: 540/540E/1 000
Hubwerk: Kat. II, Hubkraft 3 800 daN
Hydraulik: Pumpenleistung 100 + 42 l/min bei 200 bar
Gewichte & Maße: Zulässiges Gesamtgewicht 5 200 kg, Leergewicht 3 500 kg, Nutzlast 1 700 kg
Bereifung: 280/70R16, 380/70R24
Preis: keine Angabe

Deutz-Fahr 5090 DV TTV

Plantagen-Allradschlepper

Motor: SDF Turbomotor mit Ladeluftkühlung mit 63,5 kW (86 PS) nach ISO; maximale Leistung 67 kW (91 PS); 3 Zylinder, 2 887 cm³ Hubraum, Abgasnorm Stufe V
Getriebe: stufenloses Getriebe bis 40 km/h
Zapfwelle: 540/540E/1 000
Hubwerk: Kat. II, Hubkraft 2 600 daN
Hydraulik: Pumpenleistung 100 + 42 l/min bei 200 bar
Gewichte & Maße: Zulässiges Gesamtgewicht 4 800 kg, Leergewicht 3 200 kg, Nutzlast 1 600 kg
Bereifung: 240/70R16, 380/70R20
Preis: keine Angabe

Deutz-Fahr 5095 DS TTV

Plantagen-Allradschlepper

Motor: SDF Turbomotor mit Ladeluftkühlung mit 66,4 kW (90 PS) nach ISO; maximale Leistung 70 kW (95 PS); 4 Zylinder, 3 849 cm³ Hubraum, Abgasnorm Stufe V
Getriebe: stufenloses Getriebe bis 40 km/h
Zapfwelle: 540/540E/1 000
Hubwerk: Kat. II, Hubkraft 2 600 daN
Hydraulik: Pumpenleistung 100 + 42 l/min bei 200 bar

Gewichte & Maße: Zulässiges Gesamtgewicht 4 800 kg, Leergewicht 3 200 kg, Nutzlast 1 600 kg
Bereifung: 240/70R16, 360/70R24
Preis: keine Angabe

Deutz-Fahr 5095 DV TTV

Plantagen-Allradschlepper

Motor: SDF Turbomotor mit Ladeluftkühlung mit 66,4 kW (90 PS) nach ISO; maximale Leistung 70 kW (95 PS); 4 Zylinder, 3 849 cm^3 Hubraum, Abgasnorm Stufe V
Getriebe: stufenloses Getriebe bis 40 km/h
Zapfwelle: 540/540E/1 000
Hubwerk: Kat. II, Hubkraft 2 600 daN
Hydraulik: Pumpenleistung 100 + 42 l/min bei 200 bar
Gewichte & Maße: Zulässiges Gesamtgewicht 4 800 kg, Leergewicht 3 200 kg, Nutzlast 1 600 kg
Bereifung: 240/70R16, 380/70R20
Preis: keine Angabe

Deutz-Fahr 5095 DF TTV (4WS)

Plantagen-Allradschlepper

Motor: Turbomotor mit Ladeluftkühlung mit 66,4 kW (90 PS) nach ISO; maximale Leistung 70 kW (95 PS); 4 Zylinder, 3 849 cm^3 Hubraum, Abgasnorm Stufe V
Getriebe: stufenloses Getriebe bis 40 km/h
Zapfwelle: 540/540E/1 000
Hubwerk: Kat. II, Hubkraft 3 400 daN
Hydraulik: Pumpenleistung 115 + 42 l/min bei 200 bar
Gewichte & Maße: Zulässiges Gesamtgewicht 5 200 kg, Leergewicht 3 500 kg, Nutzlast 1 450 kg, Wendekreis 3,1 m
Bereifung: 280/70R16, 380/70R24
Preis: keine Angabe

Deutz-Fahr 5095 DF TTV

Plantagen-Allradschlepper

Motor: SDF Turbomotor mit Ladeluftkühlung mit 66,4 kW (90 PS) nach ISO; maximale Leistung 70 kW (95 PS); 4 Zylinder, 3 849 cm^3 Hubraum, Abgasnorm Stufe V
Getriebe: stufenloses Getriebe bis 40 km/h
Zapfwelle: 540/540E/1 000
Hubwerk: Kat. II, Hubkraft 3 800 daN
Hydraulik: Pumpenleistung 100 + 42 l/min bei 200 bar
Gewichte & Maße: Zulässiges Gesamtgewicht 5 200 kg, Leergewicht 3 500 kg, Nutzlast 1 700 kg
Bereifung: 280/70R16, 380/70R24
Preis: keine Angabe

Deutz-Fahr 5100 DV

Plantagen-Allradschlepper

Motor: SDF Turbomotor mit Ladeluftkühlung mit 67 kW (91 PS) nach ISO; maximale Leistung 71 kW (97 PS); maximale Leistung (Boost) 75 kW (102 PS); 3 Zylinder, 2 887 cm^3 Hubraum, Abgasnorm Stufe V
Getriebe: 45 Vorwärts- und 45 Rückwärtsgänge (auf Wunsch 30/15, 45/45 bis 40 km/h), synchronisiert, 3 Lastschaltstufen
Zapfwelle: 540/540E/1 000
Hubwerk: Kat. II, Hubkraft 2 680 daN
Hydraulik: Pumpenleistung 68 l/min bei 200 bar
Gewichte & Maße: Zulässiges Gesamtgewicht 5 000 kg, Leergewicht 2 800 kg, Nutzlast 1 800 kg, Bodenfreiheit 23 cm, Wendekreis 7,7 m
Bereifung: 240/70R16, 380/70R20
Preis: keine Angabe

Deutz-Fahr 5100 DF

Plantagen-Allradschlepper

Motor: SDF Turbomotor mit Ladeluftkühlung mit 67 kW (91 PS) nach ISO; maximale Leistung 71 kW (97 PS); maximale Leistung (Boost) 75 kW (102 PS); 3 Zylinder, 2 887 cm^3 Hubraum, Abgasnorm Stufe V
Getriebe: 45 Vorwärts- und 45 Rückwärtsgänge (auf Wunsch 30/15, 45/45 bis 40 km/h), synchronisiert, 3 Lastschaltstufen
Zapfwelle: 540/540E/1 000
Hubwerk: Kat. II, Hubkraft 2 880 daN
Hydraulik: Pumpenleistung 68 l/min bei 200 bar
Gewichte & Maße: Zulässiges Gesamtgewicht 5 000 kg, Leergewicht 2 500 kg, Nutzlast 2 500 kg, Bodenfreiheit 26 cm, Wendekreis 7,4 m
Bereifung: 280/70R18, 420/70R24
Preis: keine Angabe

Deutz-Fahr 5100 DS

Plantagen-Allradschlepper

Motor: SDF Turbomotor mit Ladeluftkühlung mit 67 kW (91 PS) nach ISO; maximale Leistung 71 kW (97 PS); maximale Leistung (Boost) 75 kW (102 PS); 3 Zylinder, 2 887 cm^3 Hubraum, Abgasnorm Stufe V
Getriebe: 45 Vorwärts- und 45 Rückwärtsgänge (auf Wunsch 30/15, 45/45 bis 40 km/h), synchronisiert, 3 Lastschaltstufen
Zapfwelle: 540/540E/1 000
Hubwerk: Kat. II, Hubkraft 2 680 daN
Hydraulik: Pumpenleistung 68 l/min bei 185 bar
Gewichte & Maße: Zulässiges Gesamtgewicht 5 000 kg, Leergewicht 2 800 kg, Nutzlast 1 800 kg, Bodenfreiheit 23 cm, Wendekreis 6,6 m
Bereifung: 240/70R16, 360/70R24
Preis: keine Angabe

Deutz-Fahr 5100 DF Plattform

Plantagen-Allradschlepper

Motor: SDF Turbomotor mit Ladeluftkühlung mit 67 kW (91 PS) nach ISO; maximale Leistung 71 kW (97 PS); maximale Leistung (Boost) 75 kW (102 PS); 3 Zylinder, 2 887 cm^3 Hubraum, Abgasnorm Stufe V
Getriebe: 45 Vorwärts- und 45 Rückwärtsgänge (auf Wunsch 30/15, 45/45 bis 40 km/h), synchronisiert, 3 Lastschaltstufen

Zapfwelle: 540/540E/1000
Hubwerk: Kat. II, Hubkraft 3940 daN
Hydraulik: Pumpenleistung 68 l/min bei 200 bar
Gewichte & Maße: Zulässiges Gesamtgewicht 5000 kg, Leergewicht 2650 kg, Nutzlast 2500 kg, Bodenfreiheit 24 cm, Wendekreis 7,4 m
Bereifung: 280/70R16, 380/70R24
Preis: keine Angabe

Deutz-Fahr 5105 DF Plattform

Plantagen-Allradschlepper

Motor: SDF Turbomotor mit Ladeluftkühlung mit 71,5 kW (97 PS) nach ISO; maximale Leistung 74 kW (101 PS); maximale Leistung (Boost) 78 kW (106 PS); 4 Zylinder, 3849 cm^3 Hubraum, Abgasnorm Stufe V
Getriebe: 45 Vorwärts- und 45 Rückwärtsgänge (auf Wunsch 30/15, 45/45 bis 40 km/h), synchronisiert, 3 Lastschaltstufen
Zapfwelle: 540/540E/1000
Hubwerk: Kat. II, Hubkraft 3940 daN
Hydraulik: Pumpenleistung 68 l/min bei 200 bar
Gewichte & Maße: Zulässiges Gesamtgewicht 5000 kg, Leergewicht 2650 kg, Nutzlast 2500 kg, Bodenfreiheit 24 cm, Wendekreis 7,4 m
Bereifung: 280/70R16, 380/70R24
Preis: keine Angabe

Deutz-Fahr 5105 DV

Plantagen-Allradschlepper

Motor: SDF Turbomotor mit Ladeluftkühlung mit 71,5 kW (97 PS) nach ISO; maximale Leistung 74 kW (101 PS); maximale Leistung (Boost) 78 kW (106 PS); 4 Zylinder, 3849 cm^3 Hubraum, Abgasnorm Stufe V
Getriebe: 45 Vorwärts- und 45 Rückwärtsgänge (auf Wunsch 30/15, 45/45 bis 40 km/h), synchronisiert, 3 Lastschaltstufen
Zapfwelle: 540/540E/1000
Hubwerk: Kat. II, Hubkraft 2680 daN
Hydraulik: Pumpenleistung 68 l/min bei 185 bar
Gewichte & Maße: Zulässiges Gesamtgewicht 5000 kg, Leergewicht 2900 kg, Nutzlast 1700 kg, Bodenfreiheit 23 cm, Wendekreis 7,7 m
Bereifung: 240/70R16, 380/70R20
Preis: keine Angabe

Deutz-Fahr 5105 DS

Plantagen-Allradschlepper

Motor: SDF Turbomotor mit Ladeluftkühlung mit 71,5 kW (97 PS) nach ISO; maximale Leistung 74 kW (101 PS); maximale Leistung (Boost) 78 kW (106 PS); 4 Zylinder, 3849 cm^3 Hubraum, Abgasnorm Stufe V
Getriebe: 45 Vorwärts- und 45 Rückwärtsgänge (auf Wunsch 30/15, 45/45 bis 40 km/h), synchronisiert, 3 Lastschaltstufen
Zapfwelle: 540/540E/1000
Hubwerk: Kat. II, Hubkraft 2680 daN
Hydraulik: Pumpenleistung 68 l/min bei 185 bar
Gewichte & Maße: Zulässiges Gesamtgewicht 5000 kg, Leergewicht 2900 kg, Nutzlast 1700 kg, Bodenfreiheit 27 cm, Wendekreis 6,6 m
Bereifung: 280/70R16, 420/70R24
Preis: keine Angabe

Deutz-Fahr 5105 DF

Plantagen-Allradschlepper

Motor: SDF Turbomotor mit Ladeluftkühlung mit 71,5 kW (97 PS) nach ISO; maximale Leistung 74 kW (101 PS); maximale Leistung (Boost) 78 kW

(106 PS); 4 Zylinder, 3 849 cm^3 Hubraum, Abgasnorm Stufe V
Getriebe: 45 Vorwärts- und 45 Rückwärtsgänge (auf Wunsch 30/15, 45/45 bis 40 km/h), synchronisiert, 3 Lastschaltstufen
Zapfwelle: 540/540E/1 000
Hubwerk: Kat. II, Hubkraft 2 880 daN
Hydraulik: Pumpenleistung 68 l/min bei 200 bar
Gewichte & Maße: Zulässiges Gesamtgewicht 5 000 kg, Leergewicht 2 650 kg, Nutzlast 2 350 kg, Bodenfreiheit 26 cm, Wendekreis 7,4 m
Bereifung: 280/70R18, 420/70R24
Preis: keine Angabe

Deutz-Fahr 5105 KM

Plantagen-Allradschlepper

Motor: SDF Turbomotor mit Ladeluftkühlung mit 74 kW (101 PS) nach ISO; maximale Leistung 78 kW (106 PS); 4 Zylinder, 3 849 cm^3 Hubraum, Abgasnorm Stufe V
Getriebe: 16 Vorwärts- und 16 Rückwärtsgänge (auf Wunsch 12/12, 16/16 bis 12 km/h), synchronisiert
Zapfwelle: 540/540E
Hubwerk: Kat. II, Hubkraft 3 170 daN
Hydraulik: Pumpenleistung 50 l/min
Bereifung: 450 mm, 450 mm
Preis: keine Angabe

Deutz-Fahr 5105 DV TTV

Plantagen-Allradschlepper

Motor: SDF Turbomotor mit Ladeluftkühlung mit 74 kW (101 PS) nach ISO; maximale Leistung 78 kW (106 PS); 4 Zylinder, 3 849 cm^3 Hubraum, Abgasnorm Stufe V
Getriebe: stufenloses Getriebe bis 40 km/h
Zapfwelle: 540/540E/1 000
Hubwerk: Kat. II, Hubkraft 2 600 daN
Hydraulik: Pumpenleistung 100 + 42 l/min bei 200 bar
Gewichte & Maße: Zulässiges Gesamtgewicht 4 800 kg, Leergewicht 3 200 kg, Nutzlast 1 600 kg
Bereifung: 240/70R16, 380/70R20
Preis: keine Angabe

Deutz-Fahr 5105 DS TTV

Plantagen-Allradschlepper

Motor: SDF Turbomotor mit Ladeluftkühlung mit 74 kW (101 PS) nach ISO; maximale Leistung 78 kW (106 PS); 4 Zylinder, 3 849 cm^3 Hubraum, Abgasnorm Stufe V
Getriebe: stufenloses Getriebe bis 40 km/h
Zapfwelle: 540/540E/1 000
Hubwerk: Kat. II, Hubkraft 2 600 daN
Hydraulik: Pumpenleistung 100 + 42 l/min bei 200 bar
Gewichte & Maße: Zulässiges Gesamtgewicht 4 800 kg, Leergewicht 3 200 kg, Nutzlast 1 600 kg
Bereifung: 240/70R16, 360/70R24
Preis: keine Angabe

Deutz-Fahr 5105 DF TTV (4WS)

Plantagen-Allradschlepper

Motor: SDF Turbomotor mit Ladeluftkühlung mit 74 kW (101 PS) nach ISO; maximale Leistung 78 kW (106 PS); 4 Zylinder, 3 849 cm^3 Hubraum, Abgasnorm Stufe V
Getriebe: stufenloses Getriebe bis 40 km/h
Zapfwelle: 540/540E/1 000
Hubwerk: Kat. II, Hubkraft 3 400 daN
Hydraulik: Pumpenleistung 115 + 42 l/min bei 200 bar
Gewichte & Maße: Zulässiges Gesamtgewicht 5 200 kg, Leergewicht 3 500 kg, Nutzlast 1 450 kg, Wendekreis 3,1 m
Bereifung: 280/70R16, 380/70R24
Preis: keine Angabe

Deutz-Fahr 5105 DF TTV

Plantagen-Allradschlepper

Motor: SDF Turbomotor mit Ladeluftkühlung mit 74 kW (101 PS) nach ISO; maximale Leistung 78 kW (106 PS); 4 Zylinder, 3 849 cm^3 Hubraum, Abgasnorm Stufe V
Getriebe: stufenloses Getriebe bis 40 km/h
Zapfwelle: 540/540E/1 000
Hubwerk: Kat. II, Hubkraft 3 800 daN
Hydraulik: Pumpenleistung 100 + 42 l/min bei 200 bar
Gewichte & Maße: Zulässiges Gesamtgewicht 5 200 kg, Leergewicht 3 500 kg, Nutzlast 1 700 kg
Bereifung: 280/70R16, 380/70R24
Preis: keine Angabe

Deutz-Fahr 5100 DF TTV (4WS)

Plantagen-Allradschlepper

Motor: SDF Turbomotor mit Ladeluftkühlung mit 75 kW (102 PS) nach ISO; maximale Leistung 71,1 kW (97 PS); 3 Zylinder, 2 887 cm^3 Hubraum, Abgasnorm Stufe V
Getriebe: stufenloses Getriebe bis 40 km/h
Zapfwelle: 540/540E/1 000
Hubwerk: Kat. II, Hubkraft 3 400 daN
Hydraulik: Pumpenleistung 115 + 42 l/min bei 200 bar
Gewichte & Maße: Zulässiges Gesamtgewicht 5 200 kg, Leergewicht 3 500 kg, Nutzlast 1 450 kg, Wendekreis 3 m
Bereifung: 280/70R16, 380/70R24
Preis: keine Angabe

Deutz-Fahr 5100 DF TTV

Plantagen-Allradschlepper

Motor: SDF Turbomotor mit Ladeluftkühlung mit 75 kW (102 PS) nach ISO; maximale Leistung 71,1 kW (97 PS); 3 Zylinder, 2 887 cm^3 Hubraum, Abgasnorm Stufe V
Getriebe: stufenl. Getriebe bis 40 km/h

Zapfwelle: 540/540E/1 000
Hubwerk: Kat. II, Hubkraft 3 800 daN
Hydraulik: Pumpenleistung 100 + 42 l/min bei 200 bar
Gewichte & Maße: Zulässiges Gesamtgewicht 5 200 kg, Leergewicht 3 500 kg, Nutzlast 1 700 kg
Bereifung: 280/70R16, 380/70R24
Preis: keine Angabe

Deutz-Fahr 5100 DV TTV

Plantagen-Allradschlepper

Motor: SDF Turbomotor mit Ladeluftkühlung mit 75 kW (102 PS) nach ISO; maximale Leistung 71,1 kW (97 PS); 3 Zylinder, 2 887 cm³ Hubraum, Abgasnorm Stufe V
Getriebe: stufenloses Getriebe bis 40 km/h
Zapfwelle: 540/540E/1 000
Hubwerk: Kat. II, Hubkraft 2 600 daN
Hydraulik: Pumpenleistung 100 + 42 l/min bei 200 bar
Gewichte & Maße: Zulässiges Gesamtgewicht 4 800 kg, Leergewicht 3 200 kg, Nutzlast 1 600 kg
Bereifung: 240/70R16, 380/70R20
Preis: keine Angabe

Deutz-Fahr 5100 DS TTV

Plantagen-Allradschlepper

Motor: SDF Turbomotor mit Ladeluftkühlung mit 75 kW (102 PS) nach ISO; maximale Leistung 71,1 kW (97 PS); 3 Zylinder, 2 887 cm³ Hubraum, Abgasnorm Stufe V
Getriebe: stufenloses Getriebe bis 40 km/h
Zapfwelle: 540/540E/1 000
Hubwerk: Kat. II, Hubkraft 2 600 daN
Hydraulik: Pumpenleistung 100 + 42 l/min bei 200 bar
Gewichte & Maße: Zulässiges Gesamtgewicht 4 800 kg, Leergewicht 3 200 kg, Nutzlast 1 600 kg
Bereifung: 240/70R16, 360/70R24
Preis: keine Angabe

Deutz-Fahr 5115 DF Pro

Plantagen-Allradschlepper

Motor: SDF Turbomotor mit Ladeluftkühlung mit 79 kW (107 PS) nach ISO; maximale Leistung 80,6 kW (110 PS); maximale Leistung (Boost) 85 kW (116 PS); 4 Zylinder, 3 849 cm³ Hubraum, Abgasnorm Stufe V
Getriebe: 45 Vorwärts- und 45 Rückwärtsgänge (auf Wunsch 30/15, 45/45 bis 40 km/h), synchronisiert, 3 Lastschaltstufen
Zapfwelle: 540/540E/1 000
Hubwerk: Kat. II, Hubkraft 3 940 daN

Hydraulik: Pumpenleistung 88 l/min bei 200 bar
Gewichte & Maße: Zulässiges Gesamtgewicht 5 200 kg, Leergewicht 3 290 kg, Nutzlast 2 500 kg, Bodenfreiheit 24 cm
Bereifung: 280/70R16, 360/70R24
Preis: keine Angabe

Deutz-Fahr 5115 DF

Plantagen-Allradschlepper

Motor: SDF Turbomotor mit Ladeluftkühlung mit 79 kW (107 PS) nach ISO; maximale Leistung 80,6 kW (110 PS); maximale Leistung (Boost) 85 kW (116 PS); 4 Zylinder, 3 849 cm³ Hubraum, Abgasnorm Stufe V
Getriebe: 45 Vorwärts- und 45 Rückwärtsgänge (auf Wunsch 30/15, 45/45 bis 40 km/h), synchronisiert, 3 Lastschaltstufen
Zapfwelle: 540/540E/1 000
Hubwerk: Kat. II, Hubkraft 2 680 daN
Hydraulik: Pumpenleistung 68 l/min bei 200 bar
Gewichte & Maße: Zulässiges Gesamtgewicht 5 000 kg, Leergewicht 2 650 kg, Nutzlast 2 500 kg, Bodenfreiheit 24 cm, Wendekreis 7,4 m
Bereifung: 280/70R16, 380/70R24
Preis: keine Angabe

Deutz-Fahr 5115 DV

Plantagen-Allradschlepper

Motor: SDF Turbomotor mit Ladeluftkühlung mit 79 kW (107 PS) nach ISO; maximale Leistung 80,6 kW (110 PS); maximale Leistung (Boost) 85 kW (116 PS); 4 Zylinder, 3 849 cm³ Hubraum, Abgasnorm Stufe V
Getriebe: 45 Vorwärts- und 45 Rückwärtsgänge (a. W. 30/15, 45/45 bis 40 km/h), synchr., 3 Lastschaltstufen
Zapfwelle: 540/540E/1 000
Hubwerk: Kat. II, Hubkraft 2 680 daN
Hydraulik: Pumpenleistung 68 l/min bei 185 bar
Gewichte & Maße: Zulässiges

Gesamtgewicht 5 000 kg, Leergewicht 2 900 kg, Nutzlast 1 700 kg, Bodenfreiheit 23 cm, Wendekreis 7,7 m
Bereifung: 240/70R16, 380/70R20
Preis: keine Angabe

Deutz-Fahr 5115 DF Plattform

Plantagen-Allradschlepper

Motor: SDF Turbomotor mit Ladeluftkühlung mit 79 kW (107 PS) nach ISO; maximale Leistung 80,6 kW (110 PS); maximale Leistung (Boost) 85 kW (116 PS); 4 Zylinder, 3 849 cm^3 Hubraum, Abgasnorm Stufe V
Getriebe: 45 Vorwärts- und 45 Rückwärtsgänge (auf Wunsch 30/15, 45/45 bis 40 km/h), synchronisiert, 3 Lastschaltstufen
Zapfwelle: 540/540E/1 000
Hubwerk: Kat. II, Hubkraft 3 940 daN
Hydraulik: Pumpenleistung 68 l/min bei 200 bar
Gewichte & Maße: Zulässiges Gesamtgewicht 5 000 kg, Leergewicht 2 650 kg, Nutzlast 2 500 kg, Bodenfreiheit 24 cm, Wendekreis 7,4 m
Bereifung: 280/70R16, 380/70R24
Preis: keine Angabe

Deutz-Fahr 5115 DV Pro

Plantagen-Allradschlepper

Motor: SDF Turbomotor mit Ladeluftkühlung mit 79 kW (107 PS) nach ISO; maximale Leistung 80,6 kW (110 PS); maximale Leistung (Boost) 85 kW (116 PS); 4 Zylinder, 3 849 cm^3 Hubraum, Abgasnorm Stufe V
Getriebe: 45 Vorwärts- und 45 Rückwärtsgänge (auf Wunsch 30/15, 45/45 bis 40 km/h), synchronisiert, 3 Lastschaltstufen
Zapfwelle: 540/540E/1 000
Hubwerk: Kat. II, Hubkraft 2 600 daN
Hydraulik: Pumpenleistung 88 l/min bei 200 bar
Gewichte & Maße: Zulässiges Gesamtgewicht 5 000 kg, Leergewicht 3 235 kg, Bodenfreiheit 23 cm, Wendekreis 7,7 m
Bereifung: 240/70R16, 380/70R20
Preis: keine Angabe

Deutz-Fahr 5115 DS Pro

Plantagen-Allradschlepper

Motor: SDF Turbomotor mit Ladeluftkühlung mit 79 kW (107 PS) nach ISO; maximale Leistung 80,6 kW (110 PS); maximale Leistung (Boost) 85 kW (116 PS); 4 Zylinder, 3 849 cm^3 Hubraum, Abgasnorm Stufe V
Getriebe: 45 Vorwärts- und 45 Rückwärtsgänge (auf Wunsch 30/15, 45/45 bis 40 km/h), synchronisiert, 3 Lastschaltstufen
Zapfwelle: 540/540E/1 000
Hubwerk: Kat. II, Hubkraft 2 600 daN
Hydraulik: Pumpenleistung 88 l/min bei 200 bar
Gewichte & Maße: Zulässiges Gesamtgewicht 5 000 kg, Leergewicht 3 320 kg, Wendekreis 6,6 m
Bereifung: 240/70R16, 360/70R24
Preis: keine Angabe

Deutz-Fahr 5115 DS

Plantagen-Allradschlepper

Motor: SDF Turbomotor mit Ladeluftkühlung mit 79 kW (107 PS) nach ISO; maximale Leistung 80,6 kW (110 PS); maximale Leistung (Boost) 85 kW (116 PS); 4 Zylinder, 3 849 cm^3 Hubraum, Abgasnorm Stufe V
Getriebe: 45 Vorwärts- und 45 Rückwärtsgänge (auf Wunsch 30/15, 45/45 bis 40 km/h), synchronisiert, 3 Lastschaltstufen
Zapfwelle: 540/540E/1 000
Hubwerk: Kat. II, Hubkraft 2 680 daN
Hydraulik: Pumpenleistung 68 l/min bei 185 bar
Gewichte & Maße: Zulässiges Gesamtgewicht 5 000 kg, Leergewicht 2 900 kg, Nutzlast 1 700 kg, Bodenfreiheit 27 cm, Wendekreis 6,6 m
Bereifung: 280/70R16, 420/70R24
Preis: keine Angabe

Deutz-Fahr 5105 DS Pro

Plantagen-Allradschlepper

Motor: SDF Turbomotor mit Ladeluftkühlung mit 79 kW (107 PS) nach ISO; maximale Leistung 80,6 kW (110 PS); maximale Leistung (Boost) 85 kW (116 PS); 4 Zylinder, 3 849 cm^3 Hubraum, Abgasnorm Stufe V
Getriebe: 45 Vorwärts- und 45 Rückwärtsgänge (auf Wunsch 30/15, 45/45 bis 40 km/h), synchronisiert, 3 Lastschaltstufen
Zapfwelle: 540/540E/1 000
Hubwerk: Kat. II, Hubkraft 2 600 daN
Hydraulik: Pumpenleistung 88 l/min bei 200 bar
Gewichte & Maße: Zulässiges Gesamtgewicht 5 000 kg, Leergewicht 3 320 kg, Wendekreis 6,6 m
Bereifung: 240/70R16, 360/70R24
Preis: keine Angabe

Deutz-Fahr 5095 DV Pro

Plantagen-Allradschlepper

Motor: SDF Turbomotor mit Ladeluftkühlung mit 79 kW (107 PS) nach ISO; maximale Leistung 80,6 kW (110 PS);

maximale Leistung (Boost) 85 kW (116 PS); 4 Zylinder, 3849 cm^3 Hubraum, Abgasnorm Stufe V
Getriebe: 45 Vorwärts- und 45 Rückwärtsgänge (auf Wunsch 30/15, 45/45 bis 40 km/h), synchronisiert, 3 Lastschaltstufen
Zapfwelle: 540/540E/1000
Hubwerk: Kat. II, Hubkraft 2680 daN
Hydraulik: Pumpenleistung 88 l/min bei 200 bar
Gewichte & Maße: Zulässiges Gesamtgewicht 5000 kg, Leergewicht 3235 kg, Bodenfreiheit 23 cm, Wendekreis 7,7 m
Bereifung: 240/70R16, 380/70R20
Preis: keine Angabe

Deutz-Fahr 5105 DF Pro
Plantagen-Allradschlepper

Motor: SDF Turbomotor mit Ladeluftkühlung mit 79 kW (107 PS) nach ISO; maximale Leistung 80,6 kW (110 PS); maximale Leistung (Boost) 85 kW (116 PS); 4 Zylinder, 3849 cm^3 Hubraum, Abgasnorm Stufe V
Getriebe: 45 Vorwärts- und 45 Rückwärtsgänge (auf Wunsch 30/15, 45/45 bis 40 km/h), synchronisiert, 3 Lastschaltstufen
Zapfwelle: 540/540E/1000
Hubwerk: Kat. II, Hubkraft 3940 daN
Hydraulik: Pumpenleistung 88 l/min bei 200 bar
Gewichte & Maße: Zulässiges Gesamtgewicht 5200 kg, Leergewicht 3290 kg, Nutzlast 2500 kg, Bodenfreiheit 24 cm
Bereifung: 280/70R16, 360/70R24
Preis: keine Angabe

Deutz-Fahr 5095 DS Pro
Plantagen-Allradschlepper

Motor: SDF Turbomotor mit Ladeluftkühlung mit 79 kW (107 PS) nach ISO; maximale Leistung 80,6 kW (110 PS); maximale Leistung (Boost) 85 kW (116 PS); 4 Zylinder, 3849 cm^3 Hubraum, Abgasnorm Stufe V
Getriebe: 45 Vorwärts- und 45 Rückwärtsgänge (auf Wunsch 30/15, 45/45 bis 40 km/h), synchronisiert, 3 Lastschaltstufen
Zapfwelle: 540/540E/1000
Hubwerk: Kat. II, Hubkraft 2680 daN
Hydraulik: Pumpenleistung 88 l/min bei 200 bar
Gewichte & Maße: Zulässiges Gesamtgewicht 5000 kg, Leergewicht 3320 kg, Wendekreis 6,6 m
Bereifung: 240/70R16, 360/70R24
Preis: keine Angabe

Deutz-Fahr 5095 DF Pro
Plantagen-Allradschlepper

Motor: SDF Turbomotor mit Ladeluftkühlung mit 79 kW (107 PS) nach ISO; maximale Leistung 80,6 kW (110 PS); maximale Leistung (Boost) 85 kW (116 PS); 4 Zylinder, 3849 cm^3 Hubraum, Abgasnorm Stufe V
Getriebe: 45 Vorwärts- und 45 Rückwärtsgänge (auf Wunsch 30/15, 45/45 bis 40 km/h), synchronisiert, 3 Lastschaltstufen
Zapfwelle: 540/540E/1000
Hubwerk: Kat. II, Hubkraft 3940 daN
Hydraulik: Pumpenleistung 88 l/min bei 200 bar
Gewichte & Maße: Zulässiges Gesamtgewicht 5200 kg, Leergewicht 3290 kg, Nutzlast 2500 kg, Bodenfreiheit 24 cm
Bereifung: 280/70R16, 360/70R24
Preis: keine Angabe

Deutz-Fahr 5105 DV Pro
Plantagen-Allradschlepper

Motor: SDF Turbomotor mit Ladeluftkühlung mit 79 kW (107 PS) nach ISO; maximale Leistung 80,6 kW (110 PS); maximale Leistung (Boost) 85 kW (116 PS); 4 Zylinder, 3849 cm^3 Hubraum, Abgasnorm Stufe V
Getriebe: 45 Vorwärts- und 45 Rückwärtsgänge (auf Wunsch 30/15, 45/45 bis 40 km/h), synchronisiert, 3 Lastschaltstufen
Zapfwelle: 540/540E/1000
Hubwerk: Kat. II, Hubkraft 2600 daN
Hydraulik: Pumpenleistung 88 l/min bei 200 bar
Gewichte & Maße: Zulässiges Gesamtgewicht 5000 kg, Leergewicht 3235 kg, Bodenfreiheit 23 cm, Wendekreis 7,7 m
Bereifung: 240/70R16, 380/70R20
Preis: keine Angabe

Deutz-Fahr 5115 DV TTV
Plantagen-Allradschlepper

Motor: SDF Turbomotor mit Ladeluftkühlung mit 80,6 kW (110 PS) nach ISO; maximale Leistung 85 kW (116 PS); 4 Zylinder, 3849 cm^3 Hubraum, Abgasnorm Stufe V
Getriebe: stufenloses Getriebe bis 40 km/h
Zapfwelle: 540/540E/1000
Hubwerk: Kat. II, Hubkraft 2600 daN
Hydraulik: Pumpenleistung 100 + 42 l/min bei 200 bar
Gewichte & Maße: Zulässiges Gesamtgewicht 4800 kg, Leergewicht 3200 kg, Nutzlast 1600 kg
Bereifung: 240/70R16, 380/70R20
Preis: keine Angabe

Deutz-Fahr 5115 KM

Plantagen-Allradschlepper

Motor: SDF Turbomotor mit Ladeluftkühlung mit 80,6 kW (110 PS) nach ISO; maximale Leistung 85 kW (116 PS); 4 Zylinder, 3 849 cm³ Hubraum, Abgasnorm Stufe V
Getriebe: 16 Vorwärts- und 16 Rückwärtsgänge (auf Wunsch 12/12, 16/16 bis 12 km/h), synchronisiert
Zapfwelle: 540/540E
Hubwerk: Kat. II, Hubkraft 3 170 daN
Hydraulik: Pumpenleistung 50 l/min
Bereifung: 450 mm, 450 mm
Preis: keine Angabe

Deutz-Fahr 5115 K

Plantagen-Allradschlepper

Motor: SDF Turbomotor mit Ladeluftkühlung mit 80,6 kW (110 PS) nach ISO; maximale Leistung 85 kW (116 PS); 4 Zylinder, 3 849 cm³ Hubraum, Abgasnorm Stufe V
Getriebe: T5351, 16 Vorwärts- und 16 Rückwärtsgänge (a. W. 12/12, 16/16 bis 12 km/h), synchronisiert
Zapfwelle: 540/540E
Hubwerk: Kat. II, Hubkraft 3 170 daN
Hydraulik: Pumpenleistung 50 l/min
Bereifung: 450 mm, 450 mm
Preis: keine Angabe

Deutz-Fahr 5075 KF

Plantagen-Allradschlepper

Motor: SDF Turbomotor mit Ladeluftkühlung mit 80,6 kW (110 PS) nach ISO; max. Leistung 85 kW (116 PS); 4 Zyl., 3 849 cm³ Hubr., Abgasnorm Stufe V
Getriebe: 16 Vorwärts- und 16 Rückwärtsgänge (auf Wunsch 12/12, 16/16), synchronisiert
Zapfwelle: 540/540 E; 540/ 1 000
Hubwerk: Kat. II, Hubkraft 3 170 daN
Hydraulik: Pumpenleistung 50 l/min bei 180 bar
Gewichte & Maße: Leergewicht 5 350 kg
Bereifung: Ketten
Preis: keine Angabe

Deutz-Fahr 5115 DF TTV

Plantagen-Allradschlepper

Motor: SDF Turbomotor mit Ladeluftkühlung mit 80,6 kW (110 PS) nach ISO; maximale Leistung 85 kW (116 PS); 4 Zylinder, 3 849 cm³ Hubraum, Abgasnorm Stufe V
Getriebe: stufenloses Getriebe bis 40 km/h
Zapfwelle: 540/540E/1 000
Hubwerk: Kat. II, Hubkraft 3 800 daN
Hydraulik: Pumpenleistung 100 + 42 l/min bei 200 bar
Gewichte & Maße: Zulässiges Gesamtgewicht 5 200 kg, Leergewicht 3 500 kg, Nutzlast 1 700 kg
Bereifung: 280/70R16, 380/70R24
Preis: keine Angabe

Deutz-Fahr 5115 DF TTV (4WS)

Plantagen-Allradschlepper

Motor: SDF Turbomotor mit Ladeluftkühlung mit 80,6 kW (110 PS) nach ISO; maximale Leistung 85 kW (116 PS); 4 Zylinder, 3 849 cm³ Hubraum, Abgasnorm Stufe V
Getriebe: stufenloses Getriebe bis 40 km/h
Zapfwelle: 540/540E/1 000
Hubwerk: Kat. II, Hubkraft 3 400 daN
Hydraulik: Pumpenleistung 115 + 42 l/min bei 200 bar
Gewichte & Maße: Zul. Gesamtgewicht 5 200 kg, Leergewicht 3 500 kg, Nutzlast 1 450 kg, Wendekreis 3,1 m
Bereifung: 280/70R16, 380/70R24
Preis: keine Angabe

Deutz-Fahr 5115 DS TTV

Plantagen-Allradschlepper

Motor: SDF Turbomotor mit Ladeluftkühlung mit 80,6 kW (110 PS) nach ISO; maximale Leistung 85 kW (116 PS); 4 Zylinder, 3 849 cm³ Hubraum, Abgasnorm Stufe V
Getriebe: stufenloses Getriebe bis 40 km/h
Zapfwelle: 540/540E/1 000
Hubwerk: Kat. II, Hubkraft 2 600 daN
Hydraulik: Pumpenleistung 100 + 42 l/min bei 200 bar
Gewichte & Maße: Zulässiges Gesamtgewicht 4 800 kg, Leergewicht 3 200 kg, Nutzlast 1 600 kg
Bereifung: 240/70R16, 360/70R24
Preis: keine Angabe

Fendt

Die Anschrift des Herstellers:
Agco GmbH, Johann-Georg-Fendt-Straße 4, 87616 Marktoberdorf
Telefon: 0 83 42/7 70, www.fendt.com

Fendt e107 Vario

Plantagen-Allradschlepper

Motor: E-Motor mit 50 kW bis 2 100 min^{-1}; maximale Leistung 55 kW; maximale Leistung (Boost) 66 kW
Getriebe: ML 70, stufenloses Getriebe bis 40 km/h
Zapfwelle: 540/540E/1 000
Hubwerk: Kat. I/II, Hubkraft 4 204 daN
Hydraulik: Pumpenleistung 42 + 71 l/min bei 200 bar
Gewichte & Maße: Zulässiges Gesamtgewicht 7 500 kg, Bodenfreiheit 47 cm
Bereifung: 320/70R24, 480/70R30
Preis: keine Angabe

Fendt e107 V Vario

Plantagen-Allradschlepper

Motor: E-Motor mit 50 kW bis 2 100 min^{-1}; maximale Leistung 55 kW; maximale Leistung (Boost) 66 kW
Getriebe: ML 70, stufenloses Getriebe bis 40 km/h
Zapfwelle: 540/540E/1 000
Hubwerk: Kat. I/II, Hubkraft 2 775 daN
Hydraulik: Pumpenleistung 48 + 71 l/min bei 200 bar
Gewichte & Maße: Zulässiges Gesamtgewicht 4 800 kg, Bodenfreiheit 27 cm
Bereifung: 280/70R16, 380/70R24
Preis: keine Angabe

Fendt 207 V Vario Gen3

Plantagen-Allradschlepper

Motor: Agco Power Turbomotor mit Ladeluftkühlung mit 53 kW (72 PS) nach ISO bei 2 100 min^{-1}; maximale Leistung 58 kW (79 PS); 3 Zylinder, 3 300 cm^3 Hubraum, Abgasnorm Stufe V
Getriebe: ML 70, stufenloses Getriebe bis 40 km/h
Zapfwelle: 540/540E/1 000
Hubwerk: Kat. I/II, Hubkraft 2 775 daN
Hydraulik: Pumpenleistung 33 + 42 l/min bei 200 bar
Gewichte & Maße: Zulässiges Gesamtgewicht 4 800 kg, Leergewicht

3 060 kg, Nutzlast 1 740 kg, Bodenfreiheit 27 cm
Bereifung: 7.5LR15, 280/85R24
Preis: 117 462 Euro (ohne MwSt.)

Fendt 207 F Vario Gen3

Plantagen-Allradschlepper

Motor: Agco Power Turbomotor mit Ladeluftkühlung mit 53 kW (72 PS) nach ISO bei 2 100 min^{-1}; maximale Leistung 58 kW (79 PS); 3 Zylinder, 3 300 cm^3 Hubraum, Abgasnorm Stufe V
Getriebe: ML 70, stufenloses Getriebe bis 40 km/h
Zapfwelle: 540/540E/1 000
Hubwerk: Kat. I/II, Hubkraft 2 417 daN
Hydraulik: Pumpenleistung 33 + 42 l/min bei 200 bar
Gewichte & Maße: Zulässiges Gesamtgewicht 4 800 kg, Leergewicht 3 140 kg, Nutzlast 1 660 kg, Bodenfreiheit 32 cm
Bereifung: 280/70R20, 340/85R28
Preis: 121 830 Euro (ohne MwSt.)

Fendt 208 V Vario Gen3

Plantagen-Allradschlepper

Motor: Agco Power Turbomotor mit Ladeluftkühlung mit 60 kW (82 PS) nach ISO bei 2 100 min^{-1}; max. Leistung 62 kW (84 PS); 3 Zylinder, 3 300 cm^3 Hubraum, Abgasnorm Stufe V
Getriebe: ML 70, stufenloses Getriebe bis 40 km/h
Zapfwelle: 540/540E/1 000
Hubwerk: Kat. I/II, Hubkraft 2 775 daN
Hydraulik: Pumpenleistung 33 + 42 l/min bei 200 bar
Gewichte & Maße: Zulässiges Gesamtgewicht 4 800 kg, Leergewicht 3 080 kg, Nutzlast 1 720 kg, Bodenfreiheit 27 cm
Bereifung: 280/70R16, 320/85R24
Preis: 121 079 Euro (ohne MwSt.)

Fendt 208 F Vario Gen3

Plantagen-Allradschlepper

Motor: Agco Power Turbomotor mit Ladeluftkühlung mit 60 kW (82 PS) nach ISO bei 2 100 min^{-1}; max. Leistung 62 kW (84 PS); 3 Zylinder, 3 300 cm^3 Hubraum, Abgasnorm Stufe V
Getriebe: ML 70, stufenloses Getriebe bis 40 km/h
Zapfwelle: 540/540E/1 000
Hubwerk: Kat. I/II, Hubkraft 2 417 daN
Hydraulik: Pumpenleistung 33 + 42 l/min bei 200 bar
Gewichte & Maße: Zulässiges Gesamtgewicht 4 800 kg, Leergewicht 140 kg, Nutzlast 1 660 kg, Bodenfreiheit 32 cm

Bereifung: 280/70R20, 340/85R28
Preis: 124 491 Euro (ohne MwSt.)

Fendt 209 V Vario Gen3

Plantagen-Allradschlepper

Motor: Agco Power Turbomotor mit Ladeluftkühlung mit 67 kW (91 PS) nach ISO bei 2 100 min^{-1}; max. Leistung 69 kW (94 PS); 3 Zylinder, 3 300 cm^3 Hubraum, Abgasnorm Stufe V
Getriebe: ML 70, stufenloses Getriebe bis 40 km/h
Zapfwelle: 540/540E/1 000
Hubwerk: Kat. I/II, Hubkraft 2 775 daN
Hydraulik: Pumpenleistung 33 + 42 l/min bei 200 bar
Gewichte & Maße: Zulässiges Gesamtgewicht 4 800 kg, Leergewicht 3 080 kg, Nutzlast 1 720 kg, Bodenfreiheit 27 cm
Bereifung: 280/70R16, 320/85R24
Preis: 124 229 Euro (ohne MwSt.)

Fendt 209 P Vario Gen3

Plantagen-Allradschlepper

Motor: Agco Power Turbomotor mit Ladeluftkühlung mit 67 kW (91 PS) nach ISO bei 2 100 min^{-1}; maximale Leistung 69 kW (94 PS); 3 Zylinder, 3 300 cm^3 Hubraum, Abgasnorm Stufe V
Getriebe: ML 70, stufenloses Getriebe bis 40 km/h
Zapfwelle: 540/540E/1 000
Hubwerk: Kat. I/II, Hubkraft 3 134 daN
Hydraulik: Pumpenleistung 33 + 42 l/min bei 200 bar
Gewichte & Maße: Zulässiges Gesamtgewicht 5 600 kg, Leergewicht 3 360 kg, Nutzlast 2 240 kg, Bodenfreiheit 32 cm
Bereifung: 280/70R20, 380/85R28
Preis: 132 735 Euro (ohne MwSt.)

Hubwerk: Kat. I/II, Hubkraft 2 775 daN
Hydraulik: Pumpenleistung 33 + 42 l/min bei 200 bar
Gewichte & Maße: Zulässiges Gesamtgewicht 4 800 kg, Leergewicht 3 080 kg, Nutzlast 1 720 kg, Bodenfreiheit 27 cm
Bereifung: 280/70R16, 320/85R24
Preis: 127 670 Euro (ohne MwSt.)

Fendt 210 P Vario Gen3

Plantagen-Allradschlepper

Motor: Agco Power Turbomotor mit Ladeluftkühlung mit 73 kW (99 PS) nach ISO bei 2 100 min^{-1}; maximale Leistung 77 kW (105 PS); 3 Zylinder, 3 300 cm^3 Hubraum, Abgasnorm Stufe V
Getriebe: ML 70, stufenloses Getriebe bis 40 km/h
Zapfwelle: 540/540E/1 000
Hubwerk: Kat. I/II, Hubkraft 3 134 daN
Hydraulik: Pumpenleistung 33 + 42 l/min bei 200 bar
Gewichte & Maße: Zulässiges Gesamtgewicht 5 600 kg, Leergewicht 3 360 kg, Nutzlast 2 240 kg, Bodenfreiheit 32 cm
Bereifung: 280/70R20, 380/85R28
Preis: 136 023 Euro (ohne MwSt.)

Fendt 209 F Vario Gen3

Plantagen-Allradschlepper

Motor: Agco Power Turbomotor mit Ladeluftkühlung mit 67 kW (91 PS) nach ISO bei 2 100 min^{-1}; max. Leistung 69 kW (94 PS); 3 Zylinder, 3 300 cm^3 Hubraum, Abgasnorm Stufe V
Getriebe: ML 70, stufenloses Getriebe bis 40 km/h
Zapfwelle: 540/540E/1 000
Hubwerk: Kat. I/II, Hubkraft 2 417 daN
Hydraulik: Pumpenleistung 33 + 42 l/min bei 200 bar
Gewichte & Maße: Zulässiges Gesamtgewicht 4 800 kg, Leergewicht 3 140 kg, Nutzlast 1 660 kg, Bodenfreiheit 32 cm
Bereifung: 280/70R20, 340/85R28
Preis: 127 642 Euro (ohne MwSt.)

Fendt 210 V Vario Gen3

Plantagen-Allradschlepper

Motor: Agco Power Turbomotor mit Ladeluftkühlung mit 73 kW (99 PS) nach ISO bei 2 100 min^{-1}; maximale Leistung 77 kW (105 PS); 3 Zylinder, 3 300 cm^3 Hubraum, Abgasnorm Stufe V
Getriebe: ML 70, stufenloses Getriebe bis 40 km/h
Zapfwelle: 540/540E/1 000

Zapfwelle: 540/540E/1 000
Hubwerk: Kat. I/II, Hubkraft 2 775 daN
Hydraulik: Pumpenleistung 33 + 42 l/min bei 200 bar
Gewichte & Maße: Zulässiges Gesamtgewicht 4 800 kg, Leergewicht 3 090 kg, Nutzlast 1 710 kg, Bodenfreiheit 27 cm
Bereifung: 280/70R16, 360/70R24
Preis: 133 439 Euro (ohne Mehrwertsteuer)

Fendt 211 P Vario Gen3

Plantagen-Allradschlepper

Motor: Agco Power Turbomotor mit Ladeluftkühlung mit 77 kW (105 PS) nach ISO bei 2 100 min^{-1}; maximale Leistung 84 kW (114 PS); maximale Leistung (Boost) 91 kW (124 PS); 3 Zylinder, 3 300 cm^3 Hubraum, Abgasnorm Stufe V
Getriebe: ML 70, stufenloses Getriebe bis 40 km/h
Zapfwelle: 540/540E/1 000
Hubwerk: Kat. I/II, Hubkraft 3 134 daN
Hydraulik: Pumpenleistung 33 + 42 l/min bei 200 bar
Gewichte & Maße: Zulässiges Gesamtgewicht 5 600 kg, Leergewicht 3 380 kg, Nutzlast 2 220 kg, Bodenfreiheit 32 cm
Bereifung: 280/70R20, 420/70R28
Preis: 141 554 Euro (ohne Mehrwertsteuer)

Fendt 211 F Vario Gen3

Plantagen-Allradschlepper

Motor: Agco Power Turbomotor mit Ladeluftkühlung mit 77 kW (105 PS) nach ISO bei 2 100 min^{-1}; maximale Leistung 84 kW (114 PS); maximale Leistung (Boost) 91 kW (124 PS); 3 Zylinder, 3 300 cm^3 Hubraum, Abgasnorm Stufe V
Getriebe: ML 70, stufenloses Getriebe bis 40 km/h
Zapfwelle: 540/540E/1 000
Hubwerk: Kat. I/II, Hubkraft 2 417 daN
Hydraulik: Pumpenleistung 33 + 42 l/min bei 200 bar
Gewichte & Maße: Zulässiges Gesamtgewicht 4 800 kg, Leergewicht 3 140 kg, Nutzlast 1 660 kg, Bodenfreiheit 32 cm
Bereifung: 280/70R20, 340/85R28
Preis: 136 875 Euro (ohne Mehrwertsteuer)

Fendt 210 F Vario Gen3

Plantagen-Allradschlepper

Motor: Agco Power Turbomotor mit Ladeluftkühlung mit 73 kW (99 PS) nach ISO bei 2 100 min^{-1}; max. Leistung 77 kW (105 PS); 3 Zylinder, 3 300 cm^3 Hubraum, Abgasnorm Stufe V
Getriebe: ML 70, stufenloses Getriebe bis 40 km/h
Zapfwelle: 540/540E/1 000
Hubwerk: Kat. I/II, Hubkraft 2 417 daN
Hydraulik: Pumpenleistung 33 + 42 l/min bei 200 bar
Gewichte & Maße: Zulässiges Gesamtgewicht 4 800 kg, Leergewicht 3 140 kg, Nutzlast 1 660 kg, Bodenfreiheit 32 cm
Bereifung: 280/70R20, 340/85R28
Preis: 131 084 Euro (ohne MwSt.)

Fendt 211 V Vario Gen3

Plantagen-Allradschlepper

Motor: Agco Power Turbomotor mit Ladeluftkühlung mit 77 kW (105 PS) nach ISO bei 2 100 min^{-1}; maximale Leistung 84 kW (114 PS); maximale Leistung (Boost) 91 kW (124 PS); 3 Zylinder, 3 300 cm^3 Hubraum, Abgasnorm Stufe V
Getriebe: ML 70, stufenloses Getriebe bis 40 km/h

Iseki

Die Anschrift des Herstellers:
Iseki Maschinen GmbH, Rudolf-Diesel-Straße 4, 40670 Meerbusch
Telefon: 02159/52050, www.iseki.de

Iseki SXG 216

Kompaktschlepper

Motor: Iseki Saugmotor mit 11 kW (15 PS) nach ISO; 2 Zyl., 688 cm^3 Hubr.
Getriebe: Hydrostat, stufenloses Getriebe bis 11 km/h
Gewichte & Maße: Zulässiges Gesamtgewicht 800 kg, Wendekreis 2,2 m
Bereifung: 16x6.50-8, 20x8.00-10
Preis: 11278 Euro (ohne MwSt.)

Iseki TM 3187AL

Kompakt-Allradschlepper

Motor: Yanmar Saugmotor mit 11,5 kW (16 PS) nach ISO; 3 Zylinder, 854 cm^3 Hubraum, Abgasnorm Stufe V
Getriebe: Schaltgetriebe, 3 Vorwärts- und 1 Rückwärtsgänge (auf Wunsch N bis 21 km/h)
Zapfwelle: 540
Hubwerk: Kat. I, Hubkraft 540 daN
Hydraulik: Pumpenleistung 13,5 l/min bei 150 bar
Gewichte & Maße: Zulässiges Gesamtgewicht 1550 kg, Bodenfreiheit 28 cm, Wendekreis 2,3 m
Bereifung: 5.00-12, 9.50-16
Preis: 9940 Euro (ohne Mehrwertsteuer)

Iseki TM 3217 AL

Kompakt-Allradschlepper

Motor: Iseki Saugmotor mit 14,5 kW (20 PS) nach ISO; 3 Zylinder, 1123 cm^3 Hubraum, Abgasnorm Stufe V
Getriebe: Schaltgetriebe, 4 Vorwärts- und 4 Rückwärtsgänge (auf Wunsch N bis 23 km/h)
Zapfwelle: 540
Hubwerk: Kat. I, Hubkraft 600 daN
Hydraulik: Pumpenleistung 20 l/min bei 150 bar
Gewichte & Maße: Zulässiges Gesamtgewicht 2250 kg, Leergewicht 1050 kg, Bodenfreiheit 28 cm, Wendekreis 2,4 m

Bereifung: 9.50-16, 6.00-12
Preis: 10 395 Euro (ohne MwSt.)

Iseki SXG 324
Kompaktschlepper

Motor: Iseki Saugmotor mit 14,6 kW (20 PS) nach ISO; 3 Zylinder, 1 123 cm³ Hubraum, Abgasnorm Stufe V
Getriebe: Hydrostat, stufenloses Getriebe bis 16,6 km/h
Gewichte & Maße: Zulässiges Gesamtgewicht 1 280 kg, Wendekreis 2,3 m
Bereifung: 16x6.50-8, 23x10.50-12
Preis: 18 721 Euro (ohne MwSt.)

Iseki TM 4230 AHL
Kompakt-Allradschlepper

Motor: Iseki Saugmotor mit 15,5 kW (21 PS) nach ISO; 3 Zylinder, 1 123 cm³ Hubraum, Abgasnorm Stufe V
Getriebe: Hydrostat, stufenloses Getriebe bis 24 km/h
Zapfwelle: 540
Hubwerk: Kat. I, Hubkraft 900 daN
Hydraulik: Pumpenleistung 20 l/min bei 150 bar
Gewichte & Maße: Zul. Gesamtgewicht 2 250 kg, Leergewicht 1 085 kg, Bodenfreiheit 28 cm, Wendekreis 2,4 m
Bereifung: 23x10.50-12, 315/75D15
Preis: 31 415 Euro (ohne MwSt.)

Iseki SXG 327
Kompaktschlepper

Motor: Iseki Saugmotor mit 16,3 kW (22 PS) nach ISO; 3 Zylinder, 1 123 cm³ Hubraum, Abgasnorm Stufe V
Getriebe: Hydrostat, stufenloses Getriebe bis 19 km/h
Gewichte & Maße: Zulässiges Gesamtgewicht 1 280 kg, Wendekreis 2,4 m
Bereifung: 18x8.50-8, 26x10.50-12
Preis: 21 607 Euro (ohne MwSt.)

Iseki SF 225
Kompakt-Allradschlepper

Motor: Iseki Saugmotor mit 16,3 kW (22 PS) nach ISO; 3 Zylinder, 1 123 cm³ Hubraum, Abgasnorm Stufe V
Getriebe: Hydrostat, stufenloses Getriebe bis 15 km/h
Gewichte & Maße: Zulässiges Gesamtgewicht 1 700 kg, Wendekreis 1,1 m
Bereifung: 23x10.50-12, 18x8.50-8
Preis: 28 600 Euro (ohne MwSt.)

Iseki TXGS24
Kompakt-Allradschlepper

Motor: Iseki Saugmotor mit 16,8 kW (23 PS) nach ISO; 3 Zylinder, 1 123 cm³

Hubraum, Abgasnorm Stufe V
Getriebe: Hydrostat, stufenloses Getriebe bis 15 km/h
Zapfwelle: 540
Hubwerk: Kat. I, Hubkraft 540 daN
Hydraulik: Pumpenleistung 23,1 l/min bei 150 bar
Gewichte & Maße: Zulässiges Gesamtgewicht 1 420 kg, Leergewicht 925 kg, Bodenfreiheit 20 cm, Wendekreis 2,4 m
Bereifung: 18x8.50-10, 26x12.00-12
Preis: 24 090 Euro (ohne MwSt.)

Iseki TM 4270 AHL
Kompakt-Allradschlepper

Motor: Iseki Saugmotor mit 18,9 kW (26 PS) nach ISO; 3 Zylinder, 1 498 cm³ Hubraum, Abgasnorm Stufe V
Getriebe: Hydrostat, stufenloses Getriebe bis 24 km/h
Zapfwelle: 540
Hubwerk: Kat. I, Hubkraft 900 daN
Hydraulik: Pumpenleistung 20,8 l/min bei 150 bar
Gewichte & Maße: Zulässiges Gesamtgewicht 2 250 kg, Leergewicht 1 085 kg, Bodenfreiheit 28 cm, Wendekreis 2,4 m
Bereifung: 23x10.50-12, 315/75D15
Preis: 34 276 Euro (ohne MwSt.)

Iseki TM 3267 ECO
Kompakt-Allradschlepper

Motor: Iseki Saugmotor mit 18,9 kW (26 PS) nach ISO; 3 Zylinder, 1 498 cm³ Hubraum, Abgasnorm Stufe V

Getriebe: Schaltgetriebe, 4 Vorwärts- und 4 Rückwärtsgänge (auf Wunsch N bis 25 km/h)
Zapfwelle: 540
Hubwerk: Kat. I, Hubkraft 600 daN
Hydraulik: Pumpenleistung 20,8 l/min bei 150 bar
Gewichte & Maße: Zulässiges Gesamtgewicht 2 250 kg, Leergewicht 1 050 kg, Bodenfreiheit 28 cm, Wendekreis 2,4 m
Bereifung: 9.50-16, 6.00-12
Preis: 11 589 Euro (ohne MwSt.)

Iseki TH 5370 AHL

Kompakt-Allradschlepper

Motor: Iseki Turbomotor mit 25,7 kW (35 PS) nach ISO; 3 Zylinder, 1 826 cm^3 Hubraum, Abgasnorm Stufe V
Getriebe: Hydrostat, stufenloses Getriebe bis 36 km/h
Zapfwelle: 540/540E/750
Hubwerk: Kat. I, Hubkraft 1 200 daN
Hydraulik: Pumpenleistung 29,2 l/min bei 150 bar
Gewichte & Maße: Zulässiges Gesamtgewicht 3 000 kg, Leergewicht 1 530 kg, Bodenfreiheit 28 cm
Bereifung: 25x8.50-14, 13.6-16
Preis: 42 959 Euro (ohne MwSt.)

Iseki SF 237

Kompakt-Allradschlepper

Motor: Iseki Turbomotor mit 25,7 kW (35 PS) nach ISO; 3 Zylinder, 1 826 cm^3 Hubraum, Abgasnorm Stufe V
Getriebe: Hydrostat, stufenloses Getriebe bis 15 km/h
Gewichte & Maße: Zulässiges Gesamtgewicht 1 700 kg, Wendekreis 1,1 m
Bereifung: 24x10.50-12, 19x8.50 - 8
Preis: 40 341 Euro (ohne MwSt.)

Iseki TLE 3410 AL

Kompakt-Allradschlepper

Motor: Iseki Turbomotor mit 29,4 kW (40 PS) nach ISO; 3 Zylinder, 1 498 cm^3 Hubraum, Abgasnorm Stufe V
Getriebe: Schaltgetriebe, 4 Vorwärts- und 4 Rückwärtsgänge (auf Wunsch N bis 26 km/h)
Zapfwelle: 540
Hubwerk: Kat. I, Hubkraft 1 000 daN
Hydraulik: Pumpenleistung 28,3 l/min bei 150 bar
Gewichte & Maße: Zulässiges Gesamtgewicht 2 600 kg, Bodenfreiheit 25 cm, Wendekreis 3,2 m
Bereifung: 240/70R16, 11.2-24
Preis: 20 054 Euro (ohne MwSt.)

Iseki TG 6407 AGLK

Kompakt-Allradschlepper

Motor: Iseki Turbomotor mit 29,4 kW (40 PS) nach ISO; 3 Zylinder, 1 826 cm^3 Hubraum, Abgasnorm Stufe V
Getriebe: Schaltgetriebe, 8 Vorwärts- und 8 Rückwärtsgänge (auf Wunsch N bis 33 km/h)
Zapfwelle: 540/750/1 000
Hubwerk: Kat. I, Hubkraft 1 400 daN
Hydraulik: Pumpenleistung 28,8 l/min bei 150 bar
Gewichte & Maße: Zulässiges Gesamtgewicht 3 200 kg, Leergewicht 1 665 kg, Bodenfreiheit 33 cm, Wendekreis 3 m
Bereifung: 260/70R16, 380/70R24
Preis: 46 199 Euro (ohne MwSt.)

Iseki TLE 3410 AHL

Kompakt-Allradschlepper

Motor: Iseki Turbomotor mit 29,4 kW (40 PS) nach ISO; 3 Zylinder, 1 826 cm^3 Hubraum, Abgasnorm Stufe V
Getriebe: Hydrostat, stufenloses

Getriebe bis 27 km/h
Zapfwelle: 540
Hubwerk: Kat. I, Hubkraft 1 000 daN
Hydraulik: Pumpenleistung 28,3 l/min bei 150 bar
Gewichte & Maße: Zulässiges Gesamtgewicht 2 600 kg, Bodenfreiheit 25 cm, Wendekreis 3,2 m
Bereifung: 240/70R16, 11.2-24
Preis: 20 989 Euro (ohne Mehrwertsteuer)

Iseki TH 5420 AHL

Kompakt-Allradschlepper

Motor: Iseki Turbomotor mit 29,4 kW (40 PS) nach ISO; 3 Zylinder, 1 826 cm³ Hubraum, Abgasnorm Stufe V
Getriebe: Hydrostat, stufenloses Getriebe bis 36 km/h
Zapfwelle: 540/540E/750
Hubwerk: Kat. I, Hubkraft 1 200 daN
Hydraulik: Pumpenleistung 29,2 l/min bei 150 bar
Gewichte & Maße: Zulässiges Gesamtgewicht 3 000 kg, Leergewicht 1 530 kg, Bodenfreiheit 28 cm
Bereifung: 25x8.50-14, 13.6-16
Preis: 46 397 Euro (ohne Mehrwertsteuer)

Iseki SF 544

Kompakt-Allradschlepper

Motor: Iseki Turbomotor mit 31 kW (42 PS) nach ISO; 3 Zylinder, 1 826 cm³ Hubraum, Abgasnorm Stufe V
Getriebe: Vollhyr. Antrieb, stufenloses Getriebe bis 22 km/h
Gewichte & Maße: Zulässiges Gesamtgewicht 2 500 kg, Bodenfreiheit 15 cm, Wendekreis 1,7 m
Bereifung: 24x12.00-12, 20x10.00-10
Preis: 43 612 Euro (ohne MwSt.)

Iseki TH 5420 AHL

Kompakt-Allradschlepper

Motor: Iseki Turbomotor mit 33 kW (45 PS) nach ISO; 3 Zylinder, 1 826 cm³ Hubraum, Abgasnorm Stufe V
Getriebe: Hydrostat, stufenloses Getriebe bis 36 km/h

Zapfwelle: 540/540E/750
Hubwerk: Kat. I, Hubkraft 1200 daN
Hydraulik: Pumpenleistung 29,2 l/min bei 150 bar
Gewichte & Maße: Zulässiges Gesamtgewicht 3000 kg, Leergewicht 1530 kg, Bodenfreiheit 28 cm
Bereifung: 25x8.50-14, 13.6-16
Preis: 50919 Euro (ohne MwSt.)

Iseki SF 551

Kompakt-Allradschlepper

Motor: Iseki Turbomotor mit 36 kW (49 PS) nach ISO; 4 Zylinder, 2197 cm^3 Hubraum, Abgasnorm Stufe V
Getriebe: Vollhyr. Antrieb, stufenloses Getriebe bis 22 km/h
Gewichte & Maße: Zulässiges Gesamtgewicht 2500 kg, Bodenfreiheit 15 cm, Wendekreis 1,7 m
Bereifung: 24x12.00-12, 20x10.00-10
Preis: 48813 Euro (ohne MwSt.)

Iseki TG 6507 AGLK

Kompakt-Allradschlepper

Motor: Iseki Turbomotor mit 36 kW (49 PS) nach ISO; 4 Zylinder, 2434 cm^3 Hubraum, Abgasnorm Stufe V
Getriebe: Schaltgetr., 8 Vorwärts- und 8 Rückwärtsgänge (a. W. N bis 33 km/h)

Zapfwelle: 540/750/1 000
Hubwerk: Kat. I, Hubkraft 1 580 daN
Hydraulik: Pumpenleistung 47,8 l/min bei 150 bar
Gewichte & Maße: Zul. Gesamtgewicht 4 000 kg, Leergewicht 2 050 kg, Bodenfreiheit 30 cm, Wendekreis 3 m
Bereifung: 280/70R16, 420/70R24
Preis: 50 999 Euro (ohne MwSt.)

Iseki TG 6507 AHLK

Kompakt-Allradschlepper

Motor: Iseki Turbomotor mit 36 kW (49 PS) nach ISO; 4 Zylinder, 2 434 cm^3 Hubraum, Abgasnorm Stufe V
Getriebe: Hydrostat, stufenloses Getriebe bis 33 km/h
Zapfwelle: 540/750
Hubwerk: Kat. I, Hubkraft 1 580 daN
Hydraulik: Pumpenleistung 47,8 l/min bei 150 bar
Gewichte & Maße: Zul. Gesamtgewicht 4 000 kg, Leergewicht 2 050 kg, Bodenfreiheit 30 cm, Wendekreis 3 m
Bereifung: 280/70R16, 420/70R24
Preis: 53 265 Euro (ohne MwSt.)

Iseki TLE 4550 AL

Kompakt-Allradschlepper

Motor: Iseki Turbomotor mit 40 kW (54 PS) nach ISO; 4 Zylinder, 2 434 cm^3 Hubraum, Abgasnorm Stufe V
Getriebe: Schaltgetriebe, 4 Vorwärts- und 4 Rückwärtsgänge (auf Wunsch N bis 25 km/h)
Zapfwelle: 540
Hubwerk: Kat. I, Hubkraft 1 200 daN
Hydraulik: Pumpenleistung 34,4 l/min bei 150 bar
Gewichte & Maße: Zulässiges Gesamtgewicht 4 000 kg, Bodenfreiheit 32 cm, Wendekreis 3,1 m
Bereifung: 280/70R16, 380/70R24
Preis: 25 071 Euro (ohne MwSt.)

Iseki TG 6687 AHLK

Kompakt-Allradschlepper

Motor: Iseki Turbomotor mit 49 kW (67 PS) nach ISO; 4 Zylinder, 2 434 cm^3 Hubraum, Abgasnorm Stufe V
Getriebe: Hydrostat, stufenloses Getriebe bis 30 km/h
Zapfwelle: 540/750
Hubwerk: Kat. I, Hubkraft 1 580 daN
Hydraulik: Pumpenleistung 50,1 l/min bei 150 bar
Gewichte & Maße: Zulässiges Gesamtgewicht 4 000 kg, Leergewicht 2 164 kg, Bodenfreiheit 30 cm, Wendekreis 3,5 m
Bereifung: 280/70R16, 420/70R24
Preis: 59 183 Euro (ohne MwSt.)

John Deere

Die Anschrift des Herstellers:
John Deere Walldorf GmbH, 69190 Walldorf
Telefon: 0 62 27/78 73 200, www.deere.de

John Deere 3025E

Kompakt-Allradschlepper

Motor: Yanmar Saugmotor mit 18,2 kW (25 PS) nach ISO; 3 Zylinder, 1 642 cm^3 Hubraum, Abgasnorm Stufe V
Getriebe: stufenloses Getriebe bis 23 km/h
Zapfwelle: 540
Hubwerk: Kat. I, Hubkraft 946 daN
Hydraulik: Pumpenleistung 35,2 l/min bei 172 bar
Gewichte & Maße: Zulässiges Gesamtgewicht 2 000 kg, Leergewicht 1 053 kg, Bodenfreiheit 36 cm, Wendekreis 5,7 m
Bereifung: 25×8.5, 16-17.5
Preis: keine Angabe

John Deere 2026R

Kompakt-Allradschlepper

Motor: Yanmar Saugmotor mit 18,5 kW (25 PS) nach ISO; 3 Zylinder, 1 115 cm^3 Hubraum, Abgasnorm Stufe V
Getriebe: stufenloses Getriebe bis 20 km/h
Zapfwelle: 540
Hubwerk: Kat. I, Hubkraft 574 daN
Hydraulik: Pumpenleistung 26,8 l/min bei 137 bar
Gewichte & Maße: Zulässiges Gesamtgewicht 1 712 kg, Leergewicht 760 kg, Bodenfreiheit 28 cm, Wendekreis 5 m
Bereifung: 210/56R12, 345/60R15
Preis: keine Angabe

John Deere 1026R

Kompakt-Allradschlepper

Motor: Yanmar Saugmotor mit 18,5 kW (25 PS) nach ISO; 3 Zylinder, 1 115 cm^3 Hubraum, Abgasnorm Stufe V
Getriebe: stufenloses Getriebe bis 14,6 km/h
Zapfwelle: 540
Hubwerk: Kat. I, Hubkraft 534 daN
Hydraulik: Pumpenleistung 26,4 l/min bei 138 bar

Gewichte & Maße: Zulässiges Gesamtgewicht 1 327 kg, Leergewicht 700 kg, Bodenfreiheit 22 cm, Wendekreis 4,6 m
Bereifung: 18x8.50-10, 26x12-12
Preis: keine Angabe

John Deere 2032R
Kompakt-Allradschlepper

Motor: Yanmar Saugmotor mit 22,9 kW (31 PS) nach ISO; 3 Zylinder, 1 642 cm^3 Hubraum, Abgasnorm Stufe V
Getriebe: stufenloses Getriebe bis 22 km/h
Zapfwelle: 540
Hubwerk: Kat. I, Hubkraft 946 daN
Hydraulik: Pumpenleistung 35,2 l/min
Gewichte & Maße: Zulässiges Gesamtgewicht 2 400 kg, Leergewicht 1 100 kg, Bodenfreiheit 30 cm, Wendekreis 4,9 m
Bereifung: 23×8.5, 14-17.5
Preis: keine Angabe

John Deere 3038E
Kompakt-Allradschlepper

Motor: Yanmar Turbomotor mit 27,4 kW (37 PS) nach ISO; 3 Zylinder, 1 568 cm^3 Hubraum, Abgasnorm Stufe V
Getriebe: stufenloses Getriebe bis 23 km/h
Zapfwelle: 540
Hubwerk: Kat. I, Hubkraft 946 daN
Hydraulik: Pumpenleistung 35,2 l/min bei 172 bar
Gewichte & Maße: Zulässiges Gesamtgewicht 2 000 kg, Leergewicht 1 053 kg, Bodenfreiheit 36 cm, Wendekreis 5,7 m
Bereifung: 27x8.5-15, 41x14-20
Preis: keine Angabe

John Deere 2038R
Kompakt-Allradschlepper

Motor: Yanmar Turbomotor mit 27,4 kW (37 PS) nach ISO; 3 Zylinder, 1 568 cm^3 Hubraum, Abgasnorm Stufe V
Getriebe: stufenloses Getriebe bis 22 km/h
Zapfwelle: 540
Hubwerk: Kat. I, Hubkraft 946 daN
Hydraulik: Pumpenleistung 35,2 l/min bei 172 bar
Gewichte & Maße: Zulässiges Gesamtgewicht 2 400 kg, Leergewicht 1 100 kg, Bodenfreiheit 30 cm, Wendekreis 4,9 m
Bereifung: 24×8.5, 15-17.5
Preis: keine Angabe

John Deere 3039R
Kompakt-Allradschlepper

Motor: Yanmar Turbomotor mit 28,5 kW (39 PS) nach ISO; 3 Zylinder, 1 568 cm^3 Hubraum, Abgasnorm Stufe V
Getriebe: stufenl. Getriebe bis 30 km/h
Zapfwelle: 540
Hubwerk: Kat. I, Hubkraft 1 148 daN
Hydraulik: Pumpenleistung 57,8 l/min bei 172 bar
Gewichte & Maße: Zulässiges Gesamtgewicht 3 180 kg, Leergewicht 3 180 kg, Bodenfreiheit 30 cm, Wendekreis 5,4 m
Bereifung: 27x8.50-16, 41x14-21
Preis: keine Angabe

John Deere 3046R
Kompakt-Allradschlepper

Motor: Yanmar Turbomotor mit Ladeluftkühlung mit 33,3 kW (45 PS) nach ISO; 3 Zylinder, 1 568 cm^3 Hubraum, Abgasnorm Stufe V
Getriebe: stufenloses Getriebe bis 30 km/h
Zapfwelle: 540
Hubwerk: Kat. I, Hubkraft 1 148 daN
Hydraulik: Pumpenleistung 57,8 l/min bei 172 bar
Gewichte & Maße: Zulässiges Gesamtgewicht 3 180 kg, Leergewicht 3 180 kg, Bodenfreiheit 30 cm, Wendekreis 5,4 m
Bereifung: 27x8.50-17, 41x14-22
Preis: keine Angabe

John Deere 4052R
Kompakt-Allradschlepper

Motor: Yanmar Turbomotor mit 37,9 kW (52 PS) nach ISO; 4 Zylinder, 2 091 cm^3 Hubraum, Abgasnorm Stufe V
Getriebe: stufenl. Getriebe bis 30 km/h

Zapfwelle: 540
Hubwerk: Kat. I, Hubkraft 1420 daN
Hydraulik: Pumpenleistung 65,7 l/min bei 172 bar
Gewichte & Maße: Zulässiges Gesamtgewicht 4000 kg, Leergewicht 2120 kg, Nutzlast 1880 kg, Bodenfreiheit 35 cm, Wendekreis 4,9 m
Bereifung: 27x10.50-14, 44x18.00-19
Preis: keine Angabe

John Deere 4052M
Kompakt-Allradschlepper

Motor: Yanmar Turbomotor mit 37,9 kW (52 PS) nach ISO; 4 Zylinder, 2091 cm³ Hubraum, Abgasnorm Stufe V
Getriebe: stufenloses Getriebe bis 30 km/h
Zapfwelle: 540
Hubwerk: Kat. I, Hubkraft 1420 daN
Hydraulik: Pumpenleistung 65,7 l/min bei 172 bar
Gewichte & Maße: Zulässiges Gesamtgewicht 4000 kg, Leergewicht 1710 kg, Nutzlast 2290 kg, Bodenfreiheit 35 cm, Wendekreis 4,9 m
Bereifung: 27x10.50-13, 44x18.00-18
Preis: keine Angabe

John Deere 4066R
Kompakt-Allradschlepper

Motor: Yanmar Turbomotor mit Ladeluftkühlung mit 48,5 kW (66 PS) nach ISO; 4 Zylinder, 2091 cm³ Hubraum, Abgasnorm Stufe V
Getriebe: stufenloses Getriebe bis 30 km/h
Zapfwelle: 540/540E
Hubwerk: Kat. I, Hubkraft 1420 daN
Hydraulik: Pumpenleistung 65,7 l/min bei 172 bar
Gewichte & Maße: Zulässiges Gesamtgewicht 4000 kg, Leergewicht 2120 kg, Nutzlast 1880 kg, Bodenfreiheit 35 cm, Wendekreis 4,9 m
Bereifung: 27x10.50-15, 44x18.00-20
Preis: keine Angabe

John Deere 4066M
Kompakt-Allradschlepper

Motor: Yanmar Turbomotor mit Ladeluftkühlung mit 48,5 kW (66 PS) nach ISO; 4 Zylinder, 2091 cm³ Hubraum, Abgasnorm Stufe V
Getriebe: stufenloses Getriebe bis 30 km/h
Zapfwelle: 540/540E
Hubwerk: Kat. I, Hubkraft 1420 daN
Hydraulik: Pumpenleistung 65,7 l/min bei 172 bar
Gewichte & Maße: Zulässiges Gesamtgewicht 4000 kg, Leergewicht 1710 kg, Nutzlast 2290 kg, Bodenfreiheit 35 cm, Wendekreis 4,9 m
Bereifung: 27x10.50-15, 44x18.00-20
Preis: keine Angabe

John Deere 5075GV
Plantagen-Allradschlepper

Motor: FPT Turbomotor mit Ladeluftkühlung mit 54 kW (73 PS) nach ISO; maximale Leistung 55 kW (75 PS); 4 Zylinder, 3400 cm³ Hubraum, Abgasnorm Euro 3B
Getriebe: SyncReverser, 12 Vorwärts- und 12 Rückwärtsgänge (a.W. 12/12, 24/24 SyncReverser, 4/12 PowrRev. bis 30 km/h), synchronisiert, 6 Gänge im Hauptarbeitsbereich, 2 Lastschaltstufen
Zapfwelle: 540/540E
Hubwerk: Kat. I, Hubkraft 2540 daN
Hydraulik: Pumpenleistung 93,6 l/min bei 195 bar
Gewichte & Maße: Zulässiges Gesamtgewicht 4100 kg, Leergewicht 2525 kg, Nutzlast 1575 kg, Bodenfreiheit 27 cm, Wendekreis 6,9 m
Bereifung: 7.50R16, 340/85R28
Preis: keine Angabe

John Deere 5075GN
Plantagen-Allradschlepper

Motor: FPT Turbomotor mit Ladeluftkühlung mit 54 kW (73 PS) nach ISO; maximale Leistung 55 kW (75 PS); 4 Zylinder, 3400 cm³ Hubraum, Abgasnorm Euro 3B
Getriebe: SyncReverser, 12 Vorwärts- und 12 Rückwärtsgänge (a. W. 12/12, 24/24 SyncReverser, 24/12 PowrRev. bis 30 km/h), synchronisiert, 6 Gänge im Hauptarbeitsbereich, 2 LS-Stufen
Zapfwelle: 540/540E
Hubwerk: Kat. II/I, Hubkraft 3040 daN
Hydraulik: Pumpenleistung 93,6 l/min bei 195 bar
Gewichte & Maße: Zulässiges Gesamtgewicht 4400 kg, Leergewicht 2715 kg, Nutzlast 1685 kg, Bodenfreiheit 29 cm, Wendekreis 6,9 m
Bereifung: 8.25R16, 340/85R28
Preis: keine Angabe

John Deere 5075GL
Plantagen-Allradschlepper

Motor: FPT Turbomotor mit Ladeluftkühlung mit 54 kW (73 PS) nach ISO; maximale Leistung 55 kW (75 PS); 4 Zylinder, 3400 cm³ Hubraum, Abgasnorm Euro 3B
Getriebe: SyncReverser, 24 Vorwärts- und 12 Rückwärtsgänge (auf Wunsch 24/24 SyncReverser, 24/12 PowrRev. bis 40 km/h), synchronisiert, 7 Gänge im Hauptarbeitsbereich, 2 Lastschaltstufen
Zapfwelle: 540/540E
Hubwerk: Kat. II/I, Hubkraft 2590 daN
Hydraulik: Pumpenleistung 93,6 l/min bei 195 bar
Gewichte & Maße: Zulässiges Gesamtgewicht 4200 kg, Leergewicht 2830 kg, Nutzlast 1370 kg, Bodenfreiheit 22 cm, Wendekreis 7,5 m
Bereifung: 260/70R16, 380/70R20
Preis: keine Angabe

John Deere 5090GN
Plantagen-Allradschlepper

Motor: FPT Turbomotor mit Ladeluftkühlung mit 67,1 kW (91 PS) nach ISO; maximale Leistung 67,9 kW (92 PS); maximale Leistung (Boost) 74,6 kW (101 PS); 4 Zylinder, 3400 cm³ Hubraum, Abgasnorm Euro 3B

Getriebe: SyncReverser, 12 Vorwärts- und 12 Rückwärtsgänge (auf Wunsch 12/12, 24/24 SyncReverser, 24/12 PowrRev. bis 30 km/h), synchronisiert, 6 Gänge im Hauptarbeitsbereich, 2 Lastschaltstufen
Zapfwelle: 540/540E
Hubwerk: Kat. II/I, Hubkraft 3 040 daN
Hydraulik: Pumpenleistung 93,6 l/min bei 195 bar
Gewichte & Maße: Zulässiges Gesamtgewicht 4 400 kg, Leergewicht 2 715 kg, Nutzlast 1 685 kg, Bodenfreiheit 29 cm, Wendekreis 6,9 m
Bereifung: 8.25R16, 340/85R28
Preis: keine Angabe

John Deere 5090GV

Plantagen-Allradschlepper

Motor: FPT Turbomotor mit Ladeluftkühlung mit 67,1 kW (91 PS) nach ISO; maximale Leistung 67,9 kW (92 PS); maximale Leistung (Boost) 74,6 kW (101 PS); 4 Zylinder, 3 400 cm^3 Hubraum, Abgasnorm Euro 3B
Getriebe: SyncReverser, 12 Vorwärts- und 12 Rückwärtsgänge (auf Wunsch 12/12, 24/24 SyncReverser, 24/12 PowrRev. bis 30 km/h), synchronisiert, 6 Gänge im Hauptarbeitsbereich, 2 Lastschaltstufen
Zapfwelle: 540/540E
Hubwerk: Kat. I, Hubkraft 2 540 daN
Hydraulik: Pumpenleistung 93,6 l/min bei 195 bar
Gewichte & Maße: Zulässiges Gesamtgewicht 4 100 kg, Leergewicht 2 525 kg, Nutzlast 1 575 kg, Bodenfreiheit 27 cm, Wendekreis 6,9 m
Bereifung: 280/70R18, 340/85R28
Preis: keine Angabe

John Deere 5090GF

Plantagen-Allradschlepper

Motor: FPT Turbomotor mit Ladeluftkühlung mit 67,1 kW (91 PS) nach ISO; maximale Leistung 67,9 kW (92 PS); 4 Zylinder, 3 400 cm^3 Hubraum, Abgasnorm Euro 3B
Getriebe: SyncReverser, 12 Vorwärts- und 12 Rückwärtsgänge (a. W. 12/12, 24/24 SyncReverser, 24/12 PowrRev. bis 30 km/h), synchr., 6 Gänge im Hauptarbeitsbereich, 2 Lastschaltstufen
Zapfwelle: 540/540E
Hubwerk: Kat. II/I, Hubkraft 3 040 daN
Hydraulik: Pumpenleistung 93,6 l/min bei 195 bar
Gewichte & Maße: Zulässiges Gesamtgewicht 4 400 kg, Leergewicht 3 035 kg, Nutzlast 1 365 kg, Bodenfreiheit 35 cm, Wendekreis 6,8 m
Bereifung: 300/70R20, 420/70R28
Preis: keine Angabe

John Deere 5090GL

Plantagen-Allradschlepper

Motor: FPT Turbomotor mit Ladeluftkühlung mit 67,1 kW (91 PS) nach ISO; maximale Leistung 67,9 kW (92 PS); 4 Zylinder, 3 400 cm^3 Hubraum, Abgasnorm Euro 3B
Getriebe: SyncReverser, 24 Vorwärts- und 12 Rückwärtsgänge (a. W. 12/12, 24/24 SyncReverser, 24/12 PowrRev. bis 40 km/h), synchr., 7 Gänge im Hauptarbeitsbereich, 2 Lastschaltstufen
Zapfwelle: 540/540E
Hubwerk: Kat. II/I, Hubkraft 2 590 daN
Hydraulik: Pumpenleistung 93,6 l/min bei 195 bar
Gewichte & Maße: Zulässiges Gesamtgewicht 4 200 kg, Leergewicht 2 830 kg, Nutzlast 1 370 kg, Bodenfreiheit 22 cm, Wendekreis 7,5 m
Bereifung: 260/70R16, 380/70R20
Preis: keine Angabe

John Deere 5100GL
Plantagen-Allradschlepper

Motor: FPT Turbomotor mit Ladeluftkühlung mit 74,6 kW (101 PS) nach ISO; maximale Leistung 74,6 kW (101 PS); 4 Zylinder, 3 400 cm^3 Hubraum, Abgasnorm Stufe V
Getriebe: SyncReverser, 24 Vorwärts- und 12 Rückwärtsgänge (auf Wunsch 24/24 SyncReverser, 24/12 PoowrRev. bis 40 km/h), synchronisiert, 7 Gänge im Hauptarbeitsbereich, 2 Lastschaltstufen
Zapfwelle: 540/540E
Hubwerk: Kat. II/I, Hubkraft 2 590 daN
Hydraulik: Pumpenleistung 93,6 l/min bei 195 bar
Gewichte & Maße: Zulässiges Gesamtgewicht 4 200 kg, Leergewicht 2 830 kg, Nutzlast 1 370 kg, Bodenfreiheit 22 cm, Wendekreis 7,5 m
Bereifung: 260/70R16, 380/70R20
Preis: keine Angabe

John Deere 5105GN
Plantagen-Allradschlepper

Motor: FPT Turbomotor mit Ladeluftkühlung mit 77 kW (105 PS) nach ISO; maximale Leistung 77 kW (105 PS); maximale Leistung (Boost) 82 kW (112 PS); 4 Zylinder, 3 400 cm^3 Hubraum, Abgasnorm Stufe V
Getriebe: SyncReverser, 12 Vorwärts- und 12 Rückwärtsgänge (auf Wunsch 12/12, 24/24 SyncReverser, 24/12 PowrRev., 30/15 ECO-PowrReverserTM bis 30 km/h), synchronisiert, 6 Gänge im Hauptarbeitsbereich, 2 Lastschaltstufen
Zapfwelle: 540/540E
Hubwerk: Kat. II/I, Hubkraft 3 040 daN
Hydraulik: Pumpenleistung 93,6 l/min bei 195 bar
Gewichte & Maße: Zulässiges Gesamtgewicht 4 400 kg, Leergewicht 2 715 kg, Nutzlast 1 775 kg, Bodenfreiheit 29 cm, Wendekreis 6,9 m
Bereifung: 8.25R16, 340/85R28
Preis: keine Angabe

John Deere 5105GL
Plantagen-Allradschlepper

Motor: FPT Turbomotor mit Ladeluftkühlung mit 77 kW (105 PS) nach ISO; maximale Leistung 77 kW (105 PS); 4 Zylinder, 3 600 cm^3 Hubraum, Abgasnorm Stufe V
Getriebe: SyncReverser, 12 Vorwärts- und 12 Rückwärtsgänge (auf Wunsch 12/12, 24/24 SyncReverser, 24/12 PowrRev., 30/15 ECO-PowrReverserTM bis 30 km/h), synchronisiert, 6 Gänge im Hauptarbeitsbereich, 2 Lastschaltstufen
Zapfwelle: 540/540E
Hubwerk: Kat. II/I, Hubkraft 3 040 daN
Hydraulik: Pumpenleistung 93,6 l/min bei 195 bar
Gewichte & Maße: Zulässiges Gesamtgewicht 4 400 kg, Leergewicht 3 035 kg, Nutzlast 1 300 kg, Bodenfreiheit 35 cm, Wendekreis 6,8 m
Bereifung: 300/70R20, 420/70R28
Preis: keine Angabe

John Deere 5105GF
Plantagen-Allradschlepper

Motor: FPT Turbomotor mit Ladeluftkühlung mit 77 kW (105 PS) nach ISO; maximale Leistung 77 kW (105 PS); 4 Zylinder, 3 400 cm^3 Hubraum, Abgasnorm Stufe V
Getriebe: SyncReverser, 12 Vorwärts- und 12 Rückwärtsgänge (a. W. 12/12, 24/24 SyncReverser, 24/12 PowrRev., 30/15 ECO-PowrReverserTM bis 30 km/h), synchronisiert, 6 Gänge im Hauptarbeitsbereich, 2 Lastschaltstufen
Zapfwelle: 540/540E
Hubwerk: Kat. II/I, Hubkraft 3 040 daN
Hydraulik: Pumpenleistung 93,6 l/min bei 195 bar
Gewichte & Maße: Zulässiges Gesamtgewicht 4 400 kg, Leergewicht 3 035 kg, Nutzlast 1 365 kg, Bodenfreiheit 35 cm, Wendekreis 6,8 m
Bereifung: 300/70R20, 420/70R28
Preis: keine Angabe

John Deere 5105ML
Plantagen-Allradschlepper

Motor: Deere Power Systems Turbomotor mit 77,2 kW (105 PS) nach ISO; maximale Leistung 88 kW (120 PS); 4 Zylinder, 4 500 cm^3 Hubraum

Getriebe: 12 Vorwärts- und 12 Rückwärtsgänge (auf Wunsch PowrQuad Plus und Powr8 bis 40 km/h), synchronisiert, 6 Gänge im Hauptarbeitsbereich, 2 Lastschaltstufen
Zapfwelle: 540/540E
Hubwerk: Kat. II/I, Hubkraft 2 200 daN
Gewichte & Maße: Zulässiges Gesamtgewicht 4 800 kg, Nutzlast 1 515 kg, Bodenfreiheit 27 cm
Bereifung: 360/70R20, 480/65R28
Preis: keine Angabe

John Deere 5115GV

Plantagen-Allradschlepper

Motor: FPT Turbomotor mit Ladeluftkühlung mit 85 kW (116 PS) nach ISO; maximale Leistung 88 kW (120 PS); 4 Zylinder, 3 600 cm^3 Hubraum, Abgasnorm Stufe V
Getriebe: John Deere, 12 Vorwärts- und 12 Rückwärtsgänge (auf Wunsch. 12/12, 24/24 SyncReverser, 24/12 PowrRev, ECO-Getriebe PowrReverserTM bis 40 km/h), synchronisiert, 6 Gänge im Hauptarbeitsbereich, 2 Lastschaltstufen
Zapfwelle: 540/540E
Hubwerk: Kat. II/I, Hubkraft 2 200 daN
Gewichte & Maße: Zulässiges Gesamtgewicht 4 800 kg, Nutzlast 1 515 kg, Bodenfreiheit 27 cm
Preis: keine Angabe

John Deere 5115GN

Plantagen-Allradschlepper

Motor: FPT Turbomotor mit Ladeluftkühlung mit 85 kW (116 PS) nach ISO; maximale Leistung 88 kW (120 PS); 4 Zylinder, 3 600 cm^3 Hubraum, Abgasnorm Stufe V
Getriebe: John Deere, 12 Vorwärts- und 12 Rückwärtsgänge (auf Wunsch 12/12, 24/24 SyncReverser, 24/12 PowrRev, ECO-Getriebe PowrReverserTM bis 40 km/h), synchronisiert, 6 Gänge im Hauptarbeitsbereich, 2 Lastschaltstufen
Zapfwelle: 540/540E
Hubwerk: Kat. II/I, Hubkraft 2 200 daN
Gewichte & Maße: Zulässiges Gesamtgewicht 4 800 kg, Nutzlast 1 515 kg, Bodenfreiheit 31 cm
Preis: keine Angabe

John Deere 5115GF

Plantagen-Allradschlepper

Motor: FPT Turbomotor mit Ladeluftkühlung mit 85 kW (116 PS) nach ISO; maximale Leistung 88 kW (120 PS); 4 Zylinder, 3 600 cm^3 Hubraum, Abgasnorm Stufe V
Getriebe: John Deere, 12 Vorwärts- und 12 Rückwärtsgänge (auf Wunsch 12/12, 24/24 SyncReverser, 24/12 PowrRev, ECO-Getriebe PowrReverserTM bis 40 km/h), synchronisiert, 6 Gänge im Hauptarbeitsbereich, 2 Lastschaltstufen
Zapfwelle: 540/540E
Hubwerk: Kat. II/I, Hubkraft 2 200 daN
Gewichte & Maße: Zulässiges Gesamtgewicht 4 800 kg, Nutzlast 1 515 kg, Bodenfreiheit 34 cm
Preis: keine Angabe

John Deere 5120ML

Plantagen-Allradschlepper

Motor: Deere Power Systems Turbomotor mit 88,3 kW (120 PS) nach ISO; maximale Leistung 88 kW (120 PS); 4 Zylinder, 4 500 cm^3 Hubraum
Getriebe: 12 Vorwärts- und 12 Rückwärtsgänge (auf Wunsch PowrQuad Plus und Powr8 bis 40 km/h), synchronisiert, 6 Gänge im Hauptarbeitsbereich, 2 Lastschaltstufen
Zapfwelle: 540/540E
Hubwerk: Kat. II/I, Hubkraft 2 200 daN
Gewichte & Maße: Zulässiges Gesamtgewicht 4 800 kg, Nutzlast 1 515 kg, Bodenfreiheit 27 cm
Bereifung: 360/70R20, 480/65R28
Preis: keine Angabe

John Deere 5130ML

Plantagen-Allradschlepper

Motor: Deere Power Systems Turbomotor mit 95,6 kW (130 PS) nach ISO; 4 Zylinder, 4 500 cm^3 Hubraum, Abgasnorm Stufe V
Getriebe: 12 Vorwärts- und 12 Rückwärtsgänge (auf Wunsch PowrQuad Plus und Powr8 bis 40 km/h), synchronisiert, 6 Gänge im Hauptarbeitsbereich, 2 Lastschaltstufen
Zapfwelle: 540/540E
Hubwerk: Kat. II/I, Hubkraft 2 200 daN
Gewichte & Maße: Zulässiges Gesamtgewicht 4 800 kg, Nutzlast 1 515 kg, Bodenfreiheit 27 cm
Bereifung: 360/70R20, 480/65R28
Preis: keine Angabe

Kärcher

Die Anschrift des Herstellers:
Kärcher Municipal GmbH, Mahdenstraße 8, 72768 Reutlingen
Telefon: 07121/9307290, www.kaercher-municipal.com

Kärcher Holder C 70 SC
Mehrzweck-Geräteträger

Motor: Kubota Turbomotor mit 48 kW (65 PS) nach ISO; 4 Zylinder, 2615 cm³ Hubraum, Abgasnorm Stufe V
Getriebe: stufenloses Getriebe bis 40 km/h
Zapfwelle: 540
Hubwerk: Kat. IN/I, Hubkraft 1100 daN
Hydraulik: Pumpenleistung 34 l/min bei 180 bar
Gewichte & Maße: Zulässiges Gesamtgewicht 3500 kg, Leergewicht 1791 kg, Nutzlast 1709 kg, Bodenfreiheit 20 cm, Wendekreis 5,8 m
Bereifung: 31x15.50-15, 31x15.50-15
Preis: keine Angabe

Kärcher Holder C 70 TC
Mehrzweck-Geräteträger

Motor: Kubota Turbomotor mit 48 kW (65 PS) nach ISO; 4 Zylinder, 2615 cm³ Hubraum, Abgasnorm Stufe V
Getriebe: stufenloses Getriebe bis 40 km/h
Zapfwelle: 540
Hubwerk: Kat. IN/I, Hubkraft 1100 daN
Hydraulik: Pumpenleistung 34 l/min bei 180 bar
Gewichte & Maße: Zulässiges Gesamtgewicht 3500 kg, Leergewicht 1979 kg, Nutzlast 1521 kg, Bodenfreiheit 20 cm, Wendekreis 6,1 m
Bereifung: 31x15.50-15, 31x15.50-15
Preis: keine Angabe

Kärcher Holder C 65 SC
Mehrzweck-Geräteträger

Motor: Kubota Turbomotor mit 48 kW (65 PS) nach ISO; 4 Zylinder, 2615 cm³ Hubraum, Abgasnorm Stufe V
Getriebe: stufenloses Getriebe bis 40 km/h
Zapfwelle: 540
Hubwerk: Kat. IN/I, Hubkraft 1100 daN

Hydraulik: Pumpenleistung 34 l/min bei 180 bar
Gewichte & Maße: Zulässiges Gesamtgewicht 3 500 kg, Leergewicht 1 791 kg, Nutzlast 1 709 kg, Bodenfreiheit 20 cm, Wendekreis 5,8 m
Bereifung: 31x15.50-15, 31x15.50-15
Preis: keine Angabe

Kärcher Holder C 65 TC
Mehrzweck-Geräteträger

Motor: Kubota Turbomotor mit 48 kW (65 PS) nach ISO; 4 Zylinder, 2 615 cm^3 Hubraum, Abgasnorm Stufe V
Getriebe: stufenloses Getriebe bis 40 km/h
Zapfwelle: 540
Hubwerk: Kat. IN/I, Hubkraft 1 100 daN
Hydraulik: Pumpenleistung 34 l/min bei 180 bar
Gewichte & Maße: Zulässiges Gesamtgewicht 3 500 kg, Leergewicht 1 979 kg, Nutzlast 1 521 kg, Bodenfreiheit 20 cm, Wendekreis 6,1 m
Bereifung: 31x15.50-15, 31x15.50-15
Preis: keine Angabe

Kärcher Holder S75
Mehrzweck-Geräteträger

Motor: Deutz Turbomotor mit Ladeluftkühlung mit 54,5 kW (74 PS) nach ISO; 4 Zylinder, 3 621 cm^3 Hubraum, Abgasnorm Stufe V
Getriebe: stufenloses Getriebe bis 40 km/h
Hubwerk: Kat. I/II, Hubkraft 1 570 daN
Hydraulik: Pumpenleistung 37 l/min bei 180 bar
Gewichte & Maße: Zulässiges Gesamtgewicht 5 500 kg, Leergewicht 3 100 kg, Nutzlast 2 400 kg, Bodenfreiheit 18 cm, Wendekreis 7 m
Bereifung: 31x15.50-15, 31x15.50-15
Preis: keine Angabe

Kärcher Holder S 130
Mehrzweck-Geräteträger

Motor: Deutz Turbomotor mit Ladeluftkühlung mit 95 kW (129 PS) nach ISO; 4 Zylinder, 3 621 cm^3 Hubraum, Abgasnorm Stufe V
Getriebe: stufenloses Getriebe bis 40 km/h
Hubwerk: Kat. I/II, Hubkraft 1 570 daN
Hydraulik: Pumpenleistung 37 l/min bei 180 bar
Gewichte & Maße: Zulässiges Gesamtgewicht 5 500 kg, Leergewicht 3 100 kg, Nutzlast 2 400 kg, Bodenfreiheit 18 cm, Wendekreis 6,6 m
Bereifung: 31x15.50-15, 31x15.50-15
Preis: keine Angabe

Kioti

Die Anschrift des Herstellers:
Daedong Kioti Europe B.V., Hammer Deich 70, 20537 Hamburg
Telefon: 040/21111700, www.kioti.de

Kioti CS2220 U

Kompakt-Allradschlepper

Motor: Daedong Saugmotor mit 15,7 kW (21 PS) nach ISO; maximale Leistung 15,7 kW (21 PS); 3 Zylinder, 1007 cm^3 Hubraum, Abgasnorm Stufe V
Getriebe: Manual, 6 Vorwärts- und 2 Rückwärtsgänge, 2 Gänge im Hauptarbeitsbereich
Zapfwelle: 540, Höchstdrehzahl: 3200 min^{-1}
Hubwerk: Kat. I, Hubkraft 853 daN
Hydraulik: Pumpenleistung 25,7 l/min bei 140 bar
Gewichte & Maße: Zulässiges Gesamtgewicht 1460 kg, Leergewicht 710 kg, Wendekreis 2,5 m
Bereifung: mehrere Optionen
Preis: keine Angabe

Kioti CX2510 CH

Kompakt-Allradschlepper

Motor: Daedong Saugmotor mit 18,3 kW (25 PS) nach ISO; maximale Leistung 18,3 kW (25 PS); 3 Zylinder, 1647 cm^3 Hubraum, Abgasnorm Stufe V
Getriebe: HST, bis 20,9 km/h
Zapfwelle: 540, Höchstdrehzahl: 2200 min^{-1}
Hubwerk: Kat. I, Hubkraft 824 daN
Hydraulik: Pumpenleistung 42,9 l/min bei 160 bar
Gewichte & Maße: Zulässiges Gesamtgewicht 2130 kg, Leergewicht 1272 kg, Wendekreis 2,8 m
Bereifung: mehrere Optionen
Preis: keine Angabe

Kioti CX2510 H

Kompakt-Allradschlepper

Motor: Daedong Saugmotor mit 18,3 kW (25 PS) nach ISO; maximale Leistung 18,3 kW (25 PS); 3 Zylinder, 1647 cm^3 Hubraum, Abgasnorm Stufe V
Getriebe: HST, bis 20,9 km/h
Zapfwelle: 540, Höchstdrehzahl: 2300 min^{-1}
Hubwerk: Kat. I, Hubkraft 824 daN

Hydraulik: Pumpenleistung 42,9 l/min bei 160 bar
Gewichte & Maße: Zulässiges Gesamtgewicht 1 870 kg, Leergewicht 1 047 kg, Wendekreis 2,8 m
Bereifung: mehrere Optionen
Preis: keine Angabe

Kioti CS2520 H

Kompakt-Allradschlepper

Motor: Daedong Saugmotor mit 18,3 kW (25 PS) nach ISO; maximale Leistung 18,3 kW (25 PS); 3 Zylinder, 1 007 cm³ Hubraum, Abgasnorm Stufe V
Getriebe: HST, bis 14,5 km/h
Zapfwelle: 540, Höchstdrehzahl: 3 200 min^{-1}
Hubwerk: Kat. I, Hubkraft 853 daN
Hydraulik: Pumpenleistung 26,4 l/min bei 140 bar
Gewichte & Maße: Zulässiges Gesamtgewicht 1 295 kg, Leergewicht 705 kg, Wendekreis 2,5 m
Bereifung: mehrere Optionen
Preis: keine Angabe

Kioti CK2630 D

Kompakt-Allradschlepper

Motor: Daedong Saugmotor mit 18,3 kW (25 PS) nach ISO; maximale Leistung 18,3 kW (25 PS); 3 Zylinder, 1 647 cm³ Hubraum, Abgasnorm Stufe V
Getriebe: Manual, 12 Vorwärts- und 12 Rückwärtsgänge (auf Wunsch bis 16,1 km/h), synchronisiert, 5 Gänge im Hauptarbeitsbereich
Zapfwelle: 540/540E, Höchstdrehzahl: 2 300 min^{-1}
Hubwerk: Kat. I, Hubkraft 1 107 daN
Hydraulik: Pumpenleistung 39,6 l/min bei 185 bar
Gewichte & Maße: Zulässiges Gesamtgewicht 2 695 kg, Leergewicht 1 343 kg, Wendekreis 2,4 m
Bereifung: mehrere Optionen
Preis: keine Angabe

Kioti CS2510 H

Kompakt-Allradschlepper

Motor: Daedong Saugmotor mit 18,3 kW (25 PS) nach ISO; maximale Leistung 18,3 kW (25 PS); 3 Zylinder, 1 007 cm³ Hubraum, Abgasnorm Stufe V
Getriebe: HST, bis 15,6 km/h
Zapfwelle: 540, Höchstdrehzahl: 3 200 min^{-1}
Hubwerk: Kat. I, Hubkraft 859 daN
Hydraulik: Pumpenleistung 26,4 l/min bei 140 bar
Gewichte & Maße: Zulässiges Gesamtgewicht 1 225 kg, Leergewicht 700 kg, Wendekreis 2,5 m
Bereifung: mehrere Optionen
Preis: keine Angabe

Kioti CK3530 C
Kompakt-Allradschlepper

Motor: Daedong Saugmotor mit 26 kW (35 PS) nach ISO; maximale Leistung 26 kW (35 PS); 3 Zylinder, 1826 cm³ Hubraum, Abgasnorm Stufe V
Getriebe: Manual, 12 Vorwärts- und 12 Rückwärtsgänge, synchronisiert, 4 Gänge im Hauptarbeitsbereich
Zapfwelle: 540/540E, Höchstdrehzahl: 2550 min^{-1}
Hubwerk: Kat. I, Hubkraft 1107 daN
Hydraulik: Pumpenleistung 39,6 l/min bei 185 bar
Gewichte & Maße: Zulässiges Gesamtgewicht 2800 kg, Leergewicht 1586 kg, Wendekreis 2,4 m
Bereifung: mehrere Optionen
Preis: keine Angabe

Kioti CK3530
Kompakt-Allradschlepper

Motor: Daedong Saugmotor mit 26 kW (35 PS) nach ISO; maximale Leistung 26 kW (35 PS); 3 Zylinder, 1826 cm³ Hubraum, Abgasnorm Stufe V
Getriebe: Manual, 12 Vorwärts- und 12 Rückwärtsgänge, synchronisiert, 4 Gänge im Hauptarbeitsbereich
Zapfwelle: 540/540E, Höchstdrehzahl: 2550 min^{-1}
Hubwerk: Kat. I, Hubkraft 1107 daN
Hydraulik: Pumpenleistung 39,6 l/min bei 185 bar
Gewichte & Maße: Zulässiges Gesamtgewicht 2625 kg, Leergewicht 1360 kg, Wendekreis 2,4 m
Bereifung: mehrere Optionen
Preis: keine Angabe

Kioti CK3530 H
Kompakt-Allradschlepper

Motor: Daedong Saugmotor mit 26 kW (35 PS) nach ISO; maximale Leistung 26 kW (35 PS); 3 Zylinder, 1826 cm³ Hubraum, Abgasnorm Stufe V
Getriebe: HST, bis 26,4 km/h
Zapfwelle: 540/540E, Höchstdrehzahl: 2400 min^{-1}
Hubwerk: Kat. I, Hubkraft 1107 daN
Hydraulik: Pumpenleistung 39,6 l/min bei 185 bar
Gewichte & Maße: Zulässiges Gesamtgewicht 2625 kg, Leergewicht 1360 kg, Wendekreis 2,4 m
Bereifung: mehrere Optionen
Preis: keine Angabe

Kioti CK3530 CH
Kompakt-Allradschlepper

Motor: Daedong Saugmotor mit 26 kW (35 PS) nach ISO; maximale Leistung 26 kW (35 PS); 3 Zylinder, 1826 cm³ Hubraum, Abgasnorm Stufe V
Getriebe: HST, bis 26,4 km/h
Zapfwelle: 540/540E, Höchstdrehzahl: 2400 min^{-1}
Hubwerk: Kat. I, Hubkraft 1107 daN
Hydraulik: Pumpenleistung 39,6 l/min bei 185 bar
Gewichte & Maße: Zulässiges Gesamtgewicht 2800 kg, Leergewicht 1578 kg, Wendekreis 2,4 m
Bereifung: mehrere Optionen
Preis: keine Angabe

Kioti CK4030 H
Kompakt-Allradschlepper

Motor: Daedong Saugmotor mit 29,5 kW (40 PS) nach ISO; maximale Leistung 29,5 kW (40 PS); 3 Zylinder, 1826 cm³ Hubraum, Abgasnorm Stufe V
Getriebe: HST, bis 26,4 km/h
Zapfwelle: 540/540E, Höchstdrehzahl: 2600 min^{-1}
Hubwerk: Kat. I, Hubkraft 1107 daN
Hydraulik: Pumpenleistung 39,6 l/min bei 185 bar
Gewichte & Maße: Zulässiges Gesamtgewicht 2625 kg, Leergewicht 1360 kg, Wendekreis 2,4 m
Bereifung: mehrere Optionen
Preis: keine Angabe

Kioti CK4030 CH

Kompakt-Allradschlepper

Motor: Daedong Saugmotor mit 29,5 kW (40 PS) nach ISO; maximale Leistung 29,5 kW (40 PS); 3 Zylinder, 1 826 cm^3 Hubraum, Abgasnorm Stufe V
Getriebe: HST, 26,4 km/h
Zapfwelle: 540/540E, Höchstdrehzahl: 2 600 min^{-1}
Hubwerk: Kat. I, Hubkraft 1 107 daN
Hydraulik: Pumpenleistung 39,6 l/min bei 185 bar
Gewichte & Maße: Zulässiges Gesamtgewicht 2 800 kg, Leergewicht 1 578 kg, Wendekreis 2,4 m
Bereifung: mehrere Optionen
Preis: keine Angabe

Kioti CK5030 H

Kompakt-Allradschlepper

Motor: Daedong Turbomotor mit 37,5 kW (51 PS) nach ISO; maximale Leistung 37,5 kW (51 PS); 3 Zylinder, 1 826 cm^3 Hubraum, Abgasnorm Stufe V
Getriebe: HST, bis 26,4 km/h
Zapfwelle: 540/540E, Höchstdrehzahl: 2 200 min^{-1}
Hubwerk: Kat. I, Hubkraft 1 107 daN
Hydraulik: Pumpenleistung 39,6 l/min bei 185 bar
Gewichte & Maße: Zulässiges Gesamtgewicht 2 625 kg, Leergewicht 1 360 kg, Wendekreis 2,4 m
Bereifung: mehrere Optionen
Preis: keine Angabe

Kioti CK5030 CH

Kompakt-Allradschlepper

Motor: Daedong Turbomotor mit 37,5 kW (51 PS) nach ISO; maximale Leistung 37,5 kW (51 PS); 3 Zylinder, 1 826 cm^3 Hubraum, Abgasnorm Stufe V
Getriebe: HST, bis 26,4 km/h
Zapfwelle: 540/540E, Höchstdrehzahl: 2 200 min^{-1}
Hubwerk: Kat. I, Hubkraft 1 107 daN
Hydraulik: Pumpenleistung 39,6 l/min bei 185 bar
Gewichte & Maße: Zulässiges Gesamtgewicht 2 800 kg, Leergewicht 1 578 kg, Wendekreis 2,4 m
Bereifung: mehrere Optionen
Preis: keine Angabe

Kubota

Die Anschrift des Herstellers:
Kubota Deutschland GmbH,
Senefelder Straße 3 – 5, 63110 Rodgau
Telefon: 0 61 06/8 73-0, www.kubota.de

Escorts-Kubota EK1-221

Kompakt-Allradschlepper

Motor: Mitsubishi Saugmotor mit 15,8 kW (21 PS) nach ISO; 3 Zylinder, 952 cm³ Hubraum, Abgasnorm V
Getriebe: constant mesh, 3 Vorwärts- und 1 Rückwärtsgänge (auf Wunsch bis 20,2 km/h)
Zapfwelle: 540/540E
Hubwerk: Kat. I, Hubkraft 800 daN
Gewichte & Maße: Zulässiges Gesamtgewicht 1 800 kg, Bodenfreiheit 29 cm
Preis: 11 204 Euro (ohne Mehrwertsteuer)

Escorts-Kubota EK1-261 HST

Kompakt-Allradschlepper

Motor: Mitsubishi Saugmotor mit 18,2 kW (25 PS) nach ISO; 3 Zylinder, 1 318 cm³ Hubraum, Abgasnorm V
Zapfwelle: 540
Hubwerk: Kat. I, Hubkraft 800 daN
Hydraulik: Pumpenleistung 19 l/min
Gewichte & Maße: Zulässiges Gesamtgewicht 1 800 kg, Leergewicht 1 058 kg, Bodenfreiheit 33 cm
Preis: 13 450 Euro (ohne Mehrwertsteuer)

Escorts-Kubota EK1-261

Kompakt-Allradschlepper

Motor: Mitsubishi Saugmotor mit 18,2 kW (25 PS) nach ISO; 3 Zylinder, 1 318 cm³ Hubraum, Abgasnorm Stufe V
Getriebe: constant mesh, 3 Vorwärts- und 1 Rückwärtsgänge (auf Wunsch bis 20 km/h)
Zapfwelle: 540/540E
Hubwerk: Kat. I, Hubkraft 750 daN
Hydraulik: Pumpenleistung 20 l/min bei 140 bar
Gewichte & Maße: Zulässiges Gesamtgewicht 1 800 kg, Leergewicht 1 000 kg, Bodenfreiheit 31 cm, Wendekreis 4,5 m

Bereifung: 6.00-12, 8.3-20
Preis: 12 400 Euro (ohne Mehrwertsteuer)

Kubota B1-121
Kompakt-Allradschlepper

Motor: Kubota Saugmotor mit 8 kW (11 PS) nach ISO; 2 Zylinder, 479 cm^3 Hubraum, Abgasnorm Stufe V
Getriebe: 3 Vorwärts- und 1 Rückwärtsgänge (auf Wunsch bis 20 km/h)
Zapfwelle: 540
Hubwerk: Kat. I, Hubkraft 430 daN
Hydraulik: Pumpenleistung 8,2 l/min bei 104 bar
Gewichte & Maße: Zulässiges Gesamtgewicht 1 300 kg, Leergewicht 600 kg, Nutzlast 700 kg, Bodenfreiheit 25 cm, Wendekreis 3,6 m
Bereifung: 5.00-12, 8.00-16
Preis: 10 941 Euro (ohne MwSt.)

Kubota B1-161
Kompakt-Allradschlepper

Motor: Kubota Saugmotor mit 11 kW (15 PS) nach ISO; 3 Zylinder, 718 cm^3 Hubraum, Abgasnorm Stufe V
Getriebe: 3 Vorwärts- und 1 Rückwärtsgänge (auf Wunsch bis 20 km/h), 1 Gänge im Hauptarbeitsbereich
Zapfwelle: 540
Hubwerk: Kat. I, Hubkraft 540 daN
Hydraulik: Pumpenleistung 14,1 l/min bei 123 bar
Gewichte & Maße: Zulässiges Gesamtgewicht 1 300 kg, Leergewicht 581 kg, Nutzlast 719 kg, Bodenfreiheit 27 cm, Wendekreis 3,6 m
Bereifung: 5.00-12, 8.00-16
Preis: 12 831 Euro (ohne MwSt.)

Kubota B1-181
Kompakt-Allradschlepper

Motor: Kubota Saugmotor mit 13 kW (18 PS) nach ISO; 3 Zylinder, 783 cm^3 Hubraum, Abgasnorm Stufe V
Getriebe: 3 Vorwärts- und 1 Rückwärtsgänge (auf Wunsch bis 20 km/h), 1 Gang im Hauptarbeitsbereich
Zapfwelle: 540/1 000
Hubwerk: Kat. I, Hubkraft 540 daN
Hydraulik: Pumpenleistung 14,1 l/min bei 123 bar
Gewichte & Maße: Zulässiges Gesamtgewicht 1 300 kg, Leergewicht 581 kg, Nutzlast 719 kg, Bodenfreiheit 27 cm, Wendekreis 3,6 m
Bereifung: 5.00-12, 8.00-16
Preis: 15 956 Euro (ohne MwSt.)

Kubota B2-201 D R
Kompakt-Allradschlepper

Motor: Kubota Saugmotor mit 14 kW (19 PS) nach ISO; 3 Zylinder, 1 123 cm^3 Hubraum, Abgasnorm Stufe V
Getriebe: 3 Vorwärts- und 3 Rückwärtsgänge (auf Wunsch bis 25 km/h)
Zapfwelle: 540
Hubwerk: Kat. I, Hubkraft 970 daN
Hydraulik: Pumpenleistung 33,1 l/min bei 160 bar
Gewichte & Maße: Zulässiges Gesamtgewicht 2 000 kg, Leergewicht 785 kg, Nutzlast 1 215 kg, Bodenfreiheit 29 cm, Wendekreis 4,2 m
Bereifung: 6.00-12, 9.50-18
Preis: 17 464 Euro (ohne MwSt.)

Kubota B2-231 H C
Kompakt-Allradschlepper

Motor: Kubota Saugmotor mit 15,2 kW (21 PS) nach ISO; 3 Zylinder, 1 123 cm^3 Hubraum, Abgasnorm Stufe V
Getriebe: (auf Wunsch bis 25 km/h)
Zapfwelle: 540
Hubwerk: Kat. I, Hubkraft 970 daN
Hydraulik: Pumpenleistung 33,1 l/min bei 160 bar
Gewichte & Maße: Zulässiges Gesamtgewicht 2 000 kg, Leergewicht 1 015 kg, Nutzlast 985 kg, Bodenfreiheit 29 cm, Wendekreis 4,2 m
Bereifung: 200/65R16, 300/70R20
Preis: 29 933 Euro (ohne Mehrwertsteuer)

Kubota B2-231 H R
Kompakt-Allradschlepper

Motor: Kubota Saugmotor mit 15,2 kW (21 PS) nach ISO; 3 Zylinder, 1 123 cm^3 Hubraum, Abgasnorm Stufe V
Getriebe: (auf Wunsch bis 25 km/h)
Zapfwelle: 540
Hubwerk: Kat. I, Hubkraft 970 daN

Hydraulik: Pumpenleistung 33,1 l/min bei 160 bar
Gewichte & Maße: Zulässiges Gesamtgewicht 2000 kg, Leergewicht 785 kg, Nutzlast 1215 kg, Bodenfreiheit 29 cm, Wendekreis 4,2 m
Bereifung: 6.00-12, 9.50-18
Preis: 22 297 Euro (ohne MwSt.)

Kubota B2-231 D R

Kompakt-Allradschlepper

Motor: Kubota Saugmotor mit 15,2 kW (21 PS) nach ISO; 3 Zylinder, 1123 cm^3 Hubraum, Abgasnorm Stufe V
Getriebe: 3 Vorwärts- und 3 Rückwärtsgänge (auf Wunsch bis 25 km/h)
Zapfwelle: 540
Hubwerk: Kat. I, Hubkraft 970 daN
Hydraulik: Pumpenleistung 33,1 l/min bei 160 bar
Gewichte & Maße: Zulässiges Gesamtgewicht 2000 kg, Leergewicht 785 kg, Nutzlast 1215 kg, Bodenfreiheit 29 cm, Wendekreis 4,2 m
Bereifung: 6.00-12, 9.50-18
Preis: 19 897 Euro (ohne MwSt.)

Kubota BX-231 R

Kompakt-Allradschlepper

Motor: Kubota Saugmotor mit 15,9 kW (22 PS) nach ISO; 3 Zylinder, 898 cm^3 Hubraum, Abgasnorm Stufe V
Getriebe: (auf Wunsch bis 16 km/h)
Zapfwelle: 540
Hubwerk: Kat. I, Hubkraft 550 daN
Hydraulik: Pumpenleistung 23,5 l/min bei 130 bar
Gewichte & Maße: Zulässiges Gesamtgewicht 1300 kg, Leergewicht 710 kg, Nutzlast 590 kg, Bodenfreiheit 22 cm, Wendekreis 2,3 m
Bereifung: 18x8.50-10, 26x12-12
Preis: 18 320 Euro (ohne MwSt.)

Kubota BX-231 C

Kompakt-Allradschlepper

Motor: Kubota Saugmotor mit 15,9 kW (22 PS) nach ISO; 3 Zylinder, 898 cm^3 Hubraum, Abgasnorm Stufe V

Getriebe: (auf Wunsch bis 16 km/h)
Zapfwelle: 540
Hubwerk: Kat. I, Hubkraft 550 daN
Hydraulik: Pumpenleistung 23,5 l/min bei 130 bar
Gewichte & Maße: Zulässiges Gesamtgewicht 1300 kg, Leergewicht 740 kg, Nutzlast 560 kg, Bodenfreiheit 22 cm, Wendekreis 2,3 m
Bereifung: 18x8.50-10, 26x12-12
Preis: 25 506 Euro (ohne MwSt.)

Kubota B1-241

Kompakt-Allradschlepper

Motor: Kubota Saugmotor mit 16 kW (22 PS) nach ISO; 3 Zylinder, 1123 cm^3 Hubraum, Abgasnorm Stufe V
Getriebe: 3 Vorwärts- und 1 Rückwärtsgänge (auf Wunsch bis 20 km/h), 1 Gänge im Hauptarbeitsbereich
Zapfwelle: 540
Hubwerk: Kat. I, Hubkraft 615 daN
Hydraulik: Pumpenleistung 26,4 l/min bei 140 bar
Gewichte & Maße: Zulässiges Gesamtgewicht 1800 kg, Leergewicht 748 kg, Nutzlast 1052 kg, Bodenfreiheit 28 cm, Wendekreis 4,6 m

Bereifung: 6.00-12, 9.50-18
Preis: 16 908 Euro (ohne MwSt.)

Kubota B2-261 H R

Kompakt-Allradschlepper

Motor: Kubota Saugmotor mit 17,6 kW (24 PS) nach ISO; 3 Zylinder, 1 261 cm³ Hubraum, Abgasnorm Stufe V
Getriebe: (auf Wunsch bis 25 km/h)
Zapfwelle: 540
Hubwerk: Kat. I, Hubkraft 970 daN
Hydraulik: Pumpenleistung 33,1 l/min bei 160 bar
Gewichte & Maße: Zulässiges Gesamtgewicht 2 000 kg, Leergewicht 785 kg, Nutzlast 1 215 kg, Bodenfreiheit 29 cm, Wendekreis 4,2 m
Bereifung: 6.00-12, 9.50-18
Preis: 24 678 Euro (ohne MwSt.)

Kubota B2-261 D R

Kompakt-Allradschlepper

Motor: Kubota Saugmotor mit 17,6 kW (24 PS) nach ISO; 3 Zylinder, 1 261 cm³ Hubraum, Abgasnorm Stufe V
Getriebe: 3 Vorwärts- und 3 Rückwärtsgänge (auf Wunsch bis 25 km/h)
Zapfwelle: 540
Hubwerk: Kat. I, Hubkraft 970 daN
Hydraulik: Pumpenleistung 33,1 l/min bei 160 bar
Gewichte & Maße: Zulässiges Gesamtgewicht 2 000 kg, Leergewicht 785 kg, Nutzlast 1 215 kg, Bodenfreiheit 29 cm, Wendekreis 4,2 m
Bereifung: 6.00-12, 9.50-18
Preis: 24 678 Euro (ohne MwSt.)

Kubota B2-261 H C

Kompakt-Allradschlepper

Motor: Kubota Saugmotor mit 17,6 kW (24 PS) nach ISO; 3 Zylinder, 1 261 cm³ Hubraum, Abgasnorm Stufe V
Getriebe: (auf Wunsch bis 25 km/h)
Zapfwelle: 540
Hubwerk: Kat. I, Hubkraft 970 daN
Hydraulik: Pumpenleistung 33,1 l/min bei 160 bar
Gewichte & Maße: Zulässiges Gesamtgewicht 2 000 kg, Leergewicht 1 015 kg, Nutzlast 985 kg, Bodenfreiheit 29 cm, Wendekreis 4,2 m
Bereifung: 200/65R16, 300/70R20
Preis: 32 367 Euro (ohne MwSt.)

Kubota BX-261 R

Kompakt-Allradschlepper

Motor: Kubota Saugmotor mit 18,2 kW (25 PS) nach ISO; 3 Zylinder, 1 001 cm³ Hubraum, Abgasnorm Stufe V
Getriebe: (auf Wunsch bis 16 km/h)
Zapfwelle: 540
Hubwerk: Kat. I, Hubkraft 550 daN
Hydraulik: Pumpenleistung 23,5 l/min bei 130 bar
Gewichte & Maße: Zulässiges Gesamtgewicht 1 300 kg, Leergewicht 710 kg, Nutzlast 590 kg, Bodenfreiheit 22 cm, Wendekreis 2,3 m
Bereifung: 18x8.50-10, 26x12-12
Preis: 20 255 Euro (ohne MwSt.)

Kubota BX-261 C

Kompakt-Allradschlepper

Motor: Kubota Saugmotor mit 18,2 kW (25 PS) nach ISO; 3 Zylinder, 1 001 cm³ Hubraum, Abgasnorm Stufe V
Getriebe: (auf Wunsch bis 16 km/h)
Zapfwelle: 540
Hubwerk: Kat. I, Hubkraft 550 daN
Hydraulik: Pumpenleistung 23,5 l/min bei 130 bar

Gewichte & Maße: Zulässiges Gesamtgewicht 1 300 kg, Leergewicht 740 kg, Nutzlast 560 kg, Bodenfreiheit 22 cm, Wendekreis 2,3 m
Bereifung: 18x8.50-10, 26x12-12
Preis: 27 445 Euro (ohne MwSt.)

Kubota LX-351 DM

Kompakt-Allradschlepper

Motor: Kubota Turbomotor mit 25,6 kW (35 PS) nach ISO; 4 Zylinder, 1 498 cm^3 Hubraum, Abgasnorm Stufe V
Getriebe: 4 Vorwärts- und 4 Rückwärtsgänge (auf Wunsch bis 24 km/h), synchronisiert, 4 Gänge im Hauptarbeitsbereich
Zapfwelle: 540/540E
Hubwerk: Kat. I, Hubkraft 1 150 daN
Hydraulik: Pumpenleistung 35 l/min bei 160 bar
Gewichte & Maße: Zulässiges Gesamtgewicht 2 400 kg, Leergewicht 1 020 kg, Nutzlast 1 380 kg, Bodenfreiheit 29 cm
Bereifung: 6,5/90-12, 8.3R24
Preis: 29 708 Euro (ohne MwSt.)

Kubota LX-351 R

Kompakt-Allradschlepper

Motor: Kubota Turbomotor mit 25,6 kW (35 PS) nach ISO; 4 Zylinder, 1 498 cm^3 Hubraum, Abgasnorm Stufe V
Getriebe: (auf Wunsch bis 29,6 km/h)
Zapfwelle: 540/540E
Hubwerk: Kat. I, Hubkraft 1 150 daN
Hydraulik: Pumpenleistung 35,8 l/min bei 160 bar
Gewichte & Maße: Zulässiges Gesamtgewicht 2 400 kg, Leergewicht 1 015 kg, Nutzlast 1 385 kg, Bodenfreiheit 21 cm, Wendekreis 5 m
Bereifung: 7.00-12, 12.4-16
Preis: 36 378 Euro (ohne MwSt.)

Kubota LX-351 C

Kompakt-Allradschlepper

Motor: Kubota Turbomotor mit 25,6 kW (35 PS) nach ISO; 4 Zylinder, 1 498 cm^3 Hubraum, Abgasnorm Stufe V
Getriebe: (auf Wunsch bis 29,6 km/h)
Zapfwelle: 540/540E
Hubwerk: Kat. I, Hubkraft 1 150 daN
Hydraulik: Pumpenleistung 35,8 l/min bei 160 bar
Gewichte & Maße: Zulässiges Gesamtgewicht 2 400 kg, Leergewicht 1 185 kg, Nutzlast 1 215 kg, Bodenfreiheit 21 cm, Wendekreis 5 m
Bereifung: 220/55R14, 320/70R20
Preis: 44 992 Euro (ohne MwSt.)

Kubota LXe-261

Elektro-Kleinschlepper

Motor: E-Motor mit 25,8 kW (35 PS)
Getriebe: (auf Wunsch bis 19,8 km/h)
Zapfwelle: 540
Hubwerk: Kat. I, Hubkraft 970 daN
Hydraulik: Pumpenleistung 19,7 l/min bei 165 bar
Gewichte & Maße: Zulässiges Gesamtgewicht 2 000 kg, Leergewicht 1 070 kg, Bodenfreiheit 31 cm
Bereifung: 240/60R12, 300/70R20
Preis: nur zur monatl. Miete

Kubota L1-382 DW

Kompakt-Allradschlepper

Motor: Kubota Saugmotor mit 27,6 kW (38 PS) nach ISO; 3 Zylinder, 1 826 cm^3 Hubraum, Abgasnorm Stufe V

Getriebe: 8 Vorwärts- und 4 Rückwärtsgänge (auf Wunsch bis 25 km/h), 4 Gänge im Hauptarbeitsbereich
Zapfwelle: 540
Hubwerk: Kat. I, Hubkraft 906 daN
Hydraulik: Pumpenleistung 49 l/min bei 160 bar
Gewichte & Maße: Zulässiges Gesamtgewicht 2 300 kg, Leergewicht 1 300 kg, Nutzlast 1 000 kg, Bodenfreiheit 36 cm
Bereifung: 7.00-16, 12.4-24
Preis: 21 430 Euro (ohne MwSt.)

Kubota L 1-382 DHW
Kompakt-Allradschlepper

Motor: Kubota Saugmotor mit 27,6 kW (38 PS) nach ISO; 3 Zylinder, 1 826 cm^3 Hubraum, Abgasnorm Stufe V
Getriebe: (auf Wunsch bis 25 km/h)
Zapfwelle: 540
Hubwerk: Kat. I, Hubkraft 906 daN
Hydraulik: Pumpenleistung 45 l/min bei 160 bar
Gewichte & Maße: Zulässiges Gesamtgewicht 2 300 kg, Leergewicht 1 310 kg, Nutzlast 990 kg, Bodenfreiheit 36 cm

Bereifung: 7.00-16, 12.4-24
Preis: 23 643 Euro (ohne MwSt.)

Kubota LX-401 C
Kompakt-Allradschlepper

Motor: Kubota Turbomotor mit 29,3 kW (40 PS) nach ISO; 4 Zylinder, 1 498 cm^3 Hubraum, Abgasnorm Stufe V
Getriebe: (auf Wunsch bis 29,6 km/h)
Zapfwelle: 540/540E
Hubwerk: Kat. I, Hubkraft 1 150 daN
Hydraulik: Pumpenleistung 35,8 l/min bei 160 bar
Gewichte & Maße: Zulässiges Gesamtgewicht 2 400 kg, Leergewicht 1 185 kg, Nutzlast 1 215 kg, Bodenfreiheit 21 cm, Wendekreis 5 m
Bereifung: 220/55R14, 320/70R20
Preis: 47 713 Euro (ohne MwSt.)

Kubota LX-401 R
Kompakt-Allradschlepper

Motor: Kubota Turbomotor mit 29,3 kW (40 PS) nach ISO; 4 Zylinder, 1 498 cm^3 Hubraum, Abgasnorm Stufe V
Getriebe: (auf Wunsch bis 29,6 km/h)
Zapfwelle: 540/540E
Hubwerk: Kat. I, Hubkraft 1 150 daN
Hydraulik: Pumpenleistung 35,8 l/min bei 160 bar
Gewichte & Maße: Zulässiges Gesamtgewicht 2 400 kg, Leergewicht 1 015 kg, Nutzlast 1 385 kg, Bodenfreiheit 21 cm, Wendekreis 5 m
Bereifung: 7.00-12, 12.4-16
Preis: 39 356 Euro (ohne MwSt.)

Kubota L2-452 DHC
Kompakt-Allradschlepper

Motor: Kubota Turbomotor mit 33 kW (45 PS) nach ISO; 4 Zylinder, 2 434 cm^3 Hubraum, Abgasnorm Stufe V
Getriebe: (auf Wunsch bis 30 km/h), synchronisiert, 4 Gänge im Hauptarbeitsbereich, 2 Lastschaltstufen
Zapfwelle: 540
Hubwerk: Kat. I, Hubkraft 1 750 daN
Hydraulik: Pumpenleistung 37 l/min bei 190 bar
Gewichte & Maße: Zulässiges Gesamtgewicht 3 500 kg, Leergewicht 1 900 kg, Nutzlast 1 600 kg, Bodenfreiheit 36 cm
Bereifung: 260/70R16, 360/70R24
Preis: 49 914 Euro (ohne MwSt.)

Kubota L1-452 DW
Kompakt-Allradschlepper

Motor: Kubota Saugmotor mit 33 kW (45 PS) nach ISO; 4 Zylinder, 1 826 cm^3 Hubraum, Abgasnorm Stufe V
Getriebe: 16 Vorwärts- und 16 Rückwärtsgänge (auf Wunsch bis 30 km/h), synchronisiert, 4 Gänge im Hauptarbeitsbereich
Zapfwelle: 540/540E
Hubwerk: Kat. I, Hubkraft 1 750 daN
Hydraulik: Pumpenleistung 49 l/min bei 190 bar
Gewichte & Maße: Zulässiges Gesamtgewicht 3 230 kg, Leergewicht 1 800 kg, Nutzlast 1 430 kg, Bodenfreiheit 36 cm
Bereifung: 260/70R18, 340/85R28
Preis: 26 877 Euro (ohne MwSt.)

Kubota L1-452 DHW
Kompakt-Allradschlepper

Motor: Kubota Saugmotor mit 33 kW (45 PS) nach ISO; 4 Zylinder, 1 826 cm^3 Hubraum, Abgasnorm Stufe V

Getriebe: (a. W. bis 30 km/h), synchr.
Zapfwelle: 540
Hubwerk: Kat. I, Hubkraft 1750 daN
Hydraulik: Pumpenleistung 49 l/min bei 190 bar
Gewichte & Maße: Zulässiges Gesamtgewicht 2200 kg, Leergewicht 1700 kg, Nutzlast 500 kg, Bodenfreiheit 36 cm
Bereifung: 260/70R16, 340/85R28
Preis: 30019 Euro (ohne MwSt.)

Kubota L2-452 DC

Kompakt-Allradschlepper

Motor: Kubota Turbomotor mit 33 kW (45 PS) nach ISO; 4 Zylinder, 2197 cm³ Hubraum, Abgasnorm Stufe V
Getriebe: 16 Vorwärts- und 16 Rückwärtsgänge (a. W. bis 30 km/h), synchr., 4 Gänge im Hauptarbeitsbereich
Zapfwelle: 540/540E
Hubwerk: Kat. I, Hubkraft 1750 daN
Hydraulik: Pumpenleistung 37 l/min bei 190 bar
Gewichte & Maße: Zulässiges Gesamtgewicht 3500 kg, Leergewicht 1900 kg, Nutzlast 1600 kg, Bodenfreiheit 36 cm
Bereifung: 260/70R16, 360/70R24
Preis: 49914 Euro (ohne MwSt.)

Kubota L 1-522 DCN

Kompakt-Allradschlepper

Motor: Kubota Turbomotor mit 37,4 kW (51 PS) nach ISO; 4 Zylinder, 2434 cm³ Hubraum, Abgasnorm Stufe V
Getriebe: 16 Vorwärts- und 16 Rückwärtsgänge (auf Wunsch bis 30 km/h), synchronisiert, 4 Gänge im Hauptarbeitsbereich
Zapfwelle: 540
Hubwerk: Kat. I, Hubkraft 1750 daN
Hydraulik: Pumpenleistung 37 l/min bei 190 bar
Gewichte & Maße: Zulässiges Gesamtgewicht 3780 kg, Leergewicht 1950 kg, Nutzlast 1830 kg, Bodenfreiheit 40 cm
Bereifung: 280/70R18, 340/85R28
Preis: 40070 Euro (ohne Mehrwertsteuer)

Kubota L1-522 DW

Kompakt-Allradschlepper

Motor: Kubota Turbomotor mit 37,4 kW (51 PS) nach ISO; 4 Zylinder, 2434 cm³ Hubraum, Abgasnorm Stufe V
Getriebe: 16 Vorwärts- und 16 Rückwärtsgänge (auf Wunsch bis 30 km/h), synchronisiert, 4 Gänge im Hauptarbeitsbereich
Zapfwelle: 540/540E
Hubwerk: Kat. I, Hubkraft 1750 daN

Hydraulik: Pumpenleistung 37 l/min bei 190 bar
Gewichte & Maße: Zulässiges Gesamtgewicht 3780 kg, Leergewicht 1900 kg, Nutzlast 1880 kg, Bodenfreiheit 40 cm
Bereifung: 280/70R18, 340/85R28
Preis: 30 140 Euro (ohne MwSt.)

Kubota L 2-522 DW

Kompakt-Allradschlepper

Motor: Kubota Turbomotor mit 37,4 kW (51 PS) nach ISO; 4 Zylinder, 2434 cm^3 Hubraum, Abgasnorm Stufe V
Getriebe: 16 Vorwärts- und 16 Rückwärtsgänge (auf Wunsch bis 30 km/h), synchronisiert
Zapfwelle: 540/540E
Hubwerk: Kat. I, Hubkraft 1750 daN
Hydraulik: Pumpenleistung 37 l/min bei 190 bar
Gewichte & Maße: Zul. Gesamtgewicht 3800 kg, Leergewicht 2000 kg, Nutzlast 1800 kg, Bodenfreiheit 40 cm
Bereifung: 280/70R18, 340/85R28
Preis: 32 581 Euro (ohne MwSt.)

Kubota L 1-552 DHW

Kompakt-Allradschlepper

Motor: Kubota Turbomotor mit 40,1 kW (55 PS) nach ISO; 4 Zylinder, 2434 cm^3 Hubraum, Abgasnorm Stufe V
Getriebe: (a. W. bis 30 km/h), synchr.
Zapfwelle: 540
Hubwerk: Kat. I, Hubkraft 1750 daN
Hydraulik: Pumpenleistung 37 l/min bei 190 bar
Gewichte & Maße: Zulässiges Gesamtgewicht 3780 kg, Leergewicht 1900 kg, Nutzlast 1880 kg, Bodenfreiheit 40 cm
Bereifung: 280/70R18, 340/85R28
Preis: 33 545 Euro (ohne MwSt.)

Kubota L2-552 DHC

Kompakt-Allradschlepper

Motor: Kubota Turbomotor mit 40,1 kW (55 PS) nach ISO; 4 Zylinder, 2434 cm^3 Hubraum, Abgasnorm Stufe V
Getriebe: (auf Wunsch bis 30 km/h), synchronisiert, 4 Gänge im Hauptarbeitsbereich, 2 Lastschaltstufen
Zapfwelle: 540
Hubwerk: Kat. I, Hubkraft 1750 daN
Hydraulik: Pumpenleistung 36 l/min bei 190 bar
Gewichte & Maße: Zulässiges Gesamtgewicht 3800 kg, Leergewicht 2000 kg, Nutzlast 1800 kg, Bodenfreiheit 40 cm
Bereifung: 280/70R18, 340/85R28
Preis: 50 938 Euro (ohne MwSt.)

Kubota L 2-622 DHC

Kompakt-Allradschlepper

Motor: Kubota Turbomotor mit 45,1 kW (61 PS) nach ISO; 4 Zylinder, 2434 cm^3 Hubraum, Abgasnorm Stufe V
Getriebe: (auf Wunsch bis 30 km/h), synchronisiert, 12 Gänge im Hauptarbeitsbereich, 2 Lastschaltstufen
Zapfwelle: 540/540
Hubwerk: Kat. I, Hubkraft 1750 daN
Hydraulik: Pumpenleistung 36 l/min bei 190 bar
Gewichte & Maße: Zulässiges Gesamtgewicht 3800 kg, Leergewicht 2100 kg, Nutzlast 1700 kg, Bodenfreiheit 40 cm
Bereifung: 280/70R18, 340/85R28
Preis: 58 217 Euro (ohne Mehrwertsteuer)

Kubota M4-063 ROPS

Kompakt-Allradschlepper

Motor: Kubota Turbomotor mit 49 kW (67 PS) nach ISO; 4 Zylinder, 3331 cm^3 Hubraum, Abgasnorm Stufe V
Getriebe: 18 Vorwärts- und 18 Rückwärtsgänge (auf Wunsch bis 40 km/h), synchronisiert, 5 Gänge im Hauptarbeitsbereich
Zapfwelle: 540/540E
Hubwerk: Kat. II, Hubkraft 2500 daN
Hydraulik: Pumpenleistung 63 l/min bei 195 bar
Gewichte & Maße: Zulässiges Gesamtgewicht 5500 kg, Leergewicht 2745 kg, Bodenfreiheit 45 cm
Bereifung: 320/85R20, 420/85R30
Preis: 44 927 Euro (ohne MwSt.)

Kubota M5-072 N Cab

Plantagen-Allradschlepper

Motor: Kubota Turbomotor mit Ladeluftkühlung mit 54,1 kW (74 PS) nach ISO; 4 Zylinder, 3769 cm^3 Hubraum, Abgasnorm Stufe V
Getriebe: 36 Vorwärts- und 36 Rück-

wärtsgänge bis 40 km/h, synchronisiert, 14 Gänge im Hauptarbeitsbereich, 2 Lastschaltstufen
Zapfwelle: 540/540E
Hubwerk: Kat. II, Hubkraft 2 300 daN
Hydraulik: Pumpenleistung 63,6 l/min bei 195 bar
Gewichte & Maße: Zulässiges Gesamtgewicht 4 000 kg, Leergewicht 2 847 kg, Nutzlast 1 153 kg, Bodenfreiheit 40 cm, Wendekreis 7,9 m
Bereifung: 280/70R19, 360/70R29
Preis: 69 563 Euro (ohne MwSt.)

Kubota M5-072 N ROPS

Plantagen-Allradschlepper

Motor: Kubota Turbomotor mit Ladeluftkühlung mit 54,1 kW (74 PS) n. ISO; 4 Zyl., 3 769 cm^3 Hubr., Abgasn. Stufe V
Getriebe: 36 Vorwärts- und 36 Rückwärtsgänge bis 40 km/h, synchronisiert, 14 Gänge im Hauptarbeitsbereich, 2 Lastschaltstufen
Zapfwelle: 540/540E
Hubwerk: Kat. II, Hubkraft 2 300 daN
Hydraulik: Pumpenleistung 63,6 l/min bei 195 bar
Gewichte & Maße: Zulässiges Gesamtgewicht 4 000 kg, Leergewicht 2 676 kg, Nutzlast 1 324 kg, Bodenfreiheit 33 cm, Wendekreis 7,9 m
Bereifung: 280/70R18, 360/70R28
Preis: 56 357 Euro (ohne MwSt.)

Kubota M4-073 ROPS

Kompakt-Allradschlepper

Motor: Kubota Turbomotor mit 55 kW (75 PS) nach ISO; 4 Zylinder, 3 331 cm^3 Hubraum, Abgasnorm Stufe V
Getriebe: 18 Vorwärts- und 18 Rückwärtsgänge (auf Wunsch 36/36 bis 40 km/h), synchronisiert., 5 Gänge im Hauptarbeitsbereich
Zapfwelle: 540/540E
Hubwerk: Kat. II, Hubkraft 2 500 daN
Hydraulik: Pumpenleistung 63 l/min bei 195 bar
Gewichte & Maße: Zulässiges Gesamtgewicht 5 500 kg, Leergewicht 2 745 kg, Bodenfreiheit 45 cm
Bereifung: 320/85R20, 420/85R30
Preis: 48 282 Euro (ohne MwSt.)

Kubota M5-082N CAB

Plantagen-Allradschlepper

Motor: Kubota Turbomotor mit Ladeluftkühlung mit 64,3 kW (87 PS) nach ISO; 4 Zylinder, 3 769 cm^3 Hubraum, Abgasnorm Stufe V
Getriebe: 36 Vorwärts- und 36 Rückwärtsgänge (auf Wunsch bis 40 km/h), synchronisiert, 14 Gänge im Hauptarbeitsbereich, 2 Lastschaltstufen
Zapfwelle: 540/540E
Hubwerk: Kat. II, Hubkraft 2 300 daN
Hydraulik: Pumpenleistung 68,3 l/min bei 195 bar
Gewichte & Maße: Zulässiges Gesamtgewicht 4 350 kg, Leergewicht 2 954 kg, Nutzlast 1 396 kg, Bodenfreiheit 40 cm, Wendekreis 7,9 m
Bereifung: 280/70R20, 360/70R30
Preis: 73 959 Euro (ohne MwSt.)

Kubota M5-092N CAB

Plantagen-Allradschlepper

Motor: Kubota Turbomotor mit Ladeluftkühlung mit 70,9 kW (96 PS) nach ISO; 4 Zylinder, 3 769 cm^3 Hubraum, Abgasnorm Stufe V
Getriebe: 36 Vorwärts- und 36 Rückwärtsgänge bis 40 km/h, synchronisiert, 14 Gänge im Hauptarbeitsbereich, 2 Lastschaltstufen
Zapfwelle: 540/540E
Hubwerk: Kat. II, Hubkraft 2 300 daN
Hydraulik: Pumpenleistung 68,3 l/min bei 195 bar
Gewichte & Maße: Zulässiges Gesamtgewicht 4 350 kg, Leergewicht 2 749 kg, Nutzlast 1 601 kg, Bodenfreiheit 40 cm, Wendekreis 7,9 m
Bereifung: 280/70R21, 360/70R31
Preis: 78 354 Euro (ohne Mehrwertsteuer)

Kubota M5-102N CAB

Plantagen-Allradschlepper

Motor: Kubota Turbomotor mit Ladeluftkühlung mit 77,9 kW (106 PS) nach ISO; 4 Zylinder, 3 769 cm^3 Hubraum, Abgasnorm Stufe V
Getriebe: 36 Vorwärts- und 36 Rückwärtsgänge bis 40 km/h, synchronisiert, 14 Gänge im Hauptarbeitsbereich, 2 Lastschaltstufen
Zapfwelle: 540/540E
Hubwerk: Kat. II, Hubkraft 2 300 daN
Hydraulik: Pumpenleistung 68,3 l/min bei 195 bar
Gewichte & Maße: Zulässiges Gesamtgewicht 4 350 kg, Leergewicht 2 749 kg, Nutzlast 1 601 kg, Bodenfreiheit 40 cm, Wendekreis 7,9 m
Bereifung: 280/70R19, 360/70R29
Preis: 81 113 Euro (ohne Mehrwertsteuer)

Kubota M5-102N ROPS

Plantagen-Allradschlepper

Motor: Kubota Turbomotor mit Ladeluftkühlung mit 78,8 kW (107 PS) nach ISO; 4 Zylinder, 3 769 cm^3 Hubraum, Abgasnorm Stufe V
Getriebe: 36 Vorwärts- und 36 Rückwärtsgänge bis 40 km/h, synchronisiert, 14 Gänge im Hauptarbeitsbereich, 2 Lastschaltstufen
Zapfwelle: 540/540E
Hubwerk: Kat. II, Hubkraft 2 300 daN
Hydraulik: Pumpenleistung 68,3 l/min bei 195 bar
Gewichte & Maße: Zulässiges Gesamtgewicht 4 350 kg, Leergewicht 2 749 kg, Nutzlast 1 601 kg, Bodenfreiheit 28 cm, Wendekreis 7,9 m
Bereifung: 280/70R20, 360/70R30
Preis: 67 957 Euro (ohne Mehrwertsteuer)

Kubota M5-112N CAB

Plantagen-Allradschlepper

Motor: Kubota Turbomotor mit Ladeluftkühlung mit 84,4 kW (115 PS) nach ISO; 4 Zylinder, 3 769 cm^3 Hubraum, Abgasnorm Stufe V
Getriebe: 36 Vorwärts- und 36 Rückwärtsgänge bis 40 km/h, synchronisiert, 14 Gänge im Hauptarbeitsbereich, 2 Lastschaltstufen
Zapfwelle: 540/540E
Hubwerk: Kat. II, Hubkraft 2 300 daN
Hydraulik: Pumpenleistung 68,3 l/min bei 195 bar
Gewichte & Maße: Zulässiges Gesamtgewicht 4 350 kg, Leergewicht 2 954 kg, Nutzlast 1 396 kg, Bodenfreiheit 40 cm, Wendekreis 7,9 m
Bereifung: 280/70R21, 360/70R31
Preis: 83 872 Euro (ohne Mehrwertsteuer)

Lamborghini

Die Anschrift des Herstellers:
Same Deutz-Fahr Deutschland GmbH, Deutz-Fahr-Str. 1, 89415 Lauingen
Telefon: 0 90 72/99 70, www.lamborghini-tractors.com

Lamborghini Sprint 50

Kompakt-Allradschlepper

Motor: Perkins Turbomotor mit 38 kW (52 PS) nach ISO; maximale Leistung 38 kW (52 PS); 4 Zylinder, 2 216 cm^3 Hubraum, Abgasnorm Stufe V
Getriebe: 12 Vorwärts- und 12 Rückwärtsgänge (auf Wunsch 16/16 bis 30 km/h), synchronisiert, 6 Gänge im Hauptarbeitsbereich
Zapfwelle: 540/540E/Weg
Hubwerk: Kat. I/II, Hubkraft 1 200 daN
Hydraulik: Pumpenleistung 30 l/min bei 180 bar
Gewichte & Maße: Zulässiges Gesamtgewicht 2 400 kg, Leergewicht 1 500 kg, Nutzlast 900 kg, Bodenfreiheit 39 cm
Bereifung: 280/70R16, 360/70R24
Preis: keine Angabe

Lamborghini Sprint 50 Basso

Kompakt-Allradschlepper

Motor: Perkins Turbomotor mit 38 kW (52 PS) nach ISO; maximale Leistung 38 kW (52 PS); 4 Zylinder, 2 216 cm^3 Hubraum, Abgasnorm Stufe V
Getriebe: 12 Vorwärts- und 12 Rückwärtsgänge (auf Wunsch 16/16 bis 30 km/h), synchronisiert, 6 Gänge im Hauptarbeitsbereich
Zapfwelle: 540/540E/Weg
Hubwerk: Kat. I/II, Hubkraft 1 200 daN
Hydraulik: Pumpenleistung 30 l/min bei 180 bar
Gewichte & Maße: Zul. Gesamtgewicht 2 400 kg, Leergewicht 1 385 kg, Nutzlast 1 015 kg, Bodenfreiheit 33 cm
Bereifung: 240/70R16, 360/70R20
Preis: keine Angabe

Lamborghini Sprint 60

Kompakt-Allradschlepper

Motor: Perkins Turbomotor mit 43,5 kW (59 PS) nach ISO; maximale Leistung 43,5 kW (59 PS); 4 Zylinder, 2 216 cm^3 Hubraum, Abgasnorm Stufe V

Getriebe: 12 Vorwärts- und 12 Rückwärtsgänge (auf Wunsch 16/16 bis 30 km/h), synchronisiert, 6 Gänge im Hauptarbeitsbereich
Zapfwelle: 540/540E/Weg
Hubwerk: Kat. I/II, Hubkraft 1 200 daN
Hydraulik: Pumpenleistung 30 l/min bei 180 bar
Gewichte & Maße: Zul. Gesamtgewicht 2 400 kg, Leergewicht 1 575 kg, Nutzlast 825 kg, Bodenfreiheit 39 cm
Bereifung: 280/70R16, 360/70R24
Preis: keine Angabe

Lamborghini Spire F 70 Trend

Kompakt-Allradschlepper

Motor: SDF Turbomotor mit Ladeluftkühlung mit 48 kW (65 PS) nach ISO; maximale Leistung 48,9 kW (67 PS); 3 Zylinder, 2 887 cm³ Hubraum, Abgasnorm Stufe V
Getriebe: 30 Vorwärts- und 15 Rückwärtsgänge (auf Wunsch 30/15 bis 40 km/h), synchronisiert
Zapfwelle: 540
Hubwerk: Kat. II, Hubkraft 3 050 daN
Hydraulik: Pumpenleistung 42 l/min bei 190 bar
Gewichte & Maße: Zulässiges Gesamtgewicht 4 200 kg, Leergewicht 2 450 kg, Nutzlast 1 750 kg
Bereifung: 280/70R16, 360/70R24
Preis: keine Angabe

Lamborghini Spire F 80 Target

Kompakt-Allradschlepper

Motor: SDF Turbomotor mit Ladeluftkühlung mit 55,2 kW (75 PS) nach ISO; maximale Leistung 55,8 kW (76 PS); 3 Zylinder, 2 887 cm³ Hubraum, Abgasnorm Stufe V
Getriebe: 30 Vor- und 15 Rückwärtsgänge (a.W. 30/15, 45/45 bis 40 km/h), synchronisiert, 3 Lastschaltstufen
Zapfwelle: 540/540E
Hubwerk: Kat. II, Hubkraft 2 880 daN
Hydraulik: Pumpenleistung 54; 64 l/min bei 200 bar
Gewichte & Maße: Zulässiges Gesamtgewicht 5 000 kg, Leergewicht 2 500 kg, Nutzlast 2 500 kg, Bodenfreiheit 24 cm, Wendekreis 7,4 m
Bereifung: 280/70R16, 360/70R24
Preis: keine Angabe

Lamborghini Spire F 80 Trend

Kopakt-Allradschlepper

Motor: SDF Turbomotor mit Ladeluftkühlung mit 55,2 kW (75 PS) nach ISO; maximale Leistung 55,8 kW (76 PS); 3 Zylinder, 2 887 cm³ Hubraum, Abgasnorm Stufe V
Getriebe: 30 Vorwärts- und 15 Rückwärtsgänge (auf Wunsch 30/15 bis 40 km/h), synchronisiert
Zapfwelle: 540
Hubwerk: Kat. II, Hubkraft 3 050 daN
Hydraulik: Pumpenleistung 42 l/min bei 190 bar
Gewichte & Maße: Zulässiges Gesamtgewicht 4 200 kg, Leergewicht 2 450 kg, Nutzlast 1 750 kg
Bereifung: 280/70R16, 360/70R24
Preis: keine Angabe

Lamborghini Spire S 80 Target

Kompakt-Allradschlepper

Motor: SDF Turbomotor mit Ladeluftkühlung mit 55,2 kW (75 PS) nach ISO; maximale Leistung 55,8 kW (76 PS); 3 Zylinder, 2 887 cm³ Hubraum, Abgasnorm Stufe V
Getriebe: 30 Vor- und 15 Rückwärtsgänge (auf Wunsch 30/15, 45/45 bis 40 km/h), synchronisiert, 3 Lastschaltstufen
Zapfwelle: 540/540E
Hubwerk: Kat. II, Hubkraft 2 680 daN

Hydraulik: Pumpenleistung 54; 64 l/min bei 200 bar
Gewichte & Maße: Zulässiges Gesamtgewicht 4600 kg, Leergewicht 2800 kg, Nutzlast 1800 kg, Bodenfreiheit 23 cm, Wendekreis 6,6 m
Bereifung: 240/70R16, 360/70R24
Preis: keine Angabe

Lamborghini Spire V 80 Target

Plantagen-Allradschlepper

Motor: SDF Turbomotor mit Ladeluftkühlung mit 55,2 kW (75 PS) nach ISO; maximale Leistung 55,8 kW (76 PS); 3 Zylinder, 2887 cm³ Hubraum, Abgasnorm Stufe V

Getriebe: 30 Vorwärts- und 15 Rückwärtsgänge (auf Wunsch 30/15, 45/45 bis 40 km/h), synchronisiert, 3 Lastschaltstufen
Zapfwelle: 540/540E
Hubwerk: Kat. II, Hubkraft 2680 daN
Hydraulik: Pumpenleistung 54; 64 l/min bei 200 bar
Gewichte & Maße: Zulässiges Gesamtgewicht 4600 kg, Leergewicht 2800 kg, Nutzlast 1800 kg, Bodenfreiheit 23 cm, Wendekreis 7,7 m
Bereifung: 240/70R16, 380/70R20
Preis: keine Angabe

Lamborghini Spire F 90

Plantagen-Allradschlepper

Motor: SDF Turbomotor mit Ladeluftkühlung mit 61,5 kW (84 PS) nach ISO; maximale Leistung 63,5 kW (86 PS); maximale Leistung (Boost) 67 kW (91 PS); 3 Zylinder, 2887 cm³ Hubraum, Abgasnorm Stufe V
Getriebe: 45 Vorwärts- und 45 Rückwärtsgänge (auf Wunsch 30/15, 45/45 bis 40 km/h), synchronisiert, 3 Lastschaltstufen
Zapfwelle: 540/540E/1000
Hubwerk: Kat. II, Hubkraft 2880 daN
Hydraulik: Pumpenleistung 68 l/min bei 200 bar
Gewichte & Maße: Zulässiges Gesamtgewicht 5000 kg, Leergewicht 2500 kg, Nutzlast 2500 kg, Bodenfreiheit 24 cm, Wendekreis 7,4 m
Bereifung: 280/70R16, 360/70R24
Preis: keine Angabe

Lamborghini Spire S 90 Pro

Plantagen-Allradschlepper

Motor: SDF Turbomotor mit Ladeluftkühlung mit 61,5 kW (84 PS) nach ISO; maximale Leistung 63,5 kW (86 PS); maximale Leistung (Boost) 67 kW (91 PS); 3 Zylinder, 2887 cm³ Hubraum, Abgasnorm Stufe V
Getriebe: 45 Vorwärts- und 45 Rückwärtsgänge (auf Wunsch 30/15, 45/45 bis 40 km/h), synchronisiert, 3 Lastschaltstufen
Zapfwelle: 540/540E/1000
Hubwerk: Kat. II, Hubkraft 2680 daN
Hydraulik: Pumpenleistung 88 l/min bei 200 bar
Gewichte & Maße: Zulässiges Gesamtgewicht 5000 kg, Leergewicht 3320 kg, Wendekreis 6,6 m
Bereifung: 240/70R16, 360/70R24
Preis: keine Angabe

Lamborghini Spire S 90

Plantagen-Allradschlepper

Motor: SDF Turbomotor mit Ladeluftkühlung mit 61,5 kW (84 PS) nach ISO; maximale Leistung 63,5 kW (86 PS); maximale Leistung (Boost) 67 kW (91 PS); 3 Zylinder, 2 887 cm³ Hubraum, Abgasnorm Stufe V
Getriebe: 45 Vorwärts- und 45 Rückwärtsgänge (auf Wunsch 30/15, 45/45 bis 40 km/h), synchronisiert, 3 Lastschaltstufen
Zapfwelle: 540/540E/1 000
Hubwerk: Kat. II, Hubkraft 2 680 daN
Hydraulik: Pumpenleistung 68 l/min bei 185 bar
Gewichte & Maße: Zulässiges Gesamtgewicht 5 000 kg, Leergewicht 2 800 kg, Nutzlast 1 800 kg, Bodenfreiheit 23 cm, Wendekreis 6,6 m
Bereifung: 240/70R16, 360/70R24
Preis: keine Angabe

Lamborghini Spire S 100 Pro

Plantagen-Allradschlepper

Motor: SDF Turbomotor mit Ladeluftkühlung mit 61,5 kW (84 PS) nach ISO; maximale Leistung 63,5 kW (86 PS); maximale Leistung (Boost) 67 kW (91 PS); 3 Zylinder, 2 887 cm³ Hubraum, Abgasnorm Stufe V
Getriebe: 45 Vorwärts- und 45 Rückwärtsgänge (auf Wunsch 30/15, 45/45 bis 40 km/h), synchronisiert, 3 Lastschaltstufen
Zapfwelle: 540/540E/1 000
Hubwerk: Kat. II, Hubkraft 2 680 daN
Hydraulik: Pumpenleistung 88 l/min bei 200 bar
Gewichte & Maße: Zulässiges Gesamtgewicht 5 000 kg, Leergewicht 3 320 kg, Wendekreis 6,6 m
Bereifung: 240/70R16, 360/70R24
Preis: keine Angabe

Lamborghini Spire F 90 Plattform

Plantagen-Allradschlepper

Motor: SDF Turbomotor mit Ladeluftkühlung mit 61,5 kW (84 PS) nach ISO; maximale Leistung 63,5 kW (86 PS); maximale Leistung (Boost) 67 kW (91 PS); 3 Zylinder, 2 887 cm³ Hubraum, Abgasnorm Stufe V
Getriebe: 45 Vorwärts- und 45 Rückwärtsgänge (auf Wunsch 30/15, 45/45 bis 40 km/h), synchronisiert, 3 Lastschaltstufen
Zapfwelle: 540/540E/1 000
Hubwerk: Kat. II, Hubkraft 3 940 daN
Hydraulik: Pumpenleistung 68 l/min bei 200 bar
Gewichte & Maße: Zulässiges Gesamtgewicht 5 000 kg, Leergewicht 2 650 kg, Nutzlast 2 500 kg, Bodenfreiheit 24 cm, Wendekreis 7,4 m
Bereifung: 280/70R16, 380/70R24
Preis: keine Angabe

Lamborghini Spire F 90 Pro

Plantagen-Allradschlepper

Motor: SDF Turbomotor mit Ladeluftkühlung mit 61,5 kW (84 PS) nach ISO; maximale Leistung 63,5 kW (86 PS); maximale Leistung (Boost) 67 kW (91 PS); 3 Zylinder, 2 887 cm³ Hubraum, Abgasnorm Stufe V
Getriebe: 45 Vorwärts- und 45 Rückwärtsgänge (auf Wunsch 30/15, 45/45 bis 40 km/h), synchronisiert, 3 Lastschaltstufen
Zapfwelle: 540/540E/1 000
Hubwerk: Kat. II, Hubkraft 3 940 daN
Hydraulik: Pumpenleistung 88 l/min bei 200 bar
Gewichte & Maße: Zulässiges Gesamtgewicht 5 200 kg, Leergewicht 3 290 kg, Nutzlast 2 500 kg, Bodenfreiheit 24 cm
Bereifung: 280/70R16, 360/70R24
Preis: keine Angabe

Lamborghini Spire V 90

Plantagen-Allradschlepper

Motor: SDF Turbomotor mit Ladeluftkühlung mit 61,5 kW (84 PS) nach ISO; maximale Leistung 63,5 kW (86 PS); maximale Leistung (Boost) 67 kW (91 PS); 3 Zylinder, 2 887 cm³ Hubraum, Abgasnorm Stufe V
Getriebe: 45 Vorwärts- und 45 Rückwärtsgänge (auf Wunsch 30/15, 45/45 bis 40 km/h), synchronisiert, 3 Lastschaltstufen
Zapfwelle: 540/540E/1 000
Hubwerk: Kat. II, Hubkraft 2 680 daN
Hydraulik: Pumpenleistung 68 l/min bei 200 bar
Gewichte & Maße: Zulässiges Gesamtgewicht 5 000 kg,

Leergewicht 2800 kg, Nutzlast 1800 kg, Bodenfreiheit 23 cm, Wendekreis 7,7 m
Bereifung: 240/70R16, 380/70R20
Preis: keine Angabe

Lamborghini Spire V 90 Pro

Plantagen-Allradschlepper

Motor: SDF Turbomotor mit Ladeluftkühlung mit 61,5 kW (84 PS) nach ISO; maximale Leistung 63,5 kW (86 PS); maximale Leistung (Boost) 67 kW (91 PS); 3 Zylinder, 2887 cm³ Hubraum, Abgasnorm Stufe V
Getriebe: 45 Vorwärts- und 45 Rückwärtsgänge (auf Wunsch 30/15, 45/45 bis 40 km/h), synchronisiert, 3 Lastschaltstufen
Zapfwelle: 540/540E/1000
Hubwerk: Kat. II, Hubkraft 2680 daN
Hydraulik: Pumpenleistung 88 l/min bei 200 bar
Gewichte & Maße: Zulässiges Gesamtgewicht 5000 kg, Leergewicht 3235 kg, Bodenfreiheit 23 cm, Wendekreis 7,7 m
Bereifung: 240/70R16, 380/70R20
Preis: keine Angabe

Lamborghini Spire F 100 Pro

Plantagen-Allradschlepper

Motor: SDF Turbomotor mit Ladeluftkühlung mit 61,5 kW (84 PS) nach ISO; maximale Leistung 63,5 kW (86 PS); maximale Leistung (Boost) 67 kW (91 PS); 3 Zylinder, 2887 cm³ Hubraum, Abgasnorm Stufe V
Getriebe: 45 Vorwärts- und 45 Rückwärtsgänge (auf Wunsch 30/15, 45/45 bis 40 km/h), synchronisiert, 3 Lastschaltstufen
Zapfwelle: 540/540E/1000
Hubwerk: Kat. II, Hubkraft 3940 daN
Hydraulik: Pumpenleistung 88 l/min bei 200 bar
Gewichte & Maße: Zulässiges Gesamtgewicht 5200 kg, Leergewicht 3290 kg, Nutzlast 2500 kg, Bodenfreiheit 24 cm
Bereifung: 280/70R16, 360/70R24
Preis: keine Angabe

Lamborghini Spire V 100 Pro

Plantagen-Allradschlepper

Motor: SDF Turbomotor mit Ladeluftkühlung mit 61,5 kW (84 PS) nach ISO; maximale Leistung 63,5 kW (86 PS); maximale Leistung (Boost) 67 kW (91 PS); 3 Zylinder, 2887 cm³ Hubraum, Abgasnorm Stufe V
Getriebe: 45 Vorwärts- und 45 Rückwärtsgänge (auf Wunsch 30/15, 45/45 bis 40 km/h), synchronisiert, 3 Lastschaltstufen
Zapfwelle: 540/540E/1000
Hubwerk: Kat. II, Hubkraft 2680 daN
Hydraulik: Pumpenleistung 88 l/min bei 200 bar
Gewichte & Maße: Zulässiges Gesamtgewicht 5000 kg, Leergewicht 3235 kg, Bodenfreiheit 23 cm, Wendekreis 7,7 m
Bereifung: 240/70R16, 380/70R20
Preis: keine Angabe

Lamborghini Spire F 95

Plantagen-Allradschlepper

Motor: SDF Turbomotor mit Ladeluftkühlung mit 61,8 kW (84 PS) nach ISO; maximale Leistung 66,4 kW (90 PS); maximale Leistung (Boost) 70 kW (95 PS); 4 Zylinder, 3849 cm³ Hubraum, Abgasnorm Stufe V
Getriebe: 45 Vorwärts- und 45 Rückwärtsgänge (auf Wunsch 30/15, 45/45 bis 40 km/h), synchronisiert, 3 Lastschaltstufen
Zapfwelle: 540/540E/1000
Hubwerk: Kat. II, Hubkraft 2880 daN
Hydraulik: Pumpenleistung 68 l/min bei 200 bar
Gewichte & Maße: Zulässiges Gesamtgewicht 5000 kg, Leergewicht 2650 kg, Nutzlast 2350 kg, Bodenfreiheit 24 cm, Wendekreis 7,4 m
Bereifung: 280/70R16, 380/70R24
Preis: keine Angabe

Lamborghini Spire V 95

Plantagen-Allradschlepper

Motor: SDF Turbomotor mit Ladeluftkühlung mit 61,8 kW (84 PS) nach ISO; maximale Leistung 66,4 kW (90 PS); maximale Leistung (Boost) 70 kW (95 PS); 4 Zylinder, 3849 cm³ Hubraum, Abgasnorm Stufe V
Getriebe: 45 Vor- und 45 Rückwärtsgänge (a.W. 30/15, 45/45 bis 40 km/h), synchronisiert, 3 Lastschaltstufen
Zapfwelle: 540/540E/1000
Hubwerk: Kat. II, Hubkraft 2680 daN
Hydraulik: Pumpenleistung 68 l/min bei 200 bar
Gewichte & Maße: Zulässiges Gesamtgewicht 5000 kg, Leergewicht 2900 kg, Nutzlast 1700 kg, Bodenfreiheit 23 cm, Wendekreis 7,7 m
Bereifung: 240/70R16, 380/70R20
Preis: keine Angabe

Lamborghini Spire F 95 Plattform

Plantagen-Allradschlepper

Motor: SDF Turbomotor mit Ladeluftkühlung mit 61,8 kW (84 PS) nach ISO; maximale Leistung 66,4 kW (90 PS); maximale Leistung (Boost) 70 kW (95 PS); 4 Zylinder, 3849 cm³ Hubraum, Abgasnorm Stufe V
Getriebe: 45 Vorwärts- und 45 Rückwärtsgänge (auf Wunsch 30/15, 45/45 bis 40 km/h), synchronisiert, 3 Lastschaltstufen
Zapfwelle: 540/540E/1000
Hubwerk: Kat. II, Hubkraft 3940 daN
Hydraulik: Pumpenleistung 68 l/min bei 200 bar
Gewichte & Maße: Zulässiges Gesamtgewicht 5000 kg, Leergewicht 2650 kg, Nutzlast 2500 kg, Bodenfreiheit 24 cm, Wendekreis 7,4 m
Bereifung: 280/70R16, 380/70R24
Preis: keine Angabe

Lamborghini Spire S 95
Plantagen-Allradschlepper

Motor: SDF Turbomotor mit Ladeluftkühlung mit 61,8 kW (84 PS) nach ISO; maximale Leistung 66,4 kW (90 PS); maximale Leistung (Boost) 70 kW (95 PS); 4 Zylinder, 3849 cm³ Hubraum, Abgasnorm Stufe V
Getriebe: 45 Vorwärts- und 45 Rückwärtsgänge (auf Wunsch 30/15, 45/45 bis 40 km/h), synchronisiert, 3 Lastschaltstufen
Zapfwelle: 540/540E/1000
Hubwerk: Kat. II, Hubkraft 2680 daN
Hydraulik: Pumpenleistung 68 l/min bei 185 bar
Gewichte & Maße: Zulässiges Gesamtgewicht 5000 kg, Leergewicht 2900 kg, Nutzlast 1700 kg, Bodenfreiheit 24 cm, Wendekreis 6,6 m
Bereifung: 260/70R16, 380/70R24
Preis: keine Angabe

Lamborghini Spire V 90 VRT
Plantagen-Allradschlepper

Motor: SDF Turbomotor mit Ladeluftkühlung mit 63,5 kW (86 PS) nach ISO; maximale Leistung 67 kW (91 PS); 3 Zylinder, 2887 cm³ Hubraum, Abgasnorm Stufe V
Getriebe: stufenloses Getriebe bis 40 km/h
Zapfwelle: 540/540E/1000
Hubwerk: Kat. II, Hubkraft 2600 daN
Hydraulik: Pumpenleistung 100 + 42 l/min bei 200 bar
Gewichte & Maße: Zulässiges Gesamtgewicht 4800 kg, Leergewicht 3200 kg, Nutzlast 1600 kg
Bereifung: 240/70R16, 380/70R20
Preis: keine Angabe

Lamborghini Spire S 90 VRT
Plantagen-Allradschlepper

Motor: SDF Turbomotor mit Ladeluftkühlung mit 63,5 kW (86 PS) nach ISO; maximale Leistung 67 kW (91 PS); 3 Zylinder, 2887 cm³ Hubraum, Abgasnorm Stufe V
Getriebe: stufenloses Getriebe bis 40 km/h
Zapfwelle: 540/540E/1000
Hubwerk: Kat. II, Hubkraft 2600 daN
Hydraulik: Pumpenleistung 100 + 42 l/min bei 200 bar
Gewichte & Maße: Zulässiges Gesamtgewicht 4800 kg, Leergewicht 3200 kg, Nutzlast 1600 kg
Bereifung: 240/70R16, 360/70R24
Preis: keine Angabe

Lamborghini Spire F 90 VRT
Plantagen-Allradschlepper

Motor: SDF Turbomotor mit Ladeluftkühlung mit 63,5 kW (86 PS) nach ISO; maximale Leistung 67 kW (91 PS); 3 Zylinder, 2887 cm³ Hubraum, Abgasnorm Stufe V
Getriebe: stufenloses Getriebe bis 40 km/h
Zapfwelle: 540/540E/1000
Hubwerk: Kat. II, Hubkraft 3800 daN
Hydraulik: Pumpenleistung 100 + 42 l/min bei 200 bar
Gewichte & Maße: Zulässiges Gesamtgewicht 5200 kg, Leergewicht 3500 kg, Nutzlast 1700 kg
Bereifung: 280/70R16, 380/70R24
Preis: keine Angabe

Lamborghini Spire F 90 VRT (4WS)
Plantagen-Allradschlepper

Motor: SDF Turbomotor mit Ladeluftkühlung mit 63,5 kW (86 PS) nach ISO; maximale Leistung 67 kW (91 PS); 3 Zylinder, 2887 cm³ Hubraum, Abgasnorm Stufe V
Getriebe: stufenloses Getriebe bis 40 km/h
Zapfwelle: 540/540E/1000
Hubwerk: Kat. II, Hubkraft 3400 daN
Hydraulik: Pumpenleistung 115 + 42 l/min bei 200 bar
Gewichte & Maße: Zulässiges Gesamtgewicht 5200 kg, Leergewicht 3500 kg, Nutzlast 1450 kg, Wendekreis 3 m

Bereifung: 280/70R16, 380/70R24
Preis: keine Angabe

Lamborghini Spire S 95 VRT

Plantagen-Allradschlepper

Motor: SDF Turbomotor mit Ladeluftkühlung mit 66,4 kW (90 PS) nach ISO; maximale Leistung 70 kW (95 PS); 4 Zylinder, 3849 cm³ Hubraum, Abgasnorm Stufe V
Getriebe: stufenl. Getriebe bis 40 km/h
Zapfwelle: 540/540E/1000
Hubwerk: Kat. II, Hubkraft 2600 daN
Hydraulik: Pumpenleistung 100 + 42 l/min bei 200 bar
Gewichte & Maße: Zulässiges Gesamtgewicht 4800 kg, Leergewicht 3200 kg, Nutzlast 1600 kg
Bereifung: 240/70R16, 360/70R24
Preis: keine Angabe

Lamborghini Spire V 95 VRT

Plantagen-Allradschlepper

Motor: SDF Turbomotor mit Ladeluftkühlung mit 66,4 kW (90 PS) nach ISO; maximale Leistung 70 kW (95 PS); 4 Zylinder, 3849 cm³ Hubraum, Abgasnorm Stufe V
Getriebe: stufenloses Getriebe bis 40 km/h
Zapfwelle: 540/540E/1000
Hubwerk: Kat. II, Hubkraft 2600 daN
Hydraulik: Pumpenleistung 100 + 42 l/min bei 200 bar
Gewichte & Maße: Zulässiges Gesamtgewicht 4800 kg, Leergewicht 3200 kg, Nutzlast 1600 kg
Bereifung: 240/70R16, 380/70R20
Preis: keine Angabe

Lamborghini Spire F 95 VRT (4WS)

Plantagen-Allradschlepper

Motor: Turbomotor mit Ladeluftkühlung mit 66,4 kW (90 PS) nach ISO; maximale Leistung 70 kW (95 PS); 4 Zylinder, 3849 cm³ Hubraum, Abgasnorm Stufe V
Getriebe: stufenloses Getriebe bis 40 km/h
Zapfwelle: 540/540E/1000
Hubwerk: Kat. II, Hubkraft 3400 daN
Hydraulik: Pumpenleistung 115 + 42 l/min bei 200 bar
Gewichte & Maße: Zulässiges Gesamtgewicht 5200 kg, Leergewicht 3500 kg, Nutzlast 1450 kg, Wendekreis 3 m
Bereifung: 280/70R16, 380/70R24
Preis: keine Angabe

Lamborghini Spire F 95 VRT

Plantagen-Allradschlepper

Motor: SDF Turbomotor mit Ladeluftkühlung mit 66,4 kW (90 PS) nach ISO; maximale Leistung 70 kW (95 PS); 4 Zylinder, 3849 cm³ Hubraum, Abgasnorm Stufe V
Getriebe: stufenloses Getriebe bis 40 km/h
Zapfwelle: 540/540E/1000
Hubwerk: Kat. II, Hubkraft 3800 daN
Hydraulik: Pumpenleistung 100 + 42 l/min bei 200 bar
Gewichte & Maße: Zulässiges Gesamtgewicht 5200 kg, Leergewicht 3500 kg, Nutzlast 1700 kg
Bereifung: 280/70R16, 380/70R24
Preis: keine Angabe

Lamborghini Spire V 100

Plantagen-Allradschlepper

Motor: SDF Turbomotor mit Ladeluftkühlung mit 67 kW (91 PS) nach ISO; maximale Leistung 71 kW (97 PS); 3 Zylinder, 2887 cm³ Hubraum, Abgasnorm Stufe V
Getriebe: 30 Vorwärts- und 15 Rückwärtsgänge (auf Wunsch 30/15, 45/45 bis 40 km/h), synchronisiert, 3 Lastschaltstufen
Zapfwelle: 540/540E
Hubwerk: Kat. II, Hubkraft 2680 daN
Hydraulik: Pumpenleistung 54; 131 l/min bei 200 bar
Gewichte & Maße: Zulässiges Gesamtgewicht 4600 kg, Leergewicht 2800 kg, Nutzlast 1800 kg, Bodenfreiheit 23 cm, Wendekreis 7,7 m
Bereifung: 240/70R16, 380/70R20
Preis: keine Angabe

Lamborghini Spire F 100 Plattform

Plantagen-Allradschlepper

Motor: SDF Turbomotor mit Ladeluftkühlung mit 67 kW (91 PS) nach ISO; maximale Leistung 71 kW (97 PS); maximale Leistung (Boost) 75 kW (102 PS); 3 Zylinder, 2887 cm³ Hubraum, Abgasnorm Stufe V
Getriebe: 45 Vorwärts- und 45 Rückwärtsgänge (auf Wunsch 30/15, 45/45 bis 40 km/h), synchronisiert, 3 Lastschaltstufen
Zapfwelle: 540/540E/1000
Hubwerk: Kat. II, Hubkraft 3940 daN
Hydraulik: Pumpenleistung 68 l/min bei 200 bar
Gewichte & Maße: Zulässiges Gesamtgewicht 5000 kg, Leergewicht 2650 kg, Nutzlast 2500 kg, Bodenfreiheit 24 cm, Wendekreis 7,4 m
Bereifung: 280/70R16, 380/70R24
Preis: keine Angabe

Lamborghini Spire S 100

Plantagen-Allradschlepper

Motor: SDF Turbomotor mit Ladeluftkühlung mit 67 kW (91 PS) nach ISO; maximale Leistung 71 kW (97 PS); 3 Zylinder, 2887 cm³ Hubraum, Abgasnorm Stufe V
Getriebe: 30 Vorwärts- und 15 Rückwärtsgänge (auf Wunsch 30/15, 45/45 bis 40 km/h), synchronisiert, 3 Lastschaltstufen
Zapfwelle: 540/540E
Hubwerk: Kat. II, Hubkraft 2680 daN
Hydraulik: Pumpenleistung 54; 131 l/min bei 185 bar

Gewichte & Maße: Zulässiges Gesamtgewicht 4 600 kg, Leergewicht 2 800 kg, Nutzlast 1 800 kg, Bodenfreiheit 23 cm, Wendekreis 6,6 m
Bereifung: 240/70R16, 360/70R24
Preis: keine Angabe

Lamborghini Spire F 100

Plantagen-Allradschlepper

Motor: SDF Turbomotor mit Ladeluftkühlung mit 67 kW (91 PS) nach ISO; maximale Leistung 71 kW (97 PS); 3 Zylinder, 2 887 cm³ Hubraum, Abgasnorm Stufe V
Getriebe: 30 Vorwärts- und 15 Rückwärtsgänge (auf Wunsch 30/15, 45/45 bis 40 km/h), synchronisiert, 3 Lastschaltstufen
Zapfwelle: 540/540E
Hubwerk: Kat. II, Hubkraft 2 880 daN
Hydraulik: Pumpenleistung 54; 131 l/min bei 200 bar
Gewichte & Maße: Zulässiges Gesamtgewicht 5 000 kg, Leergewicht 2 500 kg, Nutzlast 2 500 kg, Bodenfreiheit 26 cm, Wendekreis 7,4 m
Bereifung: 280/70R18, 420/70R24
Preis: keine Angabe

Lamborghini Spire V 105

Plantagen-Allradschlepper

Motor: SDF Turbomotor mit Ladeluftkühlung mit 71,5 kW (97 PS) nach ISO; maximale Leistung 75 kW (102 PS); 4 Zylinder, 3 849 cm³ Hubraum, Abgasnorm Stufe V
Getriebe: 30 Vorwärts- und 15 Rückwärtsgänge (a. W, 30/15, 45/45 bis 40 km/h), synchronisiert, 3 LS-Stufen
Zapfwelle: 540/540E
Hubwerk: Kat. II, Hubkraft 2 680 daN
Hydraulik: Pumpenleistung 54; 131 l/min bei 185 bar
Gewichte & Maße: Zulässiges Gesamtgewicht 4 600 kg, Leergewicht 2 900 kg, Nutzlast 1 700 kg, Bodenfreiheit 23 cm, Wendekreis 7,7 m
Bereifung: 240/70R16, 380/70R20
Preis: keine Angabe

Lamborghini Spire S 105

Plantagen-Allradschlepper

Motor: SDF Turbomotor mit Ladeluftkühlung mit 71,5 kW (97 PS) nach ISO; maximale Leistung 75 kW (102 PS); 4 Zylinder, 3 849 cm³ Hubraum, Abgasnorm Stufe V
Getriebe: 30 Vorwärts- und 15 Rückwärtsgänge (auf Wunsch 30/15, 45/45 bis 40 km/h), synchronisiert, 3 Lastschaltstufen
Zapfwelle: 540/540E
Hubwerk: Kat. II, Hubkraft 2 680 daN
Hydraulik: Pumpenleistung 54; 131 l/min bei 185 bar
Gewichte & Maße: Zulässiges Gesamtgewicht 4 600 kg, Leergewicht 2 900 kg, Nutzlast 1 700 kg, Bodenfreiheit 27 cm, Wendekreis 6,6 m
Bereifung: 280/70R16, 420/70R24
Preis: keine Angabe

Lamborghini Spire F 105

Plantagen-Allradschlepper

Motor: SDF Turbomotor mit Ladeluftkühlung mit 71,5 kW (97 PS) nach ISO; maximale Leistung 75 kW (102 PS); 4 Zylinder, 3 849 cm³ Hubraum, Abgasnorm Stufe V
Getriebe: 30 Vorwärts- und 15 Rückwärtsgänge (auf Wunsch 30/15, 45/45 bis 40 km/h), synchronisiert, 3 Lastschaltstufen
Zapfwelle: 540/540E
Hubwerk: Kat. II, Hubkraft 2 880 daN
Hydraulik: Pumpenleistung 54; 131 l/min bei 200 bar
Gewichte & Maße: Zulässiges Gesamtgewicht 5 000 kg, Leergewicht 2 650 kg, Nutzlast 2 350 kg, Bodenfreiheit 26 cm, Wendekreis 7,4 m
Bereifung: 280/70R18, 420/70R24
Preis: keine Angabe

Lamborghini Spire F 105 Plattform

Plantagen-Allradschlepper

Motor: SDF Turbomotor mit Ladeluftkühlung mit 71,5 kW (97 PS) nach ISO; maximale Leistung 74 kW (101 PS); maximale Leistung (Boost) 78 kW (106 PS); 4 Zylinder, 3 849 cm³ Hubraum, Abgasnorm Stufe V

Getriebe: 45 Vor- und 45 Rückwärtsgänge (a. W. 30/15, 45/45 bis 40 km/h), synchronisiert, 3 Lastschaltstufen
Zapfwelle: 540/540E/1000
Hubwerk: Kat. II, Hubkraft 3940 daN
Hydraulik: Pumpenleistung 68 l/min bei 200 bar
Gewichte & Maße: Zulässiges Gesamtgewicht 5000 kg, Leergewicht 2650 kg, Nutzlast 2500 kg, Bodenfreiheit 24 cm, Wendekreis 7,4 m
Bereifung: 280/70R16, 380/70R24
Preis: keine Angabe

Lamborghini Spire F 105 VRT

Plantagen-Allradschlepper

Motor: SDF Turbomotor mit Ladeluftkühlung mit 74 kW (101 PS) nach ISO; maximale Leistung 78 kW (106 PS); 4 Zylinder, 3849 cm^3 Hubraum, Abgasnorm Stufe V
Getriebe: stufenloses Getriebe bis 40 km/h
Zapfwelle: 540/540E/1000
Hubwerk: Kat. II, Hubkraft 3800 daN
Hydraulik: Pumpenleistung 100 + 42 l/min bei 200 bar
Gewichte & Maße: Zulässiges Gesamtgewicht 5200 kg, Leergewicht 3500 kg, Nutzlast 1700 kg
Bereifung: 280/70R16, 380/70R24
Preis: keine Angabe

Lamborghini Strike CM 105

Raupentraktor

Motor: SDF Turbomotor mit Ladeluftkühlung mit 74 kW (101 PS) nach ISO; maximale Leistung 78 kW (106 PS); 4 Zylinder, 3849 cm^3 Hubraum, Abgasnorm Stufe V
Getriebe: 16 Vorwärts- und 16 Rückwärtsgänge (auf Wunsch 12/12, 16/16 bis 12 km/h), synchronisiert
Zapfwelle: 540/540E
Hubwerk: Kat. II, Hubkraft 3170 daN
Hydraulik: Pumpenleistung 50 l/min
Bereifung: 450 mm, 450 mm
Preis: keine Angabe

Lamborghini Spire S 105 VRT

Plantagen-Allradschlepper

Motor: SDF Turbomotor mit Ladeluftkühlung mit 74 kW (101 PS) nach ISO; maximale Leistung 78 kW (106 PS); 4 Zylinder, 3849 cm^3 Hubraum, Abgasnorm Stufe V
Getriebe: stufenloses Getriebe bis 40 km/h
Zapfwelle: 540/540E/1000
Hubwerk: Kat. II, Hubkraft 2600 daN
Hydraulik: Pumpenleistung 100 + 42 l/min bei 200 bar
Gewichte & Maße: Zulässiges Gesamtgewicht 4800 kg, Leergewicht 3200 kg, Nutzlast 1600 kg
Bereifung: 240/70R16, 360/70R24
Preis: keine Angabe

Lamborghini Spire F 105 VRT (4WS)

Plantagen-Allradschlepper

Motor: SDF Turbomotor mit Ladeluftkühlung mit 74 kW (101 PS) nach ISO; maximale Leistung 78 kW (106 PS); 4 Zylinder, 3849 cm^3 Hubraum, Abgasnorm Stufe V
Getriebe: stufenl. Getriebe bis 40 km/h
Zapfwelle: 540/540E/1000
Hubwerk: Kat. II, Hubkraft 3400 daN
Hydraulik: Pumpenleistung 115 + 42 l/min bei 200 bar
Gewichte & Maße: Zulässiges Gesamtgewicht 5200 kg, Leergewicht 3500 kg, Nutzlast 1450 kg, Wendekreis 3,1 m
Bereifung: 280/70R16, 380/70R24
Preis: keine Angabe

Lamborghini Spire V 105 VRT

Plantagen-Allradschlepper

Motor: SDF Turbomotor mit Ladeluftkühlung mit 74 kW (101 PS) nach ISO; maximale Leistung 78 kW (106 PS);

4 Zylinder, 3 849 cm³ Hubraum, Abgasnorm Stufe V
Getriebe: stufenl. Getriebe bis 40 km/h
Zapfwelle: 540/540E/1 000
Hubwerk: Kat. II, Hubkraft 2 600 daN
Hydraulik: Pumpenleistung 100 + 42 l/min bei 200 bar
Gewichte & Maße: Zulässiges Gesamtgewicht 4 800 kg, Leergewicht 3 200 kg, Nutzlast 1 600 kg
Bereifung: 240/70R16, 380/70R20
Preis: keine Angabe

Lamborghini Spire V 100 VRT

Plantagen-Allradschlepper

Motor: SDF Turbomotor mit Ladeluftkühlung mit 75 kW (102 PS) nach ISO; max. Leistung 71,1 kW (97 PS); 3 Zyl., 2 887 cm³ Hubraum, Abgasnorm Stufe V
Getriebe: stufenl. Getriebe bis 40 km/h
Zapfwelle: 540/540E/1 000
Hubwerk: Kat. II, Hubkraft 2 600 daN
Hydraulik: Pumpenleistung 100 + 42 l/min bei 200 bar
Gewichte & Maße: Zulässiges Gesamtgewicht 4 800 kg, Leergewicht 3 200 kg, Nutzlast 1 600 kg
Bereifung: 240/70R16, 380/70R20
Preis: keine Angabe

Lamborghini Spire S 100 VRT

Plantagen-Allradschlepper

Motor: SDF Turbomotor mit Ladeluftkühlung mit 75 kW (102 PS) nach ISO; maximale Leistung 71,1 kW (97 PS); 3 Zylinder, 2 887 cm³ Hubraum, Abgasnorm Stufe V
Getriebe: stufenl. Getriebe bis 40 km/h
Zapfwelle: 540/540E/1 000
Hubwerk: Kat. II, Hubkraft 2 600 daN
Hydraulik: Pumpenleistung 100 + 42 l/min bei 200 bar
Gewichte & Maße: Zulässiges Gesamtgewicht 4 800 kg, Leergewicht 3 200 kg, Nutzlast 1 600 kg
Bereifung: 240/70R16, 360/70R24
Preis: keine Angabe

Lamborghini Spire F 100 VRT

Plantagen-Allradschlepper

Motor: SDF Turbomotor mit Ladeluftkühlung mit 75 kW (102 PS) nach ISO; maximale Leistung 71,1 kW (97 PS); 3 Zylinder, 2 887 cm³ Hubraum, Abgasnorm Stufe V
Getriebe: stufenl. Getriebe bis 40 km/h
Zapfwelle: 540/540E/1 000
Hubwerk: Kat. II, Hubkraft 3 800 daN
Hydraulik: Pumpenleistung 100 + 42 l/min bei 200 bar
Gewichte & Maße: Zulässiges Gesamtgewicht 5 200 kg, Leergewicht 3 500 kg, Nutzlast 1 700 kg
Bereifung: 280/70R16, 380/70R24
Preis: keine Angabe

Lamborghini Spire F 100 VRT (4WS)

Plantagen-Allradschlepper

Motor: SDF Turbomotor mit Ladeluftkühlung mit 75 kW (102 PS) nach ISO; maximale Leistung 71,1 kW (97 PS); 3 Zylinder, 2 887 cm³ Hubraum, Abgasnorm Stufe V
Getriebe: stufenloses Getriebe bis 40 km/h
Zapfwelle: 540/540E/1 000
Hubwerk: Kat. II, Hubkraft 3 400 daN
Hydraulik: Pumpenleistung 115 + 42 l/min bei 200 bar
Gewichte & Maße: Zulässiges Gesamtgewicht 5 200 kg, Leergewicht 3 500 kg, Nutzlast 1 450 kg, Wendekreis 3 m
Bereifung: 280/70R16, 380/70R24
Preis: keine Angabe

Lamborghini Spire V 115 Pro

Plantagen-Allradschlepper

Motor: SDF Turbomotor mit Ladeluftkühlung mit 79 kW (107 PS) nach ISO; maximale Leistung 80,6 kW (110 PS); maximale Leistung (Boost) 85 kW (116 PS); 4 Zylinder, 3 849 cm³ Hubraum, Abgasnorm Stufe V
Getriebe: 45 Vorwärts- und 45 Rückwärtsgänge (auf Wunsch 30/15, 45/45 bis 40 km/h), synchronisiert, 3 Lastschaltstufen
Zapfwelle: 540/540E/1 000
Hubwerk: Kat. II, Hubkraft 2 600 daN
Hydraulik: Pumpenleistung 88 l/min bei 200 bar
Gewichte & Maße: Zulässiges Gesamtgewicht 5 000 kg, Leergewicht 3 235 kg, Bodenfreiheit 23 cm, Wendekreis 7,7 m
Bereifung: 240/70R16, 380/70R20
Preis: keine Angabe

Lamborghini Spire V 115

Plantagen-Allradschlepper

Motor: SDF Turbomotor mit Ladeluftkühlung mit 79 kW (107 PS) nach ISO; maximale Leistung 83 kW (113 PS); 4 Zylinder, 3 849 cm³ Hubraum, Abgasnorm Stufe V
Getriebe: 30 Vorwärts- und 15 Rückwärtsgänge (auf Wunsch 30/15, 45/45 bis 40 km/h), synchronisiert, 3 Lastschaltstufen
Zapfwelle: 540/540E
Hubwerk: Kat. II, Hubkraft 2 680 daN
Hydraulik: Pumpenleistung 54; 131 l/min bei 185 bar
Gewichte & Maße: Zulässiges Gesamtgewicht 4 600 kg, Leergewicht 2 900 kg, Nutzlast 1 700 kg, Bodenfreiheit 23 cm, Wendekreis 7,7 m
Bereifung: 240/70R16, 380/70R20
Preis: keine Angabe

Lamborghini Spire F 105 Pro

Plantagen-Allradschlepper

Motor: SDF Turbomotor mit Ladeluftkühlung mit 79 kW (107 PS) nach ISO; maximale Leistung 80,6 kW (110 PS); maximale Leistung (Boost) 85 kW (116 PS); 4 Zylinder, 3 849 cm^3 Hubraum, Abgasnorm Stufe V
Getriebe: 45 Vorwärts- und 45 Rückwärtsgänge (auf Wunsch 30/15, 45/45 bis 40 km/h), synchronisiert, 3 Lastschaltstufen
Zapfwelle: 540/540E/1 000
Hubwerk: Kat. II, Hubkraft 3 940 daN
Hydraulik: Pumpenleistung 88 l/min bei 200 bar
Gewichte & Maße: Zulässiges Gesamtgewicht 5 200 kg, Leergewicht 3 290 kg, Nutzlast 2 500 kg, Bodenfreiheit 24 cm
Bereifung: 280/70R16, 360/70R24
Preis: keine Angabe

Lamborghini Spire V 95 Pro

Plantagen-Allradschlepper

Motor: SDF Turbomotor mit Ladeluftkühlung mit 79 kW (107 PS) nach ISO; maximale Leistung 80,6 kW (110 PS); maximale Leistung (Boost) 85 kW (116 PS); 4 Zylinder, 3 849 cm^3 Hubraum, Abgasnorm Stufe V
Getriebe: 45 Vorwärts- und 45 Rückwärtsgänge (auf Wunsch 30/15, 45/45 bis 40 km/h), synchronisiert, 3 Lastschaltstufen
Zapfwelle: 540/540E/1 000
Hubwerk: Kat. II, Hubkraft 2 680 daN
Hydraulik: Pumpenleistung 88 l/min bei 200 bar
Gewichte & Maße: Zulässiges Gesamtgewicht 5 000 kg, Leergewicht 3 235 kg, Bodenfreiheit 23 cm, Wendekreis 7,7 m
Bereifung: 240/70R16, 380/70R20
Preis: keine Angabe

Lamborghini Spire F 95 Pro

Plantagen-Allradschlepper

Motor: SDF Turbomotor mit Ladeluftkühlung mit 79 kW (107 PS) nach ISO; maximale Leistung 80,6 kW (110 PS); maximale Leistung (Boost) 85 kW (116 PS); 4 Zylinder, 3 849 cm^3 Hubraum, Abgasnorm Stufe V
Getriebe: 45 Vorwärts- und 45 Rückwärtsgänge (auf Wunsch 30/15, 45/45 bis 40 km/h), synchronisiert, 3 Lastschaltstufen
Zapfwelle: 540/540E/1 000
Hubwerk: Kat. II, Hubkraft 3 940 daN
Hydraulik: Pumpenleistung 88 l/min bei 200 bar
Gewichte & Maße: Zulässiges Gesamtgewicht 5 200 kg, Leergewicht 3 290 kg, Nutzlast 2 500 kg, Bodenfreiheit 24 cm
Bereifung: 280/70R16, 360/70R24
Preis: keine Angabe

Lamborghini Spire S 95 Pro

Plantagen-Allradschlepper

Motor: SDF Turbomotor mit Ladeluftkühlung mit 79 kW (107 PS) nach ISO; maximale Leistung 80,6 kW (110 PS); maximale Leistung (Boost) 85 kW (116 PS); 4 Zylinder, 3 849 cm^3 Hubraum, Abgasnorm Stufe V
Getriebe: 45 Vorwärts- und 45 Rückwärtsgänge (auf Wunsch 30/15, 45/45 bis 40 km/h), synchronisiert, 3 Lastschaltstufen
Zapfwelle: 540/540E/1 000
Hubwerk: Kat. II, Hubkraft 2 680 daN
Hydraulik: Pumpenleistung 88 l/min bei 200 bar
Gewichte & Maße: Zulässiges Gesamtgewicht 5 000 kg, Leergewicht 3 320 kg, Wendekreis 6,6 m
Bereifung: 240/70R16, 360/70R24
Preis: keine Angabe

Lamborghini Spire S 105 Pro

Plantagen-Allradschlepper

Motor: SDF Turbomotor mit Ladeluftkühlung mit 79 kW (107 PS) nach ISO; maximale Leistung 80,6 kW (110 PS); maximale Leistung (Boost) 85 kW (116 PS); 4 Zylinder, 3 849 cm^3 Hubraum, Abgasnorm Stufe V
Getriebe: 45 Vorwärts- und 45 Rückwärtsgänge (auf Wunsch 30/15, 45/45 bis 40 km/h), synchronisiert, 3 Lastschaltstufen
Zapfwelle: 540/540E/1 000
Hubwerk: Kat. II, Hubkraft 2 600 daN
Hydraulik: Pumpenleistung 88 l/min bei 200 bar
Gewichte & Maße: Zulässiges Gesamtgewicht 5 000 kg, Leergewicht 3 320 kg, Wendekreis 6,6 m
Bereifung: 240/70R16, 360/70R24
Preis: keine Angabe

Getriebe: 30 Vorwärts- und 15 Rückwärtsgänge (auf Wunsch 30/15, 45/45 bis 40 km/h), synchronisiert, 3 Lastschaltstufen
Zapfwelle: 540/540E
Hubwerk: Kat. II, Hubkraft 2 880 daN
Hydraulik: Pumpenleistung 54; 131 l/min bei 200 bar
Gewichte & Maße: Zulässiges Gesamtgewicht 5 000 kg, Leergewicht 2 650 kg, Nutzlast 2 350 kg, Bodenfreiheit 26 cm, Wendekreis 7,4 m
Bereifung: 280/70R18, 420/70R24
Preis: keine Angabe

Lamborghini Spire S 115
Plantagen-Allradschlepper

Motor: SDF Turbomotor mit Ladeluftkühlung mit 79 kW (107 PS) nach ISO; maximale Leistung 83 kW (113 PS); 4 Zylinder, 3 849 cm³ Hubraum, Abgasnorm Stufe V
Getriebe: 30 Vor- und 15 Rückwärtsgänge (a.W. 30/15, 45/45 bis 40 km/h), synchronisiert, 3 Lastschaltstufen
Zapfwelle: 540/540E
Hubwerk: Kat. II, Hubkraft 2 680 daN
Hydraulik: Pumpenleistung 54; 131 l/min bei 185 bar
Gewichte & Maße: Zulässiges Gesamtgewicht 4 600 kg, Leergewicht 2 900 kg, Nutzlast 1 700 kg, Bodenfreiheit 27 cm, Wendekreis 6,6 m
Bereifung: 280/70R16, 420/70R24
Preis: keine Angabe

Lamborghini Spire S 115 Pro
Plantagen-Allradschlepper

Motor: SDF Turbomotor mit Ladeluftkühlung mit 79 kW (107 PS) nach ISO; maximale Leistung 80,6 kW (110 PS); maximale Leistung (Boost) 85 kW (116 PS); 4 Zylinder, 3 849 cm³ Hubraum, Abgasnorm Stufe V
Getriebe: 45 Vor- und 45 Rückwärtsgänge (a.W. 30/15, 45/45 bis 40 km/h), synchronisiert, 3 Lastschaltstufen
Zapfwelle: 540/540E/1 000
Hubwerk: Kat. II, Hubkraft 2 600 daN
Hydraulik: Pumpenleistung 88 l/min bei 200 bar
Gewichte & Maße: Zulässiges Gesamtgewicht 5 000 kg, Leergewicht 3 320 kg, Wendekreis 6,6 m
Bereifung: 240/70R16, 360/70R24
Preis: keine Angabe

Lamborghini Spire F 115 Pro
Plantagen-Allradschlepper

Motor: SDF Turbomotor mit Ladeluftkühlung mit 79 kW (107 PS) nach ISO; maximale Leistung 80,6 kW (110 PS); maximale Leistung (Boost) 85 kW (116 PS); 4 Zylinder, 3 849 cm³ Hubraum, Abgasnorm Stufe V
Getriebe: 45 Vorwärts- und 45 Rückwärtsgänge (auf Wunsch 30/15, 45/45 bis 40 km/h), synchronisiert, 3 Lastschaltstufen
Zapfwelle: 540/540E/1 000
Hubwerk: Kat. II, Hubkraft 3 940 daN
Hydraulik: Pumpenleistung 88 l/min bei 200 bar
Gewichte & Maße: Zulässiges Gesamtgewicht 5 200 kg, Leergewicht 3 290 kg, Nutzlast 2 500 kg, Bodenfreiheit 24 cm
Bereifung: 280/70R16, 360/70R24
Preis: keine Angabe

Lamborghini Spire F 115
Plantagen-Allradschlepper

Motor: SDF Turbomotor mit Ladeluftkühlung mit 79 kW (107 PS) nach ISO; maximale Leistung 83 kW (113 PS); 4 Zylinder, 3 849 cm³ Hubraum, Abgasnorm Stufe V

Lamborghini Spire F 115 Plattform
Plantagen-Allradschlepper

Motor: SDF Turbomotor mit Ladeluftkühlung mit 79 kW (107 PS) nach ISO; maximale Leistung 80,6 kW (110 PS); maximale Leistung (Boost) 85 kW (116 PS); 4 Zylinder, 3 849 cm³ Hubraum, Abgasnorm Stufe V
Getriebe: 45 Vorwärts- und 45 Rückwärtsgänge (auf Wunsch 30/15, 45/45 bis 40 km/h), synchronisiert, 3 Lastschaltstufen
Zapfwelle: 540/540E/1 000
Hubwerk: Kat. II, Hubkraft 3 940 daN
Hydraulik: Pumpenleistung 68 l/min bei 200 bar
Gewichte & Maße: Zulässiges Gesamtgewicht 5 000 kg, Leergewicht 2 650 kg, Nutzlast 2 500 kg, Bodenfreiheit 24 cm, Wendekreis 7,4 m
Bereifung: 280/70R16, 380/70R24
Preis: keine Angabe

Lamborghini Spire V 105 Pro
Plantagen-Allradschlepper

Motor: SDF Turbomotor mit Ladeluftkühlung mit 79 kW (107 PS) nach ISO; maximale Leistung 80,6 kW (110 PS); maximale Leistung (Boost) 85 kW (116 PS); 4 Zylinder, 3 849 cm³ Hubraum, Abgasnorm Stufe V
Getriebe: 45 Vorwärts- und 45 Rückwärtsgänge (auf Wunsch 30/15, 45/45 bis 40 km/h), synchronisiert, 3 Lastschaltstufen
Zapfwelle: 540/540E/1 000
Hubwerk: Kat. II, Hubkraft 2 600 daN
Hydraulik: Pumpenleistung 88 l/min bei 200 bar
Gewichte & Maße: Zulässiges Gesamtgewicht 5 000 kg, Leergewicht 3 235 kg, Bodenfreiheit 23 cm, Wendekreis 7,7 m
Bereifung: 240/70R16, 380/70R20
Preis: keine Angabe

Lamborghini Strike C 115
Raupentraktor

Motor: SDF Turbomotor mit Ladeluftkühlung mit 80,6 kW (110 PS) nach ISO; maximale Leistung 85 kW (116 PS); 4 Zylinder, 3 849 cm³ Hubraum, Abgasnorm Stufe V
Getriebe: T5351, 16 Vorwärts- und 16 Rückwärtsgänge (auf Wunsch 12/12, 16/16 bis 12 km/h), synchronisiert
Zapfwelle: 540/540E
Hubwerk: Kat. II, Hubkraft 3 170 daN
Hydraulik: Pumpenleistung 50 l/min
Bereifung: 450 mm, 450 mm
Preis: keine Angabe

Lamborghini Strike CF 115
Raupentraktor

Motor: SDF Turbomotor mit Ladeluftkühlung mit 80,6 kW (110 PS) nach ISO; maximale Leistung 85 kW (116 PS); 4 Zylinder, 3 849 cm³ Hubraum, Abgasnorm Stufe V
Getriebe: 16 Vorwärts- und 16 Rückwärtsgänge (auf Wunsch 12/12, 16/16), synchronisiert
Zapfwelle: 540/540 E; 540/ 1 000
Hubwerk: Kat. II, Hubkraft 3 170 daN
Hydraulik: Pumpenleistung 50 l/min bei 180 bar
Gewichte & Maße: Leergewicht 5 350 kg
Bereifung: Ketten
Preis: keine Angabe

Lamborghini Strike CM 115
Raupentraktor

Motor: SDF Turbomotor mit Ladeluftkühlung mit 80,6 kW (110 PS) nach ISO; maximale Leistung 85 kW (116 PS); 4 Zylinder, 3 849 cm³ Hubraum, Abgasnorm Stufe V
Getriebe: 16 Vorwärts- und 16 Rückwärtsgänge (auf Wunsch 12/12, 16/16 bis 12 km/h), synchronisiert
Zapfwelle: 540/540E
Hubwerk: Kat. II, Hubkraft 3 170 daN
Hydraulik: Pumpenleistung 50 l/min
Bereifung: 450 mm, 450 mm
Preis: keine Angabe

Lamborghini Spire F 115 VRT (4WS)
Plantagen-Allradschlepper

Motor: SDF Turbomotor mit Ladeluftkühlung mit 80,6 kW (110 PS) nach ISO; maximale Leistung 85 kW (116 PS); 4 Zylinder, 3 849 cm³ Hubraum, Abgasnorm Stufe V
Getriebe: stufenloses Getriebe bis 40 km/h
Zapfwelle: 540/540E/1 000
Hubwerk: Kat. II, Hubkraft 3 400 daN
Hydraulik: Pumpenleistung 115 + 42 l/min bei 200 bar
Gewichte & Maße: Zulässiges Gesamtgewicht 5 200 kg, Leergewicht 3 500 kg, Nutzlast 1 450 kg, Wendekreis 3,1 m
Bereifung: 280/70R16, 380/70R24
Preis: keine Angabe

Lamborghini Spire F 115 VRT
Plantagen-Allradschlepper

Motor: SDF Turbomotor mit Ladeluftkühlung mit 80,6 kW (110 PS) nach ISO; maximale Leistung 85 kW (116 PS); 4 Zylinder, 3 849 cm³ Hubraum, Abgasnorm Stufe V
Getriebe: stufenloses Getriebe bis 40 km/h
Zapfwelle: 540/540E/1 000
Hubwerk: Kat. II, Hubkraft 3 800 daN
Hydraulik: Pumpenleistung 100 + 42 l/min bei 200 bar
Gewichte & Maße: Zulässiges Gesamtgewicht 5 200 kg, Leergewicht 3 500 kg, Nutzlast 1 700 kg
Bereifung: 280/70R16, 380/70R24
Preis: keine Angabe

Lamborghini Spire V 115 VRT
Plantagen-Allradschlepper

Motor: SDF Turbomotor mit Ladeluftkühlung mit 80,6 kW (110 PS) nach ISO; maximale Leistung 85 kW (116 PS); 4 Zylinder, 3 849 cm³ Hubraum, Abgasnorm Stufe V
Getriebe: stufenloses Getriebe bis 40 km/h
Zapfwelle: 540/540E/1 000
Hubwerk: Kat. II, Hubkraft 2 600 daN
Hydraulik: Pumpenleistung 100 + 42 l/min bei 200 bar
Gewichte & Maße: Zulässiges Gesamtgewicht 4 800 kg, Leergewicht 3 200 kg, Nutzlast 1 600 kg
Bereifung: 240/70R16, 380/70R20
Preis: keine Angabe

Lamborghini Spire S 115 VRT
Plantagen-Allradschlepper

Motor: SDF Turbomotor mit Ladeluftkühlung mit 80,6 kW (110 PS) nach ISO; maximale Leistung 85 kW (116 PS); 4 Zylinder, 3 849 cm³ Hubraum, Abgasnorm Stufe V
Getriebe: stufenloses Getriebe bis 40 km/h
Zapfwelle: 540/540E/1 000
Hubwerk: Kat. II, Hubkraft 2 600 daN
Hydraulik: Pumpenleistung 100 + 42 l/min bei 200 bar
Gewichte & Maße: Zulässiges Gesamtgewicht 4 800 kg, Leergewicht 3 200 kg, Nutzlast 1 600 kg
Bereifung: 240/70R16, 360/70R24
Preis: keine Angabe

Landini

Die Anschrift des Herstellers:
Argo GmbH, Im Birkfeld 4, 91595 Burgoberbach
Telefon: 09805/319970, www.landini.it/de

Landini Serie 2-055

Plantagen-Allradschlepper

Motor: Kohler Turbomotor mit Ladeluftkühlung mit 36 kW (49 PS) nach ISO; maximale Leistung 36 kW (49 PS); 3 Zylinder, 1900 cm^3 Hubraum, Abgasnorm Stufe V
Getriebe: 12 Vorwärts- und 12 Rückwärtsgänge (auf Wunsch 16/16 bis 30 km/h), synchronisiert
Zapfwelle: 540/540E/Weg
Hubwerk: Kat. I, Hubkraft 1200 daN
Hydraulik: Pumpenleistung 35 + 20 l/min
Gewichte & Maße: Zulässiges Gesamtgewicht 3050 kg, Leergewicht 1730 kg, Nutzlast 1320 kg, Bodenfreiheit 30 cm
Bereifung: 280/70R16, 360/70R24
Preis: 41097 Euro (ohne MwSt.)

Landini Serie 2-060

Plantagen-Allradschlepper

Motor: Kohler Turbomotor mit Ladeluftkühlung mit 42 kW (57 PS) nach ISO; maximale Leistung 42 kW (57 PS); 3 Zylinder, 1900 cm^3 Hubraum, Abgasnorm Stufe V
Getriebe: 12 Vorwärts- und 12 Rückwärtsgänge (auf Wunsch 16/16 bis 30 km/h), synchronisiert
Zapfwelle: 540/540E/Weg
Hubwerk: Kat. I, Hubkraft 1200 daN
Hydraulik: Pumpenleistung 35 + 20 l/min
Gewichte & Maße: Zulässiges Gesamtgewicht 3050 kg, Leergewicht 1730 kg, Nutzlast 1320 kg, Bodenfreiheit 30 cm
Bereifung: 280/70R16, 360/70R24
Preis: 43473 Euro (ohne Mehrwertsteuer)

Landini Rex3-070 STD/GE

Plantagen-Allradschlepper

Motor: Kohler Turbomotor mit Ladeluftkühlung mit 50 kW (68 PS) nach ISO; maximale Leistung 50 kW (68 PS);

4 Zylinder, 2 500 cm³ Hubraum, Abgasnorm Stufe V
Getriebe: 12 Vorwärts- und 12 Rückwärtsgänge (auf Wunsch 16/16 bis 40 km/h), synchronisiert, 5 Gänge im Hauptarbeitsbereich
Zapfwelle: 540/540E
Hubwerk: Kat. II, Hubkraft 2 700 daN
Hydraulik: Pumpenleistung 50 + 31 l/min

Gewichte & Maße: Zulässiges Gesamtgewicht 4 000 kg, Leergewicht 2 320 kg, Nutzlast 1 680 kg, Bodenfreiheit 21 cm
Bereifung: 260/70R16, 360/70R24
Preis: 46 105 Euro (ohne Mehrwertsteuer)

Landini Rex3-080 STD/GE
Plantagen-Allradschlepper

Motor: Kohler Turbomotor mit Ladeluftkühlung mit 54,5 kW (74 PS) nach ISO; maximale Leistung 54,5 kW (74 PS); 4 Zylinder, 2 500 cm³ Hubraum, Abgasnorm Stufe V
Getriebe: 12 Vorwärts- und 12 Rückwärtsgänge (auf Wunsch 16/16 bis 40 km/h), synchronisiert, 5 Gänge im Hauptarbeitsbereich
Zapfwelle: 540/540E
Hubwerk: Kat. II, Hubkraft 2 700 daN
Hydraulik: Pumpenleistung 50 + 31 l/min
Gewichte & Maße: Zulässiges Gesamtgewicht 4 000 kg, Leergewicht 2 320 kg, Nutzlast 1 680 kg, Bodenfreiheit 21 cm
Bereifung: 260/70R16, 360/70R24
Preis: 46 972 Euro (ohne Mehrwertsteuer)

Landini Rex4-080V
Plantagen-Allradschlepper

Motor: Deutz Turbomotor mit Ladeluftkühlung mit 55 kW (75 PS) nach ISO; maximale Leistung 55 kW (75 PS); 4 Zylinder, 2 900 cm³ Hubraum, Abgasnorm Stufe V
Getriebe: 48 Vorwärts- und 32 Rückwärtsgänge (auf Wunsch 16/16, 32/32, 36/12, 48/16 bis 40 km/h), synchronisiert, 3 Lastschaltstufen
Zapfwelle: 540/540E
Hubwerk: Kat. II, Hubkraft 2 900 daN
Hydraulik: Pumpenleistung 50 + 28; 110 l/min
Gewichte & Maße: Zulässiges Gesamtgewicht 5 250 kg, Leergewicht 2 900 kg
Preis: 73 515 Euro (ohne Mehrwertsteuer)

Landini Trekker4-085TF/TM

Plantagen-Raupenschlepper

Motor: Deutz Turbomotor mit Ladeluftkühlung mit 55 kW (75 PS) nach ISO; maximale Leistung 55 kW (75 PS); 4 Zylinder, 2 900 cm³ Hubraum, Abgasnorm Stufe V
Getriebe: 16 Vorwärts- und 8 Rückwärtsgänge (auf Wunsch 16/8,), synchronisiert
Zapfwelle: 540/540E
Hubwerk: Kat. II, Hubkraft 3 150 daN
Hydraulik: Pumpenleistung 42 + 28 l/min
Gewichte & Maße: Leergewicht 3 900 kg
Preis: 72 551 Euro (ohne MwSt.)

Landini Rex4-080F

Plantagen-Allradschlepper

Motor: Deutz Turbomotor mit Ladeluftkühlung mit 55 kW (75 PS) nach ISO; maximale Leistung 55 kW (75 PS); 4 Zylinder, 2 900 cm³ Hubraum, Abgasnorm Stufe V
Getriebe: 48 Vorwärts- und 32 Rückwärtsgänge (auf Wunsch 16/16, 32/32, 36/12, 48/16 bis 40 km/h), synchronisiert, 3 Lastschaltstufen
Zapfwelle: 540/540E
Hubwerk: Kat. II, Hubkraft 2 900 daN
Hydraulik: Pumpenleistung 50 + 28; 110 l/min
Gewichte & Maße: Zulässiges Gesamtgewicht 5 250 kg, Leergewicht 3 150 kg
Preis: 72 890 Euro (ohne MwSt.)

Landini Rex4-080GT

Plantagen-Allradschlepper

Motor: Deutz Turbomotor mit Ladeluftkühlung mit 55 kW (75 PS) nach ISO; maximale Leistung 55 kW (75 PS); 4 Zylinder, 2 900 cm³ Hubraum, Abgasnorm Stufe V
Getriebe: 48 Vorwärts- und 32 Rückwärtsgänge (auf Wunsch 16/16, 32/32, 36/12, 48/16 bis 40 km/h), synchronisiert, 3 Lastschaltstufen
Zapfwelle: 540/540E
Hubwerk: Kat. II, Hubkraft 3 400 daN
Hydraulik: Pumpenleistung 50 + 28; 110 l/min
Gewichte & Maße: Zulässiges Gesamtgewicht 5 250 kg, Leergewicht 3 200 kg
Preis: 73 899 Euro (ohne MwSt.)

Landini Rex4-080S

Plantagen-Allradschlepper

Motor: Deutz Turbomotor mit Ladeluftkühlung mit 55 kW (75 PS) nach ISO; maximale Leistung 55 kW (75 PS); 4 Zylinder, 2 900 cm³ Hubraum, Abgasnorm Stufe V
Getriebe: 48 Vorwärts- und 32 Rückwärtsgänge (auf Wunsch 16/16, 32/32, 36/12, 48/16 bis 40 km/h), synchronisiert, 3 Lastschaltstufen
Zapfwelle: 540/540E
Hubwerk: Kat. II, Hubkraft 2 900 daN
Hydraulik: Pumpenleistung 50 + 28; 110 l/min
Gewichte & Maße: Zulässiges Gesamtgewicht 5 250 kg, Leergewicht 3 050 kg
Preis: 72 890 Euro (ohne Mehrwertsteuer)

Landini Trekker4-095TF/TM

Plantagen-Raupenschlepper

Motor: Deutz Turbomotor mit Ladeluftkühlung mit 58 kW (79 PS) nach ISO; maximale Leistung 66 kW (90 PS); 4 Zylinder, 2 900 cm³ Hubraum, Abgasnorm Stufe V

Getriebe: 16 Vorwärts- und 8 Rückwärtsgänge (auf Wunsch 16/8), synchronisiert
Zapfwelle: 540/540E
Hubwerk: Kat. II, Hubkraft 3 150 daN
Hydraulik: Pumpenleistung 42 + 28 l/min
Gewichte & Maße: Leergewicht 3 900 kg
Preis: 80 097 Euro (ohne Mehrwertsteuer)

Landini Rex4-090V
Plantagen-Allradschlepper

Motor: Deutz Turbomotor mit Ladeluftkühlung mit 58 kW (79 PS) nach ISO; maximale Leistung 66 kW (90 PS); 4 Zylinder, 2 900 cm^3 Hubraum, Abgasnorm Stufe V
Getriebe: 48 Vorwärts- und 32 Rückwärtsgänge (auf Wunsch 16/16, 32/32, 36/12, 48/16 bis 40 km/h), synchronisiert, 3 Lastschaltstufen
Zapfwelle: 540/540E
Hubwerk: Kat. II, Hubkraft 2 900 daN
Hydraulik: Pumpenleistung 50 + 28; 110 l/min
Gewichte & Maße: Zulässiges Gesamtgewicht 5 250 kg, Leergewicht 2 900 kg
Preis: 80 495 Euro (ohne MwSt.)

Landini Rex4-090GT
Plantagen-Allradschlepper

Motor: Deutz Turbomotor mit Ladeluftkühlung mit 58 kW (79 PS) nach ISO; maximale Leistung 66 kW (90 PS); 4 Zylinder, 2 900 cm^3 Hubraum, Abgasnorm Stufe V
Getriebe: 48 Vorwärts- und 32 Rückwärtsgänge (auf Wunsch 16/16, 32/32, 36/12, 48/16 bis 40 km/h), synchronisiert, 3 Lastschaltstufen
Zapfwelle: 540/540E
Hubwerk: Kat. II, Hubkraft 2 900 daN
Hydraulik: Pumpenleistung 50 + 28; 110 l/min
Gewichte & Maße: Zulässiges Gesamtgewicht 5 250 kg, Leergewicht 3 200 kg
Preis: 80 878 Euro (ohne MwSt.)

Landini Rex4-090F
Plantagen-Allradschlepper

Motor: Deutz Turbomotor mit Ladeluftkühlung mit 58 kW (79 PS) nach ISO; maximale Leistung 66 kW (90 PS); 4 Zylinder, 2 900 cm^3 Hubraum, Abgasnorm Stufe V
Getriebe: 48 Vorwärts- und 32 Rückwärtsgänge (auf Wunsch 16/16, 32/32, 36/12, 48/16 bis 40 km/h), synchronisiert, 3 Lastschaltstufen
Zapfwelle: 540/540E
Hubwerk: Kat. II, Hubkraft 2 900 daN
Hydraulik: Pumpenleistung 50 + 28; 110 l/min
Gewichte & Maße: Zulässiges Gesamtgewicht 5 250 kg, Leergewicht 3 150 kg
Preis: 79 868 Euro (ohne Mehrwertsteuer)

Landini Rex4-090S

Plantagen-Allradschlepper

Motor: Deutz Turbomotor mit Ladeluftkühlung mit 58 kW (79 PS) nach ISO; maximale Leistung 66 kW (90 PS); 4 Zylinder, 2900 cm³ Hubraum, Abgasnorm Stufe V
Getriebe: 48 Vorwärts- und 32 Rückwärtsgänge (auf Wunsch 16/16, 32/32, 36/12, 48/16 bis 40 km/h), synchronisiert, 3 Lastschaltstufen
Zapfwelle: 540/540E
Hubwerk: Kat. II, Hubkraft 2900 daN
Hydraulik: Pumpenleistung 50 + 28; 110 l/min
Gewichte & Maße: Zulässiges Gesamtgewicht 5250 kg, Leergewicht 3050 kg
Preis: 79868 Euro (ohne Mehrwertsteuer)

Landini Trekker4-105TF/TM

Plantagen-Raupenschlepper

Motor: Deutz Turbomotor mit Ladeluftkühlung mit 63 kW (86 PS) nach ISO; maximale Leistung 70 kW (95 PS); 4 Zylinder, 2900 cm³ Hubraum, Abgasnorm Stufe V
Getriebe: 16 Vorwärts- und 8 Rückwärtsgänge (auf Wunsch 16/8), synchronisiert
Zapfwelle: 540/540E
Hubwerk: Kat. II, Hubkraft 3150 daN
Hydraulik: Pumpenleistung 42 + 28 l/min
Gewichte & Maße: Leergewicht 3900 kg
Preis: 84524 Euro (ohne MwSt.)

Landini Rex4-100V

Plantagen-Allradschlepper

Motor: Deutz Turbomotor mit Ladeluftkühlung mit 63 kW (86 PS) nach ISO; maximale Leistung 70 kW (95 PS); 4 Zylinder, 2900 cm³ Hubraum, Abgasnorm Stufe V
Getriebe: 48 Vorwärts- und 32 Rückwärtsgänge (auf Wunsch 16/16, 32/32,

36/12, 48/16 bis 40 km/h), synchronisiert, 3 Lastschaltstufen
Zapfwelle: 540/540E
Hubwerk: Kat. II, Hubkraft 2 900 daN
Hydraulik: Pumpenleistung 50 + 28; 110 l/min
Gewichte & Maße: Zulässiges Gesamtgewicht 5 250 kg, Leergewicht 2 900 kg
Preis: 83 223 Euro (ohne MwSt.)

Landini Rex4-100F
Plantagen-Allradschlepper

Motor: Deutz Turbomotor mit Ladeluftkühlung mit 63 kW (86 PS) nach ISO; maximale Leistung 70 kW (95 PS); 4 Zylinder, 2 900 cm^3 Hubraum, Abgasnorm Stufe V
Getriebe: 48 Vorwärts- und 32 Rückwärtsgänge (auf Wunsch 16/16, 32/32, 36/12, 48/16 bis 40 km/h), synchronisiert, 3 Lastschaltstufen
Zapfwelle: 540/540E
Hubwerk: Kat. II, Hubkraft 2 900 daN
Hydraulik: Pumpenleistung 50 + 28; 110 l/min
Gewichte & Maße: Zulässiges Gesamtgewicht 5 250 kg, Leergewicht 3 150 kg
Preis: 82 598 Euro (ohne MwSt.)

Landini Rex4-100GT
Plantagen-Allradschlepper

Motor: Deutz Turbomotor mit Ladeluftkühlung mit 63 kW (86 PS) nach ISO; max. Leistung 70 kW (95 PS); 4 Zylinder, 2 900 cm^3 Hubraum, Abgasn. Stufe V
Getriebe: 48 Vorwärts- und 32 Rückwärtsgänge (auf Wunsch 16/16, 32/32, 36/12, 48/16 bis 40 km/h), synchronisiert, 3 Lastschaltstufen
Zapfwelle: 540/540E
Hubwerk: Kat. II, Hubkraft 3 400 daN
Hydraulik: Pumpenleistung 50 + 28; 110 l/min
Gewichte & Maße: Zulässiges Gesamtgewicht 5 250 kg, Leergewicht 3 200 kg
Preis: 83 606 Euro (ohne MwSt.)

Landini Rex4-100S
Plantagen-Allradschlepper

Motor: Deutz Turbomotor mit Ladeluftkühlung mit 63 kW (86 PS) nach ISO; maximale Leistung 70 kW (95 PS); 4 Zylinder, 2 900 cm^3 Hubraum, Abgasnorm Stufe V
Getriebe: 48 Vorwärts- und 32 Rückwärtsgänge (auf Wunsch 16/16, 32/32, 36/12, 48/16 bis 40 km/h), synchronisiert, 3 Lastschaltstufen
Zapfwelle: 540/540E
Hubwerk: Kat. II, Hubkraft 2 900 daN
Hydraulik: Pumpenleistung 50 + 28; 110 l/min

Gewichte & Maße: Zulässiges Gesamtgewicht 5 250 kg, Leergewicht 3 050 kg
Preis: 82 598 Euro (ohne MwSt.)

Landini Rex4-110GT
Plantagen-Allradschlepper

Motor: Deutz Turbomotor mit Ladeluftkühlung mit 70 kW (95 PS) nach ISO; maximale Leistung 75 kW (102 PS); 4 Zylinder, 2 900 cm^3 Hubraum, Abgasnorm Stufe V
Getriebe: 48 Vorwärts- und 32 Rückwärtsgänge (auf Wunsch 16/16, 32/32, 36/12, 48/16 bis 40 km/h), synchronisiert, 3 Lastschaltstufen
Zapfwelle: 540/540E
Hubwerk: Kat. II, Hubkraft 2 900 daN
Hydraulik: Pumpenleistung 50 + 28; 110 l/min

Gewichte & Maße: Zulässiges Gesamtgewicht 5 250 kg, Leergewicht 3 200 kg
Preis: 86 607 Euro (ohne MwSt.)

Landini Rex4-110F
Plantagen-Allradschlepper

Motor: Deutz Turbomotor mit Ladeluftkühlung mit 70 kW (95 PS) nach ISO; maximale Leistung 75 kW (102 PS); 4 Zylinder, 2 900 cm^3 Hubraum, Abgasnorm Stufe V
Getriebe: 48 Vorwärts- und 32 Rückwärtsgänge (auf Wunsch 16/16, 32/32, 36/12, 48/16 bis 40 km/h), synchronisiert, 3 Lastschaltstufen
Zapfwelle: 540/540E
Hubwerk: Kat. II, Hubkraft 2 900 daN
Hydraulik: Pumpenleistung 50 + 28; 110 l/min

Gewichte & Maße: Zulässiges Gesamtgewicht 5 250 kg, Leergewicht 3 150 kg
Preis: 85 598 Euro (ohne MwSt.)

Landini Trekker4-110TF/TM

Plantagen-Raupenschlepper

Motor: Deutz Turbomotor mit Ladeluftkühlung mit 70 kW (95 PS) nach ISO; maximale Leistung 75 kW (102 PS); 4 Zylinder, 2 900 cm^3 Hubraum, Abgasnorm Stufe V
Getriebe: 16 Vorwärts- und 8 Rückwärtsgänge (auf Wunsch 16/8), synchronisiert
Zapfwelle: 540/540E
Hubwerk: Kat. II, Hubkraft 3 150 daN
Hydraulik: Pumpenleistung 42 + 28 l/min
Gewichte & Maße: Leergewicht 3 900 kg
Preis: 88 034 Euro (ohne MwSt.)

Landini Rex4-110S

Plantagen-Allradschlepper

Motor: Deutz Turbomotor mit Ladeluftkühlung mit 70 kW (95 PS) nach ISO; maximale Leistung 75 kW (102 PS); 4 Zylinder, 2 900 cm^3 Hubraum, Abgasnorm Stufe V
Getriebe: 48 Vorwärts- und 32 Rückwärtsgänge (auf Wunsch 16/16, 32/32, 36/12, 48/16 bis 40 km/h), synchronisiert, 3 Lastschaltstufen
Zapfwelle: 540/540E
Hubwerk: Kat. II, Hubkraft 2 900 daN
Hydraulik: Pumpenleistung 50 + 28; 110 l/min
Gewichte & Maße: Zulässiges Gesamtgewicht 5 250 kg, Leergewicht 3 050 kg
Preis: 85 598 Euro (ohne MwSt.)

Landini Rex4-110V

Plantagen-Allradschlepper

Motor: Deutz Turbomotor mit Ladeluftkühlung mit 70 kW (95 PS) nach ISO; maximale Leistung 75 kW (102 PS); 4 Zylinder, 2 900 cm^3 Hubraum, Abgasnorm Stufe V
Getriebe: 48 Vorwärts- und 32 Rückwärtsgänge (auf Wunsch 16/16, 32/32, 36/12, 48/16 bis 40 km/h), synchronisiert, 3 Lastschaltstufen
Zapfwelle: 540/540E
Hubwerk: Kat. II, Hubkraft 2 900 daN
Hydraulik: Pumpenleistung 50 + 28; 110 l/min

Gewichte & Maße: Zulässiges Gesamtgewicht 5 250 kg, Leergewicht 2 900 kg
Preis: 86 224 Euro (ohne MwSt.)

Landini Rex4.120F

Plantagen-Allradschlepper

Motor: Deutz Turbomotor mit Ladeluftkühlung mit 77 kW (105 PS) nach ISO; maximale Leistung 82 kW (112 PS); 4 Zylinder, 2 900 cm^3 Hubraum, Abgasnorm Stufe V
Getriebe: 48 Vorwärts- und 32 Rückwärtsgänge (auf Wunsch 16/16, 32/32, 36/12, 48/16 bis 40 km/h), synchronisiert, 3 Lastschaltstufen
Zapfwelle: 540/540E
Hubwerk: Kat. II, Hubkraft 2 900 daN
Hydraulik: Pumpenleistung 50 + 28; 110 l/min
Gewichte & Maße: Zulässiges Gesamtgewicht 5 250 kg, Leergewicht 3 150 kg
Preis: 89 128 Euro (ohne MwSt.)

Landini Trekker4-120TF/TM

Plantagen-Raupenschlepper

Motor: Deutz Turbomotor mit Ladeluftkühlung mit 77 kW (105 PS) nach ISO; max. Leist. 82 kW (112 PS); 4 Zylinder, 2 900 cm^3 Hubr., Abgasnorm Stufe V
Getriebe: 16 Vorwärts- und 8 Rückwärtsgänge (a. W. 16/8,), synchronisiert
Zapfwelle: 540/540E
Hubwerk: Kat. II, Hubkraft 3 150 daN
Hydraulik: Pumpenleistung 42 + 28 l/min
Gewichte & Maße: Leergewicht 3 900 kg
Preis: 91 531 Euro (ohne MwSt.)

Landini Rex4-120GT

Plantagen-Allradschlepper

Motor: Deutz Turbomotor mit Ladeluftkühlung mit 77 kW (105 PS) nach ISO; maximale Leistung 82 kW (112 PS); 4 Zylinder, 2 900 cm^3 Hubraum, Abgasnorm Stufe V
Getriebe: 48 Vorwärts- und 32 Rückwärtsgänge (auf Wunsch 16/16, 32/32, 36/12, 48/16 bis 40 km/h), synchronisiert, 3 Lastschaltstufen
Zapfwelle: 540/540E
Hubwerk: Kat. II, Hubkraft 3 400 daN
Hydraulik: Pumpenleistung 50 + 28; 110 l/min
Gewichte & Maße: Zulässiges Gesamtgewicht 5 250 kg, Leergewicht 3 200 kg
Preis: 90 135 Euro (ohne MwSt.)

Landini Rex4-120S

Plantagen-Allradschlepper

Motor: Deutz Turbomotor mit Ladeluftkühlung mit 77 kW (105 PS) nach ISO; maximale Leistung 82 kW (112 PS); 4 Zylinder, 2 900 cm^3 Hubraum, Abgasnorm Stufe V
Getriebe: 48 Vorwärts- und 32 Rückwärtsgänge (auf Wunsch 16/16, 32/32, 36/12, 48/16 bis 40 km/h), synchronisiert, 3 Lastschaltstufen
Zapfwelle: 540/540E
Hubwerk: Kat. II, Hubkraft 2 900 daN
Hydraulik: Pumpenleistung 50 + 28; 110 l/min
Gewichte & Maße: Zulässiges Gesamtgewicht 5 250 kg, Leergewicht 3 050 kg
Preis: 89 128 Euro (ohne MwSt.)

Landini Rex4-120V

Plantagen-Allradschlepper

Motor: Deutz Turbomotor mit Ladeluftkühlung mit 77 kW (105 PS) nach ISO; maximale Leistung 82 kW (112 PS); 4 Zylinder, 2 900 cm^3 Hubraum, Abgasnorm Stufe V
Getriebe: 48 Vorwärts- und 32 Rückwärtsgänge (auf Wunsch 16/16, 32/32, 36/12, 48/16 bis 40 km/h), synchronisiert, 3 Lastschaltstufen
Zapfwelle: 540/540E
Hubwerk: Kat. II, Hubkraft 2 900 daN
Hydraulik: Pumpenleistung 50 + 28; 110 l/min
Gewichte & Maße: Zulässiges Gesamtgewicht 5 250 kg, Leergewicht 2 900 kg
Preis: 89 751 Euro (ohne Mehrwertsteuer)

LS Traktor

Die Anschrift des Herstellers:
Hanwha Europe GmbH, Kölner Str. 10, 65760 Eschborn
Telefon: 06196/50160, www.lstraktoreuropa.de

LS Tractor XJ25

Kompakt-Allradschlepper

Motor: Mitsubishi Saugmotor mit 18,2 kW (25 PS) nach ISO; 3 Zylinder, 1318 cm³ Hubraum, Abgasnorm Stufe V
Getriebe: HST, (auf Wunsch bis 24,6 km/h)
Zapfwelle: 540
Hubwerk: Kat. I, Hubkraft 650 daN
Hydraulik: Pumpenleistung 25,3 l/min bei 155 bar
Gewichte & Maße: Wendekreis 2,2 m
Bereifung: 23x8.5-12, 33x12-16.5
Preis: 13666 Euro (ohne MwSt.)

LS Tractor MT1.25

Kompakt-Allradschlepper

Motor: Yanmar Saugmotor mit 18,4 kW (25 PS) nach ISO; 3 Zylinder, 1267 cm³ Hubraum, Abgasnorm Stufe V
Getriebe: HST
Zapfwelle: 540
Hubwerk: Kat. I, Hubkraft 440 daN
Hydraulik: Pumpenleistung 17,4 l/min
Gewichte & Maße: Wendekreis 2,4 m
Bereifung: 18x8.50-10, 26x12.0-12
Preis: 11737 Euro (ohne Mehrwertsteuer)

LS Tractor MT3.35 Gear

Kompakt-Allradschlepper

Motor: LS Mtron Turbomotor mit 26,1 kW (35 PS) nach ISO; 3 Zylinder, 1879 cm³ Hubraum, Abgasnorm Stufe V
Getriebe: 12 Vorwärts- und 12 Rückwärtsgänge, synchronisiert
Zapfwelle: 540/540E/1000
Hubwerk: Kat. I, Hubkraft 860 daN
Hydraulik: Pumpenleistung 33,3 l/min bei 170 bar
Gewichte & Maße: Wendekreis 3,3 m
Bereifung: 7-16, 12.4-24
Preis: 19068 Euro (ohne MwSt.)

LS Tractor MT3.40 HST
Kompakt-Allradschlepper

Motor: LS Mtron Turbomotor mit 29,8 kW (41 PS) nach ISO; 3 Zylinder, 1 879 cm^3 Hubraum, Abgasnorm Stufe V
Getriebe: HST
Zapfwelle: 540/540E/1 000
Hubwerk: Kat. I, Hubkraft 860 daN
Hydraulik: Pumpenleistung 33,3 l/min bei 170 bar
Gewichte & Maße: Wendekreis 3,3 m
Bereifung: 240/70R16, 340/85R24
Preis: 20 809 Euro (ohne MwSt.)

LS Tractor MT3.40 Gear
Kompakt-Allradschlepper

Motor: LS Mtron Turbomotor mit 29,8 kW (41 PS) nach ISO; 3 Zylinder, 1 879 cm^3 Hubraum, Abgasnorm Stufe V
Getriebe: 12 Vorwärts- und 12 Rückwärtsgänge, synchronisiert
Zapfwelle: 540/540E/1 000
Hubwerk: Kat. I, Hubkraft 860 daN
Hydraulik: Pumpenleistung 33,3 l/min bei 170 bar
Gewichte & Maße: Leergewicht 1 660 kg, Wendekreis 3,3 m
Bereifung: 240/70R16, 340/85R24
Preis: 20 128 Euro (ohne MwSt.)

LS Tractor MT3.50 HST
Kompakt-Allradschlepper

Motor: LS Mtron Turbomotor mit 35 kW (48 PS) nach ISO; 3 Zylinder, 1 879 cm^3 Hubraum, Abgasnorm Stufe V
Getriebe: HST
Zapfwelle: 540/540E/1 000
Hubwerk: Kat. I, Hubkraft 1 250 daN
Hydraulik: Pumpenleistung 33,3 l/min bei 170 bar
Gewichte & Maße: Wendekreis 3,2 m
Bereifung: 280/70R16, 380/70R24
Preis: 23 268 Euro (ohne MwSt.)

LS Tractor MT3.50 Gear
Kompakt-Allradschlepper

Motor: LS Mtron Turbomotor mit 35 kW (48 PS) nach ISO; 3 Zylinder, 1 879 cm^3 Hubraum, Abgasnorm Stufe V
Getriebe: 16 Vorwärts- und 16 Rückwärtsgänge, synchronisiert
Zapfwelle: 540/540E/1 000
Hubwerk: Kat. I, Hubkraft 1 250 daN
Hydraulik: Pumpenleistung 33,3 l/min bei 170 bar
Gewichte & Maße: Leergewicht 1 950 kg, Wendekreis 3,2 m
Bereifung: 280/70R16, 380/70R24
Preis: 22 479 Euro (ohne MwSt.)

LS Tractor MT3.60 Gear
Kompakt-Allradschlepper

Motor: LS Mtron Turbomotor mit 42 kW (57 PS) nach ISO; 3 Zylinder, 1 879 cm^3 Hubraum, Abgasnorm Stufe V
Getriebe: 16 Vorwärts- und 16 Rückwärtsgänge, synchronisiert
Zapfwelle: 540/540E/1 000
Hubwerk: Kat. I, Hubkraft 1 250 daN
Hydraulik: Pumpenleistung 33,3 l/min bei 170 bar
Gewichte & Maße: Leergewicht 1 950 kg, Wendekreis 3,2 m
Bereifung: 280/70R16, 380/70R24
Preis: 25 278 Euro (ohne MwSt.)

LS Tractor MT3.60 Servo HST
Kompakt-Allradschlepper

Motor: LS Mtron Turbomotor mit 42 kW (57 PS) nach ISO; 3 Zylinder, 1 879 cm^3 Hubraum, Abgasnorm Stufe V

Getriebe: HST
Zapfwelle: 540/540E/1000
Hubwerk: Kat. I, Hubkraft 1250 daN
Hydraulik: Pumpenleistung 33,3 l/min bei 170 bar
Gewichte & Maße: Wendekreis 3,2 m
Bereifung: 280/70R16, 380/70R24
Preis: 26316 Euro (ohne MwSt.)

LS Tractor XU6168
Kompakt-Allradschlepper

Motor: LS Mtron Turbomotor mit 51 kW (69 PS) nach ISO; 4 Zylinder, 2505 cm³ Hubraum, Abgasnorm Stufe V
Getriebe: 16 Vorwärts- und 16 Rückwärtsgänge, synchronisiert
Zapfwelle: 540/540E/1000
Hubwerk: Kat. II, Hubkraft 1850 daN
Hydraulik: Pumpenleistung 55 l/min bei 170 bar
Gewichte & Maße: Leergewicht 2390 kg, Wendekreis 3,6 m
Bereifung: 300/70R20, 380/85R28
Preis: 35950 Euro (ohne MwSt.)

LS Tractor MT5.73
Kompakt-Allradschlepper

Motor: LS Mtron Turbomotor mit 54,4 kW (74 PS) nach ISO; 4 Zylinder, 2505 cm³ Hubraum, Abgasnorm Stufe V
Getriebe: PST, 12 Vorwärts- und 12 Rückwärtsgänge, synchronisiert
Zapfwelle: 540/540E/1001
Hubwerk: Kat. II, Hubkraft 3373 daN
Hydraulik: Pumpenleistung 50 l/min bei 170 bar
Gewichte & Maße: Leergewicht 2997 kg, Wendekreis 3,2 m
Bereifung: 360/70R24, 480/70R30
Preis: 40872 Euro (ohne MwSt.)

LS Tractor MT7.101
Kompakt-Allradschlepper

Motor: Fiat (FPT) Turbomotor mit 75 kW (102 PS) nach ISO; 4 Zylinder, 3595 cm³ Hubraum, Abgasnorm Stufe V
Getriebe: PST, 12 Vorwärts- und 12 Rückwärtsgänge, synchronisiert, 1 Lastschaltstufen
Zapfwelle: 540/540E/1002
Hubwerk: Kat. II, Hubkraft 3800 daN
Hydraulik: Pumpenleistung 59,4 l/min bei 170 bar
Gewichte & Maße: Leergewicht 3606 kg, Wendekreis 3,2 m
Bereifung: 360/70R24, 480/70R34
Preis: 55890 Euro (ohne Mehrwertsteuer)

Massey Ferguson

Die Anschrift des Herstellers:
Agco Deutschland GmbH, Geschäftsbereich Massey Ferguson
Johann-Georg-Fendt-Strasse 14, 87616 Marktoberdorf
Telefon: 08342/778660, www.masseyferguson.com

Massey Ferguson MF 1M.20

Kompakt-Allradschlepper

Motor: Iseki Saugmotor mit 15,5 kW (21 PS) nach ISO; maximale Leistung 15,5 kW (21 PS); 3 Zylinder, 1123 cm³ Hubraum, Abgasnorm Stufe V
Getriebe: 9 Vorwärts- und 9 Rückwärtsgänge (auf Wunsch bis 20 km/h), synchronisiert
Zapfwelle: 540
Hubwerk: Kat. I, Hubkraft 650 daN
Hydraulik: Pumpenleistung 33,2 l/min bei 150 bar
Gewichte & Maße: Zulässiges Gesamtgewicht 1600 kg, Leergewicht 815 kg, Bodenfreiheit 23 cm, Wendekreis 4,8 m
Bereifung: 6.00-14, 12.4-16
Preis: 21880 Euro (ohne MwSt.)

Massey Ferguson MF 1M.25

Kompakt-Allradschlepper

Motor: Iseki Saugmotor mit 18,9 kW (26 PS) nach ISO; maximale Leistung 18,9 kW (26 PS); 3 Zylinder, 1498 cm³ Hubraum, Abgasnorm Stufe V
Getriebe: stufenloses Getriebe bis 25 km/h
Zapfwelle: 540/540E
Hubwerk: Kat. I, Hubkraft 900 daN
Hydraulik: Pumpenleistung 33,2 l/min bei 150 bar
Gewichte & Maße: Zulässiges Gesamtgewicht 1600 kg, Leergewicht 865 kg, Bodenfreiheit 24 cm, Wendekreis 4,8 m
Bereifung: 6.00-12, 9.50-16
Preis: 25710 Euro (ohne Mehrwertsteuer)

Massey Ferguson MF 1735 M HP

Kompakt-Allradschlepper

Motor: Iseki Turbomotor mit 21 kW (29 PS) nach ISO; maximale Leistung 26 kW (35 PS); 3 Zylinder, 1825 cm³ Hubraum, Abgasnorm Stufe V

Getriebe: stufenloses Getriebe bis 34,2 km/h
Zapfwelle: 540/540E
Hubwerk: Kat. I, Hubkraft 1 200 daN
Hydraulik: Pumpenleistung 41,5 l/min bei 165 bar
Gewichte & Maße: Zulässiges Gesamtgewicht 2 600 kg, Bodenfreiheit 28 cm, Wendekreis 6,9 m
Bereifung: 7.00-14, 9.5-24
Preis: 38 850 Euro (ohne MwSt.)

Massey Ferguson MF 1735 M HC

Kompakt-Allradschlepper

Motor: Iseki Turbomotor mit 21 kW (29 PS) nach ISO; maximale Leistung 26 kW (35 PS); 3 Zylinder, 1 825 cm³ Hubraum, Abgasnorm Stufe V
Getriebe: stufenloses Getriebe bis 34,2 km/h
Zapfwelle: 540/540E
Hubwerk: Kat. I, Hubkraft 1 200 daN
Hydraulik: Pumpenleistung 41,5 l/min bei 165 bar
Gewichte & Maße: Zulässiges Gesamtgewicht 2 600 kg, Leergewicht 1 560 kg, Bodenfreiheit 28 cm, Wendekreis 6,9 m
Bereifung: 7.00-14, 9.5-24
Preis: 49 110 Euro (ohne MwSt.)

Massey Ferguson MF 1740 M HP

Kompakt-Allradschlepper

Motor: Iseki Turbomotor mit 25,7 kW (35 PS) nach ISO; maximale Leistung 29 kW (39 PS); 3 Zylinder, 1 825 cm³ Hubraum, Abgasnorm Stufe V
Getriebe: stufenloses Getriebe bis 34,5 km/h
Zapfwelle: 540/540E
Hubwerk: Kat. I, Hubkraft 1 200 daN
Hydraulik: Pumpenleistung 41,5 l/min bei 165 bar
Gewichte & Maße: Zulässiges Gesamtgewicht 2 600 kg, Bodenfreiheit 28 cm, Wendekreis 6,9 m
Bereifung: 7.00-14, 9.5-24
Preis: 42 550 Euro (ohne MwSt.)

Massey Ferguson MF 1740 M HC

Kompakt-Allradschlepper

Motor: Iseki Turbomotor mit 25,7 kW (35 PS) nach ISO; maximale Leistung 29 kW (39 PS); 3 Zylinder, 1 825 cm³ Hubraum, Abgasnorm Stufe V
Getriebe: stufenloses Getriebe bis 34,5 km/h
Zapfwelle: 540/540E

Hubwerk: Kat. I, Hubkraft 1 200 daN
Hydraulik: Pumpenleistung 41,5 l/min bei 165 bar
Gewichte & Maße: Zulässiges Gesamtgewicht 2 600 kg, Leergewicht 1 560 kg, Bodenfreiheit 28 cm, Wendekreis 6,9 m
Bereifung: 7.00-14, 9.5-24
Preis: 52 800 Euro (ohne MwSt.)

Massey Ferguson MF 1740 E MP

Kompakt-Allradschlepper

Motor: Iseki Turbomotor mit 25,7 kW (35 PS) nach ISO; maximale Leistung 29 kW (39 PS); 3 Zylinder, 1 825 cm³ Hubraum, Abgasnorm Stufe V
Getriebe: stufenloses Getriebe bis 34,5 km/h
Zapfwelle: 540
Hubwerk: Kat. I, Hubkraft 1 000 daN
Hydraulik: Pumpenleistung 41,5 l/min bei 165 bar
Gewichte & Maße: Zulässiges Gesamtgewicht 2 600 kg, Leergewicht 1 510 kg, Bodenfreiheit 28 cm, Wendekreis 6,9 m
Bereifung: 7.00-14, 9.5-24
Preis: 30 910 Euro (ohne MwSt.)

Massey Ferguson MF 1750 M HC

Kompakt-Allradschlepper

Motor: Iseki Turbomotor mit 29,4 kW (40 PS) nach ISO; maximale Leistung 36 kW (49 PS); 4 Zylinder, 2 434 cm³ Hubraum, Abgasnorm Stufe V
Getriebe: stufenloses Getriebe bis 34,5 km/h
Zapfwelle: 540/540E
Hubwerk: Kat. I, Hubkraft 1 580 daN
Hydraulik: Pumpenleistung 63 l/min bei 163 bar
Gewichte & Maße: Zul. Gesamtgewicht 3 400 kg, Leergewicht 2 070 kg, Bodenfreiheit 28 cm, Wendekreis 7 m
Bereifung: 9.50-16
Preis: 58 500 Euro (ohne MwSt.)

Massey Ferguson MF 1755 M MC

Kompakt-Allradschlepper

Motor: Iseki Turbomotor mit 40 kW (54 PS) nach ISO; maximale Leistung 40 kW (54 PS); 4 Zylinder, 2 434 cm³ Hubraum, Abgasnorm Stufe V
Getriebe: 12 Rückwärtsgänge (auf Wunsch bis 26,5 km/h)
Zapfwelle: 540/540E
Hubwerk: Kat. I, Hubkraft 1 580 daN
Hydraulik: Pumpenleistung 74,3 l/min bei 163 bar
Gewichte & Maße: Zulässiges Gesamtgewicht 3 400 kg, Leergewicht 2 200 kg, Bodenfreiheit 33 cm, Wendekreis 7 m
Bereifung: 9.50-16
Preis: 57 140 Euro (ohne MwSt.)

Massey Ferguson MF 1755 E MP

Kompakt-Allradschlepper

Motor: Iseki Turbomotor mit 40 kW (54 PS) nach ISO; maximale Leistung 40 kW (54 PS); 4 Zylinder, 2 434 cm³ Hubraum, Abgasnorm Stufe V
Getriebe: 12 Rückwärtsgänge (auf Wunsch bis 26,5 km/h)
Zapfwelle: 540/540E
Hubwerk: Kat. I, Hubkraft 1 200 daN
Hydraulik: Pumpenleistung 32,2 l/min bei 163 bar

Gewichte & Maße: Zulässiges Gesamtgewicht 3 400 kg, Leergewicht 1 900 kg, Bodenfreiheit 33 cm, Wendekreis 7 m
Bereifung: 9.50-16
Preis: 38 660 Euro (ohne MwSt.)

Massey Ferguson MF 1765 M MP

Kompakt-Allradschlepper

Motor: Iseki Saugmotor mit 49 kW (67 PS) nach ISO; maximale Leistung 49 kW (67 PS); 4 Zylinder, 2 434 cm³ Hubraum, Abgasnorm Stufe V
Getriebe: 12 Vorwärts- und 12 Rückwärtsgänge (auf Wunsch bis 26,5 km/h), synchronisiert
Zapfwelle: 540/540E
Hubwerk: Kat. I, Hubkraft 1 600 daN
Hydraulik: Pumpenleistung 74,3 l/min bei 163 bar
Gewichte & Maße: Zulässiges Gesamtgewicht 3 400 kg, Leergewicht 2 050 kg, Bodenfreiheit 28 cm, Wendekreis 7 m
Bereifung: 9.50-17, 14.06.2028
Preis: 51 080 Euro (ohne MwSt.)

Massey Ferguson MF 1765 M MC

Kompakt-Allradschlepper

Motor: Iseki Turbomotor mit 49 kW (67 PS) nach ISO; maximale Leistung 49 kW (67 PS); 4 Zylinder, 2 434 cm³ Hubraum, Abgasnorm Stufe V
Getriebe: 12 Vorwärts- und 12 Rückwärtsgänge (auf Wunsch bis 26,5 km/h), synchronisiert
Zapfwelle: 540/540E
Hubwerk: Kat. I, Hubkraft 1 600 daN
Hydraulik: Pumpenleistung 74,3 l/min bei 163 bar
Gewichte & Maße: Zul. Gesamtgewicht 3 400 kg, Leergewicht 2 150 kg, Bodenfreiheit 28 cm, Wendekreis 7 m
Bereifung: 9.50-16, 13.06.2028
Preis: 60 000 Euro (ohne MwSt.)

Massey Ferguson MF 1765 M HC

Kompakt-Allradschlepper

Motor: Iseki Turbomotor mit 49 kW (67 PS) nach ISO; maximale Leistung 49 kW (67 PS); 4 Zylinder, 2 434 cm³ Hubraum, Abgasnorm Stufe V
Getriebe: stufenloses Getriebe bis 34,5 km/h
Zapfwelle: 540/540E
Hubwerk: Kat. I, Hubkraft 1 580 daN
Hydraulik: Pumpenleistung 74,3 l/min bei 163 bar

Gewichte & Maße: Zulässiges Gesamtgewicht 3 400 kg, Leergewicht 2 300 kg, Bodenfreiheit 28 cm, Wendekreis 7 m
Bereifung: 9.50-16
Preis: 63 240 Euro (ohne MwSt.)

Massey Ferguson MF 3SP.75

Plantagen-Allradschlepper

Motor: FPT Turbomotor mit 55 kW (75 PS) nach ISO; maximale Leistung 56 kW (76 PS); 4 Zylinder, 3 400 cm³ Hubraum, Abgasnorm Stufe V
Getriebe: 12 Vorwärts- und 12 Rückwärtsgänge (auf Wunsch 24/24 LS, 24/24 Splitter, 24/12 PowerShuttle& ComfortControl bis 30 km/h), synchronisiert, 6 Gänge im Hauptarbeitsbereich, 2 Lastschaltstufen
Zapfwelle: 540/540E, Höchstdrehzahl: 641/753/1 173 min^{-1}
Hubwerk: Kat. II, Hubkraft 2 500 daN
Hydraulik: Pumpenleistung 66 l/min bei 190 bar
Gewichte & Maße: Zulässiges Gesamtgewicht 4 400 kg, Leergewicht 3 200 kg, Nutzlast 1 200 kg, Bodenfreiheit 25 cm, Wendekreis 7,4 m
Bereifung: 7.50R16, 12.4R28
Preis: 68 500 Euro (ohne MwSt.)

Massey Ferguson MF 3GE.75

Plantagen-Allradschlepper

Motor: FPT Turbomotor mit 55 kW (75 PS) nach ISO; maximale Leistung 56 kW (76 PS); 4 Zylinder, 3 400 cm³ Hubraum, Abgasnorm Stufe V
Getriebe: 12 Vorwärts- und 12 Rückwärtsgänge (auf Wunsch 24/24 LS, 24/24 Splitter, 24/12 PowerShuttle& ComfortControl bis 30 km/h), synchronisiert, 6 Gänge im Hauptarbeitsbereich, 2 Lastschaltstufen
Zapfwelle: 540/540E, Höchstdrehzahl: 641/753/1 173 min^{-1}
Hubwerk: Kat. II, Hubkraft 2 500 daN
Hydraulik: Pumpenleistung 66 l/min bei 190 bar
Gewichte & Maße: Zulässiges Gesamtgewicht 4 200 kg, Leergewicht 3 200 kg, Nutzlast 1 000 kg, Bodenfreiheit 20 cm, Wendekreis 6,9 m
Bereifung: 260/70R16, 380/70R20
Preis: 59 750 Euro (ohne MwSt.)

Massey Ferguson MF 3WF.75

Plantagen-Allradschlepper

Motor: FPT Turbomotor mit 55 kW (75 PS) nach ISO; maximale Leistung 56 kW (76 PS); 4 Zylinder, 3 400 cm³ Hubraum, Abgasnorm Stufe V
Getriebe: 12 Vorwärts- und 12 Rückwärtsgänge (auf Wunsch 24/24 LS, 24/24 Splitter, 24/12 PowerShuttle& ComfortControl bis 30 km/h), synchronisiert, 6 Gänge im Hauptarbeitsbereich, 2 Lastschaltstufen
Zapfwelle: 540/540E, Höchstdrehzahl: 641/753/1 173 min^{-1}
Hubwerk: Kat. II, Hubkraft 2 500 daN
Hydraulik: Pumpenleistung 66 l/min bei 190 bar
Gewichte & Maße: Zulässiges Gesamtgewicht 4 400 kg, Leergewicht 3 300 kg, Nutzlast 1 100 kg, Bodenfreiheit 25 cm, Wendekreis 6,8 m
Bereifung: 280/70R18, 380/70R24
Preis: 69 550 Euro (ohne Mehrwertsteuer)

Massey Ferguson MF 3VI.75

Plantagen-Allradschlepper

Motor: FPT Turbomotor mit 55 kW (75 PS) nach ISO; maximale Leistung 56 kW (76 PS); 4 Zylinder, 3 400 cm^3 Hubraum, Abgasnorm Stufe V
Getriebe: 12 Vorwärts- und 12 Rückwärtsgänge (auf Wunsch 24/24 LS, 24/24 Splitter, 24/12 PowerShuttle& ComfortControl bis 30 km/h), synchronisiert, 6 Gänge im Hauptarbeitsbereich, 2 Lastschaltstufen
Zapfwelle: 540/540E, Höchstdrehzahl: 641/753/1 173 min^{-1}
Hubwerk: Kat. II, Hubkraft 2 500 daN
Hydraulik: Pumpenleistung 66 l/min bei 190 bar
Gewichte & Maße: Zulässiges Gesamtgewicht 4 100 kg, Leergewicht 3 100 kg, Nutzlast 1 000 kg, Bodenfreiheit 21 cm, Wendekreis 7,3 m
Bereifung: 6.50R16, 11.2R28
Preis: 68 150 Euro (ohne MwSt.)

Massey Ferguson MF 3FR.75

Plantagen-Allradschlepper

Motor: FPT Turbomotor mit 55 kW (75 PS) nach ISO; maximale Leistung 56 kW (76 PS); 4 Zylinder, 3 400 cm^3 Hubraum, Abgasnorm Stufe V
Getriebe: 12 Vorwärts- und 12 Rückwärtsgänge (auf Wunsch 24/24 LS, 24/24 Splitter, 24/12 PowerShuttle& ComfortControl bis 40 km/h), synchronisiert, 6 Gänge im Hauptarbeitsbereich, 2 Lastschaltstufen
Zapfwelle: 540/540E, Höchstdrehzahl: 641/753/1 173 min^{-1}
Hubwerk: Kat. II, Hubkraft 2 500 daN
Hydraulik: Pumpenleistung 66 l/min bei 190 bar
Gewichte & Maße: Zulässiges Gesamtgewicht 4 400 kg, Leergewicht 3 250 kg, Nutzlast 1 150 kg, Bodenfreiheit 25 cm, Wendekreis 7 m
Bereifung: 7.50R20, 13.6R28
Preis: 69 240 Euro (ohne MwSt.)

Massey Ferguson MF 3FR.85

Plantagen-Allradschlepper

Motor: FPT Turbomotor mit 63 kW (86 PS) nach ISO; maximale Leistung 66 kW (90 PS); 4 Zylinder, 3 600 cm^3 Hubraum, Abgasnorm Stufe V
Getriebe: 15 Vorwärts- und 15 Rückwärtsgänge (auf Wunsch 15x15, 30x30, 30x15 bis 30 km/h), synchronisiert, 6 Gänge im Hauptarbeitsbereich, 2 Lastschaltstufen
Zapfwelle: 540/540E, Höchstdrehzahl: 641/753/1 173 min^{-1}
Hubwerk: Kat. II, Hubkraft 3 100 daN
Hydraulik: Pumpenleistung 65 l/min bei 190 bar
Gewichte & Maße: Zulässiges Gesamtgewicht 4 400 kg, Leergewicht 3 200 kg, Nutzlast 1 300 kg, Bodenfreiheit 25 cm, Wendekreis 7 m
Bereifung: 7.50R20, 13.6R28
Preis: 78 600 Euro (ohne MwSt.)

Massey Ferguson MF 3SP.85

Plantagen-Allradschlepper

Motor: FPT Turbomotor mit 63 kW (86 PS) nach ISO; maximale Leistung 66 kW (90 PS); 4 Zylinder, 3 600 cm^3 Hubraum, Abgasnorm Stufe V
Getriebe: 15 Vor- und 15 Rückwärtsgänge (a. W. 15x15, 30x30, 30x15 bis 40 km/h), synchronisiert, 6 Gänge im Hauptarbeitsbereich, 2 Lastschaltstufen
Zapfwelle: 540/540E, Höchstdrehzahl: 641/753/1 173 min^{-1}
Hubwerk: Kat. II, Hubkraft 3 100 daN
Hydraulik: Pumpenleistung 66 l/min bei 190 bar
Gewichte & Maße: Zulässiges Gesamtgewicht 4 400 kg, Leergewicht 3 200 kg, Nutzlast 1 300 kg, Bodenfreiheit 25 cm, Wendekreis 7,4 m
Bereifung: 7.50R16, 12.4R28
Preis: 77 400 Euro (ohne MwSt.)

Massey Ferguson MF 3VI.85

Plantagen-Allradschlepper

Motor: FPT Turbomotor mit 63 kW (86 PS) nach ISO; maximale Leistung 66 kW (90 PS); 4 Zylinder, 3 600 cm^3 Hubraum, Abgasnorm Stufe V
Getriebe: 15 Vorwärts- und 15 Rückwärtsgänge (auf Wunsch 15x15, 30x30, 30x15 bis 40 km/h), synchronisiert, 6 Gänge im Hauptarbeitsbereich, 2 Lastschaltstufen
Zapfwelle: 540/540E, Höchstdrehzahl: 641/753/1 173 min^{-1}
Hubwerk: Kat. II, Hubkraft 3 100 daN
Hydraulik: Pumpenleistung 66 l/min bei 190 bar
Gewichte & Maße: Zulässiges Gesamtgewicht 4 300 kg, Leergewicht 3 200 kg, Nutzlast 1 300 kg, Bodenfreiheit 21 cm, Wendekreis 7,3 m
Bereifung: 6.50R16, 11.2R28
Preis: 77 040 Euro (ohne MwSt.)

Massey Ferguson MF 3WF.85

Plantagen-Allradschlepper

Motor: FPT Turbomotor mit 63 kW (86 PS) nach ISO; maximale Leistung 66 kW (90 PS); 4 Zylinder, 3 600 cm^3 Hubraum, Abgasnorm Stufe V
Getriebe: 15 Vorwärts- und 15 Rückwärtsgänge (auf Wunsch 15x15, 30x30, 30x15 bis 40 km/h), synchronisiert, 6 Gänge im Hauptarbeitsbereich, 2 Lastschaltstufen
Zapfwelle: 540/540E, Höchstdrehzahl: 641/753/1 173 min^{-1}
Hubwerk: Kat. II, Hubkraft 3 100 daN
Hydraulik: Pumpenleistung 66 l/min bei 190 bar
Gewichte & Maße: Zulässiges Gesamtgewicht 4 400 kg, Leergewicht 3 200 kg, Nutzlast 1 300 kg, Bodenfreiheit 25 cm, Wendekreis 6,8 m
Bereifung: 280/70R18, 380/70R24
Preis: 78 900 Euro (ohne MwSt.)

Massey Ferguson MF 3GE.85

Plantagen-Allradschlepper

Motor: FPT Turbomotor mit 63 kW (86 PS) nach ISO; maximale Leistung 66 kW (90 PS); 4 Zylinder, 3 600 cm³ Hubraum, Abgasnorm Stufe V
Getriebe: 12 Vorwärts- und 12 Rückwärtsgänge (auf Wunsch 24/24 LS, 24/24 Splitter, 24/12 PowerShuttle& ComfortControl bis 30 km/h), synchronisiert, 6 Gänge im Hauptarbeitsbereich, 2 Lastschaltstufen
Zapfwelle: 540/540E, Höchstdrehzahl: 641/753/1 173 min^{-1}
Hubwerk: Kat. II, Hubkraft 2 500 daN
Hydraulik: Pumpenleistung 65 l/min bei 190 bar
Gewichte & Maße: Zulässiges Gesamtgewicht 4 200 kg, Leergewicht 3 200 kg, Nutzlast 1 300 kg, Bodenfreiheit 20 cm, Wendekreis 6,9 m
Bereifung: 260/70R16, 380/70R20
Preis: 69 710 Euro (ohne MwSt.)

Massey Ferguson MF 3VI.95

Plantagen-Allradschlepper

Motor: FPT Turbomotor mit 70 kW (95 PS) nach ISO; maximale Leistung 73 kW (99 PS); 4 Zylinder, 3 600 cm³ Hubraum, Abgasnorm Stufe V
Getriebe: 15 Vorwärts- und 15 Rückwärtsgänge (auf Wunsch 15x15, 30x30, 30x15 bis 40 km/h), synchronisiert, 6 Gänge im Hauptarbeitsbereich, 2 Lastschaltstufen
Zapfwelle: 540/540E, Höchstdrehzahl: 641/753/1 173 min^{-1}
Hubwerk: Kat. II, Hubkraft 3 100 daN
Hydraulik: Pumpenleistung 66 l/min bei 190 bar
Gewichte & Maße: Zulässiges Gesamtgewicht 4 300 kg, Leergewicht 3 200 kg, Nutzlast 1 300 kg, Bodenfreiheit 21 cm, Wendekreis 7,3 m
Bereifung: 6.50R16, 11.2R28
Preis: 79 940 Euro (ohne MwSt.)

Massey Ferguson MF 3SP.95

Plantagen-Allradschlepper

Motor: FPT Turbomotor mit 70 kW (95 PS) nach ISO; maximale Leistung 73 kW (99 PS); 4 Zylinder, 3 600 cm³ Hubraum, Abgasnorm Stufe V
Getriebe: 15 Vorwärts- und 15 Rückwärtsgänge (auf Wunsch 15x15, 30x30, 30x15 bis 40 km/h), synchronisiert, 6 Gänge im Hauptarbeitsbereich, 2 Lastschaltstufen

Zapfwelle: 540/540E, Höchstdrehzahl: 641/753/1 173 min^{-1}
Hubwerk: Kat. II, Hubkraft 3 100 daN
Hydraulik: Pumpenleistung 66 l/min bei 190 bar
Gewichte & Maße: Zulässiges Gesamtgewicht 4 400 kg, Leergewicht 3 200 kg, Nutzlast 1 300 kg, Bodenfreiheit 25 cm, Wendekreis 7,4 m
Bereifung: 7.50R16, 12.4R28
Preis: 83 020 Euro (ohne MwSt.)

Massey Ferguson MF 3WF.95

Plantagen-Allradschlepper

Motor: FPT Turbomotor mit 70 kW (95 PS) nach ISO; maximale Leistung 73 kW (99 PS); 4 Zylinder, 3 600 cm³ Hubraum, Abgasnorm Stufe V
Getriebe: 15 Vor- und 15 Rückwärtsgänge (a. W. 15x15, 30x30, 30x15 bis 40 km/h), synchronisiert, 6 Gänge im Hauptarbeitsbereich, 2 Lastschaltstufen
Zapfwelle: 540/540E, Höchstdrehzahl: 641/753/1 173 min^{-1}
Hubwerk: Kat. II, Hubkraft 3 100 daN
Hydraulik: Pumpenleistung 66 l/min bei 190 bar
Gewichte & Maße: Zulässiges Gesamtgewicht 4 400 kg, Leergewicht 3 200 kg, Nutzlast 1 300 kg, Bodenfreiheit 25 cm, Wendekreis 6,8 m
Bereifung: 280/70R18, 380/70R24
Preis: 84 110 Euro (ohne MwSt.)

Massey Ferguson MF 3GE.95

Plantagen-Allradschlepper

Motor: FPT Turbomotor mit 70 kW (95 PS) nach ISO; maximale Leistung 73 kW (99 PS); 4 Zylinder, 3 600 cm³ Hubraum, Abgasnorm Stufe V
Getriebe: 12 Vorwärts- und 12 Rückwärtsgänge (auf Wunsch 24/24 LS, 24/24 Splitter, 24/12 PowerShuttle& ComfortControl bis 30 km/h), synchronisiert, 6 Gänge im Hauptarbeitsbereich, 2 Lastschaltstufen
Zapfwelle: 540/540E, Höchstdrehzahl: 641/753/1 173 min^{-1}
Hubwerk: Kat. II, Hubkraft 2 500 daN
Hydraulik: Pumpenleistung 66 l/min bei 190 bar
Gewichte & Maße: Zulässiges Gesamtgewicht 4 200 kg, Leergewicht 3 200 kg, Nutzlast 1 300 kg, Bodenfreiheit 20 cm, Wendekreis 6,9 m
Bereifung: 260/70R16, 380/70R20
Preis: 75 320 Euro (ohne MwSt.)

Massey Ferguson MF 3FR.95

Plantagen-Allradschlepper

Motor: FPT Turbomotor mit 70 kW (95 PS) nach ISO; maximale Leistung 73 kW (99 PS); 4 Zylinder, 3 600 cm³ Hubraum, Abgasnorm Stufe V
Getriebe: 15 Vorwärts- und 15 Rückwärtsgänge (auf Wunsch 15x15, 30x30, 30x15 bis 40 km/h), synchronisiert, 6 Gänge im Hauptarbeitsbereich, 2 Lastschaltstufen
Zapfwelle: 540/540E, Höchstdrehzahl: 641/753/1 173 min^{-1}
Hubwerk: Kat. II, Hubkraft 3 100 daN
Hydraulik: Pumpenleistung 66 l/min bei 190 bar
Gewichte & Maße: Zulässiges Gesamtgewicht 4 400 kg, Leergewicht 3 200 kg, Nutzlast 1 300 kg, Bodenfreiheit 25 cm, Wendekreis 7 m
Bereifung: 7.50R20, 13.6R28
Preis: 83 760 Euro (ohne MwSt.)

Massey Ferguson MF 3VI.105

Plantagen-Allradschlepper

Motor: FPT Turbomotor mit 75 kW (102 PS) nach ISO; maximale Leistung 77 kW (105 PS); 4 Zylinder, 3600 cm^3 Hubraum, Abgasnorm Stufe V
Getriebe: 15 Vorwärts- und 15 Rückwärtsgänge (auf Wunsch 15x15, 30x30, 30x15 bis 40 km/h), synchronisiert, 6 Gänge im Hauptarbeitsbereich, 2 Lastschaltstufen
Zapfwelle: 540/540E, Höchstdrehzahl: 641/753/1173 min^{-1}
Hubwerk: Kat. II, Hubkraft 3100 daN
Hydraulik: Pumpenleistung 66 l/min bei 190 bar
Gewichte & Maße: Zulässiges Gesamtgewicht 4400 kg, Leergewicht 3200 kg, Nutzlast 1300 kg, Bodenfreiheit 25 cm, Wendekreis 7,3 m
Bereifung: 7.50R16, 12.4R28
Preis: 84410 Euro (ohne MwSt.)

Massey Ferguson MF 3GE.105

Plantagen-Allradschlepper

Motor: FPT Turbomotor mit 75 kW (102 PS) nach ISO; maximale Leistung 77 kW (105 PS); 4 Zylinder, 3600 cm^3 Hubraum, Abgasnorm Stufe V
Getriebe: 12 Vorwärts- und 12 Rückwärtsgänge (auf Wunsch 24/24 LS, 24/24 Splitter, 24/12 PowerShuttle& ComfortControl bis 30 km/h), synchronisiert, 6 Gänge im Hauptarbeitsbereich, 2 Lastschaltstufen
Zapfwelle: 540/540E, Höchstdrehzahl: 641/753/1173 min^{-1}
Hubwerk: Kat. II, Hubkraft 2500 daN
Hydraulik: Pumpenleistung 66 l/min bei 190 bar
Gewichte & Maße: Zulässiges Gesamtgewicht 4200 kg, Leergewicht 3200 kg, Nutzlast 1300 kg, Bodenfreiheit 20 cm, Wendekreis 6,9 m
Bereifung: 260/70R16, 380/70R20
Preis: 78310 Euro (ohne MwSt.)

Massey Ferguson MF 3FR.105

Plantagen-Allradschlepper

Motor: FPT Turbomotor mit 75 kW (102 PS) nach ISO; maximale Leistung 77 kW (105 PS); 4 Zylinder, 3600 cm^3 Hubraum, Abgasnorm Stufe V
Getriebe: 15 Vorwärts- und 15 Rückwärtsgänge (auf Wunsch 15x15, 30x30, 30x15 bis 40 km/h), synchronisiert, 6 Gänge im Hauptarbeitsbereich, 2 Lastschaltstufen
Zapfwelle: 540/540E, Höchstdrehzahl: 641/753/1173 min^{-1}
Hubwerk: Kat. II, Hubkraft 3100 daN
Hydraulik: Pumpenleistung 66 l/min bei 190 bar
Gewichte & Maße: Zulässiges Gesamtgewicht 4400 kg, Leergewicht 3200 kg, Nutzlast 1300 kg, Bodenfreiheit 25 cm, Wendekreis 7 m
Bereifung: 7.50R20, 13.6R28
Preis: 86760 Euro (ohne MwSt.)

Massey Ferguson MF 3WF.105

Plantagen-Allradschlepper

Motor: FPT Turbomotor mit 75 kW (102 PS) nach ISO; maximale Leistung 77 kW (105 PS); 4 Zylinder, 3600 cm^3 Hubraum, Abgasnorm Stufe V
Getriebe: 15 Vorwärts- und 12 Rückwärtsgänge (auf Wunsch 15x15, 30x30, 30x15 bis 40 km/h), synchronisiert, 6 Gänge im Hauptarbeitsbereich, 2 Lastschaltstufen
Zapfwelle: 540/540E, Höchstdrehzahl: 641/753/1173 min^{-1}
Hubwerk: Kat. II, Hubkraft 3100 daN
Hydraulik: Pumpenleistung 66 l/min bei 190 bar
Gewichte & Maße: Zulässiges Gesamtgewicht 4400 kg, Leergewicht 3200 kg, Nutzlast 1300 kg, Bodenfreiheit 25 cm, Wendekreis 6,8 m
Bereifung: 280/70R18, 380/70R24
Preis: 87080 Euro (ohne MwSt.)

Massey Ferguson MF 3SP.105

Plantagen-Allradschlepper

Motor: FPT Turbomotor mit 75 kW (102 PS) nach ISO; maximale Leistung 77 kW (105 PS); 4 Zylinder, 3600 cm^3

Hubraum, Abgasnorm Stufe V
Getriebe: 15 Vorwärts- und 15 Rückwärtsgänge (auf Wunsch 15x15, 30x30, 30x15 bis 40 km/h), synchronisiert, 6 Gänge im Hauptarbeitsbereich, 2 Lastschaltstufen
Zapfwelle: 540/540E, Höchstdrehzahl: 641/753/1 173 min^{-1}
Hubwerk: Kat. II, Hubkraft 3 100 daN
Hydraulik: Pumpenleistung 66 l/min bei 190 bar
Gewichte & Maße: Zulässiges Gesamtgewicht 4 400 kg, Leergewicht 3 200 kg, Nutzlast 1 300 kg, Bodenfreiheit 25 cm, Wendekreis 7,4 m
Bereifung: 7.50R16, 12.4R28
Preis: 86 000 Euro (ohne MwSt.)

Massey Ferguson MF 3WF.115

Plantagen-Allradschlepper

Motor: FPT Turbomotor mit 85 kW (116 PS) nach ISO; maximale Leistung 88 kW (120 PS); 4 Zylinder, 3 600 cm^3 Hubraum, Abgasnorm Stufe V
Getriebe: 15 Vorwärts- und 15 Rückwärtsgänge (auf Wunsch 15x15, 30x30, 30x15 bis 40 km/h), synchronisiert, 6 Gänge im Hauptarbeitsbereich, 2 Lastschaltstufen
Zapfwelle: 540/540E, Höchstdrehzahl: 641/753/1 173 min^{-1}
Hubwerk: Kat. II, Hubkraft 3 100 daN
Hydraulik: Pumpenleistung 66 l/min bei 190 bar
Gewichte & Maße: Zulässiges Gesamtgewicht 4 400 kg, Leergewicht 3 200 kg, Nutzlast 1 300 kg, Bodenfreiheit 25 cm, Wendekreis 6,8 m
Bereifung: 280/70R18, 380/70R24
Preis: 90 540 Euro (ohne MwSt.)

Massey Ferguson MF 3FR.115

Plantagen-Allradschlepper

Motor: FPT Turbomotor mit 85 kW (116 PS) nach ISO; maximale Leistung 88 kW (120 PS); 4 Zylinder, 3 600 cm^3 Hubraum, Abgasnorm Stufe V
Getriebe: 15 Vorwärts- und 15 Rückwärtsgänge (auf Wunsch 15x15, 30x30, 30x15 bis 40 km/h), synchronisiert, 6 Gänge im Hauptarbeitsbereich, 2 Lastschaltstufen
Zapfwelle: 540/540E, Höchstdrehzahl: 641/753/1 173 min^{-1}
Hubwerk: Kat. II, Hubkraft 3 100 daN
Hydraulik: Pumpenleistung 66 l/min bei 190 bar
Gewichte & Maße: Zulässiges Gesamtgewicht 4 400 kg, Leergewicht 3 200 kg, Nutzlast 1 300 kg, Bodenfreiheit 25 cm, Wendekreis 7 m
Bereifung: 7.50R20, 13.6R28
Preis: 90 200 Euro (ohne MwSt.)

Massey Ferguson MF 3SP.115

Plantagen-Allradschlepper

Motor: FPT Turbomotor mit 85 kW (116 PS) nach ISO; maximale Leistung 88 kW (120 PS); 4 Zylinder, 3 600 cm^3 Hubraum, Abgasnorm Stufe V
Getriebe: 15 Vorwärts- und 15 Rückwärtsgänge (auf Wunsch 15x15, 30x30, 30x15 bis 40 km/h), synchronisiert, 6 Gänge im Hauptarbeitsbereich, 2 Lastschaltstufen
Zapfwelle: 540/540E, Höchstdrehzahl: 641/753/1 173 min^{-1}
Hubwerk: Kat. II, Hubkraft 3 100 daN
Hydraulik: Pumpenleistung 66 l/min bei 190 bar
Gewichte & Maße: Zulässiges Gesamtgewicht 4 400 kg, Leergewicht 3 200 kg, Nutzlast 1 300 kg, Bodenfreiheit 25 cm, Wendekreis 7,4 m
Bereifung: 7.50R16, 12.4R28
Preis: 89 450 Euro (ohne MwSt.)

Massey Ferguson MF 3VI.115

Plantagen-Allradschlepper

Motor: FPT Turbomotor mit 85 kW (116 PS) nach ISO; maximale Leistung 88 kW (120 PS); 4 Zylinder, 3 600 cm^3 Hubraum, Abgasnorm Stufe V
Getriebe: 15 Vorwärts- und 15 Rückwärtsgänge (auf Wunsch 15x15, 30x30, 30x15 bis 40 km/h), synchronisiert, 6 Gänge im Hauptarbeitsbereich, 2 Lastschaltstufen
Zapfwelle: 540/540E, Höchstdrehzahl: 641/753/1 173 min^{-1}
Hubwerk: Kat. II, Hubkraft 3 100 daN
Hydraulik: Pumpenleistung 66 l/min bei 190 bar
Gewichte & Maße: Zulässiges Gesamtgewicht 4 400 kg, Leergewicht 3 200 kg, Nutzlast 1 300 kg, Bodenfreiheit 25 cm, Wendekreis 7,3 m
Bereifung: 7.50R16, 12.4R28
Preis: 86 850 Euro (ohne MwSt.)

McCormick

Die Anschrift des Herstellers:
Argo GmbH, Im Birkfeld 4, 91595 Burgoberbach
Telefon: 098 05/31 99 70, www.mccormick.it/de

McCormick X2.055
Plantagen-Allradschlepper

Motor: Kohler Turbomotor mit Ladeluftkühlung mit 36 kW (49 PS) nach ISO; maximale Leistung 36 kW (49 PS); 3 Zylinder, 1 900 cm^3 Hubraum, Abgasnorm Stufe V
Getriebe: 12 Vorwärts- und 12 Rückwärtsgänge (auf Wunsch 16/16 bis 30 km/h), synchronisiert
Zapfwelle: 540/540E/Weg
Hubwerk: Kat. I, Hubkraft 1 200 daN
Hydraulik: Pumpenleistung 35 + 20 l/min
Gewichte & Maße: Zulässiges Gesamtgewicht 3 050 kg, Leergewicht 1 730 kg, Nutzlast 1 320 kg, Bodenfreiheit 30 cm
Bereifung: 280/70R16, 360/70R24
Preis: 41 097 Euro (ohne MwSt.)

McCormick X2.060
Plantagen-Allradschlepper

Motor: Kohler Turbomotor mit Ladeluftkühlung mit 42 kW (57 PS) nach ISO; maximale Leistung 42 kW (57 PS); 3 Zylinder, 1 900 cm^3 Hubraum, Abgasnorm Stufe V
Getriebe: 12 Vorwärts- und 12 Rückwärtsgänge (auf Wunsch 16/16 bis 30 km/h), synchronisiert
Zapfwelle: 540/540E/Weg
Hubwerk: Kat. I, Hubkraft 1 200 daN
Hydraulik: Pumpenleistung 35 + 20 l/min
Gewichte & Maße: Zulässiges Gesamtgewicht 3 050 kg, Leergewicht 1 730 kg, Nutzlast 1 320 kg, Bodenfreiheit 30 cm
Bereifung: 280/70R16, 360/70R24
Preis: 43 473 Euro (ohne MwSt.)

McCormick X3.070 STD/GE
Plantagen-Allradschlepper

Motor: Kohler Turbomotor mit Ladeluftkühlung mit 50 kW (68 PS) nach ISO; maximale Leistung 50 kW (68 PS);

4 Zylinder, 2500 cm³ Hubraum, Abgasnorm Stufe V
Getriebe: 12 Vorwärts- und 12 Rückwärtsgänge (auf Wunsch 16/16 bis 40 km/h), synchronisiert, 5 Gänge im Hauptarbeitsbereich
Zapfwelle: 540/540E
Hubwerk: Kat. II, Hubkraft 2700 daN
Hydraulik: Pumpenleistung 50 + 31 l/min
Gewichte & Maße: Zulässiges Gesamtgewicht 4000 kg, Leergewicht 2320 kg, Nutzlast 1680 kg, Bodenfreiheit 21 cm
Bereifung: 260/70R16, 360/70R24
Preis: 46105 Euro (ohne MwSt.)

McCormick X3.080 STD/GE
Plantagen-Allradschlepper

Motor: Kohler Turbomotor mit Ladeluftkühlung mit 54,5 kW (74 PS) nach ISO; maximale Leistung 54,5 kW (74 PS); 4 Zylinder, 2500 cm³ Hubraum, Abgasnorm Stufe V
Getriebe: 12 Vorwärts- und 12 Rückwärtsgänge (auf Wunsch 16/16 bis 40 km/h), synchronisiert, 5 Gänge im Hauptarbeitsbereich
Zapfwelle: 540/540E
Hubwerk: Kat. II, Hubkraft 2700 daN
Hydraulik: Pumpenleistung 50 + 31 l/min
Gewichte & Maße: Zulässiges Gesamtgewicht 4000 kg, Leergewicht 2320 kg, Nutzlast 1680 kg, Bodenfreiheit 21 cm
Bereifung: 260/70R16, 360/70R24
Preis: 46972 Euro (ohne MwSt.)

McCormick X4.080XL
Plantagen-Allradschlepper

Motor: Deutz Turbomotor mit Ladeluftkühlung mit 55 kW (75 PS) nach ISO; maximale Leistung 55 kW (75 PS); 4 Zylinder, 2900 cm³ Hubraum, Abgasnorm Stufe V
Getriebe: 48 Vorwärts- und 32 Rückwärtsgänge (auf Wunsch 16/16, 32/32, 36/12, 48/16 bis 40 km/h), synchronisiert, 3 Lastschaltstufen
Zapfwelle: 540/540E
Hubwerk: Kat. II, Hubkraft 3400 daN
Hydraulik: Pumpenleistung 50 + 28; 110 l/min
Gewichte & Maße: Zulässiges Gesamtgewicht 5250 kg, Leergewicht 3200 kg
Preis: 73899 Euro (ohne MwSt.)

McCormick X4.085TF/TM
Plantagen-Raupenschlepper

Motor: Deutz Turbomotor mit Ladeluftkühlung mit 55 kW (75 PS) nach ISO; maximale Leistung 55 kW (75 PS); 4 Zylinder, 2900 cm³ Hubraum, Abgasnorm Stufe V
Getriebe: 16 Vorwärts- und 8 Rückwärtsgänge (auf Wunsch 16/8), synchronisiert
Zapfwelle: 540/540E
Hubwerk: Kat. II, Hubkraft 3150 daN
Hydraulik: Pumpenleistung 42 + 28 l/min
Gewichte & Maße: Leergewicht 3900 kg
Preis: 72551 Euro (ohne MwSt.)

McCormick X4.080V
Plantagen-Allradschlepper

Motor: Deutz Turbomotor mit Ladeluftkühlung mit 55 kW (75 PS) nach ISO; maximale Leistung 55 kW (75 PS); 4 Zylinder, 2900 cm³ Hubraum, Abgasnorm Stufe V
Getriebe: 48 Vorwärts- und 32 Rückwärtsgänge (auf Wunsch 16/16, 32/32, 36/12, 48/16 bis 40 km/h), synchronisiert, 3 Lastschaltstufen

Zapfwelle: 540/540E
Hubwerk: Kat. II, Hubkraft 3 400 daN
Hydraulik: Pumpenleistung 50 + 28; 110 l/min
Gewichte & Maße: Zulässiges Gesamtgewicht 5 250 kg, Leergewicht 2 900 kg
Preis: 73 515 Euro (ohne MwSt.)

McCormick X4.080F

Plantagen-Allradschlepper

Motor: Deutz Turbomotor mit Ladeluftkühlung mit 55 kW (75 PS) nach ISO; maximale Leistung 55 kW (75 PS); 4 Zylinder, 2 900 cm³ Hubraum, Abgasnorm Stufe V
Getriebe: 48 Vorwärts- und 32 Rückwärtsgänge (auf Wunsch 16/16, 32/32, 36/12, 48/16 bis 40 km/h), synchronisiert, 3 Lastschaltstufen
Zapfwelle: 540/540E
Hubwerk: Kat. II, Hubkraft 3 400 daN
Hydraulik: Pumpenleistung 50 + 28; 110 l/min
Gewichte & Maße: Zulässiges Gesamtgewicht 5 250 kg, Leergewicht 3 150 kg
Preis: 72 890 Euro (ohne MwSt.)

McCormick X4.080N

Plantagen-Allradschlepper

Motor: Deutz Turbomotor mit Ladeluftkühlung mit 55 kW (75 PS) nach ISO; maximale Leistung 55 kW (75 PS); 4 Zylinder, 2 900 cm³ Hubraum, Abgasnorm Stufe V
Getriebe: 48 Vorwärts- und 32 Rückwärtsgänge (auf Wunsch 16/16, 32/32, 36/12, 48/16 bis 40 km/h), synchronisiert, 3 Lastschaltstufen
Zapfwelle: 540/540E
Hubwerk: Kat. II, Hubkraft 3 400 daN
Hydraulik: Pumpenleistung 50 + 28; 110 l/min
Gewichte & Maße: Zulässiges Gesamtgewicht 5 250 kg, Leergewicht 3 050 kg
Preis: 72 890 Euro (ohne MwSt.)

McCormick X4.090XL

Plantagen-Allradschlepper

Motor: Deutz Turbomotor mit Ladeluftkühlung mit 58 kW (79 PS) nach ISO; maximale Leistung 66 kW (90 PS); 4 Zylinder, 2 900 cm³ Hubraum, Abgasnorm Stufe V
Getriebe: 48 Vorwärts- und 32 Rückwärtsgänge (auf Wunsch 16/16, 32/32, 36/12, 48/16 bis 40 km/h), synchronisiert, 3 Lastschaltstufen
Zapfwelle: 540/540E
Hubwerk: Kat. II, Hubkraft 3 400 daN
Hydraulik: Pumpenleistung 50 + 28; 110 l/min
Gewichte & Maße: Zulässiges Gesamtgewicht 5 250 kg, Leergewicht 3 200 kg
Preis: 80 878 Euro (ohne MwSt.)

McCormick X4.095TF/TM

Plantagen-Raupenschlepper

Motor: Deutz Turbomotor mit Ladeluftkühlung mit 58 kW (79 PS) nach ISO; maximale Leistung 66 kW (90 PS); 4 Zylinder, 2 900 cm³ Hubraum, Abgasnorm Stufe V
Getriebe: 16 Vorwärts- und 8 Rückwärtsgänge (auf Wunsch 16/8), synchronisiert
Zapfwelle: 540/540E
Hubwerk: Kat. II, Hubkraft 3 150 daN
Hydraulik: Pumpenleistung 42 + 28 l/min
Gewichte & Maße: Leergewicht 3 900 kg
Preis: 80 097 Euro (ohne MwSt.)

McCormick X4.090N

Plantagen-Allradschlepper

Motor: Deutz Turbomotor mit Ladeluftkühlung mit 58 kW (79 PS) nach ISO; maximale Leistung 66 kW (90 PS); 4 Zylinder, 2 900 cm³ Hubraum, Abgasnorm Stufe V
Getriebe: 48 Vorwärts- und 32 Rückwärtsgänge (auf Wunsch 16/16, 32/32, 36/12, 48/16 bis 40 km/h), synchronisiert, 3 Lastschaltstufen
Zapfwelle: 540/540E
Hubwerk: Kat. II, Hubkraft 3 400 daN
Hydraulik: Pumpenleistung 50 + 28; 110 l/min
Gewichte & Maße: Zulässiges Gesamtgewicht 5 250 kg, Leergewicht 3 050 kg
Preis: 79 868 Euro (ohne MwSt.)

McCormick X4.090F

Plantagen-Allradschlepper

Motor: Deutz Turbomotor mit Ladeluftkühlung mit 58 kW (79 PS) nach ISO; maximale Leistung 66 kW (90 PS); 4 Zylinder, 2 900 cm³ Hubraum, Abgasnorm Stufe V
Getriebe: 48 Vorwärts- und 32 Rückwärtsgänge (auf Wunsch 16/16, 32/32, 36/12, 48/16 bis 40 km/h), synchronisiert, 3 Lastschaltstufen
Zapfwelle: 540/540E

Hubwerk: Kat. II, Hubkraft 3400 daN
Hydraulik: Pumpenleistung 50 + 28; 110 l/min
Gewichte & Maße: Zulässiges Gesamtgewicht 5250 kg, Leergewicht 3150 kg
Preis: 79868 Euro (ohne MwSt.)

McCormick X4.090V

Plantagen-Allradschlepper

Motor: Deutz Turbomotor mit Ladeluftkühlung mit 58 kW (79 PS) nach ISO; maximale Leistung 66 kW (90 PS); 4 Zylinder, 2900 cm³ Hubraum, Abgasnorm Stufe V
Getriebe: 48 Vorwärts- und 32 Rückwärtsgänge (auf Wunsch 16/16, 32/32, 36/12, 48/16 bis 40 km/h), synchronisiert, 3 Lastschaltstufen
Zapfwelle: 540/540E
Hubwerk: Kat. II, Hubkraft 3400 daN
Hydraulik: Pumpenleistung 50 + 28; 110 l/min
Gewichte & Maße: Zulässiges Gesamtgewicht 5250 kg, Leergewicht 2900 kg
Preis: 80495 Euro (ohne MwSt.)

McCormick X4.105TF/TM

Plantagen-Raupenschlepper

Motor: Deutz Turbomotor mit Ladeluftkühlung mit 63 kW (86 PS) nach ISO; maximale Leistung 70 kW (95 PS); 4 Zylinder, 2900 cm³ Hubraum, Abgasnorm Stufe V
Getriebe: 16 Vorwärts- und 8 Rückwärtsgänge (auf Wunsch 16/8), synchronisiert
Zapfwelle: 540/540E
Hubwerk: Kat. II, Hubkraft 3150 daN
Hydraulik: Pumpenleistung 42 + 28 l/min
Gewichte & Maße: Leergewicht 3900 kg
Preis: 84524 Euro (ohne MwSt.)

McCormick X4.100XL

Plantagen-Allradschlepper

Motor: Deutz Turbomotor mit Ladeluftkühlung mit 63 kW (86 PS) nach ISO; maximale Leistung 70 kW (95 PS); 4 Zylinder, 2900 cm³ Hubraum, Abgasnorm Stufe V
Getriebe: 48 Vorwärts- und 32 Rückwärtsgänge (auf Wunsch 16/16, 32/32, 36/12, 48/16 bis 40 km/h), synchronisiert, 3 Lastschaltstufen

Zapfwelle: 540/540E
Hubwerk: Kat. II, Hubkraft 3 400 daN
Hydraulik: Pumpenleistung 50 + 28; 110 l/min
Gewichte & Maße: Zulässiges Gesamtgewicht 5 250 kg, Leergewicht 3 200 kg
Preis: 86 607 Euro (ohne Mehrwertsteuer)

McCormick X4.100V

Plantagen-Allradschlepper

Motor: Deutz Turbomotor mit Ladeluftkühlung mit 63 kW (86 PS) nach ISO; maximale Leistung 70 kW (95 PS); 4 Zylinder, 2 900 cm³ Hubraum, Abgasnorm Stufe V
Getriebe: 48 Vorwärts- und 32 Rückwärtsgänge (auf Wunsch 16/16, 32/32, 36/12, 48/16 bis 40 km/h), synchronisiert, 3 Lastschaltstufen
Zapfwelle: 540/540E
Hubwerk: Kat. II, Hubkraft 3 400 daN
Hydraulik: Pumpenleistung 50 + 28; 110 l/min
Gewichte & Maße: Zulässiges Gesamtgewicht 5 250 kg, Leergewicht 2 900 kg
Preis: 83 223 Euro (ohne MwSt.)

McCormick X4.100F

Plantagen-Allradschlepper

Motor: Deutz Turbomotor mit Ladeluftkühlung mit 63 kW (86 PS) nach ISO; maximale Leistung 70 kW (95 PS); 4 Zylinder, 2 900 cm³ Hubraum, Abgasnorm Stufe V
Getriebe: 48 Vorwärts- und 32 Rückwärtsgänge (auf Wunsch 16/16, 32/32, 36/12, 48/16 bis 40 km/h), synchronisiert, 3 Lastschaltstufen
Zapfwelle: 540/540E
Hubwerk: Kat. II, Hubkraft 3 400 daN
Hydraulik: Pumpenleistung 50 + 28; 110 l/min
Gewichte & Maße: Zulässiges Gesamtgewicht 5 250 kg, Leergewicht 3 150 kg
Preis: 82 598 Euro (ohne MwSt.)

McCormick X4.100N

Plantagen-Allradschlepper

Motor: Deutz Turbomotor mit Ladeluftkühlung mit 63 kW (86 PS) nach ISO; maximale Leistung 70 kW (95 PS); 4 Zylinder, 2 900 cm³ Hubraum, Abgasnorm Stufe V

Getriebe: 48 Vorwärts- und 32 Rückwärtsgänge (auf Wunsch 16/16, 32/32, 36/12, 48/16 bis 40 km/h), synchronisiert, 3 Lastschaltstufen
Zapfwelle: 540/540E
Hubwerk: Kat. II, Hubkraft 3 400 daN
Hydraulik: Pumpenleistung 50 + 28; 110 l/min
Gewichte & Maße: Zulässiges Gesamtgewicht 5 250 kg, Leergewicht 3 050 kg
Preis: 82 598 Euro (ohne MwSt.)

McCormick X4.110N

Plantagen-Allradschlepper

Motor: Deutz Turbomotor mit Ladeluftkühlung mit 70 kW (95 PS) nach ISO; maximale Leistung 75 kW (102 PS); 4 Zylinder, 2 900 cm^3 Hubraum, Abgasnorm Stufe V
Getriebe: 48 Vorwärts- und 32 Rückwärtsgänge (auf Wunsch 16/16, 32/32, 36/12, 48/16 bis 40 km/h), synchronisiert, 3 Lastschaltstufen
Zapfwelle: 540/540E
Hubwerk: Kat. II, Hubkraft 3 400 daN
Hydraulik: Pumpenleistung 50 + 28; 110 l/min
Gewichte & Maße: Zulässiges Gesamtgewicht 5 250 kg, Leergewicht 3 050 kg
Preis: 85 598 Euro (ohne MwSt.)

McCormick X4.110TF/TM

Plantagen-Raupenschlepper

Motor: Deutz Turbomotor mit Ladeluftkühlung mit 70 kW (95 PS) nach ISO; maximale Leistung 75 kW (102 PS); 4 Zylinder, 2 900 cm^3 Hubraum, Abgasnorm Stufe V
Getriebe: 16 Vorwärts- und 8 Rückwärtsgänge (auf Wunsch 16/8), synchronisiert
Zapfwelle: 540/540E
Hubwerk: Kat. II, Hubkraft 3 150 daN
Hydraulik: Pumpenleistung 42 + 28 l/min
Gewichte & Maße: Leergewicht 3 900 kg
Preis: 88 034 Euro (ohne Mehrwertsteuer)

McCormick X4.110F

Plantagen-Allradschlepper

Motor: Deutz Turbomotor mit Ladeluftkühlung mit 70 kW (95 PS) nach ISO; maximale Leistung 75 kW (102 PS); 4 Zylinder, 2 900 cm^3 Hubraum, Abgasnorm Stufe V
Getriebe: 48 Vorwärts- und 32 Rückwärtsgänge (auf Wunsch 16/16, 32/32, 36/12, 48/16 bis 40 km/h), synchronisiert, 3 Lastschaltstufen
Zapfwelle: 540/540E
Hubwerk: Kat. II, Hubkraft 3 400 daN

Hydraulik: Pumpenleistung 50 + 28; 110 l/min
Gewichte & Maße: Zulässiges Gesamtgewicht 5 250 kg, Leergewicht 3 150 kg
Preis: 85 898 Euro (ohne MwSt.)

McCormick X4.110XL
Plantagen-Allradschlepper

Motor: Deutz Turbomotor mit Ladeluftkühlung mit 70 kW (95 PS) nach ISO; maximale Leistung 75 kW (102 PS); 4 Zylinder, 2 900 cm³ Hubraum, Abgasnorm Stufe V
Getriebe: 48 Vorwärts- und 32 Rückwärtsgänge (auf Wunsch 16/16, 32/32, 36/12, 48/16 bis 40 km/h), synchronisiert, 3 Lastschaltstufen
Zapfwelle: 540/540E
Hubwerk: Kat. II, Hubkraft 3 400 daN
Hydraulik: Pumpenleistung 50 + 28; 110 l/min
Gewichte & Maße: Zulässiges Gesamtgewicht 5 250 kg, Leergewicht 3 200 kg
Preis: 86 607 Euro (ohne Mehrwertsteuer)

McCormick X4.110V
Plantagen-Allradschlepper

Motor: Deutz Turbomotor mit Ladeluftkühlung mit 70 kW (95 PS) nach ISO; maximale Leistung 75 kW (102 PS); 4 Zylinder, 2 900 cm³ Hubraum, Abgasnorm Stufe V
Getriebe: 48 Vorwärts- und 32 Rückwärtsgänge (auf Wunsch 16/16, 32/32, 36/12, 48/16 bis 40 km/h), synchronisiert, 3 Lastschaltstufen
Zapfwelle: 540/540E
Hubwerk: Kat. II, Hubkraft 3 400 daN
Hydraulik: Pumpenleistung 50 + 28; 110 l/min
Gewichte & Maße: Zulässiges Gesamtgewicht 5 250 kg, Leergewicht 2 900 kg
Preis: 86 224 Euro (ohne MwSt.)

McCormick X4.120TF/TM
Plantagen-Raupenschlepper

Motor: Deutz Turbomotor mit Ladeluftkühlung mit 77 kW (105 PS) nach ISO; maximale Leistung 82 kW (112 PS); 4 Zylinder, 2 900 cm³ Hubraum, Abgasnorm Stufe V
Getriebe: 16 Vorwärts- und 8 Rückwärtsgänge (auf Wunsch 16/8), synchronisiert
Zapfwelle: 540/540E
Hubwerk: Kat. II, Hubkraft 3 150 daN
Hydraulik: Pumpenleistung 42 + 28 l/min
Gewichte & Maße: Leergewicht 3 900 kg
Preis: 91 531 Euro (ohne MwSt.)

McCormick X4.120N
Plantagen-Allradschlepper

Motor: Deutz Turbomotor mit Ladeluftkühlung mit 77 kW (105 PS) nach ISO; maximale Leistung 82 kW (112 PS); 4 Zylinder, 2 900 cm³ Hubraum, Abgasnorm Stufe V
Getriebe: 48 Vorwärts- und 32 Rückwärtsgänge (auf Wunsch 16/16, 32/32, 36/12, 48/16 bis 40 km/h), synchronisiert, 3 Lastschaltstufen
Zapfwelle: 540/540E
Hubwerk: Kat. II, Hubkraft 3 400 daN
Hydraulik: Pumpenleistung 50 + 28; 110 l/min
Gewichte & Maße: Zulässiges Gesamtgewicht 5 250 kg, Leergewicht 3 050 kg
Preis: 89 128 Euro (ohne MwSt.)

McCormick X4.120F
Plantagen-Allradschlepper

Motor: Deutz Turbomotor mit Ladeluftkühlung mit 77 kW (105 PS) nach ISO; maximale Leistung 82 kW (112 PS); 4 Zylinder, 2 900 cm³ Hubraum, Abgasnorm Stufe V
Getriebe: 48 Vorwärts- und 32 Rückwärtsgänge (auf Wunsch 16/16, 32/32, 36/12, 48/16 bis 40 km/h), synchronisiert, 3 Lastschaltstufen
Zapfwelle: 540/540E
Hubwerk: Kat. II, Hubkraft 3 400 daN
Hydraulik: Pumpenleistung 50 + 28; 110 l/min
Gewichte & Maße: Zulässiges Gesamtgewicht 5 250 kg, Leergewicht 3 150 kg
Preis: 89 128 Euro (ohne MwSt.)

McCormick X4.120XL
Plantagen-Allradschlepper

Motor: Deutz Turbomotor mit Ladeluftkühlung mit 77 kW (105 PS) nach ISO; maximale Leistung 82 kW (112 PS); 4 Zylinder, 2 900 cm³ Hubraum, Abgasnorm Stufe V
Getriebe: 48 Vorwärts- und 32 Rückwärtsgänge (auf Wunsch 16/16, 32/32, 36/12, 48/16 bis 40 km/h), synchronisiert, 3 Lastschaltstufen
Zapfwelle: 540/540E
Hubwerk: Kat. II, Hubkraft 3 400 daN
Hydraulik: Pumpenleistung 50 + 28; 110 l/min
Gewichte & Maße: Zulässiges Gesamtgewicht 5 250 kg, Leergewicht 3 200 kg
Preis: 90 135 Euro (ohne MwSt.)

McCormick X4.120V
Plantagen-Allradschlepper

Motor: Deutz Turbomotor mit Ladeluftkühlung mit 77 kW (105 PS) nach ISO; maximale Leistung 82 kW (112 PS); 4 Zylinder, 2 900 cm³ Hubraum, Abgasnorm Stufe V
Getriebe: 48 Vorwärts- und 32 Rückwärtsgänge (auf Wunsch 16/16, 32/32, 36/12, 48/16 bis 40 km/h), synchronisiert, 3 Lastschaltstufen
Zapfwelle: 540/540E
Hubwerk: Kat. II, Hubkraft 3 400 daN
Hydraulik: Pumpenleistung 50 + 28; 110 l/min
Gewichte & Maße: Zulässiges Gesamtgewicht 5 250 kg, Leergewicht 2 900 kg
Preis: 89 751 Euro (ohne MwSt.)

New Holland

Die Anschrift des Herstellers:
CNH Deutschland GmbH, Benzstraße 1, 74076 Heilbronn
Telefon: 07131/106-0, www.newholland.com/de

New Holland Boomer 25
Kompakt-Allradschlepper

Motor: Mitsubishi Saugmotor mit 18,2 kW (25 PS) nach ISO; 3 Zylinder, 1318 cm^3 Hubraum, Abgasnorm Stufe V
Getriebe: Hydrostat, stufenloses Getriebe bis 24 km/h
Zapfwelle: 540
Hubwerk: Kat. I, Hubkraft 650 daN
Hydraulik: Pumpenleistung 23 + 11 l/min bei 167 bar
Gewichte & Maße: Zulässiges Gesamtgewicht 1610 kg, Leergewicht 766 kg, Bodenfreiheit 29 cm, Wendekreis 4,5 m
Bereifung: 23x8.50-12, 33x12.5-16.5
Preis: 24328 Euro (ohne Mehrwertsteuer)

New Holland Boomer 25 Compact
Kompakt-Allradschlepper

Motor: Yanmar Saugmotor mit 18,4 kW (25 PS) nach ISO; 3 Zylinder, 1267 cm^3 Hubraum, Abgasnorm Stufe V
Getriebe: Hydrostat, stufenloses Getriebe bis 15 km/h
Zapfwelle: 540
Hubwerk: Kat. I/N, Hubkraft 450 daN
Hydraulik: Pumpenleistung 17,5 + 8 l/min bei 167 bar
Gewichte & Maße: Zulässiges Gesamtgewicht 1175 kg, Leergewicht 655 kg, Bodenfreiheit 17 cm, Wendekreis 4,8 m
Bereifung: 18x8.50-10, 26x12.00-12
Preis: 20622 Euro (ohne MwSt.)

New Holland Boomer 35
Kompakt-Allradschlepper

Motor: LS Mitron Turbomotor mit 26 kW (35 PS) nach ISO; 3 Zylinder, 1879 cm^3 Hubr., Abgasnorm Stufe V
Getriebe: Hydrostat, stufenloses Getriebe bis 25 km/h
Zapfwelle: 540
Hubwerk: Kat. I, Hubkraft 820 daN
Hydraulik: Pumpenleistung 33 + 16 l/min bei 170 bar
Gewichte & Maße: Zul. Gesamtgewicht 2550 kg, Leergewicht 1660 kg, Bodenfreiheit 33 cm, Wendekreis 6,6 m
Bereifung: 200/70 R16, 300/80R24
Preis: 35099 Euro (ohne MwSt.)

New Holland Boomer 40
Kompakt-Allradschlepper

Motor: LS Mitron Turbomotor mit 29,8 kW (41 PS) nach ISO;

3 Zylinder, 1879 cm^3 Hubraum, Abgasnorm Stufe V
Getriebe: Hydrostat, stufenloses Getriebe bis 25 km/h
Zapfwelle: 540
Hubwerk: Kat. I, Hubkraft 820 daN
Hydraulik: Pumpenleistung 33 + 16 l/min bei 170 bar
Gewichte & Maße: Zulässiges Gesamtgewicht 2550 kg, Leergewicht 1660 kg, Bodenfreiheit 33 cm, Wendekreis 6,6 m
Bereifung: 200/70 R17, 300/80R25
Preis: 38062 Euro (ohne MwSt.)

New Holland Boomer 45

Kompakt-Allradschlepper

Motor: LS Mitron Turbomotor mit 35,1 kW (48 PS) nach ISO; 3 Zylinder, 1879 cm^3 Hubraum, Abgasnorm Stufe V
Getriebe: Hydrostat, stufenloses Getriebe bis 30 km/h
Zapfwelle: 540/540E/1000
Hubwerk: Kat. I, Hubkraft 1250 daN
Hydraulik: Pumpenleistung 33 + 21 l/min bei 170 bar
Gewichte & Maße: Zulässiges Gesamtgewicht 3010 kg, Leergewicht 1950 kg, Bodenfreiheit 40 cm, Wendekreis 6,3 m
Bereifung: 205/80 R14, 300/80R22
Preis: 41050 Euro (ohne MwSt.)

New Holland Boomer 50

Kompakt-Allradschlepper

Motor: LS Mitron Turbomotor mit 38,8 kW (53 PS) nach ISO; 3 Zylinder, 1879 cm^3 Hubraum, Abgasnorm Stufe V
Getriebe: Hydrostat, stufenloses Getriebe bis 30 km/h
Zapfwelle: 540/540E/1000
Hubwerk: Kat. I, Hubkraft 1250 daN
Hydraulik: Pumpenleistung 33 + 21 l/min bei 170 bar
Gewichte & Maße: Zulässiges Gesamtgewicht 3010 kg, Leergewicht 1950 kg, Bodenfreiheit 40 cm, Wendekreis 6,3 m
Bereifung: 205/80 R15, 300/80R23
Preis: 42640 Euro (ohne MwSt.)

New Holland T3.60 F

Plantagen-Allradschlepper

Motor: FPT Turbomotor mit Ladeluftkühlung mit 41 kW (56 PS) nach ISO; 3 Zylinder, 2900 cm^3 Hubraum, Abgasnorm Stufe V
Getriebe: Synchro Shuttle, 12 Vorwärts- und 12 Rückwärtsgänge (auf Wunsch 20/20 Kriechgang bis 35 km/h), synchronisiert, 4 Gänge im Hauptarbeitsbereich
Zapfwelle: 540/540E, Höchstdrehzahl: 1958/1592 min^{-1}
Hubwerk: Kat. II, Hubkraft 2277 daN
Hydraulik: Pumpenleistung 54 + 34 l/min bei 190 bar
Gewichte & Maße: Zulässiges Gesamtgewicht 4200 kg, Leergewicht 2200 kg, Nutzlast 2000 kg, Bodenfreiheit 29 cm, Wendekreis 7,1 m
Bereifung: 240/70R16, 360/70R20
Preis: 44209 Euro (ohne MwSt.)

New Holland T3.60 LP

Plantagen-Allradschlepper

Motor: FPT Turbomotor mit Ladeluftkühlung mit 41 kW (56 PS) nach ISO;

3 Zylinder, 2 900 cm^3 Hubraum, Abgasnorm Stufe V
Getriebe: Synchro Shuttle, 12 Vorwärts- und 12 Rückwärtsgänge (auf Wunsch 12/12 Powershuttle, 20/20 Kriechgang bis 35 km/h), synchronisiert, 4 Gänge im Hauptarbeitsbereich
Zapfwelle: 540/540E
Hubwerk: Kat. II, Hubkraft 2 800 daN
Hydraulik: Pumpenleistung 54 + 34 l/min bei 190 bar
Gewichte & Maße: Zulässiges Gesamtgewicht 4 600 kg, Leergewicht 2 800 kg, Nutzlast 1 800 kg, Bodenfreiheit 30 cm, Wendekreis 7,5 m
Bereifung: 260/70R16, 380/70R24
Preis: 46 708 Euro (ohne MwSt.)

New Holland Boomer 55

Kompakt-Allradschlepper

Motor: LSMITRON Turbomotor mit 42,5 kW (58 PS) nach ISO; 3 Zylinder, 1 879 cm^3 Hubraum, Abgasnorm Stufe V
Getriebe: Hydrostat, stufenloses Getriebe bis 30 km/h
Zapfwelle: 540/540E/1 000
Hubwerk: Kat. I, Hubkraft 1 250 daN
Hydraulik: Pumpenleistung 33 + 21 l/min bei 170 bar
Gewichte & Maße: Zulässiges Gesamtgewicht 3 010 kg, Leergewicht 1 950 kg, Bodenfreiheit 40 cm, Wendekreis 6,3 m
Bereifung: 205/80 R16, 300/80R24
Preis: 44 394 Euro (ohne MwSt.)

New Holland T3.70 F

Plantagen-Allradschlepper

Motor: FPT Turbomotor mit Ladeluftkühlung mit 48 kW (65 PS) nach ISO; 3 Zylinder, 2 900 cm^3 Hubraum, Abgasnorm Stufe V
Getriebe: Synchro Shuttle, 12 Vorwärts- und 12 Rückwärtsgänge (auf Wunsch 20/20 Kriechgang bis 35 km/h), synchronisiert, 4 Gänge im Hauptarbeitsbereich

Zapfwelle: 540/540E, Höchstdrehzahl: 1958/1592 min^{-1}
Hubwerk: Kat. II, Hubkraft 2277 daN
Hydraulik: Pumpenleistung 54 + 34 l/min bei 190 bar
Gewichte & Maße: Zulässiges Gesamtgewicht 4200 kg, Leergewicht 2200 kg, Nutzlast 2000 kg, Bodenfreiheit 29 cm, Wendekreis 7,1 m
Bereifung: 240/70R16, 360/70R20
Preis: 47331 Euro (ohne MwSt.)

New Holland T3.70 LP

Plantagen-Allradschlepper

Motor: FPT Turbomotor mit Ladeluftkühlung mit 48 kW (65 PS) nach ISO; 3 Zylinder, 2900 cm³ Hubraum, Abgasnorm Stufe V
Getriebe: Synchro Shuttle, 12 Vorwärts- und 12 Rückwärtsgänge (auf Wunsch 12/12 Powershuttle, 20/20 Kriechgang bis 35 km/h), synchronisiert, 4 Gänge im Hauptarbeitsbereich
Zapfwelle: 540/540E
Hubwerk: Kat. II, Hubkraft 2800 daN
Hydraulik: Pumpenleistung 54 + 34 l/min bei 190 bar
Gewichte & Maße: Zulässiges Gesamtgewicht 4600 kg, Leergewicht 2800 kg, Nutzlast 1800 kg, Bodenfreiheit 30 cm, Wendekreis 7,5 m
Bereifung: 260/70R16, 380/70R24
Preis: 49587 Euro (ohne MwSt.)

New Holland T3.80 LP

Plantagen-Allradschlepper

Motor: FPT Turbomotor mit Ladeluftkühlung mit 55 kW (75 PS) nach ISO; 3 Zylinder, 2900 cm³ Hubraum, Abgasnorm Stufe V
Getriebe: Synchro Shuttle, 12 Vorwärts- und 12 Rückwärtsgänge (auf Wunsch 12/12 Powershuttle, 20/20 Kriechgang bis 35 km/h), synchronisiert, 4 Gänge im Hauptarbeitsbereich
Zapfwelle: 540/540E
Hubwerk: Kat. II, Hubkraft 2800 daN
Hydraulik: Pumpenleistung 54 + 34 l/min bei 190 bar
Gewichte & Maße: Zulässiges Gesamtgewicht 4600 kg, Leergewicht 2800 kg, Nutzlast 1800 kg, Bodenfreiheit 30 cm, Wendekreis 7,5 m
Bereifung: 260/70R16, 380/70R24
Preis: 52797 Euro (ohne MwSt.)

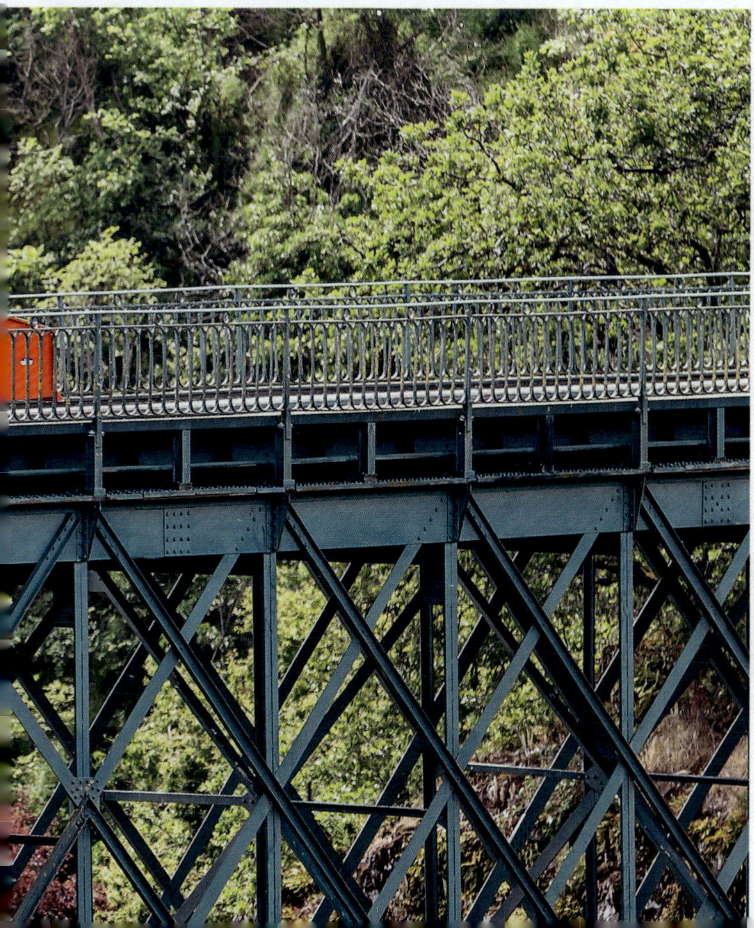

New Holland T 4.80 V/N/F/ LP

Plantagen-Allradschlepper

Motor: FPT Turbomotor mit Ladeluftkühlung mit 55 kW (75 PS) nach ISO; maximale Leistung 55 kW (75 PS); 4 Zylinder, 3400 cm³ Hubraum, Abgasnorm Stufe V
Getriebe: Dual Command, 32 Vorwärts- und 16 Rückwärtsgänge (auf Wunsch PowerShuttle 16/16, Kriechgang 44/16 bis 40 km/h), synchronisiert, 14 Gänge im Hauptarbeitsbereich, 2 Lastschaltstufen
Zapfwelle: 540/540E/1000
Hubwerk: Kat. I/II, Hubkraft 2520 daN
Hydraulik: Pumpenleistung 64 + 36; 116 l/min bei 190 bar
Gewichte & Maße: Zulässiges Gesamtgewicht 4800 kg, Leergewicht 3100 kg, Nutzlast 1700 kg, Bodenfreiheit 29 cm, Wendekreis 6,6 m
Bereifung: 240/70R16, 360/70R24
Preis: 69506 Euro (ohne MwSt.)

New Holland T3.80 F

Plantagen-Allradschlepper

Motor: FPT Turbomotor mit Ladeluftkühlung mit 55 kW (75 PS) n. ISO; 3 Zyl., 2900 cm³ Hubr., Abgasn. Stufe V
Getriebe: Synchro Shuttle, 12 Vorwärts- und 12 Rückwärtsgänge (auf Wunsch 20/20 Kriechgang bis 35 km/h), synchronisiert, 4 Gänge im Hauptarbeitsbereich
Zapfwelle: 540/540E, Höchstdrehzahl: 1958/1592 min^{-1}
Hubwerk: Kat. II, Hubkraft 2277 daN
Hydraulik: Pumpenleistung 54 + 34 l/min bei 190 bar
Gewichte & Maße: Zulässiges Gesamtgewicht 4200 kg, Leergewicht 2200 kg, Nutzlast 2000 kg, Bodenfreiheit 29 cm, Wendekreis 7,1 m
Bereifung: 240/70R16, 360/70R20
Preis: 50358 Euro (ohne MwSt.)

New Holland T 4.90 V/N/F/LP

Plantagen-Allradschlepper

Motor: FPT Turbomotor mit Ladeluftkühlung mit 63 kW (86 PS) nach ISO; maximale Leistung 63 kW (86 PS); 4 Zylinder, 3600 cm³ Hubraum, Abgasnorm Stufe V
Getriebe: Dual Command, 32 Vorwärts- und 16 Rückwärtsgänge (auf Wunsch PowerShuttle 16/16, Kriechgang 44/16 bis 40 km/h), synchronisiert, 14 Gänge im Hauptarbeitsbereich, 2 Lastschaltstufen

Zapfwelle: 540/540E/1 000
Hubwerk: Kat. I/II, Hubkraft 2 520 daN
Hydraulik: Pumpenleistung 64 + 36; 116 l/min bei 190 bar
Gewichte & Maße: Zulässiges Gesamtgewicht 4 800 kg, Leergewicht 3 100 kg, Nutzlast 1 700 kg, Bodenfreiheit 29 cm, Wendekreis 6,6 m
Bereifung: 240/70R16, 360/70R24
Preis: 73 306 Euro (ohne MwSt.)

New Holland T 4.100 V/N/F/LP

Plantagen-Allradschlepper

Motor: FPT Turbomotor mit Ladeluftkühlung mit 73 kW (99 PS) nach ISO; maximale Leistung 73 kW (99 PS); 4 Zyl., 3 600 cm³ Hubr., Abgasn. Stufe V
Getriebe: Dual Command, 32 Vorwärts- und 16 Rückwärtsgänge (auf Wunsch PowerShuttle 16/16, Kriechgang 44/16 bis 40 km/h), synchronisiert, 14 Gänge im Hauptarbeitsbereich, 2 Lastschaltstufen
Zapfwelle: 540/540E/1 000
Hubwerk: Kat. I/II, Hubkraft 2 520 daN
Hydraulik: Pumpenleistung 64 + 36; 116 l/min bei 190 bar
Gewichte & Maße: Zulässiges Gesamtgewicht 4 800 kg, Leergewicht 3 100 kg, Nutzlast 1 700 kg, Bodenfreiheit 29 cm, Wendekreis 6,6 m
Bereifung: 240/70R16, 360/70R24
Preis: 75 014 Euro (ohne MwSt.)

New Holland T 4.110 V/N/F/LP

Plantagen-Allradschlepper

Motor: FPT Turbomotor mit Ladeluftkühlung mit 81 kW (110 PS) nach ISO; maximale Leistung 81 kW (110 PS); 4 Zylinder, 3 600 cm³ Hubraum, Abgasnorm Stufe V
Getriebe: Dual Command, 32 Vorwärts- und 16 Rückwärtsgänge (a. W. PowerShuttle 16/16, Kriechgang 44/16 bis 40 km/h), synchr., 14 Gänge im Hauptarbeitsbereich, 2 Lastschaltstufen
Zapfwelle: 540/540E/1 000
Hubwerk: Kat. I/II, Hubkraft 2 520 daN
Hydraulik: Pumpenleistung 64 + 36; 116 l/min bei 190 bar
Gewichte & Maße: Zulässiges Gesamtgewicht 4 800 kg, Leergewicht 3 100 kg, Nutzlast 1 700 kg, Bodenfreiheit 29 cm, Wendekreis 6,6 m
Bereifung: 240/70R16, 360/70R24
Preis: 80 306 Euro (ohne Mehrwertsteuer)

New Holland T 4.120 V/N/F/LP

Plantagen-Allradschlepper

Motor: FPT Turbomotor mit Ladeluftkühlung mit 88 kW (120 PS) nach ISO; maximale Leistung 88 kW (120 PS); 4 Zylinder, 3 600 cm³ Hubraum, Abgasnorm Stufe V
Getriebe: Dual Command, 32 Vorwärts- und 16 Rückwärtsgänge (auf Wunsch PowerShuttle 16/16, Kriechgang 44/16 bis 40 km/h), synchronisiert, 14 Gänge im Hauptarbeitsbereich, 2 Lastschaltstufen
Zapfwelle: 540/540E/1 000
Hubwerk: Kat. I/II, Hubkraft 2 520 daN
Hydraulik: Pumpenleistung 64 + 36; 116 l/min bei 190 bar
Gewichte & Maße: Zulässiges Gesamtgewicht 4 800 kg, Leergewicht 3 100 kg, Nutzlast 1 700 kg, Bodenfreiheit 29 cm, Wendekreis 6,6 m
Bereifung: 240/70R16, 360/70R24
Preis: 86 343 Euro (ohne MwSt.)

Reform

Die Anschrift des Herstellers:
Reform-Werke Bauer & Co. GmbH, Haidestraße 40, 4600 Wels, Österreich
Telefon: +43 7242/232-0, www.reform.at

Reform Metrac H60

Spezial-Allradschlepper

Motor: Perkins Turbomotor mit 45 kW (61 PS) nach ISO; 4 Zylinder, 2216 cm³ Hubraum, Abgasnorm Stufe V
Getriebe: Hydrostat, stufenloses Getriebe bis 40 km/h
Zapfwelle: 540
Hubwerk: Kat. I/II, Hubkraft 1500 daN
Hydraulik: Pumpenleistung 28,6 l/min bei 195 bar
Gewichte & Maße: Zul. Gesamtgewicht 3800 kg, Leergewicht 2000 kg, Nutzlast 1800 kg, Wendekreis 7 m
Bereifung: 31x15.50-15, 31x15.50-15
Preis: keine Angabe

Reform Muli T6

Mehrzweck-Allradfahrzeug

Motor: VM Turbomotor mit Ladeluftkühlung mit 55 kW (75 PS) nach ISO; 4 Zylinder, 2970 cm³ Hubraum, Abgasnorm Stufe V
Getriebe: Gruppen-Wendegetriebe, 8 Rückwärtsgänge (auf Wunsch Kriechgang bis 40 km/h), synchronisiert, 12 Gänge im Hauptarbeitsbereich
Zapfwelle: 540
Hubwerk: Kat. II, Hubkraft 1800 daN
Hydraulik: Pumpenleistung 42 l/min bei 180 bar
Gewichte & Maße: Zulässiges Gesamtgewicht 7000 kg, Leergewicht 2750 kg, Nutzlast 4250 kg, Wendekreis 9,4 m
Bereifung: 285/80 R16, 285/80 R16
Preis: keine Angabe

Reform Muli T7

Mehrzweck-Allradfahrzeug

Motor: VM Turbomotor mit Ladeluftkühlung mit 55 kW (75 PS) nach ISO; 4 Zylinder, 2970 cm³ Hubraum, Abgasnorm Stufe V
Getriebe: Gruppen-Wendegetriebe, 8 Rückwärtsgänge (auf Wunsch Kriechgang bis 40 km/h), synchronisiert, 12 Gänge im Hauptarbeitsbereich
Zapfwelle: 540

Hubwerk: Kat. II, Hubkraft 1 800 daN
Hydraulik: Pumpenleistung 42 l/min bei 180 bar
Gewichte & Maße: Zulässiges Gesamtgewicht 7 000 kg, Leergewicht 2 840 kg, Nutzlast 4 160 kg, Wendekreis 9,4 m
Bereifung: 285/80 R16, 285/80 R16
Preis: keine Angabe

Reform Metrac H70

Spezial-Allradschlepper

Motor: Perkins Turbomotor mit Ladeluftkühlung mit 55 kW (75 PS) nach ISO; 4 Zylinder, 2 216 cm^3 Hubraum, Abgasnorm Stufe V
Getriebe: Hydrostat, stufenloses Getriebe bis 40 km/h
Zapfwelle: 540
Hubwerk: Kat. I/II, Hubkraft 1 500 daN
Hydraulik: Pumpenleistung 28,6 l/min bei 195 bar
Gewichte & Maße: Zulässiges Gesamtgewicht 3 800 kg, Leergewicht 2 000 kg, Nutzlast 1 800 kg, Wendekreis 7 m
Bereifung: 31x15.50-15, 31x15.50-15
Preis: keine Angabe

Reform Metrac H75

Spezial-Allradschlepper

Motor: Perkins Turbomotor mit 55,2 kW (75 PS) nach ISO; 4 Zylinder, 2 799 cm^3 Hubraum, Abgasnorm Stufe V
Getriebe: Hydrostat, stufenloses Getriebe bis 40 km/h
Zapfwelle: 540
Hubwerk: Kat. I/II, Hubkraft 1 500 daN
Hydraulik: Pumpenleistung 29,2 l/min bei 195 bar
Gewichte & Maße: Zulässiges Gesamtgewicht 4 200 kg, Leergewicht 2 500 kg, Nutzlast 1 700 kg, Wendekreis 7,9 m
Bereifung: 31x15.50-15, 31x15.50-15
Preis: keine Angabe

Reform Metrac H75 pro

Spezial-Allradschlepper

Motor: Perkins Turbomotor mit 55,2 kW (75 PS) nach ISO; 4 Zylinder, 2 799 cm^3 Hubraum, Abgasnorm Stufe V
Getriebe: Hydrostat, stufenloses Getriebe bis 40 km/h
Zapfwelle: 540
Hubwerk: Kat. I/II, Hubkraft 1 500 daN
Hydraulik: Pumpenleistung 29,2 l/min bei 195 bar
Gewichte & Maße: Zulässiges Gesamtgewicht 4 200 kg, Leergewicht 2 650 kg, Nutzlast 1 550 kg, Wendekreis 7,9 m
Bereifung: 33x15.50-15, 33x15.50-15
Preis: keine Angabe

Reform Metrac H95

Spezial-Allradschlepper

Motor: Perkins Turbomotor mit Ladeluftkühlung mit 70 kW (95 PS) nach ISO; 4 Zylinder, 3 600 cm^3 Hubraum, Abgasnorm Stufe V
Getriebe: Hydrostat, stufenloses Getriebe bis 40 km/h
Zapfwelle: 540
Hubwerk: Kat. I/II, Hubkraft 1 500 daN
Hydraulik: Pumpenleistung 29,2 l/min bei 195 bar
Gewichte & Maße: Zulässiges Gesamtgewicht 4 400 kg, Leergewicht 2 700 kg, Nutzlast 1 700 kg, Wendekreis 7,9 m
Bereifung: 31x15.50-15, 31x15.50-15
Preis: keine Angabe

Reform Metrac H95 pro

Spezial-Allradschlepper

Motor: Perkins Turbomotor mit Ladeluftkühlung mit 70 kW (95 PS) nach ISO; 4 Zylinder, 3 600 cm^3 Hubraum, Abgasnorm Stufe V
Getriebe: Hydrostat, stufenloses Getriebe bis 40 km/h
Zapfwelle: 540
Hubwerk: Kat. I/II, Hubkraft 1 500 daN
Hydraulik: Pumpenleistung 29,2 l/min bei 195 bar
Gewichte & Maße: Zulässiges Gesamtgewicht 4 400 kg, Leergewicht 2 850 kg, Nutzlast 1 550 kg, Wendekreis 7,9 m
Bereifung: 33x15.50-15, 33x15.50-15
Preis: keine Angabe

Reform Muli T10X

Mehrzweck-Allradfahrzeug

Motor: VM Turbomotor mit Ladeluftkühlung mit 80 kW (109 PS) nach ISO; 4 Zylinder, 2 970 cm^3 Hubraum, Abgasnorm Stufe V
Getriebe: Gruppen-Wendegetriebe, 8 Rückwärtsgänge (auf Wunsch Kriechgang bis 50 km/h), synchronisiert, 12 Gänge im Hauptarbeitsbereich
Zapfwelle: 540; 1 000
Hubwerk: Kat. II, Hubkraft 1 800 daN
Hydraulik: Pumpenleistung 42 l/min bei 195 bar
Gewichte & Maße: Zulässiges Gesamtgewicht 9 200 kg, Leergewicht 3 810 kg, Nutzlast 5 390 kg, Wendekreis 9,4 m
Bereifung: 15.0/55-17, 15.0/55-17
Preis: keine Angabe

Reform Muli T10X HybridShift

Mehrzweck-Allradfahrzeug

Motor: VM Turbomotor mit Ladeluftkühlung mit 80 kW (109 PS) nach ISO; 4 Zylinder, 2 970 cm^3 Hubraum, Abgasnorm Stufe V
Getriebe: Hybridgetr., stufenloses Getriebe bis 50 km/h
Zapfwelle: 540; 1 000
Hubwerk: Kat. II, Hubkraft 1 800 daN
Hydraulik: Pumpenleistung 42 l/min bei 195 bar
Gewichte & Maße: Zulässiges Gesamtgewicht 9 500 kg, Leergewicht 3 970 kg, Nutzlast 5 530 kg, Wendekreis 9,4 m
Bereifung: 15.0/55-17, 15.0/55-17
Preis: keine Angabe

Reform Muli T8X pro

Mehrzweck-Allradfahrzeug

Motor: VM Turbomotor mit Ladeluftkühlung mit 80 kW (109 PS) nach ISO; 4 Zylinder, 2 970 cm^3 Hubraum, Abgasnorm Stufe V
Getriebe: Gruppen-Wendegetriebe, 8 Rückwärtsgänge (auf Wunsch Kriechgang bis 50 km/h), synchronisiert, 12 Gänge im Hauptarbeitsbereich
Zapfwelle: 540; 1 000
Hubwerk: Kat. II, Hubkraft 1 800 daN
Hydraulik: Pumpenleistung 42 l/min bei 195 bar
Gewichte & Maße: Zul. Gesamtgewicht 9 500 kg, Leergewicht 3 600 kg, Nutzlast 5 900 kg, Wendekreis 9,4 m
Bereifung: 15.0/55-17, 15.0/55-17
Preis: keine Angabe

Reform Muli T7X

Mehrzweck-Allradfahrzeug

Motor: VM Turbomotor mit Ladeluftkühlung mit 80 kW (109 PS) nach ISO; 4 Zylinder, 2 970 cm^3 Hubraum, Abgasnorm Stufe V
Getriebe: Gruppen-Wendegetriebe, 8 Rückwärtsgänge (auf Wunsch Kriechgang bis 40 km/h), synchronisiert, 12 Gänge im Hauptarbeitsbereich
Zapfwelle: 540; 1 000
Hubwerk: Kat. II, Hubkraft 1 800 daN
Hydraulik: Pumpenleistung 42 l/min bei 180 bar
Gewichte & Maße: Zul. Gesamtgewicht 8 100 kg, Leergewicht 3 290 kg, Nutzlast 4 810 kg, Wendekreis 9,4 m
Bereifung: 15.0/55-17, 15.0/55-17
Preis: keine Angabe

Reform Muli T8X

Mehrzweck-Allradfahrzeug

Motor: VM Turbomotor mit Ladeluftkühlung mit 80 kW (109 PS) nach ISO; 4 Zylinder, 2 970 cm^3 Hubraum, Abgasnorm Stufe V
Getriebe: Gruppen-Wendegetriebe, 8 Rückwärtsgänge (auf Wunsch Kriechgang bis 50 km/h), synchronisiert, 12 Gänge im Hauptarbeitsbereich
Zapfwelle: 540; 1 000
Hubwerk: Kat. II, Hubkraft 1 800 daN
Hydraulik: Pumpenleistung 42 l/min bei 195 bar
Gewichte & Maße: Zul. Gesamtgewicht 9 500 kg, Leergewicht 3 600 kg, Nutzlast 5 900 kg, Wendekreis 9,4 m
Bereifung: 15.0/55-17, 15.0/55-17
Preis: keine Angabe

Same

Die Anschrift des Vertriebs:
Same Deutz-Fahr Deutschland GmbH, Deutz-Fahr-Straße 1, 89415 Lauingen
Telefon: 0 90 72/99 70, www.same-tractors.com

Same Delfino 50 Basso

Kompakt-Allradschlepper

Motor: Perkins Turbomotor mit 38 kW (52 PS) nach ISO; maximale Leistung 38 kW (52 PS); 4 Zylinder, 2 216 cm^3 Hubraum, Abgasnorm Stufe V
Getriebe: 12 Vorwärts- und 12 Rückwärtsgänge (auf Wunsch 16/16 bis 30 km/h), synchronisiert, 6 Gänge im Hauptarbeitsbereich
Zapfwelle: 540/540E/Weg
Hubwerk: Kat. I/II, Hubkraft 1 200 daN
Hydraulik: Pumpenleistung 30 l/min bei 180 bar
Gewichte & Maße: Zulässiges Gesamtgewicht 2 400 kg, Leergewicht 1 385 kg, Nutzlast 1 015 kg, Bodenfreiheit 33 cm
Bereifung: 240/70R16, 360/70R20
Preis: keine Angabe

Same Delfino 50

Kompakt-Allradschlepper

Motor: Perkins Turbomotor mit 38 kW (52 PS) nach ISO; maximale Leistung 38 kW (52 PS); 4 Zylinder, 2 216 cm^3 Hubraum, Abgasnorm Stufe V
Getriebe: 12 Vorwärts- und 12 Rückwärtsgänge (auf Wunsch 16/16 bis 30 km/h), synchronisiert, 6 Gänge im Hauptarbeitsbereich
Zapfwelle: 540/540E/Weg
Hubwerk: Kat. I/II, Hubkraft 1 200 daN
Hydraulik: Pumpenleistung 30 l/min bei 180 bar
Gewichte & Maße: Zulässiges Gesamtgewicht 2 400 kg, Leergewicht 1 500 kg, Nutzlast 900 kg, Bodenfreiheit 39 cm
Bereifung: 280/70R16, 360/70R24
Preis: keine Angabe

Same Delfino 60

Kompakt-Allradschlepper

Motor: Perkins Turbomotor mit 43,5 kW (59 PS) nach ISO; max. Leist. 43,5 kW (59 PS); 4 Zylinder, 2 216 cm^3 Hubraum, Abgasnorm Stufe V

Getriebe: 12 Vorwärts- und 12 Rückwärtsgänge (auf Wunsch 16/16 bis 30 km/h), synchronisiert, 6 Gänge im Hauptarbeitsbereich
Zapfwelle: 540/540E/Weg
Hubwerk: Kat. I/II, Hubkraft 1200 daN
Hydraulik: Pumpenleistung 30 l/min bei 180 bar
Gewichte & Maße: Zulässiges Gesamtgewicht 2400 kg, Leergewicht 1575 kg, Nutzlast 825 kg, Bodenfreiheit 39 cm
Bereifung: 280/70R16, 360/70R24
Preis: keine Angabe

Same Frutteto 70 Natural

Plantagen-Allradschlepper

Motor: SDF Turbomotor mit Ladeluftkühlung mit 48 kW (65 PS) nach ISO; maximale Leistung 48,9 kW (67 PS); 3 Zylinder, 2887 cm³ Hubraum, Abgasnorm Stufe V
Getriebe: 30 Vorwärts- und 15 Rückwärtsgänge (auf Wunsch 30/15 bis 40 km/h), synchronisiert
Zapfwelle: 540
Hubwerk: Kat. II, Hubkraft 3050 daN
Hydraulik: Pumpenleistung 42 l/min bei 190 bar
Gewichte & Maße: Zulässiges Gesamtgewicht 4200 kg, Leergewicht 2450 kg, Nutzlast 1750 kg
Bereifung: 280/70R16, 360/70R24
Preis: keine Angabe

Same Frutteto S 80 Classic

Plantagen-Allradschlepper

Motor: SDF Turbomotor mit Ladeluftkühlung mit 55,2 kW (75 PS) nach ISO; maximale Leistung 55,8 kW (76 PS); 3 Zylinder, 2887 cm³ Hubraum, Abgasnorm Stufe V
Getriebe: 30 Vorwärts- und 15 Rückwärtsgänge (auf Wunsch 30/15, 45/45 bis 40 km/h), synchronisiert, 3 Lastschaltstufen
Zapfwelle: 540/540E
Hubwerk: Kat. II, Hubkraft 2680 daN
Hydraulik: Pumpenleistung 54; 64 l/min bei 200 bar
Gewichte & Maße: Zulässiges Gesamtgewicht 4600 kg, Leergewicht 2800 kg, Nutzlast 1800 kg, Bodenfreiheit 23 cm, Wendekreis 6,6 m
Bereifung: 240/70R16, 360/70R24
Preis: keine Angabe

Same Frutteto 80 Natural

Plantagen-Allradschlepper

Motor: SDF Turbomotor mit Ladeluftkühlung mit 55,2 kW (75 PS) nach ISO; maximale Leistung 55,8 kW (76 PS); 3 Zylinder, 2887 cm³ Hubraum, Abgasnorm Stufe V
Getriebe: 30 Vorwärts- und 15 Rückwärtsgänge (auf Wunsch 30/15 bis 40 km/h), synchronisiert
Zapfwelle: 540
Hubwerk: Kat. II, Hubkraft 3050 daN
Hydraulik: Pumpenleistung 42 l/min bei 190 bar
Gewichte & Maße: Zulässiges Gesamtgewicht 4200 kg, Leergewicht 2450 kg, Nutzlast 1750 kg
Bereifung: 280/70R16, 360/70R24
Preis: keine Angabe

Same Frutteto 80 Classic

Plantagen-Allradschlepper

Motor: SDF Turbomotor mit Ladeluftkühlung mit 55,2 kW (75 PS) nach ISO; maximale Leistung 55,8 kW (76 PS); 3 Zylinder, 2887 cm³ Hubraum, Abgasnorm Stufe V
Getriebe: 30 Vorwärts- und 15 Rückwärtsgänge (auf Wunsch 30/15, 45/45 bis 40 km/h), synchronisiert, 3 Lastschaltstufen
Zapfwelle: 540/540E
Hubwerk: Kat. II, Hubkraft 2880 daN
Hydraulik: Pumpenleistung 54; 64 l/min bei 200 bar
Gewichte & Maße: Zulässiges Gesamtgewicht 5000 kg, Leergewicht 2500 kg, Nutzlast 2500 kg, Bodenfreiheit 24 cm, Wendekreis 7,4 m
Bereifung: 280/70R16, 360/70R24
Preis: keine Angabe

Same Frutteto V 80 Classic

Plantagen-Allradschlepper

Motor: SDF Turbomotor mit Ladeluftkühlung mit 55,2 kW (75 PS) nach ISO; maximale Leistung 55,8 kW (76 PS); 3 Zylinder, 2887 cm³ Hubraum, Abgasnorm Stufe V
Getriebe: 30 Vorwärts- und 15 Rückwärtsgänge (auf Wunsch 30/15, 45/45 bis 40 km/h), synchronisiert, 3 Lastschaltstufen
Zapfwelle: 540/540E
Hubwerk: Kat. II, Hubkraft 2680 daN
Hydraulik: Pumpenleistung 54; 64 l/min bei 200 bar
Gewichte & Maße: Zulässiges Gesamtgewicht 4600 kg, Leergewicht 2800 kg, Nutzlast 1800 kg, Bodenfreiheit 23 cm, Wendekreis 7,7 m
Bereifung: 240/70R16, 380/70R20
Preis: keine Angabe

Same Frutteto Pro 90 V

Plantagen-Allradschlepper

Motor: SDF Turbomotor mit Ladeluftkühlung mit 61,5 kW (84 PS) nach ISO; maximale Leistung 63,5 kW (86 PS); maximale Leistung (Boost) 67 kW (91 PS); 3 Zylinder, 2887 cm³ Hubraum, Abgasnorm Stufe V

Getriebe: 45 Vorwärts- und 45 Rückwärtsgänge (auf Wunsch 30/15, 45/45 bis 40 km/h), synchronisiert, 3 Lastschaltstufen
Zapfwelle: 540/540E/1000
Hubwerk: Kat. II, Hubkraft 2680 daN
Hydraulik: Pumpenleistung 88 l/min bei 200 bar
Gewichte & Maße: Zulässiges Gesamtgewicht 5000 kg, Leergewicht 3235 kg, Bodenfreiheit 23 cm, Wendekreis 7,7 m
Bereifung: 240/70R16, 380/70R20
Preis: keine Angabe

Same Frutteto 90 Plattform

Plantagen-Allradschlepper

Motor: SDF Turbomotor mit Ladeluftkühlung mit 61,5 kW (84 PS) nach ISO; maximale Leistung 63,5 kW (86 PS); maximale Leistung (Boost) 67 kW (91 PS); 3 Zylinder, 2887 cm³ Hubraum, Abgasnorm Stufe V
Getriebe: 45 Vorwärts- und 45 Rückwärtsgänge (auf Wunsch 30/15, 45/45 bis 40 km/h), synchronisiert, 3 Lastschaltstufen
Zapfwelle: 540/540E/1000
Hubwerk: Kat. II, Hubkraft 3940 daN
Hydraulik: Pumpenleistung 68 l/min bei 200 bar
Gewichte & Maße: Zulässiges Gesamtgewicht 5000 kg, Leergewicht 2650 kg, Nutzlast 2500 kg, Bodenfreiheit 24 cm, Wendekreis 7,4 m
Bereifung: 280/70R16, 380/70R24
Preis: keine Angabe

Same Frutteto 90 V

Plantagen-Allradschlepper

Motor: SDF Turbomotor mit Ladeluftkühlung mit 61,5 kW (84 PS) nach ISO; maximale Leistung 63,5 kW (86 PS); maximale Leistung (Boost) 67 kW (91 PS); 3 Zylinder, 2887 cm³ Hubraum, Abgasnorm Stufe V
Getriebe: 45 Vorwärts- und 45 Rückwärtsgänge (auf Wunsch 30/15, 45/45 bis 40 km/h), synchronisiert, 3 Lastschaltstufen
Zapfwelle: 540/540E/1000
Hubwerk: Kat. II, Hubkraft 2680 daN
Hydraulik: Pumpenleistung 68 l/min bei 200 bar
Gewichte & Maße: Zulässiges Gesamtgewicht 5000 kg, Leergewicht 2800 kg, Nutzlast 1800 kg, Bodenfreiheit 23 cm, Wendekreis 7,7 m
Bereifung: 240/70R16, 380/70R20
Preis: keine Angabe

Same Frutteto 90 S

Plantagen-Allradschlepper

Motor: SDF Turbomotor mit Ladeluftkühlung mit 61,5 kW (84 PS) nach ISO; maximale Leistung 63,5 kW (86 PS); maximale Leistung (Boost) 67 kW (91 PS); 3 Zylinder, 2887 cm³ Hubraum, Abgasnorm Stufe V
Getriebe: 45 Vorwärts- und 45 Rückwärtsgänge (auf Wunsch 30/15, 45/45 bis 40 km/h), synchronisiert, 3 Lastschaltstufen
Zapfwelle: 540/540E/1000
Hubwerk: Kat. II, Hubkraft 2680 daN
Hydraulik: Pumpenleistung 68 l/min bei 185 bar
Gewichte & Maße: Zulässiges Gesamtgewicht 5000 kg, Leergewicht 2800 kg, Nutzlast 1800 kg, Bodenfreiheit 23 cm, Wendekreis 6,6 m
Bereifung: 240/70R16, 360/70R24
Preis: keine Angabe

Same Frutteto Pro 90 S

Plantagen-Allradschlepper

Motor: SDF Turbomotor mit Ladeluftkühlung mit 61,5 kW (84 PS) nach ISO; maximale Leistung 63,5 kW (86 PS); maximale Leistung (Boost) 67 kW (91 PS); 3 Zylinder, 2887 cm³ Hubraum, Abgasnorm Stufe V
Getriebe: 45 Vorwärts- und 45 Rückwärtsgänge (auf Wunsch 30/15, 45/45 bis 40 km/h), synchronisiert, 3 Lastschaltstufen
Zapfwelle: 540/540E/1000
Hubwerk: Kat. II, Hubkraft 2680 daN
Hydraulik: Pumpenleistung 88 l/min bei 200 bar
Gewichte & Maße: Zulässiges Gesamtgewicht 5000 kg, Leergewicht 3320 kg, Wendekreis 6,6 m
Bereifung: 240/70R16, 360/70R24
Preis: keine Angabe

Same Frutteto 100 Pro S

Plantagen-Allradschlepper

Motor: SDF Turbomotor mit Ladeluftkühlung mit 61,5 kW (84 PS) nach ISO; maximale Leistung 63,5 kW (86 PS); maximale Leistung (Boost) 67 kW (91 PS); 3 Zylinder, 2887 cm³ Hubraum, Abgasnorm Stufe V
Getriebe: 45 Vorwärts- und 45 Rückwärtsgänge (auf Wunsch 30/15, 45/45 bis 40 km/h), synchronisiert, 3 Lastschaltstufen
Zapfwelle: 540/540E/1000
Hubwerk: Kat. II, Hubkraft 2680 daN
Hydraulik: Pumpenleistung 88 l/min bei 200 bar
Gewichte & Maße: Zulässiges Gesamtgewicht 5000 kg, Leergewicht 3320 kg, Wendekreis 6,6 m
Bereifung: 240/70R16, 360/70R24
Preis: keine Angabe

Same Frutteto 100 Pro

Plantagen-Allradschlepper

Motor: SDF Turbomotor mit Ladeluftkühlung mit 61,5 kW (84 PS) nach ISO; maximale Leistung 63,5 kW (86 PS); maximale Leistung (Boost) 67 kW (91 PS); 3 Zylinder, 2887 cm³ Hubraum, Abgasnorm Stufe V
Getriebe: 45 Vorwärts- und 45 Rückwärtsgänge (auf Wunsch 30/15, 45/45 bis 40 km/h), synchronisiert, 3 Lastschaltstufen

Zapfwelle: 540/540E/1 000
Hubwerk: Kat. II, Hubkraft 3 940 daN
Hydraulik: Pumpenleistung 88 l/min bei 200 bar
Gewichte & Maße: Zulässiges Gesamtgewicht 5 200 kg, Leergewicht 3 290 kg, Nutzlast 2 500 kg, Bodenfreiheit 24 cm
Bereifung: 280/70R16, 360/70R24
Preis: keine Angabe

Same Frutteto 90

Plantagen-Allradschlepper

Motor: SDF Turbomotor mit Ladeluftkühlung mit 61,5 kW (84 PS) nach ISO; maximale Leistung 63,5 kW (86 PS); maximale Leistung (Boost) 67 kW (91 PS); 3 Zylinder, 2 887 cm³ Hubraum, Abgasnorm Stufe V
Getriebe: 45 Vorwärts- und 45 Rückwärtsgänge (auf Wunsch 30/15, 45/45 bis 40 km/h), synchronisiert, 3 Lastschaltstufen
Zapfwelle: 540/540E/1 000
Hubwerk: Kat. II, Hubkraft 2 880 daN
Hydraulik: Pumpenleistung 68 l/min bei 200 bar
Gewichte & Maße: Zulässiges Gesamtgewicht 5 000 kg, Leergewicht 2 500 kg, Nutzlast 2 500 kg, Bodenfreiheit 24 cm, Wendekreis 7,4 m
Bereifung: 280/70R16, 360/70R24
Preis: keine Angabe

Same Frutteto Pro 90

Plantagen-Allradschlepper

Motor: SDF Turbomotor mit Ladeluftkühlung mit 61,5 kW (84 PS) nach ISO; maximale Leistung 63,5 kW (86 PS); maximale Leistung (Boost) 67 kW (91 PS); 3 Zylinder, 2 887 cm³ Hubraum, Abgasnorm Stufe V
Getriebe: 45 Vorwärts- und 45 Rückwärtsgänge (auf Wunsch 30/15, 45/45 bis 40 km/h), synchronisiert, 3 Lastschaltstufen
Zapfwelle: 540/540E/1 000
Hubwerk: Kat. II, Hubkraft 3 940 daN
Hydraulik: Pumpenleistung 88 l/min bei 200 bar
Gewichte & Maße: Zulässiges Gesamtgewicht 5 200 kg, Leergewicht 3 290 kg, Nutzlast 2 500 kg, Bodenfreiheit 24 cm
Bereifung: 280/70R16, 360/70R24
Preis: keine Angabe

Same Frutteto 100 Pro V

Plantagen-Allradschlepper

Motor: SDF Turbomotor mit Ladeluftkühlung mit 61,5 kW (84 PS) nach ISO; maximale Leistung 63,5 kW (86 PS); maximale Leistung (Boost) 67 kW (91 PS); 3 Zylinder, 2 887 cm³ Hubraum, Abgasnorm Stufe V
Getriebe: 45 Vorwärts- und 45 Rückwärtsgänge (auf Wunsch 30/15, 45/45 bis 40 km/h), synchronisiert, 3 Lastschaltstufen
Zapfwelle: 540/540E/1 000
Hubwerk: Kat. II, Hubkraft 2 680 daN
Hydraulik: Pumpenleistung 88 l/min bei 200 bar
Gewichte & Maße: Zulässiges Gesamtgewicht 5 000 kg, Leergewicht 3 235 kg, Bodenfreiheit 23 cm, Wendekreis 7,7 m
Bereifung: 240/70R16, 380/70R20
Preis: keine Angabe

Same Frutteto 95 Plattform

Plantagen-Allradschlepper

Motor: SDF Turbomotor mit Ladeluftkühlung mit 61,8 kW (84 PS) nach ISO; maximale Leistung 66,4 kW (90 PS); maximale Leistung (Boost) 70 kW (95 PS); 4 Zylinder, 3 849 cm³ Hubraum, Abgasnorm Stufe V
Getriebe: 45 Vorwärts- und 45 Rückwärtsgänge (auf Wunsch 30/15, 45/45 bis 40 km/h), synchronisiert, 3 Lastschaltstufen
Zapfwelle: 540/540E/1 000
Hubwerk: Kat. II, Hubkraft 3 940 daN
Hydraulik: Pumpenleistung 68 l/min bei 200 bar
Gewichte & Maße: Zulässiges Gesamtgewicht 5 000 kg, Leergewicht 2 650 kg, Nutzlast 2 500 kg, Bodenfreiheit 24 cm, Wendekreis 7,4 m
Bereifung: 280/70R16, 380/70R24
Preis: keine Angabe

Same Frutteto S 95

Plantagen-Allradschlepper

Motor: SDF Turbomotor mit Ladeluftkühlung mit 61,8 kW (84 PS) nach ISO; maximale Leistung 66,4 kW (90 PS); maximale Leistung (Boost) 70 kW (95 PS); 4 Zylinder, 3 849 cm³ Hubraum, Abgasnorm Stufe V
Getriebe: 45 Vorwärts- und 45 Rückwärtsgänge (auf Wunsch 30/15, 45/45 bis 40 km/h), synchronisiert, 3 Lastschaltstufen
Zapfwelle: 540/540E/1 000
Hubwerk: Kat. II, Hubkraft 2 680 daN
Hydraulik: Pumpenleistung 68 l/min bei 185 bar
Gewichte & Maße: Zulässiges Gesamtgewicht 5 000 kg, Leergewicht 2 900 kg, Nutzlast 1 700 kg, Bodenfreiheit 24 cm, Wendekreis 6,6 m
Bereifung: 260/70R16, 380/70R24
Preis: keine Angabe

Same Frutteto 95

Plantagen-Allradschlepper

Motor: SDF Turbomotor mit Ladeluftkühlung mit 61,8 kW (84 PS) nach ISO; maximale Leistung 66,4 kW (90 PS); maximale Leistung (Boost) 70 kW (95 PS); 4 Zylinder, 3 849 cm³ Hubraum, Abgasnorm Stufe V
Getriebe: 45 Vorwärts- und 45 Rückwärtsgänge (auf Wunsch 30/15, 45/45 bis 40 km/h), synchronisiert, 3 Lastschaltstufen
Zapfwelle: 540/540E/1 000
Hubwerk: Kat. II, Hubkraft 2 880 daN
Hydraulik: Pumpenleistung 68 l/min bei 200 bar
Gewichte & Maße: Zulässiges Gesamtgewicht 5 000 kg, Leergewicht 2 650 kg, Nutzlast 2 350 kg, Bodenfreiheit 24 cm, Wendekreis 7,4 m
Bereifung: 280/70R16, 380/70R24
Preis: keine Angabe

Same Frutteto V 95

Plantagen-Allradschlepper

Motor: SDF Turbomotor mit Ladeluftkühlung mit 61,8 kW (84 PS) nach ISO; maximale Leistung 66,4 kW (90 PS); maximale Leistung (Boost) 70 kW (95 PS); 4 Zylinder, 3 849 cm^3 Hubraum, Abgasnorm Stufe V
Getriebe: 45 Vorwärts- und 45 Rückwärtsgänge (auf Wunsch 30/15, 45/45 bis 40 km/h), synchronisiert, 3 Lastschaltstufen
Zapfwelle: 540/540E/1 000
Hubwerk: Kat. II, Hubkraft 2 680 daN
Hydraulik: Pumpenleistung 68 l/min bei 200 bar
Gewichte & Maße: Zulässiges Gesamtgewicht 5 000 kg, Leergewicht 2 900 kg, Nutzlast 1 700 kg, Bodenfreiheit 23 cm, Wendekreis 7,7 m
Bereifung: 240/70R16, 380/70R20
Preis: keine Angabe

Same Frutteto CVT 90 V

Plantagen-Allradschlepper

Motor: SDF Turbomotor mit Ladeluftkühlung mit 63,5 kW (86 PS) nach ISO; max. Leistung 67 kW (91 PS); 3 Zyl., 2 887 cm^3 Hubr., Abgasnorm Stufe V
Getriebe: stufenloses Getriebe bis 40 km/h
Zapfwelle: 540/540E/1 000
Hubwerk: Kat. II, Hubkraft 2 600 daN
Hydraulik: Pumpenleistung 100 + 42 l/min bei 200 bar
Gewichte & Maße: Zulässiges Gesamtgewicht 4 800 kg, Leergewicht 3 200 kg, Nutzlast 1 600 kg
Bereifung: 240/70R16, 380/70R20
Preis: keine Angabe

Same Frutteto 90 CVT ActiveSteer

Plantagen-Allradschlepper

Motor: SDF Turbomotor mit Ladeluftkühlung mit 63,5 kW (86 PS) nach ISO; maximale Leistung 67 kW (91 PS); 3 Zylinder, 2 887 cm^3 Hubraum, Abgasnorm Stufe V
Getriebe: stufenloses Getriebe bis 40 km/h
Zapfwelle: 540/540E/1 000
Hubwerk: Kat. II, Hubkraft 3 400 daN
Hydraulik: Pumpenleistung 115 + 42 l/min bei 200 bar
Gewichte & Maße: Zulässiges Gesamtgewicht 5 200 kg, Leergewicht 3 500 kg, Nutzlast 1 450 kg, Wendekreis 3 m
Bereifung: 280/70R16, 380/70R24
Preis: keine Angabe

Same Frutteto CVT 90 S

Plantagen-Allradschlepper

Motor: SDF Turbomotor mit Ladeluftkühlung mit 63,5 kW (86 PS) nach ISO; maximale Leistung 67 kW (91 PS); 3 Zylinder, 2 887 cm^3 Hubraum, Abgasnorm Stufe V
Getriebe: stufenloses Getriebe bis 40 km/h

Zapfwelle: 540/540E/1000
Hubwerk: Kat. II, Hubkraft 2600 daN
Hydraulik: Pumpenleistung 100 + 42 l/min bei 200 bar
Gewichte & Maße: Zulässiges Gesamtgewicht 4800 kg, Leergewicht 3200 kg, Nutzlast 1600 kg
Bereifung: 240/70R16, 360/70R24
Preis: keine Angabe

Same Frutteto CVT 90

Plantagen-Allradschlepper

Motor: SDF Turbomotor mit Ladeluftkühlung mit 63,5 kW (86 PS) nach ISO; maximale Leistung 67 kW (91 PS); 3 Zylinder, 2887 cm³ Hubraum, Abgasnorm Stufe V
Getriebe: stufenloses Getriebe bis 40 km/h
Zapfwelle: 540/540E/1000
Hubwerk: Kat. II, Hubkraft 3800 daN
Hydraulik: Pumpenleistung 100 + 42 l/min bei 200 bar
Gewichte & Maße: Zulässiges Gesamtgewicht 5200 kg, Leergewicht 3500 kg, Nutzlast 1700 kg
Bereifung: 280/70R16, 380/70R24
Preis: keine Angabe

Same Frutteto CVT 95 V

Plantagen-Allradschlepper

Motor: SDF Turbomotor mit Ladeluftkühlung mit 66,4 kW (90 PS) nach ISO; maximale Leistung 70 kW (95 PS); 4 Zylinder, 3849 cm³ Hubraum, Abgasnorm Stufe V
Getriebe: stufenloses Getriebe bis 40 km/h
Zapfwelle: 540/540E/1000
Hubwerk: Kat. II, Hubkraft 2600 daN
Hydraulik: Pumpenleistung 100 + 42 l/min bei 200 bar
Gewichte & Maße: Zulässiges Gesamtgewicht 4800 kg, Leergewicht 3200 kg, Nutzlast 1600 kg
Bereifung: 240/70R16, 380/70R20
Preis: keine Angabe

Same Frutteto CVT 95 S

Plantagen-Allradschlepper

Motor: SDF Turbomotor mit Ladeluftkühlung mit 66,4 kW (90 PS) nach ISO; maximale Leistung 70 kW (95 PS); 4 Zylinder, 3849 cm³ Hubraum, Abgasnorm Stufe V
Getriebe: stufenloses Getriebe bis 40 km/h
Zapfwelle: 540/540E/1000
Hubwerk: Kat. II, Hubkraft 2600 daN
Hydraulik: Pumpenleistung 100 + 42 l/min bei 200 bar
Gewichte & Maße: Zulässiges Gesamtgewicht 4800 kg, Leergewicht 3200 kg, Nutzlast 1600 kg
Bereifung: 240/70R16, 360/70R24
Preis: keine Angabe

Same Frutteto 95 CVT

Plantagen-Allradschlepper

Motor: SDF Turbomotor mit Ladeluftkühlung mit 66,4 kW (90 PS) nach ISO; maximale Leistung 70 kW (95 PS); 4 Zylinder, 3849 cm³ Hubraum, Abgasnorm Stufe V
Getriebe: stufenloses Getriebe bis 40 km/h
Zapfwelle: 540/540E/1000
Hubwerk: Kat. II, Hubkraft 3800 daN
Hydraulik: Pumpenleistung 100 + 42 l/min bei 200 bar
Gewichte & Maße: Zulässiges Gesamtgewicht 5200 kg, Leergewicht 3500 kg, Nutzlast 1700 kg
Bereifung: 280/70R16, 380/70R24
Preis: keine Angabe

Same Frutteto 95 CVT ActiveSteer

Plantagen-Allradschlepper

Motor: Turbomotor mit Ladeluftkühlung mit 66,4 kW (90 PS) nach ISO; maximale Leistung 70 kW (95 PS); 4 Zylinder, 3849 cm³ Hubraum, Abgasnorm Stufe V
Getriebe: stufenloses Getriebe bis 40 km/h
Zapfwelle: 540/540E/1000
Hubwerk: Kat. II, Hubkraft 3400 daN
Hydraulik: Pumpenleistung 115 + 42 l/min bei 200 bar
Gewichte & Maße: Zulässiges Gesamtgewicht 5200 kg, Leergewicht 3500 kg, Nutzlast 1450 kg, Wendekreis 3,1 m
Bereifung: 280/70R16, 380/70R24
Preis: keine Angabe

Same Frutteto 100 S

Plantagen-Allradschlepper

Motor: SDF Turbomotor mit Ladeluftkühlung mit 67 kW (91 PS) nach ISO; maximale Leistung 71 kW (97 PS); maximale Leistung (Boost) 75 kW (102 PS); 3 Zylinder, 2887 cm³ Hubraum, Abgasnorm Stufe V
Getriebe: 45 Vorwärts- und 45 Rückwärtsgänge (auf Wunsch 30/15, 45/45 bis 40 km/h), synchronisiert, 3 Lastschaltstufen
Zapfwelle: 540/540E/1000
Hubwerk: Kat. II, Hubkraft 2680 daN
Hydraulik: Pumpenleistung 68 l/min bei 185 bar
Gewichte & Maße: Zulässiges Gesamtgewicht 5000 kg, Leergewicht 2800 kg, Nutzlast 1800 kg, Bodenfreiheit 23 cm, Wendekreis 6,6 m
Bereifung: 240/70R16, 360/70R24
Preis: keine Angabe

Same Frutteto 100 V

Plantagen-Allradschlepper

Motor: SDF Turbomotor mit Ladeluftkühlung mit 67 kW (91 PS) nach ISO; maximale Leistung 71 kW (97 PS); maximale Leistung (Boost) 75 kW (102 PS); 3 Zylinder, 2887 cm³ Hubraum, Abgasnorm Stufe V
Getriebe: 45 Vorwärts- und 45 Rückwärtsgänge (auf Wunsch 30/15, 45/45 bis 40 km/h), synchronisiert, 3 Lastschaltstufen

Zapfwelle: 540/540E/1 000
Hubwerk: Kat. II, Hubkraft 2 680 daN
Hydraulik: Pumpenleistung 68 l/min bei 200 bar
Gewichte & Maße: Zulässiges Gesamtgewicht 5 000 kg, Leergewicht 2 800 kg, Nutzlast 1 800 kg, Bodenfreiheit 23 cm, Wendekreis 7,7 m
Bereifung: 240/70R16, 380/70R20
Preis: keine Angabe

Same Frutteto 100 Plattform

Plantagen-Allradschlepper

Motor: SDF Turbomotor mit Ladeluftkühlung mit 67 kW (91 PS) nach ISO; maximale Leistung 71 kW (97 PS); maximale Leistung (Boost) 75 kW (102 PS); 3 Zylinder, 2 887 cm³ Hubraum, Abgasnorm Stufe V
Getriebe: 45 Vorwärts- und 45 Rückwärtsgänge (auf Wunsch 30/15, 45/45 bis 40 km/h), synchronisiert, 3 Lastschaltstufen
Zapfwelle: 540/540E/1 000
Hubwerk: Kat. II, Hubkraft 3 940 daN
Hydraulik: Pumpenleistung 68 l/min bei 200 bar
Gewichte & Maße: Zulässiges Gesamtgewicht 5 000 kg, Leergewicht 2 650 kg, Nutzlast 2 500 kg, Bodenfreiheit 24 cm, Wendekreis 7,4 m
Bereifung: 280/70R16, 380/70R24
Preis: keine Angabe

Same Frutteto 100

Plantagen-Allradschlepper

Motor: SDF Turbomotor mit Ladeluftkühlung mit 67 kW (91 PS) nach ISO; maximale Leistung 71 kW (97 PS); maximale Leistung (Boost) 75 kW (102 PS); 3 Zylinder, 2 887 cm³ Hubraum, Abgasnorm Stufe V
Getriebe: 45 Vorwärts- und 45 Rückwärtsgänge (auf Wunsch 30/15, 45/45 bis 40 km/h), synchronisiert, 3 Lastschaltstufen
Zapfwelle: 540/540E/1 000
Hubwerk: Kat. II, Hubkraft 2 880 daN
Hydraulik: Pumpenleistung 68 l/min bei 200 bar
Gewichte & Maße: Zulässiges Gesamtgewicht 5 000 kg, Leergewicht 2 500 kg, Nutzlast 2 500 kg, Bodenfreiheit 26 cm, Wendekreis 7,4 m
Bereifung: 280/70R18, 420/70R24
Preis: keine Angabe

Same Frutteto 105 Plattform

Plantagen-Allradschlepper

Motor: SDF Turbomotor mit Ladeluftkühlung mit 71,5 kW (97 PS) nach ISO; maximale Leistung 74 kW (101 PS); maximale Leistung (Boost) 78 kW (106 PS); 4 Zylinder, 3 849 cm³ Hubraum, Abgasnorm Stufe V
Getriebe: 45 Vorwärts- und 45 Rückwärtsgänge (auf Wunsch 30/15, 45/45 bis 40 km/h), synchronisiert, 3 Lastschaltstufen
Zapfwelle: 540/540E/1 000
Hubwerk: Kat. II, Hubkraft 3 940 daN
Hydraulik: Pumpenleistung 68 l/min bei 200 bar
Gewichte & Maße: Zulässiges Gesamtgewicht 5 000 kg, Leergewicht 2 650 kg, Nutzlast 2 500 kg, Bodenfreiheit 24 cm, Wendekreis 7,4 m
Bereifung: 280/70R16, 380/70R24
Preis: keine Angabe

Same Frutteto 105

Plantagen-Allradschlepper

Motor: SDF Turbomotor mit Ladeluftkühlung mit 71,5 kW (97 PS) nach ISO; maximale Leistung 74 kW (101 PS); maximale Leistung (Boost) 78 kW (106 PS); 4 Zylinder, 3 849 cm³ Hubraum, Abgasnorm Stufe V
Getriebe: 45 Vorwärts- und 45 Rückwärtsgänge (auf Wunsch 30/15, 45/45 bis 40 km/h), synchronisiert, 3 Lastschaltstufen
Zapfwelle: 540/540E/1 000
Hubwerk: Kat. II, Hubkraft 2 880 daN
Hydraulik: Pumpenleistung 68 l/min bei 200 bar
Gewichte & Maße: Zulässiges Gesamtgewicht 5 000 kg, Leergewicht 2 650 kg, Nutzlast 2 350 kg, Bodenfreiheit 26 cm, Wendekreis 7,4 m
Bereifung: 280/70R18, 420/70R24
Preis: keine Angabe

Same Frutteto 105 S

Plantagen-Allradschlepper

Motor: SDF Turbomotor mit Ladeluftkühlung mit 71,5 kW (97 PS) nach ISO; maximale Leistung 74 kW (101 PS); maximale Leistung (Boost) 78 kW (106 PS); 4 Zylinder, 3 849 cm³ Hubraum, Abgasnorm Stufe V
Getriebe: 45 Vorwärts- und 45 Rückwärtsgänge (auf Wunsch 30/15, 45/45 bis 40 km/h), synchronisiert, 3 Lastschaltstufen
Zapfwelle: 540/540E/1 000
Hubwerk: Kat. II, Hubkraft 2 680 daN
Hydraulik: Pumpenleistung 68 l/min bei 185 bar
Gewichte & Maße: Zulässiges Gesamtgewicht 5 000 kg, Leergewicht 2 900 kg, Nutzlast 1 700 kg, Bodenfreiheit 27 cm, Wendekreis 6,6 m
Bereifung: 280/70R16, 420/70R24
Preis: keine Angabe

Same Frutteto 105 V

Plantagen-Allradschlepper

Motor: SDF Turbomotor mit Ladeluftkühlung mit 71,5 kW (97 PS) nach ISO; maximale Leistung 74 kW (101 PS); maximale Leistung (Boost) 78 kW (106 PS); 4 Zylinder, 3 849 cm³ Hubraum, Abgasnorm Stufe V
Getriebe: 45 Vorwärts- und 45 Rückwärtsgänge (auf Wunsch 30/15, 45/45 bis 40 km/h), synchronisiert, 3 Lastschaltstufen
Zapfwelle: 540/540E/1 000
Hubwerk: Kat. II, Hubkraft 2 680 daN
Hydraulik: Pumpenleistung 68 l/min bei 185 bar
Gewichte & Maße: Zulässiges Gesamtgewicht 5 000 kg, Leergewicht 2 900 kg, Nutzlast 1 700 kg, Bodenfreiheit 23 cm, Wendekreis 7,7 m
Bereifung: 240/70R16, 380/70R20
Preis: keine Angabe

Same Frutteto CVT 105

Plantagen-Allradschlepper

Motor: SDF Turbomotor mit Ladeluftkühlung mit 74 kW (101 PS) nach ISO; maximale Leistung 78 kW (106 PS); 4 Zylinder, 3 849 cm³ Hubraum, Abgasnorm Stufe V

Getriebe: stufenloses Getriebe bis 40 km/h
Zapfwelle: 540/540E/1000
Hubwerk: Kat. II, Hubkraft 3800 daN
Hydraulik: Pumpenleistung 100 + 42 l/min bei 200 bar
Gewichte & Maße: Zulässiges Gesamtgewicht 5200 kg, Leergewicht 3500 kg, Nutzlast 1700 kg
Bereifung: 280/70R16, 380/70R24
Preis: keine Angabe

Same Krypron M 105
Raupentraktor

Motor: SDF Turbomotor mit Ladeluftkühlung mit 74 kW (101 PS) nach ISO; maximale Leistung 78 kW (106 PS); 4 Zylinder, 3849 cm^3 Hubraum, Abgasnorm Stufe V
Getriebe: 16 Vorwärts- und 16 Rückwärtsgänge (auf Wunsch 12/12, 16/16 bis 12 km/h), synchronisiert
Zapfwelle: 540/540E
Hubwerk: Kat. II, Hubkraft 3170 daN
Hydraulik: Pumpenleistung 50 l/min
Bereifung: 450 mm, 450 mm
Preis: keine Angabe

Same Frutteto CVT 105 V
Plantagen-Allradschlepper

Motor: SDF Turbomotor mit Ladeluftkühlung mit 74 kW (101 PS) nach ISO; maximale Leistung 78 kW (106 PS); 4 Zylinder, 3849 cm^3 Hubraum, Abgasnorm Stufe V
Getriebe: stufenloses Getriebe bis 40 km/h
Zapfwelle: 540/540E/1000
Hubwerk: Kat. II, Hubkraft 2600 daN
Hydraulik: Pumpenleistung 100 + 42 l/min bei 200 bar
Gewichte & Maße: Zulässiges Gesamtgewicht 4800 kg, Leergewicht 3200 kg, Nutzlast 1600 kg
Bereifung: 240/70R16, 380/70R20
Preis: keine Angabe

Same Frutteto 105 CVT ActiveSteer
Plantagen-Allradschlepper

Motor: SDF Turbomotor mit Ladeluftkühlung mit 74 kW (101 PS) nach ISO; maximale Leistung 78 kW (106 PS); 4 Zylinder, 3849 cm^3 Hubraum, Abgasnorm Stufe V
Getriebe: stufenloses Getriebe bis 40 km/h
Zapfwelle: 540/540E/1000
Hubwerk: Kat. II, Hubkraft 3400 daN
Hydraulik: Pumpenleistung 115 + 42 l/min bei 200 bar

Gewichte & Maße: Zulässiges Gesamtgewicht 5 200 kg, Leergewicht 3 500 kg, Nutzlast 1 450 kg, Wendekreis 3,1 m
Bereifung: 280/70R16, 380/70R24
Preis: keine Angabe

Same Frutteto CVT 105 S
Plantagen-Allradschlepper

Motor: SDF Turbomotor mit Ladeluftkühlung mit 74 kW (101 PS) nach ISO; maximale Leistung 78 kW (106 PS); 4 Zylinder, 3 849 cm³ Hubraum, Abgasnorm Stufe V
Getriebe: stufenloses Getriebe bis 40 km/h
Zapfwelle: 540/540E/1 000
Hubwerk: Kat. II, Hubkraft 2 600 daN
Hydraulik: Pumpenleistung 100 + 42 l/min bei 200 bar
Gewichte & Maße: Zulässiges Gesamtgewicht 4 800 kg, Leergewicht 3 200 kg, Nutzlast 1 600 kg
Bereifung: 240/70R16, 360/70R24
Preis: keine Angabe

Same Frutteto CVT 100 V
Plantagen-Allradschlepper

Motor: SDF Turbomotor mit Ladeluftkühlung mit 75 kW (102 PS) nach ISO; maximale Leistung 71,1 kW (97 PS); 3 Zylinder, 2 887 cm³ Hubraum, Abgasnorm Stufe V
Getriebe: stufenloses Getriebe bis 40 km/h
Zapfwelle: 540/540E/1 000
Hubwerk: Kat. II, Hubkraft 2 600 daN
Hydraulik: Pumpenleistung 100 + 42 l/min bei 200 bar
Gewichte & Maße: Zulässiges Gesamtgewicht 4 800 kg, Leergewicht 3 200 kg, Nutzlast 1 600 kg
Bereifung: 240/70R16, 380/70R20
Preis: keine Angabe

Same Frutteto 100 CVT ActiveSteer
Plantagen-Allradschlepper

Motor: SDF Turbomotor mit Ladeluftkühlung mit 75 kW (102 PS) nach ISO; max. Leist. 71,1 kW (97 PS); 3 Zyl., 2 887 cm³ Hubraum, Abgasn. Stufe V
Getriebe: stufenloses Getriebe bis 40 km/h
Zapfwelle: 540/540E/1 000
Hubwerk: Kat. II, Hubkraft 3 400 daN
Hydraulik: Pumpenleistung 115 + 42 l/min bei 200 bar
Gewichte & Maße: Zulässiges Gesamtgewicht 5 200 kg, Leergewicht 3 500 kg, Nutzlast 1 450 kg, Wendekreis 3 m
Bereifung: 280/70R16, 380/70R24
Preis: keine Angabe

Same Frutteto CVT 100 S
Plantagen-Allradschlepper

Motor: SDF Turbomotor mit Ladeluftkühlung mit 75 kW (102 PS) nach ISO; maximale Leistung 71,1 kW (97 PS); 3 Zylinder, 2 887 cm³ Hubraum, Abgasnorm Stufe V
Getriebe: stufenloses Getriebe bis 40 km/h
Zapfwelle: 540/540E/1 000
Hubwerk: Kat. II, Hubkraft 2 600 daN
Hydraulik: Pumpenleistung 100 + 42 l/min bei 200 bar
Gewichte & Maße: Zulässiges Gesamtgewicht 4 800 kg, Leergewicht 3 200 kg, Nutzlast 1 600 kg
Bereifung: 240/70R16, 360/70R24
Preis: keine Angabe

Same Frutteto CVT 100
Plantagen-Allradschlepper

Motor: SDF Turbomotor mit Ladeluftkühlung mit 75 kW (102 PS) nach ISO; maximale Leistung 71,1 kW (97 PS); 3 Zylinder, 2 887 cm³ Hubraum, Abgasnorm Stufe V
Getriebe: stufenloses Getriebe bis 40 km/h
Zapfwelle: 540/540E/1 000
Hubwerk: Kat. II, Hubkraft 3 800 daN
Hydraulik: Pumpenleistung 100 + 42 l/min bei 200 bar
Gewichte & Maße: Zulässiges Gesamtgewicht 5 200 kg, Leergewicht 3 500 kg, Nutzlast 1 700 kg
Bereifung: 280/70R16, 380/70R24
Preis: keine Angabe

Same Frutteto 115 S
Plantagen-Allradschlepper

Motor: SDF Turbomotor mit Ladeluftkühlung mit 79 kW (107 PS) nach ISO; maximale Leistung 80,6 kW (110 PS); maximale Leistung (Boost) 85 kW (116 PS); 4 Zylinder, 3 849 cm³ Hubraum, Abgasnorm Stufe V
Getriebe: 45 Vorwärts- und 45 Rückwärtsgänge (auf Wunsch 30/15, 45/45 bis 40 km/h), synchronisiert, 3 Lastschaltstufen
Zapfwelle: 540/540E/1 000
Hubwerk: Kat. II, Hubkraft 2 680 daN
Hydraulik: Pumpenleistung 68 l/min bei 185 bar
Gewichte & Maße: Zulässiges Gesamtgewicht 5 000 kg, Leergewicht 2 900 kg, Nutzlast 1 700 kg, Bodenfreiheit 27 cm, Wendekreis 6,6 m
Bereifung: 280/70R16, 420/70R24
Preis: keine Angabe

Same Frutteto 115 Plattform
Plantagen-Allradschlepper

Motor: SDF Turbomotor mit Ladeluftkühlung mit 79 kW (107 PS) nach ISO; maximale Leistung 80,6 kW (110 PS); maximale Leistung (Boost) 85 kW (116 PS); 4 Zylinder, 3 849 cm³ Hubraum, Abgasnorm Stufe V

Getriebe: 45 Vorwärts- und 45 Rückwärtsgänge (a. W. 30/15, 45/45 bis 40 km/h), synch., 3 Lastschaltstufen
Zapfwelle: 540/540E/1000
Hubwerk: Kat. II, Hubkraft 3940 daN
Hydraulik: Pumpenleistung 68 l/min bei 200 bar
Gewichte & Maße: Zulässiges Gesamtgewicht 5000 kg, Leergewicht 2650 kg, Nutzlast 2500 kg, Bodenfreiheit 24 cm, Wendekreis 7,4 m
Bereifung: 280/70R16, 380/70R24
Preis: keine Angabe

Same Frutteto 115 Pro
Plantagen-Allradschlepper

Motor: SDF Turbomotor mit Ladeluftkühlung mit 79 kW (107 PS) nach ISO; maximale Leistung 80,6 kW (110 PS); maximale Leistung (Boost) 85 kW (116 PS); 4 Zylinder, 3849 cm³ Hubraum, Abgasnorm Stufe V
Getriebe: 45 Vorwärts- und 45 Rückwärtsgänge (auf Wunsch 30/15, 45/45 bis 40 km/h), synchronisiert, 3 Lastschaltstufen
Zapfwelle: 540/540E/1000
Hubwerk: Kat. II, Hubkraft 3940 daN
Hydraulik: Pumpenleistung 88 l/min bei 200 bar
Gewichte & Maße: Zulässiges Gesamtgewicht 5200 kg, Leergewicht 3290 kg, Nutzlast 2500 kg, Bodenfreiheit 24 cm
Bereifung: 280/70R16, 360/70R24
Preis: keine Angabe

Same Frutteto Pro 95 S
Plantagen-Allradschlepper

Motor: SDF Turbomotor mit Ladeluftkühlung mit 79 kW (107 PS) nach ISO; maximale Leistung 80,6 kW (110 PS); maximale Leistung (Boost) 85 kW (116 PS); 4 Zylinder, 3849 cm³ Hubraum, Abgasnorm Stufe V
Getriebe: 45 Vorwärts- und 45 Rückwärtsgänge (a. W. 30/15, 45/45 bis 40 km/h), synchr., 3 Lastschaltstufen
Zapfwelle: 540/540E/1000
Hubwerk: Kat. II, Hubkraft 2680 daN
Hydraulik: Pumpenleistung 88 l/min bei 200 bar
Gewichte & Maße: Zulässiges Gesamtgewicht 5000 kg, Leergewicht 3320 kg, Wendekreis 6,6 m
Bereifung: 240/70R16, 360/70R24
Preis: keine Angabe

Same Frutteto Pro 95 V
Plantagen-Allradschlepper

Motor: SDF Turbomotor mit Ladeluftkühlung mit 79 kW (107 PS) nach ISO; maximale Leistung 80,6 kW (110 PS); maximale Leistung (Boost) 85 kW (116 PS); 4 Zylinder, 3849 cm³ Hubraum, Abgasnorm Stufe V
Getriebe: 45 Vorwärts- und 45 Rückwärtsgänge (auf Wunsch 30/15, 45/45 bis 40 km/h), synchronisiert, 3 Lastschaltstufen
Zapfwelle: 540/540E/1000
Hubwerk: Kat. II, Hubkraft 2680 daN
Hydraulik: Pumpenleistung 88 l/min bei 200 bar
Gewichte & Maße: Zulässiges Gesamtgewicht 5000 kg, Leergewicht 3235 kg, Bodenfreiheit 23 cm, Wendekreis 7,7 m
Bereifung: 240/70R16, 380/70R20
Preis: keine Angabe

Same Frutteto 115 V
Plantagen-Allradschlepper

Motor: SDF Turbomotor mit Ladeluftkühlung mit 79 kW (107 PS) nach ISO; maximale Leistung 80,6 kW (110 PS); maximale Leistung (Boost) 85 kW (116 PS); 4 Zylinder, 3849 cm³ Hubraum, Abgasnorm Stufe V
Getriebe: 45 Vorwärts- und 45 Rückwärtsgänge (auf Wunsch 30/15, 45/45 bis 40 km/h), synchronisiert, 3 Lastschaltstufen
Zapfwelle: 540/540E/1000
Hubwerk: Kat. II, Hubkraft 2680 daN
Hydraulik: Pumpenleistung 68 l/min bei 185 bar
Gewichte & Maße: Zulässiges Gesamtgewicht 5000 kg, Leergewicht 2900 kg, Nutzlast 1700 kg, Bodenfreiheit 23 cm, Wendekreis 7,7 m
Bereifung: 240/70R16, 380/70R20
Preis: keine Angabe

Same Frutteto 115 Pro V
Plantagen-Allradschlepper

Motor: SDF Turbomotor mit Ladeluftkühlung mit 79 kW (107 PS) nach ISO; maximale Leistung 80,6 kW (110 PS); maximale Leistung (Boost) 85 kW (116 PS); 4 Zylinder, 3849 cm³ Hubraum, Abgasnorm Stufe V
Getriebe: 45 Vorwärts- und 45 Rückwärtsgänge (auf Wunsch 30/15, 45/45 bis 40 km/h), synchronisiert, 3 Lastschaltstufen
Zapfwelle: 540/540E/1000
Hubwerk: Kat. II, Hubkraft 2600 daN
Hydraulik: Pumpenleistung 88 l/min bei 200 bar
Gewichte & Maße: Zulässiges Gesamtgewicht 5000 kg, Leergewicht 3235 kg, Bodenfreiheit 23 cm, Wendekreis 7,7 m
Bereifung: 240/70R16, 380/70R20
Preis: keine Angabe

Same Frutteto 115
Plantagen-Allradschlepper

Motor: SDF Turbomotor mit Ladeluftkühlung mit 79 kW (107 PS) nach ISO; maximale Leistung 80,6 kW (110 PS); maximale Leistung (Boost) 85 kW (116 PS); 4 Zylinder, 3849 cm³ Hubraum, Abgasnorm Stufe V
Getriebe: 45 Vorwärts- und 45 Rückwärtsgänge (auf Wunsch 30/15, 45/45 bis 40 km/h), synchronisiert, 3 Lastschaltstufen
Zapfwelle: 540/540E/1000
Hubwerk: Kat. II, Hubkraft 2680 daN
Hydraulik: Pumpenleistung 68 l/min bei 200 bar
Gewichte & Maße: Zulässiges Gesamtgewicht 5000 kg, Leergewicht 2650 kg, Nutzlast 2500 kg,

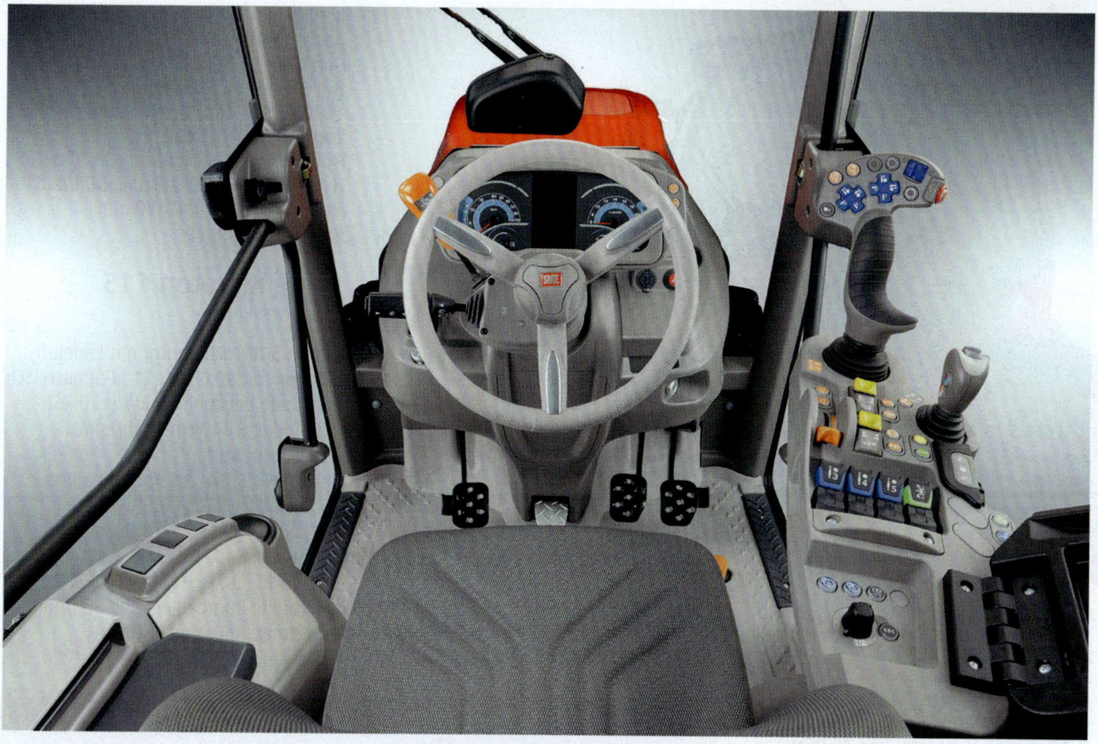

Bodenfreiheit 24 cm, Wendekreis 7,4 m
Bereifung: 280/70R16, 380/70R24
Preis: keine Angabe

Same Frutteto 105 Pro

Plantagen-Allradschlepper

Motor: SDF Turbomotor mit Ladeluftkühlung mit 79 kW (107 PS) nach ISO; maximale Leistung 80,6 kW (110 PS); maximale Leistung (Boost) 85 kW (116 PS); 4 Zylinder, 3849 cm³ Hubraum, Abgasnorm Stufe V
Getriebe: 45 Vorwärts- und 45 Rückwärtsgänge (auf Wunsch 30/15, 45/45 bis 40 km/h), synchronisiert, 3 Lastschaltstufen
Zapfwelle: 540/540E/1000
Hubwerk: Kat. II, Hubkraft 3940 daN
Hydraulik: Pumpenleistung 88 l/min bei 200 bar
Gewichte & Maße: Zulässiges Gesamtgewicht 5200 kg, Leergewicht 3290 kg, Nutzlast 2500 kg, Bodenfreiheit 24 cm
Bereifung: 280/70R16, 360/70R24
Preis: keine Angabe

Same Frutteto 105 Pro S

Plantagen-Allradschlepper

Motor: SDF Turbomotor mit Ladeluftkühlung mit 79 kW (107 PS) nach ISO; maximale Leistung 80,6 kW (110 PS); maximale Leistung (Boost) 85 kW (116 PS); 4 Zylinder, 3849 cm³ Hubraum, Abgasnorm Stufe V
Getriebe: 45 Vorwärts- und 45 Rückwärtsgänge (auf Wunsch 30/15, 45/45 bis 40 km/h), synchronisiert, 3 Lastschaltstufen
Zapfwelle: 540/540E/1000
Hubwerk: Kat. II, Hubkraft 2600 daN
Hydraulik: Pumpenleistung 88 l/min bei 200 bar
Gewichte & Maße: Zulässiges Gesamtgewicht 5000 kg, Leergewicht 3320 kg, Wendekreis 6,6 m
Bereifung: 240/70R16, 360/70R24
Preis: keine Angabe

Same Frutteto 115 Pro S

Plantagen-Allradschlepper

Motor: SDF Turbomotor mit Ladeluftkühlung mit 79 kW (107 PS) nach ISO; maximale Leistung 80,6 kW (110 PS); maximale Leistung (Boost) 85 kW (116 PS); 4 Zylinder, 3849 cm³ Hubraum, Abgasnorm Stufe V
Getriebe: 45 Vorwärts- und 45 Rückwärtsgänge (auf Wunsch 30/15, 45/45 bis 40 km/h), synchronisiert, 3 Lastschaltstufen
Zapfwelle: 540/540E/1000
Hubwerk: Kat. II, Hubkraft 2600 daN
Hydraulik: Pumpenleistung 88 l/min bei 200 bar
Gewichte & Maße: Zulässiges Gesamtgewicht 5000 kg, Leergewicht 3320 kg, Wendekreis 6,6 m
Bereifung: 240/70R16, 360/70R24
Preis: keine Angabe

Same Frutteto 105 Pro V

Plantagen-Allradschlepper

Motor: SDF Turbomotor mit Ladeluftkühlung mit 79 kW (107 PS) nach ISO; maximale Leistung 80,6 kW (110 PS); maximale Leistung (Boost) 85 kW (116 PS); 4 Zylinder, 3849 cm³ Hubraum, Abgasnorm Stufe V
Getriebe: 45 Vorwärts- und 45 Rückwärtsgänge (auf Wunsch 30/15, 45/45 bis 40 km/h), synchronisiert, 3 Lastschaltstufen
Zapfwelle: 540/540E/1000
Hubwerk: Kat. II, Hubkraft 2600 daN
Hydraulik: Pumpenleistung 88 l/min bei 200 bar
Gewichte & Maße: Zulässiges Gesamtgewicht 5000 kg, Leergewicht 3235 kg, Bodenfreiheit 23 cm, Wendekreis 7,7 m
Bereifung: 240/70R16, 380/70R20
Preis: keine Angabe

Same Frutteto Pro 95

Plantagen-Allradschlepper

Motor: SDF Turbomotor mit Ladeluftkühlung mit 79 kW (107 PS) nach ISO; maximale Leistung 80,6 kW (110 PS); maximale Leistung (Boost) 85 kW

4 Zylinder, 3 849 cm³ Hubraum, Abgasnorm Stufe V
Getriebe: 16 Vorwärts- und 16 Rückwärtsgänge (auf Wunsch 12/12, 16/16 bis 12 km/h), synchronisiert
Zapfwelle: 540/540E
Hubwerk: Kat. II, Hubkraft 3 170 daN
Hydraulik: Pumpenleistung 50 l/min
Bereifung: 450 mm, 450 mm
Preis: keine Angabe

Same Krypton 115

Raupentraktor

Motor: SDF Turbomotor mit Ladeluftkühlung mit 80,6 kW (110 PS) nach ISO; maximale Leistung 85 kW (116 PS); 4 Zylinder, 3 849 cm³ Hubraum, Abgasnorm Stufe V
Getriebe: T5351, 16 Vorwärts- und 16 Rückwärtsgänge (auf Wunsch 12/12, 16/16 bis 12 km/h), synchr.
Zapfwelle: 540/540E
Hubwerk: Kat. II, Hubkraft 3 170 daN
Hydraulik: Pumpenleistung 50 l/min
Bereifung: 450 mm, 450 mm
Preis: keine Angabe

(116 PS); 4 Zylinder, 3 849 cm³ Hubraum, Abgasnorm Stufe V
Getriebe: 45 Vorwärts- und 45 Rückwärtsgänge (auf Wunsch 30/15, 45/45 bis 40 km/h), synchronisiert, 3 Lastschaltstufen
Zapfwelle: 540/540E/1 000
Hubwerk: Kat. II, Hubkraft 3 940 daN
Hydraulik: Pumpenleistung 88 l/min bei 200 bar
Gewichte & Maße: Zulässiges Gesamtgewicht 5 200 kg, Leergew. 3 290 kg, Nutzlast 2 500 kg, Bodenfreiheit 24 cm
Bereifung: 280/70R16, 360/70R24
Preis: keine Angabe

Same Krypron F

Raupentraktor

Motor: SDF Turbomotor mit Ladeluftkühlung mit 80,6 kW (110 PS) nach ISO; max. Leist. 85 kW (116 PS); 4 Zyl., 3 849 cm³ Hubr., Abgasnorm Stufe V
Getriebe: 16 Vorwärts- und 16 Rückwärtsgänge (auf Wunsch 12/12, 16/16), synchronisiert
Zapfwelle: 540/540 E; 540/1 000
Hubwerk: Kat. II, Hubkraft 3 170 daN
Hydraulik: Pumpenleistung 50 l/min bei 180 bar
Gewichte & Maße: Leergew. 5 350 kg
Bereifung: Ketten
Preis: keine Angabe

Same Krypron M 115

Raupentraktor

Motor: SDF Turbomotor mit Ladeluftkühlung mit 80,6 kW (110 PS) nach ISO; maximale Leistung 85 kW (116 PS);

Same Frutteto CVT 115 S

Plantagen-Allradschlepper

Motor: SDF Turbomotor mit Ladeluftkühlung mit 80,6 kW (110 PS) nach ISO; maximale Leistung 85 kW (116 PS); 4 Zyl., 3 849 cm³ Hubr., Abgasn. Stufe V
Getriebe: stufenloses Getriebe bis 40 km/h
Zapfwelle: 540/540E/1 000
Hubwerk: Kat. II, Hubkraft 2 600 daN
Hydraulik: Pumpenleistung 100 + 42 l/min bei 200 bar
Gewichte & Maße: Zulässiges Gesamtgewicht 4 800 kg, Leergewicht 3 200 kg, Nutzlast 1 600 kg
Bereifung: 240/70R16, 360/70R24
Preis: keine Angabe

Same Frutteto CVT 115

Plantagen-Allradschlepper

Motor: SDF Turbomotor mit Ladeluftkühlung mit 80,6 kW (110 PS) nach ISO; max. Leist. 85 kW (116 PS); 4 Zylinder, 3 849 cm³ Hubr., Abgasnorm Stufe V
Getriebe: stufenloses Getriebe bis 40 km/h
Zapfwelle: 540/540E/1 000
Hubwerk: Kat. II, Hubkraft 3 800 daN
Hydraulik: Pumpenleistung 100 + 42 l/min bei 200 bar
Gewichte & Maße: Zulässiges Gesamtgewicht 5 200 kg, Leergewicht 3 500 kg, Nutzlast 1 700 kg
Bereifung: 280/70R16, 380/70R24
Preis: keine Angabe

Same Frutteto 115 CVT ActiveSteer

Plantagen-Allradschlepper

Motor: SDF Turbomotor mit Ladeluftkühlung mit 80,6 kW (110 PS) nach ISO; maximale Leistung 85 kW (116 PS); 4 Zylinder, 3 849 cm³ Hubraum, Abgasnorm Stufe V
Getriebe: stufenl. Getriebe bis 40 km/h
Zapfwelle: 540/540E/1 000
Hubwerk: Kat. II, Hubkraft 3 400 daN
Hydraulik: Pumpenleistung 115 + 42 l/min bei 200 bar
Gewichte & Maße: Zulässiges Gesamtgewicht 5 200 kg, Leergewicht 3 500 kg, Nutzlast 1 450 kg, Wendekreis 3,1 m
Bereifung: 280/70R16, 380/70R24
Preis: keine Angabe

Same Frutteto CVT 115 V

Plantagen-Allradschlepper

Motor: SDF Turbomotor mit Ladeluftkühlung mit 80,6 kW (110 PS) nach ISO; maximale Leistung 85 kW (116 PS); 4 Zylinder, 3 849 cm³ Hubraum, Abgasnorm Stufe V
Getriebe: stufenloses Getriebe bis 40 km/h
Zapfwelle: 540/540E/1 000
Hubwerk: Kat. II, Hubkraft 2 600 daN
Hydraulik: Pumpenleistung 100 + 42 l/min bei 200 bar
Gewichte & Maße: Zulässiges Gesamtgewicht 4 800 kg, Leergewicht 3 200 kg, Nutzlast 1 600 kg
Bereifung: 240/70R16, 380/70R20
Preis: keine Angabe

Sauerburger

Die Anschrift des Herstellers:
F.X.S. Sauerburger Traktoren und Gerätebau GmbH, Im Bürgerstock 3, 79241 Wasenweiler
Telefon: 07668/90320, www.sauerburger.de

Sauerburger FXS Grip4-75 P

Spezial-Allradschlepper

Motor: Kohler Turbomotor mit Ladeluftkühlung mit 54,4 kW (74 PS) nach ISO; 4 Zylinder, 2500 cm³ Hubraum, Abgasnorm Stufe V
Getriebe: S528, 2 Vorwärts- und 2 Rückwärtsgänge (auf Wunsch bis 40 km/h)
Zapfwelle: 540
Hubwerk: Kat. I/II, Hubkraft 1450 daN
Hydraulik: Pumpenleistung 80 l/min bei 175 bar
Gewichte & Maße: Zulässiges Gesamtgewicht 4700 kg, Leergewicht 2800 kg, Nutzlast 2100 kg, Bodenfreiheit 25 cm, Wendekreis 3,5 m
Bereifung: 440/50R17, 440/50R17
Preis: keine Angabe

Sauerburger FXS Grip4-75 S

Spezial-Allradschlepper

Motor: Kohler Turbomotor mit Ladeluftkühlung mit 54,4 kW (74 PS) nach ISO; 4 Zylinder, 2500 cm³ Hubraum, Abgasnorm Stufe V
Getriebe: (auf Wunsch bis 40 km/h), synchronisiert
Zapfwelle: 540
Hubwerk: Kat. I/II, Hubkraft 1450 daN
Hydraulik: Pumpenleistung 80 l/min bei 175 bar
Gewichte & Maße: Zulässiges Gesamtgewicht 4700 kg, Leergewicht 2800 kg, Nutzlast 2100 kg, Bodenfreiheit 25 cm, Wendekreis 3,5 m
Bereifung: 425/50R17, 425/50R18
Preis: keine Angabe

Sauerburger FXS Grip4_M_70

Spezial-Allradschlepper

Motor: Kohler Turbomotor mit Ladeluftkühlung mit 54,4 kW (74 PS) nach ISO; 4 Zylinder, 2500 cm³ Hubraum, Abgasnorm Stufe V
Getriebe: RM225, 2 Vorwärts- und 2 Rückwärtsgänge (a. W. bis 40 km/h)
Zapfwelle: 540
Hubwerk: Kat. I/II, Hubkraft 1200 daN
Hydraulik: Pumpenleistung 30 l/min bei 180 bar
Gewichte & Maße: Zulässiges Gesamtgewicht 4700 kg, Leergewicht 2237 kg, Nutzlast 2463 kg, Bodenfreiheit 25 cm, Wendekreis 3,1 m
Bereifung: 31x15,50-15, 31x15.50-15
Preis: keine Angabe

Sauerburger FXS Grip4-140

Spezial-Allradschlepper

Motor: Kohler Turbomotor mit Ladeluftkühlung mit 105 kW (143 PS) nach ISO; 4 Zylinder, 3400 cm³ Hubraum, Abgasnorm Stufe V
Getriebe: Dana, 2 Vorwärts- und 2 Rückwärtsgänge (auf Wunsch bis 50 km/h)
Zapfwelle: 540/1000
Hubwerk: Kat. II, Hubkraft 3500 daN
Hydraulik: Pumpenleistung 80 l/min bei 180 bar
Gewichte & Maße: Zulässiges Gesamtgewicht 7000 kg, Leergewicht 4400 kg, Nutzlast 2800 kg, Bodenfreiheit 37 cm, Wendekreis 3,2 m
Bereifung: 500/45R22,5, 500/45R22,5
Preis: keine Angabe

Shibaura

Die Anschrift des Herstellers:
Shibaura Deutschland GmbH, Groenlandstraße 3, 46446 Emmerich am Rhein
Telefon: +31 26 326 99 99, www.shibaura.de

Shibaura SX 25

Kompakt-Allradschlepper

Motor: Daedong Saugmotor mit 18,3 kW (25 PS) nach ISO; 3 Zylinder, 1 007 cm³ Hubraum, Abgasnorm Stufe V
Getriebe: HYD, (auf Wunsch bis 15,6 km/h)
Hubwerk: Kat. I, Hubkraft 715 daN
Gewichte & Maße: Zulässiges Gesamtgewicht 775 kg, Leergewicht 775 kg, Bodenfreiheit 18 cm
Bereifung: 18x8,50-10, 26x12,00-12
Preis: keine Angabe

Mitsubishi MTU26RH

Kompakt-Allradschlepper

Motor: Mitsubishi Saugmotor mit 24,7 kW (34 PS) nach ISO; 3 Zylinder, 1 318 cm³ Hubraum, Abgasnorm Stufe V
Getriebe: HYD, (auf Wunsch bis 21,2 km/h)
Gewichte & Maße: Zulässiges Gesamtgewicht 1 180 kg, Leergewicht 1 180 kg, Bodenfreiheit 32 cm
Bereifung: 7.00-16, 11.2-24
Preis: keine Angabe

Mitsubishi MTU26R

Kompakt-Allradschlepper

Motor: Mitsubishi Saugmotor mit 24,7 kW (34 PS) nach ISO; 3 Zylinder, 1 318 cm³ Hubraum, Abgasnorm Stufe V
Getriebe: M, (auf Wunsch bis 20,7 km/h)
Gewichte & Maße: Zulässiges Gesamtgewicht 1 176 kg, Leergewicht 1 176 kg, Bodenfreiheit 32 cm
Bereifung: 7.00-16, 11.2-24
Preis: keine Angabe

Solis

Die Anschrift des Herstellers:
ILAFA Interessengemeinschaft Süddeutscher Landmaschinen-& Motorgeräte Fachbetriebe e. G.,
Luisenplatz 4, 78315 Radolfzell
Telefon: 07732/82380-200, www.solis-traktoren.de

Solis 50 Stage V
Kompakt-Allradschlepper

Motor: ITL Saugmotor; maximale Leistung 37 kW (50 PS); 3 Zylinder, 3065 cm^3 Hubraum, Abgasnorm Stufe V
Getriebe: 12 Vorwärts- und 12 Rückwärtsgänge (auf Wunsch bis 30 km/h), synchronisiert
Zapfwelle: 540/540E, Höchstdrehzahl: 1904 min^{-1}
Hubwerk: Kat. II, Hubkraft 2500 daN
Hydraulik: Pumpenleistung 45 l/min bei 165 bar
Gewichte & Maße: Zulässiges Gesamtgewicht 4800 kg, Leergewicht 2870 kg, Bodenfreiheit 36 cm
Bereifung: 9.5x20, 13.6x28
Preis: keine Angabe

Solis 60 Stage V
Kompakt-Allradschlepper

Motor: ITL Saugmotor; maximale Leistung 44 kW (60 PS); 3 Zylinder, 3065 cm^3 Hubraum, Abgasnorm Stufe V
Getriebe: 12 Vorwärts- und 12 Rückwärtsgänge (auf Wunsch bis 30 km/h), synchronisiert
Zapfwelle: 540/540E, Höchstdrehzahl: 1904 min^{-1}
Hubwerk: Kat. II, Hubkraft 2500 daN
Hydraulik: Pumpenleistung 45 l/min bei 165 bar
Gewichte & Maße: Zulässiges Gesamtgewicht 4800 kg, Leergewicht 2870 kg, Bodenfreiheit 36 cm
Bereifung: 9.5x20, 13.6x28
Preis: keine Angabe

Solis 75 Stage V
Kompakt-Allradschlepper

Motor: ITL Saugmotor; maximale Leistung 54,5 kW (74 PS); 4 Zylinder, 4087 cm^3 Hubraum, Abgasnorm Stufe V
Getriebe: (auf Wunsch bis 34,9 km/h), synchronisiert
Zapfwelle: 540/540E, Höchstdrehzahl: 1904 min^{-1}
Hubwerk: Kat. II, Hubkraft 3000 daN
Hydraulik: Pumpenleistung 65 l/min bei 165 bar
Gewichte & Maße: Zulässiges Gesamtgewicht 5370 kg, Leergewicht 3825 kg, Bodenfreiheit 37 cm
Bereifung: 11.2x24, 8.3x36
Preis: keine Angabe

Solis 75 NT Stage V

Kompakt-Allradschlepper

Motor: ITL Saugmotor; maximale Leistung 54,5 kW (74 PS); 4 Zylinder, 4 087 cm^3 Hubraum, Abgasnorm Stufe V
Getriebe: (auf Wunsch bis 28 km/h), synchronisiert
Zapfwelle: 540/540E, Höchstdrehzahl: 1 938 min^{-1}
Hubwerk: Kat. II, Hubkraft 2 500 daN
Hydraulik: Pumpenleistung 45 l/min bei 165 bar
Gewichte & Maße: Bodenfreiheit 29 cm
Bereifung: 8x18, 14.9x24
Preis: keine Angabe

Solis 90 Stage V

Kompakt-Allradschlepper

Motor: ITL Saugmotor; maximale Leistung 67 kW (91 PS); 4 Zylinder, 4 087 cm^3 Hubraum, Abgasnorm Stufe V
Getriebe: (auf Wunsch bis 34,9 km/h), synchronisiert
Zapfwelle: 540/540E, Höchstdrehzahl: 1 904 min^{-1}
Hubwerk: Kat. II, Hubkraft 3 500 daN
Hydraulik: Pumpenleistung 65 l/min bei 165 bar
Gewichte & Maße: Zulässiges Gesamtgewicht 6 050 kg, Leergewicht 3 965 kg, Bodenfreiheit 37 cm, Wendekreis 5,7 m
Bereifung: 11.2x24, 8.3x36
Preis: keine Angabe

Solis 90 NT Stage V

Kompakt-Allradschlepper

Motor: ITL Saugmotor; maximale Leistung 67 kW (91 PS); 4 Zylinder, 4 087 cm^3 Hubraum, Abgasnorm Stufe V
Getriebe: (auf Wunsch bis 28,7 km/h), synchronisiert
Zapfwelle: 540/540E, Höchstdrehzahl: 1 938 min^{-1}
Hubwerk: Kat. II, Hubkraft 2 500 daN
Hydraulik: Pumpenleistung 45 l/min bei 165 bar
Gewichte & Maße: Zulässiges Gesamtgewicht 4 775 kg, Leergewicht 3 115 kg, Bodenfreiheit 29 cm
Bereifung: 8.00x18, 14.9x24
Preis: keine Angabe

Tym/Tafe

Die Anschrift des Herstellers:
Tym Traktoren Vertrieb GmbH, Münsterstraße 137, 45721 Haltern am See
Telefon: 02364/50642-0, www.tym-traktoren.de

Tym T194

Kompakt-Allradschlepper

Motor: Yanmar Saugmotor mit 14 kW (19 PS) nach ISO; 3 Zylinder, 993 cm^3 Hubraum, Abgasnorm Stufe V
Getriebe: auf Wunsch bis 13 km/h
Zapfwelle: 540
Hubwerk: Kat. I, Hubkraft 499 daN
Gewichte & Maße: Zulässiges Gesamtgewicht 1 100 kg, Leergewicht 725 kg
Preis: keine Angabe

Tym T255

Kompakt-Allradschlepper

Motor: Yanmar Saugmotor mit 18 kW (24 PS) nach ISO; 3 Zylinder, 1 116 cm^3 Hubraum, Abgasnorm Stufe V
Getriebe: auf Wunsch bis 18 km/h
Zapfwelle: 540
Hubwerk: Kat. I, Hubkraft 600 daN
Gewichte & Maße: Zulässiges Gesamtgewicht 1 400 kg, Leergewicht 768 kg
Preis: keine Angabe

Tym F25Rn

Kompakt-Allradschlepper

Motor: Tym Saugmotor mit 18,4 kW (25 PS) nach ISO; 3 Zylinder, 1 714 cm^3 Hubraum, Abgasnorm Stufe V
Getriebe: 8-3, 12 Vor- und 12 Rückwärtsgänge (a.W. bis 25 km/h), synchr.
Zapfwelle: 540
Hubwerk: Kat. I, Hubkraft 1 500 daN
Gewichte & Maße: Zulässiges Gesamtgewicht 2 490 kg, Leergewicht 1 431 kg
Preis: keine Angabe

Tym F50CHn

Kompakt-Allradschlepper

Motor: Tym Saugmotor mit 36 kW (49 PS) nach ISO; 4 Zylinder, 2 287 cm^3 Hubraum, Abgasnorm Stufe V
Getriebe: auf Wunsch bis 29 km/h
Zapfwelle: 540/540E
Hubwerk: Kat. I, Hubkraft 1 500 daN
Gewichte & Maße: Zulässiges Gesamtgewicht 2 490 kg, Leergewicht 1 563 kg
Preis: keine Angabe

Tym F50Hn

Kompakt-Allradschlepper

Motor: Tym Saugmotor mit 36 kW (49 PS) nach ISO; 4 Zylinder, 2 286 cm^3 Hubraum, Abgasnorm Stufe V
Getriebe: auf Wunsch bis 29 km/h
Zapfwelle: 540/540E
Hubwerk: Kat. I, Hubkraft 1 500 daN
Gewichte & Maße: Zulässiges Gesamtgewicht 2 490 kg, Leergewicht 1 539 kg
Preis: keine Angabe

Tym F50Cn
Kompakt-Allradschlepper

Motor: Tym Saugmotor mit 36 kW (49 PS) nach ISO; 4 Zylinder, 2 287 cm³ Hubraum, Abgasnorm Stufe V
Getriebe: 8-3, 12 Vorwärts- und 12 Rückwärtsgänge (auf Wunsch bis 29 km/h), synchronisiert
Zapfwelle: 540/540E
Hubwerk: Kat. I, Hubkraft 1 500 daN
Gewichte & Maße: Zulässiges Gesamtgewicht 2 490 kg, Leergewicht 1 592 kg
Preis: keine Angabe

Tym 5025C
Kompakt-Allradschlepper

Motor: Tym Saugmotor mit 36 kW (49 PS) nach ISO; 4 Zylinder, 2 287 cm³ Hubraum, Abgasnorm Stufe V
Getriebe: 8-3, 12 Vorwärts- und 12 Rückwärtsgänge (auf Wunsch bis 29 km/h), synchronisiert
Zapfwelle: 540/540E
Hubwerk: Kat. I, Hubkraft 1 500 daN
Gewichte & Maße: Zulässiges Gesamtgewicht 3 150 kg, Leergewicht 2 030 kg
Preis: keine Angabe

Tym 5025R
Kompakt-Allradschlepper

Motor: Tym Saugmotor mit 36 kW (49 PS) nach ISO; 4 Zylinder, 2 287 cm³ Hubraum, Abgasnorm Stufe V
Getriebe: 8-3, 12 Vorwärts- und 12 Rückwärtsgänge (auf Wunsch bis 29 km/h), synchronisiert
Zapfwelle: 540/540E
Hubwerk: Kat. I, Hubkraft 1 500 daN
Gewichte & Maße: Zulässiges Gesamtgewicht 3 150 kg, Leergewicht 1 795 kg
Preis: keine Angabe

Tym F50Rn
Kompakt-Allradschlepper

Motor: Tym Saugmotor mit 36 kW (49 PS) nach ISO; 4 Zylinder, 2 286 cm³ Hubraum, Abgasnorm Stufe V
Getriebe: 8-3, 12 Vorwärts- und 12 Rückwärtsgänge (auf Wunsch bis 29 km/h), synchronisiert
Zapfwelle: 540/540E
Hubwerk: Kat. I, Hubkraft 1 500 daN
Gewichte & Maße: Zulässiges Gesamtgewicht 2 490 kg, Leergewicht 1 548 kg
Preis: keine Angabe

Tym 6225C
Kompakt-Allradschlepper

Motor: Tym Turbomotor mit 43 kW (58 PS) nach ISO; 4 Zylinder, 2 287 cm³ Hubraum, Abgasnorm Stufe V

Getriebe: 8-3, 12 Vorwärts- und 12 Rückwärtsgänge (auf Wunsch bis 29 km/h), synchronisiert
Zapfwelle: 540/540E
Hubwerk: Kat. II, Hubkraft 1 500 daN
Gewichte & Maße: Zulässiges Gesamtgewicht 3 150 kg, Leergewicht 2 030 kg
Preis: keine Angabe

Tafe 6020M
Kompakt-Allradschlepper

Motor: Mitsubishi Saugmotor mit 14 kW (19 PS) nach ISO; 3 Zylinder, 953 cm³ Hubraum, Abgasnorm Stufe V
Getriebe: 9F+3R PCM, Side Shift, 9 Vorwärts- und 3 Rückwärtsgänge (auf Wunsch bis 25 km/h), 7 Gänge im Hauptarbeitsbereich
Zapfwelle: 540/540E
Hydraulik: Pumpenleistung 15 l/min
Gewichte & Maße: Leergewicht 1 095 kg, Bodenfreiheit 260 cm
Bereifung: 6-12, 8.3-20
Preis: 9 999 Euro (ohne MwSt.)

Tafe 6028H
Kompakt-Allradschlepper

Motor: Mitsubishi Saugmotor mit 18,2 kW (25 PS) nach ISO; 3 Zylinder, 1 319 cm³ Hubraum, Abgasnorm Stufe V
Getriebe: Hydrost 3 Gruppen, (auf Wunsch bis 19 km/h)
Zapfwelle: 540 / 2 000 Mitte
Hydraulik: Pumpenleistung 26 l/min bei 180 bar
Gewichte & Maße: Leergewicht 1 100 kg, Bodenfreiheit 260 cm, Wendekreis 2,4 m
Bereifung: 6-12, 8.3-20
Preis: 13 444 Euro (ohne MwSt.)

Tafe 6028M
Kompakt-Allradschlepper

Motor: Mitsubishi Saugmotor mit 18,2 kW (25 PS) nach ISO; 3 Zylinder, 1 319 cm³ Hubraum, Abgasnorm Stufe V
Getriebe: 9F+3R PCM, Side Shift, 9 Vorwärts- und 3 Rückwärtsgänge (auf Wunsch bis 25 km/h), 7 Gänge im Hauptarbeitsbereich
Zapfwelle: 540/540E
Hubwerk: Kat. I, Hubkraft 739 daN
Hydraulik: Pumpenleistung 26 l/min bei 180 bar
Gewichte & Maße: Leergewicht 1 095 kg, Bodenfreiheit 26 cm, Wendekreis 2,4 m
Bereifung: 6-12, 8.3-20
Preis: 11 750 Euro (ohne MwSt.)

Valtra

Die Anschrift des Herstellers:
Agco Deutschland GmbH, Geschäftsbereich Valtra, Johann-Georg-Fendt-Str. 14, 87616 Marktoberdorf
Telefon: 08342/778-100, www.valtra.de

Valtra F75N

Plantagen-Allradschlepper

Motor: FPT Turbomotor mit Ladeluftkühlung mit 55 kW (75 PS) nach ISO; maximale Leistung 55 kW (75 PS); 4 Zylinder, 2800 cm^3 Hubraum, Abgasnorm Stufe V
Getriebe: 24 Vorwärts- und 12 Rückwärtsgänge (auf Wunsch bis 40 km/h), synchronisiert, 8 Gänge im Hauptarbeitsbereich, 2 Lastschaltstufen
Zapfwelle: 540/1000/Weg
Hubwerk: Kat. II, Hubkraft 3000 daN
Hydraulik: Pumpenleistung 96,6 l/min bei 205 bar
Gewichte & Maße: Zulässiges Gesamtgewicht 4400 kg, Leergewicht 2965 kg, Nutzlast 1435 kg, Bodenfreiheit 30 cm, Wendekreis 6,5 m
Bereifung: 280/70R18, 420/70R24
Preis: 81519 Euro (ohne MwSt.)

Valtra F95N

Plantagen-Allradschlepper

Motor: FPT Turbomotor mit Ladeluftkühlung mit 67,1 kW (91 PS) nach ISO; maximale Leistung 67,91 kW (92 PS); 4 Zylinder, 2800 cm^3 Hubraum, Abgasnorm Stufe V
Getriebe: 24 Vorwärts- und 12 Rückwärtsgänge (auf Wunsch bis 40 km/h), synchronisiert, 8 Gänge im Hauptarbeitsbereich, 2 Lastschaltstufen
Zapfwelle: 540/1000/Weg
Hubwerk: Kat. II, Hubkraft 3000 daN
Hydraulik: Pumpenleistung 96,6 l/min bei 205 bar
Gewichte & Maße: Zulässiges Gesamtgewicht 4400 kg, Leergewicht 2965 kg, Nutzlast 1435 kg, Bodenfreiheit 30 cm, Wendekreis 6,5 m
Bereifung: 280/70R18, 420/70R24
Preis: 91344 Euro (ohne MwSt.)

Valtra F105N

Plantagen-Allradschlepper

Motor: FPT Turbomotor mit Ladeluftkühlung mit 75 kW (102 PS) nach ISO; maximale Leistung 75,9 kW (103 PS); 4 Zylinder, 2800 cm^3 Hubraum, Abgasnorm Stufe V
Getriebe: 24 Vorwärts- und 12 Rückwärtsgänge (auf Wunsch bis 40 km/h), synchronisiert, 8 Gänge im Hauptarbeitsbereich, 2 Lastschaltstufen
Zapfwelle: 540/1000/Weg
Hubwerk: Kat. II, Hubkraft 3000 daN
Hydraulik: Pumpenleistung 96,6 l/min bei 205 bar
Gewichte & Maße: Zulässiges Gesamtgewicht 4400 kg, Leergewicht 2965 kg, Nutzlast 1435 kg, Bodenfreiheit 30 cm, Wendekreis 6,5 m
Bereifung: 280/70R18, 420/70R24
Preis: 95503 Euro (ohne MwSt.)

Zetor

Die Anschrift des Herstellers:
Zetor Tractors a.s., Trnkova 111, 628 00 Brünn, Tschechien
Telefon: +420 (0) 734/416 006
www.zetor.de

Zetor Compax CL20

Kompaktschlepper

Motor: Mitsubishi Saugmotor mit 13,6 kW (18 PS) nach ISO; 3 Zylinder, Abgasnorm Stufe V
Getriebe: 6 Vorwärts- und 2 Rückwärtsgänge (auf Wunsch bis 18 km/h), synchronisiert, 5 Gänge im Hauptarbeitsbereich
Zapfwelle: 540/E
Hubwerk: Kat. I, Hubkraft 500 daN
Hydraulik: Pumpenleistung 14,85 l/min
Gewichte & Maße: Zulässiges Gesamtgewicht 1 078 kg, Bodenfreiheit 21 cm
Bereifung: 5x12, 8x18
Preis: keine Angabe

Zetor Compax CL 26+

Plantagen-Allradschlepper

Motor: Mitsubishi Saugmotor mit 18,3 kW (25 PS) nach ISO; 4 Zylinder, Abgasnorm Stufe V
Getriebe: 8 Vorwärts- und 2 Rückwärtsgänge (auf Wunsch bis 22 km/h), synchronisiert, 6 Gänge im Hauptarbeitsbereich
Zapfwelle: 540/850
Hubwerk: Kat. I, Hubkraft 750 daN
Hydraulik: Pumpenleistung 21,6 l/min
Gewichte & Maße: Zulässiges Gesamtgewicht 1 149 kg, Bodenfreiheit 23 cm
Bereifung: 5x12, 8x18
Preis: keine Angabe

Zetor Compax CL26

Plantagen-Allradschlepper

Motor: Mitsubishi Saugmotor mit 18,3 kW (25 PS) nach ISO; 4 Zylinder, Abgasnorm Stufe V
Getriebe: 6 Vorwärts- und 2 Rückwärtsgänge (auf Wunsch bis 22 km/h), synchronisiert, 5 Gänge im Hauptarbeitsbereich
Zapfwelle: 540/E
Hubwerk: Kat. I, Hubkraft 500 daN
Hydraulik: Pumpenleistung 21,6 l/min
Gewichte & Maße: Zulässiges Gesamtgewicht 1 149 kg, Bodenfreiheit 23 cm
Bereifung: 5x12, 8x18
Preis: keine Angabe

Technische Daten Schmalspurschlepper

Hersteller Typ	Motor: kW Leistung	Motor: Drehmoment: Nm maximal	Motor: Drehmoment: % Anstieg	dB(A) Lautstärke	l Tankinhalt	Wartung/Ölmengen: l Motoröl Füllmenge	Wartung/Ölmengen: h Motor-Ölwechsel	Wartung/Ölmengen: entnehmbare Ölmenge	Getriebe: Gänge 4-12 km/h	Getriebe: LS-Stufen	Maße: cm Länge	Maße: cm Breite (Serie)	Maße: cm gerin…
Schlepper von 8 bis 18 kW (11 bis 24 PS)													
Kubota B1-121	8	28	–	86	–	2	200	–	–	–	236	93	93
ISEKI SXG 216	11	39	–	–	18	2	400	–	–	–	248	107	99
Kubota B1-161	11	40	–	86	–	2	200	–	1	–	236	100	93
ISEKI TM 3187AL	12	45	–	–	14	3	400	–	–	–	235	122	98
Kubota B1-181	13	46	–	86	–	2	200	–	1	–	236	100	93
Zetor COMPAX CL20	14	48	–	–	18	–	0	–	5	–	282	144	110
Kubota B2-201 D R	14	67	–	82	–	3	200	–	–	–	273	132	125
Tafe 6020M	14	–	–	–	23	–	100	–	7	–	290	110	–
TYM T194	14	–	–	–	–	–	50/100	–	–	–	–	114	113
ISEKI TM 3217 AL	15	63	–	–	28	3	400	–	–	–	286	110	110
ISEKI SXG 324	15	58	–	–	21	3	400	–	–	–	211	127	110
Kubota B2-231 D R	15	70	–	82	–	3	200	–	–	–	273	132	125
Kubota B2-231 H C	15	70	–	84	–	3	200	–	–	–	273	132	125
Kubota B2-231 H R	15	70	–	84	–	3	200	–	–	–	273	132	125
ISEKI TM 4230 AHL	16	63	–	–	28	3	400	–	–	–	296	123	102
Massey Ferguson MF 1M.20	16	63	–	–	28	3	200	–	–	–	295	116	–
Kioti CS2220 U	16	48	9	85,3	23,5	4	100	–	2	–	262	–	102
Kubota BX-231 C	16	55	–	85	–	3	200	–	–	–	255	114	114
Kubota BX-231 R	16	55	–	85	–	3	200	–	–	–	255	114	114
Kubota B1-241	16	70	–	85	–	3	200	–	1	–	281	144	99
ISEKI SF 225	16	65	–	–	40	4	400	–	–	–	172	144	124
ISEKI SXG 327	16	63	–	–	21	3	400	–	–	–	211	144	110
ISEKI TXGS24	17	65	–	–	25	3	400	–	–	–	257	122	114
Kubota B2-261 D R	18	83	–	82	–	4	200	–	–	–	273	132	125
Kubota B2-261 H C	18	83	–	84	–	4	200	–	–	–	273	132	125
Kubota B2-261 H R	18	83	–	84	–	4	200	–	–	–	273	132	125
TYM T255	18	–	–	–	–	–	50/100	–	–	–	–	128	114
John Deere 3025E	18	90	–	–	28,5	5	200	–	–	–	295	150	144
Kubota BX-261 C	18	61	–	85	–	4	200	–	–	–	255	114	114
Kubota BX-261 R	18	61	–	85	–	4	200	–	–	–	255	114	114
LS Tractor XJ25	18	71	9	–	25	–	0	–	–	–	263	118	102
New Holland Boomer 25	18	71	9	–	25	–	300	10	–	–	263	118	115
Tafe 6028M	18	–	–	–	23	4	100	–	7	–	314	110	–
Tafe 6028H	18	–	–	–	23	4	100	–	–	–	314	110	–
Kioti CK2630 D	18	84	15	83,3	34	6	250	–	5	–	306	–	138
Kioti CS2510 H	18	57	13	85,7	25,5	4	100	–	–	–	252	–	117
Kioti CS2520 H	18	57	13	85,3	25,5	4	100	–	–	–	252	–	117

Ausrüstung: ● Serie, ◐ Wunsch, ○ nicht lieferbar

…te	cm Höhe	daN Hubkraft Fronthubwerk	Allradantrieb	40 km/h	Hydrostatische Lenkung	Wendegetriebe	Wendeschaltung	Lastschaltgetriebe	Kriechgetriebe	stufenloses Getriebe	Vorderachsfederung	Druckluftbremse	Fronthubwerk	CAN-Bus	ISOBUS	Niedrigkabine	Kabine
															Schlepper von 8 bis 18 kW (11 bis 24 PS)		
	221	450	●	○	○	○	○	○	○	○	○	○	◐	○	○	○	○
	203	–	○	○	●	○	○	○	○	●	○	○	◐	○	○	○	○
	228	450	●	○	●	○	○	○	○	○	○	○	◐	○	○	○	◐
	228	–	●	○	◐	○	○	○	○	○	○	○	◐	○	○	○	○
	228	450	●	○	●	○	○	○	○	○	○	○	◐	○	○	○	◐
	230	–	○	○	●	●	○	○	○	○	○	○	○	○	○	○	◐
	233	600	●	○	●	●	○	○	○	○	○	○	◐	○	○	○	○
	231	–	●	○	●	○	○	○	○	○	○	○	○	○	○	○	○
	226	–	●	○	●	●	○	○	○	○	○	○	◐	○	○	◐	◐
	239	–	●	○	●	●	●	○	○	○	○	○	◐	○	○	◐	◐
	203	–	○	○	●	○	○	○	○	●	○	○	◐	○	○	○	◐
	233	600	●	○	●	●	○	○	○	○	○	○	◐	○	○	○	○
	233	600	●	○	●	○	○	○	○	○	○	○	◐	○	○	○	●
	233	600	●	○	●	○	○	○	○	○	○	○	◐	○	○	○	○
	208	–	●	○	●	○	○	○	○	●	○	○	◐	○	○	◐	◐
	202	–	●	○	●	●	●	○	○	○	○	○	○	○	○	○	○
	–	–	●	○	●	○	○	○	○	○	○	○	○	○	○	○	○
	198	450	●	○	●	○	○	○	○	○	○	○	◐	○	○	○	○
	217	450	●	○	●	○	○	○	○	○	○	○	◐	○	○	○	○
	223	450	○	○	●	○	○	○	○	○	○	○	◐	○	○	○	○
	212	–	●	○	●	○	○	○	○	●	○	○	●	○	○	○	○
	203	–	○	○	●	○	○	○	○	●	○	○	◐	○	○	○	◐
	238	–	●	○	●	○	○	○	○	●	○	○	◐	○	○	○	◐
	233	600	●	○	●	●	○	○	○	○	○	○	◐	○	○	○	○
	233	600	●	○	●	○	○	○	○	○	○	○	◐	○	○	○	●
	233	600	●	○	●	○	○	○	○	○	○	○	◐	○	○	○	○
	232	–	●	○	●	○	○	○	○	○	○	○	◐	○	○	◐	◐
	242	–	●	○	●	○	○	○	○	●	○	○	○	○	○	○	○
	198	450	●	○	●	○	○	○	○	○	○	○	◐	○	○	○	○
	217	450	●	○	●	○	○	○	○	○	○	○	◐	○	○	○	○
	228	–	●	○	●	○	○	○	○	○	○	○	◐	○	○	◐	○
	217	950	●	○	●	○	○	○	○	●	○	○	◐	○	○	○	○
	231	–	●	○	●	●	○	○	○	○	○	○	○	○	○	◐	◐
	231	–	●	○	●	○	○	○	○	○	○	○	◐	○	○	◐	◐
	–	1264	●	○	●	○	○	○	○	○	○	○	◐	○	○	○	○
	–	588	●	○	●	○	○	○	○	●	○	○	◐	○	○	○	◐
	–	970	●	○	●	○	○	○	○	●	○	○	◐	○	○	○	◐

Technische Daten Schmalspurschlepper

Hersteller Typ	Motor	Motor: Drehmoment	Motor: Drehmoment				Wartung/Ölmengen	Wartung/Ölmengen	Getriebe	Getriebe	Maße	Maße	Maße
	kW Leistung	Nm maximal	% Anstieg	dB(A) Lautstärke	l Tankinhalt	l Motoröl Füllmenge	h Motor-Ölwechsel	entnehmbare Ölmenge	Gänge 4-12 km/h	LS-Stufen	cm Länge	cm Breite (Serie)	cm gering…
Schlepper von 18 bis 28 kW (24 bis 38 PS)													
Kioti CX2510 CH	18	85	38	84,1	25	6	250	–	–	–	279	–	117
Kioti CX2510 H	18	85	24	84,1	25	6	250	–	–	–	279	–	117
Shibaura SX 25	18	–	–	–	26	–	0	–	–	–	280	118	–
Zetor COMPAX CL26	18	72	–	–	18	–	0	–	5	–	287	144	115
Zetor COMPAX CL 26+	18	72	–	–	25	–	0	–	6	–	287	144	115
LS Tractor MT1.25	18	66	–	–	25	–	0	–	–	–	247	120	–
New Holland Boomer 25 Compact	18	69	9	–	25	–	250	6	–	–	247	119	110
TYM F25Rn	18	–	–	–	–	–	50/100	–	–	–	–	161	133
John Deere 1026R	19	64	–	–	24	3	200	–	–	–	275	120	120
John Deere 2026R	19	64	–	–	20,4	3	200	–	–	–	285	120	120
ISEKI TM 3267 ECO	19	76	–	–	28	3	400	–	–	–	286	110	110
ISEKI TM 4270 AHL	19	76	–	–	28	3	400	–	–	–	296	123	110
Massey Ferguson MF 1M.25	19	76	–	76	28	3	200	–	–	–	295	122	–
Massey Ferguson MF 1735 M HC	21	110	–	76	36	5	200	–	–	–	309	141	–
Massey Ferguson MF 1735 M HP	21	110	–	76	36	5	200	–	–	–	309	141	–
John Deere 2032R	23	105	–	–	32,5	5	200	–	–	–	298	140	140
Mitsubishi MTU26R	25	–	–	–	27	–	0	–	–	–	319	140	–
Mitsubishi MTU26RH	25	–	–	–	27	–	0	–	–	–	319	140	–
Kubota LX-351 C	26	111	–	80	–	5	200	–	–	–	298	147	147
Kubota LX-351 DM	26	118	–	–	32	5	200	–	4	–	287	101	101
Kubota LX-351 R	26	111	–	80	–	5	250	–	–	–	298	147	147
ISEKI SF 237	26	112	–	–	40	–	400	–	–	–	272	157	124
ISEKI TH 5370 AHL	26	109	–	–	36	5	400	–	–	–	309	141	127
Massey Ferguson MF 1740 E MP	26	125	–	76	36	5	200	–	–	–	309	141	–
Massey Ferguson MF 1740 M HC	26	125	–	76	36	5	200	–	–	–	309	141	–
Massey Ferguson MF 1740 M HP	26	125	–	76	36	5	200	–	–	–	309	141	–
Kubota LXe-261	26	–	–	–	–	–	0	–	–	–	283	137	–
Kioti CK3530	26	115	20	85,8	34	7	250	–	4	–	306	–	138
Kioti CK3530 C	26	115	20	83,3	34	7	250	–	4	–	306	–	138
Kioti CK3530 CH	26	115	20	83,3	34	7	250	–	–	–	306	–	138
Kioti CK3530 H	26	115	20	85,8	34	7	250	–	–	–	306	–	138
New Holland Boomer 35	26	119	25	–	47	–	300	15	–	–	311	141	135
LS Tractor MT3.35 Gear	26	119	25	–	40	–	0	–	–	–	311	140	130
John Deere 2038R	27	127	–	–	32,5	5	200	–	–	–	298	140	140
John Deere 3038E	27	127	–	–	28,5	5	200	–	–	–	295	150	144
Kubota L 1-382 DHW	28	116	–	84	38	7	400	–	–	–	286	130	122
Kubota L1-382 DW	28	116	–	82	29,5	7	400	–	4	–	286	130	122

Ausrüstung: ● Serie, ◐ Wunsch, ○ nicht lieferbar

ite	cm Höhe	daN Hubkraft Fronthubwerk	Allradantrieb	40 km/h	Hydrostatische Lenkung	Wendegetriebe	Wendeschaltung	Lastschaltgetriebe	Kriechgetriebe	stufenloses Getriebe	Vorderachsfederung	Druckluftbremse	Fronthubwerk	CAN-Bus	ISOBUS	Niedrigkabine	Kabine
Schlepper von 18 bis 28 kW (24 bis 38 PS)																	
	–	1087	●	○	●	○	○	○	○	●	○	○	◐	○	○	○	●
	–	1087	●	○	●	●	○	○	○	●	○	○	◐	○	○	○	○
	229	–	●	○	●	○	○	○	○	○	○	○	○	○	○	○	◐
	208	–	○	○	●	○	○	○	○	○	○	○	○	○	○	○	◐
	208	–	●	○	●	○	○	○	○	○	○	○	○	○	○	○	◐
	–	–	●	○	●	○	○	○	○	○	○	○	○	○	○	○	○
	222	950	●	○	●	●	●	○	○	●	○	○	◐	○	○	○	◐
	265	–	●	●	●	●	●	○	○	○	○	○	◐	◐	○	○	○
	199	–	●	○	●	○	○	○	○	●	○	○	◐	○	○	○	◐
	236	–	●	○	●	○	○	○	○	●	○	○	◐	○	○	○	◐
	239	–	●	○	●	●	●	○	○	○	○	○	○	○	○	◐	◐
	208	–	●	○	●	●	○	○	○	●	○	○	◐	○	○	◐	◐
	203	500	●	○	●	○	●	○	●	●	○	○	◐	○	○	○	◐
	217	1000	●	○	●	○	●	○	●	●	○	○	◐	○	○	○	●
	241	1000	●	○	●	○	●	○	●	●	○	○	◐	○	○	○	○
	237	–	●	○	●	○	○	○	○	●	○	○	◐	○	○	○	○
	239	–	○	○	○	○	○	○	○	○	○	○	○	○	○	○	○
	239	–	○	○	○	○	○	○	○	○	○	○	○	○	○	○	◐
	215	1500	●	○	●	○	○	○	○	○	○	○	◐	○	○	○	○
	211	–	●	○	○	●	●	○	○	○	○	○	◐	○	○	○	○
	237	1500	●	○	●	●	○	○	○	○	○	○	◐	○	○	○	○
	212	–	●	○	●	●	○	○	○	●	○	○	●	○	○	○	○
	222	–	●	○	●	○	○	○	○	●	○	○	◐	◐	○	○	●
	217	1000	●	○	●	○	○	○	●	●	○	○	◐	○	○	○	●
	217	1000	●	○	●	●	●	○	●	●	○	○	◐	○	○	○	●
	241	1000	●	○	●	●	●	○	○	●	○	○	◐	○	○	○	○
	232	–	●	○	○	○	○	○	○	○	○	○	○	○	○	○	○
	–	1264	●	○	●	●	●	○	○	○	○	○	◐	○	○	○	○
	–	1264	●	○	●	●	●	○	○	○	○	○	◐	○	○	○	●
	–	1264	●	○	●	○	○	○	○	●	○	○	◐	○	○	○	●
	–	1264	●	○	●	○	○	○	○	●	○	○	◐	○	○	○	○
	247	950	●	○	●	●	●	○	○	●	○	○	◐	○	○	○	○
	–	–	●	○	●	●	●	○	◐	○	○	○	◐	◐	○	○	○
	237	–	●	○	●	○	○	○	○	●	○	○	◐	○	○	○	◐
	242	–	●	○	●	○	○	○	○	○	○	○	○	○	○	○	○
	232	600	●	○	●	●	●	○	○	○	○	○	◐	○	○	○	○
	216	600	●	○	●	●	○	○	○	○	○	○	◐	○	○	○	○

Technische Daten Schmalspurschlepper

Hersteller Typ	Motor: kW Leistung	Motor – Drehmoment: Nm maximal	Motor – Drehmoment: % Anstieg	dB(A) Lautstärke	l Tankinhalt	Wartung/Ölmengen: l Motoröl Füllmenge	Wartung/Ölmengen: h Motor-Ölwechsel	Wartung/Ölmengen: entnehmbare Ölmenge	Getriebe: Gänge 4-12 km/h	Getriebe: LS-Stufen	Maße: cm Länge	Maße: cm Breite (Serie)	Maße: cm gering...
Schlepper von 29 bis 37 kW (39 bis 50 PS)													
John Deere 3039R	29	127	–	–	47,6	5	200	–	6	–	315	140	133
Kubota LX-401 C	29	118	–	80	–	5	200	–	–	–	298	147	147
Kubota LX-401 R	29	118	–	80	–	5	200	–	–	–	298	147	147
ISEKI TG 6407 AGLK	29	112	–	–	40	5	400	–	–	–	319	152	139
ISEKI TH 5420 AHL	29	125	–	–	36	5	400	–	–	–	309	141	127
ISEKI TLE 3410 AHL	29	112	–	–	40	5	400	–	–	–	307	143	143
ISEKI TLE 3410 AL	29	112	–	–	40	5	400	–	–	–	307	143	143
Massey Ferguson MF 1750 M HC	29	140	–	–	53	7	200	–	–	–	345	174	–
Kioti CK4030 CH	30	118	9	83,3	34	7	250	–	–	–	306	–	138
Kioti CK4030 H	30	118	9	85,8	34	7	250	–	–	–	306	–	138
LS Tractor MT3.40 Gear	30	134	22	–	47	–	0	–	–	–	311	140	130
LS Tractor MT3.40 HST	30	134	22	–	47	–	0	–	–	–	311	140	130
New Holland Boomer 40	30	134	22	–	47	–	300	15	–	–	311	141	135
ISEKI SF 544	31	141	–	–	48	–	400	–	–	–	365	157	130
ISEKI TH 5420 AHL	33	125	–	–	36	5	400	–	–	–	309	141	127
Kubota L1-452 DHW	33	149	–	84	29,5	8	400	–	–	–	317	130	122
Kubota L1-452 DW	33	143	–	82	29,5	8	400	–	4	–	317	130	122
Kubota L2-452 DC	33	143	–	82	50	8	400	–	4	–	317	130	122
Kubota L2-452 DHC	33	149	–	84	54	8	400	–	4	2	317	130	122
John Deere 3046R	33	142	–	–	47,6	5	200	–	–	–	315	140	133
LS Tractor MT3.50 Gear	35	174	29	–	47	–	0	–	–	–	325	145	–
LS Tractor MT3.50 HST	35	174	29	–	47	–	0	–	–	–	325	145	–
New Holland Boomer 45	35	167	29	–	47	–	300	28	–	–	325	141	140
ISEKI SF 551	36	172	–	–	48	–	400	–	–	–	365	157	130
ISEKI TG 6507 AHLK	36	140	–	–	53	7	400	–	–	2	347	165	150
ISEKI TG 6507 AGLK	36	140	–	–	53	7	400	–	–	–	347	165	150
Landini Serie 2-055	36	180	36	86	40	7	500	–	–	–	309	166	122
McCormick X2.055	36	180	36	86	40	7	500	–	–	–	309	166	122
TYM 5025C	36	–	–	–	–	–	50/100	–	–	–	–	179	165
TYM 5025R	36	–	–	–	–	–	50/100	–	–	–	–	179	165
TYM F50CHn	36	–	–	–	–	–	50/100	–	–	–	–	153	132
TYM F50Cn	36	–	–	–	–	–	50/100	–	–	–	–	153	132
TYM F50Hn	36	–	–	–	–	–	50/100	–	–	–	–	161	133
TYM F50Rn	36	–	–	–	–	–	50/100	–	–	–	–	161	133
Kubota L 1-522 DCN	37	167	–	82	50	9	400	–	4	–	317	156	151
Kubota L 2-522 DW	37	167	–	82	54	9	400	–	–	–	325	156	151
Kubota L1-522 DW	37	167	–	82	50	9	400	–	4	–	325	156	151

Ausrüstung: ● Serie, ◐ Wunsch, ○ nicht lieferbar

cm Höhe	daN Hubkraft Fronthubwerk	Allradantrieb	40 km/h	Hydrostatische Lenkung	Wendegetriebe	Wendeschaltung	Lastschaltgetriebe	Kriechgetriebe	stufenloses Getriebe	Vorderachsfederung	Druckluftbremse	Fronthubwerk	CAN-Bus	ISOBUS	Niedrigkabine	Kabine
Schlepper von 29 bis 37 kW (39 bis 50 PS)																
225	–	●	○	●	○	○	○	○	●	○	○	◐	○	○	○	◐
215	1500	●	○	●	○	○	○	○	○	○	○	◐	○	○	○	○
237	1500	●	○	●	○	○	○	○	○	○	○	◐	○	○	○	○
228	–	●	○	●	●	●	○	○	○	○	○	◐	◐	○	○	●
222	–	●	○	●	○	○	○	○	●	○	○	◐	◐	○	○	●
262	–	●	○	●	○	○	○	○	●	○	○	○	○	○	○	○
262	–	●	○	●	○	●	○	○	○	○	○	○	○	○	○	○
225	1000	●	○	●	○	●	○	●	●	○	○	◐	○	○	○	●
–	1264	●	○	●	○	○	○	○	●	○	○	◐	○	○	○	●
–	1264	●	○	●	○	○	○	○	●	○	○	◐	○	○	○	○
222	–	●	○	●	●	●	○	◐	○	○	○	◐	◐	○	○	◐
222	–	●	○	●	○	○	○	○	○	○	○	◐	◐	○	○	◐
247	950	●	○	●	●	●	○	○	●	○	○	◐	○	○	○	◐
216	–	●	○	●	○	○	○	○	●	○	○	●	○	○	○	◐
222	–	●	○	●	●	●	○	○	●	○	○	◐	◐	○	○	●
216	1000	●	○	●	○	○	○	○	○	○	○	◐	○	○	○	○
216	1000	●	○	●	●	○	○	○	○	○	○	◐	○	○	○	○
250	1000	●	○	●	●	○	○	○	○	○	○	◐	○	○	○	●
254	1000	●	○	●	●	●	●	●	○	○	○	◐	○	○	○	●
225	–	●	○	●	●	○	○	○	●	○	○	◐	○	○	○	◐
228	–	●	○	●	●	●	○	◐	○	○	○	◐	◐	○	○	◐
228	–	●	○	●	●	○	○	○	○	○	○	◐	◐	○	○	◐
262	1050	●	○	●	●	●	○	◐	●	○	○	◐	○	○	○	◐
216	–	●	○	●	●	○	○	○	●	○	○	●	○	○	○	◐
232	–	●	○	●	●	○	○	○	●	○	○	◐	◐	○	○	●
232	–	●	○	●	●	●	●	○	○	○	○	◐	◐	○	○	●
223	400	●	○	◐	●	●	○	◐	○	○	○	◐	◐	○	○	◐
223	400	●	○	◐	●	●	○	◐	○	○	○	◐	◐	○	○	◐
250	–	●	○	●	●	●	○	○	○	○	○	◐	◐	○	○	●
252	–	●	○	●	○	○	○	○	○	○	○	◐	◐	○	○	○
225	–	●	○	●	○	○	○	○	○	○	○	◐	◐	○	○	●
225	–	●	○	●	●	●	○	○	○	○	○	◐	◐	○	○	●
265	–	●	○	●	●	○	○	○	○	○	○	◐	◐	○	○	○
265	–	●	○	●	●	●	○	○	○	○	○	◐	◐	○	○	○
250	1000	●	○	●	●	●	○	○	○	○	○	◐	○	○	○	●
254	1000	●	○	●	●	○	○	●	○	○	○	◐	○	○	○	○
227	1000	●	○	●	●	●	○	○	○	○	○	◐	○	○	○	○

Technische Daten Schmalspurschlepper

Hersteller Typ	Motor	Motor: Drehmoment				Wartung/Ölmengen			Getriebe		Maße	
	kW Leistung	Nm maximal	% Anstieg	dB(A) Lautstärke	l Tankinhalt	l Motoröl Füllmenge	h Motor-Ölwechsel	entnehmbare Ölmenge	Gänge 4–12 km/h	LS-Stufen	cm Länge	cm Breite (Serie)	cm ge…
Schlepper von 38 bis 48 kW (52 bis 65 PS)													
Kioti CK5030 CH	38	166	20	83,3	34	7	250	–	–	–	306	–	138
Kioti CK5030 H	38	166	20	85,8	34	7	250	–	–	–	306	–	138
John Deere 4052M	38	168	–	–	57	5	200	–	6	–	339	150	143
John Deere 4052R	38	168	–	–	55,6	5	200	–	–	–	339	150	143
Deutz-Fahr 3050	38	145	–	84	40	6	500	–	6	–	303	140	137
Deutz-Fahr 3050 BASSO	38	145	–	84	40	6	500	–	6	–	303	140	137
Lamborghini Sprint 50	38	145	–	84	40	6	500	–	6	–	303	140	137
Lamborghini Sprint 50 BASSO	38	145	–	84	40	6	500	–	6	–	303	140	137
Same Delfino 50	38	145	–	84	40	6	500	–	6	–	303	140	137
Same Delfino 50 Basso	38	145	–	84	40	6	500	–	6	–	303	140	137
New Holland Boomer 50	39	174	22	–	47	–	300	28	–	–	325	141	140
ISEKI TLE 4550 AL	40	175	–	–	53	7	400	–	–	–	342	158	154
Massey Ferguson MF 1755 E MP	40	188	–	–	53	7	200	–	–	–	345	174	–
Massey Ferguson MF 1755 M MC	40	188	–	–	53	7	200	–	–	–	345	174	–
Kubota L 1-552 DHW	40	185	–	84	50	9	400	–	–	–	325	156	151
Kubota L2-552 DHC	40	185	–	84	54	9	400	–	4	2	325	156	151
New Holland T3.60 F	41	258	52	–	42	8	600	–	4	–	369	144	–
New Holland T3.60 LP	41	258	52	–	63	8	600	–	4	–	384	176	167
Aebi TT 206+	42	174	32	84	70	10	500	12	–	–	355	189	–
Landini Serie 2-060	42	200	30	86	40	7	500	–	–	–	309	166	122
LS Tractor MT3.60 Gear	42	188	21	–	47	–	0	–	–	–	325	145	–
LS Tractor MT3.60 Servo HST	42	188	21	–	47	–	0	–	–	–	325	145	–
McCormick X2.060	42	200	30	86	40	7	500	–	–	–	309	166	122
New Holland Boomer 55	43	188	21	–	47	–	300	28	–	–	325	141	140
TYM 6225C	43	–	–	–	–	–	50/100	–	–	–	–	179	165
Deutz-Fahr 3060	44	170	–	84	40	6	500	–	6	–	303	140	137
Lamborghini Sprint 60	44	170	–	84	40	6	500	–	6	–	303	140	137
Same Delfino 60	44	170	–	84	40	6	500	–	6	–	303	140	137
Reform Metrac H60	45	222	–	–	63	–	0	–	–	–	306	200	–
Kubota L 2-622 DHC	45	199	–	84	54	9	400	–	12	2	325	161	145
Kärcher Holder C 65 SC	48	225	–	81	65	9	500	–	–	–	377	120	110
Kärcher Holder C 65 TC	48	225	–	81	65	9	500	–	–	–	419	120	110
Kärcher Holder C 70 SC	48	225	–	81	65	9	500	–	–	–	377	120	110
Kärcher Holder C 70 TC	48	225	–	81	65	9	500	–	–	–	419	120	110
New Holland T3.70 F	48	291	46	–	42	8	600	–	4	–	369	144	–
New Holland T3.70 LP	48	291	46	–	63	8	600	–	4	–	384	176	167
Deutz-Fahr 5070 DF Keyline	48	297	–	86	65	9	600	–	–	–	344	147	–
Lamborghini Spire F 70 Trend	48	297	–	86	65	9	600	–	–	–	344	147	–

Ausrüstung: ● Serie, ◐ Wunsch, ○ nicht lieferbar

Schlepper von 38 bis 48 kW (42 bis 65 PS)

cm Höhe	daN Hubkraft Fronthubwerk	Allradantrieb	40 km/h	Hydrostatische Lenkung	Wendegetriebe	Wendeschaltung	Lastschaltgetriebe	Kriechgetriebe	stufenloses Getriebe	Vorderachsfederung	Druckluftbremse	Fronthubwerk	CAN-Bus	ISOBUS	Niedrigkabine	Kabine
–	1264	●	○	●	●	○	○	○	●	○	○	◐	○	○	○	●
–	1264	●	○	●	●	○	○	○	●	○	○	◐	○	○	○	○
237	–	●	○	●	●	○	○	○	●	○	○	○	○	○	○	○
237	–	●	○	●	●	○	○	○	●	○	○	◐	○	○	○	●
133	600	●	○	●	●	●	○	◐	○	○	○	◐	○	○	○	◐
129	600	●	○	●	●	●	○	◐	○	○	○	◐	○	○	○	◐
133	600	●	○	●	●	●	○	◐	○	○	○	◐	○	○	○	◐
129	600	●	○	●	●	●	○	◐	○	○	○	◐	○	○	○	◐
133	600	●	○	●	●	●	○	◐	○	○	○	◐	○	○	○	◐
129	600	●	○	●	●	●	○	◐	○	○	○	◐	○	○	○	◐
262	1050	●	○	●	●	●	○	◐	●	○	○	◐	○	○	○	◐
259	–	●	○	●	●	○	○	○	○	○	○	○	○	○	○	○
225	1000	●	○	●	●	●	○	○	○	○	○	◐	○	○	○	●
225	1000	●	○	●	○	○	○	○	○	○	○	◐	○	○	○	●
227	1000	●	○	●	○	○	○	○	○	○	○	◐	○	○	○	○
224	1000	●	○	●	●	●	●	●	○	○	○	◐	○	○	○	●
234	–	●	●	●	●	●	○	◐	○	○	○	○	○	○	○	○
241	–	●	○	●	●	●	○	◐	○	○	○	○	○	○	○	○
209	1300	●	○	●	●	○	○	●	●	○	○	●	◐	○	○	●
223	400	●	○	◐	●	●	○	◐	○	○	○	◐	◐	○	○	◐
228	–	●	○	●	●	●	○	◐	○	○	○	◐	◐	○	○	◐
228	–	●	○	●	●	○	○	○	○	○	○	◐	◐	○	○	◐
223	400	●	○	◐	○	○	○	◐	○	○	○	◐	◐	○	○	◐
262	1050	●	○	●	●	●	○	◐	●	○	○	◐	○	○	○	◐
250	–	●	○	●	●	●	○	○	○	○	◐	◐	◐	○	○	●
133	600	●	○	●	●	●	○	◐	○	○	○	◐	○	○	○	◐
133	600	●	○	●	●	●	○	◐	○	○	○	◐	○	○	○	◐
133	600	●	○	●	●	●	○	◐	○	○	○	◐	○	○	○	◐
206	1500	●	●	●	○	○	○	○	●	○	○	●	○	○	○	●
224	1000	●	○	●	●	●	●	●	○	○	○	◐	○	○	○	●
201	1100	●	●	●	●	●	○	○	●	○	○	●	○	○	◐	●
222	1100	●	●	●	●	●	○	○	●	○	○	●	○	○	◐	●
201	1100	●	●	●	●	●	○	○	●	○	○	●	○	○	◐	●
222	1100	●	●	●	●	●	○	○	●	○	○	●	○	○	◐	●
234	–	●	●	●	●	●	○	◐	○	○	○	○	○	○	○	○
241	–	●	●	●	●	●	○	◐	○	○	○	○	○	○	○	○
219	–	●	●	●	●	●	○	◐	○	○	○	○	○	○	○	○
219	–	●	●	●	●	●	○	◐	○	○	○	○	○	○	○	○

Technische Daten Schmalspurschlepper

Hersteller Typ	Motor: kW Leistung	Dreh-moment: Nm maximal	Dreh-moment: % Anstieg	dB(A) Lautstärke	l Tankinhalt	Wartung/Ölmengen: l Motoröl Füllmenge	h Motor-Ölwechsel	entnehmbare Ölmenge	Getriebe: Gänge 4–12 km/h	LS-Stufen	Maße: cm Länge	cm Breite (Serie)	cm ge…
Schlepper von 48 bis 55 kW (65 bis 75 PS)													
Same Frutteto 70 Natural	48	297	–	86	65	9	600	–	–	–	344	147	–
John Deere 4066M	49	207	–	–	57	5	200	–	6	–	339	150	143
John Deere 4066R	49	207	–	–	55,6	5	200	–	–	–	339	150	143
ISEKI TG 6687 AHLK	49	200	–	–	53	7	400	–	–	2	347	165	150
Kubota M4-063 ROPS	49	231	–	–	90	12	500	–	5	–	370	185	153
Massey Ferguson MF 1765 M HC	49	200	–	–	53	7	200	–	–	–	354	174	–
Massey Ferguson MF 1765 M MC	49	200	–	79	53	7	200	–	–	–	354	174	–
Massey Ferguson MF 1765 M MP	49	200	–	79	53	7	200	–	–	–	354	174	–
Fendt e107 V Vario	50	347	42	–	–	–	0	25	–	–	356	–	107
Fendt e107 Vario	50	347	42	–	–	–	0	28	–	–	412	–	216
Landini Rex3-070 STD/GE	50	–	45	86	50	9	500	–	5	–	365	166	135
McCormick X3.070 STD/GE	50	–	45	86	50	9	500	–	5	–	365	166	135
LS Tractor XU6168	51	237	22	–	80	–	0	–	–	–	335	177	–
Aebi TT 211+	53	225	24	84	70	10	500	12	–	–	355	189	–
Fendt 207 F Vario Gen3	53	328	37	–	68; 83	11	500	25	–	–	381	137	132
Fendt 207 V Vario Gen3	53	328	37	–	68; 83	11	500	25	–	–	371	107	107
John Deere 5075GL	54	312	39	–	73	10	500	–	7	2	393	163	148
John Deere 5075GN	54	330	39	–	73	10	500	15	6	2	399	129	123
John Deere 5075GV	54	312	39	–	73	10	500	15	6	2	399	118	109
Kubota M5-072 N Cab	54	270	–	–	76	11	500	–	14	2	395	164	142
Kubota M5-072 N ROPS	54	270	–	–	76	11	500	–	14	2	395	173	144
LS Tractor MT5.73	54	276	–	–	100	–	0	–	–	–	379	189	–
Sauerburger FXS Grip4_M_70	54	315	–	80	86	9	500	18	–	–	394	210	180
Sauerburger FXS Grip4-75 P	54	315	–	80	95	9	500	27	–	–	382	205	200
Sauerburger FXS Grip4-75 S	54	315	–	79	95	9	500	27	–	–	394	205	200
Kärcher Holder S75	55	410	–	82	84	9	500	–	–	–	375	136	131
Landini Rex3-080 STD/GE	55	–	32	86	50	9	500	–	5	–	365	166	135
McCormick X3.080 STD/GE	55	–	32	86	50	9	500	–	5	–	365	166	135
Aebi TP 410	55	268	32	84	65	13	400	8	–	–	445	170	–
Aebi TT 242	55	310	53	78	90	7	500	25	–	–	409	211	–
Case IH Quantum 80 V/N/F/CL	55	320	40	76	104	9	600	–	14	2	431	163	106
Aebi TT 241	55	310	53	78	90	7	300	25	–	–	409	211	–
Aebi TP 410	55	268	32	–	65	13	400	–	–	–	445	170	–
Kubota M4-073 ROPS	55	261	–	–	90	12	500	–	5	–	370	185	153
Landini Rex4-080F	55	375	56	–	80	10	1000	–	–	3	–	–	138
Landini Rex4-080GT	55	375	56	–	75	10	1000	–	–	3	–	–	152
Landini Rex4-080S	55	375	56	–	65	10	1000	–	–	3	–	–	124
Landini Rex4-080V	55	375	56	–	65	10	1000	–	–	3	–	–	100

Ausrüstung: ● Serie, ◐ Wunsch, ○ nicht lieferbar

cm Höhe	daN Hubkraft Fronthubwerk	Allradantrieb	40 km/h	Hydrostatische Lenkung	Wendegetriebe	Wendeschaltung	Lastschaltgetriebe	Kriechgetriebe	stufenloses Getriebe	Vorderachsfederung	Druckluftbremse	Fronthubwerk	CAN-Bus	ISOBUS	Niedrigkabine	Kabine
Schlepper von 48 bis 55 kW (65 bis 75 PS)																
219	–	●	●	●	●	●	○	◐	○	○	○	○	○	○	○	○
237	–	●	○	●	●	○	○	○	●	○	○	○	○	○	○	○
237	–	●	○	●	●	○	○	○	●	○	○	◐	○	○	○	●
232	–	●	○	●	●	○	○	○	●	○	○	◐	◐	○	○	●
254	1600	●	○	●	●	●	○	○	○	○	◐	◐	○	○	○	○
232	1000	●	○	●	●	●	○	○	●	○	○	◐	○	○	○	●
232	1000	●	○	●	●	●	○	○	○	○	○	◐	○	○	○	●
254	1000	●	○	●	●	●	○	○	○	○	○	◐	○	○	○	○
–	2380	●	●	●	○	●	○	●	●	●	◐	◐	◐	◐	○	●
–	2540	●	●	●	●	●	○	●	●	●	◐	◐	◐	◐	○	●
199	1000	●	●	●	●	●	○	◐	○	○	○	◐	◐	○	◐	◐
199	1000	●	●	●	●	●	○	◐	○	○	○	◐	◐	○	◐	◐
252	–	●	○	●	●	●	○	●	○	○	○	◐	○	○	○	●
209	1300	●	●	●	●	○	○	●	●	○	○	●	○	○	○	●
247	2380	●	●	●	○	●	○	○	●	◐	◐	◐	◐	◐	●	●
231	2380	●	●	●	○	●	○	○	●	◐	◐	◐	◐	◐	○	●
129	2218	●	●	●	●	●	◐	○	○	○	○	◐	○	○	◐	○
238	2888	●	◐	●	●	●	◐	○	○	○	○	◐	○	○	○	●
237	–	●	◐	●	●	●	◐	○	○	○	○	◐	○	○	○	●
238	2100	●	●	●	●	●	●	●	○	○	◐	◐	○	◐		●
253	2100	●	●	●	●	●	●	●	○	○	◐	◐	○	○		○
265	–	●	○	●	●	●	○	●	○	○	◐	◐	◐	○	○	●
239	1500	●	●	●	●	○	○	○	○	○	○	●	○	●	◐○	●
232	1500	●	●	●	○	○	○	○	○	○	○	●	◐	●	○	○
232	1500	●	●	●	●	○	○	○	○	○	○	◐	○	●	○	●
225	2700	●	●	●	●	●	○	○	●	○	○	●	◐	○	○	●
199	1000	●	●	●	●	●	○	◐	○	○	○	◐	◐	○	◐	◐
199	1000	●	●	●	●	●	○	◐	○	○	○	◐	◐	○	◐	◐
222	–	●	●	●	●	○	○	●	○	○	○	○	◐	○	○	●
224	2000	●	●	●	●	○	○	●	●	○	◐	●	◐	○	○	●
256	1500	●	●	●	●	●	●	◐	○	◐	○	◐	◐	◐	○	●
224	2000	●	●	●	●	○	○	○	●	○	○	●	◐	○	○	●
222	–	●	●	●	●	●	○	○	○	○	○	○	○	○	○	●
254	1600	●	●	●	●	●	◐	●	○	○	◐	◐	○	○	○	○
–	1400	●	●	●	●	●	◐	◐	○	◐	◐	◐	◐	◐	○	●
–	1400	●	●	●	●	●	◐	◐	○	◐	◐	◐	◐	◐	○	●
–	1400	●	●	●	●	●	◐	◐	○	◐	◐	◐	◐	◐	○	●
–	1400	●	●	●	●	●	◐	◐	○	○	◐	◐	◐	◐	○	●

Technische Daten Schmalspurschlepper

Hersteller Typ	Motor: kW Leistung	Motor – Drehmoment: Nm maximal	Motor – Drehmoment: % Anstieg	dB(A) Lautstärke	l Tankinhalt	Wartung/Ölmengen: l Motoröl Füllmenge	Wartung/Ölmengen: h Motor-Ölwechsel	Wartung/Ölmengen: entnehmbare Ölmenge	Getriebe: Gänge 4-12 km/h	Getriebe: LS-Stufen	Maße: cm Länge	Maße: cm Breite (Serie)	Maße: cm geri
Schlepper von 55 bis 58 kW (75 bis 79 PS)													
Landini Trekker4-085TF/TM	55	375	–	–	85	10	1000	–	–	–	–	–	–
Massey Ferguson MF 3FR.75	55	320	–	78	75	10	600	20	6	2	407	135	127
Massey Ferguson MF 3GE.75	55	320	–	81	75	10	600	20	6	2	407	135	127
Massey Ferguson MF 3SP.75	55	320	–	78	75	10	600	20	6	2	407	135	127
Massey Ferguson MF 3VI.75	55	320	–	78	75	10	600	20	6	2	407	135	127
Massey Ferguson MF 3WF.75	55	320	–	78	75	10	600	20	6	2	407	135	127
McCormick X4.080F	55	375	56	–	80	10	1000	–	–	3	–	–	138
McCormick X4.080N	55	375	56	–	65	10	1000	–	–	3	–	–	124
McCormick X4.080V	55	375	56	–	65	10	1000	–	–	3	–	–	100
McCormick X4.080XL	55	375	56	–	75	10	1000	–	–	3	–	–	152
McCormick X4.085TF/TM	55	375	–	–	85	10	1000	–	–	–	–	–	–
New Holland T 4.80 V/N/F/ LP	55	320	40	76	68; 104	9	600	–	14	2	431	163	106
New Holland T3.80 F	55	341	49	–	42	8	600	–	4	–	369	144	–
New Holland T3.80 LP	55	341	49	–	63	–	600	–	4	–	384	176	167
Reform Metrac H70	55	270	–	–	63	–	0	–	–	–	306	200	–
Reform Muli T6	55	310	–	82	120	–	0	–	12	–	480	214	–
Reform Muli T7	55	310	–	82	120	–	0	–	12	–	480	214	–
Valtra F75N	55	358	–	73	75	12	600	30	8	2	395	141	133
Reform Metrac H75	55	300	–	72	90	–	0	–	–	–	329	202	–
Reform Metrac H75 pro	55	300	–	72	90	–	0	–	–	–	333	202	–
Deutz-Fahr 5080 DF Ecoline	55	341	40	80	95	9	600	–	–	3	381	153	145
Deutz-Fahr 5080 DF Keyline	55	341	–	86	65	9	600	–	–	–	344	147	–
Deutz-Fahr 5080 DS Ecoline	55	341	40	80	85	9	600	–	–	3	382	136	126
Deutz-Fahr 5080 DV Ecoline	55	341	40	80	85	9	600	–	–	3	382	129	116
Lamborghini Spire F 80 Trend	55	341	–	86	65	9	600	–	–	–	344	147	–
Lamborghini Spire F Target	55	341	40	80	95	9	600	–	–	3	381	153	145
Lamborghini SPIRE S TARGET	55	341	40	80	85	9	600	–	–	3	382	136	126
Lamborghini Spire V Target	55	341	40	80	85	9	600	–	–	3	382	129	116
Same Frutteto 80 Classic	55	341	40	80	95	9	600	–	–	3	381	153	145
Same Frutteto 80 Natural	55	341	–	86	65	9	600	–	–	–	344	147	–
Same Frutteto S 80 Classic	55	341	40	80	85	9	600	–	–	3	382	136	126
Same Frutteto V 80 Classic	55	341	40	80	85	9	600	–	–	3	382	129	116
Landini Rex4-090F	58	378	50	–	80	10	1000	–	–	3	–	–	138
Landini Rex4-090GT	58	378	50	–	75	10	1000	–	–	3	–	–	152
Landini Rex4-090S	58	378	50	–	65	10	1000	–	–	3	–	–	124
Landini Rex4-090V	58	378	50	–	65	10	1000	–	–	3	–	–	100
Landini Trekker4-095TF/TM	58	378	–	–	85	10	1000	–	–	–	–	–	–
McCormick X4.090F	58	378	50	–	80	10	1000	–	–	3	–	–	138

Ausrüstung: ● Serie, ◐ Wunsch, ○ nicht lieferbar

cm Höhe	daN Hubkraft Fronthubwerk	Allradantrieb	40 km/h	Hydrostatische Lenkung	Wendegetriebe	Wendeschaltung	Lastschaltgetriebe	Kriechgetriebe	stufenloses Getriebe	Vorderachsfederung	Druckluftbremse	Fronthubwerk	CAN-Bus	ISOBUS	Niedrigkabine	Kabine
Schlepper von 55 bis 58 kW (75 bis 79 PS)																
–	2400	○	○	○	●	●	○	◐	○	○	○	◐	◐	○	○	○
245	1680	●	◐	●	○	○	◐	○	○	○	◐	◐	○	○	○	●
228	1680	●	◐	●	●	●	◐	○	○	○	◐	◐	○	○	○	●
238	1680	●	◐	●	●	●	◐	○	○	○	◐	◐	○	○	○	●
236	1250	●	◐	●	●	●	◐	○	○	○	◐	◐	○	○	○	●
234	1680	●	◐	●	●	●	◐	○	○	○	◐	◐	○	○	○	●
–	1400	●	●	●	●	●	◐	◐	○	●	◐	◐	◐	◐	○	●
–	1400	●	●	●	●	●	◐	◐	○	●	◐	◐	◐	◐	○	●
–	1400	●	●	●	●	●	◐	◐	○	●	◐	◐	◐	◐	○	●
–	1400	●	●	●	●	●	◐	◐	○	●	◐	◐	◐	◐	○	●
–	2400	○	○	○	●	●	○	◐	○	○	○	◐	◐	○	○	○
256	1500	●	●	●	●	●	◐	◐	○	◐	○	◐	◐	◐	○	●
234	–	●	●	●	○	○	○	◐	○	○	○	○	○	○	○	○
241	–	●	●	●	○	○	○	◐	○	○	○	○	○	○	○	○
206	1500	●	●	●	●	○	○	○	●	○	○	●	○	○	○	●
224	1250	●	●	●	●	●	○	◐	○	○	○	◐	○	○	○	◐
224	1250	●	●	●	●	●	○	◐	○	○	○	◐	○	○	○	◐
242	–	●	●	●	●	●	●	○	○	○	○	○	◐	○	○	●
216	1500	●	●	●	●	○	○	○	●	○	○	●	○	○	○	●
216	1500	●	●	●	●	○	○	○	●	○	○	●	○	○	○	●
225	1940	●	●	●	●	●	◐	●	○	◐	○	◐	○	○	○	●
219	–	●	●	●	●	●	○	◐	○	○	○	○	○	○	○	○
225	1940	●	●	●	●	●	◐	●	○	◐	○	◐	○	○	○	●
223	1940	●	●	●	●	●	◐	●	○	◐	○	◐	○	○	○	●
219	–	●	●	●	●	●	○	◐	○	○	○	○	○	○	○	○
225	1940	●	●	●	●	●	◐	●	○	◐	○	◐	○	○	○	●
225	1940	●	●	●	●	●	◐	●	○	◐	○	◐	○	○	○	●
223	1940	●	●	●	●	●	◐	●	○	◐	○	◐	○	○	○	●
225	1940	●	●	●	●	●	◐	●	○	◐	○	◐	○	○	○	●
219	–	●	●	●	●	●	○	◐	○	○	○	○	○	○	○	○
225	1940	●	●	●	●	●	◐	●	○	◐	○	◐	○	○	○	●
223	1940	●	●	●	●	●	◐	●	○	◐	○	◐	○	○	○	●
–	1400	●	●	●	●	●	◐	◐	○	◐	◐	◐	◐	◐	○	●
–	1400	●	●	●	●	●	◐	◐	○	◐	◐	◐	◐	◐	○	●
–	1400	●	●	●	●	●	◐	◐	○	◐	◐	◐	◐	◐	○	●
–	1400	●	●	●	●	●	◐	◐	○	○	◐	◐	◐	◐	○	●
–	2400	○	○	○	●	●	○	◐	○	○	○	◐	◐	○	○	○
–	1400	●	●	●	●	●	◐	◐	○	●	◐	◐	◐	◐	○	●

Technische Daten Schmalspurschlepper

Hersteller Typ	Motor	Drehmoment				Wartung/Ölmengen			Getriebe		Maße	
	kW Leistung	Nm maximal	% Anstieg	dB(A) Lautstärke	l Tankinhalt	l Motoröl Füllmenge	h Motor-Ölwechsel	entnehmbare Ölmenge	Gänge 4-12 km/h	LS-Stufen	cm Länge	cm Breite (Serie)	cm geri…
Schlepper von 58 bis 62 kW (79 bis 84 PS)													
McCormick X4.090N	58	378	50	–	65	10	1000	–	–	3	–	–	124
McCormick X4.090V	58	378	50	–	65	10	1000	–	–	3	–	–	100
McCormick X4.090XL	58	378	50	–	75	10	1000	–	–	3	–	–	152
McCormick X4.095TF/TM	58	378	–	–	85	10	1000	–	–	–	–	–	–
Fendt 208 F Vario Gen3	60	348	28	–	68; 83	11	500	25	–	–	381	137	132
Fendt 208 V Vario Gen3	60	348	28	–	68; 83	11	500	25	–	–	371	115	107
Claas Nexos 2.85 L	61	334	–	78	100	10	600	10	8	2	404	197	132
Claas Nexos 2.85 M	61	334	–	78	100	10	600	10	8	2	404	186	126
Claas Nexos 2.85 S	61	334	–	78	75	10	600	10	8	2	404	166	99
Claas Nexos 2.85 XL	61	334	–	78	100	10	600	10	8	2	404	217	149
Deutz-Fahr 5090 DF	62	372	32	80	81; 100	9	600	–	–	3	381	153	145
Deutz-Fahr 5090 DF Pro	62	372	32	80	81; 100	9	600	–	–	3	381	153	145
Deutz-Fahr 5090 DF Plattform	62	372	32	–	82	9	600	–	–	3	381	153	139
Deutz-Fahr 5090 DS	62	372	32	80	75; 100	9	600	–	–	3	382	136	126
Deutz-Fahr 5090 DS Pro	62	372	32	80	–	9	600	–	–	3	382	136	126
Deutz-Fahr 5090 DV	62	372	32	80	75; 100	9	600	–	–	3	382	129	116
Deutz-Fahr 5090 DV Pro	62	372	32	80	–	9	600	–	–	3	382	129	116
Deutz-Fahr 5100 DF Pro	62	372	32	80	–	9	600	–	–	3	381	153	145
Deutz-Fahr 5100 DS Pro	62	372	32	80	–	9	600	–	–	3	382	136	126
Deutz-Fahr 5100 DV Pro	62	372	32	80	–	9	600	–	–	3	382	129	116
Lamborghini Spire F 100 Pro	62	372	32	80	–	9	600	–	–	3	381	153	145
Lamborghini Spire F 90	62	372	32	80	81; 100	9	600	–	–	3	381	153	145
Lamborghini Spire F 90 Pro	62	372	32	80	81; 100	9	600	–	–	3	381	153	145
Lamborghini Spire F 90 Plattform	62	372	32	–	82	9	600	–	–	3	381	153	139
Lamborghini Spire S 100 Pro	62	372	32	80	–	9	600	–	–	3	382	136	126
Lamborghini Spire S 90	62	372	32	80	75; 100	9	600	–	–	3	382	136	126
Lamborghini Spire S 90 Pro	62	372	32	80	–	9	600	–	–	3	382	136	126
Lamborghini Spire V 100 Pro	62	372	32	80	–	9	600	–	–	3	382	129	116
Lamborghini Spire V 90	62	372	32	80	75; 100	9	600	–	–	3	382	129	116
Lamborghini Spire V 90 Pro	62	372	32	80	–	9	600	–	–	3	382	129	116
Same Frutteto 100 Pro	62	372	32	80	–	9	600	–	–	3	381	153	145
Same Frutteto 100 Pro S	62	372	32	80	–	9	600	–	–	3	382	136	126
Same Frutteto 100 Pro V	62	372	32	80	–	9	600	–	–	3	382	129	116
Same Frutteto 90	62	372	32	80	81; 100	9	600	–	–	3	381	153	145
Same Frutteto Pro 90	62	372	32	80	81; 100	9	600	–	–	3	381	153	145
Same Frutteto 90 Plattform	62	372	32	–	82	9	600	–	–	3	381	153	139
Same Frutteto 90 S	62	372	32	80	75; 100	9	600	–	–	3	382	136	126
Same Frutteto Pro 90 S	62	372	32	80	–	9	600	–	–	3	382	136	126

Ausrüstung: ● Serie, ◐ Wunsch, ○ nicht lieferbar

cm Höhe	daN Hubkraft Fronthubwerk	Allradantrieb	40 km/h	Hydrostatische Lenkung	Wendegetriebe	Wendeschaltung	Lastschaltgetriebe	Kriechgetriebe	stufenloses Getriebe	Vorderachsfederung	Druckluftbremse	Fronthubwerk	CAN-Bus	ISOBUS	Niedrigkabine	Kabine
Schlepper von 58 bis 62 kW (79 bis 84 PS)																
–	1400	●	●	●	●	●	◐	◐	○	●	◐	◐	◐	◐	○	●
–	1400	●	●	●	●	●	◐	◐	○	●	◐	◐	◐	◐	○	●
–	1400	●	●	●	●	●	◐	◐	○	●	◐	◐	◐	◐	○	●
–	2400	○	○	○	●	●	○	◐	○	○	○	◐	◐	○	○	○
247	2380	●	●	●	●	●	○	●	●	◐	◐	◐	◐	◐	○	●
240	2380	●	●	●	●	●	○	●	●	◐	◐	◐	◐	◐	○	●
245	2910	●	●	●	●	●	◐	●	○	◐	○	◐	○	◐	○	◐
242	2910	●	●	●	●	●	◐	●	○	◐	○	◐	○	◐	○	●
242	2910	●	●	●	●	●	◐	●	○	◐	○	◐	○	◐	○	●
245	2910	●	●	●	●	●	◐	●	○	○	○	◐	○	◐	○	◐
225	1940	●	●	●	●	●	◐	●	○	◐	○	◐	○	○	○	●
225	2100	●	●	●	●	●	◐	●	○	◐	○	◐	◐	◐	○	●
292	–	●	●	●	●	●	◐	●	○	◐	○	◐	○	○	○	○
225	1940	●	●	●	●	●	◐	●	○	◐	○	◐	○	○	○	●
225	2100	●	●	●	●	●	◐	●	○	◐	○	◐	◐	◐	○	●
223	1940	●	●	●	●	●	◐	●	○	◐	○	◐	○	○	○	●
223	2100	●	●	●	●	●	◐	●	○	◐	○	◐	◐	◐	○	●
225	2100	●	●	●	●	●	◐	●	○	◐	○	◐	◐	◐	○	●
225	2100	●	●	●	●	●	◐	●	○	◐	○	◐	◐	◐	○	●
223	2100	●	●	●	●	●	◐	●	○	◐	○	◐	◐	◐	○	●
225	2100	●	●	●	●	●	◐	●	○	◐	○	◐	◐	◐	○	●
225	1940	●	●	●	●	●	◐	●	○	◐	○	◐	○	○	○	●
225	2100	●	●	●	●	●	◐	●	○	◐	○	◐	◐	◐	○	●
292	–	●	●	●	●	●	◐	●	○	◐	○	◐	○	○	○	○
225	2100	●	●	●	●	●	◐	●	○	◐	○	◐	◐	◐	○	●
225	1940	●	●	●	●	●	◐	●	○	◐	○	◐	○	○	○	●
225	2100	●	●	●	●	●	◐	●	○	◐	○	◐	◐	◐	○	●
223	2100	●	●	●	●	●	◐	●	○	◐	○	◐	◐	◐	○	●
223	1940	●	●	●	●	●	◐	●	○	◐	○	◐	○	○	○	●
223	2100	●	●	●	●	●	◐	●	○	◐	○	◐	◐	◐	○	●
225	2100	●	●	●	●	●	◐	●	○	◐	○	◐	◐	◐	○	●
225	2100	●	●	●	●	●	◐	●	○	◐	○	◐	◐	◐	○	●
223	2100	●	●	●	●	●	◐	○	○	◐	○	◐	◐	◐	○	●
225	1940	●	●	●	●	●	◐	○	○	◐	○	◐	○	○	○	●
225	2100	●	●	●	●	●	◐	○	○	◐	○	◐	◐	◐	○	●
292	–	●	●	●	●	●	◐	○	○	◐	○	◐	○	○	○	○
225	1940	●	●	●	●	●	◐	○	○	◐	○	◐	○	○	○	●
225	2100	●	●	●	●	●	◐	○	○	◐	○	◐	◐	◐	○	●

Technische Daten Schmalspurschlepper

Hersteller Typ	Motor	Motor: Drehmoment						Wartung/Ölmengen		Getriebe		Maße	
	kW Leistung	Nm maximal	% Anstieg	dB(A) Lautstärke	l Tankinhalt	l Motoröl Füllmenge	h Motor-Ölwechsel	entnehmbare Ölmenge	Gänge 4–12 km/h	LS-Stufen	cm Länge	cm Breite (Serie)	cm ge
Schlepper von 62 bis 64 kW (84 bis 87 PS)													
Same Frutteto 90 V	62	372	32	80	75; 100	9	600	–	–	3	382	129	116
Same Frutteto Pro 90 V	62	372	32	80	–	9	600	–	–	3	382	129	116
Deutz-Fahr 5095 DF	62	389	32	77	81; 100	12	600	–	–	3	394	158	145
Deutz-Fahr 5095 DF Plattform	62	389	32	–	82	12	600	–	–	3	394	153	139
Deutz-Fahr 5095 DS	62	389	32	77	75; 100	12	600	–	–	3	395	139	126
Deutz-Fahr 5095 DV	62	389	32	77	75; 100	12	600	–	–	3	395	129	116
Lamborghini Spire F 95	62	389	32	77	81; 100	12	600	–	–	3	394	158	145
Lamborghini Spire F 95 Plattform	62	389	32	–	82	12	600	–	–	3	394	153	139
Lamborghini Spire S 95	62	389	32	77	75; 100	12	600	–	–	3	395	139	126
Lamborghini Spire V 95	62	389	32	77	75; 100	12	600	–	–	3	395	129	116
Same Frutteto 95	62	389	32	77	81; 100	12	600	–	–	3	394	158	145
Same Frutteto 95 Plattform	62	389	32	–	82	12	600	–	–	3	394	153	139
Same Frutteto S 95	62	389	32	77	75; 100	12	600	–	–	3	395	139	126
Same Frutteto V 95	62	389	32	77	75; 100	12	600	–	–	3	395	129	116
Case IH Quantum 90 V/N/F/CL	63	351	34	76	104	9	600	–	14	2	431	163	106
Landini Rex4-100F	63	400	46	–	80	10	1000	–	–	3	–	–	138
Landini Rex4-100GT	63	400	46	–	75	10	1000	–	–	3	–	–	152
Landini Rex4-100S	63	400	46	–	65	10	1000	–	–	3	–	–	124
Landini Rex4-100V	63	400	46	–	65	10	1000	–	–	3	–	–	100
Landini Trekker4-105TF/TM	63	400	–	–	85	10	1000	–	–	–	–	–	–
Massey Ferguson MF 3FR.85	63	370	–	78	75; 100	10	600	20	6	2	407	135	127
Massey Ferguson MF 3GE.85	63	370	–	81	75; 100	10	600	20	6	2	407	135	127
Massey Ferguson MF 3SP.85	63	370	–	78	75; 100	10	600	20	6	2	407	135	127
Massey Ferguson MF 3VI.85	63	370	–	78	75; 100	10	600	20	6	2	407	135	127
Massey Ferguson MF 3WF.85	63	370	–	78	75; 100	10	600	20	6	2	407	135	127
McCormick X4.100F	63	400	46	–	80	10	1000	–	–	3	–	–	138
McCormick X4.100N	63	400	46	–	65	10	1000	–	–	3	–	–	124
McCormick X4.100V	63	400	46	–	65	10	1000	–	–	3	–	–	100
McCormick X4.100XL	63	400	46	–	75	10	1000	–	–	3	–	–	152
McCormick X4.105TF/TM	63	400	–	–	85	10	1000	–	–	–	–	–	–
New Holland T 4.90 V/N/F/LP	63	351	34	76	68; 104	9	600	–	14	2	431	163	106
Deutz-Fahr 5090 DF TTV	64	372	–	–	81; 100	9	600	–	–	–	372	158	142
Deutz-Fahr 5090 DF TTV (4WS)	64	372	–	–	81; 100	9	600	–	–	–	380	158	144
Deutz-Fahr 5090 DS TTV	64	372	–	–	75; 100	9	600	–	–	–	364	137	–
Deutz-Fahr 5090 DV TTV	64	372	–	–	75; 100	9	600	–	–	–	364	129	107
Lamborghini Spire F 90 VRT	64	372	–	–	81; 100	9	600	–	–	–	372	158	142
Lamborghini Spire F 90 VRT (4WS)	64	372	–	–	81; 100	9	600	–	–	–	380	158	144
Lamborghini Spire S 90 VRT	64	372	–	–	75; 100	9	600	–	–	–	364	137	–

Ausrüstung: ● Serie, ◐ Wunsch, ○ nicht lieferbar

cm Höhe	daN Hubkraft Fronthubwerk	Allradantrieb	40 km/h	Hydrostatische Lenkung	Wendegetriebe	Wendeschaltung	Lastschaltgetriebe	Kriechgetriebe	stufenloses Getriebe	Vorderachsfederung	Druckluftbremse	Fronthubwerk	CAN-Bus	ISOBUS	Niedrigkabine	Kabine
Schlepper von 62 bis 64 kW (84 bis 87 PS)																
223	1940	●	●	●	●	●	◐	○	○	◐	○	◐	○	○	○	●
223	2100	●	●	●	●	●	◐	○	○	◐	○	◐	◐	◐	○	●
228	1500	●	●	●	●	●	◐	○	○	◐	○	◐	○	○	○	●
292	–	●	●	●	●	●	◐	○	○	◐	○	◐	○	○	○	○
228	1500	●	●	●	●	●	◐	○	○	◐	○	◐	○	○	○	●
223	1500	●	●	●	●	●	◐	○	○	◐	○	◐	○	○	○	●
228	1500	●	●	●	●	●	◐	○	○	◐	○	◐	○	○	○	●
292	–	●	●	●	●	●	◐	●	○	◐	○	◐	○	○	○	○
228	1500	●	●	●	●	●	○	●	○	◐	○	◐	○	○	○	●
223	1500	●	●	●	●	●	◐	○	○	◐	○	◐	○	○	○	●
228	1500	●	●	●	●	●	◐	○	○	◐	○	◐	○	○	○	●
292	–	●	●	●	●	●	◐	○	○	◐	○	◐	○	○	○	○
228	1500	●	●	●	●	●	◐	○	○	◐	○	◐	○	○	○	●
223	1500	●	●	●	●	●	◐	○	○	◐	○	◐	○	○	○	●
256	1500	●	●	●	●	●	●	○	○	◐	○	◐	◐	◐	○	●
–	1400	●	●	●	●	●	◐	○	○	◐	◐	◐	◐	◐	○	●
–	1400	●	●	●	●	●	◐	○	○	◐	◐	◐	◐	◐	○	●
–	1400	●	●	●	●	●	◐	○	○	◐	◐	◐	◐	◐	○	●
–	1400	●	●	●	●	●	◐	○	○	○	◐	◐	◐	◐	○	●
–	2400	○	○	○	●	●	○	[illegible]	○	○	○	◐	◐	○	○	○
245	1680	●	◐	●	●	●	◐	○	○	○	◐	◐	○	○	○	●
228	1680	●	◐	●	●	●	◐	○	○	○	◐	◐	○	○	○	●
238	1680	●	◐	●	●	●	◐	○	○	○	◐	◐	○	○	○	●
236	1250	●	◐	●	●	●	◐	○	○	○	◐	◐	○	○	○	●
234	1680	●	◐	●	●	●	◐	○	○	○	◐	◐	○	○	○	●
–	1400	●	●	●	●	●	◐	◐	○	●	◐	◐	◐	◐	○	●
–	1400	●	●	●	●	●	◐	◐	○	●	◐	◐	◐	◐	○	●
–	1400	●	●	●	●	●	◐	◐	○	●	◐	◐	◐	◐	○	●
–	1400	●	●	●	●	●	◐	◐	○	●	◐	◐	◐	◐	○	●
–	2400	○	○	○	●	●	○	◐	○	○	○	◐	◐	○	○	○
256	1500	●	●	●	●	●	◐	◐	○	◐	○	◐	◐	◐	○	●
245	1500	●	●	●	●	●	○	○	●	◐	○	◐	◐	◐	○	●
242	1500	●	●	●	●	●	○	○	●	◐	○	◐	◐	◐	○	●
242	1500	●	●	●	●	●	○	○	●	◐	○	◐	◐	◐	○	●
239	1500	●	●	●	●	●	○	○	●	◐	○	◐	◐	◐	○	●
245	1500	●	●	●	●	●	○	○	●	◐	○	◐	◐	◐	○	●
242	1500	●	●	●	●	●	○	○	●	◐	○	◐	◐	◐	○	●
242	1500	●	●	●	●	●	○	○	●	◐	○	◐	◐	◐	○	●

Technische Daten Schmalspurschlepper

Hersteller Typ	kW Leistung	Nm maximal	% Anstieg	dB(A) Lautstärke	l Tankinhalt	l Motoröl Füllmenge	h Motor-Ölwechsel	entnehmbare Ölmenge	Gänge 4-12 km/h	LS-Stufen	cm Länge	cm Breite (Serie)	cm ge
	Motor	Drehmoment	Drehmoment			Wartung/Ölmengen			Getriebe		Maße		
Schlepper von 64 bis 67 kW (87 bis 91 PS)													
Lamborghini Spire V 90 VRT	64	372	–	–	75; 100	9	600	–	–	–	364	129	107
Same Frutteto CVT 90	64	372	–	–	81; 100	9	600	–	–	–	372	158	142
Same Frutteto 90 CVT ActiveSteer	64	372	–	–	81; 100	9	600	–	–	–	380	158	144
Same Frutteto CVT 90 S	64	372	–	–	75; 100	9	600	–	–	–	364	137	–
Same Frutteto CVT 90 V	64	372	–	–	75; 100	9	600	–	–	–	364	129	107
Kubota M5082N CAB	64	293	–	–	76	11	500	–	14	2	446	168	155
Deutz-Fahr 5095 DF TTV	66	389	–	–	81; 100	12	600	–	–	–	385	158	142
Deutz-Fahr 5095 DF TTV (4WS)	66	389	–	–	81; 100	12	600	–	–	–	393	158	144
Deutz-Fahr 5095 DS TTV	66	389	–	–	75; 100	12	600	–	–	–	377	137	–
Deutz-Fahr 5095 DV TTV	66	389	–	–	75; 100	12	600	–	–	–	377	129	107
Lamborghini Spire F 95 VRT	66	389	–	–	81; 100	12	600	–	–	–	385	158	142
Lamborghini Spire F 95 VRT (4WS)	66	389	–	–	81; 100	12	600	–	–	–	393	158	144
Lamborghini Spire S 95 VRT	66	389	–	–	75; 100	12	600	–	–	–	377	137	–
Lamborghini Spire V 95 VRT	66	389	–	–	75; 100	12	600	–	–	–	377	129	107
Same Frutteto 95 CVT	66	389	–	–	81; 100	12	600	–	–	–	385	158	142
Same Frutteto 95 CVT ActiveSteer	66	389	–	–	81; 100	12	600	–	–	–	393	158	144
Same Frutteto CVT 95 S	66	389	–	–	75; 100	12	600	–	–	–	377	137	–
Same Frutteto CVT 95 V	66	389	–	–	75; 100	12	600	–	–	–	377	129	107
Fendt 209 F Vario Gen3	67	389	28	–	68; 83	11	500	25	–	–	381	137	132
Fendt 209 P Vario Gen3	67	389	28	–	83; 68	11	500	25	–	–	383	168	168
Fendt 209 V Vario Gen3	67	389	28	–	68; 83	11	500	25	–	–	371	115	107
Deutz-Fahr 5100 DF	67	417	26	80	81; 100	9	600	–	–	3	381	161	145
Deutz-Fahr 5100 DF Plattform	67	417	26	–	82	9	600	–	–	3	381	153	139
Deutz-Fahr 5100 DS	67	417	26	80	75; 100	9	600	–	–	3	382	136	126
Deutz-Fahr 5100 DV	67	417	26	80	75; 100	9	600	–	–	3	382	129	116
Lamborghini Spire F 100	67	369	26	80	95	9	600	–	–	3	381	161	145
Lamborghini Spire F 100 Plattform	67	417	26	–	82	9	600	–	–	3	381	153	139
Lamborghini Spire S 100	67	369	26	80	85	9	600	–	–	3	382	136	126
Lamborghini Spire V 100	67	369	26	80	85	9	600	–	–	3	382	129	116
Same Frutteto 100	67	417	26	80	81; 100	9	600	–	–	3	381	161	145
Same Frutteto 100 Plattform	67	417	26	–	82	9	600	–	–	3	381	153	139
Same Frutteto 100 S	67	417	26	80	75; 100	9	600	–	–	3	382	136	126
Same Frutteto 100 V	67	417	26	80	75; 100	9	600	–	–	3	382	129	116
John Deere 5090GF	67	366	31	–	73	–	500	15	6	2	399	140	130
John Deere 5090GL	67	366	31	–	73	10	500	–	7	2	393	163	148
John Deere 5090GN	67	350	31	–	73	10	500	15	6	2	399	129	123
John Deere 5090GV	67	366	31	–	73	10	500	15	6	2	399	118	109
Valtra F95N	67	382	–	73	75	12	600	30	8	2	395	141	133

Ausrüstung: ● Serie, ◐ Wunsch, ○ nicht lieferbar

cm Höhe	daN Hubkraft Fronthubwerk	Allradantrieb	40 km/h	Hydrostatische Lenkung	Wendegetriebe	Wendeschaltung	Lastschaltgetriebe	Kriechgetriebe	stufenloses Getriebe	Vorderachsfederung	Druckluftbremse	Fronthubwerk	CAN-Bus	ISOBUS	Niedrigkabine	Kabine
Schlepper von 64 bis 67 kW (87 bis 91 PS)																
239	1500	●	●	●	●	●	○	○	●	◐	○	◐	◐	◐	○	●
245	1500	●	●	●	●	●	○	○	●	◐	○	◐	◐	◐	○	●
242	1500	●	●	●	●	●	○	○	●	◐	○	◐	◐	◐	○	●
242	1500	●	●	●	●	●	○	○	●	◐	○	◐	◐	◐	○	●
239	1500	●	●	●	●	●	○	○	●	◐	○	◐	◐	◐	○	●
238	2100	●	●	●	●	●	●	●	○	◐	◐	◐	○	◐		●
245	1500	●	●	●	●	●	○	○	●	◐	○	◐	◐	◐	○	●
242	1500	●	●	●	●	●	○	○	●	◐	○	◐	◐	◐	○	●
242	1500	●	●	●	●	●	○	○	●	◐	○	◐	◐	◐	○	●
239	1500	●	●	●	●	●	○	○	●	◐	○	◐	◐	◐	○	●
245	1500	●	●	●	●	●	○	○	●	◐	○	◐	◐	◐	○	●
242	1500	●	●	●	●	●	○	○	●	◐	○	◐	◐	◐	○	●
242	1500	●	●	●	●	●	○	○	●	◐	○	◐	◐	◐	○	●
239	1500	●	●	●	●	●	○	○	●	◐	○	◐	◐	◐	○	●
245	1500	●	●	●	●	●	○	○	●	◐	○	◐	◐	◐	○	●
242	1500	●	●	●	●	●	○	○	●	◐	○	◐	◐	◐	○	●
242	1500	●	●	●	●	●	○	○	●	◐	○	◐	◐	◐	○	●
239	1500	●	●	●	●	●	○	○	●	◐	○	◐	◐	◐	○	●
247	2380	●	●	●	●	●	○	●	●	◐	◐	◐	◐	◐	○	●
250	2540	●	●	●	●	●	○	●	●	◐	◐	◐	◐	◐	○	●
240	2380	●	●	●	●	●	○	●	●	◐	◐	◐	◐	◐	○	●
230	1500	●	●	●	○	○	◐	●	○	◐	○	◐	○	○	○	●
292	–	●	●	●	○	[illegible]	◐	●	○	◐	○	◐	○	○	○	○
225	1500	●	●	●	●	●	◐	●	○	◐	○	◐	○	○	○	●
223	1500	●	●	●	●	●	◐	●	○	◐	○	◐	○	○	○	●
230	1940	●	●	●	●	●	◐	●	○	◐	○	◐	○	○	○	●
292	–	●	●	●	●	●	◐	●	○	◐	○	◐	○	○	○	○
225	1940	●	●	●	●	●	◐	●	○	◐	○	◐	○	○	○	●
223	1940	●	●	●	●	●	◐	●	○	◐	○	◐	○	○	○	●
230	1500	●	●	●	●	●	◐	●	○	◐	○	◐	○	○	○	●
292	–	●	●	●	●	●	◐	●	○	◐	○	◐	○	○	○	○
225	1500	●	●	●	●	●	◐	●	○	◐	○	◐	○	○	○	●
223	1500	●	●	●	●	●	◐	●	○	◐	○	◐	○	○	○	●
139	2888	●	◐	●	●	●	◐	○	○	○	○	◐	○	○	○	●
129	2218	●	●	●	●	●	◐	○	○	○	○	◐	○	○	◐	○
238	2888	●	◐	●	●	●	◐	○	○	○	○	◐	○	○	○	●
237	–	●	◐	●	●	●	◐	○	○	○	○	◐	○	○	○	●
242	–	●	●	●	●	●	●	○	○	○	○	○	◐	○	○	●

Technische Daten Schmalspurschlepper

Hersteller Typ	Motor: kW Leistung	Motor – Drehmoment: Nm maximal	Motor – Drehmoment: % Anstieg	dB(A) Lautstärke	l Tankinhalt	Wartung/Ölmengen: l Motoröl Füllmenge	Wartung/Ölmengen: h Motor-Ölwechsel	Wartung/Ölmengen: entnehmbare Ölmenge	Getriebe: Gänge 4-12 km/h	Getriebe: LS-Stufen	Maße: cm Länge	Maße: cm Breite (Serie)	Maße: cm ge…
Schlepper von 70 bis 73 kW (95 bis 99 PS)													
Landini Rex4-110F	70	410	35	–	80	10	1000	–	–	3	–	–	138
Landini Rex4-110GT	70	410	35	–	75	10	1000	–	–	3	–	–	152
Landini Rex4-110S	70	410	35	–	65	10	1000	–	–	3	–	–	124
Landini Rex4-110V	70	410	35	–	65	10	1000	–	–	3	–	–	100
Landini Trekker4-110TF/TM	70	410	–	–	85	10	1000	–	–	–	–	–	–
Massey Ferguson MF 3FR.95	70	395	–	78	75; 100	10	600	20	6	2	407	135	127
Massey Ferguson MF 3GE.95	70	395	–	81	75; 100	10	600	20	6	2	407	135	127
Massey Ferguson MF 3SP.95	70	395	–	78	75; 100	10	600	20	6	2	407	135	127
Massey Ferguson MF 3VI.95	70	395	–	78	75; 100	10	600	20	6	2	407	135	127
Massey Ferguson MF 3WF.95	70	395	–	78	75; 100	10	600	20	6	2	407	135	127
McCormick X4.110F	70	410	35	–	80	10	1000	–	–	3	–	–	138
McCormick X4.110N	70	410	35	–	65	10	1000	–	–	3	–	–	124
McCormick X4.110V	70	410	35	–	65	10	1000	–	–	3	–	–	100
McCormick X4.110XL	70	410	35	–	75	10	1000	–	–	3	–	–	152
McCormick X4.110TF/TM	70	410	–	–	85	10	1000	–	–	–	–	–	–
Reform Metrac H95	70	410	–	68	90	–	0	–	–	–	329	202	–
Reform Metrac H95 pro	70	410	–	68	90	–	0	–	–	–	333	202	–
Kubota M5092N CAB	71	314	–	–	76	11	500	–	14	2	446	168	156
Deutz-Fahr 5105 DF	72	433	32	77	81; 100	12	600	–	–	3	394	161	145
Deutz-Fahr 5105 DF Plattform	72	433	32	–	82	12	600	–	–	3	394	153	139
Deutz-Fahr 5105 DS	72	433	32	77	75; 100	12	600	–	–	3	395	146	126
Deutz-Fahr 5105 DV	72	433	32	77	75; 100	12	600	–	–	3	395	129	116
Lamborghini Spire F 105	72	408	32	77	95	12	600	–	–	3	394	161	145
Lamborghini Spire F 105 Plattform	72	433	32	–	82	12	600	–	–	3	394	153	139
Lamborghini Spire S 105	72	408	32	77	85	12	600	–	–	3	395	146	126
Lamborghini Spire V 105	72	408	32	77	85	12	600	–	–	3	395	129	116
Same Frutteto 105	72	433	32	77	81; 100	12	600	–	–	3	394	161	145
Same Frutteto 105 Plattform	72	433	32	–	82	12	600	–	–	3	394	153	139
Same Frutteto 105 S	72	433	32	77	75; 100	12	600	–	–	3	395	146	126
Same Frutteto 105 V	72	433	32	77	75; 100	12	600	–	–	3	395	129	116
Claas Nexos 2.105 L	72	406	–	78	100	10	600	10	8	2	404	197	132
Claas Nexos 2.105 M	72	406	–	78	100	10	600	10	8	2	404	186	126
Claas Nexos 2.105 S	72	406	–	78	75	10	600	10	8	2	404	166	99
Claas Nexos 2.105 XL	72	406	–	78	100	10	600	10	8	2	404	217	149
Case IH Quantum 100 V/N/F/CL	73	407	34	76	104	9	600	–	14	2	431	163	106
Fendt 210 F Vario Gen3	73	428	30	–	68; 83	11	500	25	–	–	381	137	132
Fendt 210 P Vario Gen3	73	428	30	–	83; 68	11	500	25	–	–	383	168	168
Fendt 210 V Vario Gen3	73	428	30	–	68; 83	11	500	25	–	–	371	115	107

Ausrüstung: ● Serie, ◐ Wunsch, ○ nicht lieferbar

cm Höhe	daN Hubkraft Fronthubwerk	Allradantrieb	40 km/h	Hydrostatische Lenkung	Wendegetriebe	Wendeschaltung	Lastschaltgetriebe	Kriechgetriebe	stufenloses Getriebe	Vorderachsfederung	Druckluftbremse	Fronthubwerk	CAN-Bus	ISOBUS	Niedrigkabine	Kabine
Schlepper von 70 bis 73 kW (95 bis 99 PS)																
–	1400	●	●	●	●	●	◐	◐	○	◐	◐	◐	◐	◐	○	●
–	1400	●	●	●	●	●	◐	◐	○	◐	◐	◐	◐	◐	○	●
–	1400	●	●	●	●	●	◐	◐	○	◐	◐	◐	◐	◐	○	●
–	1400	●	●	●	●	●	◐	◐	○	○	◐	◐	◐	◐	○	●
–	2400	○	○	○	●	●	○	◐	○	○	○	◐	◐	○	○	○
245	1680	●	◐	●	●	●	◐	○	○	○	◐	◐	○	○	○	●
228	1680	●	◐	●	●	●	◐	○	○	○	◐	◐	○	○	○	●
238	1680	●	◐	●	●	●	◐	○	○	○	◐	◐	○	○	○	●
236	1250	●	◐	●	●	●	◐	○↕	○	○	◐	◐	○	○	○	●
234	1680	●	◐	●	●	●	◐	○	○	○	◐	◐	○	○	○	●
–	1400	●	●	●	●	●	◐	○	○	●	◐	◐	◐	◐	○	●
–	1400	●	●	●	●	●	◐	○	○	●	◐	◐	◐	◐	○	●
–	1400	●	●	●	●	●	◐	○	○	●	◐	◐	◐	◐	○	●
–	1400	●	●	●	●	●	◐	○	○	●	◐	◐	◐	◐	○	●
–	2400	○	○	○	●	●	○	○	○	○	○	◐	◐	○	○	○
216	1500	●	●	●	●	○	○	○	●	○	○	●	○	○	○	●
216	1500	●	●	●	●	○	○	○	●	○	○	●	○	○	○	●
238	2100	●	●	●	●	●	●	○	○	◐	◐	◐	○	◐	◐	●
230	1500	●	●	●	●	●	◐	○	○	◐	○	◐	○	○	○	●
292	–	●	●	●	●	●	◐	○	○	◐	○	◐	○	○	○	○
230	1500	●	●	●	●	●	◐	○	○	◐	○	◐	○	○	○	●
223	1500	●	●	●	●	●	◐	○	○	◐	○	◐	○	○	○	●
230	1940	●	●	●	●	●	◐	○	○	◐	○	◐	○	○	○	●
292	–	●	●	●	●	●	◐	○	○	◐	○	◐	○	○	○	○
230	1940	●	●	●	●	●	◐	○	○	◐	○	◐	○	○	○	●
223	1940	●	●	●	●	●	◐	○	○	◐	○	◐	○	○	○	●
230	1500	●	●	●	●	●	◐	○	○	◐	○	◐	○	○	○	●
292	–	●	●	●	●	●	◐	○	○	◐	○	◐	○	○	○	○
230	1500	●	●	●	●	●	◐	○	○	◐	○	◐	○	○	○	●
223	1500	●	●	●	●	●	◐	○	○	◐	○	◐	○	○	○	●
245	2910	●	●	●	●	●	◐	○	○	◐	○	◐	○	◐	○	◐
242	2910	●	●	●	●	●	◐	○	○	◐	○	◐	○	◐	○	●
242	2910	●	●	●	●	●	◐	○	○	◐	○	◐	○	◐	○	●
245	2910	●	●	●	●	●	◐	○	○	○	○	◐	○	◐	○	◐
256	1500	●	●	●	●	●	●	○	○	◐	○	◐	◐	◐	○	●
247	2380	●	●	●	●	●	○	○	●	◐	◐	◐	◐	◐	○	●
250	2540	●	●	●	●	●	○	○	●	◐	◐	◐	◐	◐	○	●
240	2380	●	●	●	●	●	○	○	●	◐	◐	◐	◐	◐	○	●

Technische Daten Schmalspurschlepper

Hersteller Typ	Motor: kW Leistung	Drehmoment: Nm maximal	% Anstieg	dB(A) Lautstärke	l Tankinhalt	l Motoröl Füllmenge	Wartung/Ölmengen: h Motor-Ölwechsel	entnehmbare Ölmenge	Getriebe: Gänge 4-12 km/h	LS-Stufen	Maße: cm Länge	cm Breite (Serie)	cm ger…
Schlepper von 73 bis 77 kW (99 bis 105 PS)													
New Holland T 4.100 V/N/F/LP	73	407	34	76	68; 104	9	600	–	14	2	431	163	106
Deutz-Fahr 5105 DF TTV	74	433	–	–	81; 100	12	600	–	–	–	385	158	142
Deutz-Fahr 5105 DF TTV (4WS)	74	433	–	–	81; 100	12	600	–	–	–	393	158	144
Deutz-Fahr 5105 DS TTV	74	433	–	–	75; 100	12	600	–	–	–	377	137	–
Deutz-Fahr 5105 DV TTV	74	433	–	–	75; 100	12	600	–	–	–	377	129	107
Deutz-Fahr 5105 KM	74	433	–	–	95	12	600	–	–	–	355	180	175
Lamborghini Spire F 105 VRT	74	433	–	–	81; 100	12	600	–	–	–	385	158	142
Lamborghini Spire F 105 VRT (4WS)	74	433	–	–	81; 100	12	600	–	–	–	393	158	144
Lamborghini Spire S 105 VRT	74	433	–	–	75; 100	12	600	–	–	–	377	137	–
Lamborghini Spire V 105 VRT	74	433	–	–	75; 100	12	600	–	–	–	377	129	107
Lamborghini Strike CM 105	74	433	–	–	95	12	600	–	–	–	355	180	175
Same Frutteto 105 CVT ActiveSteer	74	433	–	–	81; 100	12	600	–	–	–	393	158	144
Same Frutteto CVT 105	74	433	–	–	81; 100	12	600	–	–	–	385	158	142
Same Frutteto CVT 105 S	74	433	–	–	75; 100	12	600	–	–	–	377	137	–
Same Frutteto CVT 105 V	74	433	–	–	75; 100	12	600	–	–	–	377	129	107
Same Krypron M 105	74	433	–	–	95	12	600	–	–	–	355	180	175
John Deere 5100GL	75	401	29	–	73	10	500	–	7	2	393	163	148
LS Tractor MT7.101	75	430	–	–	115	–	0	–	–	1	397	196	–
Massey Ferguson MF 3FR.105	75	405	–	78	75; 100	10	600	20	6	2	407	135	127
Massey Ferguson MF 3GE.105	75	405	–	81	75; 100	10	600	20	6	2	407	135	127
Massey Ferguson MF 3SP.105	75	405	–	78	75; 100	10	600	20	6	2	407	135	127
Massey Ferguson MF 3VI.105	75	405	–	78	75; 100	10	600	20	6	2	407	135	127
Massey Ferguson MF 3WF.105	75	405	–	78	75; 100	10	600	20	6	2	407	135	127
Deutz-Fahr 5100 DF TTV	75	417	–	–	81; 100	9	600	–	–	–	372	158	142
Deutz-Fahr 5100 DF TTV (4WS)	75	417	–	–	81; 100	9	600	–	–	–	380	158	144
Deutz-Fahr 5100 DV TTV	75	417	–	–	75; 100	9	600	–	–	–	364	129	107
Deutz-Fahr 5100 DS TTV	75	417	–	–	75; 100	9	600	–	–	–	364	137	–
Lamborghini Spire F 100 VRT	75	417	–	–	81; 100	9	600	–	–	–	372	158	142
Lamborghini Spire F 100 VRT (4WS)	75	417	–	–	81; 100	9	600	–	–	–	380	158	144
Lamborghini Spire S 100 VRT	75	417	–	–	75; 100	9	600	–	–	–	364	137	–
Lamborghini Spire V 100 VRT	75	417	–	–	75; 100	9	600	–	–	–	364	129	107
Same Frutteto 100 CVT ActiveSteer	75	417	–	–	81; 100	9	600	–	–	–	380	158	144
Same Frutteto CVT 100	75	417	–	–	81; 100	9	600	–	–	–	372	158	142
Same Frutteto CVT 100 S	75	417	–	–	75; 100	9	600	–	–	–	364	137	–
Same Frutteto CVT 100 V	75	417	–	–	75; 100	9	600	–	–	–	364	129	107
Valtra F105N	75	417	–	73	75	12	600	30	8	2	395	141	133
Fendt 211 F Vario Gen3	77	463	33	–	68; 83	11	500	25	–	–	381	137	132
Fendt 211 P Vario Gen3	77	463	33	–	83; 68	11	500	25	–	–	383	172	168

Ausrüstung: ● Serie, ◐ Wunsch, ○ nicht lieferbar

cm Höhe	daN Hubkraft Fronthubwerk	Allradantrieb	40 km/h	Hydrostatische Lenkung	Wendegetriebe	Wendeschaltung	Lastschaltgetriebe	Kriechgetriebe	stufenloses Getriebe	Vorderachsfederung	Druckluftbremse	Fronthubwerk	CAN-Bus	ISOBUS	Niedrigkabine	Kabine
Schlepper von 73 bis 77 kW (99 bis 105 PS)																
256	1500	●	●	●	●	●	◐	○	○	◐	○	◐	◐	◐	○	●
245	1500	●	●	●	●	●	○	○	●	◐	○	◐	◐	◐	○	●
242	1500	●	●	●	●	●	○	○	●	◐	○	◐	◐	◐	○	●
242	1500	●	●	●	●	●	○	○	●	◐	○	◐	◐	◐	○	●
239	1500	●	●	●	●	●	○	○	●	◐	○	◐	◐	◐	○	●
232	–	●	○	●	●	●	◐	○	○	○	◐	○	○	○	○	○
245	1500	●	●	●	●	●	○	○	●	◐	○	◐	◐	◐	○	●
242	1500	●	●	●	●	●	○	○	●	◐	○	◐	◐	◐	○	●
242	1500	●	●	●	●	●	○	○	●	◐	○	◐	◐	◐	○	●
239	1500	●	●	●	●	●	○	○	●	◐	○	◐	◐	◐	○	●
232	–	●	○	●	●	●	◐	○	○	○	◐	○	○	○	○	○
242	1500	●	●	●	●	●	○	○	●	◐	○	◐	◐	◐	○	●
245	1500	●	●	●	●	●	○	○	●	◐	○	◐	◐	◐	○	●
242	1500	●	●	●	●	●	○	○	●	◐	○	◐	◐	◐	○	●
239	1500	●	●	●	●	●	○	○	●	◐	○	◐	●	◐	○	●
232	–	●	○	●	●	●	◐	○	○	○	◐	○	●	○	○	○
129	2218	●	●	●	●	●	◐	○	○	○	○	◐	●	○	○	○
269	–	●	○	●	●	●	○	○	○	○	◐	◐	○	○	○	●
245	1680	●	◐	●	●	●	◐	○	○	○	◐	◐	○	○	○	●
228	1680	●	◐	●	●	●	◐	○	○	○	◐	◐	○	○	○	●
238	1680	●	◐	●	●	●	◐	○	○	○	◐	◐	○	○	○	●
238	1680	●	◐	●	●	●	◐	○	○	○	◐	◐	○	○	○	●
234	1680	●	◐	●	●	●	◐	○	○	○	◐	◐	○	○	○	●
245	1500	●	●	●	●	●	○	○	●	◐	○	◐	◐	◐	○	●
242	1500	●	●	●	●	●	○	○	●	◐	○	◐	◐	◐	○	●
239	1500	●	●	●	●	●	○	○	●	◐	○	◐	◐	◐	○	●
242	1500	●	●	●	●	●	○	○	●	◐	○	◐	◐	◐	○	●
245	1500	●	●	●	●	●	○	○	●	◐	○	◐	◐	◐	○	●
242	1500	●	●	●	●	●	○	○	●	◐	○	◐	◐	◐	○	●
242	1500	●	●	●	●	●	○	○	●	◐	○	◐	◐	◐	○	●
239	1500	●	●	●	●	●	○	○	●	◐	○	◐	◐	◐	○	●
242	1500	●	●	●	●	●	○	○	●	◐	○	◐	◐	◐	○	●
245	1500	●	●	●	●	●	○	○	●	◐	○	◐	◐	◐	○	●
242	1500	●	●	●	●	●	○	○	●	◐	○	◐	◐	◐	○	●
239	1500	●	●	●	●	●	○	○	●	◐	○	◐	◐	◐	○	●
242	–	●	●	●	●	●	●	○	○	○	○	○	◐	○	○	●
247	2380	●	●	●	●	●	○	○	●	◐	◐	◐	◐	◐	○	●
250	2540	●	●	●	●	●	○	○	●	◐	◐	◐	◐	◐	○	●

Technische Daten Schmalspurschlepper

Hersteller Typ	Motor: kW Leistung	Drehmoment: Nm maximal	Drehmoment: % Anstieg	dB(A) Lautstärke	l Tankinhalt	Wartung/Ölmengen: l Motoröl Füllmenge	h Motor-Ölwechsel	entnehmbare Ölmenge	Getriebe: Gänge 4-12 km/h	LS-Stufen	Maße: cm Länge	cm Breite (Serie)	cm ger
Schlepper von 77 bis 79 kW (105 bis 107 PS)													
Fendt 211 V Vario Gen3	77	463	33	–	68; 83	11	500	25	–	–	371	121	107
John Deere 5105GF	77	403	26	–	73	10	500	15	6	2	408	140	130
John Deere 5105GL	77	403	26	–	73	10	500	15	6	2	408	140	130
John Deere 5105GN	77	430	26	–	73	10	500	15	6	2	408	129	123
Landini Rex4.120F	77	420	26	–	80	10	1000	–	–	3	–	–	138
Landini Rex4–120GT	77	420	26	–	75	10	1000	–	–	3	–	–	152
Landini Rex4–120S	77	420	26	–	65	10	1000	–	–	3	–	–	124
Landini Rex4–120V	77	420	26	–	65	10	1000	–	–	3	–	–	100
Landini Trekker4–120TF/TM	77	420	–	–	85	10	1000	–	–	–	–	–	–
McCormick X4.120F	77	420	26	–	80	10	1000	–	–	3	–	–	138
McCormick X4.120N	77	420	26	–	65	10	1000	–	–	3	–	–	124
McCormick X4.120V	77	420	26	–	65	10	1000	–	–	3	–	–	100
McCormick X4.120XL	77	420	26	–	75	10	1000	–	–	3	–	–	152
McCormick X4.120TF/TM	77	420	–	–	85	10	1000	–	–	–	–	–	–
John Deere 5105ML	77	466	30	–	139	16	500	8	6	2	400	167	99
Kubota M5102N CAB	78	346	–	–	76	11	500	–	14	2	446	168	155
Kubota M5102N ROPS	79	363	–	–	76	11	500	–	14	2	441	174	142
Deutz-Fahr 5115 DV	79	472	27	77	75; 100	12	600	–	–	3	395	129	116
Deutz-Fahr 5095 DF Pro	79	472	27	80	–	12	600	–	–	3	381	153	145
Deutz-Fahr 5095 DS Pro	79	472	27	80	–	12	600	–	–	3	382	136	126
Deutz-Fahr 5095 DV Pro	79	472	27	80	–	12	600	–	–	3	382	129	116
Deutz-Fahr 5105 DF Pro	79	472	27	80	–	12	600	–	–	3	381	153	145
Deutz-Fahr 5105 DS Pro	79	472	27	80	–	12	600	–	–	3	382	136	126
Deutz-Fahr 5105 DV Pro	79	472	27	80	–	12	600	–	–	3	382	129	116
Deutz-Fahr 5115 DF	79	472	27	77	81; 100	12	600	–	–	3	394	153	139
Deutz-Fahr 5115 DF Pro	79	472	27	80	–	12	600	–	–	3	381	153	145
Deutz-Fahr 5115 DF Plattform	79	472	27	–	82	12	600	–	–	3	394	153	139
Deutz-Fahr 5115 DS	79	472	27	77	75; 100	12	600	–	–	3	395	146	126
Deutz-Fahr 5115 DS Pro	79	472	27	80	–	12	600	–	–	3	382	136	126
Deutz-Fahr 5115 DV Pro	79	472	27	80	–	12	600	–	–	3	382	129	116
Lamborghini Spire V 115	79	435	27	77	85	12	600	–	–	3	395	129	116
Lamborghini Spire V 115 Pro	79	472	27	80	–	12	600	–	–	3	382	129	116
Lamborghini Spire F 105 Pro	79	472	27	80	–	12	600	–	–	3	381	153	145
Lamborghini Spire F 115	79	435	27	77	95	12	600	–	–	3	394	161	145
Lamborghini Spire F 115 Pro	79	472	27	80	–	12	600	–	–	3	381	153	145
Lamborghini Spire F 115 Plattform	79	472	27	–	82	12	600	–	–	3	394	153	139
Lamborghini Spire F 95 Pro	79	472	27	80	–	12	600	–	–	3	381	153	145

Ausrüstung: ● Serie, ◐ Wunsch, ○ nicht lieferbar

cm Höhe	daN Hubkraft Fronthubwerk	Allradantrieb	40 km/h	Hydrostatische Lenkung	Wendegetriebe	Wendeschaltung	Lastschaltgetriebe	Kriechgetriebe	stufenloses Getriebe	Vorderachsfederung	Druckluftbremse	Fronthubwerk	CAN-Bus	ISOBUS	Niedrigkabine	Kabine
Schlepper von 77 bis 79 kW (105 bis 107 PS)																
240	2380	●	●	●	●	●	○	○	●	◐	◐	◐	◐	◐	○	●
239	2888	●	◐	●	●	●	◐	○	○	○	○	◐	○	◐	○	●
239	2888	●	◐	●	●	●	◐	○	○	○	○	◐	○	◐	○	●
238	2888	●	◐	●	●	●	◐	○	○	○	○	◐	○	◐	○	●
–	1400	●	●	●	●	●	◐	○	○	◐	◐	◐	◐	◐	○	●
–	1400	●	●	●	●	●	◐	○	○	◐	◐	◐	◐	◐	○	●
–	1400	●	●	●	●	●	◐	○	○	◐	◐	◐	◐	◐	○	●
–	1400	●	●	●	●	●	◐	○	○	○	◐	◐	◐	◐	○	●
–	2400	○	○	○	●	●	○	○	○	○	○	◐	○	○	○	○
–	1400	●	●	●	●	●	◐	○	○	●	◐	◐	○	◐	○	●
–	1400	●	●	●	●	●	◐	○	○	●	◐	◐	◐	◐	○	●
–	1400	●	●	●	●	●	◐	○	○	●	◐	◐	◐	◐	○	●
–	1400	●	●	●	●	●	◐	○	○	●	◐	◐	◐	◐	○	●
–	2400	○	○	○	●	●	○	○	○	○	○	◐	◐	○	○	○
186	–	●	◐	●	●	●	◐	○	○	○	○	◐	○	◐	◐	●
238	2100	●	●	●	●	●	●	○	○	◐	○	◐	○	◐		●
250	2100	●	●	●	●	●	●	○	○	○	○	◐	○	◐		○
223	1500	●	●	●	●	●	◐	○	○	◐	○	◐	○	○	○	●
225	2100	●	●	●	●	●	◐	○	○	◐	○	◐	◐	◐	○	●
225	2100	●	●	●	●	●	◐	○	○	◐	○	◐	◐	◐	○	●
223	2100	●	●	●	●	●	◐	○	○	◐	○	◐	◐	◐	○	●
225	2100	●	●	●	●	●	◐	○	○	◐	○	◐	◐	◐	○	●
225	2100	●	●	●	●	●	◐	○	○	◐	○	◐	◐	◐	○	●
223	2100	●	●	●	●	●	◐	○	○	◐	○	◐	◐	◐	○	●
292	1500	●	●	●	●	●	◐	○	○	◐	○	◐	○	○	○	●
225	2100	●	●	●	●	●	◐	○	○	◐	○	◐	◐	◐	○	●
292	–	●	●	●	●	●	◐	○	○	◐	○	◐	○	○	○	○
230	1500	●	●	●	●	●	○	○	○	◐	○	◐	●	○	○	●
225	2100	●	●	●	●	●	○	○	○	◐	○	◐	●	◐	○	●
223	2100	●	●	●	●	●	○	○	○	◐	○	◐	●	◐	○	●
223	1940	●	◐	●	●	●	○	○	○	◐	○	◐	●	○	○	●
223	2100	●	◐	●	●	●	○	○	○	◐	○	◐	●	◐	○	●
225	2100	●	◐	●	●	●	○	○	○	◐	○	◐	●	◐	○	●
230	1940	●	◐	●	●	●	○	○	○	◐	○	◐	●	○	○	●
225	2100	●	◐	●	●	●	○	○	○	◐	○	◐	●	◐	○	●
292	–	●	◐	●	●	●	○	○	○	◐	○	◐	●	○	○	○
225	2100	●	◐	●	●	●	○	○	○	◐	○	◐	●	◐	○	●

Technische Daten Schmalspurschlepper

Hersteller Typ	kW Leistung	Nm maximal	% Anstieg	dB(A) Lautstärke	l Tankinhalt	l Motoröl Füllmenge	h Motor-Ölwechsel	entnehmbare Ölmenge	Gänge 4-12 km/h	LS-Stufen	cm Länge	cm Breite (Serie)	cm geri
	Motor	Dreh-moment					Wartung/Ölmengen			Getriebe		Maße	
Schlepper von 79 bis 81 kW (107 bis 110 PS)													
Lamborghini Spire S 105 Pro	79	472	27	80	–	12	600	–	–	3	382	136	126
Lamborghini Spire S 115	79	435	27	77	85	12	600	–	–	3	395	146	126
Lamborghini Spire S 115 Pro	79	472	27	80	–	12	600	–	–	3	382	136	126
Lamborghini Spire S 95 Pro	79	472	27	80	–	12	600	–	–	3	382	136	126
Lamborghini Spire V 105 Pro	79	472	27	80	–	12	600	–	–	3	382	129	116
Lamborghini Spire V 95 Pro	79	472	27	80	–	12	600	–	–	3	382	129	116
Same Frutteto 105 Pro	79	472	27	80	–	12	600	–	–	3	381	153	145
Same Frutteto 105 Pro S	79	472	27	80	–	12	600	–	–	3	382	136	126
Same Frutteto 105 Pro V	79	472	27	80	–	12	600	–	–	3	382	129	116
Same Frutteto 115	79	472	27	77	81; 100	12	600	–	–	3	394	153	139
Same Frutteto 115 Pro	79	472	27	80	–	12	600	–	–	3	381	153	145
Same Frutteto 115 Plattform	79	472	27	–	82	12	600	–	–	3	394	153	139
Same Frutteto 115 S	79	472	27	77	75; 100	12	600	–	–	3	395	146	126
Same Frutteto 115 Pro S	79	472	27	80	–	12	600	–	–	3	382	136	126
Same Frutteto 115 V	79	472	27	77	75; 100	12	600	–	–	3	395	129	116
Same Frutteto 115 Pro V	79	472	27	80	–	12	600	–	–	3	382	129	116
Same Frutteto Pro 95	79	472	27	80	–	12	600	–	–	3	381	153	145
Same Frutteto Pro 95 S	79	472	27	80	–	12	600	–	–	3	382	136	126
Same Frutteto Pro 95 V	79	472	27	80	–	12	600	–	–	3	382	129	116
Aebi TP 420	80	420	43	80	100	7	300	30	–	–	453	247	–
Aebi TT 282	80	420	43	79,3	90	7	500	25	–	–	409	211	–
Aebi TP 420	80	420	43	80	100	7	300	30	–	–	453	247	–
Reform Muli T7X	80	420	–	81	120	–	0	–	12	–	480	216	–
Reform Muli T8X	80	420	–	81	120	–	0	–	12	–	480	216	–
Reform Muli T8X pro	80	420	–	81	120	–	0	–	12	–	480	216	–
Reform T10X	80	420	–	78	120	–	0	–	12	–	480	216	–
Reform T10X HybridShift	80	420	–	79	120	–	0	–	–	–	480	216	–
Deutz-Fahr 5075 KF	81	472	–	–	110	9	600	–	–	–	355	180	–
Deutz-Fahr 5115 DF TTV	81	472	–	–	81; 100	12	600	–	–	–	385	158	142
Deutz-Fahr 5115 DF TTV (4WS)	81	472	–	–	81; 100	12	600	–	–	–	393	158	144
Deutz-Fahr 5115 DS TTV	81	472	–	–	75; 100	12	600	–	–	–	377	137	–
Deutz-Fahr 5115 DV TTV	81	472	–	–	75; 100	12	600	–	–	–	377	129	107
Deutz-Fahr 5115 K	81	472	–	–	110	12	600	–	–	–	355	180	–
Deutz-Fahr 5115 KM	81	472	–	–	95	12	600	–	–	–	355	180	175
Lamborghini Spire F 115 VRT	81	472	–	–	81; 100	12	600	–	–	–	385	158	142
Lamborghini Spire F 115 VRT (4WS)	81	472	–	–	81; 100	12	600	–	–	–	393	158	144
Lamborghini Spire S 115 VRT	81	472	–	–	75; 100	12	600	–	–	–	377	137	–
Lamborghini Spire V 115 VRT	81	472	–	–	75; 100	12	600	–	–	–	377	129	107

Ausrüstung: ● Serie, ◐ Wunsch, ○ nicht lieferbar

cm Höhe	daN Hubkraft Fronthubwerk	Allradantrieb	40 km/h	Hydrostatische Lenkung	Wendegetriebe	Wendeschaltung	Lastschaltgetriebe	Kriechgetriebe	stufenloses Getriebe	Vorderachsfederung	Druckluftbremse	Fronthubwerk	CAN-Bus	ISOBUS	Niedrigkabine	Kabine
Schlepper von 79 bis 81 kW (107 bis 110 PS)																
225	2100	●	◐	●	●	●	○	○	○	◐	○	◐	●	◐	○	●
230	1940	●	◐	●	●	●	○	○	○	◐	○	◐	●	○	○	●
225	2100	●	◐	●	●	●	○	○	○	◐	○	◐	●	◐	○	●
225	2100	●	◐	●	●	●	○	○	○	◐	○	◐	●	◐	○	●
223	2100	●	◐	●	●	●	○	○	○	◐	○	◐	●	◐	○	●
223	2100	●	◐	●	●	●	○	○	○	◐	○	◐	●	◐	○	●
225	2100	●	◐	●	●	●	○	○	○	◐	○	◐	●	◐	○	●
225	2100	●	◐	●	●	●	○	○	○	◐	○	◐	●	◐	○	●
223	2100	●	◐	●	●	●	○	○	○	◐	○	◐	●	◐	○	●
292	1500	●	◐	●	●	●	○	○	○	◐	○	◐	●	○	○	●
225	2100	●	◐	●	●	●	○	○	○	◐	○	◐	●	◐	○	●
292	–	●	◐	●	●	●	○	○	○	◐	○	◐	●	○	○	○
230	1500	●	◐	●	●	●	○	○	○	◐	○	◐	●	○	○	●
225	2100	●	◐	●	●	●	○	○	○	◐	○	◐	●	◐	○	●
223	1500	●	◐	●	●	●	○	○	○	◐	○	◐	●	○	○	●
223	2100	●	◐	●	●	●	○	○	○	◐	○	◐	●	◐	○	●
225	2100	●	◐	●	●	●	○	○	○	◐	○	◐	●	◐	○	●
225	2100	●	◐	●	●	●	○	○	○	◐	○	◐	●	◐	○	●
223	2100	●	◐	●	●	●	○	○	○	◐	○	◐	●	◐	○	●
234	2000	●	◐	●	●	○	○	○	○	●	◐	◐	●	○	○	●
224	2000	●	◐	●	●	○	○	○	●	○	◐	◐	●	○	○	●
234	2000	●	◐	●	●	●	○	○	○	●	◐	◐	●	○	○	●
228	1250	●	◐	●	●	●	○	○	○	◐	○	◐	●	○	○	●
228	1250	●	◐	●	●	●	○	○	○	●	◐	◐	●	○	○	●
228	1250	●	◐	●	●	●	○	○	○	●	◐	◐	●	○	○	●
235	1250	●	◐	●	●	●	○	○	○	●	◐	◐	●	○	○	●
235	1250	●	◐	●	●	●	○	○	●	●	◐	◐	●	○	○	●
235	–	○	◐	○	●	●	○	○	○	○	○	◐	●	○	○	◐
245	1500	●	◐	●	●	●	○	○	●	◐	○	◐	●	◐	○	●
242	1500	●	◐	●	●	●	○	○	●	◐	○	◐	●	◐	○	●
242	1500	●	◐	●	●	●	○	○	●	◐	○	◐	●	◐	○	●
239	1500	●	◐	●	●	●	○	○	●	◐	○	◐	●	◐	○	●
232	–	●	◐	●	●	●	○	○	○	○	◐	◐	●	○	○	○
232	–	●	◐	●	●	●	○	○	○	○	◐	◐	●	○	○	○
245	1500	●	◐	●	●	●	○	○	●	◐	○	◐	●	◐	○	●
242	1500	●	◐	●	●	●	○	○	●	◐	○	◐	●	◐	○	●
242	1500	●	◐	●	●	●	○	○	●	◐	○	◐	●	◐	○	●
239	1500	●	◐	●	●	●	○	○	●	◐	○	◐	●	◐	○	●

Technische Daten Schmalspurschlepper

Hersteller Typ	Motor: kW Leistung	Drehmoment: Nm maximal	Drehmoment: % Anstieg	dB(A) Lautstärke	l Tankinhalt	Wartung/Ölmengen: l Motoröl Füllmenge	h Motor-Ölwechsel	entnehmbare Ölmenge	Getriebe: Gänge 4-12 km/h	LS-Stufen	Maße: cm Länge	cm Breite (Serie)	cm geri…
Schlepper von 81 bis 105 kW (110 bis 143 PS)													
Lamborghini Strike C 115	81	472	–	–	110	12	600	–	–	–	355	180	–
Lamborghini Strike CF 115	81	472	–	–	110	9	600	–	–	–	355	180	–
Lamborghini Strike CM 115	81	472	–	–	95	12	600	–	–	–	355	180	175
Same Frutteto 115 CVT ActiveSteer	81	472	–	–	81; 100	12	600	–	–	–	393	158	144
Same Frutteto CVT 115	81	472	–	–	81; 100	12	600	–	–	–	385	158	142
Same Frutteto CVT 115 S	81	472	–	–	75; 100	12	600	–	–	–	377	137	–
Same Frutteto CVT 115 V	81	472	–	–	75; 100	12	600	–	–	–	377	129	107
Same Krypron F	81	472	–	–	110	9	600	–	–	–	355	180	–
Same Krypron M 115	81	472	–	–	95	12	600	–	–	–	355	180	175
Same Krypton 115	81	472	–	–	110	12	600	–	–	–	355	180	–
Case IH Quantum 110 V/N/F/CL	81	490	46	76	104	9	600	–	14	2	431	163	106
New Holland T 4.110 V/N/F/LP	81	490	46	76	68; 104	9	600	–	14	2	431	163	106
Kubota M5112N CAB	84	364	–	–	76	11	500	–	14	2	446	168	155
Claas Nexos 2.120 L	85	466	–	78	100	10	600	10	8	2	404	197	132
Claas Nexos 2.120 M	85	466	–	78	100	10	600	10	8	2	404	186	126
Claas Nexos 2.120 S	85	466	–	78	75	10	600	10	8	2	404	166	99
Claas Nexos 2.120 XL	85	466	–	78	100	10	600	10	8	2	404	217	149
John Deere 5115GF	85	466	32	–	75	16	500	8	6	2	400	219	149
John Deere 5115GN	85	466	32	–	75	16	500	8	6	2	400	183	126
John Deere 5115GV	85	466	32	–	75	16	500	8	6	2	400	167	99
Massey Ferguson MF 3FR.115	85	465	–	78	75; 100	10	600	20	6	2	407	135	127
Massey Ferguson MF 3SP.115	85	465	–	78	75; 100	10	600	20	6	2	407	135	127
Massey Ferguson MF 3VI.115	85	465	–	78	75; 100	10	600	20	6	2	407	135	127
Massey Ferguson MF 3WF.115	85	465	–	78	75; 100	10	600	20	6	2	407	135	127
Case IH Quantum 120 V/N/F/CL	88	518	42	76	104	9	600	–	14	2	431	163	106
New Holland T 4.120 V/N/F/LP	88	518	42	76	68; 104	9	600	–	14	2	431	163	106
John Deere 5120ML	88	466	30	–	139	16	500	8	6	2	400	167	99
Solis 50 Stage V	90	215	–	85,8	72	8	250	–	–	–	405	188	184
Solis 60 Stage V	90	250	–	85,8	72	8	250	–	–	–	405	188	184
Solis 75 NT Stage V	90	340	–	–	80	11	250	–	–	–	430	–	–
Solis 75 Stage V	90	340	–	–	88	11	250	–	–	–	414	208	205
Solis 90 NT Stage V	90	375	–	85,4	80	11	250	–	–	–	430	146	144
Solis 90 Stage V	90	375	–	84,5	110	11	250	–	–	–	429	203	201
Kärcher Holder S 130	95	410	–	82	82	9	500	–	–	–	392	136	136
John Deere 5130ML	96	466	30	–	139	16	500	8	6	2	400	167	99
Aebi TP 470 Vario	100	500	36	78	100	9	500	30	–	–	463	247	–
Aebi VT 470 Vario	100	500	36	78	100	9	500	30	–	–	463	247	–
Sauerburger FXS Grip4-140	105	650	–	80	190	12	500	85	–	–	500	240	220

Ausrüstung: ● Serie, ◐ Wunsch, ○ nicht lieferbar

cm Höhe	daN Hubkraft Fronthubwerk	Allradantrieb	40 km/h	Hydrostatische Lenkung	Wendegetriebe	Wendeschaltung	Lastschaltgetriebe	Kriechgetriebe	stufenloses Getriebe	Vorderachsfederung	Druckluftbremse	Fronthubwerk	CAN-Bus	ISOBUS	Niedrigkabine	Kabine
Schlepper von 81 bis 105 kW (110 bis 143 PS)																
232	–	●	◐	●	●	●	○	○	○	○	◐	◐	●	○	○	○
235	–	○	◐	○	●	●	○	○	○	○	○	◐	●	○	○	◐
232	–	●	◐	●	●	●	○	○	○	○	◐	◐	●	○	○	○
242	1500	●	◐	●	●	●	○	○	●	◐	○	◐	●	◐	○	●
245	1500	●	◐	●	●	●	○	○	●	◐	○	◐	●	◐	○	●
242	1500	●	◐	●	●	●	○	○	●	◐	○	◐	●	◐	○	●
239	1500	●	◐	●	●	●	○	○	●	◐	○	◐	●	◐	○	●
235	–	○	◐	○	●	●	○	○	○	○	○	◐	●	○	○	◐
232	–	●	◐	●	●	●	○	○	○	○	◐	◐	●	○	○	○
232	–	●	◐	●	●	●	○	○	○	○	◐	◐	●	○	○	○
256	1500	●	◐	●	●	●	○	○	○	◐	○	◐	●	◐	○	●
256	1500	●	◐	●	●	●	○	○	○	◐	○	◐	●	◐	○	●
238	2100	●	◐	●	●	●	○	○	○	◐	◐	◐	●	◐	◐	●
245	2910	●	◐	●	●	●	○	○	○	◐	○	◐	●	◐	○	●
242	2910	●	◐	●	●	●	○	○	○	◐	○	◐	●	◐	○	●
242	2910	●	◐	●	●	●	○	○	○	◐	○	◐	●	◐	○	●
245	2910	●	◐	●	●	●	○	○	○	○	○	◐	●	◐	○	●
186	–	●	◐	●	●	●	○	○	○	○	○	◐	●	◐	◐	●
186	–	●	◐	●	●	●	○	○	○	○	○	◐	●	◐	◐	●
186	–	●	◐	●	●	●	○	○	○	○	○	◐	●	◐	◐	●
245	1680	●	◐	●	●	●	○	○	○	○	◐	◐	●	○	○	●
238	1680	●	◐	●	●	●	○	○	○	○	◐	◐	●	○	○	●
238	1680	●	◐	●	●	●	○	○	○	○	◐	◐	●	○	○	●
234	1680	●	◐	●	●	●	○	○	○	○	◐	◐	●	○	○	●
256	1500	●	◐	●	●	●	○	○	○	◐	○	◐	●	◐	○	●
256	1500	●	◐	●	●	●	○	○	○	◐	○	◐	●	◐	○	●
186	–	●	◐	●	●	●	○	○	○	○	○	◐	●	◐	◐	●
248	–	●	◐	●	●	●	○	○	○	○	◐	◐	●	○	○	●
248	–	●	◐	●	●	●	○	○	○	○	◐	◐	●	○	○	●
–	–	●	◐	●	●	●	○	○	○	○	○	◐	●	○	○	●
249	–	●	◐	●	●	●	○	○	○	○	◐	◐	●	○	○	●
256	–	●	◐	●	●	●	○	○	○	○	○	◐	●	○	○	●
260	–	●	◐	●	●	●	○	○	○	○	◐	◐	●	○	○	●
224	2700	●	◐	●	●	●	○	○	●	○	○	◐	●	○	○	●
186	–	●	◐	●	●	●	○	○	○	○	○	◐	●	◐	◐	●
234	2000	●	◐	●	●	○	○	○	●	●	◐	◐	●	○	○	●
234	2000	●	◐	●	●	○	○	○	●	●	◐	◐	●	○	○	●
243	2500	●	◐	●	●	○	○	○	○	○	◐	◐	●	●	○	●

profi SHOP

Neu im Sortiment

Landtechnik neu entdecken – Stein für Stein

Fendt Vario 620
Steinanzahl: 239
Maße: ca. 9 x 10,1 x 14 cm
Art.-Nr.: 002983

CLAAS AXION 960
Steinanzahl: 231
Maße: ca. 8,6 x 10 x 16,2 cm
Art.-Nr.: 002984

Fendt Tigo XR
Steinanzahl: 334
Maße: ca. 33,1 x 8,3 x 11,6 cm
Art.-Nr.: 002981

CLAAS JAGUAR 990 TERRA TRAC
Steinanzahl: 973
Maße: ca. 31,1 x 32,7 x 18,1 cm
Art.-Nr.: 002986

CLAAS DISCO Mähkombi
Steinanzahl: 264
Maße: ca. 16,1 x 27,2 x 4,3 cm
Art.-Nr.: 002985

Krampe RamBody Abschieber
Steinanzahl: 819
Maße: ca. 40,5 x 11,2 x 13,9 cm
Art.-Nr.: 002998